D1663168

Metallurgie und Gießereitechnik

Englisch—Deutsch

Herausgegeben von
Prof. em. Dr. sc. techn. Karl Stölzel

Mit etwa 37 000 Wortstellen

BRANDSTETTER VERLAG WIESBADEN

AUTOREN

Dr.-Ing. *Günter Drossel,* Dr.-Ing. *Helga Hildebrand,* Dr.-Ing. *Sieghard Krauß,*
Dr.-Ing. habil. *Wolfgang Lehnert,* Dr.-Ing. *Klaus-Dieter Lietzmann,* Dr.-Ing. *Hans
Martens,* Dipl.-Ing. *Manfred Rudorf,* Dr.-Ing. *Joachim Schlegel,* Dipl.-Ing. *Ludwig Schlosser*

GUTACHTER

Dipl.-Ing. *Gerhard Haust,* Dr.-Ing. *Frank Kücklich,* Dipl.-Ing. *Friedrich Lindner,*
Dipl.-Ing. *Herbert Schultz,* Ing. *Reinhard Uhrich*

CIP-Kurztitelaufnahme der Deutschen Bibliothek

Stölzel, Karl:
Metallurgie und Gießereitechnik: mit etwa 37 000 Wortstellen / hrsg.
von Karl Stölzel. – Wiesbaden: Brandstetter
    (Technik-Wörterbuch)
NE: HST
Englisch, deutsch. – 1984
    ISBN 3-87097-121-5

Ausgabe des Oscar Brandstetter Verlag GmbH & Co. KG, Wiesbaden, 1984
© VEB Verlag Technik, Berlin, 1984
Printed in the German Democratic Republic
Gesamtherstellung: Druckerei Thomas Müntzer, Bad Langensalza

VORWORT

In den letzten Jahrzehnten hat die Anzahl der Fachpublikationen weltweit außerordentlich zugenommen. Neben der Quantität hat auch die Qualität eine erhebliche Modifikation erfahren. Der Inhalt wurde erweitert. Diese allgemeine Feststellung trifft besonders auch für die wichtigen Industriezweige Metallurgie und Gießerei zu. Der wissenschaftlich-technische Fortschritt, der zu den modernen Industrieanlagen mit allen für ihren Betrieb notwendigen Nebeneinrichtungen geführt hat, bestimmt auch den Inhalt der Fachliteratur. Zusätzlich durchdringen die Probleme des rationellen Material- und Energieeinsatzes bei gesteigerter Wirtschaftlichkeit trotz großer Anforderungen durch Ergonomie und Ökologie die Fachgebiete. Viele Begriffe, die früher in Metallurgie und Gießereitechnik unbekannt waren oder nicht benötigt wurden, müssen heute als zum Sprachgebrauch zugehörig betrachtet werden. Das erschwert die Auswertung fremdsprachlicher Facharbeiten. Das Wissen um die neuesten Erkenntnisse ist aber eine Notwendigkeit für den weiteren Fortschritt. Verlag, Autoren und Herausgeber legen Ihnen, den Interessenten, ein verhältnismäßig umfangreiches Wörterbuch vor, das neben hochspezialisierten und ausschließlich metallurgischen Fachbegriffen einen Anteil an Wortgut enthält, das auch in anderen Fachgebieten benutzt werden wird. Die Autoren – ausnahmslos erfahrene Fachleute in Wissenschaft und Praxis – haben in mühevoller Arbeit Worte und Begriffe aus der einschlägigen Literatur ausgewählt, die helfen sollen, das Lesen der englischsprachigen Fachliteratur zu vereinfachen und zu erleichtern. Für den Nichtfachmann sind bei manchen Begriffen stichwortartige Erläuterungen für das bessere Verständnis und die richtige Anwendung bei mehreren Übersetzungsmöglichkeiten gegeben, die allerdings nicht die Aufgabe eines Lexikons ersetzen wollen und können.

Als Herausgeber danke ich allen Autoren für ihre Sorgfalt, dem Verlag für seine unkomplizierte und wertvolle Hilfe bei der Erarbeitung und den Gutachtern für ihre sachlich und fachlich wichtigen Hinweise. Besonderen Dank schulde ich einem der Autoren, Herrn Dr.-Ing. *Günter Drossel,* der freundlichst einen großen Teil der Verpflichtungen des Herausgebers übernommen und mit Engagement und Sachkenntnis durchgeführt hat.

Für Hinweise auf Fehler, zweckmäßige Ergänzungen oder auch Kürzungen, die der Verbesserung weiterer Auflagen dienen können, danken Verlag, Autoren und Herausgeber im voraus. Sie sind an den VEB Verlag Technik, DDR - 1020 Berlin, Oranienburger Str. 13–14 zu richten. Ich hoffe, daß eine rege Nutzung dieses Wörterbuchs die Mühe für seine Erarbeitung und den Aufwand für seine Herstellung rechtfertigen.

Karl Stölzel

BENUTZUNGSHINWEISE

1. Beispiele für die alphabetische Ordnung

K

K_{IC}

K_α doublet

Kaldo furnace

~ heat

~ process

~ vessel

kanthal alloy

kaolin

~ plastic refractory clay

~ sand

kaolinitic clay

Kasper polyhedron

keel block [specimen]

keen

layout

~ fluid

~ line

~ tool

l.c. cable

LD converter

LD lining

LD process

Le Chatelier couple

leach/to

~ out

leach

~ pulp

~ solution

~ suspension

2. Bedeutung der Zeichen

cast/to = to cast

( ) carbon blow (boil) = carbon blow *oder* carbon boil

bleibende (dauernde) Dehnung = bleibende Dehnung *oder* dauernde Dehnung

[ ] bulb angle [steel] = bulb angle *oder* bulb angle steel

carbona[tiza]tion = carbonation *oder* carbonatization

[maschinelle] Bearbeitung = Bearbeitung *oder* maschinelle Bearbeitung

Alu[minium]folie = Alufolie *oder* Aluminiumfolie

( ) kursive Klammern enthalten Erklärungen

VERWENDETE ABKÜRZUNGEN

Am	amerikanisches Englisch
Aufb	Aufbereitung
f	Femininum
Ff	Feuerfestkeramik
fpl	Femininum pluralis
Gieß	Gießereitechnik
Hydro	Hydrometallurgie
Korr	Korrosion und Korrosionsschutz
Krist	Kristallografie
m	Maskulinum
Min	Mineralogie
mpl	Maskulinum pluralis
n	Neutrum
npl	Neutrum pluralis
pl	Plural
Pulv	Pulvermetallurgie
Pyro	Pyrometallurgie
s.	siehe
s. a.	siehe auch
Stahlh	Stahlherstellung
Umf	Umformtechnik
Wkst	Werkstoffkunde und -prüfung
z. B.	zum Beispiel

A

A5 *französische Münzlegierung (90 % Al, 5 % Ag, 5 % Cu)*
A₀ point A_0-Punkt *m*
A₁ point A_1-Punkt *m*
A₂ point A_2-Punkt *m*
A₃ point A_3-Punkt *m*
A₄ point A_4-Punkt *m*
A_cm temperature 1. A_{cm}-Temperatur *f*; 2. A_{cm}-Punkt *m*
abate/to beruhigen, niederschlagen
abatement Abgänge *mpl (eines Ofens)*
abaxial achsenentfernt
Abbe prism Abbe-Prisma *n*
~ **refractometer** Abbe-Refraktometer *n*
~ **spectrometer** Abbe-Sprektrometer *n*
Abel's reagent Abels Ätzmittel *n (Chromsäureätzmittel, 10%ig)*
aberration Abweichung *f*; Meßabweichung *f*; Meßfehler *m*
ability to flow Fließfähigkeit *f*
~ **to sinter** Sinterfähigkeit *f*
~ **to vibrate** Schwingfähigkeit *f*
abnormal steel anomaler Stahl *m (Stahl mit ungleichem Gefüge)*
~ **structure** anomales Gefüge *n*
abnormality of steel Gefügeanomalie *f* des Stahls
abort Ausschuß *m*, Fehlcharge *f*
aborted/to be zu Ausschuß werden
about-sledge [hammer] Vorschlaghammer *m*; Zuschlaghammer *m*
abrade/to abreiben; abschleifen; schmirgeln; abtragen; verschleißen
abrading Abreiben *n*; Schleifen *n*, Abschleifen *n*; Schmirgeln *n*; Abtragen *n*; Verschleißen *n*
~ **process** Abreibverfahren *n*; Schleifverfahren *n*, Schleifvorgang *m*; Abschleifverfahren *n*; Abtragverfahren *n*
abradum feiner Polierkorund *m*
abrasion Abrieb *m*; Abnutzung *f*; Verschleiß *m*; Abtragung *f*
~ **depth** Abriebtiefe *f*; Schnittiefe *f*
~ **loss** Abriebverlust *m*
~ **resistance** Abriebfestigkeit *f*, Verschleißfestigkeit *f*, Verschleißwiderstand *m*
~-**resistant** s. ~ resisting
~-**resisting** abriebfest, verschleißfest, verschleißbeständig
~-**resisting steel** verschleißfester Stahl *m*
~ **rust** *(Korr)* Reibrost *m*
~ **spark examination** Schleiffunkenprüfung *f*
~ **strength** Abriebfestigkeit *f*; Verschleißfestigkeit *f*
~ **test** Abriebprüfung *f*; Verschleißprüfung *f*; Abnutzungstest *m*
~ **tester** Abriebprüfer *m (s. a. ~ testing machine)*
~ **testing machine** Abrieb[prüf]maschine *f*

~ **trace** Schleifspur *f*, Reibspur *f*
abrasive schmirgelnd
~-**band polishing** Polierschleifen *n*
~ **belt** Schleifband *n*
~ **belt deburring** Bandschleifen *n*
~ **belt deburring machine** Bandschleifmaschine *f*
~ **belt grinding** Bandschleifen *n*
~ **belt grinding machine** Bandschleifmaschine *f*
~ **cut-off machine** Trennschleifmaschine *f*
~ **cut-off wheel** Trennschleifscheibe *f*
~ **cutting[-off]** Trennschleifen *n*
~ **diamond** Abrichtdiamant *m*
~ **disk** Trennscheibe *f*; Schmirgelscheibe *f*
~ **dust** Schmirgelpulver *m*
~ **engineering technique** Schleif- und Poliertechnik *f*
~ **friction cutting** Reibtrennen *n*
~ **grain** Schleifmittelkorn *n*
~ **grain size** Schleifmittelkörnung *f*
~ **hardness** 1. Ritzhärte *f*; 2. Verschleißwiderstand *m*; Abnutzungswiderstand *m*
~ **hot cut-off machine** Heißtrennschleifmaschine *f*
~ **hot cutting[-off]** Heißtrennschleifen *n*
~ **machining** 1. Abschleifen *n*; 2. Integralschleifen *n (Kombination aus Grob- und Feinschleifen)*
~ **resistance** Abriebfestigkeit *f*, Verschleißfestigkeit *f*, Verschleißwiderstand *m*
~ **sand** Schmirgelsand *m*
~ **scouring finishing** Oberflächenveredlung *f* durch Schleifen mit Schmirgelpapier
~ **slurry** Schleifmittelaufschlämmung *f*
~ **stick** Abziehstein *m*
~ **stress** Abriebbeanspruchung *f*
~ **wheel** Schleifscheibe *f*, Schmirgelscheibe *f*
abrasives 1. Schleif- und Schmirgelmittel *npl*; 2. Strahlmittel *npl*; 3. Abrieb *m*
~ **for grinding** Schleifmittel *n*
~ **for polishing** Poliermittel *n*
abreuvage Penetration *f (Gußfehler)*
abros *korrosionsbeständige Nickellegierung*
absolute density *(Pulv)* Reindichte *f*
~ **frequency** absolute Häufigkeit *f*
~ **measurement** Absolutmessung *f*
~ **measuring system** Absolutmeßsystem *n*
~ **positioning** Absolutpositionierung *f*
~ **pressure** Absolutdruck *m*
~ **reaction rate theory** Theorie *f* der absoluten Reaktionsgeschwindigkeit
~ **sand density** Sandreindichte *f*
~ **temperature** absolute Temperatur *f*
~ **value** Absolutwert *m*
~ **velocity** absolute Geschwindigkeit *f*, Absolutgeschwindigkeit *f*
absorb/to absorbieren, einnehmen, aufnehmen, binden
absorbable absorbierbar, einsaugbar

absorbate Absorbat *n*, Absorptiv *n*, absorbierter Stoff *m*
absorbent absorbierend, aufsaugfähig
absorbent Absorbens *n*
absorber 1. Absorber *m (Apparat)*; 2. Absorbens *n*, absorbierender Stoff *m (Mittel)*
absorbing absorbierend
~ **column** Absorptionskolonne *f*
absorption Absorption *f*; Aufnahme *f*; Bindung *f*
~ **coefficient** Absorptionskoeffizient *m*, Absorptionsfaktor *m*
~ **column** Absorptionskolonne *f*
~ **contrast** Absorptionskontrast *m*
~ **correction** Absorptionskorrektur *f*
~ **cross section** Absorptionsquerschnitt *m*, Einfangquerschnitt *m*
~ **edge** Absorptionskante *f (Spektrum)*
~ **edge energy** Absorptionskantenenergie *f*
~ **factor** *s.* ~ coefficient
~ **material** Absorbermaterial *n*
~ **microanalysis** Absorptionsmikroanalyse *f*
~ **of gas** Gasaufnahme *f (einer Schmelze)*
~ **of heat** Wärmeaufnahme *f*
~ **of hydrogen** Wasserstoffaufnahme *f*
~ **of powder** Pulveraufnahme *f*, Pulverbindung *f*
~ **of powder particles** Pulverteilchenbindung *f*
~ **power** Absorptionsfähigkeit *f*
~ **tower** Absorptionsturm *m*
~ **wedge** Absorptionskeil *m*
absorptive absorptiv, absorbierend
~ **power** Absorptionsvermögen *n*
abstract/to entziehen
abstraction of heat Wärmeentzug *m*, Wärmeentziehung *f*
abundance of grain coefficient Kornzahlhäufigkeit *f*
abut/to aneinanderstoßen
abutment Gegenlager *n*, Widerlager *n*
~ **joint** Stoßverbindung *f*
~ **pressure** Gegendruck *m*
abutting end Stirnfläche *f*
~ **joint** Stoßverbindung *f*
Abyssinian gold *Au-Cu-Legierung*
abzug Abzug *m (noch unreines Blei nach dem Abstrich)*
a.c., AC, A.C. *s.* unter alternating current
Ac point Ac-Haltepunkt *m*, Ac-Punkt *m* *(Ac$_0$, Ac$_1$, Ac$_2$, Ac$_3$, Ac$_4$ point = Umwandlungspunkte des Stahls bei der Aufheizung)*
Ac$_1$ surface hardening Oberflächenhärtung *f* über Ac$_1$
Ac temperature Ac-Temperatur *f (Ac$_1$, Ac$_2$, Ac$_3$, Ac$_4$ temperature = Umwandlungstemperaturen des Stahls bei der Aufheizung)*

A + C field Gebiet *n* (Gefügebereich *m*) mit Austenit und Zementit
A + C structure Austenit- und Zementitgefüge *n*
accelerate/to beschleunigen
~ **refractory wear** den Verschleiß von Feuerfestmaterial fördern
accelerated aging 1. beschleunigte Alterung *f*; 2. Anlassen *n*
~ **aging test** Prüfung *f* auf beschleunigte Alterung
~ **combustion** Schnellverbrennung *f*, beschleunigte Verbrennung *f*
~ **cooling** Schnellabkühlung *f*, gesteuerte Abkühlung *f*
~ **corrosion test** Kurzzeitkorrosionsversuch *m*, beschleunigte Korrosionsprüfung *f*, Schnellkorrosionsversuch *m*
~ **creep** beschleunigtes (tertiäres) Kriechen *n*
~ **creep-rupture test** Zeitstandkurzversuch *m*
~ **diffusion** beschleunigte Diffusion *f*
~ **heating** Schnellerwärmung *f*, beschleunigte Erwärmung *f*
~ **stress-rupture test** Zeitstandkurzversuch *m*
~ **test** Kurzzeitversuch *m*, Kurzzeitprüfung *f*
accelerating effect Beschleunigungseffekt *m*
~ **flow** Kriechen *n* mit zunehmender Geschwindigkeit, tertiäres (beschleunigtes) Kriechen *n*, drittes Kriechstadium *n*
~ **moment** Beschleunigungsmoment *n*
~ **voltage** Beschleunigungsspannung *f*
acceleration Beschleunigung *f*
~ **potential** Strahlspannung *f*
accelerative force Beschleunigungskraft *f*
accelerator 1. Akzelerator *m*, Beschleuniger *m (Lösungsmittelextraktion)*; 2. *(Gieß)* Aushärtungsbeschleuniger *m*
accendibility Entflammbarkeit *f*
acceptable quality level annehmbares Qualitätsniveau *n*, annehmbare Qualitätslage *f*, Annahmegrenze *f*
acceptance number Annahmezahl *f*, Gutzahl *f*
~ **probability** Annahmewahrscheinlichkeit *f*
~ **rejection** Abnahmeverweigerung *f*
~ **sampling** Annahmekontrolle *f* durch Stichproben
~ **specification** Abnahmevorschrift *f*
~ **standards** Abnahmevorschriften *fpl*
~ **test** Abnahmeprüfung *f*
~ **tolerance** Abnahmetoleranz *f*
~ **width** Toleranzgröße *f*, Annahmebreite *f* *(quantitative Metallografie)*
acceptor Akzeptor *m*
~ **activity** Akzeptoraktivität *f*
~ **impurity** Akzeptorverunreinigung *f*, Akzeptorstörstelle *f*

access hatch Einstiegluke *f*
~ **of air** Luftzutritt *m*
~ **plate** Abdeckplatte *f*
accessibility Zugänglichkeit *f*
accessories Armaturen *fpl*; Zubehör *n*, Zubehörteile *npl*
accessory 1. Zubehör *n*; 2. Zusatzapparat *m*, Zusatzeinrichtung *f*
~ **apparatus** Zusatzapparat *m*, Zusatzeinrichtung *f*
~ **components** Zusatzkomponenten *fpl*
~ **minerals** akzessorische (beigemengte) Mineralien *npl*, Nebengemengteile *npl*, Gangart *f*
~ **system** Zubehörsystem *n*
accident 1. Unglücksfall *m*; 2. Störung *f*, Unterbrechung *f*
Accoloys *korrosionsbeständige Ni-Cr-Legierungen*
accomodation coefficient Akkomodationskoeffizient *m*
accompanying element Begleitelement *n*; Eisenbegleiter *m*
accretions Ansätze *mpl*, Anwüchse *mpl*, Ofenansätze *mpl*, Ofensau *f*, Ofenbär *m*
accumulate/to akkumulieren; [an]sammeln; [an]häufen; speichern
accumulating drawing machine Ansammel-Drahtziehmaschine *f*, Ansammel-Drahtzug *m*
accumulation Akkumulation *f*, Ansammlung *f*; Speicherung *f*
~ **of heat** Wärmespeicherung *f*, Wärmestau *m*
~ **of imperfections** Fehlstellenagglomerat *n*
accumulative frequency curve Summenhäufigkeitskurve *f*
accumulator Akkumulator *m*, Sammler *m*; Speicher *m*
~ **acid** Akkumulatorsäure *f*
~ **metal** Akkumulator[hart]blei *n*
~ **of die casting machine** Druckspeicheranlage *f* für Druckgußmaschine
~ **plate** Akkumulatorplatte *f*
~ **system** Speichersystem *n*, Speicheranlage *f*
accuracy Genauigkeit *f*, Präzision *f*
~ **level** Genauigkeitsniveau *n*
~ **of control** Steuergenauigkeit *f*
~ **of dimension[s]** Maßhaltigkeit *f*
~ **of gauge (measurement)** Meßgenauigkeit *f*
~ **of shape** Formgenauigkeit *f*, Gestaltstreue *f*
~ **tolerance of manufacture** Herstellungstoleranz *f*, Fabrikationsgenauigkeit *f*
accurate genau
~ **shape** Präzisionsprofil *n*
~ **tube** Präzisionsrohr *n*
accurately positioned lagegenau
acetic acid Essigsäure *f*

~ **anhydride** Essigsäureanhydrid *n*
acetone Azeton *n*
acetonitrile Azetonitril *n*
acetylene Azetylen *n*
~ **cutting** Azetylen[brenn]schneiden *n*
~-**oxyhydrogen torch** Azetylen-Sauerstoff-Schneidbrenner *m*
Acheson furnace Acheson-Ofen *m (SiC-Herstellung)*
~ **graphite** Acheson-Graphit *m*, Elektrographit *m*
~ **process** Acheson-Verfahren *n (SiC-Herstellung)*
acicular nadelförmig, nadelig
~ **cast iron** 1. Gußeisen *n* mit Zwischenstufengefüge; 2. bainitisches Gußeisen *n*
~ **crystal** Nadelkristall *m*
~ **ferrite** Nadelferrit *m*, nadelförmiger (polygonaler) Ferrit *m*
~ **[grey cast] iron** *s.* ~ cast iron
~ **martensite** nadeliger Martensit *m*, Nadelmartensit *m*, Plattenmartensit *m*
~ **powder** nadeliges Pulver *n*
~ **structure** Nadelstruktur *f*
acid sauer
acid Säure *f*
~ **and lye resisting brick** säure- und laugenbeständiger Stein *m*
~ **balance** Säurebilanz *f*
~ **bath** Säurebad *n*
~ **Bessemer-basic open hearth process** basisches Bessemerkonverter-SM-Verfahren *n*, Duplexverfahren *n*
~ **Bessemer cast steel** Bessemerstahlguß *m*
~ **Bessemer pig [iron]** Bessemerroheisen *n*
~ **Bessemer process** Bessemerverfahren *n*
~ **Bessemer steel** Bessemerstahl *m*
~ **block** saurer Großformatstein *m*
~ **bottom** saurer Herd (Ofenherd) *m*, saurer zugestellter Herdboden *m*
~ **bottom and lining** saure Auskleidung *f*
~ **bottom and walls** saure Zustellung *f*
~ **brick** saurer Stein *m*
~ **brittleness** Beizsprödigkeit *f*
~ **bronze** Bleibronze *f*
~ **cast steel** sauer erschmolzener Stahlguß *m*
~-**cleaned rod** durch Beizen in Säure entzunderter Walzdraht *m*
~ **concentration** Säurekonzentration *f*
~ **consumption** Säureverbrauch *m*
~-**containing** säurehaltig
~ **content** Säuregehalt *m*
~ **converter** 1. sauer zugestellter Konverter *m*; 2. Bessemerbirne *f*
~ **converter cast steel** Bessemerstahlguß *m*
~ **converter process** saurer Konverterprozeß (Windfrischprozeß) *m*
~ **converter slag** Bessemerschlacke *f*

~ **converter steel** saurer Konverterstahl (Bessemerstahl) *m*
~ **converting mill** Bessemerstahlwerk *n*
~ **curing** Säureaufschluß *m (durch Anmaischen von feinkörnigen Feststoffen mit Schwefelsäure)*
~ **dew point** Säuretaupunkt *m*
~ **electric-arc process** saurer Lichtbogenofenprozeß *m*
~ **electric furnace** sauer zugestellter Elektroofen *m*
~ **embrittlement** s. ~ brittleness
~ **etching** Säureätzung *f*
~-**free** säurefrei
~ **furnace** saurer (sauer zugestellter) Ofen *m*
~-**insoluble** säureunlöslich
~ **leach** saurer Laugeprozeß *m*
~ **leaching** saure Laugung *f*
~-**lined** sauer zugestellt
~-**lined cupola** sauer zugestellter Kupolofen *m*
~ **lining** saures Futter *n*, saure Ofenzustellung (Ausmauerung) *f*
~ **mixture** Säuregemisch *n*
~ **number** Säurezahl *f*
~ **open-hearth furnace** sauer zugestellter Siemens-Martin-Ofen (SM-Ofen) *m*
~ **open-hearth-process** Schmelzen *n* im sauren SM-Ofen
~ **open-hearth steelmaking practice** Stahlherstellung *f* im sauren SM-Ofen
~ **plant** Säureanlage *f*
~-**producing bacteria** säurebildende Bakterien *fpl(npl)*
~-**proof** säurefest, säurebeständig
~-**proof lining** säurefeste Auskleidung *f*
~-**proof part** säurefestes Bauelement *n*
~ **protection** Säureschutz *m*
~ **radical** Säureradikal *n*
~ **refractory** 1. saurer feuerfester Stoff *m*; 2. feuerfester Stoff *m* mit hohem SiO$_2$-Gehalt
~ **residue** saurer Rückstand *m*
~ **resistance** Säurebeständigkeit *f*
~-**resistant** säurebeständig, säurefest
~-**resistant alloy** säurebeständige Legierung *f*
~-**resistant brick lining** säurefeste Ausmauerung *f*
~-**resistant cast iron** säurebeständiges Gußeisen *n*
~-**resistant steel** säurebeständiger Stahl *m*
~-**resisting** säurebeständig, säurefest
~ **roast** Rösten *n* mit sauren Zuschlägen
~ **rock** saures Gestein *n (über 60 % Gehalt an SiO$_2$)*
~ **saw** Säuresäge *f*
~ **saw cut** Säuresägeschnitt *m*
~ **sinter** saurer Sinter *m*
~ **slag** saure Schlacke *f*; Bessemerschlacke *f*

~ **slag practice** saure Schlackenführung *f*
~ **smelting** saure Schmelzführung *f*
~-**soluble** säurelöslich
~ **source** Säurequelle *f*
~ **steel** saurer Stahl *m*; Bessemerstahl *m*
~ **strength** Säurekonzentration *f*, Säurestärke *f*
~ **tank** Säuretank *m*
~ **test** *(Korr)* Säuretest *m*
~ **value** Säurezahl *f*
acidic sauer
~ **electrolyte** Säureelektrolyt *m*, saurer Elektrolyt *m*
~ **oxide** saures Oxid *n*
acidiferous säurehaltig
acidification Ansäuern *n*, Ansäuerung *f*
acidified solution angesäuerte Lösung *f*
acidify/to ansäuern
acidity Azidität *f*, Säuregrad *m*
acidulate/to ansäuern
acierage s. acieration
acieration 1. Verstählen *n*; 2. Aufkohlen *n*
acoustic[al] absorption Schallabsorption *f*
~ **emission** *(Wkst)* Schallemission *f*
~ **focus** *(Wkst)* akustischer Brennpunkt *m*
~ **microscopy** *(Wkst)* akustische Mikroskopie *f*
~ **test** Klangprüfung *f*
~ **wave propagation** Schallwellenfortpflanzung *f*
acrid smell scharfer Geruch *m*
acrylic Akrylkunstharz *n*
~ **plastic** Akrylharzkunststoff *m*, Akrylharzplast *m*
~ **resin** Akrylharz *n*
ACSR = aluminium conductor, steel reinforced
act/to [ein]wirken
actinium Aktinium *n*
action Wirkung *f*, Einwirkung *f*
~ **of blast** Blaswirkung *f*
~ **of rust** Verrostung *f*, Rostangriff *m*
~ **of stray current** Fremdstromeinwirkung *f*
activate/to aktivieren; aufladen
activated alumina [künstlich] aktivierte Tonerde *f*, Aktivtonerde *f*
~ **bentonite** *(Gieß)* aktivierter Bentonit *m*
~ **carbon** aktivierter Kohlenstoff *m*, Aktivkohle *f*
~ **charcoal** aktivierte Kohle *f*, Aktivkohle *f*
~ **hot pressing** aktiviertes Heißpressen *n (durch Phasenumwandlung)*
~ **sinter** aktivierter Sinter *m*
~ **sintering** aktiviertes Sintern *n*
~ **slip system** betätigtes Gleitsystem *n*
activating agent 1. Aktivierungsmittel *n*; 2. *(Gieß)* Härter *m*, Beschleunigungsmittel *n*
activation Aktivierung *f*
~ **analysis** Aktivierungsanalyse *f*
~ **area** Aktivierungsfläche *f*
~ **energy** Aktivierungsenergie *f*

~ **energy of sintering** Sinteraktivierungs-energie *f*
~ **energy of vacancy formation** Aktivie-rungsenergie *f* der Leerstellenbildung
~ **energy of vacancy migration** Aktivie-rungsenergie *f* der Leerstellenwande-rung
~ **entropy** Aktivierungsentropie *f*
~ **of sintering** Sinteraktivierung *f*
~ **overpotential** Aktivierungsüberspannung *f*
~ **overvoltage** Aktivierungsüberspannung *f*
~ **parameter** Aktivierungsparameter *m*
~ **state** Aktivierungszustand *m*
~ **stress** Aktivierungsspannung *f*
~ **volume** Aktivierungsvolumen *n*
activator 1. Aktivierungsmittel *n*; 2. Aktiva-tor *m (pneumatische Förderung)*
active anode Aktivanode *f*, Schutzanode *f*
~ **area** wirksame Fläche *f*
~ **atmosphere** [re]aktive Atmosphäre *f*
~ **bentonite content** Aktivtongehalt *m*
~ **brazing** Aktivlöten *n*
~ **brazing alloy** Aktivlot *n*
~ **charcoal** *s.* activated charcoal
~ **clay** Aktivton *m*, aktiver Ton *m*
~ **coil** Aktivspule *f*
~ **coke zone** aktive Kokszone *f*
~ **dislocation** *(Wkst)* aktive Versetzung *f*
~ **hot-metal mixer** Vorfrischmischer *m*, ak-tiver Roheisenmischer *m*
~ **mixer** aktiver Mischer *m*
~ **pore** *(Pulv)* aktive Pore *f*
~ **power** Wirkleistung *f*
~ **state** *(Korr)* Aktivzustand *m*
activity 1. Aktivität *f*, Wirksamkeit *f*; 2. Be-tätigung *f*, Betrieb *m*; 3. Füllfaktor *m*; 4. Beschaffungsgrad *m*; 5. Bewegung *f*
~ **coefficient** Aktivitätskoeffizient *m*
~ **curve** Aktivitätsverlauf *m*, Aktivitätskurve *f*
~ **factor** *s.* interaction coefficient
~ **gradient** Aktivitätsgradient *m*
~ **loss** Aktivitätsverlust *m*, Aktivitätsab-nahme *f*
~ **of sintering** Sinteraktivität *f*
~ **sampling** Multimomentaufnahme *f (Ar-beitsnormung)*
actual breaking load Bruchendlast *f*
~ **casting production** Ist-Gußausstoß *m*
~ **delivery** Ist-Fördermenge *f*; Ist-Förder-stärke *f*
~ **density** Ist-Dichte *f*, vorhandene Dichte *f*
~ **grain size** tatsächliche vorhandene Korn-größe *f*
~ **load** Betriebsbelastung *f*
~ **output** Wirkleistung *f*
~ **porosity** Ist-Porosität *f*, vorhandene Po-rosität *f*
~ **production** Ist-Erzeugung *f*; Ist-Leistung *f*
~ **size** natürliche Größe *f*

~ **value** Ist-Wert *m*
~ **weight** Ist-Gewicht *n*
actuate/to betätigen; anfahren, anlassen, in Betrieb setzen
adamant alloy *als Lagermetall verwendete Sn-Sb-Cu-Legierung*
adamantine spar Diamantspat *m*
adamite Adamit *m (Korundschleifpulver)*
adapt/to 1. anpassen; 2. umarbeiten
adaptability 1. Anpassungsfähigkeit *f*; 2. Umarbeitbarkeit *f*
~ **to the smelting process** Schmelzwürdig-keit *f*
adapter 1. Elektrodenhalter *m*, Elektroden-fassung *f*; 2. Verbindungsstück *n*
~ **bushing** Anpaßbüchse *f*
~ **sleeve** Spannhülse *f*
adaption 1. Anpassung *f*; 2. Umarbeitung *f*
adaptive anpassungsfähig; automatisch anpassend
~ **control** 1. Adaptivsteuerung *f*; 2. Anpas-sungsregelung *f*
ADCI = American Die Casting Institute
add/to zugeben, hinzufügen; zusetzen, zu-bringen, zuschlagen
~ **binder** Binder zusetzen
~ **bond** Bindemittel zusetzen
added metal Zusatzmetall *n*
~ **oxide** Zusatzoxid *n*
additament Zuschlag *m*, Beimengung *f*
addition Zugabe *f*; Zusatz *m*, Zuschlag *m*
~ **agent** Zusatz *m*, Zuschlag *m*
~ **of heat** Wärmezufuhr *f*
~ **of lubricant** *(Pulv)* Gleitmittelzusatz *m*
~ **of powder** Pulverzufuhr *f*, Pulveraufgabe *f*
~ **of reducing agents** Desoxydationszusatz *m*, Beruhigungszusatz *m*, Zugabe *f* von Reduktionsmitteln
additional burner Zusatzbrenner *m*
~ **carbide** Zusatzkarbid *n*
~ **half plane** eingeschobene Halbebene *f*
additions Zuschläge *mpl*
additive Beigabe *f*, Zusatz *m*; Additiv *n*
~ **funnel** Trichter *m* für Zusätze
additivity principle Additionsprinzip *n*
adhere/to [an]haften, ankleben
adherence Haften *n*; Haftfähigkeit *f*, Haft-vermögen *n*; Adhäsion *f*
adhering core (coring) sand anhaftender Kernsand *m*
~ **moulding sand** anhaftender Formsand *m*
adhesion Adhäsion *f*; Haftfähigkeit *f*, Haft-vermögen *n*; Haften *n*, Haftung *f (an Flä-chen)*
~ **force** Adhäsionskraft *f*, Bindekraft *f*
~ **of scale** Zunderhaftfähigkeit *f*
~ **of slag** Schlackenansatz *m*
~ **strength** Adhäsionsfestigkeit *f*, Haftfe-stigkeit *f*
~ **testing** Adhäsionsprüfung *f*, Haftfestig-keitsprüfung *f*

~ **wear** Adhäsionsverschleiß *m*
~ **zone** Haftzone *f*
adhesive capacity Haftfähigkeit *f*, Haftvermögen *n*
~ **paste** Klebmasse *f*, Klebpaste *f*, Klebmittel *n*
~ **power** Adhäsionsvermögen *n*; Haftvermögen *n*, Adhäsionskraft *f*, Bindekraft *f*
~ **strength** Adhäsionsfestigkeit *f*, Haftfestigkeit *f*
~ **stress** Haftspannung *f*
adhesiveness Adhäsionsvermögen *n*, Haftvermögen *n*
adiabat Adiabate *f*
adiabatic adiabatisch
~ **calorimeter** adiabatisches Kalorimeter *n*
~ **expansion** adiabatische Ausdehnung *f*
~ **wall temperature** Eigenwandtemperatur *f*
adjacent 1. angrenzend, anliegend; 2. nachgeschaltet
~ **grain** *(Krist)* Nachbarkorn *n*
adjoining branch weld Anschlußschweißnaht *f*
adjust/to justieren; einstellen, nachstellen, regulieren; verstellen; richten; anstellen *(Walzen)*
adjustable, regulierbar, regelbar; [ein]stellbar; nachstellbar; verstellbar
~ **depth gauge** einstellbares Tiefenmaß *n*
~-**diameter skirt** verstellbare Schlagschürze *f*, verstellbarer Schlagpanzer *m*
~ **dog** verstellbarer Anschlag *m*
~ **electrode** regelbare Elektrode *f*
~ **speed** regelbare Geschwindigkeit *f*
~ **stop** verstellbarer Anschlag *m*
~-**throat armour** verstellbare Schlagschürze *f*, verstellbarer Schlagpanzer *m*
adjustage Einstellung *f*, Regulierung *f*
adjusting device Stellvorrichtung *f*
~ **equipment** Anstellvorrichtung *f (Walzen)*
~ **machine** Adjustagemaschine *f*, Zurichtemaschine *f*
~ **nut** Stellmutter *f*, Nachstellmutter *f*
~ **piece** Einstellstück *n*, Paßstück *n*
~ **power** Verstellkraft *f*
~ **ring** Stellring *m*
~ **roller** Einstellwalze *f*
~ **screw** Druckschraube *f*, Anstellschraube *f*, Justierschraube *f*
~ **shim** Zwischenscheibe *f*
~ **spindle** Stellspindel *f*, Anstellspindel *f*
~ **spring** Paßfeder *f*
~ **wedge** Anzugskeil *m*, Stellkeil *m*
adjustment Justierung *f*; Einstellung *f*; Regulierung *f*; Adjustage *f*; Anstellung *f (von Walzen)*
~ **accuracy** Einstellgenauigkeit *f*, Justiergenauigkeit *f*
~ **bolt** Einstellbolzen *m*, Nachstellbolzen *m*
~ **length** Verstellänge *f*

~ **machine** Adjustagemaschine *f*, Zurichtmaschine *f*
~ **nut** *s.* adjusting nut
~ **of rolls** Walzenanstellung *f*, Walzeneinstellung *f*
~ **of sand composition** Einstellung *f* der Formstoffrezeptur
~ **of stroke** Hubverstellung *f*
Admiralty brass seewasserbeständiges Messing *n*, Marinemessing *n*, Admiralitätslegierung *f (70 % Cu, 29 % Zn, 1 % Sn)*
~ **bronze** *s.* ~ gun metal
~ **gun metal** Admiralitätsbronze *f (88 % Cu, 10 % Sn, 2 % Zn)*
~ **metal** *s.* ~ brass
admission 1. Einlaß *m;* Zuführung *f;* 2. Beaufschlagung *f*
~ **of air** Lufteinlaß *m*, Luftzufuhr *f*
~ **valve** Einlaßventil *n*
admit/to einführen; zuführen
admix/to beimischen, beimengen, zusetzen
admixture Beimischung *f*, Beimengung *f*; Zusatz *m*; Zuschlag *m*
Adnic alloy *Cu-Ni-Legierung (70 % Cu, 20 % Ni, 1 % Sn)*
adoption Annahme *f*, Übernahme *f*
adsorb/to adsorbieren
adsorbability Adsorbierbarkeit *f*, Adsorptionsfähigkeit *f*
adsorbable adsorbierbar
adsorbing power Adsorptionsvermögen *n*, Adsorptionsfähgkeit *f*
adsorption 1. Adsorption *f;* 2. Gasaufnahme *f*
~ **isotherm** Adsorptionsisotherme *f*
adsorptive capacity (power) Adsorptionsvermögen *n*, Adsorptionsfähigkeit *f*
~ **properties** Adsorptionseigenschaften *fpl*
adulterate/to *(Pulv)* mischen
ADV-process *(Pulv)* ADV-Verfahren *n*, Ammoniumdiuranatverfahren *n*
advance/to 1. steigen, wachsen, fortschreiten; 2. *(Umf)* vorschieben, vorrücken, vorholen, vorverlegen
advance 1. Fortschritt *m;* Vorschub *m;* 2. *s.* ~ metal
~ **cylinder** Vorschubzylinder *m*
~ **gear** Vorschubgetriebe *n*
~ **mechanism** Vorschubmechanismus *m*
~ **metal** *Cu-Ni-Legierung mit geringem temperaturabhängigen elektrischen Widerstand*
advancing device Vorholvorrichtung *f*
Ae point Ae-Punkt *m* unter Gleichgewicht *(Ae₁, Ae₂, Ae₃, Ae₄ point = Umwandlungspunkte von Stahl und Eisen)*
aerate/to 1. [be]lüften; karbonisieren *(Al-Erzeugung);* 2. auflockern *(Formsand)*
~ **the sand** Sand auflockern
aerated concrete Leichtbeton *m*, Schaumbeton *m*

aerating element *(Korr)* Belüftungselement *n*
aeration 1. Lüftung *f*, Belüftung *f (Al-Erzeugung)*; 2. *(Korr)* Belüftung *f*; 3. Auflockerung *f (von Formsand)*
~ **cell** Belüftungselement *n*
aerator Sandschleuder *f*, Schleuder *f (zum Lockern des Formsandes)*
aerial oxidation Oxydation *f* durch Luftsauerstoff
~ **railway** Hängebahn *f*
~ **ropeway** Drahtseilbahn *f*
aeric acid *s.* carbon dioxide
Aero Case Process Aero-Prozeß *m (Einsatzhärtung)*
aerobic aerob
~ **bacteria** aerobe Bakterien *fpl(npl)*
Aerolite Aerolit *n (Al-Cu-Legierung)*
aerose messing- oder kupferartig
aerosiderite Meteoreisen *n*, Eisenmeteorit *m*
AES *s.* Auger electron spectroscopy
A + F + C field Austenit-Ferrit-Zementit-Gebiet *n* der Austenitumwandlung
A + F field Gebiet *n* (Gefügebereich *m*) mit Austenit und Ferrit
A + F structure Austenit- und Ferritgefüge *n*
affected by flakes flockenbefallen
affination Affination *f (Gold-Silber-Trennung)*
affine affin
affinity Affinität *f*
afflux Zufluß *m*
afloat/to be flüssig sein
African mahogany Okonmé-Holz *n*
AFS = American Foundrymen's Society
AFS standard clay Tongehalt im Formsand nach dem AFS-Prüfverfahren (USA)
AFS standard cylindrical specimen Normprüfkörper für Formsand nach AFS (USA)
AFS standard sand Testsand nach AFS-Vorschrift (USA)
afterblow/to nachblasen *(Windfrischen)*
afterblow[ing] Nachblasen *n (Windfrischen)*
afterburner Nachbrenner *m*
afterburning Nachbrennen *n*; Überbrennen *n*
~ **chamber** Nachverbrennungskammer *f*, Nachbrennkammer *f*
aftercharging Nachsetzen *n*
afterchlorinate/to nachchlorieren
aftercontraction Nachschrumpfung *f*, Nachschwindung *f*
aftercooler Nachkühler *m*
aftercooling Nachkühlung *f*
afterexpansion Nachexpansion *f*
afterfiltration Nachfiltration *f*
afterflow Nachfließen *n*
afterpour/to nachgießen

afterpour[ing] Nachgießen *n*
afterproduct Nebenerzeugnis *n*, Nebenprodukt *n*
afterpurification Nachreinigung *f*
aftertreat/to nachbehandeln
aftertreatment Nachbehandlung *f*
afterworking elastische Nachwirkung *f*
agar[-agar] Agar[-Agar] *m(n)*
agate mortar Achatmörser *m*
AGC-system *s.* automatic gauge control system
age/to 1. altern; 2. altern, aushärten, auslagern *(s. a.* ~-harden/to*)*
~-**harden** altern, auslagern, aus[scheidungs]härten, anlassen, vergüten
age-hardenability Aushärtbarkeit *f*, Anlaßfähigkeit *f*, Vergütbarkeit *f*
~-**hardenable** aus[scheidungs]härtbar *(Stahl)*; alterungsfähig *(Leichtmetalle)*
~-**hardenable alloy** aus[scheidungs]härtbare Legierung *f*, aushärtende Legierung *f*
~-**hardening** Altern *n*, Aus[scheidungs]härtung *f*, Kaltaushärtung *f*, Auslagerung *f*
~-**hardening treatment** Aushärtungsbehandlung *f*
~-**resistant** alterungsbeständig
ageable vergütbar
ageing *s.* aging
agent Agens *n*, Mittel *n*, Wirkstoff *m*
~ **of fusion** Schweißmittel *n*
agglomerant Bindemittel *n*
agglomerate/to 1. agglomerieren, zusammenbacken, zusammenballen, zusammensintern; 2. klumpen *(Formsand)*
agglomerate 1. Agglomerat *n*, Anhäufung *f*; 2. Sintererzeugnis *n*, Sinter[kuchen] *m*
agglomerated cake Agglomerat *n*, Agglomeratkuchen *m*, Sinter[kuchen] *m*, Sintererzeugnis *n*
~ **cake of powder** Pulveragglomerat *n*
agglomerating backend, sinternd, Sinter...
~ **plant** Agglomerieranlage *f*, Sinteranlage *f*
~ **process** Agglomerationsverfahren *n*, Sinterverfahren *n*
agglomeration Agglomeration *f*, Anhäufung *f*, Ballung *f*, Zusammenbacken *n*, Zusammenballen *n*, Zusammenballung *f*, Sinterung *f*
agglutinant Klebemittel *n*, Bindemittel *n*
agglutinate/to agglutinieren; [ver]kleben; [sich] zusammenballen, klumpen
agglutination Agglutination *f*; Verklebung *f*; Zusammenbacken *n*; Backen *n*; Verklumpung *f*
agglutinative klebrig
aggregate/to sich zusammenballen, verwachsen
aggregate Haufen *m*, Haufwerk *n*
~ **of powder** Pulverhaufen *m*, Pulverhaufwerk *n*

~ **structure** Mischgefüge *n*
aggregation Aggregation *f*, Zusammenballung *f*, Verwachsung *f*, Sinterung *f*
~ **of particles** Partikelaggregation *f*, Teilchenzusammenballung *f*, Teilchensinterung *f*
aggressive medium *(Korr)* Angriffsmittel *n*
~ **slag** scharfe Schlacke *f*
aging 1. Altern *n*; 2. Aushärten *n*, Auslagern *n* *(s. a.* age-hardening*)*
~ **behaviour** Alterungsverhalten *n*, Aushärtungsverhalten *n*
~ **characteristics** Alterungsmerkmale *npl*
~ **crack** Alterungsriß *m (Stahl)*
~ **curve** Anlaßkurve *f*
~ **process** Alterungsvorgang *m*, Härteverfahren *n*
~ **resistance** Alterungsbeständigkeit *f*
~-**resistant** alterungsbeständig
~ **steel** aushärtbarer Stahl *m*
~ **temperature** Auslagerungstemperatur *f*
~ **test** Alterungsversuch *m*
~ **time** Auslagerungsdauer *f*
~ **treatment** Alterungsbehandlung *f*
agitate/to 1. bewegen; 2. [um]rühren, [durch]schütteln
agitated crystallizer Rührkristallisator *m*
~ **extractor** Rührextraktor *m*
agitating device Rührgerät *n*, Rühreinrichtung *f*
agitation 1. Bewegung *f*; 2. Rühren *n*, Umrühren *n*, Agitation *f*; 3. Aufwallen *n*
~ **of bath** 1. Badbewegung *f*; 2. Durchwirbelung *f* des Bades
agitator 1. Rührer *m*, Rührkörper *m*; 2. Rührwerksbehälter *m*
~ **arm** Rührarm *m*
~ **process** Rührprozeß *m*, Rührverfahren *n*
~ **screen** Separationstrommelsieb *n*
agraphitic carbon gebundener Kohlenstoff *m*
agricultural steels Stähle *mpl* für die Landwirtschaft
aguilas ore *(Min)* Spanischer Haematit *m*
A-H. *s.* air-hardened
Aich's metal Aich-Metall *n (Messing mit guten Gießeigenschaften)*
aid Hilfsstoff *m*, Hilfsmittel *n*
AIME = American Institute of Mining, Metallurgical and Petroleum Engineers
air-blow/to Luft einblasen
~-**cool** mit Luft kühlen
~-**dry** an Luft trocknen, lufttrocknen
~-**harden** lufthärten
~-**patent** luftpatentieren *(Draht)*
air Luft *f*, Wind *m*
~ **access** Luftzutritt *m*
~-**acetylene welding** Azetylen-Luft-Schweißen *n*
~-**actuated** *s.* ~-operated
~-**agitation** Luftrührung *f*

~ **and slag backwash** Luft- und Schlackenrückströmung *f*
~-**atomization method** Luftsprühmethode *f*
~ **backwash** Luftrückströmung *f*
~ **belt** Windring *m*, [hochangeordneter] Windkasten *m*
~ **blast** Wind *m*, Gebläsewind *m*, Gebläseluft *f*, Blaswind *m*
~-**blast connection pipe** Windhauptleitung *f*
~-**blast main** Windhauptleitung *f*
~-**blast nozzle** Luftstrahldüse *f*
~-**blast quenching** Drucklufthärten *n*, Härten *n* im Luftstrom
~-**blast stove** Winderhitzer *m*
~-**blast temperature** Windtemperatur *f*
~-**blast tuyere** Winddüse *f*, Windform *f*, Blasform *f*
~ **blasting** Abblasen *n*, Heißblasen *n*
~ **blower** Gebläse *n*, Windgebläse *n*, Luftgebläse *n*
~ **blowing** Windfrischen *n*
~-**blowing rate** Luftmenge *f* beim Verblasen (Blasen)
~ **box** Windkasten *m*
~ **bubble** Luftblase *f*
~ **case** Windmantel *m*, Luftmantel *m*
~ **chamber** Luftkammer *f*; Luftkessel *m*, Windkessel *m*
~ **chanel** Luftkanal *m;* Luftabführung *f;* Luftpfeife *f*
~ **chest** Windkasten *m*
~-**circulating furnace** Luftumwälzofen *m*
~ **circulation** Luftumwälzung *f*, Luftzirkulation *f*
~ **circulation furnace** Luftumwälzofen *m*
~-**city gas torch** Luft-Stadtgas-Brenner *m*
~ **classification** Windsichtung *f*
~ **cleaner** Luftreiniger *m*, Luftfilter *n*
~ **cleaning process** Entstaubung *f*, Entstaubungsverfahren *n*
~ **compression** Luftkompression *f*, Luftverdichtung *f*
~ **compressor** Druckluftkompressor *m*, Drucklufterzeuger *m*, Kompressor *m*
~-**conditioned** mit Klimaanlage versehen
~ **conditioning** Klimatisierung *f*
~ **conditioning plant** Klimaanlage *f*
~ **conduit** Luftleitung *f*, Luftkanal *m*, Luftweg *m*
~ **consumption** Luftverbrauch *m*; Luftbedarf *m*
~ **contaminant** Luftverunreinigung *f*, Schmutzstoff *m* in der Luft
~ **converting** Windfrischen *n*
~ **conveyor** Druckluftförderer *m*, pneumatischer Förderer *m*
~-**cooled slag** in Luft abgekühlte Schlacke *f (zur Zerkleinerung)*
~ **cooler** Luftkühler *m*
~ **cooling** Luftkühlung *f*

17

~ **current** Luftstrom *m*, Windstrom *m*
~ **cushion** *(Umf, Gieß)* Luftpolster *n*, Luft[zieh]kissen *n*, Ziehkissen *n*
~ **cylinder** Luftzylinder *m*, Druckluftzylinder *m*
~ **damper** Luftschieber *m*, Windventil *n*
~ **decomposition (disintegration) plant** Luftzerlegungsanlage *f*
~ **draught** Luftzug *m*
~ **draught sieve** *(Pulv)* Luftstrahlsieb *n*
~ **draught sieve analysis** *(Pulv)* Luftstrahlsiebanalyse *f*
~-**dried** lufttrocken, luftgetrocknet
~-**dried core** *(Gieß)* luftgetrockneter Kern *m*
~-**dried mould** *(Gieß)* luftgetrocknete Form *f*
~-**dried strength** Festigkeit *f* im luftgetrockneten Zustand
~-**dried tensile strength** Zugfestigkeit *f* im luftgetrockneten Zustand
~-**dry** lufttrocken
~-**drying** lufttrocknend
~ **drying** Lufttrocknung *f*, Lufttrocknen *n*
~ **drying-out** Austrocknung *f* an Luft
~ **duct** Luftkanal *m*, Luftschacht *m*
~ **dump car** druckluftbetätigter Selbstkipper *m*
~ **dump cinder car** druckluftbetätigter Schlackenkippwagen *m*
~ **ejector unit** Ejektoranlage *f*, Strahltriebanlage *f*
~ **elutriation** Windsichten *n*, Windsichtung *f*
~ **elutriator** Windsichter *m*
~ **excess pressure** Luftüberdruck *m*
~ **exhaust** Luftaustritt *m*
~ **exhauster** Exhaustor *m*, Absaugventilator *m*
~ **factor** Luftfaktor *m*
~ **filter** Luftfilter *n*; Staubfilter *n*
~ **flap** Luftklappe *f*
~ **flap valve** Klappenventil *n*
~-**floated** windgesichtet
~ **floating** Windsichten *n*, Windsichtung *f*
~ **flue** Luftkanal *m*; Luftzug *m*
~ **flushing** Luftspülung *f*
~ **for combustion** Verbrennungsluft *f*
~-**fuel ratio** Luftfaktor *m*, Luftverhältniszahl *f*, Luft-Brennstoff-Verhältnis *n*
~ **furnace** Flammofen *m*
~ **gap** Luftspalt *m*
~-**gap formation** Luftspaltbildung *f*
~-**gas ratio** Luft-Gas-Gemischverhältnis *n*
~ **grinder** Druckluftschleifmaschine *f*; Druckluftschleifer *m*
~ **gun** *(Gieß)* Abblashahn *m*, Zerstäuber *m*
~ **hammer** Drucklufthammer *m*
~ **hardenability** Lufthärtbarkeit *f*
~-**hardened** luftgehärtet
~-**hardening** lufthärtend

~ **hardening** Lufthärten *n*, Lufth
(der Form)
~-**hardening cast iron** an Luft härter
Gußeisen *n*
~-**hardening refractory cement** feuerfester Mörtel mit chemischen Zusätzen, der vor Einsetzen der keramischen Bindung, aber oberhalb Raumtemperatur härtet
~-**hardening steel** lufthärtender Stahl *m*, Lufthärter *m*
~ **head** Luftverteilerkopf *m*
~ **heater** Lufterhitzer *m*; Winderhitzer *m*, Luftvorwärmer *m*
~ **hoist** Drucklufthebezeug *n*
~ **hole** Blase *f* durch eingeschlossene Luft *(Gußfehler)*
~ **infiltration** Lufteintritt *m*, Falschlufteintritt *m*
~ **infiltration false air** Falschluft *f*
~ **ingress** Lufteintritt *m*, Lufteinströmung *f*
~ **injection machine** Druckluftgießmaschine *f*
~ **input** Windmenge *f*
~ **intake** Lufteinströmung *f*; Lufteintritt *m*, Luftzuführung *f*
~ **intake valve** Lufteinlaßventil *n*
~ **jet** 1. Druckluftstrahl *m*; 2. Luftdüse *f*
~ **jet furnace** Gaskissenofen *m*, Luftkissenofen *m*, Luftdüsenofen *m*
~ **lance** Druckfreistrahlgebläselanze *f*
~ **lift** 1. Druckluftförderung *f*; 2. Druckluftheber *m*, Preßlufthebezeug *n*
~ **lift pump** Mammutpumpe *f*, Druckluftpumpe *f*
~ **line** Luftleitung *f*; Druckluftleitung *f*, Preßluftleitung *f*
~ **line tube** Luftleitungsrohr *n*
~ **lock** 1. Luftstau *m*; 2. Luftschleuse *f*
~-**locked** luftdicht
~ **motor** Druckluftmotor *m*
~ **nozzle** Luftdüse *f*
~-**oil ratio** Luft-Öl-Mischungsverhältnis *n*
~-**operated** pneumatisch betätigt, druckluftbetätigt, mit Druckluft arbeitend, druckluftbetrieben
~-**operated squeezer** *(Gieß)* Druckluftpreßformmaschine *f*
~ **output** Luftaustritt *m*
~ **oxidation** *(Korr)* Oxydation *f* durch Luftsauerstoff
~-**oxygen ratio** Luft-Sauerstoff-Verhältnis *n*
~ **pad** s. ~ cushion
~ **passage** Luftdurchgang *m*
~-**patented** luftpatentiert
~ **patenting** Luftpatentieren *n*, Luftpatentierung *f*
~ **pipe** Luftrohr *n*; Lutte *f*
~ **pistol** Luftpistole *f*
~ **pit** [kleine] Blase *f* durch Lufteinschluß *(Gußfehler)*

~ **...** f, Lufteinschluß m

... nreinigung f, Schmutz-

... nreinigung f, Luftver-
... _uftverstaubung f

... control Steuerung f der Luft-
... _runreinigung

~ **pollution control equipment** Luftreinigungsanlage f

~ **pollution control law** Luftreinhaltegesetz n

~ **port** 1. Lufteintrittskanal m *(Flammofen)*; 2. Luftkopf m *(SM-Ofen)*

~-**port section** Lufteintrittsquerschnitt m

~ **preheat** Luftvorwärmung f

~ **preheater** Luftvorwärmer m, Luvo m

~ **preheating** Luftvorwärmung f

~ **pressure** Luftdruck m; Luftpressung f *(Verblasen)*

~ **pressure atomization** Druckluftzerstäubung f, Preßluftzerstäubung f

~ **pressure compact method** *(Gieß)* Luftdruckverdichtungsverfahren n

~ **purifier** Luftreinigungsanlage f, Luftreiniger m

~ **push** Luftstoß m

~-**quenched** an Luft abgeschreckt, luftgehärtet

~ **quenching** Luftabschreckung f, Lufthärtung f

~ **rammer** Druckluftstampfer m

~ **recirculating oven** Luftumwälzofen m

~ **recirculation** Luftumwälzung f

~-**refined** windgefrischt

~-**refined steel** Windfrischstahl m

~ **refining** Windfrischen n

~ **relief** Entlüftungsweg m

~ **separation** Windsichten n, Windsichtung f

~ **separator** Windsichter m

~-**setting** *(Gieß)* lufthärtend, luftabbindend, kalthärtend *(Bindemittel)*

~ **setting** *(Gieß)* Lufthärtung f *(Bindemittel)*

~-**setting core binder** *(Gieß)* lufthärtender (kalthärtender) Kernbinder m, Erstarrungsbinder m

~-**setting heat-curing oil** *(Gieß)* kalterstarrendes, warmaushärtendes Öl n

~-**setting mortar** lufttrocknender Mörtel m

~ **setting oil** *(Gieß)* lufthärtendes (kalterstarrendes) Öl n

~-**setting refractory cement** lufthärtender feuerfester Mörtel m

~ **strainer** Luftfilter n

~ **stream** Luftstrom m

~ **supply** 1. Luftzufuhr f, Luftzuführung f, Windzufuhr f; 2. Luftversorgung f

~ **sweeping** Windsichten n, Windsichtung f

~-**swept mill** *(Pyro)* Luftstrommühle f, Windsichtermühle f

~ **table** *(Aufb)* Luftherd m

~-**tight** luftdicht, luftundurchlässig

~ **tool** Druckluftwerkzeug n

~ **valve** 1. Druckluftventil n, Preßluftventil n, Pneumatikventil n; 2. Entlüftungsventil n

~ **velocity** Luftgeschwindigkeit f

~ **vent** 1. Entlüftungsschlitz m, Entlüftungskanal m, Luftkanal m; 2. *(Umf)* Entlüftungsbohrung f *(Ziehwerkzeug)*

~ **volume** Luftmenge f, Windmenge f

~ **volume meter** Luftmengenmesser m, Windmengenmesser m

~ **volume recorder** Luftmengenschreiber m, Windmengenschreiber m

~ **wiper** Luftabstreifer m

~ **withdrawal rate** Luftabsaugeleistung f

airblast s. unter air-blast

airblasting s. air blasting

airbond *(Gieß)* kalthärtender Binder m

airborne dust Flugstaub m

Airco process Airco-Verfahren n *(Flammhärtung)*

~ **Temescal process** Airco-Temescal-Verfahren n *(Flammhärtung)*

Aircomatic welding Aircomatic-Schweißen n

airdrop hammer Drucklufthammer m

airflow Luftstrom m, Luftmenge f

~ **classification** Windsichten n, Windsichtung f

~ **press moulding** Luftstrompreßformverfahren n

airing Lüftung f, Belüftung f

~ **louver** Entlüftungsschlitz m, Entlüftungskanal m, Luftkanal m

airless blast cleaning Schleuderradstrahlen n, Schleuderradputzen n

~ **blast cleaning machine** Schleuderradstrahlputzmaschine f

~ **shot blasting** Schleuderradstrahlen n, Schleuderradputzen n

~ **shot blasting machine** Schleuderradstrahlputzmaschine f

~ **spraying equipment** luftfreie Sprühanlage f

AISE = Association of Iron and Steel Engineers

AISI = American Iron and Steel Institute

Ajax alloy Lagerlegierung *(Bleibronze)*

~ **furnace** Ajax-Ofen m

~ **metal** s. ~ alloy

~-**Northrup furnace** Ajax-Northrup-Induktionsofen m, Ajax-Northrup-Mittelfrequenzinduktionsofen m

~-**Northrup high-frequency furnace** Ajax-Northrup-Hochfrequenzinduktionsofen m

~-**Wyatt furnace** Ajax-Wyatt-Ofen m, Ajax-Wyatt-Induktionsofen m, Ajax-Wyatt-Niederfrequenzinduktionsofen m

akrit Akrit n *(Hartmetall)*

Al-fin process Al-Verbundguß-Verfahren *n*, Alfin-Verfahren *n*
~**-killed** *s*. aluminium-killed
aladar *s*. alpax alloy
alaite *(Min)* Alait *m*
alar alloys Alar-Legierungen *fpl (Al-Si-Legierungen)*
alaskite *(Min)* Alaskit *m*
albaloy *Cu-Sn-Zn-Legierung*
albatra alloy (metal) *Cu-Ni-Zn-Legierung*
albion metal *Mehrschicht-Sn-Pb-Legierung*
albond *Gießereiton*
alclad Alclad *n (mit Al beschichtetes Duraluminium)*
alcohol-based coating Alkoholschlichte *f*, Abbrennschlichte *f*
alcomax Permanent-Magnet-Legierungen *fpl (Fe-Al-Ni-Co-Legierungen)*
alcress *Fe-Cr-Al-Legierungen*
Alcumite *goldfarbene Al-Bronze*
alcunic *Al-, Ni-haltiges Sondermessing*
Aldecor Aldecor-Stahl *m*
aldehyde resin Aldehydharz *n*
alder pattern wood Erlenmodellholz *n*
Aldip process *Tauchverfahren für das Aluminisieren von Stahl oder Eisen*
aldrey Aldrey *n (Al-Legierung mit etwa 0,5 % Mg, 0,6 % Si, gelegentlich Fe- oder Mn-haltig)*
aldural *s*. alclad
aldurbra *Al-haltiges Messing*
alexandrite *(Min)* Alexandrit *m*
alfenide [metal] *Ni-haltiges Sondermessing*
alfenol *Al-Fe-Legierung*
alfer *Fe-Al-Legierung*
Alger (Algiers) metal *Sn-Sb-Schmucklegierung*
align/to 1. [aus]richten, [aus]fluchten; 2. bündig legen
aligning device *(Umf)* Gleichlegevorrichtung *f*, Bündiglegevorrichtung *f*
~ **roller** Ausrichtrolle *f*
~ **stop** 1. Anschlag *m*; 2. Ausrichtlineal *n*
alignment Ausrichtung *f*, Ausfluchtung *f*
~ **adjustment** Justiereinrichtung *f*
~ **error** Abgleichfehler *m*
aliphatic amine aliphatisches Amin *n*
alitize/to alitieren
alkali Alkali *n*
~ **bath** Laugenbad *n*, basisches Bad *n*
~ **cleaner** *Mischung aus basischen Hydroxiden mit Karbonaten, Boraten, Phosphaten usw.*
~ **content** Alkaligehalt *m*
~ **cyanide** Alkalizyanid *n*
~ **fusion** Schmelzen *n* mit Alkali, Alkaliaufschluß *m*
~ **metal** Alkalimetall *n*
~**-proof** alkalibeständig, alkalifest, laugenbeständig

~ **resistance** Alkalibeständigkeit *f*, Laugenbeständigkeit *f*
~**-resistant** *s*. ~~-resisting
~**-resisting** alkalibeständig, alkalifest, laugenbeständig
~**-resisting alloy** alkalibeständige (laugenbeständige) Legierung *f*
~**-resisting cast iron** alkalibeständiges (laugenbeständiges) Gußeisen *n*
~**-resisting steel** alkalibeständiger (laugenbeständiger) Stahl *m*
~ **solution** Alkalilauge *f*
alkaline alkalisch, basisch
~ **accumulator** alkalischer Akkumulator *m*
~ **blackening of ferrous metals** Brünieren *n*
~ **cell** alkalischer Akkumulator *m*
~ **conditions** alkalische Bedingungen *fpl*
~**-earth bearing alloy** Bahnmetall *n*, Blei-Alkali-Lagermetall *n (Lagerlegierung)*
~**-earth metal** Erdalkalimetall *n*
~ **earths** Erdalkalien *npl*
~ **fusion** alkalischer Schmelzaufschluß *m*
~ **metal** Alkalimetall *n*
~ **sodium picrate** Natriumpikrat *n (metallografisches Ätzmittel)*
~ **solution** alkalische Lösung *f*
alkalinity Alkalität *f*, Basizität *f*
alkyd resin *(Gieß)* Alkydharz *n*
~ **resin binder** *(Gieß)* Alkydharzbinder *m*
alkyl phosphoric acid Alkylphosphorsäure *f*
all-acid ganzsauer
~**-around efficiency** Gesamtwirkungsgrad *m*
~**-basic** ganzbasisch
~**-basic lining** *(Ff)* ganzbasische Zustellung *f*
~**-metal construction** Ganzmetallkonstruktion *f*, Ganzmetallbau *m*
~**-metal pattern** Ganzmetallmodell *n*
~**-mine** ohne Schrottzusatz
~**-mine pig iron** ohne Schrottzusatz geschmolzenes Roheisen *n*
~**-scrap process** Schrottschmelzverfahren *n*
~**-sintered burden** reiner Sintermöller *m*
~**-sliming process** All-sliming-Verfahren *n (Goldgewinnung)*
~**-steel construction** Ganzstahlkonstruktion *f*, Ganzstahlausführung *f*
~**-weld metal test specimen** Probe *f* aus dem Schweißgut
~**-welded** allseitig geschweißt
allanite *(Min)* Allanit *m*
Allen's metal *Lagerlegierung mit 50 % Cu, 50 % Pb, manchmal bis zu 5 % Sn*
alligation Vermischung *f (von Erzen)*
alligator *s*. ~ shear[s]
~ **crack** Schleifriß *m*
~ **effect** *s*. orange peel effect

~ **shear[s]** Kurbelschere *f*; Hebelschere *f*, Alligatorschere *f*
~ **skin** *s.* orange peel effect
~ **squeezer** Alligatorquetsche *f*
alligatoring Aufspleißen *n*, Aufplatzen *n* der Enden
allomeric *(Krist)* allomer[isch]
allomorphous *(Krist)* allomorph
allophane *(Min)* Allophan *m*
allotriomorphic *(Krist)* allotriomorph, xenomorph, fremdgestaltig
~ **crystal** *s.* crystallite
allotropic change (transformation) allotrope Modifikation *f*, allotrope (polymorphe) Umwandlung *f*
allotropy Allotropie *f*
allow to set/to erstarren lassen
allowable limit Zulässigkeitsgrenze *f*
~ **variation** Abmaß *n*, zulässige Abweichung *f*; Spiel *n*, Spielraum *m*
allowance 1. Bearbeitungszugabe *f*; 2. Zuschlag *m (Lohn und Zeit)*
~ **for contraction** Schwindmaß *n*
alloy/to legieren
alloy Legierung *f*
~ **addition** Legierungszusatz *m*
~ **blank** 1. Legierungsplatine *f*; 2. legiertes Vormaterial *n*
~ **carbide** Karbid *n* des Legierungselements, Sonderkarbid *n*
~ **case-hardening steel** legierter Einsatzstahl *m*
~ **cast iron** legiertes Gußeisen *n*
~ **cast steel** legierter Stahlguß *m*
~ **cementite** legierter Zementit *m*
~ **composition** Legierungszusammensetzung *f*
~ **concentration cell** Legierungskonzentrationszelle *f*
~ **crystal** legierter Kristall *m*
~ **diffusion technique** Diffusionslegierungsverfahren *n*
~ **disorder** Legierungsunordnung *f (Mischkristall mit statistischer Atomverteilung)*
~ **element** Legierungselement *n*, Legierungsträger *m*, Legierungszusatz *m*
~ **formation** Legierungsbildung *f*
~ **hardening** Legierungshärtung *f*, Legierungsverfestigung *f*
~ **metal** Legierungsmetall *n*
~ **microstructure** Legierungsmikrostruktur *f*
~ **ore** Legierungserz *n*
~ **pig iron** 1. legiertes Roheisen *n*; 2. Sonderroheisen *n*
~ **powder** Legierungspulver *n*
~ **quality control test** Qualitätsprüfung *f* der Legierung
~ **sheet** legiertes Blech *n*
~ **steel** legierter Stahl *m*
~ **strength** Legierungsfestigkeit *f*

~ **system** 1. Legierungssystem *n*, Metallsystem *n*, metallisches System *n*; 2. Zustandssystem *n*
~ **tool steel** legierter Werkzeugstahl *m*
~ **type** Legierungsart *f*, Legierungstyp *m*
~ **zone** Legierungszone *f*
alloyed legiert
~ **cementite** legierter Zementit *m*
~ **clear chill cast iron roll** legierte Hartgußwalze *f*
~ **powder** Legierungspulver *n*
alloying Zulegieren *n*
~ **addition** Legierungszusatz *m*
~ **agent** Legierungskomponente *f*
~ **behaviour** Legierungsverhalten *n*
~ **capacity** Legierungsfähigkeit *f*
~ **constituent** Legierungsbestandteil *m*, Legierungspartner *m*
~ **element** Legierungselement *f*, Legierungsträger *m*
~ **metal** Legierungselement *n*, Zusatzmetall *n*
~ **powder** Legierungspulver *n*
~ **protrusion** Legierungseindringstelle *f*
almasilium *Al-Mg-Si-Legierung*
alminal *Al-Si-Legierung*
Alni *Permanentmagnet-Fe-Ni-Legierung*
AlNiCo, Alnico, alnico *Permanentmagnet-Fe-Ni-Co-Legierung*
AlNiCo-sinter magnet AlNiCo-Sintermagnet *m*
Al₂O₃-basic-sintered material Al_2O_3-Basis-Sinterwerkstoff *m*
alpax [alloy] Silumin *n (Al-Si-Legierung mit 11–13 % Si)*
alpha alloy Legierung *f* des homogenen Mischkristalls
~ **alumina** Alphatonerde *f*, α-Tonerde *f (Tonerdemodifikation)*
~ **brass** Alphamessing *n*, α-Messing *n*
~ **bronze** Alphabronze *f*, α-Bronze *f*
~ **forming element** mischkristallbildendes Element *n*
~ **iron** Alphaeisen *n*, α-Eisen *n*
~-**iron solid solution** Alphaeisenmischkristalle *mpl*
~ **martensite** Alphamartensit *m*, α-Martensit *m*
~ **phase** Alphaphase *f*, α-Phase *f (Legierung)*
~-**producing element** *s.* ferrite stabilizer
Alplate process Alplate-Verfahren *n (Beschichtung von Fe z. B. mit Al)*
Alrac process Alrak-Verfahren *n (Schutzschicht für Al-Legierungen)*
alsifer 1. Alsimin *n (Si-Al-Legierung, Reduktionsmittel bei der Stahlerzeugung)*; 2. Alsifer *n*, Sendust *n (Al-Si-Fe-Vorlegierung)*
alsimin Alsimin *n (Al-Si-Fe-Legierung, Reduktionsmittel bei der Stahlerzeugung)*

altar Feuerbrücke *f*
alternate/to abwechseln
alternate abwechselnd, wechselweise
~ **batten** *(Umf)* Doppelschlag *m*
~ **bending strength** Wechselbiegefestig-keit *f*
~ **bending vibrations** Wechselbiege-schwingungen *fpl*
~ **immersion test** *(Korr)* Wechseltauchver-such *m*, Wechseltauchprüfung *f*
~ **lay wire rope** Wechselschlagdrahtseil *n*, Drahtseil *n* im Wechselschlag
~ **steel** Austauschstahl *m*
~ **strength** Wechselfestigkeit *f*
~ **strength bending machine** Wechselfe-stigkeitsprüfmaschine *f*
~ **stress** Wechselspannung *f*
~ **torsional strength** Drehwechselfestig-keit *f*
alternating abwechselnd
~ **bend test** Hin- und Herbiegeversuch *m*
~ **bending** 1. *(Wkst)* Wechselbiegung *f*; 2. Hin- und Herbiegen *n*
~ **current electrolysis** Wechselstromelek-trolyse *f*
~ **current polarization** Wechselstrompola-risation *f*
~ **field permeability** Wechselfeldpermea-bilität *f*
~ **load** Wechselbeanspruchung *f*, schwin-gende Beanspruchung *f*
~ **load deformation** Wechselverformung *f*
~ **stress** Wechselbeanspruchung *f*, schwingende Beanspruchung *f*
~ **tension loading** Wechselschwellbean-spruchung *f*
~ **torsion fatique test** Dauerwechseldreh-versuch *m*
alternative factor Ausweichfaktor *m*
aludur Aludur *n* *(Al-Legierung mit etwa 0,6 % Mg und 0,88 % Si)*
alum Alaun *m*
alumel Alumel *n (Ni-Legierung für Ther-moelemente)*
Alumetier process *ein Alitierungsverfah-ren*
alumetize/to alumetieren, spritzalitieren
alumilite process s. aluminite process
alumina Tonerde *f*, Aluminiumoxid *n*
~ **brick** *(Ff)* Schamottestein *m*
~ **content** Tonerdegehalt *m*
~ **hopper** *(Gieß)* Tonerdespeiser *m*
~ **inclusion** Tonerdeeinschluß *m*
~ **lining** *feuerfeste Auskleidung mit Scha-motte aus Aluminiumoxid*
~ **paste** Tonerdepaste *f*
~ **pellet** Tonerdebrikett *n*
~ **quality** Tonerdequalität *f*
~ **refractories** tonerdehaltige Feuerfester-zeugnisse *npl*
~ **sedimentation** Tonerdeablagerung *f*
~ -**silica brick** *(Ff)* Aluminiumsilikatstein *m*

~ -**silicate brick** *(Ff)* Schamottestein *m*
~ **tube** Tonerderohr *n (eines Ofens)*
alumincoat Beschichtung *f* von Stahl mit Aluminium
aluminic Aluminium..., Alu...
aluminiferous 1. aluminiumhaltig; 2. toner-dehaltig, aluminiumoxidhaltig; 3. alaun-haltig
aluminite *(Min)* Aluminit *m*
~ **process** *(Am)* Eloxalverfahren *n (anodi-sche Oberflächenbehandlung von Alumi-niumlegierungen)*
aluminium Aluminium *n*
~ **alloy** Aluminiumlegierung *f*
~ **alloy casting quality** Aluminiumgußqua-lität *f*
~ **alloy die casting** s. ~ die casting
~ **annealing furnace** Aluminiumglühofen *m*
~ **bar** Aluminiumbarren *m*
~ -**base** auf Aluminiumbasis
~ -**base die-casting alloy** Aluminiumdruck-gußlegierung *f*
~ **basic sintered part** Aluminiumsinterteil *n*
~ -**bearing** aluminiumhaltig
~ **brass** Aluminiummessing *n*
~ **bronze** Aluminiumbronze *f (Al-Cu-Legie-rung)*
~ **cast iron** Aluminiumgußeisen *n*
~ **casting** 1. Aluminiumguß *m*; 2. Alumi-niumgußstück *n*
~ **casting alloy** Aluminiumgußlegierung *f*
~ **chloride** Aluminiumchlorid *n*
~ -**clad** aluminiumplattiert
~ **cladding** Aluminiumplattierung *f*
~ **coat** Aluminiumüberzug *m*
~ -**coated** aluminiumbeschichtet
~ **coating** Aluminiumüberzug *m*
~ **coating by spraying** Alumetieren *n*, Spritzalitieren *n*
~ **cold rolling mill** Aluminiumkaltwalzwerk *n*
~ **cover** Aluminiumüberzug *m*
~ **die casting** 1. Aluminiumdruckguß *m*; 2. Aluminiumdruckgußteil *n*
~ **diffusion coating** Alitieren *n*
~ **drawing** Aluminiumdrahtziehen *n*
~ **drawing lubricant** Aluminiumzieh-schmiermittel *n*, Ziehschmiermittel *n* für Aluminium
~ **extrusion press** Aluminiumstrangpresse *f*
~ **fluoride** Aluminiumfluorid *n*
~ **foil** Alu[minium]folie *f*
~ **foundry** Aluminiumgießerei *f*
~ **gravity die casting** Aluminiumkokillen-guß *m*
~ **heating furnace** Aluminiumerwärmungs-ofen *m*
~ **hot rolling mill** Aluminiumwarmwalzwerk *n*
~ **hydroxide** Aluminiumhydroxid *n*, Toner-dehydrat *n*

~ **impregnation** Aluminieren *n*, Veraluminieren *n*

~ **ingot** Aluminiumblock *m*

~ **-killed** aluminiumberuhigt

~ **-killed cast steel** mit Aluminium beruhigter Stahlguß *m*

~ **-killed heat** mit Aluminium beruhigte Schmelze *f*

~ **killing** Aluminiumberuhigung *f*

~ **melting furnace** Aluminiumschmelzofen *m*

~ **nitride** Aluminiumnitrid *n*

~ **oxide** Aluminiumoxid *n*

~ **-oxide tool tip** Aluminiumoxidschneide *f*

~ **permanent mould casting alloy** Aluminiumkokillengußlegierung *f*

~ **pig** Aluminiumblockmetall *n*, Aluminiummassel *f*

~ **pipe** Aluminiumrohr *n*

~ **powder** Aluminiumpulver *n*, Aluminiumstaub *m*

~ **profile** Aluminiumprofil *n*

~ **reduction cell** Aluminiumreduktionszelle *f (Aluminiumelektrolyse)*

~ **refinery** Aluminiumschmelzwerk *n*

~ **removal** Entfernung *f* von Aluminium

~ **removing flux** Aluminiumentferner *m*

~ **rod** Aluminiumstange *f*

~ **rolling mill** Aluminiumwalzwerk *n*, Leichtmetallwalzwerk *n*

~ **-sheathed cable** Aluminiummantelkabel *n*

~ **sheet** Aluminiumblech *n*

~ **sheet rolling mill** Aluminiumblechwalzwerk *n*

~ **shot** Aluminiumschrot *n(m)*

~ **-silicon alloy** Aluminium-Silizium-Legierung *f*, Al-Si-Legierung *f*

~ **slab** Aluminiumbramme *f*

~ **soap** Aluminiumseife *f*

~ **sodium fluoride** Natriumaluminiumfluorid *n*

~ **solder** Aluminiumlot *n*

~ **soldering** Löten *n* mit Aluminium

~ **solid solution** Aluminiummischkristall *m*

~ **stearate** Aluminiumstearat *n*

~ **steel** Aluminiumstahl *m*

~ **strip** Aluminiumband *n*

~ **strip rolling mill** Aluminiumbandwalzwerk *n*

~ **-tin alloy** Aluminium-Zinn-Legierung *f*, Al-Sn-Legierung *f*

~ **-tin bearing** Lager *n* aus Al-Sn-Legierung

~ **tube** Aluminiumrohr *n*

~ **tube press** Aluminiumrohrpresse *f*

~ **wire** Aluminiumdraht *m*

~ **wrought alloy** Aluminiumknetlegierung *f*

aluminize/to aluminieren, alitieren

aluminized steel alitierter Stahl *m*

aluminizing Aluminierung *f*, Alumin[is]ieren *n*, Alitieren *n*

aluminoferrite aluminiumlegierter Ferrit *m*

aluminothermic aluminothermisch

~ **process** aluminothermisches Verfahren *n*, Thermitverfahren *n*, Thermitprozeß *m*

aluminothermics Aluminothermie *f*

aluminous 1. aluminiumhaltig; 2. tonerdehaltig, aluminiumoxidhaltig; 3. alaunhaltig

~ **cement** Tonerdeschmelzzement *m*

~ **ore** aluminiumhaltiges Erz *n*

aluminum *(Am) s.* aluminium

alumstone *s.* alunite

alundum Alundumschmirgel *m*

alunite *(Min)* Alunit *m*

amalgam Amalgam *n (Hg-Legierung)*

~ **metallurgy** Amalgammetallurgie *f*

amalgamable amalgamierbar

amalgamate/to amalgamieren

amalgamated amalgamiert; verschmolzen

amalgamating plant Amalgamationsanlage *f*

~ **solution** Amalgambad *n*

amalgamation Amalgamierung *f*, Amalgamation *f*

~ **pan** Amalgamierpfanne *f*

~ **process** Amalgamverfahren *n*

amalgamator Amalgamator *m*

ambiance of the stream Strahlumgebung *f*

ambient air (atmosphere) umgebende Luft *f*, Umgebungsluft *f*, Außenluft *f*

~ **temperature** Umgebungstemperatur *f*, Außentemperatur *f*, Raumtemperatur *f*

amblygonite *(Min)* Amblygonit *m*

ambrac *korrosionsfeste Cu-Ni-Zn-Legierung*

Ambrose alloys Neusllberlegierungen *fpl (Cu-Ni-Zn-Legierungen)*

AMC *s.* automatic mould conveyor

American arch Hängegewölbe *n* [amerikanischer Bauart]

~ **bloomery** amerikanisches Herdfeuer *n*

~ **gold** *Au-Legierung mit 10 % Cu, Münzlegierung*

~ **malleable cast iron** schwarzer (graphitisierend geglühter) Temperguß *m*

americium Amerizium *n*

Amex process Aminextraktionsprozeß *m*

amianthus *(Min)* Amianth *m*

amine Amin *n*

aminoplastic Aminoplast *m*

ammine Amminverbindung *f*

~ **complex** Amminkomplex *m*

ammogas dissoziiertes Ammoniak *n*

ammonia Ammoniak *n*

~ **carburizing** Karbonitrierung *f*

~ **cylinder** Ammoniakzylinder *m*

~ **gas** Ammoniakgas *n*

~ **nitriding** Gasnitrieren *n*

~ **recovery** Ammoniakgewinnung *f*

~ **washer** Ammoniakwäscher *m*

~ **water** Ammoniakwasser *n*, Gaswasser *n*

ammoniacal ammoniakalisch

ammonium Ammonium *n*

~ **carbonate** Ammoniumkarbonat *n*

~ **chloride** Ammoniumchlorid *n*, Salmiak *m*
~ **chloroplatinate** Ammoniumhexachloro-
platinat *n*
~ **hydroxide** Ammoniumhydroxid *n*
~ **nitrate** Ammoniumnitrat *n*
amorphous amorph
~ **alloy** 1. amorphe Legierung *f*; 2. amor-
phes Metall *n*
~ **carbide** SiO_2-SiC-Mischkristall *m (benutzt als feuerfeste Auskleidung)*
~ **carbon** amorpher Kohlenstoff *m*
~ **phosphate coating** Bonderüberzug *m*
aus amorphem Phosphat
~ **structure** amorphe Struktur *f*
~ **to electrons** elektronenamorph
~ **to X-radiation** röntgenamorph
amosite *(Min)* Amosit *m*
amount of abrasion Abriebmenge *f*
~ **of application** Aufwandmenge *f*
~ **of binder** *(Gieß)* Bindergehalt *m*, Binder-
anteil *m*
~ **of deformation** Formänderungsbetrag
m, Größe *f* der Formänderung, Verformungsgrad *m*
~ **of dust** Staubgehalt *m*, Staubaustrag *m*
~ **of energy needed** Energiebedarf *m*
~ **of flue gas** Abgasmenge *f*
~ **of fluxing agent** Flußmittelgehalt *m*
~ **of fuel** Brennstoffmenge *f*
~ **of gas** Gasmenge *f*
~ **of heat** Wärmemenge *f*
~ **of moisture** Feuchtigkeitsgehalt *m*, Wassergehalt *m*
~ **of off-centre** Achsenabweichung *f*
~ **of reduction** *(Umf)* Ziehgrad *m*
~ **of shrinkage** 1. Schrumpfmaß *n*,
Schwindmaß *n*; 2. Lunkerungsausmaß *n*
~ **of slag** Schlackenmenge *f*
~ **of straining** Reckgrad *m*
~ **of water held in mould sand** Durch-
feuchtung *f* des Formsands
~ **of wear** Abnutzungsgröße *f*, Verschleiß-
grad *m*
amphibole *(Min)* Amphibolasbest *m*
amphigene *(Min)* Leuzit *m*
amplitude Amplitude *f*, Ausschlagsweite *f*
~ **condition** Amplitudenbedingung *f*
~ **control** Amplitudenregelung *f*
~ **factor** Scheitelfaktor *m*
~ **of oscillation (vibration)** Oszillations-
breite *f*, Schwingungsamplitude *f*,
Schwingungsweite *f*
~ **spectrum** Amplitudenspektrum *n*
~ **transmission micrograph** Amplituden-
transmissionsaufnahme *f*
amyl acetate Amylazetat *n*
~ **alcohol** Amylalkohol *m*
analysis Analyse *f*, Bestimmung *f*, Untersuchung *f*; Auswertung *f*
~ **and grade** Analyse *f* und Körnung *f*
~ **certificate** Analysenbericht *m*, Analysen-
attest *n*

~ **device** Analysengerät *n*
~ **equipment** Analyseneinrichtung *f*
~ **error** Analysenfehler *m*
~ **in a dissolved state** Naßanalyse *f*
~ **in dry state (way)** Trockenanalyse *f*
~ **in wet way** Naßanalyse *f*
~ **of damage** Schadensanalyse *f*
~ **of extracted residues** Rückstandsanalyse *f*
~ **of gases** Gasanalyse *f*
~ **of scatter** Streuungsanalyse *f*, Streu-
ungszerlegung *f*
~ **range** Analysenbereich *m*
~ **unit** Analyseneinheit *f*
analytic[al] analytisch
~ **balance** Analysenwaage *f*
~ **comparison sample** Analysenvergleichs-
probe *f*
~ **equipment** Analysengeräte *npl*, Analyseneinrichtung *f*
~ **method** Analysenverfahren *n*
analyze/to analysieren, bestimmen, untersuchen; auswerten
analyzer Analysator *m*
~ **crystal** Analysatorkristall *m*
analyzing crystal Analysatorkristall *m*
anatomical alloy (metal) Osteoplastiklegie-
rung *f*
anchor/to festmachen; verankern
anchor *(Umf)* Anker *m*
~ **bolt** Ankerbolzen *m*, Fundamentbolzen
m, Ankerschraube *f*
~ **bolt tube** Ankerschraubenrohr *n*
~ **cable** Halteseil *n*, Haltetau *n*, Haltetrosse
f
~ **plate** Ankerplatte *f*
anchored dislocation verankerte Versetzung *f*
anchoring Abstützung *f*, Verankerung *f*
~ **point** *(Krist)* Verankerungspunkt *m*
ancillary equipment Nebeneinrichtung *f*,
Nebenvorrichtung *f*, Hilfseinrichtung *f*,
Hilfsausrüstung *f*, Hilfsvorrichtung *f*
andalusite *(Min)* Andalusit *m*
Andrade's law of [transient] creep Andra-
desches Gesetz *n*
anelasticity Anelastizität *f*
angle bar Eckschiene *f*, Winkelschiene *f*
~ **factor** Winkelverhältnis *n*
~ **iron** Winkelstahl *m*, Winkelprofil *n*
~ **iron bending machine** Winkelstahlbiege-
maschine *f*
~ **of action** *(Umf)* Eingriffswinkel *m*
~ **of addition** *(Pulv)* Zufuhrwinkel *m*
~ **of adjustment** Einstellwinkel *m*
~ **of bend** Biegungswinkel *m*, Biegewinkel
m; Abkantwinkel *m*
~ **of bite** s. ~ of contact
~ **of bosh** Rastwinkel *m*
~ **of compaction** Walzwinkel *m*
~ **of contact** Greifwinkel *m*, Einzugswinkel
m, Fassungswinkel *m (von Walzen)*

~ **of deflection** Ausschlagwinkel *m*, Ablenkungswinkel *m*
~ **of delivery** Ausgangswinkel *m*, Aufgabewinkel *m*
~ **of discharge** Schüttwinkel *m*
~ **of divergence** Divergenzwinkel *m*
~ **of eccentricity** Exzentrizitätswinkel *m*
~ **of elastic deformation** elastischer Verformungswinkel *m (der Walzen)*
~ **of entry** Einlaufwinkel *m*
~ **of friction** Reibwinkel *m*
~ **of hearth slope** Sohlenneigungswinkel *m*, Herdsohlenneigungswinkel *m*
~ **of incidence** Einfallswinkel *m*
~ **of incidence of the ions** Ioneneinfallswinkel *m*
~ **of inclination** Neigungswinkel *m*; Schrägungswinkel *m*, Abschrägungswinkel *m*; Anstellwinkel *m*
~ **of intersection** Schnittwinkel *m*
~ **of nip** *s.* ~ **of contact**
~ **of pass side** Kaliberanzug *m*, Kaliberflankenwinkel *m*
~ **of powder addition** Pulverzufuhrwinkel *m*
~ **of powder pressing** Pulverpreßwinkel *m*
~ **of refraction** Brechungswinkel *m*
~ **of release** Rückdehnwinkel *m (Winkel bei elastischer Rückdehnung des Bandes ohne seine elastische Verformung)*
~ **of repose** Schüttwinkel *m*, Böschungswinkel *m*
~ **of rolling** Walzwinkel *m*
~ **of taper** Konizität *f*
~ **of torque** Torsionswinkel *m*, Verdreh[ungs]winkel *m*
~ **pass** Winkelkaliber *n (Walzen)*
~ **plate** Winkelstück *n*
~ **probe** Winkelprüfkopf *m*
~ **receiver** Winkelaufnehmer *m*
~ **section** Winkelprofil *n*
~ **spacer** Stützleiste *f (Winkelform)*
~ **splice bar** Winkellasche *f*
~ **testing** Winkelprüfung *f*
~-**true** *(Krist)* winkeltreu *(z. B. eine Projektion)*
angular abgewinkelt, winklig
~-**adjustable** schrägverstellbar
~ **adjustment** 1. Schrägverstellung *f*; 2. Schwenkbarkeit *f*
~ **butt strap** Winkellasche *f*
~ **coordinate** *(Krist)* Winkelkoordinate *f*
~ **deformation** Winkelverschiebung *f*, Winkelverzerrung *f*
~ **distance** Winkelabstand *m*
~ **distribution** Winkelverteilung *f*
~ **divergence** Winkeldivergenz *f*
~ **frequency** Winkelgeschwindigkeit *f*, Kreisfrequenz *f*
~ **grain** eckiges Korn *n*
~ **net** *(Krist)* Winkelnetz *n*
~ **powder** splittriges Pulver *n*

~ **quartz grain** eckiges Quarzkorn *n*
~ **range** Winkelbereich *m*
~ **relationship** Winkelbeziehung *f*
~ **resolution** Winkelauflösung *f*
~ **resolving power** Winkelauflösungsvermögen *n*
~ **rolling** scharfkantiges Walzen *n*
~ **shape** eckige Form *f (z. B. der Karbide)*
~ **spread** Winkelverbreiterung *f*
~ **velocity** Winkelgeschwindigkeit *f*
angularity Eckigkeit *f*, Winkligkeit *f*
anhydride Anhydrid *n*
anhydrite *(Min)* Anhydrit *m*
anhydrous sodium carbonate wasserfreies Natriumkarbonat *n*, kalzinierte (kristallwasserfreie) Soda *f*
aniline-formaldehyde resin Anilinformaldehydharz *n*
animal charcoal Tierkohle *f*
anion Anion *n*
~-**active** anion[en]aktiv
~ **complex** Anion[en]komplex *m*
~ **electrode** Anionelektrode *f*
~ **exchange** Anion[en]austausch *m*
~ **exchange resin** Anion[en]austauschkunstharz *n*
~ **exchanger** Anion[en]austauscher *m*
anionic anionisch
anionite Anion[en]austauscher *m*
anisothermal decomposition of austenite nichtisothermer Austenitzerfall *m*
anisotropic anisotrop
anisotropy Anisotropie *f*
~ **constant** Anisotropiekonstante *f*
~ **energy** Anisotropieenergie *f*
~ **factor** Anisotropiefaktor *m*
~ **in sheet metals** Blechanisotropie *f*
~ **ratio** Anisotropieverhältnis *n*
ankerite *(Min)* Ankerit *m*, Braunspat *m*
anneal/to glühen
anneal texture Glühtextur *f*
annealed geglüht
~-**in-process** zwischengeglüht *(Draht)*
~-**in-process wire** zwischengeglühter Draht *m*
~ **metal crystal** geglühter Metallkristall *m*
~ **powder** geglühtes Pulver *n*
~ **structure** Weichglühgefüge *n*
annealing 1. Glühen *n*, Glühung *f*; 2. Ausheilen *n*, Ausheilung *f (von Gitterfehlern)*
~ **atmosphere** Glühatmosphäre *f*
~ **bath** Glühbad *n*
~ **bay** Glüherei *f*
~ **behaviour** 1. Glühverhalten *n*; 2. Ausheilverhalten *n*
~ **bell** Glühhaube *f*
~ **box (can)** *s.* ~ **pot**
~ **carbon** Temperkohle *f*
~ **colour** Glühfarbe *f*
~ **container** Glühgefäß *n*, Tempertopf *m*
~ **cycle** Glühzyklus *m*, Anlaßzyklus *m*, Temperzyklus *m*

~ **equipment** Glühanlage *f*, Temperanlage *f*

~ **facilities** Glüheinrichtungen *fpl*, Tempereinrichtungen *fpl*

~ **furnace** Glühofen *m*, Temperofen *m*

~ **good** Glühgut *n*

~ **hood** Glühhaube *f*

~ **in decarburizing (oxidizing) medium** Glühfrischen *n*, Entkohlungsglühen *n*, entkohlendes Tempern *n*

~ **loss** Glühverlust *m*

~ **muffle** Glühmuffel *f*

~ **ore** Temपererz *n*

~-**out** Ausheilen *n*, Ausheilung *f (von Gitterfehlern)*

~ **place** Glühplatz *m*, Temperplatz *m*

~ **plant** Glühanlage *f*, Temperanlage *f*

~ **pot** Glühkiste *f*, Glühtopf *m*; Glühbehälter *m*, Tempertopf *m*; Temperring *m*

~ **precipitate** Anlaßausscheidung *f*

~ **process** 1. Glühverfahren *n*, Temperverfahren *n*; 2. Glühvorgang *m*, Temperprozeß *m*

~ **rhythm** Glührhythmus *m*, Glühzyklus *m*, Temperzyklus *m*

~ **skin** Glühhaut *f*

~ **spool** Glühspule *f (für Draht)*

~ **temperature** Glühtemperatur *f*

~ **test** Glühversuch *m*, Temperversuch *m*

~ **time** Glühdauer *f*, Glühzeit *f*, Temperzeit *f*

~ **tube** Glührohr *n*

~ **twin** Glühzwilling *m*

~ **twin band** doppelt geglühtes Band *n*

~ **zone** Glühzone *f*, Anlaßzone *f*

annular ringförmig

~ **burner** Ringbrenner *m*

~ **chamber kiln** Kammerringofen *m*

~ **furnace** Ringofen *m*, Rinnenofen *m*

~ **hearth** Ringherd *m*

~ **holder** *(Umf)* Niederhalter *m*, Faltenhalter *m*

~ **kiln** Ringofen *m*, Rinnenofen *m*

~ **mould** ringförmige Kokille *f (für ESU-Verfahren)*

~ **pass** ringförmiges Kaliber *n*, Ringkaliber *n (Walzen)*

~ **pressure cooler** Druckringkühler *m*

~ **roller mill** Ringwalzenmühle *f*

annulus Abtrag *m*, Ringraum *m*

annunciator wire Klingeldraht *m*

anode Anode *f*

~ **bag** Anodenbeutel *m*

~ **block** Anodenblock *m (Aluminiumelektrolyse)*

~ **bullion** Anodenmetall *n*

~ **burn-off** Anodenabbrand *m (bei Kohleelektroden)*

~ **casting** Anodenguß *m*, Anodengießen *n*

~ **cathode spacing** Anoden-Katoden-Abstand *m*

~ **compartment** Anodenraum *m*

~ **copper** Anodenkupfer *n*

~ **drop** Anodenfall *m*, Spannungsabfall *m* an der Anode

~ **effect** Anodeneffekt *m*

~ **efficiency** Anodenschmelzleistung *f*, Anodenwirkungsgrad *m*

~ **life** Betriebszeit *f* der Anode

~ **metal** Anodenmetall *n*

~ **mud** Anodenschlamm *m*

~ **overvoltage** Anodenüberspannung *f*

~ **performance** Anodengebrauchsleistung *f (bei der Aluminiumschmelzflußelektrolyse)*

~ **pickling** Elysierbeizen *n*

~ **potential** Anodenpotential *n*

~ **process** Anodenprozeß *m*

~ **refining furnace** Feinungsofen *m* für Anodenkupfer

~ **scrap** Anodenrest *m*

~ **sheet metals** Anodenbleche *npl*

~ **slime (sludge)** Anodenschlamm *m*

~ **sponge** Anodenschwamm *m (elektrolytische Bleigewinnung)*

~ **sputtering** Anodenzerstäubung *f*

~ **tube** Anodenrohr *n*

anodic anodisch

~ **cleaning** Elysierbeizen *n*

~ **coating** s. ~ oxidation

~ **deposition** anodische Abscheidung *f*

~ **electrode** Anode *f*, positive Elektrode *f*

~ **etching** elektrolytisches Ätzen *n*

~ **oxidation** anodische Oxydation *f*, Anodisieren *n*, Eloxieren *n*

~ **passivity** anodische Passivität (Passivierung) *f*

~ **pickling** Elysierbeizen *n*

~ **polarization** anodische Polarisation *f*

~ **protection** anodischer Korrosionsschutz *m*

~ **reaction** Anodenreaktion *f*

~ **treatment** s. ~ oxidation

anodization s. anodic oxidation

anodize/to anodisch oxydieren, anodisieren, eloxieren

anodized coating (oxide layer) anodisch erzeugte Schicht (Oxidschicht) *f*, Eloxalschicht *f*

anodizing s. anodic oxidation

anolyte Anolyt *m (Lösung im Anodenraum)*

anomalous Hall effect anomaler Hall-Effekt *m*

~ **skin effect** anomaler Skineffekt *m*

~ **transmission** anomale Transmission *f*

antenna litz wire Antennenlitze *f*

~ **wire** Antennendraht *m*

anthracite Anthrazit *m*

~ **blast furnace** Anthrazithochofen *m*, Kohlehochofen *m*

~ **coal** Anthrazit *m*

anthracitic anthrazitisch

anthraquinone Anthrachinon *n*

anti-air-pollution law Gesetz *n* zur Luftrein-haltung
~-Schottky defect Anti-Schottky-Defekt *m*
antiabrasion layer Abriebschutzschicht *f*, Verschleißschutzschicht *f*
antiaging agent Alterungsschutzmittel *n*
antiattrition abriebsmindernd
anticavitation agent Lunkerverhütungsmit-tel *n*
anticlockwise gegen den Uhrzeigersinn
anticontamination trap Antikontamina-tionsfalle *f*
anticorodal Antikorodal *n (Al-Si-Mg-Legie-rung)*
anticorrosion addition Antikorrosionszu-satz *m*
~ mixture Korrosionsschutzmasse *f*
~ paint Korrosionsschutzanstrich *m*
anticorrosive korrosionsverhindernd; rost-hindernd
~ agent Korrosionsschutzmittel *n*; Rost-schutzmittel *n*
~ paper Korrosionsschutzpapier *n*
antifatigue ermüdungsbeständig; dauer-schwingfest
~ agent Ermüdungsschutzmittel *n*
~ property gutes Dauerverhalten *n*
antiferromagnetic antiferromagnetisch
antiferromagnetism Antiferromagnetis-mus *m*
antifoaming agent *(Gieß)* Antischaummit-tel *n (Formstoff)*
antifouling paint *(Korr)* Antifoulingan-strichstoff *m*
antifreeze [agent] Forstschutzmittel *n*
antifriction [agent] Gleitmittel *n*
~ alloy Lagerlegierung *f*
~ bearing steel Wälzlagerstahl *m*
~ bonderizing bath Gleitbonderflüssigkeit *f*
~ metal 1. Lagermetall *n*; 2. Lagerlegie-rung *f*
antimonial lead Hartblei *n*, Blei-Antimon-Legierung *f*
~ nickel *(Min)* Breithauptit *m*
~ speise Antimonspeise *f*
antimonite *(Min)* Antimonit *m*, Antimon-glanz *m*
antimony Antimon *n*
~ bronze Antimonbronze *f (Cu-Sb-Ni-Le-gierung)*
~ glance *s.* antimonite
~ modification Antimonveredlung *f*
~-modified antimonveredelt
~ plating Antimonplattierung *f*
~ premodification Antimonvorveredlung *f*
~-premodified antimonvorveredelt
~ skimmings Antimonabstrich *m (Werk-bleiraffination)*
~ structure Antimonstruktur *f*
antioxidant Oxydationsschutzmittel *n*
antioxidizer Oxydationsschutzmittel *n*

antiphase boundary Antiphasengrenze *f (Phasengrenzfläche)*
~ boundary energy Antiphasengrenzener-gie *f*
~ boundary structure Antiphasengrenzge-füge *n*
~ domain Antiphasenbereich *m*
~ domain boundary energy Antiphasen-grenzenergie *f*
~ vector Antiphasenvektor *m*
antipipe compound *s.* antipiping com-pound
antipiping lunkerverhütend
~ compound Lunkerverhütungsmittel *n*, Lunkerpulver *n*, Speiserabdeckmittel *n*
antipole *(Krist)* Gegenpol *m*
antireflection coating Antireflexions-schicht *f*
~ layer Antireflexbelag *m*
antirust agent (composition) Rostschutz-mittel *n*
~ compound Rostschutzanstrich *m*
~ paint Rostschutzfarbe *f*
antistructure atom Antistrukturatom *n*
antisymmetry operation Antisymmetrie-operation *f*
antitack agent *(Gieß)* Trennmittel *n (für Formen)*
anvil Amboß *m*
~ base Amboßuntersatz *m*
~ beak Amboß[rund]horn *n*
~ block Amboßstock *m*, Schabotte *f*
~ block hammer Schabottenhammer *m*
~ body *s.* ~ block
~ cap Schabotteneinsatz *m*, Gesenkhalter *m*
~ face Amboßbahn *f*
~ heel Stauchamboß *m*
~ horn Amboßhorn *n*
~ jolter Amboßrüttler *m*
~ pritchel hole Amboßrundloch *n*
~ punch Amboßhörnchen *n*, Spitzstöckel *n*
~ tool Amboßgesenk *n*
AOD *s.* argon-oxygen decarburization
AOD converter AOD-Konverter *m*, Argon-Sauerstoff-Konverter *m*
AOQ *s.* average outgoing quality
AOQL *s.* average outgoing quality level
apatite *(Min)* Apatit *m*
APC *s.* automatic position control
apertural defect Öffnungsfehler *m (von Linsen)*
aperture 1. Öffnung *f*; 2. Maschenweite *f*; Lochweite *f (Sieb)*; 3. Zwischenblende *f (Spektralanalyse)*; 4. *(Umf)* Düse *f*; Zieh-düse *f*, Ziehloch *n*
~ diameter Blendendurchmesser *m*
~ diaphragm (plate) Aperturblende *f*
~ size Maschenweite *f*
apex Scheitel[punkt] *m*
~ distance Scheitelabstand *m*
apochromatic objective Apochromat *m*

apophyllite *(Min)* Apophyllit *m*
apparent defect Scheinfehler *m*
~ density 1. scheinbare Dichte *f;* 2. Füll-
dichte *f,* Schüttgewicht *n,* Rohdichte *f*
~ hardness scheinbare Härte *f*
~ modulus Sekantenmodul *m*
~ porosity scheinbare Porosität *f*
~ power Scheinleistung *f*
~ solid volume Rohvolumen *n,* scheinbares
Volumen *n*
~ specific gravity scheinbares spezifisches
Gewicht *n*
~ temperature with colour pyrometer
Farbtemperatur *f*
~ temperature with optical pyrometer
Teilstrahlungstemperatur *f,* schwarze
Temperatur *f*
~ temperature with radiation pyrometer
Strahlungstemperatur *f*
appearance Aussehen *n*
~ of corrosion Korrosionsform *f*
~ of fracture *(Wkst)* Bruchausbildung *f*
application of load Lastaufgabe *f*
~ of mould coating Schwärzen *n,* Schlichten *n (Form)*
applied force Aktionskraft *f (wirkende
Kraft)*
~ stress äußere Spannung (Beanspruchung) *f*
apply/to anwenden, auftragen
~ a chromate conversion coating chromatieren
~ a phosphate coating phosphatieren
~ a stress spannen *(Spannung erzeugen)*
~ blacking schwärzen, schlichten
~ stress relieving groove Risse beseitigen,
ausmeißeln
apportioning Zuteilen *n,* Einspeisen *n*
~ equipment Zuteileinrichtung *f,* Zuteilvor-
richtung *f*
apportionment Zurechnung *f,* Umlage *f*
approach Zusammenrücken *n (von Sandkörnern)*
~ angle *(Umf)* Ziehwinkel *m,* Öffnungswinkel *m*
~ die *(Umf)* Ziehdüse *f,* Ziehstein *m*
~ facilities Anfahrvorrichtung *f*
~ roller [table] Zufuhrrollgang *m*
approval test Abnahmeprüfung *f,* Abnah-
meprobe *f*
approximate equation Näherungsglei-
chung *f*
~ value Näherungswert *m,* Richtwert *m*
approximation Grobschätzung *f*
appurtenance Zubehör *n*
apron Abdeckplatte *f (Walzen)*
~ conveyor Plattenförderband *n,* Plattenbandförderer *m*
~ conveyor feeder Plattenbandzuteiler *m*
~ feeder Aufgabeplattenband *n*
~ plate Zwischenplatte *f (Walzen)*
~ plate conveyor *s.* ~ conveyor

aptitude for rolling Walzbarkeit *f*
apyrous feuerbeständig, feuerfest, unver-
brennbar
AQL *s.* acceptable quality level
aqua fortis Ätzwasser *n (Salpetersäure)*
~ regia Königswasser *n (Salzsäure-Salpe-
tersäure-Gemisch)*
aqueous wäßrig
~ ammonia [wäßrige] Ammoniaklösung *f,*
Salmiakgeist *m*
~ corrosion Seewasserkorrosion *f,* Korrosion *f* in Wasser
~ phase wäßrige Phase *f*
~ pulp of ground ore wäßrige Erztrübe *f*
~ solution wäßrige Lösung *f*
Ar point Ar-Haltepunkt *m (Ar$_0$, Ar$_1$, Ar$_2$, Ar$_3$
point = Umwandlungspunkte des Stahls
bei der Abkühlung)*
Ar temperature Ar-Temperatur *f (Ar$_1$, Ar$_2$,
Ar$_3$, Ar$_4$ temperature = Umwandlungstemperaturen des Stahls bei der Abkühlung)*
arbitrary analysis Schiedsanalyse *f*
~ plane willkürlich gelegte Ebene *f*
~ test Schiedsprobe *f*
arbitration analysis Schiedsanalyse *f*
~ bar zylindrisches Probestück *n (für den
Biegeversuch bei Gußeisen)*
~ test Schiedsprobe *f*
arbor 1. *(Gieß)* Aufnahmering *m (für Sand-
kerne);* 2. Zentralteil *m (einer Verbund-
walze);* 3. Achse *f,* Aufsteckdorn *m,*
Spindel *f*
~ lubricant Dornschmiermittel *n*
arborescent *(Krist)* dendritisch, baumartig,
tannenbäumchenartig
~ crystal Dendrit *m*
arc/to abbrennen
arc 1. Bogen *m;* 2. Lichtbogen *m*
~-air cutting Lichtbogenschneiden *n* mit
Druckluft
~-air process Lichtbogenschneidverfahren
n
~ blow Auslenkung *f* des Lichtbogens
~ characteristic Lichtbogencharakteristik *f*
~ crater Schweißblase *f*
~ current Lichtbogenstrom *m*
~ cutting Lichtbogenschneiden *n*
~ efficiency Lichtbogenwirkungsgrad *m*
~ electrode Lichtbogenelektrode *f*
~ furnace Lichtbogenofen *m*
~ furnace shell Lichtbogenofenmantel *m*
~ gouging Lichtbogenfugenhobeln *n*
~ heating Lichtbogenerhitzung *f*
~ ignition Lichtbogenzündung *f*
~-image furnace Lichtbogen-Reflexionser-
hitzer *m*
~ length Lichtbogenlänge *f*
~ line Bogenlinie *f (Spektralanalyse)*
~-melted im Lichtbogenofen geschmolzen
~ melting Schmelzen *n* im Lichtbogenofen
~ of contact Berührungsbogen *m (Walzen)*

~ **oscillation** Lichtbogenschwingung f
~ **plasma torch** Plasmastrahler m, Plasma-
fackel f
~ **power** Lichtbogenleistung f
~ **process** Lichtbogenofenverfahren n
~ **resistance** Lichtbogenwiderstand m
~ **spring** *(Umf)* Auffederung f des Pressen-
körpers
~ **stability** Lichtbogenstabilität f
~ **tool clutch** Bogenzahnkupplung f
~ **voltage** Lichtbogenspannung f
~ **weld surfacing** Lichtbogenaufschwei-
ßung f
~ **welder** Lichtbogenschweißmaschine f
~ **welding** Lichtbogenschweißen n
~ **welding alternator** Wechselstrom-
schweißgenerator m
~ **welding generator** Gleichstromschweiß-
generator m
~ **welding gun** Schweißpistole f
~ **welding set** Schweißstromaggregat n
~ **welding transformer** Schweißtransformator m
~ **welding using non-consumable electrodes** Lichtbogenschweißen n mit nicht
abschmelzender Elektrode
Arcair torch Lanze f für das Lichtbogenschneiden
arch Bogen m, Wölbung f; Gewölbe n
~ **beam** Gewölbeträger m
~ **brick** Wölber m, Wölbstein m
~ **centring** Bogenschalung f
~ **construction** Gewölbebauart f, Gewölbe-
konstruktion f
~ **crown** Gewölbe n *(eines Ofens)*
~-**form hammer** *(Umf)* Doppelständerhammer m, Zweiständerhammer m
~ **formed by scaffolding** Hängegewölbe n
~ **plate** Gewölbeplatte f
~ **roof** Deckengewölbe n
~ **suspension** Gewölbeaufhängung f
~ **tile** Hängerstein m
arched 1. bogenförmig, gekrümmt; 2. ge-
wölbt
~ **crown** Gewölbe n *(eines Ofens)*
~ **girder** Bogenträger m
~ **hammer** *(Umf)* Doppelständerhammer
m, Zweiständerhammer m
~ **plate** Tonnenblech n
~ **roof** gewölbte Decke f, Deckengewölbe
n
~ **roof of hearth** Herdgewölbe n
~ **wall** Wandwölbung f, gewölbte Wand f
Archimedes number Archimedische Zahl f
architectural bronze Architekturbronze f,
Statuenbronze f
arcing Lichtbogenbildung f, Lichtbogenüberschlag m
~ **effect** Lichtbogeneinwirkung f
~ **time** Schweißzeit f, Belastungsdauer f
~ **time factor** relative Einschaltdauer f
arctic bronzes Kokillenbleibronzen fpl

ardal *Al-Cu-Legierung*
ardometer Gesamtstrahlungspyrometer n
area Fläche f, Gebiet n
~ **analysis** Flächenanalyse f
~ **counting technique** Flächenzählverfah-
ren n
~ **deformation** Flächenformänderung f
~ **fraction** Flächenanteil m
~ **of ball imprint** Eindruckfläche f, Kalot-
tenfläche f *(Kugelhärteprüfung)*
~ **of contact** Kontaktfläche f, Berührungsfläche f
~ **of cross section** Querschnittsfläche f
~ **of heating surface** Heizfläche f
~ **of impression surface** s. ~ of indentation
~ **of indentation** Eindruckfläche f, Kalot-
tenfläche f *(Kugelhärteprüfung)*
~ **of pores** *(Pulv)* Porenfläche f
~ **of powder contacts** Pulverkontaktfläche
f
~ **of sintered corundum** *(Pulv)* Sinterko-
rundfläche f
~ **of spread** Ausbreitungsfläche f
(z. B. des Lots)
~ **perimeter ratio** Flächen-Umfangs-Verhält-
nis n
~ **reduction** Flächenabnahme f, Querschnittsabnahme f
~-**true** *(Krist)* flächentreu
areal flächenhaft
~ **filter** Flächenfilter n
~ **fraction** Flächenanteil m
~ **shape** flächenhafte Ausbildung f
~ **sieve (sifter)** Flächensieb n
argent français *französische Silberlegie-
rung, Cu-Ag-Ni-Legierung*
argentan Neusilber n, Argentan n *(veraltet)*
argentic silberhaltig, Silber...
argentine metal *Sn-Sb-Legierung*
argentite *(Min)* Argentit m, Silberglanz m
argillaceous tonig, tonhaltig, Ton...
~ **iron ore** *(Min)* Siderit m, Toneisenstein
m, toniges Eisenerz n
~ **ore** toniges Erz n
~ **slate** Tonschiefer m
argillocalcite Tonkalk m
argon Argon n
~ **arc welding** Argonarc-Schweißen n
~ **atmosphere** Argonatmosphäre f
~ **cylinder** Argonflasche f
~ **etching** Argonätzung f
~ **flushing** Argonspülbehandlung f
~-**ion beam source** Argonionenstrahlquelle
f
~-**ion beam thinning** Argonionenstrahldün-
nung f
~-**ion etching** Argonionenätzung f
~-**oxygen decarburization** Argon-Sauer-
stoff-Entkohlung f, Argon-Sauerstoff-Fri-
schen n *(s. a. unter AOD)*
~-**shielded arc welding** Argonschutzgas-
schweißen n, Schutzgasschweißen n mit
Argon

~ **tungsten arc welding** Argonarc-Schweißen *n*
argonaut welding selbstjustierendes Lichtbogenschweißen *n*
argyrodite *(Min)* Argyrodit *m*
arithmetic average of roughness arithme-
tischer Mittelrauhwert *m*
arm Arm *m*; Rippe *f*, Speiche *f*; Schenkel
m; Ausleger *m*, Querträger *m*
~ **of yoke** Jochschenkel *m*
~ **section** Armquerschnitt *m*
~ **spacing** Armabstand *m* *(von Dendriten)*
armature 1. Armatur *f*, Zubehörteil *n*, Aus-
rüstungszubehör *n*; 2. Rotor *m*; Anker *m*
~ **coil** Ankerspule *f*, Induktionsspule *f*
~ **lamination** Ankerblech *n*
~ **pinion** Ankerritzel *n*
~ **winding** Ankerwicklung *f*
~ **winding wire** Motorankerbandagendraht
m, Bandagendraht *m*
Armco iron Armco-Eisen *n*, Reineisen *n*,
Weicheisen *n*
armour 1. Panzer *m*, Panzerung *f* *(z. B.*
Hochofen); 2. *100–200 mm dickes Stahl-*
blech
~ **plate** Panzerplatte *f*, Panzerblech *n*
~ **plate rolling mill** Panzerplattenwalzwerk
n .
~ **plating** Panzerung *f*
~ **steel** Panzerstahl *m*
armoured armiert, bewehrt, gepanzert
~ **cast iron** armiertes Gußeisen *n*
~ **glass** Drahtglas *n*
armouring Armierung *f*, Bewehrung *f*, Kabelbewehrung *f*
~ **wire** Bewehrungsdraht *m*
Armstrong process Armstrong-Verfahren
n *(zur Herstellung von Verbundknüppeln)*
arrange/to anordnen; einbauen
arranged angeordnet
~ **in pairs** paarweise angeordnet
~ **in tandem** hintereinander angeordnet, in
Tandemanordnung
arrangement Anordnung *f*, Einrichtung *f*,
Einbau *m*
~ **in pairs** paarweise Anordnung *f*
~ **in tandem** Tandemanordnung *f*
~ **of an installation** Anordnung *f* einer Anlage
~ **of cooling boxes** Kühlkastenanordnung *f*
~ **of measuring points** Meßstellenanord-
nung *f*
~ **of roll stands** Walzgerüstanordnung *f*
~ **of rolls** Walzenanordnung *f*
arrastre Reibmühle *f*
arrest/to arretieren
arrest 1. Arretierung *f*; 2. *s.* ~ **point**
~ **line** Rastlinie *f* *(Dauerbruch)*
~ **point** Haltepunkt *m*, Umwandlungspunkt
m, Umkehrpunkt *m* *(konstante Tempera-*
tur während einer bestimmten Zeit)
~ **temperature** Haltepunkttemperatur *f*

arrester Staubabscheider *m*
~ **case** Filtergehäuse *n*
arresting device Anschlagvorrichtung *f*,
Feststellvorrichtung *f*
~ **lever** Arretierhebel *m*
~ **time** Haltepunktdauer *f*
Arrhenius equation Arrhenius-Beziehung
f, Arrhenius-Gleichung *f*
~ **plot** Arrhenius-Diagramm *n*
~ **relationship** *s.* ~ **equation**
arrowhead cracking pfeilartiger Riß *m*,
Pfeilspitzenriß *m*
arsenian arsenhaltig
arsenic 1. Arsen *n*; 2. Arsenik *n*
~-**hardened** arsengehärtet
~ **iron** *(Min)* Arsenkies *m*, Arsenopyrit *m*
~ **skimmings** Arsenabstrich *m* *(Werkblei-*
raffination)
arsenical arsenhaltig
~ **copper** arsenhaltiges Kupfer *n*, Arsen-
kupfer *n*
~ **nickel** arsenhaltiges Nickel *n*, Arsennik-
kel *n*
~ **speise** Arsenspeise *f*
arsenide of nickel Nickelarsenid *n* *(in der*
Nickelspeise)
arsenite *(Min)* Arsenit *m*, Arsenolith *m*
arseniuret of cobalt Kobaltspeise *f* *(Co-Ar-*
senid als Wertkomponente)
arseniuretted hydrogen Arsenwasserstoff
m
arsenolite *(Min)* Arsenit *m*, Arsenolith *m*
arsenopyrite *s.* **arsenic iron**
arsine Arsenwasserstoff *m*
art casting Kunstguß *m*
articulated gelenkig
~ **joint** Gelenkverbindung *f*, Gliederverbin-
dung *f*
~ **joint coupling** Gelenkkupplung *f*
~ **mandrel** Gliederdorn *m* *(Rohrbiegema-*
schine)
~ **shaft** Gliederwelle *f*
~ **spindle** Gelenkspindel *f*
articulating gelenkig verbunden
~ **shoe** gelenkiges Gleitstück *n*
articulation Gelenk *n*, Gelenkstein *m*
artificial aging künstliche Alterung *f*,
Warmauslagerung *f*, Warmaushärtung *f*
~ **end zone** künstliche Endzone *f*
~ **gas** Kunstgas *n*
as-cast im Gußzustand
~-**cast condition** Gußzustand *m*
~-**cast structure** Gußgefüge *n*
~-**deposited** im geschweißten Zustand
~-**drawn** im gezogenen Zustand
~-**forged** im gewalzten Zustand
~-**hardened** naturgehärtet
~-**mined ore** Fördererz *n*, [aus dem Berg-
werk kommendes] Roherz *n*
~-**quenched** im abgeschreckten Zustand
~-**rolled** in gewalztem Zustand, im Walzzustand; walzhart

~-**rolled condition** Walzzustand *m*
~-**sintered** im gesinterten Zustand
~-**supplied condition** Anlieferungszustand *m*
~-**welded** im Schweißzustand; geschweißt ohne Nacharbeit
ASA = American Standards Association
asbestos Asbest *m*
~-**base fabric** Asbestgewebe *n*
~ **board** Asbestplatte *f*
~ **cement** Asbestzement *m*
~ **cloth** Asbestgewebe *n*
~ **clothing** Asbestbekleidung *f*
~ **cord** Asbestschnur *f*
~-**covered wire** Asbestdraht *m*
~ **fibre** Asbestfaser *f*
~ **gasket** Asbestdichtung *f*
~ **glove** Asbesthandschuh *m*
~-**graphite gasket** Asbest-Graphit-Dichtungsring *m*
~ **joint** Asbestdichtung *f*
~ **layer** Asbesteinlage *f*
~ **packing** Asbestdichtung *f*
~ **pad** Asbestkissen *n*, Asbestwatte *f*
~ **paper** Asbestpapier *n*
~ **product** Asbesterzeugnis *n*
~ **products** Asbestware *f*
~ **rope** Asbestschnur *f*
~ **screen** Asbestschirm *m*
~ **sheet** Asbestplatte *f*
~ **suit** Asbestanzug *m*
~ **wool** Asbestwolle *f*
asbolan *(Min)* Asbolan *m*, Erdkobalt *m*
ascend/to aufsteigen
ascending main Hauptsteigleitung *f*
ascension pipe Steigkanal *m*, Steigrohr *n*
ascensional casting steigender Guß *m*, Bodenguß *m*
ascorbic acid Askorbinsäure *f*
ASEA-Nyby process ASEA-Nyby-Prozeß *m* *(pulvermetallurgische Herstellung von nahtlosen, rostfreien Stahlrohren)*
ASEA-STORA process ASEA-STORA-Verfahren *n (Pulverherstellung)*
ash Asche *f*
~ **box** Aschenkasten *m*
~ **cave** Aschenfallraum *m (eines Ofens)*
~ **chute** Aschenabfuhrkanal *m*
~ **constituent** Aschebestandteil *m*, Aschebildner *m*
~ **content** Aschegehalt *m*
~ **curve** Aschegehaltskurve *f*
~-**discharging vessel** Asche[austrags]schleuse *f*, Aschenschleuse *f*
~ **disposal system** Entaschungsanlage *f*
~ **drawer** Aschenzieher *m*
~ **ejector** Aschenauswerfer *m*, Aschenejektor *m*
~-**free** asche[n]frei
~ **fusibility** Ascheschmelzbarkeit *f*; Sinterfähigkeit *f* der Asche

~ **fusion temperature** Ascheschmelztemperatur *f*
~ **pan** Asche[n]kasten *m*, Aschenschüssel *f*, Aschenpfanne *f*
~ **percentage** Aschegehalt *m*
~ **pit** Asche[n]raum *m*, Aschengrube *f*; Schlackengrube *f*
~ **pit damper** Aschenfallklappe *f*
~ **removal** Entaschung *f*, Asche[n]austragung *f*, Asche[n]austrag *m*, Asche[n]entfernung *f*
~ **removal device** Entaschungsanlage *f*
~ **residue** Asche[n]rückstand *m*
~ **silo** Aschenbunker *m*
~ **stop** Aschenschieber *m*
Ashbury metal *Sn-Sb-Legierung*
ashes Aschen *fpl*
ashless asche[n]frei, af
ashy component (constituent) Ascheträger *m*, Aschebildner *m*
ASM = American Society for Metals
ASP steel ASP-Stahl *m*, ASEA-STORA-Pulverstahl *m*
aspect ratio Längenverhältnis *n*, Schlankheitsverhältnis *n (Knickfestigkeit)*
asphalt Asphalt *m*, Naturasphalt *m*, Erdpech *n*
~ **binder** Asphaltbinder *m*
aspirate/to ansaugen
aspirated volume Ansaugvolumen *n*
aspirating burner Saugbrenner *m*
~ **mouth** Ansaugöffnung *f*
aspiration Ansaugung *f*
aspirator Exhaustor *m*, Entlüfter *m*, Sauggebläse *n*, Saugventilator *m*
assay/to prüfen, analysieren; Erzprobe durchführen
assay 1. Probe *f*, Analyse *f*, Erzprobe *f*, Erzanalyse *f;* 2. Metallgehalt *m (von Erz)*
~ **balance** Analysenwaage *f*
~ **furnace** Probierofen *m*, Versuchsofen *m*
~ **of silver** Herdprobe *f*
assaying Erzanalyse *f*, Metallanalyse *f*
Assel mill Assel-Walzwerk *n*, Dreiwalzenschrägwalzwerk *n*
assemble/to montieren, zusammenbauen
~ **and close a mould** eine Form gießfertig machen
assembling line 1. Montageband *n*; 2. *(Gieß)* Zulegestrecke *f (Formanlage)*
~ **of wax patterns into clusters** *(Gieß)* Montage *f* der Wachsmodelle zu Modelltrauben
~ **plant (shop)** Montagehalle *f*
assembly 1. Einbau *m*, Montage *f*, Zusammenbau *m*; Aufstellung *f*; 2. Baugruppe *f*; 3. Maschinenrahmen *m*, Grundplatte *f*
~ **bay** Montagehalle *f*
~ **belt** Montageband *n*
~ **crane** Montagekran *m*
~ **dimension** Anschlußmaß *n*

~ **in the field** Montage f am Aufstellungsort

~ **line** 1. Montageband n; 2. *(Gieß)* Zulegestrecke f *(Formanlage)*

~-**line crane** Montagekran m

~ **mark** *(Gieß)* Führungskegel m, Zulegemarke f

~ **shop** Montagehalle f

~ **stand** Montagegestell n

associated assoziiert

~ **impurity** zufälliger Eisenbegleiter m

~ **vacancy** gebundene Leerstelle f

assort/to auslesen, sortieren

assortment Auswahl f, Sortierung f

~ **of mixed scrap** Sortierung f von gemischtem Schrott

assurance factor Sicherheitsfaktor m

assy s. assembly

astatine Astat[in] n

asterism Asterismus m *(typischer Röntgenbildeffekt für Eigenspannungen)*

astigmatism correction Astigmatismuskorrektur f

ASTM = American Society for Testing and Materials

Aston-Bayer process s. Bayer process

~ **iron** Aston-Eisen n *(Schmiedeeisen)*

~ **process** Aston-Verfahren n *(Verfahren zur Herstellung von Schmiedeeisen)*

asymmetric-moved mixer Taumelmischer m

asymmetrical asymmetrisch, unsymmetrisch

~ **defect** Abgleichfehler m

athermal athermisch

~ **nucleation** athermale Keimbildung f

~ **transformation** athermale Umwandlung f

atlas alloy (bronze) Atlaslegierung f *(hitzebeständige Al-Bronze)*

~ **of defects in castings** Gußfehleratlas m

atm. pr. s. atmospheric pressure

atmosphere Atmosphäre f

~ **during atomization** Verdüsungsatmosphäre f

~ **reactions** Reaktionen fpl in der Atmosphäre

~ **riser** s. atmospheric feeder

atmospheric atmosphärisch, Luft...

~ **conditions** Witterung f, Außenbedingungen fpl

~ **corrosion** atmosphärische Korrosion f

~ **exposure** Witterungseinwirkung f

~ **exposure test** Naturkorrosionsversuch m; Betriebskorrosionsversuch m

~ **feeder** *(Gieß)* Williams-Speiser m, Williams-Trichter m, atmosphärischer Speiser m

~ **humidity** Luftfeuchtigkeit f

~ **leach[ing]** Normaldrucklaugung f

~ **oxygen** Luftsauerstoff m

~ **pollution** Staubgehalt m *(der Luft)*

~ **pressure** Luftdruck m, Atmosphärendruck m

~ **temperature** Außenlufttemperatur f

~ **weathering** atmosphärische Bewetterung f

atom absorption spectrometric determination atomabsorptionsspektrometrische Bestimmung f

~ **excitation** Atomanregung f

atomic atomar, atomistisch, Atom...

~ **absorption analysis** Atomabsorptionsanalyse f

~ **arc welding** s. ~hydrogen welding

~ **arrangement** Atomanordnung f

~ **concentration** Atomkonzentration f

~ **configuration** Atomanordnung f

~ **coordinate** *(Krist)* Atomkoordinate f

~ **dimensions** Atomabmessungen fpl *(Elektronenmikroskop)*

~ **disintegration** Atomzerfall m, Kernzerfall m

~ **displacement** atomare Verschiebung (Verrückung) f

~ **energy** 1. Atom[kern]energie f, Kernenergie f; 2. Bindungsenergie f

~ **fit** atomare Anpassung f

~ **form factor** s. ~ scattering factor

~ **fraction** Atomanteil m

~ **group** Atomgruppe f

~ **heat** Atomwärme f

~ **hydrogen** atomarer Wasserstoff m

~ **hydrogen [arc] welding** Arcatom-Schweißen n, Wasserstofflichtbogenschweißen n, atomares Schutzgaslichtbogenschweißen n

~ **lattice** Atomgitter n

~ **layer** atomare Schicht f

~ **level** Atomniveau n *(Anregungszustand)*

~ **mass** Atommasse f, Massenwert m, Isotopengewicht n

~ **mobility** Atombeweglichkeit f

~ **model** atomistisches Modell n

~ **moment** Atommoment n

~ **nucleus** Atomkern m

~ **number** Atomzahl f, Ordnungszahl f

~ **number correction** Ordnungszahlkorrektur f

~ **number effect** Ordnungszahleffekt m

~ **percent** Atomprozent n

~ **radius** Atomradius m

~ **scattering factor** Atom[streu]faktor m, Atomformfaktor m

~ **scattering power** Atomstreuvermögen n, atomares Streuvermögen n

~ **size effect** Atomgrößeneffekt m

~ **size factor** Atomgrößenfaktor m

~ **splitting** Atomaufspaltung f

~ **transformation** atomare Umwandlung f, Kernumwandlung f

~ **volume** Atomvolumen n

~ **weight** relative Atommasse f

atomistic description atomistische Be-
schreibung f
atomizable *(Pulv)* [druck]verdüsbar, zer-
stäubbar, versprühbar, atomisierbar
atomization *(Pulv)* Verdüsen n, Druckver-
düsen n, Versprühen n, Atomisierung f,
Zerstäubung f, Vernebelung f
~ **agent** Verdüsungsmittel n, Zerstäu-
bungsmittel n
~ **apparatus** Verdüsungsapparatur f
~ **burner** Zerstäubungsbrenner m
~ **condition** Verdüsungsbedingung f
~ **dryer** Zerstäubungstrockner m
~ **nozzle** Zerstäuberdüse f, Einspritzdüse f,
Vernebelungsdüse f, Verneblerdüse f
~ **powder** Verdüsungspulver n
~ **pressure** Verdüsungsdruck m, Zerstäu-
bungsdruck m
~ **process** Verdüsungsverfahren n
~ **range** Sprühbereich m
~ **technique** Verdüsungstechnik f
~ **temperature** Verdüsungstemperatur f
~ **with compressed air** Druckluftverdüsung f
~ **with pressure gas** Druckgasverdüsung f
~ **with pressure water** Druckwasserverdüsung f
~ **zone** Zerteilungszone f, Verdüsungszone
f
atomize/to *(Pulv)* [druck]verdüsen, versprühen, atomisieren, zerstäuben, verne-
beln, fein verteilen
atomized *(Pulv)* verdüst, versprüht, zer-
stäubt, atomisiert, vernebelt, feingepulvert
~ **powder** Verdüs[ungs]pulver n, Zerstäu-
bungspulver n
atomizer *(Pulv)* Verdüsungseinrichtung f,
Verdüsungsapparatur f, Vernebelungs-
apparat m, Zerstäuber m, Druckzerstäuber m
atomizing s. atomization
~ **jet** Strahl m des Verdüsungsmediums
~ **medium** Verdüsungsmedium n
ATR alloy Zr-Legierung
Atrament C phosphating process ein
Tauchverfahren der Phosphatierung
attach/to anbauen *(Maschine)*
~ **by riveting** annieten
~ **by welding** anschweißen
attached foundry Gießerei f für Eigenbedarf, angeschlossene Gießerei f
~ **test bar** angegossene Probeleiste f
~ **test coupon (specimen)** angegossenes
Probestück n
attaching by riveting Annieten n
~ **by welding** Anschweißen n
attachment 1. Adhäsion f, Anhaftung f,
Haften n; 2. Zusatzeinrichtung f, An-
baueinheit f *(Maschine)*; 3. Aufhängung
f, Befestigung f

~ **of bricks** Aufhängevorrichtung f für
Steine
~ **screw** Klemmschraube f
~ **surface** Anlagefläche f *(Lager)*
attack/to angreifen
attack [chemischer] Angriff m
~ **by oxygen** Sauerstoffkorrosion f
~ **on metal** Metallangriff m
~ **rate** Angriffsgeschwindigkeit f
attendance Bedienung f *(von Apparaten)*
attenuation Schwächung f, Dämpfung f
~ **curve** Schwächungskurve f
~ **device** Dämpfungsvorrichtung f
~ **of the electron beam** Elektronenfluß-
schwächung f
attraction Anziehung f
attractive force Anziehungskraft f
attritor Attritor m
AUC process AUC-Verfahren n *(Ammo-
niumuranylkarbonatverfahren)*
audigauge Wanddickenmesser m
audioalloy *magnetische Fe-Ni-Legierung*
Auer metal Auer-Metall n
Auger electron distribution picture Auger-
Elektronenverteilungsbild n
~ **electron emission spectroscopy** Auger-
Elektronenemissionsspektroskopie f
~ **electron spectroscopy** Auger-Elektro-
nenspektroskopie f
augite *(Min)* Augit m
aural test Klangprobe f
auric Gold(III)-...
auriferous goldhaltig
~ **ore** goldhaltiges Erz n
auripigment *(Min)* Auripigment n
ausaging Austenitalterung f
ausforming Austenitformhärten n
austempering Zwischenstufenvergüten n
austenite Austenit m
~ **aging** Austenitalterung f
~ **and cementite field** Gebiet n (Gefügebereich m) mit Austenit und Zementit
~ **and cementite structure** Austenit- und
Zementitgefüge n
~ **and ferrite field** Gebiet n (Gefügebereich
m) mit Austenit und Ferrit
~ **and ferrite structure** Austenit- und Ferritgefüge n
~ **deformation** Austenitumformung f
~ **dissociation** Austenitzerfall m
~ **former** Austenitbildner m
~-**forming hardening** Austenitformhärten n
~ **grain boundary** Austenitkorngrenze f
~ **reversion** Rückbildung f von Austenit
~ **stabilization** Austenitstabilisierung f
~ **stabilizer** Austenitstabilisator m
~ **texture** Austenittextur f
austenitic austenitisch
~ **alloy steel** legierter austenitischer Stahl
m
~ **cast iron** austenitisches Gußeisen n

~-**ferritic steel** austenitisch-ferritischer Stahl *m*
~ **grain size** Austenitkorngröße *f*
~ **manganese steel** Manganhartstahl *m*
~ **manganese steel casting** austenitischer Manganhartstahlguß *m*
~ **solid solution** Austenitmischkristall *m*
~ **steel** austenitischer Stahl *m*
~ **steel casting** austenitischer Stahlguß *m*
~ **structure** Austenitstruktur *f*
austenitize/to austenitisieren
austenitizer *s.* austenite stabilizer
austenitizing [heat treatment] Austenitisieren *n*, Austenitisierungsglühen *n*
~ **temperature** Austenitisierungstemperatur *f*
~ **time** Austenitisierungszeit *f*
~ **treatment** Austenitisieren *n*, Austenitisierungsglühen *n*
Australian gold Australiengold *n (Au-Ag-Legierung)*
auto-annealing Selbstglühung *f*
~-**charging moulding machine** Selbstchargiermuldenmaschine *f*
~ **floor charger** gleislose Einsetzmaschine *f*
autobody press Karosseriepresse *f*, Presse *f* zum Tiefziehen von Karosserien, Tiefziehpresse *f* für Karosserien
~ **sheet** Karosserieblech *n*
autocarburation Selbstkarburierung *f*, Selbstaufkohlung *f*
autocatalyst Selbstkatalysator *m*
autoclave/to im Autoklaven behandeln
autoclave Autoklav *m*, Druckgefäß *n*
~ **train** Autoklavenreihe *f*, Autoklavenlinie *f*
autoclaving Autoklavbehandlung *f*, Hochdruckdampfbehandlung *f*
autocombustion system Impulsölfeuerungssystem *n*
autogenous grinding autogene Mahlung *f*
~ **mill** autogene Mühle *f*
~ **roasting** autogenes Rösten *n*
~ **smelting** autogenes Schmelzen *n*
~ **smelting TBRC process** autogenes TBRC-Schmelzverfahren *n*
~ **welding** Autogenschweißen *n*
autoladle furnace automatisch beschickter Ofen *m*
automated structure assessment automatische Gefügeauswertung *f*
automatic bar machine Stangenautomat *m*
~ **bath level control** automatische Badspiegelregulierung *f*
~ **blanking machine** Stanzautomat *m*
~ **bolt heading machine** Schraubenstauchautomat *m*
~ **burner** automatischer Brenner *m*
~ **charging** automatisches Beschicken *n*
~ **charging equipment** automatische Beschickungseinrichtung *f*

~ **clutch housing** Gehäuse *n* für automatisches Gießen
~ **cold header** Kaltstauchautomat *m*
~ **control** automatische Steuerung *f*; selbsttätige Regelung *f*
~ **control loop** Regelverhalten *n (des Prozeßsteuersystems als Regelkreis)*
~ **control system** automatischer Regelkreis *m*
~ **controller** automatischer Regler *m*
~ **cycle** selbsttätiger Arbeitsablauf *m*
~ **die-casting machine** Druckgußautomat *m*
~ **dipping system** automatisches Tauchsystem *n*
~ **discharge** Selbstentladung *f*, Selbstentleerung *f*
~ **discharge car (hopper)** Selbstentladewagen *m*, Selbstentlader *m*
~ **doser** automatischer Zuteiler *m*, automatische Dosiervorrichtung *f*
~ **dressing** automatisches Abrichten *n*
~ **feed[ing]** Selbstbeschickung *f*, automatische Beschickung (Zufuhr) *f*
~ **gassing machine** *(Gieß)* Begasungsautomat *m*, Härteautomat *m (für Kerne)*
~ **gauge control system** automatische Dickenregelung *f*
~ **grinder** automatische Schleifmaschine *f*, Schleifautomat *m*
~ **header** Stauchautomat *m*
~ **hot-blast stove reversing device** automatische Winderhitzerumsteuerung *f*
~ **hot-chamber die-casting machine** Warmkammerdruckgußautomat *m*
~ **inclined conveyance** automatischer Aufwärtstransport *m*
~ **ladle** automatisch betätigter Gießlöffel *m*
~ **ladling** automatisches Gießen *n*, automatisches Füllen *n* der Druckgußform
~ **manipulator** Automanipulator *m*, automatischer Manipulator *m*
~ **miller** Fräsautomat *m*
~ **mould conveyor** automatische Formenfördereinrichtung *f*
~ **moulding machine** Formautomat *m*
~ **mud gun** Stichlochstopfautomat *m*
~ **nut forging machine** Mutternpreßautomat *m*, Mutternschmiedeautomat *m*, Mutternstauchautomat *m*
~ **plating unit** Galvanisierautomat *m*
~ **plug mill** Rohrstopfenwalzwerk *n*
~ **plug mill process** automatischer Rohrstopfenwalzprozeß *m*
~ **plug rolling mill** automatisches Rohrstopfenwalzwerk *n*
~ **position control** 1. automatische Lagekontrolle (Positionskontrolle) *f*; 2. automatische Steuerung *f*
~ **press** Preßautomat *m*
~ **presswork machine** Stanzautomat *m*

~ **probe changer** automatischer Probenwechsler *m*
~ **puncher** Stanzautomat *m*
~ **roll-over core stripping machine** *(Gieß)*
Kernwende- und -trennautomat *m*
~ **rotary compression press** Karussellpres-
senautomat *m*, Rundläuferpressenauto-
mat *m*
~ **sand plant** automatische Sandaufbereitung (Formsandaufbereitung) *f*
~ **sorting** automatisches Sortieren *n*
~ **stacker** automatischer Stapler *m*
~ **steel** Automatenstahl *m*
~ **stop** selbstauslösender Anschlag *m*
~ **tip** selbsttätiger Kipper *m*
~ **turntable machine** *(Gieß)* Drehtischauto-
mat *m*
~ **welder** Schweißautomat *m*
~ **welding** Automatenschweißen *n*, Ma-
schinenschweißen *n*, Schweißen *n* mit
Schweißautomaten
~ **welding technique** automatisches
Schweißverfahren *n*
automatically controlled bag filter vollau-
tomatisch gesteuertes Schlauchfilter *n*
~ **controlled sandslinger** *(Gieß)* automatisch gesteuerter Sandslinger *m*
automobile body sheet Karosserieblech *n*
~ **spring** Autofeder *f*
automotive casting Fahrzeugguß *m*, Automobilguß *m*
~ **crane** Autokran *m*
~ **grey iron casting** Fahrzeugguß *m* aus
GGL *(früher Grauguß)*
autopurification Selbstreinigung *f*
autoradiography Autoradiografie *f*
autotrophic autotroph
autunite *(Min)* Autunit *m*
auxiliaries 1. Nebenbetriebe *mpl*; 2. Zubehör *n*; 3. Zuschläge *mpl*
auxiliary anode Hilfsanode *f*
~ **apparatus** Hilfseinrichtung *f*, Hilfsvorrichtung *f*, Hilfsapparat *m*
~ **burner** Zusatzbrenner *m*
~ **burner location** Hilfsbrenneranordnung *f*
~ **data** Anhaltszahlen *fpl*
~ **department** Hilfsbetrieb *m*
~ **furnace** Hilfsofen *m*
~ **hoist (lift)** Hilfshubwerk *n*
~ **machine** Hilfsmaschine *f*
~ **material** Hilfsstoff *m*
~ **plant** Nebenanlage *f*
~ **set** Zusatzapparat *m*, Zusatzaggregat *n*
~ **tap hole** Notstichloch *n*, Notstich *m*
~ **tuyere** Notform *f*
available floor space verfügbare Grundfläche *f*
~ **heat** Nutzwärme *f*
average Mittelwert *m*, Durchschnitt *m*
~ **analysis** Durchschnittsanalyse *f*
~ **content** durchschnittlicher Gehalt *m*
~ **density** mittlere Dichte *f*

~ **grain size** Durchschnittskorngröße *f*
~ **heat transfer coefficient** mittlere Wärmeübergangszahl *f*
~ **linear intercept** mittlere Sehnenlänge *f*
(zwischen Korngrenzen)
~ **outgoing quality** Durchschlupf *m* *(statistische Qualitätskontrolle)*
~ **outgoing quality level** größter Durchschlupf *m*
~ **particle diameter** mittlere Korngröße *f*
~ **performance** Durchschnittsleistung *f*
~ **rate per week** Wochendurchschnitt *m*
~ **sample** Durchschnittsprobe *f*, repräsen-
tative Probe *f*
~ **temperature drop** mittlerer Temperaturabfall *m*, mittlere Temperaturdifferenz *f*
~ **value** Durchschnittswert *m*, Mittelwert
m
Avery test *(Wkst)* Tiefungsversuch *m*
[nach Erichsen], Erichsen-Versuch *m*
aviation fuel exhaust fume Flugtreibstoff-
abgas *n*
Avrami equation Avrami-Gleichung *f*
awkward unhandlich, sperrig
axial alignment Achsenfluchtung *f*
~ **bearing** Axiallager *n*
~ **blower** Axialgebläse *n*
~ **compression** Knickbeanspruchung *f*
~ **cutting force** Vorschubkraft *f*
~ **deflection** Axialdurchbiegung *f*
~ **direction** Achsenrichtung *f*
~ **elongation** Längung *f*, Streckung *f*
~ **expansion pipe** Axialkompensator *m*
~-**flow fan** Axialventilator *m*, Axiallüfter *m*
~-**flow impulse turbine** Gleichdruckaxial-
turbine *f*
~ **force** Axialkraft *f*, Längskraft *f*, Normalkraft *f*
~ **length** Achsenlänge *f*
~ **load** Axiallast *f*, Längslast *f*; Axialbela-
stung *f*
~ **modulus** Längenelastizitätsmodul *m*, E-
Modul *m* für Zug
~ **movement** Axialverschiebung *f*
~ **plane** Achsebene *f*
~ **pressure** Axialdruck *m*
~ **ratio** *(Krist)* Achsenverhältnis *n*
~ **shrinkage** axiale Schwindung *f*
~-**symmetric** axialsymmetrisch, achsen-
symmetrisch
~ **symmetry** Axialsymmetrie *f*, Achsen-
symmetrie *f*
axially pressed powder längsgepreßtes
Pulver *n*
~ **symmetric** axialsymmetrisch, achsen-
symmetrisch
axinite *(Min)* Axinit *m*
axis 1. Achse *f*, Mittellinie *f*; 2. *(Krist)*
Achse *f*
~ **of crystal** Kristallachse *f*, kristallografische Achse *f*

~ **of groove** neutrale Kaliberlinie f, Kaliber-achse f *(Walzen)*
~ **of roll** Walzenachse f
~ **of rotation** Rotationsachse f, Drehachse f
~ **of symmetry** *(Krist)* Symmetrieachse f [erster Art], Dreh[symmetrie]achse f, Gyre f
~ **of tension** Zugachse f
~ **of tilt** Kippachse f
axisymmetric axialsymmetrisch, achsen-symmetrisch
axle 1. Achse f, Radachse f; 2. Welle f, Spindel f
~ **base** Achsabstand m
~ **beam** Achsträger m
~ **bearing** Achslager n
~ **[bearing] box** Achslagergehäuse n
~ **box casting** Achslagergußstück n
~ **case** Achsgehäuse n
~ **collar** Achsbund m
~-**driving shaft** Achswelle f, Antriebswelle f
~ **end** Wellenzapfen m, Wellenstumpf m
~ **journal** Achsschenkel m, Achszapfen m
~ **load** Achsenlast f, Achsbelastung f
~ **pressure** Achsendruck m
~ **shaft** Steckachse f
~ **tube** Hohlachse f
~ **wheels** Radsatz m
azimuthal angle Azimutwinkel m
azurite *(Min)* Azurit m, Kupferlasur m

B

B, s. remanence
babbitt/to mit Weißmetall ausgießen
babbitt s. ~ metal
~ **bearing** Weißmetallager n, Verbundlager n
~ **metal** Weißmetall n, Lagermetall n, Babbitt-Metall n *(Sn-Sb-Cu-Legierung)*
babbitting Weißmetallausguß m, Lager-ausguß f
baby Bessemer converter Kleinkonverter m
~ **press** Vorpresse f
back off/to 1. zurückziehen; 2. hinterdre-hen
~ **up** *(Gieß)* hinterfüllen
back axle Hinterachse f
~ **bricking** Stützmauerung f, Hintermaue-rung f
~ **bridge wall** Feuerbrücke f, Fuchsbrücke f
~ **coal** Kokskohle f, Backkohle f
~-**coupled** rückgekoppelt
~ **current** Rückströmung f
~ **diffusion** Rückdiffusion f
~ **draught** Unterschneidung f, Hinter-schneidung f
~ **echo** Rückwandecho n

~ **extraction** Rückextraktion f
~ **extrusion** Rückwärtsstrangpressen n, in-direktes Strangpressen n
~-**filling** *(Pulv)* Verdichten n
~ **fin** Überwalzung f
~ **gear** Vorgelege[getriebe] n, Zahnradvor-gelege n
~ **gear shaft** Vorgelegewelle f
~ **ionization** Rücksprühen n
~ **pass** *(Umf)* Rückwärtsstich m
~ **pressure** *(Umf)* Gegendruck m, Gegen-schlag m
~ **pressure valve** Rückschlagventil n
~ **pull** Bremszug m, Gegenzug m, Rück-wärtszug m *(Drahtziehen)*
~ **pull drawing** Ziehen n mit Gegenzug *(Drahtziehen)*
~ **reaction** Rückreaktion f
~ **reflection** Rückstrahlung f, Rückwandim-puls m *(Röntgen)*
~-**reflection case** Rückstrahlfall m
~-**reflection Laue X-ray diffraction pattern** s. ~ -reflection Laue X-ray photography
~-**reflection Laue X-ray photography** Laue-Rückstrahlaufnahme f, Rückstrahl-aufnahme f nach Laue
~-**reflection photograph** Rückstrahlauf-nahme f
~ **skewback** Gewölbewiderlager n *(ab-stichseitig)*
~ **spring** Rückholfeder f
~ **springing** Rückfederung f, Rückprallen n, Rücksprung m
~ **stone** Rückstein m *(eines Ofens)*
~ **stop** Begrenzungsanschlag m, [rückwär-tiger] Anschlag m, Rückanschlag m
~ **stress** Rückspannung f, rückwirkende Spannung f
~ **stroke** Rückwärtshub m, Rückwärtsbe-wegung f
~ **surface reflection** Rückwandecho n
~ **tension** s. ~ pull
~-**up** Hinterfüllung f
~-**up roll** Stützwalze f
~-**up roll bearing** Stützwalzenlager n
~-**up roll bending** Stützwalzenrückbiegung f
~-**up roll bending force** Walzenrückbiege-kraft f
~-**up roll crown** Stützwalzenballigkeit f
~-**up roll drive** Stützwalzenantrieb m
~-**up rollers** Stützgerüst n, Stützrollen fpl
~-**up sand** *(Gieß)* Füllsand m, Hinterfüll-sand m
backbone Rückgrat n *(eines Ofens)*
backer Stützwerkzeug n
backfire/to zurückschlagen *(Flamme)*
backfire Flammenrückschlag m, Rückzün-dung f
~ **grid** Flammenrückschlagsieb n
backfiring Zurückschlagen n *(einer Flamme)*

background damping Untergrunddämpfung f
~ **intensity (level)** Untergrundniveau n, Untergrundintensität f
~ **scattering** Untergrundstreuung f
backhand technique Rückhandverfahren n
backing Hintermauerung f
~ **band** Trägerband n
~ **material** Grundwerkstoff m; Trägerwerkstoff m
~ **metal** Grundmetall n
~**-off** Hinterdrehen n, Hinterschnitt m, Unterschnitt m
~ **ring** Stützring m
~ **roll** Stützwalze f
~ **sand** (Gieß) Füllsand m, Hinterfüllsand m
~ **sand hopper** Füllsandbunker m
~**-up** 1. Abstützung f; Widerlager n; 2. Hintermauerung f
~**-up force** (Umf) Einstoßkraft f, Einstoßdruck m, Vorwärtsdruck m
backlash Spiel n, Spielraum m, toter Gang m
~ **of teeth** Zahnflankenspiel n
backplate Spannplatte f (Druckguß)
~ **moulding** Stützschalenformverfahren n
~ **shell moulding** Stützschalenmaskenformverfahren n
backscatter curve Rückstreukurve f (Korngrößenbestimmung)
~ **detector** Rückstreudetektor m
backscattering coefficient Rückstreukoeffizient m
backwall echo Rückwandecho n
~ **echo sequence** Rückwandechofolge f
backward extrusion Rückwärtsfließpressen n, indirektes Strangpressen n
~ **pass** (Umf) Rückwärtszug m
~ **slip** (Umf) Rückstau m
backwash/to rückspülen
backwashing Rückspülung f; Rückströmung f
bacterial leaching Bakterienlaugung f
~ **solution** bakterienhaltige Lösung f
baddeleyite (Min) Baddeleyit m
Badin metal Badin-Metall n (Desoxydationsmittel für Stahl)
baffle s. ~ **plate**
~ **core-type pouring basin** Gießtümpel m mit Gießkern
~ **crusher** Prallbrecher m
~ **crushing** (Pulv) Prallzerkleinerung f
~ **grid** Prallgitter n
~ **plate** Prallblech n, Prallplatte f; Ablenkplatte f
~ **pulverizing** (Pulv) Prallzerkleinerung f
~ **screen** Prallgitter n
~ **separator** Staubkammer f mit Prallfläche
~ **skirt** Prallschürze f; Prallblech n
baffler 1. Feuerbrücke f; 2. Nocken[hebel] m

bag 1. Sack m, Beutel m, Tasche f; 2. Schlauch m (im Schlauchfilter)
~ **filter** Schlauchfilter n, Sackfilter n
~ **house** Filterhaus n, Sackhaus n (Staubfilterkammer)
bail (Gieß) Gehänge n
bainite Bainit m, Zwischenstufengefüge n
~ **needle** Zwischenstufennadel f
~ **particle** Bainitteilchen n
~ **region** Zwischenstufenbereich m
~ **transformation** Zwischenstufenumwandlung f
bainitic ferrite Zwischenstufenferrit m
~ **hardening** Bainithärtung f, Zwischenstufenhärtung f, Isothermhärtung f
~ **structure** Bainitstufe f, Zwischenstufengefüge n,
bainitizing Bainitisieren n, Abkühlen n in der Zwischenstufe
bake/to backen; sintern; trocknen
~ **cores** Kerne trocknen (backen)
baked core [aus]gehärteter Kern m
~ **strength** Trockenfestigkeit f
bakelite resin Bakelitharz n
~ **resin binder** Bakelitharzbinder m
baking cherry coal Sinterkohle f
~ **kiln** Brennofen m
~ **oven** (Gieß) Trockenofen m, Trockenkammer f
balance/to abgleichen; ausgleichen; kompensieren
balance 1. Gleichgewicht n; Stabilität f; 2. Abgleich m, Ausgleich m, Auswuchten n; 3. Waage f; 4. nicht bestimmter Restanteil m (bei Legierungen)
~ **arm (beam)** Waagebalken m
~ **bob plane** Bremsberg m
~ **of weight** Massenausgleich m
~ **principle** Waagebalkenprinzip n
~ **print** verstärkte einseitige Kernmarke f mit Sicherung
~ **resistor** Ausgleichswiderstand m, Abgleichwiderstand m
~ **rope** Unterseil n
~ **test** Gleichgewichtsprüfung f
~ **weight** Gegenmasse f, Schwungmasse f
~ **wheel** Schwungrad n
balanced entlastet
~ **reaction** umkehrbare (reversible) Reaktion f, Gleichgewichtsreaktion f
~ **running** gleichförmiger Gang m
~ **sampling** ausgewogener Stichprobenplan m
~ **state** Gleichgewichtszustand m
~ **steel** halbberuhigter Stahl m
~ **temperature** Wärmegleichgewicht n
balancer Ausgleichsgerät n (mit Gegengewicht)
balancing Auswuchten n, Ausgleichen n
~ **pore** (Pulv) Gleichgewichtspore f
~ **set** Ausgleichsaggregat n
balata belt Gurtförderer m

bank

Balbach-Thum cell Balbach-Thum-Zelle *f*
(Silberelektrolysezelle mit horizontaler
Elektrodenanordnung)
bale/to zusammenballen, zu Ballen pressen, paketieren
~ **out** schöpfen *(Metall aus dem Ofen)*
bale-out furnace Schöpfofen *m*, feststehender Ofen *m*
baled scrap paketierter Schrott *m*, Paketierschrott *m*
baling Paketieren *n*, Bündeln *n*
~ **band** Verpackungsband *n*
~ **bands (hoops)** Verpackungsbandeisen *n*
~ **press** Ballenpresse *f*, Paketierpresse *f*
~ **wire** Bindedraht *m*
balk 1. Balken *m*, Tragbalken *m*; 2. *(Umf)*
Knüppelrost *m*, Balkenrost *m*
ball/to Luppen bilden
~-**mill** kugelmahlen
ball 1. Kugel *f*; 2. Luppe *f*
~-**and-race mill** Horizontalkugelmühle *f*,
Kollergangmühle *f*
~-**and-ring mill** Kugelringmühle *f*
~-**and-roller bearing steel** Wälzlagerstahl
m
~-**and-socket joint** Kugelgelenk *n*
~ **bearing** 1. Kugellager *n*; 2. Kugellage-
rung *f*
~-**bearing cup** Kugellagergehäuse *n*
~-**bearing floating plate** Formplatte *f* mit
Kugelführung
~-**bearing inner race** Kugellagerinnenring
m
~-**bearing mill** Kugelmühle *f*
~-**bearing race** Kugellagerring *m*
~-**bearing steel** Kugellagerstahl *m*
~ **charge** Kugelfüllung *f*
~ **clay** Töpferton *m*, Backsteinbeton *m*,
„Ballton" *m (Fireclay mit nur geringen*
Beimengungen)
~ **hardness testing** Brinell[härte]prüfung *f*
~ **impact hardness testing** Kugelschlag-
härteprüfung *f (dynamische Härteprü-*
fung, z. B. mit dem Poldihammer)
~ **indentation test** Kugeleindruckversuch
m (z. B. Brinellhärteprüfung)
~ **indentation tester** Kugeldruckhärteprü-
fer *m*
~ **iron** Luppeneisen *n*
~ **joint** Kugelgelenk *n*
~ **load** Kugelfüllung *f (einer Kugelmühle)*
~ **mill** Kugelmühle *f*
~ **mill for wet grinding** Kugelmühle *f* für
Naßschliff
~ **mill with screens** Siebkugelmühle *f*
~ **milling** Kugelmahlen *n*, Vormahlen *n* in
der Kugelmühle
~ **of rail** Schienenkopf *m*
~ **pressure test** Kugeldruckhärteprüfung *f*,
Brinellhärteprüfung *f*
~ **pressure tester** Kugeldruckprüfgerät *n*
~ **rolling mill** Kugelwalzwerk *n*

~-**shaped** kugelförmig
~ **socket** Kugelpfanne *f*
~ **squeezer** Luppenquetsche *f*
~ **stuff** Flickmasse *f (für Ofenfutter)*
~ **test** Kugeldruckhärteprüfung *f*, Brinellhärteprüfung *f*
~ **thrust hardness** Kugeldruckhärte *f*, Brinellhärte *f*
~ **thrust test** *s*. ~ test
~-**type crusher** Kugelbrecher *m*
~ **valve** Kugelventil *n*
ballast weight Beschwergewicht *n*, Be-
schwereisen *n*
~ **weight conveyor** Lastgewichtkonveyor
m
balling 1. Zusammenballung *f*; Pelletieren
n; 2. Luppenbildung *f*
~ **drum** Pelletiertrommel *f*
band/to [ab]binden, bandagieren
band 1. Band *n*, Streifen *m*; 2. Zugband *n*;
3. Bund *m*; 4. Zeile *f (Gefüge)*
~ **brake** Bandbremse *f*; Bremsband *n (aus*
Pulver)
~ **conveyor** Bandförderer *m*, Förderband *n*
~ **edge** *(Krist)* Bandkante *f*
~ **gap** *(Krist)* Bandlücke *f*
~ **mill** Streifenwalzwerk *n*, Schmalbandwalzwerk *n*
~ **pass** Durchlaßbreite *f*, Durchlaßbereich
m, Durchlaßband *n (eines Filters)*
~ **rope** Flachseil *n*, Bandseil *n*
~ **saw** Bandsäge *f*
~ **saw blade** Bandsägeblatt *n*
~ **sawing** Bandsägen *n*
~ **structure** *(Krist)* Bandstruktur *f*, Bandge-
füge *n*
~ **width** Bandbreite *f*
~ **width at 50 percent down** Halbwert-
breite *f (Siebanalyse)*
bandage Bandage *f*
~ **mill** Bandagenwalzwerk *n*
banded structure *(Krist)* [sekundäre] Zeilenstruktur *f*, Zeilengefüge *n*
~ **structure chart series** Zeiligkeitsbild-
reihe *f*
~ **structure index** Zeiligkeitszahl *f*
bander Bindemaschine *f*, Bandagierma-
schine *f*
banding Zeilenbildung *f*, Zeiligkeit *f*
bands of secondary slip Bänder *npl* zweiter Gleitung, Striemen *mpl*
bangability Standfestigkeit *f*
bank/to 1. dämpfen *(Hochofen)*; 2. stampfen *(Herdsohle)*
~ **the cupola** den Kupolofen drosseln
bank Vorwärmer *m (SM-Ofen)*
~ **moulder** Bankformer *m*
~ **of capacitors** Kondensatorenbatterie *f*
(Induktionsofen)
~ **of coke ovens** Koksofenbatterie *f*
~ **of tubes** Rohrbündel *n*
~ **to bank** schichtweise *(beim Stampfen)*

banked blast furnace gedämpfter Hochofen *m*

banks Seitenwände *fpl*

bar 1. Stab *m*, Stange *f;* Schiene *f;* Strang *m;* Barren *m;* 2. Schore *f (Formkasten)*
~ **copper** Stangenkupfer *n*, Barrenkupfer *n*
~ **cropping automate** *(Umf)* Stangenschneidautomat *m*, Stangenschopfautomat *m*
~ **cutter (cutting machine)** Stangenschere *f*, Stabschere *f*
~ **drawing** 1. Stabziehen *n*, Stangenziehen *n;* 2. Stopfenziehen *n (Ziehen nahtloser Rohre)*
~ **drawing bench** Stangenziehbank *f*
~ **drawing machine** Stangenziehmaschine *f*, Stangenzug *m*
~ **feed** Stangenvorschub *m*
~ **filler rod** nackter Schweißdraht *m*
~-**grading system** Stabsortiersystem *n*
~ **grinder** Stangenschleifmaschine *f*
~ **mill** 1. Stabmühle *f;* Schleudermühle *f;* Desintegrator *m;* 2. Stabwalzwerk *n*
~ **peeling machine** Stabschälmaschine *f*, Stabdrehmaschine *f*
~ **plate** Profilklotz *m;* Preßplatte *f;* Eindrückleiste *f*
~ **screen** Stangenrostsieb *n*, Stangenrost *m*, Stab[sieb]rost *m*
~ **section** Stabquerschnitt *m*
~ **shears** Stangenschere *f;* Knüppelschere *f*
~ **steadier** Stangenwiderlager *n* von Rohrwalzwerken
~ **steel** Stabstahl *m*
~ **stock** Stabmaterial *n*
~ **tapering machine** Stangenanspitzmaschine *f*
~ **turner** Knüppelkanter *m*
~ **turning machine** Stabdrehmaschine *f*, Stabschälmaschine *f*
~ **wave** Stabwelle *f*

barbed wire Stacheldraht *m*

bare crystal ungeschützter Schwinger *m (Ultraschallprüfung)*
~ **electrode** nackte Elektrode *f*
~ **terminal end** Einspannende *n (einer Elektrode)*
~ **wire** Blankdraht *m*, blanker Draht *m;* nackter Schweißdraht *m*

barite *(Min)* Baryt *m*, Schwerspat *m*

barium Barium *n*
~ **titanate** Bariumtitanat *n*

bariumferrite permanent magnet Bariumferritdauermagnet *m*

barker machine Schälmaschine *f*, Putzmaschine *f*

Barkhausen jump Barkhausen-Sprung *m*

barley kleinstückige Steinkohle (Anthrazitkohle) *f*

barrandite *(Min)* Barrandit *m*

barred [moulding] box Formkasten *m* mit Schoren

barrel 1. Faß *n;* 2. Ballen *m,* Bund *m (Walze);* 3. Trommel *f*
~ **amalgamation process** Trommelamalgamation *f*
~ **boiler** Zylinderkessel *m*
~ **cleaner** Rohrreiniger *m*
~ **converter** Trommelkonverter *m*, liegender Konverter *m*
~ **end groove** Randkaliber *n*
~ **finishing** Trommelputzen *n (von Gußteilen)*
~ **length** Ballenlänge *f*, Länge *f* des Walzenballens
~ **mixer** Trommelmischer *m*
~ **polishing** Trommelpolieren *n*
~ **processing** Trommelverfahren *n*
~ **reclaimer** Trommelaufnehmer *m;* Walzenaufnehmer *m*
~ **ring** Laufring *m (Trommelofen)*
~-**shaped mixer** Trommelmischer *m*
~ **surface** Walzenoberfläche *f*

barrel[l]ing 1. *(Gieß)* Trommelpolieren *n;* 2. Ausbauchen *n*, Wölben *n*, Verwölben *n*

barren taub, arm, unhaltig, erzfrei
~ **flux** arme Schlacke *f*
~ **gangue** taubes Gestein *n*
~ **solution** Armlauge *f (Zyanidlaugerei)*

barrier material *(Korr)* Sperrschichthülle *f*

barrow Förderwagen *m*, Karren *m*
~ **charging** Karrenbegichtung *f*, Begichtung *f* von Hand
~ **weight** Einfüllgewicht *n*

bars Stabmaterial *n*, Stabstahl *m*

baryte s. barite

basal crack Fußriß *m*
~-**oriented** *(Krist)* basisorientiert
~ **plane** *(Krist)* Basisebene *f (im hexagonalen Gitter)*

basalt melting furnace Basaltschmelzofen *m (zur Herstellung von Basaltwolle und Basaltteilen)*

base 1. Grundlage *f;* Grundfläche *f*, Fundament *n;* 2. Grundplatte *f*, Untersatz *m;* Untergestell *n;* Sockel *m*, Fuß *m;* 3. *(Krist)* Basis[ebene] *f;* 4. Base *f (chemisch)*
~ **adjustment** Basiseinstellung *f*
~ **alloy** Ausgangslegierung *f*
~ **angle** *(Krist)* Basiswinkel *m (Winkel zwischen zwei Achsen, die die Basisebene aufspannen)*
~ **bullion** unreines Werkblei *n*
~ **circle** Grundkreis *m*
~ **composition** Grundzusammensetzung *f*
~ **exchange capacity** Basenaustauschvermögen *n*
~ **face** Auflagefläche *f*
~ **iron** Ausgangseisen *n*, Basiseisen *n*

~ **material** Grundstoff *m*, Grundmaterial *n*, Grundwerkstoff *m*, Trägerwerkstoff *m*, Ausgangswerkstoff *m*; Vormaterial *n*; Grundmaterial *n (z. B. beim Plattieren oder Schweißen)*; *s. a.* ~ metal

~ **metal** Grundmetall *n*, Basismetall *n*, Ausgangsmetall *n*; *s. a.* ~ material

~ **mixture** Ausgangsmischung *f*

~ **of hearth** Herdsohle *f*

~ **of the welded seam** Wurzel *f* der Schweißnaht

~ **plate** Grundplatte *f*, Fundamentplatte *f*, Sohlplatte *f*; Aufspannplatte *f*; untere Preßplatte *f*

~ **plate of the bushing** Düsen[loch]boden *m*

~ **thickness** Bodendicke *f*; Hülsenbodendicke *f*

~ **year** Bezugsjahr *n*

basic basisch [zugestellt, ausgekleidet]

basic Sinterdolomit *m*

~ **Bessemer converter** Thomaskonverter *m*, Thomasbirne *f*

~ **Bessemer iron** Thomaseisen *n*

~ **Bessemer ore** phosphorreiches Erz *n*

~ **Bessemer pig** Thomasroheisen *n*

~ **Bessemer plant** Thomasstahlwerk *n*

~ **Bessemer process** Thomasverfahren *n*

~ **Bessemer slag** Thomasschlacke *f*

~ **Bessemer steel** Thomasstahl *m*

~ **Bessemer steel works** Thomasstahlwerk *n*

~ **bottom** basischer Herd *m (feuerfeste Ausmauerung mit basischer Reaktion im Schmelzprozeß)*

~ **cell** *s.* unit cell

~ **-centred** *(Krist)* basiszentriert, monoklin

~ **cinder** basische Schlacke *f*

~ **composition** Grundzusammensetzung *f*

~ **converter** *s. unter* ~ Bessemer converter

~ **covering** basische Umhüllung *f*

~ **electric-arc process** basisches Lichtbogenofenverfahren *n*

~ **enamel** Grundemail *n*

~ **end** basischer Brennkopf *m*

~ **equipment** Grundausrüstung *f*; Grundausstattung *f*

~ **form** Grundform *f*; Grundformelement *n*

~ **furnace** basischer (basisch zugestellter) Ofen *m*

~ **gunning** 1. Grundspritzen *n*; 2. Grundspritzmischung *f*

~ **hardness level** Grundhärteniveau *n*, Grundhärtewert *m*

~ **industry** Schwerindustrie *f*, Grundstoffindustrie *f*

~ **-lined** basisch [zugestellt, ausgekleidet]

~ **-lined cupola** basischer Kupolofen *m*

~ **lining** basische Zustellung *f*, basische Auskleidung *f*, basisches Futter *n (feuerfeste Ausmauerung mit basischer Reaktion im Schmelzprozeß)*

~ **material** *s.* base material

~ **monolithic lining** *(Ff)* basisches Stampffutter *n*

~ **open-hearth furnace** basischer Siemens-Martin-Ofen (SM-Ofen) *m*

~ **open-hearth steel** basischer Siemens-Martin-Stahl (SM-Stahl) *m*

~ **open-hearth steelmaking** basischer Siemens-Martin-Ofenprozeß (SM-Ofenprozeß) *m*

~ **oxide** basisches Oxid *n*

~ **oxygen furnace** Sauerstoffaufblaskonverter *m*, Aufblaskonverter *m*; *s. a. unter* BOF

~ **oxygen process** Sauerstoffaufblasverfahren *n (z. B. LD-Verfahren)*

~ **oxygen steel mill** Sauerstoffaufblasstahlwerk *n*

~ **pig iron** Stahlroheisen *n*; Martinroheisen *n*; Thomasroheisen *n*

~ **process** basisches Verfahren *n*

~ **refractory** basischer feuerfester Stoff *m*

~ **refractory material** basisches feuerfestes Material *n*

~ **refractory product** basisches feuerfestes Erzeugnis *n*

~ **-roof reverberatory furnace** Flammofen *m* mit basischer Gewölbeauskleidung

~ **salt** basisches Salz *n*, Hydroxidsalz *n*

~ **size** Grundmaß *n*, Nennmaß *n*, Normal-, maß *n*

~ **slag** basische Schlacke *f*

~ **slag fertilizer** Thomasmehl *n*

~ **slag grinding plant** Thomasschlackenmühle *f*

~ **slag practice** basische Schlackenführung *f*

~ **smelting** basische Schmelzführung *f*

~ **steel** basischer Stahl *m*

~ **stone** basischer Stein *m*

~ **structure** Grundstruktur *f*, Grundgefüge *n*

~ **temperature** Bezugstemperatur *f*

~ **time** Grundzeit *f*

basicity Basizität *f*, Basizitätsgrad *m*; Schlackenzahl *f*

~ **index** Basizitätsindex *m*; Basizitätsmaß *n*

~ **measure** Basizitätsmaß *n*

~ **ratio** Basizität *f*, Basizitätsgrad *m*, Schlackenzahl *f*

basifier Basenbildner *m*

basis vector *(Krist)* Basisvektor *m*

basket Trommel *f*, Siebtrommel *f*

~ **charging** Korbbeschickung *f*

bat Scherben *m*; Abfallstück *n*; Brocken *m*

batch/to sammeln, Satz zusammenstellen, Haufen bilden

batch chargenweise, satzweise, diskontinuierlich, periodisch

batch Charge *f*, Partie *f*, Eintrag *m*, Beschickung *f*, Satz *m*, Einzellos *n*, Haufen *m*

~ **charging** satzweises Beschicken *n*
~ **component** Gemischkomponente *f*
~ **furnace** Ofen *m* für Chargenbetrieb (satzweisen Einsatz), Kammerofen *m*, Stapelofen *m*
~ **leaching** Chargenlaugung *f*, diskontinuierliche Laugung *f*
~ **mill** satzweise (diskontinuierlich) arbeitender Kollergang *m*
~ **mixer** diskontinuierlich arbeitender Mischer *m*
~ **of ingots** Blocksatz *m*, Blockgruppe *f*
~ **operation** Chargenbetrieb *m*, Satzbetrieb *m*, diskontinuierlicher Betrieb *m*
~ **patenting** Tauchpatentieren *n*
~ **pickling** Tauchbeizen *n*
~ **process** Chargenverfahren *n*, diskontinuierliches Verfahren *n*
~ **processing** *s.* ~ operation
~ **production** Losfertigung *f*
~ **roasting** stufenweises Rösten *n*
~ **sand plant** diskontinuierliche Sandaufbereitungsanlage *f*
~ **-type furnace** *s.* ~ furnace
batching roller Aufwickelrolle *f*
batchwise chargenweise, satzweise, diskontinuierlich, periodisch
bath 1. Bad *n*; Schmelze *f*; 2. Wanne *f*
~ **additions** Schmelzbadzuschläge *mpl*
~ **agitation** Badbewegung *f*
~ **bottom** Herdboden *m*
~ **carburizing** Badaufkohlen *n*, Salzbadaufkohlen *n*
~ **composition** Badzusammensetzung *f* (Schmelzbad, Elektrolysebad)
~ **cooling** Badabschrecken *n*
~ **flow movement** Badströmung *f*
~ **furnace** Badofen *m*, Erwärmungsbad *n*
~ **level** Badspiegel *m*
~ **level control** Badspiegelregulierung *f*
~ **motion (movement)** Badbewegung *f*
~ **nitriding** Badnitrieren *n*
~ **patenting** Badpatentieren *n*
~ **plate** Sohlenplatte *f* (Ofenherd)
~ **surface** Badoberfläche *f*
~ **turbulence** Badbewegung *f*
batten (Gieß) Leiste *f*, Dämmleiste *f*
batter Neigung *f*, Schräge *f*; Ausbauchung *f*; Verjüngung *f*
~ **pile** Schrägpfahl *m*
battery Batterie *f*, Gruppe *f*
~ **of coke ovens** Koksofenbatterie *f*
~ **of filter wells** Filteraggregat *n*
Baumann printing Baumann-Abdruckverfahren *n*, Baumann-Schwefelabdruckverfahren *n* (zur Bestimmung von Sulfideinschlüssen in Stahl)
Bausch arrangement (Wkst) Bausch-Anordnung *f*
Bauschinger coefficient (Wkst) Bauschinger-Kennzahl *f*
~ **effect** (Wkst) Bauschinger-Effekt *m*

bauxite Bauxit *m*
bay Schiff *n* (einer Halle)
~ **wheel** Zellenrad *n* (Dosierung)
~ **wheel lock** Zellenradschleuse *f* (Dosierung)
~ **wood** Mahagoniholzsorte
Bayer alumina Bayer-Tonerde *f* (Tonerde aus dem Bayer-Prozeß)
~ **process** Bayer-Prozeß *m* (Aluminiumgewinnung)
bcc, b.c.c. *s.* body-centered cubic
BCIRA = British Cast Iron Research Association
B.D. *s.* bulk density
beach mark (Wkst) Rastlinie *f*
~ **marks** Rastlinienfront *f*
~ **marking** Rastlinienbildung *f*
bead/to (Umf) bördeln; falzen; sicken; umlegen (Blechkante)
bead 1. (Umf) Wulst *m(f)*, Rand *m*, Umbördelung *f*; Sicke *f*; Reifenkranz *m*; 2. Schweißraupe *f*; Schmelzperle *f*
~ **lock ring** Sprengring *m*
~ **sequence** Nahtaufbau *m* (Schweißen)
~ **test** Bördelversuch *m*
~ **wire** Einlegedraht *m*
beaded flat Flachwulststahl *m*
beading (Umf) Sicken *n*
~ **machine** Sickenmaschine *f*
beaked anvil Spitzamboß *m*
beam 1. Balken *m*; Träger *m*; Schiene *f*; 2. Stange *f* (Gichtglocke); 3. Strahl *m*
~ **axis** Strahlenachse *f*
~ **blank** (Umf) Vorblock *m*
~ **current** Strahlstrom *m*
~ **diameter** Strahldurchmesser *m*
~ **direction** Strahlrichtung *f*
~ **divergence** Strahldivergenz *f*
~ **finishing line** Trägeradjustage *f*, Trägeradjustierlinie *f*
~ **impact test bar** (Wkst) Schlagbiegeprobe *f* (ungekerbt)
~ **mill** Trägerwalzwerk *n*, Profilwalzwerk *n*
~ **monochromation** Strahlmonochromatisierung *f*
~ **of ions** Ionenbündel *n*
~ **output** Strahlleistung *f*
~ **split** Strahlauffächerung *f*
~ **splitter** Strahlteiler *m*
~ **track** Schienenstrang *m*, Fahrschiene *f*
~ **voltage** Strahlspannung *f*
bean ore Bohnerz *n* (Brauneisenstein)
beans Kohlengrus *m*, Kohlenklein *n*
bear Eisensau *f*, Eisenbär *m*, Ofensau *f*, Ofenbär *m*
beard Bart *m*, Walzbart *m*, Grat *m*
bearded needle Hakennadel *f* (beim Räumen)
bearing Lager *n*, Lagerung *f*, Auflage *f*
~ **alloy** Lagerlegierung *f*; *s. a.* ~ metal
~ **area** Auflagefläche *f*, tragende Fläche *f*

~ **axle** Tragachse *f*
~ **block** Lagerblock *m*
~ **box** Lagerschale *f*
~ **bracket** Lagerschild *n*
~ **bronze** Lagerbronze *f*
~ **bush[ing]** Lagerbüchse *f*
~ **cage** Lagerkäfig *m*
~ **cap** Lagerdeckel *m*
~ **casing** Lagergehäuse *n*
~ **cast iron** Lagergußeisen *n*
~ **clearance** Lagerspiel *n*
~ **collar** Lagerkragen *m*
~ **end pressure** Lagerkantenpressung *f*
~ **face** Tragfläche *f*, Lauffläche *f*
~ **friction** Lagerreibung *f*
~ **from sintered material** Sinterlager *n*
~ **life** Haltbarkeit *f* des Lagers
~ **load** Traglast *f*, Lagerbelastung *f*
~ **manufacture** Lagerherstellung *f*, Lager-
  fertigung *f*
~ **material** Lagerwerkstoff *m*
~ **metal** Lagermetall *n*
~ **neck** Lagerzapfen *m*, Lagerhals *m*
~ **pressure** Lagerdruck *m*, Auflagerdruck
  m, Anpreßdruck *m*
~ **ring** Lagerring *m*, Wälzlagerring *m*
~ **roller** Lagerrolle *f*
~ **shell** Lagerschale *f*
~ **spacer** Lagerdistanzbüchse *f*
~ **spot** Anlagestelle *f*
~ **spring** Tragfeder *f*
~ **steel** Lagerstahl *m*
~ **surface** Lagerfläche *f*, Auflagefläche *f*;
  Lauffläche *f*
~ **trouble** Lagerschaden *m*
beater 1. Flügel *m (Rührwerk)*; 2. Hammer
  m (Hammerbrecher)
~ **bar** *(Umf)* Schlägel *m*, Schlagstange *f*,
  Schlagstab *m*
~ **mill** Schlag[kreuz]mühle *f*
beating crusher Schlagbrecher *m*
~ **shoe** Pochschuh *m (bei Pochwerk)*
becking mill Aufweitewalzwerk *n (Rohre)*
become brittle/to verspröden
bed/to auf das Sandbett setzen (stellen)
~ **squarely** satt anliegen
bed 1. Schicht *f*; 2. *(Gieß)* Formherd *m*,
  Formbett *n*; 3. Sohle *f (Herd)*
~ **casting** gegossener Bettkörper *m*
~ **charge** Füllkokseinsatz *m (Kupolofen)*
~ **coke** Füllkoks *m*, Anheizkoks *m*
~ **coke height** Füllkokshöhe *f*
~ **density** Bettdichte *f*, Wirbelschichtbett-
  dichte *f*
~ **density at minimum fluidization condition** Bettdichte *f* bei minimaler Wirbelgeschwindigkeit
~ **diameter** Bettdurchmesser *m*, Wirbel-
  schichtbettdurchmesser *m*
~ **emissivity** Bettauswurf *m* einer Wirbelschicht

~ **expansion** Expansion (Ausdehnung) *f*
  der Wirbelschicht
~ **height** Betthöhe *f*; *(Pyro)* Wirbelschicht-
  höhe *f*; *(Pulv)* Schütthöhe *f*; *(Gieß)* Füllkokshöhe *f*
~ **height at minimum fluidization** Betthöhe *f* bei minimaler Wirbelgeschwindigkeit
~ **of loose particles** Schüttschicht *f (Wirbelschichttechnik)*
~ **of press** Pressenbett *n*
~ **of the hearth** Herdsohle *f*
~ **plate** Bodenplatte *f*, Grundplatte *f*; Fundamentplatte *f*; Sohlplatte *f*; Schabotte *f*
  (Maschinenhammer); Schwelle *f*
~ **roasting** Herdrösten *n*
~ **temperature** Bettemperatur *f*, Wirbel-
  schichtbettemperatur *f*
~ **wall heat transfer** Wärmeübergang *m*
  vom Wirbelschichtbett auf die Reaktor-
  wand
bedding 1. Bettung *f*; Aufschüttung *f*, Aufschütten *n*; 2. Schichtung *f*; 3. *(Gieß)*
  Setzen *n* auf das Sandbett
~ **and reclamation equipment** Aufschütt-
  und Rückverladeeinrichtungen *fpl*
beehive coke oven Bienenkorbkoksofen *m*
~ **oven** Bienenkorbofen *m*
beeswax Bienenwachs *n*
behaviour Verhalten *n (eines Werkstoffs)*
Beilby layer *(Wkst)* Beilby-Schicht *f*
belimouthing Abweichung *f* von der zylindrischen Form *(Bohrung)*
bell 1. Glocke *f (Gichtverschluß)*; 2. Haube
  f (Glühofen); 3. *(Gieß)* Tauchglocke *f*
  (GGG-Behandlung); 4. Ziehtrichter *m*
  (Rohrherstellung)
~ **and hopper** Glocken- und Trichterver-
  schluß *m (Hochofen)*; Parry-Verschluß *m*
~ **beam** Glockenstange *f (Gichtglocke)*
~ **brass** Glockenmessing *n*
~ **bronze** Glockenbronze *f*
~ **crank** Kniehebel *m*, Winkelhebel *m*
~ **crusher** Glockenmühle *f*
~ **founder** Glockengießer *m*
~ **hoist** Glockenaufzug *m*
~ **-less top** glockenloser Gichtverschluß *m*
~ **lifting rod** Hubstange *f* für die Glocke
~ **metal** Glockenmetall *n*
~ **mouth guide** Glockeneinführung *f*, trich-
  terförmige Führung *f*
~ **-type annealing furnace** Haubenofen *m*,
  Haubentemperofen *m*, Haubenblank-
  glühofen *m*
~ **-type brazing furnace** Haubenlötofen *m*
~ **-type bright annealing furnace** Haubenofen *m*, Haubentemperofen *m*, Hau-
  benblankglühofen *m*
~ **wire** Klingeldraht *m*
Bell process Bell-Verfahren *n (zur Entfernung von P und Si mit Eisenoxid)*
bellied pass Ovalstich *m (Walzen)*

bellows 1. Faltenbalg *m*; 2. Federungs-
blech *n*; 3. Blasebalg *m*
belly/to [sich] ausbauchen
belly 1. Kohlensack *m (Hochofen)*; 2. Konvertermittelstück *n*
~ **pipe** Kniestück *n (Hochofen)*
belt 1. Band *n*, Gurt *m*, Riemen *m*; 2. Anker
m (Ofen)
~ **aerator** *(Gieß)* Bandschleuder *f*
~ **casting** Bandgießen *n*
~ **charging system** Bandbegichtungsan-
lage *f*
~ **conveyor** Bandförderer *m*, Gurt[band]för-
derer *m*, Förderband *n*
~ **conveyor for scrap** Schrottbandförderer
m
~ **-conveyor-type furnace** Stahlgurtdurch-
laufofen *m*
~ **cooler** Bandkühler *m*
~ **drive** Riemen[an]trieb *m*
~ **drop hammer** Riemenfallhammer *m*
~ **filter** Bandfilter *n*
~ **grinder** Bandschleifmaschine *f (Gußputzerei)*
~ **kiln** Banddurchlaufofen *m*; Kettendurch-
laufofen *m*
~ **lift drop hammer** Riemenfallhammer *m*
~ **pulley** Riemenscheibe *f*, Riemenrad *n*
~ **recoiler** Riemenwickler *m*
~ **steering gear** Gurtlenkeinrichtung *f*
~ **strap** Gurtband *n*, Riemen *m*
~ **weigher** Bandwaage *f*
~ **-wheel-type billet (continuous) caster**
Bandgießrad *n (für Stahlknüppel)*
~ **wrapper** Bandbindemaschine *f*
bench-mould/to auf der Bank formen
bench 1. Bank *f*; Prüfstand *m*; 2. Batterie *f*
(eines Koksofens)
~ **life of a sand mix** *(Gieß)* Haltbarkeit *f* einer Sandmischung
~ **life of cores** *(Gieß)* Lagerfähigkeit *f* von
Kernen; Verarbeitungsdauer *f* von Kernen
~ **moulder** *(Gieß)* Bankformer *m*
~ **moulding** *(Gieß)* Bankformen *n*
~ **rammer** *(Gieß)* Bankstampfer *m*
~ **-type [moulding] machine** *(Gieß)*
Tisch[form]maschine *f*
bend/to biegen, krümmen; verbiegen; knik-
ken; sich durchbiegen
~ **off** abkanten
bend 1. Biegung *f*, Krümmung *f*; Durchbiegung *f*; Knickstelle *f*; 2. Krümmer *m*
~ **angle** Biegungswinkel *m*, Biegewinkel
m; Abkantwinkel *m*
~ **axis** *(Umf)* Biegeachse *f*
~ **contour** Biegekontur *f*
~ **number** *(Umf)* Biegezahl *f*
~ **radius** *(Umf)* Biegehalbmesser *m*
~ **test** Biegeversuch *m*, Faltversuch *m*
~ **test piece (specimen)** Biegeprobe *f*
bendability *(Wkst)* Biegefähigkeit *f*

bender Biegegesenk *n*
bending Biegen *n*; Biegung *f*, Krümmung *f*
~ **and straightening casting machine**
Biege-Richt-Gießmaschine *f*
~ **apparatus** Biegeapparat *m*
~ **axle** *(Umf)* Biegeachse *f*
~ **back** Rückbiegung *f*
~ **bar** Biegestab *m*
~ **beam** Biegeträger *m*
~ **device** Biegevorrichtung *f*
~ **energy** Biegearbeit *f*
~ **fatigue strength** Biegewechselfestigkeit
f, Biegeschwingfestigkeit *f*, Biegedauer-
festigkeit *f*
~ **form** *(Umf)* Biegeschablone *f*
~ **fracture** *(Wkst)* Biegebruch *m*
~ **impact test** *(Wkst)* Biegeschlagversuch
m
~ **jaw** Biegebacke *f*
~ **line** *(Umf)* Biegelinie *f*
~ **machine** Biegemaschine *f*
~ **mandrel** Biegedorn *m*
~ **mechanism** Biegemechanismus *m*
~ **moment** Biegemoment *n*
~ **-off** Abkanten *n*
~ **-off press** Abkantpresse *f*
~ **-off-tool** Abkantwerkzeug *n*
~ **pin** Biegedorn *m*
~ **press** Biegepresse *f*.
~ **punch** Biegestempel *m*
~ **radius** *(Umf)* Biegehalbmesser *m*
~ **rate** Biegegeschwindigkeit *f*
~ **roll** Biegewalze *f*, Biegerolle *f*; Richtrolle
f
~ **stiffness** Biegesteifigkeit *f*
~ **strain** Biegespannung *f*, Biegebeanspru-
chung *f*
~ **strength** Biege[bruch]festigkeit *f*
~ **stress** Biegespannung *f*, Biegebeanspru-
chung *f*
~ **test** Biegeversuch *m*, Faltversuch *m*
~ **test specimen** Biegeprobe *f*
~ **-type strain sensitive element** Biege-
meßkörper *m*
~ **value** Biegezahl *f*
~ **vibration** Biegeschwingung *f*
~ **vibrational fracture** Biegedauerbruch *m*
beneficiate/to aufbereiten, anreichern
(Erz)
beneficiating step aufbereitungstechni-
scher Verfahrensschritt *m*
beneficiation Aufbereitung *f*, Anreicherung *f (von Erz)*
~ **plant** Aufbereitungsanlage *f*
bent gebogen; krumm
bent 1. *(Pulv)* Binder *m*; 2. Kurve *f*, Krümmung *f*; 3. *s.* bentonite
~ **pipe** Krümmer *m*
~ **section (shape)** [kalt]gebogenes Profil *n*
~ **swage** Verkröpfgesenk *n*
bentonite *(Gieß)* Bentonit *m*
~ **amount** Bentonitgehalt *m*

~ **bridge** Bentonitbrücke *f*
~ **coating** Bentonithülle *f*
~ **content** Bentonitgehalt *m*
~ **demand** Bentonitbedarf *m*
~-**handling installation** Bentonittransportanlage *f*
~ **sheath** Bentonithülle *f*
benzene Benzol *n*
benzol Benzol *n (als Handelsprodukt)*
Berg-Barrett method Berg-Barrett-Methode *f (Röntgenstrukturanalyse)*
~-**Barrett X-ray diffraction technique** Barrett-Technik *f (Röntgenstrukturanalyse)*
berkelium Berkelium *n*
berthollide Berthollid *n*, Berthollidverbindung *f*
beryl glass Berylliumglas *n*
beryllium Beryllium *n*
~ **bronze** Berylliumbronze *f (Cu-Be-Legierung)*
~ **copper** 1. Berylliumkupfer *n (Vorlegierung)*; 2. Berylliumbronze *f (Cu-Be-Legierung)*
~ **oxide** Berylliumoxid *n*
~ **sinter bronze** Berylliumsinterbronze *f*
~ **window** Berylliumfenster *n*
BESA = British Engineering Standards Association
Bessemer converter Bessemerbirne *f*, Bessemerkonverter *m*
~ **cupola** Kupolofen *m* für die Bessemerei *(in der Stahlgießerei)*
~ **matte** Feinstein *m (Nickelgewinnung)*
~ **pig iron** Bessemerroheisen *n (mit geringem P-Gehalt, 0,075–0,10 %)*
~ **process** Bessemerverfahren *n*
~ **steel** Bessemerstahl *m*
bessemerize/to im Konverter verblasen
bessemerizing Konverterbetrieb *m*; Verblasen *n* im Konverter
B.E.S.T.-process = Böhler Electro Slag Topping Process
beta brass Betamessing *n*, β-Messing *n*
~ **iron** Betaeisen *n*, β-Eisen *n*
~ **martensite** kubischer Martensit *m*, β-Martensit *m*
Betts process Betts-Verfahren *n (elektrolytische Raffination von Blei)*
betweenproduct Zwischenprodukt *n*
bevel/to abkanten, abschrägen, abfasen
bevel schräg, abgeschrägt, abgefast
bevel Schräge *f*, Abschrägung *f*; Abflachung *f*; Fase *f*
~ **brick** Widerlagerstein *m*
~ **drive gear** Antriebskegelrad *n*
~ **gear** Kegelrad *n*
~ **protractor** Anlegewinkelmesser *m*
~ **wheel** Kegelrad *n*
bevelled track section Trapezjoch *n*
bevelling Abschrägen *n*, Abkanten *n*, Abfasen *n*
BF *s.* blast furnace

B.H.N. *s.* Brinell hardness number
biaxial *(Krist)* zweiachsig
~ **stretching** zweiaxiales Strecken *n*, zweiachsiges Streckziehen *n*
bichromate/to bichromatisieren
bichromate Bichromat *n*
~ **pickle** Bichromatbeize *f*
bicrystal Bikristall *m*
BICTA = British Investment Caster's Technical Association
Bidurit Bidurit *n (Hartmetallmehrbereichssorte)*
bielectrolyte cell Doppelelektrolytzelle *f*
bifilar cable doppeladriges Kabel *n*, Zwillingskabel *n*
bifurcated launder *s.* ~ spout
~ **nozzle** Gabeldüse *f*, Gabelausfluß *m*
~ **pipe** Gabelrohr *n*
~ **spout** gegabelte Abstichrinne *f*, Hosenrinne *f*
big-end-down nach oben verjüngend
~-**end-up** umgekehrt konisch, nach unten verjüngend
~-**end-up ingot** umgekehrt konischer Block *m*
~-**end-up mould** Massekopfkokille *f*
bilateral zweiseitig
billet Knüppel *m*; Barren *m*; Vorblock *m*; Strang *m (Strangguß)*
~ **being cast** gegossener Strang *m*
~ **biter** Knüppelprobeentnahmevorrichtung *f*, Knüppelbeißer *m*, Vorrichtung *f* zur Probenahme an Knüppeln
~ **buggy** Knüppelschlepper *m*
~ **caster** *s.* ~ casting machine
~ **casting machine** Knüppelgießmaschine *f*
~ **chute** Ausfallrutsche *f (für Knüppel)*
~ **cleaning plant** Knüppelputzanlage *f*
~ **cradle** Knüppeltasche *f*
~ **cropping** Knüppelschopfen *n*
~ **cropping shears** Knüppelschopfschere *f*
~ **drilling machine** Knüppelbohrmaschine *f*
~ **face** Knüppelvorderfläche *f*
~ **grinding machine** Knüppelschleifmaschine *f*
~ **heater** Knüppelerwärmungsanlage *f*
~ **marking machine** Knüppelstempelmaschine *f*
~ **mill** Knüppelwalzwerk *n*, Halbzeugwalzwerk *n*
~ **mould** Knüppelform *f*, Knüppelkokille *f*
~ **overhauling** Knüppelputzerei *f*
~ **pusher** Knüppelausstoßer *m*
~ **roll** Knüppelwalze *f*, Vorwalze *f*
~ **rolling train** Knüppelwalzstraße *f*
~ **sequence** Knüppelfolge *f*
~ **shears** Knüppelschere *f*
~ **testing** Knüppelprüfen *n*
~ **testing plant** Knüppelprüfanlage *f*
~ **yard** Knüppellager *n*
bimetal Bimetall *n*
~ **thermometer** Bimetallthermometer *n*

bimetallic bimetallisch
~ corrosion bimetallische Korrosion f
~ strip Bimetallband n
~ temperature control Temperaturmessung f mittels Thermoelement
~ wire Bimetalldraht m
bin Bunker m; Silo n(m); Behälter m; Tasche f; Füllrumpf m
~ and feeder firing system Bunkerfeuerung f (Drehrohrofen)
~ fastener (gate) Bunkerverschluß m
~ lining Bunkerauskleidung f
~ stopper Bunkerverschluß m
~ system Bunkersystem n, Bunkeranlage f
~ wall Bunkerwand f
binary alloy Zweistofflegierung f, binäre Legierung f
~ burner Zweistoffbrenner m
~ eutectic binäres Eutektikum n
~ mixture binäre Mischung f
~ solution binäre Lösung f
~ steel binärer (einfach legierter) Stahl m
~ subsystem Randsystem n (enthält zwei Komponenten eines Dreistoffsystems)
~ system Zweistoffsystem n, binäres System n
bind/to binden
~ a furnace einen Ofen verankern
binder 1. Binder m, Bindemittel n; Formstoffbinder m, Formstoffbindemittel n; 2. Band n, Bandage f
~ bridge Binderbrücke f
~ content in the sand Bindergehalt m des Formstoffs
~ for high-frequency drying Bindemittel n für Hochfrequenztrocknung
~ for investment casting process Bindemittel n für Feingußformen
~ metal Bindemetall n
~ phase Bindephase f
~ plasticity Binderplastizität f
binding 1. Binden n, Zusammenkleben n, Bindung f (s. a. unter bonding 1.); 2. Bindung f (chemisch); 3. Bindemittel n; 4. Festfressen n; 5. (Umf) Umbinden n, Abbinden n
~ agent Bindemittel n, Binder m
~ between particles Teilchenbindung f
~ conditions Bindungsverhältnisse npl
~ defect Bindefehler m
~ energy Bindungsenergie f
~ form Bindungsform f
~ losses Bindeverluste mpl
~ machine Bindemaschine f (für Draht)
~ material Bindemittel n, Binder m
~ metal Bindemetall n
~ metal phase Bindemetallphase f
~ point Bindepunkt m, Berührungspunkt m, Kontaktstelle f, Verbindungspunkt m
~ post (Umf) Drahtklemme f, Anschlußklemme f
~ power Bindekraft f, Bindevermögen n

~ property Bindefähigkeit f
~ shape Bindungsform f
~ situation Bindungsverhältnis n
~ station Bindestation f (für Draht)
~ stone Binder m (Gewölbe)
~ type Bindungsform f
~ wire Bindedraht m, Bandagendraht m
binocular Binokular n
binomial distribution Binomialverteilung f
biological agent biologisches Agens n
Biot number Biot-Zahl f
biprism Doppelprisma n
birefringence Doppelbrechung f
biscuit 1. Gießrest m; 2. Schmiederohling m
bismuth Wismut n
bismuthic Wismut(V)-...
bismuthous Wismut(III)-...
BISRA = British Iron and Steel Research Association
bit 1. Körner m, Meißel m; 2. Schneideinsatz m
~ of tongs Zangenmaul n
bite/to 1. fassen; greifen; 2. zerfressen; 3. (Gieß) anlösen (Kernherstellung)
bite 1. Greifvermögen n (von Walzen); 2. Walzenspalt m
~ angle Greifwinkel m, Einzugswinkel m, Fassungswinkel m (von Walzen)
~ condition Greifbedingung f (von Walzen)
~ torque Greifmoment n (von Walzen)
Bitter pattern (Wkst) Bitter-Muster n
~ solution (Wkst) Bitter-Lösung f
~ technique (Wkst) Bitter-Technik f
bittern 1. Bitterstoff m; 2. Mutterlauge f der Kochsalzkristallisation
bitumen Bitumen n, Erdpech n, Erdwachs n
bitumious coal 1. Steinkohle f; 2. Kokskohle f, Gaskohle f, bituminöse (backende) Kohle f, Weichkohle f
bivalence Zweiwertigkeit f
bivalent zweiwertig
bivariate distribution Verteilung f bei zwei Veränderlichen
black/to (Gieß) schwärzen, einpudern einstäuben
~-anneal schwarzglühen, oxydierend glühen
~-finish brünieren
black 1. übergar (Roheisen); 2. nicht entzundert
~ annealing Schwarzglühen n
~ antimony Rohantimon n
~ band Kohleneisenstein m
~ body schwarzer Körper m
~-body correction Schwarzkörperberichtigung f
~-body radiation method Strahlungsmethode f (für Temperaturmessung bei Pt-Metallen)
~ copper Schwarzkupfer n

~ **earthy cobalt ore** Kobaltmanganerz *n*
~ **jack** schwarze Zinkblende *f*
~ **lead** 1. Graphit *m*; 2. *(Gieß)* s. ~ mould dressing
~ **light filter** Schwarzfilter *n*
~ **mould dressing** *(Gieß)* Formschwärze *f*, schwarze Schlichte *f*
~ **pickling** Vorbeizen *n*
~ **plate** Schwarzblech *n*
~-**rolled** walzschwarz
~ **rope** Drahtseil *n* aus nicht geschütztem Draht
~ **sand** Schwarzsand *m (Formsand mit Kohlenstaub)*
~ **sheet** Schwarzblech *n*
~-**short** schwarzbrüchig
~ **shortness** Schwarzbruch *m*
~ **slag** Schwarzschlacke *f*
~ **spots** schwarze Stellen *fpl*, schwarze Flecke *mpl*
~ **wash** s. ~ mould dressing
blacken/to s. black/to
blackening s. blacking 1.
blackheart malleable cast iron Schwarzkerntemperguß *m*, schwarzer Temperguß *m*
~ **process** Graphitisieren *n (Temperguß)*
blacking 1. *(Gieß)* schwarze Schlichte *f*, Formschwärze *f*; 2. Brünieren *n*
~ **carbon** Schwärze *f*
~ **holes** Schwarzlöcher *npl (schwarze Hohlräume, Gußfehler)*
~ **layer** Schwärzeschicht *f*
~ **mixer** Schwärzemischmaschine *f*, Schwärzemischer *m*
~ **mixture** *(Gieß)* schwarze Schlichte *f*, Formschwärze *f*
~ **scab** Schwärzeschülpe *f (Gußfehler)*
blacksmith Schmied *m*, Hammerschmied *m*,
~ **forging** *(Umf)* Freiformen *n*, Freiformschmieden *n*
blade 1. Messer *n*; Messerklinge *f*; 2. Zunge *f*; 3. Blattfeder *f*; 4. Schaufel *f*; 5. *(Gieß)* Slingerschaufel *f*
~ **abrasion** Schaufelverschleiß *m*
~ **holder** Messerhalter *m*, Messerträger *m*
~-**type forging hammer** Blattfederhammer *m*
~ **wheel** Schaufelrad *n*
blading Schaufelung *f*, Beschaufelung *f*
blake crusher Pendelschwingenbrecher *m*
blank/to 1. [aus]stanzen; 2. abblenden
blank 1. Rohling *m*, Rohteil *n*, Halbzeug *n*, Preßling *m*; Ronde *f*; runde Platine *f*; 2. Vormaterial *n*; 3. Blech *n (Unterlage)*; 4. Unterlage *f*; 5, Plättchen *n*; Unterlegeplättchen *n*
~ **diameter** Rondendurchmesser *m*
~ **flange** Blindflansch *m*
~ **frame** Meßfeld *n*, Gesichtsfeld *n*
~ **hardening** Blindhärten *n*

~ **hardening test** Blindhärteversuch *m*
~ **holder** Niederhalter *m*, Faltenhalter *m*, Blechhalter *m*
~ **holder force** Niederhalterdruck *m*, Niederhalterkraft *f*
~ **holder slide** Niederhalterstößel *m*
~ **part** Grünling *m*, Rohling *m (ungesintertes Pulverpreßteil)*
~ **stacker** Rondenstapler *m*
blanker Vorschmiedegesenk *n*
blanket Decke *f*, Matte *f*; Drahtmatte *f*
blanking Ausstanzen *n*, Stanzen *n*, Schneiden *n*, Ausschneiden *n (von Rohlingen)*
~ **die** Stanzwerkzeug *n*, Schnittwerkzeug *n*
~ **machine** Stanzmaschine *f*, Schnittmaschine *f*
~ **press** Stanzpresse *f*, Stanze *f*, Schnittpresse *f*
~ **tool** Stanzwerkzeug *n*, Schnittwerkzeug *n*
blast Wind *m*, Gebläseluft *f*
~ **box** Windkasten *m*
~ **cleaning** *(Gieß)* Strahlputzen *n (mit Druckluft)*
~ **compound** Strahlmittel *n*
~ **connection** Düsenstock *m*
~ **control** Windmengenregulierung *f*
~ **descaler** Strahlentzunderungsmaschine *f*
~ **dryer** Windtrocknungsvorrichtung *f*
~ **furnace** Hochofen *m*, Schachtofen *m*
~ **furnace and steel plant** gemischtes Hüttenwerk *n (Hochofen und Stahlwerk)*
~-**furnace armour** Hochofenpanzer *m*
~-**furnace bear** Hochofensau *f*
~-**furnace bell** Gichtglocke *f*
~-**furnace bin** Hochofenbunker *m*
~-**furnace blast** Hochofenwind *m*
~-**furnace blower** Hochofengebläse *n*
~-**furnace blowing plant** Hochofengebläseanlage *f*
~-**furnace bottom** Hochofenherd *m*
~-**furnace brickwork** Hochofenmauerwerk *n*
~-**furnace burden** Schachtofenmöller *m*
~-**furnace charging** Hochofenbegichtung *f*
~-**furnace charging gallery** Gichtbühne *f*
~-**furnace charging plant** Hochofenbegichtungsanlage *f*
~-**furnace cinder** Hochofenschlacke *f*
~-**furnace coke** Hochofenkoks *m*
~-**furnace cooling** Hochofenkühlung *f*
~-**furnace dust** Hochofenstaub *m*
~-**furnace elevator** Gichtaufzug *m*
~-**furnace equipment** Hochofeneinrichtungen *fpl*
~-**furnace flue dust** Gichtstaub *m*
~-**furnace foamed slag** Hochofenschaumschlacke *f*, Hochofenbims *m*, Hüttenbims *m*
~-**furnace framework** Hochofengerüst *n*
~-**furnace gas** Gichtgas *n*, Hochofengas *n*, Schachtofenabgas *n*

~~-furnace gas-driven blowing engine
gichtgasbetriebenes Gebläse *n*
~~-furnace gas line Hochofengasleitung *f*
~~-furnace gas main Gichtgashauptleitung *f*
~~-furnace gas take Gichtgasfang *m*
~~-furnace gun Stichlochstopfmaschine *f*
~~-furnace hearth Hochofengestell *n*
~~-furnace iron Hochofenroheisen *n*
~~-furnace jacket Hochofenpanzer *m*
~~-furnace jacket plate Hochofenpanzer-
blech *n*
~~-furnace lid Hochofenkranz *m*
~~-furnace lines Hochofenprofil *n*
~~-furnace lining Hochofenfutter *n*
~~-furnace mantle Hochofenpanzer *m*
~~-furnace masonry Schachtofenmauer-
werk *n*
~~-furnace mouth Hochofengicht *f*
~~-furnace operation Hochofenbetrieb *m*
~~-furnace output Hochofenerzeugung *f*
~~-furnace parameter Hochofenkennwert
m
~~-furnace plant Hochofenanlage *f*; Hoch-
ofenwerk *n*
~~-furnace port Hochofenkopf *m*
~~-furnace practice Hochofenbetriebstech-
nik *f*
~~-furnace process Hochofenverfahren *n*,
Hochofenprozeß *m*
~~-furnace pumice-stone slag Hochofenschaumschlacke *f*, Hochofenbims *m*,
Hüttenbims *m*
~~-furnace runner mix Hochofenrinnen-
masse *f*
~~-furnace slag Hochofenschlacke *f*
~~-furnace slag bottoming Packlage *f* aus
Hochofenschlacke
~~-furnace slag cement Hochofen[schlak-
ken]zement *m*, Hüttenzement *m*
~~-furnace stack casing Mantel *m* des
Hochofenschachts
~~-furnace steel jacket Hochofenpanzer *m*
~~-furnace steel structure Hochofengerüst
n
~~-furnace stove Winderhitzer *m*
~~-furnace throat Hochofengicht *f*
~~-furnace top bell Gichtglocke *f*
~~-furnace top closing device Gichtverschluß *m*
~~-furnace top gas mud Gichtschlamm *m*
~~-furnace well Hochofengestell *n*
~ gate Windschieber *m*, Gebläseluftschie-
ber *m*
~ heating Winderhitzung *f*
~ inlet Windloch *n* (Hochofen)
~ main Windhauptleitung *f*
~ moisture Windfeuchtigkeit *f*
~ nozzle Strahldüse *f*
~ pipe Windleitung *f*
~ preheater Winderhitzer *m*
~ pressure Winddruck *m*

~ pressure recorder Winddruckschreiber
m
~ rate Windmenge *f*
~ regulator Windmengenregler *m*
~ roasting Windröstung *f*, Sinterröstung *f*,
Verblaseröstung *f*
~ speed Windgeschwindigkeit *f*
~ temperature Windtemperatur *f*
~ tumbling (*Gieß*) Strahlputzen *n* (*mit
Druckluft*)
~ tuyere Windform *f*, Blasform *f* (*Schachtofen*)
~ valve Windschieber *m*
~ volume Windmenge *f*
~ water cleaning Druckwasserreinigung *f*
~ water operation Druckwasserbesprit-
zung *f*
blasting (*Gieß*) Strahlputzen *n* (*mit Druckluft*)
~ plant Druckluftstrahlputzanlage *f*
~ wear Strahlverschleiß *m*
bleaching powder Chlorkalk *m*, Bleichpul-
ver *n*
bled ingot ausgelaufener Block *m*
bleed/to auslaufen
~ off abzapfen
bleed-off aus einem Kreislauf abgezweig-
ter Strom *m*
bleeder *s.* ~ valve
~ pipe Anzapfleitung *f*
~ valve Abblasventil *n*; Abzapfventil *n*;
Entlastungsventil *n*; Explosionsklappe *f*
bleeding 1. Abblasen *n*; 2. Entnahme *f*; 3.
Ausschwitzung *f*
~ hole Abblasöffnung *f*
~ of feeder Aufblähung *f* eines Speisers
~ of ingots Auslaufen *n* von Blöcken
blemish Fehler *m*
blend/to [durch]mischen, vermengen,
durchmengen; verschneiden, möllern
blend Mischung *f*, Vermengung *f*, Ver-
schnitt *m*, Gemisch *n*
blende (*Min*) Zinkblende *f*, Blende *f*, Sphalerit *m*
blended metal Mischmetall *n*
~ moulding sand verschnittener Formsand
m
blender Mischer *m*
blending Vermischen *n*, Mischung *f*, Verschneiden *n*, Gattierung *f*
~ bed Mischbett *n* (*zum Homogenisieren*)
~ bed equipment Mischbettausrüstung *f*
~ component Mischungskomponente *f*
~ intersecting frame Mischstrecke *f* (*Erzvorbereitung*)
~ machine Mischmaschine *f*
~ ratio Mischungsverhältnis *n*
~ room Mischraum *m*
~ value Mischwert *m*
blind core blinder Kern *m*
~ feeder (*Gieß*) Blindspeiser *m*, Massel *f*
~ flange Blindflansch *m*

~ **head** *(Gieß)* geschlossener Speiser *m*
~ **hole** Blindbohrung *f*, geschlossene Bohrung *f*, Sackloch *n*
~ **pass** Blindkaliber *n*, Blindstich *m (Walzen)*
~ **riser** *(Gieß)* Blindspeiser *m*, Massel *f*
~ **tuyere** gestopfte Windform (Düse) *f*
blister/to Blasen bilden
blister Blase *f*, Gasblase *f*, Oberflächenblase *f (Gußfehler)*
~ **bar** Zementstahl *m*
~ **copper** Blasenkupfer *n*, Blisterkupfer *n (aus dem Konverter nach dem Verblasen)*
~ **pig** blasiger Kupferbarren *m*
~ **process** Blisterprozeß *m (Röstreaktionsschmelzen von Kupferstein)*
~ **resistance** *(Wkst)* Beulsteifigkeit *f*
~ **steel** eingesetztes Schweißeisen *n*
blistering Blasenbildung *f (Emaillieren, Schwärzen)*
blistery blasig
bloat/to aufblähen
bloating clay *(Ff)* Blähton *m*
Bloch function Bloch-Funktion *f (Eigenfunktion eines Elektrons im kristallsymmetrischen Potential)*
~ **wall** Bloch-Wand *f*, Domänenwand *f (Grenzschicht zwischen Weißschen Bezirken)*
~ **wall displacement** Bloch-Wandverschiebung *f*
~ **wall mobility** Bloch-Wandbeweglichkeit *f*
~ **wall motion** Bloch-Wandbewegung *f*
~ **wall pinning** Bloch-Wandverankerung *f*
~ **wall width** Bloch-Wandbreite *f*
Bloch's theorem Blochsches Theorem *n (Eigenfunktion eines Elektrons im gitterperiodischen Potential)*
block/to 1. verriegeln; arretieren, absperren; blockieren, feststellen; 2. durch Roheisen aufkohlen; 3. *(Umf)* vorschmieden, vorschlichten; treiben
block 1. Block *m*; 2. *(Umf)* Einzelzug *m*; 3. *(Umf)* Ziehscheibe *f*
~ **and tackle** Flaschenzug *m*
~ **brake** Backenbremse *f*
~ **diagram** Blockschaltbild *n*
~ **slag** Blockschlacke *f*, Klotzschlacke *f*
~**-type** blockartig
blocker 1. Vorschmiedegesenk *n*; 2. Vorsatzelement *n*
~ **die** Stauchgesenk *n*
blocking 1. Blockieren *n*, Feststellen *n*, Arretieren *n*; 2. Totkochen *n* einer Schmelze, Aufkohlung *f* durch Roheisen; 3. *(Umf)* Vorschmieden *n*, Vorschlichten *n*; Treiben *n*
~ **die** Vorschmiedegesenk *n*, Vorschlichtgesenk *n*
~ **layer** Sperrschicht *f (z. B. in Gleitlagern)*

~ **lever** Arretierhebel *m*
~ **valve** Abschaltventil *n*
bloom/to vorblocken; vorwalzen; vorstrecken, auswalzen
bloom Block *m*, Walzblock *m*, Vorblock *m*
~ **buggy (car)** Blockwagen *m*
~ **conditioning** Halbzeugputzen *n*, Vorblockputzen *n*
~ **conditioning yard** Vorblockputzerei *f*
~ **cutting plant** Blockschneideanlage *f*
~ **shears** Blockschere *f*
bloomer *s.* blooming mill
bloomery Rennfeuer *n*
~ **furnace** Rennfeuerofen *m*
~ **hearth process** Rennfeuerverfahren *n*
~ **iron** Rennfeuereisen *n*, Rennstahl *m*
blooming mill Blockwalzwerk *n*, Blockwalzgerüst *n*, Grobwalzstraße *f*, Vorwalzwerk *n*, Blooming *n*
~ **mill housing** Blockwalzenständer *m*
~ **pass** Vorblockkaliber *n*, Vorstreckkaliber *n*, Block[walz]kaliber *n*
~ **roll** Blockwalze *f*
~ **stand** Blockgerüst *n*, Vorgerüst *n*
~ **train** Blockstraße *f*, Vorstraße *f*
blow/to [ver]blasen
~ **cores** *(Gieß)* Kerne blasen
~ **down** niederblasen, abblasen *(Ofen, Kessel)*
~ **down the cupola** den Kupolofen niederschmelzen
~ **in[to]** einblasen, anblasen
~ **iron** Roheisen verblasen
~ **off** abblasen, ausblasen
~ **out** niederblasen, abblasen, ausblasen
~ **out a core** einen Kern abblasen
~ **out a mould** eine Form ausblasen
~ **part of a mould** Formteil blasen *(Herstellung)*
blow 1. Blasen *n*; 2. Konvertercharge *f*, Schmelze *f*; 3. Blase *f*, Gasblase *f (Gußfehler)*; 4. *(Umf)* Schlag *m*, Stoß *m*; Stauchstufe *f*
~ **becomes clearer** Auswurftätigkeit sinkt ab
~ **efficiency** *(Umf)* Schlagwirkungsgrad *m*
~ **forging press** Schlagpresse *f*
~ **gun** 1. Abblashahn *m*; 2. Zerstäuber *m*, Abblaspistole *f*, Ausblaspistole *f*
~ **header** Schlagpresse *f*
~ **hole** Blase *f*; Gasblase *f*, Blaslunker *m (Gußfehler)*
~ **hole exposed by pickling** Beizblase *f*
~**-hole segregation** Gasblasenseigerung *f*
~ **holes** Pfeifen *fpl (tote Stelle im Konverterinhalt beim Verblaserösten von Bleierz)*
~ **impact machine** *(Umf)* Fallwerk *n*
~ **of a core** Kernblasen *n*, Kernschießen *n*
~**-off** Abblasen *n*
~**-off direction** Ausblasrichtung *f*

~-**off gun** Zerstäuber *m*, Abblaspistole *f*, Ausblaspistole *f*
~-**off nozzle** Abblasdüse *f*, Ausblasdüse *f*
~-**off valve** Abblasventil *n*, Abblashahn *m*
~-**out** Abblasen *n*, Ausblasen *n*
~ **rate** *(Umf)* Schlagzahl *f*
~ **sequence** *(Umf)* Schlagfolge *f*
blowability Blasbarkeit *f*, Schießbarkeit *f* *(von Formstoff)*
blowable blasbar, schießbar *(Formstoff)*
blower 1. Gebläse *n*, Ventilator *m*; Gebläsemaschine *f (Hochofen)*; 2. durch Druck geplatztes Rohr *n*
~ **capacity** Gebläseleistung *f*
~ **house** Gebläsehaus *n*
~ **outlet** Gebläsemund *m*
~ **plant** Gebläseanlage *f*
blowhead Blaskopf *m*
blowing Blasen *n*, Verblasen *n*
~ **condition** Blasbedingung *f*
~ **cost** Blaskosten *pl*
~ **device** Blasvorrichtung *f*
~-**down** Abblasen *n (Ofen, Kessel)*
~ **engine** Gebläsemaschine *f*
~ **engine house** Gebläsehaus *n*
~ **equipment** Gebläseeinrichtung *f*, Blaseinrichtung *f*
~ **head** Blaskopf *m*
~-**in** Einblasen *n*; Anblasen *n*
~-**in method** Einblasverfahren *n*
~ **lance** Blaslanze *f*
~ **machine** Blasmaschine *f*, Gebläsemaschine *f*
~ **mixture** Einblasgemisch *n*
~ **nozzle** Blasdüse *f*
~ **of a core** Abblasen *n* eines Kerns
~ **of a mould** Ausblasen *n* der Form
~-**off** Abblasen *n*
~-**off hole** Abblasöffnung *f*
~-**off valve** Abblasventil *n*, Abblashahn *m*
~ **oil** Anblasöl *n*
~ **operation** Blasarbeit *f*; Blasvorgang *m*
~-**out** Abblasen *n*, Ausblasen *n*
~ **oxygen converter** Sauerstoffaufblaskonverter *m*
~ **period** Blasperiode *f*; Blas[e]zeit *f*
~ **plant** Gebläseanlage *f*
~ **plate** Schießkopfplatte *f*, Düsenplatte *f* *(Kernschießmaschine)*
~ **position** Blasstellung *f (Konverter)*
~ **pressure** Blasdruck *m*
~ **rate** Winddurchsatz *m* je Zeiteinheit, Luftmenge *f* beim Verblasen *(im Konverter)*
~-**through** Durchspülung *f*
~ **time** Blas[e]zeit *f*; Blasdauer *f*
~ **with oxygenated air** Verblasen *n* mit an Sauerstoff angereicherter Luft
blown blasig, porös
~ **core** geblasener Kern *m*
~ **metal** Vormetall *n*, vorraffiniertes Metall *n*

~ **steel** Blasstahl *m*, Konverterstahl *m*
blowpipe 1. Blasrohr *n*; 2. Brenner *m*
blue/to blau anlaufen lassen
~-**finish** blau anlassen
blue-anneal jack (stone) *(Min)* Kupfervitriol *m*
~ **annealing** Blauglühen *n*, Bläuen *n*
~ **ashes powder** Zinkstaub *m* *(„Poussiere", Zinkgewinnung)*
~ **billy** Purpurerz *n*
~-**brittle** blaubrüchig
~ **brittleness** Blausprödigkeit *f*, Blaubrüchigkeit *f*
~-**brittleness range** Blaubruchgebiet *n* *(Temperaturbereich)*
~ **dust** Krätze *f*
~ **flame** Oxydationsflamme *f*, oxydierende Flamme *f*
~ **fracture** Blaubruch *m*
~-**fracture chart** Blaubruchrichtreihe *f*
~ **heat range** Blauwärme *f*, Blauhitze *f*
~-**short** blaubrüchig
~-**short range** Blaubruchgebiet *n (Temperaturbereich)*
~ **shortness** Blausprödigkeit *f*, Blaubrüchigkeit *f*
~ **tint** Blauwärme *f*, Blauhitze *f*
blueing Niedertemperaturanlassen *n*, Erwärmen *n* bis zur Temperatur blauer Anlaßfarbe
bluestone *(Min)* Kupfervitriol *m*
bluff body Staukörper *m*
bluish bläulich
blunger Rührwerk *n*
blunt stumpf
blurring Verwaschung *f (z. B. von Reflexen, Beugungslinien, Konturen eines Rasterbilds)*
BMI = Batelle Memorial Institute
board Platte *f*, plattenförmiges Auskleidungselement *n*
bob *(Gieß)* Blindspeiser *m*, Speisemassel *f*
bobbin Spule *f*, Drahtspule *f*, Spulenkörper *m*
bod Massepfropfen *m*, Stopfen *m*
body 1. Körper *m*, Ballen *m (einer Walze)*; 2. Fuß *m*, Konvertermittelstück *n*
~-**centred** *(Krist)* raumzentriert, innenzentriert
~-**centred cubic** *(Krist)* kubisch raumzentriert, k.r.z.
~-**centred tetragonal** *(Krist)* tetragonal raumzentriert
~ **force** Volumenkraft *f*, Körperkraft *f*
~ **forming machine** Zargenbiegemaschine *f*
~ **length** Ballenlänge *f (einer Walze)*
~ **of roll** Walzenkörper *m*, Walzenballen *m*
~ **sheet** Tiefziehblech *n*
boehmite *(Min)* Böhmit *m*
BOF *s.* basic oxygen furnace

~ **converter** Sauerstoffaufblaskonverter *m*, Aufblaskonverter *m*

~ **steelmaking** Sauerstoffaufblasstahlerzeugung *f*, Sauerstoffkonverterstahlerzeugung *f*, Stahlerzeugung *f* im Sauerstoffkonverter

bog iron ore Brauneisenerz *n;* Raseneisenerz *n*, Sumpferz *n*

bogie casting Wagenguß *m*

~ **furnace kiln** Herdwagenofen *m*

~ **hearth** Herdwagen *m*, Beschickungswagen *m*

~ **hearth furnace** Herdwagenofen *m*

~ **ladle** Pfanne *f* mit Wagen

~ **of moving hearth furnace** Herdwagen *m*, Beschickungswagen *m*

~ **wheel** *(Umf)* Tragrolle *f*, Laufrad *n*

Bohr magneton Bohrsches Magneton *n*

boil/to 1. kochen, sieden; 2. kochen *(flüssiges Kupfer entgasen)*; braten *(bei der Kupferraffination)*

~ **off** verkochen

~ **over** überkochen, überlaufen

boil 1. Kochen *n*; 2. Badbewegung *f (beim Kochen)*

boiled bar Puddelblock *m*

boiler Kessel *m*

~ **accessories** Kesselzubehör *n*

~ **bottom** Kesselboden *m*

~ **core** *(Gieß)* Heizkesselkern *m*, Gliederkesselkern *m*, Heizkörperkern *m (Sandkern)*

~ **drum** Kesseltrommel *f*

~ **embrittlement** Laugensprödigkeit *f*, Laugenrissigkeit *f (von Stahl)*

~ **head** Kesselboden *m (als Oberteil eingesetzt)*

~ **house** Kesselhaus *n*

~ **plant** Kesselanlage *f*

~ **plate** Kesselblech *n*

~ **scale** Kesselstein *m*

~ **shell** Kesselmantel *m*

~ **steel** Kesselbaustahl *m*

~ **tube** Siederohr *n*, Kesselrohr *n*

~ **tube generator** Siederohrkessel *m*

~ **wall** Kesselwand *f*

~ **water** Kesselwasser *n*

boiling 1. Kochen *n*, Sieden *n*; 2. Kochen *n (Entgasung flüssigen Kupfers)*; Braten *n (Bratperiode bei der Kupferraffination)*

~ **bed** *s. unter* fluidized bed

~ **parts** Kesselteile *npl*

~ **phenomenon** Kochphänomen *n*

~ **point** Siedepunkt *m*, Dampfpunkt *m*

~ **temperature** Siedetemperatur *f*

~ **test** *(Korr)* Siedeversuch *m*, Kochversuch *m*, Dampfversuch *m*

Bollmann technique Bollmann-Verfahren *n (Elektronenmikroskopie)*

bolster 1. *(Gieß)* Wechselrahmen *m*; 2. *(Gieß)* Mutterform *f*; 3. *(Umf)* Druckplatte *f*, Unterlage *f*, Palette *f*

~ **plate** Unterlegplatte *f*, Aufspannplatte *f*

bolt Bolzen *m*, Dorn *m*, Schraubenbolzen *m*

~ **cutter** Bolzenschneider *m*

~ **die** *(Umf)* Preßbacke *f*

~ **header** Bolzenkopfanstauchmaschine *f*

~ **penetration method** *(Wkst)* Bolzeneindringverfahren *n*

~ **weld** Bolzenschweißung *f*

~ **wire** Schraubendraht *m*

bolted steel chain Stahlbolzenkette *f*

bolting Schrauben *n*, Verschrauben *n*

Boltzmann equation Boltzmannsche Gleichung *f*

~-**Matano solution** Boltzmann-Matano-Lösung *f (Diffusion)*

~ **number** Boltzmann-Zahl *f*

bombardment angle *(Wkst)* Einschußwinkel *m*

bond/to 1. binden; haften; 2. *(Pulv)* durchtränken

bond 1. Bindung *f*, Verbindung *f*; Haften *n*; 2. Binder *m*, Bindemittel *n*; Formstoffbinder *m*, Formstoffbindemittel *n*; 3. Verband *m*, Verbund *m*.

~ **charge** Bindungsladung *f*

~ **energy** Bindungsenergie *f*

~ **fireclay** feuerfester Bindeton *m*

~ **interface** Bindefläche *f*, Bindeebene *f*

~ **losses** Bindeverluste *mpl*

~ **model** Bindungsmodell *n*

~ **number** Bindungszahl *f*

~ **order** Bindungsordnung *f*

~ **strength** Haftfestigkeit *f*; Trockenfestigkeit *f*

~ **test** Haftfestigkeitsversuch *m*

~ **tetrahedron** Bindungstetraeder *n*

bondactor process Spritzmasseverfahren *n*, Torkretierverfahren *n*

bonded oxygen gebundener Sauerstoff *m*

~ **roof** im Verband gemauertes Gewölbe *n*

bonder 1. Verbandstein *m*; Verbinder *m*; 2. Bonder *m*, Phosphatschicht *f (Binderschicht)*

bonderize/to bondern *(beim Phosphatieren)*

bonderizing Bonderung *f (ein Phosphatierungsverfahren)*

~ **solution** Bonderflüssigkeit *f*, Bonderlösung *f*

bonding 1. Verbindung *f*, Bindung *f*; Haftung *f (s. a. unter* binding 1.*)*; 2. *(Pulv)* Durchtränken *n*

~ **agent** Bindemittel *n*, Binder *m*

~ **characteristic** Bindungsverhältnis *n*

~ **clay** Bindeton *m*

~ **clay layer** Bindetonschicht *f*

~ **efficiency** Bindekraft *f*, Bindevermögen *n*

~ **electron** Bindungselektron *n*

~ **force** Bindungskraft *f*

~ **material** Bindemittel *n*, Binder *m*

~ **mechanism** Bindemechanismus *m*

~ **metal** Bindemetall *n*
~ **metal phase** Bindemetallphase *f*
~ **orbital** Valenzband *n (chemische Bindung)*
~ **phase** Bindephase *f*
~ **power** Bindekraft *f*, Bindevermögen *n*
~ **strength** Bindefestigkeit *f*
~ **zone** Bindungszone *f*
bone char Knochenkohle *f*
Bonse-Kappler method *(Wkst)* Bonse-Kappler-Methode *f*
boost/to verdichten; verstärken; Druck erhöhen
booster Multiplikator *m*, Druckübersetzer *m*, Zusatzmaschine *f*
~ **blower** Verstärkergebläse *n*
~ **pump** Förderpumpe *f*
~ **radiator** Zusatzkühler *m*, Hilfskühler *m*
BOP *s.* basic oxygen process
borax Borax *m*
border/to 1. [um]bördeln, einfassen, säumen; 2. angrenzen
~ **on** angrenzen
border 1. Rand *m*, Umrandung *f*, Saum *m*; Fassung *f*; 2. Kalibrierringe *mpl*
bore/to bohren; aufbohren; ausdrehen; durchbohren
~ **cored holes to accurate dimensions** vorgegossene Löcher aufbohren
bore 1. Bohrung *f*; 2. Kaliber *n*
~ **depth** Bohrtiefe *f*
~ **hole** Bohrloch *n*, Bohrung *f*
~ **hole tube** Bohrrohr *n*
borehole *s.* bore hole
boric acid Borsäure *f*
boride Borid *n*
borided layer Boridschicht *f*
boring Bohren *n*; Aufbohren *n*; Ausdrehen *n*; Durchbohren *n*; Bohrarbeit *f*; Bohrung *f*
~ **and milling machine** Bohr- und Fräswerk *n*
~ **bar** Bohrspindel *f*, Bohrstange *f*
~ **capacity** Bohrleistung *f*
~ **machine** Bohrmaschine *f*, Bohrwerk *n*
~ **oil** Bohröl *n*
~ **spindle diameter** Bohrspindeldurchmesser *m*
borings Bohrspäne *mpl*
Born exponent *(Wkst)* Born-Exponent *m*
~**-von Karman lattice theory** *(Wkst)* Born-von Karmansche Gittertheorie *f*
bornite *(Min)* Bornit *m*, Buntkupferkies *m*
boron Bor *n*
~ **carbide** Borkarbid *n*
~ **carbide material** Borkarbidwerkstoff *m*
~ **nitride** Bornitrid *n*
~ **steel** Borstahl *m*
boronize/to borieren
boronizing Borieren *n*
BOS = basic oxygen steelmaking

bosh 1. Rast *f (Schachtofen)*; 2. *(Umf)* Bottich *m*; Löschtrog *m*, Abschrecktrog *m*
~ **angle** Rastwinkel *m*
~ **band** Rastankerring *m*
~ **casing** Rastpanzer *m*
~ **cooling plate** Rastkühlkasten *m*
~ **envelope** Rastmantel *m*
~ **gas** Rastgas *n*, Gas *n* in der Rast
~ **jacket** Rastmantel *m*
~ **plate** Rastkühlkasten *m*
~ **region** Rastzone *f*
~ **walls** Rastwände *fpl*
~ **with steel jacket** Rast *f* mit Panzer
boshing machine Rastputzmaschine *f*, Rastreinigungsmaschine *f*
boss Nabe *f*; Verdickung *f*; Auge *n (Gußstückpartie)*
botryoidal blende *(Min)* Schalenblende *f*
bott Stopfen *m*, Verschlußstopfen *m*, Tonstopfen *m (für Stichlöcher)*
~ **stick** Stopfenstange *f*, Stange *f* für Stichlochstopfen
botter rod Stopfenstange *f*, Stange *f* für Stichlochstopfen
botting Schließen *n* des Stichlochs
bottle-neck Engpaß *m*, engster Querschnitt *m*; Flaschenhals *m (einer Kokille)*
~**-neck mould** Flaschenhalskokille *f*
~**-top mould** Flaschenhalskokille *f*
bottom/to vorbeizen
~ **cast (pour)** steigend gießen
bottom 1. Sohle *f*; Boden *m*, Sumpf *m*; 2. Herd *m*
~ **bank** Herdwandung *f*
~ **becomes saturated/the** der Herd sättigt sich *(mit schmelzflüssigem Metall)*
~ **bed** Formbett *n* in der Bodengrube
~ **blowing** Bodenblasen *n*, Blasen *n* mit Bodenwind
~**-blowing converter** bodenblasender Konverter *m*, Bodenwindkonverter *m*
~**-blown converter** *s.* ~-blowing converter
~**-blown converter process** bodenblasendes Verfahren *n (Sauerstoffkonverterverfahren)*
~ **board** *(Gieß)* Grundplatte *f*, Formgrundplatte *f*
~ **box** *(Gieß)* Unterkasten *m*, unterer Formkasten *m*
~ **brick** Bodenstein *m*
~ **cage** untere Siebtrommel *f*
~ **casting** steigender Guß *m*, Bodenguß *m*
~ **changing device** Boden[aus]wechselvorrichtung *f*, Bodeneinsetzvorrichtung *f*
~ **changing facilities** Boden[aus]wechselvorrichtungen *fpl*
~ **charging car** Bodeneinsetzwagen *m*
~ **cooling** Bodenkühlung *f*
~ **cover** Bodendeckel *m*, Zylinderbodendeckel *m*
~ **covering** Bodenbelag *m*

~ **deposits** *(Aufb)* Bodenschlamm *m*
~ **die** Untergesenk *n*, Unterstempel *m*, Unterwerkzeug *n*, Matrize *f*
~ **discard** Fußschrott *m*, Fußverschnitt *m* *(Blockguß)*
~ **discharge** Bodenentleerung *f*, Untenaustrag *m* *(Förderwagen, Heißgutcontainer)*
~ **discharge car** Bodenentleerer *m*, Bodenentlader *m*
~ **discharge skip** Skip *m* mit Bodenentleerung
~ **door** Bodenklappe *f (Kupolofen)*
~ **drain valve** Bodenentleerungsventil *n*
~ **echo** Bodenecho *n*, Rückwandecho *n*
~ **ejector plate** *(Gieß)* Auswerferdeckplatte *f*
~ **electrode** Bodenelektrode *f*
~ **end** Fußende *n (eines Blocks)*
~ **end frame** unterer Spannrahmen *m* *(Ofengewölbe)*
~ **fin** Bodenbart *m (Konverter)*
~ **fire** Sohlenfeuer *n*
~ **flask** *(Gieß)* Unterkasten *m*, unterer Formkasten *m*
~ **gate** Anschnitt *m* für steigendes Gießen
~-**heated** bodenbeheizt
~ **heating** Herdbeheizung *f*
~ **house** Bodenmacherei *f (für Konverter)*
~ **lining** Herdfutter *n*
~ **lining thickness** Herdfutterstärke *f*, Herdfutterdicke *f*
~ **of bed** unterer Teil *m* eines Wirbelschichtbetts
~ **of furnace** 1. Ofensohle *f*, Ofenboden *m*, Ofensumpf *m (zur Aufnahme von Schmelze)*; 2. Ofenherd *m*
~ **of hearth** 1. Herdsohle *f*, Herdboden *m*; 2. Gestellboden *m*
~ **of the slot** Nutengrund *m*
~-**opening rail wagon** bodenöffnender Eisenbahnwaggon *m*
~ **part of mould** *(Gieß)* Formunterteil *n*
~ **plate** Unterlegplatte *f*; Bodenblech *n*; Ankerplatte *f*; Bodenplatte *f (Gespanngießen)*
~ **plate of cupola** Kupolofenbodenplatte *f*
~ **pouring** 1. steigender Guß *m*, Bodenguß *m*; 2. Gießen *n* mit einer Stopfenpfanne
~-**pouring ladle** Stopfen[gieß]pfanne *f*, Schiebergießpfanne *f*
~-**pouring plate** Gespannplatte *f*
~ **pressure** Unterdruck *m*, Sohldruck *m*, Bodendruck *m*
~-**pressure casting** steigender Spritzguß *m*
~ **punch** *(Umf)* Unterstempel *m*, unterer Lochstempel *m*
~ **radius** Bodenradius *m*
~ **ramming machine** *(Gieß)* Bodenstampfmaschine *f*
~ **range** *(Umf)* Bodenbereich *m (beim Ziehen)*
~ **rods** Untergestänge *n*

~ **roll** 1. *(Umf)* Unterwalze *f*; 2. *(Gieß)* Lagerrolle *f (an der Schleudergießmaschine)*
~ **roll pressure** Walzenunterdruck *m*
~-**run ingot** steigend vergossener Block *m*
~ **sediments** Bodensatz *m*, Bodenrückstand *m*
~ **swage** Untergesenk *n*
~-**tap ladle** *s.* ~ pouring ladle
~ **tearer** Bodenreißer *m*
bottoming material Packlage *f*
bottomless mould Kokille *f* ohne Boden
bottoms Bottomskupfer *n (vom „bottoms process" herstammend)*
~ **process** „Böden" – Prozeß *m (Goldsammeln im metallischen Kupfer am Boden des Steinschmelzofens)*
bought scrap Fremdschrott *m*
bounce plate Prallplatte *f*
bound gebunden *(z. B. Atome in Stählen)*
~ **brickwork** Verbandmauerung *f*
~ **moisture** gebundenes Wasser *n*, gebundene Feuchte *f*
~ **state** gebundener Zustand *m*
boundary angle Randwinkel *m*
~ **condition** Randbedingung *f*
~ **displacement** Wandverschiebung *f*
~ **friction** Grenzflächenreibung *f*
~ **layer** Grenzschicht *f*
~-**layer thickness** Grenzschichtdicke *f*
~ **method** Schrankenverfahren *n*, Schrankenmethode *f (Berechnungsverfahren der Umformtechnik)*
~ **migration** Grenzenwanderung *f*
~ **plane** Grenzebene *f*, Phasengrenzebene *f*
~ **surface** Grenzfläche *f*
~ **system** Randsystem *n*
~ **value** Randwert *m*, Grenzwert *m*
bow 1. Boden *m*, Krümmung *f*; 2. Bügel *m*; 3. *(Gieß)* Tragschere *f*, Tiegelschere *f*, Pfannengabel *f*
~ **beam** Bogenführungsgerüst *n (Stranggießen)*
~-**type continuous casting machine** Bogenstranggußanlage *f*
~-**type machine** Bogenmaschine *f*
bowing *(Umf)* Bombierung *f*
bowl 1. Napf *m*, Becher *m*, Schale *f*; 2. Kübel *m*
box-annealed kastengeglüht, kistengeglüht, topfgeglüht, topfgetempert
~ **annealed sheet** kastengeglühtes Blech *n*
~ **annealing** Kastenglühen *n*, Kistenglühen *n*, Topfglühen *n*, Topftempern *n*
~ **annealing furnace** Kastenglühofen *m*, Kistenglühofen *m*, Topfglühofen *m*, Topftemperofen *m*
~ **bar** obere Verankerungsschiene *f*
~ **beam** Kastenträger *m*
~ **car** Kastenwagen *m*
~ **carburizing** Kastenaufkohlen *n*, Kasteneinsetzen *n*, Pulveraufkohlen *n*

box 52

~ **casting** Kastengießen *n*, Kastenguß *m*
~ **drain** Sinkkasten *m*
~-**form** kastenartig, kastenförmig
~ **girder** Kastenträger *m*
~ **groove** *s.* ~ **pass**
~ **kiln** Kammerofen *m (metallurgische La-bortechnik)*
~ **pallet** Boxpalette *f*
~ **part** *(Gieß)* Schore *f*
~ **pass** Kastenkaliber *n*, Flachstauchkaliber *n*, geschlossenes Kaliber *n (Walzen)*
~ **pin** Formkastenzentrierstift *m*
~-**shaped** kastenartig, kastenförmig
~ **stud** *(Gieß)* Kernböckchen *n*, Kernstütze *f*
~ **table** Formtisch *m*
~ **tipper** Kastenkipper *m*
~ **transfer hoist** Kastenübersetzhebezeug *n*
~-**type pattern** Kastenmodell *n*
~-**type pouring basin** kastenförmiges Gieß-becken *n*
~ **unloading buggy** Formkastenabsetzwa-gen *m*
boxless mould Formblock *m*, kastenlose Form *f*
~ **moulding machine** kastenlose Formma-schine *f*
b.p., B.P. *s.* boiling point
brace Strebe *f*
bracing Abstützung *f*, Verspannung *f*, Ver-steifung *f*, Verstrebung *f*
~ **cable** Spannseil *n*, Verspannungskabel *n*
Brackelsberg furnace Brackelsberg-Ofen *m*
bracket Bügel *m*, Gabel *f*; Kragarm *m*, Kragträger *m*, Konsole *f*, Knagge *f*, Stütze *f*, Reißrippe *f*, Träger *m*
~ **crane** Konsolkran *m*
~ **jib crane** Schwenkkran *m*
~ **plate** *(Umf)* Konsolplatte *f*, Befesti-gungsplatte *f*
~-**type sand slinger** *(Gieß)* Kon-sol[sand]slinger *m (verfahrbar)*
Bragg angle Bragg-Winkel *m*, Glanzwinkel *m*
~ **case** Bragg-Fall *m*
~ **focussing** Bragg-Fokussierung *f*
~ **law** Braggsches Gesetz *n*
~ **method** *s.* rotating-crystal method
~-**William's theory** Bragg-Williamssche Theorie *f*
braid 1. Litze *f*, 2. Geflecht *n*
braided straw rope *(Gieß)* geflochtenes Strohseil *n*
braider *(Umf)* Litzenmaschine *f*, Flechtma-schine *f*, Umflechtmaschine *f*
brake/to 1. [ab]bremsen, arretieren; 2. *(Umf)* abkanten
~ **down** [ab]bremsen
brake 1. Bremse *f*, Bremsvorrichtung *f*; 2. *(Umf)* Abkantpresse *f*

~ **block** Bremsklotz *m*
~ **block base** Bremsklotzsohle *f*
~ **clutch** Bremsbacke *f*
~ **disk** Bremsscheibe *f*
~ **drum** Bremstrommel *f*
~ **lever** Bremshebel *m*
~ **lining** Bremsbelag *m*
~ **ring** Bremsring *m*
~ **rope** Bremsseil *n*
~ **shoe** Hemmschuh *m*, Bremsblock *m*
~ **tube** Bremsleitungsrohr *n*
braking 1. Bremsen *n*, Abbremsen *n*; 2. *(Umf)* Abkanten *n*
branch/to abzweigen; sich verzweigen *(Rißbildung)*
branch box Verzweigungsmuffe *f*
~ **cable** Zweigkabel *n*
~ **gate** *(Gieß)* Mehrfachanschnitt *m*
~ **piece** Abzweigstück *n*
~ **pipe** Abzweigrohr *n*; Aushalsung *f (eines Rohrendes)*
branched verzweigt *(Rißbildung)*
branching Abzweigung *f*; Verzweigung *f (bei Rißbildung)*
brass[-plate]/to vermessingen
brass 1. Messing *n*, Tombak *m (Cu-Zn-Le-gierung)*; 2. *(Min)* Pyrit *m*, Schwefelkies *m*
~ **bar** Messingstange *f*
~ **braze** Messinghartlot *n*
~ **die casting** Messingdruckguß *m*
~ **foil** Messingfolie *f*
~ **founder** Messinggießer *m*
~ **founder's ague** Messingfieber *n*
~ **foundry** Messinggießerei
~ **plating** Vermessingen *n*
~ **scrap** Messingschrott *m*, Altmessing *n*
~ **shakes** Messingfieber *n*
~ **sheet** Messingblech *n*
~ **slug** Messing[preß]rohling *m*
~ **socket pressure plug** Gewindestopfen *m* aus Messing *(Druckguß)*
~ **strip** Messingband *n*
Bravais [space] lattice *(Krist)* Bravais-Git-ter *n*
braze/to hartlöten
braze Lötung *f*, Lötstelle *f*, Lötnaht *f*
~ **gap** Lötspalt *m*
~ **welding** Gaslötschweißen *n*, Oxyazety-lenlötschweißen *n*, Sauerstoff-Azetylen-Lötschweißen *n*
brazed joint Lötfuge *f*, Lötverbindung *f*
~-**on** hart aufgelötet
brazil Schwefelkies *m*
brazing Hartlöten *n*
~ **alloy** Hartlot *n*
~ **atmosphere** Lötatmosphäre *f*
~ **brittleness** Lötbrüchigkeit *f*
~ **filler metal** Hartlotzusatzwerkstoff *m*
~ **fixture** Löt[halte]vorrichtung *f*
~ **flux** Lötflußmittel *n*
~ **furnace** Lötofen *m*

~ medium (metal) Hartlot *n*
~ powder Lötpulver *n*
~ solder (spelter) Hartlot *n*
~ tongs Lötzange *f*
break/to 1. brechen; 2. abschalten, unterbrechen; abreißen *(Lichtbogen)*
~ a joint *(Gieß)* eine Form öffnen
~ away abreißen *(z. B. Flüssigkeitstropfen)*
~ down herunterwalzen, vorwalzen
~ joint with versetzt sein gegen
~ up 1. aufbrechen; zerkleinern; spalten *(z. B. Ton)*; abplatzen *(Schlichte)*; zersetzen *(Formstoff)*; 2. stillegen *(Maschinen, Anlagen)*
~ up the sand *(Gieß)* den Sand schleudern *(zum Auflockern)*
break *(Gieß)* Oberflächenspiel *n (Tiegelofenschmelze)*
~ even point Rentabilitätsschwelle *f*
~ of types Anguß *m* bei gegossenen Typen
~-off Aufbrechen *n*
~-out Durchbruch *m*, Durchbrechen *n* *(Schmelzofen)*; Ausbrechen *n (von Futter aus dem Schmelzofen)*; Durchbruch *m (eines Gießstrangs)*
~-out floor Ausbrechplatz *m*
~-out machine Ausbrechmaschine *f*
~ test Biege- und Faltversuch *m (für Grob- und Dünnbleche)*
~-through Durchbruch *m*
~-through potential *(Korr)* Durchbruchpotential *n*
breakage 1. Brechen *n*, Aufbrechen *n*; Zerkleinern *n*; 2. Ausbruch *m (von Futter aus dem Schmelzofen)*; 3. Erzklein *n*; Kohlenklein *n*
~ of a roll Walzenbruch *m*
breakaway Abreißen *n (z. B. von Flüssigkeitstropfen)*
~ corrosion zur Zerstörung führende Korrosion *f*
~ oxidation zur Zerstörung führende Oxydation *f*
~ velocity Losreißgeschwindigkeit *f*
breakdown 1. Betriebsstörung *f*; Unterbrechung *f*, Ausfall *m*; Bruch *m*; 2. Aufgliederung *f*; Aufteilung *f*; 3. *(Umf)* Vorband *n*, Vormaterial *n*; Vorsturz *m*, Sturz *m*
~ drawing machine Vorziehmaschine *f*, Vorzug *m*
~ limit temperature Auflösungsgrenztemperatur *f*
~ mill Vor[block]walzwerk *n*, Vorblockwalzstraße *f*
~ of the bond Bindungszerfall *m*, Verlust *m* des Bindevermögens
~ stand Streckgerüst *n*, Vorstreckwalzgerüst *n*
~ torque Kippmoment *n*
breaker 1. Brecher *m*, Brechanlage *f*, Brechmaschine *f*, Schlagmühle *f*; 2. Unterbrecher *m*

~ block Brechtopf *m*, Brechelement *n*
~ core Brechkern *m*, Einschnürkern *m*
~ jaw Brechbacke *f*
breaking 1. Brechen *n*, Grobzerkleinerung *f*; 2. Abschalten *n*, Unterbrechen *n*; Abreißen *n (Lichtbogen)*
~-away Ausbrechen *n*
~-down 1. Querschnittsreduktion *f*; 2. Vorwalzen *n*, Strecken *n*
~-down pass Vorstreckwalzkaliber *n*, Vorstich *m*
~-down roll Streckwalze *f*, Vorkaliberwalze *f*
~ drum Brechtrommel *f*
~ limit *(Wkst)* Bruchgrenze *f*
~ load *(Wkst)* Bruchlast *f*
~ of chamfer Brechen *n* der Anschnitt- und Steigerkanten
~ strength *(Wkst)* Bruchfestigkeit *f*, Bruchwiderstand *m*
~ stress *(Wkst)* Bruchspannung *f*, Bruchbeanspruchung *f*
~ tension *(Wkst)* Bruchdehnung *f*
~ test *(Wkst)* Zerreißprobe *f*
~ toughness *(Wkst)* Bruchzähigkeit *f*
breakpoint behaviour Brechpunktverhalten *n*
breast door Vorwärmöffnung *f*
~ pan Vorherd *m*
~ roller Ständerrolle *f*
breech mechanism Verschlußvorrichtung *f*
breeding material Brutstoff *m (im Kernreaktor)*
breeze 1. kleinstückiger Koks *m*, Grus *m (Koksgrus)*; 2. Asche *f*, Lösche *f*, Kokslösche *f*
brick/to mauern
brick Stein *m*, Mauerstein *m*, Formstein *m*, Ziegel *m*, Binder *m*
~ consumption Steinverbrauch *m*
~ cooler Steinkühler *m*
~ inclusions Einschlüsse *mpl* von feuerfestem Material
~ kiln Ziegelbrennofen *m*
~-lined ausgemauert
~-lined ladle ausgemauerte Pfanne *f*
~ lining Auskleidung *f* mit Steinen, Ausmauerung *f*
~ press Steinpresse *f*
~-red ziegelrot
~ size Ziegelsteinformat *n*
~ substructure Untermauerung *f*, Hintermauerung *f (für feuerfeste Ausmauerung)*
bricked hot top gemauerter Gießaufsatz *m*, gemauerte Haube *f*
bricking Mauerung *f*
~-up Ausmauerung *f*, Vermauerung *f*
brickmaking Formsteinefertigung *f*
~ plant Formsteinfabrik *f*
brickwork Mauerwerk *n*, Ausmauerung *f*
~ joint Mauerwerksfuge *f*

bridge 1. Brückenbildung *f;* Hängen *n*
(Schachtofen); 2. Schlackenkranz *m,*
Ofenansatz *m;* 3. Feuerbrücke *f*
~ **die** Brückenmatrize *f,* Brückenwerkzeug
n
~ **girder** Brückenträger *m*
~ **guide** Haltebügel *m*
~ **hammer** Brückenhammer *m*
~ **method** *(Wkst)* Brückenmethode *f,* Brük-
kenschaltung *f (elektrische Leitfähig-
keitsbestimmung)*
~ **output** *(Wkst)* Brückenausgang *m (Leitfähigkeitsmessung)*
~ **rope** Brückenseil *n,* Seil *n* für Hängebrük-
ken
bridged hängend
bridging 1. *(Pulv)* Brückenbildung *f,* Über-
brückung *f,* Zusammenbacken *n,* Sintern
n; 2. Hängen *n* der Gicht; 3. Schlacken-
kranzbildung *f,* Entstehung *f* von Ofenan-
sätzen
~-**over of stock** Hängen *n* der Gicht
(Schachtofen)
bridle roll Spannrolle *f,* Tänzerrolle *f*
bright blank, glänzend
~-**annealed** blankgeglüht
~ **annealing** Blankglühen *n*
~-**annealing furnace** Blankglühofen *m*
~ **anodizing** Glanzoxydation *f*
~-**dark reversal** Hell-Dunkel-Umschlag *m*
~ **drawing** Blankziehen *n*
~-**drawn bars** Blankstahl *m,* blankgezoge-
ner Stabstahl *m*
~ **dross** glasige Schlacke *f*
~-**field contrast** Hellfeldkontrast *m*
~-**field/dark-ground objective** Hell-Dunkel-
feldobjektiv *n*
~-**field illumination** Hellfeldbeleuchtung *f*
~-**field image** Hellfeldbild *n*
~-**finished steel** Blankstahl *m*
~ **finishing** Polieren *n,* Hochglanzpolieren *n*
~ **fracture** heller Bruch *m*
~ **hardening** Blankhärten *n*
~ **orange** Gelbglut *f (Anlaßfarbe)*
~ **plating** elektrolytisches Glänzen *n*
~ **red** Kirschrot *n (Anlaßfarbe)*
~ **red heat** helle Rotglut *f (Anlaßfarbe)*
~ **solution** Glanzbad *n*
~ **steel** Blankstahl *m*
~ **wire drawing** Blankdrahtziehen *n*
~ **zinc coating** Glanzverzinken *n*
brighten/to glänzend machen
brightened silver Blicksilber *n*
brightener Glanzbildner *m,* Glanzzusatz *m*
(Galvanotechnik)
brightening Blicken *n (des Silbers)*
brightness Helligkeit *f*
~ **temperature** schwarze Temperatur *f*
~ **threshold** Helligkeitsschwelle *f*
Brillouin function *(Krist)* Brillouin-Funktion
f
~ **zone** *(Krist)* Brillouin-Zone *f*

brine Sole *f,* Lake *f,* Salzlösung *f*
~ **hardening** Salzbadhärten *n*
~ **quenching** Salzbadabschrecken *n*
~ **solution** Kochsalzlösung *f*
Brinell hardness [number] Brinellhärte *f*
~ **hardness test** Brinell[härte]prüfung *f*
~ **impact hardness tester** Brinell[härte]prü-
fer *m*
~ **impact test** Brinell[härte]prüfung *f*
~ **machine** Brinell[härte]prüfeinrichtung *f*
briquet/to s. briquette/to
briquet s. briquette
briquette/to 1. brikettieren, [zu Brikett]
pressen; 2. *(Pulv)* pressen, paketieren
briquette Brikett *n,* Preßling *m*
briquetted brikettiert, gepreßt
briquetting Brikettierung *f,* Preßagglomera-
tion *f;* Paketieren *n*
~ **die** *(Pulv)* Preßform *f,* Preßwerkzeug *n*
~ **plant** Brikettieranlage *f*
~ **press** Brikettpresse *f*
~ **punch** *(Pulv)* Preßstempel *m*
Brit. Found. = The British Foundryman
British thermal unit *englische Einheit der
Wärmemenge*
Britmag Britmag *f (Sintermagnesia)*
brittle spröde, brüchig; faul, morsch
~ **cleavage fracture** Trennbruch *m*
~ **fracture** Sprödbruch *m,* spröder (verformungsloser) Bruch *m*
~ **fracture behaviour** sprödes Bruchverhalten *n*
~ **fracture by cleavage** verformungsloser
Trennbruch *m*
~ **fracture tendency** Sprödbruchneigung *f*
~ **fracture test** Sprödbruchprüfung *f*
~ **fracture theory** Sprödbruchtheorie *f*
~ **when cold** kaltbrüchig
~ **when hot** warmbrüchig
brittleness Sprödigkeit *f,* Versprödung *f,*
Brüchigkeit *f*
broach/to räumen
broach 1. Ziehstange *f;* Kalibrierungs-
stange *f;* 2. Ahle *f,* Reibahle *f,* Räumna-
del *f*
broaching Räumen *n*
broad-band transducer Breitbandprüfkopf
m
~ **face** Breitseite *f,* breite Seite (Fläche) *f*
(z. B. des Strangs)
~-**flanged beam** Breitflanschträger *m*
~ **jet burner** Breitstrahlbrenner *m*
~ **strip** Breitband *n*
~ **strip mill** Breitbandwalzwerk *n,* Breitband[walz]straße *f*
~ **strip pickler** Breitbandbeize *f*
broken core *(Gieß)* abgebrochener Kern *m*
~ **corners** brüchige (rissige) Kanten *fpl*
~ **mould** *(Gieß)* abgebrochenes Formteil *n*
~ **ore** Erzklein *n*
~ **oxide** Oxideinsprenkelung *f*

~ **sand grains** gebrochene Sandkörner *npl*
bromine Brom *n*
bronze 1. Bronze *f (Sammelname für Kupferlegierungen mit mehr als 60 % Cu außer Cu-Zn)*; 2. Bronze *f (Cu-Sn-Legierung)*
~ **alloy** Sonderbronze *f*
~ **foundry** Bronzegießerei *f*
~ **joint** Bronzegelenk *n*
~ **wire** Bronzedraht *m*
brookite *(Min)* Brookit *m*
brown coal Braunkohle *f*
~-**coal briquette** Braunkohlenbrikett *n*
~-**coal-fired furnace** braunkohlegefeuerter Ofen *m*
~ **coloration** Braunfärbung *f*
~ **finishing** Brünieren *n*
~ **fume** brauner Rauch *m*
~ **haematite (ore)** Braun[eisen]erz *n*, Brauneisenstein *m*
brownite Braunit *n (Gefügebestandteil)*
brownstone eisenhaltiger Sandstein *m*
brush/to 1. [ab]bürsten; 2. pinseln; anstreichen; 3. feinmahlen
~ **out** feinmahlen
brush Bürste *f*, Pinsel *m*
~ **material** Bürstenmaterial *n*, Bürstenwerkstoff *m*
~-**out** Feinmahlen *n*
~ **scrubber** Bürstenwäscher *m*, Bürstenwaschanlage *f*
~ **wire** Bürstendraht *m*
brushing 1. Bürsten *n*; 2. Bestreichen *n*; 3. Feinmahlen *n*
~ **machine** Bürstmaschine *f*, Abbürstmaschine *f*
BS = British Standard
BSC = British Steel Corporation
B.Th.U., Btu, B.t.u., B.T.u. *s.* British thermal unit
bubble/to 1. in Blasen aufsteigen, Blasen bilden, sprudeln, perlen; 2. hindurchperlen lassen
bubble 1. Blase *f*, Bläschen *n*; Luftblase *f*; Gasblase *f*; 2. Lunker *m*
~ **diameter** Blasendurchmesser *m*
~ **formation** Blasenbildung *f (Wirbelschichttechnik)*
~ **frequency** Blasenhäufigkeit *f*, Blasenfrequenz *f*
~-**induced particle circulation** blasenbildender Teilchenkreislauf *m*
~ **number** Blasenzahl *f*
~ **point** Blasen[bildungs]punkt *m*
~ **point velocity** Blasenentstehungsgeschwindigkeit *f (Geschwindigkeit der Entstehung einer Sprudelschicht)*
~ **rise velocity** Blasen[auf]steigegeschwindigkeit *f (in der Wirbelschicht)*
~ **tube** Gaseinleitungsrohr *n (ins Bad)*
~ **volume flow rate** Blasendurchflußrate *f*

bubbler station Spülstand *m (zur Gasdurchspülung der Schmelze)*
bubbling 1. Blasenbildung *f*, Bläschenbildung *f*; 2. Spülen *n* mit Gas
~ **bed** blasenbildende Wirbelschicht *f*, Blasenschicht *f*, Blasenbett *n*
~ **block** Blasdüsenstein *m*
~-**through** Durchspülung *f*
buck/to *(Aufb)* brechen, zerkleinern
buck plates Ofenpanzer *m*
bucket Kübel *m*; Mulde *f*; Eimer *m*
~ **car** Kübelwagen *m*
~ **car elevator** Kübelaufzug *m*
~ **chain conveyor** Eimerkettenförderer *m*
~ **charging** Kübelbegichtung *f*
~ **elevator** Becherwerk *n*, Kübelaufzug *m*
~ **elevator roller** Becherwerksrolle *f*
~ **heater** Kübelvorwärmer *m*
~ **hoist** Kippkübelaufzug *m*
~ **wheel** Zellenrad *n (Dosierung)*
~ **wheel lock** Zellenradschleuse *f (Dosierung)*
buckle/to [aus]knicken; ausbeulen, ausbauchen
buckle kleine Schülpe *f (Gußfehler)*
buckled sheet Buckelblech *n*
buckling Knicken *n*; Ausbeulen *n*, Ausbauchen *n*; Verzug *m*
~ **load** *(Wkst)* Knicklast *f*; Knickbeanspruchung *f*
~ **resistance (strength)** *(Wkst)* Knickfestigkeit *f*; Beulfestigkeit *f*
~ **stress** *(Wkst)* Knickspannung *f*, Knickbeanspruchung *f*
~ **test** *(Wkst)* Knickversuch *m*; Beulversuch *m*
buckstave *s.* buckstay
buckstay Ankersäule *f (Hochofenmauerung)*
buddle/to [ent]schlämmen, trennen *(Erz)*
buddling dish Schlämmherd *m (für Erz)*
buff/to polierläppen, schwabbeln
buff Schwabbelscheibe *f*
buffer/to puffern
buffer 1. Puffer *m*, Vorstoß *m*, Prellbock *m*; 2. *(Korr)* Puffer *m*, Pufferlösung *f*
~ **coke charge** Zwischenkokssatz *m*
~ **effect** Pufferwirkung *f*, Puffereffekt *m*
~ **gas** Schutzgas *n*
~ **layer (run)** Pufferlage *f (in der Schweißnahtfolge)*
~ **solution** *(Korr)* Pufferlösung *f*
~ **spring** Pufferfeder *f*
buffered solution gepufferte Lösung *f*
buffing agent Läppmittel *n*
~ **lathe (machine)** Schwabbelmaschine *f*
bug Mündungsbär *m*
buggy casting Wagenguß *m*
build up/to 1. aufbauen, zusammenbauen, zusammensetzen; bilden; 2. auftragen, auftragschweißen
build-up Ansatz *m*, Aufschweißung *f*

~-**up curve** Aufbaukurve f
~-**up heat** *(Stahlh)* Aufbauschmelze f
~-**up welding** Auftragschweißen n
builder's ironmongery Bauguß m
building Halle f
~ **material** Baustoff m
~-**up** Zusammenbau m
~-**up by welding** Auftragschweißen n
built-up area bebautes Gelände n
~-**up crossing with base plate** Schienen-
herzstück n
~-**up edge** Aufbauschneide f
~-**up moulding box** zerlegbarer Formkasten m
~-**up of scab and scar** Ansatzbildung f
(Schachtofen)
~-**up section** zusammengesetztes Profil n
~-**up weld** Auftragschweißen n
bulb 1. Wulst m(f); 2. Ballon m; 3. Kolben
m
~ **angle [steel]** Winkelwulststahl m; Win-
kelwulstprofil n
~ **flat (plate)** Flachwulststahl m; Flach-
wulstprofil n
~ **upsetting** Vorstauchen n
bulge/to ausbauchen, ausbeulen, aufweiten; ausbuchten
bulge Ausbauchung f, Aufweitung f; Beule
f; Ausbuchtung f *(eines Strangs)*; Wulst
m(f)
~ **test** *(Wkst)* Beultest m, Aufweiteversuch
m, Aufweiteprobe f
bulging Ausbauchung f, Ausbeulung f;
Tonnenformbildung f; Ausbuchtung f *(eines Strangs)*; Aufweitung f *(von Rohren)*
bulk Größe f, Menge f
~ **bed** Füllkörperschicht f
~ **concentration** Volumenkonzentration f
~ **container** Schüttgutbehälter m
~ **density** Schüttdichte f, Rohdichte f;
Raummasse f
~ **diffusion** Volumendiffusion f
~ **diffusion coefficient** Volumendiffusionskoeffizient m
~ **diffusivity** Diffusibilität f im Inneren einer Probe, Volumendiffusionsvermögen
n, Gitterdiffusibilität f
~ **enthalpy** mittlere Enthalpie (Mischungs-
enthalpie) f
~ **flow** Massenfluß m
~ **goods** Schüttgüter npl, Massengüter npl
~ **handling** Massengüterumschlag m
~ **hardening** Volumenhärten n
~ **layer** Füllkörperschicht f
~ **liquid** Hauptmenge f der Lösung (flüssigen Phase)
~ **material** Schüttgut n, Massengut n
~ **materials handling** Massengüterumschlag m
~ **modulus [of elasticity]** Kompressionsmodul m

~ **of powder** *(Pulv)* Pulvermasse f, Schütt-
pulver n
~ **storage** Verhalden n, Lagern n *(in aufge-
schütteten Haufen)*
~ **stream** Massenfluß m
~ **transport** Massentransport m
~ **volume** Schüttvolumen n
~ **weight** Schüttgewicht n
bulkhead Spundwand f
bulky sperrig
~ **charge** sperrige Beschickung f
bull-block [machine] Trommelziehma-
schine f, schwerer Einzelzug m, Grobzug
m
~ **head** 1. Polierwalzgerüst n, Flachwalzge-
rüst n; 2. Gewölbeschlußstein m
~ **head rail** Doppelkopfschiene f
~ **ladle** Kran[gieß]pfanne f
bullate blasig, porös
bulldozer *(Umf)* Bulldozer m *(in einer
Schmiede- oder Biegepresse)*
bullion 1. Rohmetall n *(besonders von Edelmetallen)*; 2. Werkblei n, Rohblei n
bull's eye ausgemauerter Elektrodenring m
(Elektroofen)
~ **eye structure** Ochsenaugenstruktur f
*(Graphitkugel mit Ferrithof; Temperkohle
mit Ferrithof)*
bump/to 1. stoßen, abwerfen; 2. *(Gieß)* rüttelverdichten
bumper 1. Prellbock m; Puffer m, Vorstoß
m; 2. Stoßstange f; 3. *(Gieß)* Rüttelformmaschine f
~ **ejection** Auswerferbetätigung f durch
Anschlag
~ **plate** Anschlagplatte f *(Druckguß)*
bumping *(Gieß)* Rüttelverdichtung f
~ **post** Prellbock m
~ **table** *(Umf)* Rütteltisch m
bunch Bund n, Bündel n; Haufen m
bunched cable Mehrleiterkabel n
buncher s. bunching machine
bunching machine Verlitzmaschine f, Bün-
delmaschine f
bundle/to bündeln
bundle Bund n, Bündel n
~ **of edge dislocation multipoles** Bündel n
von Stufenversetzungsmultipolen
bundler Bundbildungsvorrichtung f, Bün-
delanlage f *(für Draht)*
bundling press Ballenpresse f
bung Spund m, Schnauze f, Gießschnauze
f
bunker Bunker m; Behälter m
~ **belt feeder** Bunkerabzugband n
~ **C-oil** Bunker-C-Öl n
~ **coal** Bunkerkohle f
~ **discharger** Bunkerabzug m
~ **gate** Bunkerverschluß m
~ **installation** Bunkeranlage f
~ **level indicator** Bunkerfüllstandsanzeiger
m

~ **system** Bunkeranlage *f*
bunkering Bunkern *n*
buoyancy method *(Wkst)* Auftriebsmethode *f (Dichtemessung)*
burb-force *s.* back-up roll bending force
burden/to beschicken, begichten, gattieren *(Kupolofen)*; möllern *(Hochofen)*
burden 1. Einsatz *m*, Beschickung *f*, Mischung *f*, Gattierung *f (Kupolofen)*; Möller *m (Hochofen)*; 2. Gemeinkosten *pl*
~ **balance** Gattierungswaage *f*
~ **calculation** Möllerberechnung *f*
~ **charge** Möllergicht *f*
~ **distribution** Möllerverteilung *f*, Schüttgutverteilung *f*
~ **material** Möllerstoff *m*
~ **output** Möllerausbringen *n*
~ **plant** Mölleranlage *f*
~ **preparation** Möllervorbereitung *f*
~ **preparation plant** Möllervorbereitungsanlage *f*
~ **squeezer** Luppenmühle *f*
~ **yield** Möllerausbringen *n*
burdening Beschickung *f*, Begichtung *f (Kupolofen)*; Möllerung *f (Hochofen)*
Burgers circuit *(Krist)* Burgers-Umlauf *m*
~ **vector** *(Krist)* Burgers-Vektor *m*
burn/to 1. brennen; verbrennen; 2. brennschneiden ; 3. *(Gieß)* backen, trocknen
~ **dead** *(Gieß)* totbrennen
~ **in** 1. einbrennen; 2. vererzen
~ **off** abbrennen *(auch Speiser)*
~ **off the carbon** entkohlen
~ **on** 1. anbrennen; 2. angießen, gießschweißen
burn-in Einbrennen *n*
~-**off** Abbrand *m*; Abbrennen *n*, Abrauchen *n (des preßerleichternden Zusatzes)*
~-**off protection** Abbrandschutz *m*
~-**off protective agent** Abbrandschutzmittel *n*
~-**off rate** Abbrenngeschwindigkeit *f*, Abschmelzgeschwindigkeit *f (Elektrode)*
~-**out losses** Ausbrandverluste *mpl (Feuerungstechnik)*
~-**out of the binder (bonder)** *(Gieß)* Totbrennen *n* des Binders
~-**up rate** Ausbrand *m (im Brennraum)*
burned *s.* burnt
burner 1. Brenner *m*; 2. Schneidbrenner *m*
~ **adjustment** Brennereinstellung *f*
~ **baffle** Brennerstaukörper *m*, Brennerprallplatte *f*
~ **block** Brennergehäuse *n*
~ **capacity** Brennerleistung *f*
~ **for natural gas** Erdgasbrenner *m*
~ **for solids fuels** Brenner *m* für feste Brennstoffe
~ **guidance** Brennerführung *f*
~ **hole** Brenneröffnung *f*
~ **mouth** Brennermaul *n;* Brennerdüse *f*
~ **nozzle** Brennerdüse *f*

~ **pipe** Brennerrohr *n*
~ **platform** Brennerbühne *f*
~ **port** 1. Brenneröffnung *f*; 2. Vorwärmöffnung *f*
~ **tile** Brenner[form]stein *m*
burning 1. Brennen *n*; Verbrennen *n*, Abbrand *m (von Metall)*; 2. Kalzinieren *n*; Rösten *n (Erz)*
~ **characteristics** Brennverhalten *n*
~ **front** Flammenfront *f*
~ **fuel** Brennstoff *m*
~-**in** Einbrennen *n*
~ **kiln** Brennofen *m*
~ **of coal** Kohleverbrennung *f*
~ **of fossil fuels** Verbrennen *n* fossiler Brennstoffe
~ **of zinc vapour** Zinkdampfverbrennung *f*
~-**off** 1. Abbrand *m (z. B. von Gleitmitteln)*; 2. Abbrennen *n (z. B. eines Speisers)*
~-**on** 1. *(Gieß)* Anbrennen (Ansintern) *n* von Formsand, Sandverkrustung *f (auf Gußstücken)*; 2. Gießschweißen *n*
~ **torch** Schneidbrenner *m*
~-**up of the tap hole** Aufbrennen *n* des Stichlochs
burnish/to 1. polieren, hochglanzschleifen; 2. brünieren
burnishing 1. Trommeln *n*, Trommelpolieren *n;* Kugelpolieren *n*, Blankrollen *n;* Bürsten *n;* Scheuern *n;* 2. Brünieren *n*
burnt gebrannt; verbrannt, überhitzt *(z. B. Stahl)*
~ **bonding clay layer** totgebrannte Bindetonschicht *f*
~ **clay** gebrannter Ton *m*
~ **dolomite** gebrannter Dolomit *m*
~ **lime** gebrannter Kalk *m*, Branntkalk *m*, Fettkalk *m*
~ **limestone** gebrannter Kalk *m*
~-**magnesite brick** gebrannter Magnesitstein *m*
~ **sand** Altsand *m*, totgebrannter (gesinterter, angebrannter) Sand *m*
~ **steel** verbrannter (überhitzter) Stahl *m*
~ **tuyere** verbrannte Form *f (Düse für Wind)*
burr/to abgraten, entgraten; putzen
burr 1. Bart *m*, Grat *m*; Putzen *m*, Gußnaht *f*; 2. Blechzuschnitt *m*, Ronde *f*
~-**free stamping** gratloses Gesenkschmieden *n*
~ **masher roll** Abgratrolle *f*
~ **removal** Entgraten *n*
~-**removing machine** Abgratmaschine *f*
burring Abgraten *n*, Entgraten *n;* Putzen *n*
~ **attachment** Abgrateinrichtung *f*
~ **press** Abgratpresse *f*, Gratpresse *f*
burst/to aufreißen, aufspalten; bersten, platzen; rissig werden; brechen
~ **into flame** entflammen
burst Ausbruch *m (von Material aus einem Werkstück)*

~ **of current** Stromstoß *m*
~ **test** Berstversuch *m*
bursting Aufreißen *n*, Aufspalten *n*; Aufplatzen *n*, Bersten *n*, Platzen *n*
~ **effect** Sprengwirkung *f*; Burstingeffekt *m (Magnesitzerstörung)*
~ **pressure** Berstdruck *m*
~ **test** Berstversuch *m*
Burt filter Burt-Filter *n*
bus bar Stromschiene *f*, Sammelschiene *f*
bush-on/to aufbuchsen
bush Buchse *f*, Büchse *f*; Führungsbuchse *f*; Lagerschale *f*; Manschette *f*, Muffe *f*
~ **roller chain** Gelenkkette *f*, Laschenkette *f*
bushelling Paketieren *n*
bushing Laufbüchse *f*; Lagerschale *f*
~ **metal** Lagermetall *n*
~-**on** Aufbuchsen *n*
Bussmann-Simetag press *(Pulv)* Bussmann-Simetag-Presse *f*
bustle main Windringleitung *f*
~ **pipe** Ringleitung *f*, Windleitung *f (am Schachtofen)*
butane Butan *n*
2-butoxyethanol 2-Butoxyäthanol *n*
butt/to stumpf stoßen (aneinander setzen)
butt Walzgutende *n*, unteres Blockende *n*, Preßrest *m*
~ **chute** Preßrestaustragrinne *f*
~ **ingot** kurzer Stahlblock *m*, Stummelblock *m*; Restblock *m*
~-**joined** stumpfgelötet
~ **joint** Stumpflötung *f*
~ **joint of metal sheets** Blechstoß *m*
~ **weld** Stumpfnaht *f*
~ **weld seam** Stumpfschweißnaht *f*
~ **welding** Stumpfschweißen *n*, Stoßschweißen *n*
~ **welding machine** Stumpfschweißmaschine *f*
butterfly design Schmetterlingskalibrierung *f*
~ **valve** Drosselventil *n*
button head screw *(Umf)* Halbrundkopfschraube *f*
~ **plate** Warzenblech *n*
buttress Gewölbepfeiler *m*
by-product Nebenerzeugnis *n*, Nebenprodukt *n*, Abfallerzeugnis *n*
~-**product coke** Zechenkoks *m*, Hüttenkoks *m*, Gaskoks *m*
~-**product coke oven** Nebenproduktkoksofen *m;* Destillationsofen *m*
~-**product coking practice** Nebenproduktenkokerei *f*; Destillationskokerei *f*
~-**product metal** als Nebenprodukt anfallendes Metall *n*
~-**product recovery plant** Gewinnungsanlage *f* für Nebenprodukte
bypass Umgehungsleitung *f*; Umleitungskanal *m*
~ **apparatus** Umführapparat *m*

bypassing Umführung *f*
~ **mechanism** *(Krist)* Umgehungsmechanismus *m (für bewegte Versetzungen)*

C

Cᵥ *s.* specific heat
C-hook C-Haken *m*, C-förmiger Haken *m*
CA = close-annealed, *s.* box-annealed
cabbaging press Packpresse *f (für Schrott)*
cable/to verseilen
cable Kabel *n*; Seil *n*; Trosse *f*; Leitung *f*
~ **anchorage** Seilanker *m*
~ **armouring** Kabelumhüllung *f*, Kabelbewehrung *f*, Kabelschoner *m*
~ **brake** Seilbremse *f*
~ **conductor** Kabelader *f*, Litze *f*
~ **conveyor** Schaukelförderer *m* mit Zugseil
~ **core** Kabelseele *f*, Kabelkern *m*, Kabelader *f*
~ **cover** Kabelumhüllung *f*
~ **crane** Kabelkran *m*
~ **drive** Seil[an]trieb *m*
~ **drum** Kabeltrommel *f*, Seiltrommel *f*
~ **eye** Kabelschuh *m* [mit Öse], Kabelöse *f*
~-**insulating machine** Kabelisoliermaschine *f*
~-**laid wire rope** Kabelschlagseil *n*, Litzendrahtseil *n* mit spezieller Seele
~ **lay** Verseilung *f*, Kabelschlag *m*
~-**making machine** *s.* ~-stranding machine
~ **press** Kabelpresse *f*
~ **probe** Seilsonde *f*
~ **pulley** Seilrolle *f*, Seilscheibe *f*
~ **reel** Kabelhaspel *f*
~ **sheathing** Kabelummantelung *f*, Kabelmantel *m*
~ **sheathing alloy** Kabelmantellegierung *f*
~ **shoe** Kabelschuh *m*
~ **strand** Kabellitze *f*
~-**stranding machine** Kabel[verseil]maschine *f*, Seilschlagmaschine *f*, Verseilmaschine *f*
~ **suspension** Kabelaufhängung *f*
~ **tape steel** Kabelbandstahl *m*
~ **transmission** Seilbetrieb *m*
~ **wire** Kabeldraht *m*
~ **wire rope** Drahtseilkabel *n*
cabling Verkabeln *n*, Verdrahtung *f*
cadmiated iron kadmiertes Eisen *n*
cadmic Kadmium…
cadmium Kadmium *n*
~ **bronze** *Cu-Cd-Legierung*
~ **copper** Kadmiumkupfer *n*
~-**plated** verkadmet
~ **plating** Verkadmen *n*, Kadmierung *f*
caesium Zäsium *n*
~ **chloride structure** *(Krist)* CsCl-Strukturtyp *m*
cage 1. Käfig *m*, Korb *m*; 2. Verseilkorb *m*

~ **disintegrator** 1. Schleudermühle *f*,
Schlagkorbmühle *f*; 2. *(Gieß)* Desintegrator *m*, Sandschleuder *f*
~**-type strander** Korbverseilmaschine *f*
cake/to [zusammen]backen, zusammenballen, sintern
cake 1. Kuchen *m*, Filterkuchen *m*; Pulver-
kuchen *m*, Pulverkörper *m*; 2. Walzplatte
f (Kupfer)
~ **filter** Kuchenfilter *n*
~ **filtration** Kuchenfiltration *f*
~ **moisture** Kuchenfeuchte *f*
~ **of clinker** Schlackenkuchen *m*, Schlak-
kenmasse *f*
~ **of gold** *(Aufb)* Schwammgold *n*, Moos-
gold *n*
~ **of ore** flacher Erzkörper *m*
~ **of rose copper** Kupferrosette *f*
~ **of slag** Schlackenkuchen *m*
~ **ore** Kuchenerz *n*
caked zusammengebackt; zusammenge-
sintert
caking Backen *n*, Zusammenbacken *n*, Sintern *n*
~ **capacity** Backfähigkeit *f*
~ **coal** backfähige (backende) Kohle *f*,
Backkohle *f*, Kokskohle *f*, Fettkohle *f*
~ **property** Backfähigkeit *f*, Ballungsfähig-
keit *f*
~ **quality** Backqualität *f*
calaite *(Min)* Kallait *m*
calamine *(Min)* Kalamin *m*; Galmei *m*,
Zinkspat *m*
calaverite *(Min)* Kalaverit *m*
calcareous kalkhaltig; mit kalkhaltigen
Substanzen überzogen
~ **scale** Kalkrostschutzschicht *f*
calcic kalziumhaltig
calciferous kalkhaltig
calcination Kalzination *f*, Kalzinieren *n*,
Brennen *n*; Rösten *n (Erz)*; Kalkbrennen
n
~ **of gypsum** Gipsbrennen *n*
~ **process** Röstprozeß *m*
~ **test** Röstprobe *f*
calcine/to kalzinieren, brennen; rösten
(Erz); glühen
calcine Kalzinationsprodukt *n*; Röstgut *n*;
Abbrand *m*
~ **cooler** Abbrandkühler *m*
~ **discharge** Röstgutaustrag *m*
~**-fed reverberatory** *(Am)* Flammofen *m*
für Verarbeitung von geröstetem Vorlaufmaterial
calcined borax *(Gieß)* gebrannter Borax *m*
~ **clay** gebrannter Ton *m*; Rohschamotte *f*
~ **dolomite** gebrannter Dolomit *m*
~ **gold** Goldkalk *m*
~ **iron** Eisenkalk *m*
~ **lime** gebrannter Kalk *m*
~ **magnesia** gebrannte Magnesia *f*
~ **magnesite** gebrannter Magnesit *m*

~ **ore** Rösterz *n*
~ **petroleum coke** kalzinierter Petrolkoks *m*
~ **product** Röstprodukt *n*
~ **pyrite** Pyritabbrand *m*, Kiesabbrand *m*
calciner Kalzinierofen *m*; Röstofen *m*
calcining Kalzination *f*, Kalzinieren *n*; Röstung *f*
~ **clamp** Röstofen *m*
~ **drum** Rösttrommel *f*
~ **furnace (kiln)** Kalzinierofen *m*; Röstofen
m
~ **method** Röstverfahren *n*
~ **of ores** Erzröstung *f*
~ **of powder** Pulverglühen *n*
~ **operation** Röstvorgang *m*
~ **period** Kalzinierdauer *f*, Brenndauer *f*;
Röstdauer *f*
~ **plant** Kalzinieranlage *f*, Brennanlage *f*;
Röstanlage *f*
~ **process** Brennprozeß *m*
~ **zone** Kalzinierzone *f*
calciospinel *(Min)* Kalziospinell *m*, Kalkspi-
nell *m*
calciowüstite *(Min)* Kalziowüstit *m*, Kalk-
wüstit *m*
calcite *(Min)* Kalzit *m*, Kalkspat *m*
calcitic limestone Kalkstein *m (mit geringen Beimengungen von Magnesiumkar-
bonat)*
calcium Kalzium *n*
~**-aluminium** Kalzium-Aluminium *n*
~**-aluminium-silicon** Kalzium-Aluminium-
Silizium *n*
~ **bentonite** Kalziumbentonit *m*
~ **borate** Kalkborat *n*, Boraxkalk *m*
~ **boride** Kalziumborid *n*
~ **carbide** Kalziumkarbid *n*
~ **carbide slag** Kalziumkarbidschlacke *f*
~ **cyanamide** Kalziumzyanamid *n*; Kalk-
stickstoff *m (technisch)*
~ **ferrite** Kalkferrit *m (Schlackenart)*
~ **fluoride** Flußspat *m*
~ **fluoride structure** *(Krist)* Kalziumfluorid-
struktur *f*, CaF_2-Strukturtyp *m*
~ **hydrate** Kalziumhydroxid *n*, Löschkalk *m*,
gelöschter Kalk *m*; Staubkalk *m*
~ **metasilicate** Kalziummetasilikat *n*
~ **modification** Kalziummodifizierung *f*,
Kalziumveredlung *f*
~**-modified** kalziummodifiziert, kalziumver-
edelt
~ **montmorillonite** *(Min)* Kalziummontmo-
rillonit *m*
~ **orthosilicate** Kalziumorthosilikat *n*
~ **oxide** Kalziumoxid *n*, gebrannter Kalk *m*,
Ätzkalk *m*
~ **phosphate** Kalziumphosphat *n*
~ **silicide** Kalzium-Silizium *n (oft ge-
braucht, aber unkorrekt)*
~**-silicon** Kalzium-Silizium *n*
~ **soap** Kalziumseife *f*
~ **sodium sulphate** Kalziumnatriumsulfat *n*

~ **stearate** Kalziumstearat *n*
~ **sulphate** Anhydrit *m*; Gips *m*
~ **treatment** Kalziumbehandlung *f*
~ **zirconate** Kalziumzirkonat *n*
calcspar *(Min)* Kalzit *m*, Kalkspat *m*
calculation of fluxing Schlackenberechnung *f*
~ **of gating** *(Gieß)* Anschnittberechnung *f*
~ **of mixture (the charge)** Gattierungsberechnung *f*
Calderon charger Calderon-Chargiermaschine *f*
calibrate/to kalibrieren, eichen
calibrated standard defect size *(Wkst)* Ersatzfehlergröße *f*
calibrating press Kalibrierpresse *f*
~ **stand** Kalibriergerüst *n*
~ **tool** Kalibrierwerkzeug *n*
calibration Kalibrierung *f*, Eichen *n*
~ **apparatus** Eichinstrument *n*
~ **block** Eichblock *m* *(Differentialthermoanalyse)*
~ **curve** Eichkurve *f*
~ **instrument** Eichinstrument *n*
~ **picture** Eichaufnahme *f*
~ **sample** Eichprobe *f*
~ **test** Eichversuch *m*
californium Kalifornium *n*
caliper device Dickentaster *m*
~ **gauge** Rachenlehre *f*, Tastlehre *f*
calloy Al-Cu-Legierung *(Desoxydation des Stahls)*
calm ruhig
calming agent *(Stahlh)* Beruhigungsmittel *n*
calomel *(Min)* Kalomel *m*
~ **electrode** Kalomelelektrode *f*
caloric kalorisch, Kalorien...
~ **conductibility** Wärmeleitfähigkeit *f*
~ **effect** Wärmetönung *f*
~ **power** Wärmeleistung *f* *(z. B. von Gußgliederkesseln)*
~ **radiation** Wärmestrahlung *f*
~ **unit** Wärmeeinheit *f*
calorific wärmeerzeugend, Wärme...
~ **balance** Wärmebilanz *f*
~ **capacity** Wärmekapazität *f*, Wärmeinhalt *m*
~ **effect** Heizwert *m*
~ **efficiency** Wärmewirkungsgrad *m*
~ **loss** Wärmeverlust *m*
~ **power** 1. Heizwert *m* *(des Brennstoffs)*; 2. s. caloric power
~ **requirement** Wärmebedarf *m*
~ **value** Heizwert *m* *(des Brennstoffs)*
calorimeter Kalorimeter *n*
calorimetric kalorimetrisch
~ **bomb** kalorimetrische Bombe *f*
calorimetry Wärme[mengen]messung *f*
calorize/to alitieren, kalorisieren
calorizing Alitieren *n*, Kalorisieren *n*
calotte *(Wkst)* Kalotte *f*

calx *s.* calcium oxide
cam 1. Nocken *m*; Knagge *f*; Mitnehmer *m*; Nase *f*; 2. Kurve *f*; Steuerkurve *f*; 3. Kurvenscheibe *f*
~ **disk** Nockenscheibe *f*, Kurvenscheibe *f*
~ **drive** Nockenantrieb *m*
~ **finger** *(Gieß)* Schrägstift *m*
~ **finger core pull** *(Gieß)* Schrägstiftkernzug *m*
~ **follower** Nockenstößel *m*, Exzenterrolle *f*
~ **gear** Nockensteuerung *f*, Exzenterrad *n*
~ **lever** Nockenhebel *m*
~-**operated transfer press** Stufenumformautomat *m* mit Kurvenantrieb
~ **pin** *(Gieß)* Schrägstift *m*
~ **plate** Nockenscheibe *f*, Kurvenscheibe *f*
~ **press** Nockenpresse *f*
~-**ram machine** Stampfmaschine *f (für Formsteinherstellung)*
~ **spindle** Nockenwelle *f*
~ **throttle control** Kurventrieb *m*
~ **throw** Kurvenhub *m*
~-**type control** Nockensteuerung *f*
~-**type plastometer** Nockenplastometer *n*
camber/to 1. biegen, krümmen, wölben, ausbauchen; 2. bombieren, ballig bearbeiten *(Walzen)*; 3. biegen, wölben, durchformen *(Modelle)*
camber 1. Biegung *f*, Krümmung *f*, Wölbung *f*, Ausbauchung *f*; 2. Bombierung *f*, Balligkeit *f (Walzen)*; 3. Biegung *f*, Wölbung *f*, Durchformung *f (von Modellen)*
cambered roll vorgeformte Rolle *f*, Formrolle *f*
cambering 1. Biegen *n*, Wölben *n*, Krümmen *n*; 2. Bombieren *n (Walzen)*; 3. Biegen *n*, Wölben *n*, Durchformen *n (von Modellen)*
campaign Ofenreise *f*
~ **length** Länge *f* einer Ofenreise
camshaft Nockenwelle *f*
~ **bearing** Nockenwellenlager *n*
~ **gears** Nockenwellengetriebe *n*
~ **hardening machine** Nockenwellenhärtungsmaschine *f*
can dryer Walzenbandtrockner *m*, Trommeltrockner *m*
~ **manufacturing** Dosenfertigung *f*, Konservendosenherstellung *f*, Emballagenherstellung *f*
canal slide valve Kanalschieber *m*
cancelled structure Netzgefüge *n*
candle filter Kerzenfilter *n*
cannel coal Fettkohle *f*, Kännelkohle *f*
canning material Hüllwerkstoff *m*
cannon barrel Kanonenrohr *n*, Geschützrohr *n*
canopy hood Absaughaube *f*
cant/to abkanten, abschrägen, abfasen
cant Schräge *f*, Verkantung *f*, Fase *f*
canted abgekantet
cantilever vorspringender Träger *m*, Kragträger *m*, Freiträger *m*, Ausleger *m*

~ **crane** Auslegerkran *m*
~ **structure** Gerberträger *m*
~ **truss** Konsolträger *m*
cantilevered vorspringend; fliegend gelagert *(Walzen)*
canting Abfasen *n*, Abfasung *f*
cap Deckel *m*, Kappe *f*, Haube *f*
capability of sintering Sinterfähigkeit *f*
capacity 1. Vermögen *n*; Leistungsfähigkeit *f*; 2. Leistung *f*; 3. Inhalt *m*; Fassungsraum *m*
~ **for deformation** Formänderungsvermögen *n*
~ **of ladle** Pfanneninhalt *m*
~ **of press** *(Pulv)* Preßleistung *f*, Preßkapazität *f*
~ **of volume ratio** Raumerfüllungsgrad *m* *(Pulvereigenschaft)*
~ **range** Kraftmeßbereich *m (Prüfmaschine)*
~ **utilization** 1. Kapazitätsausnutzung *f*; 2. Füllungsgrad *m*
capillarity Kapillarität *f*
capillary action Kapillarwirkung *f*
~ **copper** Haarkupfer *n (Kupfersteinschmelzen)*
~ **crack** Haarriß *m*
~ **pressure** Kapillardruck *m*
~ **pyrites** *(Min)* Kapillarpyrit *m*, Millerit *m*
~ **structure** faserige Struktur *f*
~ **tube** Kapillarrohr *n*, Haarrohr *n*, Haarröhrchen *n*, Kapillare *f*
~ **wire** Mikrodraht *m*, Feinstdraht *m*, Haardraht *m*
capital scrap Altschrott *m*
CALP line *s.* continuous annealing and processing line
capless roll stand ständerloses (kappenloses) Walzgerüst *n*
capped steel gedeckelter (gedeckt vergossener) Stahl *m*
capping Deckelbildung *f*, Deckeln *n*
~ **layer (run)** Kapplage *f (in der Schweißnahtfolge)*
capstan *(Umf)* Ziehscheibe *f*, Ziehtrommel *f*; Aufwickeltrommel *f*, Haspel *f (Walzen)*
~ **for powder strip** Pulverbandhaspel *f*
capsule diffusion Kapseldiffusion *f (z. B. Probenglühung in einer evakuierten Quarzkapsel zur Vermeidung von Oxydation)*
captive foundry Gießerei *f* für Eigenbedarf, angeschlossene Gießerei *f*
car-bottom furnace Herdwagenofen *m*
~-**bottom hearth** ausfahrbarer Herd *m*
~ **casting** Wagenguß *m*, Automobilguß *m*
~ **furnace** Herdwagenofen *m*
~ **hearth forge furnace** Herdwagenschmiedeofen *m*
~ **hearth furnace** Herdwagenofen *m*
~ **tipper** Waggonkipper *m*, Wagenkipper *m*

~-**type mould conveyor** *(Gieß)* Standbahn *f*, Plattenwagenformförderer *m*
carbide 1. Karbid *n*, Kalziumkarbid *n*; 2. Metallkarbid *n*, metallisches Karbid *n*; Hartmetall *n*
~ **band** Karbidband *n*
~ **band spacing** Karbidbandabstand *m*
~ **band width** Karbidbandbreite *f*
~ **banding** Karbidbandbildung *f*; Karbidzeiligkeit *f*
~ **classification** Karbidklassifizierung *f*
~ **composition** Karbidzusammensetzung *f*
~ **configuration** Karbidanordnung *f*
~ **cutting tool** Hartmetallwerkzeug *n*
~ **decomposition** Karbidzerfall *m*
~ **distribution** Karbidverteilung *f* .
~ **eutectic** Karbideutektikum *n*
~ **extraction** Karbidextraktion *f*, Karbidisolierung *f*
~ **former** *s.* ~-forming element
~-**forming element** Karbidbildner *m*, karbidbildendes Element *n*
~ **lamella** Karbidlamelle *f*
~ **line** Karbidsaum *m*
~ **metal eta phase** Hartmetall-Eta-Phase *f*
~ **mixing system** Karbidmischsystem *n*
~ **morphology** Zementitmorphologie *f*
~ **network** Karbidnetz *n*
~ **of iron** Eisenkarbid *n*, Zementit *m*
~ **plate** Karbidplatte *f*
~ **precipitation** Karbidabscheidung *f*, Karbidausscheidung *f*
~ **precipitation sequence** Karbidausscheidungsfolge *f*
~ **refractory** *(Ff)* Karbiderzeugnis *n*
~ **residue** Karbidisolat *n*
~ **seam** Karbidsaum *m*
~ **skeleton** Karbidskelett *n*, Karbidgerüst *n*
~ **slag** Karbidschlacke *f*
~ **sphere** Karbidkugel *f*
~ **spherodization** *s.* ~ spherulization
~ **spherulization** Karbideinformung *f*, Karbidzusammenballung *f*
~ **stabilization** Karbidstabilisierung *f*
~ **stabilizer** karbidstabilisierendes Element *n*; Karbidbildner *m*
~ **structure** Karbidstruktur *f*
carbohydrate binder *(Gieß)* Kohlehydratbinder *m*
carbon Kohlenstoff *m*
~ **anode** Kohleanode *f*
~-**arc lamp** Kohlelichtbogenlampe *f*
~-**arc welding** Kohlelichtbogenschweißen *n*
~ **bar** Kohlestab *m*, Graphitstab *m*
~ **bar furnace** Kohlestabofen *m*, Graphitstabofen *m (Labortechnik und Gießerei)*
~-**bearing material** Kohlenstoffträger *m*
~ **bisulphide** *s.* ~ disulphide
~ **black** Ruß *m*
~ **block** Kohlenstoffstein *m (großformatig)*, Kohlenstoffblock *m*

~ **block electrode** vorgebrannte Elektrode f
~ **blow (boil)** Kochperiode f
~ **brick** Kohlenstoffstein m
~ **bulk concentration** Kohlenstoffgehalt m, Kohlenstoffvolumenkonzentration f
~ **carrier** Kohlenstoffträger m
~ **case hardening** Einsetzen n, Einsatzhärten n
~ **cast steel** unlegierter Gußstahl (Stahlguß) m
~ **cementation** s. carburization
~ **content** Kohlenstoffgehalt m
~ **crucible** Kohletiegel m
~ **decrease** Kohlenstoffabbrand m
~ **deficient phase** unterkohlte Phase f
~-**depleted** an Kohlenstoff verarmt
~ **dioxide** Kohlendioxid n, (ungenau) Kohlensäure f (s. a. unter CO₂)
~ **dioxide binder** (Gieß) Binder m für das CO₂-Verfahren (Wasserglassand)
~ **dioxide laser** Kohlendioxidlaser m
~ **dioxide process** (Gieß)CO₂-Verfahren n (Form- und Kernherstellung)
~ **dioxide separation** Kohlensäuretrennung f
~ **dioxide setting process** (Gieß) Kohlensäureerstarrungsverfahren n (Form- und Kernherstellung)
~ **dioxide supply plant** Kohlensäureversorgungsanlage f
~ **distribution** Kohlenstoffverteilung f
~ **disulphide** Kohlenstoffdisulfid n, Schwefelkohlenstoff m
~ **drop** Kohlenstoffabnahme f (beim Stahlfrischen)
~ **edge** Kohlenstoffrand m
~ **electrode** Kohleelektrode f
~ **elimination** Herausfrischen n des Kohlenstoffs
~ **equivalent** Kohlenstoffäquivalent n
~ **film** Kohlefilm m
~ **gradient** Kohlenstoffgehalt m
~ **input** Kohlenstoffeinlauf m
~ **level** s. ~ potential
~-**lined** (Ff) kohlenstoffausgekleidet
~ **lining** (Ff) Kohlenstoffzustellung f, Ausmauerung f mit Kohlenstoffsteinen
~ **loss** Kohlenstoffabbrand m
~-**manganese steel** Kohlenstoff-Mangan-Stahl m
~-**metal brush** Metallkohlenbürste f
~-**molybdenum steel** Molybdän-Kohlenstoff-Stahl m
~ **monoxide** Kohlenmonoxid n
~ **monoxide poisoning** Kohlenmonoxidvergiftung f
~ **penetration** Aufkohlung f (von Teilen)
~ **pick-up** Kohlenstoffaufnahme f, Aufkohlung f (der Schmelze)
~ **potential** Kohlenstoffpotential n, Kohlenstoffpegel m (Wärmebehandlung)

~ **ramming** Kohlenstoffstampfmasse f
~ **removal** Kohlenstoffabbau m
~-**resistor furnace** Kohlegrießwiderstandsofen m
~ **restoration** Rückkohlung f, Wiederaufkohlung f
~ **rod** Kohlestab m, Graphitstab m
~ **rod furnace** Kohlestabofen m, Graphitstabofen m (Labortechnik und Gießerei)
~-**saturated iron** kohlenstoffgesättigtes Eisen n
~ **soot** Ruß m
~ **steel** Kohlenstoffstahl m, unlegierter Stahl m
~ **steel castings** Gußstücke npl aus unlegiertem Stahlguß, unlegierter Stahlguß m
~ **supporting film** Kohleträgerfilm m
~ **tetrachloride** Tetrachlorkohlenstoff m
~ **tool steel** unlegierter Werkzeugstahl m
~-**tube resistance furnace** Kohlerohrwiderstandsofen m
~ **well** Kohlenstoffherd m, kohlenstoffausgekleideter Herd m
carbonaceous kohlenstoffhaltig
~ **gas** kohlenstoffhaltiges Gas n
~ **inclusion** (Gieß) Schwärzeeinschluß m (im Gußstück)
~ **iron-stone** Kohleneisenstein m
~ **materials** kohlenstoffhaltige Materialien npl
~ **reducing agent** kohlenstoffhaltiges Reduktionsmittel n
carbonate Karbonat n
~ **hardness** Karbonathärte f
carbona[tiza]tion Karbonatisieren n
carbonic acid Kohlensäure f
~ **anhydride** Kohlendioxid n
carboniferous kohlenstoffhaltig
carbonitride/to karbonitrieren, zyanieren
carbonitride Karbonitrid n
carbonitrided steel karbonitrierter Stahl m
carbonitriding Karbonitrieren n, Zyanieren n
carbonization 1. Verkokung f, Schwelung f; 2. Verkohlung f
~ **chamber** Kokskammer f
~ **gas** Schwelgas n
carbonize/to 1. verkoken, schwelen; 2. verkohlen
carbonized fuel geschweltes Heizmittel n; Schwelkoks m
~ **fuel smelting** Schwelverhüttung f
carbonizing period Verkokungszeit f, Garungszeit f
~ **time** Aufkohlungsdauer f
~-**type gas producer** Schwelschachtgaserzeuger m
carbonyl Karbonyl n
~-**iron powder** Karbonyleisenpulver n
~ **nickel** Karbonylnickel n
~-**nickel powder** Karbonylnickelpulver n

~ **powder** Karbonylpulver *n*
~ **process** 1. *(Pulv)* Karbonylverfahren *n*; 2. Vernickelung *f*
carborundum Karborundum *n (Handelsname für Siliziumkarbid)*
carbosulphide Karbosulfid *n*
carbothermic karbothermisch
carboxylic acid Karbonsäure *f*
carboy Ballon *m*, Glasballon *m*
~ **tipper** Ballonkipper *m*
carburet[t]or Vergaser *m*
~ **body** Vergasergehäuse *n*
carburization Aufkohlen *n*, Einsetzen *n*, Zementieren *n*; Karburierung *f*
~ **by pig iron** Aufkohlen *n* durch Roheisen
~ **depth** Aufkohlungstiefe *f*
~ **susceptibility** *(Korr)* Aufkohlungsanfälligkeit *f*
~ **zone** Aufkohlungszone *f*
carburize/to aufkohlen, einsetzen, einsatzhärten, zementieren; karburieren
carburized case aufgekohlte Randzone *f*
~ **steel** aufgekohlter Stahl *m*
carburizer Einsatzmittel *n (Einsatzhärten)*
carburizing Aufkohlung *f*, Einsetzen *n*, Zementieren *n*; Karburieren *n*
~ **atmosphere** Aufkohlungsatmosphäre *f*
~ **box** Einsatzkasten *m*, Zementationskasten *m*
~ **by molten salts** Badeinsatzhärten *n*
~ **compound** Aufkohlungsmittel *n*, Einsatzmittel *n*, Zementationsmittel *n*
~ **depth** Aufkohlungstiefe *f*, Einsatztiefe *f*, Zementationstiefe *f*
~ **furnace** Einsatz[härte]ofen *m*, Aufkohlungsofen *m*, Zementierofen *m*, Karburierofen *m*
~ **material (medium)** s. ~ compound
~ **powder** Einsatz[härte]pulver *n*
~ **reaction** Aufkohlungsreaktion *f*
~ **steel** Einsatzstahl *m*
~ **time** Aufkohlungszeit *f*
carcass Gerüst *n*, Karkasse *f*
careful treatment of the hearth Herdpflege *f*
carload Wagenladung *f*
carnallite *(Min)* Karnallit *m*
Carnot cycle Carnotscher Kreisprozeß *m*
Caron process Caron-Prozeß *m (ammoniakalische Nickellaugung)*
carriage 1. Transport *m*; 2. Schlitten *m*, Support *m*; 3. Fahrzeug *n*; 4. Laufkatze *f (Kran)*
~ **saw** Schlittensäge *f*
carried slag geführte Schlacke *f*
carrier Träger *m*, Transporteur *m*; Portalstapler *m*; Hakenschlitten *m*; Traggestell *n*
~ **bar** *(Umf)* Tragstange *f*
~ **bubble** Trägerblase *f (Entgasung)*
~ **bubble problem** Trägerblasenproblem *n (Entgasung)*

~ **fluid** Trägerflüssigkeit *f*
~ **frequency cable** Trägerfrequenzkabel *n*
~ **frequency measuring bridge** Trägerfrequenzmeßverstärker *m*
~ **gas** Trägergas *n*
~ **material** Trägermaterial *n*
~ **of heat** Wärmeüberträger *m*, Wärmeübertragungsmittel *n*
carry/to 1. tragen; 2. [Strom] führen
~ **out** austragen
carry-over rake-type cooling bed Tragrostkühlbett *n*, Rechenkühlbett *n (Walzen)*
carrying area Tragfläche *f (von Walzen)*
~ **axle** *(Umf)* Laufachse *f*, nicht angetriebene Achse *f*
~ **capacity** 1. Tragfähigkeit *f*, Tragkraft *f*; 2. Belastungsfähigkeit *f*
~ **frame** Traggerüst *n*
~ **grid** Tragrost *m*
~ **-grid cooling bed** Tragrostkühlbett *n*, Rechenkühlbett *n (Walzen)*
~ **rope** Tragseil *n*, Aufhängeseil *n*
cart Karren *m*
cartridge Patrone *f (Erzeugnis)*
~ **brass** Patronenmessing *n*
~ **case** Patronenhülse *f (Erzeugnis)*
cascade Kaskade *f*, Mehrfachbecken *n (Kühlung)*
~ **burner** Kaskadenofen *m*, Kaskadenbrenner *m*
~ **cooler** Kaskadenkühler *m*, Rieselkühler *m*
~ **cooling** Kaskadenkühlung *f*, Rieselkühlung *f*
~ **floatation machine** Stufenflotationsmaschine *f*
~ **pickling** Kaskadenbeizung *f*, Stufenbeizung *f*
~ **pickling plant** Kaskadenbeize *f*
~ **refining** Kaskadenfrischen *n*
~ **system** Kaskadenschaltung *f*, Kaskadenanordnung *f*
~ **water junction** Kühlwasserverteiler *m*
case/to umhüllen, verkleiden, ummanteln; auskleiden
~ **carburize** randaufkohlen, in der Randzone aufkohlen (zementieren), einsatzhärten
~ **harden** im Einsatz härten, einsatzhärten
case 1. Büchse *f*, Hülle *f*, Futter *n*, Schale *f*, Mantel *m*; 2. Behälter *m*, Kasten *m*; 3. s. ~ hardened case
~ **carburizing** Randaufkohlung *f*, Einsatzhärtung *f*
~ **depth** Einsatz[härte]tiefe *f*, Härtetiefe *f*
~ **hardenability** Einsatzhärtbarkeit *f*, Randhärtbarkeit *f*
~ **-hardenable** einsatzhärtbar, randhärtbar
~ **-hardened layer** Einsatzschicht *f*, Einsatz *m*, Aufkohlungsschicht *f*, aufgekohlte (zementierte) Randzone *f*, Oberflächenhärtungsschicht *f*

~-**hardened steel** einsatzgehärteter Stahl *m*

~ **hardening** Einsatzhärtung *f*, Oberflächenhärtung *f*, Randhärten *n*

~-**hardening bath** Einsatzhärtebad *n*

~-**hardening box** Einsatzkasten *m*, Zementationskasten *m*

~-**hardening carburizer** Einsatzmittel *n*, Aufkohlungsmittel *n*, Zementationsmittel *n*

~-**hardening compound** Einsatzmittel *n*, Einsatzpulver *n*

~-**hardening furnace** Einsatzhärteofen *m*, Zementierofen *m*

~-**hardening machine** Oberflächenhärtemaschine *f*

~-**hardening material** Einsatzmittel *n*, Einsatzpulver *n*

~-**hardening pot** Einsatztopf *m*

~-**hardening powder** Einsatzpulver *n*

~-**hardening property** Einsatzhärtbarkeit *f*

~-**hardening steel** Einsatzstahl *m*

~ **layer** *s.* ~-hardened layer

~ **wall** Gehäusewand *f*

casing Gehäuse *n*; Kapsel *f*, Fassung *f*, Futter *n*, Kassette *f*, Mantel *m*, Mantelrohr *n*, Verkleidung *f*

~ **density** Manteldichte *f*

~ **of powder** Pulverumhüllung *f*

~ **porosity** Mantelporosität *f*

cassiopeium *s.* lutetium

cassiterite *(Min)* Kassiterit *m*, Zinnstein *m*

cast/to gießen; abgießen; vergießen; ausgießen; hintergießen *(Elektrotypie)*

~ **around** umgießen

~ **centrifugally** schleudergießen

~ **cold** kalt vergießen

~ **from the bottom** steigend gießen

~ **from the top** fallend gießen

~ **horizontally** waagerecht gießen

~ **in chill** gegen (in) Kokille gießen

~ **in crucibles** in Tiegeln gießen

~ **in gravity die** in Kokille gießen

~ **in open sand** im Herd gießen

~ **in permanent mould** in Kokille gießen

~ **ingots** blockgießen

~ **integrally** eingießen

~ **into ingots** blockgießen

~ **on** angießen

~ **on end** stehend gießen

~ **solid** massiv gießen

~ **uphill** steigend gießen

cast gegossen, Guß ...

cast 1. Guß *m*; 2. Gußstück *n*, Formstück *n*, Abguß *m*

~ **alloy** Gußlegierung *f*

~ **aluminium** Aluminiumguß *m*

~ **aluminium wire** Aluminiumgußdraht *m*

~ **articles** Gußwaren *fpl*

~ **bar** Gußbarren *m*

~ **brass** Gußmessing *n*

~ **bronze** Gußbronze *f*

~-**coated** durch Gießen plattiert *(Verbundguß)*

~ **coating** Plattierung *f* durch Gießen *(Verbundguß)*

~ **condition** Gußzustand *m*

~ **copper** Kupferguß *m*

~-**copper wire** Kupfergußdraht *m*

~ **ferrous metals** Eisenguß *m*

~ **gate** Gießtrichter *m*

~ **half hard roll** Halbhartgußwalze *f*, Schalenhartgußwalze *f*

~ **history sheet** Schmelzverlaufkarte *f*

~ **house** Gießhalle *f*

~-**in** eingegossen

~ **in dry mould** Trockenguß *m*

~-**in duct system** eingegossenes Kanalsystem *n*

~-**in insert** eingegossenes Teil *n*, Eingießteil *n*, Einlegeteil *n*, Armierung *f*

~ **in pairs** paarweise gegossen

~ **ingot** Gußblock *m*, gegossener Block *m*

~ **integrally** angegossen, in einem Stück gegossen

~-**iron** gußeisern

~ **iron** Gußeisen *n*

~ **iron cutting blowpipe (burner, torch)** Schneidbrenner *m* für Gußeisen

~-**iron frame** Gußrahmen *m*, Gußbock *m*

~-**iron mould** gußeiserne Kokille *f*

~-**iron pipe** gußeiserne Leitung *f*, Gußeisenrohr *n*

~-**iron roll** Guß[eisen]walze *f*

~-**iron scrap** Gußbruch *m*, Gußschrott *m*

~-**iron welding** Guß[eisen]schweißen *n*

~-**iron welding without preheating** Gußeisenkaltschweißen *n*

~ **lead** Gußblei *n*

~ **lead lining** Bleiausguß *m*

~ **metal** Gußmetall *n*

~ **metal carbide** gegossenes Metallkarbid *n*

~ **non-ferrous alloy** Nichteisenmetallgußlegierung *f*

~ **non-ferrous metals** Nichteisenmetallguß *m*, NE-Metallguß *m*

~-**on** angegossen

~-**on test bar** angegossener Probestab *m*

~-**on test coupon (specimen)** angegossenes Probestück *n*

~ **part number** Gußteilnummer *f*

~ **piece** Gußstück *n*

~ **plate** Gußplatte *f*

~ **product** Gießereierzeugnis *n*

~ **raffinade** gegossene Raffinade *f (Kupferguß)*

~ **scrap** Gußbruch *m*, Gußschrott *m*

~ **seam** Gußnaht *f*, Gußgrat *m*

~ **sieve** *(Pulv)* Wurfsieb *n*

~ **sieve machine** *(Pulv)* Wurfsiebmaschine *f*

~ **slab** Rohbramme *f*

~-**steel** gußstählern, Stahlguß...

~ **steel** Gußstahl *m*, Stahl[form]guß *m*
~-**steel construction** Stahlgußkonstruktion *f*, Stahlgußausführung *f*
~-**steel crucible** Stahlgußtiegel *m*
~-**steel ingot** Stahlgußblock *m*
~-**steel plant** Gußstahlwerk *n*
~-**steel plate** Stahlgußblech *n*
~-**steel roll** Stahlgußwalze *f*
~-**steel wire** Stahlgußdraht *m*
~-**steel work** Gußstahlwerk *n*
~ **structure** Gußgefüge *n*
~ **surface** Gußoberfläche *f*
~-**to-shape specimen** vorgegossene Probe *f*
~-**weld assembly (design)** [kombinierte] Guß-Schweiß-Konstruktion *f*
~ **welding** Gießschweißen *n*
~ **zinc** Gußzink *n*
castability Gießbarkeit *f*; Fließverhalten *n*
~ **specimen** Gießbarkeitsprobe *f*
~ **test** Gießbarkeitsprüfung *f*
castable [ver]gießbar
~ **refractory** Feuerfestbetonerzeugnis *n*
~ **refractory block** feuerfestes Fertigbauteil *n*
~ **resin** Gießharz *n*
caster 1. Gießmaschine *f*; 2. Gießer *m*
~ **crane** Gießkran *m*
casting 1. Guß *m*, Gießen *n*; Vergießen *n*; 2. Gußstück *n*, Formstück *n*, Abguß *m*, Guß *m*
~ **accuracy** Gußstückgenauigkeit *f*
~ **alloy** Gußlegierung *f*
~ **bay** Gießhalle *f*
~ **bay crane** Gießhallenkran *m*
~ **bed** Gießbett *n*, Sandbett *n*
~ **box** Formkasten *m*
~ **brush** Gußputzbürste *f*
~ **buggy (car)** Gießwagen *m*
~ **cart** Gußkarren *m*
~ **chamber** Druckkammer *f*, Preßkammer *f* *(Druckguß)*
~ **chamber inlet** Gußmundstück *n (Druckguß)*
~ **characteristics** Fließverhalten *n*, gießtechnologische Eigenschaften *fpl*
~ **cleaning hammer** Gußputzhammer *m*
~ **copper** Raffinatkupfer *n*, Garkupfer *n*
~ **crack** Kaltriß *m*
~ **crane** Gießereikran *m*
~ **crane hoisting gear** Gießereikranhubwerk *n*
~ **crew** Gießmannschaft *f*
~ **crucible** Gießtiegel *m*, Schöpftiegel *m*
~ **cycle** Gießzyklus *m*
~ **deck** Gießbühne *f*
~ **defect** Gußfehler *m*
~ **design** Gußkonstruktion *f*
~ **dispatch** Gußversand *m*
~ **distortion** Gußteilverzug *m*
~ **dross** Gießschlicker *m*
~ **drum** Gießtrommel *f*

~ **ejection** Entformen *n*, Gußstückentnahme *f* aus der Form; Gußstückausstoßen *n*, Formentleerung *f (bei Dauerformen)*
~ **equipment** Gießeinrichtung *f*, Gießvorrichtung *f*; Vergießeinrichtung *f*
~ **experiment** Gießversuch *m*
~ **floor** Gießbühne *f*
~ **floor level** Hüttenflur *m*, Gießhallenflur *m*
~ **flux** Gießflußmittel *n*
~ **from the cupola** Kupolofenguß *m*
~ **gate** Gießtrichter *m*
~ **hardness** Gußhärte *f*
~ **house** Gießhalle *f*
~ **in crucibles** Tiegelguß *m*
~ **ladle** Gießpfanne *f*
~ **machine** Gießmaschine *f*
~ **merry-go-round** Gießkarussel *n*
~ **metal** Gießmetall *n*, Gußmetall *n*
~ **method** Gießverfahren *n*
~ **modulus** Gußstückmodul *m (Volumen : Oberfläche)*
~ **mould** Gießform *f*
~-**mould interface** Metall-Form-Grenzfläche *f*, Metall-Form-Berührungsfläche *f*
~ **moulded in flask** Guß *m* in Formkästen
~ **of ingots** Blockgießen *n*
~ **of muck** Schlickergießen *n*
~ **of works of art** Kunstguß *m*
~ **on an inclined bank** Gießen *n* in eine schrägliegende Form
~ **on flat** liegender Guß *m*
~ **operation** Gießvorgang *m*
~ **pattern** Gußmodell *n*
~ **pig iron** Gießereiroheisen *n*
~ **pit** Gießgrube *f*
~ **pit crane** Gießgrubenkran *m*
~ **plant** Gießanlage *f*; Gießereianlage *f*
~ **plate** Gießplatte *f*
~ **porosity** Gußstückporosität *f*
~ **powder** Gießpulver *n*
~ **pressure multiplier** Einpreßdruckmultiplikator *m*
~ **process** Gießverfahren *n*; Gießereiprozeß *m*
~ **program** Gießprogramm *n*
~ **properties** 1. Gießeigenschaften *fpl*; 2. Gußstückeigenschaften *fpl*
~ **quality** Gußstückgüte *f*, Gußteilqualität *f*
~ **radius** Gießradius *m*
~ **removal** Gußstückentnahme *f (Druckguß)*
~ **removal device** Gußstückentnahmegerät *n (Druckguß)*
~ **resin** Gießharz *n*
~ **scale** Gußkruste *f*
~ **scrap** Gußbruch *m*, Gußschrott *m*
~ **sequence** Gießfolge *f*
~ **shell** erstarrte Schale *f (Strangguß)*
~ **shrinkage** Lunkerung *f*
~ **skin** Gußhaut *f*
~ **slag** Gießschlacke *f*

~ **speed** Gießleistung *f*; Einpreßgeschwindigkeit *f (Druckguß)*; Absenkgeschwindigkeit *f (Strangguß)*
~ **station** Gießstation *f*
~ **stiffness** Gußstücksteifigkeit *f*
~ **storage** Gußsammelplatz *m*, Gußlager *n*
~ **strains (stresses)** Gußspannungen *fpl*
~ **strand** Gießband *n*
~ **stream** Gießstrahl *m*
~ **stream ladle degassing** Gießstrahlentga-
sung *f*
~ **surface finish** Oberflächengüte *f* des
Gußstücks
~ **surface roughness** Gußrauheit *f*
~ **temperature** Gießtemperatur *f*
~ **texture** Gußtextur *f*
~ **thickness** Gußstückwanddicke *f*
~ **under vacuum** Gießen *n* unter Vakuum
~ **unit** Gießeinheit *f*, Gießaggregat *n*
~-**up** Angießen *n (Gießbeginn)*
~ **volume** Gußstückvolumen *n*
~ **wall thickness** Gußstückwanddicke *f*
~ **wax** Gießwachs *n*
~ **weight** Gußstückgewicht *n*
~ **wheel** Gießrad *n*, Gießkarussell *n*
~ **with blow holes** blasiger Guß *m*
~ **yield** Gußausbringen *n*
castings cleaner Gußputzer *m*
castomatic process Castomat-Verfahren *n*
(automatisiertes Masselgießen für Sn)
castor oil Rizinusöl *n (Schmiermittel)*
Catalan forge Katalanofen *m*
~ **process** Renn-Verfahren *n*, Krupp-Renn-
Verfahren *n*, Katalanverfahren *n (Direktreduktion von Stahl aus Erz)*
catalyst Katalysator *m*; *(Gieß)* Beschleuniger *m*; Härtungsbeschleuniger *m (Formstoff)*
~ **distribution** Katalysatorvermischung *f*;
Katalysatorverteilung *f*
catalytic katalytisch
~ **action** katalytische Wirkung *f*
~ **combustion** katalytische Verbrennung *f*
catalyzed sand mit Katalysator vermischter
Sand *m*
catch/to abfangen *(Schmelze)*
catch Klaue *f*, Klinke *f*, Mitnehmer *m*,
Sperrstift *m*, Arretierhebel *m*
~-**carbon heat** Abfangschmelze *f*
~-**carbon practice** Abfangschmelzpraxis *f*
~ **spring** *(Umf)* Schnappfeder *f*, Mitneh-
merfeder *f*
catcher 1. Greifvorrichtung *f*; 2. Umwälzer
m
~ **guide** Fangführung *f*
catching device Auffangvorrichtung *f*
catenary furnace Ketten[durchtrag]ofen *m*
caterpillar Raupe *f*; Raupenschlepper *m*
~ **capstan** Raupenabzug *m (Walzen)*
~ **tractor** Raupenschlepper *m*
cathetometer *(Wkst)* Kathetometer *n*
cathode Katode *f*

~ **cleaning** katodische Reinigung *f*
~ **compartment** Katodenraum *m*
~ **copper** Katodenkupfer *n*, Elektrolytkupfer *n*
~ **cylinder** Katodenzylinder *m*
~ **heating time** Katodenanheizzeit *f*
~ **material** Katodenwerkstoff *m*
~ **oscillograph** Elektronenstrahloszillograf
m
~ **pickling** katodisches Beizen *n*
~-**ray furnace** Elektronenstrahlofen *m*
~-**ray screen** Katodenstrahlschirm *m*
~-**ray tube** Katodenstrahlröhre *f*, CRT
~ **sputtering** Katodenzerstäubung *f*
~ **sputtering device** Katodenzerstäubungsanlage *f*
~ **surface** Katodenfläche *f*
cathodic katodisch, Katoden...
~ **corrosion protection** katodischer Korrosionsschutz *m*
~ **deposition** katodische Abscheidung *f*
~ **disintegration** Katodenzerstäubung *f*
~ **electrode** Katode *f*
~ **etching** katodisches Ätzen *n*
~ **overvoltage** katodische Überspannung *f*
~ **polarization** katodische Polarisation *f*
~ **protection** katodischer (galvanischer)
Korrosionsschutz *m*
~ **reaction** Katodenreaktion *f*
cathodoluminescence Katodolumineszenz
f, Katodenlumineszenz *f*
~ **detector** Katodenlumineszenzdetektor *m*
catholyt Katolyt *m (Lösung im Katodenraum)*
cation Kation *n*
~-**active** kation[en]aktiv
~ **complex** Kationkomplex *m*
~ **exchange** Kationenaustausch *m*
~ **exchange resin** Kationenaustausch[er]harz *n*
~ **exchanger** Kationenaustauscher *m*
cationic kationisch
Cauchy relation Cauchysche Relation *f*
caught heat Abfangschmelze *f*
cauliflower head *(Gieß)* aufgeblähter Speiser *m (durch Gas)*
caulk/to 1. abdichten, verstemmen; 2.
dichtschweißen
caulk weld Dichtungsschweißung *f*,
Stemmnaht *f*
caulking 1. Abdichten *n*, Verstemmen *n*; 2.
Abdichtung *f*; 3. Dichtungsstoff *m*
cause of trouble Störungsursache *f*
caustic ätzend, beizend
caustic Alkali *n (meist Natriumhydroxid)*
~ **digestion** Laugenaufschluß *m*
~ **embrittlement** Laugenrissigkeit *f*, Lau-
genbrüchigkeit *f*, Laugenversprödung *f*
~ **fusion** Schmelzen *n* mit kaustischen
Substanzen
~ **leaching** Laugung *f* mit kaustischen Substanzen

~ **lime** Ätzkalk *m*, kaustischer (gebrannter) Kalk *m*, Branntkalk *m*
~ **magnesia** kaustische Magnesia *f*
~ **salt** Ätzsalz *n*
~ **soda** Natriumhydroxid *n*, Ätznatron *n*
~ **solution** alkalische Lösung *f*
causticproof laugenbeständig
cauterize/to [ab]beizen, ätzen *(durch Lauge)*
cauterizing Abbeizen *n*, Ätzen *n (durch Lauge)*
cave building Hohlraumbildung *f*, Tunnelbildung *f*
cavitation Kavitation *f*, Hohlraumbildung *f*; Lunkerbildung *f*
~ -**corrosion** Kavitationskorrosion *f*
~ **damage** Kavitationsschaden *m*
~ -**erosion resistance** *(Korr)* Kavitationserosionsbeständigkeit *f*
~ **pit** Kavitationsnarbe *f*
cavity Hohlraum *m*; Lunker *m*
~ **band** Hohlraumzeile *f*
~ **block** *(Umf)* Gesenkblock *m*; Matrize *f*; Formunterteil *n*
~ **defect** Fehler *m* durch Hohlraum
~ **fill** *(Gieß)* Formfüllung *f*
~ **filling capacity** *(Gieß)* Formfüllungsvermögen *n*
~ **filling phase** *(Gieß)* Formfüllphase *f*
~ **filling time** *(Gieß)* Formfüllzeit *f*
~ **formation** Hohlraumbildung *f*
~ **insert** *(Gieß)* Formeneinsatz *m*
~ **nucleation** Hohlraumbildung *f*
~ **retainer** *(Gieß)* Formenrahmen *m*
~ **retainer set** *(Gieß)* Formplattensatz *m*
~ **shape** Hohlraumform *f*
~ **temperature** schwarze Temperatur *f*
~ **volume** Hohlraumvolumen *n*
~ **wall** *(Gieß)* Formwandung *f*
cavityless casting *(Gieß)* Vollformgießen *n*
CC *s.* 1. combined carbon; 2. continuous casting
CCT *s.* continuous cooling transformation curve
CDQ *s.* coke dry quenching
C.E. *s.* carbon equivalent
cedar wood wheel Zedernholzscheibe *f*
CEL = liquidus carbon equivalent
cell 1. galvanisches Element *n*; Zelle *f*, Elektrolytzelle *f* (*Krist*) Zelle *f* (*Korn*)
~ **acid** Zellensäure *f (Elektrolyse)*
~ **amperage** Zellenstrom *m*, Elektrolysestrom *m*
~ **centre** Zellenzentrum *n*, Kornzentrum *n*
~ **formation** Zellenbildung *f*
~ **furnace** Zellenofen *m*, Kammerofen *m*
~ **growth** Zellwachstum *n*
~ **house** Elektrolysehalle *f*
~ **martensite** *s.* lath martensite
~ **number** Zellenzahl *f*
~ **operation** Zellenbetriebsweise *f (Elektrolysezellen)*

~ **performance** Zellenleistung *f*
~ **pit furnace** Zellentiefofen *m*
~ **resistance** Zellenwiderstand *m*, Badwiderstand *m*
~ **room** Elektrolysehalle *f*
~ **size** Zellgröße *f (strukurell)*
~ **structure** Zellstruktur *f*, körnige Struktur *f*
~ **voltage** Zellspannung *f*, Badspannung *f*
~ **wheel casting** Zellenradgußstück *n*
cellular zellenförmig
~ **concrete** Leichtbeton *m*, Schaumbeton *m*
~ **cooler** Zellenkühler *m*
~ **filter** Zellenfilter *n*
~ **method** *(Krist)* Zellenmethode *f*
~ **structure** Zellstruktur *f*, körnige Struktur *f*
~ **wheel sluice** Zellenradschleuse *f*
cellulose acetate Zelluloseazetat *n*
~ **covering** Zelluloseumhüllung *f*
cement/to 1. binden; [ver]kitten; 2. *s.* cementate/to
~ **together** zusammenkitten
cement 1. Zement *m*; 2. Kleber *m*, Bindemittel *n*, Kitt *m*; Einsatz[härte]pulver *n*
~ **clinker** Zementschlacke *f*
~ **copper** Zementkupfer *n (zementiertes Kupfer)*
~ **extract** Zementauszug *m*
~ **joint** Mörtelfuge *f*
~ **mould** Zement[sand]form *f*
~ **moulding [process]** Zement[sand]formverfahren *n*
~ **rotary kiln** Zementdrehrohrofen *m*, Zementbrennofen *m*
~ **sand** Zement[form]sand *m*
~ **sand binder** Zementsandbinder *m*
~ **sand mixer** Zementsandmischer *m*
~ **silver** Zementsilber *n*
~ **steel** Zementstahl *m*
cementate/to 1. zementieren, ausfällen; 2. zementieren, oberflächenhärten *(durch Diffusion); s. a.* carburize/to; 3. *(Pulv)* sintern
cementation 1. Kitten *n*, Verkitten *n*, Kleben *n*; 2. Zementieren *f*, Ausfällung *f (eines Metalls aus einer Lösung)*; 3. Zementierung *f*, Oberflächenhärtung *(durch Diffusion); s. a.* carburization; 4. *(Pulv)* Sintern *n*
~ **carbon** Zementkohle *f*
~ **coating** Zementieren *n*
~ **furnace** Zementierofen *m*, Einsatzofen *m*
~ **launder** Zementationsrinne *f*
~ **process** Zementation *f*, Zementierverfahren *n (durch Diffusion)*
cemented bar 1. aufgekohltes (eingesetztes) Schweißeisen *n*; 2. Zementstahl *m*
~ **carbide** 1. Sinterkarbid *n*, Sinterhartmetall *n*, Karbidhartmetall *n*; Hartmetall *n*; 2. Zementit *m*, Eisenkarbid *n*

~-**carbide alloy bit** Hartmetallplättchen *n*
~-**carbide alloy tool** Hartmetallwerkzeug *n*
~-**carbide compound** Hartmetallmischung *f*
~-**carbide cutting tool** Hartmetallschneidwerkzeug *n*
~-**carbide mixture** Hartmetallmischung *f*
~-**carbide tip** Hartmetallplättchen *n*
~-**carbide tool** Hartmetallwerkzeug *n*
~ **hard (metal) carbide** *s.* ~ carbide
cementing 1. Kitten *n*, Verkitten *n*, Kleben *n*; 2. Zementieren *n*, Oberflächenhärten *n* *(durch Diffusion)*; 3. *(Pulv)* Sintern *n*
~ **agent** Bindemittel *n*
~ **box** Glühtopf *m (für Einsatzkästen)*
~ **material** Bindemittel *n*
~ **medium** Zementationsmittel *n (s. a.* carburizing compound*)*
~ **metal** Zementationsmetall *n*
~ **powder** Einsatzpulver *n*
cementite Zementit *m*, Eisenkarbid *n*
~ **accumulation** Zementitanlagerung *f*
~ **disintegration** Zementitzerfall *m*
~ **lamella** Zementitlamelle *f*
~ **needle** Zementitnadel *f*
~ **network** Zementitnetz[werk] *n*
~ **spherodization** Zementiteinformung *f*, Zementitzusammenballung *f*
~ **spheroid** Zementitkugel *f*
~ **structure** Zementitstruktur *f*
cementitic steel *s.* hypereutectoid steel
central atom Zentralatom *n*
~ **beam** Zentralstrahl *m*
~ **blower** gemeinsames Gebläse *n (für Öfen)*
~ **brick** Mittelstein *m*
~ **bursting** Innenaufreißung *f*, Mittenrißbildung *f*, Mittenaufplatzen *n*
~ **core** Kern *m (des Ofens)*
~ **ejector** Zentralauswerfer *m*
~ **gas producer plant** Zentralgeneratorgasanlage *f (Stahlwerk)*
~ **gate** Zentraleinguß *m (Gießtrichter)*
~ **porosity** 1. Kernporosität *f*; 2. Kernauflockerung *f*
~ **roll** *(Umf)* Mittelwalze *f*
~ **spot** Zentralreflex *m*
~ **web** Mittelrippe *f*
centralized zentral angeordnet
centre/to 1. zentrieren, mittig einstellen; 2. ankörnen
centre 1. Zentrum *n*; Mitte *f*; Kern *m*; 2. Herz *n*; Seele *f (eines Kabels)*; 3. *(Krist)* Zentrum *n*, Kern *m*; Keim *m*
~ **bit** Zentrumsbohrer *m*
~ **bore** Zentrierbohrung *f*
~ **break prebake cells** mittelbediente Elektrolysezellen *fpl* mit vorgebrannten Elektroden
~ **buckle** Mittenausbeulung *f*, Mittenwelligkeit *f*
~ **casting crane** Gießgrubenkran *m*

~ **disk wheel** Scheibenrad *n*
~ **distance** Achsabstand *m*, Mittenabstand *m*
~ **distance change** Achsabstandsänderung *f*
~-**key** Schlußstein *m (in einem feuerfesten Gewölbe)*
~ **line** Mittellinie *f*, neutrale Linie *f*
~-**line cavity** Mittellinienlunker *m*
~-**line segregation** Mittenseigerung *f*
~-**line shrinkage** Mittellinienlunkerung *f*
~-**line solidification crack** Mittelnahterstarrungsriß *m (beim Schweißen)*
~-**line weakness** Mittelporosität *f*
~ **lines/between** von Mitte zu Mitte
~ **lock** Verriegelungsgelenk *n (Druckguß, beim Kniehebelverschluß)*
~ **mark** Mittelpunktsmarkierung *f*
~ **of bar** Stabkern *m*
~ **of crystallization** Kristallisationszentrum *n*, Kristallisationskern *m*; Kristallisationskeim *m*
~ **of curvature** Krümmungsmittelpunkt *m*
~ **of faces** Flächenmitte *f*
~ **of mass** Massenmittelpunkt *m*, Schwerpunkt *m*
~ **of rotation** Drehpunkt *m*
~ **of symmetry** *(Krist)* Symmetriezentrum *n*
~ **plate** Spindelfuß *m*, Spurlager *n (Schablonieren)*
~ **porosity** 1. Mittelporosität *f*; 2. Kernauflockerung *f*
~ **roll** *(Umf)* Mittelwalze *f*
~ **runner** Eingußrinne *f*
~ **runner brick** Trichterrohr *n*
~ **shaft** *(Umf)* Mittenwelle *f*, Königswelle *f*
~ **temperature of ingot** Blockkerntemperatur *f*
~ **to centre** von Mitte zu Mitte
~-**to-centre distance** Achsabstandsmaß *n*
~ **web wheel** Scheibenrad *n (Walzen)*
~ **web wheel rolling mill** Scheibenradwalzwerk *n*
centres Bogenschalung *f*; Bogengerüst *n*; Lehrgerüst *n*
centrifugal Zentrifuge *f*, Filterzentrifuge *f* *(s. a.* centrifuge*)*
~ **atomization** Zentrifugalverdüsung *f*, Zentrifugalatomisierung *f*
~ **basket** Trommelzentrifuge *f*
~ **blower** Radialgebläse *n*, Schleudergebläse *n*, Radialverdichter *m*
~ **casting** Schleuderguß *m*
~ **casting die** Schleudergußkokille *f*
~ **casting method** Schleudergußverfahren *n*
~ **casting mould** Schleudergußkokille *f*
~ **casting process** Schleudergußverfahren *n*
~ **collector** Zentrifugal[ab]scheider *m*, Zyklon *m*, Zyklon[ab]scheider *m*

~ **compacting** Zentrifugalverdichtung f
~ **compressor** Schleuderverdichter m
~ **crusher** Kreiselbrecher m
~ **cutter** *(Gieß)* Radschleuder f, Trommel-schleuder f
~ **drum** Schleudertrommel f
~ **dust collector** Fliehkraftstaubabscheider m, Zentrifugalstaubabscheider m
~ **dust separation** Fliehkraftstaubabschei-dung f
~ **extractor** Zentrifugalextraktor m
~ **force** Zentrifugalkraft f, Fliehkraft f
~-**force-ball mill** Fliehkraftkugelmühle f
~ **leakage (loss)** Schleuderverlust m
~ **mill** Schleudermühle f, Stiftkorbmühle f
~ **powder** Schleuderpulver n
~ **power** Schwungkraft f, Schwungenergie f
~ **pressure casting** Schleuderformguß m
~ **screen** Schleudersieb n
~ **scrubber** Fliehkraftwäscher m
~ **separation** Fliehkraftabscheidung f
~ **speed** *(Gieß)* Schleuderdrehzahl f
~ **spray scrubber** Fliehkraftsprühwäscher m
centrifugally cast *(Gieß)* im Schleuderver-fahren gegossen, geschleudert
~ **cast iron** Schleudergußeisen n
centrifuge/to zentrifugieren
centrifuge 1. Zentrifuge f; Trennschleuder f; 2. *(Gieß)* Radschleuder f, Trommel-schleuder f
centring 1. Zentrieren n, Zentrierung f, Mit-ten n; 2. Bogengerüst n
~ **boss** Zentrierauge n, Zentriernabe f
~ **device** *(Umf)* Zentriereinrichtung f
~ **machine** *(Umf)* Zentriermaschine f, Zen-triervorrichtung f
~ **pin** Führungsstift m, Zentrierstift m, Zen-trierbolzen m
~ **roll** Zentrierrolle f, Zentrierwalze f
~ **roller** Zentrierrolle f *(Maschine)*
cer-misch-metal Zer-Mischmetall n
ceramal s. cermet
ceramic keramisch
~ **coating** keramische Schutzschicht f
~ **core** Keramikkern m
~ **cutting material** Schneidkeramik f, Schneidmetall n
~ **die** *(Umf)* Keramikziehstein m
~ **fibre** keramische Faser f
~ **fibre mat** keramische Fasermatte f
~ **fibre product** keramisches Faserprodukt n
~ **grade** Keramikqualität f
~ **mass** keramische Masse f
~ **material** keramisches Material n
~ **mould** *(Gieß)* Keramikform f *(Feingieße-rei)*
~ **moulding** Feinguß m
~ **raw material** keramischer Rohstoff m

~ **riser** *(Gieß)* exothermer Speisereinsatz m
~ **shell mould** Feingußformschale f
~ **splash core** *(Gieß)* keramischer Prallkern m
~ **strainer core** *(Gieß)* keramischer Sieb-kern m
~ **tank** keramischer Behälter m, Keramik-behälter m
ceramically bonded keramisch gebunden
ceramics 1. Keramik f; 2. Feuerfestmate-rialkunde f
~ **metal** Metallkeramik f
ceramographic analysis keramografische Analyse f
ceramography Keramografie f
cereal binder *(Gieß)* Stärkebinder m
cerium Zer n
~-**misch-metal** Zer-Mischmetall n
~ **sulphide** Zersulfid n
cermet metallkeramischer Werkstoff m, Metallkeramikwerkstoff m, Cermet n
certainty Treffsicherheit f, Genauigkeit f
chafing test *(Wkst)* Scheuerprüfung f
~ **test apparatus** *(Wkst)* Scheuerprüfstand m
chain 1. Kette f; 2. Spannungsreihe f *(che-misch)*
~ **block** Kettenflaschenzug m
~ **bond** Kettenbindung f
~ **centres** Kettenteilung f *(Gießform)*
~ **conveyor** Kettenförderer m
~ **conveyor furnace** Kettenförderofen m
~ **drive** Ketten[an]trieb m, Kettenradan-trieb m
~ **drum** Kettenstern m
~ **elevator** Kettenbecherwerk n
~ **gear** Kettengetriebe n
~ **grate** Kettenrost m
~ **grate stoker** Kettenrostfeuerung f
~ **guide** Kettenführung f
~-**like** kettenförmig
~ **link** Kettenglied n
~ **of atoms** Atomkette f
~ **probe** Kettensonde f
~ **pulley** Kettenrolle f *(angetriebenes Ket-tenrad)*
~ **reaction** Kettenreaktion f
~ **roller** Ketten[lauf]rolle f
~ **sling** Anschlagkette f
~ **steel** Kettenstahl m
~ **structure** Kettenstruktur f
~ **stud** Kettenbolzen m
~ **tongs** Kettenzange f
~ **transmission** Kettengetriebe n
~-**type drawing machine** *(Umf)* Ketten-ziehmaschine f, Kettenziehbank f, Rohr-und Stangenzug m
~ **wheel** Kettenrad n *(nicht angetriebenes Kettenrad)*
chalcanthite *(Min)* Chalkanthit m, Kupfer-vitriol m

chalcocite *(Min)* Chalkosin *m*, Kupferglanz *m*
chalcogen Chalkogen *n*
chalcopyrite *(Min)* Chalkopyrit *m*
chalcosine *s.* chalcocite
chalk Kreide *f (Schlichtebestandteil)*
chalking *(Korr)* Kreidung *f (von Anstrichen)*
chalkstone Fettkalk *m*
chamber 1. *(Gieß)* Druckkammer *f*; 2. *(Umf)* Kammer *f*, Aufnehmer *m*, Rezipient *m*
~ **acid** Kammersäure *f·(Bleikammerverfahren)*
~ **arch** Kammergewölbe *n*
~ **filter press** Kammerfilterpresse *f*
~ **furnace** Kammerofen *m*
~ **pressure** Ofendruck *m*
~ **process** Bleikammerverfahren *n*
chamfer/to abfasen, abschrägen
~ **the edge** abschrägen, Kante brechen
chamfer Abfasung *f*; Abschrägung *f*, Schrägkante *f*
chamfered edge Schrägkante *f*
~ **joint** abgefaste Fuge *f*
chamfering Abfasen *n*, Abfasung *f*, Abschrägen *n*
~ **tool** Abfaswerkzeug *n*, Abfasmeißel *m*
chamois leather Sämischleder *n (Metallografie)*
chamosite *(Min)* Chamosit *m*
chamotte Schamotte *f*, Rohschamotte *f*
~ **brick** Schamottestein *m*
~ **sand** *(Gieß)* Schamottesand *m*
change/to 1. [ver]ändern, umwandeln; 2. [aus]wechseln; austauschen; umstellen, umbauen
~ **over** umstellen; umsteuern; umschalten
change 1. Änderung *f*, Umwandlung *f*; 2. Wechsel *m*; Auswechseln *n*; Austausch *m*; Umbau m
~ **equipment** *(Umf)* Wechselvorrichtung *f*
~ **in casting dimension** Maßänderung *f* des Gußstücks
~ **in charge** Chargenwechsel *m*
~ **in contrast** Kontrastwechsel *m*
~ **in hardness** Härteänderung *f*
~ **in indication** Anzeigeänderung *f*
~ **in load** Laständerung *f*; Belastungsänderung *f*
~ **in orientation** Orientierungswechsel *m*
~ **in position** Lageänderung *f*
~ **in pressure** Druckänderung *f*
~ **in structure** Gefügeänderung *f*
~ **in strain** Spannungsänderung *f*
~ **in temperature** Temperaturänderung *f*
~ **of casting shape** Gußstückgestaltsänderung *f*
~ **of condition** Zustandsänderung *f*
~ **of cross-sectional area** Querschnittsveränderung *f*

~ **of filter cloth** Auswechseln *n* der Filtertücher
~ **of length** Längenänderung *f*
~ **of pH** pH-Änderung *f*
~ **of polarity** Polwechsel *m*
~ **of section** Wanddickenübergang *m*
~ **of slags** Schlackenwechsel *m*
~ **of state** Zustandsänderung *f*
~ **of thickness** Dickenänderung *f*
~ **of volume** Volumenänderung *f*
~ **on gas** Umstellen *n* auf Gas
~ **point** Haltepunkt *m*, Umwandlungspunkt *m*
~ **speed gear** Wechselgetriebe *n*
changeover device *(Gieß)* Umsetzvorrichtung *f*, Übersetzgerät *n (Formanlage)*
~ **gear** Schaltgetriebe *n*
~ **time** *(Gieß)* Umrüstzeit *f (Modellwechsel)*
~ **vessel** Wechselgefäß *n (z. B. am Elektroofen)*
changing device *(Umf)* Wechselvorrichtung *f*
~ **frame** *(Umf)* Wechselrahmen *m*
channel-bend/to *(Umf)* U-förmig biegen
channel 1. Rinne *f (eines Rinnenofens)*; 2. Nut *f*, Riefe *f*; 3. U-Stahl *m*, U-Profil *n*
~ **beam aperture** Kanalstrahlblende *f*
~ **[induction] furnace** Induktionsrinnenofen *m*
~ **lining** Rinnenzustellung *f*
~ **-type induction furnace** Induktionsrinnenofen *m*
~ **width** Kanalbreite *f*
channelled plate Riffelblech *n*
channelling Kanalbildung *f*
~ **map** *(Krist)* Orientierungskarte *f (für Feinbereichsbeugungsaufnahmen – SAD)*
chap Haarriß *m*
chaplet *(Gieß)* Kernstütze *f*
char/to verkohlen
character of grain Kornbeschaffenheit *f*
~ **of sand grain surface** *(Gieß)* Beschaffenheit *f* der Sandkornoberfläche
characteristic charakteristisch
characteristic 1. Besonderheit *f*, Eigenschaft *f*; Merkmal *n*; 2. Kurve *f*; Kennlinie *f*
~ **curve (line)** Kennlinie *f*
~ **of magnetization** Magnetisierungskennlinie *f*
~ **of shrinkage** Schwindungskurve *f*, Schwindungscharakteristik *f*
~ **property of powder** Pulvercharakteristik *f*
~ **radiation** charakteristische Strahlung *f*
~ **temperature** charakteristische Temperatur *f*
~ **X-ray spectrum** charakteristisches Röntgenstrahlenspektrum *n*

characteristics Kennzeichen *npl*; Merkmale *npl*; Eigenschaften *fpl*; Verhalten *n*
~ **of size** Feinheitskennziffer *f*
charcoal künstliche Kohle *f (Holz-, Knochen-, Tierkohle)*; Holzkohle *f*
~ **blast furnace** Holzkohlenhochofen *m*
~ **covering** Holzkohleabdeckung *f*
~ **dust** *s.* ~ **powder**
~ **hearth** Frischfeuer *n*, Frischherd *m*
~ **hearth iron** Frischfeuereisen *n*
~ **hearth process** Herdfrischverfahren *n* für Roheisen
~ **hearth steel** Herdfrischstahl *m*, Holzkohlenfrischstahl *m*
~ **[pig] iron** Holzkohlenroheisen *n*
~ **powder** Holzkohlenstaub *m*, Holzkohlepulver *n*, Holzkohlenmehl *n*
~ **reduction** Reduktion *f* durch Holzkohle *(Kupferraffination)*
charge/to einfüllen; aufgeben; aufschütten; beladen; speisen; *(Stahlh, Gieß)* einsetzen, beschicken, chargieren; begichten
charge 1. Einsetzen *n*, Beschickung *f*; Begichtung *f (s. a. unter* charging*)*; 2. Einsatz *m*, Charge *f*; Gicht *f*; 3. Aufladung *f*, Ladung *f (physikalische Chemie)*
~ **bank** Chargierbrücke *f (Flammofen)*
~ **bin** Beschickungsbehälter *m*
~ **blending plant** Chargenmischanlage *f*
~ **carrier** Ladungsträger *m*
~ **coke** Satzkoks *m (Kupolofen)*; Schmelzkoks *m*
~ **column** Beschickungssäule *f*
~ **composition** Gattierungszusammensetzung *f*
~ **delivery** Chargenaufgabe *f*
~ **density** Ladungsdichte *f*
~ **equilibrium** Ladungsgleichgewicht *n*
~ **floor** Gichtbühne *f*
~ **level** Beschickungshöhe *f*
~ **level indicator** Gichtsonde *f*, Möllersonde *f*
~ **make-up** Gattieren *n*
~ **make-up area** Gattierungsplatz *m*
~ **make-up bin** Gattierungsbehälter *m*
~ **make-up bucket** Gattierungskübel *m*
~ **make-up car** Gattierungswagen *m*
~ **make-up plant** Gattierungsanlage *f*
~ **make-up scale** Gattierungswaage *f*
~ **material** Einsatzstoff *m*
~ **neutrality** Ladungsneutralität *f*
~ **number** 1. Chargennummer *f*; 2. Ladungszahl *f*
~ **of ore** Erzgicht *f*
~ **of pig iron** Roheisengichtsatz *m*
~ **pad** Beschickungspolster *n*
~ **preheating** Vorwärmen *n* der Charge
~ **preparation** Beschickungsvorbereitung *f*, Möllervorbereitung *f*
~ **resistance** elektrischer Widerstand *m* der Beschickung

~ **size** Chargengröße *f*
~ **transfer** Ladungsänderung *f*, Ladungsübergang *m*
~ **weight** Einsatzgewicht *n*
charged dislocation geladene Versetzung *f (elektrisch)*
~ **jog** geladener Sprung *m (in der Versetzungslinie)*
~ **mix** Einsatzmischung *f*
~ **profile** Schüttprofil *n*
~ **with hydrogen** wasserstoffbeladen
charger Chargiermaschine *f*; Begichter *m*
charging Einsetzen *n*, Beschicken *n*; Begichten *n*
~ **and discharging gantry crane** Verladebrücke *f*
~ **apparatus** Schüttvorrichtung *f*
~ **appliance** *s.* ~ **arrangement**
~ **area** Chargierplatz *m*
~ **arrangement** Beschickungsvorrichtung *f*, Chargiervorrichtung *f*; Begichtungsvorrichtung *f*
~ **bay** Beschickungsöffnung *f*
~ **bay crane** Chargier[hallen]kran *m*
~ **box** Einsatzmulde *f*, Beschickungsmulde *f*, Chargiermulde *f*
~ **box car** Einsatzmuldenwagen *m*, Muldenbeschickungswagen *m*
~ **bucket** Einsatzkübel *m*, Beschickungskübel *m*, Chargierkübel *m*; Gichtkübel *m*
~ **by aerial ropeway** Begichtung *f* mit Hängebahn
~ **by batches** satzweise Beschickung *f*
~ **by hand** Handbeschickung *f*
~ **by trolley conveyor** Begichtung *f* mit Hängebahn
~ **capacity** Einsetzleistung *f*, Chargierleistung *f*
~ **car** Beschickungswagen *m*, Füllwagen *m*, Chargierwagen *m*, Einsetzwagen *m*
~ **chute** Beschickungsrutsche *f*
~ **circuit** Aufladungskreis *m*
~ **coal** Einsatzkohle *f*
~ **condition** Einsetzbedingung *f*
~ **crane** Beschickungskran *m*, Chargierkran *m*; Begichtungskran *m*
~ **crane weigher** Chargierkranwaage *f*
~ **deck** Beschickungsbühne *f*, Gichtbühne *f*
~ **device** Aufgabevorrichtung *f*; Beschickungsvorrichtung *f*, Chargiervorrichtung *f*; Begichtungseinrichtung *f*
~ **door** Beschickungstür *f*, Chargiertür *f*, Eintragstür *f*, Einsatztür *f*
~ **effect** Aufladungseffekt *m*
~ **equipment** Chargiereinrichtung *f*
~ **facility** Chargieranlage *f*
~ **floor** Gichtbühne *f*, Beschickungsbühne *f*, Ofenbühne *f*, Chargierbühne *f*, Einsetzbühne *f*
~ **gantry crane** Verladebrücke *f*
~ **hoist** Begichtungsaufzug *m*

~ **hole** Beschickungsöffnung f, Einfüllöffnung f, Fülloch n, Chargieröffnung f; Be-
gichtungsöffnung f
~ **hopper** Fülltrichter m, Aufgabetrichter m
~ **installation** Begichtungsanlage f
~ **ladle drying** Chargierpfannentrocknung f
~ **lock** Einlaufschleuse f (Schutzgasofen)
~ **lorry** s. ~ car
~ **machine** Chargiermaschine f, Beschik-
kungsmaschine f, Einsetzmaschine f
~ **material** Einsatzstoff m
~ **method** Schüttverfahren n, Aufgabever-
fahren n
~ **of the sintering furnace** Sinterofenbe-
schickung f
~ **opening** s. ~ hole
~ **operation** Begichten n, Begichtung f
~ **pan** s. ~ bucket
~ **peel** s. ~ spoon
~ **platform** Gichtbühne f, Beschickungsbühne f, Ladebühne f
~ **rack** Chargiergestell n
~ **ratio** Einsatzverhältnis n
~ **scale car** Möllerwagen m mit Wiegeein-
richtung; Zubringewagen m mit Wiege-
einrichtung
~ **scales** Gattierungswaage f
~ **set** Ladeaggregat n (Hochofen)
~ **side** Beschickungsseite f
~ **skip** s. ~ bucket
~ **spoon** Chargierlöffel m, Einsetzlöffel m
~ **technique** Einsetztechnik f
~ **temperature** Beschickungstemperatur f,
Einsatztemperatur f
~ **time** Einsetzzeit f, Chargierzeit f, Be-
schickungsdauer f
~ **truck** s. ~ car
~ **unit** Begichtungsanlage f
~ **-up effect** Aufladungserscheinung f
~ **web** Chargiertrichter m
~ **without bells** glockenloses Begichten n,
glockenlose Begichtung f
chariot Schlitten m, Verschiebewagen m,
Verschiebebühne f
Charpy impact machine Charpy-Hammer
m
~ **impact test** Kerbschlag[biege]prüfung f,
Kerbschlag[biege]versuch m
~ **notch** Charpy-Kerb m
~ **notch impact specimen** Charpy-Kerb-
schlagprobe f
~ **test piece** Charpy-Probe f
~ **three-point locking arrangement** Drei-
punktprobe f
~ **V-notched specimen** s. ~ notch impact
specimen
chart speed Papiervorschub m
chase/to treiben; ziselieren
chasing Treiben n; Ziselieren n
~ **hammer** Treibhammer m
chassis 1. Fahrgestell n, Chassis n, Fahrwerk n; 2. Grundplatte f

chatter mark Rattermarke f
check/to 1. nachprüfen, nachmessen, kontrollieren; 2. hemmen, hindern, stoppen;
3. reißen, platzen (Gußhaut)
check 1. Prüfung f; 2. Hemmwiderstand m,
Hindernis n, Sperre f, Hemmung f; 3.
s. ~ crack
~ **analysis** Kontrollanalyse f
~ **crack** Brandriß m, Schrumpf[ungs]riß m,
Schwindungsriß m (Gußfehler)
~ **gauge** Grenzlehre f, Vergleichslehre f,
Prüflehre f
~ **nut** Gegenmutter f
~ **test** Gegenprobe f
~ **valve** Absperrventil n, Rückschlagventil
n, Klappenventil n
checker Gitter[werk] n (SM-Ofen)
~ **brick** Gitterstein m (im Regenerator, SM-
Ofen)
~ **chamber** Gitterkammer f (SM-Ofen)
~ **firebrick** Kammerstein m (SM-Ofen)
~ **flue** Rauchzug m, Heizkanal m
~ **heating surface** Gitterheizfläche f
~ **passage** Gitterwerksschacht m, Gitter-
durchgang m (SM-Ofen)
~ **volume** Gittervolumen n; Gitterraum m
checkered plate (sheet) Riffelblech n
~ **wire** Riffeldraht m
checkers Gitter[werk] n (SM-Ofen)
checkerwork Gitter[werk] n (SM-Ofen)
~ **arranged in stages (zones)** Zonengitte-
rung f (SM-Ofen)
checking estimation Kontrollbestimmung f
(Vergleich)
~ **with thickness pieces** Prüfen n der
Wanddicke mit Lehmpfropfen
cheek 1. (Gieß) Zwischenkasten m, Mittel-
kasten m; 2. Seitenteil n, Backe f
cheese Radreifengußblock m
chelate Chelat n, Chelatverbindung f
~ **extraction** Chelatextraktion f
~ **resin** Chelatharz n (Ionenaustauscher)
chelated chelatgebunden
chelating chelatbildend
~ **agent** Chelatbildner m, chelatbildendes
Reagens n
~ **resin** Chelatharz n, Chelationenaustau-
scher m
chemical action chemische Wirkung f
~ **activation** chemische Aktivierung f
~ **activity** chemische Aktivität f
~ **affinity** chemische Affinität f, Triebkraft f
einer Reaktion
~ **analysis** chemische Analyse f
~ **analysis during cycle** chemische Analyse
f während des Schmelzzyklus
~ **bond** chemische Bindung f
~ **-bonded** chemisch gebunden
~ **-bonded brick** chemisch gebundener
Stein m
~ **bonding energy** chemische Bindungsenergie f

~ **cell** galvanisches Element *n*
~ **composition** chemische Zusammensetzung *f*
~ **compound** chemische Verbindung *f*
~ **constitution** chemischer Aufbau *m*
~-**controlled** durch den Reaktionsverlauf bestimmt
~-**controlled process** durch den chemischen Reaktionsverlauf bestimmter Prozeß *m*
~ **cutting** chemisches Sägen *n*
~ **interaction** chemische Reaktion *f*
~ **interdiffusion coefficient** chemischer Diffusionskoeffizient *m*
~ **kinetics** chemische Reaktionskinetik *f*, Reaktionsgeschwindigkeit *f*
~ **metallurgy** Metallgewinnung *f*, Metallerzeugung *f*, [chemische] Metallurgie *f*
~ **milling** chemisches Abtragen *n*
~ **passivity** chemische Passivität *f*
~ **polishing** chemisches Polieren *n*
~ **potential** chemisches Potential *n*
~ **reaction** chemische Reaktion *f*
~ **reactivity** chemische Reaktionsfähigkeit *f*
~-**resistant** chemisch beständig
~ **stability** chemische Stabilität *f*
~ **standard** Analyseneichprobe *f*, Analysenkontrollprobe *f*
~ **valence** chemische Valenz *f*
chemically bonded brick chemisch gebundener Stein *m*
~ **bound** chemisch gebunden
chemism Chemismus *m (einer Reaktion)*
chemisorption Chemisorption *f*
~ **heat** Chemisorptionswärme *f*
~ **layer** Chemisorptionsschicht *f*
chemistry Chemie *f*, chemische Zusammensetzung *f*
chequer s. checker
cherry-red kirschrot *(Glühfarbe)*
~ **red** Kirschrotglut *f (Glühfarbe)*
~ **wood pattern** *(Gieß)* Kirschbaumholzmodell *n*
chestnut im Abstichloch erstarrtes Eisen *n*
~ **coal** Nußkohle *f*
~ **wood pattern** *(Gieß)* Kastanienholzmodell *n*
chevron-type break winkelartiger Bruch (Riß) *m*
Chi-phase Chi-Phase *f (intermetallische Verbindung in Stählen vom Typ der A12-α-Mn-Struktur)*
chief reflection Hauptreflex *m*
chill/to [ab]kühlen, abschrecken
~ **in a die** in Kokille abkühlen
chill 1. *(Gieß)* Kühlelement *n*, Kühlkokille *f*; Schreckplatte *f*; 2. Schreckschicht *f (am Schalenhartgußstück)*; 3. Weißerstarrung *f*
~ **anomaly** Abschreckanomalie *f*
~ **block** Abschreckprobe *f*

~ **cast** 1. Hartguß *m;* 2. Kokillenguß *m*
~ **cast ingot** in Kokille gegossene Roheisenmassel *f*
~ **casting** 1. Hartguß *m;* 2. Kokillenguß *m*
~ **casting roll** Schalenhartgußwalze *f*
~ **coating** Kokillenschlichte *f*
~ **crack** Riß *m*, Warmriß *m*
~ **depth** Schrecktiefe *f*, Einstrahlungstiefe *f*, Tiefe *f* der Weißeinstrahlung, Weißeinstrahlungstiefe *f*
~ **hardening** Härten *n* in gekühlten Kokillen
~ **mould** Kokille *f*, Metallform *f*, Dauerform *f*
~ **mould rotary machine** Kokillengießkarussell *n*
~ **nail** *(Gieß)* Kühlnagel *m*
~ **pass roll** Walze *f* mit gehärtetem Kaliber, Hartguß[kaliber]walze *f*
~ **plate** Schreckplatte *f*
~ **roll** Kühltrommel *f*, Kühlwalze *f*
~ **scrap** Kühlschrott *m*
~ **sensitivity** Abschreckempfindlichkeit *f*
~ **structure** Schreckgefüge *n*
~ **tendency** Schreckneigung *f*
~ **test** Abschreckversuch *m*
~ **test piece** *(Gieß)* Abschreckprobe *f (Prüfung auf Weißeinstrahlung)*
~ **time** Abkühlzeit *f*
~ **zone** Blockrandzone *f*, Schreckschichtzone *f*, weißerstarrte Zone *f*
chilled cast iron 1. weißes Gußeisen *n*, Temperrohguß *m;* 2. Schalenhartguß *m*
~ **core** Schalenhartgußkern *m (weich)*
~ **heat** steife (matte) Schmelze *f*
~ **iron** Schalenhartguß *f*
~ **iron grit (shot)** Hartgußschrot *n(m)*
~ **roll** Hartgußwalze *f*
~ **roll iron** Walzengußeisen *n*
~ **rolls** Schalenhartgußwalzen *fpl*
~ **shot** Hartgußschrot *n(m)*
chilling Abschrecken *n*, beschleunigtes Abkühlen *n*
~ **device** Kühlvorrichtung *f*, Abschreckvorrichtung *f*
~ **effect** Kühlwirkung *f*, Schreckwirkung *f*, Abschreckwirkung *f*
~ **layer** Schreckschicht *f*
~ **resistance** Temperaturwechselbeständigkeit *f*
chimney Schornstein *m;* Kamin *m;* Esse *f*
~ **cooler** Kühlturm *m*
~ **flue** Rauchgaskanal *m*
~ **slide valve** Kaminschieber *m*
~ **valve** Essenventil *n*
china clay *(Min)* Kaolin *m*, Rohkaolin *f*
~ **clay chamotte** Kaolinschamotte *f*
chinawood oil Chinarindenholzöl *n*
"Chinese writing" „Chinesenschrift" *f (Fe-und Mg-Phase in Al-Legierungen)*
chink/to rissig werden
chink Riß *m;* Ritze *f*, Spalte *f*
chip/to abspanen, meißeln, putzen, behauen

~ **off** abblättern, abplatzen
chip Span *m*
~ **breaker** Spanbrecher *m*
~ **build-up** Aufbau *m* an der Schneide
~ **cross section** Spanungsquerschnitt *m*
~ **curling** Auflockern *n* der Späne
~ **dryer** Spänetrockner *m*
~ **formation** Spanbildung *f*
~ **handling equipment** Spänetransporteinrichtung *f*
~ **material** Spanmaterial *n*
~ **screen** Schüttelsortierer *m*, Schüttelsieb *n*
~ **thickness** Spanungsdicke *f*
chipless spanlos
chipper 1. Druckluftmeißel *m*; Preßluftmeißel *m*; 2. Abgrater *m*
chipping Putzen *n*
~ **hammer** Schlackenhammer *m*, Pickhammer *m*
~ **room** Entgraterei *f*
~ **shop** Putzerei *f*, Blockputzerei *f*
~ **tool** Meißel *m* zum Entgraten
chisel/to meißeln
chisel Meißel *m*
~ **core** *(Gieß)* Einschnürkern *m*, Brechkern *m*
~ **steel** Meißelstahl *m*
chlorargyrite *(Min)* Kerargyrit *m*, Hornsilber *n*, Silberhornerz *n*
chlorate Chlorat *n*
chloraurate Chloroaurat *n*
chlorauric acid *s.* chloroauric acid
cloric gas Chlorgas *n*
chloride Chlorid *n*
~ **of lime** Chlorkalk *m*
chloridizing Chlorieren *n*
~ **roasting** chlorierende Röstung *f*
chlorinate/to chlorieren
chlorinating Chlorieren *n*, Chlorierung *f*
~ **agent** Chlorierungsmittel *n*
~ **sulphatizing roasting** chlorierende-sulfatierende Röstung *f*
chlorination Chlorierung *f*, Chlorieren *n*
chlorinator Chlorierer *m*, Chlorierungsapparat *m*
chlorine Chlor *n*
~ **bubbling** Chlorgasspülung *f*
~ **consumption** Chlorverbrauch *m*
~ **flushing** Chlorgasspülung *f*
~ **gas** Chlorgas *n*
~ **roasting** chlorierende Röstung *f*
~-**treated** chlorbehandelt
~ **water** Chlorwasser *n*
chloroaurate Chloroaurat *n*
chloroauric acid Goldchlorwasserstoffsäure *f*, Chlorogoldsäure *f*, Tetrachlorogold(III)-säure *f*
chloronitrous acid Königswasser *n*
chloroplatinic acid Hexachloroplatin(IV)-säure *f*

chock Einbaustück *n* *(an Walzen)*; Bremskeil *m*
choice of material Werkstoffauswahl *f*
choke/to 1. verstopfen; sich verstopfen; 2. *(Gieß)* den Einguß vollhalten
choke *(Gieß)* Drossel *f (Strömungsverengung im Anschnittsystem)*
choked runner system Gießsystem *n* mit Drossel
choking *(Gieß)* Drosseln *n*
cholesteric cholesterisch
chopped straw machine *(Umf)* Häckselmaschine *f*
chopper *(Umf)* Schopfschere *f*, Häckselmaschine *f*, Zerhacker *m*
chopping shears *(Umf)* Schopfschere *f*
chord Sehne *f*, Saite *f*
~ **length** Sehnenlänge *f*, Schnittlinienlänge *f*, Abschnittslänge *f (zufällige Sehne in einem Kristallit, deren Länge nicht dem Korndurchmesser entsprechen muß)*
~ **length counter** Sehnenlängenzähler *m*
~ **length distribution** Sehnenlängenverteilung *f*
~ **method** Sehnenschnittverfahren *n*
~ **number** Sehnenzahl *f*
christobalite *s.* cristobalite
Chro-mow Chro-mow-Stahl *m*, Chrom-Molybdän-Wolfram-Stahl *m*
chromansil Chromansil-Stahl *m*, Chrom-Mangan-Silizium-Stahl *m*
chromate/to chromatieren
chromate Chromat *n*
~ **conversion coat** Chromatschicht *f*
~-**conversion-coated** chromatiert
chromatic aberration chromatische Aberration *f*, chromatischer Linsenfehler *m*
chromating Chromatieren *n*
chrome Chrom *n* *(s. a. unter chromium)*
~-**alumina refractory** Chromerz-Korund-Erzeugnis *n*
~ **brick** Chromerzstein *m*
~-**dolomite refractory** Chromerz-Dolomit-Feuerfesterzeugnis *n*
~ **iron-stone** *(Min)* Chromeisenstein *m*, Chromit *m*
~-**magnesite** *(Ff)* Chrom-Magnesit *m*
~-**magnesite brick** *(Ff)* Chrom-Magnesit-Stein *m*
~-**magnesite lining** *(Ff)* Chrom-Magnesit-Zustellung *f*
~-**magnesite ramming mix** *(Ff)* Chrom-Magnesit-Stampfmasse *f*
~-**magnesite refractory** Chromerz-Magnesit-Feuerfesterzeugnis *n*
~-**manganese steel** Chrom-Mangan-Stahl *m*
~-**moly-steel** *s.* chromium-molybdenum steel
~-**plated** verchromt
~ **plating** Verchromung *f*, Verchromen *n*
~-**plating plant** Verchromungsanlage *f*

~ **recovery** Chromausbringen *n*
~ **refractory** Chromerzauskleidung *f*, Chromerzfeuerfestmaterial *n*
~ **steel** Chromstahl *m*
~**-tungsten steel** Chrom-Wolfram-Stahl *m*
chromel Chromel *n (Ni-Cr-Legierung für Thermoelemente)*
~**-alumel couple** Chromel-Alumel-Thermoelement *n*
chromic Chrom...
~ **acid** Chromsäure *f*
~ **acid anhydride** Chromsäureanhydrid *n*
~ **iron** *(Min)* Chromeisenstein *m*, Chromit *m*
~ **oxide** Chromoxid *n*
~ **phosphoric acid** Chromphosphorsäure *f*
chromite 1. Chromit *n*; 2. *(Min)* Chromeisenstein *m*, Chromit *m*
~ **brick** Chromerzstein *m*
~ **flour** Chromitmehl *n*
~ **sand** Chromitsand *m*
chromium Chrom *n (s. a. unter* chrome*)*
~ **alloy cast iron** Chromgußeisen *n*, chromlegiertes Gußeisen *n*
~ **carbide** Chromkarbid *n*
~ **copper** Chromkupfer *n*
~ **deficiency (depletion)** Chromverarmung *f*
~**-manganese steel castings** Chrom-Mangan-Stahlguß *m*
~ **molybdenum cast iron** Chrom-Molybdän-Gußeisen *n*
~ **molybdenum steel** Chrom-Molybdän-Stahl *m*
~**-molybdenum steel casting** Chrom-Molybdän-Stahlguß *m*
~**-molybdenum-tungsten steel** Chrom-Molybdän-Wolfram-Stahl *m*
~**-molybdenum-zirconium steel** Chrom-Molybdän-Zirkon-Stahl *m*
~**-nickel steel** Chrom-Nickel-Stahl *m*
~**-nickel-steel casting** Chrom-Nickel-Stahlguß *m*
~ **ore sand** Chromerzsand *m*
~**-oxide** Chromoxid *n*
~ **steel casting** Chromstahlguß *m*, chromlegierter Stahlguß *m*
~**-vanadium steel** Chrom-Vanadin-Stahl *m*
~**-vanadium-steel casting** Chrom-Vanadin-Stahlguß *m*
chromize/to inchromieren, verchromen *(durch Chromdiffussion)*
chromizing Inchromieren *n*, Verchromen *n (durch Chromdiffusion)*
~ **layer** Inchromierschicht *f*
chromoaluminizing Chromoalitieren *n*
chromous Chrom...
chrysocolla *(Min)* Chrysokoll *m*
chuck/to einspannen; aufspannen
chuck 1. Spannfutter *n*, Spannkopf *m*, Spannwerkzeug *n*, Spannvorrichtung *f*; 2. Sandleiste *f* im Trumkasten

~ **jaw** Einspannbacke *f*
chunky graphite entarteter Graphit *m*
churn/to schütteln
churn *(Gieß)* Pumpen *n (zum Offenhalten des Speisers)*
chute Rutsche *f*, Schurre *f*, Rinne *f*,
Chvorinov's rule Regel *f* von Chvorinov
ciment fondu Tonerdeschmelzzement *m (Handelsname)*
cinder 1. Zunder *m*; Sinter *m*; 2. Schlacke *f (s.a. unter* slag*)*
~ **block** Schlackenstein *m*
~ **car** Schlackenwagen *m*
~ **hair** s. ~ **wool**
~ **heat** Entzunderungswärme *f*
~ **inclusion** Schlackeneinschluß *m*
~ **notch** Schlacken[ab]stich *m*
~ **notch cooler** Schlackenkühlform *f*, Schlackenkühlkasten *m*
~ **notch stopper** Schlackenstichloch-Stopfmaschine *f*
~ **paste** Schlichte *f*, Schwärze *f*
~ **pot** Schlackenkübel *m*
~ **spout** Schlackenrinne *f*
~ **wool** Schlackenwolle *f*, Mineralwolle *f*
~ **yard** Schlackenhalde *f*
cinemicrography Mikrokinematografie *f*
cip s. cold isostatic pressing
circle/to *(Umf)* Ronden schneiden
circle *(Umf)* Ronde *f*, Scheibe *f*
~ **brick** Radialstein *m*
~ **diameter distribution** Kreisdurchmesserverteilung *f*
~**-intercept method** Kreisschnittverfahren *n*
~ **of contact** Wälzkreis *m*
~ **of reflection** Reflexionskreis *m*
~**-throw screen** Kreisschwingsieb *n*, Steilwurfsieb *n*
circling *(Umf)* Rondenschneiden *n*
circlip Sprengring *m*, Haltering *m*
circuit Kreislauf *m*
~ **board** Leiterplatine *f*
~ **breaking capacity** Abschaltleistung *f*
circular 1. kreisrund; 2. umlaufend
~ **arc** kreisförmiger Bogen *m*
~ **ball mill** Kreiskugelmühle *f*
~ **blank** *(Umf)* Ronde *f*
~ **brush** Rundbürste *f*
~ **burner** Ringbrenner *m*
~ **conveyor** Kreisförderer *m*
~**-curved mould machine** Kreisbogengießmaschine *f*
~ **die** *(Umf)* Ringdüse *f (Strangpressen)*
~ **disk reflector** Kreisscheibenreflektor *m*
~ **furnace** Rundofen *m*
~ **grinding machine** Rundschleifmaschine *f*
~ **knives shears** Kreismesserschere *f*
~ **mixer** Rundmischer *m*
~ **path** Kreisbahn *f*
~ **saw** Kreissäge *f*

~ **saw blade** Kreissägeblatt *n*
~ **sawing machine** Kreissäge *f*
~ **shape** Rundprofil *n*
~ **weld seam** Rundschweißnaht *f*
circulate/to umlaufen
circulated gases Spülgas *n*
circulating fluidized bed zirkulierende Wirbelschicht *f*
~ **hot air furnace** Luftumwälzofen *m*
~ **line** Kreislauf *m*
~ **pump** Kreiselpumpe *f*, Umlaufpumpe *f*, Umwälzpumpe *f*
~ **scrap** Rücklaufschrott *m*
~ **water** Umlaufwasser *n (Kühlwasser)*
circulation Kreislauf *m*, Umlauf *m*
~ **cycle** Umlaufzyklus *m*
~ **factor** Umwälzfaktor *m*
~ **heating** Umwälzbeheizung *f*
~ **of the moulding sand** Kreislauf *m* des Formstoffs, Formstoffkreislauf *m*
~ **pump** *s.* circulating pump
~ **section** Laugenumlauf *m (in Bädergruppen)*
~ **time** Umlaufzeit *f*
~ **water cooling** Umlaufwasserkühlung *f*
circumference grinding machine Umfangschleifmaschine *f*
circumferential bend Umlaufbiegung *f*
~ **speed** Umfangsgeschwindigkeit *f*
~ **weld** Rundschweißnaht *f*
~ **welding joint** Rundnahtschweißung *f*
citicica oil Citicica-Öl *n*
citrate solution Zitratlösung *f (Sauerstoffkorrosion)*
citric acid Zitronensäure *f*
city gas Stadtgas *n*
c. l. s. centre line
clack valve Klappenventil *n (Hochofen)*
clad/to plattieren
clad plattiert
~ **metal** Verbundwerkstoff *m*, Plattierwerkstoff *m*
~ **metal work** Verbundwerkstoffherstellung *f*
~ **plate** plattiertes Blech *n*
~ **side** Plattierungsseite *f*
~ **steel** plattierter Stahl *m*
cladding Plattierung *f*, Plattierschicht *f*
~ **joint** Plattierungsschweißverbindung *f*
~ **material** Auflagewerkstoff *m*
~ **steel** Plattierungsstahl *m*
clamp/to befestigen; [ein]spannen, festklammern, festklemmen; verklammern, verkeilen *(Gießform)*
clamp Einspannbacke *f*; Klemmbacke *f*; Verschluß *m*; Klammer[vorrichtung] *f (Gießform)*
~ **bolt** *s.* clamping bolt
~ **bucket** Greifer *m*
clamped *(Gieß)* eingelagert
clamping Einspannung *f*; Verklammern *n (Gießform)*

~ **bar** *(Gieß)* obere Verankerungsschiene *f*
~ **beam** *(Umf)* Unterwange *f (einer Presse)*
~ **bolt** Befestigungsschraube *f*; Befestigungsbolzen *m*, Einspannbolzen *m*, Klemmbolzen *m*
~ **bush** Spannbüchse *f*, Spannhülse *f*
~ **chuck** Einspannkopf *m*, Einspannfutter *n*
~ **device** Einspannvorrichtung *f*; Aufspannvorrichtung *f*
~ **die** Greifbacke *f*, Klemmbacke *f*
~ **effect** Einspannwirkung *f*, Verklammerungsfähigkeit *f*
~ **force** Haltekraft *f*; Zuhaltekraft *f (Druckguß)*
~ **head** Spannkopf *m*, Einspannkopf *m*
~ **jaw** Klemmbacke *f*
~ **mechanism** Festklemmvorrichtung *f*
~ **nut** Überwurfmutter *f*
~ **plate** Aufspannplatte *f*, Klemmplatte *f*; Formaufspannplatte *f (Druckguß)*
~ **position** *(Gieß)* verriegelte Stellung *f (Druckguß)*
~ **ring** 1. Klemmring *m*; 2. Faltenhalter *m*
~ **time** Aufspannzeit *f*
~ **tool** Einspannwerkzeug *n*, Spannwerkzeug *n*
clamshell Greifer *m*
~ **markings** *(Wkst)* Rastlinien *fpl*
clarification Klären *n*, Klärung *f*; Läutern *n*, Läuterung *f*
clarifier Klärmittel *n*; Klärapparat *m*
clarify/to klären; läutern
clarifying filter Klärfilter *n*
~ **tank** Klärbehälter *m*, Absetzbehälter *m*
class/to klassifizieren, einteilen, abstufen
class Klasse *f*, Werkstoffsorte *f*
~ **frequency** Klassenhäufigkeit *f*, Besetzungszahl *f*
~ **frequency counter** Klassenfrequenzzähler *m*
~ **interval** Klassenbreite *f*, Klassengröße *f*
~ **limit** Klassengrenze *f*
~ **of materials** Werkstoffgruppe *f*
~ **of sintering** Sintergüte *f*
~ **range** Klassenbreite *f*, Klassengröße *f*
classical blast-furnace route klassisches Schachtofenverfahren *n*
~ **lead blast-furnace process** klassischer Bleischachtofenprozeß *m*
classification 1. Klassifizierung *f*, Einordnung *f*, Einteilung *f*; 2. *(Aufb)* Sortierung *f*, Klassierung *f*
~ **chart** *s.* ~ series
~ **counter** Klassierzähler *m*
~ **of casting defects** Gußfehlerklassifikation *f*
~ **of castings** Gußstückklassifikation *f*
~ **series** Richtreihe *f (der Gefügeauswertung)*
~ **series evaluation** Richtreihenauswertung *f*

classifier Klassierer *m*, Klassierapparat *m*; Klassiersieb *n*
classify/to 1. klassifizieren, eingliedern, einordnen, einteilen, einstufen; 2. *(Aufb)* klassieren, sichten, sortieren
classifying Klassierung *f*; Teilchengrößenanalyse *f*
~ **drum** Klassiertrommel *f*
~ **grate** Klassierrost *m*
~ **jigging screen** Klassierrüttelsieb *n*
~ **screen** Klassiersieb *n*, Sortiersieb *n*
claw Klaue *f*; Pratze *f*
~ **coupling** Klauenkupplung *f*
~ **crane** Pratzenkran *m*
clay Ton *m*; Lehm *m*
~ **band [iron ore]** Toneisenstein *m*
~-**bearing** tonhaltig
~ **binder** Tonbinder *m*, Lehmbindemittel *n*
~-**bonded moulding sand** tonhaltiger Formsand *m*
~-**bonded silica refractory** *(Ff)* tongebundenes Silikaterzeugnis *n* *(Dinas)*
~ **brick** Ziegelstein *m*; gemahlener Schamottestein *m*
~ **content** Tongehalt *m*; *(Gieß)* Schlämmstoffgehalt *m* *(im Formstoff)*
~ **cutter** Tonschneider *m*
~ **determination** Schlämmstoffbestimmung *f*
~-**free** tonfrei
~ **grade** *(Gieß)* Schlämmstoffgehalt *m* *(im Formstoff)*
~-**graphite crucible** Ton-Graphit-Tiegel *m*
~-**graphite mixture** Ton-Graphit-Mischung *f*, Graphit-Ton-Schwärze *f*, Graphitschwärze *f*
~ **grog mortar** Schamottemörtel *m*
~ **gun** Stichlochstopfmaschine *f*
~ **mill** Tonschneider *m*; Tonraspler *m*; Tonkneter *m*, Lehmknetmaschine *f*
~ **pipe** Tonrohr *n*
~ **plasticity** Tonplastizität *f*
~ **plate** Lehmplatte *f*
~ **plug** Lehmstopfen *m*
~ **sand** tonhaltiger Formsand *m*
~ **shell** Tonhülle *f*
~ **shredder** Tonraspler *m*
~ **wash** Tonschlämme *f*
~-**wash analysis** Schlämmanalyse *f*
~-**washed** mit Tonschlichte angestrichen *(Formkasten)*
clayed tonhaltig, lehmhaltig
clayey ore toniges Erz *n*
clean/to 1. reinigen, säubern; 2. *(Aufb)* waschen; 3. beräumen *(Bohrloch)* 4. *(Gieß)* putzen
~ **castings** Gußstücke putzen
clean sauber, rein
~ **annealing** s. bright annealing
~ **fresh sand** *(Gieß)* Neusand *m*, reiner, frischer Sand *m*
~ **gas** Reingas *n*

~ **gas dust content** Reingasstaubgehalt *m*
~ **gas stack** Reingaskamin *m*
~ **hardening** s. bright hardening
~-**out door** Reinigungstür *f*, Schlackentür *f* *(Ofen)*
~ **slag** arme (absetzbare) Schlacke *f*, Haldenschlacke *f*
~ **cleaner** 1. Reinigungsmittel *n*; 2. *(Gieß)* Sandhaken *m*, Vitrier *m*
~ **tank** Reinigungsanlage *f*
cleaning 1. Reinigung *f*, Säuberung *f*; 2. *(Aufb)* Waschen *n*; 3. *(Gieß)* Putzen *n*
~ **degree** *(Korr)* Säuberungsgrad *m*
~ **department** 1. Reinigungsanlage *f*, Waschanlage *f*; 2. *(Gieß)* Putzerei *f*
~ **device** Reinigungsvorrichtung *f*
~ **disk** *(Umf)* Putzscheibe *f*
~ **equipment** 1. Reinigungseinrichtung *f*; 2. *(Aufb)* Wascheinrichtung *f*; 3. *(Gieß)* Putzeinrichtung *f*
~ **of metals** Metallreinigung *f*
~ **operation** 1. Reinigungsvorgang *m*; 2. *(Aufb)* Waschvorgang *m*; 3. *(Gieß)* Putzen *n*
~ **plant** 1. Reinigungsanlage *f*; 2. *(Gieß)* Putzanlage *f*
~ **room** Putzerei *f*, Gußputzerei *f*
~ **tool** Abgratwerkzeug *n*
cleanliness Sauberkeit *f*, Reinheit *f*; Reinheitsgrad *m*
cleanness Reinheit *f*; Reinheitsgrad *m*
~-**assessment technique** reinigungswirksames Verfahren *n*, Reinigungsverfahren *n*
cleanse/to abspülen
clear/to 1. klären, filtern, reinigen; 2. [fein]mahlen, fertigmahlen
clear chill cast iron roll Hartgußwalze *f*
~ **headroom** lichte Höhe *f*
~ **tank** Klärbottich *m* *(Naßputzen)*
clearance lichter Raum *m*; lichte Weite *f*; Spielraum *m*; Spiel *n*; Abstand *m*
~ **angle** Hinterschliffwinkel *m*, Freiwinkel *m*
~ **between collars** Kaliberöffnung *f*
~ **print** verlängerte Kernmarke *f*, Schleif[kern]marke *f*, Ziehmarke *f*
~ **taper [core] print** s. ~ print
clearing 1. Klären *n*, Filtern *n*, Reinigen *n*; 2. Mahlen *n*, Feinmahlen *n*, Fertigmahlen *n*
~ **agent** *(Gieß)* Klärmittel *n* *(Naßputzen)*
~ **basin** *(Gieß)* Klärbad *n* *(Naßputzen)*
~ **pad** Putzscheibe *f*, Schleifscheibe *f*
cleavage Spalt *m*
~ **brittleness** Spaltbrüchigkeit *f*
~ **crack** Spaltriß *m*
~ **facet** Spaltfacette *f*
~ **fracture** Spaltbruch *m*, Mischbruch *m*
~ **fracture stress** Spaltbruchspannung *f*
~ **path** Spaltbruchbahn *f*
~ **plane** Spaltebene *f*, Spaltfläche *f*
~ **step** Spaltstufe *f*

~ **surface** Spaltfläche f
cleave/to spalten
climb *(Krist)* Klettern n *(von Stufenverset-zungen)*
~~**controlled** durch Klettern gesteuert *(Stu-fenversetzung)*
~ **distance** Kletterabstand m *(von Stufen-versetzungen)*
climbing angle Steigungswinkel m
~ **drum** Kletterwalze f
clink/to rissig werden *(beim Abkühlen)*
clink Spannungsriß m *(beim Abkühlen)*
clinker 1. Klinker m, Zementklinker m; 2. Schlacke f *(s. a. unter slag)*
~ **coating** Schlackenansatz m
~ **concrete** Schlackenbeton m
~ **discharge** Schlackenziehen n, Entschlak-ken n
~ **for Portland cement production** Port-landzementklinker m
~ **grate** Schlackenrost m
~ **process** Klinkerprozeß m *(thermisches Trennverfahren mit agglomeriertem Rückstand und wertstoffhaltiger Gas-phase)*
clinkered dolomite Dolomitklinker m
clinkering Schlackenbildung f, Verschlak-kung f
~ **door** Schlackentür f
~ **zone** Sinterzone f
clinking feine Innenrisse mpl *(durch Ab-kühlung)*
clip/to abgraten, abscheren, beschneiden
clip 1. Klammer f, Klemme f, Schelle f; 2. *(Gieß)* Klemmplättchen n, Heftzwinge f, Schraubzwinge f *(Modellbau)*
clipping Abgraten n, Abscheren n, Be-schneiden n
~ **press** Abgratpresse f
~ **tool** Abgratwerkzeug n
clock brass Uhrenmessing n
clod coal große Stückkohle f
~~**like** schollenförmig
clog/to verstopfen
clogging Verstopfung f
~ **of the channel** Verstopfen n der Rinne *(eines Industrierinnenofens)*
close/to sperren; schließen
close dicht; abgeschlossen
~~**annealed** s. box-annealed
~ **annealing** s. box annealing
~~**grained** feinkörnig, dicht *(Gefüge)*
~~**grained pig iron** feinkörniges Roheisen n
~~**grained steel** Feinkornstahl m
~~**grained structure** Feinkornstruktur f
~~**meshed** engmaschig, feinmaschig
~~**packed** *(Krist)* dichtgepackt
~~**packed structure** *(Krist)* Kugelpackung f
~~**spaced** eng aneinanderliegend
closed channel furnace Industrierinnen-ofen m mit geschlossener Rinne

~~**circuit grinding** Zerkleinerung f im Kreis-lauf
~ **cycle** [geschlossener] Kreislauf m
~ **die** *(Umf)* geschlossenes Gesenk n
~ **ferroalloy furnace** geschlossener Ferro-legierungsofen m
~~**out** abgeschaltet
~ **pass** geschlossenes Kaliber n *(Walzen)*
~ **pore** geschlossene Pore f
~ **shape** geschlossenes Profil n
~ **shell** geschlossene Schale f *(Oxidphase)*
~~**top housing** *(Umf)* geschlossener Stän-der m, Rahmenständer m
~~**vessel furnace** Gefäßofen m
closely classified eng klassiert
closeness of grain Korndichte f
closing contact *(Gieß)* Schließkontakt m
~ **cylinder** *(Gieß)* Schließzylinder m
~ **device** *(Gieß)* Zulegegerät n
~ **force** *(Gieß)* Schließkraft f
~ **force monitoring system** *(Gieß)* Schließ-kraftüberwachungssystem n
~ **pin** *(Gieß)* Zulegestift m
~ **piston** *(Gieß)* Schließkolben m
~ **pressure** s. ~ force
~ **stroke** *(Gieß)* Schließhub m
~ **time** *(Gieß)* Sperrzeit f
~ **unit** *(Gieß)* Schließeinheit f
~ **wedge** Zapfen m *(für Kernverbindungs-kanal)*
closure Sperre f, Verschluß m
~ **fault** Schließungsfehler m *(versetzungs-geometrisch)*
~ **stress** Schließspannung f *(Bruchmecha-nik)*
cloth filter Gewebefilter n
~ **screen dust arrester** Stoffilterentstau-bungsanlage f
clothing Mantel m, Futter n
cloudburst treatment Kugelstrahlen n
clout nail Dachpappennagel m
cloverleaf neck Kleeblattzapfen m *(an Wal-zen)*
CLU s. Creusot-Loire-Uddeholm process
cluster 1. *(Gieß)* Gießtraube f, Modell-traube f, Stapelabguß m, Gießbaum m; 2. *(Gieß)* Königstein m, Verteilerstein m; 3. *(Krist)* Cluster m; 4. s. ~ compound
~ **bottom mould** Königstein m, Verteiler-stein m
~ **compound** Zusammenballung f, Klum-pen m, Nest n *(typisch für bestimmte Einschlüsse im Stahl)*
~ **mill** Vielwalzenwalzwerk n
clusters Zusammenballung von Hartstoff-körnern in Hartstofflegierungen
CO : CO₂ ratio CO : CO_2-Verhältnis n
CO₂ core *(Gieß)* CO_2-Kern m
CO₂ core sand *(Gieß)* CO_2-Kernsand m
CO₂ gassing *(Gieß)* CO_2-Begasung f
CO₂ gassing device *(Gieß)* CO_2-Härtevor-richtung f

CO_2 gassing machine *(Gieß)* CO_2-Härtemaschine *f*
CO_2 mould *(Gieß)* CO_2-Form *f*
CO_2 moulding Wasserglasformverfahren *n* mit CO_2-Aushärtung
CO_2 process CO_2-Verfahren *n*, CO_2-Erstarrungsverfahren *n*
CO_2 process equipment (facility) Einrichtung *f* für das CO_2-Verfahren
coach screw Schienenschraube *f*, Schwellenschraube *f*, Vierkantkopfschraube *f*
coagulate/to koagulieren, gerinnen, [aus]flocken
coagulated cementite eingeformter Zementit *m*
coagulating agent Flockungsmittel *n*
~ bath Fällbad *n* *(Gasreinigung)*
coagulation Koagulation *f*, Gerinnung *f*, Ausflockung *f*, Flockung *f*
~ mechanism Koagulationsmechanismus *m*
~ point Erstarrungspunkt *m* *(von Plasten)*
coal Kohle *f*
~ blending plant Kohlenmischanlage *f*
~ briquette Brikett *n*
~ briquetting plant Kohlebrikettieranlage *f*
~ consumption Kohlenverbrauch *m*
~ dust Kohlenstaub *m*
~-dust burner Kohlenstaubbrenner *m*
~-dust handling equipment Kohlenstaubtransportanlage *f*
~ firing Kohlenfeuerung *f*
~ gas Kokereigas *n*, Stadtgas *n*
~ gasification Kohlevergasung *f*
~ oil Kohlenteeröl *n*; Steinkohlenteeröl *n*
~ pellet Kohlepellet *n*
~ preparation plant Kohlenaufbereitungsanlage *f*
~-scrap practice Kohle-Schrott-Verfahren *n*
~ stock yard Kohlenlager *n*
~ storage tower Kohlenturm *m*
~ tar Kohlenteer *m*; Steinkohlenteer *m*
~-tar pitch Kohlenteerpech *n*; Steinkohlenteerpech *n*
~ washing and grading plant Kohlenaufbereitungsanlage *f*
~ washing plant Kohlenwäsche *f*, Naßaufbereitung *f* der Kohle
coalesce/to koalieren, verwachsen, zusammenwachsen; zusammenballen
coalescence Koaleszenz *f*, Zusammenwachsen *n* *(z. B. der γ-Keime)*; Zusammenballung *f*
~ of cementite Zementiteinformen *n*
coaling door Feuertür *f*, Bekohlungstür *f*
~ plant Bekohlungsanlage *f*
coarse grob[körnig]
~ adjustment Grobeinstellung *f*
~ breaking Grobzerkleinerung *f*, Vorzerkleinerung *f*, Grobbrechen *n*
~ copper Schwarzkupfer *n*

~ copper slag Schwarzkupferschlacke *f*
~ crusher Grobbrecher *m*
~ crushing Grobzerkleinerung *f*, Vorzerkleinerung *f*, Grobbrechen *n*
~-crystalline grobkristallin
~-dendritic grobdendritisch
~ focussing Grobfokussierung *f*
~ fracture *(Gieß)* Grobbruch *m* *(Formsand)*
~ grain Grobkorn *n*
~-grain annealing Hochglühen *n*, Grobkornglühen *n*
~-grain growth Grobkornbildung *f*
~-grain powder grobkörniges Pulver *n*, Grobpulver *n*
~-grain zone Grobkornzone *f*
~-grained grobkörnig, grobfaserig
~-grained fracture grobkörniger Bruch *m*
~-grained powder grobkörniges Pulver *n*, Grobpulver *n*
~-grained steel Grobkornstahl *m*
~-grained structure grobkörniges Gefüge *n*
~-lamellar groblamellar
~-lamellar pearlite grobstreifiger Perlit *m*
~-mesh[ed] grobmaschig
~ metal Rohstein *m*
~ metal slag Rohsteinschlacke *f*
~ ore Groberz *n*
~-pored grobporig
~ sand grober Sand *m*, Grobsand *m*
~ sieve Grobsieb *n*
~-sized carbide Grobkarbid *n*
~ slip Grobgleiten *n*
~ structure Grobgefüge *n*
~ wire Grobdraht *m*, dicker Draht *m*
~ wire drawing Grob[draht]zug *m*, Grobdrahtziehen *n*
coarsely radiated grobstrahlig *(Bruchgefüge)*
coarsen/to [sich] vergröbern
coarseness Grobkörnigkeit *f*
coarsening Vergröberung *f*
~ of grain Kornvergröberung *f*
~ rate *s.* grain growth rate
coat/to 1. beschichten, überziehen; umhüllen; bedecken; anstreichen; 2. *(Gieß)* schlichten, schwärzen
coat 1. Überzug *m*; Mantel *m*; Belag *m*; Anstrich *m*; 2. *(Gieß)* Schlichteschicht *f*
coated electrode umhüllte Elektrode *f*, Mantelelektrode *f*
~ rod electrode umhüllte Stabelektrode *f*
~ roll Mantelwalze *f*
coating 1. Beschichtung *f*; Überzug *m*; Schutzschicht *f*; Deckschicht *f*; Umkleidung *f*; Auskleidung *f*; Anstrich *m*; 2. *(Gieß)* Schlichte *f*; Schlichten *n*
~ adherence Schlichtehaftfähigkeit *f*
~ bath Schlichtebad *n*
~ component Schlichtebestandteil *m*
~ composition Schlichtezusammensetzung *f*

coating

80

~ **material** 1. Überzugswerkstoff *m*; 2. Anstrichmittel *n*; 3. *(Gieß)* Schlichtemasse *f*
~ **of powder** Pulverbeschichtung *n*
~ **process** 1. Umhüllung *f*, Umhüllungsverfahren *n*; 2. *(Gieß)* Schlichteverfahren *n*
~ **rate** Niederschlagsgeschwindigkeit *f*
~ **thickness** 1. Überzugschichtdicke *f*; 2. *(Gieß)* Schlichtedicke *f*
~ **wear** Schichtverschleiß *m*
~ **with plastic** Plastbeschichtung *f*; Plastüberzug *m*
cobalt Kobalt *n*
~-**chromium-sintered material** Kobalt-Chrom-Sinterwerkstoff *m*
~-**chromium-tungsten-sintered material** Kobalt-Chrom-Wolfram-Sinterwerkstoff *m*
~ **high-speed steel** Kobaltschnellstahl *m*
~ **micropowder** Kobaltfeinstpulver *n*
~ **powder** Kobaltpulver *n*
cobaltic Kobalt…, Kobalt(III)-…
cobaltiferous kobalthaltig
cobaltous Kobalt…, Kobalt(II)-…
cobble anklebendes Walzgut *n*, Kleber *m*, Wickler *m* *(Walzfehler)*
~ **baler** Schrottwickler *m*, Schrotthaspel *f*
~ **cutting** Schrotthäckseln *n*
~ **shears** Schrottschere *f*
cobbling Kleben *n* *(des Walzguts)*
cock Hahn *m*
~ **plug** Hahnküken *n*
co-deposition Mitabscheidung *f*
coefficient of adhesion Adhäsionskoeffizient *m*
~ **of cubical expansion** kubischer Ausdehnungskoeffizient *m*
~ **of dilatation** Ausdehnungskoeffizient *m*
~ **of equivalence** Gleichwertigkeitskoeffizient *m*
~ **of expansion** Ausdehnungskoeffizient *m*
~ **of fineness** Feinheitskennziffer *f (Pulver)*
~ **of friction** Reibungskoeffizient *m*, Reibungsbeiwert *m*, Reibungszahl *f*
~ **of heat radiation** Strahlungszeit *f*; Strahlungskoeffizient *m*
~ **of heat transmission** Wärmedurchgangszahl *f*
~ **of linear expansion** linearer Ausdehnungskoeffizient *m*
~ **of performance** Wärmeaustauschwirkungsgrad *m (bei Wärmerohren)*
~ **of permeability** Durchlässigkeitsbeiwert *m*
~ **of regression** Regressionskoeffizient *m*
~ **of sound attenuation** Schallschwächungskoeffizient *m*
~ **of thermal conductivity** Wärmeleitzahl *f*, [spezifische] Wärmeleitfähigkeit *f*
~ **of thermal expansion** Wärmeausdehnungskoeffizient *m*, Wärmeausdehnungszahl *f*
~ **of variance** Varianzkoeffizient *m*

~ **of variation** Variationskoeffizient *m*
coercive field strength *s*. ~ force
~ **force** Koerzitivkraft *f*, Koerzitivfeldstärke *f*
~ **force measurement** Koerzitivkraftmessung *f*
coercivity *s*. coercive force
coffin annealing *s*. box annealing
cog [down]/to herunterwalzen, vorstrekken, vorblocken
cog 1. Zahn *m*, Kamm *m*, Daumen *m*; 2. Vorblock *m*, vorgewalzter Block *m*
cogged ingot Vorblock *m*, vorgewalzter Block *m*
~ **roll** Kammwalze *f*
cogging Vorwalzen *n*
~-**down roll** Vor[streck]walze *f*
~ **mill** Vorblock[walz]werk *n*
~ **pass** Blockwalzkaliber *n*, Vorstreckkaliber *n*
~ **roll** Vor[streck]walze *f*
~ **stand** Vor[walz]gerüst *n*
~ **strand** Vorstraße *f*, Vorwalzstrecke *f*
~ **train** Vorblock[walz]straße *f*
coheracy *(Wkst)* Kohärazie *f (Kerbschlagprobe mit Spitzkerb, nach Schnadt)*
~ **specimen** Kohärazieprobe *f*
coherence Kohärenz *f*
~ **hardening** Kohärenzhärtung *f*, Kohärenzverfestigung *f*
~ **length** Kohärenzlänge *f*
~ **strain** Kohärenzverzerrung *f*
~ **strain contrast** Kohärenzspannungskontrast *m*
~ **stress** Kohärenzspannung *f*
coherency *s*. coherence
coherent kohärent
~ **precipitate** einphasige Entmischung *f*
~ **scattering** kohärente Streuung *f*
cohesion Kohäsion *f*, Bindekraft *f*
~ **of sand** *(Gieß)* Bindekraft *f* (Bindevermögen *n*) des Sands
cohesive force Kohäsionskraft *f*
~ **resistance** *(Umf)* Trennwiderstand *m*
~ **strength** *(Umf)* Trennfestigkeit *f*
~ **zone** Kohäsionszone *f*
coil [up]/to aufspulen, aufwickeln, aufrollen
~ **up without overlapping** schollen, nebeneinanderlegen
coil Spule *f;* Wicklung *f;* Bund *n;* Rohrschlange *f*
~ **arrangement** Spulenanordnung *f*
~ **banding machine** Bundbindemaschine *f*
~ **body** Spulenkörper *m*
~ **box** Zwischenbundwickelstation *f*, dornloser Wickler *m*, Vorbandwickler *m*
~-**coated material** bundbeschichtetes Material *n*
~ **collector** Bundsammelschacht *m*, Bundbildevorrichtung *f*
~ **compactor** Bundpresse *f*

~ **convolution** Drahtwindung f
~ **diameter** Spulendurchmesser m (Induktionsofen)
~ **form** Spulenkörper m
~ **laying chamber** Ringbildekammer f
~ **losses** Spulenverluste mpl (Induktionsofen)
~ **residue** (Umf) Restbund n
~ **section** Teilspule f, Spulenteil m
~ **spring** Schraubenfeder f, Spiralfeder f
~ **strapping** Bundumreifen n, Bundumwikkeln n, Bundabbinden n
~ **strapping machine** Bundumreifungsanlage f, Bundumreifungsmaschine f, Coilumbindemaschine f
~ **stripper** Bundabhebevorrichtung f, Bundabhebekorb m
~ **transporter** Bundtransportwagen m, Coiltransportwagen m
~ **wire tying machine** Drahtbundbindemaschine f
~ **wrapping machine** Bundeinwickelmaschine f, Ringeinwickelmaschine f
~ **yard** Bundlagerplatz m, Bundlager n
coiled spring Schraubenfeder f, Spiralfeder f
coiler Wickelmaschine f
coiling Aufspulen n, Aufwickeln n, Wickeln n, Aufrollen n; Bundbilden n
~ **drum** Wickeltrommel f, Haspeltrommel f
~ **furnace** Haspelofen m
~ **machine** Wickelmaschine f, Aufwickelmaschine f
~ **temperature** Haspeltemperatur f
coin/to 1. prägen, münzen; 2. pressen
coin 1. Geldstück n, Münze f; 2. Preßteil n
coinage alloy Münzlegierung f
~ **bar** Münzbarren m
coincide/to zusammenfallen
coincidence (Krist) Koinzidenz f (örtliche Gitterplatzüberlagerung)
~ **ambiguity** (Krist) Koinzidenzzweideutigkeit f, Koinzidenzmehrdeutigkeit f
~ **site** (Krist) Koinzidenzplatz m
coincident site lattice (Krist) Koinzidenzgitter n
coining 1. Prägen n; 2. (Umf) Kalibrieren n
~ **die** (Umf) Prägeform f, Prägematrize f
~ **machine** Prägemaschine f
~ **press** Prägepresse f
coke Koks m
~ **bed** Koksbett n, Füllkokssäule f, Füllkoks m
~ **bin** Koksbunker m
~ **blast furnace** Kokshochofen m
~ **booster** Kokssatz m, Zwischenkoks m
~ **breeze** Koksklein n, Koksgrus m
~ **bunker** Koksbunker m
~ **burn-off** Koksabbrand m
~ **by-product** Kokereinebenerzeugnis n
~ **cake** Kokskuchen m
~ **charge** Koksgicht f

~ **charging machine** Kokseinsetzmaschine f
~ **combustion** Koksverbrennung f
~ **consumption** Koksverbrauch m
~ **cooler** Koksablöscher m, Kokskühler m
~ **crushing und sizing plant** Koksbrech- und -sortieranlage f
~ **dross** Feinkoks m
~ **dry quenching** Kokstrockenkühlung f
~ **dust** Koksstaub m
~ **fines** Feinkoks m
~ **-fired cupola** Kokskupolofen m
~ **for charge** (Gieß) Satzkoks m
~ **furnace** Koksofen m, koksgefeuerter Ofen m
~ **of uniform size** Gleichstückkoks m
~ **oven** Koksofen m
~ **-oven coke** Zechenkoks m, Hüttenkoks m
~ **-oven equipment** Kokereimaschinen fpl, Kokereiausrüstung f
~ **-oven gas** Koksofengas n, Kokereigas n, Entgasungsgas n
~ **-oven operating machinery** Maschinenanlagen fpl für Koksöfen
~ **-oven plant** Kokereianlage f
~ **particle** Koksteilchen n
~ **per charge** Satzkoks m (Kupolofen)
~ **pig iron** Koksroheisen n
~ **plant** Kokerei f
~ **pusher** Koksausdrückmaschine f
~ **quenching** Kokslöschen n
~ **-quenching car** Kokslöschwagen m
~ **-quenching tower** Kokslöschturm m
~ **rate** spezifischer Koksverbrauch m
~ **ratio** Kokssatz m (Verhältnis Koks zu Metall im Satz in Prozent)
~ **reactivity** Koksreaktionsfähigkeit f
~ **reduction** Reduktion f durch Koks
~ **residue** Koksrückstand m
~ **saving** Koksersparnis f, Kokseinsparung f
~ **screening** Kokssiebung f, Koksklassierung f
~ **screening plant** Kokssiebanlage f
~ **side** Koks[ausstoß]seite f
~ **size** Koksstückgröße f
~ **split** Kokssatz m, Zwischenkoks m
~ **storage bin** Koksbunker m
~ **strength** Koksfestigkeit f
~ **strength test** Koksfestigkeitsprüfung f
~ **-to-metal ratio** Koks-Metall-Verhältnis n
~ **yard** Kokslager n
~ **zone** Kokszone f
cokes Kokssorten fpl
coking verkokbar
coking 1. Verkokung f; 2. Abdecken n (eines Schmelzbads mit Holzkohle, Steinkohle oder Koks)
~ **capacity** Backfähigkeit f
~ **chamber** Verkokungskammer f, Koksofenkammer f
~ **coal** Kokskohle f, Fettkohle f
~ **facilities** Kokerei f

~ **period** Gärungsperiode *f*, Kokungsperiode *f*
~ **plant** Kokerei[anlage] *f*
~ **plant casting** Kokereiguß *m*
~ **property** Verkokbarkeit *f*
~ **residue** Verkokungsrückstand *m*
~ **time** Garungszeit *f*, Kokungsdauer *f*
coky centre Fadenlunker *m (Gußfehler)*
Colclad Colclad-Stähle *mpl (plattierte Stähle)*
cold adhesive Kaltkleber *m*
~ **aging** Kaltaushärtung *f*
~ **backward extrusion** Rückwärtsfließpressen *n*
~ **bend testing machine** Kaltbiegeprüfmaschine *f*, Kaltbiegeprüfer *m*
~ **bending** Kaltbiegen *n*
~ **blast/to** kalt erblasen
~ **blast** Kaltwind *m*
~-**blast cupola** Kaltwindkupolofen *m*, KW-KO
~-**blast cupola emission** Emission *f* des Kaltwindkupolofens
~-**blast cupola melting** Schmelzen *n* im Kaltwindkupolofen, Kaltwindkupolofenschmelzen *n*, KW-KO-Schmelzen *n*
~-**blast cupola melting rate** Schmelzleistung *f* des Kaltwindkupolofens, Kaltwindkupolofen-Schmelzleistung *f*, KW-KO-Schmelzleistung *f*
~-**blast furnace** Kaltwindofen *m*
~-**blast main** Kaltwindleitung *f*
~-**blast pig [iron]** kalterblasenes Roheisen *n*
~-**blast slide tongue** Kaltwindschieberzunge *f*
~-**blast [slide] valve** Kaltwindschieber *m*
~ **bonderizing** Kaltbondern *n*, Kaltphosphatieren *n*
~ **box** kalter Kernkasten *m*
~-**box core** Cold-Box-Kern *m*, kaltausgehärteter Kern *m*
~-**box core binder** Cold-Box-Kernbinder *m*, kalthärtender Binder *m*
~-**box core making machine** Cold-Box-Kernformmaschine *f*
~-**box core sand** Cold-Box-Kernsand *m*
~-**box core shooter** Cold-Box-Kernschießmaschine *f*
~-**box gassing equipment** Cold-Box-Begasungseinrichtung *f*
~-**box process** Cold-Box-Verfahren *n*
~-**brittle** kaltbrüchig, kaltspröde
~ **brittleness** Kaltbrüchigkeit *f*, Kaltsprödigkeit *f*
~-**cast** kaltvergossen
~ **chamber** Kaltkammer *f (Druckguß)*
~-**chamber die casting** Kaltkammerdruckgießen *n*, Kaltkammerdruckguß *m*
~-**chamber die-casting machine** Kaltkammerdruckgußmaschine *f*
~-**chamber machine** Kaltkammermaschine *f (Druckguß)*

~-**chamber process** Kaltkammerverfahren *n (Druckguß)*
~ **charge** fester Einsatz *m (im Ofen)*
~ **charging** Kalteinsatz *m (in den Ofen)*
~ **chisel** Kaltschrotmeißel *m*
~ **compacting** *(Pulv)* Kaltpressen *n*, Kaltverdichtung *f*
~ **core box** s. ~ **box**
~ **crack** Kaltriß *m*, Kaltbruch *m*, Spannungsriß *m*
~ **cracking** Kaltrißbildung *f*, Kaltrissigkeit *f*
~ **deformation** Kaltumformung *f*, Kaltformänderung *f*
~ **densification** Kaltverdichtung *f*, Verdichtung *f* [bei Raumtemperatur]
~ **die** *(Umf)* Kaltmatrize *f*, Kaltgesenk *n*, Kaltziehdüse *f*
~ **die steel** Kaltgesenkstahl *m*
~-**dip coating** Kalttauchbeschichten *n*
~-**dip galvanizing** galvanisches Verzinken *n*
~-**dip process** Kalttauchverfahren *n*
~-**dip tinning** Kalttauchverzinnen *n*
~ **dope additions** *Korrekturzusätze zu einem Schmelz- oder Verblaseprozeß, z. B. vor dem Fertigblasen im Konverter*
~-**drawable** kaltziehbar
~ **drawing** Kaltziehen *n*, Ziehen *n* bei niedrigen Temperaturen
~-**drawing steel** Blankstahl *m*, kaltgezogener Stahl *m*
~-**drawing tool** Kaltziehwerkzeug *n*, Kaltziehmatrize *f*
~-**drawn** kaltgezogen, blankgezogen
~ **ductility** Kaltbildsamkeit *f*, Kaltduktilität *f*
~ **enamelling** Kaltemaillierung *f*, Tauchemaillierung *f*
~-**extrude/to** kaltfließpressen
~ **extruder** Kaltfließpresse *f*
~ **extrusion** Kaltfließpressen *n*, Fließpressen *n*
~-**extrusion press** Kaltfließpresse *f*
~-**face temperature** Temperatur *f* der kalten Seite *(eines Teils)*
~-**finishing** Kaltnachwalzen *n*, Dressieren *n*
~-**flame machine** Kaltflämmaschine *f*, Kaltflämmanlage *f*
~ **flaming** Kaltflämmen *n*
~ **flaw detector** Kaltrißprüfgerät *n*
~-**forged** kaltgehämmert, kaltgeschmiedet
~ **forging** Kalthämmern *n*, Kaltschmieden *n*
~ **forging die** Kaltstauchgesenk *n*
~ **forging press** Kaltschmiedepresse *f*, Kaltstauchpresse *f*
~-**formed** kaltumgeformt
~ **former** Kaltumformautomat *m*, Kaltumformmaschine *f*
~ **forming** Kaltumformung *f*, Kaltformgebung *f*
~-**forming property** Kaltumformeigenschaft *f*, Kaltumformbarkeit *f*, Kaltumformvermögen *n*
~-**forming tool steel** Kaltarbeitsstahl *m*

~ **forward extrusion** Vorwärtsfließpressen *n*
~ **fracture** Kaltbruch *m*
~-**galvanized** galvanisch verzinkt
~ **galvanizing** galvanisches Verzinken *n*
~ **galvanizing line** galvanische Verzinkungslinie *f*
~ **galvanizing plant** galvanische Verzinkungsanlage *f*
~ **galvanizing process** galvanisches Verzinkungsverfahren *n*
~ **gas** Kaltgas *n*
~ **gas flow** Kaltgasstrom *m*
~ **gas generator** Kaltgaserzeuger *m*
~-**hammered** kaltgehämmert, kaltgeschmiedet
~ **hammering** Kalthämmern *n*, Kaltschmieden *n*
~-**hardening** kalthärtend *(Formstoffbinder)*
~-**hardening binder** kalthärtender Binder *m*
~-**hardening synthetic resin** kalthärtendes Kunstharz *n*
~ **header** s. ~ former
~ **heading** Kaltstauchen *n*, Kaltschlagen *n* *(zu Normteilen)*
~-**heading machine** Kaltstauchmaschine *f*
~-**heading steel** Kaltstauchstahl *m*
~-**heading wire** Kaltstauchdraht *m*
~ **impact forging** Kaltschlagschmieden *n*
~ **iron** mattes Eisen *n*
~ **isostatic pressed material** *(Pulv)* kaltisostatisch gepreßtes Material *n*
~ **isostatic pressing** *(Pulv)* isostatisches Kaltpressen *n*, kaltisostatisches Pressen *n*
~ **junction** Kaltlötstelle *f*, Vergleichsstelle *f* *(Thermoelement)*
~ **lap** s. ~ shut 1.
~ **metal** kaltes (mattes) Metall *n*
~ **mounting** Kalteinbetten *n*
~ **pilger mill** Kaltpilgerwalzwerk *n*
~ **pilger roll** Kaltpilgerwalze *f*
~-**pilger-rolled** kaltgepilgert
~ **pilger rolling** Kaltpilgern *n*
~ **pilger rolling mill** Kaltpilgerwalzwerk *n*
~ **pilger rolling stand** Kaltpilgergerüst *n*
~ **pilger rolling unit** Kaltpilgeranlage *n*
~-**precoated sand** *(Gieß)* kaltumhüllter Sand *m*
~ **precoating** *(Gieß)* Kaltumhüllung *f*
~ **precoating plant** *(Gieß)* Kaltumhüllungsanlage *f*
~ **press nut iron** Kaltpreßmuttereisen *n*
~-**pressed** kaltgepreßt
~ **pressing** Kaltpressen *n*, Kaltschlagen *n*; Kaltstauchen *n*; Kaltformpressen *n*
~-**pressing die** Kaltpreßgesenk *n*
~-**pressing method** Kaltpreßverfahren *n*
~ **pressing pressure** Kaltpreßdruck *m*
~ **pressing technique** Kaltpreßtechnik *f*
~ **pressure welding** Kaltpreßschweißen *n*
~ **quenching** Tieftemperaturabschrecken *n*

~-**reduce/to** kaltreduzieren
~ **reduction** Kaltreduktion *f*, Kaltumformung *f* mit hoher Reduktion
~ **reduction mill** Reduzierkaltwalzwerk *n*
~ **repressing** Kaltnachpressen *n*
~ **resin sand** Kaltharzsand *m*, selbstaushärtender kunstharzgebundener Formstoff *m*
~ **resin sand reclamation installation** Regenerierungsanlage *f* für Kaltharzsand
~-**resisting steel** kältebeständiger Stahl *m*
~ **roll** Kaltwalze *f*
~-**roll forming** Kaltprofilieren *n*, Walzprofilieren *n*
~-**roll forming machine** Kaltprofiliermaschine *f*, Kaltprofilieranlage *f*
~-**rolled** kaltgewalzt
~-**rolled strip** Kaltband *n*
~ **rolling** Kaltwalzen *n*
~-**rolling lubricant** Kaltwalzschmierstoff *m*
~-**rolling mill** Kaltwalzwerk *n*, Kaltwalzmaschine *f*
~-**rolling property** Kaltwalzbarkeit *f*
~ **rupture** Kaltbruch *m*
~ **saw** Kaltsäge *f*
~ **saw cutting** Kaltsägen *n*
~ **saw equipment** Kaltsägeanlage *f*
~-**sawing** Kaltsägen *n*
~ **scarfing** Kaltputzen *n*, Kaltflämmen *n*
~ **set** 1. Kaltschweißstelle *f*; 2. Kaltschrotmeißel *m*
~-**setting** *(Gieß)* kalt[aus]härtend *(Formstoffbinder)*
~ **setting** *(Gieß)* Kalthärten *n*
~-**setting binder** *(Gieß)* kaltaushärtender Binder *m*
~-**setting oil** *(Gieß)* Erstarrungsöl *n*
~-**setting resin** Kalteinbettmittel *n*
~-**setting resin-bonded sand** s. ~ resin sand
~-**shaped profile** Kaltprofil *n*, kaltgeformtes Profil *n*
~ **shaping** Kaltprofilieren *n*, Walzprofilieren *n*
~ **shearing** Kaltschneiden *n*, Kalt[ab]scheren *n*
~ **shears** Kaltschere *f*
~-**short** kaltbrüchig, kaltspröde
~ **shortness** Kaltbrüchigkeit *f*, Kaltsprödigkeit *f*
~ **shot** Kaltguß *m (Druckguß)*
~ **shut** 1. Kaltschweiße *f*, Kaltschweißstelle *f (Gußfehler)*; 2. Abdeckeln *n*
~-**size/to** kaltschlagen
~ **soldering** Kaltlöten *n*
~ **solid forming** Kaltmassivumformung *f*
~ **spot** Kaltstelle *f*, kalte Stelle *f*, Schwarzfleck *m*
~ **steel rolling** Kaltwalzen *n* von Stahl
~ **straightening** Kaltrichten *n*
~ **straightening machine** Kaltrichtmaschine *f*

~ **straining** Kaltrecken *n*
~ **stream mixer** *(Gieß)* Durchlaufmischer *m*
~ **strength** Kaltfestigkeit *f (Formstoff)*
~ **stretching** Kaltstrecken *n*
~ **strip** Kaltband *n*
~ **strip from powder** Pulverkaltband *n*
~ **strip [rolling] mill** Kaltbandwalzwerk *n*
~ **strip specimen** Kaltbandprobe *f*
~ **surface** Schliere *f*, Oxidbahn *f (Leichtmetallguß)*
~ **thread rolling** Kaltgewindewalzen *n*
~ **torsion** Kaltverwinden *n*, Kalttordieren *n*
~ **toughness** Kaltzähigkeit *f*
~ **trap** Kühlfalle *f*
~ **treatment** Behandlung *f* mit einem Kältemittel (Kühlmittel) *(meist < Raumtemperatur)*
~-**trimmed** kaltentgratet
~ **trimming** Kaltentgraten *n*
~-**trimming die** Kaltentgratgesenk *n*
~ **twin blast air** Sekundärluft *f (Kaltwindkupolofen)*
~-**twisted** kaltverwunden, kalttordiert
~ **twisting** Kaltverwinden *n*, Kalttordieren *n*
~ **upset** kaltgestaucht
~-**upset forging machine** Kaltstauchautomat *m*, Kaltstauchschmiedemaschine *f*
~ **upsetter** *s.* ~ *former*
~ **upsetting** Kaltstauchen *n*
~ **upsetting steel** Kaltstauchstahl *m*
~ **weld** Kaltaufschweißung *f*
~-**welded** kalt[preß]geschweißt
~ **welding** Kalt[preß]schweißen *n*
~-**work-hardened** kaltverfestigt
~ **work hardening** Kaltumformverfestigung *f*, Umformverfestigung *f*, Verfestigen *n* durch Kaltumformung
~ **work steel** Kaltarbeitsstahl *m*
~ **work tool steel** kaltzäher Stahl *m*
~-**workable** kaltumformbar
~-**worked** kaltverarbeitet; kaltumgeformt
~ **working** 1. Rohgang *m (Hochofen)*; 2. Kaltverarbeitung *f*; Kaltumformung *f*
collapse/to 1. einstürzen, einbrechen; umknicken, umklappen; 2. knicken, beulen; 3. zerfallen *(z. B. Gießkerne)*
collapse 1. Einsturz *m*; 2. Knickung *f*, Beulung *f*; 3. Zerfall *m (z. B. von Gießkernen)*
collapsibility Zerfallsneigung *f (z. B. von Gießkernen)*
~ **characteristic** Zerfallseigenschaft *f*, Zerfallscharakteristik *f*, Zerfallsverhalten *n* *(z. B. von Gießkernen)*
collapsible faltbar, einschiebbar
~ **core** unterteilter (loser) Kern *m (Druckguß)*
collar Schelle *f*; Ring *m*, Abstandsring *m*; Bund *m*, Kragen *m*; Kaliberrand *m*, Walzenbund *m*
~ **guide** 1. Randführung *f*; 2. Führungsring *m*

~-**shaped** wulstförmig
collared pin Führungsstift *m* mit Bund
collate/to mischen, ausgleichen
collect/to sammeln, auffangen
~ **dust** entstauben *(Abgas)*
collecting agent Sammler *m (Flotation)*
~ **belt** Sammelband *n*
~ **bunker** Sammelbunker *m*
~ **electrode** Niederschlagselektrode *f*, Sammelelektrode *f*
~ **hood** Gasfanghaube *f*
~ **main** Hauptsammelrohr *n*, Hauptsammelleitung *f*, Sammelleitung *f*
~ **pocket** Sammeltasche *f*
~ **roller table** Sammelrollgang *m (Walzwerk)*
~ **tank** Sammelbecken *n*, Sammelbehälter *m*
collection Sammlung *f (z. B. des Isolats)*
~ **efficiency** Entstaubungsgrad *m*
~ **of gases** Gasentnahme *f*
collective crystallization Sammelkristallisation *f*
collector 1. Sammler *m (Flotation)*; 2. Abscheider *m*, Entstauber *m*; 3. Kollektorelektrode *f*, Sammelelektrode *f*
~ **efficiency** Abscheidegrad *m (im Elektrofilter)*
~ **electrode** Kollektorelektrode *f*, Sammelelektrode *f*
collimator Kollimatorlinse *f*
collinearity Kollinearität *f*
collision angle Auftreffwinkel *m*
~ **time** Stoßzeit *f*
~ **velocity** Auftreffgeschwindigkeit *f*
collodion-carbon replica Kollodium-Kohlenstoff-Abdruck *m*
~ **reinforcing layer** Kollodiumverstärkungsschicht *f*
~ **replica** Kollodiumabdruck *m*
~ **skin** Kollodiumhäutchen *n*
colloid Kolloid *n*
~ **pattern** Kolloidmuster *n*
colloidal kolloidal
~ **clay** kolloidaler Ton *m*
~ **graphite** Kolloidgraphit *m*
~ **graphite paste** Kolloidgraphitpaste *f*
~ **material** Kolloid *n*
~ **solution** Kolloidlösung *f*
color *(Am) s. unter* colour
colorimeter Kolorimeter *n*
colorimetric analysis Kolorimetrie *f*, kolorimetrische Analyse *f*
~ **pyrometer** Farbpyrometer *n*
colour centre Farbzentrum *n*
~ **chart** Farbtafel *f*
~ **code** *(Korr)* Farbregister *n*
~ **comparator pyrometer** Farbpyrometer *n*
~ **contour** Farblinienzug *m (auf Temperaturmeßkarten)*
~ **contrast** Farbkontrast *m*
~ **display** Farbwiedergabe *f*

~ **effect** Farbeffekt *m*
~-**etched layer** Farbätzschicht *f*
~ **etching** Farbätzung *f*
~ **etching technique** Farbätzverfahren *n*
~ **filter** Farbfilter *n*
~ **gradation** Farbabstufung *f*
~ **intensity** Farbintensität *f*
~ **location** Farbort *m*
~ **measurement** Farbmessung *f*
~ **metallography** Farbentwicklung *f* in Gefügen, Farbaufnahmetechnik *f*
~ **penetration process** Farbeindringverfahren *n*
~ **photo[graph]** Farbbild *n*, Farbaufnahme *f*
~ **rendition** Farbwiedergabe *f*
~ **ring** Farbkreis *m*
~ **saturation** Farbsättigung *f*
~ **shift** Farbverschiebung *f*
~ **temperature** Farbtemperatur *f*
~ **triangle** Farbdreieck *n*
colouration Färbung *f*, Anfärbung *f*
coloured scan picture Farbrasteraufnahme *f*
colouring matter powder Farbpigmentpulver *n*
~ **test** Anfärbeversuch *m*
columbium Niob *n*
column 1. Säule *f*, Gestell *n*, Ständer *m*; Ofenfuß *m*, Ofensäule *f*; 2. Kolonne *f*, Säule *f*
~ **design** Säulenausführung *f*
~ **designed on tension-bolt tie-rod principle** Säule *f* nach dem Drehschraubenprinzip
~ **elongation** Säulendehnung *f (Druckguß)*
~ **elongation measuring equipment** Säulendehnungsmeßeinrichtung *f*
~ **extractor** Säulenextraktor *m*
~ **nut** Säulenmutter *f*
~ **retraction facilities** Säulenausziehvorrichtung *f*
~ **ring** Kolonnenring *m*
~ **shears** Ständerschere *f*
~ **sleeve** Führungssäule *f*
~ **slewing crane** Säulendrehkran *m*
~-**type machine** Ständermaschine *f*
~ **columnar crystal** Stengelkristall *m*
~ **crystallization** Stengelkristallisation *f*
~ **grain** Stengelkorn *n*
~ **grain growth front** Stengelkornwachstumsfront *f*
~ **granulation** Transkristallisation *f*
~ **structure** stengeliges Gefüge *n*
colza oil Rüböl *n*, Rapsöl *n*, *(Schmiermittel)*
combination *(Pulv)* Bindung *f*
~ **die** Mehrfachform *f*, kombinierte Form *f (für verschiedene Teile)*
~ **firing** Verbundbeheizung *f*
combine/to *(Pulv)* binden
combined gemischt
~ **burner** kombinierter Brenner *m*
~ **carbon** gebundener Kohlenstoff *m*

~ **laminar-free and forced convection** von Zähigkeit und Schwerkraft abhängende Strömung *f*
~ **oil firing** Ölzusatzfeuerung *f*
~ **sulphidation-oxidation attack** kombinierte Schwefel-Sauerstoff-Aggression *f*
~ **water** chemisch gebundenes Wasser *n*
combustibility Brennbarkeit *f*
combustible brennbar
combustible Brennstoff *m*
~ **gas** Brenngas *n*
combustion Verbrennung *f*; Abbrand *m*
~ **air** Verbrennungsluft *f*
~ **air preheating** Verbrennungsluftvorwärmung *f*
~ **area** s. ~ zone
~ **capsule** Glühschälchen *n*
~ **chamber** Brennkammer *f*, Nachverbrennungskammer *f*; Verbrennungskammer *f*; Verbrennungsraum *m*; Brennschacht *m*, Brennkanal *m (Winderhitzer)*
~ **chamber liner** Brennkammereinsatz *m*
~ **conditions** Verbrennungsbedingungen *fpl*
~ **cup** Glühschale *f*
~ **curve** Verbrennungslinie *f*
~ **degree** Ausbrenngrad *m*
~ **efficiency** Verbrennungswirkungsgrad *m*
~ **furnace** Verbrennungsofen *m*
~ **gas** Verbrennungsgas *n*, Brenngas *n*
~ **heat** Verbrennungswärme *f*
~ **phenomena** Verbrennungserscheinungen *fpl*
~ **time** Brenndauer *f*
~ **zone** Verbrennungszone *f*
~ **zone temperature** Temperatur *f* in der Verbrennungszone
combustive process Brennprozeß *m*
comfort average Behaglichkeitsbereich *m*
cominate/to pulvern
coming afloat Flüssigwerden *n*
~ **flat** Zusammenrutschen *n (von Möller durch Materialerweichung und chemische Reaktionen bei steigenden Temperaturen)*
commencement of fracture Bruchbeginn *m (z. B. bei Formsand)*
commercial alloy handelsübliche (technische) Legierung *f*, Handelslegierung *f*
~ **aluminium** Reinaluminium *n*
~ **cast iron** Handelsguß *m*
~ **casting** Handelsguß *m*
~ **grade** Handelsqualität *f*
~ **iron** handelsübliches (technisches) Eisen *n*, Handelseisen *n*
~ **lead** Handelsblei *n*
~ **material** technischer Werkstoff *m*
~ **quality** Handelsgüte *f*
~ **steel** Handelsstahl *m*
~ **zinc** Handelszink *n*
~ **zinc oxide** technisches Zinkoxid *n*

commercially pure aluminium Reinaluminium *n*
comminute/to [fein]zerkleinern, zerstükkeln; zermahlen; pulverisieren
comminuted feingepulvert
~ **powder** Zerkleinerungspulver *n*, zerkleinertes Pulver *n*
comminution Zerkleinerung *f*, Feinzerkleinerung *f*; Brechen *n*; Vermahlung *f*; Pulverisierung *f*
common alumina *(Ff)* Normalkorund *m*
~ **brass** unlegiertes Messing *n*
~ **corundum** *(Ff)* Normalkorund *m*
~ **edge** gemeinsame Kante *f*
~ **iron pyrites** Schwefelkies *m*
~ **metal** Basismetall *n*
~ **mica** *(Min)* Muskovit *m*, Kaliglimmer *m*
communicating verbunden, kommunizierend
comol *Dauermagnetlegierung mit Co*
compact/to *(Pulv)* verdichten, komprimieren; preßformen
compact *(Pulv)* kompakt, dicht
compact *(Pulv)* Preßkörper *m*, Preßteil *n*, Preßling *m*, Formteil *n*, Halbzeug *n*
~ **design** Kompaktbauweise *f*
~-**grained** feinkörnig
~ **in layers** *(Pulv)* Schichtpreßkörper *m* *(Zweischicht- oder Mehrschichtpreßkörper)*
~ **metal** kompaktes Metall *n* *(ohne Poren oder nichtmetallische Einschlüsse)*
~ **mill stand** Kompaktwalzgerüst *n*
~ **of alumina** *(Pulv)* Tonerdepreßling *m*
~ **ore** dichtes Erz *n*
~-**perforated bottom** Kompaktsiebboden *m*
~ **stopping machine** *(Stahlh)* Kompaktstopfmaschine *f*
~ **tension specimen** ohne jegliche Schweißstelle aus dem Ganzen gearbeitete Zugprobe
compacted verdichtet
~ **graphite cast iron** Gußeisen *n* mit Vermikulargraphit
compactibility *(Pulv)* Verdichtbarkeit *f*, Verdichtungsfähigkeit *f*
~ **index** Verdichtungsindex *m*, Verdichtbarkeitszahl *f*
compacting *(Pulv)* Verdichtung *f*, Pulververdichtung *f*, Preßverdichtung *f*, Verpressen *n*
~ **area** Preßfläche *f*
~ **by pressure** Druckverdichtung *f*
~ **by swaging** Hämmerverdichten *n*
~ **crack** Verdichtungsriß *m*, Preßriß *m*
~ **force** Verdichtungskraft *f*, Preßkraft *f*
~ **kinetics** Verdichtungskinetik *f*
~ **press** Verdichtungspresse *f*, Pulverpresse *f*
~ **pressure** Verdichtungsdruck *m*, Preßdruck *m*

~ **roller** Verdichtungswalze *f*
~ **temperature** Kompaktierungstemperatur *f*, Preßtemperatur *f*
~ **test** *(Wkst)* Verdichtungsversuch *m*
~ **time** Verdichtungsdauer *f*
~ **tool** Preßwerkzeug *n*, Preßmatrize *f*
~ **value** *(Wkst)* Verdichtungsmaß *n*
~ **with magnet impulse** Magnetimpulsverdichten *n*
~ **work** Verdichtungsarbeit *f*
~ **zone** Verdichtungszone *f*
compaction *(Pulv)* Verdichtung *f*, Komprimierung *f*; Preßformung *f*
~ **pressure** Preßdruck *m*
compactor *(Pulv)* Verdichtungsgerät *n*, Pulververdichtungsanlage *f*
comparable object Vergleichsobjekt *n*
comparative rolling Vergleichswalzung *f*
~ **steel** Vergleichsstahl *m*
~ **value** Vergleichswert *m*
comparison electrode Bezugselektrode *f*
~ **measurement** Vergleichsmessung *f*
~ **melt** Vergleichsschmelze *f*
~ **method** Vergleichsmethode *f*
~ **of particle size** Teilchengrößenvergleich *m*
~ **of the economics** Wirtschaftlichkeitsvergleich *m*
~ **specimen** Vergleichsprobe *f*
~ **test** Vergleichsversuch *m*; Vergleichsuntersuchung *f*
compartment dryer Kammertrockner *m*
~ **kiln** Kammerofen *m*
compatibility Kompatibilität *f*, Verträglichkeit *f* *(von Materialpaarungen, strukturellen Übergängen)*
~ **condition** Kompatibilitätsbedingung *f* *(für z. B. den Korngrenzenzusammenhalt an Tripelpunkten)*
compensate/to ausgleichen
compensating eyepiece Kompensationsokular *n*
~ **pen recorder** Kompensationsschreiber *m*
~ **resistor** Kompensationswiderstand *m*
~ **technique** Kompensationsverfahren *n*
~ **weight** Ausgleichsmasse *f*
compensation Kompensation *f*, Abgleich *m*, Ausgleich *m*
~ **curve** Ausgleichsgerade *f*
~ **device** Kompensationsvorrichtung *f*
~ **function** Ausgleichsfunktion *f*
~ **lead** Ausgleichsleitung *f* *(Thermoelement)*
~ **method** Kompensationsmethode *f*
~ **of shrinkage** Schwundausgleich *m*
~ **voltage** Kompensationsspannung *f*
complementary colour Komplementärfarbe *f*
complete alloy Fertiglegierung *f*
~ **analysis** Vollanalyse *f*
~ **chill** völlige Weißerstarrung *f (Gußeisen)*
~ **combustion** vollkommene Verbrennung *f*

~ **form** geschlossene Form *f*
~ **freezing** durchgehende (vollständige) Erstarrung *f*
~ **insolubility** vollständige Unlöslichkeit *f*
~ **miscibility** unbeschränkte Mischbarkeit *f*
~ **mould** gießfertige Form *f*
~ **reaction** Gesamtreaktion *f*
~ **solid solubility** vollständige Löslichkeit *f* im festen Zustand
~ **solubility** vollständige Löslichkeit *f*
completely alloyed fertiglegiert
~ **alloyed powder** fertiglegiertes Pulver *n*
~ **dry feed mixture** fertiggetrocknete Möllermischung *f (ohne Restfeuchte)*
complex/to einen Komplex bilden
complex Komplex *m*
~ **alloy** Mehrstofflegierung *f*
~ **alloy steel** s. ~ steel
~ **brass** Sondermessing *n*
~ **carbide** Komplexkarbid *n*, Mischkarbid *n*
~ **coating** Mehrschichtenüberzug *m*
~ **compound** Komplexverbindung *f*
~ **cyanides** Zyanidkomplexe *mpl*
~ **deoxidation** komplexe Desoxydation *f*
~ **formation** Komplexbildung *f*
~ **index of refraction** komplexer Brechungsindex *m*
~ **ion** Komplexion *n*
~ **ore** Komplexerz *n*, komplexes Erz *n*, Polymetallerz *n*
~ **solution** Mehrstofflösung *f*
~ **steel** mehrfach legierter Stahl *m*, Komplexstahl *m*
complexation Komplexbildung *f*
complexing komplexbildend
complexing Komplexbildung *f*
~ **agent** Komplexbildner *m*
complexity Kompliziertheit *f (z. B. eines Teils)*
compliance gauge technique Steifigkeitsmessung *f*
compo Compo *n (Name für SiO$_2$-reiches Stampfgemisch)*
component 1. Teil *n*; Bauteil *n*; Schmiedeteil *n*; 2. Bestandteil *m*, Komponente *f*
~ **failure** Bauteilschaden *m*
~ **part** 1. Bestandteil *m*; 2. Einzelteil *n*
~ **toughness** Bauteilzähigkeit *f*
composite zusammengesetzt
composite Verbund *m*
~ **bending specimen** Biegeverbundprobe *f*
~ **cast roll** Verbundgußwalze *f*
~ **casting** Verbundguß *m*
~ **dislocation** zusammengesetzte Versetzung *f*
~ **lining** Verbundfutter *n*, Verbundzustellung *f*
~ **material** Verbundwerkstoff *m*
~ **metal** Verbundmetall *n*
~ **nozzle** mehrteiliger Ausguß *m*
~ **powder** Verbundpulver *n*

~ **sleeve** Verbundmantel *m*, Verbundschale *f*
~ **steel** Verbundstahl *m*
~ **steel billets** Verbundknüppel *mpl*
~ **wire** Verbunddraht *m*, ummantelter Draht *m*
composition Zusammensetzung *f*; Aufbau *m*
~ **bearing** Preßstofflager *n*, Kunstharzlager *n*, Faserstofflager *n*
~ **bronze** Mehrstoffbronze *f (z. B. Cu-Sn-Zn-Pb-Legierung)*
~ **range** Zusammensetzungsbereich *m*
~ **triangle** Konzentrationsdreieck *n (ternäres Zustandsdiagramm, isotherm)*
~ **variation** Analysenschwankung *f*
compositional range Zusammensetzungsbereich *m*
compound/to mischen
compound 1. Mischung *f*; Zusammensetzung *f*; 2. Verbindung *f (chemisch)*; 3. Legierung *f (s. a. unter* alloy*)*
~ **casting** Verbundguß *m*
~ **casting process** Verbundgußverfahren *n*
~ **cupola** Kupolofen *m* mit erweitertem Herd
~ **formation** Verbindungsbildung *f*
~ **ingot** Verbundblock *m*
~ **ingot mould** Verbundkokille *f*
~ **layer** Verbindungsschicht *f*
~ **of grains** Korngemisch *n*
~ **of non-stoichiometric composition** Verbindung *f* von nichtstöchiometrischer Zusammensetzung
~ **standard** Verbindungsstandard *m*
~ **steel** Verbundstahl *m*
~ **zone** Verbindungszone *f*
compounding of coating *(Gieß)* Schlichtemischen *n*
compress/to komprimieren, verdichten, zusammendrücken, pressen
compressed komprimiert, verdichtet, zusammengedrückt
~ **air** Druckluft *f*
~-**air-atomized** druckluftzerstäubt
~-**air blower** Druckluftbläser *m*, Druckluftgebläse *n*
~-**air container** Druckluftbehälter *m*, Druckluftkessel *m*
~-**air cylinder** Druckluftzylinder *m*
~-**air diaphragm pump** Druckluftmembranpumpe *f*
~-**air drop hammer** Druckluftgesenkhammer *m*
~-**air emptying** Druckluftentleerung *f*
~-**air filter** Druckluftfilter *n*
~-**air hammer** Drucklufthammer *m*
~-**air hose** Druckluftschlauch *m*
~-**air line** Druckluftleitung *f*
~-**air-operated turnover machine** *(Gieß)* Wendeplattenformmaschine *f* mit Druckluftbetrieb

~-**air sandblaster** Freistrahlgebläse n, Druckluftstrahlanlage f

~-**air tank** Druckluftbehälter m, Druckluftkessel m

~-**air volume meter** Druckluftmengenmesser m

~ **powder charge** Pulverpreßling m

compressibility Kompressibilität f, Verdichtbarkeit f, Zusammendrückbarkeit f, Komprimierbarkeit f

~ **curve** Verdichtungskurve f

compressible kompressibel, verdichtbar, zusammendrückbar, komprimierbar

compressing equipment Stauchvorrichtung f

compression 1. Kompression f, Verdichtung f, Zusammendrücken n, Pressung f; 2. Druck m; 3. Stauchung f

~ **and transfer moulding** Pressen n und Spritzpressen n

~ **band pattern** Stauchlinienverlauf m

~ **bar** Druckstab m

~ **capacity** Verdichtungsvermögen n

~ **chamber** Verdichtungskammer f

~ **column** Drucksäule f

~ **cone** Stauchkegel m

~ **crack** Verdichtungsriß m, Preßriß m

~ **cycle** (Pulv, Gieß) Verdichtungstakt m

~ **deformation** Druckverformung f

~ **direction** Stauchrichtung f

~ **endurance (fatigue) test** Druckermüdungsversuch m

~ **force** Stauchkraft f

~ **impact test** Schlagdruckversuch m; Schlagstauchversuch m

~ **modulus of elasticity** Kompressionsmodul m

~ **mould** Preßform f, Pulverpreßform f

~ **mould assembly** Standardpreßform f

~ **moulding** Formpressen n, Pressen n, Pulverformpressen n

~ **of rolls** elastischer Verformungswinkel m

~ **path** Stauchweg m

~ **plate** (Gieß) Preßplatte f

~ **power** Verdichtungsvermögen n

~ **pressure** Verdichtungsdruck m, Kompressionsdruck m

~ **range** Verdichtungsbereich m, Verdichtungszone f

~ **ratio** Verdichtungsverhältnis n, Verdichtungszahl f

~ **specimen** Druckmeßkörper m

~ **spray** Druckverdüsung f

~ **spring** Druckfeder f

~ **strength** Druckfestigkeit f

~ **stress** Druckspannung f, Druckbeanspruchung f

~ **stress-deformation diagram** Spannungs-Druck-Diagramm n

~ **stroke** (Pulv, Gieß) Verdichtungshub m

~ **test** 1. Druckversuch m; 2. Stauchversuch m

~ **transfer** Druckübertragung f

~ **with electroimpulse** (Pulv) Elektroimpulsverdichten n

~ **yield point** 1. Quetschgrenze f; 2. Stauchgrenze f

~ **zone** Kompressionszone f (Sedimentation)

compressional wave Longitudinalwelle f, Dehnungswelle f

compressive deformation Druckverformung f

~ **force** Druckkraft f

~ **load** Druckbelastung f, Drucklast f

~ **strain** Stauchung f

~ **strength** Druckfestigkeit f

~ **stress** Druckspannung f, Druckbeanspruchung f

~ **yield strength** Druckfließgrenze f

compressor Kompressor m, Verdichter m (Drucklufterzeugung); Gebläse n

~ **inlet** Gebläseeintritt m

~ **plant** Kompressoranlage f

compromise box Ausgleichmuffe f

Compton edge Compton-Kante f

~ **effect** Compton-Effekt m

~ **scattering** Compton-Streuung f

concentrate/to 1. konzentrieren, anreichern; 2. aufbereiten (Erz)

concentrate Konzentrat n; aufbereitetes Erz n, Erzkonzentrat n

~ **grade** Konzentratqualität f

~-**laden froth** (Aufb) Schaumkonzentrat n, Konzentratschaum m

~ **smelting** Konzentratschmelzen n

concentraded acid konzentrierte Säure f

~ **alloy** hochlegierter Werkstoff m

~ **force** Einzelkraft f

concentrating plant Aufbereitungsanlage f (für Erz)

~ **table** Aufbereitungsherd m (für Erz)

concentration 1. Konzentration f, Anreicherung f; 2. Aufbereitung f (von Erz)

~ **dependence** Konzentrationsabhängigkeit f

~ **deviation** Zusammensetzungsabweichung f

~-**distance curve** Konzentrations-Weg-Kurve f

~ **distribution** Konzentrationsverteilung f

~ **gradient** Konzentrationsgradient m

~ **homogeneity** Konzentrationshomogenität f

~ **limit** Konzentrationsgrenze f

~ **of free electrons** Konzentration f freier Elektronen

~ **of ore** Erzanreicherung f, Anreicherung f von Erz

~ **polarization** Konzentrationspolarisation f

~ **profile** Konzentrationsverlauf m, Konzentrationsprofil n

~ **range** Konzentrationsbereich m

~ **tetrahedron** Konzentrationstetraeder n

~ **variation** Konzentrationsveränderung *f;* Konzentrationsbewegung *f*
concentrator 1. Eindicker *m;* 2. Aufbereitungsanlage *f*
concentric converter design symmetrische Konverterform *f*
conchoidal fracture muscheliger Bruch *m,* Muschelbruch *m*
concrete Beton *m,* Grobmörtel *m*
~ **bar** Betonstahlstab *m,* Bewehrungsstab *m*
~ **casing** Betonmantel *m*
~ **cube** Betonwürfel *m*
~ **footing** Betonsockel *m*
~ **foundation** Betonfundament *n*
~ **mixer** Betonmischer *m*
~ **pile** Betonpfahl *m*
~ **reinforcement wire** Betonstahldraht *m*
~ **reinforcing** Betonbewehrung *f*
~ **reinforcing steel mats** Betonstahlmatten *fpl*
~ **slab** Betonplatte *f*
concurrent flow Gleichstrom *m (Wärmetechnik)*
condensate Kondensat *n*
condensation Kondensation *f,* Niederschlagung *f*
~ **coefficient** Kondensationskoeffizient *m*
~ **dust collector** Kondensationsentstauber *m*
~ **nucleus** Kondensationskern *m,* Kondensationskeim *m*
~ **test** *(Korr)* Schwitzwasserversuch *m*
condensator tube Kondensatorrohr *n*
condense/to kondensieren
condensed phase kondensierte Phase *f*
~ **system** kondensiertes System *n*
condenser Kondensator *m*
~ **current** Kondensatorstrom *m*
~ **pipe** *s.* ~ **tube**
~ **spot-welding equipment** Kondensatorschweißausrüstung *f*
~ **system** Kondensatoranlage *f*
~ **tank** Kondensatorgefäß *n*
~ **tube** Kondensatorrohr *n,* Kondensationsrohr *n,* Kühlrohr *n*
condensing cylinder Kondensationszylinder *m,* Kondensationsgefäß *n*
condition/to 1. konditionieren; 2. härten, abbinden; 3. aufbereiten *(z. B. Formsand);* 4. [ver]putzen *(Blöcke)*
condition for biting Greifbedingung *f (von Walzen)*
~ **for extinction** Auslöschungsbedingung *f*
~ **of nucleation** Keimbildungsbedingung *f*
conditioned [moulding] sand aufbereiteter Formsand *m*
~ **water** aufbereitetes Wasser *n*
conditioner Konditionierer *m (LD-Gasreinigung)*
conditioning 1. Konditionieren *n;* 2. Härten *n,* Abbinden *n;* 3. Aufbereiten *n (z. B. von Formsand);* 4. Putzen *n (von Blöcken)*

~ **burner** regelbarer Brenner *m,* Brenner *m* zum Einregeln des Gas-Luft-Verhältnisses
conduct/to leiten, führen
conduct of heat Schmelzführung *f*
conductance Ladungstransport *m (von elektrischer Energie)*
conducting cross section Leiterquerschnitt *m*
~ **paint** Leitlack *m*
~ **plate** Leiterplatte *f*
~ **salt** Leitsalz *n (Galvanotechnik)*
~ **track** Leiterbahn *f*
~ **wire** Leitungsdraht *m*
conduction Leitung *f*
~ **band** Leitungsband *n*
~ **drying** Kontakttrocknung *f*
~ **electron** Leitungselektron *n*
conductivity Leitfähigkeit *f*
~ **cell** Leitfähigkeitsmeßzelle *f*
~ **measurement** Leitfähigkeitsmessung *f*
~ **sensor** Leitfähigkeitssensor *m*
~ **type** Leitfähigkeitstyp *m*
~-**type conversion** Leitfähigkeitstypumwandlung *f*
~-**type profile** Leitfähigkeitsprofil *n*
conductor Leiter *m*
~ **rail** Stromschiene *f*
~ **wire** Schmelzleiterdraht *m*
conduit 1. Rohrleitung *f;* 2. Kanal *m,* Abzugskanal *m*
~ **cable** Röhrenkabel *n*
cone Kegel *m,* Konus *m;* Zapfen *m*
~ **angle** Kegelwinkel *m*
~ **crusher** Kegelbrecher *m*
~ **frustum** Kegelstumpf *m*
~ **indentation** Kegelstauchen *n*
~ **indentation hardness** *(Wkst)* Kugeldruckhärte *f*
~ **indentation test** *(Wkst)* Kegeldruckversuch *m*
~ **mill** 1. Glockenmühle *f,* Kegelmühle *f;* 2. Kegelwalzwerk *n*
~ **of diffracted rays** Rückstrahlkegel *m*
~ **of reflected rays** Reflexionskegel *m*
~ **operation** *(Umf)* kegeliges Anspitzen *n,* Konischformen *m;* Kegelanstauchen *n*
~ **penetration tester** *(Gieß)* Rammsonde *f,* Kegeldruckgerät *n*
~ **precipitation** Abscheidung *f* im Kegelbehälter
~ **precipitator** Kegelfällreaktor *m,* Kegelfällbehälter *m*
~ **pressure tester** *(Gieß)* Kegeldruckprüfgerät *n*
~ **punch** *(Umf)* Vorstauchstempel *m*
~ **section** konischer Abschnitt *m (von LD-Zustellungen)*
~-**shaped entrance** Einlaufkonus *m (Ziehstein)*
~-**type piercing mill** Kegellochschrägwalzwerk *n,* Kegellochapparat *m*

~-**type precipitator** s. ~ precipitator
~ **upsetting** *(Umf)* Vorstauchen n
~ **wheel** Kegelrad n
confidence interval Vertrauensbereich m
~ **limit** Vertrauensgrenze f
configurational energy Konfigurations-
energie f
~ **entropy** Konfigurationsentropie f
~ **portion** Konfigurationsanteil m
conform machine s. continuous extrusion
forming machine
~ **process** s. continuous extrusion forming
process
congeal/to erstarren, fest werden, erstarren lassen
congelation Erstarren n, Festwerden n
conglomeration Zusammenballung f
congress tour Kongreßreihe f
congruent melting kongruentes Schmelzen n
~ **transformation** kongruente Umwandlung f *(Legierung)*
congruently melting compound kongruente intermetallische Verbindung f
conical kegelförmig, kegelig, konisch
~ **breaker** Kegelbrecher m
~ **electron beam** Elektronenstrahlkegel m
~ **roller bearing** Kegelrollenlager n
~ **shape** Kegelform f
~-**shaped** kegelförmig
~ **wheel** Kegelrad n
conicity Konizität f; Verjüngung f
conjugate slip system konjugiertes Gleitsystem n
connected load Anschlußwert m, An-
schlußleistung f
connecting Anpunkten n *(beim Schweißen)*
~ **fixture** Befestigungsvorrichtung f
~ **in series** Hintereinanderschaltung f *(von
Elektroden)*
connection 1. Verbindung f, Anschluß m;
2. Bauzusammenhang m *(strukturell)*
~ **plane** Bauplan m *(von Strukturtypen)*
Connor runner bar *(Gieß)* Connor-An-
schnitt m, Gratanschnitt m
conoidal kegelartig
consecutive pass nachfolgender Stich m,
Folgestich m *(Walzen)*
~ **reaction** Folgereaktion f
consistency Dichte f, Konsistenz f; Beschaffenheit f
~ **test** Konsistenzversuch m
consistent quality gleichbleibende Güte f
consolidate/to verdichten; sich verfestigen
consolidated verdichtet
consolidation Verdichtung f, Festigung f,
Konsolidierung f, Zusammenpressung f
consolute [gegenseitig] mischbar
constancy of volume Volumenbeständigkeit f, Volumenkonstanz f, Raumbestän-
digkeit f

constant-deformation techniques Verfahren n mit gleichbleibender Deformation
*(z. B. Stauchversuch mit einachsigem
Spannungszustand; Umformverfahren
mit festgelegten Umformbeträgen)*
~-**field permeability** Gleichfeldpermeabili-
tät f
~-**load techniques** Prüfverfahren n mit
konstanter Belastung *(Kriechversuch
oder Zeitstandversuch als statischer Zugversuch)*
~ **resistance** Festwiederstand m
~ **speed** konstante (unveränderliche) Geschwindigkeit f
~-**strain-rate techniques** Prüfverfahren n
mit konstanter Prüfgeschwindigkeit *(konstante Dehngeschwindigkeit ≙ dynamischer Zugversuch)*
~ **temperature heater** Heizer m für konstante Temperatur
~-**voltage arc welding generator** Konstant-
spannungsschweißgenerator m
constantan Konstantan n *(Cu-Ni-Legierung)*
constituent Bestandteil m; Komponente f
~ **of structure** Strukturbestandteil m
constitution Konstitution f; Bau m, Gefü-
geaufbau m; Struktur f
constitutional change Konstitutionsände-
rung f *(chemisch)*
~ **diagram** Zustandsdiagramm n
~ **supercooling** konstitutionelle Unterkühlung f
constriction Einschnürung f, Verengung f
~ **resistance** Verengungswiderstand m, En-
gewiderstand m
construction element testing Bauteilprü-
fung f
~ **lines** Profil n
~ **materials testing** Baustoffprüfung f
~ **steel** s. constructional steel
constructional element Konstruktionsteil
n, Bauteil n
~ **feature** Konstruktionsmerkmal n
~ **plate** Konstruktionsblech n
~ **steel** Konstruktionsstahl m, Baustahl m
consumable-arc furnace Abschmelzofen
m
~ **electrode** selbstverzehrende Elektrode f
~-**electrode melting** Schmelzen n mit abschmelzender (sich verbrauchender)
Elektrode
~-**electrode vacuum-arc remelting process** Vakuumlichtbogenofen-Um-
schmelzprozeß m
~ **former** Einschmelzblock m *(Induktionsofen)*
consumption Aufzehrung f; Abbrand m,
Abschmelzen n, Verschleiß m *(von Elektroden)*
~ **characteristic** Verbrauchskennlinie f
~ **curve** Verbrauchskurve f

~ **deviation** Verbrauchsabweichung *f*
~ **of coke** Koksverbrauch *m*
~ **of electrode** Elektrodenabbrand *m*, Elektrodenverbrauch *m*, Elektrodenverschleiß *m*
~ **of materials** Materialverbrauch *m*
~ **of refractories** Verbrauch *m* an feuerfesten Stoffen
contact/to berühren; andrücken, anlegen; verbinden
contact Kontakt *m*, Berührung *f*; Verbindung *f*
~ **alloy** Kontaktlegierung *f*
~ **angle** Kontaktwinkel *m*
~ **arc** Berührungsbogen *m*
~ **area** *(Pulv)* Kontaktfläche *f*, Berührungsfläche *f*, Kontaktgebiet *n*
~ **area of powder** Pulverkontaktfläche *f*
~ **bend stretch mill** Streckbiegewalzwerk *n*, Biegestreckwalzwerk *n*
~ **bond** Kontaktbrücke *f*
~ **burning** Materialabbrand *m* *(beim Schweißen)*
~ **condition** Kontaktbedingung *f*, Kontaktzustand *m*
~ **corrosion** Kontaktkorrosion *f*, Berührungskorrosion *f*
~ **couple** Kontaktpaar *n* *(Pulverteilchen)*
~ **deposition** *(Hydro)* Kontaktabscheidung *f*, Kontaktfällung *f*, Zementation *f*
~ **diffusion** Kontaktdiffusion *f*
~ **face** *(Pulv)* Kontaktfläche *f*, Berührungsfläche *f*
~ **filtration** Kontaktfiltration *f*
~ **force** Anpreßkraft *f*
~ **gauge** Kontaktmeßlänge *f*
~ **growth** Kontaktwachstum *n*
~ **hardening** Kontakthärten *n*, Trockenhärten *n*
~ **heating** Kontakterwärmung *f*, direkte Widerstandserwärmung *f*
~ **jaw** Kontaktbacke *f*, Einspannbacke *f*
~ **junction** Kontaktbrücke *f*
~ **length** Kontaktlänge *f*
~ **line** Berührungslinie *f*
~ **loss** Übergangsverlust *m*
~ **material** *(Pulv)* Kontaktwerkstoff *m*
~ **melting** Kontaktschmelzen *n*
~ **metal** *(Pulv)* Kontaktmetall *n*, metallischer Kontaktwerkstoff *m*
~ **microscopy** Kontakmikroskopie *f*
~ **neck** *(Pulv)* Kontakthals *m*, Sinterhals *m*
~ **pair** Kontaktpaar *n* *(Pulverteilchen)*
~ **part** Kontaktbacke *f*
~ **performance** *(Gieß)* Kontaktleistung *f*
~ **plate** Kontaktplatte *f* *(fotografisch)*
~ **point** *(Pulv)* Kontaktpunkt *m*, Berührungspunkt *m*, Kontaktstelle *f*, Berührungsstelle *f*, Punktkontakt *m*
~ **potential** Kontaktspannung *f* *(Berührungsspannung zwischen zwei Verbindungselementen bzw. Spannungsabfall infolge des Kontakts)*

~ **power** *(Pulv)* Kontaktkraft *f*, Haftvermögen *n*
~ **pressure** Anpreßdruck *m*, Anpressung *f*
~ **print** Kontaktabzug *m*
~ **process** Kontaktverfahren *n* *(Schwefelsäuregewinnung)*
~ **rail** Stromschiene *f*
~ **reduction** *(Hydro)* Kontaktreduktion *f*; Zementation *f*
~ **region** *(Pulv)* Kontaktgebiet *n*, Kontaktzone *f*, Kontaktregion *f*
~ **resistance** Kontaktwiderstand *m*
~ **roller** Rollenelektrode *f* *(Schweißautomat)*
~ **rule** *(Gieß)* Anlegelineal *n*
~ **screen** Kontaktraster *m*
~ **screw** Kontaktschraube *f*; Meßschraube *f*
~ **sheave** *(Umf)* Kontaktrolle *f*
~ **shrinkage** Kontaktschwindung *f*
~ **spot** *s.* ~ **point**
~ **surface** *(Pulv)* Kontaktfläche *f*, Berührungsfläche *f*
~ **temperature** Kontakttemperatur *f*
~ **testing** Kontaktprüfverfahren *n*
~ **time** Kontaktzeit *f*, Kontaktdauer *f*
~ **touch** Kontaktberührung *f* *(von Pulverteilchen)*
~ **zone** *s.* ~ **region**
contactless berührungslos
contactor *(Hydro)* Extraktionsapparat *m* *(Lösungsmittelextraktion)*
contain/to enthalten; fassen; aufnehmen; binden
container 1. Container *m*, Behälter *m*; 2. Aufnehmer *m*, Blockaufnehmer *m*, Rezipient *m* *(Strangpressen)*; 3. Substanzbehälter *m* *(Zonenschmelzen)*; 4. *(Pulv)* Filtereinsatz *m*
~ **for one day's stock** Tagesbehälter *m*
~ **heating** Blockaufnehmerbeheizung *f*, Rezipienten[be]heizung *f* *(Strangpressen)*
~ **scale** Behälterwaage *f*
~ **seam** Behälterschweißnaht *f*
contaminate/to verunreinigen; verseuchen
contaminated iron verunreinigtes Eisen *n*
contaminating gas Kontaminationsgas *n*
~ **layer** Kontaminationsschicht *f*
contamination 1. Verunreinigung *f*, Verschmutzung *f*; Vergiftung *f*; 2. Aufmischung *f* *(beim Schweißen)*
~ **rate** Kontaminationsgeschwindigkeit *f*
content Gehalt *m*
~ **by volume** Volum[en]gehalt *m*
~ **of volatile matters** Flüchtigkeitsgehalt *m*
contents Inhalt *m*
~ **gauge** Vorratsmesser *m* *(Bunker)*
~ **indicator** Vorratsanzeiger *m* *(Bunker)*
conti... *s.* **continuous...**
conticast *s.* **continuous casting**
contimelt process *s.* **continuous melting process**

continuity Kontinuität f, Beständigkeit f
~ **equation** Kontinuitätsgleichung f, Kontinuitätsbeziehung f
continuous kontinuierlich, durchgehend, stetig, ununterbrochen, [fort]laufend
~ **annealing** Durchlaufglühung f
~ **annealing and processing line** Durchlaufglühstrecke f
~ **annealing furnace** Durchlaufglühofen m
~ **band interference filter** Verlauflinienfilter n
~ **bath melting** kontinuierliches Aufschmelzen n *(mit Nachsetzen der entnommenen Metallmenge)*
~-**cast slab** Stranggußbramme f
~ **caster** Stranggießanlage f
~ **casting** Stranggießen n, Strangguß m
~ **casting an rolling plants** Gießwalzanlagen fpl
~ **casting billet mould** Stranggußform f
~ **casting die** Stranggußkokille f
~ **casting installation** Stranggußanlage f
~ **casting machine** Stranggußmaschine f
~ **casting method** Stranggußverfahren n
~ **casting mould** Stranggußkokille f
~ **casting plant** Stranggußanlage f; Stranggußwerk n
~ **charge furnace** Schüttrostfeuerung f, Füllschachtfeuerung f
~ **charging grate** Schüttrost m
~ **conveyor** Stetigförderer m; Kreisbahn f, Kreisförderer m
~ **cooling** kontinuierliche Abkühlung f
~ **cooling transformation** Umwandlung f bei kontinuierlicher Abkühlung
~ **cooling transformation curve** kontinuierliche Abkühlungs-Umwandlungs-Kurve f
~ **cooling transformation diagram** kontinuierliches ZTU-Diagramm (Zeit-Temperatur-Umwandlungs-Diagramm) n, Umwandlungsschaubild n für konstante Abkühlung
~ **core oven** *(Gieß)* Durchlaufkerntrockenofen m
~ **deformation** Einstufenumformung, f, instationäre Umformung f
~ **degasifying vessel** Durchlaufentgasungsgefäß n
~ **discharge heating furnace** Durchstoßofen m
~ **drawing** *(Umf)* Mehrfachzug m
~ **dryer** kontinuierlich arbeitender Trockner m
~ **drying oven** Durchlauftrockenofen m
~ **electrode** Dauerelektrode f
~ **extrusion** endloses Strangpressen n, Block-an-Block-Strangpressen n
~ **extrusion forming machine** kontinuierlich arbeitende Strangpresse f
~ **extrusion forming process** kontinuierliches Strangpressen (Strangpreßverfahren) n

~ **flow conveying** Fließförderung f
~ **forging machine** Durchlaufschmiedemaschine f, Feinschmiedemaschine f
~ **fracture path** Bruchfaserverlauf m
~ **furnace** Durchlaufofen m, Ofen m für kontinuierlichen Betrieb, Durchziehofen m
~ **heat treating line** Durchlaufvergüterei f
~ **heat treatment** Durchlaufwärmebehandlung f
~ **hot-rolling mill** kontinuierliche Warmwalzstraße f
~ **melting process** kontinuierliches Schmelzverfahren n, Contimelt-Verfahren n
~ **mill** 1. kontinuierliches Walzwerk n, Kontiwalzwerk n; 2. kontinuierlich arbeitender Kollergang m
~ **mixer** Durchlaufmischer m
~ **mixing** Durchlaufmischen n
~ **moulding plant** *(Gieß)* Formenfließanlage f
~ **operation** Dauerbetrieb m
~ **output** Dauerleistung f
~ **oven** Durchlauftrockenofen m
~ **pallet conveyor system** Umlaufstandbahnanlage f, Wandertischanlage f
~ **patenting** Durchlaufpatentieren n *(von Draht)*
~ **phase** Grundmasse f, Grundgefüge n
~ **plant** Fließanlage f
~ **precipitation** kontinuierliche Ausscheidung f
~ **preheater** Durchlaufvorwärmer m
~ **process** kontinuierliches Verfahren n, Durchlaufverfahren n
~ **production** Dauerbetrieb m
~ **pusher-type furnace** Durchstoßofen m
~ **radiant tube-type bright-annealing furnace** Stahlrohr-Durchlaufblankglühofen m
~ **radiation** kontinuierliche Strahlung f
~ **reheating furnace** kontinuierlicher Aufheizofen (Wärmeofen) m
~ **running** Dauerbetrieb m
~ **sampling** kontinuierliche Probenahme f
~ **sand plant** *(Gieß)* kontinuierliche Sandaufbereitungs[anlage] f
~ **service** Dauerbetrieb m
~ **shot-blast plant** Durchlaufstrahlanlage f
~ **shot blasting** Durchlaufstrahlen n
~ **shot-blasting chamber** Durchlaufstrahlputzkammer f
~ **sintering** kontinuierliches Sintern·n, Bandsintern n
~ **slab caster** Brammenstranggießanlage f
~ **slab casting** Stranggießen n von Brammen
~ **slab-casting machine** Brammenstranggießmaschine f
~ **slab-casting plant** Brammenstranggießanlage f

~ **smelter** kontinuierlich arbeitende Schmelzanlage *f (Mitsubishi-Kupferschmelzen)*
~ **spectrum** kontinuierliches Spektrum *n*
~ **steelmaking** kontinuierliche Stahlerzeugung *f*
~ **steelmaking process** kontinuierliches Stahlerzeugungsverfahren *n*
~ **stove** Winderhitzer *m (am Hochofen)*
~ **strand-type sintering machine** kontinuierliche Bandsintermaschine *f*, Sinterband *n*
~ **strip annealing** Banddurchziehglühen *n*
~ **strip furnace** Banddurchziehofen *m*
~ **tapping** kontinuierlicher (ununterbrochener) Abstich *m*
~ **tapping cupola** Kupolofen *m* mit kontinuierlichem Abstich
~ **treatment vessel** Durchlaufgefäß *n*, kontinuierliches Behandlungsgefäß *n*
~ **TTT diagram** *s.* ~ cooling transformation diagram
~ **water heater** Durchlauferhitzer *m*
~-**wave method** *Ultraschalluntersuchung unter Verwendung eines breiten Wellenspektrums*
~ **wire furnace** Drahtdurchziehofen *m*
~ **working** Dauerbetrieb *m*
~ **X-ray spectrum** kontinuierliches Röntgenstrahlenspektrum *n*
continuously cast material stranggegossenes Material *n*
~ **working conveyor** Stetigförderer *m*; Kreisbahnförderer *m*
~ **wound** durchgehend gewickelt
~ **wound coil** durchgehend gewickelte Spule *f*
continuum theory Kontinuumstheorie *f*
contour amplifier Konturenverstärker *m*
~ **definition** Konturenschärfe *f*
~ **line of profil** Profilbegrenzung *f*
~ **line scanning** Profilabtastung *f*
~ **of groove** Kaliberform *f*
~ **radius** Abrundungsradius *m*
contoured chaplet *(Gieß)* Profilkernstütze *f*, Fassonkernstütze *f*
~ **chill** *(Gieß)* Fassonkokille *f*
~ **squeeze plate** *(Gieß)* Stufenpreßplatte *f*, Stufenpreßklotz *m*, Fassonpreßplatte *f*
contract/to kontrahieren, zusammenziehen
contraction Kontraktion *f*, Zusammenziehung *f*; Schwinden *n*; Schrumpfung *f*; Einschnürung *f*
~ **allowance** *(Gieß)* Schwindmaß *n (Modellherstellung)*
~ **cavity** Lunker *m*, Schwindungshohlraum *m*
~ **crack** Schrumpfriß *m*, Schwind[ungs]riß *m*
~ **distortion** Verzug *m* durch Schwindung
~ **in length** Längsschwindung *f*

~ **of area** Einschnürung *f*, Querschnittskontraktion *f*
~ **of volume** Volumenverringerung *f*
~ **rule** *(Gieß)* Schwindmaß *n*, Schwindmaßstab *m (Modellherstellung)*
~ **strain (stress)** Schrumpfspannung *f*
contractor's railway Feldbahn *f*
contrast behaviour Kontrastverhalten *n*
~ **chamber** Kontrastier[ungs]kammer *f*
~ **condition** Kontrastbedingung *f (Feinstrukturanalyse)*
~ **due to different orientations** Orientierungskontrast *m*
~ **effect** Kontrasteffekt *m*
~ **enhancement** Kontraststeigerung *f*
~ **formation** Kontrastentstehung *f*
~ **in brightness** Helligkeitskontrast *m*
~ **level** Kontrastabstufung *f*
~ **mechanism** Kontrastmechanismus *m*
~ **phenomena** Kontrasterscheinung *f*
~ **position** *s.* ~ condition
~ **relationship** Kontrastverhältnis *n*
~ **reversal** Kontrastumkehr *f*
~ **rule** Kontrastregel *f*
~ **threshold** Kontrastschwelle *f*
~ **transfer function** Kontrastübertragungsfunktion *f*
~ **width** Kontrastbreite *f*
contrasting Kontrastierung *f*
~ **chamber** Kontrastier[ungs]kammer *f*
~ **method** Kontrastiermethode *f*
~ **position** Kontrastierungsstellung *f*
~ **strip pattern** Streifenkontrast *m*
contrasty negative kontrastreiches Negativ *n*
control/to 1. regeln; steuern; 2. regulieren; 3. kontrollieren, überwachen; prüfen; nachmessen
control 1. Regelung *f*; Steuerung *f*; 2. Regulierung *f*; 3. Kontrolle *f*, Überwachung *f*; Prüfung *f*
~ **apparatus** Steuereinrichtung *f*
~ **armature** Regelarmatur *f*
~ **balance** Kontrollwaage *f*
~ **block** Steuerblock *m (Schließhydraulik)*
~ **board** Kontrolltafel *f*, Überwachungstafel *f*
~ **cabinet** Schaltschrank *m*, Steuerschrank *m*
~ **chain** Steuerkette *f*
~ **chart** 1. Kontrollkarte *f*; 2. Steuerungsdiagramm *n*
~ **cylinder** Steuerzylinder *m*
~ **damper** Steuerschieber *m*
~ **determination** Kontrollbestimmung *f*
~ **device** Bedienungseinrichtung *f*, Regeleinrichtung *f*, Regelvorrichtung *f*
~ **element** 1. Schaltelement *n*, Stellglied *n*; 2. Regelglied *n*; 3. Bedienungselement *n*
~ **equipment** 1. Regelanlage *f*; Regeleinrichtung *f*; 2. Bedienungsausrüstung *f*

~ **experiment** Kontrollversuch *m*, Gegenversuch *m*
~ **force** Steuerkraft *f*
~ **gear transmission** *(Umf)* Regelgetriebe *n*
~ **house** Bedienungszentrale *f*
~ **instrument** Regelgerät *n*
~ **laboratory** Kontrollaboratorium *n*
~ **lever** Steuerhebel *m*, Stellhebel *m*, Schalthebel *m*; Bedienungshebel *m*
~ **limits** Kontrollgrenzen *fpl*
~ **loop** Regelkreis *m*
~ **of porosity** Drucklässigkeitsprüfung *f*
~ **of powder addition** Pulverzufuhrregelung *f*
~ **of the image brightness** Bildhelligkeitssteuerung *f*
~ **panel** Schalttafel *f*
~ **pillar** Steuerschrank *m*
~ **piston** Steuerkolben *m*
~ **plant** Überwachungsanlage *f*
~ **platform** Steuerbühne *f*
~ **point** Meßstelle *f*
~ **potential** Regelspannung *f*
~ **printer** Kontrolldrucker *m*
~ **pulpit** Steuerstand *m*, Steuerbühne *f*
~ **room** Steuerstand *m*, Leitstand *m*
~ **sample** Stichprobe *f*, Kontrollprobe *f*
~ **stand** Steuerstand *m*, Leitstand *m*
~ **system** Regeleinrichtung *f*
~ **system for conveyor belt** Förderbandlaufregelanlage *f*
~ **time** Steuerzeit *f*
~ **valve** Steuerventil *n*; Regelventil *n*; Stellventil *n*
controllable ventilation regelbare Belüftung *f*
controlled atmosphere geregelte Atmosphäre *f*, Schutzgasatmosphäre *f (Atmosphäre bestimmter Zusammensetzung)*
~ **atmosphere annealing** Schutzgasglühung *f*
~ **atmosphere annealing cover** Wälzgasglühhaube *f*
~ **bag filter** gesteuertes Schlauchfilter *n*
~ **circulation boiler** Zwangsumlaufkessel *m*
~ **combustion** kontrollierte Verbrennung *f*
~ **cooling** Zwangskühlung *f*, gesteuerte (gelenkte) Abkühlung *f*
~ **freezing** *s.* ~ solidification
~ **gas** Schutzgas *n*
~ **quality process** *(Gieß)* Formimpfverfahren *n*, Modifikation *f* in der Form
~ **solidification** *(Gieß)* gelenkte Erstarrung *f*
~ **system** Steuerstrecke *f*; Regelstrecke *f*; geregeltes System *n*
~ **variable** Regelgröße *f*, überwachte Einflußgröße *f*
controlling device Kontrollgerät *n*, Kontrolleinrichtung *f*
~ **factor** bestimmender Faktor *m*

~ **means** Regeleinrichtung *f*
~ **mechanism** Schalteinrichtung *f*
~ **valve** Regelventil *n*
convection Konvektion *f*, Umwälzung *f*, Mitführung *f (z. B. von Flüssigkeit)*
~ **air furnace** Luftumwälzofen *m*
~ **-free** konvektionsfrei
~ **recuperator** Konvektionsrekuperator *m*
~ **section** Konvektionszone *f*
convective konvektiv
~ **diffusion** konvektive Diffusion *f*
~ **mass transfer** konvektive Stoffübertragung *f*
convector Wärmeleitplatte *f*
~ **ring** Konvektor *m*, Konvektionsplatte *f*, Konvektorring *m*
conveniently placed bequem angeordnet
conventional creep limit konventionelle Kriechgrenze *f*
~ **furnace** herkömmlicher Ofen *m*, bekannter Ofentyp *m*
~ **load voltage** genormte Arbeitsspannung *f*
~ **smelting** herkömmliches Schmelzverfahren *n (diskontinuierlich)*
conversion 1. Umwandlung *f*, Umbildung *f*; Umbau *m (in stabilere Phase)*; 2. Umrechnung *f*
~ **coating** Deckschicht *f (durch Umwandlung entstanden)*
~ **coefficient** Umwandlungskoeffizient *m*
~ **cost** Umwandlungskosten *pl*; Umbaukosten *pl*; Umstellkosten *pl*
~ **factor** Umrechnungsfaktor *m*
~ **of a furnace** Umstellung *f* (Umbau *m*) eines Ofens, Ofenumstellung *f*
~ **of austenite** Austenitumwandlung *f*
~ **process** Konversionsverfahren *n (Zinkrückständeverarbeitung)*
~ **reactor** Konversionsreaktor *m*
convert/to 1. konvertieren, umwandeln; 2. umrechnen
~ **a furnace** einen Ofen umstellen (umbauen)
converted bar Zementstahl *m*
converter *(Stahlh)* Konverter *m*; Frischbirne *f*
~ **air box** *(Stahlh)* Konverterwindkasten *m*
~ **belly** *(Stahlh)* Konverterbauch *m*
~ **blast box** *(Stahlh)* Konverterwindkasten *m*
~ **body** *(Stahlh)* Konvertermittelstück *n*
~ **bottom** *(Stahlh)* Konverterunterteil *n*, Konverterboden *m*
~ **bottom car** *(Stahlh)* Bodeneinsatzwagen *m*
~ **charge** *(Stahlh)* Konvertereinsatz *m*
~ **charging car** *(Stahlh)* Konverterbeschickungswagen *m*
~ **charging platform** *(Stahlh)* Konverterbühne *f*
~ **copper** Konverterkupfer *n*

~ **drive** Konverterantrieb *m*

~ **drying plant** Konvertertrocknungsanlage *f*

~ **flux** *(Stahlh)* Zuschlag *m* beim Konverterprozeß

~ **gas volume** Konvertergasmenge *f*, Konvertergasvolumen *n*

~ **lining** Konverterfutter *n*, Konverterauskleidung *f*, Konverterzustellung *f*

~ **metal** Konvertermetall *n*

~ **mixer** Konvertermischer *m*

~ **mouth** Konverterhut *m*, Konverteröffnung *f*

~ **nose** Konverterhals *m*, Konverterschnauze *f*

~ **operation** Konverterbetrieb *m*

~ **platform** Konverterbühne *f*

~ **practice** Konverterbetrieb *m*

~ **process** *(Stahlh)* Konverterprozeß *m*, Konverter[frisch]verfahren *n*, Windfrischverfahren *n*

~ **pulpit** Konverterbühne *f*

~ **refining** *(Stahlh)* Windfrischen *n*, Verblasen *n* im Konverter

~ **refractory practice** *(Ff)* Konverterzustellungspraxis *f*

~-**ring trunnion** Konverterringzapfen *m*

~ **rotating mechanism** Konverterdrehvorrichtung *f*, Konverterkippvorrichtung *f*

~ **sample** Konverterprobe *f*

~ **section** Konvertersektion *f*

~ **service life** Konverterhaltbarkeit *f*

~ **shape** Konverterform *f*

~ **shell** Konverterblechmantel *m*

~ **shop** Konverterhalle *f*

~ **size** Konvertergröße *f*

~ **slag** Konverterschlacke *f*, Spurschlacke *f*

~ **slag-chemistry control** Kontrolle *f* der Zusammensetzung von Konverterschlacke

~ **stack** Konverterkamin *m*

~ **steel** Konverterstahl *m*, Windfrischstahl *m*

~ **tilting mechanism** Konverterkippvorrichtung *f*, Konverterdrehvorrichtung *f*

~ **trunnion** Konverterzapfen *m*

~ **trunnion ring** Konvertertragring *m*

~ **volume** Konvertervolumen *n*

~ **waste gas cleaning facility** Konverterabgas-Entstaubungsanlage *f*

~ **waste gas equipment** Konverterabgasanlage *f*

~ **waste heat boiler** Konverterabhitzekessel *m*

~ **waste heat boiler plant** Konverterabhitzekesselanlage *f*

~ **wind box** Konverterwindkasten *m*

converting *(Stahlh)* Windfrischen *n*, Verblasen *n* im Konverter

~ **mill** Konverter[stahl]werk *n*, Blasstahlwerk *n*

~ **mill yield** Blasstahlwerksausbringen *n*

convex bauchig, bombiert, ballig

convey/to [be]fördern, transportieren

conveyance Förderung *f*, Beförderung *f*, Transport *m*, Vorschub *m*

conveying Fördern *n*

~ **belt** *s.* conveyor belt

~ **capacity** Förderleistung *f*

~ **chain** Förderkette *f*

~ **channel** Förderrinne *f*, Förderrutsche *f*

~ **characteristic** Förderkennlinie *f*

~ **device** Fördermittel *n*

~ **efficiency** Förderleistung *f*

~ **equipment** Fördereinrichtung *f*

~ **height** Förderhöhe *f*

~ **line** Förderleitung *f*

~ **plant** Förderanlage *f*

~ **pressure** Transportdruck *m*

~ **system** Fließbandanlage *f*, Transportanlage *f*

~ **trough** Förderrinne *f*, Förderrutsche *f*

~ **tube** Förderrohr *n*

conveyor 1. Förderer *m*, Fördermittel *n*; 2. Förderband *n*; *(Gieß)* Formenförderanlage *f*

~ **belt** Förderband *n*, Transportband *n*, Bandförderer *m*

~ **belt charging** Bandbegichtung *f*, Bandaufgabe *f*

~ **belt furnace** *s.* ~ furnace

~ **chute** Förderrinne *f*, Förderrutsche *f*

~ **dryer** Bandtrockner *m*, Umlauftrockner *m*

~ **for bulk materials** Massengutförderer *m*

~ **furnace** Durchtragofen *m*, Durchlaufofen *m*, Förderbandofen *m*

~ **handling** Bandtransport *m*, Bandförderung *f*

~ **line** Fließband *n*; *(Gieß)* Formenfließlinie *f*

~ **pipe** Förderleitung *f*, Förderrohr *n*

~ **plant** Förderanlage *f*

~ **roller** Transportrolle *f*

~ **scale** Bandwaage *f*

~ **trough** Förderrinne *f*, Förderrutsche *f*

~-**type dosage balance** Dosierbandwaage *f*

~-**type dryer** *s.* ~ dryer

convolution Faltung[soperation] *f*

cool/to kühlen; abkühlen, erkalten

~ **down (off)** abkühlen, herunterkühlen

cool-down period Abkühlperiode *f*

~ **melt** matte Schmelze *f* *(zu kalte Schmelze)*

~ **scrap** Kühlschrott *m*

~ **scrap addition** Kühlschrottzugabe *f*

coolant Kühlmittel *n*; Kühlflüssigkeit *f*, Arbeitsflüssigkeit *f*

~ **disposal** Kühlmittelleitung *f*; Kühlelementanordnung *f*

cooled skid Kühlschiene *f*, gekühlte Schiene *f*, Kühlträger *m*

cooler 1. Kühler *m*; 2. Trockner *m* mit Kühlbereich

~ **crystallizer** Kühlkristallisator *m*
~ **tube** Kühlrohr *n*
coolers Kühlkästen *mpl*, Wasserjacket *n* *(Schachtofen)*
Coolidge process Coolidge-Verfahren *n* *(pulvermetallurgisches Sinterverfahren in einer Vakuumsinterglocke mit direktem Stromdurchgang durch das Sintergut)*
cooling Kühlen *n*, Kühlung *f*; Abkühlung *f*, Erkalten *n*
~ **action** abkühlende Wirkung *f*
~ **agent** Kühlmedium *n*, Kühlmittel *n*
~ **air** Kühlluft *f*
~ **bank** Kühlbett *n*
~ **basin** Kühlwasserbecken *n*
~ **bay** Abkühlhalle *f*
~ **bed** Kühlbett *n*
~ **bed length** Kühlbettlänge *f*
~ **box** Kühlkasten *m*
~ **by evaporation** Verdampfungskühlung *f*
~ **cap** Kühlhaube *f*
~ **capacity** Kühlleistung *f*
~ **chamber** Kühlkammer *f*
~ **channel** Kühlkanal *m*
~ **circuit** Kühlkreislauf *m*
~ **coil** Kühlschlange *f*
~ **container** Kühlbehälter *m*
~ **conveyor section** Kühlabschnitt *m*, Kühlbahn *f*, Kühlstrecke *f*, Abkühlstrecke *f* *(Konveyer)*
~ **crack** Schrumpfriß *m*
~ **curve** Abkühl[ungs]kurve *f*
~ **device** Kühlvorrichtung *f*, Kühleinrichtung *f*
~-**down characteristic** Abkühlkennlinie *f*
~-**down period** Kühldauer *f*, Kühlperiode *f*
~ **drum** Kühltrommel *f*
~ **effect** Kühlwirkung *f*
~ **fin** Kühlrippe *f*, Kühlfeder *f*, Kühlblech *n*, Kühllamelle *f*
~ **gradient** Abkühlungsgradient *m*
~ **grate area** Kühlrostfläche *f*
~ **heat** Kühlwärme *f*
~ **hood** Kühlhaube *f*
~ **intensity** Kühlintensität *f*
~ **jacket** Kühlmantel *m*
~ **jet** Kühldüse *f*
~ **line** Kühlstrecke *f*, Abkühlstrecke *f*
~ **medium** Kühlmedium *n*, Kühlmittel *n*
~ **method** Kühlmethode *f*, Kühlungsart *f*
~ **modulus** Abkühlungsmodul *m*
~ **pipe** Kühlrohr *n*
~ **plate** Kühlplatte *f*
~ **process** Abkühlungsverlauf *m*
~ **rate** Abkühl[ungs]geschwindigkeit *f*; Kühlleistung *f*
~ **resistance** Kühlungswiderstand *m*
~ **rib** *s.* ~ **fin**
~ **ring** Kühlring *m*
~ **scrap** Kühlschrott *m*
~ **scrubber** Kühlwäscher *m*

~ **section** Kühlzone *f*
~ **stack** Kühlkamin *m*
~ **strain (stress)** Abkühlspannung *f*, Wärmespannung *f*
~ **surface** Kühlfläche *f*
~ **system** Kühlsystem *m*
~ **tensile stress** Abkühlungszugspannung *f*
~ **time** Abkühlungszeit *f*
~ **tower** Kühlturm *m*, Turmkühler *m*
~ **trap** Kühlfalle *f*
~ **trough** Kühltrog *m*, Kühlrinne *f*
~ **tube** Kühlrohr *n*
~ **vat** Abkühlbottich *m*
~ **water** Kühlwasser *n*
~ **water circuit (circulation)** Kühlwasserkreislauf *m*, Kühlwasserumlauf *m*
~ **water conduit** Kühlwasserkanal *m*, Kühlwasserleitung *f*
~ **water discharge** Kühlwasserablaß *m*
~ **water inlet** Kühlwassereinlaß *m*
~ **water line** Kühlbohrungen *fpl (Druckguß)*
~ **water manifold** Kühlwasserverteilung *f*
~ **water/mould interface** Kühlwasser/Gußform-Grenzfläche *f (Strangguß)*
~ **water outlet** Kühlwasserauslaß *m*
~ **water pipe** Kühlwasser[rohr]leitung *f*
~ **water pump** Kühlwasserpumpe *f*
~ **water supply** Kühlwasserversorgung *f*
~ **water tank** Kühlwasserbehälter *m*, Kühlwassertank *m*
~ **water valve** Kühlwasserventil *n*
~ **zone** Kühlzone *f*
coordinate/to abstimmen
coordinate pair Koordinatenpaar *n*
coordinated vernetzt
coordination *(Krist)* Koordination *f*
~ **number** Koordinationszahl *f*
~ **poyhedron** Koordinationspolyeder *n*
COP *s.* coefficient of performance
copacite Copazit *n (Handelsname für Sulfitablauge)*
cope/to bedecken, einfassen
cope *(Gieß)* Formoberteil *n*, Oberkasten *m*, obere Formhälfte *f*
~-**closing machine** Oberkastenzulegegerät *n*
~ **mould group** Oberkastenformgruppe *f*
copper/to verkupfern
~-**clad** kupferplattieren
~-**plate** galvanisch verkupfern
copper Kupfer *n*
~ **alloy** Kupferlegierung *f*
~-**aluminium equilibrium diagram** Cu-Al-Gleichgewichtsdiagramm *n*
~ **amalgam** Kupferamalgam *n*
~ **ammonium sulphite** Kupfer(I)-ammoniumsulfit *n*
~-**bearing** kupferhaltig
~-**bearing steel** gekupferter Stahl *m*
~ **blast furnace** Kupferschachtofen *m*

~ **bottom** Bodenkupfer n (edelmetallreiches, verunreinigtes Kupfer, das beim Konverterprozeß primär anfällt)
~ **brazing** Kupferhartlöten n
~ **cable** Kupferkabel n
~ **coat** Kupferüberzug m
~ **converter** Kupfer[stein]konverter m
~ **converting** Kupfer[stein]verblasen n
~-**converting vessel** Kupferverblasegefäß n (Konverter)
~ **cooling box** Kupferkühlkasten m
~ **die casting** Kupferdruckguß m
~ **die-casting alloy** Kupferdruckgußlegierung f
~ **drawing machine** Kupferdrahtziehmaschine f
~ **dross** Kupferschlicker m
~ **extrusion press** Kupferstrangpresse f
~ **foil** Blattkupfer n, Kupferfolie f
~ **from smelters** Hüttenkupfer n
~ **glance** s. chalcocite
~ **globules** Kupferkügelchen npl (suspendiert in Kupferschlacke)
~-**graphite material** Kupfer-Graphit-Werkstoff m
~ **grid** Kupfernetz n
~ **is afloat/the** das Kupfer ist dünnflüssig
~ **is of bottom/the** (Am) das Kupfer ist [alles] eingeschmolzen
~ **lead** Bleibronze f
~-**lead-sintered bearing** Kupfer-Blei-Sinterlager n
~-**manganese** Mangankupfer n (Cu-Mn-Vorlegierung)
~ **matte** [armer] Kupferstein m, Rohkupfer n
~ **mould** Kupferkokille f
~ **nickel** s. niccolite
~-**nickel blast-furnace matte** Kupfernickelrohstein m
~-**nickel converter matte** Kupfernickelfeinstein m
~-**nickel-vanadium steel** Kupfer-Nickel-Vanadin-Stahl m
~ **oxide furnace** Kupferoxidbrennkammer f
~ **plate** Kupferblech n
~ **plate slab mould** Form f zum Gießen von Kupferplatinen
~ **plating** Verkupfern n, Verkupferung f
~ **powder** Kupferpulver n
~ **rolling mill** Kupferwalzwerk n
~ **sheet** Kupfer[fein]blech n
~-**silicon** Siliziumkupfer n (Si-Cu-Vorlegierung)
~ **smelter** s. ~ smelting plant
~ **smelting** Kupferverhüttung f, Kupferschmelzen n
~ **smelting plant** Kupferhütte f; Kupferschmelzanlage f
~ **sponge** Kupferschwamm m
~ **steel** kupferlegierter Stahl m
~-**stranded wire** Kupferlitze f

~ **sulphide** 1. Schwefelkupfer n (schwefelhaltiges Rohkupfer, noch nicht raffiniert); 2. Kupfersulfid n (CuS, Cu_2S)
~ **tube** Kupferrohr n
~ **vitriol** 1. Kupfervitriol n, Kupfersulfat n; 2. s. chalcanthite
~ **wire** Kupferdraht m
copperas (Min) Eisenvitriol m, Melanterit m
coppered wire verkupferter Draht m
coppering Verkupferung f
coprecipitation Mitfällung f
coproduct Koprodukt n, Nebenprodukt n, Beiprodukt n
copy (Gieß) Abdruck m
~ **milling** Kopierfräsen n
~ **milling machine** Kopierfräsmaschine f
copying system Kopiersystem n
cor-ten steel Corten-Stahl m (korrosionsträger Stahl)
coral-like graphite Fasergraphit m (Korallengraphit)
~ **shape** Korallenform f
cord 1. Kord m, Saite f; 2. Kordel f, Schnur f
cordierite (Min) Kordierit m (verwendet als feuerfester Stoff)
core/to (Gieß) Kerne formen (machen)
~ **out a casting** Gußstück mit Kernen konstruieren
core 1. (Gieß) Kern m; 2. Kernzone f (Einsatzhärten)
~ **assembly** Kernmontage f, Kernblockzusammenbau m
~ **baking** Backen n von Kernen
~ **barrel** Kernspindel f
~ **bedding frame** Kernbettrahmen m
~ **binder** Kernbinder m
~ **binding material** Kernbindemittel n
~ **blower (blowing machine)** Kernblasmaschine f; Kernschießmaschine f
~ **board** Kernschablone f, Kernbrett n
~ **bonding system** Kernbindesystem n
~ **box** Kernkasten m
~ **box draught** Kernkastenaushebeschräge f
~ **box for blowing** Kernkasten m für Kernblasmaschine, Blaskernkasten m
~ **box gassing** Kernkastenbegasung f
~ **box half** Kernkastenhälfte f
~ **box vent** Entlüftungsdüse (Düse) f für Kernkasten
~ **breaker** 1. Entkerner m; 2. Kernausstoßgerät n
~ **buster** Kernausstoßhammer m
~ **carrier** Kern[trocken]schale f, Kernbrennschale f
~ **carrier plate** Kerntrockenplatte f
~ **casting** Kern[block]guß m
~ **coating** Kernschlichte f
~ **coating resin** Kernlack m
~ **collapsibility** Kernzerfallsneigung f

~ **compound** Kernbinder *m*
~ **crab** Kerneisen *n*
~ **density** Kerndichte *f*
~ **diffusion** Kerndiffusion *f*
~ **diffusion coefficient** Kerndiffusionskoeffizient *m*
~ **drawback** Kernzug *m*
~ **dressing** Kernschlichte *f*
~ **drill** Bohrer *m* für vorgegossene Löcher
~ **dryer** Kern[trocken]schale *f*, Kernbrennschale *f*
~ **drying stove** Kerntrockenofen *m*
~ **ejecting hammer** Kernausstoßhammer *m*
~ **electron** Rumpfelektron *n*
~ **extrusion machine** Kernstopfmaschine *f*
~ **fixing** Kernverankerung *f*
~ **frame** Kernschablone *f*, Kernrahmen *m*, Kernskelett *n*, Kerneisen *n*
~ **gate** Kernanschnitt *m*
~ **gum** Kernkleber *m*
~ **half** Kernhälfte *f*
~ **hardening** Kernhärtung *f*
~ **hardness** Kernhärte *f*
~ **iron** Kerneisen *n*
~ **jig** Kernmontageeinrichtung *f*, Kernlehre *f*
~-**knock-out machine** Kernausstoßgerät *n*
~ **laminations** Kernbleche *npl*
~ **lifting machine** Kernabhebemaschine *f*
~ **location** Kernsicherung *f*, Kernfixierung *f*
~ **loss** Eisenverlust *m* *(Induktionsschmelzofen)*
~ **making** Kernherstellung *f*, Kernmachen *n*
~ **making bench** Kernmacherbank *f*
~ **making machine** Kernformmaschine *f*
~ **making process** Kernherstellungsverfahren *n*
~ **marker** Kernmarkierung *f*
~ **mass** Kernmasse *f* *(Hartmetallziehstein)*
~ **material** Kernwerkstoff *m*
~ **mixture** Kernmischung *f*
~ **mould** Kernkasten *m*
~ **moulding** Kernformen *n*, Kernmachen *n*
~ **moulding machine** Kernformmaschine *f*
~ **moulding plant** Kernformanlage *f*, Kernmacherei *f*
~ **mounting** Kernmontage *f*
~ **nail** Kernnagel *m*
~ **of the coil** Spulenkern *m*
~ **oil** Kernöl *n*, Ölbinder *m*
~ **oven** Kerntrockenofen *m*
~ **parting line** Kernteilung *f*
~ **peg** Kernstift *m*, Kernbolzen *m*
~ **pin** *(Gieß)* Kernstift *m*
~ **plate** 1. Kern[trocken]schale *f*, Kernbrennschale *f*; 2. Kernhalteplatte *f* *(Druckguß)*
~ **porosity** Kernporosität *f*
~ **print** Kernmarke *f*
~ **production** Kernfertigung *f*
~ **pull assembly** Kernzuggruppe *f*, Kernzugvorrichtung *f*

~ **pull coupling** Kernzugkupplung *f*
~ **pull cylinder** Kernzugzylinder *m*
~ **pull sequence** Kernzugsprogramm *n*
~ **puller** Kernzug *m*
~ **rack** Kerngestell *n*
~ **removal** Entkernen *n*, Auskernen *n*, Kernausstoßen *n*
~ **rod** *(Gieß)* Kerneisen *n*
~-**rod material** Kernstabmaterial *n*
~ **room** Kernmacherei *f*
~ **sample** Hohlbohrprobe *f*
~ **sand** Kernsand *m*
~ **setter** Kerneinleger *m*
~ **setting** Kerneinlegen *n*
~ **setting jig** Kerneinlegelehre *f*
~ **setting line** Kerneinlegestrecke *f*
~ **shift** Kernversatz *m*
~ **shooter** Kernschießmaschine *f*
~ **shooting** Kernschießen *n*
~ **shooting and curing (gassing) machine** Kernschieß- und -härtemaschine *f*
~ **shooting machine** Kernschießmaschine *f*
~ **shop** Kernmacherei *f*
~ **slide** Schieber *m* *(Druckguß)*
~ **spindle** *(Gieß)* Kernspindel *f*
~ **stiffener** Kernversteifung *f*
~ **stove** Kerntrockenofen *m*
~ **strand** Kernlitze *f*
~ **strength** *(Gieß, Wkst)* Kernfestigkeit *f*
~ **strickle template** Kernschablone *f*
~ **structure** Kernstruktur *f* *(einer Versetzung)*
~ **temperature** Kerntemperatur *f*
~ **thermosetting** Kernhärtung *f* *(durch Wärme)*
~ **turnover and lifting machine** Kernwende- und -abhebemaschine *f*
~ **turnover machine** Kernwendemaschine *f*
~ **vent** Kerngaskanal *m*; Kernluftabführung *f*, Kernentlüftung *f*
~ **venting** Kernluftabführung *f*, Kernentlüftung *f*
~ **wash** Kernschlichte *f*
~ **weight** Kernmasse *f* *(nicht Mischung)*
~ **weld strength** Schweißnahtkernfestigkeit *f*
~ **wire** *(Gieß)* Kerndraht *m*; Kerneisen *n*
~ **wire straightening machine** Kerndrahtrichtmaschine *f*
~ **zone** *(Wkst)* Kernzone *f*
cored electrode Fülldrahtelektrode *f*, Falzdrahtelektrode *f*
~ **solid solution** geseigerter Mischkristall *m*
~-**up mould** Kernform *f*
coreless crucible-type induction furnace rinnenloser Induktionstiegelofen *m*
~ **melting** Schmelzen *n* im kernlosen Induktionsofen
coremaker Kernmacher *m*
coremaking s. core making

coresetting *s.* core setting
Corhart *(Ff)* Corhart *n (schmelzgegosse-nes Erzeugnis)*
coring Kristallseigerung *f*, Kornseigerung *f*, Mikroseigerung *f*
~-up Kerneinlegen *n*
~-up jig Zulegevorrichtung *f*
~-up pin Zulegestift *m*
corn *(Pulv)* Korn *n*
corner atom *(Krist)* Eckatom *n*
~ **crack** Kantenbruch *m*, Kantenriß *m*
~ **cracking** Kantenrissigkeit *f*
~ **orientation** *(Krist)* Eckorientierung *f*
~ **shelling** Schale *f*, Haut *f*
~-type burner Eckenbrenner *m*
corona Korona *f*
~ **current** Koronastrom *m*
~ **discharge** Koronaentladung *f*
~ **initial potential** Koronaanfangsspannung *f*
~ **starting voltage** Koronaanfangsspannung *f*
corpuscular radiation Korpuskularstrahlung *f (Feinstrukturanalyse)*
correction calculation Korrekturrechnung *f (Feinstrukturanalyse)*
~ **factor** Korrekturfaktor *m (Feinstrukturanalyse)*
~ **formula** Korrekturformel *f (Feinstrukturanalyse)*
corrective measure Abhilfemaßnahme *f*
correlation coefficient Korrelationskoeffizient *m*
~ **energy** Korrelationsenergie *f*
~ **factor** Korrelationsfaktor *m*
corrode/to korrodieren, anfressen; angreifen, ätzen; [ver]rosten *(Eisen)*
~ **by rusting** anrosten
corrodent angreifendes Mittel *n*
corrodibility Korrodierbarkeit *f*, Korrosionsneigung *f*
corrodible korrodierbar, zur Korrosion neigend
corroding surface Korrosionsfläche *f*, Angriffsfläche *f*
corrosion Korrosion *f*, Anfressung *f*; Rosten *n (von Eisen)*
~ **attack** Korrosionsangriff *m*
~ **behaviour** Korrosionsverhalten *n*
~ **by condensation of moisture** Schwitzwasserkorrosion *f*
~ **by condensed water** Schwitzwasserkorrosion *f*
~ **by gas** Korrosion *f* durch Gas
~ **by hot gases** Heißgaskorrosion *f*
~ **by molten salts** Salzschmelzenkorrosion *f*
~ **by weld slag** Schweißschlackenkorrosion *f*
~ **characteristic** Korrosionscharakteristik *f*
~ **control** Korrosionsüberwachung *f*
~ **coupon** Korrosionsprobe *f*

~ **current density** Korrosionsstromdichte *f*
~ **damage** Korrosionsschaden *m*
~ **environment** Korrosions[prüf]medium *n*
~ **erosion** Erosionskorrosion *f*
~ **fatigue** Korrosionsermüdung *f*; Schwingungsrißkorrosion *f*
~ **fatigue endurance limit** Korrosionszeitfestigkeit *f*   ‚
~ **fatigue testing** Korrosionsdauerfestigkeitsprüfung *f*
~ **film** Korrosionsfilm *m*, Korrosionsschicht *f*
~ **furrow** Korrosionsfurche *f*
~-inhibiting korrosionsverhindernd
~ **inhibition** Korrosionsinhibierung *f*
~ **inhibitor** Korrosionshemmstoff *m*, Korrosionsinhibitor *m*
~ **loss** Korrosionsverlust *m*, Korrosionsabtrag *m*
~ **monitoring** *s.* ~ control
~ **nodule** Korrosionsknötchen *n*
~ **pit** korrosive Anfressung *f*, Korrosionsnarbe *f*
~ **plateau** Korrosionsplateau *n*
~ **product** Korrosionsprodukt *n*, Zunder *m*
~ **protection** Korrosionsschutz *m*; Rostschutz *m (bei Eisen)*
~ **rate** Korrosionsgeschwindigkeit *f*
~ **resistance** Korrosionsbeständigkeit *f*
~-resistant korrosionsbeständig
~ **scar** korrosive Anfressung *f*, Korrosionsnarbe *f*
~ **site** Korrosionsstelle *f*
~ **specimen** Korrosionsprobe *f*
~ **speed** Korrosionsgeschwindigkeit *f*
~ **testing procedure** Korrosionsprüfung *f*
~ **type** Korrosionsart *f*
~ **value** Korrosionsgröße *f*
corrosive korrosiv, korrodierend, zerfressend, ätzend
~ **action** Korrosionswirkung *f*, Ätzwirkung *f*
~ **agent** Korrosionsmittel *n*
~ **attack** Korrosionsangriff *m*
~ **power** Korrosionskraft *f*, Ätzkraft *f*
~ **solution** Korrosionslösung *f*
corrugated curving rollers Wellblechbiegewalzen *fpl*, Wellblechbiegerollen *fpl*
~ **edge belt** Wellenkantengurt *m (Putzerei)*
~ **pipe** Wellrohr *n*
~ **sheet** Wellblech *n*, Riffelblech *n*
~ **sheet covering** Wellblechhaut *f*, Wellblechverkleidung *f*
~ **sheet [rolling] mill** Wellblechwalzwerk *n*
corrugation Welle *f (bei Blechen)*; Ratterwelle *f (bei Schienen)*
corundum *(Min)* Korund *m*
~ **brick** Korundstein *m*
~ **particle** Korundpartikel *f*
~ **quality** Korundqualität *f*
coruscation Silberblick *m*, Blicken *n* des Silbers
cosine wave Kosinuswelle *f*

cost of melting Schmelzkosten *pl*
~ **of metal at the spout** Flüssigeisenkosten
pl (flüssiges Gußeisen als Kostenträger)
cotter Splint *m*, Dorn *m*, Schließkeil *m*
cotton bag *(Gieß)* Baumwollfiltersack *m*
(Kupolofenfilter)
Cottrell atmosphere Cottrell-Wolke *f*
~ **dislocation** *(Krist)* Cottrell-Lomer-Verset-
zung *f*
~ **effect** Cottrell-Effekt *m*
~ **filter (precipitator)** Cottrell-Abscheider
m, Cottrell-Filter *n (Gasentstaubung)*
~-**Stokes line** Cottrell-Stokes-Gerade *f*
Coulomb energy Coulomb-Energie *f*
~ **force** Coulomb-Kraft *f*
~ **interaction** Coulombsche Wechselwirkung *f*
count flag *s.* ~ **impulse**
~ **impulse** Zählimpuls *m*
~ **rate** Zählrate *f*, Impulsrate *f*; Schallrate *f*
counter Zählwerk *n*, Zähleinrichtung *f*,
Zähleinheit *f*
~-**diffractometer method** Zählrohrdiffrak-
tometermethode *f*
~ **tube** Zählrohr *n*
~ **voltage supply** Zählrohrspannungsver-
sorgung *f*
~ **window** Zählrohrfenster *n*
counteract/to [ent]gegenwirken
counterbalance/to ausbalancieren [durch
Gegenmasse] ausgleichen; auswuchten
counterbalance Massenausgleich *m*; Gegenmasse *f*, Ausgleichmasse *f*
~ **cylinder** *(Umf)* Ausgleichzylinder *m*
counterbending Rückbiegung *f*
counterblow hammer Gegenschlaghammer *m*
counterbuffer *(Gieß)* Gegenanschlag *m*
countercurrent gegenläufig
countercurrent Gegenstrom *m*, Gegenströ-
mung *f*
~ **classifying** Gegenstromklassieren *n*
~ **extraction** Gegenstromextraktion *f*
~ **flow** Gegenstrom *m*
~ **gas flow** Gasgegenstrom *m*
~ **heating** Erwärmen *n* im Gegenstrom
~ **liquid flow** Flüssigkeitsgegenstrom *m*
~ **reactor** Gegenstromreaktor *m*
counterdiffusion Kontradiffusion *f*
counterelectrode Gegenelektrode *f*
counterflow Gegenfluß *m*, Gegenstrom *m*
~ **dryer** Gegenstromtrockner *m*
~ **furnace** Gegenstromofen *m*
~ **heat exchanger** Gegenstrom-
wärme[aus]tauscher *m*, Gegenströmer *m*
~ **launder** Gegenstromrinne *f*
~ **operation** Gegenstrombetrieb *m*
~ **recuperator** Gegenstromrekuperator *m*
counterflux Teilchenstrom *m (im Detektor)*
counterion Gegenion *n*
counterpiston *(Gieß)* Gegenkolben *m*
(stoßfreie Rüttelformmaschine)

counterplunger *s.* counterpiston
counterpressure Gegendruck *m*
~ **die** Gegendruckkokille *f*
~ **die-casting machine** Gegendruck-Kokil-
lengußmaschine *f*
counterpunch *(Umf)* Gegenstempel *m*
counterweight Gegenmasse *f*, Ausgleichmasse *f*, Gegengewicht *n*
counting channel Zählkanal *m*
~ **eyepiece** Zählokular *n*
~ **logic** Zähllogik *f*
~-**out technique** Auszählverfahren *n*
~ **period** Zählperiode *f*
~ **rate** Zählrate *f*
~ **system** Zählsystem *n*
country rock Nebengestein *n*
couplant *(Am)* Kopplungsmittel *n*
couple Thermoelement *n*
coupled energy Kuppelenergie *f*
~ **product** Kuppelprodukt *n*
~ **production** Kuppelproduktion *f*
~ **tuyeres** Wechseldüsen *fpl (Kupolofen)*
coupling Kupplung *f*; Kopplung *f*, Ankopplung *f*
~ **box** Kupplungsmuffe *f*, Muffe *f*
~ **element** Kupplungsteil *n*
~ **film** Kopplungsmittel *n (Ultraschallverfahren)*
~ **layer** Ankopplungsschicht *f*; Ankopp-
lungsspalt *m (Ultraschallverfahren)*
~ **lining** *(Pulv)* Kupplungsbelag *m*
~ **medium** Kopplungsmittel *n (Ultraschallverfahren)*
~ **nut** Überwurfmutter *f*
~ **property** Kopplungseigenschaft *f (Ultraschallverfahren)*
~ **spindle** Kuppelspindel *f*
~ **technique** Ankopplungstechnik *f*
coupon Probestück *n*
course 1. Lauf *m*; Verlauf *m (eines Prozesses)*; 2. Schicht *f*, Lage *f*
~ **of decarburization** Entkohlungsverlauf *m*
~ **of refining** Frischverlauf *m*
~ **of the reaction** Reaktionsablauf *m*
~ **of transformation** Umwandlungsverlauf
m
covalent bonding kovalente (homöopolare)
Bindung *f*, Atombindung *f*, Elektronen-
paarbindung *f*
covellite *(Min)* Kovellin *m*, Kupferindig[o]
m
cover/to 1. bedecken; überziehen; 2. *(Umf)*
ummanteln, umhüllen; 3. umspinnen *(Kabel)*; 4. abdecken; bestreichen; 5. *(Gieß)*
schlichten, schwärzen
cover 1. Überzug *m*; 2. Hülle *f*, Umhüllung
f, Ummantelung *f*; 3. Decke *f (Ofenbau)*;
4. Deckel *m*; Verschlußkappe *f*, Schutz-
deckel *m*; 5. Abdeckmittel *n*
~ **carriage** Deckelverfahrwagen *m*
~ **coat** Deckemail *n*
~ **copy** *(Pulv)* Hüllenabdruck *m*

~ **die** Eingußformhälfte *f*, feste Formhälfte *f (Druckguß)*
~ **displacing machine** Deckelverfahrmaschine *f*
~ **flux** Abdeckmasse *f*
~ **guard** Schutzblech *n (eines Ofens)*
~ **heating** Deckelbeheizung *f*
~ **plate** Deckplatte *f*, Abdeckplatte *f*, Abdeckblech *n*
~ **reprint** *(Pulv)* Hüllenabdruck *m*
~ **reproducing method** *(Pulv)* Hüllenabdruckverfahren *n*
~ **seal** Deckel[ab]dichtung *f (Haubenglühofen)*
~ **thermocouple** Mantelthermoelement *n*
~-**type [annealing] furnace** Haubenglühofen *m*
~ **wire** *(Umf)* Deckdraht *m*, äußerster Draht *m (z. B. bei Seilen)*
coverage 1. Arbeitsradius *m*; 2. Belegung *f*
covered electrode umhüllte Elektrode *f*, Mantelelektrode *f*
covering Abdecken *n (z. B. eines Schmelzbads)*
~ **agent** Abdeckmittel *n*
~ **density** *(Pulv)* Manteldichte *f*
~ **film** Deckschicht *f*
~ **flux** Abdeckmittel *n*; Abdecksalz *n*; Abdeckpulver *n*
~ **hood** Abdeckhaube *f*
~ **operation** *(Krist)* Deckoperation *f*
~ **porosity** *(Pulv)* Mantelporosität *f*
Cowper Winderhitzer *m*; Cowper *m (Hochofen)*
~ **chamber** Winderhitzerschacht *m*
C.P. *s.* calorific power 1.
CPUA *s.* number of cells per unit area
CQ *s.* commercial quality
CQ process *s.* controlled quality process
crab Laufkatze *f*
~ **carriage** Katzenwagen *m (der Laufkatze)*
~ **winch** Katzenwinde *f*
crack/to [zer]platzen, [zer]springen, bersten, [auf]reißen, rissig werden *(z. B. feuerfestes Mauerwerk)*
crack Riß *m*; Sprung *m*, Spalt *m*; Ritze *f*; Anriß *m*
~ **arrest toughness** Rißstoppzähigkeit *f*
~ **branching** Rißverzweigung *f*, Bruchverzweigung *f*, Bruchgabelung *f*
~-**detecting agent** Rißprüfmittel *n*
~ **detector** Rißprüfgerät *n*
~ **direction** Rißrichtung *f*
~ **distribution** Rißverteilung *f*
~ **edge** Rißkante *f*
~ **edge definition** Rißkantenschärfe *f*
~ **formation** Rißbildung *f*
~-**free** frei von Rissen
~ **front** Rißfront *f*
~ **geometry** Rißgeometrie *f*
~ **growth** Rißwachstum *n*
~ **growth curve** Rißwachstumskurve *f*

~ **growth rate** Rißwachstumsgeschwindigkeit *f*
~-**inducing** rißeinleitend
~-**inhibiting** rißhemmend
~ **initiation** Rißeinleitung *f*, Rißauslösung *f*
~ **initiation energy** Rißeinleitungsenergie *f*, Brucheinleitungsenergie *f*
~ **isolation** Rißisolierung *f*
~ **length test** Rißlängenprüfung *f*
~-**linkage process** Rißverkettungsvorgang *m*
~ **location** Bruchlage *f*
~ **network** Rißnetzwerk *n*
~ **nucleation** Rißkeimbildung *f*
~ **nucleation period** Rißkeimbildungsperiode *f*
~ **opening** Rißaufweitung *f*
~ **opening stretch** Riß[spitzen]öffnung *f*
~ **path** Rißverlauf *m*
~ **pattern** Rißmuster *n*
~ **position** Rißlage *f*
~ **profile** Rißprofil *n*
~-**promoting** rißbildungsfördernd
~ **propagation** Rißausbreitung *f*
~ **propagation direction** Rißausbreitungsrichtung *f*
~ **propagation energy** Rißfortschrittsenergie *f*
~ **propagation resistance** Rißausbreitungswiderstand *m*
~ **propagation velocity** Rißausbreitungsgeschwindigkeit *f*
~ **resistance** Rißwiderstand *m*
~ **resistance curve** Rißwiderstandskurve *f*
~-**runner** Rißausläufer *m*
~ **sensitivity** Rißempfindlichkeit *f*
~ **shape** Rißform *f*
~ **shape factor** Rißformfaktor *m*
~-**starter weld** Rißeinleitungsschweißung *f (Fallgewichtssprödbruchprüfung)*
~ **surface** Rißoberfläche *f*
~ **susceptibility** Rißanfälligkeit *f*
~ **susceptibility factor** Rißanfälligkeitsfaktor *m*
~-**tested condition of delivery** rißgeprüfter Lieferzustand *m*
~ **testing** Rißprüfung *f*
~ **tip** Rißspitze *f*, Rißgrund *m*
~-**tip displacement** Rißspitzenverschiebung *f*
~-**tip displacement parameter** Rißfortschrittsparameter *m*
~ **under cladding** Unterplattierungsriß *m*
~ **wedge** Rißkeil *m*
~ **zone** Rißzone *f*
cracked rissig
~ **ammonia gas** Ammoniakspaltgas *n*
cracker Brecher *m*, Brecherwalze *f*
~ **core** *(Gieß)* Luftkern *m*, Luftstift *m (des atmosphärischen Speisers)*
cracking 1. Reißen *n*, Rissigwerden *n*, Brüchigwerden *n (z. B. bei feuerfestem Mauerwerk)*; 2. Rißbildung *f*

~ **characteristics** Rißverhalten *n*
~ **factor** Rißfaktor *m*
~ **index** Rißbildungsindex *m*
~ **of lubricant** Gleitmittelzersetzung *f*, Zerlegung *f* von Schmierstoffen
~ **process** Spaltverfahren *n*, Spaltprozeß *m*
~ **tendency** Rißbildungsneigung *f*
~ **test** Rißbildungsversuch *m*
cracky rissig, brüchig
cradle Wimmler *m*, Wiege *f*; Abwurftasche *f*, Sammeltasche *f*, Mulde *f*
crane Kran *m*, Aufzug *m*
~ **air conditioning device** Kranklimagerät *n*, Kranklimaanlage *f*
~ **balance** Kranwaage *f*
~ **bridge** Kranbrücke *f*
~ **carriage** Laufkatze *f*, Krankatze *f*
~ **column** Kranstütze *f*
~ **crab** Laufkatze *f*, Krankatze *f*
~ **dent** Beschädigung *f* durch Krantransport
~ **hoist** Kranhub *m*
~ **hook** Kranhaken *m*
~ **intercommunication set** Kransprechgerät *n*
~ **ladle** Kranpfanne *f*
~ **load** Kranlast *f*
~ **rail** Kranschiene *f*
~ **rope** Kranseil *n*
~ **runway** Kranbahn *f*
~ **runway girder** Kranbahnträger *m*
~ **track** Kranbahn *f*
~ **travelling wheel** Kranlaufrad *n*
~ **way** Kranbahn *f*
~ **way girder** Kranbahnträger *m*
crank/to kröpfen *(Freiformschmiedeverfahren)*
crank Kurbel *f*
~ **angle** Kurbelwinkel *m*
~ **arm** Kurbelarm *m*
~ **axle** Kurbelachse *f*
~ **drawing press** Kurbelziehpresse *f*
~ **drive** Kurbelgetriebe *n*, Kurbelantrieb *m*
~ **forging press** Kurbelschmiedepresse *f*
~ **press** Kurbelpresse *f*, Kniehebelpresse *f*
~ **throw** Kurbelkröpfung *f*
~ **web** Kurbelwange *f*
cranked shaft gekröpfte Welle *f*
cranking Kröpfung *f*, Kurbelwellenkröpfung *f (Freiformschmiedeverfahren)*
crankpin Kurbelzapfen *m*
crankshaft Kurbelwelle *f*
~ **fracture** Kurbelwellenbruch *m*
crater Krater *m*
~-**like** kraterförmig
~ **wear rate** Kraterabriebgeschwindigkeit *f*, Kraterausriebgeschwindigkeit *f (bei Verschleiß)*
cratering Kraterbildung *f*; Narbenbildung *f (Kern)*
craze 1. Haarriß *m*; 2. *s.* crack wedge
~ **cluster** Craze-Bündel *n*

~ **crack** feiner Riß *m* in Keramik
crazing Haarriß *m*, Brandriß *m (Kokille)*
creep/to *(Wkst)* kriechen, fließen
creep *(Wkst)* Kriechen *n*, Fließen *n*
~ **behaviour** Kriechverhalten *n*, Dauerstandverhalten *n*, Zeitstandverhalten *n*
~ **compression limit** Zeitstauchgrenze *f*
~ **condition** Zeitstandbedingung *f*
~ **crack** Zeitstandriß *m*
~ **damage** Zeitstandschädigung *f*
~ **deformation** Kriechverformung *f*
~ **elongation** Kriechdehnung *f*
~ **embrittlement** Zeitstandversprödung *f*
~ **life** Zeitstandlebensdauer *f*
~ **limit** Dehngrenze *f*, Zeitdehngrenze *f*
~ **load** Kriechbeanspruchung *f*
~ **rate** Kriechgeschwindigkeit *f*
~ **resistance** Kriechwiderstand *m*
~-**resistant** kriechfest, warmfest
~-**resistant steel** kriechfester (warmfester) Stahl *m*
~-**resisting** *s.* ~-resistant
~ **rupture** Zeitstandbruch *m*
~ **rupture crack** Zeitstandriß *m*
~ **rupture strength** Zeitstandfestigkeit *f*, Kriech[bruch]festigkeit *f*
~ **rupture test** Zeitstandprüfung *f*, Zeitstandversuch *m*
~ **shaping** Kriechformen *n*
~ **strain** Kriechdehnung *f*
~ **strength** Zeitstandfestigkeit *f*, Kriech[bruch]festigkeit *f*
~ **test** Kriechversuch *m*
~ **testing machine** Zeitstandprüfmaschine *f*
~ **time** Kriechzeit *f*
~ **velocity** Kriechgeschwindigkeit *f*
α-**creep** α-Kriechen *n (logarithmisches Kriechen)*
β-**creep** β-Kriechen *n (Übergangskriechen*
crest due to brittle fracture mechanisms Reißkamm *m*
~ **due to shearing mechanisms** Scherkamm *m*
Creusot-Loire-Uddeholm process Creusot-Loire-Uddeholm-Verfahren *n*
crevice corrosion Spaltkorrosion *f*
~ **corrosion at contact** Berührungskorrosion *f*, Kontaktkorrosion *f*
crimp/to wellig machen
crimped gewellt
~ **leather** Ledermanschette *f (Arbeitsschutz)*
crimping press Bördelpresse *f*
cristobalite *(Min)* C[h]ristobalit *m*
~ **flour** Cristobalitmehl *n*
~ **sand** *(Gieß)* Cristobalitsand *m*
critical absorption frequency kritische Absorptionsfrequenz *f*, Absorptionsgrenzfrequenz *f*
~ **cold work** kritischer Verformungsgrad *m*

~ **cooling rate** kritische Abkühlungsgeschwindigkeit f
~ **defects** kritische (gefährliche) Fehler mpl
~ **displacement energy** kritische Verlagerungsenergie f
~ **field** kritische Feldstärke f
~ **heat flux** kritische Heizflächenwärmebelastung f
~ **interval** kritisches Intervall n
~ **load** Grenzprüfkraft f
~ **normal stress** kritische Normalspannung f
~ **nucleus size** kritische Keimgröße f
~ **particle diameter** Grenzkorngröße f
~ **point** kritischer Punkt m, Haltepunkt m, Umwandlungspunkt m
~ **pore** kritische Pore f
~ **resolved shear stress** kritische Schubspannung f
~ **Reynolds number** kritische Reynolds-Zahl f
~ **scattering** kritische Streuung f
~ **shear stress** kritische Schubspannung f
~ **shear stress law of Schmid** Schmidsches Schubspannungsgesetz n
~ **solidification range** kritischer Erstarrungsbereich m
~ **solidification rate** kritische Erstarrungsgeschwindigkeit f
~ **speed** Grenzgeschwindigkeit f
~ **strain energy release rate** kritische Geschwindigkeit zum Abbau von Eigenspannungen
~ **stress intensity factor** kritischer Spannungsintensitätsfaktor m
~ **wear mechanism** Verschleißmechanismus m
crocodile skin Krokodilhaut f, Netzwerk n (Oberflächenfehler)
Croning process Maskenformverfahren n [nach Croning], Croning-Verfahren n
crop/to schopfen, abschneiden, scheren (Blöcke)
~ **ends** schopfen, Enden abschneiden
crop unteres Blockende n
~ **bucket** Schrottkübel m
~ **chute** Abfallrutsche f
~ **coal** minderwertige Kohle f
~ **conveyor** Schrottförderer m, Schrottförderband n
~ **cracking** Scherriß m
~ **disposal** Schrottabtransport m
~ **end** Schopfende n
~ **end bucket** Schrottasche f
~ **loss** Schopfverlust m
~ **shears** Schopfschere f, Häckselschere f
cropping Schopfen n, Abschneiden n, Abscheren n (von Blöcken)
~ **machine** Schopfanlage f, Schopfvorrichtung f
~ **shears** Schopfschere f, Häckselschere f
~ **speed** Abschergeschwindigkeit f

~ **tool** Schneidwerkzeug n, Schermesser n
cross/to (Krist) kreuzen (Gleitebene)
~-**cut** (Umf) querteilen
~-**roll** (Umf) querwalzen, friemeln
cross analysis Kreuzanalyse f
~ **beam** Querbalken m, Ausleger m, Querhaupt n, Querträger m
~-**beam crane** Traversenkran m
~ **brace** Querstrebe f
~ **break** Querbruch m, Querriß m
~ **classification** Mehrfachaufteilung f
~ **connection** Kreuzverbindung f
~-**country mill** Zickzackwalzwerk n
~-**cut adhesion test** (Korr) Gitterschnitt[prüf]methode f
~-**cutting** (Umf) Querteilen n
~-**cutting machine** (Umf) Querteilanlage f
~ **feed** Quervorschub m
~-**fired furnace** Querflammenofen m
~-**flow heat exchanger** Kreuzstromwärme[aus]tauscher m
~ **frog** Kreuzungsherzstück n
~ **hair ocular** Fadenkreuzokular n
~ **joint** 1. Kreuzgelenkkupplung f; 2. Versetzung f, Versatz m (Formkasten); Gußversatz m; 3. Kreuzstoß m (Schweißen)
~-**linkage** Vernetzung f
~-**linking** s. ~-linkage
~-**member** Querstrebe f
~-**piece** 1. Querstrebe f; 2. (Gieß) Zwischenwand f, Schore f
~ **reel** Kreuzhaspel f
~-**regenerative-type coke oven** Verbundkoksofen m
~-**roll straightening machine** Schrägrollenrichtmaschine f
~-**rolling** (Umf) Querwalzen n
~-**rolling elongator** Streckschrägwalzwerk n
~-**rolling mill** Schrägwalzwerk n, Querwalzwerk n
~ **seam weld** Kreuznahtschweißung f
~ **section** 1. Querschnitt m; 2. Querschliff m (Metallkunde)
~ **section of passage** Durchgangsquerschnitt m
~ **section of pot** Elektrolyseofenquerschnitt m (Aluminiumelektrolyse)
~ **section of specimen** Probenquerschnitt m
~ **section of the gate** (Gieß) Anschnittquerschnitt m
~-**section of the reactor** Querschnitt (Wirkungsquerschnitt) m des Reaktors
~ **section of the seam** Nahtquerschliff m
~-**sectional area** Querschnittsfläche f
~-**sectional area of bed** Querschnittsfläche f eines Wirbelschichtbetts
~-**sectional area of tube** Querschnittsfläche f eines zylindrischen Reaktors
~-**sectional cut** Quertrennschnitt m

~-slip *(Krist)* Quergleitung *f*
~-slip frequency Quergleithäufigkeit *f (von Schraubenversetzungen)*
~-slip lineQuergleitlinie *f*
~-slip mechanism Quergleitmechanismus *m*
~-slip model Quergleitmodell *n*
~ wire Fadenkreuz *n*
~ wire pile Kreuzverbandstapel *m*
crossbar 1. Traverse *f (z. B. in Zug-Druck-Prüfmaschinen)*; 2. *(Gieß)* Schore *f*; 3. Quersteg *m (am Längsholm)*
crossbelt Quertransportband *n*
crossed nicols *(Wkst)* gekreuzte Nicols *npl*
crosshead 1. Kreuzkopf *m*, 2. Querhaupt *n*; 3. Querziehform *f (Strangpresse)*
~ drive system Kreuzkopfantriebssystem *n*
~ extensometer Traversendehnungsmesser *m*
~ travel Querhauptbewegung *f*
~ velocity Querhauptgeschwindigkeit *f (der Prüfmaschine)*
crowd/to überfüllen; vollstopfen
crowdion Crowd-Ion *n (metastabiles Zwischengitteratom)*
crown 1. Gewölbe *n*, Haube *f (von Schmelzöfen)*; 2. Balligkeit *f*, Wölbung *f*, Überhöhung *f*; Bombage *f*, Bombierung *f (Walzen)*; 3. Querjoch *n*, Pressenquerhaupt *n*
~ of an arch Bogenscheitel *m*
crowning of rolls *(Umf)* Walzenbombierung *f*
crow's feet fault Krähenfußfehler *m (Oberflächenfehler)*
c.r.s.s. *s.* critical resolved shear stress
crucible Tiegel *m (auch als Teil mancher Schachtöfen)*
~ cast steel Tiegel[guß]stahl *m*
~ condition Tiegelzustand *m*
~ erosion Tiegelauswaschung *f*
~ furnace Tiegelofen *m*
~-lifting tongs Tiegel[zieh]zange *f*
~ process Tiegelschmelzverfahren *n*
~ reactions Tiegelreaktionen *fpl*
~ steel Tiegel[guß]stahl *m*
~ steel work Tiegelstahlwerk *n*
~ wall Tiegelwand *f*
~ wash Tiegelschutzanstrich *m*, Tiegelschlichte *f*
cruciform joint Kreuzstoß *m (Schweißen)*
~ joint specimen Kreuzstoßprobe *f*
crude roh; unverarbeitet; nicht aufbereitet
~ antimony Rohantimon *n*
~ coppers Rohkupfersorten *fpl*
~ coppers from smelter Hüttenrohkupfer *n*
~ dolomite Rohdolomit *m*
~ gas Rohgas *n*, ungereinigtes Gas *n*
~ gas dust Rohgasstaub *m*
~ gas off-take Rohgasabzug *m*, Abzug *m* für ungereinigtes Gas
~ iron Roheisen *n*

~ lead Rohblei *n*
~ oil Erdöl *n*
~ ore Roherz *n*, Fördererz *n*
~ ore blending bed Roherzmischbett *n*
~ ore homogenizing Roherzhomogenisierung *f*
~ sand Rohsand *m*
~ scale wax *(Pulv)* Filterkuchen *m*
~ steel Rohstahl *m*
~ steel capacity Rohstahlkapazität *f*
~ steel production Rohstahlproduktion *f*
~ steel weight Rohstahlgewicht *n*
~ tar Rohteer *m*
crumble/to abbröckeln
crumbling Abbröckeln *n*, Ausbröckeln *n*
crumbly bröckelig
crush/to brechen; mahlen; zerkleinern; zusammenquetschen, zusammendrücken
~ ores Erze brechen (quetschen)
crush *(Gieß)* 1. Reibstelle *f*; 2. Zerdrücken *n* der Form
~ test Stauchprobe *f*
crushed coke Brechkoks *m*
~ dolomite gemahlener Dolomit *m*
~ material Brechgut *n*
crusher Brecher *m*, Zerkleinerungsmaschine *f*
~ ball Mahlkörper *m*, Mahlkugel *f*
~ building Brecheranlage *f*; Brechergebäude *n*
~ roll Brechwalze *f*
crushing 1. Brechen *n*, Vermahlung *f*, Zerkleinerung *f*; Zusammendrücken *n*, Zusammenquetschen *n*; 2. *(Gieß)* Zerdrücken *n* der Form, Formbruch *m (beim Zulegen)*
~ and grinding equipment Zerkleinerungseinrichtung *f*
~ degree Zerkleinerungsgrad *m*
~ installation Zerkleinerungsanlage *f*, Quetsche *f*, Quetschvorrichtung *f*
~ machine *s.* crusher
~ mill Zerkleinerungsmühle *f*, Grobzerkleinerungsmühle *f*, Schlagmühle *f*
~ plant Brechanlage *f*, Mahlanlage *f*
~ room Brecherkammer *f*, Brecherraum *m*
~ stage Brecherstufe *f*
~ strength Quetschfestigkeit *f*
~ yield point Quetschgrenze *f*
crust Kruste *f*, Gußkruste *f*, Gußhaut *f*
~ breaker Krustenbrecher *m (bei der Aluminiumelektrolyse)*
cryogenic equipment Gefrieranlage *f*, Vereisungsanlage *f*
~ temperature Kryotemperatur *f*
cryolite *(Min)* Kryolith *m*
cryolitic bath Kryolithschmelzbad *n (Aluminiumelektrolyse)*
cryostat Kryostat *m*
cryptocrystalline kryptokristallin, ohne erkennbaren Habitus
crystal Kristall *m*

~ **alumina** *(Ff)* Edelkorund *m*
~ **angle** Kristallwinkel *m*
~ **axis** Kristallachse *f*
~ **axis orientation** *(Krist)* Stabachsenorientierung *f*
~ **bed** Kristallbett *n*, Kristallschicht *f*
~ **boundary** Kristallgrenze *f*
~ **chemistry** Kristallchemie *f*
~ **class** Kristallklasse *f*
~ **colonies** Kristallhaufwerk *n*
~ **corundum** *(Ff)* Edelkorund *m*
~-**crystal bonding** Kristall-Kristall-Bindung *f*, Bindung *f* zwischen zwei Kristallen *(über ihre gemeinsame Kontaktgrenzfläche hinweg)*
~-**crystal contact** Kristall-Kristall-Kontakt *m (Berührung von zwei Kristallen)*
~ **damage** Kristallstörung *f*
~ **defect** Kristallbaufehler *m*, Fehlstelle *f*
~ **diameter** Kristalldurchmesser *m*
~ **discharge** Kristallaustrag *m*
~ **entropy** Kristallentropie *f*
~ **face** Kristallfläche *f*, Kristallebene *f*
~ **field** Kristallfeld *n*
~-**field theory** Kristallfeldtheorie *f*
~ **figure etching** Kristallfigurenätzung *f*
~ **form** Kristallform *f*
~ **growth** Kristallwachstum *n*
~ **habit** Kristallhabitus *m*
~ **holder** Schwingerhalterung *f*
~ **imperfection** Kristallfehler *m*
~ **lattice** Kristallgitter *n*
~ **lattice parameter** Gitterparameter *m*
~ **lime** Kristallkalk *m*
~-**liquid mesophase** kristallin-flüssige Mesophase *f (Flüssigkristallzustand)*
~ **monochromator** Kristallmonochromator *m*
~ **nucleus** Kristall[isations]keim *m*
~ **pattern** Kristallbeugungsbild *n*
~ **perfection** Kristallperfektion *f*, Kristallgüte *f*
~ **physics** Kristallphysik *f*
~ **property** Kristalleigenschaft *f*
~ **quartz flour** Kristallquarzmehl *n*
~ **quartz gravel** Kristallquarzkies *m*
~ **quartz sand** Kristallquarzsand *m*
~ **scintillator** Kristallszintillator *m*, Kristallszintillationszähler *m*
~ **segregation** Kristallseigerung *f*
~ **size** Kristallgröße *f*
~ **spectrometer** Kristallspektrometer *n*
~ **structure** Kristallstruktur *f*, Kristallaufbau *m*
~ **structure analysis** Kristallstrukturanalyse *f*
~ **surface** Kristalloberfläche *f*
~ **symmetry** Kristallsymmetrie *f*
~ **system** Kristallsystem *n*, krystallografisches System *n*
~ **water** Kristallwasser *n*
~ **zone** Kristallzone *f*

crystalline kristallin[isch]
~ **aggregate** Kristallaggregat *n*, Kristallhaufwerk *n*
~ **force** Kristallisationsfähigkeit *f*, Kristallisationsvermögen *n*
~ **fraction** kristalliner Anteil *m*
~ **fracture** kristalliner (körniger) Bruch *m*
~ **grain** Kristallkorn *n*, Kristallit *m*
~ **modification** Umkristallisation *f*
~ **nucleus** Kristall[isations]keim *m*
~ **phase** Kristallphase *f*
~ **powder** Kristallpulver *n*
~ **solid** kristalliner Feststoff *m*
~ **spot** kristalliner Fleck *m*
~ **structure** kristalline Struktur *f*
crystallinity Kristallinität *f*
crystallite Kristallit *m*, Kristallkorn *n*
~ **boundary** *s.* grain boundary
~ **orientation** Kristallitorientierung *f*
~ **orientation distribution function** Kristallitorientierungsverteilungsfunktion *f*
~ **size** Kristallitgröße *f*
crystallizability Kristallisationsvermögen *n*, Kristallisierfähigkeit *f*
crystallizable kristallisierbar
crystallizate Kristallisat *n*
crystallization Kristallisation *f*, Kristallbildung *f*
~ **centre** Kristallisationszentrum *n*, Kristallisationskern *m*; Kristallisationskeim *m*
~ **interval** Erstarrungsintervall *n*, Kristallisationsintervall *n*, Kristallisationsbereich *m*
~ **kinetics** Kristallisationskinetik *f*
~ **nucleus** Kristallisationskeim *m*
~ **rate** Kristallisationsgeschwindigkeit *f*
~ **unit** Kristallisationseinheit *f*
crystallize/to [aus]kristallisieren, Kristalle bilden
crystallizer Kristallisator *m*, Kristallisationsapparat *m*
crystallizing Kristallisieren *n*
~ **chamber** Kristallisationskammer *f*, Kristallisierraum *m*
~ **evaporator** Verdampfungskristallisator *m*
~ **process** Kristallisationsverfahren *n*
~ **solution** Kristallisationslösung *f*
~ **tank** Kristallisierbehälter *m*
crystallographic direction kristallografische Richtung *f*, Kristallrichtung *f*
~ **lattice direction** kristallografische Gitterrichtung *f*
~ **orientation** Kristallorientierung *f*
~ **plane** kristallografische Ebene *f*, Kristallebene *f*, Netzebene *f*
~ **texture** kristallografische Textur *f*, Kristalltextur *f*
crystolon Crystolon *n (Handelsname für Siliziumkarbid)*
CSC-process CSC-Verfahren *n (Schleudergußverfahren)*
CSW *s.* crude steel weight

cube centre *(Krist)* Würfelzentrum *n*
~ corner Würfelecke *f*
~ diagonal Würfeldiagonale *f*
~ edge Würfelkante *f*
~ edge direction Würfelkantenrichtung *f*
~ face Würfelfläche *f*
~ texture Würfeltextur *f*
~ textured sheet Würfeltexturblech *n*
cubic body-centred *(Krist)* kubisch raumzentriert
~ face-centred *(Krist)* kubisch flächenzentriert
cuboctahedron *(Krist)* Kubooktaeder *n*
cuff Manschette *f*
culm coke Feinkoks *m*
culvert Entwässerungsgraben *m (Haldenlaugung)*
~ duct Abzugkanal *m*
cumulative absolute frequency *(Gieß)* kumulative Besetzungszahl *f*
~ events Summenhäufigkeit *f*
~ frequency curve Summenhäufigkeitskurve *f*, Summenwahrscheinlichkeitskurve *f*
~ frequency distribution Summenhäufigkeitsverteilung *f*
~ percent Summenhäufigkeit *f* in Prozent
~ timing Fortschrittszeitverfahren *n*
cunico *Dauermagnetlegierung (Cu-Ni-Co-Legierung)*
cunife *Dauermagnetlegierung (Cu-Ni-Fe-Legierung)*
cup/to hohlziehen, tiefziehen
cup 1. Tasse *f*, Näpfchen *n*; 2. Gaseinlaßdüse *f*
~-and-cone [arrangement] Gichtverschluß *m*
~-and-cone fracture Becherbruch *m (Zugprobe)*
~ drawing Napfziehen *n*
~ leather Manschette *f*
~-shaped abrasive wheel Topfschleifscheibe *f*
~ spring Tellerfeder *f*
~ wheel Topfschleifscheibe *f*
cupel/to kupellieren, [ab]treiben
cupel Kapelle *f*, Treibeofen *m*
~ test Kapellenprobe *f*
cupellation Kupellation *f*, Treiben *n*, Abtreiben *n*, Treibarbeit *f*
cupelling Treiben *n*, Treibarbeit *f*
cupola Kupolofen *m*, KO
~ blast temperature Kupolofenwindtemperatur *f*
~ blower Kupolofengebläse *n*
~ body Kupolofengestell *n*
~ charge material Kupolofenbeschickungsgut *n*
~ charging bucket Kupolofengichtkübel *m*
~ charging door Kupolofengichtöffnung *f*
~ charging machine Kupolofenbegichtungsanlage *f*

~ charging platform Kupolofengichtbühne *f*
~ design Kupolofenkonstruktion *f*
~ drop bottom Bodenplatte *f* des Kupolofens
~ dust Kupolofenstaub *m*
~ emission Kupolofenemission *f*
~ exhaust gas Kupolofenabgas *n*
~ furnace Kupolofen *m*
~ furnace dust removal plant Kupolofenentstaubungsanlage *f*
~ gas flow rate Kupolofen-Gasströmgeschwindigkeit *f*
~ hot-blast plant Kupolofen-Heißwindanlage *f*
~ lining Auskleidung *f* des Kupolofens, Stampfmasse *f* für die Auskleidung des Kupolofens
~-melted iron Kupolofeneisen *n*
~ metallurgical coke metallurgischer Kupolofenkoks *m*
~ operation Kupolofenbetrieb *m*
~ prop Stütze *f* der Bodenklappe *(Kupolofen)*
~ runner through Abstichrinne *f* am Kupolofen
~ shaft Kupolofenschacht *m*
~ shell Kupolofen[schacht]mantel *m*
~ stack Kupolofenkamin *m*
~ tapping Kupolofenabstich *m*
~ tapping temperature Kupolofenabstichtemperatur *f*, Rinneneisentemperatur *f*
~ tender Kupolofenschmelzer *m*
~ top gas composition Zusammensetzung *f* der Kupolofengichtgase
~ torch Anheizbrenner *m* für Kupolofen
cupping Tiefziehen *n*, Hohlziehen *n*, Tiefung *f*
~ press Tiefziehpresse *f*
~ test Tiefungsversuch *m*, Napf[tief]ziehversuch *m*, Tiefziehversuch *m*
~ test device Tiefungsgerät *n*
~ tool *(Umf)* Ziehwerkzeug *n*
~ value Tiefungswert *m*
cupric Kupfer..., Kupfer(II)-...
~ chloride Kupferchlorid *n*, Kupfer(II)-chlorid *n*
cupriferous kupferhaltig
cupro-lead 1. Bleibronze *f*; 2. Cu-Pb-Vorlegierung *f*
~-manganese Mangankupfer *n (Mn-Cu-Legierung)*
~-nickel Kupfernickel *n*
cuprous Kupfer..., Kupfer(I)-...
curb tile Randstein *m*, Einfassungsstein *m*
cure/to 1. *(Gieß)* abbinden, aushärten; 2. nachreifen, nachbehandeln *(Plaste)*
~ cores Kerne trocknen (aushärten)
cure time *(Gieß)* Aushärtungszeit *f*
cured core *(Gieß)* ausgehärteter Kern *m*
Curie point Curie-Punkt *m*
~ temperature Curie-Temperatur *f*

~-**Weiss law** Curie-Weisssches Gesetz *n*
curing 1. *(Gieß)* Abbinden *n*, Aushärten *n*;
  2. Nachreifen *n*, Nachbehandlung *f (von
  Plaste)*
~ **mechanism** Härtungsmechanismus *m*
~ **oven** Trockenofen (Backofen) *m* für
  Kerne
~ **rate** Trocknungsgeschwindigkeit *f*, Aus-
  härtungsgeschwindigkeit *f (bei Kernen)*
~ **time** Härtungszeit *f*, Trocknungszeit *f*
  (bei Kernen)
curium Curium *n*
curl/to *(Umf)* einrollen, rollbiegen; bördeln
curl 1. Wirbel *m (Strömung)*; 2. *(Umf)*
  Wulst *m(f)*, Rollbord *m*; Bördelung *f*
Curran's reagent Ätzmittel *n* nach Curran
  (für rostfreien Stahl)
current Strömung *f*; Strom *m*
~-**carrying** stromführend, stromdurchflos-
  sen
~ **degradation** Stromdegradation *f*
~ **density course** Stromdichteverlauf *m*
~ **density distribution** Stromdichtevertei-
  lung *f*
~ **density in electrode** Querschnittsbela-
  stung *f* der Elektrode
~ **distribution** Stromverteilung *f*
~ **flow** Stromfluß *m*, Stromdurchgang *m*
~ **flow technique** Stromdurchflutung *f*
~ **lead[-in line]** Stromzuführung *f*
~ **limitation** Strombegrenzung *f*
~ **loop** Kreisstrom *m*
~ **passage** Stromdurchgang *m*, Stromfluß
  m
~ **polarization** Strompolarisation *f*
~ **supply** Stromversorgung *f*, Stromzuführung *f*
~-**voltage curve** Strom-Spannungs-Kurve *f*
curtain formation Gardinen *fpl (Blockober-
  flächenfehler)*
curtaining 1. Blockschale *f*, Überwalzung *f*;
  2. *(Gieß)* Nasen *fpl*, Lappen *mpl (Schlich-
  tefehler)*
curvature Krümmung *f*, Biegung *f*; Abrundung *f*, Bogen *m*, Bogenlinie *f*
~ **contrast** Krümmungskontrast *m*
~ **line** Krümmungslinie *f*
~ **of field** Bildfeldkrümmung *f*
curve Kurve *f*; Krümmung *f*, Bogen *m*, Biegung *f*
~ **of shrinkage** Schwindungskurve *f*
~ **roller** *(Umf)* Kurvenrolle *f*
curved continuous slab caster Bogen-
  Brammenstranggießanlage *f*
~ **cooling chamber** gebogene Kühlsektion
  f (Bogenstranggießanlage)
~ **large radius sleeker** *(Gieß)* Polierknopf
  m
~ **mould** gebogene Kokille *f*, Bogenkokille
  f, Kreisbogenkokille *f*
~-**mould machine** Kreisbogen-Strangguß-
  maschine *f*; Kreisbogen-Stranggußan-
  lage *f*

~ **swage** Biegegesenk *n*, Vorkröpfgesenk *n*
~ **track** Kurvenbahn *f*
curvilinear kurvenförmig
cushion/to 1. dämpfen; 2. [aus]polstern
cushion 1. Kissen *n*, Polster *n*; 2. Puffer *m*;
  3. *(Umf)* Ziehkissen *n*
cushioned anvil jolter *(Gieß)* stoßgedämpfter Amboßrüttler *m (Formmaschine)*
~ **jolter** *(Gieß)* stoßgedämpfter Rüttler *m*
  (Formmaschine)
cushioning Dämpfung *f*; Pufferung *f*
~ **action** Pufferwirkung *f*
cusiloy *Li-Bronze*
custom-made standard mould base
  Standardform *f* in Sonderausführung
cut/to 1. schneiden; abschneiden; scheren;
  trennen; 2. spanen; 3. *(Gieß)* trennen
  (Sand von Gußstück); 4. schleifen *(z. B.
  Edelsteine)*
~ **off** 1. [ab]schneiden; abscheren, ab-
  hauen; abstechen; 2. spanen; 3. [ab]sper-
  ren, dämmen
~ **out test specimens** Proben entnehmen
~ **sand** *(Gieß)* den Sand schleudern
~ **the runner system** *(Gieß)* das Anschnittsystem ausschneiden
~ **to length** ablängen
~ **up** zerschneiden, durchschneiden
cut 1. Schnitt *m*; Abschnitt *m*; Einschnitt
  m; 2. Schrott *m*; 3. Schliff *m*; 4. *(Pulv)*
  Teilchenklasse *f*
~ **length** Abschnitt *m*, geschnittene Länge
  f, Abschnittlänge *f (Trennen)*
~-**off burr** Abstechgrat *m*
~-**off device** Absperrorgan *n*
~-**off disk** Trennscheibe *f*
~-**off lathe** Abstechbank *f*
~-**off length** s. ~ length
~-**off relay** Abschaltrelais *n*, Trennrelais *n*
~-**off torque** Abschaltmoment *n*
~-**off valve** Absperrorgan *n*, Absperrschieber *m*
~-**out torque** Abschaltmoment *n*
~ **sample** Aushiebprobe *f (bei Metallbar-
  ren)*
~ **sand** *(Gieß)* Sandschleudern *n*
~ **steel shot** Drahtkorn *n*
~ **steel shot blasting** Drahtkornstrahlen *n*
~ **surface** Schnittfläche *f*
~ **to length** abgelängt
~ **width** Schnittbreite *f*
~ **wire** Stahldrahtkorn *n (Strahlmittel)*
cutability Brennschneidbarkeit *f*
cutanit Hartmetall *n* für Ziehsteine u. ä.
cutlery Messerstahlwaren *fpl*; Besteck *n*
~ **steel** Messerstahl *m*, Besteckstahl *m*
cutter 1. Schneidwerkzeug *n*; Setzeisen *n*,
  Kerbeisen *n*; 2. Fräsmesser *n*, Fräser *m*;
  3. Trennschleifmaschine *f*
cutting 1. Schneiden *n*; Trennen *n*; 2. Fräsen *n*, Abspanen *n*; 3. Schleifen *n (z. B.
  von Edelsteinen)*

~ **angle** *(Krist)* Anschliffwinkel *m*
~ **bay** Trennhalle *f*
~ **behaviour** *(Krist)* Schneidverhalten *n*
~ **blade** Schneidmesser *n*
~ **blowpipe** Schneidbrenner *m*
~ **capacity** Spanleistung *f*, Schneidleistung *f*
~ **device** Trenneinrichtung *f (Strangguß)*
~ **die** Schnittwerkzeug *n*; Schnittmatrize *f*
~ **edge** Schnittkante *f*, Schneidkante *f*, Schneide *f*
~ **edge temperature** Schnittkantentemperatur *f*, Schneidkantentemperatur *f*, Schneidentemperatur *f*
~ **edge test** Schnittkantenversuch *m*
~ **electrode** Schneideelektrode *f*
~ **head** Schneidkopf *m*, Arbeitskopf *m*
~-**in** Abstechen *n*
~ **lip** *s.* ~ edge
~ **machine** Schneidemaschine *f*, Trennmaschine *f*
~ **material** Schneidstoff *m (Hartstoff für spanende Formgebung)*
~-**off cross slide** Abstechschlitten *m*
~-**off machine** Abstechmaschine *f*, Abstechbank *f*
~ **power** Schneidfähigkeit *f*
~ **property** 1. Schneidfähigkeit *f*; 2. Zerspanbarkeit *f*
~ **quality** Schneidhaltigkeit *f*
~ **rate** Abtragungsleistung *f (z. B. von Schleifmitteln)*
~ **roll** runde Messerscheibe *f*, Schneidrad *n* *(einer Schere)*
~ **sand** Schleifsand *m*
~ **speed** Schnittgeschwindigkeit *f*
~ **speed of a tool life of 60 min** Stundenschnittgeschwindigkeit *f*
~ **stroke** Arbeitshub *m*
~-**stroke length** Arbeitshublänge *f*
~ **table** Trenntisch *m*
~ **temperature** Schnittemperatur *f*
~ **time** Standzeit *f*, Drehzeit *f*
~ **to length** Ablängen *n*
~ **tool** 1. Drehstahl *m*; 2. Zerspanungswerkzeug *n*; 3. Abstechstahl *m*
~ **tool endurance (life)** *s.* ~ time
~ **torch** Schneidbrenner *m*
~ **wastage** Schnittverlust *m*
~ **wheel** Trennscheibe *f*
~ **width** Schnittbreite *f*
cwt hundredweight = 50,8 kg Masse
cyanamide Zyanamid *n (Nitrierhärten)*
cyanicide Zyanidfresser *m*, Zyanidverbraucher *m*
cyanidation Zyanidlaugung *f*
cyanide/to zyanieren, im Zyanbad härten
cyanide Zyanid *n*
~ **bath** Zyanidbad *n*, Zyansalzschmelze *f*
~ **[case] hardening** Zyanieren *n*, Zyanbadhärtung *f*
~ **leach solution** Zyanidlauge[lösung] *f*

~ **process** Zyanidlaugung *f*
~ **solution** Zyanidlösung *f*
cyaniding 1. Zyanieren *n*, Zyanbadhärtung *f*; 2. Zyanidlaugung *f*
cyanogen Dizyan *n*, Zyan *n*
cyanonitride Zyan[o]nitrid *n*, Karbonitrid *n*
cycle 1. Zyklus *m*; Periode *f*; 2. *(Wkst)* Lastspiel *n*
~ **crushing** Zerkleinern *n* [im Kreislauf]
~ **of charges** 1. Gichtenfolge *f*; 2. Gichtenwechsel *m*
~ **of operations** Arbeitsspiel *n*
~ **of reversed stress** Lastspiel *n* bei Wechselbeanspruchung
~ **ratio** Lastspielzahlverhältnis *n*
~ **setting** Voreinstellung *f* des Arbeitsablaufs
~ **time** Zykluszeit *f*
cycles of load stressing Lastspielzahl *f*
~ **to failure** Bruchlastspielzahl *f*
cyclic annealing Pendelglühen *n*
~ **bending fatigue fracture** Hin- und Herbiegedauerbruch *m*
~ **bending stress** Biegeschwingbeanspruchung *f*
~ **deformation** zyklische Verformung *f*
~ **frequency** Kreisfrequenz *f*
~ **loading** Dauerschwingbeanspruchung *f*
~ **pressing** *(Pulv)* zyklisches Pressen *n*
~ **sintering** *(Pulv)* zyklisches Sintern *n*
~ **strain rate** zyklische Dehngeschwindigkeit *f*
~ **stress** Wechselbeanspruchung *f*
~ **stress-strain curve** Wechselfließkurve *f*
~ **stressing apparatus** Wechselbeanspruchungsapparatur *f*
~ **torsional stress** Torsionswechselbeanspruchung *f*
~ **work** *(Umf)* zyklische Fertigung *f*; Taktfertigung *f (beim Walzen)*
cycloid-action mill Zykloidenwalzwerk *n*
cycloidal mill Zykloidenwalzwerk *n*
cyclone Zyklon *m*, Fliehkraftabscheider *m*, Wirbler *m*
~ **burner** Zyklonbrenner *m*, Wirbelbrenner *m*
~ **classifier** *(Aufb)* Klassierzyklon *m*
~ **collector (dust catcher)** Zyklosonde *f (Staubmeßgerät)*
~ **firing** Zyklonfeuerung *f*, Wirbelfeuerung *f*
~ **gas washer** Naßwirbler *m*
~ **rewashing** *(Aufb)* Nachwäsche *f* im Zyklon
~ **separator** *(Aufb)* Sortierzyklon *m*
~ **smelting** Zyklonschmelzen *n*
~ **thickener** *(Aufb)* Eindickzyklon *m*
~ **washer** *(Aufb)* Sortierzyklon *m*
cyclotron resonance Zyklotronresonanz *f*
cycoil air filter Ölwirbelluftfilter *n*
cylinder Zylinder *m*, Trommel *f*, Walze *f*, Hohlwalze *f*
~ **bolt** Zylinderbolzen *m*

~ **compression test** Zylinderstauchversuch *m*

~ **crosshead** Zylinderquerhaupt *n*

~ **grinding machine** Zylinderschleifmaschine *f*, Walzenschleifmaschine *f*

~ **head** Zylinderdeckel *m*, Kesselboden *m*, Zylinderkopf *m*

~ **liner** Zylinderlaufbüchse *f*, Zylindereinsatz *m*, Zylinderbüchse *f*

~ **surface** Ballenoberfläche *f (einer Walze)*

cylindrical bed zylindrisches Wirbelschichtbett *n*

~ **furnace** Trommelofen *m*

~ **gauze cathode** Rundnetzkatode *f*

~ **grinder** Rundschleifmaschine *f*

~ **head** Zylinderkopf *m*

~ **roller bearing** Zylinderrollenlager *n*

~-**shaped screen** Siebzylinder *m*

~ **specimen** zylindrische Probe *f*

D

$\tilde{D}$ *s.* chemical interdiffusion coefficient

D_{gb} *s.* grain boundary diffusion coefficient

D_L *s.* bulk diffusion coefficient

d-state d-Zustand *m (Unterschalenniveau)*

dabbed spout ausgekleideter Auslauf *m*

dabber *(Gieß)* Kernhaltestift *m*; Sandhaken *m*

daf *s.* dry and ash-free

daily output Tagesleistung *f*

~ **storage bin** Tagesbunker *m*

~ **tonnage** Tagesdurchsatz *m*

Dalton overhead eccentric crusher Kurbelschwingenbrecher *m*

daltonides Daltonide *npl*

dam Schlackenstein *m*, Überlauf *m* im Gießtümpel

~ **formation** Aufwölbung *f*

~ **height** Aufwölbungshöhe *f*

~ **plate** Schlackenblech *n*

~ **stone** Wallstein *m*

~-**type lip ladle** Schnauzenpfanne *f* mit Schlackenstein

~-**type pouring basin** Gießtümpel *m* mit Dämmleiste

damage 1. Beschädigung *f*; Schaden *m*; Havarie *f*; 2. Mikrorißbildung *f*

~ **cumulation rule** Schadensakkumulationsregel *f*

~ **curve (line)** Schadenslinie *f*

damaged section Schadensstelle *f*

damascene/to damaszieren *(Stahl verzieren)*

Damascene steel Damaszener Stahl *m*

Damask steel Damaszener Stahl *m*

damaxine *Lagerlegierung, P-Bronze*

damp/to 1. dämpfen; 2. anfeuchten, benetzen

damped-down blast furnace gedämpfter Hochofen *m*

dampen/to anfeuchten, benetzen

damper 1. Dämpfer *m*; 2. Regelschieber *m*, Schieberplatte *f*

damping 1. Dämpfung *f*; 2. Anfeuchtung *f*, Benetzung *f*

~ **behaviour** Dämpfungsverhalten *n*

~ **capacity** Dämpfungsvermögen *n*

~ **decrement** Dämpfungsdekrement *n*

~-**down** Dämpfen *n*, Drosseln *n (eines Ofens)*

~ **element** Dämpfungselement *n*

~ **material** Dämpfungswerkstoff *m*

~ **peak** Dämpfungspeak *m*, Dämpfungsmaximum *n*

~ **resistance** Dämpfungswiderstand *m*

~ **spring** Dämpfungsfeder *f*

~ **test** Dämpfungsversuch *m*, Dämpfungsprüfung *f*

danburite *(Min)* Danburit *m*

dancer roll Tänzerrolle *f*, bewegliche Rolle *f*

danger alarm system Gefahrenmeldeeinrichtung *f*

~ **of break**-out Durchbruchgefahr *f (beim Schmelzofen)*

dant geringwertige Kohle *f*

Dapex process *Flüssig-Flüssig-Extraktion mit D2EHP und TBP*

D'Arget's alloy *niedrigschmelzende Lötlegierung aus Bi, Pb und Sn*

dark current Dunkelstrom *m*

~ **etching** Dunkelätzung *f*

~ **field** Dunkelfeld *n*

~-**field illumination** Dunkelfeldbeleuchtung *f (für Dunkelfeldabbildung)*

~-**field image** Dunkelfeldbild *n*

~ **red heat** Dunkelrotglut *f (Anlaßfarbe)*

~ **straw** Strohgelb *n (Anlaßfarbe)*

darken/to sich schwärzen, sich schwarz färben

darkening Schwärzung *f*

darting flame Stichflamme *f*

DAS *s.* dendrite arm spacing

dash geringe Beimengung *f*

~-**and-dot line** Strichpunktlinie *f*

Davis bronze *Lu-Ni-Bronze für Turbinenschaufeln*

day light lichte Weite *f*; Durchgang *m (zwischen Pressenständern)*; Ausladung *f (einer Presse)*

DC machine Gleichstrommaschine *f*

DCRF = Die Casting Research Foundation

DDPA Dodezylposphorsäure *f*

DDQ *s.* deep drawing quality

de Broglie relation de-Broglie-Beziehung *f*

~ **Haas-van-Alphen effect** *(Krist)* de-Haas-van-Alphen-Effekt *m*

deactivation Desaktivierung *f*

dead 1. beruhigt, ruhig *(z. B. Schmelzbad)*; 2. stromlos; spannungslos

~-**annealed** weichgeglüht

~ **annealing** Weichglühen *n*

~ **axle** ruhende Achse *f*, Tragachse *f*
~-**burned** *s.* ~-burnt
~ **burning** Totbrennen *n*
~-**burnt** gesintert, totgebrannt
~-**burnt bentonite** *(Gieß)* totgebrannter Bentonit *m*
~-**burnt dolomite** Sinterdolomit *m*
~-**burnt magnesite** Sintermagnesit *m*, Sintermagnesia *f*
~ **centre** Totpunkt *m*, Ruhepunkt *m*
~ **clay** Schamotte *f*
~ **drawing** Totziehen *n*, Ziehen *n* von biegungsfreiem Draht
~-**flat** eben, plan
~ **groove** Blindkaliber *n (Walzen)*
~ **head** verlorener Kopf *m*
~ **lime** totgebrannter Kalk *m*
~ **load** ruhende Last *f*
~ **man** toter Mann *m (Bezeichnung für Reaktionsstörung im Schachtofenzentrum)*
~-**melt/to** Schmelze abstehen lassen
~ **melting** Abstehenlassen *n (einer Schmelze)*
~ **mild steel** *s.* ~ soft steel
~ **pass** Blindkaliber *n*
~ **pit** [Gjerssche] Ausgleichsgrube *f*, unbeheizter Tiefofen *m*
~ **roasting** Totrösten *n*
~ **roll** *(Umf)* Blindwalze *f*
~ **runner** *(Gieß)* Blindlauf *m*
~ **soaker** *s.* ~ pit
~ **soft annealing** Weichglühen *n*
~ **soft steel** weicher Stahl *m*, Flußstahl *m*
~ **steam** Abdampf *m*
~ **steel** beruhigter Stahl *m*
~ **stop** harter Anschlag *m*
~ **straightening** Totrichten *n*
~ **time** Totzeit *f*
~ **time correction** Totzeitkorrektur *f*
~ **weight** Eigenmasse *f*, tote Masse *f*
~-**weight nitrogen** Stickstoffballast *m*
~ **zone** tote Zone *f*
deaden/to abstumpfen, mattieren *(Metalle)*
deaerate/to entlüften, entgasen
deaeration Entlüftung *f*, Entgasung *f*
deagglomeration Deagglomeration *f*
dealuminization Entaluminieren *n*, Entaluminierung *f*
dealuminizing *s.* dealuminization
dearsenication Entarsenieren *n*
deash/to entaschen
debismuthizing Entwismuten *n (von Blei)*
debris 1. Schutt *m*; 2. Kristalltrümmer *pl*
deburr/to entgraten
deburring Entgraten *n*
~ **press** Abgratpresse *f*
Debye frequency Debye-Frequenz *f*
~-**Scherrer halo** Debye-Scherrer-Ring *m*
~-**Scherrer powder method** Debye-Scherrer-Pulvermethode *f*
~ **temperature** Debye-Temperatur *f*

~ **theory** Debyesche Theorie *f*
~-**Waller [temperature] factor** Debye-Waller-[Temperatur]-Faktor *m*
decalescence Dekaleszenz *f (latente Wärme bei Erwärmung)*
~ **point** Haltepunkt *m* bei der Erwärmung
decant/to dekantieren, abgießen; umfüllen
decantate Dekantat *n*
decantation Dekantieren *n*, Dekantation *f*, Abgießen *n*; Umfüllen *n*
~ **tank** Absetzbecken *n*, Absetztank *m*, Überlauftank *m*, Klärbecken *n*
decanter Dekantierapparat *m*, Dekanter *m (Trommelzentrifuge)*
decanting *s.* decantation
decarbonizing Dekarbonisierung *f*, Entkarbonisierung *f*, Entkohlung *f*
decarburization Entkohlung *f*; Frischen *n*
~ **depth** Entkohlungstiefe *f*
~-**free annealing** Entkohlungsfreiglühung *f*, entkohlungsfreie Glühung *f*, Entkohlungsfreitempern *n*
~ **index** Entkohlungskennzahl *f*
~ **mechanism** Entkohlungsmechanismus *m*
~ **of surface layer** Randentkohlung *f (Temperguß)*
~ **period** Entkohlungsperiode *f*; Frischperiode *f*
~ **speed** Entkohlungsgeschwindigkeit *f*
decarburize/to entkohlen; frischen
decarburized-annealed entkohlend geglüht
decarburizing effect Entkohlungswirkung *f*
decay 1. Abnahme *f*; 2. Zerfall *m*
~ **coefficient** Zerfallskonstante *f*
~ **curve** Abbaukurve *f*
~ **product** Zerfallsprodukt *n*
decelerate/to verzögern, verlangsamen
deceleration Verzögerung *f*, Verlangsamung *f*
~ **path** Bremsbahn *f (eines Ions)*
decelerator Bremseinrichtung *f*, Verzögerungseinrichtung *f*, Bremsstück *n*
deck *(Aufb)* Siebplatte *f*
decline Abfall *m*, Verminderung *f*, Abnahme *f*
declutch/to entkuppeln, ausrücken
decohesion Dekohäsion *f*, Trennung *f*, Zerrüttung *f*
decomposable 1. zersetzbar; 2. zerlegbar
decompose/to 1. zersetzen, abbauen; zerfallen; entmischen; 2. zerlegen, trennen
decomposition 1. Zersetzung *f*, Abbau *m*; Zerfall *m;* Entmischung *f;* 2. Zerlegung *f*, Trennung *f*
~ **action** Entmischungsvorgang *m*
~ **cycle** Zerfallszyklus *m*
~ **hot pressing** Heißpressen *n* mit chemischer Zersetzung (Zerlegung) des Pulvers
~ **of austenite** Austenitzerfall *m*
~ **of lubricant** Gleitmittelzersetzung *f*

~ **of ore** Erzzerfall *m*
~ **of water** Wasserzersetzung *f*
~ **point** Zersetzungspunkt *m*, Zersetzungstemperatur *f (einer Verbindung)*
~ **pressure** Zersetzungsdruck *m*
~ **product** Zerfallsprodukt *n*, Abbauprodukt
n
~ **structure** Zerfallsstruktur *f*
~ **temperature** Zersetzungstemperatur *f*,
Zersetzungspunkt *m (einer Verbindung)*
~ **voltage** Zersetzungsspannung *f (Elektrolyse)*
decontaminate/to dekontaminieren, ent-
giften, reinigen
decontaminating instrument Pulverzer-
stäuber *m*
decontamination Dekontamination *f*, Ent-
giftung *f*, Reinigung *f*
~ **factor** Dekontaminierungsfaktor *m*, Ab-
reicherungsfaktor *m*
decopperize/to entkupfern
decopperizing Entkupferung *f*
decoration of dislocations *(Krist)* Versetzungsdekoration *f*
decore/to *(Gieß)* Kerne ausstoßen, entkernen
decore vibrator *(Gieß)* Kernausstoßrüttler
m
decorer *(Gieß)* 1. Kernausstoßer *m (Gerät)*; 2. Entkerner *m (Beruf)*
decoring *(Gieß)* Kernausstoßen *n*, Ausstoßen *n* von Kernen, Entkernen *n*
~ **room** Entkernerei *f*
decrease/to abnehmen, absinken; vermindern
~ **to zero** auf Null abfallen
decrease Abnahme *f*, Abfall *m*, Verringe-
rung *f*, Rückgang *m*
~ **of density** Dichteabnahme *f*
~ **of pressure** Druckverminderung *f*, Druckabfall *m*, Druckverlust *m*
~ **of velocity** Geschwindigkeitsabnahme *f*
decreasing Abnehmen *n*, Absinken *n*; Vermindern *n*
decrement Dekrement *n*, Abnahme *f*
deduced abgeleitet
dedust/to entstauben
deduster Entstauber *m*, Entstaubungsap-
parat *m*
dedusting Entstauben *n*, Entstaubung *f*
~ **degree** Entstaubungsgrad *m*
~ **plant** Entstaubungsanlage *f*
deep carburization Tiefaufkohlung *f*
~ **cementing** Tiefzementieren *n*
~ **-draw/to** tiefziehen
~ **drawing** Tiefziehen *n*
~ **drawing compound** Tiefziehschmierge-
misch *n*
~ **drawing die** Tiefziehmatrize *f*, Tiefzieh-
werkzeug *n*
~ **drawing hammering press** Tiefzieh-
schlagpresse *f*

~ **drawing lubricant** Tiefziehschmiermittel
n
~ **drawing press** Tiefziehpresse *f*
~ **drawing quality** Tiefziehgüte *f*, Tiefzieh-
qualität *f*
~ **drawing sheet** Tiefziehblech *n*
~ **drawing steel** Tiefziehstahl *m*
~ **drawing strip** Tiefziehband *n*
~ **drawing strip steel** Tiefziehbandstahl *m*
~ **drawing test** Tiefziehversuch *m*, Tiefziehprüfung *f*, Tiefungsversuch *m*
~ **-drawn pressing** Tiefziehteil *n*
~ **-etch test** Tief[en]ätzungsprüfung *f*
~ **etching** Tief[en]ätzen *n*, Tief[en]ätzung *f*
~ **-hardening steel** tiefhärtender Stahl *m*
~ **-hole boring** Aufbohren *n* tiefer Bohrun-
gen
~ **penetration electrode** Tiefeinbrand-
elektrode *f*
~ **penetration welding** Tiefeinbrand-
schweißen *n*, Tf-Schweißen *n*
~ **-throated press** *(Umf)* Einständerpresse *f*
mit tiefer Ausladung
defacement *(Gieß)* Modellbeschädigung *f*
defect 1. Fehler *m*, Mangel *m*; 2. *(Krist)*
Fehlstelle *f*, Fehlordnung *f*, Gitterdefekt
m
~ **cluster** Fehlstellenanhäufung *f*
~ **-conduction mechanism** Defektleitungs-
mechanismus *m*
~ **density** Defektdichte *f*
~ **-dependent** störungsabhängig
~ **detectability** Fehlererkennbarkeit *f*
~ **detecting device** Fehlerprüfgerät *n*
~ **detection** Fehlerortung *f*, Fehlerauffin-
dung *f*
~ **detection limit** Fehlernachweisgrenze *f*
~ **detection probability** Fehlerauffindwahr-
scheinlichkeit *f*
~ **detection sensitivity** Fehlernachweisempfindlichkeit *f*
~ **distribution** Defektverteilung *f*
~ **electron** Defektelektron *n (Loch, unbe-
setzter Platz im Gitter)*
~ **formation** s. ~ generation
~ **-free billet** fehlerfreier Knüppel *m*
~ **-free casting** fehlerfreies Gußstück *n*
~ **generation** Defekterzeugung *f*, Defekt-
entstehung *f*, Defektbildung *f*
~ **generation rate** Defekterzeugungsrate *f*,
Defektbildungsgeschwindigkeit *f*
~ **of paint** *(Korr)* Anstrichzerstörung *f*
~ **of rolling** Walzfehler *m*
~ **orientation** Fehlerorientierung *f*
defective fehlerhaft, schadhaft; mangelhaft
~ **unit** fehlerhaftes Stück *n*
deficiency Mangel *m*, Unterschuß *m*, Fehl-
betrag *m*
~ **of gas** Gasmangel *m*
deficit Ausfall *m*, Verlust *m*
defined abgegrenzt

~ **gas and solids flow** definierter Gas- und Feststoffstrom *m*

deflagrate/to [schnell] abbrennen, verpuffen

deflagration Abbrennen *n*, Verbrennen *n*, Verpuffen *n*

deflect/to ablenken; abweichen

deflecting mirror Umlenkspiegel *m*

~ **plate** Prallplatte *f*, Ablenkplatte *f*

deflection 1. Umlenkung *f*, Ablenkung *f*; Durchbiegung *f*; Durchfedern *n*; 2. Abweichung *f*, Ausschlag *m*

~ **condition** Ablenkbedingung *f*

~ **element** Umlenkteil *n*

~ **error** Ablenkfehler *m*

~ **vane** Umlenkblech *n*

deflector nozzle Pralldüse *f*

~ **plate** Ablenkblech *n*, Schaber *m*

deform/to deformieren, verformen; umformen

deformability Deformierbarkeit *f*, Verformbarkeit *f*, Formänderungsfähigkeit *f*

deformable deformierbar, verformbar; umformbar

deformation Deformation *f*, Verformung *f*; Umformung *f*, Formänderung *f*; Formung *f*, Formgebung *f*

~ **at high temperatures** Warmumformung *f*

~ **at low temperatures** Kaltumformung *f*

~ **at rupture** Bruchformänderung *f*

~ **band** Deformationsband *n*

~ **behaviour** Verformungsverhalten *n*, Formänderungsverhalten *n*, Umformverhalten *n*

~ **condition** Umformbedingung *f*

~ **damage** Verformungsschädigung *f*

~ **due to hardening** Härteverzug *m*

~ **efficiency** Formänderungswirkungsgrad *m*, Umformwirkungsgrad *m*

~ **energy** Formänderungsarbeit *f*, Umformarbeit *f*; Formänderungsenergie *f*, Umformenergie *f*

~ **energy hypothesis** Gestaltsänderungsenergiehypothese *f*

~ -**fault probability** Verformungsstapelfehlerwahrscheinlichkeit *f*

~ **field** Verformungsfeld *n*, Verformungszone *f*

~ **heat** Umformwärme *f*

~ **instability** Verformungsinstabilität *f*, Umforminstabilität *f*

~ **marking** Kraftwirkungsfigur *f*

~ **martensite** Verformungsmartensit *m*, Schleifmartensit *m*

~ **mode** Verformungsart *f*, Verformungserscheinung *f*

~ **power** Umformleistung *f*

~ **process** Verformungsvorgang *m*, Umformvorgang *m*; Umformverfahren *n*

~ **rate** Formänderungsgeschwindigkeit *f*, Umformgeschwindigkeit *f*, Deformationsgeschwindigkeit *f*

~ **resistance** Verformungswiderstand *m*, Formänderungswiderstand *m*, Umformwiderstand *m*

~ **speed** *s*. ~ **rate**

~ **strength** Formänderungsfestigkeit *f*, Umformfestigkeit *f*, Fließgrenze *f* (s. a. yield strength)

~ **structure** Verformungsstruktur *f*, Verformungsgefüge *n*

~ **tensor** Formänderungstensor *m*

~ **texture** (Krist) Verformungstextur *f*

~ **twin** (Krist) Verformungszwilling *m*

~ **work** Verformungsarbeit *f*, Formänderungsarbeit *f*, Umformarbeit *f*

deformed state Formänderungszustand *m*

deforming zone Verformungszone *f*

degas/to entgasen

degasification Entgasung *f* (s. a. unter degassing)

~ **gas** Entgasungsgas *n*

~ **time** Entgasungszeit *f*

degasify/to entgasen

degasifying Entgasung *f*

degasser Entgasungseinrichtung *f*

degassing Entgasung *f* (s. a. unter degasification)

~ **annealing** Entgasungsglühen *n*

~ **flux** Entgasungsmittel *n*

~ **set-up** Entgasungsapparatur *f*

~ **unit** Entgasungseinheit *f*, Entgasungsanlage *f*

degate/to (Gieß) enttrichtern (Gießsystem entfernen)

degenerate[d] graphite entarteter Graphit *m*

~ **pearlite** entarteter Perlit *m*

degeneration of graphite Graphitentartung *f*

~ **of pearlite** Perlitentartung *f*

degradation Zerfall *m* (s. a. unter decomposition)

~ **quotient** Zerfallsquotient *m*

~ **resistance** 1. Zerfallsbeständigkeit *f*; 2. Zerfallsfestigkeit *f*

~ **strength** Zerfallsfestigkeit *f*

degrease/to entfetten

degreasing Entfetten *n*, Entfettung *f*

~ **agent** Entfettungsmittel *n*

~ **plant** Entfettungsanlage *f*

~ **tank** Entfettungsbehälter *m*

degree Grad *m*

~ **of acidity** Azidität *f*, Säuregrad *m*

~ **of agglomeration** Agglomerisationsgrad *m*

~ **of alignment** Ausrichtungsgrad *m* (von Kristalliten)

~ **of angularity** Eckigkeitsgrad *m*

~ **of anisotropy** Anisotropiegrad *m*

~ **of association** Grad *m* der Zusammenlagerung (z. B. von Gitterdefekten)

~ **of basicity** Basizität *f*, Basizitätsgrad *m*, Schlackenziffer *f*

~ **of cleanness** *(Korr)* Sauberkeitsgrad *m*
~ **of compaction** Verdichtungsgrad *m*
~ **of coverage** Bedeckungsgrad *m*
~ **of crystallinity** Kristallinitätsgrad *m*
~ **of damage** Schadensgrad *m*
~ **of damping** Dämpfungsgrad *m*
~ **of deformation** Umformgrad *m*
~ **of desulphurization** Entschwefelungs-grad *m*
~ **of determination** Bestimmtheitsmaß *n*
~ **of dispersion** Dispersitätsgrad *m*
~ **of dryness** Trockengrad *m*
~ **of dust removal** Entstaubungsgrad *m*
~ **of emission** Emissionsgrad *m*
~ **of evenness** Gleichmäßigkeitsgrad *m*
~ **of extraction** Extraktionsgrad *m*
~ **of fineness** Feinheitsgrad *m*
~ **of forging** Schmiedegrad *m*, Umform-grad *m*
~ **of freedom** Freiheitsgrad *m*
~ **of grain coarsening** Körnung *f*
~ **of grit arresting** Entstaubungsgrad *m*
~ **of hardness** Härtegrad *m*
~ **of harmfulness** Schädlichkeitsgrad *m*
~ **of homogenizing** Homogenisierungsgrad *m*
~ **of long-range order** *(Krist)* Fernord-nungsgrad *m*
~ **of metallization** Metallisierungsgrad *m*
~ **of misorientation** Desorientierungsgrad *m*
~ **of mixing** Vermischungsgrad *m*
~ **of moistening** Befeuchtungsgrad *m*
~ **of order** Ordnungsgrad *m*
~ **of oxidation** Oxydationsgrad *m*
~ **of porosity** Porositätsgrad *m*
~ **of purity** Reinheitsgrad *m*
~ **of ramming** *(Gieß)* Verdichtungsgrad *m*
~ **of reduction** Umformgrad *m*, Formände-rungsgrad *m*
~ **of rusting** Rostgrad *m*
~ **of saturation** Sättigungsgrad *m*
~ **of segregation** Entmischungsgrad *m*
~ **of separation** Abscheidegrad *m*
~ **of short-range order** *(Krist)* Nahord-nungsgrad *m*
~ **of shrinkage** *(Gieß)* Grad *m* der Lunke-rung
~ **of sili[fi]cation** Silizierungsstufe *f (der Schlacke)*
~ **of sintering** Sintergrad *m*
~ **of space filling** *(Krist)* Grad *m* der Raumerfüllung
~ **of stabilization** Stabilisierungsgrad *m*
~ **of stretching** 1. Streckungsgrad *m (der Kristallite)*; 2. *(Umf)* Reckgrad *m*, Ver-streckungsgrad *m*
~ **of superheating** Überhitzungsgrad *m (Schmelze)*
~ **of supersaturation** Übersättigungsgrad *m*

~ **of surface purity** Oberflächenreinheits-grad *m*
~ **of swelling** *(Gieß)* Quellungsgrad *m* *(Bindeton)*
~ **of undercooling** Grad *m* der Unterküh-lung *(Schmelze)*
~ **of utilization** Ausnutzungsgrad *m*
D2EHPA *s.* di-2-ethylhexylphosphoric acid
dehumidified blast getrockneter Wind *m*
dehumidifying Feuchtigkeitsentzug *m*
dehydrate/to 1. dehydratisieren, entwäs-sern, entfeuchten, trocknen; 2. dehydrie-ren, Wasserstoff entziehen
dehydrated coal Trockenkohle *f*
dehydration 1. Dehydratation *f*, Wasserent-zug *m*, Trocknung *f*; 2. Dehydrierung *f*, Wasserstoffentzug *m*
~ **roast** Entwässerung *f*
~ **system** Entwässerungssystem *n*
dehydrogenation-hydrogenation step Dehydrierungs-Hydrierungs-Teilschritt *m* *(der Reaktion)*
deicing salt *(Korr)* Auftausalz *n*
deionization Entionisierung *f*
delamination Delamination *f*, Ablösung *f*, Absplitterung *f*
~ **fracture** Delaminationsbruch *m*
delay Verzögerung *f*, Verzug *m*
~ **release** Zeitschalter *m*
~ **table** Zwischen[auslauf]rollgang *m*
~ **time** Zwischenzeit *f*, Verzögerungszeit *f*
delayed time-base sweep verzögerte Zeit-ablenkung *f*
deliver/to aufgeben; abgeben
delivery Lieferung *f*; Ablieferung *f*; Förder-menge *f*; Auslaß *m*
~ **conveyor** Abzugsförderer *m*, Abzugs-band *n*
~ **guide** Ausführung *f*, Ausführarmatur *f*
~ **rate** Förderstrom *m*, Ausflußstrom *m*
~ **roller** Abzugwalze *f*, Abzugrolle *f*, Aus-ziehrolle *f*
~ **roller table** Aus[lauf]rollgang *m*
~ **side** Druckseite *f*, Förderseite *f (einer Pumpe)*
~ **side of rolls** Walzenaustritt *m*, Walzen-austrittsseite *f*
~ **speed** Austrittsgeschwindigkeit *f*
~ **spout** Förderschnauze *f*, Ausfluß-schnauze *f*, Ausflußstück *f*
~ **state** Anlieferungszustand *m*
~ **tube** Abgangsrohr *n*
~ **valve** Druckventil *n*
delta brass Deltamessing *n*, δ-Messing *n*
~ **bronze** Deltabronze *f*, δ-Bronze *f*
~ **ferrite** Deltaferrit *m*
~**-ferrite formation** Deltaferritbildung *f*
~ **iron** Deltaeisen *n*, δ-Eisen *n*
~ **metal** *s.* ~ brass
demagnetization Entmagnetisierung *f*
~ **curve** Entmagnetisierungskurve *f*
demagnetize/to entmagnetisieren

demerit rating Bewertungskennzahl f, Einstufung f *(nach festgestellten Fehlern)*
demolition Abbruch m, Abriß m
~ **scrap** Demontageschrott m
~ **work** Abbrucharbeiten fpl
demount/to demontieren, abbauen; abmontieren
demountable demontierbar; abmontierbar
demounting Demontage f, Abbau m
dendrite *(Krist)* Dendrit m
~ **arm** Dendritenarm m
~ **arm segment** Dendritenarmsegment n
~ **arm spacing** Dendritenarmabstand m
~ **arm thickness** Dendritenarmdicke f
~ **growing** Dendritenwachstum n
~ **morphology** Dendritenmorphologie f
~ **network** Dendritennetzwerk n
~ **spacing** Dendritenabstand m
~ **structure** Dendritenstruktur f
~ **tip** Dendritenspitze f
dendritic dentritisch
~ **configuration** Dendritenarmkonfiguration f, Dendritenarmanordnung f
~ **growth** Dendritenwachstum n
~ **interstice** Dendritenzwischenraum m
~-**laminar** dendritisch-flächig
~ **morphology** Dendritengefüge n
~ **powder** dendritisches Pulver n
~ **structure** Dendritenstruktur f
denitrogenation Denitrierung f
dense dicht, porenfrei
~ **poling** Dichtpolen n *(Sauerstoffentfernung aus Garkupfer bis etwa 0,2 % durch Polen mit grünem Holz)*
~ **smoke** Qualm m
~ **structure** dichtes Gefüge n
densely packed line *(Krist)* dichtgepackte Reihe f *(Gitterrichtung)*
densen/to *(Gieß)* Kühleisen anlegen
densener 1. *(Gieß)* Kühlkokille f,[profilierte] Schreckplatte f; 2. *(Pulv)* Verdichtungsanlage f
denseness Dichtheit f
densification Verdichtung f, Dichteerhöhung f, Dichtesteigerung f
~ **mechanism** Verdichtungsmechanismus m; Verdichtungsvorgang m
densifier *(Gieß)* Kühlschrott m
densimeter Densimeter n, Dichtemesser m, Dichtigkeitsmesser m
densimetry Densimetrie f, Dichtebestimmung f
densitometer Densitometer n, Dichtemesser m
~ **curve** Densitometerkurve f
density Dichte f
~ **achievable** erreichbare Dichte f
~ **achieved** Enddichte f *(erreichte Dichte)*
~ **analysis** Dichteanalyse f
~ **determination** Dichtebestimmung f
~ **difference** Dichtedifferenz f
~ **distribution** Dichteverteilung f

~ **of atomic occupation** atomare Besetzungsdichte f
~ **of cementite spheroids** Zementitkugeldichte f
~ **of force lines** Kraftliniendichte f
~ **of green strip** 1. *(Pulv)* Grünbanddichte f; 2. *(Gieß)* Schülpendichte f
~ **of mould** Formdichte f
~ **of powder** Pulverdichte f
~ **of raw band** 1. *(Pulv)* Grünbanddichte f; 2. *(Gieß)* Schülpendichte f
~ **of sintered material (trunk)** Sinterkörperdichte f
~ **of states** Zustandsdichte f
~ **of states function** Zustandsdichtefunktion f
~ **profile** Dichteprofil n
~ **raise** Dichtesteigerung f
~ **ratio** Raumerfüllungsgrad m
~ **variation** Dichteschwankung f
dent Eindruck m, Beule f, Delle f
dental alloy Zahnlegierung f
~ **amalgam** Dentalamalgam n
~ **gold** Dentalgold n
deoxidant Desoxydationsmittel n
deoxidate/to s. deoxidize
deoxidation Desoxydation f, Reduktion f
~ **alloy** Desoxydationslegierung f
~ **equilibrium** Desoxydationsgleichgewicht n
~ **metal** Desoxydationsmetall n
deoxidize/to desoxydieren, reduzieren
deoxidizer Desoxydationsmittel n
deoxidizing Desoxydieren n, Desoxydation f
~ **agent** Desoxydationsmittel n
~ **slag** Desoxydationsschlacke f, Feinungsschlacke f
Deoxo gas cleaner Deoxo-Gasreiniger m
departure form nucleate boiling *(Gieß)* Anbrennpunkt m
dependence on strain rate Geschwindigkeitsabhängigkeit f
~ **upon orientation** Orientierungsabhängigkeit f
~ **upon temperature** Temperaturabhängigkeit f
dependent variable abhängige Variable f, Zielgröße f
dephosphorization Entphosphorung f
dephosphorize/to entphosphoren
dephosphorizer Entphosphorungsmittel n
dephosphorizing agent Entphosphorungsmittel n
deplastification Entplastifizierung f
deplastify/to entplastifizieren
deplete/to entleeren; erschöpfen
depletion Entleerung f; Verarmung f, Erschöpfung f
depolarization Depolarisation f
depolarizing agent *(Korr)* Depolarisator m

deposit/to 1. abscheiden, ausscheiden, ausfällen; niederschlagen, ablagern, absetzen; 2. auftragen, aufbringen *(Schicht)*
~ **a weld bead** Schweißraupe aufbringen
~ **by evaporation** aufdampfen
deposit 1. Abscheidung f, Ablagerung f; Niederschlag m; 2. Lagerstätte f; 3. aufgebrachte Schicht f, Auftrag m
~ **attack** Belagskorrosion f
~ **material** Abscheidungsmaterial n
~ **metal** 1. Deckmetall n; 2. Auftragmetall n *(Schweißen)*
~ **problem** Lager[ungs]problem n
~ **welding** Auftragschweißen n
deposited layer Aufdampfschicht f
~ **metal** Auftragmetall n; niedergeschlagener Werkstoff m
depositing 1. Abscheidung f, Absetzen n; 2. Aufbringung f
deposition 1. Abscheidung f; Ablagerung f; Niederschlag m; 2. Auftragung f, Beschichtung f
~ **etching** Niederschlagsätzung f, Beschichtungsätzung f
~ **polarization** Abscheidungspolarisation f
~ **rate** Aufbringungsrate f
depression 1. Senkung f, Erniedrigung f, Herabsetzung f; 2. Tiefung f, Vertiefung f; Senke f; 3. Unterdruck m
~ **of the melting point** Senkung f des Schmelzpunkts, Schmelzpunktserniedrigung f
depth Tiefe f
~ **effect** Tiefenwirkung f
~ **escape** Tiefenabweichung f
~ **gauge** Tiefenlehre f, Tiefentaster m, Tiefenmeßeinrichtung f, Tiefenmaß n
~ **growth** *(Krist)* Tiefenwachstum n *(von Gleitstufen)*
~ **-hardening** Einhärtung f
~ **magnification scale** Tiefenvergrößerungsmaßstab m
~ **measurement** Tiefenmessung f
~ **measurement fixture** Tiefenmeßeinrichtung f
~ **of carburizing** Aufkohlungstiefe f, Einsatztiefe f, Zementationstiefe f
~ **of case** Einsatz[härte]tiefe f, Härtetiefe f
~ **of chill** Einstrahlungstiefe f, Weißeinstrahlungstiefe f, Schrecktiefe f, Tiefe f der Weißeinstrahlung
~ **of corrosion** Korrosionstiefe f
~ **of crack** Rißtiefe f
~ **of crater** Kolktiefe f, Eindrucktiefe f
~ **of cut** Schnittiefe f
~ **of decarburized zone** s. ~ of decarburizing
~ **of decarburizing** Entkohlungstiefe f
~ **of die penetration** Eindringtiefe f des Stempels
~ **of emergence** Austrittstiefe f

~ **of filling** Füllraumtiefe f
~ **of focus** Schärfentiefe f
~ **of groove** Kalibertiefe f
~ **of hardening** Einsatz[härte]tiefe f, Härtetiefe f
~ **of impression** Eindringtiefe f
~ **of indentation** *(Wkst)* Eindrucktiefe f *(Härteprüfung)*
~ **of infiltration** Infiltrationstiefe f
~ **of notch** Kerbtiefe f
~ **of penetration** Eindringtiefe f
~ **of profile** Profiltiefe f, Profilhöhe f
~ **of the damaged layer** Störungstiefe f
~ **of the hearth** Herdtiefe f
~ **scale** Tiefenskale f
derivative Nebenerzeugnis n *(Kokerei)*
~ **unit** Maßeinheit f der abgeleiteten Meßgröße
derive/to ableiten
derrick Derrick[kran] m; Ladebaum m; Montagekran m
derust/to entrosten
derusting Entrosten n
~ **agent** Entrostungsmittel n
desalting *(Korr)* Entsalzung f
descale/to 1. entzundern; 2. Kesselstein entfernen
descaler Enzunderungsmaschine f, Entzunderungsapparat m
descaling 1. Entzundern n, Entzunderung f; 2. Kesselsteinentfernung f
~ **agent** Entzunderungsmittel n
~ **measuring cell** Entzunderungsmeßzelle f
~ **plant (unit)** Entzunderungsanlage f
descend/to [ab]sinken, niedersinken
descent 1. Abfall m, Senkung f; 2. Gefälle n, Neigung f; schiefe Ebene f; 3. Niedergehen n *(der Beschickung)*
~ **of charge** Absinken n der Gicht
description of the plant Anlagenbeschreibung f
deseam/to flämmen
deseaming Flämmen n
~ **blowpipe** Sauerstoffhobel m
~ **burner** Brenner m zum Flämmen
desiccant Trocknungsmittel n
desiccate/to trocknen; entwässern
desiccating chamber Vortrockenkammer f *(z. B. im Elektronenmikroskop)*
desiccation Trocknung f; Entwässerung f
desiccator Exsikkator m
design calculation Konstruktionsberechnung f
~ **of baffle screen** Prallgitterausführung f
~ **of closing** Ausführung f des Schließteils
~ **of pass** Kaliberkonstruktion f; Kaliberform f
~ **of roll passes** Walzenkalibrierung f
~ **of sectional pass** Formstahlkalibrierung f
~ **of the furnace** Ofenbauweise f
~ **sheet** Konstruktionsblatt n

~ **stress** zulässige Spannung (Beanspruchung) f, Konstruktionsspannung f
designation of powder Pulverbezeichnung f
~ **of steel** Stahlbezeichnung f
designed density Solldichte f
~ **porosity** Sollporosität f
designing of grooved rolls Walzenkalibrierung f
~ **of template** Schablonenkonstruktion f
desilicification Entkieselung f
desilicify/to entkieseln
desiliconization Entsilizierung f
desiliconize/to entsilizieren
desiliconizing Entsilizierung f
desilver/to entsilbern
desilvering Entsilbern n
desilverize/to entsilbern
desilverizing Entsilberung f
desired carbon content Sollkohlenstoffgehalt m
~ **temperature** Solltemperatur f
~ **value** Sollwert m
deslag/to abschlacken
deslagging Abschlacken n
desorption Desorption f
~ **site** Desorptionsplatz m
destabilization of austenite Destabilisierung f des Austenits
destack/to vereinzeln, entstapeln
destacker Vereinzelungsanlage f
destructive test zerstörende Prüfung f
~ **testing method** zerstörendes Prüfverfahren n
desulphurization Entschwefelung f, Desulfurierung f
~ **degree** Entschwefelungsgrad m
~ **effect** Entschwefelungswirkung f, Entschwefelungseffekt m
~ **plant** Entschwefelungsanlage f
~ **process** Entschwefelungsverfahren n
~ **slag** Entschwefelungsschlacke f
desulphurize/to entschwefeln, desulfurieren
desulphurizer Entschwefelungsmittel n
desulphurizing agent Entschwefelungsmittel n
~ **capacity** Entschwefelungskapazität f
~ **installation** Entschwefelungsanlage f
desurfacing Abdrehen n *(der Oberflächenschicht)*; Überdrehen n
detachable abnehmbar, abmontierbar; auswechselbar
~ **bottom** abnehmbarer (auswechselbarer) Boden m
~ **part** *(Gieß)* Formeinsatz m
detail drawing Werkstattzeichnung f, Stückzeichnung f, Detailzeichnung f
~ **in the image** Bildeinzelheit f
detectability of a flaw Nachweisbarkeit f eines Fehlers
detection [experimenteller] Nachweis m

~ **efficiency** Nachweisempfindlichkeit f
~ **limit** Nachweisgrenze f
~ **threshold** Detektorschwellwert m
detector Detektor m
~ **efficiency** Detektorwirkungsgrad m
~ **geometry** Detektoranordnung f
~ **slit** Detektorspalt m
detent Arretierung f, Anschlag m; Sperrklinke f; Sperrzahn m
detention time Verweilzeit f; Aufenthaltszeit f, Standzeit f, Haltezeit f
detergent Reinigungsmittel n
determination of output Leistungsbestimmung f; Durchsatzbestimmung f; Austragsermittlung f
~ **of pore size** Porengrößenbestimmung f
~ **of position** Lagebestimmung f
~ **of pressure** Druckermittlung f
detin/to entzinnen
detinning Entzinnung f
~ **plant** Entzinnungsanlage f
detonating gas Knallgas n
detonator Sprengkapsel f, Zünder m
deuteron irradiation Deuteronenbestrahlung f
developing specification Entwicklungsvorschrift f
development of capacity Kapazitätsentwicklung f
~ **of cracks** Rißentstehung f
~ **of gas** Gasentwicklung f
~ **of heat** Wärmeentwicklung f, Wärmeentbindung f
~ **of microstructure** Gefügeentwicklung f
~ **pressure** Entwicklungsdruck m
~ **work** Entwicklungsarbeit f
deviate/to abweichen; ablenken
deviating abweichend
deviation Abweichung f; Ablenkung f
~ **limit** Abmaß n
~ **parameter** Abweichungsgröße f, Abweichungsparameter m, Richtungsparameter m
~ **roller** Ablenk[ungs]rolle f
deviatoric stress tensor Spannungsdeviator m
device of powder addition Pulverzufuhreinrichtung f
dew point Taupunkt m
~ **point corrosion** Taupunktkorrosion f
~ **point measuring device** Taupunktmeßgerät n
dewater/to entwässern
dewatering Entwässerung f
dewaxing Wachsausschmelzen n
dextrin Dextrin n *(Formstoffbindemittel)*
dezinc/to entzinken
dezincification Entzinkung f
DF s. *unter* disappearing filament
DH-process Verfahren n der Dortmund-Hoerder Hüttenunion *(zur Vakuumbehandlung von Stahl)*

diad axis *(Krist)* zweizählige Achse *f*
diagonal length Diagonalenlänge *f*
~ **pass** Diagonalkaliber *n (Walzen)*
~ **pass design** Diagonalkalibrierung *f (Walzen)*
diagram Diagramm *n*, Schaubild *n*
~ **of equilibrium** Gleichgewichtsdiagramm *n*, Gleichgewichtsschaubild *n*
dial feed press *(Umf)* Presse *f* mit Drehtellerzuführung
~ **indicator** 1. Anzeigeskale *f*, Ableseskale *f*; 2. Meßuhr *f*
dialogite *(Min)* Manganspat *m*, Rhodochrosit *m*
diamagnetic diamagnetisch
diamagnetism Diamagnetismus *m*
diameter Durchmesser *m*
~ **height ratio** *(Gieß)* Durchmesser-Höhe-Verhältnis *n (Speiser)*
~ **of bore** Bohrung *f*, Lochdurchmesser *m*
~ **of bubble departure** Abrißdurchmesser *m* der Dampfblase
~ **of granule** *(Pulv)* Korndurchmesser *m*
~ **of hole** 1. Lochdurchmesser *m*, Lochweite *f*; 2. *(Umf)* Ziehsteindurchmesser *m*
~ **of powder particle** Pulverteilchendurchmesser *m*
~ **of the ball** *(Wkst)* Kugeldurchmesser *m*
~ **of the impression (indentation)** *(Wkst)* Eindruckdurchmesser *m*
diametral diametral, genau entgegengesetzt
~ **pitch** Teilkreisdurchmesser *m*
~ **strength** *(Wkst)* diametrale Bruchfestigkeit *f*
diametrical *s.* diametral
diamond 1. Diamant *m*; 2. *(Umf)* Spießkant *n*, Raute *f*
~ **alloy** Diamantlegierung *f*
~ **cone** Diamantkegel *m*
~ **cubic** *(Krist)* diamantkubisch
~ **cubic lattice** *(Krist)* diamantkubisches Gitter *n*
~ **cutter** Diamantschneide *f*
~ **die** Diamantdüse *f*, Diamantziehstein *m*
~ **disk** Diamantpulverscheibe *f*
~ **-dressed** mit Diamant abgerichtet
~ **dresser** Abdrehdiamant *m*
~ **dust** Diamantstaub *m*
~ **fluid** Diamantflüssigkeit *f*
~ **milling attachment** Diamantfräser *m*
~ **pass** *(Umf)* Rautenkaliber *n*, Spießkantkaliber *n*
~ **paste** Diamantpaste *f*
~ **paste grinding** Schleifen *n* mit Diamantpaste
~ **polishing disk** Diamantpolierscheibe *f*
~ **powder** Diamantpulver *n*
~ **pyramid** Diamantpyramide *f*
~ **pyramid hardness** *(Wkst)* Vickershärte *f*

~ **pyramid hardness number** *(Wkst)* Vickershärte *f*, HV
~ **pyramid hardness test** *(Wkst)* Härteprüfung *f* nach Vickers
~ **-shaped** rautenförmig
~ **[-type] structure** *(Krist)* Diamantstruktur *f*
~ **wheel** Trennscheibe *f*
diamondite gesintertes Wolframkarbid
diaphragm 1. Membran *f*, Trennwand *f*, Scheidewand *f*; 2. Diaphragma *n (Elektrolyse)*; 3. Blende *f*
~ **cell** Diaphragmazelle *f (Elektrolyse)*
~ **cell process** Diaphragmaverfahren *n (Elektrolyse)*
~ **moulding machine** Membranpreßformmaschine *f*
~ **pipe wall** Membranrohrwand *f*
~ **pump** Membranpumpe *f (Labortechnik)*
~ **shell moulding machine** *(Gieß)* Membranmaskenformmaschine *f*
~ **squeeze moulding** *(Gieß)* Membranpreßformverfahren *n*
diaspore *(Min)* Diaspor *m (Tonerdemonohydrat)*
~ **refractory** *(Ff)* Diasporerzeugnis *n*
diatomaceous earth *(Ff)* Diatomeenerde *f*, Kieselgur *f*, Infusorienerde *f*
~ **light-weight brick** *(Ff)* Diatomeenleichtstein *m*
dicalcium silicate Dikalziumsilikat *n*
dichromate treatment Chromatieren *n*
didymim Didym[metall] *n (Nd-Pr-Legierung)*
die 1. *(Gieß)* metallische Form (Dauerform) *f*, Kokille *f (s. a. unter gravity die)*; Druckgießform *f*; 2. *(Pulv)* Preßform *f*, Preßwerkzeug *n*; 3. *(Umf)* Werkzeug *n*; Gesenk *n*, Untergesenk *n (Schmieden)*; Matrize *f*, Unterwerkzeug *n (Strangpresse)*; Ziehdüse *f*, Ziehwerkzeug *n*, Ziehstein *m (Draht)*; Ziehring *m (Tiefziehen)*; Schnittwerkzeug *n*; Schnittplatte *f*; Stanzwerkzeug *n*
~ **-actuating mechanism** *(Gieß)* Formbetätigungseinrichtung *f*
~ **angle** Zieh[stein]winkel *m*, Werkzeugwinkel *m*
~ **assembly** *(Gieß)* Verriegelung *f*, Sperrvorrichtung *f (einer Kokille)*
~ **backing ring** Werkzeugdruckring *m*
~ **bearing** Ziehkanal *m*, zylindrisches Führungsteil *n*
~ **bending press** Gesenkbiegepresse *f*
~ **blank** Ziehsteinkern *m*
~ **block** Ziehblock *m*
~ **body** *(Pulv)* Matrizenkörper *m*, Matrize *f*
~ **bolster** *(Pulv)* Matrizenmantel *m*
~ **bush** *(Gieß)* Eingußbüchse *f*
~ **case** Ziehsteineinfassung *f*
~ **cast/to** 1. in Dauerform gießen, kokillengießen; 2. druckgießen

~~cast assembly** Druckgießform f
~~cast engine block** Druckgußmotorblock m
~~cast test bar** Druckgußprobestab m
~ **caster** Druckgießer m
~ **casting** 1. Gießen n in Dauerformen, Kokillenguß m; 2. Druckgießen n, Druckguß m; 3. Druckgußteil n
~~casting alloy** 1. Kokillengußlegierung f; 2. Druckgußlegierung f
~~casting babbitt alloy** Druckgußlagerlegierung f
~~casting brass** Druckgußmessing n
~~casting department** Druckgießerei f
~~casting die** 1. Dauerform f; 2. Druckgußform f
~~casting furnace** Druckgießofen m
~~casting industry** Druckgußindustrie f
~~casting injection-pressure graph** (Gieß) Einspritzdruckkurve f
~~casting machine** Druckgießmaschine f
~~casting plant** Druckgießanlage f
~~casting shop** Druckgießerei f
~~casting work** Druckgießen n, Druckguß m
~~casting works** Druckgießerei f
~ **cavity** 1. (Gieß) Formhohlraum m (Formfasson f) der Druckgußform; 2. (Umf) Gesenkraum m
~ **channel** Düsenkanal m
~~closing force** (Gieß) Schließkraft f, Formzuhaltekraft f
~~closing mechanism** (Gieß) Formschließeinrichtung f (Kokillenguß)
~ **coating** (Gieß) Formschlichte f, Formschmiermittel n
~ **cone** Ziehsteinkonus m, Matrizenkonus m, Werkzeugkonus m
~ **construction** Formenbau m (Druckguß)
~ **cushion** Ziehkissen n (einer Presse)
~ **debugging** Formkorrektur f (Druckguß)
~ **drawing** Durchziehen n, Ziehen n durch ein Werkzeug
~ **dressing** Formschlichte f (Druckguß)
~ **drilling** Ziehsteinaufbohren n
~ **engraving machine** Gesenkgraviermaschine f
~ **entrance** Ziehsteineingangsteil n, Ziehsteineingangswinkel m, Matrizeneingangswinkel m
~ **erosion** Formerosion f (Druckguß)
~ **exit** Düsenausgang m
~ **face** (Umf) Matrizenstirnfläche f
~ **filling** 1. (Gieß) Formfüllung f; 2. (Umf) Ziehsteineinsatz m, Matrizeneinsatz m
~~forge/to** gesenkschmieden, im Gesenk schmieden
~~forged part** Gesenkschmiedestück n, Gesenkschmiedeteil n
~ **forging** Gesenkschmieden n
~~forging die** Schmiedegesenk n

~~forging hammer** Gesenkschmiedehammer m
~~forging mill** Schmiedewalzwerk n, Reckschmiedewalzwerk n
~~forging shop** Gesenkschmiede f
~~formed** s. unter ~~forged
~ **gap** Gesenkspalt m, Gratspalt m
~ **half** Formhälfte f, Formplatte f (Druckguß)
~ **head** Werkzeugkopf m, Werkzeugaufnehmer m
~ **heating** Formbeheizung f (Druckguß)
~ **height** Formhöhe f (Druckguß)
~ **height adjustment** Formhöhenverstellung f (Druckguß)
~ **height motor** Formhöhenverstellmotor m (Druckguß)
~ **hobbing** Kalteinsenken n (von Druckgießformen)
~ **holder** 1. (Gieß) Formfassung f (Druckguß); 2. (Umf) Werkzeugträger m, Werkzeughalter m; Matrizenhalter m; Ziehsteinhalter m
~ **holder carrier** Werkzeugaufnehmer[halter] m, Matrizenaufnehmer m,
~ **holding block** Formrahmen m, Formfassung f (Druckguß)
~ **hole** Ziehhol n, Matrizenloch n; Ziehwerkzeugbohrung f
~ **housing** Werkzeuggehäuse n
~ **impression** Gesenkgravur f
~ **insert** 1. (Gieß) Formeinsatz m; 2. (Pulv) Matrizenauskleidung f; 3. (Umf) Ziehsteinkern m
~ **layout** Formentwurf m, Formkonstruktion f (Druckguß)
~ **life** 1. (Gieß) Formstandzeit f; 2. (Umf) Werkzeugstandzeit f (s. a. ~ service life)
~ **liner** (Pulv) Matrizenauskleidung f
~ **lines** Werkzeugriefen fpl
~ **lining** (Pulv) Matrizenauskleidung f
~ **locating ring** (Gieß) Aufspannplattenstellring m
~ **lock-up system** Formschluß m (Druckguß)
~~locking force** (Gieß) Formzuhaltekraft f
~ **lubricant** 1. (Gieß) Formschmiermittel n, Formtrennmittel n; 2. (Pulv) Matrizengleitmittel n
~ **lubrication** (Gieß) Formschlichten n
~~maker** Formenbauer m
~ **mandrel** (Umf) Matrizendorn m
~ **mouth** Ziehsteinmündung f
~ **movement** (Pulv) Matrizenbewegung f
~ **opening stroke** (Gieß) Formöffnungshub m
~ **parting line** Gesenkteillinie f
~ **parting plane** (Gieß) Formtrennebene f
~ **pellet** Ziehsteinrohling m
~ **plate** 1. (Gieß) Formplatte f; 2. (Umf) Matrizenplatte f, Preßwerkzeugtisch m; 3. (Umf) Schneideisen n

~ **preheating** *(Gieß)* Formanwärmung *f*
~-**press/to** gesenkpressen, im Gesenk pressen
~ **pressing** Gesenkpressen *n*
~ **pressure** Stempeldruck *m*
~ **radius** Matrizenradius *m*, Gesenkradius *m*
~ **reduction angle** Ziehwinkel *m*, Matrizenwinkel *m*, Ziehkonus *m*, Matrizenkonus *m*
~ **relief** Werkzeughinterdrehung *f*
~ **ring** Ziehring *m (einer Presse)*
~ **ripping** Ziehsteinaufpolieren *n*
~ **rolling** Schmiedewalzen *n*, periodisches Walzen *n*
~ **scalping** Schabziehen *n*, Durchlaufschaben *n*
~ **sequence** Ziehfolge *f*
~ **service life** Werkzeugstandzeit *f;* Matrizenstandzeit *f;* Ziehsteinlebensdauer *f*
~ **set** *(Pulv)* Preßform *f*
~ **shears** Profilschere *f*
~ **sinking** 1. *(Gieß)* Einfräsen *n* der Formkontur; 2. *(Umf)* Einsenken *n*, Vorgravieren *n*
~ **slide** Werkzeugschieber *m*, Werkzeugschlitten *m*
~ **soldering tendency** Klebneigung *f (Druckguß)*
~ **space** Gesenkraum *m*, Werkzeugraum *m*
~ **spray equipment** Formsprüheinrichtung *f (Druckguß)*
~ **steel** 1. *(Gieß)* Formen[bau]stahl *m*; 2. *(Umf)* Matrizenstahl *m*, Gesenkstahl *m*
~ **sticking tendency** Klebneigung *f (Druckguß)*
~ **supporting plate** Formträgerplatte *f (Druckguß)*
~ **temperature** *(Gieß)·*Formtemperatur *f*
~ **try-out** Probeguß *m (Druckguß)*
~ **volume** *(Pulv)* Füllraum *m*
~ **wear** Gesenkverschleiß *m*
~ **width** Stempelbreite *f*
dieing machine Prägemaschine *f*, Stempelmaschine *f*
~ **stamp** Prägepresse *f*, Stempelpresse *f*
dielectric constant dielektrische Konstante *f*
~ **core baking (curing)** *(Gieß)* dielektrische Kerntrocknung *f*
~ **cracking** dielektrische Rißbildung *f*
~ **dryer** *(Gieß)* dielektrischer Trockner *m*, Hochfrequenztrockner *m*
~ **loss** dielektrischer Verlust *m*
~ **oven** *(Gieß)* dielektrischer Trockner *m*, Hochfrequenztrockner *m*
diethyl ether Diäthyläther *m*
di-2-ethylhexylphosphoric acid Di-2-ethylhexylphosphorsäure *f*
difference frequency image Differenzfrequenzabbildung *f*
~ **in brightness** *s.* contrast in brightness
~ **in height** Höhenunterschied *m*

~ **in phase displacement** Phasenwinkelunterschied *m*
~ **in transit time** Laufzeitdifferenz *f*
differential aeration cell Belüftungselement *n*
~ **cooling curve** Abkühlungskurve *f* der Differentialthermoanalyse (DTA)
~ **gear** Differentialgetriebe *n*, Ausgleichgetriebe *n*
~ **hardening** örtlich begrenztes Härten (Abschrecken) *n*, Stufenabschrecken *n*
~ **heat treatment** Glühen *n* mit ungleichmäßiger Temperaturverteilung
~ **heating curve** Aufheizkurve *f* der Differentialthermoanalyse (DTA)
~ **interference contrast method** Differential-Interferenz-Kontrastverfahren *n*
~ **interference contrast micrograph** Differential-Interferenz-Kontrastbild *n*
~ **interference-contrast microscopy** Differential-Interferenz-Kontrastmikroskopie *f*
~ **pressure** Differenzdruck *m*
~ **pressure gauge** Differenzdruckmesser *m*
~ **quenching** örtlich begrenztes Abschrecken (Härten) *n*, Stufenabschrecken *n*
~ **scanning calorimeter** Differentialabtastkalorimeter *n*
~ **sequence-time process** Folgezeitverfahren *n*
~ **shaft** Ausgleichswelle *f*, Differentialwelle *f*
~ **thermal analysis** Differentialthermoanalyse *f*, Differenz-TA, DTA
~ **thermal gravimetry** Differentialthermogravimetrie *f*, DTG
~ **timing** Folgezeitverfahren *n*
differentiated cooling curve differenzierte Abkühlungskurve *f*
differentiation ratio Differenzierungsverhältnis *n*
difficult steel schwer schweißbarer Stahl *m*
difficultly reductible ore schwer reduzierbares Erz *n*
diffract/to brechen
diffracted wave gebeugte Welle *f*
diffraction Beugung *f*
~ **angle** Beugungswinkel *m*
~ **broadening** Beugungsreflexverbreiterung *f*
~ **conics** Beugungskegel *mpl*
~ **contour** Beugungskontur *f*
~ **contrast** Beugungskontrast *m*
~ **diagram** Beugungsdiagramm *n*
~ **effect** Beugungseffekt *m*
~ **fringe** Beugungssaum *m*
~ **intensity** Beugungsintensität *f*
~ **line** Beugungslinie *f*
~ **maximum** Beugungsmaximum *n*
~ **method** Beugungsmethode *f*, Beugungsverfahren *n*
~ **mode** Beugungsstellung *f*

~ **order** Beugungsordnung f
~ **pattern** Beugungsbild n
~ **plane** Beugungsebene f
~ **vector** Beugungsvektor m
~ **vector determination** Beugungsvektorbestimmung f
diffractometer Diffraktometer n
diffuse/to diffundieren
diffuse background diffuser Untergrund m
~ **scattering** diffuse Streuung f
diffuser 1. Streuschicht f *(optisch)*; 2. Diffusor m, Staudüse f; 3. *(Gieß)* Verteiler m
diffusion Diffusion f
~-**accommodated flow** diffusionsgesteuertes Fließen n
~ **alloying** Auflegieren n durch Diffusion
~ **annealing** Diffusionsglühung f, Diffusionsglühbehandlung f, Diffusionsanlaßbehandlung f
~ **atmosphere** Diffusionsatmosphäre f
~ **baffle valve** Diffusionsstauventil n
~ **barrier** Diffusionsbarriere f, Diffusionssperrschicht f, Diffusionssperre f, Diffusionswand f
~ **behaviour** Diffusionsverhalten n
~ **block** s. ~ barrier
~ **bond** Diffusionsverbindung f
~ **bonding** Diffusionsverbinden n, Diffusionsschweißen n
~ **boundary layer** Diffusionsgrenzschicht f
~ **by volume** Volumendiffusion f, Gitterdiffusion f
~ **cell** Diffusionszelle f *(eines Ofens)*
~-**coated** diffusionsbeschichtet
~ **coating** Diffusionsschicht f
~ **coefficient** Diffusionskoeffizient m
~-**controlled** diffusionsbestimmt, diffusionskontrolliert, diffusionsgesteuert
~-**controlled process** diffusionskontrollierter Vorgang (Prozeß) m
~ **couple** 1. Diffusionspaar n *(kontaktierte Elementepaarung für Diffusionsuntersuchung)*; 2. Diffusionskopplung f
~ **couple method** Diffusionspaarverfahren n
~ **couple technique** Diffusionskopplungsmethode f
~ **current** Diffusions[grenz]strom m, Grenzstrom m
~ **current density** Diffusionsstromdichte f
~ **depth** s. penetration depth
~ **direction** Diffusionsrichtung f
~ **down dislocation channels** Versetzungsdiffusion f
~ **edge zone** Diffusionsrandzone f
~ **exchange** Diffusionsaustausch m
~ **flux** s. ~ current
~ **front** Diffusionsfront f *(sich in Diffusionsrichtung bewegende idealisierte Grenzfläche)*
~ **interface** Diffusionsgrenzfläche f

~ **law** Diffusionsgesetz n
~ **layer** Diffusionsschicht f
~ **length** Diffusionslänge f
~ **limit** Diffusionsgrenze f, Diffusionsbegrenzung f
~-**limited** durch Diffusionsvorgänge begrenzt
~ **mass flux** Diffusions[massen]strom m
~ **measurement** Diffusionsmessung f
~ **metallization** Diffusionsmetallisieren n
~ **method** Diffusionsmethode f, Diffusionsverfahren n
~ **of heat** Wärmediffusion f
~ **path** Diffusionsweg m
~ **pipe** Diffusionsschlauch m
~ **porosity** Diffusionsporosität f
~ **potential** Diffusionspotential n
~ **process** Diffusionsvorgang m, Platzwechselvorgang m
~ **profile** Diffusionsprofil n
~ **pump** Diffusionspumpe f
~ **rate** Diffusionsgeschwindigkeit f
~ **resistance** Diffusionswiderstand m
~-**retarding influence** diffusionshemmender Einfluß m
~ **segregation** Diffusionssegregation f
~ **system** Diffusionssystem n
~ **test** Diffusionsversuch m
~ **wear** Diffusionsverschleiß m
~ **welding** Diffusionsverschweißen n
~ **zone** Diffusionszone f
diffusional Coble creep Coble-Diffusionskriechen n
~ **creep** Diffusionskriechen n
~ **flow** Diffusionsfließen n
~ **jog** Diffusionssprung m
diffusionless diffusionslos
diffusive contribution Diffusionsbeitrag m
diffusivity Diffusivität f, Diffusionsvermögen n
diffusor s. diffuser
digenite *(Min)* Digenit m
digest/to digerieren, aufschließen
digest Aufschluß m
digester Digerierkolben m, Aufschlußbehälter m
digestion Digerieren n, Aufschluß m
digestive roasting Röstaufschluß m
digital scale Digitalwaage f
~ **ultrasonic measuring device** digitale Ultraschallmeßeinrichtung f
~ **voltmeter** Digitalvoltmeter n
dihedral *(Krist)* diedrisch, zweiflächig
dilatation Ausdehnung f
dilatational wave Longitudinalwelle f
dilate/to ausdehnen
dilating Ausdehnen n
dilatometer Dilatometer n
~ **specimen** Dilatometerprobe f
dilatometry Dilatometrie f
diluent Verdünnungsmittel n
dilute/to verdünnen

dilute acid verdünnte Säure f, Schwachsäure f
~ **alloy** niedriglegierte Legierung f
~-**alloy martensite** s. lath martensite
~ **sulphuric acid leaching** Laugen n mit verdünnter Schwefelsäure *(Metallgewinnung)*
dilution 1. Verdünnung f; 2. Verflüssigung f
dimension Maß n
dimensional accuracy Maßgenauigkeit f
~ **analysis** Dimensionsanalyse f
~ **change** Maßänderung f
~ **limit** Maßtoleranz f
~ **report** Maßbericht m
~ **stability** Maßbeständigkeit f
~ **value** dimensionsbehaftete Größe f
~ **variation** Abmaß n, Maßabweichung f
dimensioning Bemessung f
dimensionless dimensionslos
~ **number** dimensionslose Größe f
dimethylthiourea Dimethylthioharnstoff m
diminish/to vermindern; verringern
dimple Wabe[nzelle] f, Grübchen n, Vertiefung f *(in Bruchflächen)*
~-**like** grübchenförmig
~ **size** Wabengröße f, Grübchengröße f, Größe f der Vertiefung
dimpled structure Wabenstruktur f *(Hohlraumkoaleszenz infolge Beanspruchung)*
dinas brick Dinasstein m
dinge Beule f, Vertiefung f
dingot Regulus m, König m
diopside *(Min)* Diopsid m
dip/to 1. [ein]tauchen; 2. abfallen; absinken *(z. B. Kurve)*
~-**aluminize** tauchaluminieren
~-**braze** [hart]tauchlöten
~-**coat** tauchbeschichten; *(Gieß)* tauchschlichten
~-**etch** tauchätzen
~-**form** tauchformen
~-**galvanize** feuerverzinken
~-**harden** tauchhärten
~-**solder** tauch[weich]löten
dip 1. Tauchen n, Eintauchen n; 2. Eintauchflüssigkeit f, Tauchbad n; 3. Absinken n *(z. B. einer Kurve)*
~ **alloy** Tauchlegierung f
~ **aluminizing** Tauchaluminieren n
~ **brazing** Tauchlöten n, Harttauchlöten n
~ **coat** Formschlicker m, Überzugsmasse f *(Feinguß)*
~ **coating** Tauchbeschichten n; *(Gieß)* Tauchschlichten n
~ **etch** Tauchätzen n
~ **forming** Tauchformung f
~ **galvanizing** Feuerverzinken n
~ **hardening** Tauchhärten n
~-**out well** *(Gieß)* Entnahmegefäß n, Schöpfkammer f
~ **sampler** 1. Tauchkokille f; 2. Tauchprobenehmer m

~ **soldering** Tauch[weich]löten n
~ **tank** Tauchbehälter m, Tauchtank m, Schlichtebehälter m
~ **temperature measuring device** Tauchtemperaturmeßanlage f
~ **time** Tauchzeit f
dipped casing tube Manteltauchrohr n
~ **electrode** eingetauchte Elektrode f, Tauchelektrode f
~ **lance process** Tauchlanzenverfahren n
dipping Eintauchen n, Tauchen n
~ **bath** Tauchbad n
~ **pyrometer** Eintauchpyrometer n
~ **time** Tauchzeit f
direct-acting direktwirkend
~ **arc furnace** direkter Lichtbogenofen m
~ **beam direction** Primärstrahlrichtung f
~ **casting** fallendes Gießen n, fallender Guß m, Kopfguß m
~ **charging** Direktkonvertierung f, direkte Chargierung f *(im Konverter)*
~ **contact condensation** Mischkondensation f
~ **current source** Gleichspannungsquelle f
~ **draught** direkter Druck m, direkte Abnahme f *(Walzen)*
~ **drying** Konvektionstrocknung f
~ **extrusion** direktes Strangpressen n, Vorwärtsstrangpressen n
~-**fired furnace** Ofen m mit direkter Erwärmung
~ **firing** Direktbeheizung f; Direktfeuerung f *(Kessel)*
~ **hardening** Direkthärten n
~-**heated reaction vessel** direktbeheiztes Reaktionsgefäß n
~ **heating** Direktbeheizung f
~-**light microscope** Auflichtmikroskop n
~-**light microscopy** Auflichtmikroskopie f
~ **motor drive** *(Umf)* Einzelantrieb m
~ **pressure closing** Formenschluß m mit direktem Kraftschluß
~ **pressure hot-chamber machine** Warmkammer-Druckgießmaschine f mit direkter Einwirkung der Druckluft auf das Metall
~ **process [for the production of wrought iron]** 1. Rennverfahren n; 2. Erzfrischverfahren n
~ **recovery** Direktgewinnung f
~ **reduction** Direktreduktion f
~-**reduction process** Direktreduktionsverfahren n
~ **replica** Hüllabdruck m
~ **rolling** Pulverwalzen n
~ **rolling method** Pulverwalzverfahren n
~ **rolling pressure** direkter Walzdruck m
~ **sintering** *(Pulv)* Direktsintern n
~ **smelting** *(Pyro)* Direktschmelzen n *(von Erzkonzentraten ohne vorherige Röstung)*
~ **smelting of concentrates** *(Pyro)* Konzentratdirektschmelzen n

~ smelting of ore *(Pyro)* Erzdirektschmelzen *n*
~ smelting of precipitates *(Pyro)* Rückständedirektschmelzen *n*
~ stress Normalspannung *f*
~ stripping moulding machine *(Gieß)* Abhebe- und Absenkformmaschine *f*
~ suction Direktabsaugung *f*
~ white enamelling Direktweißemaillierung *f*
directed cooling geregelte (gesteuerte) Abkühlung *f*
~ solidification gerichtete (gelenkte) Erstarrung *f*
direction of bombardment *(Wkst)* Einschußrichtung *f*
~ of compaction Verdichtungsrichtung *f*
~ of crystallization Kristallisationsrichtung *f*
~ of diffusion Diffusionsrichtung *f*
~ of drive Antriebsrichtung *f*
~ of fibre Faserrichtung *f*
~ of flow Strömungsrichtung *f*
~ of force Kraftrichtung *f*
~ of rolling Walzrichtung *f*
~ of rotation Drehrichtung *f*
~ of slip Gleitrichtung *f*
~ of slip lines Gleitlinienrichtung *f*
~ of vapour flow Aufdampfrichtung *f*
directional gerichtet; ausgerichtet
~ characteristic Richtcharakteristik *f*
~ cooling geregelte (gesteuerte) Kühlung *f*
~ solidification gerichtete (gelenkte) Erstarrung *f*
directionality Richtungsabhängigkeit *f* *(mechanischer Eigenschaften)*
directivity pattern Richtcharakteristik *f*
dirt trap Schlackenfänger *m*, Schlackenfang *m* *(Gießsystem)*
dirty coal aschereiche Kohle *f*
~ surface verschmutzte Oberfläche *f*, Schmutzoberfläche *f*
disagglomeration Desagglomeration *f*
disappearing filament [optical] pyrometer Glühfadenpyrometer *n*
disassemble/to ausbauen
disc *s.* disk
discalloy Gasturbinenlegierung
discard/to vernichten, entfernen; abgießen, abschütten; ausscheiden
discard Ausschuß *m*, Abfall *m*; Abgänge *mpl*; Schrott *m*; Preßrest *m*; *(Gieß)* Blockabschnitt *m*, toter Kopf *m*
~ [butt] separating device Preßresttrennvorrichtung *f*
discharge/to abladen; ausladen; ausleeren; austragen; abwerfen; ausblasen
~ the die die Kokille entleeren
discharge 1. *s.* discharging; 2. Austritt *m*, Auslaß *m*; 3. Entladung *f*, Glimmentladung *f*
~ air cleaning Abluftreinigung *f*

~ attachment Abwurfvorrichtung *f*
~ bin Entladebunker *m*
~ chute Entleerrinne *f*, Entleerrutsche *f*, Austragsrutsche *f*, Abwurfrinne *f*
~ circuit Entladungskreis *m*
~ coefficient Ausflußzahl *f*, Strömungswirkungsgrad *m*
~ column Entladungssäule *f*
~ cone Entladungskegel *m*
~ conveyor Ablaufrollenbahn *f*
~ device Austragsvorrichtung *f*
~ duct Abzug *m*
~ electrode Sprühelektrode *f*
~ end Abwurfende *n*
~ filter Schüttfilter *n*
~ funnel Schütttrichter *m*
~ hole Ausgußloch *n*; Bodenklappe *f*
~ hopper Schütttrichter *m*
~ medium *(Pulv)* Strahlmittel *n*
~ nozzle *(Pulv)* Strahldüse *f*
~ of the die Ausleeren *n* der Kokille
~ pipe Abflußrohr *n*; Austragsrohr *n*
~ pocket Abflußtasche *f* *(Pumpe)*
~ sieve Schüttfilter *n*
~ velocity Austrittsgeschwindigkeit *f*; Auswurfgeschwindigkeit *f*
~ velocity at the stack Auswurfgeschwindigkeit *f* am Schornstein
~ voltage Entladungsspannung *f*
~ wire Sprühdraht *m*
discharged air Abluft *f*
discharging Abladen *n*, Ausladen *n*; Ausleeren *n*; Austragen *n*; Auswerfen *n*; Ausblasen *n*
~ belt Abzugsband *n*
~ door Austragtür *f*
~ lock Auslaufschleuse *f*
discolouration Verfärbung *f*
disconnecting of powder strip Pulverbandtrennen *n*
discontinuity 1. Auftrennung *f*, Unterbrechung *f*; 2. Werkstofftrennung *f*; 3. *(Krist)* Unstetigkeitsstelle *f*, Unstetigkeitspunkt *m*
~ point Unstetigkeitsstelle *f*, Unstetigkeitspunkt *m*
discontinuous deformation diskontinuierliche Umformung *f*
~ glide diskontinuierliches Gleiten *n*
~ precipitation diskontinuierliche Ausscheidung *f*
~ sintering *(Pulv)* diskontinuierliches Sintern *n*
discotom-cutting machine Discotomtrennschneidemaschine *f*
discrepancy in weight Gewichtsabweichung *f*
discriminator Diskriminator *m*
~ threshold Diskriminatorschwelle *f*
disentangle/to entwirren, auseinanderwickeln, auseinanderfitzen

dish/to 1. vertiefen; einbuchten; einbeulen; ausformen *(z. B. durch Tiefziehen)*; 2. *(Umf)* kümpeln; 3. pressen
dish Schale *f*, Schüssel *f*
~ **ring** Gießkasten *m*
~**-shaped** schalenförmig, schüsselförmig
dished gekümpelt, abgerundet
~ **electrode** Schalenelektrode *f*
~ **head** Kümpelboden *m*
~ **hearth** Herdwölbung *f*
~ **plate** Buckelblech *n*
dishing *(Umf)* Kümpeln *n*
~ **press** Kümpelpresse *f*
disilicate Disilikat *n*
disintegrate/to zerreiben, zerkleinern, mahlen; zersetzen; zerfallen; entmischen
disintegrating anode zersetzliche (lösliche) Anode *f*
~ **slag** Zerfallschlacke *f*
disintegration Zerkleinerung *f*, Mahlung *f*; Zersetzung *f*; Zerfall *m*
~ **depth** Zerfallstiefe *f (einer korrodierten Oberfläche)*
~ **index** Zerfallsindex *m*
~ **of the structure** Gefügeauflockerung *f*
~ **technique** Zerstäubungsverfahren *n*
~ **temperature** Zersetzungstemperatur *f*
disintegrator 1. Desintegrator *m*, Schlagmühle *f*, Schleudermühle *f*; Pulverisiermaschine *f*; 2. *(Gieß)* Sandschleuder *f*
disk 1. Scheibe *f*, Platte *f*; 2. Blättchen *n*, Lamelle *f*
~ **electrode** Scheibenelektrode *f*
~ **filter** Scheibenfilter *m*
~ **plug** *(Gieß)* Tümpelverschlußblech *n*
~ **shears** Rollenschere *f*
~ **speed** Scheibengeschwindigkeit *f*
~ **spool** Scheibenspule *f*
~**-type mill** Scheiben[loch]walzwerk *n*
~**-type roller cooling bank** Scheibenrollenkühlbett *n*
~ **valve** Tellerventil *n*
dislocation *(Krist)* Versetzung *f*
~ **activity** Versetzungsaktivität *f*
~ **aggregate** Versetzungsansammlung *f*
~ **annihilation** Versetzungsauflösung *f (infolge Anziehung bei unterschiedlichen Vorzeichen)*
~ **annihilation rate** Versetzungsauflösungsgeschwindigkeit *f*
~ **arrangement (array)** Versetzungsanordnung *f*
~ **axis** Versetzungslinie *f (im Kern des Spannungsfeldes der Versetzung)*
~ **braid** Versetzungsstrang *m*
~ **break-through point** Versetzungsdurchstoßpunkt *m*
~ **breakaway** Versetzungslosreißen *n*
~ **bunch** Versetzungsbündel *n*
~ **cell wall** Versetzungszellwand *f*
~ **character** Versetzungscharakter *m*
~ **climb source** Versetzungskletterquelle *f*

~ **configuration** *s.* ~ arrangement
~ **content** Versetzungsgehalt *m*
~ **contrast** Versetzungskontrast *m*
~ **core** Versetzungskern *m*
~**-core energy** Versetzungskernenergie *f*
~**-core radius** Versetzungskernradius *m*
~**-core scattering** Streuung *f* am Versetzungskern
~ **creep** Versetzungskriechen *n*
~ **damping** Versetzungsdämpfung *f*
~ **decoration** Versetzungsdekoration *f*
~**-deficient** versetzungsarm
~ **density** Versetzungsdichte *f*
~ **density gradient** Versetzungsdichtegradient *m*
~ **diffusion coefficient** Versetzungsdiffusionskoeffizient *m*
~ **dipole** Versetzungsdipol *m*
~ **dissociation** Versetzungsaufspaltung *f*
~ **distance** Versetzungsabstand *m*
~ **distribution** Versetzungsverteilung *f*
~ **energy** *s.* ~ line energy
~ **forest** Versetzungswald *m*
~**-free** versetzungsfrei
~ **generation** Versetzungserzeugung *f*
~ **geometry** Versetzungsgeometrie *f*
~ **hardening** *s.* work-hardening
~ **interaction** Versetzungswechselwirkung *f*
~ **intersection** Versetzungsdurchschneidung *f*
~ **jog** Versetzungssprung *m*
~ **jog formation** Versetzungssprungbildung *f*
~ **line** Versetzungslinie *f*
~ **line energy** Versetzungs[linien]energie *f*
~ **line length** Versetzungslinienlänge *f*
~ **line tension** Versetzungslinienspannung *f*
~ **link** *s.* ~ node
~ **locking** Losreißen *n* der Versetzung *(von Verankerungen)*
~ **loop** Versetzungsschleife *f*
~ **loop motion** Versetzungsschleifenbewegung *f*
~ **martensite** *s.* lath martensite
~ **mechanism** Versetzungsmechanismus *m*
~ **migration** Versetzungswanderung *f*
~ **mill** *s.* ~ source
~ **mobility** Versetzungsbeweglichkeit *f*
~ **model** Versetzungsmodell *n*
~ **motion** Versetzungsbewegung *f*
~ **multiplication** Versetzungsvervielfachung *f*
~ **network** Versetzungsnetzwerk *n*
~ **network coarsening** Versetzungsnetzwerkvergröberung *f*
~ **node** Versetzungsknoten *m*
~ **pair** Versetzungspaar *n*
~ **pile-up** Versetzungsaufstauung *f*
~ **pinning** Versetzungsverankerung *f*

~ **pipe diffusion** Versetzungskanaldiffusion f

~ **portion** Versetzungsanteil m

~ **process** Versetzungsprozeß m

~ **property** Versetzungseigenschaft f

~ **reaction** Versetzungsreaktion f

~ **rearrangement** Versetzungsumverteilung f

~ **redistribution** Versetzungsrückverteilung f

~ **resistivity** Versetzungswiderstand m

~ **resonance** Versetzungsresonanz f

~ **ribbon** Versetzungsband n

~ **ribbon width** Versetzungsbandbreite f

~ **rosette** Versetzungsrosette f

~ **segment** Versetzungssegment n (Linienstück)

~ **shape** Versetzungsausbildung f

~ **sign** Versetzungsvorzeichen n

~ **sink** Versetzungssenke f, Versetzungsgraben m

~ **source** Versetzungsquelle f, Versetzungsgenerator m

~ **source length** Versetzungsquellenlänge f

~ **spacing** s. ~ distance

~ **speed** Versetzungsgeschwindigkeit f

~ **structure** Versetzungsstruktur f

~ **tangle** Versetzungsknäuel n

~ **transport** Transport m über Versetzungskanäle

~ **velocity** Versetzungsgeschwindigkeit f

~ **volume fraction** Versetzungsvolumenanteil m

~ **wall** Versetzungswand f

~ **way** Versetzungslaufweg m

~ **width** Versetzungsbreite f

dismantle/to demontieren, auseinanderbauen

~ **a mould** eine Gießform öffnen (entleeren)

dismantling Demontage f, Abbau m

~ **time** Abrüstzeit f

dismount/to abmontieren, ausbauen

disorder of orientation Orientierungsunordnung f

~ **of position** Lageunordnung f

~ **parameter** Unordnungsparameter m

disordered distribution ungeordnete Verteilung f

~ **solid solution** ungeordneter Mischkristall m

dispatch bay Versandhalle f

dispenser Staubgutverteiler m

disperse/to dispergieren, fein verteilen (Pulver); streuen

dispersed shrinkage (Gieß) Mikrolunkerung f, Mikrolunker m, Mikroporosität f

~ **state** Verteilungszustand m

dispersing Dispergieren n

dispersion 1. Dispersion f, Feinverteilung f (von Pulver); 2. Streuung f

~ **formation** Dispersionsbildung f

~-**hardened alloy** dispersionsgehärtete Legierung f, DV-Legierung f

~ **hardening** Dispersionshärtung f

~ **kneader** Dispersionskneter m

~ **medium** Dispergiermittel n

~ **of values** Streuung f von Werten

~ **rate** Dispersionsgrad m (von Pulvern)

~-**strengthened material** (Pulv) Dispersionssinterwerkstoff m, dispersionsverfestigter Werkstoff m

~ **strengthening** Verfestigung f durch Dispersionshärtung

dispersive power Dispersionsvermögen n, Streu[ungs]vermögen n

displace/to 1. verschieben; 2. verdrängen; ersetzen

displaceable verschiebbar, verfahrbar

~ **table** Verschiebetisch m, verfahrbarer Tisch m, Verschiebebühne f

displaced volume verdrängtes Volumen n

displacement 1. Verschiebung f; 2. Verdrängung f; 3. Fördermenge f je Umdrehung; Fördervolumen n

~-**controlled** verschiebungskontrolliert

~ **curve** Verschiebungskurve f

~ **fault** Verschiebungsfehler m (atomar)

~ **field** Verrückungsfeld n, Deformationsfeld n

~ **of axes** Achsversatz m

~ **of strip edges** Bandkantenversatz m

~ **speed** Vorschubgeschwindigkeit f

~ **transducer** Weggeber m

display module Sichtgerät n

disposal Beseitigung f

disproportionation Disproportionierung f

dissection Zerlegung f; Auseinandernehmen n

dissimilar andersgeartet

dissipation of energy Energieverbrauch m; Energievernichtung f; Energiezerstreuung f

~ **of heat** Wärmeableitung f

dissociate/to dissoziieren, [auf]spalten; zerfallen; entmischen (Möller)

dissociated ammonia Ammoniakspaltgas n

dissociation Dissoziation f, Spaltung f; Zerfall m; Entmischung f (beim Möller)

~ **carbon** Spaltkohlenstoff m

~ **energy** Dissoziationsenergie f

~ **figure** Zersetzungsfigur f

~ **pressure** Dissoziationsdruck m

~ **zone** (Pulv) Entmischungszone f

dissolution Lösung f, Auflösung f

~ **degree** Auflösegrad m

~ **product** Lösungsprodukt n

~ **rate** Auflösungsgeschwindigkeit f

~ **reaction** Lösungsreaktion f

~ **step** Auflösungsstufe f (am Kristall)

~ **structure** Auflösungsstruktur f

dissolve/to [auf]lösen; sich [auf]lösen

dissolving Auflösen n

~ **behaviour** Auflösungsverhalten *n*
distability *(Gieß)* Ausdehnungsvermögen *n*
distance Entfernung *f*, Abstand *m*
~ **between pores** Porenabstand *m*
~ **bolt** Distanzschraube *f*
~ **brick** Distanzstein *m*
~ **law** Entfernungsgesetz *n*
~ **markers** Distanzmarken *fpl*
~ **of electrodes** Elektrodenabstand *m*
~ **piece** Distanzstück *n*, Abstandsstück *n*,
Abstandshalter *m*, Zwischenstück *n*
~ **relation** Abstandsverhältnis *n*
distancer *s.* distance piece
distancing Distanz...
disthene *(Min)* Disthen *m*
distil/to destillieren
distillate Destillat *n*
distillation Destillation *f*
~ **column** Destillationskolonne *f*
~ **furnace** Destillationsofen *m*
~ **under vacuum** Vakuumdestillation *f*
distort/to sich werfen (verziehen, verformen)
distorted pattern *(Gieß)* verzogenes Modell *n*
~ **structure** entartetes Gefüge *n*
distortion 1. Verzug *m*, Verziehen *n*, Verwerfen *n*, Verformung *f*, Verkrümmen *n*;
2. Verzeichnung *f (eines elektronisch registrierten Profils)*
~ **by release of internal stresses** Verzug *m*
durch Auslösung innerer Spannungen
~ **of moulding box** Nachgeben *n* des Formkastens
~ **on hardening** Härteverzug *m*
~ **on heat treatment** Verzug *m* durch Wärmebehandlung
~ **profile** Verzugsprofil *n*
~ **tensor** Verrückungstensor *m*
~ **wedge** *(Umf)* Zipfel *m (beim Tiefziehen)*
distortional wave Transversalwelle *f*
distribute/to verteilen
distributing bell *(Stahlh)* Verteilerglocke *f*
~ **launder** *(Gieß)* Verteilrinne *f*
~ **plant** Schaltanlage *f*
distribution Verteilung *f*
~ **breadth** Verteilungsbreite *f*
~ **coefficient** Verteilungskoeffizient *m*
~ **curve** Verteilungskurve *f*
~ **function** Verteilungsfunktion *f*
~ **isotherm** Verteilungsisotherme *f*
~ **of compounds** Mischverteilung *f*
~ **of density** Dichteverteilung *f*
~ **of gas in the furnace** Durchgasung *f* des
Ofens
~ **of oxygen** Sauerstoffverteilung *f*
~ **of particle size** Korn[größen]verteilung *f*,
Teilchen[größen]verteilung *f*; Pulverteilchengrößenverteilung *f*
~ **of pores** Porenverteilung *f*
~ **of powder density** Pulverdichteverteilung *f*

~ **of the burden** Schüttgutverteilung *f*,
Möllerverteilung *f*
~ **of velocities** Geschwindigkeitsverteilung
f
~ **ratio** Verteilungsverhältnis *n*, Verteilungskoeffizient *m*
~ **system** Verteilersystem *n*, Verteileinrichtung *f*
distributor Verteiler *m*, Abstreifer *m (Formstoff)*
~ **station** Verteilerstation *f*
disturbance Störung *f*
~ **in the lattice** Gitterstörung *f*
disturbed zone Störzone *f*
disturbing influence störender Einfluß *m*
ditch *(Gieß)* Graben *m*
dithionate Dithionat *n*
dithionite Dithionit *n*
divacancy *(Krist)* Doppelleerstelle *f*, Leerstellenpaar *n*
divalent zweiwertig
divide/to [zer]teilen
divided blast cupola Kupolofen *m* mit Sekundärluft
dividing apparatus *(Umf)* Teilapparat *m*
~ **device** *(Umf)* Teilvorrichtung *f*
~ **shears** *(Umf)* Teilschere *f*
divisible [zer]teilbar
division Teilung *f*
~ **plane** Trenn[ungs]ebene *f*
~ **scheme** Teilungsschema *n*
~ **step** Teilungsstufe *f*
divorced cementite kugeliger Zementit *m*
~ **perlite** kugeliger Perlit *m*
DNB *s.* ~ departure from nucleate boiling
dock Lagerhof *m*
~ **pier** Laderampe *f*
dodecahedral slip *(Krist)* Dodekaedergleitung *f*
dodecahedron *(Krist)* Dodekaeder *n*
dog Mitnehmer *m*, Daumen *m*, Knagge *f*,
Klinke *f*, Anschlag *m (Maschine)*
~ **clutch** Klauenkupplung *f*
~-**controlled** anschlaggesteuert
~ **coupling** Klauenkupplung *f*
~ **leg** Mitnehmerschenkel *m*
~ **spike** Schienennagel *m*
dogging Ergreifen *n*, Fangen *n*
~ **crane** Zangenkran *m*
doghouse 1. Brennerkopf *m*; 2. Einhausung
f (E-Ofen)
Dolofer Dolofer *n (Handelsname für Sinterdolomit)*
doloma gebrannter Dolomit *m*, Sinterdolomit *m*
dolomite *(Min)* Dolomit *m*
~ **block** Dolo[mit]block *m*
~ **brick** Dolomitstein *m*
~ **brick equipment** Dolomitsteinanlage *f*
~ **brick press** Dolomitsteinpresse *f*
~ **calcining kiln** Dolomitbrennofen *m*
~ **lime** *s.* dolomitic lime

~ **lining** Dolomitzustellung *f*
~ **plant** Dolomitanlage *f*
~ **throwing machine** Dolomitschleuder *f*
dolomitic lime[stone] dolomitischer Kalk *m*, Dolomitkalk *m*
doloset Doloset *n (Handelsname für Sinterdolomit)*
domain boundary Domänengrenze *f*, Bereichsgrenze *f*, Elementarbereichsgrenze *f*
~ **boundary displacement** *s.* Bloch wall displacement
~ **boundary mobility** Domänengrenzenbeweglichkeit *f*
~ **structure** Domänenstruktur *f*
dome Gewölbe *n (eines Flammofens)*
~ **temperature** Kuppeltemperatur *f*, Gewölbetemperatur *f*
donkey winch Hilfswinde *f*
donor Donator *m*, Donor *m (nichtmetallischer Gitterbaustein in Hartstoffen, gibt Elektronen zu Gitterstabilisierung ab)*
~ **material** Spendermaterial *n*
door frame Türrahmen *m*
~ **jamb** Türpfeiler *m*
~ **lining** Türfutter *n*, Türausmauerung *f*, Torausmauerung *f (eines Koksofens)*
~ **machine** Türhebevorrichtung *f*
~ **seal** Türdichtung *f*
~ **width** Türweite *f*, Torweite *f*
doped dotiert *(mit Legierungselementen)*
doping Dotieren *n (mit Legierungselementen)*
~ **material** [kristallwachstums]hemmender Zusatz *m*
dore *s.* doré
doré [bullion, metal, silver] Rohsilber *n (mit Gehalten an Gold und anderen Edelmetallen)*
Dorr agitator Dorr-Agitator *m (Rührapparat mit Rechen und Druckluftheber)*
~ **thickener** *(Aufb)* Dorr-Eindicker *m*
dosage balance Dosierwaage *f*
~ **by volume** volumetrische Zuteilung *f*
~ **control unit** Dosiergerät *n*, Dosiereinrichtung *f*
~ **of powder** Pulverdosierung *f*
dose measurement Dosismessung *f*
dosing Dosieren *n*, Dosierung *f*
~ **and feeding furnace** Dosier- und Beschickungsofen *m*
~ **and pouring device** Dosier- und Gießvorrichtung *f*
~ **belt weigher** Dosierbandwaage *f*
~ **bin** Dosierbunker *m*
~ **device (equipment)** Dosiereinrichtung *f*
~ **installation** Dosieranlage *f*
~ **machine** Dosiermaschine *f*
~ **plant** Dosiereinrichtung *f*
dotted line Strichlinie *f*, punktierte (gestrichelte) Linie *f*
~ **line recorder** Punktschreiber *m*

double/to doppeln *(Blech)*
double action press zweiseitig wirkende Presse *f*
~ **action pressing** doppelseitiges (beidseitiges, zweiseitiges) Pressen *n*
~ **annealing** Doppelglühung *f*
~ **block [drawing] machine** Doppeltrommelziehmaschine *f*, Doppelscheibenziehmaschine *f*
~~**blow cold header** Zweistufenstauchautomat *m*
~~**bond** zweifach gebunden
~ **bond** Zweifachbindung *f*, Doppelbindung *f*
~ **book-type mould** *(Gieß)* Zweifachkokille *f*
~ **Bragg reflection** Braggsche Doppelreflexion *f*
~ **cantilever beam test piece** Doppelstabprobe *f*
~ **capstan machine** *s.* ~ block machine
~ **carbide** Doppelkarbid *n*
~~**chamber furnace** Doppelkammerofen *m*
~~**chamber mixing head** Doppelkammermischkopf *m*
~ **chamber tuyere** Doppelkammerblasform *f*
~~**chamber-type furnace** Doppelkammerofen *m*
~~**circuit oxygen lance** Zweikreisdüsenlanze *f*
~~**column press** Zweisäulenpresse *f*
~~**cone mixer** Doppelkonusmischer *m*
~ **contraction** doppeltes Schwindmaß *n*
~ **contrast** Doppelkontrast *m*
~ **cross-slip** *(Krist)* Doppelquergleitung *f*
~ **crucible furnace** Doppeltiegelofen *m*
~~**crystal spectrometer technique** Doppelkristallspektrometerverfahren *n*
~ **cyclone** Doppelzyklon *m*
~~**deck roller hearth furnace** Doppeletagen-Walzenherdofen *m*
~ **die** *(Gieß)* Doppelkokille *f*
~ **diffraction** Doppelbeugung *f*
~ **drum block** Doppeltrommelblock *m*, Doppeltrommeleinheit *f*, Doppelspuler *m*
~ **ejector** Doppelauswerfer *m*
~~**ended radius sleeker** Polier-S *n (Formerwerkzeug)*
~ **etching** Doppelätzung *f*
~ **fibre texture** Doppelfasertextur *f*
~~**fired furnace** Zweizonenofen *m*
~ **flex** Doppeladerlitze *f*
~ **hardening** Doppelhärtung *f*
~ **hearth-type furnace** Doppelherdofen *m*
~~**jacket cooling** Doppelmantelkühlung *f*
~ **kink** Doppelkinke *f*
~ **leaching** *(Hydro)* Doppellaugung *f*, zweistufige Laugung *f*
~ **limit switch** Doppelendschalter *m*
~~**pan mulling equipment** *(Gieß)* Doppelkollerganganlage *f*

~ **pattern plate** *(Gieß)* Doppelmodellplatte f

~ **press** *(Pulv)* Doppelpresse f

~ **pressing process** *(Pulv)* Doppelpressen n

~ **pressing technique** *(Pulv)* Doppelpreß-technik f

~ **quench-hardening** Doppelhärtung f

~ **refining** s. ~ hardening

~ **riveting** Doppelnietung f

~-**roll crusher** Doppelwalzenbrecher m

~-**rolled** *(Umf)* doppelt gewalzt (reduziert)

~ **rotating (rotatory) press** *(Pulv)* Doppel-rotationspresse f

~-**row cupola** Kupolofen m mit Sekundär-luft

~ **sampling** Doppelstichprobenprüfung f

~-**shaft mixer** Doppelwellenmischer m

~ **shear** Doppelscherung f

~ **shell** Doppelwandung f, Doppelmantel m

~-**shell cooling** Doppelmantelkühlung f

~-**sided** doppelseitig, zweiseitig

~-**sided eccentric press** Doppelständerex-zenterpresse f, Zweiständerexzenter-presse f

~-**sided pattern plate** *(Gieß)* zweiseitige Modellplatte f

~-**sided press** Doppelständerpresse f, Zweiständerpresse f

~ **sintering [process]** Doppelsinterung f, Zweifachsinterung f

~ **sintering technique** Doppelsintertechnik f, Zweifachsintertechnik f

~-**slag practice** Zweischlackenverfahren n *(E-Ofen)*

~ **slip** *(Krist)* Doppelgleitung f

~ **spooler** Doppelspuler m, Doppelspulma-schine f *(für Draht)*

~-**stand rolling mill** zweigerüstiges Walz-werk n

~-**stroke press** Doppeldruckpresse f

~ **swing valve** Doppelschwingventil n, Doppelpendelklappe f

~-**taper** doppelkonisch, doppelt konisch

~ **toggle lever system** Doppelkniehebelsy-stem n

~-**track inclined hoist** doppeltrümiger Schrägaufzug m

~ **two-high mill train** Doppelduowalz-straße f

~ **two-high rolling mill** Doppelduowalz-werk n

~-**unit die holder** *(Gieß)* Zweifachwechsel-rahmen m

~ **vacancy** *(Krist)* Doppelleerstelle f, Leer-stellenpaar n

~ **walking beam furnace** Gleichschritthub-balkenofen m

~ **wheel grinder** Doppelständerschleifma-schine f

doubler Doppler m

doubling Doppeln n *(von Blech)*

doubly distilled doppelt destilliert

dovetail Schwalbenschwanz m

dowel/to dübeln

dowel Dübel m

~ **pin** Paßstift m, [abgesetzter] loser Füh-rungsstift m

dowel[l]ed support pillar Stützbolzen m mit Zylinderstift

down-current Gleichlauf m; Gleichstrom m

~ **looper** Vertikalschlinge f, durchhän-gende Schlinge f

downcoiler *(Umf)* Unterflurhaspel f

downcomer 1. [geneigter] Zug (Gasabzug) m, Abzugsrohrleitung f; 2. Fallröhre f, Fallrohr n

downdraft s. downdraught

downdraught Saugzug m *(Saugzugrö-stung)*

~ **sintering** Saugzugsinterung f

~ **sintering machine** Saugzugsinterapparat m

downender Sammelschacht m

downfeed Fallspeisung f

downgate *(Gieß)* Einlauf m, Einguß m

downhill casting 1. Kopfguß m, fallender Guß m; 2. Einzelguß m

~ **diffusion** Bergabdiffusion f

~ **teeming** s. ~ casting

downshot burner Deckenbrenner m

downspout Schurre f; Auslauf m

downsprue Einlauf m

downstairs of furnace Unterofen m

downstroke Abwärtshub m, Abwärtsbe-wegung f

**downtake [geneigter] Zug (Gasabzug) m, Abzugsrohrleitung f

downtime Wechselzeit f, Ausfallzeit f, Un-terbrechungszeit f, Stillstandszeit f

~ **corrosion** Stillstandkorrosion f

~ **of plants** Anlagenstillstand m

downward inclination Abfallen n *(z. B. ei-ner Kurve)*

~ **movement** Abwärtsbewegung f

dozzle Gießaufsatz m, Blockaufsatz m

DP s. dew point

DPG-centrifugal process DPG-Schleuder-verfahren n *(Pulverherstellungsverfah-ren)*

DPH, d.p.h. s. diamond pyramid hardness

DPN, d.p.n. s. diamond pyramid hardness number

DQ s. drawing quality

DR s. direct reduction

draft s. draught

drafting Streckung f

drag/to reißen; nach sich ziehen; [mit]schleppen

~ **over** überheben

drag [box] *(Gieß)* Formunterteil n, Unterka-sten m

drag 128

~ **chain** 1. Schleppkette *f*; 2. *s.* ~ chain
 conveyor
~ -**chain conveyor** Schleppkettenförderer
 m, Schleppkettenbahn *f*
~ -**chain conveyor system** Schleppketten-
 fördersystem *n*
~ **diffusion** Schleppdiffusion *f*
~ **haul installation** Seiltransportanlage *f*
~ **mould group** *(Gieß)* Unterkastenform-
 gruppe *f*
~ -**out** 1. Austrag *m*, Mitgeschlepptes *n*; 2.
 herausgeschleppte Lösung *f (Galvanotechnik)*
~ **roll** Schleppwalze *f*, mitgeschleppte
 Walze *f*
~ **thermocouple** Schleppthermoelement *n*
dragging device *(Umf)* Querschlepper *m*
~ **force** hemmende Kraft *f*
dragline excavator Schürfkübelbagger *m*
~ **operation** Baggerbetrieb *m*
drain/to entleeren, ablassen; abtropfen;
 entwässern; abzapfen
~ **off the slag** abschäumen
drain Abfluß *m*, Ablaß *m*
~ **cock** Abflußhahn *m*, Ablaßhahn *m*
~ **connection** Abflußkanal *m*
~ -**out test** Ausfließversuch *m*
~ **pipe** Abflußrohr *n*; Absaugrohr *n*
~ **plug** Ablaßstopfen *m*
~ **tank** Ablaufbehälter *m*
~ **valve** Ablaßventil *n*
drainage Ablauf *m*
draining Entleeren *n*, Ablassen *n*; Abtropf-
 fen *n*
~ **station** Abtropfstation *f*
draught 1. Zug *m*, Luftzug *m*; Schornstein-
 zug *m*; 2. *(Umf)* Ziehen *n*, Zug *m (Zieh-
 umformung)*; Zug *m (im Walzgut)*; Walzen *n* mit Zug; Anzug *m* des Walzkali-
 bers; 3. Verjüngung *f*, Konizität *f*; Quer-
 schnittsverringerung *f*; 4. *(Gieß)* Aushebeschräge *f*
~ **angle** 1. *(Umf)* Neigungswinkel *m*, Anzug
 m; 2. *(Gieß)* Aushebewinkel *m*, Aushebeschräge *f*
~ **pressure** Zugunterdruck *m*
draw/to 1. zeichnen; ausziehen; anreißen;
 2. *(Umf)* ziehen *(Draht)*; recken, reißen,
 strecken; abziehen; 3. *(Gieß)* Modell ziehen; ausheben *(aus der Form)*
~ **deep** *(Umf)* tiefziehen
~ **down** *(Umf)* strecken, herunterziehen
~ **off** abziehen, absaugen
~ **on a frame** *(Gieß)* auf einen Rahmen abheben
~ **on an apron** *(Gieß)* auf einen Rahmen
 abheben
~ **on pins** *(Gieß)* auf Stiften abheben
~ **on roll-over** *(Gieß)* nach Umrollen ausheben
~ **on turnover** *(Gieß)* nach Wenden ausheben

~ **out** recken, reckschmieden, ausschmieden; herausziehen
~ **over mandrel** mit Stange rohrziehen,
 stangenrohrziehen
draw 1. *(Umf)* Zug *m*, Anzug *m* des Kalibers;
 2. *(Gieß)* Einfallstelle *f*, Saugstelle *f*,
 Blaslunker *m*
~ **crack** Ziehriß *m*
~ **die** Ziehdüse *f*, Ziehstein *m*, Ziehring *m*,
 Ziehmatrize *f*
~ **furnace** Anlaßofen *m*
~ **line** Reihe *f* von Anlaßöfen
~ **mark** Ziehriefe *f*
~ **pack** Behälterwickelmaschine *f*, Faßwickler *m*; Trommelwickler *m*, Topfwickler *m*
~ **piece** 1. *(Umf)* Ziehteil *n*; 2. *(Gieß)* Ein-
 ziehteil *n*
~ **punch** Ziehstempel *m*
~ **radius** *s.* die radius
~ **ratio** Verstreckungsgrad *m*, Ziehgrad *m*
~ **ring** *s.* drawplate
drawability Ziehfähigkeit *f*, Ziehvermögen
 n
drawable ziehbar
drawback 1. *(Umf)* Rückwärtszug *m*; 2.
 (Gieß) Kern- und Formteilzugelement *n*
drawbar Anzugstange *f*
drawbench *s.* drawing bench
drawer Zieher *m*
drawhead *s.* roller die
drawing 1. Riß *m*, Zeichnung *f*; 2. *(Umf)*
 Ziehen *n (von Draht)*; Ziehteil *n*; 3. *(Gieß)*
 Modellausheben *n (aus der Form)*
~ **angle** Ziehwinkel *m*
~ **bench** Ziehbank *f*, Ziehmaschine *f*,
 Stangenzug *m*
~ **block** 1. Einzeldrahtziehmaschine *f*; 2.
 Ziehblock *m*, Block *m* einer Drahtziehmaschine, Einheit *f* einer Ziehmaschine
~ **board** Zeichenbrett *n*, Reißbrett *n*
~ **compound** Ziehmittel *n*, Ziehschmierge-
 misch *n*
~ **condition** Ziehbedingung *f*
~ **cushion** Ziehkissen *n*
~ **dead-block** Totziehblock *m*
~ **device** *(Gieß)* Absenkvorrichtung *f*
 (Form)
~ **die** 1. Ziehdüse *f*, Ziehstein *m*, Ziehring
 m, Ziehmatrize *f*; 2. Reckgravur *f*, Reck-
 gesenk *n*
~ **die from sintered carbide** Hartmetallziehstein *m*
~ **die polishing** Ziehsteinpolieren *n*, Zieh-
 steinpolierung *f*
~ -**down** Strecken *n*, Herunterziehen *n*
~ -**down roller train** Reduzierwalzstraße *f*,
 Reduzierwalzwerk *n*
~ **drum** Ziehtrommel *f*, Ziehscheibe *f*
~ **drum shaft** Ziehtrommelwelle *f*
~ **force** Ziehkraft *f*
~ **grade** Tiefziehgüte *f*
~ **grease** Ziehfett *n*

~ **groove** Ziehriefe *f*
~ **hole** Ziehhol *n*, Ziehloch *n*
~ **hook** Ziehhaken *m*
~-**in** Ansaugen *n*
~ **jaw** Ziehbacke *f*
~ **limit** Ziehgrenze *f*
~ **liquor** Ziehflüssigkeit *f*
~ **machine** Ziehmaschine *f*
~ **mandrel** Ziehdorn *m*
~ **material** Ziehgut *n*
~ **mill** Zieherei *f*, Drahtwerk *n*
~ **of the temper** Anlassen *n* [auf eine bestimmte Härte]
~ **of wire** Drahtziehen *n*, Drahtzug *m*
~-**off** Abziehen *n*, Absaugen *n*
~ **oil** Ziehöl *n*
~ **out** Recken *n*, Reckschmieden *n*; Herausziehen *n*
~ **over mandrel** Stangenrohrzug *m*
~ **pass** Streckkaliber *n*
~ **paste** Ziehschmierpaste *f*
~ **plant** Ziehanlage *f*; Zieherei *f*
~ **plate** Zieheisen *n*
~ **press** Ziehpresse *f*
~ **punch** Ziehstempel *m*
~ **quality** Ziehqualität *f*
~ **ring** Ziehring *m*
~ **roller** Streckwalze *f*
~ **sledge** Ziehschlitten *m*
~ **soap** Ziehseife *f*
~ **speed** Ziehgeschwindigkeit *f*
~ **stress** Ziehspannung *f*
~ **temperature** 1. *(Umf)* Ziehtemperatur *f*;
   2. Anlaßtemperatur *f (von Stahl)*
~ **texture** Ziehtextur *f*
~ **tool** Ziehwerkzeug *n*
~ **winch** Förderwinde *f*
~ **with back pull** Ziehen *n* mit Gegenzug
drawn head Ziehkopf *m*
~-**in inclusion** eingezogener Einschluß *m*
~ **part** Ziehteil *n*
~ **wire** gezogener Draht *m*
drawplate 1. *(Umf)* Ziehlochplatte *f*, Zieheisen *n*, 2. *(Gieß)* Aushebeplatte *f*, Durchziehplatte *f*
drawtongs Drahtziehzange *f*, Ziehzange *f*,
   Froschzange *f*
dress/to 1. aufbereiten; 2. *(Gieß)* schlichten, schwärzen; 3. *(Gieß)* [ver]putzen; 4.
   (Umf) kaltnachwalzen, dressieren; 5. abrichten *(z. B. Schleifscheibe)*
dresser Putzer *m*, Gußputzer *m*
dressing 1. Aufbereitung *f*; 2. *(Gieß)*
   Schlichten *n*; Schlichte *f*; 3. *(Gieß)* Putzen *n*; 4. *(Umf)* Kaltnachwalzen *n*, Dressieren *n*; 5. Abrichten *n (z. B. Schleifscheibe)*
~ **by floatation** Schwimmaufbereitung *f*
~ **by magnetic separation** Aufbereitung *f*
   durch magnetische Trennung, Magnetscheidung *f*

~ **by screening** Aufbereitung *f* durch Absieben
~ **by washing** Aufbereitung *f* durch Auswaschen
~ **device** *(Gieß)* Abdreheinrichtung *f*
~ **of the mould** Formüberzug *m*
~ **of the moulding sand** Aufbereitung *f* des
   Formsands
~ **pass** Abrichtgang *m*, Abrichtzyklus *m*
~ **shop** Gußputzerei *f*
~ **speed** Abrichtgeschwindigkeit *f*
drier 1. Trockenmittel *n*, Sikkativ *n*; 2. *s.*
   dryer
drift Dorn *m*, Lochdorn *m*, Ausweitdorn *m*
~ **movement** Driftbewegung *f*
~ **test** Kegelaufweitversuch *m*
~ **velocity** Driftgeschwindigkeit *f*
drill/to [auf]bohren, durchbohren
drill Bohrer *m*, Spiralbohrer *m*
~ **core** Bohrkern *m (von Elektroden)*
~ **hole** Bohrung *f*, Bohrloch *n*
~ **sample** Bohrprobe *f*
~ **steel** Bohrerstahl *m*
~ **tube** Bohrrohr *n*
~ **upsetting machine** *(Umf)* Bohrerstauch-
   maschine *f*
drilled and counterbored support pillar
   (Gieß) Stützbolzen *m* mit Senkung
drilling Bohren *n*, Aufbohren *n*, Durchbohren *n*
~ **machine** Bohrmaschine *f*
drillings Bohrspäne *mpl*, Probespäne *mpl*
drip 1. Tropfen *m*; 2. Abtropfnase *f*
~-**proof** tropfwassergeschützt
drive Antrieb *m*, Getriebe *n*
~ **element** Antriebselement *n*
~ **flange** Antriebsflansch *m*
~ **moment** Antriebsmoment *n*
~ **motor** Antriebsmotor *m*
~ **power** Antriebsleistung *f*
~ **pulley** Antriebsscheibe *f*
~ **shaft** Gelenkwelle *f*, Kardanwelle *f*, Antriebswelle *f*
~ **sleeve** Antriebsbuchse *f*
driven end Abtriebsseite *f*
~ **gear** Abtriebsrad *n*
~ **pulley** Abtriebsscheibe *f*
~ **roller** angetriebene Rolle *f*
~ **shaft** Abtriebswelle *f*
~ **sheave** Abtriebsscheibe *f*
~ **side** Abtriebsseite *f*
driver Antriebsrad *n*
~-**plate pin** Anschlagstift *m* einer Mitnehmerscheibe
driving axle Antriebsachse *f*, Triebachse *f*
~ **belt** Antriebsriemen *m*, Treibriemen *m*
~ **by accumulators** Speicherantrieb *m*, Ak-
   kumulatorantrieb *m*
~ **clutch** Antriebskupplung *f*
~ **crank** Antriebskurbel *f*
~ **disk** Mitnehmerscheibe *f*
~ **force** Antriebskraft *f*, treibende Kraft *f*

~ **gear** Antriebsrad *n*
~ **head** Antriebskopf *m*
~ **machine** Antriebsmaschine *f*
~ **member** Antriebselement *n*
~ **motor** Antriebsmotor *m*
~ **pinion** Antriebsritzel *n*
~ **rate** Durchsatzgeschwindigkeit *f*
~ **rate of a furnace** Betriebstempo *n* eines Ofens
~ **roller** Treibrolle *f*, Transportrolle *f*
~ **roller table** Transportrollgang *m*
~ **rope** Förderseil *n*, Treibseil *n*, Antriebsseil *n*
~ **screw** Antriebsspindel *f*
~ **shaft** Antriebswelle *f*
~ **speed** Fahrgeschwindigkeit *f*; Antriebsdrehzahl *f*
~ **spindle** Antriebsspindel *f*
~ **unit** Antriebsaggregat *n*, Antriebsmaschine *f*
~ **wheel** Antriebsrad *n*, Antriebsritzel *n*, Treibrad *n*
drop/to 1. tropfen, tröpfeln; 2. absinken, abfallen
~ **out** herausfallen *(Sand)*
~ **the bottom** Kupolofen fallen lassen, Bodenklappe des Kupolofens öffnen
~ **the roof** Gewölbe einreißen
drop 1. Tropfen *m*; 2. Fallen *n*, Abfall *m*; Gefälle *n*; 3. Abfälle *mpl*; 4. *(Gieß)* abgefallener Sand *m*; 5. Fallbär *m*
~ **arch** Zwischengewölbe *n (Schmelzofen)*
~ **ball** Fallkugel *f*
~ **bottom** Bodenklappe *f (eines Kupolofens)*
~-**bottom bucket** Setzkübel *m*
~-**bottom car** Wagen *m* mit Bodenentleerung
~-**bottom tub** Setzkübel *m*
~ **forge die** Schmiedegesenk *n*
~-**forged part** Gesenkschmiedeteil *n*
~ **forging** 1. Gesenkschmieden *n*; 2. Gesenkschmiedestück *n*
~ **forging die steel** Gesenk[schmiede]stahl *m*
~ **forging hammer** Gesenk[schmiede]hammer *m*
~ **forging press** Gesenkschmiedepresse *f*
~ **formation** Tropfenbildung *f*
~ **frequency** Tropfenfrequenz *f*
~ **hammer** Fallhammer *m*, Gesenkhammer *m*
~ **hammer control** Fallhammersteuerung *f*
~ **hammer ram** Fallbär *m*
~ **head** Tropfenkuppe *f*
~ **head radius** Tropfenkuppenradius *m*
~ **in temperature** Temperaturabfall *m*, Wärmegefälle *n*
~ **in voltage** Spannungsabfall *m*
~-**out roll** Austragrolle *f*
~-**out temperature** Ausgußtemperatur *f*, Austragtemperatur *f*, Ziehtemperatur *f*

~ **size** Tropfengröße *f*
~ **stamper** Fallhammer *m*
~ **stamping** 1. Gesenkschmieden *n*, Gesenkschlagen *n*; 2. Preßling *m*, Preßstück *n*
~ **table** Fallwandtisch *m*, Fallwandkanter *m*
~ **test** *s.* ~ weight test
~ **weight specimen** Fallgewichtsprobe *f (nach Pellini)*
~ **weight tear test specimen** Fallkugelrißprobe *f*
~ **weight test** Fallgewichtsversuch *m (nach Pellini)*
droplet Tropfen *m*, Tröpfchen *n*
~ **catcher** Tropfenfänger *m*, Tropfenabscheider *m*
~ **evaporation** Tropfenverdampfung *f*
~ **size** Tröpfchengröße *f*
dropped charge Schüttung *f*
~ **charge profile** Schüttprofil *n*
dropping 1. Tropfen *n*, Tröpfeln *n*; 2. Absinken *n*, Abfallen *n*
~ **device** Abtropfvorrichtung *f*, Abtropfgestell *n*
~ **funnel** Tropftrichter *m*
~ **shaft** Fallschacht *m*
dropwise condensation Tropfenkondensation *f*
dross/to abschäumen, abziehen *(Schlacke)*
dross Schaum *m*, Garschaum *m*; Schlacke *f*; Krätze *f*, Schlicker *m*
~ **filter** *(Gieß)* Siebkern *m*, Siebplatte *f*, Schlackenfang *m*, Schlackenfilter *n*
~ **hole** Schlackenloch *n*
drossing Abziehen *n*, Schaumabheben *n*, Schlickerarbeit *f*
~ **characteristics** Verschlackungseigenschaften *fpl*
~ **tendency** Verschlackungsneigung *f*
drossy iron schlackenhaltiges Eisen *n*
drum 1. Trommel *f*, Walze *f*; 2. Kesselschuß *m*; 3. Ziehscheibe *f*
~ **brake** *(Umf)* Trommelbremse *f*
~ **dryer** Trommeltrockner *m*, Walzentrockner *m*
~ **film dryer** Walzendünnschichttrockner *m*
~ **filter** Trommelfilter *n*
~ **ladle** Trommelpfanne *f*, Gießtrommel *f*
~ **mill** Trommelmühle *f*
~ **mixer** Trommelmischer *m*
~ **pack** Behälterwickelmaschine *f*, Faßwickler *m*, Trommelwickler *m*, Topfwickler *m*
~ **pelletizer** Pelletiertrommel *f*
~ **retort furnace** Tonnenretortenofen *m*
~ **separator** Trommelscheider *m (Magnetscheider)*
~ **twister** Verseilmaschine *f*
~-**type coiler** *s.* ~ pack
~-**type fritting furnace** Trommelschmelzofen *m*
~-**type furnace (kiln)** Trommelofen *m*, Dreh[rohr]ofen *m*

~-**type ladle** *s.* ~ **ladle**
~-**type winder** *s.* ~ **pack**
~ **winch** Trommelwinde *f*
dry/to trocknen
~-**clean** [trocken] entstauben
~ **cores** *(Gieß)* Kerne trocknen (backen)
~ **in a blast of air** im Luftstrom trocknen
~ **moulds** *(Gieß)* Formen trocknen
dry trocken
~ **and ash-free** trocken und aschefrei *(Kohle)*
~ **assay** Trockenprobe *f*
~ **binder** *(Gieß)* Trockenbinder *m*
~ **binding** *(Gieß)* Trockenbindung *f*
~ **blend** Trockenmischung *f*
~ **bond strength** *(Gieß)* Trockenfestigkeit *f*
~ **burning coal** Magerkohle *f*
~-**cleaned gas** trocken gereinigtes Gas *n*
~ **cleaner** Trockenreiniger *m*
~ **cleaning** Trockenreinigung *f*
~ **coke cooling** Kokstrockenlöschung *f*, Kokstrockenkühlung *f (z. B. mit Stickstoff)*
~ **coke rate** Trockenkokssatz *m*
~ **cooling** Trockenkühlen *n*, Trockenlöschen *n*
~ **curing** *(Gieß)* Aushärten *n*, Trocknen *n*
~ **cycling** Leerlauf *m (Druckguß)*
~ **drawing** *(Umf)* Trockenziehen *n*, Trockenzug *m*
~ **drawing lubricant** Trocken[draht]ziehschmiermittel *n*
~ **dust arrestor** Trockenentstauber *m*
~ **dust arrestor cleaning** Abreinigung *f* eines Trockenentstaubers
~ **electrostatic filter** Trockenelektrofilter *n*
~ **enamelling** Puderemaillierung *f*
~ **filter** Trockenfilter *n*
~ **galvanizing** Trockenverzinken *n*
~ **gas filter** Trockengasfilter *n*
~ **gas holder** Trockengasbehälter *m*
~ **grinding** 1. Trockenmahlen *n*; 2. Trockenschleifen *n*
~-**lag tooling** *(Pulv)* Verfahren zur Verdichtung von Pulvern beim isostatischen Pressen unter Verwendung von Flüssigkeiten als Druckmedium ohne Benutzung der flexiblen Pulverumhüllung
~ **lubricant** Trockenschmiermittel *n*
~ **magnetic dressing** trockenmagnetische Aufbereitung *f*
~ **measure** Hohlmaß *n (für Trockengüter)*
~ **mechanical dust collector** trockenmechanischer Staubabscheider *m*
~ **metallurgy** Pyrometallurgie *f (im Gegensatz zur Hydrometallurgie)*
~ **milling** Trockenmahlung *f*
~ **pan** Trockenkollergang *m*
~ **parting** Trockenscheidung *f*
~ **powder method** trockenes Magnetpulververfahren *n*
~ **precipitator** Trockenelektrofilter *n*

~ **process** Trocknungsprozeß *m*
~ **puddling** Trockenpuddeln *n*
~ **quenching** Trockenlöschen *n (Koks)*
~-**quenching plant** Trockenkühlanlage *f*
~ **sand** *(Gieß)* Formmasse *f* für Trockenformen; trockner Sand *m*
~ **sand casting** *(Gieß)* Trockenguß *m*
~ **sand core** *(Gieß)* Trockensandkern *m*
~ **sand mould** *(Gieß)* getrocknete Form *f*, Trockenform *f*
~ **sand moulding** *(Gieß)* Masseformerei *f*, Trockengußformerei *f*
~ **screening** Trockensieben *n*
~ **shrinkage** Trockenschwindung *f*
~ **slag** trockene Schlacke *f (ohne schmelzflüssigen Anteil)*
~ **strength** Trockenfestigkeit *f*
~ **ton** *(Ff)* getrocknetes (trockenes) Material *n*
~-**type precipitator** Trockenelektrofilter *n*
~ **wear** Festkörperverschleiß *m*
dryer Trockner *m*, Trocknungsanlage *f*
~ **drum** Trockentrommel *f*
drying Trocknen *n*, Trocknung *f*
~ **apparatus** Trockeneinrichtung *f*
~ **chamber** Trockenkammer *f*, Trockenschrank *m*
~ **cylinder** Trockenzylinder *m*
~ **drum** Trockentrommel *f*
~ **efficiency** Trockenleistung *f*
~ **furnace** Trockenofen *m*
~ **house** Trockenkammer *f*
~ **hurdle** Hordentrockner *m*
~ **loss** Trocknungsverlust *m*
~-**out** Austrocknung *f*
~ **oven** Trockenofen *m*
~ **plant** Trockenanlage *f*, Trocknungsanlage *f*
~ **process** Trocknungsprozeß *m (nach Schlickergießen)*
~ **rate** Trocknungsgeschwindigkeit *f*
~ **stove** Trockenofen *m*
~ **zone** Trockenzone *f*
DST *s.* double sintering technique
DTA *s.* differential thermal analysis
DTG *s.* differential thermal gravimetry
dual beam photometer Zweistrahlfotometer *n*
~ **control** Doppelsteuerung *f*
~ **drive** Zwillingsantrieb *m*
~ **fuel burner** Zweistoffbrenner *m*
~-**hearth furnace** Doppelherdofen *m*, Tandemofen *m*
~ **microstructure** Zweiphasengefüge *n*
DUCT = Design and Manufacture Using Computer Technology
ductile umformbar, duktil, biegsam, streckbar, zäh, plastisch
~ **fracture** Verformungsbruch *m*, zäher Bruch *m*
~-**fracture criterion** Verformungsbruchkriterium *n*

~-**fracture surface** Zähbruchfläche *f*
~ **iron** Gußeisen *n* mit Kugelgraphit, sphä-
rolitisches Gußeisen *n*, GGG
~ **iron casting** Gußstück *n* aus Gußeisen
mit Kugelgraphit
~-**to-brittle transition temperature** Sprödbruchübergangstemperatur *f*, Übergangstemperatur *f*
ductility Dehnbarkeit *f*, Streckbarkeit *f*;
Verformbarkeit *f*, Umformbarkeit *f*; Bildsamkeit *f*, Duktilität *f*, Plastizität *f*
~ **at elevated temperatures** Warmformänderungsvermögen *n*, Warmbildsamkeit *f*
~ **test** Tiefziehversuch *m*, Tiefziehprüfung
f, Tiefungsversuch *m*
dull/to stumpf machen, abstumpfen
dull finish Mattglanz *m*
~ **red heat** Dunkelrotglut *f*, dunkle Rotglut *f*
Dulong and Petit law Dulong-Petitsche Regel *f*
dummy Stauchkaliber *n* beim Schienenwalzen
~ **bar** *(Gieß)* Anfahrstrang *m*, Kaltstrang *m*
~ **bar head** *(Gieß)* Kaltstrangkopf *m*
~ **block** *(Umf)* Preßscheibe *f*
~ **pass** *(Umf)* Schienenstauchstich *m*,
Blindstich *m*, totes Kaliber *n*
~ **roll** Blindwalze *f*, Schleppwalze *f*
~ **sheet** Tragblech *n*, Unterlagsblech *n*
dump/to [ab]kippen; [aus]schütten;
[aus]stürzen
~ **out** auskippen
dump 1. Halde *f*; Abladeplatz *m*, Stapelplatz *m*; 2. Schüttung *f*, Abwurf *m* *(von
Sinter)*
~ **car** Kippwagen *m*, Kippkarre *f*
~ **cinder car** Schlackenkipppfanne *f*
~ **device** Haldengerät *n*
~ **leaching** Haldenlaugung *f*
~ **truck** Kipper *m*, Kippwagen *m*; Mulden-
kipper *m*
dumping Stürzen *n* *(von Sinter)*
~ **device** Kippvorrichtung *f*, Kippstuhl *m*
~ **ground** Abladeplatz *m*, Stapelplatz *m*
~ **profile** Schüttprofil *n*
~ **strength** Sturzfestigkeit *f* *(von Sinter)*
dunite Dunit *m* *(Mg-Silikat)*
duo-clad steel doppelseitig plattierter
Stahl *m*
~ **mill** Duowalzwerk *n*, Zwillingswalzwerk *n*
~ **rolls** Duowalzen *fpl*
~ **train** Duowalzstraße *f*
duplex interface *(Krist)* Doppelgrenze *f*,
Doppelgrenzfläche *f*
~ **metal** *(Gieß)* Bimetall *n*, Verbundmetall *n*
~ **process** Duplexverfahren *n*
~ **process melting** Duplexschmelzverfah-
ren *n*
~ **region** Zweiphasengebiet *n* *(von Mischkristallen)*
~ **slip** *(Krist)* Doppelgleitung *f*
~ **steel** Duplexstahl *m*

~ **structure** Duplexgefüge *n*, Zweiphasengefüge *n* *(von Mischkristallen)*
duplexing Duplexverfahren *n*
~ **practice** Duplexbetrieb *m*
~ **process** Duplexverfahren *n*
duplicate Austauschstück *n*
~ **production** Serienfertigung *f*, Reihenfertigung *f*
durability Haltbarkeit *f*, Dauerhaftigkeit *f*
durable haltbar, dauerhaft
durain Durain *m*, Mattkohle *f*
duralumin[ium] Duralumin[ium] *n*, Dural *n*
~ **sheet** Duralumin[ium]blech *n*, Blech *n*
aus Duralumin[ium]
Durarc process *Form einer Zentrifugalzer-
teilung mit rotierendem Lichtbogen*
duration Dauer *f*; Verweilzeit *f*
~ **of blast** *(Stahlh)* Windperiode *f*
~ **of blow** *(Stahlh)* Kochdauer *f*
~ **of combustion** Brenndauer *f*
~ **of exposure** Auslagerungsdauer *f*
~ **of flow** Fließdauer *f*
~ **of heating** Wärmedauer *f*, Aufheizdauer
f, Erwärmungszeit *f*
~ **of leaching tests** Dauer *f* der Laugungs-
prüfung
~ **of loading** Belastungsdauer *f*
~ **of melting** Schmelzdauer *f*, Schmelzzeit
f
~ **of refining** Frischdauer *f*
~ **of setting** Aushärtedauer *f*
~ **of smelting** Schmelzdauer *f*, Schmelzzeit
f
~ **of solidification** Erstarrungsdauer *f*
duriron *säurefestes Gußeisen mit etwa 15%
Si*
Durville casting (pouring) Gießen *n* nach
dem Durville-Verfahren *(direkte Verbindung von Gießtiegel und Gießform, wirbelfreies Gießen)*
~ **process** Durville-Verfahren *n*, Durville-
Prozeß *m*
dust/to 1. [ein]stäuben, [ein]pudern; 2. ver-
stäuben; 3. zerrieseln *(z. B. Kalziumdisilikat)*
dust Staub *m*; Flugstaub *m* *(in Schachtöfen)*
~ **abatement** Entstaubung *f* *(von Abgasen)*
~-**absorption system** Entstaubungsanlage
f
~ **arrester** Staubabscheider *m*, Entstauber
m
~ **bag** Staubsack *m*, Staubbeutel *m*
~ **cake removal** Staubreinigung *f*
~ **catcher** Entstauber *m*, Staubsammler *m*,
Staubfänger *m*, Staubsack *m*
~ **catching efficiency** Entstaubungsgrad *m*
~ **chute** Staubschurre *f*
~ **cleaning plant** Entstaubungsanlage *f*
~ **coal** Staubkohle *f*
~ **collecting bin** Staub[sammel]bunker *m*

~ **collecting plant (system)** Entstaubungsanlage f
~ **collection** Staubabscheidung f, Entstaubung f
~ **collection device** Staubauffangvorrichtung f
~ **collector** Staubabscheider m, Entstauber m
~ **collector efficiency** Staubabscheidegrad m
~ **composition** Staubzusammensetzung f
~ **constituent** Staubbestandteil m
~ **content** Staubgehalt m
~ **deposition** Staubniederschlag m
~ **elimination** Entstaubung f, Staubabscheidung f
~ **emission** Staubemission f, Staubauswurf m
~ **emission control** Staubauswurfbegrenzung f
~ **emitter** Staubemittent m
~ **exhauster** Staubsauger m
~ **extracting equipment** Entstaubungsanlage f
~ **extraction** Staubabscheidung f, Entstaubung f
~ **extraction device** Staubgehaltmeßgerät n
~ **gold** Goldpulver n
~ **hopper** Staub[sammel]bunker m
~ **in waste gas** Abgasstaub m
~ **layer** Staubbelag m
~ **level** Staubpegel m
~ **loading** Staubbeladung f
~ **loss** Staubverlust m
~ **losses** Verstaubung f
~ **mix** Staubmischung f
~ **nuisance** Staubbelästigung f
~ **ore** mulmiges Erz n
~ **output** Staubauswurf m
~ **precipitating plant** Staubabscheidungsanlage f
~ **precipitation** 1. Staubabscheidung f; 2. Staubniederschlag m
~ **receiver** s. ~ catcher
~ **removal** Entstaubung f
~ **removal plant** Staubabscheider m, Entstaubungsvorrichtung f
~ **removal problem** Entstaubungsproblem m
~ **removing** Entstauben n
~ **removing installation (plant)** Entstaubungsanlage f
~ **residue** Staubrückstand m; Staubbelag m; Staubniederschlag m
~ **resistance (resistivity)** Staubwiderstand m
~ **sample** Staubprobe f
~ **sampler** Staubprobenahmegerät n
~ **sampling** Staubprobenahme f
~ **separating** Entstauben n

~ **separation** Staubabscheidung f, Entstaubung f
~ **separation plant** Entstaubungsanlage f
~ **separator** Staubabscheider m, Entstauber m
~-**type** staubförmig
~ **valve** Staubschieber m
~ **wetting** Staubanfeuchtung f
~ **wetting plant** Staubanfeuchter m
~ **withdrawal** Staubabzug m
dustfall Staubniederschlag m; Staubablagerung f
dusting 1. Einstäuben n, Einpudern n; 2. Verstäubung f; 3. Zerrieseln n (z. B. von Kalziumdisilikat)
dustless staubfrei
dustlike staubförmig, pulverig
dustproof staubdicht
dusty staubförmig
duty Beanspruchung f (z. B. von Maschinen)
dwell time 1. Verweilzeit f; 2. (Pulv) Druckhaltezeit f
Dwight-Lloyd sintering machine Dwight-Lloyd-Sintermaschine f; Dwight-Lloyd-Sinteranlage f
dye Farbstoff m
~ **penetrant technique** Farbeindringverfahren n
dynamic s. a. unter dynamical
~ **annealing** dynamisches Glühen n
~ **balancing** [dynamisches] Auswuchten n
~ **differential calorimetry** dynamische Differenzkalorimetrie f
~ **excitation** dynamische Anregung f
~ **high-temperature microscopy** dynamische Hochtemperaturmikroskopie f
~ **loading** Schwingungsbeanspruchung f
~ **pressure** Staudruck m
~ **stress** dynamische Beanspruchung f
~ **tensile test** dynamischer Zugversuch m
~ **test** dynamische Prüfung f
~ **upsetting** (Umf) Schlagstauchen n
~ **viscosity** dynamische Viskosität (Zähigkeit) f
dynamical s. a. unter dynamic
~ **interference** dynamische Interferenz f
~ **recovery** dynamische Erholung f
~ **recrystallization** dynamische Rekristallisation f
~ **similarity** dynamische Ähnlichkeit f
~ **theory of X-ray diffraction** dynamische Theorie f der Röntgenstrahlenbeugung
dynamically balanced dynamisch ausgewuchtet
dynamo sheet Dynamoblech n
~ **sheet steel** Dynamoblechstahl m
dysprosium Dysprosium n

E steel E-Stahl *m (Eigenname)*
EAF *s.* electric arc furnace
ear *(Umf)* Zipfel *m (Tiefziehen)*
~ formation Zipfelbildung *f*
~ height Zipfelhöhe *f*
earing *(Umf)* Zipfelbildung *f*
early slag Primärschlacke *f*
~ stadium of sintering Sinterfrühstadium *n*
~ value Anfangswert *m*
earth alkaline metal Erdalkalimetall *n*
~ cable Erdkabel *n*
~ clamp Werkstückklemme *f (zur Erdung)*
~ metal Erdmetall *n*
earthy brown haematite Brauneisenmulm *m*
~ calcium carbonate Bergmilch *f*
~ cerussite Bleierde *f*
~ cobalt Kobalterde *f*, schwarzer Erdkobalt *m (Kobalterz)*
~ dilution of ore Gangart *f*, Ganggestein *n*
~ iron ore Eisenmulm *m*
~ limonite Eisenmulm *m*
~ minerals erdige Minerale *npl*
~ ore mulmiges Erz *n*
~ psilomelane Manganschwärze *f*
~ vivianite Eisenblauerde *f*
easily combustible leicht verbrennlich
~ fusible leicht schmelzbar
~ liquefiable leichtflüssig
~ meltable leicht schmelzbar
~ reducible leicht reduzierbar *(Erz)*
~ soluble leichtlöslich
~ volatilized leichtflüchtig
easy-cutting steel Automatenstahl *m*
~ fit Gleitpassung *f*
~ glide Einfachgleitung *f*
~ glide region Einfachgleitbereich *m*
~-machining leicht bearbeitbar
~-machining steel Automatenstahl *m*
eat away/to anfressen, wegfressen
EBRD-process *s.* electron beam rotating process
ebullition 1. Aufwallen *n*, Kochen *n*, Sieden *n*; 2. Schäumen *n (von Schlacke)*
eccentric exzentrisch, außermittig
eccentric Exzenter *m*
~ bearing Exzenterlager *n*
~ converter asymmetrischer Konverter *m*
~ converter design asymmetrische Konverterform *f*
~ core pull *(Gieß)* außermittiger Kernzug *m*
~ cupping (deep drawing) press Exzentertiefziehpresse *f*
~ disk Exzenterscheibe *f*
~ drive Exzenterantrieb *m*
~ forging press Exzenterschmiedepresse *f*
~ hoop Exzenterring *m*
~ housing *s.* ~ sleeve

~ motion (movement) exzentrische Bewegung *f*
~ [power] press Exzenterpresse *f*
~ shaft Exzenterwelle *f*, Nockenwelle *f*
~ shears Exzenterschere *f*
~ sheave Exzenterscheibe *f*
~ sleeve Exzenterlager *n*, Exzenterhülse *f*
~ trimming press Exzenterabgratpresse *f*
eccentricity Exzentrizität *f*, Außermittigkeit *f*
~ of web Stegaußermittigkeit *f*
echo amplitude Echoamplitude *f (Ultraschall)*
~ area Echoweite *f*
~ dynamics Echodynamik *f*
~ from the flaw Fehlerecho *n*
~ height Echohöhe *f*
~ peak Echospitze *f*
eclair *Leuchteffekt bei der Kristallisation von Gold*
eclipsalloy *Mg-Druckgußlegierung*
Economet *Cr-Ni-Legierung*
economical structural section ökonomisches Profil *n*, Leichtprofil *n*
economizer Vorwärmer *m*, Economiser *m*, Rauchgasvorwärmer *m*
~ tube Wärmeaustauscherrohr *n*
~ with ribbed pipes Rippenrohrrauchgasvorwärmer *m*
economizing furnace Sparofen *m*, Sparfeuerung *f*
ECP *s.* electron channelling pattern
ED *s.* electron diffraction
EDDQ *s.* extra deep drawing quality
eddy current Wirbelstrom *m*
~ current flaw tester Wirbelstromprüfgerät *n*
~ current meter Geschwindigkeitsmesser *m* für Wirbelströme *(Elektrodenprüfung)*
~ current method Wirbelstrommethode *f*
~ current probe Wirbelstromsonde *f*
~ current testing Wirbelstromprüfung *f*, Wirbelstromprüfverfahren *n*
~ current velocity meter *s.* ~ current meter
~ diffusion Diffusion *f* infolge Turbulenz, Turbulenzdiffusion *f*, Wirbeldiffusion *f*
~ diffusivity of heat transfer Turbulenz-Wärmeaustauschfaktor *m*
~ mill Wirbelschlagmühle *f*
~ motion Wirbelbewegung *f*
~ nozzle Wirbeldüse *f*
~-sonics system Wirbelschallsystem *n (Ultraschallprüfung)*
~ thermal diffusivity scheinbare Temperaturleitzahl *f* der turbulenten Strömung
~ zone Wirbelzone *f*
edenite *(Min)* Edenit *m*
edge/to 1. abkanten, abschrägen; 2. schärfen, rändeln; 3. stauchen; vorschmieden; kantenwalzen; 4. bördeln
edge Kante *f*; Rand *m*; Saum *m*

~ **attack** Kantenangriff *m*, Kantenabtrag *m*
~ **bulge** Kantenwölbung *f*, Kantenausbauchung *f*
~ **condition** 1. Kantenbeschaffenheit *f*; 2. Randbedingung *f*
~ **crack** Kantenriß *m*
~ **cracking** Kantenrissigkeit *f*, Kantenrißbildung *f*
~ **damage** Kantenbeschädigung *f*
~ **dislocation** *(Krist)* Kantenversetzung *f*, Stufenversetzung *f*
~ **error** Bildrandfehler *m*
~ **filtration** Oberflächenfiltration *f*
~ **fracture** *s.* ~ crack
~-**holding property** Schneidhaltigkeit *f*
~ **life** Standzeit *f (Werkzeug)*
~ **lock** Doppelkniegelenk *n*
~ **machining** Abfasen *n*
~ **mill** *(Gieß)* Kollergang *m*
~ **mixer** *(Gieß)* Mischkollergang *m*
~ **of ingot** Blockrand *m*
~ **of plate** Blechkante *f*
~ **pass** 1. Kantstich *m*; 2. Stauchkaliber *n*
~ **preparation** Fugenvorbereitung *f*; Kantenvorbereitung *f*, Nahtvorbereitung *f (Schweißen)*
~ **pressure** Kantenpressung *f*
~ **protection** Kantenschutz *m*
~ **rib** Kantenrippe *f*, Kantenwulst *m(f)*
~ **rounding** Kantenabrundung *f*
~ **runner** *(Gieß)* Kollergang *m*
~ **runner dry mill** *(Gieß)* Siebkollergang *m*
~ **runner pan** *(Gieß)* Kollergangschale *f*
~ **runner plate** *(Gieß)* Kollerplatte *f*
~ **runner wet mill** *(Gieß)* Naßkollergang *m*
~ **sharpness** Kantenschärfe *f*
~ **strength** Kantenbeständigkeit *f*, Kantenfestigkeit *f*
~ **stress** Randspannung *f*
~ **structure** Randgefüge *n*
~ **system** Randsystem *n*
~ **texture** Randtextur *f*
~ **tool** Rändelwerkzeug *n*
~ **wave** Kantenwelle *f*
~ **waviness** Randwelligkeit *f*, Kantenwelligkeit *f*
~ **weld** Stirnnaht *f (Schweißen)*
~ **zone** Randzone *f*
edged kantig, eckig
edger 1. Stauchwalzgerüst *n*; 2. *s.* ~ impression
~ **impression** Verteilergesenk *n*, Einrundungsgesenk *n*
edgewise hochkant
edging machine Abkantmaschine *f*, Abkantpresse *f*
~ **mill** Stauchwalzwerk *n*
~ **mill stand** Stauchwalzgerüst *n*
~ **pass** Stauchstich *m*, Stauchkaliber *n*
~ **roll** Stauchwalze *f*
~ **stand** Stauchgerüst *n*
EDM *s.* electrical discharge machining

eductor Ejektor *m*, Saugstrahlpumpe *f*
EEM *s.* electron emission microscope
EFCO-Northrup furnace *s.* Ajax-Northrup furnace
effect of anode current density Anodenstromstärkeeffekt *m*
~ **of cathode current density** Katodenstromstärkeeffekt *m*
~ **of impurities** Fremdkörpereinfluß *m*, Wirkung *f* (Einfluß *m*) von Verunreinigungen
~ **of notches** Kerbwirkung *f*
~ **of pulverizing** Zerkleinerungswirkung *f*
~ **of radiation** Strahlenwirkung *f*
~ **of riddling** Siebeffekt *m*, Siebwirkungsgrad *m*
~ **of slag foaming** Schlackenschäumwirkung *f*
~ **of temperature** Temperaturwirkung *f*
effective bed conductivity effektive Wirbelbettwärmeleitfähigkeit *f*
~ **capacity** Nutzinhalt *m*
~ **clay** *(Gieß)* aktiver Ton *m*, Aktivton *m*
~ **clay content** *(Gieß)* wirksamer Tongehalt *m*
~ **heat** Nutzwärme *f*
~ **magnification** förderliche Vergrößerung *f*
~ **power** Nutzleistung *f*, Wirkleistung *f*
~ **pressure** Arbeitsdruck *m*
~ **resistance** effektiver Widerstand *m*, Wirkwiderstand *m*
~ **thermal conductivity** effektive Wärmeleitfähigkeit *f (z. B. einer Emulsionsschicht)*
~ **voltage** effektive Spannung *f*
~ **yield locus** effektiver Fließort *m*
effervescence Aufbrausen *n*, Schäumen *n*; Aufwallen *n*
effervescent steel unberuhigter (unberuhigt vergossener) Stahl *m*
efficiency 1. Wirkungsgrad *m*, Nutzeffekt *m*; Ausbeute *f*; 2. Wirksamkeit *f*; 3. Leistung *f*; Leistungsgrad *m*
~ **factor** 1. Wirkungsgrad *m*; 2. Leistungsfaktor *m*
~ **of cutting** Schneidleistung *f*
~ **of defect indication** Fehleranzeigewahrscheinlichkeit *f*
~ **of test** Versuchswirkungsgrad *m*
~ **of the drive** Antriebswirkungsgrad *m*
efflorescence *(Korr)* Ausblühung *f (beim Zundern)*
effluent ausfließend, ausströmend
effluent Ausfluß *m*, Abfluß *m*, Ablauf *m*
~ **tank** Ablaßbecken *n*, Ablaßbehälter *m*
~ **value** Immissionswert *m*
~ **water** Abwasser *n*
effluents Immission *f*
efflux Ausströmung *f*, Ausfluß *m*, Abfluß *m*
effussion Effusion *f*
~ **technique** Effusionsmethode *f*
egress Ausgang *m*, Austritt *m*

~ **hole** Ausgangsöffnung *f*
eight-link achtgliedrig
~-**place** achtstellig
~-**spindle** achtspindlig
~-**spindle automatic** Achtspindelautomat *m*
~-**zone walking-beam** Acht-Zonen-Hubbalkenofen *m*
Einstein-de Haas effect Einstein-de Haas-Effekt *m*
~ **model of vibrating lattice** Einsteinsches Modell *n* des schwingenden Gitters
einsteinium Einsteinium *n*
Eirich mixer *(Gieß)* Eirich-Mischer *m*
EIS *s.* electric induction steel
eject/to ausstoßen, auswerfen, herausschleudern; austreiben
ejecting device Ausstoßvorrichtung *f*, Abwurfvorrichtung *f*
~ **disk** Auspreßscheibe *f*
~ **piston** Ausstoßkolben *m*
ejection Ausstoßen *n*, Auswerfen *n*, Auswurf *m*
~ **air** Treibstrahl *m*, Treibluft *f*
~ **box** Auswerfergehäuse *n*
~ **force** Ausstoßkraft *f*, Auswerfkraft *f*
~ **guide** Auswerferführung *f*
~ **guide pin** Auswerferführungsstift *m*
~ **heel** Auswerferauge *n*, Auswerferlappen *m*
~ **plate** Auswerferdeckplatte *f*
~ **process** Ausstoßverfahren *n*, Ausstoßvorgang *m*
~ **release** Rückstoßer *m*, Rückdruckstift *m*
~ **stroke** Auswerferhub *m*
~ **unit** Auswerfeinheit *f*
ejector 1. Auswerfer *m*, Auswurfvorrichtung *f*; Ausstoßer *m*; 2. Strahlpumpe *f*; Strahlgebläse *n*
~ **box** *(Gieß)* Auswerfergehäuse *n*
~ **die half** *(Gieß)* Auswerferformhälfte *f* *(bewegliche Formhälfte)*
~ **force** Ausstoßerkraft *f*
~ **housing** Auswerfergehäuse *n*
~ **lug** Auswerferansatz *m*
~ **mark** Auswerfermarke *f*
~ **pin** Auswerferstift *m*, Ausstoßerstift *m*
~ **plate** Auswerferplatte *f*, Ausstoßerplatte *f*
~ **plate rest (stop)** Auswerferanschlag *m*
~ **pusher** Auswerferbolzen *m*
~ **retainer plate** Auswerferrückholplatte *f*
~ **sleeve** Auswerferhülse *f*
~ **stop** Auswerferanschlag *m*
~ **system** Auswerfervorrichtung *f*
elapsed time Beobachtungszeitraum *m*, Standzeit *f* von Formen
elastic 1. elastisch, federnd; 2. elastisch [verformbar]
~ **aftereffect** elastische Nachfederung (Nachdehnung) *f*
~ **collision** elastischer Zusammenstoß *m*

~ **constant** elastische Konstante *f*, Elastizitätskonstante *f*
~ **contraction** elastische Rückfederung *f*
~ **curve** elastische Linie *f*, Biegelinie *f*
~ **deformation** elastische Verformung (Formänderung) *f*
~ **flattening** Walzenabplattung *f*, elastische Abplattung *f*
~ **force** Rückstellkraft *f*, Federkraft *f*
~-**ideal-plastic behaviour** elastisch-ideal-plastisches Verhalten *n*
~ **limit** Elastizitätsgrenze *f*
~ **modulus** Elastizitätsmodul *m*, E-Modul *m*
~ **recovery** elastische Erholung (Nachwirkung) *f*, Rückdehnung *f*
~ **region** Elastizitätsbereich *m*
~ **slitting wheel** Trennscheibe *f*
~ **spring** Sprungfeder *f*, Springfeder *f*
~ **strain** elastische Dehnung *f*
~ **yielding** *s.* proportional limit
elasticity Elastizität *f*
~ **constant** Federkonstante *f*
~ **of extension** Zugelastizität *f*
elastomeric materials Elastomere *npl*
elastoplastic elastoplastisch
elbow Kniestück *n*, Krümmer *m*
~ **joint** Kniegelenk *n*, Kniehebelgelenk *n*
ELC *s.* extra low carbon
electric *s. a. unter* electrical
~ **arc** [elektrischer] Lichtbogen *m*
~ **arc current** Lichtbogenstrom *m*
~ **arc furnace** Lichtbogenofen *m*
~-**arc [furnace] steelmaking** Stahlerzeugung *f* im Lichtbogenofen
~ **arc welded** elektrodengeschweißt
~ **arc welding** Lichtbogenschweißen *n*
~ **calamine** *(Min)* Hemimorphit *m*
~ **casting car** elektrischer Gießwagen *m*
~ **current density** Stromdichte *f*
~ **dipole moment** elektrisches Dipolmoment *n*
~ **drum** Elektrotrommel *f*
~ **excavator** Elektrobagger *m*
~ **filter** Elektrofilter *n*
~ **forehearth** elektrisch beheizter Vorherd *m (am Kupolofen)*
~ **fork lift truck** Elektrostapler *m*
~ **furnace** Elektroofen *m*, E-Ofen *m*
~ **furnace hearth area** Elektroofenherdfläche *f*
~ **furnace iron** Elektroroheisen *n*
~ **furnace melting** Elektro[stahl]schmelzen *n*
~ **furnace melting shop** Elektrostahlwerk *n*
~ **furnace steel** Elektrostahl *m*
~-**furnace steelmaking** Elektrostahlherstellung *f*
~ **hearth furnace** Elektroherdofen *m*
~ **heat conductor** [elektrischer] Heizleiter *m*
~ **heating** Elektroheizung *f*

~ **heating element** Heizelement n, Heizstab m
~ **hoist** Elektrohubwerk n, Elektro[seil]zug m
~ **induction furnace** Induktionsofen m
~ **induction steel** Induktionsofenstahl m
~ **lifting magnet** Elektrohebemagnet m
~ **low-shaft furnace** Elektroniederschachtofen m
~ **melting furnace** Elektroschmelzofen m
~ **melting shop** 1. Elektrostahlwerk n; 2. Elektroschmelzbetrieb m
~ **moulding machine** Elektroformmaschine f
~ **muffle furnace** elektrisch beheizter Muffelofen m
~ **oven** elektrischer [Trocken]ofen m
~ **overhead trolley** Elektrohängebahn f
~ **pig iron** Elektroroheisen n
~ **pig iron furnace** Elektroniederschachtofen m
~ **pit furnace** Elektrotiefofen m
~ **plunger clay gun** elektrisch gesteuerte Kolbenstichlochstopfmaschine f
~ **potential technique** Potentialsondenverfahren n
~ **pouring car** elektrischer Gießwagen m
~ **precipitation** elektrische Abscheidung f
~ **precipitator** Elektrofilter n, Elektroentstauber m, EGR-Anlage f
~ **pyrometer** elektrisches Pyrometer n
~ **reduction furnace** Elektroreduktionsofen m
~ **resistance furnace** elektrischer (elektrisch beheizter) Widerstandsofen m, Heizstabofen m, Graphitstabofen m
~ **resistance melting furnace** widerstandsbeheizter Schmelzofen m
~ **resistance pyrometer** Widerstandspyrometer n
~ **resistance thermometer** Widerstandsthermometer n
~ **resistance welding** Widerstandsschweißen n
~ **resistivity measurement** elektrische Widerstandsmessung f
~ **shaft furnace** Elektroschachtofen m, Elektrohochofen m
~ **sheet** Elektroblech n
~ **smelter** elektrischer Schmelzofen m
~ **smelting** elektrisches Schmelzen n, Elektroschmelzen n
~ **smelting furnace** elektrischer Schmelzofen m
~ **smelting process** elektrisches Schmelzverfahren n
~ **steel** Elektrostahl m
~ **steel casting** 1. Elektrostahlgießen n; 2. Elektrostahlgußteil n, Elektrostahlguß m
~ **steelmaking** Elektrostahlerzeugung f
~ **steelmaking plant (shop)** Elektrostahlwerk n

~ **traversing gear** Elektrofahrwerk n
~ **truck** Elektrokarren m
~ **turbo-blower** Elektroturbogebläse n, Ventilator m
~-**type clay gun** elektrisch betätigte Stichlochstopfmaschine f
~ **welding** elektrisches Schweißen n
~ **welding apparatus** elektrisches Schweißaggregat n
electrical s. a. unter electric
~ **activity** elektrische Aktivität f
~ **breakdown** elektrischer Durchschlag m
~ **contact material** [elektrischer] Kontaktwerkstoff m
~ **discharge** elektrische Entladung f
~ **discharge machine** Funkenerosionsmaschine f
~ **discharge machining** funkenerosive Bearbeitung f
~ **double layer** elektrische Doppelschicht f
~ **ignition system** elektrische Zündvorrichtung f
electrically heated elektrisch beheizt; elektrisch erhitzt
~ **heated pit** elektrisch beheizter Tiefofen m
~ **neutral** elektroneutral
~ **reduced pig iron** Elektroroheisen n
electro... s. a. unter electro...
electro filter Elektrofilter n, Elektroentstauber m, EGR-Anlage f
electroaerosol Elektroaerosol n
electroaffinity Elektro[nen]affinität f
electroanalysis Elektroanalyse f, elektrochemische Analyse f
electroanalytical elektroanalytisch
electroburring Elysierbadentgraten n, elektrolytisches Entgraten n
electrocar Elektrokarren m, Elektrowagen m
electrocast refractory (Ff) [elektro]schmelzgeformtes Erzeugnis n
electrochemical elektrochemisch
~ **affinity** elektrochemische Affinität f
~ **corrosion** elektrochemische Korrosion f
~ **descaling** elektrochemisches Entzundern n
~ **equilibrium** elektrochemisches Gleichgewicht n
~ **equivalent** elektrochemisches Äquivalent n
~ **etch** elektrochemisches (elektrolytisches) Ätzen n
~ **machining** elektrochemisches Abtragverfahren n, elektrochemische Bearbeitung f
~ **pickling** elektrolytisches Beizen n
~ **potential** elektrochemisches Potential n
~ **series** elektrochemische Spannungsreihe f (der Metalle)
electrochemistry Elektrochemie f
electrocleaning elektrolytische Reinigung f

electrocoat/to s. electroplate/to
electrocoating s. electroplating
electrocopper Elektrolytkupfer *n*, E-Kupfer
n
electrocorrosion elektrochemische Korrosion *f*, Streustromkorrosion *f*
electrocorundum Elektrokorund *m*,
Schmelzkorund *m*
electrocrystallization Elektrokristallisation
f
electrode Elektrode *f*
~ **arm** Elektrodenarm *m*, Elektrodenausleger *m (Elektroofen)*
~ **arrangement** Elektrodenanordnung *f*
~ **brick** Elektrodenstein *m*
~ **carbon** Elektrodenkohle *f*
~ **carrying current** Stromeinführungselektrode *f*
~ **chamber** Elektrodenkammer *f*, Elektrodenraum *m*
~ **coating** Elektrodenbeschichtung *f*,
Schweißdrahtumhüllung *f*
~ **composition** Elektrodenzusammensetzung *f*
~ **cone** Elektrodenkonus *m*, Elektrodenkegel *m*
~ **consumption** Elektrodenabbrand *m*,
Elektrodenverbrauch *m*, Elektrodenverschleiß *m*
~ **contact** Elektrodenanschluß *m*
~ **control** Elektrodenregelung *f*
~ **control system** Elektrodenregelungssystem *n*
~ **cooling-water jacket** Elektrodenkühlmantel *m (Lichtbogenofen)*
~ **diameter** Elektrodendurchmesser *m*
~ **feed motor** Elektrodenvorschubmotor *m*
~ **from iron powder** Eisenpulverelektrode *f*
~ **hoist** Elektrodenhubwerk *n*
~ **holder** Elektrodenhalter *m*
~ **holes** Elektrodenlöcher *npl*
~ **jib arm** Elektrodenträger *m*
~ **mast** Elektrodenfahrsäule *f*
~ **material** Elektrodenwerkstoff *m*
~ **nozzle** Elektrodeneinführungshülse *f*
~ **paste** Elektrodenmasse *f*
~ **path** Elektrodenweg *m*
~ **penetration** Eintauchen *n* einer Elektrode *(in das Schmelzbad)*
~ **potential** Elektrodenpotential *n*
~ **press** Elektrodenpresse *f*
~ **pressure** Elektrodendruck *m*
~ **reaction** Elektrodenreaktion *f*
~ **ring** Elektrodenring *m (Elektrodendurchführung am Elektroofen)*
~ **scrap** Elektrodenbruch *m*
~ **shape** Elektrodenform *f*
~ **sheating** Elektrodenmantel *m*
~ **spacing** Elektrodenabstand *m*
~ **straightener** Elektrodenrichter *m*
~ **support apparatus** Elektrodenhalterung *f*
~ **surface** Elektrodenoberfläche *f*

~ **system** Elektrodensystem *n*
~ **tip** Elektrodenspitze *f*
~ **voltage** Elektrodenspannung *f*
~ **waste** Elektrodenbruch *m*
~ **welding jig** Elektrodenschweißgestell *n*
~ **wire** Elektrodendraht *m*
electrodeposit/to elektrolytisch abscheiden (fällen)
electrodeposit elektrolytische (galvanische) Abscheidung *f*; elektrolytische
(galvanische) Schicht *f*
electrodeposited alloy elektrolytisch abgeschiedene Legierung *f*
electrodeposition 1. galvanischer Niederschlag *m*; 2. Galvanisierung *f*; 3. Galvanotechnik *f*
~ **of metals** elektrolytische Abscheidung *f*
von Metallen
**electrodes become coated with solid
crusts/the** die Elektroden bedecken sich
mit erstarrten Krusten
~ **connected in multiple** parallel geschaltete Elektroden *fpl*
~ **-in-line electric smelting furnace** Elektroschmelzofen *m* mit in Reihe angeordneten Elektroden
electrodialysis Elektrodialyse *f*
electrodialyzer Elektrodialysator *m*
electrodischarge carburization elektrolytische Aufkohlung *f*
electroengraving elektrolytisches Ätzen *n*,
Elektroätzen *n*
electroerosion Elektroerodieren *n*, Elektroerosion *f*, elektroerosive Metallbearbeitung *f*
electroetch/to ätzen *(mit Wechselstrom)*
electroetching Wechselstromätzen *n*
electroextraction elektrolytische Extraktion *f*, Elektrometallurgie *f*
electrofilter Elektrofilter *n*, Elektroentstauber *m*, EGR-Anlage *f*
electroflux melting Unterpulverschmelzen
n
electroformed galvanoplastisch hergestellt
electroforming Elektroformung *f*
electrogalvanize/to galvanisch verzinken
electrogalvanizing elektrolytische Verzinkung *f*
electrographite Elektrographit *m*
electrogravimetric analysis Elektrogravimetrie *f*
electroheat Elektrowärme *f*
electrohydraulic servovalve Ventilsteuerung *f*, elektrohydraulische Steuerung *f*
electroimpulse process Magnetimpulsverfahren *n (Pulververdichtung)*
electrokinetic elektrokinetisch
electrolysis Elektrolyse *f*
~ **cell** Elektrolysezelle *f*, Elektrolysebehälter
m
~ **of a fused salt** Schmelzflußelektrolyse *f*
electrolyte Elektrolyt *m*

~ **chamber** Elektrolytkammer *f*
~ **circuit (circulation)** Elektrolytumlauf *m*
~ **composition** Elektrolytzusammensetzung *f*
~ **jet** Elektrolytstrahl *m*
~ **nozzle** Elektrolytdüse *f*
~ **remnant** Elektrolytrückstand *m*
~ **solution** Elektrolytlösung *f*
~ **storage tank** Elektrolytvorratsbehälter *m*
electrolytic elektrolytisch
~ **analysis** elektrolytische Analyse *f*
~ **brightening** elektrolytisches Polieren *n*
~ **cell** elektrolytische Zelle *f*, Elektrolysezelle *f*
~ **coating** elektrolytische Beschichtung (Veredlung) *f*
~ **conduction** elektrolytische Leitung *f* *(Elektronen- und Ionentransport in einem Elektrolyten)*
~ **conductivity** elektrolytische Leitfähigkeit *f*
~ **conductor** elektrolytischer Leiter *m*
~ **copper** Elektrolytkupfer *n*, E-Kupfer *n*
~ **deposition** elektrolytische (galvanische) Abscheidung *f*
~ **dissociation** elektrolytische Dissoziation *f*
~ **dissolution** elektrolytische Auflösung *f*
~ **etching** elektrolytisches Ätzen *n (mit Gleichstrom)*
~ **galvanized steel** elektrolytisch verzinkter Stahl *m*
~ **grinding** elektrolytisches Schleifen *n*
~ **iron** Elektrolyteisen *n*
~ **iron powder** Elektrolyteisenpulver *n*
~ **isolation** elektrolytische Isolierung (Trennung) *f*
~ **lap polishing** s. ~ lapping
~ **lapping** Wischpolieren *n*, Elektrowischpolieren *n*
~ **lapping technique** Elektrowischverfahren *n*
~ **lead** Elektrolytblei *n*
~ **machining** elektrolytisches Abtragen *n*, Elysieren *n*
~ **manganese powder** Elektrolytmanganpulver *n*
~ **metals** Elektrolytmetalle *npl*
~ **method** elektrolytisches Verfahren *n*
~ **mud** Elektrolyseschlamm *m*, Anodenschlamm *m*
~ **nickel** Elektrolytnickel *n*
~ **nickel plating** elektrolytische Vernickelung *f*
~ **oxidation** elektrolytische (anodische) Oxydation *f;* Eloxieren *n*
~ **parting** elektrolytische Silberscheidung *f*
~ **pickling** elektrolytisches Beizen *n*, Elysierbeizen *n*
~ **plant** Elektrolyse[anlage] *f*, Elektrolysebetrieb *m*
~ **polarization** elektrolytische Polarisation *f*

~ **polishing** elektrolytisches Polieren *n*
~ **powder** Elektrolytpulver *n*
~ **process** elektrolytischer Prozeß *m*, elektrolytisches Verfahren *n*
~ **protection** Schutzgalvanisierung *f*
~ **reduction** elektrolytische Reduktion *f*
~ **refining** elektrolytische Raffination *f*, Elektroraffination *f*
~ **separation** elektrolytische Isolierung (Trennung) *f*
~ **silver** Elektrolytsilber *n*, E-Silber *n*
~ **slime** Elektrolyseschlamm *m*, Anodenschlamm *m*
~ **solution** Elektrolytlösung *f*
~ **solution pressure** elektrolytischer Lösungsdruck *m*
~ **tankhouse** Elektrolytvorratsbehälter *m*
~ **tin plate** Elektrolytweißblech *n*
~ **zinc** Elektrolytzink *n*
electrolyze/to elektrolytisch zersetzen (zerlegen), elektrolysieren
electromagnet Elektromagnet *m*
electromagnetic elektromagnetisch
~ **agitation** s. ~ bath agitation
~ **bath agitation (circulation)** induktive Badbewegung *f (Schmelzofen)*
~ **cast iron** elektromagnetisches Gußeisen *n*
~ **circulation** induktive Badbewegung *f (Schmelzofen)*
~ **conveying channel (trough)** s. ~ conveyor channel
~ **conveyor channel** elektromagnetische Förderrinne *f (für Schmelze)*
~ **deflection** elektromagnetische Ablenkung *f*
~ **free swinging trough conveyor** elektromagnetische Freischwingrinne *f*
~ **pump** elektromagnetische Pumpe *f*
~ **radiation** elektromagnetische Strahlung *f*
~ **stirring** elektromagnetisches Rühren *n*
~ **testing** Prüfung *f* nach dem Wirbelstromverfahren
~ **wet separator** elektromagnetischer Naßscheider *m*
electromechanical balance elektromechanische Waage *f*
~ **roll balancing mechanism** *(Umf)* elektromechanischer Massenausgleich *m* für Walzen
electrometallurgical elektrometallurgisch
~ **process** elektrometallurgisches Verfahren *n*
electrometallurgy Elektrometallurgie *f*
electromigration Elektromigration *f*, Elektrowanderung *f*, Wanderung *f* im elektrischen Feld
electromotive force series elektrochemische Spannungsreihe *f (der Metalle)*
electron 1. Elektron *n*; 2. Elektron *n (Mg-Al-Legierung)*

~-**atom ratio** Valenzelektronenkonzentration *f*; Elektronen-Atom-Verhältnis *n*
~ **beam adjustment device** Elektronenstrahljustiereinrichtung *f*
~ **beam current density** Elektronenstrahlstromdichte *f*
~ **beam deflection** Elektronenstrahlauslenkung *f*
~ **beam density distribution** Elektronenstromdichteverteilung *f*
~ **beam diameter** Elektronenstrahldurchmesser *m*
~ **beam energy input** Elektronenbeschuß *m*
~ **beam evaporation device** Elektronenstrahlbedampfungsanlage *f*
~ **beam furnace** Elektronenstrahlschmelzofen *m*
~-**beam-heated** elektronenstrahlbeheizt
~ **beam heating** Elektronenstrahlerwärmung *f*, Elektronenstrahlheizen *n*
~ **beam melting** Elektronenstrahlschmelzen *n*
~ **beam melting furnace** Elektronenstrahlschmelzofen *m*
~ **beam melting unit** Elektronenstrahlschmelzanlage *f*
~ **beam microanalysis** Elektronenstrahlmikroanalyse *f*
~ **beam microprobe** Elektronenstrahlmikrosonde *f*
~ **beam remelting** Elektronenstrahlumschmelzen *n*
~ **beam rotating process** Elektronenstrahlrotationsprozeß *m*, EBRD-Prozeß *m (Prozeß zur Herstellung höchstreiner Metallpulver)*
~-**beam strip vapour deposition unit** Elektronenstrahl-Bandbedampfungsanlage *f*
~ **beam weld** Elektronenstrahlschweißnaht *f*, Elektronenstrahlschweiße *f*
~ **beam welder** Elektronenstrahlschweißmaschine *f*
~ **beam welding** Elektronenstrahlschweißen *n*
~ **beam zone melting** Elektronenstrahlzonenschmelzen *n*
~-**bombarded element** mit Elektronen beschossenes Element *n*
~ **bombardment** Elektronenbeschuß *m*
~ **channelling pattern** Electron-Channelling-Pattern *n (Beugungsdiagramm)*
~ **cloud** Elektronenwolke *f*
~ **compound** Elektronenverbindung *f*
~ **conductivity** Elektronenleitfähigkeit *f*
~ **configuration** Elektronenkonfiguration *f*
~ **correlation** Elektronenkorrelation *f*
~ **current** Elektronenstromstärke *f*
~ **density peak** Elektronendichtepeak *m*, Elektronendichtemaximum *n*
~ **detector** Elektronendetektor *m*
~ **diffraction** Elektronenbeugung *f*

~ **diffraction analysis** Elektronenbeugungsanalyse *f*
~ **diffraction theory** Elektronenbeugungstheorie *f*
~ **distribution** Elektronenverteilung *f*
~-**emission microscope** Emissionselektronenmikroskop *n*
~ **excitation** Elektronenanregung *f*
~ **flux** Elektronenfluß *m*
~ **fractography** Elektronenfraktografie *f*
~ **gas** Elektronengas *n*
~ **gun** Elektronenkanone *f*, Elektronenstrahlerzeuger *m*
~ **hole conductivity** Defektelektronenleitung *f*
~ **image** Elektronenbild *n*
~ **irradiation** Elektronenbestrahlung *f*
~ **layer** Elektronenschale *f*
~ **level** Elektronenniveau *n*
~ **microautoradiography** Elektronen-Mikroautoradiografie *f*
~ **microbeam probe** Elektronenstrahlmikrosonde *f*
~ **microprobe analysis** Elektronenstrahlmikrosondenanalyse *f*
~ **microprobe analyzer** Elektronenstrahlmikrosonde *f*
~ **microscope** Elektronenmikroskop *n*
~ **microscopy** Elektronenmikroskopie *f*
~ **optical system** Elektronenoptik *f*
~ **pair** Elektronenpaar *n*
~ **penetration** Elektronenpenetration *f*
~ **picture** Elektronenbild *n*
~ **plasma** Elektronenplasma *n*
~ **position** Elektronenplatz *m*
~ **probe** Elektronensonde *f*
~-**probe microanalysis** Mikrosondenanalyse *f*
~ **shell** Elektronenschale *f*
~ **signal** Elektronensignal *n*
~ **spectroscopy for chemical analysis** Elektronenspektroskopie *f* für chemische Analyse, ESCA
~ **spectrum** Elektronenspektrum *n*
~ **spin resonance** Elektronenspinresonanz *f*
~ **spot** Elektronenstrahlauftreffpunkt *m*
~ **state** Elektronenzustand *m*
~ **theory of metals** Elektronentheorie *f* der Metalle
~-**transparent** elektronendurchlässig
~ **vacancy concentration** Elektronenleerstellenkonzentration *f*
~ **vacancy density** Elektronenleerstellendichte *f*
~ **vacancy number** Elektronenleerstellenzahl *f*
~ **wave** Elektronenwelle *f*
~ **wind effect** Elektronenwindeffekt *m*
electronegativity Elektronegativität *f*
electronic charge Elektronenladung *f*
~ **conduction** Elektronenleitung *f*

~ **conductivity** Elektronenleitfähigkeit *f*
~ **configuration** Elektronenkonfiguration *f*
~ **distribution** Elektronenverteilung *f*
~ **distribution layer** Elektronenstreuschicht *f*
~ **specific heat** spezifische Elektronenwärme *f*
~ **stability** Elektronenstabilität *f*
~ **structure** Elektronenstruktur *f*
~ **weighing system** elektronisches Wiegesystem *n*
electrooptical pyrometer elektrooptisches Pyrometer *n*
electroparting *s.* electrolytic parting
electroplate/to galvanisieren, elektroplattieren, elektrolytisch plattieren
electroplating Galvanisieren *n*, galvanisches Plattieren (Beschichten) *n*, Elektroplattieren *n*
~ **bath** Plattierbad *n*
~ **plant** Galvanisierungsanlage *f*, Galvanikanlage *f*
electropolish elektrolytische Politur *f*, Elektropolitur *f*
electropolishing elektrolytisches Polieren *n*, Elektropolieren *n*, Elysierpolieren *n*
electroprecipitation Elektroabscheidung *f*
electroprecipitator Elektroabscheider *m*, Elektroentstauber *m*
electrorefining elektrolytische Raffination *f*
electroslag Elektroschlacke *f*
~ **refining** Elektroschlackeumschmelzen *n*
~ **refining casting** Elektroschlackegießen *n*
~ **refining furnace** Elektroschlackeumschmelzofen *m*
~ **refining plant** Elektroschlackeumschmelzanlage *f*
~ **refining process** Elektroschlackeumschmelzverfahren *n*, ERS-Verfahren *n*, ESU-Verfahren *n*
~ **remelting** *s.* ~ refining
~ **resistance furnace** Elektroschlackewiderstandsofen *m*
~ **topping process** Elektroschlacke-Blockkopf-Schmelzverfahren *n (von Böhler)*
~ **weld** Elektroschlackeschweißnaht *f*
~ **welding** Elektroschlackeschweißen *n*
~ **welding system** Elektroschlackeschweißanlage *f*
electrosmelting elektrisches Schmelzen *n*
electrostatic attraction elektrostatische Anziehung *f*
~ **binding force** elektrostatische Bindungskraft *f*
~ **coating** elektrostatisches Beschichten *n*
~ **dust collector** *s.* ~ dust remover
~ **dust removal** elektrostatische Entstaubung (Staubabscheidung) *f*, Elektroabscheidung *f*
~ **dust remover (separator)** elektrostatischer Entstauber (Staubscheider) *m*, Elektroentstauber *m*

~ **field** elektrostatisches Feld *n*
~ **filter** Elektrofilter *n*
~ **interaction** elektrostatische Wechselwirkung *f*
~ **painting** elektrostatisches Beschichten *n*
~ **potential** elektrostatisches Potential *n*
~ **precipitation** elektrostatische Abscheidung (Entstaubung) *f*, Elektroabscheidung *f*
~ **precipitator** elektrostatisches Filter *n*; elektrostatischer Abscheider (Entstauber) *m*, Elektroentstauber *m*
~ **screening** elektrostatische Siebung *f*
~ **separation** *s.* ~ precipitation
~ **sifting** elektrostatische Siebung *f*
~ **spraying** elektrostatisches Beschichten (Besprühen) *n*
electroswab technique Elektrowischverfahren *n*
electrothermal process elektrothermisches Verfahren *n*
electrothinning elektrolytisches Dünnen *n*
electrotin/to galvanisch verzinnen
electrotin plating galvanisches Verzinnen *n*
electrotransport Elektrotransport *m*
electrowinning elektrolytische Gewinnung *f*
electrum Elektrum *n (Au-Ag-Legierung)*
element distribution picture Elementverteilungsbild *n (beim Flächen-Scanning)*
~ **enrichment** Elementanreicherung *f*
~ **line** Spektrallinie *f*
elemental distribution Elementverteilung *f*
elementary area Flächenelement *n*
~ **charge** Elementarladung *f*
~ **ion** elementares Ion *n*
~ **plasticity theory** elementare Plastizitätstheorie *f*
~ **volume** Volumenelement *n*
elephant's peel *(Gieß)* Elefantenhaut *f*
elevate/to [an]heben
elevated bunker Hochbunker *m*
~ **chute** Hochlauf *m*
~ **temperature/at** bei erhöhter Temperatur; in der Wärme
~ **temperature hardness** *(Wkst)* Wärmhärte *f*
~ **temperature mechanical properties** mechanische Eigenschaften *fpl* bei hohen Temperaturen
~ **temperature properties** Hochtemperatureigenschaften *fpl*
~ **temperature sand properties** Hochtemperatursandeigenschaften *fpl*
~ **temperature test** *(Wkst)* Warmversuch *m*
elevating device *(Gieß)* Anhebeeinrichtung *f*
~ **slide** *(Gieß)* Anhebeschlitten *m*
~ **speed** Hebegeschwindigkeit *f*, Hubgeschwindigkeit *f*

elevation 1. Heben *n*, Anheben *n*; Erhebung *f*; Bezugshöhe *f*; 2. Aufriß *m*, Riß *m*
elevator Aufzug *m*; Senkrechtförderer *m*; Hebewerk *n*, Elevator *m*
~ **bucket** Becher *m* des Becherwerks (Elevators)
~ **furnace** Elevatorofen *m*
~ **rope** Aufzugseil *n*
eliminate/to 1. eliminieren, beseitigen; 2. ausschalten
eliminating of impurities Entfernen *n* von Verunreinigungen
elimination process Abscheidung *f*, Abscheidungsvorgang *m*
elinvar Elinvar *n* (thermoelastisch stabile Fe-Ni-Cr-Legierung)
eliquate/to herausschmelzen
eliquation Herausschmelzen *n*
ellipsometry Ellipsometrie *f*
elliptically polarized elliptisch polarisiert
Elmarid Elmarid *n* (druckgesintertes Hartmetall)
elongated dimension Gestrecktheit *f*, Längenausdehnung *f*
~ **single domain** Einbereichsteilchen mit Durchmesser/Längenverhältnis 1:10 (1–3 μm ∅, 10–30 μm L)
elongation Verlängerung *f*, Längung *f*, Dehnung *f*; Streckung *f*
~ **after fracture** Bruchdehnung *f*
~ **before reduction of area** Gleichmaßdehnung *f*
~ **limit** Dehnungsgrenze *f*; Streckgrenze *f*
~ **of rope** Seildehnung *f*, Seilreckung *f*
~ **ratio** Streckungsverhältnis *n*, Streckungsgrad *m*
~ **to fracture** Bruchdehnung *f*
elongator [mill] Elongatorwalzwerk *n*, Rohrstreckwalzwerk *n*
eloxal layer Eloxalschicht *f*
Elpit *s.* electrically heated pit
Elred process Elred-Prozeß *m* (2-Stufen-Reduktionsprozeß für Roheisen)
eluant Elutionsmittel *n*, Eluent *n*
eluate Eluat *n*
elucidation of the structure Entwicklung *f* des Gefüges
elute/to eluieren
elution Elution *f*
elutriate/to [ab]schlämmen
elutriation Schlämmen *n*, Abschlämmen *n*; Strömungssichten *n*
EMA *s.* electron microprobe analysis
embankment of powder (Pulv) Pulverschüttung *f*
embed/to einbetten
embedded core (Gieß) [mit dem Modell] eingeformter Kern *m*
embedding Einbettung *f*
~ **material** Einbettmasse *f*
~ **press** Einbettpresse *f*
~ **unit** Einbetteinrichtung *f*

emboss/to (Umf) treiben, treibschmieden, hämmern
embossing (Umf) Treiben *n*, Treibschmieden *n*, Hämmern *n*
~ **die** (Umf) Prägeform *f*, Prägematrize *f*
embrittle/to verspröden
embrittlement Versprödung *f*
~ **by pickling** Beizsprödigkeit *f*
~ **in welding** Schweißsprödigkeit *f*
emerge/to austreten; hervortreten, zum Vorschein kommen
emergence angle Abnahmewinkel *m*
~ **volume** Austrittsvolumen *n*
emergency Notfall *m*, Havarie *f*
~ **ladle** (Gieß) Notpfanne *f*, Reservepfanne *f*
~ **launder** Notrinne *f* (Schmelzofen)
~ **machine** (Umf) Ersatzmaschine *f*, Hilfsmaschine *f*, Zusatzmaschine *f*
~ **repair** Notreparatur *f*
~ **stack** Notkamin *m*
~ **tapping** Notabstich *m* (Schmelzofen)
~ **water** Notwasser *n*
~ **water supply** Notwasserversorgung *f*
emery/to [ab]schmirgeln
emery Schmirgel *m*, körniger Korund *m*
~ **cloth** Schmirgelleinen *n*, Schleiftuch *n*
~ **grain** Schmirgelkorn *n*
~ **paper** Schmirgelpapier *n*, Schleifpapier *n*
~ **powder** Schmirgelpulver *n*
~ **suspension** Schlämmschmirgel *m*
~ **wheel** Schmirgelscheibe *f*
e. m. f. series *s.* electromotive force series
emission 1. Emission *f*, Freisetzung *f*; 2. Abstrahlung *f*, Strahlungsemission *f*; 3. Auswurf *m*
~ **coefficient** Emissionskoeffizient *m*, Emissionszahl *f*
~ **electron microscope** Emissionselektronenmikroskop *n*
~ **line** Emissionslinie *f*
~ **measuring instrument** Emissionsmeßgerät *n*
~ **mechanism** Auslöseverfahren *n*
~ **of dust** Staubemission *f*, Staubauswurf *m*
~ **of flue** Emission *f* von Rauchgas
~ **of heat** Wärmeausstrahlung *f*, Wärmeabgabe *f* durch Strahlung
~ **of radiant energy** *s.* ~ of radiation
~ **of radiation** Abstrahlung *f*, Strahlungsemission *f*
~ **quantometer** Emissionsquantometer *n*
~ **spectrograph** Emissionsspektrograf *m*
~ **-spectroscopic analysis** Emissionsspektralanalyse *f*
~ **spectroscopy** Emissionsspektroskopie *f*
~ **spectrum** Emissionsspektrum *n*
emissivity Emissionsvermögen *n*, Strahlungsvermögen *n*
~ **factor** Emissivitätsfaktor *m*

emitter contact Emitterkontakt *m*, Sende-
kontakt *m*
empirical method empirische Methode *f*
~ **value** Erfahrungswert *m*
empties Leergut *n*
empty/to [ent]leeren, ausleeren; ablassen
empty leer
~ **box return** Leerkastenrückführung *f*
~ **signal** Leermelder *m*
emptying Leeren *n*, Entleeren *n*, Ausleeren
n; Ablassen *n*
emulsibility Emulgierbarkeit *f*
emulsification Emulgierung *f*, Emulsions-
bildung *f*
emulsifier Emulgator *m*, Emulsionsbildner
m, Netzer *m*
emulsify/to emulgieren
emulsion 1. Emulsion *f*; 2. *(Gieß, Pulv)*
Mischbinder *m*
~ **refining** Emulsionsfrischen *n*
enamel/to emaillieren; lackieren
enamel 1. Email *n*, Emaille *f*; Lacküberzug
m; 2. Emaillack *m*; Lackfarbe *f*; 3. emaillierter Gegenstand *m*
~ **coat** Emailüberzug *m*; Emailschicht *f*
~ **facing** Emailüberzug *m*
~ **furnace** Emaillierofen *m*
~ **varnish** Emaillack *m*
enamel[l]ed cable Lackkabel *n*
~ **sheet** Emailblech *n*, emailliertes Blech *n*
~ **wire** Emaildraht *m*, emaillierter Draht *m*,
Lackdraht *m*
enamel[l]ing Emaillieren *n*, Emaillierung *f*;
Lackieren *n*
~ **equipment** Emailliereinrichtung *f*
~ **furnace** Emaillierofen *m*
enargite *(Min)* Enargit *m*
encapsulant Einbettmasse *f*
encasement Umhüllung *f*
enclosed drive gekapselter Antrieb *m*
enclosure Einschluß *m*
end arch *(Ff)* Ganzwölber *m*
~ **attachment** Endenbefestigung *f*, Enden-
aufhängungsmittel *n*, Anschlagmittel *n*
~ **bank** Kopfwandböschung *f (SM-Ofen)*
~ **burner** Stirnbrenner *m*, Kopfbrenner *m*
~ **clearance** Axialspiel *n*, Längsspiel *n*
~ **face** Stirnfläche *f*, Stirnseite *f*
~ **fibre** Randfaser *f*
~ **frame** Spannrahmen *m (Ofengewölbe)*
~ **gate** Mantelanschnitt *m (Druckguß)*
~ **measure gauge** Endmaßlehre *f*
~ **mill** Stirnfräser *m*, Fingerfräser *m*
~ **milling** Stirnfräsen *n*, Langlochfräsen *n*
~ **of blow** Beendigung *f* des Blasvorgangs,
Blasende *n*
~ **of boil** *(Stahlh)* Ende *n* der Kochperiode
~ **of coil** *(Umf)* Bundende *n*, Bandende *n*,
Drahtende *n*, Spulenende *n*
~ **of stroke** *(Umf)* Hubende *n*
~ **of the pour** Gießende *n*
~ **play** toter Gang *m*, totes Spiel *n*

~ **point** Endpunkt *m*
~-**point carbon** Kohlenstoffendgehalt *m*
~-**point determination** Endpunktbestim-
mung *f*
~ **point of track** Abhebestelle *f (bei Gleit-
verschleißuntersuchungen)*
~-**point slopping** Auswurf *m* beim Abkippen des Konverters
~-**point temperature** *(Wkst)* Endpunkttem-
peratur *f*
~ **quench curve** Stirnabschreckhärtekurve
f
~ **quench specimen** Stirnabschreckpro-
be *f*
~ **quench test** Stirnabschreckversuch *m*
~ **quench test sample** Stirnabschreck-
probe *f*
~ **reduction** Endabnahme *f*, Endreduktion
f, Endumformung *f*
~ **roll** Seiten[begrenzungs]walze *f*
~ **shears** *(Umf)* Schopfschere *f*
~ **sizing** Kalibrieren *n (beim Walzen)*
~ **thrust** Seitendruck *m*, Axialdruck *m*,
Axialschub *m*
~ **tipper** Hinterkipper *m*; Stirnkipper *m*
~ **view** Seitenansicht *f*
~ **wall** Stirnwand *f*, Kopfwand *f*
~ **zone** *(Gieß)* Endzone *f*
endless endlos
endogas *s.* endothermic gas
endogenous slag inclusion Schlackenpore
*f (Schlackeneinschuß, der vom Metall
selbst entsteht)*
~ **solidification** endogene Erstarrung *f*
endotaxy Endotaxie *f*
endothermic endotherm
~ **atmosphere** *s.* ~ gas
~ **gas** endothermes Gas (Schutzgas) *n*, Endogas *n*
~ **reaction** endotherme Reaktion *f*
endurance Haltbarkeit *f*, Dauerhaftigkeit *f*
~ **bending strength** Biegeschwingfestigkeit *f*
~ **crack** *s.* fatigue crack
~ **fracture** *s.* fatigue fracture
~ **limit** *s.* fatigue limit
~ **range** Dauerfestigkeitsbereich *m*
~ **ratio** Dauerfestigkeitsverhältnis *n*
~ **strength** *s.* fatigue strength
~ **tensile strength** Dauerzugfestigkeit *f*
~ **test** *s.* fatigue test
~-**testing machine** *s.* fatigue testing machine
endure/to aushalten; dauern
energetic electron energiereiches Elektron
n
energization Erregung *f (eines elektrischen oder Schwingungszustands)*
energizer Aktivator *m*, Aktivierungsmittel *n*
(Zusatz zum Kohlungsmittel)
energy absorption Energieabsorption *f*
~ **balance** Energiebilanz *f*

~ **band scheme** Energiebändermodell *n*
~ **conservation** Energieerhaltung *f*
~ **consumption** Energieverbrauch *m*
~ **consumption efficiency** Energieausnutzungsgrad *m*, energetischer Wirkungsgrad *m*
~ **conversion** Energieumwandlung *f*
~ **criterion** Energiekriterium *n*
~ **demand** Energiebedarf *m*
~ **density** Energiedichte *f*
~ **directing device** Energierichtungsgeber *m*
~ **-dispersion analysis** energiedispersive Analyse *f*
~ **distance** Energieabstand *m*, Bandabstand *m*
~ **distribution** Energieverteilung *f*
~ **efficiency** Energieausbeute *f*; Arbeitswirkungsgrad *m*
~ **-efficient** energetisch effektiv
~ **expended** Energieaufwand *m*; aufgewendete Energie *f*, Arbeitsaufwand *m*
~ **flow** Energiefluß *m*, Energiestrom *m*
~ **flow diagram** Energieflußplan *m*
~ **flow sheet** Energieflußbild *n*
~ **gap** Energielücke *f*
~ **gradient** Energiegradient *m*
~ **level diagram** Energie[niveau]schema *n*
~ **of deformation** Formänderungsenergie *f*, Umformenergie *f*; Formänderungsarbeit *f*, Umformarbeit *f*
~ **of formation** Bildungsenergie *f (z. B. für Leerstellen)*
~ **of fracture** Bruchenergie *f*; Brucharbeit *f*
~ **of migration** Wanderungsenergie *f (z. B. für Leerstellen)*
~ **of the blow** aufgebrachte Schlagarbeit *f*
~ **requirement** Energiebedarf *m*; Arbeitsbedarf *m*
~ **share** Energieanteil *m*
~ **situation** Energiesituation *f*
~ **storage** Energiespeicherung *f*
~ **supply** Energiezufuhr *f*
~ **transfer** Energieübertragung *f*
~ **use** Energieeinsatz *m*
~ **width** Energiebreite *f*
~ **zone** Energiezone *f*
engage/to 1. einrücken, einkuppeln; einrasten; 2. *(Pulv)* binden
engaging lever Betätigungshebel *m*, Einrückhebel *m*
engine casting Maschinengehäuse *n*
~ **power** Motorleistung *f*
~ **torque** Motor[dreh]moment *n*
engineering cast iron Gußeisen *n* für den Maschinenbau
~ **cast steel** Baustahl *m*, niedrig legierter Stahl *m*
~ **casting** Maschinenguß *m*
~ **chemistry** chemische Verfahrenstechnik *f*
~ **data** konstruktive Kennwerte *mpl*

~ **material** Konstruktionswerkstoff *m*, technischer Werkstoff *m*
~ **strain** zulässige Dehnung *f*
engrave/to [ein]gravieren, prägen
engraving Gravieren *n*, Prägen *n*; Gravur *f*
~ **machine** Graviermaschine *f*, Prägemaschine *f*
~ **needle** Graviernadel *f*
enlarge/to vergrößern; [auf]weiten, ausdehnen
enlarged core print Kernsicherung *f (feste Lagerung)*
enlargement Vergrößerung *f*; Aufweitung *f*, Weitung *f*
enlarging 1. *(Umf)* Aufweiten *n*, Aufweiteschmieden *n*; 2. *s*. magnification
enrich/to anreichern
enriched bullion angereichertes Rohmetall *n*
enriching Anreichern *n*
enrichment Anreicherung *f*
~ **factor** Anreicherungsfaktor *m*
enter/to eintreten, eindringen; einführen, einstecken, anstecken
~ **the slag** verschlacken, in die Schlacke übergehen
entering channel Einführungsrinne *f*
~ **guide** Einführung *f*
~ **side** Eintrittseite *f*, Anstichseite *f*, Zufuhrseite *f (Walzen)*
enthalpy Enthalpie *f*
~ **change** Enthalpieänderung *f*
~ **of formation** Bildungsenthalpie *f*
~ **of fuel** Brennstoffenthalpie *f*, Wärmeinhalt *m* des Brennstoffs
entrain/to mitnehmen, mitreißen, einkuppeln
entrained air Falschluft *f*
entrainer gas Trägergas *n*
entrainment Mitnehmen *n*, Mitführung *f*, Mitreißen *n*
entrance angle Einlaufwinkel *m*, Einzugswinkel *m*
entrapment Einschließen *n*
entrapped air Lufteinschluß *m*
~ **cold shot** Spritzkugel *f*
~ **gas** Gaseinschluß *m*
~ **slag** Schlackeneinschluß *m*
entropy Entropie *f*
~ **change** Entropieänderung *f*
~ **chart** [Temperatur-]Entropie-Diagramm *n*, T-S-Diagramm *n*, i-s-Diagramm *n*, Enthalpie-Entropie-Diagramm *n*
~ **contribution** Entropieanteil *m*
~ **decrease** Entropieabnahme *f*
~ **diagram** *s*. ~ chart
~ **of formation** Bildungsentropie *f*
~ **of fusion** Schmelzentropie *f*
~ **of liquid** Entropie *f* der Flüssigkeit
~ **of mixing** Mischungsentropie *f*
~ **of solid** Entropie *f* des Feststoffs
~ **of solution** Lösungsentropie *f*

~ **of vaporization** Verdampfungsentropie *f*
entry guide Einführung *f*
~ **side** *s.* entering side
~ **stream** Einlaufstrahl *m*
~ **table** Zufuhrrollgang *m*
~ **thickness** Anfangsdicke *f (Walzen)*
~ **width** Anfangsbreite *f (Walzen)*
envelop/to umhüllen
envelope Umhüllung *f;* Hüllmittel *n*
~ **imprinting method** *(Pulv)* Hüllenabdruckverfahren *n*
environment Umgebung *f*
~-**sensitive** umgebungsempfindlich
~ **temperature** Umgebungstemperatur *f*
environmental aspects Gesichtspunkte
mpl hinsichtlich der Umweltbedingungen
~ **conditions** Umweltbedingungen *fpl*
~ **control** Umweltschutz *m*
~ **factors** Umweltfaktoren *mpl*, Umweltein-
flüsse *mpl*
~ **laws** Umweltgesetze *npl*
~ **load** Umweltbelastung *f*
~ **pollution** Umweltverschmutzung *f*
~ **protection** Umweltschutz *m*
EP *s.* extreme pressure
epicyclic gear Planetengetriebe *n*, Umlauf-
getriebe *n*
epitaxy *(Krist)* Epitaxie *f*
epoxy Epoxidharz *n*
~ **embedment** Epoxideinbettung *f*
~ **resin** Epoxidharz *n*
~ **resin powder** Epoxidharzpulver *n*
equal-leg gleichschenklig
equalize/to ausgleichen, angleichen, egalisieren
equalizing of the structure Gefügeanglei-
chung *f*
~ **phase** Ausgleichsphase *f*
~ **process** Ausgleichsvorgang *m (über einen Querschnitt)*
~ **tube** Ausgleichsrohr *n*
~ **valve** Druckausgleichsventil *n*
equally spaced abstandsgleich
equation of motion Bewegungsgleichung *f*
~ **of state** Zustandsgleichung *f*
~ **to calculate matte grade** Gleichung *f* zur
Berechnung der Kupfersteinkonzentra-
tion
equator *(Krist)* Äquator *m*
equatorial plane *(Krist)* Äquatorebene *f*
equiaxed crystals gleichgerichtete Kristalle *mpl*
~ **grain** globulitisches Korn *n*, globulitische
Struktur *f*
equiaxial gleichachsig
equidistant äquidistant, abstandsgleich
equilateral gleichseitig
equilibration Gleichgewichtseinstellung *f*
equilibrium Gleichgewicht *n*
~ **characteristic** Gleichgewichtskennzahl *f*
~ **concentration** Gleichgewichtskonzentration *f*

~ **concentration of defect associations**
Gleichgewichtskonzentration *f* von Fehl-
stellenansammlungen
~ **concentration of point defects** Gleichgewichtskonzentration *f* von Punktdefek-
ten
~ **condition** Gleichgewichtsbedingung *f;*
Gleichgewichtszustand *m*
~ **configuration** Gleichgewichtskonfigura-
tion *f*
~ **constant** Gleichgewichtskonstante *f*
~ **crystallization** Gleichgewichtskristallisa-
tion *f*
~ **diagram** Zustandsdiagramm *n*, Gleichgewichtsdiagramm *n*, Phasendiagramm *n*
~ **entropy** Gleichgewichtsentropie *f*
~ **morphology** Gleichgewichtsmorphologie
f (z. B. von Korngrenzenphasen)
~ **of forces** Kräftegleichgewicht *n*
~ **of moments** Momentengleichgewicht *n*,
Momentenausgleich *m*
~ **phase** Gleichgewichtsphase *f*
~ **potential** Gleichgewichtspotential *n*
~ **precipitate** Gleichgewichtsausschei-
dungsphase *f*
~ **pressure** Gleichgewichtsdruck *m*
~ **rest potential** *(Korr)* Ruhepotential *n*
~ **room temperature phase** Gleichgewichtsphase *f* bei Raumtemperatur
~ **spacing** Gleichgewichtsabstand *m (der
Atome)*
~ **transformation temperature** Gleichge-
wichtsumwandlungstemperatur *f*
~ **vacancy concentration** Gleichgewichts-
leerstellenkonzentration *f*
~ **value** Gleichgewichtswert *m*
equip/to ausrüsten, austatten; einrichten
equipment Ausrüstung *f*, Ausstattung *f*,
Einrichtung *f;* Anlage *f*
~ **for plastic coating** Kunststoffbeschich-
tungsanlage *f*
~ **for sound field measurement** Schallfeld-
meßanordnung *f*
~ **for waste water testing** Geräte *npl* für
Abwasseruntersuchung
equisized powder gleichgroßes Pulver *n*
equivalence factor Äquivalenzzahl *f (z. B.
Kupferäquivalent des Messings)*
~ **of atoms** Gleichwertigkeit *f* der Atome
equivalent äquivalent, gleichwertig
equivalent Äquivalent *n*
~ **area method** Äquivalentflächenverfah-
ren *n*
~ **of particle size** *(Pulv)* Teilchengrößen-
äquivalent *n*
~ **strain** *(Umf)* Vergleichsformänderung *f*
erbium Erbium *n*
erect/to montieren, aufbauen; aufstellen,
errichten
erecting crane Montagekran *m*
~ **prism** Umlenkprisma *n*
~ **shop** Montagehalle *f*

erection Aufstellung f, Montage f; Errichtung f
Ergun equation Ergun-Gleichung f
Erichsen cupping (ductility) test Erichsen-Tiefungsversuch m, Tiefungsversuch (Einbeulversuch) m nach Erichsen
~ **number** Erichsen-Tiefung f
erode/to 1. erodieren, abtragen; 2. [an]fressen; auskolken
eroding Abtragen n
erosion 1. Erosion f, Abtragung f; 2. Auswaschung f, Ausspülung f; Anfressung f
~-**corrosion test** Erosionskorrosionsversuch m
~ **effect** Auswaschung f (z. B. in der Form)
~ **machining** erosive Bearbeitung f, Erosivbearbeitung f
~ **resistance** Erosionsbeständigkeit f
error band Zufallsstreubereich m
~ **distribution** Fehlerverteilung f
~ **in assembly** (Gieß) Fehler m beim Zulegen der Form
~ **in coring** (Gieß) Fehler m bei der Kernherstellung, Kernfehler m
~ **in fettling** (Gieß) Putzfehler m
~ **in machining** Bearbeitungsfehler m
~ **in moulding** (Gieß) Fehler m beim Formen, Formfehler m
~ **in operating** Bedienungsfehler m
~ **in sampling** Fehler m bei der Probenahme
~ **in the weightings** Wägefehler m
~ **of judgment** Beurteilungsfehler m
~ **profile** Fehlerprofil n
erubescite (Min) Bornit m, Buntkupferkies m
ERW s. electric resistance welding
ESCA s. electron spectroscopy for chemical analysis
escape/to entweichen, austreten, abziehen, ausströmen
escape 1. Entweichen n, Austreten n, Ausströmen n; 2. Abzug m, Auspuff m
~ **loss** Ausflammverlust m, Undichtigkeitsverlust m
~ **of material** Materialüberschuß m
~ **of sulphur dioxide** Entweichen n von Schwefeldioxid
escutcheon Handelsmarke f (auf dem Modell)
ESD s. elongated single domain
ESD-iron powder ESD-Eisenpulver n
ESD-magnet ESD-Magnet m, Pulvermagnet m
ESR s. electroslag refining
ESR-process s. electroslag refining process
establishment 1. Einrichtung f; Aufstellung f; 2. Hütte f, Hüttenwerk n
ester Ester m (Katalysator bei Formstoffbindern)
etch/to [ab]ätzen; anätzen; beizen

~ **off** abätzen
etch attack Ätzangriff m
~ **figure** s. ~ pattern
~ **marking** Ätzmarkierung f
~ **pattern** Ätzfigur f, Ätzmuster n, Ätzgefüge n
~ **pattern formation** Ätzfigurenausbildung f
~ **pattern size** Ätzfigurengröße f
~ **pit** Ätzgrube f, Ätzgrübchen n
~-**pit count[ing]** Ätzgrubenzählung f
~-**pit density** Ätzgrubendichte f
~-**pit distribution** Ätzgrubenverteilung f
~-**pit facet** Ätzgrübchenfacette f
~-**pit nucleation** Ätzgrubenkeimbildung f
~-**pit number** Ätzgrubenzahl f
~-**pit opening** Ätzgrübchenöffnung f
~-**pit technique** Ätzgrubentechnik f
~ **plane** Ätzfläche f (einer Ätzfigur)
~ **polishing** Ätzpolieren n
~ **potential** Ätzpotential n
~ **pyramid** Ätzungspyramide f
~ **shading** Ätzungstönung f
~ **test** Ätzversuch m, Ätzung f
~ **tunnel** Ätztunnel m
etchability Anätzbarkeit f
etchant Ätzmittel n
etched facet Ätzgrübchenfacette f
etching Ätzen n, Anätzen n
~ **action** Ätzwirkung f
~ **apparatus** Ätzeinrichtung f
~ **area** Ätzfläche f
~ **attack** Ätzangriff m
~-**away** Abätzen n
~ **bath** Ätzbad n
~ **behaviour** Ätzverhalten n
~ **by ions** Ionenätzung f
~ **condition** Ätzbedingung f
~ **current** Ätzstrom m
~ **debris** Ätzrückstand m
~ **device** Ätzeinrichtung f
~ **dish** Ätzschale f
~ **effect** Ätzerscheinung f
~ **fluid** Ätzflüssigkeit f
~ **gas** Ätzgas n
~-**off** Abätzen n
~ **plane** Ätzfläche f, Ätzebene f
~ **potential-pH curve** Ätzpotential-pH-Wert-Kurve f
~ **procedure** Ätzverfahren n
~ **quality** Ätzqualität f
~ **solution** Ätzlösung f; Beize f
~ **stage** Abätzstufe f
~ **structure** Ätzgefüge n
~ **substructure** Ätzsubstruktur f
~ **time** Ätzzeit f
~ **tong** Ätzzange f
~ **tray** Ätzschale f
~ **treatment** Ätzung f, Ätzbehandlung f
~ **unit** Ätzeinrichtung f
~ **voltage** Ätzspannung f
ethanol Äthanol n, Äthylalkohol m (Binderzusatz)

ether scala Ätherskala *f*
ethoxylene resin Äthoxylinharz *n*, Epoxidharz *n*
ethyl alcohol Äthylalkohol *m*, Äthanol *n*
~ **silicate** Äthylsilikat *n*
ethylene glycol Äthylenglykol *n*
Euler number Euler-Zahl *f*, Eulersche Zahl *f*
Eulerian angle Euler-Winkel *m*, Eulerscher
Winkel *m*
Eureka *Cu-Ni-Legierung*
europium Europium *n*
eutectic eutektisch
eutectic Eutektikum *n*
~ **alloy** eutektische Legierung *f*
~ **composition** eutektische Zusammensetzung *f*
~ **grain** eutektisches Korn *n*
~ **line** eutektische Linie *f*, Eutektikale *f*
~ **mixture** eutektisches Gemenge *n*
~ **point** eutektischer Punkt *m*
~ **reaction** eutektische Reaktion *f*
~ **residual melt** eutektische Restschmelze
f
~ **system** eutektisches System *n*
~ **temperature** eutektische Temperatur *f*
~ **transformation** eutektische Umwandlung *f*
~ **trough (valley)** eutektische Rinne *f*
eutectoid eutektoid[isch]
eutectoid Eutektoid *n*
~ **breakdown** eutektoider Zerfall *n*
~ **carbon steel** eutektoider Kohlenstoffstahl *m*
~ **composition** eutektoide Zusammensetzung *f*
~ **point** eutektoider Punkt *m*
~ **reaction** eutektoide Reaktion *f*
~ **steel** eutektoider Stahl *m*
~ **temperature** eutektoide Temperatur *f*
~ **transformation** eutektoide Umwandlung
f
eutectoidal *s.* eutectoid
evacuate/to evakuieren; auspumpen; luftleer machen
evacuated tube evakuiertes Rohr *n*
Evans element *(Korr)* Belüftungselement *n*
evaporate/to verdampfen; aufdampfen;
verdunsten
evaporation Verdampfen *n*; Aufdampfen
n; Verdunsten *n*
~ **coating** Aufdampfen *n*
~ **coefficient** Verdampfungskoeffizient *m*
~ **condition** Aufdampfbedingung *f*
~ **cooling** Verdampfungskühlung *f*
~ **equipment** Bedampfungsanlage *f*
~ **layer** Aufdampfschicht *f*
~ **losses** Verdampfungsverluste *mpl*
~ **rate** Verdampfungsgeschwindigkeit *f*
~ **unit** Bedampfungsanlage *f*
evaporative cooler Verdunstungskühler *m*
~ **stave cooling** Schachtverdampfungsküh-
lung *f*

evaporator Verdampfer *m*
~ **crystallizer** Verdampfungskristallisator
m
even/to [ein]ebnen
evenly spaced abstandsgleich, im gleichen
Abstand
evolution of gas Gasentwicklung *f*, Gasabgabe *f (der Schmelze)*
~ **of heat** Wärmeentwicklung *f*, Wärmeentbindung *f*
evolve/to entwickeln, erzeugen
Ewald sphere *(Wkst)* Ewald-Kugel *f*,
Ewaldsche Ausbreitungskugel *f*
exact length feste Länge *f*, Fixlänge *f*
examination at reception Eingangsprü-
fung *f*
~ **of materials** Werkstoffprüfung *f*
excavation Hohlraum *m*
excess acid Säureüberschuß *m*
~ **air** Luftüberschuß *m*
~ **air coefficient** Luftüberschußzahl *f*
~ **blast-furnace gas burner** Gichtgasfackel
f
~ **cementite** freier Zementit *m*
~ **current** Überstrom *m*
~ **dislocation** Überschußversetzung *f*
~ **electron** Überschußelektron *n*
~ **enthalpy** Überschußenthalpie *f*, Exzeß-
enthalpie *f*
~ **entropy** Überschußentropie *f*, Exzeßentropie *f*
~ **fuel** Überschußbrennstoff *m*
~ **gas burner** Fackel *f*, Gasfackel *f*
~ **gas burning** Abfackeln *n*, Gasabfackeln *n*
~ **heat** Wärmeüberschuß *m*
~ **metal** 1. Metallüberschuß *m (Metallkunde)*; 2. *(Gieß)* Metallkuchen *m*
(Druckguß)
~ **of impurities** Überschuß *m* an Verunreinigungen
~ **of lime** Kalküberschuß *m*
~ **pressure** Überdruck *m*
~ **rapping** zu starkes Losklopfen *n*
(des Modells)
~ **segregation entropy** Exzeßentropie *f* der
Segregation
~ **vacancy** Überschußleerstelle *f*
~ **weight** Übergewicht *n*, Mehrgewicht *n*
excessive holding Überzeiten *n (Schmelzbad)*
~ **stress** Überbeanspruchung *f*
exchange/to austauschen
exchange Austausch *m*
~ **capacity** Austauschkapazität *f*; Aus-
tauschleistung *f*
~ **energy** Austauschenergie *f*
~ **force** Austauschkraft *f*
~ **integral** Austauschintegral *n*
~ **mechanism** Platzwechselmechanismus
m
~ **of energy** Energieaustausch *m*
~ **reaction** Austauschreaktion *f*

exchanger Austauscher *m*
excitation condition Anregungsbedingung *f*
~ **energy** Anregungsenergie *f*
~ **potential** Anregungspotential *n*
~ **source** Anregungsquelle *f*, Erregungs- quelle *f*
~ **voltage** Anregungsspannung *f*
exciter *s.* excitation source
~ **unit** Erregereinheit *f*
~ **voltage** Anregungsspannung *f*
exciting current Erregerstrom *m*
~ **voltage** Erregerspannung *f*
exclusion principle Ausschließungsprinzip *n*
execution of the weld Schweißausführung *f*
exfoliate/to abblättern; abplatzen
exfoliation Abblättern *n*; Abplatzen *n*
~ **corrosion** Abblätterungskorrosion *f*, Schichtkorrosion *f*
exfoliative abblätternd; abplatzend
exhaust/to absaugen, auspumpen, luftleer machen; abblasen *(z. B. Gas)*
~ **particulate matter** entstauben *(Abgas)*
exhaust 1. Abzug *m*; 2. *s.* exhaustion
~ **air filter** Abluftfilter *n*
~ **fan** *s.* exhauster
~ **flue** Abgaskanal *m*
~ **gas** Abgas *n*; Auspuffgas *n*
~ **gas regulating flap** Abgasregelklappe *f*
~ **pipe** Abzugsrohr *n*, Abgasrohr *n*
~ **port** Abzugskanal *m*, Abströmkanal *m*
~ **sampler** Absaugprobenehmer *m*
~ **steam** Abdampf *m*
~ **steam utilization** Abdampfverwertung *f*
~ **system** Absaugsystem *n*; Absaugeinrich- tung *f*
exhauster Abgasventilator *m*, Exhauster *m*, Saugventilator *m*, Sauglüfter *m*, Saug- zugvorrichtung *f*
exhausting plant Absauganlage *f*
exhaustion Absaugen *n*, Auspumpen *n*; Abblasen *n* *(z. B. von Gas)*
exit gas Abgas *n*
~ **gas sample** Abgasprobe *f*
~ **guide** Auslaßführung *f*
~ **opening** Austrittsöffnung *f*
~ **pipe** Austrittsrohr *n*; Abflußrohr *n*
~ **side** Austrittsseite *f (Hochofen)*
~ **speed** Austrittsgeschwindigkeit *f*
~ **table** Abfuhrrollgang *m*
~ **taper** Austrittskonus *m (Ziehstein)*
~ **tube** Abflußrohr *n*
exogas *s.* exothermic gas
exogenous metallic inclusion metallischer Einschluß *m* fremden Ursprungs
~ **non-metallic inclusion** nichtmetallischer Einschluß *m* fremden Ursprungs
~ **solidification** exogene Erstarrung *f*
exothermic exotherm

~ **antipiping powder** *(Gieß)* exothermes Lunkerpulver *n*
~ **atmosphere** *s.* ~ gas
~ **breaker core** *(Gieß)* wärmeabgebender Einschnürkern *m*, wärmeabgebender Brechkern *m*, Brechkern *m* aus einer exothermen Mischung
~ **feeder material** *s.* ~ riser material
~ **feeder sleeve** *(Gieß)* wärmeabgebender Speisereinsatz *m*
~ **feeding compound (material)** *s.* ~ riser material
~ **gas** exothermes Gas (Schutzgas) *n*, Exo- gas *n*
~ **insert** *(Gieß)* exothermer Einsatz *m*
~ **material** exotherme Masse *f*, Heizmasse *f*, Trichteraufheizmittel *n*
~ **padding** *(Gieß)* Heizkissen *n*
~ **reaction** exotherme Reaktion *f*
~ **riser material** *(Gieß)* exotherme Speiser- heizmasse *f*, exothermes (wärmeabge- bendes) Mittel *n* für Speiser
~ **sleeve** *(Gieß)* exotherme Speiserumhül- lung *f*
~ **smelting reaction** exotherme Schmelzre- aktion *f*
expand/to 1. expandieren, ausdehnen, er- weitern; 2. zunehmen, anwachsen; wach- sen; 3. *(Umf)* strecken; ausbauchen; 4. aufweiten *(Rohre)*; spreizen
expanded metal Streckmetall *n*
~ **slag** Hüttenbims *m*
~ **steel** Streckstahl *m*
~ **time-base sweep** gedehnte Zeitablen- kung *f*
expanding drum Spreiztrommel *f*
~ **power** Expansionskraft *f*, Ausdehnungs- kraft *f*
~ **roller** Spreizrolle *f*
~ **strip coil** locker gewickeltes Bandbund *n*
~ **tube mill** Rohraufweitewalzwerk *n*
expansion 1. Expansion *f*, Ausdehnung *f*, Erweiterung *f*; 2. Zunahme *f*; 3. *(Umf)* Streckung *f*; Ausbauchung *f*; 4. Aufwei- tung *f (von Rohren)*; Spreizen *n*
~ **coefficient** Ausdehnungskoeffizient *m*
~ **crack** *(Wkst)* Dehnungsriß *m*, Wärme- dehnungsriß *m*
~ **defect** Ausdehnungsfehler *m*
~ **dust separator** Expansionsabscheider *m*
~ **excess** Ausdehnungsexzeß *m*
~ **joint** 1. Dehn[ungs]fuge *f*, Ausdehnungs- fuge *f*; 2. Dehnungsausgleicher *m*, Kom- pensator *m*, Rohrdehner *m*
~ **pipe** Dehnungsrohr *n*
~ **pipe joint** Ausgleichsrohrverbindung *f*
~ **program** Ausbauprogramm *n*
~ **properties** Ausdehnungsverhalten *n*
~ **rate** Ausdehnungsgeschwindigkeit *f*
~ **scab** *(Gieß)* festsitzende Sandschülpe *f (Fehler am Gußstück)*
~ **stress** Ausdehnungsspannung *f*

~ **stroke** Expansionshub *m*, Arbeitshub *m*
expansivity Ausdehnungsvermögen *n*
expedient for pressing Preßhilfe *f*
expel/to austreiben, entfernen *(Gase)*
expendable pattern material ausschmelz-
   barer (herauslösbarer) Modellwerkstoff
   m
experimental accuracy experimentelle Genauigkeit *f*
~ **assembly** Meßeinrichtung *f*
~ **condition** Versuchsbedingung *f*
~ **mill** Versuchswalzwerk *n*
~ **plant** Versuchsanlage *f*
~ **result** Versuchsergebnis *n*
~ **set-up** Versuchsanordnung *f*
~ **unit** Experimentieranlage *f*; Laborver-
   suchsanlage *f*
~ **work** Versuchsarbeit *f*
exploit/to ausnutzen, ausbeuten; fördern,
   abbauen, gewinnen
exploitation of raw materials Rohstoffaus-
   nutzung *f*
exploration Erforschung *f*, Erkundung *f*;
   Schürfung *f*
explore/to erforschen, erkunden; schürfen
explosion forming Formen *n* durch Stoß-
   wellen, Explosions[um]formen *n*
~ **limit** Explosionsgrenze *f*
~ **press** Explosionspresse *f*
~ **working** *s.* ~ forming
explosive Sprengstoff *m*
~ **compaction** *(Pulv)* Explosivverdichtung *f*
~ **compaction method** *(Pulv)* Explosions-
   verdichtungsverfahren *n*
~ **forming** *s.* explosion forming
~ **isodynamic compaction** explosiv-isody-
   namische Verdichtung *f*
~ **welding** Explosivschweißen *n*
explosively applied cladding Spreng-
   plattierung *f*, Explosionsplattierung *f*
expose/to 1. aussetzen; auslagern; 2. be-
   lichten; 3. freilegen
exposed length of heater äußere Länge *f*
   der Heizzone
exposure 1. Auslagerung *f*; 2. Belichtung *f*
~ **time** 1. Stehzeit *f*; Liegezeit *f*; Auslagerungsdauer *f*; 2. Belichtungszeit *f*
extended dislocation ausgeweitete Versetzung *f*
~ **Einstein equation** erweiterte Einstein-
   Gleichung *f*
~ **life** Verlängerung *f* der Lebensdauer
~ **runner** verlängerter Lauf *m*
extension Ausdehnung *f*, Verlängerung *f*
~ **coefficient** Streckungskoeffizient *m*
~ **crack** *(Wkst)* Dehnungsriß *m*
~ **of a plant** Erweiterung *f* einer Anlage
~ **rate** Abzugsgeschwindigkeit *f (eines me-
   chanisch bewegten Teils, z. B. einer Traverse)*
~ **spring** Dehnungsfeder *f*
~ **spring eye** Aufhängeöse *f*

extensometer Dehnungsmesser *m*
extent Maß *n*; Umfang *m*
exterior plate *(Gieß)* Außenplatte *f (eines
   Hot-Box-Kernkastens)*
external chill *(Gieß)* Außenkühlelement *n*,
   Außenkühleisen *n*
~ **deformation speed** äußere Deformationsgeschwindigkeit *f*
~ **desulphur[iz]ation** Entschwefelung *f*
   außerhalb des Schmelzofens
~ **diameter** Außendurchmesser *m*
~ **diameter of tube** äußerer Rohrdurchmesser *m*
~ **dimensions** Außenabmessungen *fpl*
~ **insulation** Außenisolierung *f*
~ **scrap** Fremdschrott *m*; Zukaufschrott *m*
~ **stress** äußere Beanspruchung *f*
~ **vibrator** Außenrüttler *m*
externally applied energy von außen aufgebrachte Energie *f*
~ **fired hot-blast heater** handbeheizter Rekuperator *m*
~ **ribbed pipe** Rippenrohr *n*, außen geripp-
   tes Rohr *n*
extinction angle Auslöschungswinkel *m*
~ **coefficient** Extinktionskoeffizient *m*
~ **condition** Auslöschbedingung *f*
~ **contour** Extinktionskontur *f*
~ **distance** Extinktionslänge *f*
~ **fringe** Extinktionsstreifen *m*
~ **length** Extinktionslänge *f*
extinguish/to löschen
extinguishing of the arc Löschen (Abreißen) *n* des Lichtbogens
extra charge of coke 1. leere Koksgicht *f*;
   2. Zwischenkokssatz *m (Kupolofen)*
~ **coke** Zwischenkoks *m*
~ **deep drawing quality** Sondertiefzieh-
   güte *f*
~ **half-plane** eingeschobene Halbebene *f*
~ **hard steel** Diamantstahl *m*, Riffelstahl *m*
~ **large** übergroß
~ **low carbon** sehr niedriger Kohlenstoffgehalt *m*
~ **mild steel** weicher Kohlenstoffstahl *m*
   (mit weniger als 15 % C)
~-**pure substance** Reinststoff *m*
extract/to 1. extrahieren, auslaugen; 2. gewinnen; 3. absaugen
extract Extrakt *m(n)*, Auszug *m*; Isolat *n*
~ **phase** Extraktphase *f*
extractability Extrahierbarkeit *f*
extractable 1. extrahierbar, auslaugbar; 2.
   gewinnbar
extractant Extraktionsmittel *n*
extracting agent Extraktionsmittel *n*
~ **mill** Ausziehwalzwerk *n*
extraction 1. Extraktion *f*, Auslaugung *f*; 2.
   Gewinnung *f*, Ausbringen *n*; 3. Absaugen
   n
~ **apparatus** Extraktionsapparat *m*, Extraktor *m*

extraction

~ **column** Extraktionskolonne *f*
~ **constant** Extraktionskonstante *f*
~ **equipment** Absaugeinrichtung *f*
~ **hood** Absaughaube *f*
~ **isotherm** Extraktionsisotherme *f*
~ **plant** 1. Extraktionsanlage *f*; 2. Absauganlage *f*
~ **process** Extraktionsverfahren *n*
~ **replica** Extraktionsabdruck *m*
~ **system** Absaugeinrichtung *f*
~ **tower** Extraktionsturm *m*, Turmextraktor *m*
extractive metallurgy extraktive Metallurgie *f*, Metallgewinnung *f* [aus dem Erz]
extractor 1. Austragvorrichtung *f*, Ausziehvorrichtung *f*, Entnahmevorrichtung *f*; 2. Extraktor *m*, Extraktionsapparat *m*; 3. Schleuder *f*, Zentrifuge *f*
~ **electrode** Saugelektrode *f*
~-**type centrifuge** Siebschleuder *f*
extraneous rust Fremdrost *m*
extreme pressure Höchstdruck *m*
extremity höchste Stelle *f*, Endpunkt *m*
extrinsic extrinsisch
~ **semiconductivity** Störstellenhalbleitung *f*
extrolling process Strangpreßwalzvorgang *m*
extrude/to strangpressen; fließpressen; spritzpressen; extrusionspressen
extruded electrode Preßmantelelektrode *f*
~ **fibre structure** Preßfasergefüge *n*
~ **part (shape)** Strangpreßteil *n*, Fließpreßteil *n*, gepreßtes Teil *n*, Strangpreßprofil *n*
~ **structure** Strangpreßgefüge *n*
extruder 1. Strangpresse *f*, Fließpresse *f*; 2. Schneckenpresse *f*, Extruder *m*, Metallspritzpresse *f*
extruding press *s.* extruder
extrusion 1. Pressen *n*; 2. Durchdrücken *n*; 3. Extrudieren *n*, Ummantelungspressen *n*; 4. *s.* extruded part
~ **and drawing press** Drück-Ziehpresse *f*, Drück- und Ziehpresse *f*
~ **bar** Preßstange *f*
~ **billet** Preßblock *m*, Preßbolzen *m*
~ **butt** Preßrest *m*
~ **defect** zentraler Preßfehler *m*, Zweiwachs *m*
~ **die** Preßmatrize *f*, Strangpreßmatrize *f*, Preßdüse *f*
~ **discard** Preßrückstand *m*, Preßrest *m*
~ **force** Preßkraft *f*
~ **press** Strangpresse *f*, Fließpresse *f*
~ **punch** Preßstempel *m*
~ **ratio** Preßverhältnis *n*
~ **rupture** Strangpreßbruch *m*
~ **scrap** Preßrest *m*, Preßschrott *m*
~ **shell** Preßschale *f*
~ **stem** Preßstempel *m*

~ **temperature** Preßtemperatur *f*, Strangpreßtemperatur *f*
~ **texture** Preßtextur *f*
~ **tool** Preßwerkzeug *n*
exudation Ausscheidung *f*, Ausschwitzung *f*, Exsudat *n*
~ **test** Ausschwitzungstest *m*
exude/to ausscheiden, ausschwitzen, abscheiden .
exuding of the head *(Gieß)* Aufblähung *f* des Speisers
eye Öse *f*; Öhr *n*; Auge *n*
~ **of needle** Nadelöhr *n*
~ **protection** Augenschutz *m*
~ **protector** Schutzbrille *f*
eyehole Schauloch *n*
eyepiece Okular *n*
~ **scale division** Okularskalenteil *n*
eyeshield Augenschutz *m*

F

F *s.* structure factor
f-state F-Zustand *m (Unterschalenniveau)*
fabric Gewebe *n*, Stoff *m*
~ **bearing** Gewebelager *n*, Kunststofflager *n*
~ **filter** Gewebefilter *n*
~ **filter installation** Gewebefilteranlage *f*
~ **filter medium** Filtergewebe *n*, Filtertuch *n*
fabrication defect Fabrikationsfehler *m*
~ **of powder** Pulverherstellung *f*, Pulverproduktion *f*, Pulvererzeugung *f*
~ **welding** Konstruktionsschweißen *n*
face/to 1. *(Gieß)* schlichten; [ein]pudern; 2. plandrehen
~ **the mould** die Form einpudern
~ **with charcoal powder** mit Kohlenstaub einpudern
face Bahn *f*, Fläche *f*; Stirnfläche *f*, Stirnseite *f*; Kristallfläche *f*
~ **bend test** Faltversuch *m (Schweißen)*
~-**centred** *(Krist)* flächenzentriert
~-**centred cubic** *(Krist)* kubisch-flächenzentriert, k. f. z.
~-**centred tetragonal** *(Krist)* tetragonal-flächenzentriert
~ **cutter** Stirnfräser *m*, Flächenfräser *m*
~ **diagonal** Flächendiagonale *f*
~ **grinding machine** Flächenschleifmaschine *f*, Planschleifmaschine *f*
~ **length** Ballenlänge *f*
~ **of a cut** Schnittfläche *f*
~ **plate** Aufspannplatte *f*
~ **shield** Gesichts[schutz]maske *f*, Schweißerschutzschild *m*
~ **symmetry** *(Krist)* Flächensymmetrie *f*
~-**turning diamond** Stirndrehdiamant *m*
~-**turning test** Plandrehversuch *m*
~ **width** Bahnbreite *f*

faced with lead mit Blei ausgeschlagen
facet Facette *f*; Schlifffläche *f*, Seitenfläche *f*
faceting Facettierung *f*
facility for injection Einblasvorrichtung *f*, Einblasanlage *f*
facing 1. Schlichte *f*; *(Gieß)* Überzug *m*, Formüberzug *m*; 2. *(Gieß)* Einpudern *n* *(der Form)*; 3. Plandrehen *n*
~ **brick** Verblendstein *m*
~ **sand** *(Gieß)* Modellsand *m*, Anlegesand *m*
~ **sand binder** *(Gieß)* Modellsandbinder *m*
~ **sand preparing machine** *(Gieß)* Modellsandaufbereitungsmaschine *f*
factor comparison method Rangreihenverfahren *n (mathematisch)*
factory length Herstellungslänge *f*, Fabrikationslänge *f*
fade/to abklingen
fading Abklingen *n (z. B. Effekt bei der Modifizierung)*
fag[g]ot/to paketieren
fag[g]ot Schweißeisenschiene *f (bei Schweißstahlerzeugung)*
~ **steel** Bundstahl *m*
fag[g]oted scrap paketierter Schrott *m*
fag[g]oting Paketieren *n*
~ **furnace** Paketwärmofen *m*
fahlore *(Min)* Fahlerz *n*, Tetraedrit *m*
failure 1. Betriebsstörung *f*; 2. Schaden *m*; Schadensfall *m*; Bruch *m*
~ **accumulation** Schadensakkumulation *f*
~ **analysis** Schadensanalyse *f*, Schadensfallermittlung *f*
~ **analysis diagram** Sprödbruchdiagramm *n*
~ **criterion** Ausfallskriterium *n*, Schädigungskriterium *n*
~ **curve** Ausfallsverlauf *m*
~ **examination (investigation)** Schadensuntersuchung *f*
~-**limit diagram** Ausfallsgrenzdiagramm *n*
~ **load** Versagenslast *f*
~ **mechanism** Schadens[entstehungs]mechanismus *m*, Schädigungsmechanismus *m*
~ **mode** Ausfallsart *f*, Schadensart *f*, Art *f* des Versagens
~ **process** Schädigungsablauf *m*, Schadensverlauf *m*
~ **test** 1. Versagensprüfung *f*; 2. Fehlerprüfung *f*
fairing plate Verkleidungsblech *n*
falling speed Fallgeschwindigkeit *f*
~ **weight** Fallmasse *f*
false air Falschluft *f*
~ **bottom** Zwischenboden *m*
~ **cope** *(Gieß)* falsches Formoberteil *n*
~ **grain** Feinkorn *n*
~ **grain range** Feinkornintervall *n*
~ **grain weight** Feinstkorngewicht *n*

~ **part** *(Gieß)* falsche Formhälfte *f*, falsches Teil *n*
~ **rejection probability** Störanzeigewahrscheinlichkeit *f*
family die kombinierte Form *f*
fan Ventilator *m*, Gebläse *n*, Lüfter *m*, Umwälzer *m*
~ **base** Lüftersockel *m*
~ **blower** Ventilator *m*, Lüfter *m*
~-**blower mixer** Schleuderradmischer *m*
~ **gate** Fächeranschnitt *m*, fächerförmiger Anschnitt *m*
fancy sheet Zierblech *n*
fanning of slip lines Auffächern *n* der Gleitlinien
fantail Verbindungskanal *m*, Verbindungszug *m (zwischen Schlacken- und Regeneratorkammer)*
~ **roof** Stufengewölbe *n*
Faraday constant Faraday-Konstante *f*, Faradaysche Zahl *f*
~ **law** Faradaysches Gesetz *n*
farfield Fernfeld *n*
farming *Verteilung von Laugungslösung auf Halden mittels Gräben*
fashion part Fassonstück *n*
fast-acting solution 1. Kurzzeitbad *n*; 2. Lösung *f* für Kurzzeitbad
~ **coating** fester Überzug *m*
~ **cooling** rasche Abkühlung *f*
~ **cooling tower** Kühlturm *m*, Kühlkammer *f (für Gußstücke)*
~ **electron** schnelles Elektron *n*
~-**hardening** schnellhärtend
~ **quenching** schroffe Abschreckung *f*
fasten/to befestigen; anziehen *(Schrauben)*; einspannen *(z. B. Proben)*
~ **by pinning** mit Stiften befestigen
fastener Verbindungsmittel *n*, Halter *m*, Befestigungsmittel *n*
fastening Befestigung *f*; Anziehen *n (von Schrauben)*; Einspannung *f (z. B. von Proben)*
~ **bow** Befestigungsbügel *m*
~ **torque** Anziehdrehmoment *n*
fat layer Speckschicht *f*
~ **lime** Fettkalk *m*
~ **sand** fetter Sand *m*; Natursand *m* mit hohem Tonanteil
fatigue Ermüdung *f*
~ **allowance** Erholungszuschlag *m*
~ **behaviour** Ermüdungsverhalten *n*, Wechselfestigkeitsverhalten *n*
~ **bending test** Dauerbiegeversuch *m*
~ **crack** Ermüdungsriß *m*, Daueranriß *m*
~ **crack front** Dauerbruchfront *f*
~ **crack growth behaviour** Bruchausbreitungsverhalten *n*, Daueranrißausbreitungsverhalten *n*
~ **crack growth rate** Bruchausbreitungsgeschwindigkeit *f*, Daueranrißausbreitungsgeschwindigkeit *f*

~ **damage** Ermüdungsschaden *m*, Wechselbeanspruchungsschädigung *f*
~ **damage cumulation** Schadenssumme *f* *(bei mechanischer Schädigung von Stoffen)*
~ **experiment** Wechselverformungsversuch *m*
~ **failure** Ausfall *m* durch Ermüdung
~ **fracture** Ermüdungsbruch *m*, Dauerbruch *m*
~ **hardening** Ermüdungsverfestigung *f*
~ **impact test** Dauerschlagversuch *m*
~ **life** Lebensdauer *f*, Bruchlastspielzahl *f*
~ **life prediction** Lebensdauervorhersage *f*
~ **limit** Ermüdungsgrenze *f*, Dauer[schwing]festigkeit *f*
~ **limit under completely reversed stress** Wechselfestigkeit *f*
~ **limit under reversed tension-compression stress** Zug-Druck-Wechselfestigkeit *f*
~ **loading** Dauer[schwing]beanspruchung *f*
~ **notch factor** Kerbwirkungszahl *f*
~ **resistance** Ermüdungsbeständigkeit *f*, Ermüdungswiderstand *m*
~ **resistance of metal component in service** Gestaltfestigkeit *f*
~-**resisting** ermüdungsbeständig, dauer[schwing]fest
~ **rupture** Ermüdungsbruch *m*, Dauerbruch *m*
~ **slip band** Ermüdungsgleitband *n*
~ **S/N curve** Wöhlerkurve *f*
~ **strength** Wechselfestigkeit *f*, Ermüdungswechselfestigkeit *f*, Dauer[schwing]festigkeit *f*
~ **strength amplitude** Schwingfestigkeitsamplitude *f*
~ **strength under pulsating tensile stresses** Zugschwellfestigkeit *f*
~ **strength under reversed bending stresses** Biegewechselfestigkeit *f*
~-**stressed** ermüdungsbeansprucht, wechselbeansprucht
~ **stressing** Ermüdungsbeanspruchung *f*, Wechselbeanspruchung *f*
~ **striation** Dauerbruchstreifen *m*, Ermüdungsriefe *f*
~ **test** Ermüdungsversuch *m*, Dauer[schwing]versuch *m*
~ **test under actual service conditions** Betriebsschwingversuch *m*
~ **test under rotary bending load** Umlaufbiegeversuch *m*
~-**tested specimen without rupture** Durchläufer *m (kein Bruch)*
~ **testing machine** Schwingprüfmaschine *f*
~ **wear** Ermüdungsverschleiß *m*, Schwingungsverschleiß *m*
fatty fett, fettig, fetthaltig
~ **acid** Fettsäure *f*

~ **oil** Fettöl *n*
faucet Hahn *m*
~ **pipe** Muffenrohr *n*
fault Fehler *m*
faulting 1. Fehlstapelung *f*, Fehlanordnung *f*; 2. Faltung *f (eines Intensitätsprofils)*
faultless fehlerfrei
~ **crystal** Idealkristall *m*
faulty fehlerhaft, mangelhaft
~ **annealing** Fehlglühung *f*
~ **casting** Fehlguß *m*
~ **condition** Fehlererscheinung *f*
~ **design** Konstruktionsfehler *m*
~ **heat treatment** Wärmebehandlungsfehler *m*
~ **operation** Bedienungsfehler *m*
~ **switching actuations** Fehlschaltungen *fpl*
favoured slip system begünstigtes Gleitsystem *n*
fayalite *(Min)* Fayalit *m*
FBE system *s.* fluidized bed electrode
F.B.P. *s.* final boiling point
fcc, f.c.c. *s.* face-centred cubic
Fe-As-Si alloy Eisen-Aluminium-Silizium-Legierung
Fe-C diagram Fe-C-Diagramm *n*, Eisen-Kohlenstoff-Diagramm *n*
Fe carrier Eisenträger *m*
Fe input Fe-Einbringen *n*, Eiseneinbringen *n*
Fe losses Eisenabbrand *m*
Fe-rich eisenreich
feather 1. Gußgrat *m*; 2. Schliere *f (z. B. von Ausscheidungen oder nichtmetallischen Einschlüssen)*
~-**edge brick** Spitzkeilstein *m*
~ **end [brick]** Spitzkeilstein *m*
~ **shot** Granalien *fpl*
feathery structure federartige Struktur *f* *(z. B. von Nitridnadeln)*
feature 1. Merkmal *n*; 2. Gefügeelement *n*
~ **area** Merkmalsfläche *f*, Gebildefläche *f* *(im metallografischen Schliff)*
~ **counting** Merkmalszählung *f*
~ **development** Merkmalsausbildung *f*
~ **size** Merkmalsgröße *f*
feebly caking coal Magerkohle *f*
feed/to zuführen, aufgeben; speisen, eintragen, beschicken, füllen
feed 1. Zufuhr *f*, Aufgabe *f*; Eintrag *m*, Beschickung *f*; Vorlauf *m (s. a.* feeding 1.*)*; 2. Beschickungsmaterial *n*, Einsatzmaterial *n*; 3. *(Pulv)* Haufwerk *n*; 4. Vorschub *m*
~ **angle** Einzugswinkel *m*, Pulverzufuhrwinkel *m (beim Pulverwalzen)*
~ **aperture** Einfüllöffnung *f*
~ **attachment** Vorschubeinrichtung *f*, Speiseapparat *m*
~ **components** Möllerbestandteile *mpl*
~ **cutting force** Vorschubkraft *f*

~ **cylinder** Vorschubzylinder *m*
~ **heater** Anwärmvorrichtung *f*
~ **hopper** Aufgabetrichter *m*, Beschikkungstrichter *m*, Fülltrichter *m*, Schütttrichter *m*
~ **material** Beschickungsmaterial *n*
~ **preparation** Möllervorbereitung *f (Vorbereitung des Aufgabeguts)*
~ **pressure** Arbeitsdruck *m*
~ **pump** Speisepumpe *f*
~ **rate** Zufuhrrate *f*
~ **regulator** Vorschubregler *m*
~ **reverse** Vorschubwechsel *m*
~ **roll** Ständerrolle *f*, Aufgabewalze *f*, Speisewalze *f*
~ **rollers** Einziehwalzen *fpl*, Einzugswalzen *fpl*
~ **screw** Förderschnecke *f*
~ **slide** Vorschubschlitten *m*
~ **solution** Vorlauflösung *f*
~ **speed** Vorschubgeschwindigkeit *f*
~ **water** Speisewasser *n*
~ **wire** Zuführungsdraht *m*
~ **zone** Zuführzone *f*; Einzugsbereich *m*
feedback control Rückwärtsregelung *f (Walzenstraße)*
feeder 1. Zuteiler *m*, Aufgabevorrichtung *f*; 2. Vorschubeinrichtung *f*; 3. *(Gieß)* Speiser *m*; verlorener Kopf *m*, Steiger *m*
~ **belt conveyor** Zuteilband *n*
~ **bush** *(Gieß)* Aufbautrichter *m*, aufgebauter Einguß *m*, Aufbauspeiser *m*
~ **device** Beschickungseinrichtung *f*
~ **head** *(Gieß)* verlorener Kopf *m*; Speiser *m*
~ **head face** *(Gieß)* Speiseransatzfläche *f*
~ **head with washburn core** s. ~ **with breaker core**
~ **neck** *(Gieß)* Speiserhals *m*, Speisereinschnürung *f*, Speiseransatz *m*
~ **port** Zufuhröffnung *f*
~ **skip hoist** Beschickungsaufzug *m*
~ **sleeve** *(Gieß)* Speisereinsatz *m*
~ **table** Aufgabetisch *m*, Aufgabeteller *m*
~ **water make-up** Speisewasseraufbereitung *f*
~ **with breaker core** *(Gieß)* eingeschnürter Speiser *m*, Speiser *m* mit Einschnürkern
feedforward control Vorwärtsregelung *f (Walzenstraße)*
feeding 1. Zuführen *n*, Aufgabe *f*, Beschickung *f*; Speisung *f*; Vorlaufen *n*; 2. Zuteilung *f*; 3. Nachspeisung *f*; 4. Speisertechnik *f*
~ **capacity** Speisungsvermögen *n*
~ **collet** Vorschubzange *f*
~ **compound** Speiseraufheizmittel *n*, Trichteraufheizmittel *n*
~ **device** 1. Zufuhrvorrichtung *f*, Aufgabevorrichtung *f*; Beschickungsvorrichtung *f*; Speisevorrichtung *f*; 2. Vorschubeinrichtung *f*; *(Umf)* Vorholvorrichtung *f*

~ **effect** Nachfließeffekt *m (von flüssigem Material)*
~ **mechanism** Einführvorrichtung *f*
~ **orifice of injection chamber** Mundstück *n (Druckguß)*
~ **range** Sättigungsweite *f*, Sättigungslänge *f*
~ **side** Beschickungsseite *f*
~ **speed** Vorschubgeschwindigkeit *f*
~ **swift** Ablaufkrone *f*
~ **system** Zuteilsystem *n*, Speisesystem *n*
~ **zone** Speiserzone *f*, Speiserwirkungsbereich *m*
feedstock Einsatzmaterial *n*, Einsatzgut *n*, Vormaterial *n*
feeler gauge Tastnadel *f*; Einstellehre *f*; Spion *m*
FEF = Foundry Educational Foundation
feldspar Feldspat *m*
felt Filz *m*
~ **cloth** Filztuch *n*
~ **packing** Filzpackung *f*
~ **polishing wheel** Filzpolierscheibe *f*
FEM s. finite element method
female die *(Umf)* Muttermatrize *f*, Muttergesenk *n*
~ **pattern** Muttermodell *n*, Negativmodell *n*
ferberite *(Min)* Ferberit *m*
fermentation reaction Gärungsreaktion *f*
Fermi electron gas Fermi-Elektronengas *n*
~ **energy** Fermi-Energie *f*
~ **function** Fermi-Funktion *f*
~ **level** Fermi-Grenze *f*
~ **statistics** Fermi-Statistik *f*
~ **surface** Fermi-Fläche *f*
fernico alloy Fe-Ni-Co-Legierung *f*
ferric Eisen(III)-...
~ **ferrocyanide** Eisen(III)-hexazyanoferrat(II) *n*
~ **hydroxide** Eisen(III)-hydroxid *n*
~ **oxide** Eisen(III)-oxid *n*, Eisen[tri]oxid *n*
~ **sulphate** Eisen(III)-sulfat *n*, Eisen[tri]sulfat *n*
ferricyanide Hexazyanoferrat(II) *n*
ferriferous eisenhaltig
ferrimagnetism Ferrimagnetismus *m*
ferrite Ferrit *m*
~ **banding** Ferritzeiligkeit *f*
~ **border** Ferrithof *m*
~ **brittleness** Blausprödigkeit *f (Stahl)*
~ **-carbide aggregate** Ferrit-Karbid-Teilchen *n*, Eisen-Karbid-Teilchen *n*
~ **-carbide aggregate structure** Ferrit-Zementit-Mischgefüge *n*
~ **equivalence** Ferritäquivalent *n*
~ **former** Ferritbildner *m*
~ **grain** Ferritkorn *n*
~ **halo** Ferrithof *m*
~ **lattice** Ferritgitter *n*
~ **needle** Ferritnadel *f*
~ **network** Ferritnetzwerk *n*
~ **plate** Ferritplatte *f*

~ **stabilizer** Ferritstabilisator *m*
δ-**ferrite determination** Deltaferritbestimmung *f*
ferritic ferritisch
~ **cast iron** ferritisches Gußeisen *n*
~ **malleable cast iron** ferritischer Temperguß *m*
~ **matrix** ferritische Grundmasse *f*
~-**pearlitic** ferritisch-perlitisch
~-**pearlitic as-cast structure** ferritisch-perlitisches Gußgefüge *n*
~-**pearlitic matrix** ferritisch-perlitische Grundmasse *f*
~ **steel** ferritischer Stahl *m*
~ **steel casting** ferritischer Stahlguß *m*
ferritize/to in Ferrit umwandeln
ferritizing ferritbildend
ferritizing Ferritisieren *n*, Ferritisierung *f* (Glühen bis zur Bildung von ferritischem Gefüge)
ferro-TiC-powder Ferro-TiC-Pulver *n*
ferroalloy Ferrolegierung *f*
~ **briquette** Ferrolegierungsformling *m*
~ **furnace** Ferrolegierungsofen *m*
~ **manufacture** Erzeugung *f* von Ferrolegierungen
~ **process** Ferrolegierungsprozeß *m*
ferroaluminium Ferroaluminium *n*
ferroboron Ferrobor *n*
ferrochromium Ferrochrom *n*
ferroclad brick *(Ff)* blechummantelter Stein *m*
ferrocopper Ferrokupfer *n*
ferrocyanide Hexazyanoferrat(III) *n*
ferromagnetic ferromagnetisch
ferromagnetism Ferromagnetismus *m*
ferromanganese Ferromangan *n*
~ **powder** Ferromanganpulver *n*
ferromolybdenum Ferromolybdän *n*
ferronickel Ferronickel *n*
ferroniobium Ferroniob *n*
ferrophosphorus Ferrophosphor *m*
ferrosilicon Ferrosilizium *n*
~ **dust** Ferrosiliziumstaub *m*
~ **process** silikothermischer Prozeß *m*, silikothermisches Verfahren *n*
ferrosiliconchromium Ferrosilikochrom *n*
ferroso-ferric oxide Eisen(II,III)-oxid *n*
ferrostatic ferrostatisch
~ **height** ferrostatische Höhe *f*
~ **pressure** ferrostatischer Druck *m*
~ **pressure head** ferrostatische Druckhöhe *f*
ferrotantalum Ferrotantal *n*
ferrotin Ferrozinn *n*
ferrotitanite Ferrotitanit *n (Hartstoff)*
ferrotitanium Ferrotitan *n*
ferrotungsten Ferrowolfram *n*
ferrouranium Ferrouran *n*
ferrous Eisen(II)-...
~ **die casting** Eisendruckguß *m;* Eisenkokillenguß *m*

~ **flux** Schmelzmittel *n* für Eisenlegierungen
~ **iron scrap** Alteisen *n*, Eisenschrott *m*
~ **material** Eisenwerkstoff *m*
~ **metallurgy** Eisenmetallurgie *f*, Schwarzmetallurgie *f*
~ **oxide** Eisen(II)-oxid *n*, Eisen[mon]oxid *n*
~ **pressure die casting** Eisendruckguß *m*
ferrovanadium Ferrovanadin *n*
ferrozirconium Ferrozirkon *n*
ferruginous eisenhaltig
~ **lime** eisenschüssiger Kalk *m*
ferrule Zwinge *f*, Schrumpfring *m*
fettle/to 1. ausbessern, flicken *(Herdpflege am Schmelzofen);* 2. *(Gieß)* fertigputzen, entgraten
fettler Gußputzer *m*, Putzer *m*
fettling 1. Ausbessern *n*, Flicken *n (Herdpflege am Schmelzofen);* 2. *(Gieß)* Fertigputzen *n*, Entgraten *n*
~ **bench** Gußputzerbank *f*, Putzplatz *m*
~ **expenditures** Putzaufwendungen *fpl*
~ **gun** Spritzkanone *f*, Torkretierspritze *f*
~ **machine** Putzmaschine *f*
~ **material** Flickmasse *f*
~ **operations** Putzoperationen *fpl*
~ **quality** Putzgüte *f*
~ **shop** Gußputzerei *f*
~ **time** Putzzeit *f*
~ **tool** Abgratwerkzeug *n*
fiber *(Am) s.* fibre
fiberize/to zerfasern
fibre Faser *f*, Fiber *f*; Faserstoff *m*; Fasergefüge *n*
~ /**across the** quer zur Faserrichtung *f*
~ /**along the** in Faserrichtung *f*
~ **axis** *(Krist)* Faserachse *f*
~ **centre** Faserseele *f*
~ **composite** Faserverbundwerkstoff *m*
~ **diagram** Faserdiagramm *n*, Texturdiagramm *n*
~ **diameter** Faserdurchmesser *m*
~ **filter** Faserfilter *n*
~ **flow** Faserverlauf *m (Metallografie)*
~ **formation** Faserbildung *f*
~ **glass** Fiberglas *n*, Glasfaserstoff *m*
~-**glass cloth** Glasfasergewebe *n*
~-**glass strainer core** Glasfasersiebkern *m*
~-**insulated furnace** faserisolierter Ofen *m*
~ **length** Faserlänge *f*
~ **length distribution** Faserlängenverteilung *f*
~ **matrix** Fasergefüge *n*
~ **metallurgy** Fasermetallurgie *f*
~ **partial texture** *(Krist)* Teilfasertextur *f*
~ **pattern** Fasermuster *n*, Faserstruktur *f*
~ **strengthening** Faserverstärkung *f*
~ **structure** Faserstruktur *f*, primäre Zeilenstruktur *f*
~ **texture** *(Krist)* Fasertextur *f*
fibres lining Faserauskleidung *f*
fibriform faserförmig, fas[e]rig

fibrillation Faserung f, Faserbildung f
fibring Faserung f
fibrinous faserstoffartig, fibrinhaltig
fibrous fas[e]rig *(Bruchgefüge)*
~ **coarse-grained structure** grobkörnige Stapelkristallstruktur f
~ **filter** Gewebefilter n
~ **fracture** faseriger (sehniger) Bruch m, Holzfaserbruch m, Schieferbruch m
~ **material** Faserstoff m
~ **powder** faseriges Pulver n
~ **structure** Faserstruktur f, sehnige Struktur f, Holzfaserstruktur f
Fick's first law erstes Ficksches Gesetz n
~ **law** Ficksches Gesetz n
field angle s. angle of incidence
~ **configuration** Feldkonfiguration f, Feldanordnung f
~ **diaphragm** Gesichtsfeldblende f
~ **direction** Feldrichtung f
~ **distorsion** Feldverzerrung f
~ **emission** Feldemission f
~ **emission cathode** Feldemissionskatode f
~ **evaporation** Feldverdampfung f
~ **extension** Feldausdehnung f
~ **gradient** Feldgradient m
~ **/in the** am Aufstellungsort
~ **ion microscopy** Feldionenmikroskopie f
~ **lens** Feldlinse f
~ **of application** Anwendungsbereich m
~ **of view** Meßfeld n, Gesichtsfeld n
~-**of-view number** Sehfeldzahl f
~ **property** Feldeigenschaft f
~ **strength** Feldstärke f
~ **strength measuring instrument** Feldstärkenmeßgerät n
~ **test** Betriebskorrosionsversuch m
~ **weakening speed range** Feldschwächdrehzahlbereich m
~ **weathering test** *(Korr)* Freibewitterungsversuch m
~ **weld** Montageschweißung f
filament Filament n, Fadendraht m, Fädchen n, Glühfaden m
~ **crystal** Fadenkristall m
~ **wire** Fadendraht m
FILD s. fumeless in-line degassing
file dust Feilstaub m
~ **steel** Feilenstahl m
~ **test** Feilprobe f
filiform corrosion Fadenkorrosion f
filigree wire Filigrandraht m
filing lathe Feilmaschine f
~ **vise** Feilkloben m
~ **wheel** Feilscheibe f
fill/to 1. [ein]füllen, verfüllen; beschicken, begichten; 2. *(Gieß)* eingießen; vollgießen *(Form)*
~ **and ram** aufstampfen *(Form oder Kern)*
~ **and ram a core** einen Kern aufstampfen
~ **and ram a mould** eine Form aufstampfen

fill 1. Füllgewicht n; 2. Anschüttung f, Aufschüttung f; Schüttung f; Schüttmaterial n
~ **factor** Füllfaktor m *(Pulverfüllung)*
~ **level** Füllstand m
~-**level indicator probe** Füllstandsmesser m
~ **material** *(Pulv)* Füllmaterial n, Zusatzstoff m
~ **ratio** Füllfaktor m *(Ofenchargierung)*
~ **run** Füllage f *(in einer Schweißnaht)*
filler 1. Füllmasse f, Füllmaterial n, Füllmittel n, Füllkörper m, Füllstoff m; 2. Porenfüller m; 3. Zusatz[werk]stoff m *(Schweißen)*
~ **block** Füllkörper m
~ **brick** Füllstein m, Besatzstein m, Nachsetzstein m *(SM-Ofen)*
~ **material** 1. Zusatzwerkstoff m, Hinterfüllmasse f; 2. Zusatz[werk]stoff m *(Schweißen)*
~ **metal** Zusatzmetall n *(Aufschweißlegierung)*
~ **rod** Zusatzstab m, Schweißstab m
~ **sand** Füllsand m, Hinterfüllsand m, Haufensand m
~ **sand hopper** Füllsandbunker m
~ **wire** Zusatzdraht m, Schweißdraht m
fillet 1. Abrundung f, Hohlkehle f; 2. Kehl[schweiß]naht f; 3. *(Gieß)* zu brechende Kante f; 4. Übergangsstück n, Zwischenteil n, Fillet n; Streifen m; Steg m
~ **iron** Andrückwerkzeug n für Hohlkehlen
~ **radius** Ausrundung f, Ausrundungsradius m, Übergangsradius m
~ **weld** Kehl[schweiß]naht f
filling 1. Füllen n, Einfüllen n; Beschicken n, Begichten n; 2. Aufschüttung f, Füllung f, Schüttung f; 3. Eingießen n; Vollgießen n *(Form)*; 4. Füllmittel n *(Trommelschleifverfahren)*
~ **brick** Füllstein m, Besatzstein m, Nachsetzstein m *(SM-Ofen)*
~ **compound** Füllmasse f, Ausgußmasse f
~ **device** Füllvorrichtung f
~ **die** *(Pulv)* Füllschuh m
~ **fixture** Füllvorrichtung f
~ **frame** *(Gieß)* Füllrahmen m *(Formsand)*
~ **height** Füllhöhe f, Füllstand m
~ **hole** s. ~ port
~-**in** Hinterfüllen n, Verdämmen n
~ **level** Füllstand m, Füllhöhe f
~ **level control** Füllstandsregelung f
~ **of the taphole** Schließen n der Abstichöffnung
~ **port** Füllöffnung f, Einfüllöffnung f, Eingußöffnung f
~ **position** Füllstellung f
~ **shoe** *(Pulv)* Füllschuh m
~ **time** Füllzeit f, Gießzeit f
~ **volume** Füllvolumen n

~ **weight** Füllgewicht n
fillings Verschleißstücke npl
film Schicht f, Häutchen n, Belag m, Überzug m
~ **analysis** Filmanalyse f
~ **boiling** Filmverdampfung f
~ **condensation** Filmkondensation f
~ **floatation** Schwimmaufbereitung f
~-**forming** hautbildend
~ **shrinkage** Filmschrumpfung f
~-**[to-]specimen distance** Film-Proben-Abstand m
filter/to [durch]filtern, filtrieren; durchseihen
~ **out** ausfiltern
filter Filter n
~ **aggregate size** Filterkorngröße f
~ **aid** Filtermittel n
~ **area** Filterfläche f
~ **bag** Filtersack m, Filterschlauch m
~ **bed** Filterschicht f, Filtrationsschicht f
~ **bed contact area** Filterbettkontaktfläche f
~ **bed depth** Filterbettiefe f
~ **box** Filterkasten m
~ **cake** Filterkuchen m
~ **candle** Filterkerze f
~ **case** Filterhaus n, Filtergehäuse n
~ **chamber** Filterkammer f
~ **cloth** Filtergewebe n, Filtertuch n
~ **cone** Filterkegel m, Filtereinlage f
~ **container** Filtergehäuse n
~ **design** Filtergestaltung f, Filterausbildung f; Filtrierart f
~ **disk** Filterscheibe f
~ **drum** Filtertrommel f
~ **dust** Filterstaub m
~ **element** Filtereinsatz m
~ **equipment** Filtereinrichtung f
~ **factor** Filterfaktor m
~ **flow** Filterfließquerschnitt m, Filterdurchfluß m, Filterdurchgang m
~ **funnel** Filtertrichter m
~ **gauze** Filtergewebe n
~ **glass** gefärbtes Schutzglas n
~ **gravel** Filterkies m
~ **hose** Filterschlauch m, Filtersack m
~ **housing** Filtergehäuse n
~ **layer** Filterlage f, Filtrationsschicht f
~ **load** Filterbelastung f
~ **material** Filter[werk]stoff m
~ **mesh** Filtermasche f, Filtergeflecht n, Filtermaschenweite f
~ **mud** Filterschlamm m
~ **of cloth** Tuchfilter n
~ **pad** Filterkörper m
~ **paper** Filterpapier n
~ **plate** Filterplatte f, Filterboden m; Filterbelag m
~ **press** Filterpresse f
~ **press cake removing device** Filterkuchenabnahmevorrichtung f

~ **production** Filterherstellung f
~ **range** Durchlässigkeitsbereich m eines Filters
~ **screen** Filtersieb n
~ **section** Filterglied n
~ **sintering method** Filtriersinterverfahren n
~-**topped bunker** Bunker m mit Aufsatzfilter
~ **unit** Filtereinsatz m, Filterglied n
~ **valve** Steuerkopf m eines Filters
filterability Filtrierbarkeit f
filterable filtrierbar
filterer Filterer m, Filtrierer m
filtering Filtern n, Filterung f, Filtrierung f (s. a. unter filtration)
~ **action** Filterwirkung f
~ **apparatus** Filtereinsatz m
~ **dish** Filtrierschale f
~ **funnel** Filtertrichter m
~ **material** Filtermaterial n; Filtergewebe n
~ **plant** Filteranlage f
~ **process** Filtrierverfahren n
~ **property** Filtrierbarkeit f
~ **sieve** Filtersieb n
~ **tissue** Filtergewebe n, Filtertuch n
filtrability Filtrierbarkeit f
filtrate/to filtern, filtrieren
filtrate Filtrat n
filtration Filtration f, Filterung f, Filtrierung f (s. a. unter filtering)
~ **dust collector** Filtrationsentstauber m
~ **plant** Filteranlage f
~ **resistance** Filterwiderstand m
~ **system** Filtriersystem n
~ **velocity** Filtergeschwindigkeit f
FIM s. field-ion microscopy
fin 1. Grat m, Walzgrat m; Naht f, Bart m; Gußgrat m; 2. Rippe f
final addition Fertigzuschlag m
~ **annealing** Fertigglühen n, Fertigglühung f, Schlußglühung f
~ **blowing** Fertigblasen n
~ **boiling point** oberer Siedepunkt m, Siedeendpunkt m
~ **cooling zone** Luftkühlturm m
~ **cross section** Endquerschnitt m
~ **crushing** Feinzerkleinern n, Nachzerkleinern n
~ **density** Enddichte f, Fertigdichte f
~ **forming** Endverformung f
~ **fracture** Gewaltbruch m, Restbruch m
~ **grain size** Endkorngröße f
~ **inspection** Endkontrolle f, Schlußkontrolle f
~ **layer** Decklage f (Schweißen)
~ **magnification** Nachvergrößerung f, Endvergrößerung f
~ **measurement** Abnahmemessung f
~ **melting** Auskochen (Totkochen) n der Schmelze

~ **pass** Schlichtstich *m*, Polierstich *m*; Fertigschlichtkaliber *n* *(Walzen)*
~ **phosphorus content** Phosphorendgehalt *m*
~ **polishing pass** s. ~ pass
~ **position** Endstellung *f*
~ **potential** Endpotential *n* *(Beizen)*
~ **pressure** Enddruck *m*
~ **product** Endprodukt *n*
~ **run** Decklage *f* *(Schweißen)*
~ **slag** Endschlacke *f*, Fertigschlacke *f*, Feinungsschlacke *f*
~ **speed** Endgeschwindigkeit *f*
~ **structure** Endgefüge *n*
~ **sulphur content** Schwefelendgehalt *m*
~ **surface** Arbeitsfläche *f*
~ **temperature** Endtemperatur *f*
~ **velocity** Endgeschwindigkeit *f*
finding place Fundstätte *f*, Fundort *m*
fine/to 1. raffinieren, veredeln; reinigen *(z. B. Schmelze)*; feinen *(z. B. Stahl)*; 2. treiben *(Silber)*; gattern *(Zinn)*
fine 1. fein[körnig]; 2. fein, rein *(Edelmetall)*
fine feines Teilchen *n*
~ **adjustment** Feineinstellung *f*, Feintrieb *m*, Feinregulierung *f*
~ **alloying** Feinlegieren *n*
~ **cleaning** Feinreinigung *f*
~ **crusher** Feinbrecher *m*, Nachbrecher *m*
~ **crushing** Feinbrechen *n*, Feinzerkleinerung *f*, Feinmahlen *n*
~ **decarburization** Feinentkohlung *f*
~-**dendritic** feindendritisch
~ **dispersion** Vernebelung *f*
~ **division** Feinverteilung *f*
~-**dosing valve** Feindosierventil *n*
~ **dust** Feinstaub *m*, Flugstaub *m*
~ **focus[s]ing** Feinfokussierung *f*
~ **focus[s]ing stage** Feinfokussiertisch *m*
~ **fracture** Feinbruch *m* *(Formsand)*
~-**gas cleaning** Feingasreinigung *f*
~ **gold** Feingold *n*
~ **grain** Feinkorn *n*
~ **grain part** Feinkornanteil *m*
~ **grain plate** Feinkornplatte *f* *(fotografisch)*
~ **grain powder** Feinkornpulver *n*
~ **grain-sized material** feinkörniges Material *n*
~ **grain zone** Feinkornzone *f*
~-**grained** feinkörnig
~-**grained fracture** feinkörniges Bruchaussehen *n*
~-**grained steel** Feinkornstahl *m*
~-**grained structural steel** Feinkornbaustahl *m*
~-**grained structure** feinkörniges Gefüge *n*
~-**granular** feinkörnig
~ **grinding** 1. Feinmahlung *f;* 2. Feinschleifen *n*
~ **iron** Feinstahl *m*

~-**lamellar** feinlamellar
~ **lime** Feinkalk *m*
~-**meshed** feinmaschig
~ **ore** Feinerz *n*
~ **ore mud** Feinerzschlamm *m*
~ **particle proportion** Feinkornanteil *m*
~ **pearlite** feinstreifiger Perlit *m*
~ **polishing** Feinpolieren *n*
~-**pored** feinporig
~ **purification** Feinreinigung *f*
~ **regulation** Feinregelung *f*
~ **screen** Feinsieb *n*
~-**screened** feingesiebt
~ **sieve** Feinsieb *n*
~ **sight** 1. Feinkornsiebung *f*, Feinkornsichtung *f;* 2. Feinkorn *n*
~ **silver** Feinsilber *n*
~ **slip** Feingleiten *n*
~ **structure** Feinstruktur *f*
~ **tin** Feinzinn *n*
~ **wire** Feindraht *m*, dünner Draht *m*
~ **wire bunching machine** Feindrahtverlitzmaschine *f*
~ **wire drawing** Fein[draht]zug *m*, Feindrahtziehen *n*
~ **wire drawing machine** Feindrahtziehmaschine *f*, Feinzug *m*
~ **wire weaving loom** Feindrahtwebstuhl *m*
finely broken fein zerrieben
~ **dispersed** fein verteilt
~ **divided** feinverteilt *(Metall in Schlacke)*
~ **divided aluminium powder** Aluminiumgrieß *m*
~ **ground** fein gemahlen
~ **porous** feinporig
~ **powdered** feingepulvert
~ **radiated** feinfaserig *(Bruchgefüge)*
fineness 1. Feinheit *f* *(Pulver);* 2. Feingehalt *m* *(Legierung);* 3. Reinheit *f* *(Edelmetall)*
~ **number** Feinheitsgrad *m* *(eines Sandes)*
~ **of filter** Filterfeinheit *f*
~ **of grain** Kornfeinheit *f*, Feinkörnigkeit *f*
~ **of grinding** Mahlfeinheit *f*
finery [furnace] Feinofen *m*
fines 1. Abrieb *m*, Feinanteil *m;* 2. *(Hydro)* Feingut *n*, Schlamm *m*, Staub *m*
finger gate *(Gieß)* Fingeranschnitt *m*
~ **manipulator** Fingerverschieber *m*
fining forge Frischfeuer *n*, Luppenfeuer *n*
~ **hearth** Frischherd *m*
~ **in hearth** Herdfrischen *n*
~ **period** Oxydationsperiode *f* *(Kupferraffination)*
finish/to 1. nacharbeiten, feinbearbeiten, fertigbearbeiten; 2. fertigputzen
finish 1. Fertigbearbeitung; 2. Oberflächenbeschaffenheit *f;* 3. Schliff *m*
~ **anneal** Schlußglühung *f*, Fertigglühung *f*, Fertigglühen *n*
~ **blow** Fertigblasen *n*
~ **forging temperature** Schmiedeendtemperatur *f*

~ **machining** Fertigbearbeitung *f*
~ **mill** Polierwalzwerk *n*
~ **polishing** Nachpolieren *n*
~ **refining** Fertigfrischen *n*
~ **rolling** Fertigwalzen *n*
~ **rolling temperature** Walzendtemperatur *f*
~ **sample** Fertigprobe *f*
~ **sinter sample** Fertigsinterprobe *f*
~ **table** Ablagetisch *m*
~ **upsetting** Fertigstauchen *n*, Fertigstauchstufe *f*
finished alloy Fertiglegierung *f*
~ **casting** Fertigguß *m (versandfähiger Guß)*
~ **casting department** Fertiggußlager *n*, Versandlager *n*
~ **compound** Fertigmischung *f*
~ **goods** Fertigerzeugnisse *npl*, Finalerzeugnisse *npl*
~ **mixture** Fertigmischung *f*
~ **part** Fertigteil *n*
~ **product** Fertigerzeugnis *n*, Finalerzeugnis *n*
~ **section** Fertigprofil *n*
~ **sinter** Fertigsinter *m*
~ **sinter specimen** Fertigsinterprobe *f*
~ **stock** Fertigware *f*
~ **wire** Fertigdraht *m*
finisher Polierwalzwerk *n*
finishing 1. Nachbearbeitung *f*, Feinbearbeitung *f*, Fertigbearbeitung *f*; 2. Fertigputzen *n*
~ **additions** Zusätze *mpl* zum Fertigmachen
~ **allowance** 1. Bearbeitungszugabe *f*; 2. Appretur *f (zur Konservierung)*
~ **banks** Adjustagen *fpl*
~ **bay** Adjustagehalle *f*
~ **block** 1. Fertigwalzblock *m*; 2. Fertigdrahtzug *m*, Feinzug *m*
~ **capacity** Kapazität *f* der Finalindustrie
~ **coat** Deckanstrich *m*
~ **cut** Fertigschnitt *m*
~ **department** Zurichterei *f*, Adjustage *f*
~ **die** 1. Fertiggesenk *n*; 2. Endstein *(Ziehen)*
~ **draw** Fertigzugstempel *m*
~ **end** Zurichterei *f*, Adjustage *f*
~ **equipment** Fertigungseinrichtung *f*
~ **line** Fertig[ungs]linie *f*, Fertigungsstrecke *f*; Zurichterei *f*
~ **mill** Fertigwalzwerk *n*, Fertigwalzstraße *f*
~ **mill stand** Fertigwalzgerüst *n*
~ **of the heat** Fertigmachen *n* der Schmelze
~ **oval pass** Schlichtoval[kaliber] *n (Walzen)*
~ **pass** 1. Fertigstich *m*, Fertigkaliber *n*, Endstich *m*, Schlichtstich *m*, Schlichtkaliber *n (Walzen)*; 2. Fertigzug *m*
~ **punch** Fertigstauchstempel *m*

~ **roasting** vollständiges Rösten *n*, Garrösten *n*
~ **roll** Fertigwalze *f*, Endwalze *f*
~ **roll mill** Fertigwalzwerk *n*, Fertigwalzstraße *f*
~ **roll train** Fertigstrecke *f*, Fertigwalzstraße *f*
~ **room** Fertigputzerei *f*
~ **shop** Zurichterei *f*, Adjustage *f*
~ **slag** Endschlacke *f*
~ **stand** Fertig[walz]gerüst *n*
~ **steel** Bohrerstahl *m*
~ **temperature** 1. Endtemperatur *f*; 2. Endwalztemperatur *f*
~ **tool** Schlichtstahl *m*
~ **train** Fertigstraße *f*, Fertigstrecke *f*
finite element method (technique) Methode *f* der finiten Elemente, Finite-Element-Methode *f*, FEM
~ **life diagram** Zeitfestigkeitsschaubild *n*
~ **life range** Zeitfestigkeitsbereich *m*
Finkl-Mohr process Finkl-Mohr-Verfahren *n*
~ **vacuum arc degassing plant** Finkl-Vakuumentgasungsanlage *f*
finless gratlos; nahtlos
finned cylinder Rippenzylinder *m*
~ **tube** Rippenrohr *n*
finning 1. Formriß *m*, Blattrippe *f*; 2. Nahtbildung *f*
FIOR *s.* fluid iron ore reduction
fir-tree crack verzweigter (tannenbaumartiger) Riß *m*
~-**tree crystal** Tannenbaumkristall *m*, Dendrit *m*
fire/to 1. [be]heizen, [be]feuern *(Kessel)*; 2. zünden
~-**gild** [feuer]vergolden
~ **in** einbrennen
~-**refine** feuerraffinieren, im Schmelzfluß raffinieren
~-**tin** feuerverzinnen
fire assay Brandprobe *f*
~ **box** Feuerkammer *f*, Feuerraum *m*, Brennkammer *f*, Verbrennungsraum *m (Industrieofen)*
~ **box plate** Feuerblech *n*
~ **brick** *s.* firebrick
~-**bridge** Feuerbrücke *f (zwischen Herd und Feuerung)*
~ **clay** *s.* fireclay
~ **crack** Brandriß *m*, Glühbruch *m*
~-**cracking sensibility** Glühbruchempfindlichkeit *f*
~ **loss behaviour** Abbrandverhalten *n*
~ **loss mechanism** Abbrandmechanismus *m*
~ **place** Feuerung *f*, Herd *m*; Rostfläche *f*
~ **point** 1. Zündpunkt *m*; 2. Brennpunkt *m*
~ **refining** Feuerraffination *f*; pyrometallurgische Raffination *f*
~ **resistance** Feuerbeständigkeit *f*

~-**resisting** feuerbeständig
~-**tinned** feuerverzinnt
~ **tinning** Feuerverzinnen n
~ **top** heiße Gicht f (am Schachtofen)
~-**tube** Flammrohr n
~-**tube boiler** Flammrohrkessel m
~-**waste** Verlust m durch Verzundern
fireback gegossene Ofenplatte f
firebrick feuerfester Stein m, Schamottestein m
~ **mortar** feuerfester Mörtel m
fireclay feuerfester Ton (Lehm) m, Schamotteton m
~ **brick** Schamottestein m
~ **insulating refractory** Schamotteerzeugnis n (mit niedriger Wärmeleitzahl, Isolierstein)
~ **light-weight refractory** Schamotteerzeugnis n (mit niedriger Rohdichte,
Leichtstein)
~ **mortar** Schamottemörtel m
~ **muffle** Muffelofen m aus Schamotte
~ **plastic** feuerfeste Plastmasse f, feuerfester Plast m
~ **plastic refractory** plastisches Schamot-
testampfgemisch n
~ **refractory** Schamotteerzeugnis n
fired gebrannt
~ **lime** gebrannter Kalk m
~ **skin** Brennhaut f
fireman Heizer m, Stocher m
fireproof feuerbeständig; feuersicher,
feuerfest
~ **cement** feuerfester Mörtel m
firing 1. Heizung f; Beheizung f; Feuerung f
(Kessel); 2. Zündung f; 3. Brennen n
(z. B. von Dolomit)
~ **box** Brennkammer f
~ **by hand** Streufeuerbeheizung f
~ **expansion** (Ff) Brennwachsen n
~ **of a cupola** Anfeuern n des Kupolofens
~ **rate** Aufheizgeschwindigkeit f, Brenn-
geschwindigkeit f
~ **shrinkage** (Ff) Brennschwinden n
~ **temperature** Einbrenntemperatur f, Auf-
brenntemperatur f (Email)
firmly adhering festhaftend
first draw Vorzug m, Anschlag m (Tiefziehen)
~ **end point** Übergang m (beim Konverter-
verfahren)
~ **finishing pass** Vorschlichtkaliber n (Walzen)
~ **finishing roll** Vorschlichtwalze f
~ **law of thermodynamics** erster Hauptsatz m der Thermodynamik
~-**nearest neighbour** allernächster Nach-
bar m (atomar)
~-**order reaction** Reaktion f erster Ordnung
~-**order transformation (transition)** Umwandlung f erster Ordnung (Art)

~ **pass** Anstich m
~ **run** erste Lage f; Wurzellage f (Schweißen)
~-**run slag** erste Schlacke f, Anfangsschlacke f
~ **slag** Anfangsschlacke f, Primärschlacke f
~ **upsetter** Vorstauchstempel m
fish eye Fischauge n, Flockenriß m (Gefü-
gefehler)
~ **joint** Laschenstoß m, Laschenverbindung
f, Stoßverbindung f
~ **plate chain** Laschenkette f
~ **scale** Fischschuppe f (Blockfehler)
~-**scale fracture** Schieferbruch m
fishbone Gräte f
Fisher subsieve sizer Gerät zur Bestimmung der Korngrößenverteilung bei Pulvern
~ **subsieve sizing** Verfahren zur Bestimmung der Korngrößenverteilung bei Pulvern
fishmouth defect (Umf) Fischmaulfehler
m
~ **gate** Fischmaulverschluß m
fishplate section Laschenprofil n
fission fragment Spaltprodukt n
~ **gas** Spaltgas n
~ **product** Spaltprodukt n
~-**product retentive** spaltproduktaufneh-
mend
fissure Riß m, Spalt m, Sprung m
fissured surface zerklüftete Oberfläche f
fissuring Rißbildung f
fit castings/to Guß richten
~ **snugly** satt anliegen
fit Sitz m, Passung f
fittings Fittings npl; Armaturen fpl; Zubehörteile npl
~ **for compressed air equipment (system)**
Druckluftarmaturen fpl
~ **for doors** Baubeschläge mpl, Türbe-
schläge mpl
~ **for rolling** Walzarmaturen fpl
~ **for windows** Baubeschläge mpl, Fenster-
beschläge mpl
fix by riveting/to annieten
fixed 1. feststehend, ortsfest, stationär; 2.
befestigt, fest [eingespannt]; 3. fest
(nicht flüchtig); gebunden (chemisch)
~ **arm** fester Arm m
~ **bed** Festbett n (Reaktionstechnik)
~ **carbon** fester (gebundener) Kohlenstoff
m
~ **core** (Gieß) feststehender Kern m
~ **die** (Gieß) feststehende Kokille f
~ **die half** (Gieß) feste Kokillenhälfte f
~ **die platen** feste Aufspannplatte f
~ **dog** harter Anschlag m
~ **furnace** feststehender Ofen m
~ **packed bed** s. ~ bed
~ **pan mill** Kollergang m mit feststehen-
dem Teller, Kollergang m mit feststehender Schüssel

~ **plate** feste Aufspannplatte *f*
~ **roll** feststehende Platte *f*
~ **spray system** *(Gieß)* stationäres Einsprühsystem *n*
fixing attachment Aufspannvorrichtung *f*
~ **bath** Fixierbad *n*
~ **by riveting** Annieten *n*
~ **collar** Stellring *m*
~ **nut** Befestigungsmutter *f*, Klemmutter *f*
~ **plate** Aufspannplatte *f*
~ **salt solution** Fixiersalzlösung *f*
~ **screw** Befestigungsschraube *f*
fixture Spannwerkzeug *n*, Aufspannvorrichtung *f*
flag-type steel mould Stahlfähnchenkokille *f*
flake off/to abblättern, abplatzen
flake Flocke *f*, Schuppe *f*; Lamelle *f*
~ **crack** Spannungsriß *m*, Flockenriß *m* *(Spannungsriß durch Wasserstoffversprödung)*
~ **formation** Flockenbildung *f*
~-**free** flockenfrei
~ **graphite** Flockengraphit *m*, Schuppengraphit *m*, Lamellengraphit *m (A-Graphit)*
~ **resin** Flockenharz *n*
flaking[-away] Abblättern *n*, Abplatzen *n*, Abschuppen *n*; Flockenbildung *f*
~ **crack** *s.* flake crack
~-**off** Abblättern *n*, Abplatzen *n*, Abschuppen *n*
flaky flockig, schuppig
~ **coating** schuppenförmiger Überzug *m*
~ **crack** *s.* flake crack
~ **fracture** Schieferbruch *m*
~ **graphite** *s.* flake graphite
~ **powder** flittriges Pulver *n*
flame[-chip]/to flämmen, flämmputzen, brennputzen
~ **out** ausflammen
flame Flamme *f*
~ **absorption spectral photometry** Flammenabsorptionsspektralfotometrie *f*
~ **adjustment** Flammeneinstellung *f*
~ **annealing** oxydierendes Glühen *n*
~ **arrangement** Flammenführung *f (Schmelzofen)*
~ **atomization** Flammenzerstäubung *f*
~ **baffling** Flammenführung *f*
~ **car** Flämmwagen *m*
~ **chipping** Flämmen *n*, Flämmputzen *n*, Brennputzen *n*
~ **cleaning** Flammstrahlen *n*
~ **control** Flammenkontrolle *f*
~ **cut** Brennschnitt *m*
~ **cutting** Brennschneiden *n*, Autogenschneiden *n*
~ **cutting department** Brennschneiderei *f*
~ **cutting machine** Brennschneidmaschine *f*
~ **cutting nozzle** Brennerdüse *f*

~ **cutting surface** Brennschnittfläche *f*
~ **finishing** Abschweißen *n* von Oberflächen
~ **gouging** autogenes Fugenhobeln *n*, Autogenfugenhobeln *n*
~ **hardening** Flammhärten *n*, Brennhärten *n*, Autogenhärten *n*
~ **priming** Flammphosphatieren *n*
~-**scarfed** abgeflämmt
~ **scarfing** Flämmen *n*, Flämmputzen *n*, Brennputzen *n*
~-**scarfing cycle** Flämmzyklus *m*
~ **scarfing device** Flämmgerät *n*
~-**scarfing dust** Flämmstaub *m*
~ **scarfing loss** Flämmverlust *m*
~-**scarfing machine** Flämmaschine *f*
~ **scarfing stock** Flämmgut *n*
~ **spalling** Flammstrahlen *n*
~-**sprayed** flammgespritzt
~-**sprayed coating** Flammspritzschicht *f*
~ **spraying** Flamm[en]spritzen *n*, Flamm[en]verdüsen *n (Pulverherstellung)*
~ **temperature** Flammentemperatur *f*
~ **tube** Flammrohr *n*
~ **washing** Flammwaschen *n*
flameless atomic absorption spectometry flammenlose Absorptionsspektrometrie *f*
flaming Flämmen *n*, Flämmputzen *n*, Brennputzen *n*
flange/to bördeln, kümpeln; abkanten; anflanschen
flange edging mill Flanschenstauchwalzwerk *n*
~ **sleeker** Polierhaken *m*, Polier-S *n*
flanged pressure pipe Flanschendruckrohr *n*
~ **profile** Abkantprofil *n*
~ **rim** umgekrempelter Rand *m*
~ **ring** Flanschenring *m*
flanging Bördeln *n*, Kümpeln *n*, Abkanten *n*
~ **machine** Bördelmaschine *f*
~ **press** Kümpelpresse *f*
flank of the seam Nahtflanke *f (Schweißen)*
~ **wear rate** Flankenverschleißgeschwindigkeit *f*, Flankenabtragsgeschwindigkeit *f*
flap 1. Klappe *f*; 2. Greifkanter *m*
~ **valve** Klappenventil *n*
flapper tongs Kokillenzange *f*
flapping Verblasen *n*, Aufblasen *n*
flare/to 1. aufweiten; ausbauchen; 2. flakkern
flare tube Trichterrohr *n*
flash/to 1. abgraten, entgraten; 2. aufleuchten, aufblitzen; 3. entspannen *(rasch verdampfen)*
~ **into steam** ausdampfen
~ **off** abschmelzen
flash 1. Grat *m*, Gußgrat *m*; 2. Gesenkfuge *f*; 3. Aufleuchten *n*, Aufblitzen *n*

~ **annealing** rasches (oberflächliches, kurz-
zeitiges) Glühen *n*

~-**back** Rückbläser *m*

~ **baker** Blitztrockner *m*, Schnelltrockner *m*

~ **butt welding** Abbrennstumpfschweißen
n

~ **coating** Metallspritzen *n*

~ **dressing** Abbrennschlichte *f*

~ **evaporation** Entspannungsverdampfung
f

~ **heat** kurze Anwärmhitze *f*

~ **oxidation** Oxydation *f* mit hoher Reaktionsgeschwindigkeit

~ **point** Flammpunkt *m*

~ **removal** Abgraten *n*, Entgraten *n*

~ **roasting** Schweberöstung *f*

~ **smelting** Schwebeschmelzen *n*

~-**smelting chamber** Reaktionsraum *m*
(des Schwebeschmelzofens)

~-**smelting phase** Schwebeschmelzphase
f

~ **tank** Entspannungsbehälter *m*

~ **technique** Flashverfahren *n (Schweißen)*

~ **trimmer** Abgratmaschine *f*

~-**trimming press** Abgratpresse *f*

~-**trimming tool** Abgratwerkzeug *n*

~ **welder** Abbrennstumpfschweißma-
schine *f*

~ **welding** Abbrennschweißen *n*, Ab-
schmelzschweißen *n*, Brennschweißen *n*,
Widerstandsabbrennschweißen *n*

~ **zone** Gratzone *f*

flashing 1. Abgraten *n;* 2. Abbrennen *n*
(Schweißen); Abschmelzen *n;* 3. Aufleuch-
ten *n*, Aufblitzen *n;* 4. Entspannung *f*
(Verdampfen); 5. Zunderflecken *mpl*

~ **point** Flammpunkt *m*

flashless gratlos *(beim Pulverschmieden)*

~ **die forging** gratloses Gesenkschmieden
n

~ **forging** Gratlosschmieden *n*

flashover Überschlag *m*

flask *(Gieß)* Formkasten *m*

~ **annealing** Kastenglühen *n*

~ **bar** Formkastenschore *f*, Formkastentra-
verse *f*

~ **handle** Kastengriff *m*

~ **lifting** Formkastenabhebung *f*, Abheben
*n (des Formkastens an der Formma-
schine)*

~-**lifting device** Formkastenabhebevorrich-
tung *f*

~ **moulding** Kastenformen *n*

~ **pin** Führungsstift *m (Formkasten)*

~ **roll-over device** Formkastenwendegerät
n

~ **separator** Formkastentrennvorrichtung *f*

~-**transfer device** Formkastenübersetzgerät *n*

~ **trunnion** Formkastenwendezapfen *m*

flaskless mould kastenlose Form *f*

~ **moulding** kastenloses Formen *n*

~ **moulding machine** kastenlose Formmaschine *f*

~ **moulding process** kastenloses Formverfahren *n*

flat hammer/to glatthämmern

~ **roll** flachwalzen

flat Flachstahl *m*

~ **arch** Flachgewölbe *n (Ofenbau)*

~ **bar** Flachstab *m*

~ **bar steel** Flachstahl *m*

~-**bed media filter** Dünnschichtfilter *n*

~ **bending specimen** Flachbiegestab *m*,
Flachbiegeprobe *f*

~ **billet** Breitstahl *m*

~-**bottom hole** Flachbodensackloch *n*

~ **bottom rail** Breitfußschiene *f*

~ **burner** Flachbrenner *m*

~ **cable** 1. Flachkabel *n;* 2. Flachseil *n*,
Bandseil *n*

~ **die** Flachmatrize *f*, Flachwerkzeug *n;*
Flachsattel *m*

~ **drill** Spitzbohrer *m*

~ **groove** s. ~ pass

~ **head** Flachkopf *m*

~ **hearth** Flachherd *m*

~ **hearth mixer** Flachherdmischer *m*

~ **iron** Flachstahl *m*

~-**irons parts** Bügeleisenteile *npl*

~ **pallet** Flachpalette *f*

~ **parallel die** planparalleles Werkzeug *n*,
Flachwerkzeug *n*

~ **pass** Flachstich *m*, Flachkaliber *n (Walzen)*

~ **rammer** Plattstampfer *m*

~ **roll** Flachwalze *f*, glatte Walze *f*

~-**rolled product** Flachwalzerzeugnis *n*

~-**rolled steel** Flachstahl *m*

~ **rolling** Flachwalzen *n*

~ **rope** Flachseil *n*, Bandseil *n*

~-**round** flach, rund

~ **seal** Flachdichtung *f*

~ **specimen** Flachprobe *f*

~ **steel** Flachstahl *m*

~ **tensile specimen** Flachzugprobe *f*

~-**type oval** Flachoval *n*

~ **welding** Flachschweißen *n*,
Schweißen *n* von oben

~ **wire** Flachdraht *m*

~ **wire rolling mill** Flachdrahtwalzwerk *n*

flatness Planheit *f*, Ebenheit *f*, Geradheit *f*

~ **deviation** Planheitsabweichung *f*, Plan-
heitsfehler *m*

~ **measurement** Planheitsmessung *f*

flatten/to 1. abflachen, abplatten; 2. richten *(Blech)*; 3. breiten *(beim Schmieden)*

flattened flachgedrückt

~ **roll** abgeplattete Walze *f*

~ **round wire** Halbflachdraht *m*

~ **strand wire rope** Flachlitzenseil *n*

~ **wire** Flachdraht *m*, flachgewalzter Draht
m

flattener Glättwalzwerk n, Glättvorrichtung f, Vorrichtung f zum Geradebiegen
flattening 1. Abplattung f, Abflachen n; 2. Glätten n; Richten n (Blech)
flaw 1. Fleck[en] m; 2. Fehler m; Anriß m, Riß m
~ **depth** Fehlertiefe f
~ **depth differentiation** Rißtiefendifferenzierbarkeit f
~ **detection** Rißprüfung f, Rißerkennung f, Fehlererkennung f
~ **detection apparatus** Rißprüfgerät n
~ **detection sensitivity** Fehlernachweisempfindlichkeit f
~ **echo** Fehlerecho n
~ **inspection table** Rißprüftisch m
~ **location** Fehlerlage f
~ **size** Fehlergröße f
~ **size determination** Fehlergrößenabschätzung f
~ **size estimation** Fehlergrößenbestimmung f
~ **size reconstruction** Fehlerausmaßrekonstruktion f, Fehlerbildrekonstruktion f
flawless 1. fleckenlos; 2. fehlerfrei, rißfrei, anrißfrei
flawy rissig
fleck scale Zunderfleck m
flexibility Biegsamkeit f, Flexibilität f; Anpassungsfähigkeit f
flexible biegsam, flexibel; anpassungsfähig
~ **cord** flexible Leitung f
~ **cover** flexible Hülle f
~ **metal tube** Metallschlauch m
~ **pressure tubing** flexibler Druckschlauch m
~ **shaft** biegsame Welle f
~ **tube** Schlauch m
flexural pendulum Biegependel n
flexure Durchbiegung f
~ **test** Biegeversuch m
~ **testing apparatus** Drahtbiegeapparat m
flick ejector (Gieß) Abschläger m
flight conveyor Kratzer[ketten]förderer m; Trog[ketten]förderer m
flint Zündmetall n
~ **clay** Flintton m
flip flange bobbin Kippflanschspule f
~ **region** Schlupfzone f
flipper feed Schlaghaspel f
float/to flotieren, aufschwimmen
float Schwimmer m (Schlackenrückhalt)
~ **material** Schwebegut n, Schwimmgut n, aufschwimmendes Gut n (Flotation)
floatation Flotation f, Schwimmaufbereitung f
~ **concentrate** Flotationskonzentrat n, Schwimmkonzentrat n
~ **plant** Flotationsauflage f, Schwimmaufbereitungsanlage f
~ **pulpe** Flotationspulpe f, Flotationstrübe f

~ **tailings** Flotationsabgänge mpl, Flotationsabfälle mpl
floater Eingußkolben m (Druckguß)
floating bed scrubber Fließbettwascher m
~ **die** Schwebemantelmatrize f
~ **die pressing** Pressen n mit schwebender Matrize
~ **plug** fliegender Stopfen (Dorn) m
~ **zone** Schwebezone f, schwebende Zone f (tiegelfreies Zonenschmelzen)
~-**zone melting** tiegelfreies Zonenschmelzen n
~-**zone refining** tiegelfreie Zonenreinigung f
flocculant Flockungsmittel n
flocculate/to ausflocken
flocculation Ausflockung f
flogging (Gieß) Abschlagen n (des Anschnittsystems)
flood pickling process Flutbeize f (Vorgang)
flooded coke abgeschreckter Koks m
flooding diagram Flutungsdiagramm n (Hochofen)
~ **valve** Flutventil n
floor Boden m; Sohle f
~ **area** Bodenfläche f
~-**based truck** Flurförderzeug n
~ **conveyor** Bodenförderer m
~ **grinder** (Gieß) Ständerschleifmaschine f, Bockschleifmaschine f
~ **moulder** (Gieß) Bodenformer m
~ **moulding** (Gieß) Bodenformerei f, Grubenformerei f
~ **moving equipment** bodenlaufende Einrichtung f
~ **of furnace** Herdsohle f (Schmelzofen)
~ **plate** Bodenplatte f, Abdeckplatte f
~ **sand** (Gieß) Haufensand m
~ **space** Bodenfläche f
~ **tile** Bodenbelagplatte f
flooring Fußbodenbelag m
~ **for industrial purposes** Industriefußboden m
flotation s. floatation
flour/to zerstäuben, fein verteilen
flour Mehl n, Staub m, feines Pulver n
~ **binder** (Gieß) Mehlbinder m
• **floured** mehlig, fein verteilt
flow/to fließen, strömen; rinnen
~ **off** abfließen; durchgießen
~ **out** auslaufen, ausfließen
~ **through** durchgießen (durch eine Form)
flow 1. Strom m; Fließen n, Fluß m, Strömen n; Strömung f; 2. Durchfluß m, Durchsatz m, Durchgang m, Durchlauf m
~ **area** Fließquerschnitt m
~ **behaviour** Fließverhalten n
~ **behaviour under load** Druckfließverhalten n
~ **chart** Flußbild n, Flußdiagramm n, Flußschema n, Verfahrensfließbild n

~ **coating** Lackgießen *n*
~ **condition** Strömungsbedingung *f*, Fließbedingung *f*
~ **conditions** Strömungsverhältnisse *npl*
~ **cooler** Durchlaufkühler *m*
~ **criterion** Fließkriterium *n*
~ **curve** Fließkurve *f*
~ **density** Stoffstromdichte *f*
~ **field** Strömungsfeld *n*
~ **figures** Fließfiguren *fpl*
~ **forming** Fließdrücken *n*, Querdrücken *n*, Abstreckfließdrücken *n*
~ **forming machine** Fließdrückmaschine *f*, Fließdrückautomat *m*
~ **function** Fließfunktion *f*
~-**function method** Fließfunktionsverfahren *n*
~ **hardening** Kaltverfestigung *f*
~ **limit** *(Wkst)* Fließgrenze *f*
~ **limiter** Strömungsbegrenzer *m*
~ **line** *(Wkst)* Fließlinie *f*, Fließfigur *f*, Kraftwirkungsfigur *f*, Faserverlauf *m*
~ **lines** *(Gieß)* Eisblumen *fpl*
~ **mark** *(Gieß)* Schliere *f*, Fließlinie *f*
~ **marks** *(Gieß)* Fließfiguren *fpl*
~ **meter** *s.* flowmeter
~ **of fluidized solids** Fließen *n* von fluidisiertem Feststoff
~ **of material (metal)** Materialfluß *m*, Werkstofffluß *m*, Stofffluß *m*
~-**off** Überlauf *m* an einer Form
~ **path** Strombahn *f*, Fließbahnlinie *f*
~ **pattern** 1. *(Wkst)* Fließbild *n*, Fließfigur *f*; 2. Strömungsbild *n*
~-**pattern test** Strömungsmodellversuch *m*
~ **phenomena** Strömungsvorgänge *mpl*
~ **point** *(Wkst)* Fließpunkt *m*
~ **pressing** Fließpressen *n*
~ **pressure** Fließdruck *m*
~ **process chart** Arbeitsablaufbogen *m*
~ **property** *(Wkst)* Fließverhalten *n*
~ **proportional counter spectrometer** Durchfluß-Proportionalzähler-Spektrometer *r*
~ **rate** 1. Fließgeschwindigkeit *f*; Durchflußgeschwindigkeit *f*; 2. Durchflußmenge *f*, Durchsatz *m*
~ **setting** Strömungseinstellung *f*
~ **sheet** *s.* ~ chart
~ **strength** Fließfestigkeit *f*
~ **stress** *(Wkst)* Fließspannung *f*
~-**through** Durchfluß *m*, Durchgießen *n* einer Form
~ **velocity** Strömungsgeschwindigkeit *f*
~ **volume** Durchflußmenge *f*
~ **zone** Fließzone *f*
flowability 1. Fließvermögen *n*; Fließverhalten *n*; Fließfähigkeit *f* *(Formstoffe)*; 2. Vergießbarkeit *f*, Formfüllungsvermögen *n*
flowable 1. fließfähig *(Formstoffe)*; 2. vergießbar

flowers *durch Sublimation erzeugter feiner Niederschlag*
~ **of sulphur** Schwefelblüte *f*
~ **of tin** Zinnflugstaub *m*, Zinnasche *f*
flowing Fließen *n*, Strömen *n*, Strömung *f*; Fließmenge *f*
~ **power** Gießbarkeit *f*, Gießfähigkeit *f*
flowmeter 1. Durchfluß[mengen]messer *m*, Strömungsmesser *m*, Mengenmesser *m (Flüssigkeit)*; 2. *(Pulv)* Fließtrichter *m*
flowturn Projizierstreckdrücken *n*
fluctuating stress Schwellbeanspruchung *f*
fluctuation Schwankung *f*
flue Zug *m*, Ofenzug *m*; Abzugskanal *m*, Rauch[gas]kanal *m*, Fuchs *m*
~ **ash** Flugasche *f*
~ **boiler** Flammrohrkessel *m*
~ **duct** Abgaskanal *m*
~ **dust** 1. Flugstaub *m*; Gichtstaub *m*; 2. Flugasche *f*
~ **dust conditioner** Gichtstaubaufbereitungsanlage *f*
~ **dust production** Gichtstaubanfall *m*
~ **gas** Rauchgas *n*, Abgas *n (von Feuerungen)*
~ **gas analysis** Rauchgasanalyse *f*
~ **gas temperature** Rauchgastemperatur *f*
~ **gas utilization** Abgasverwertung *f*
fluff/to auflockern *(z. B. Formsand)*
fluffer Grubber *m*, Lockerer *m*
fluid flüssig; fluid
fluid Flüssigkeit *f*; fluides Medium *n*
~ **bed** *s.* fluidized bed
~ **body** flüssiger Körper *m*
~ **catalyst process** Wirbelschichtverfahren *n* mit Katalysatoren, Wirbelschichtverfahren *n* mit bewegtem Katalysator
~ **circuit** Flüssigkeitskreislauf *m*
~ **constant** Flüssigkeitskonstante *f*
~ **density** Dichte *f* des strömenden Mediums
~ **dynamics** Hydrodynamik *f*
~-**flow velocity** Mediumsgeschwindigkeit *f*
~ **fuel** flüssiger Brennstoff *m*
~ **iron ore reduction** flüssige Eisenerzreduktion *f*
~ **petroleum coke** Fluid-Petrolkoks *m*
~ **pipe** Flüssigkeitsleitung *f*
~ **sand mixture** *(Gieß)* Fließsandmischung *f*
~ **sand process** *(Gieß)* Fließsandverfahren *n*
~ **slag** gutflüssige Schlacke *f*, Laufschlacke *f*
~ **solution** 1. Schmelze *f*; 2. [flüssige] Lösung *f*
~ **thermal conductivity** Flüssigkeitswärmeleitfähigkeit *f*
~ **velocity** Strömungsgeschwindigkeit *f*
fluidity 1. Fließvermögen *n*; Fließfähigkeit *f* *(Formstoffe)*; 2. Gießbarkeit *f*, Formfül-

lungsvermögen *n*, Fließvermögen *n*,
(Schmelze)
~ **spiral** Gießspirale *f*
~ **test mould (piece)** Probe *f* für das Fließvermögen, Vergießbarkeitsprobe *f*
fluidization 1. Verflüssigung *f (von festen
Stoffen)*; 2. Fluidisierung *f*
fluidize/to fluidisieren, den Fließbettzu-
stand herstellen
fluidized bed Fließbett *n*; Wirbelstrombett
n; Wirbelschicht *f*; Fluidbad *n*
~-**bed calciner** Wirbelschichtkalzinator *m*
~-**bed calcining** Wirbelschichtkalzination *f*
~-**bed calcining plant** Wirbelschichtkalzi-
nieranlage *f*
~-**bed coating** Wirbelsintern *n*, Wirbelsin-
terverfahren *n*
~-**bed conditions** Wirbelschichtbedingun-
gen *fpl*
~-**bed electrode** Wirbelschichtelektrode *f*
~-**bed heat transfer** Wärmeübergang *m* in
der Wirbelschicht, Wirbelschichtwärme-
übergang *m*
~-**bed installation** Wirbelschichtanlage *f*
~-**bed operation** s. ~-bed process
~-**bed patenting** Fluidbadpatentieren *n*
~-**bed pressure** Druck *m* in der Wirbelschicht
~-**bed process** Wirbelschichtverfahren *n*,
Fließbettverfahren *n*
~-**bed reactor** Wirbelschichtreaktor *m*
~-**bed recuperator** Fließbettrekuperator *m*
~-**bed reduction** Wirbelschichtreduktion *f*
~-**bed reduction process** Wirbelschichtre-
duktionsverfahren *n*
~-**bed roaster** Wirbelschichtröstofen *m*
~-**bed roasting** Wirbelschichtrösten *n*
~-**bed solid reactor** Fließbettreaktor *m* für
Feststoffe, Fließbettfeststoffreaktor *m*
~-**bed technique** Fließbettechnik *f*,
Wirbelschichttechnik *f*, Fluidtechnik *f*
~ **regime** Wirbelschichtzustand *m*, Wirbel-
schichtregime *n*
~ **solids** fluidisierte Feststoffe *mpl*
~ **state** Wirbelschichtzustand *m*
fluidizer *(Gieß)* Flußmittel *n*, Schlackenzu-
schlag *m*
fluidizing cone Fluidisierkegel *m*
~ **gases** Wirbelschichtgase *npl*
~ **point** Wirbelpunkt *m (Wirbelschichtverfahren)*
~ **process** Wirbelschichtverfahren *n*, Fließbettverfahren *n*
~ **velocity** Wirbelgeschwindigkeit *f*
flume Alkaliverdampfung *f (im Elektroofen)*
fluorapatite *(Min)* Fluorapatit *m*
fluorescence analysis Fluoreszenzanalyse
f
~ **excitation** Fluoreszenzanregung *f*
~ **radiation** Fluoreszenzstrahlung *f*
~ **spectrum** Fluoreszenzspektrum *n*
~ **test** Fluoreszenzprüfung *f*

~ **yield** Fluoreszenzausbeute *f*
fluorescent fluoreszent
~ **dye** fluoreszierender Färbezusatz *m*
~ **dye technique** Fluoreszenzimprägnier-
verfahren *n*
~ **powder** Fluoreszenzpuder *n*
~ **radiation** Fluoreszenzstrahlung *f*
~ **screen** Leuchtschirm *m*
~ **screen coating** Leuchtschirmbelag *m*
fluoridation Fluorierung *f*
fluoride Fluorid *n*
~-**containing** fluoridhaltig *(Schlacke)*
fluorine Flour *n*
~-**containing** fluorhaltig *(Schlacke)*
fluorite *(Min)* Fluorit *m*, Flußspat *m*
fluoroboric acid *(Chem)* Borfluorwasser-
stoffsäure *f*
fluoroscopy Röntgendurchleuchtung *f*
fluorosilicate Fluorosilikat *n*, Hexafluorosi-
likat *n*
fluorosilicic acid Fluorokieselsäure *f*, Hexafluorokieselsäure *f*
fluorspar *(Min)* Fluorit *m*, Flußspat *m*
fluosolids system *(Pyro)* Wirbelschicht-
system *n*
flush/to 1. [aus]spülen, [aus]waschen; 2.
bündig abschneiden
~ **off** abschlacken
flush [gas] Spülgas *n*
~ **joint** bündige Fuge *f*
~-**off** Schlackenabzug *m*
~-**plate filter press** Rahmenfilterpresse *f*
~ **quench by pressure spraying** Oberflächenhärtung *f* durch Druckbrausen
~ **slag** Abstichschlacke *f*, Vorlaufschlacke *f*
~ **weld** Flachnaht *f*
~ **with the surface** bündig mit der Oberfläche
flushing Ausspülen *n*, Spülen *n*, Spülung *f*
~ **cinder** Abstichschlacke *f*, Vorlaufschlacke *f*
~ **facilities** Schlackenabziehvorrichtung *f*
~ **hole** Schlackenablauf *m*, Schlacken[ab-
stich]loch *n*
~ **practice** Abschlacktechnik *f*
~ **time** Spüldauer *f*
~ **treatment** Spülbehandlung *f*
flute Nut *f*; Rinne *f*, Furche *f*
fluted roll Riffelwalze *f*, geriffelte Walze *f*
flux/to 1. flüssigmachen, schmelzen; aufschließen; 2. Flußmittel zuschlagen
flux Flußmittel *n*, Schmelzmittel *n*; Zuschlag *m*; Reinigungssalz *n (Schmelzen)*
~ **addition** Flußmittelzusatz *m*
~ **basicity ratio** Schlackenbasizität *f*
~ **bath** Flußmittelbad *n*
~ **change** Flußänderung *f (des magneti-
schen Feldes)*
~ **covering** Abdeckmittel *n*, Flußmittel *n*
~ **divergence** Flußdivergenz *f*
~ **film** Flußmittelfilm *m*, Schlackenfilm *m*
~ **gradient** Flußgradient *m*

~ **layer** Flußmittelschicht f, Flußlage f
~ **line** Flußlinie f (magnetisch)
~ **line lattice** Flußliniengitter n
~ **line pinning** Flußlinienverankerung f
~ **network** Flußmittelnetz n (auf Schliffflächen)
~ **powder** Gießpulver n
fluxed electrode flußmittelumhüllte Elektrode f
fluxing (Gieß) Salzbehandlung f
~ **action** Verschlackungswirkung f
~ **agent** Flußmittel n, Schmelzmittel n; Zuschlag m; Reinigungssalz n (Schmelzen)
~ **material** Flußmittel n, Schmelzmittel n
~ **ore** Zuschlagerz n
~ **slag** Zuschlagschlacke f, Ballastschlacke f
fluxless flußmittelfrei
fly ash Flugasche f
~ **press** Spindelpresse f
flyer (Umf) Abspulvorrichtung f, Überkopfabzug m von stehender Spule, Überkopfabspuler m
flying die (pass) shears fliegende Kaliberschere f
~ **saw** fliegende (mitlaufende) Säge f, Mitlaufsäge f
~ **shears** fliegende Schere f, Pendelschere f
flywheel Schwungrad n
~ **energy** Schwungscheibenenergie f, Schwungradenergie f
~ **force** Fliehkraft f
~ **moment** Schwungmoment n
foam Schaum m
~ **inhibitor (killer)** Antischaummittel n
~ **plastic layer** Schaumkunststoffschicht f
~ **refining** Schaumfrischen n
~ **scrubber** Schaumwäscher m
foamed plasting pattern Schaumstoffmodell n
~ **slag** Hüttenbims m, Schaumschlacke f
~ **slag brick** Hüttenbimsstein m
foamer Schaumbildner m
foaming Aufschäumen n, Schaumbildung f
~ **agent** Schäumungsmittel n, Schäumer m
~ **of the slag** Schäumen n der Schlacke
focus[s]ing Scharfstellung f, Fokussierung f
~ **circle** Fokussierungskreis m
~ **device** Fokussierungseinrichtung f
~ **electrode** Fokussierelektrode f
~ **line** Fokussierungsgerade f
~ **probe** Fokusprüfkopf m
fogging Verschleierung f (optische)
foil Folie f; dünnes Metallband n; Blättchen n
~ **edge** Folienrand m, Folienkante f
~ **normal** Foliennormale f
~ **orientation** Folienorientierung f
~ **plane** Folienebene f

~ **replica technique** Folienabdruckverfahren n
~ **rolling mill** Folienwalzwerk n
~ **surface** Folienoberfläche f
~ **thickness** Foliendicke f
~ **treatment plant** Folienbehandlungsanlage f
fold upwards/to aufklappen
fold 1. Falte f; 2. Fältelung f
~ **formation** s. kink band formation
folding 1. Falten n; Falzen n; 2. Faltenbildung f
follow/to abtasten (kopieren)
follow-up system Kopiersystem n, Abtastsystem n
follower Leitgestänge n (bei Antrieben)
~ **cam** Stößel m
following Abtasten n (Kopieren)
foot control Fußsteuerung f, Fußschaltung f
forbidden energy band verbotene Zone f, verbotenes Band n
force against/to andrücken
force component Kraftkomponente f
~-**distance curve** Kraft-Abstand-Verlauf m (z. B. bei Versetzung zum Gleithindernis)
~ **equilibrium** Kräftegleichgewicht n
~ **fit** Preßsitz m, Preßpassung f
~ **measuring device** Kraftmeßgerät n
~ **meter** s. load transducer
~ **of cohesion** Kohäsionskraft f
~ **on dislocation** Kraft f auf eine Versetzung
~ **path** Kraftverlauf m
~ **range** Kraftmeßbereich m
~ **to propagate the crack** Rißerweiterungskraft f
~ **transducer** Kraftaufnehmer m, Zugkraftmesser m
~-**ventilated** druckbelüftet
forced addition of powder Pulverzwangszuführung f
~ **air cooling** Druckluftkühlung f
~ **circulation** Druckumlauf m, Zwangsumlauf m
~-**circulation hot cooling** Zwangsumlaufheißkühlung f
~ **convection** erzwungene Konvektion f, Zwangskonvektion f
~-**convection-type furnace** Umwälzofen m
~ **cooling** Zwangskühlung f
~ **cooling line** Zwangskühlstrecke f
~ **draught** künstlicher Zug m, Saugzug m (Ofen)
~-**draught cooling** Druckluftkühlung f
~-**draught fan** Druckgebläse n
~ **lubrication** Druckschmierung f
~ **rupture** Gewaltbruch m
~ **solidification** erzwungene Erstarrung f
fore-blow/to vorblasen, vorfrischen
fore-blow Vorblasen n, Vorfrischen n

fore plate 1. Grundplatte f; 2. Schaffplatte f *(SM-Ofen)*

forehand technique Vorhandverfahren n *(Schweißen)*

forehearth Vorherd m *(zum Sammeln von schmelzflüssigem Material, zur Phasentrennung)*

foreign atom Fremdatom n

~ **cation** Fremdkation n

~ **crushing** Fremdzerkleinerung f

~ **current** *(Korr)* Fremdstrom m

~ **ion** Fremdion n

~ **matter** Fremdstoff m; Fremdkörper m

~ **metal** Fremdmetall n

~ **nucleus** Fremdkeim m

~ **ore** Fremderz n

~ **oxide** Fremdoxid n

~ **oxide content** Fremdoxidgehalt m

~ **pulverizing** Fremdzerkleinerung f

~ **substance** Fremdstoff m; Fremdkörper m

foreline trap Vorfalle f *(im Evakuierungssystem von Elektronenmikroskopen)*

forest dislocation *(Krist)* Waldversetzung f

forge/to [aus]schmieden, hämmern

~ **down** recken

~ **from a billet** vom Stück schmieden

~ **in a die** gesenkschmieden

~ **on** anschmieden

~-**press** gesenkpressen

forge 1. Schmiede f, Hammerwerk n; 2. Schmiedefeuer n

~ **coal** Eßkohle f, Schmiedekohle f

~ **furnace** Schmiedeofen m

~ **hearth** Frischfeuern, Luppenfeuer n

~ **pig iron** Puddelroheisen n

~ **scale** Hammerschlag m, Schmiedezunder m

~ **scrap** Schrott m, Schmiedeschrott m

~ **welding** Hammerschweißen n, Feuerschweißen n

forgeability Schmiedbarkeit f

forgeable schmiedbar

~ **alloy** Knetlegierung f

forged piece Schmiedestück n

~ **product** Schmiedeerzeugnis n

~ **steel** Schmiedestahl m

forger Schmied m

forging 1. Schmieden n, Hämmern n; 2. Schmiedestück n, Schmiedeteil n

~ **alloy** Knetlegierung f

~ **brass** Knetmessing n

~ **crack** Schmiederiß m

~ **cycle** Schmiedezyklus m

~ **die** Schmiedegesenk n

~ **flash** Schmiedegrat m

~ **furnace** Schmiedeofen m

~ **grade ingot** Schmiedeblock m

~ **hammer** Schmiedehammer m

~ **ingot** Schmiedeblock m

~ **lubricant** Schmiedeschmiermittel n, Schmiermittel n zum Schmieden

~ **machine** Schmiedemaschine f

~-**machine die** Stauchmatrize f

~ **manipulator** Schmiedemanipulator m

~ **press** Schmiedepresse f

~ **press line** Schmiedepressenlinie f

~ **roll** Schmiede[reck]walze f

~ **rolling** Schmiede[reck]walzen n, Reckwalzen n

~ **scale** Hammerschlag m, Schmiedezunder m

~ **skin** Schmiedehaut f, geschmiedete Oberfläche f, Schmiedeoberfläche f, Oberfläche f nach dem Schmieden

~ **steel** Schmiedestahl m, schmiedbarer Stahl m

~ **steel ingot** Schmiedestahlblock m

~ **temperature** Schmiedetemperatur f, Schmiedehitze f

~ **test** Schmiedeversuch m

~ **tongs** Schmiedezange f

~ **tool** Schmiedewerkzeug n

fork 1. Gabel f, Abgreifer m; 2. *(Pulv)* Schieber m, Stempel m, Pressenstempel m

~ **guide** Gabelführung f

~ **lift truck** Gabelstapler m, Gabelhubwagen m

~ **piler** s. ~ lift truck

~ **pipe** Gabelrohr n

~ **truck** s. ~ lift truck

forked rammer Gabelstampfer m

~ **runner** Hosenrinne f

form/to 1. formen; gestalten; fassonieren; profilieren; 2. umformen

~ **by compression** druckumformen; stauchen

form 1. Form f, Gestalt f; 2. Form f; Modell n; Schablone f; Druckform f

~ **block** 1. Metalldrückform f; 2. Formholz n *(Reckziehen)*; 3. profilierter Preßklotz m

~ **correction factor** Formkorrekturfaktor m

~ **factor** Formfaktor m *(Pulverform)*

~ **of crystal** Kristallform f

~ **of crystallization** Kristallisationsform f

~ **of energy** Energieform f

~ **of groove** Kaliberform f *(Walzen)*

~ **of melting** Schmelzart f

~ **of particle** *(Pulv)* Partikelform f

~ **punch** *(Umf)* Prägestempel m

~ **rolling** 1. Profilwalzen n; 2. Formkneten n

~-**strength** Gestaltfestigkeit f

formability Formbarkeit f; Umformbarkeit f; Nachformbarkeit f

formable formbar; umformbar; nachformbar

formaldehyde emission Formaldehydabgabe f

formation Bildung f, Entwicklung f; Neubildung f; Formierung f

~ **of a shell** *(Gieß)* Schalenbildung *f*
~ **of burr** Gratbildung *f*
~ **of cracks** Rißbildung *f*
~ **of deposits** Ansatzbildung *f*, Bildung *f* von Ablagerungen
~ **of distortion wedges** Zipfelbildung *f* *(Tiefziehen)*
~ **of holes** Lochbildung *f*
~ **of layers** Schichtenbildung *f*
~ **of pimples** *(Korr)* Pickelbildung *f*
~ **of potentials** Potentialbildung *f*
~ **of scale** Zunder[aus]bildung *f*
~ **of slag** Schlackenbildung *f*
~ **of wrinkler** Faltenbildung *f*, Bildung *f* von Fältelungen *(Walzen)*
formed as needles *s.* acicular
~ **body** Formling *m*
~ **coke** Formkoks *m*
~ **part** Formteil *n* *(am Pulver)*
former 1. Stampfmodell *n* *(für Ofenauskleidungen)*; 2. Formstich *m* *(Walzen)*; 3. Formholz *n* *(Reckziehen)*
~ **roll** Profilierrolle *f*, Profilierwalze *f*, Formrolle *f*
formic acid Ameisensäure *f*
forming 1. Formen *n*, Formung *f*, Formgebung *f*; Gestalten *n*; Profilieren *n*; 2. Umformung *f*, Formänderung *f*
~ **behaviour** Umformverhalten *n*
~ **bell** Ziehtrichter *m*
~ **characteristic** Verformungseigenschaft *f*
~ **degree** Umformgrad *m*
~ **die** Umformwerkzeug *n*; Gesenk *n*, Ziehgesenk *n*
~ **efficiency** Umformwirkungsgrad *m*, Formänderungswirkungsgrad *m*
~ **gas** Formiergas *n*, N_2H_2-Gas *n*
~ **lathe** Formdrehbank *f*, Fassondrehbank *f*
~ **limit** Grenzformänderung *f*, Grenzumformung *f*
~ **limit curve** Grenzformänderungskurve *f*
~ **limit diagram** Grenzformänderungsdiagramm *n*
~ **pass** Profilstich *m* *(Walzen)*
~ **process** 1. Formgebungsverfahren *n*; 2. Umformprozeß *m*
~ **property** Umformbarkeit *f*
~ **roll** Profilwalze *f*, Patrizenwalze *f*
~ **sequence** Umformfolge *f*
~ **speed** Profiliergeschwindigkeit *f*
~ **step** Umformschritt *m*, Umformstufe *f*, Profilierstufe *f*
forsterite *(Min)* Forsterit *m*
~ **refractory** *(Ff)* Forsteriterzeugnis *n*
fortitous mixture Zufallsmischung *f*
forward extrusion Vorwärtsfließpressen *n*
~ **motion** Vorwärtsbewegung *f*, Vorschub *m*
~ **slip** Voreilung *f*, Voreilen *n* *(Walzen)*
~ **tension** *(Umf)* Vorwärtszug *m*, Vorwärtsspannung *f*, Haspelzug *m*

FOS-process *s.* fuel-oxygen-scrap steelmaking process
fossil fuel fossiler Brennstoff *m*
foul slag reiche Schlacke *f* *(reich an Wertmetallen)*
found/to gießen
foundation Unterbau *m*, Fundament *n*
~ **anchor** Fundamentanker *m*
~ **bolt** Verankerungsbolzen *m*, Fundamentbolzen *m*, Ankerschraube *f*
~ **piling** Grundpfählung *f*
~ **plate** Grundplatte *f*
founder Gießer *m*, Gießereifachmann *m*
founding Gießen *n*; Gießereiwesen *n*; Gießereitechnik *f*
foundry Gießerei *f*, Gießereibetrieb *m*
~ **auxiliary material** Gießereihilfsstoff *m*
~ **blacking** Kohlenstaub *m*, Ruß *m* *(Schlichte)*
~ **coating** Gießereischlichte *f*
~ **coke** Gießereikoks *m*, Kupolofenkoks *m*
~ **crane** Gießereikran *m*
~ **defect** Gußfehler *m*
~ **discharge air** Gießereiabluft *f*
~ **effluent** Abfallstoff *m* *(in Wasser oder Gas)*
~ **equipment (facilities)** Gießereieinrichtungen *fpl*
~ **machine** Gießereimaschine *f*
~ **materials** Gießereihilfsstoffe *mpl*
~ **nail** Formerstift *m*
~ **pig iron** Gießereiroheisen *n*
~ **practice** Gießereipraxis *f*
~ **product** Gießereierzeugnis *n*
~ **returns** Umlaufschrott *m*, Eigenbruch *m*
~ **sand** Gießereisand *m*
~ **sand preparation** Gießereisandaufbereitung *f*
~ **sand preparation plant** Gießereisandaufbereitungsanlage *f*
~ **scrap** Gußschrott *m*
~ **technology** Gießereitechnologie *f*
~ **travelling crane** Gießereilaufkran *m*
~ **welding** Gießschweißen *n*
foundryman Gießer *m*, Gießereifachmann *m*
four-column press Viersäulenpresse *f*
~~-**component alloy** Vierstofflegierung *f*, quaternäre Legierung *f*
~~-**crank shears** Vierkurbelschere *f*
~~-**high mill** Quartowalzwerk *n*, Vierwalzenwalzwerk *n*
~~-**high reversing mill** Reversierquarto[walzwerk] *n*
~~-**high stand** Quartowalzgerüst *n*, Vierwalzengerüst *n*
~~-**line** vieradrig
~~-**nines metal** Vierneunermetall *n* *(Metall mit 99,99 % Reinheit)*
~~-**nines zinc** Vierneunerzink *n* *(Zink mit 99,99 % Zn)*
~~-**part alloy** *s.* ~~-component alloy

~-**phase** vierphasig
~-**phase plane** Vierphasenebene *f*
~-**post press** Viersäulenpresse *f*
~-**slide press** Vierstößelpresse *f*
~-**stage** vierstufig
~-**station moulding machine** Vierstationenformmaschine *f*
~-**strand continuous casting machine** Vierstranggießmaschine *f*
~-**way fork lift truck** Vierwegestapler *m*
Fourier analysis Fourier-Analyse *f*
~ **coefficient** Fourier-Koeffizient *m*
~ **representation** Fourier-Darstellung *f*
Fourier's equation Fourier-Gleichung *f*, Wärmeleitgleichung *f* von Fourier
f.p. *s.* freezing point
fraction [of particles] Fraktion *f*, Kornklasse *f*, Kornfraktion *f*, Teilchenfraktion *f*
fractional 1. fraktioniert; 2. Bruch...; Teil..., partiell
~ **coil** Teilspule *f*, Spulenabschnitt *m*
~ **collection efficiency** Fraktionsentstaubungsgrad *m*
~ **concentration** Teilkonzentration *f*
~ **crystallization** fraktionierte Kristallisation *f*
fractionate/to brechen, fraktionieren, in Kornklassen zerlegen
fractionize/to *s.* fractionate/to
fractography Fraktografie *f*, metallografische Bruchuntersuchung *f*
fracture/to brechen
fracture 1. Brechen *n*, Bruch *m*; 2. Bruch *m*, Bruchfläche *f*; 3. Bruchgefüge *n*
~ **appearance** Bruchaussehen *n*
~ **characteristic** Bruchcharakteristik *f*, Bruchmerkmal *n*
~ **deformation** Bruchverformung *f*
~ **deformation work** Bruchverformungsarbeit *f*
~ **edge** Bruchrand *m*
~-**energy transition** Bruchenergieüberleitung *f*, Bruchenergieüberführung *f*, Bruchenergieübertragung *f*
~ **face** Bruchfläche *f*
~ **force** Bruchkraft *f*
~ **grain** Bruchkorn *n*
~ **initiation** Anbruch *m*, Bruchausgang *m*
~ **location** Bruchlage *f*
~-**mechanical** bruchmechanisch
~ **mechanics** Bruchmechanik *f*
~ **mechanism** Bruchmechanismus *m*
~ **mode** Bruchverhalten *n*, Bruchart *f*
~ **model** Bruchmodell *n*
~ **origin** Bruchausgang *m*
~ **path** Bruchverlauf *m*
~ **pattern** Bruchbild *n*, Bruchaussehen *n*
~ **possibility** Bruchneigung *f*
~ **probability** Bruchwahrscheinlichkeit *f*
~ **probability diagram** Bruchwahrscheinlichkeitsdiagramm *n*
~ **profile** Bruchprofil *n*

~-**promoting** bruchbegünstigend
~ **propagation** Bruchausbreitung *f*
~ **propagation direction** Bruchausbreitungsrichtung *f*
~ **resistance** Bruchwiderstand *m*
~ **strain** Bruchdehnung *f*, Bruchformänderung *f*
~ **strength** Bruchfestigkeit *f*
~ **stress** Bruchspannung *f*
~ **structure** Bruchstruktur *f*
~ **surface** Bruch[ober]fläche *f*
~ **surface feature** Bruchflächenaussehen *n*
~ **time** Bruchzeit *f*
~ **time prediction** Bruchzeitvorhersage *f*, Bruchzeitvorausbestimmung *f*
~ **topography** Bruchtopografie *f*
~ **toughness** Rißzähigkeit *f*, Bruchzähigkeit *f*
~ **toughness parameter** Bruchzähigkeitsparameter *m*
~ **toughness test specimen** Bruchzähigkeitsprobe *f*
~ **view** Bruchansicht *f*
~ **work** Bruchenergie *f*, Brucharbeit *f*
~ **zone** Bruchzone *f*
fractured surface Bruchfläche *f*
fragile brüchig
fragmentation Fragmentierung *f*
fragmentized kleinstückig
frame Rahmen *m*; Gestell *n*; Bock *m*; Gehäuse *n*; Ständer *m* *(einer Presse)*
~ **filter** Rahmenfilter *n*
~ **filter press** Rahmen[filter]presse *f*
~ **lifting** Abheben *n* mit Rahmen
~ **needle** Webstuhlnadel *f*
~ **roll-over machine** Gestellwendemaschine *f*
~ **side** Ständerholm *m*
framed core box *(Gieß)* Abziehkernkasten *m*
framework Gerippe *n*, Tragwerk *n*
framing Rahmengestell *n*
francium Frankium *n*, Franzium *n*
Frank dislocation Franksche Versetzung *f*
~-**Read source** Frank-Read-Quelle *f*
freckles 1. A-Seigerungen *fpl*; 2. umgekehrte V-Seigerungen *fpl*; 3. Δ-Seigerungen *fpl*
free frei vorkommend, natürlich *(Metalle)*
~ **carbon** freier Kohlenstoff *m*
~ **convection** freie (natürliche) Konvektion *f*
~-**cutting brass** Automatenmessing *n*
~-**cutting property** Zerspanbarkeit *f*
~-**cutting steel** Automatenstahl *m*
~ **electron** freies Elektron *n*
~-**electron theory [of metals]** Theorie *f* des freien Elektrons, Elektronentheorie *f* der Metalle
~ **energy** *s.* Gibbs' free energy
~ **energy function** Freie-Enthalpie-Funktion *f*

~ **energy of formation per mole** freie Bildungsenthalpie f je Mol
~ **enthalpy of formation** freie Bildungsenthalpie f
~-**falling stream** freifallender Strahl m
~-**floating** fliegend, beweglich
~ **flow zone** freie Fließzone f
~-**flowing** frei fließend
~-**flowing alumina** frei fließende Tonerde f
~ **forging** Freiformschmieden n
~ **formation enthalpy** freie Bildungsenthalpie f
~ **from cracks** rißfrei
~ **from grease** fettfrei
~ **from scale** zunderfrei
~ **from twist effects** verwindungsfrei
~ **gold** Freigold n
~ **jet** Freistrahl m
~-**machining alloy** Legierung f für hohe Maßgenauigkeit
~-**machining steel** Automatenstahl m
~-**molecule flow** freie Molekularströmung f
~ **of aluminium** aluminiumfrei
~ **of tension** spannungsfrei
~ **reaction enthalpy** freie Reaktionsenthalpie f
~-**swinging through conveyor with out-of-balance drive** Freischwingrinne f mit Unwuchtantrieb
~ **to float** pendelnd angeordnet
~ **transmission range** Durchlässigkeit f eines Filters
~ **vacancy** freie Leerstelle f
freedom from distortion Verzugfreiheit f
~ **number** Freiheitszahl f
freeze/to erstarren (Schmelze)
freeze-in vacancy eingefrorene Leerstelle f
freezing Erstarrung f (Schmelze)
~ **curve** Erstarrungskurve f
~ **diagram** Erstarrungsdiagramm n
~ **front** Erstarrungsfront f
~ **point** Gefrierpunkt m; Erstarrungspunkt m (Schmelze)
~-**point curve** Erstarrungskurve f
~ **range** Erstarrungsintervall n, Erstarrungsbereich m
~ **shrink[age]** Erstarrungsschrumpfung f
French chalk (Min) Speckstein m, Talkum n, Talk m
~ **curve** Schadenslinie f nach French
frenching 1. Raffination f von Rohantimon (mit Steinschlacke); 2. Fertigfrischen n
Frenkel pair Frenkel-Paar n
frequency 1. Frequenz f, Periodenzahl f; 2. Häufigkeit f
~ **analysis** Frequenzanalyse f
~ **change** Frequenzwechsel m
~ **curve** Häufigkeitskurve f
~ **distribution** Häufigkeitsverteilung f
~ **of failure** Bruchhäufigkeit f
~ **of grain factor** Kornzahlhäufigkeit f

~ **spectrum** Frequenzspektrum n
fresh air Frischluft f, Zuluft f
~ **lining** Neuauskleidung f, Neuzustellung f (Schmelzofen)
~ **sand** (Gieß) Frischsand m, Neusand m
~ **water ring main** Frischwasserringleitung f
Fresnel fringe Fresnelscher Beugungssaum m
fretting Reibverschleiß m, Reiboxydation f
~ **corrosion** Reibkorrosion f
~ **rust** (Korr) Passungsrost m
friability Bröckligkeit f
friable bröck[e]lig; mulmig
~ **iron ore** mulmiges Eisenerz n
friction Reibung f
~ **coefficient** Reibungskoeffizient m, Reibungsbeiwert m, Reibungszahl f
~ **drive** Reib[rad]antrieb m
~-**driven roll** Schleppwalze f
~ **energy** Reibungsarbeit f
~ **factor** Reibungszahl f, Widerstandsziffer f
~ **guide** Gleitführung f
~ **loss** Reibungsverlust m
~ **material** Friktionswerkstoff m, Reibwerkstoff m
~ **oxidation** Reiboxydation f
~ **property** Reibungseigenschaft f
~ **roll drop hammer** Riemenfallhammer m
~ **screw press** Friktionsspindelpresse f, Reibspindelpresse f
~ **stress** Reibungsspannung f
~ **surface** Reibungsfläche f
~ **torque** Reibungsmoment n
~ **trace (track)** Reibspur f
~-**welded joint** Reibschweißverbindung f
~ **welding** Reibschweißen n
~ **welding machine** Reibschweißmaschine f
~ **welding technique** Reibschweißverfahren n
~ **work** Reibungsarbeit f
frictional force Reibungskraft f
~ **heat** Reibungswärme f
~ **index** Reibungskoeffizient m
~ **pressure** Reibdruck m
~ **resistance** Reib[ungs]widerstand m
~ **restriction** Reibungseinschränkung f
frictionless reibungsfrei
fringe contrast Streifenkontrast m
~ **crystal** Stengelkristall m
~ **pattern** Interferenzmuster n
frit/to [zusammen]fritten
frit Fritte f, Grundemail n
fritted sand totgebrannter (gesinterter) Sand m
fritting Fritten n
front Brust f (Hochofen)
~ **column** Vordersäule f
~-**end fork lift truck** Frontgabelstapler m
~-**end loader** Schaufellader m

~ **face** Vorderseite *f*, Stirnseite *f*
~ **lense** Frontlinse *f*
~ **plate** Frontplatte *f*, Abschlußring *m*
~ **slagging spout** Frontschlackenabscheider *m*
~ **surface reflection** Eingangsflächenecho *n (bei der Ultraschallprüfung)*
~ **tension** Vorwärtszug *m*
~ **tipper** Vorderkipper *m*
frontal section Stirnflächenschliff *m*
frontwall Vorderwand *f*
~ **pier** Vorderwand[stütz]pfeiler *m*
frost-resisting property Frostbeständigkeit *f*
froth/to schäumen
froth Schaum *m*
~ **floatation** *(Hydro)* Schaumflotation *f*, Schaumschwimmaufbereitung *f*
~ **killer** *(Hydro)* Entschäumer *m*
~ **skimmer** *(Aufb)* Schaumabheber *m*, Schaumabstreifer *m*
~ **skimming** *(Aufb)* Schaumabheben *n*
frothing Schaumbildung *f*
~ **agent** *(Hydro)* Schäumer *m*
frothy schaumig
Froude number Froude-Zahl *f*
frozen section Gefrierschnitt *m*
FTJ = Foundry Trade Journal
fuel Brennstoff *m*
~-**air ratio** Brennstoff-Luft-Verhältnis *n*
~ **bed** Brennstoffbett *n*, Brennstoffschicht *f*, Brennstoffschüttung *f*
~-**bed firing** Rostfeuerung *f*
~ **cell** Brennstoffzelle *f*
~ **consumption** Brennstoffverbrauch *m*
~ **consumption capacity** Brennstoffschluckvermögen *n*
~ **delivery** Brennstoffzufuhr *f*
~ **dispersion** Spaltstoffdispersion *f (im Reaktor)*
~ **economy** Brennstoffeinsparung *f*
~ **efficiency** Brennstoffausnutzung *f*
~ **element** Brennelement *n*
~-**element changing machine** Spaltstoffelement-Wechselmaschine *f (in einer Reaktoranlage)*
~ **engineering** Feuerungstechnik *f*
~ **feeder** Brennstoffzuteiler *m*
~-**fired** brennstoffbeheizt
~ **flow** Brennstoffstrom *m*
~ **gas** 1. Heizgas *n;* 2. Brenngas *n*
~ **gas conduit** Heizgasleitung *f*
~ **gas with low BTU-value** Schwachgas *n (mit niedrigem Heizwert)*
~ **gasification** Brennstoffvergasung *f*
~-**heated** brennstoffbeheizt
~ **injection** Brennstoffeinspritzung *f*
~ **injection pump** Brennstoffeinspritzpumpe *f*
~ **injection pump body** Einspritzpumpengehäuse *n*
~ **investigation** Brennstoffuntersuchung *f*

~ **mixture** Brennstoffgemisch *n*
~ **oil** Heizöl *n*
~ **oil atomizer** Druckzerstäuber *m* für Heizöl
~ **oil burner** Heizölbrenner *m*
~ **oil supplying equipment** Industrie-Heizölversorgungsanlage *f*
~-**oxygen-scrap steelmaking process** Brennstoff-Sauerstoff-Schrott-Stahlerzeugungsverfahren *n*, FOS-Stahlerzeugungsverfahren *n*
~ **pin** Brennstoffstab *m*
~ **preparation** Brennstoffaufbereitung *f*
~ **rate** Brennstoffverbrauch *m*
~ **rod** Brennstab *m*, Brennelement *n*
~ **saving** Brennstoffeinsparung *f*
~ **utilization** Brennstoffausnutzung *f*
~ **value** Heizwert *m*
~ **with high incombustibles** ballastreicher Brennstoff *m*
fugacity Fugazität *f*, Flüchtigkeit *f*
fulcrum Drehpunkt *m*, Gelenkpunkt *m*, Stützpunkt *m*
~ **pin** Drehbolzen *m*
~ **point** Stützpunkt *m*
full voll; kompakt
~ **annealing** Hochtemperaturglühen *n*, Glühen *n* über Ac$_3$ *(Grobkornglühen oder Normalisieren)*
~-**blown** gargeblasen *(Stahl)*
~-**dense** vollständig verdichtet
~-**dip impregnation** Volltauchtränkung *f*
~-**flame converter blow** Zünden *n* eines Konverters
~ **hardening** Durchhärten *n*
~-**locked** vollverschlossen
~ **mould process** Vollformgießverfahren *n*
~ **quenching and subsequent drawing** Durchvergütung *f*
~ **quenching and tempering** Durchvergütung *f*
~ **radiator temperature** Gesamtstrahlungstemperatur *f*
~-**scale** in natürlicher Größe
~-**scale test** Großversuch *m*, betriebsmäßige Erprobung *f*
~ **signal** Vollmelder *m*
~ **working length** Arbeitslänge *f*
~-**zone structure** Vollzonenstruktur *f*
fuller 1. Streckgesenk *n*, Vorschmiedegravur *f;* 2. Streckwerkzeug *n*
fullered gestreckt, gefüllt
fully aged voll ausgehärtet
~ **carbonized** völlig gar *(Koks)*
~ **continuous mill** rein kontinuierliches Walzwerk *n*
~ **hard** durchgehärtet
~ **killed** [voll]beruhigt
~ **stabilized** vollstabilisiert
~ **supported** beidseitig gelagert
fume/to rauchen; räuchern
fume Rauch *m*, Qualm *m;* Dampf *m*, Abdampf *m;* Abgas *n*

~ **collection hood** Abgassammelhaube *f*
~ **exhaust system** Dampfabsaugung *f*
~ **extraction equipment** Rauchabzug *m*
fumeless staublos
~ **in-line degassing** *Verfahren zur konti-nuierlichen Entgasung ohne Gase*
fumigate/to begasen, durchgasen, ausräuchern
fuming Verblasen *n*, Durchblasen *n*
~ **process** Verblaseprozeß *m*
~ **sulphuric acid** rauchende Schwefelsäure *f*
functional testing Funktionsprüfung *f*
fundamental charge Elementarladung *f*
~ **frequency** Grundschwingung *f*
~ **unit** Grundmaßeinheit *f*
funnel Trichter *m*, Fülltrichter *m*; Einguß *m*
furan resin Furanharz *n*
~ **resin binder** Furanharzbinder *m*
~ **resin bonded sand** Furanharzsand *m*
furfuryl alcohol Furfurylalkohol *m*
furnace 1. Ofen *m*, Industrieofen *m*; 2. Feuerraum *m*, Feuerung *f*, Brennraum *m*
~ **addition** Schmelzzuschlag *m*
~ **arch** 1. Ofengewölbe *n*; 2. Feuerungsgewölbe *n*
~ **atmosphere** Ofenatmosphäre *f*
~ **availability** Ofenausnutzung *f*
~ **bear** Ofensau *f*, Ofenbär *m*, Eisensau *f* *(Kupfermetallurgie, Eisenabscheidung in Schachtofenvorherden)*
~ **blast** Hochofenwind *m*, Schachtofenwind *m*
~ **bleeder** Gichtgasfackel *f*
~ **body** Ofengestell *n (Schachtofen)*
~ **bottom** Ofensohle *f*, Ofenboden *m*, Ofensumpf *m (zur Aufnahme von Restschmelze)*
~ **bracing** Ofenverankerung *f (Flammofen)*
~ **brazing** Hartlöten *n* im Ofen, Ofenhartlöten *n*
~ **brick lining** Ofenausmauerung *f*, Ofenzustellung *f*
~ **builder** Ofenbauer *m*
~ **building** Ofenbau *m*
~ **building hoppers** Vorratsbehälter *mpl* im Ofengebäude
~ **building material** Ofenbaustoff *m*
~ **burdening** Möllerung *f (Hochofen, Schachtofen)*
~ **campain** Ofenreise *f (Zeit von Inbetriebnahme bis zur Generalreparatur);* Ofengang *m*
~ **capacity** Ofenleistung *f*, potentielles Ofenleistungsvermögen *n*; Ofeninhalt *m*
~ **casing** Ofengefäß *n*, Ofengeschränk *n*
~ **casting** Feuerungsguß *m*
~ **cell** Ofenzelle *f*
~ **centre** Ofenmitte *f*
~ **centre line** Ofenachse *f*
~ **chamber** Ofenraum *m*
~ **characteristics** Ofenverhalten *n*

~ **charging** Ofenbeschickung *f*, Charge *f*
~ **charging machine** Chargierkran *m*, Chargiermaschine *f*
~ **chrome** *(Ff)* Chromerzmörtel *m*
~ **cinder** Ofenschlacke *f*
~ **coke** metallurgischer Koks *m*, Hüttenkoks *m*, Hochofenkoks *m*, Schachtofenkoks *m*
~ **constitutional diagram** Ofenzustandsdiagramm *n*
~ **construction** Ofenbau *m*; Ofenkonstruktion *f*
~ **constructions** Ofenbauarten *fpl*
~ **control** Ofenregelung *f*
~ **cooling** Ofenabkühlung *f*
~ **cover** Ofendeckel *m*
~ **cradle** Ofenstuhl *m*
~ **crew** Ofenmannschaft *f*
~ **crucible** Ofengefäß *n*, Ofentiegel *m*
~ **cycle** Raffinations[vor]gang *m*
~ **damper** Ofenschieber *m*
~ **data** Ofendaten *pl*, Ofenkennzahlen *fpl*
~ **degassing** Entgasung *f* im Ofen
~ **design** Ofenbauweise *f*
~ **diameter** Ofendurchmesser *m*
~ **door** Ofentür *f*
~ **drying** Trocknung *f* des Ofens
~ **efficiency** Ofenwirkungsgrad *m*
~ **end** Ofenkopf *m*
~ **engineering** Ofenbau *m*
~ **expands/the** der Ofen dehnt sich aus
~ **foundation** Ofenfundament *n*
~ **gas** Ofengas *n*, Verbrennungs[ab]gas *n*; Gichtgas *n*
~ **hearth** Ofengestell *n*
~ **holding time** Ofenverweilzeit *f*
~ **hood** Konvertermündung *f*
~ **ladle** Ofenpfanne *f*
~ **level** Ofenteufe *f*
~ **lid** Ofendeckel *m*
~ **life** Ofenhaltbarkeit *f*
~ **lining** Ofenfutter *n*, Ofenauskleidung *f*, Ofenzustellung *f*
~ **load factor** Ofenbelastungsfaktor *m*
~ **loss** Abbrand *m*
~ **magnesia** *(Ff)* Magnesiamörtel *m*, Magnesitmörtel *m*
~ **metamorphosis** *Änderung des Arbeitsprinzips eines Ofens*
~ **model** Ofenmodell *n*
~ **operation** Ofenbetrieb *m*
~ **operatives** Ofenmannschaft *f*
~ **parts** Ofenteile *npl*
~ **passage time** Ofendurchlaufzeit *f*
~ **performance** Ofenverhalten *n*
~ **pier** Vorderwandpfeiler *m (Hochofen)*
~ **pig** s. ~ **bear**
~ **pit** Ofengrube *f*
~ **power** elektrische Ofenleistung *f*
~ **practice** Ofenbetrieb *m*
~ **pressure** Ofendruck *m*
~ **product** Ofenrohprodukt *n*

~ **profile** Ofenprofil *n*
~ **pusher** Blockdrücker *m*
~ **rating** Ofenleistung *f*
~ **rebuild** Wiederaufbau *m* des Ofens
~ **rebuild downstairs** Zustellung *f* des Unterofens
~ **rebuild upstairs** Zustellung *f* des Oberofens
~ **refining** Raffination *f* auf trockenem Wege; Raffination *f* auf pyrometallurgischem Wege
~ **refractory** feuerfester Ofenbaustoff *m*
~ **rocker** Ofenwiege *f*
~ **roof** 1. Ofengewölbe *n*; Ofendecke *f*; 2. Feuerungsdecke *f*, Feuerraumdecke *f*
~ **room** Ofenhalle *f*
~ **scale** Ofenzunder *m*
~ **setting** Ofenmauerung *f*
~ **shaft** Ofenschacht *m*
~ **shell** Ofenmantel *m*
~ **shrinks/the** der Ofen zieht sich zusammen
~ **shut-down** Ofenstillstand *m*
~ -**sintered** ofengesintert
~ **sizes/in** chargierfähig
~ **soldering** Weichlöten *n* im Ofen
~ **sow** *s.* ~ bear
~ **table** Ofenrollgang *m*
~ **tender** Schmelzer *m*
~ **throat** Gichtöffnung *f*; Gicht *f*
~ **tilting control** Ofenkippsteuerung *f*
~ **top** Gicht *f*; Gichtöffnung *f*
~ -**top bell** Gichtglocke *f*
~ -**top hopper** Gichttrichter *m*
~ **transformer** Ofentransformator *m*
~ **vessel** Ofengefäß *n*
~ **wall** Ofenwand *f*
~ **wall thickness** Ofenwanddicke *f*
~ **with conveyor band** Förderbandofen *m*
~ **with recirculating air** Luftumwälzofen *m*
~ **year** mittlere Ofenleistung *f* je Jahr
furnaceman 1. Ofenmann *m*; 2. Schmelzer *m*, Gießer *m*
furrowing Furchenbildung *f (im Gefüge)*
further processing (treatment) Weiterverarbeitung *f*
fusain Fusain *m*, Faserkohle *f*
fuse/to schmelzen
~ **together** 1. verschmelzen, zusammenschmelzen; 2. zusammensintern
fuse-arc electrode Netzmantelelektrode *f*
fused alumina *(Ff)* Schmelzkorund *m*
~ **block** schmelzgeformter Stein *m*
~ **calcium oxide** Schmelzkalk *m (schwedisches Erzeugnis „Dynacal" aus geschmolzenem Sinterkalk)*
~ -**cast** schmelzgegossen
~ -**cast alumina-zirconia products** *(Ff)* schmelzgegossene Korund-Baddeleyit-Erzeugnisse *npl*
~ **chrome magnesite** *(Ff)* Schmelzchrommagnesit *m*

~ **corundum** *(Ff)* Schmelzkorund *m*
~ **hearth bottom** Sinterherd *m (SM-Ofen)*
~ **lime** Schmelzkalk *m*
~ **lime brick (refractory)** Schmelzkalkstein *m*
~ **magnesite** *(Ff)* Schmelzmagnesia *f*, Schmelzmagnesit *m*
~ **metal** Metallschmelze *f*
~ **quartz** Quarzgut *n*
~ **salt** Salzschmelze *f*
~ **sand** *(Gieß)* totgebrannter (gesinterter) Sand *m*
~ **silica** Quarzgut *n*
~ **spinel** Schmelzspinell *m (aus Tonerde und Magnesitsinter)*
fusibility 1. Schmelzbarkeit *f*, Abschmelzbarkeit *f*; 2. *(Pulv)* Fließfähigkeit *f*
fusible 1. [ab]schmelzbar; 2. *(Pulv)* fließfähig
~ **alloy** leichtschmelzende Legierung *f*
~ **conductor** Schmelzleiter *m*
~ **cone** Schmelzkegel *m*, Brennkegel *m*, Segerkegel *m*, SK
~ **pattern** Ausschmelzmodell *n*
~ **slag** dünnflüssige Schlacke *f*
~ **wire** Abschmelzdraht *m*
fusing point Schmelzpunkt *m*; Erweichungspunkt *m*
~ **range** Schmelzbereich *m*
~ **temperature** Schmelztemperatur *f*
~ **time** Abschmelzzeit *f*
fusion 1. Schmelzen *n*; Schmelze *f*; Aufschmelzen *n*; 2. *(Pulv)* Bindung *f (infolge von Diffusion)*
~ -**cast basalt** *(Ff)* Schmelzbasalt *m*
~ -**cast refractory** *(Ff)* schmelzgeformtes Erzeugnis *n*
~ **defect** Bindefehler *m*
~ **diagram** Schmelzdiagramm *n*
~ **equilibrium** Schmelzgleichgewicht *n*
~ **etching** Schmelzätzen *n*
~ **line** Schmelzlinie *f*, Liquiduslinie *f*
~ **method** Schmelzmethode *f*, Aufschlußmethode *f*
~ **penetration** Einbrand *m*
~ **point** Schmelzpunkt *m*; Erweichungspunkt *m*
~ **point lowering** Schmelzpunkt[s]erniedrigung *f*
~ **process** Aufschmelzvorgang *m*
~ **test** Schmelzprüfung *f*
~ **thermit welding** Thermitschmelzschweißen *n*
~ **weldability** Schmelzschweißbarkeit *f*
~ **welding** Schmelzschweißen *n*
~ **welding technique** Schmelzschweißverfahren *n*

G

G-bronze Cu-Sn-Zn-Legierung (88 % Cu, 10 % Sn, 2 % Zn)
G-phase G-Phase f
gadolinium Gadolinium n
gag press Richtpresse f, Stempelrichtpresse f
gage (Am) s. gauge
gagger (Gieß) Winkelstift m, Aushebeband n, Ausheber m
gain setting Geräteverstärkung f
~ **variation** Verstärkungsänderung f
galena (Min) Galenit m, Bleiglanz m
gall/to sich festfressen (verklemmen); festhaften
gallery Laufbühne f
galling 1. Festfressen n; 2. Mitreißen n von festhaftendem Material; 3. fressender Verschleiß m
~ **rust** s. fretting rust
gallium Gallium n
galmei (Min) Galmei m
Galvani potential Galvani-Spannung f
galvanic galvanisch
~ **corrosion** Kontaktkorrosion f (bei Gegenwart eines leitenden flüssigen Mediums)
~ **couple** Korrosionselement n
~ **series** elektrochemische Spannungsreihe f
~ **zinc coating** galvanisches Verzinken n
galvanization Verzinken n
galvanize/to verzinken
~ **by hot-dipping** schmelztauchverzinken
~ **by spraying** spritzverzinken
galvanized sheet verzinktes Blech n
~ **strip** verzinktes Band n
~ **tube** verzinktes Rohr n
~ **wire** verzinkter Draht m
galvanizing Verzinken n
~ **bath** Verzinkungsbad n, Zinkbad n
~ **defect** Verzinkungsfehler m
~ **electrolyte** Verzinkungselektrolyt m
~ **furnace** Verzinkungsofen m
~ **line** Verzinkungslinie f
~ **pan** Verzinkungspfanne f
~ **plant** Verzinkerei f, Verzinkungsanlage f
~ **pot** Verzinkungswanne f
~ **shop** Verzinkerei f
galvanoplastics Galvanoplastik f
gamma iron Gammaeisen n, γ-Eisen n, Austenit m
~ **loop** Abschnürung f des Gammagebiets
~ **radiograph** Gammastrahlaufnahme f, Gammagramm n
~ **radiography** Gamma[radio]grafie f
~-**ray backscattering probe** Gamma[strahlen]rückstreusonde f
~-**ray examination** Gammadurchstrahlung f, Gammastrahlenprüfung f
~-**ray inspection** Gammastrahlenprüfung f

~-**ray radiography** s. ~ radiography
gammagraph s. gamma radiograph
gammagraphy s. gamma radiography
gangue Gangart f, Ganggestein n, taubes Gestein n
~ **composition** Gangartzusammensetzung f
~ **content** Gangartmenge f, Gangartgehalt m, Gehalt m an taubem Gestein
ganister 1. Ganister m; 2. Dinasstein m (Quarzit)
gantlet glove Stulpenhandschuh m (Arbeitsschutz)
gantry [crane] Bockkran m, Portalkran m
gap 1. Spalt m; Lücke f; 2. (Gieß) Luftspalt m
~ **brazement** Spaltlötverbindung f
~ **corrosion** s. crevice corrosion
~-**dependent heat flow** (Gieß) luftspaltabhängiger Wärmefluß m
~ **gauge** Rachenlehre f
~ **of passes** Kaliberöffnung f (Walzen)
~ **setting** Spalteinstellung f
~ **width** Spaltbreite f
garnierite (Min) Garnierit m
Garret-reel Garret-Haspel f, Drehkorbhaspel f (Walzen)
gas/to 1. gasen, Gas abgeben; 2. vergasen (Schmelze)
gas Gas n
~-**air mixture** Gas-Luft-Gemisch n
~ **analysis** Gasanalyse f
~ **analyzing instrument** Gasanalysengerät n
~ **and solids flow** Gas- und Feststoffstrom m
~-**assisted cupola** Kupolofen m mit Gaszusatzfeuerung
~ **atomization** Gasverdüsung f
~ **ballast** Gasballast m
~ **black** Gasruß m
~-**blowpipe welding** s. ~ welding
~ **bottle** Gasflasche f
~ **bottle testing device** Gasflaschenprüfanlage f
~ **bubble** Gasblase f
~ **bubbling** Gaseinleiten n, Gasdurchleiten n
~ **burner** Gasbrenner m
~ **carburizing** Gasaufkohlung f
~ **case hardening** Gaseinsatzhärtung f
~ **cavity** Gaspore f, Gasblase f, Gashohlraum m
~ **chamber kiln** Gaskammerofen m
~ **characteristics** Gasungsverhalten n
~ **checker chamber** Gasregeneratorkammer f (SM-Ofen)
~ **circuit** Gaskreislauf m; Gasführung f
~ **classification** Windsichten n
~ **classifier** Windsichter m
~ **cleaner** Gasreiniger m
~ **cleaning** Gasreinigung f

~ **cleaning equipment (plant)** Gasreinigungsanlage *f*
~ **cleaning system** Gasreinigungssystem *n*
~ **coal** Gaskohle *f*, Fettkohle *f*
~ **coke** Gaskoks *m*
~-**collecting pipe** Gassammelleitung *f*, Gasvorlage *f (Koksofenbatterie)*
~ **collector** Gassammler *m*
~ **composition** Gaszusammensetzung *f*
~ **conditioning** Gaskonditionierung *f*
~ **conduit** Gasleitung *f*
~ **constant** [universelle] Gaskonstante *f*
~ **consumption** Gasverbrauch *m*
~ **cooler** Gaskühler *m*
~ **cutter** Schneidbrenner *m*
~ **cutting** Brennschneiden *n*, Autogenschneiden *n*
~-**cutting machine** Brennschneidmaschine *f*
~ **deficiency protecting device** Gasmangelsicherung *f*
~ **density** Gasdichte *f*
~ **density at atmospheric pressure** Gasdichte *f* bei Atmosphärendruck
~ **detector** Gasspürgerät *n*
~ **determination** Gasbestimmung *f*
~ **discharge lamp** Gasentladungslampe *f*
~ **distribution** Gasverteilung *f*
~-**driven blower** Gichtgasgebläse *n*
~ **duct** Gaskanal *m*
~-**end stopping peepholes** Spiegelschaulöcher *npl (SM-Ofen)*
~ **engine** Gasmaschine *f*
~ **engine power house** Gasmaschinenzentrale *f*
~ **engineering** Gastechnik *f*
~ **entry valve** Gaseinlaßventil *n*
~ **etching** Gasätzen *n*
~ **etching apparatus** Gasätzapparatur *f*
~ **etching effect** Gasätzeffekt *m*
~ **etching technique** Gasätztechnik *f*
~ **evolution** Gasentwicklung *f*
~ **evolution rate** *(Korr)* Gasentwicklungsgeschwindigkeit *f*
~ **exit temperature** Abgastemperatur *f*
~ **feed pipe** Gaseinleitungsrohr *n*
~ **filter** Gasfilter *n*
~-**fired** gasbeheizt, gasgefeuert
~-**fired calcining kiln** Gasröstofen *m (für Erze)*
~ **firing** Gas[be]heizung *f*, Gasfeuerung *f*
~ **flow** Gasstrom *m*
~ **flow rate** Gasdurchflußmenge *f*
~ **flue** Gaskanal *m*, Gaszug *m*
~-**fluidized bed behaviour** Verhalten *n* einer Gaswirbelschicht *(hydrodynamische Eigenschaften)*
~-**fluidized bed technique** Gaswirbelschichttechnik *f*
~ **formation** Gasbildung *f*
~ **from low-temperature distillation** Schwelgas *n*

~ **furnace** Gasofen *m*, gasbeheizter Ofen *m*
~ **generator** Gaserzeuger *m*, Gasgenerator *m*
~-**hardened system** Kernhärtung *f* durch Begasung *(beim Cold-Box-Verfahren)*
~ **hardening** Gashärten *n*
~ **heat conduction** Gaswärmeleitung *f*
~ **heater** Gaserhitzer *m*
~ **heating system** Gasheizung *f*
~ **in bottles** Flaschengas *n*
~ **injection** Begasung *f*, Gaseinleitung *f*, Behandlung *f* mit Gas
~ **inlet** Gaszufuhr *f*
~-**ion-reaction chamber** Gasionenreaktionskammer *f*
~ **jet** Gasbrenner *m*, Gasdüse *f*
~ **line** Gasleitung *f*
~ **line pipe** Gasleitungsrohr *n*
~ **main** Hauptgasleitung *f*
~-**metal arc spot welding** Gas-Metall-Lichtbogenpunktschweißen *n*
~-**metal arc welding** [CO_2-]Schutzgasschweißen *n*
~ **mixture** Gasgemisch *n*
~ **occlusion** Gaseinschluß *m*
~ **offtake** Gasabzug *m*, Gasfang *m*
~ **offtake pipe** Gasabzugsrohr *n*
~ **outlet** Gasaustritt *m*, Abgasaustritt *m*
~ **/particle heat transfer** Gas/Feststoffteilchen-Wärmeübergang *m*
~ **penetration** Durchgasung *f*, Gaseintritt *m*
~ **perviousness** Gasdurchlässigkeit *f*
~ **phase** Gasphase *f*
~ **phase transport** Gasphasentransport *m*
~ **pipe** Gas[leitungs]rohr *n*
~ **pocket** Gasblase *f (im Gußstück)*
~ **poker** Gasstocher *m*
~ **poling** Gaspolen *n*
~ **porosity** Gasporosität *f*
~ **port** 1. Gaszugmündung *f*; 2. Gasbrenner *m*
~ **port block (end)** Gasbrennerkopf *m*
~-**port section** Gasaustrittsquerschnitt *m*
~-**port stopping peepholes** Spiegelschaulöcher *npl (SM-Ofen)*
~ **power station** Gasmaschinenzentrale *f*
~ **pressure** Gasdruck *m*
~-**pressure regulator** Gasdruckregler *m*
~-**pressure shock absorber** Gasdruckstoßdämpfer *m*
~ **producer** Gaserzeuger *m*, Gasgenerator *m*
~ **protection apparatus** Gasschutzgerät *n*
~ **purification** Gasreinigung *f*
~ **purification plant** Gasreinigungsanlage *f*
~ **purifying mass** Gasreinigungsmasse *f (auch als Schwefelträger für metallurgische Reaktionen genutzt)*
~ **purifying plant** Gasreinigungsanlage *f*
~ **quench hardening** Gasabschreckhärten *n*

n, Kaltgasabblasen n, Gebläselufthärten
n, Härten n im Luftstrom
~ **radiation** Gasstrahlung f
~ **reduction process** Gasreduktionsverfahren n
~ **reforming** Gasumsetzung f
~-**regenerating chamber** Gasregeneratorkammer f
~ **regenerator** Gasregenerator m
~ **regulating unit** Gasregelanlage f
~ **retort carbon** Retortenkohle f
~ **retort coke** Retortenkoks m
~ **reverberatory furnace** Gasflammofen m
~-**reversing valve** Gaswechselklappe f
~-**rich coal** gasreiche Kohle f
~ **scrubber** Gaswäscher m, Skrubber m
~ **seal** Gasabschluß m, Gasdichtung f
~ **section** Gasquerschnitt m
~-**shielded arc welding** Lichtbogenschutzgasschweißen n
~ **sleeve nozzle** Gasdüseneinsatz m
~/**solid heat transfer** Gas/Feststoff-Wärmeübergang m
~ **stirring** Umrühren n durch Gaseinleiten
~ **take** Gasfang m, Gasabzug m
~ **tank** Gasbehälter m, Gasometer n
~ **tar** Kohlenteer m
~ **temperature** Gastemperatur f
~ **thermal conductivity** Wärmeleitfähigkeit f von Gas
~-**tight** gasdicht
~-**tightness** Gasdichtheit f
~-**tungsten arc welding** Wolfram-Inertgas-Schweißen n, WIG
~ **tuyere** Gasdüse f
~ **uptake** Gaszug m, Gasabzugsrohr n
~ **valve** Gasventil n
~ **velocity** Gasgeschwindigkeit f
~ **velocity for minimum fluidization** Gasgeschwindigkeit f für minimale Fluidisation
~ **volume determinator** Gasvolumeter n, Gasmengenmeßgerät n
~ **volume stream** Gasvolumenstrom m
~ **washer** Gaswäscher m, Skrubber m
~ **welding** Gas[schmelz]schweißen n, Autogenschweißen n
gaseous gasförmig
~ **atmosphere** Gasatmosphäre f
~ **fuel** gasförmiger Brennstoff m
~ **ion coating** Gasionenbeschichtung f
~ **phase** Gasphase f, gasförmige Phase f
~ **reduction process** Gasreduktionsverfahren n
~ **state** Gaszustand m, gasförmiger Zustand m
gases leaving furnace Ofenabgase npl
gasholder Gasbehälter m, Gasometer n
gasification Vergasung f
gasify/to vergasen
gasifying heat Vergasungswärme f

gasket Dichtung f, Dichtungsring m, Dichtungsmanschette f
gasometer Gasbehälter m, Gasometer n
gassing gasend (Kern)
gassing 1. Gasentwicklung f, Gasen n; 2. Vergasen n; Gasaufnahme f; Gasabgabe f (Schmelze); 3. Begasen n (Kernaushärtung)
~ **apparatus** Begasungsgerät n
~ **time** Begasungszeit f
gassy vergast, stark gashaltig
gate/to (Gieß) anschneiden
gate 1. (Gieß) Anschnitt m; 2. Verschluß m; 3. Öffnung f; Maul n (z. B. Konverteröffnung)
~ **area** Anschnittquerschnitt m
~ **cutter** Werkzeug n zum Ausschneiden des Anschnitts
~ **cutting machine** Abgratmaschine f
~ **entry range** Anschnittbereich m
~ **formula** Formel f für die Berechnung des Anschnittquerschnitts
~ **section area** Anschnittquerschnitt m
~ **size** Anschnittabmessung f
~ **stick** Eingußstock m, Eingußbohrer m (Gießtrichtermodell)
~ **system** s. gating system
~ **thickness** Anschnittdicke f
~-**type hot-blast valve** Heißwindschieber m
~ **valve** Sperrschieber m, Absperrschieber m
~ **width** Anschnittbreite f
gated pattern Modell n mit Anschnittsystem
gather/to 1. [an]sammeln; zusammenstellen, zusammenziehen; 2. Lagen bilden
gathering 1. Sammeln n; Zusammenstellen n; 2. Lagenbildung f
~ **mould** (Pulv) Vorform f
gating Anschnittechnik f
~ **and feeding (risering)** Gieß- und Speisetechnik f
~ **ratio** Querschnittsverhältnis n der Elemente des Gießsystems
~ **system** Gießsystem n, Eingußsystem n, Anschnittsystem n
~ **system design** Gießsystemgestaltung f
~ **techniques** Anschnittechnik f
~ **with run-off** Durchgießen n einer Form
gauge 1. Lehre f, Maßlehre f; Drahtlehre f, Blechlehre f; 2. Dicke f; Drahtdicke f, Blechdicke f
~ **control** Maßkontrolle f
~ **factor** K-Faktor m (Eichfaktor)
~ **length** Meßlänge f
~ **mark** Meßmarke f
~ **meter** Dickenmeßgerät n
~ **point** Bezugspunkt m, Bezugsebene f, Bezugslinie f
~ **rod** 1. Spurstange f; 2. Gichtsonde f

gauging Messen n; Eichen n; Maßkontrolle
f
gauntlet glove Stulpenhandschuh m (Arbeitsschutz)
Gauss oscillator Gauß-Schwinger m
gauze filter Filtersieb n
~ **wire** Gewebedraht m, Drahtgeflecht n
GDIFS = Gray and Ductile Iron Founders'
Society
gear blank Zahnradrohling m
geared column press Friktionssäulen-
presse f
~ **pump** Zahnradpumpe f
gel Gel n
~-**like** gelartig
gelatin filter Gelatinefilter n
gelling Gelbildung f
~ **medium** Geliermittel n
general engineering steel allgemeiner
Baustahl m
~ **layout** Gesamtanlageplan m
~ **plan** Übersichtsplan m, Generalplan m
~-**purpose etchant** Vielzweckätzmittel n
~ **view** Gesamtansicht f
generalized Hooke's law verallgemeiner-
tes Hookesches Gesetz n
generate/to erzeugen
generating set Generatorsatz m, Stromer-
zeugungsanlage f
generation grinding Abwälzschleifen n
~ **of gases** Gasentwicklung f
generator Generator m (zur Gaserzeugung)
~ **for protective atmosphere** Schutzgaser-
zeuger m
~ **gas** Generatorgas n
~ **shaft** Generatorwelle f
~ **sheet** Dynamoblech n
gentle casting ejection (Gieß) gußstück-
schonendes Formentleeren n
geometry of indentation Eindruckgeome-
trie f
~ **of pores** (Pulv) Porengeometrie f
~ **of the bed** Geometrie f des Wirbelschichtbetts
German silver Neusilber n
germanic Germanium...
germanium Germanium n
germanous powder Germaniumpulver n
gersdorffite (Min) Gersdorffit m, Nickelar-
senkies m, Nickelglanz m
getter Getter m (Pulver zur Verbesserung
bzw. Aufrechterhaltung eines Vakuums,
vorwiegend Al- bzw. Ba-Verbindungen)
gfn, G.F.N. s. grain fineness number
ghost lines (structure) Schattenstreifen
mpl, Schattenlinien fpl, Seigerungsstreifen mpl (A-Seigerungen; umgekehrte V-
Seigerungen; λ-Seigerungen)
ghosts s. ghost lines
Gibbs-Duhem equation Gibbs-Duhemsche
Gleichung f

Gibbs' free energy freie Enthalpie f, Gibbs-
sches thermodynamisches Potential n
~ **phase rule** Gibbssche Phasenregel f
gibbsite (Min) Gibbsit m, Hydrargillit m
gilled tube Lamellenrohr n, Rippenrohr n
~-**tube rolling** Rippenrohrwalzen n
giratory breaker Walzenbrecher m
girder and section mill Träger- und Formstahlwalzwerk n
~ **mill** Trägerwalzwerk n
~ **pass** Trägerkaliber n
~ **rail** Rillenschiene f
~ **rolling mill** Trägerwalzwerk n
~ **section** Trägerprofil n, Trägerquerschnitt
m
give curvature/to ausrunden
~ **off** abgeben
glacial acetic acid Eisessig m
glance coal 1. Anthrazit m; 2. Glanzkohle f
glancing electron diffraction Streifenelek-
tronenbeugung f
glass cloth Glas[faser]gewebe n
~ **container** Glasrezipient m; Glasbehälter
m
~-**covered** glasüberzogen
~ **fabric** Glas[faser]gewebe n
~ **fabric filter** Glas[faser]gewebefilter n,
Glasfaserfilter n
~ **fibre** Glasfaser f
~-**fibre reinforced** glasfaserverstärkt
~ **flow stress** Glasfließgrenze f
~-**hard** glashart
~-**insulated** glasisoliert
~ **lubricant** Glasschmiermittel n
~ **nozzle** Glasdüse f
~ **phase** Glasphase f
~ **powder** Glaspulver n
~ **slide** Glasobjektträger m
~ **temperature** Glastemperatur f
~ **thread** Glasfaden m
~ **transition** Glasumwandlung f, Glasüber-
gang m
~ **vessel** Glasgefäß n
~ **wool** Glaswolle f
glassware casting mould Glasform f
glassy oxide inclusion glasiger Oxideinschluß m
~ **surface** glasierte Oberfläche f
glaze Glasur f, Tiegelglasur f; angeschmolzener Sand m
glazed wire Glanzdraht m
glazing 1. Glasurbrand m; 2. Verglasen n
~ **roller** Glattwalze f
gleam of silver Silberblick m, Blicken n des
Silbers (Treibeprozeß bei der Silberge-
winnung)
glide/to (Krist) gleiten
glide (Krist) Gleitung f (s. a. unter slip 1.)
~ **band** Gleitband n
~-**band formation** Gleitband[aus]bildung f
~ **direction** Gleitrichtung f

~ **dislocation** Gleitversetzung f
~ **element** Gleitelement n
~ **lamella** Gleitlamelle f
~ **plane** Gleitebene f, Gleitfläche f, Schiebungsebene f, Translationsebene f
~ **polygonization** Gleitpolygonisation f
~ **process** Gleitvorgang m
~ **propagation** Ausbreitung f der Gleitung
~ **reflection** Gleitspiegelung f
~ **resistance** Gleitwiderstand m
~ **system** Gleitsystem n
glissile gleitfähig
globular kugelförmig, kugelig
~ **cementite** kugeliger (körniger) Zementit m
~ **grain** Globulit m, globulitisches Korn n, globulitischer Kristall m
~ **graphite** Kugelgraphit m
~ **pearlite** körniger Perlit m
~ **structure** Globulargefüge n, globulares (körniges) Gefüge n
~ **zone** globulare Zone f
gloss measuring apparatus Glanzmesser m
~ **producing additive** Glanzbildner m
glove box Glovebox f (für radioaktive Substanzen)
glow/to glühen, glimmen
glow Glühen n, Glimmen n; Glut f
~ **discharge** Glimmentladung f
~ **nitriding** Glimmnitrieren n, Plasmanitrieren n
glowing Glühen n; Glut f
glue on (to)/to anleimen
glue Leim m
glueing Leimauftragen n, Klebstoffauftragen n
~ **machine** Leimauftragevorrichtung f
glyce-regia s. Vilella's reagent
glyceride Glyzerid n
glycerine Glyzerin n
glycerol s. glycerine
glycol Glykol n
~ **moulding sand** Glykolformsand m
glycolic acid Glykolsäure f
gnomonic projection (Krist) gnomonische Projektion f
goethite (Min) Goethit m, Nadeleisenerz n
~ **process** Goethitverfahren n (Eisenfällungsverfahren)
goggle valve Brillenschieber m (Hochofen)
goggles Schutzbrille f
gold Gold m
~ **amalgam** (Min) Goldamalgam m
~ **bullion** 1. Rohgold n; Goldbarren m; 2. goldhaltige Legierung f
~ **crust** Goldschaum m (erster Schaum beim Zinkentsilbern)
~ **dust** Goldstaub m
~ **foil** Goldfolie f; Blattgold n

~ **monochloride** Gold[mono]chlorid n, Gold(I)-chlorid n
~ **mud** Goldschlamm m (Anodenschlamm der Silberelektrolyse)
~ **nugget** Nugget n, Goldkorn n, Goldklumpen m
~ **parting** Goldscheidung f
~ **placer** Goldseife f
~ **plating** 1. [galvanisches] Vergolden n, Goldplattierung f; 2. Goldbelag m
~~**potassium cyanide** Kaliumgold(I)-zyanid n, Kaliumdizyanoaurat(I) n
~ **powder** Goldpulver n
~~**sodium chloride** Natriumgold(III)-chlorid n, Natriumtetrachloroaurat(III) n
~~**sodium thiosulphate** Natriumgoldthiosulfat n, Natriumdithiosulfatoaurat(I) n
~ **sol** kolloidales Gold n
~ **trichloride** Goldtrichlorid n, Gold(III)-chlorid n
~ **trichloride acid** Tetrachlorogold(III)-säure f, Chlorogold(III)-säure f
~ **wire** Golddraht m
golden mica Goldglimmer m, Katzengold n
Goldschmidt's process Goldschmidt-Verfahren n, Thermitverfahren n, Aluminothermie f
gondola Großraumschrottwagen m
goniometer axis Goniometerachse f
~ **base** Goniometerkreis m
~ **head** Goniometerkopf m
Gooch crucible Gooch-Tiegel m, Filtriertiegel m nach Gooch
gooseneck 1. Gießbehälter m, Gießhals m, Druckbehälter m (Druckguß); 2. Anschlußstück n; Kröpfung f
~ **changing** Gießbehälterwechsel m
~ **nozzle** Mundstück n (Druckguß)
~ **pipe** Knierohr n
Goss texture Goss-Textur f
~~**textured sheet** Goss-Texturblech n
gothic pass Spitzbogenkaliber n (Walzen)
Goucll sintering Goucll-Sinterung f
gouge/to 1. ausmeißeln; 2. fugenhobeln
gouging Fugenhobeln n
Gr-number s. Grashof number
grab bucket Greif[er]kübel m, Greifkorb m
~ **crane** Greiferkran m
~ **sampling** Löffelprobenahme f
grabbing gear Greiferwindwerk n
gradation 1. Abstufung f; 2. Kornabstufung f, Kornverteilung f (Siebanalyse)
~ **of grain sizes** Korn[größen]verteilung f, Kornzusammensetzung f
~ **of pressure** stufenweise Druckänderung f
grade/to 1. einteilen; abstufen, einstufen; 2. klassieren, sortieren, trennen
grade 1. Gefälle n, Neigung f, Steigung f; 2. Stufe f; 3. Qualität f, Güteklasse f; Sorte f
~ **calculation** Konzentrationsberechnung f

~ **of copper** Kupfersorte f; Kupferqualität f
~ **of copper scrap** Altkupfersorte f
~ **of crude copper** Rohkupfersorte f; Rohkupferqualität f
~ **of ore** Metallgehalt m eines Erzes
~ **of paper** Papiergradation f
~ **of steel** Stahlsorte f; Stahlqualität f
graded coke dust klassierter Kohlenstaub m
grader Sortiermaschine f
gradient 1. Gefälle n, Neigung f, Steigung f; 2. Gradient m
~ **coagulation** Gradientenkoagulation f
grading 1. Einteilung f; Einstufung f, Klassifizierung f; 2. Klassierung f, Sortierung f, Trennung f; Korngrößeneinteilung f
~ **analysis** Siebanalyse f
~ **curve** Siebkurve f, Sieb[kenn]linie f, Kornverteilungskurve f
~ **into size** Klassieren n, Sortieren n, Trennen n
~ **jigging screen** Klassierrüttelsieb n
~ **of ores** Klassierung f von Erzen
~ **screen** Klassiersieb n
gradual tempering stufenweises Härten n (Stahl)
graduate/to 1. graduieren, in Grade unterteilen; 2. konzentrieren (von Lösungen)
graduation 1. Graduierung f, Gradeinteilung f; 2. Konzentrieren n (von Lösungen)
grain/to körnen
grain 1. Korn n, Körnchen n; Kristallkorn n, Feinkorn n; 2. Körnung f (Schleifkörper)
~ **aggregation** Kornanhäufung f
~ **analysis** Kornanalyse f
~ **axis** Kornachse f
~ **bond** Kornverband m
~ **boundary** Korngrenze f
~ **boundary area** s. ~ boundary surface
~ **boundary attack** Korngrenzenangriff m
~ **boundary carbide** Korngrenzenkarbid n
~ **boundary carbide thickness** Korngrenzenkarbiddicke f
~ **boundary cavity** Korngrenzenhohlraum m
~ **boundary cementite** Korngrenzenzementit m
~ **boundary configuration** Korngrenzenkonfiguration f
~ **boundary contrast** Korngrenzenkontrast m
~ **boundary cracking** Korngrenzenrissigkeit f
~ **boundary damage** Korngrenzenschädigung f
~ **boundary decoration** Korngrenzendekoration f
~ **boundary deformation** Korngrenzenverformung f
~ **boundary deposit** Korngrenzenbelegung f
~ **boundary deposit density** Korngrenzen-

belegungsdichte f (z. B. von Ausscheidungen)
~ **boundary diffusion** Korngrenzendiffusion f
~ **boundary diffusion coefficient** Korngrenzendiffusionskoeffizient m
~ **boundary diffusivity** Korngrenzendiffusibilität f (Diffusionsvermögen)
~ **boundary dislocation** Korngrenzenversetzung f
~ **boundary displacement** Korngrenzenverschiebung f, Korngrenzenabschiebung f
~ **boundary displacement rate** Korngrenzenverschiebungsgeschwindigkeit f
~ **boundary ductility** Korngrenzenduktilität f
~ **boundary embrittlement** Korngrenzenversprödung f
~ **boundary energy** Korngrenzenenergie f
~ **boundary flow** Korngrenzenfließen n
~ **boundary fracture** Korngrenzenbruch m
~ **boundary half width** halbe Korngrenzenbreite f
~ **boundary hardening** Korngrenzenverfestigung f
~ **boundary impurity** Korngrenzenverunreinigung f
~ **boundary impurity concentration** Korngrenzenverunreinigungskonzentration f
~ **boundary intersection angle** Korngrenzenschnittwinkel m
~ **boundary junction** Korngrenzengabelung f
~ **boundary liquid film** Korngrenzenflüssigkeitsfilm m
~ **boundary melting** Korngrenzenaufschmelzung f, Korngrenzenanschmelzen n
~ **boundary migration rate** Korngrenzenwanderungsgeschwindigkeit f
~ **boundary morphology** Korngrenzenanordnung f
~ **boundary motion (movement)** Korngrenzenbewegung f
~ **boundary network** Korngrenzennetzwerk n
~ **boundary nitride** Korngrenzennitrid n
~ **boundary orientation** Korngrenzenorientierung f
~ **boundary oxidation** Korngrenzenoxydation f, Korngrenzenverbrennung f
~ **boundary pattern** Korngrenzenbild n, Korngrenzengefüge n
~ **boundary precipitate** Korngrenzenausscheidung f
~ **boundary precipitate process** Korngrenzenausscheidungsvorgang m
~ **boundary region** Korngrenzenbereich m
~ **boundary roughness** Korngrenzenrauhigkeit f, Korngrenzenzerklüftung f
~ **boundary seam** Korngrenzensaum m

~ **boundary segregation** Korngrenzenseigerung f
~ **boundary self-diffusion** Korngrenzenselbstdiffusion f
~ **boundary shear** s. ~ boundary sliding
~ **boundary sliding** Korngrenzengleiten n
~ **boundary sliding velocity** Korngrenzenabgleitgeschwindigkeit f
~ **boundary step** Korngrenzenstufe f
~ **boundary strength** Korngrenzenfestigkeit f
~ **boundary structure** Korngrenzenstruktur f
~ **boundary sulphide film** Korngrenzensulfidfilm m
~ **boundary surface** Korn[grenzen]oberfläche f
~ **boundary surface diffusion** Korn[grenzen]oberflächendiffusion f
~ **boundary thickness** Korngrenzenbreite f
~ **boundary trace** Korngrenzenspur f, Korngrenzenlinie f
~ **boundary viscosity** Korngrenzenviskosität f
~ **boundary volume** Korngrenzenvolumen n
~-**boundary volume fraction** Korngrenzenvolumenanteil m
~ **boundary width** Korngrenzenbreite f
~ **class** Kornklasse f
~ **class number** Kornklassenzahl f
~ **classification** Korngrößeneinteilung f
~ **coalescence** Kornkoaleszenz f
~ **coarsening** Kornvergröberung f
~ **coarsening treatment** Kornvergröberungsbehandlung f
~ **contrast** Kornkontrast m
~ **corner** Kornecke f
~ **count** Korngrößenbestimmung f
~ **counter** Kornzähler m
~ **cross section** Kornquerschnitt m
~ **crushing** Kornzerkleinerung f
~ **deformation** Kornverformung f
~ **deformation mechanism** Kornverformungsmechanismus m
~ **density** Korndichte f
~ **diameter** Korndurchmesser m
~ **disintegration** (Korr) Kornzerfall m (im Gefüge)
~ **disintegration test** (Korr) Kornzerfallsprüfung f
~ **distorsion** Kornstreckung f, Korndehnung f
~ **distribution** Korn[größen]verteilung f
~ **edge** Kornkante f, Kornstufe f
~ **edge attack** Korngrenzenangriff m
~ **elongation** Kornstreckung f, Korndehnung f
~ **enlargement** s. ~ coarsening
~ **etch pattern** Kornätzfigur f
~ **fineness** Kornfeinheit f, Feinkörnigkeit f

~ **fineness number** (Gieß) Anhaltswert m für mittlere Korngröße (Formstoff)
~ **formation** Kornbildung f
~ **fraction** Kornfraktion f
~ **fracture** Kornzertrümmerung f, Kornbruch m
~ **geometry** Korngeometrie f
~ **ground down** zerriebenes Korn n
~ **growth** Kornwachstum n; Kristallwachstum n
~ **growth characteristic** Kornwachstumsmerkmal n
~ **growth exponent** Kornwachstumsexponent m
~ **growth front** Kornwachstumsfront f
~ **growth inhibitor** Kornwachstumsinhibitor m
~ **growth rate** Kornwachstumsgeschwindigkeit f
~-**growth resistant** kornwachstumsbeständig
~ **instability** Korninstabilität f
~ **of the grinding** Schleifmittelkorn n
~ **orientation** Kornorientierung f
~-**oriented** kornorientiert
~ **plane** Kornfläche f
~ **plane attack** Kornflächenangriff m
~ **radius** Kornradius m
~ **rearrangement** Kornumorientierung f
~ **refinement** Kornverfeinerung f; Kornfeinung f
~ **refiner** Kornfeinungsmittel n
~ **refining** Kornfeinen n, Kornfeinung f
~ **rotation** Korndrehung f
~ **rounding** Kornrundung f
~ **shape** Kornform f, Korngestalt f
~ **shape index** Kornformfaktor m
~ **shrink** Kornverkleinerung f, Kornschrumpfung f
~ **size** Korngröße f
~ **size analysis** Korngrößenanalyse f
~ **size analyzer** Korngrößenanalysator m
~ **size and surface ratio** Korngrößen-Oberflächen-Verhältnis n
~ **size assessment** s. ~ size determination
~ **size average** Korngrößenmittelwert m
~ **size check** Korngrößenkontrolle f
~ **size class** Korngrößenordnung f
~ **size classification** Korngrößeneinteilung f
~ **size dependence** Korngrößenabhängigkeit f
~ **size determination** Korngrößenbestimmung f
~ **size distribution** Korn[größen]verteilung f; Korngrößeneinteilung f; Kornanteil m
~ **size means** Korngrößenmittel n (geometrisch)
~ **size measurement** Korngrößenmessung f
~ **size number** Körnungsnummer f
~ **size order** Korngrößenordnung f

~ **size range** Korngrößenbereich *m*, Körnungsbereich *m (Kornspektrum)*
~ **size reduction** Kornzerkleinerung *f*
~ **size stabilization** Korngrößenstabilisierung *f*
~ **size taxation** Korngrößenschätzung *f*
~ **size value** Korngrößenkennzahl *f*
~ **sizing** Kornklassierung *f*
~ **slip wear** Korngleitverschleiß *m*
~ **strengthening** Kornverfestigung *f*
~ **structure** Kornstruktur *f*
~ **structure of fracture** Bruchgefüge *n*
~ **surface** Kornoberfläche *f*
~ **surface attack** Kornflächenangriff *m*, Kornflächenentwicklung *f (beim Ätzen)*
~ **surface etch** Kornflächenätzung *f*
~ **surface evalution** Kornflächenauswertung *f*
~ **surface pitting** *(Korr)* Kornflächenlochfraß *m*
~ **switching** *s.* ~ rotation
~ **texture** Korngefüge *n*
~ **tinting** Kornfarbenätzung *f*
~ **volume** Kornvolumen *n*
~ **weight** Korngewicht *n*
grained körnig, gekörnt, granuliert
~ **metal** gekörntes (granuliertes) Metall *n*
graininess Körnigkeit *f (Film)*
graining Körnung *f*, Granulierung *f*, Kornbildung *f*
~ **kettle** Granuliertrommel *f*
~ **sand** Kornsand *m*
grainy körnig, gekörnt, granuliert
gram atom Grammatom *n*
grand master pattern *(Gieß)* Urmodell *n*
graniform kornähnlich, kornförmig
granodize/to Stahloberflächen phosphatieren *(Granodine-Verfahren)*
granular körnig, granuliert
~ **bed** körnige Schüttschicht *f*, Körnerhaufwerk *n*, Körnerschüttung *f*; Bett *n* aus gekörntem Material
~ **cementite** körniger (eingeformter) Zementit *m*
~ **coke** Grudekoks *m*
~ **form** Körnerform *f*
~ **fracture** körniger Bruch *m*
~ **fusing flux** körniges (granuliertes) Schweißpulver *n*
~ **material** granuliertes Material *n*
~ **mixture** Korngemisch *n*
~ **pearlite** kugeliger (eingeformter) Perlit *m*
~ **shape** Kornform *f*
~ **solids** granulierte Feststoffe *mpl*
~ **structure** Korngefüge *n*
granularity Körnung *f*, körnige Struktur *f*, Körnigkeit *f*
granulate/to granulieren, körnigmachen, körneln
granulate Granulat *n*
granulated metal Granalien *fpl*, granuliertes Metall *n*

~ **powder** Pulvergranulat *n*, granuliertes Pulver *n*, Kornpulver *n*
~ **screen** Kornraster *m*
~ **slag** granulierte (gekörnte) Schlacke *f*
~ **slag brick** Hüttenstein *m*, Schlackenstein *m*
~ **structure** Kornstruktur *f*
~ **welding composition** Schlackenpulver *n (Schweißen)*
granulating Granulieren *n*
~ **crusher** Granuliermühle *f*, Kornmühle *f*
~ **disk** Granulierteller *m*
~ **drum** Granuliertrommel *f*
~ **equipment** Granulieranlage *f*
~ **machine** Granulieranlage *f*, Pulverkörnmaschine *f*
~ **plant** Granulieranlage *f*
~ **spout** Granulierrinne *f*
granulation Granulation *f*, Körnung *f*, Kornbildung *f*, Körnigkeit *f*
~ **plant** Granulationsanlage *f*
~ **prescription** *(Pulv)* Körnungsrezeptur *f*
granulator Granulator *m*
granule Körnchen *n*, Pulverteilchen *n*; Granalie *f*
granulitic körnig
granulometer Körnigkeitsmesser *m*
granulometry Kornverteilung *f*
graphite Graphit *m*
~-**bar electric furnace** Graphitstabofen *m*
~ **blacking** *(Gieß)* Graphitschwärze *f*
~ **bronze** Graphitbronze *f (graphithaltige Kupferlegierung)*
~ **chill** Graphitkühlelement *n*
~ **crucible** Graphittiegel *m*
~ **die** Graphitmatrize *f*, Graphitwerkzeug *n*
~ **distribution** Graphitverteilung *f*
~ **electrode** Graphitelektrode *f*
~ **facing** Graphitschlichte *f*
~ **immersion bell** Graphittauchglocke *f*
~ **inclusion** Graphiteinschluß *m*
~ **layer** Graphitbedeckung *f*
~ **lubricant** Graphitschmiere *f*, Graphitschmiermittel *n*
~ **lubrication** Graphitschmierung *f*
~ **matrix** Graphitmatrize *f (Hartmetallegierung)*
~ **mould** Graphitform *f*, Graphitkokille *f*
~ **plate** Graphitplatte *f*
~ **powder** Graphitpulver *n*
~ **rod** Graphitstab *m*
~ **rod consumption** Graphitstabverbrauch *m*
~ **rosette** Graphitrosette *f*, Rosettengraphit *m*
~ **size** Graphitgröße *f*
~-**sprayed** graphitbesprüht
~ **structure** Graphitstruktur *f*
graphitic carbon graphitischer Kohlenstoff *m*
~ **carbon brush** Graphitkohlenbürste *f*
~ **cast iron** graphitisches Gußeisen *n*

~ **corrosion** Spongiose f (Graphitierung)
graphitization Graphit[is]ierung f
graphitizer Graphitisierungsmittel n
graphitizing anneal Graphitisierungsglühen n
grapple bucket Polypgreifer m
Grashof number Grashof-Zahl f
grasp/to ergreifen, fassen
grass Gras n, Echogras n
grate Rost m, Gitterrost m (Röstofen)
~ **area** Rostfläche f
~ **bar** Roststab m (vom Feuerungsrost)
~ **firing** Rostfeuerung f
~ **in the fire box** Feuerungsrost m
~-**kiln process** Rost-Drehrohrofen-Verfahren n
~ **surface** Rostfläche f
grates pusher Rostedrücker m
grating Rost m, Gitterrost m, Feuerrost m
~ **spectrograph** Plangitterspektrograf m
gravel Kies m; Schotter m
~ **bed** Kies[schütt]schicht f
gravitation compression (Pulv) Schwerkraftverdichtung f
gravitational segregation s. gravity segregation
~ **separator** Schwerkraftabscheider m
gravity chute Rutsche f
~ **collector** Schwerkraftabscheider m
~ **conveyor** Schwerkraftförderer m
~ **die** (Gieß) Kokille f (für Kokillenguß)
~ **die cast test bar** Kokillengußprobestab m
~ **die casting** Kokillenguß m, Kokillengießverfahren n
~ **die casting brass** Kokillengußmessing n
~ **die casting foundry** Kokillengießerei f
~ **die casting process** Kokillengußverfahren n, Dauerformverfahren n
~ **die fitting frame** Kokillenaufspannbock m
~ **die half** Kokillenhälfte f
~ **die heating** Kokillenbeheizung f
~ **die table** Kokillentisch m
~ **die thickness** Kokillenwanddicke f
~ **discharge sintering furnace** Durchstoßsinterofen m
~ **draining** Schwerkraftentwässerung f, Abtropfen n
~ **dressing** Schwertrübeaufbereitung f
~ **drop hammer** Fallhammer m
~ **enriching** Anreichern n durch Schwerkraft
~ **filtering unit** Schwerkraftfilteranlage f
~ **leaching** Sickerlaugung f
~ **roller conveyor** geneigte Rollenbahn f
~ **segregation** Schwerkraftseigerung f, Schwereseigerung f, gewöhnliche Seigerung (Blockseigerung) f
~ **separation** Schwerkraftabscheidung f, Schwerkrafttrennung f

~ **separation equipment** Schwerkraftabscheider m
~ **separator** Schwerkraftabscheider m
~ **thickening** (Hydro) Schwerkrafteindikkung f
grazing angle Abtastwinkel m (Goniometerverfahren)
grease/to [ein]fetten; schmieren; ölen
grease Schmierfett m, Schmiermittel n
~-**bright** schmierblank
~ **lubricant removal** Schmiermittelentfernung f
~ **lubrication** Fettschmierung f (Ziehen)
greasing box Schmier[mittel]kasten m (Ziehen)
~ **wire drawing** Schmier[draht]zug m
great circle (Krist) Großkreis m
green 1. frisch, neu; roh; 2. grün, naß (Formsand); 3. (Pulv) ungesintert (Preßzustand); 4. ungebrannt (Steine)
~ **band** 1. (Pulv) Grünband n, Rohband n (ungesintertes Pulverband); 2. (Gieß) Schülpen fpl (Sandausdehnungsfehler)
~ **body** (Pulv) Grünling m, Rohling m, Vorpreßling m (unverdichtet oder vorverdichtet)
~ **bond** (Gieß) Grünstandfestigkeit f
~ **chromate coating** (Korr) Grünchromatierschicht f, Grünchromatierüberzug m
~ **clay** magerer Ton m
~ **coal** frische Förderkohle f
~ **compact** (Pulv) Grünling m, Rohling m, Vorpreßling m (vorverdichteter, ungesinterter Pulverkörper)
~ **compression strength** (Gieß) Gründruckfestigkeit f (Formstoff)
~ **core** (Gieß) unverfestigter Kern m
~ **density** (Pulv) Dichte f des Preßkörpers, Gründichte f
~ **ingot** Rohblock m mit noch flüssigem Kern
~ **ore** Roherz n
~ **paste** grüne (rohe) Elektrodenmasse f (Söderbergmasse)
~ **pellet** Grünpellet n
~ **permeability** (Gieß) Gasdurchlässigkeit f des Formstoffs im ungetrockneten Zustand
~ **preform** Sinterrohling m, vorverdichtetes Formteil n
~ **rod** Walzdraht m
~ **rot** (Korr) Grünfäule f (bei innerer Oxydation von Ni-Cr-Legierungen)
~ **sand** (Gieß) Grünsand m, Naßgußsand m
~ **sand core** (Gieß) Grünsandkern m, Naßgußsandkern m
~ **sand mould** (Gieß) Grünsandform f, Naßgußform f
~ **shear strength** (Gieß) Grünscherfestigkeit f
~ **state** grüner Zustand m (roher Zustand)
~ **strength** 1. (Gieß) Grünfestigkeit f

(Formstoff); 2. Grünfestigkeit *f (unge-brannter Steine)*; 3. *(Pulv)* Festigkeit *f* des Grünlings (Vorpreßlings, ungesinterten Pulverkörpers), Festigkeit *f* im ungetrockneten Zustand
~ **strip** *s.* ~ **band**
~ **strip from powder** Pulverrohband *n*
~ **tensile strength** *(Gieß)* Grünzugfestigkeit *f*
~ **tensile test apparatus** *(Gieß)* Grünzugfestigkeitsprüfgerät *n*
~ **tensile testing equipment** *(Gieß)* Grünzugfestigkeitsprüfgerät *n*
~ **tree trunk** grüner Baumstamm *m (Polholz)*
Greenawald continuous sintering process Greenawald-Pfannensinterverfahren *n*
~ **sintering machine** Greenawald-Sintermaschine *f*
Greninger hyperbolic polar coordinate net Greninger[-Hyperbel-Polarkoordinaten]-Netz *n*
~ **plate** Greninger-Netz *n*
grey-bright graublank, schmierblank
~ **cast iron** Grauguß *m*, Gußeisen *n* mit Lamellengraphit, GGL
~ **coating** grauer Überzug *m (Ätzen)*
~ **heat** Grauglut *f (400 °C)*
~ **iron** *s.* ~ **cast iron**
~ **iron permanent mould casting** Gußeisenkokillenguß *m*
~ **level** Graustufe *f (Schwärzungswert)*
~ **scale** Grautreppe *f (Skala von Graufärbungen)*
~ **spiegel iron** graues Spiegeleisen *n*
grid analysis Netzanalyse *f*
~ **diffusion** Gitterdiffusion *f*
~ **gas** Ferngas *n*
~ **line** Netzlinie *f*
~ **mesh** Gittermasche *f*
~-**type screening conveyor** Stabrostsiebrinne *f*
~-**type scrubber** Hordenwascher *m*
Grimm-Sommerfeld compound Grimm-Sommerfeldsche Verbindung *f*
grind/to 1. [zer]mahlen, zerkleinern, pulverisieren; 2. abreiben, zerreiben; 3. schleifen
~ **fine** feinmahlen
~ **into powder** zu Pulver mahlen
~ **off** abschleifen
~ **to powder** zu Pulver mahlen
grindability 1. Mahlbarkeit *f*, Zermahlbarkeit *f*; 2. Schleifbarkeit *f*
grindable 1. [zer]mahlbar; 2. schleifbar
grinder 1. Schleifer *m*; 2. Schleifmaschine *f (Gußputzerei)*
grinding 1. Zermahlen *n*, Vermahlen *n*, Zerkleinern *n*, Feinzerkleinerung *f*; 2. Schleifen *n*
~ **abrasion** Schleifabrieb *m*
~ **allowance** Schleifzugabe *f*

~ **ball** Mahlkugel *f*
~ **body** Mahlkörper *m*
~ **check** [feiner] Schleifriß *m*
~ **crack** [grober] Schleifriß *m*
~ **device** 1. Zerkleinerungsvorrichtung *f*; 2. Schleifvorrichtung *f*
~ **disk** Schleifscheibe *f*
~ **drum** Mahltrommel *f*
~ **drying** Mahltrocknung *f*
~ **dust** Schleifstaub *m*
~ **element** 1. Mahlkörper *m*; 2. Schleifkörper *m*
~ **fineness** Mahlfeinheit *f*
~ **floor** Schleiferei *f*
~ **formula** *(Pulv)* Zermahlungsformel *f*
~ **furrow** Schleifriefe *f*
~ **jack** Schleifbock *m*
~ **leaching** Mahllaugung *f*, Mahllaugen *n*
~ **machine** Schleifmaschine *f*
~ **machine for separating** Trennschleifmaschine *f*
~ **manipulator** Schleifmanipulator *m (Pendelschleifmaschine)*
~ **martensite** Schleifmartensit *m*
~ **material** 1. Mahlgut *n*; 2. Schleifmaterial *n*, Schleifmittel *n*
~ **mill** Feinzerkleinerungsmühle *f*
~-**off** Abschleifen *n*
~ **operation** 1. Mahlen *n*; 2. Schleifen *n*
~ **plant** Mahlanlage *f*, Feinmahlanlage *f*
~ **practice** Mahltechnik *f*
~ **pressure** Schleifdruck *m*
~ **process** Schleifvorgang *m*
~ **property** Vermahlungsfähigkeit *f*
~ **rod** Schleifstift *m*
~ **stock** Mahlgut *n*
~ **stone** Schleifstein *m*
~ **tool** Schleifwerkzeug *n*
~ **wheel** Schleifscheibe *f*
grindings Schleifspäne *mpl*, Pulverspäne *mpl*, Schliff *m*
grip/to 1. greifen, fassen; angreifen *(Walzen)*; 2. klemmen; einspannen
grip 1. Spannkopf *m*, Spannvorrichtung *f*; 2. Greifer *m*
~ **tongs** Spannzange *f*, Greifzange *f*
~-**type tilter** Greif[rollen]kanter *m*, Rollengreifkanter *m (Walzen)*
~ **wedge** Spannkeil *m*
gripper 1. Greifer *m*, Greifvorrichtung *f*; 2. Einspannvorrichtung *f (Walzen)*
~ **jaw** Greiferbacke *f*; Spannbacke *f*, Klemmbacke *f*; Mitnehmerbacke *f*
gripping 1. Greifen *n*; 2. Festspannen *n*
~ **angle** Greifwinkel *m*
~ **clamp** Spannzange *f*
~ **condition** Greifbedingung *f*
~ **device** Spannvorrichtung *f*; *s. a.* clamping device
~ **dredger** Greifbagger *m*
~ **head** *(Umf)* Spannkopf *m*, Einspannkopf *m*; Spannkopf *m (in einer Prüfeinrichtung)*

~ **jaw** Spannbacke *f*, Klemmbacke *f*
~ **tongs** Greifzange *f*
grist Feinheit *f (des Pulvers)*
grit 1. [scharfkantiger] Kies *m*; 2. Schleifkörper *m*; 3. *(Gieß)* Strahlmittel *n*
~ **arresting** Entstaubung *f (von Abgas)*
~ **blast descaling** Strahlentzundern *n*
~ **blast unit** Strahl[entzunderungs]anlage *f*,
Kiesstrahlanlage *f*
~ **blasting** Strahlputzen *n*
gritty körnig
grizzly Siebrost *m*
grog 1. *(Ff)* gemahlene Schamotte *f*; 2. gebrannter Ton *m*
~ **fireclay mortar** *(Ff)* Schamottemörtel *m*
groove/to 1. nuten, [aus]kehlen; riefen, rif-
feln; 2. kalibrieren *(Walzen)*
groove 1. Nut *f*, Kehle *f*, Auskehlung *f*; Rille
f, Riefe *f*; 2. Einbrandkerbe *f (Schweißen)*; 3. Kaliber *n*, Walzenkaliber *n*;
4. Gravur *f*; Gesenkgravur *f*
~ **life** Kaliberstandzeit *f*
~ **value** Kerbwert *m*
~ **width** Spaltbreite *f (bei Fadentrennung)*
grooved riefig
~ **finishing roll** Kaliberfertigwalze *f*
~ **pulley** Rillenscheibe *f*
~ **rail** Rillenschiene *f*
~ **roll** kalibrierte Rolle (Walze) *f*, Profilrolle
f, Formrolle *f*, Kaliberwalze *f*
~ **sheet package** genutetes Blechpaket *n*
~ **wire** Rillendraht *m*
gross calorific value Brennwert *m*; Verbrennungswärme *f*, *veraltet* oberer Heizwert, H_0
~ **density** Rohdichte *f*
~ **efficiency** Gesamtwirkungsgrad *m*
~ **heat** Gesamtwärme *f*, zugeführte Wärme
f
~ **throughput** Bruttodurchsatz *m*
ground and polished surface of powder
Pulveranschliff *m*
~ **basic slag** Thomasmehl *n*
~ **chamotte** Mahlschamotte *f*, Schamottemehl *n*
~ **clamp** Werkstückklemme *f*
~ **clearance** Bodenabstand *m*, Bodenfrei-
heit *f*
~ **coat** Grundschicht *f*, Grundemail *n*
~ **glass screen** Mattscheibe *f*
~ **pitch** Erdpech *n*
~ **plate** Unterlagsplatte *f*, Bodenplatte *f*
~ **potential** Erdpotential *n*
~ **powder** gemahlenes Pulver *n*
~ **state** Grundzustand *m (z. B. im Bänder-
modell)*
~ **surface** Anschliff *m*, geschliffene Oberfläche *f*
grounds and lags Modellaufbau *m* in Dauben
group Hauptgruppe *f (im Periodensystem
der Elemente)*

~ **casting** Gespannguß *m*, satzweiser Guß
m
~ **casting [bottom, stool] plate** Gespannplatte *f*
~ **discriminator** Gruppendiskriminator *m*
(in elektronischen Auswerteeinheiten)
~ **drive** Gruppenantrieb *m*
~ **of flaw** Fehlergruppe *f*
~ **of inclusion** Einschlußgruppe *f*
~ **standard** Fachbereichsstandard *m*
~ **teeming** *s.* ~ casting
~ **velocity** Gruppengeschwindigkeit *f (der
Elektronen)*
grouping table Sortiertisch *m*
grouting Verguß *m (Ofenauskleidung)*
grow/to [an]wachsen, zunehmen; aufblähen, schwellen; züchten *(Kristalle)*
growing Wachsen *n*, Anwachsen *n*; Aufblähen *n*, Schwellen *n*
~ **front** Wachstumsfront *f*
grown-in dislocation *(Krist)* eingewach-
sene Versetzung *f*
growth Zunahme *f*, Anwachsen *n*; Wachs-
tum *n*; Maßvergrößerung *f*
~ **discontinuity** Wachstumsunterbrechung
f
~ **face** Wachstumsfläche *f*
~ **facet** Wachstumsfacette *f*
~ **faulting** Wachstumsdefektentstehung *f*
~ **fluctuation** Wachstumsfluktuation *f*
~ **form** Wachstumsform *f*
~ **front** Wachstumsfront *f*
~ **kinetics** Wachstumskinetik *f* .
~ **law** Gesetz *n* vom Wachsen der erstarrten Schichtdicke
~ **morphology** Wachstumsmorphologie *f*
~ **plane** Wachstumsebene *f*
~ **rate** Wachstumsgeschwindigkeit *f*
~ **rate curve** Wachstumsgeschwindigkeits-
kurve *f*
~ **region** Wachstumsbereich *m*
~-**resistant** wachstumsfest *(Grauguß)*
~ **selection** Wachstumsauslese *f (z. B. bei
der Kristallisation bzw. Rekristallisation)*
~ **selectivity** *s.* ~ selection
~ **shape** Wachstumsform *f*
~ **step** Wachstumsstufe *f*
~ **striation** Wachstumsnaht *f*
~ **structure** Wachstumsstruktur *f*
~ **surface** Wachstumsfläche *f*
~ **trace** Wachstumslinie *f*
~ **triangle** Wachstumsdreieck *n*
~ **twin** Wachstumszwilling *m*
Grüneisen constant Grüneisen-Konstante *f*
gs *s.* grain size
guaranteed wrought iron pipe Schweißei-
senrohr *n*
guard/to schützen, abdecken
guarding device Schutzvorrichtung *f*
guide Führung *f*, Auswerferführung *f*
~ **bench** Führungstisch *m*
~ **border** Führungsleiste *f*

~ **box** Führungskasten *m*
~ **bush[ing]** Führungsbüchse *f*, Führungs-
hülse *f*
~ **disk** Führungsscheibe *f*
~ **element** Leitelement *n*, Führungsele-
ment *n*
~ **pin** *(Gieß)* Führungsstift *m*, Abhebestift
m
~ **rail** Führungsschiene *f*, Laufschiene *f*
~ **rod** Führungsstange *f*
~ **rods** Führungsgestänge *n*
~ **roll[er]** Führungsrolle *f*, Leitrolle *f*
~ **shoe** Führungsschuh *m*
~ **shop** Armaturenwerkstatt *f*, Bearbei-
tungswerkstatt *f* für Führungen
~ **support** Führung *f*, Führungsstück *n*
~ **track** Steuerungselement *n*, Kurvenstück
n
~ **tube** Führungsrohr *n*
~ **van** Leitschaufel *f*
~ **way** Führungsweg *m*, Führungsbahn *f*
~ **wheel** Führungsrad *n*
guided ejection Auswerferführung *f*
guideless führungslos
guidelines for design Auslegungsrichtli-
nien *fpl (für Entwürfe)*
guiding bush *s.* guide bush
guillotine *(Gieß)* Eingußschere *f*, Stanze *f*
~ **shears** *(Umf)* Tafelschere *f* mit Kurbelantrieb, Parallelmesserschere *f*, Wiege-
schnittschere *f*
guillotining Scheren *n* mit Parallelmessern
Guinier focus[s]ing camera Guinier-Fokus-
sierungskamera *f*
~-**Preston zone** Guinier-Preston-Zone *f*,
G.P.-Zone *f*
gum cores/to Kerne kleben
gumming of cores Kernkleben *n*, Zusammenkleben *n* des Kerns
gun 1. Spritzpistole *f*; 2. Strahlquelle *f*
~ **current** Kanonenstrom *m (einer Ionen-
kanone)*
~ **flux feeder** *Beschickungseinrichtung für
nichtmanuelle schnelle Zugabe von Zuschlägen zu einem Schmelzprozeß*
~ **for inert gas** Schutzgaspistole *f*
~ **metal** *Geschützbronze, Cu-Sn-Zn-Legierung (88-10-2 oder 85-5-5-5 mit Pb)*
~ **patching** Aufspritzen *n (z. B. des Kupol-
ofenfutters)*
~ **refractories** feuerfeste Spritzmassen *fpl*
gunite Torkretiergemisch *n (für die Feuerfestzustellung an Schmelzöfen)*
gunning Torkretieren *n (spezielles Verfahren
zur Feuerfestzustellung an Schmelzöfen)*
~ **material** Spritzmasse *f*, Spritzmaterial *n*
~ **mixture** spritzbare [feuerfeste] Mischung *f*
gunpowder *(Pulv)* Preßpulver *n*
~ **ore** Pulvererz *n*
gusset Eckblech *n*; Knotenblech *n*

gutter *(Umf)* Gratbahn *f*, Gesenkgratbahn *f*
(Schmieden)
guy rope Abspannseil *n*, Halteseil *n*, Veran-
kerungsseil *n*
~ **wire** Abspanndraht *m*
gypseous alabaster Alabastergips *m*
gypsum Gips *m*
~ **plate** Gipsplättchen *n*
gyratory crusher Kreiselbrecher *m*, Rund-
brecher *m*, Kegelbrecher *m*
~ **screen (sieve)** Drehsieb *n*, Brechsieb *n*
Plansichter *m*

H

h *s.* Planck's constant
H$_c$ *s.* coercive force
H-beam Parallelflanschträger *m*, H-Form-
strahl *m*
H-iron *nach dem Verfahren der Hydrocarbon Research Inc. erzeugtes Eisenpulver*
H-iron process H-Iron-Verfahren *n (Pulverherstellung nach dem Verfahren der Hydrocarbon Research Inc.)*
habit *(Krist)* Habitus *m*
~ **plane** *(Krist)* Habitusebene *f*
hack saw Bügelsäge *f*, Kaltsäge *f*
Hadfield's [manganese] steel [Hadfield-
scher] Manganhartstahl *m*
haematite *(Min)* Haematit *m*, Eisenglanz
m, Roteisenstein *m*
~ **[pig] iron** Haematitroheisen *n*
hafnium Hafnium *n*
~ **carbide** Hafniumkarbid *n*
~ **powder** Hafniumpulver *n*
hair clip wire Haarklemmendraht *m*
~ **crack** *(Wkst)* Haarriß *m*
~ **crystal** Haarkristall *m*, Whisker *m*
~ **pin wire** Haarnadeldraht *m*
~ **sieve** Haarsieb *n*
hairline crack *(Wkst)* Haarriß *m*
half back *(Ff)* Normalstein *m*
~ **die** *(Umf)* Gesenkhälfte *f*
~ **dislocation** *(Krist)* Halbversetzung *f*
~-**feeder** Halbspeiser *m*
~-**flat** halbflach
~-**gas firing** Halbgasfeuerung *f*
~-**hard** halbhart, mittelhart
~-**hard cast roll** Mildhartgußwalze *f*, Halbhartgußwalze *f*
~-**hard tempered** halbhart geglüht
~-**life** Halbwert[s]zeit *f*
~ **lock wire rope** halbverschlossenes
Drahtseil *n*
~ **of casing** Gehäusehälfte *f*
~ **of die** Formhälfte *f (Kokille, Dauerform)*
~ **of mould** Formhälfte *f (Sandform)*
~ **of pattern** Modellhälfte *f*
~ **of permanent mould** Kokillenhälfte *f*
~-**peak breadth [according to Laue]**
(Krist) Halbwert[s]breite *f* [nach Laue]

~-peak width [according to Scherrer] *(Krist)* Halbwert[s]breite *f* [nach Scherrer]
~-round halbrund
~-round rivet Halbrundniet *m*
~-round steel Halbrundstabstahl *m*
~ shaft Halbwelle *f*
~-soft halbweich
~-space Halbraum *m (z. B. bei Diffusion)*
~ width Halbwert[s]breite *f*
~-wrought material Halbzeug *n*
halidation Halogenierung *f*
halide Halogenid *n*
Hall constant Hall-Konstante *f*
~ field Hall-Feld *n*
~ flowmeter Gerät *n* zur Bestimmung des Auslaufmassenstroms
~-Héroult process Hall-Héroult-Verfahren *n (Al-Schmelzflußelektrolyse)*
~-Petch relationship *(Wkst)* Hall-Petch-Beziehung *f*
~ probe Hall-Sonde *f*
halo formation Hofbildung *f*
halogen Halogen *n*
~ lamp Halogenglühlampe *f*
halogenate/to halogenieren
halogenous salzbildend
Hametag crusher (grinder, mill) Hametag-Mühle *f*
~-powder Hametag-Pulver *n (nach dem Hametag-Verfahren hergestelltes Pulver)*
~ pulverizer Hametag-Mühle *f*
Hamiltonian Hamilton-Funktion *f*; Hamilton-Operator *m*
hammer/to hämmern, ausschmieden; reckschmieden
hammer Hammer *m*
~ anvil Hammerschabotte *f*
~ burst *(Umf)* Kernzerschmiedung *f*
~-compacting Hämmerverdichten *n*
~ compression Hämmerverdichten *n*
~ cylinder Zylinder *m* des Schmiedehammers
~ drop Fallhammer *m*
~ face Hammerbahn *f*
~ forging 1. Freiformschmieden *n*, Hämmern *n*; 2. Freiformschmiedestück *n*
~ hardening Kaltschmieden *n*
~ head Hammerkopf *m*, Hammerbär *m*
~ head screw Hammerkopfschraube *f*
~ mill Schlag[kreuz]mühle *f*, Hammermühle *f*; Schlagbrecher *m*
~ peen Hammerfinne *f*
~ piston *(Umf)* Bärkolben *m*
~ scale Hammerschlag *m*; Hammerschlacke *f*
~ tup *(Umf)* Hammerbär *m*
~ welding Hammerschweißen *n*
hammering machine Hämmermaschine *f*
~ mill (press) Schlagpresse *f*
hand bellows Handblasebalg *m*
~ charging Handbeschickung *f*

~-controlled sandslinger *(Gieß)* handgesteuerter Sandslinger *m*
~ core making Handkernherstellung *f*
~ feel of the sand formgerechter Sandzustand *m* nach der Handprobe
~ forging Hämmern *n*, Schmieden *n* von Hand
~ grinder Handschleifer *m*
~ ladle Handpfanne *f*
~-moulded handgeformt
~ moulding Handformen *n*
~ moulding machine Handformmaschine *f*
~ moulding shop Handformerei *f*
~ rammer Handstampfer *m*
~ ramming Stampfen *n* von Hand
~ ramming machine Handstampfmaschine *f*
~ replacement method Handauflegeverfahren *n*
~ riddle Handsieb *n*
~ scraper Handschrapper *m*
~ screen Handschutzschild *m*
~ shank ladle Handpfanne *f*
~ shears Handschere *f*
~ shield Handschutzschild *m*
~ sieve Handsieb *n*
~ sorting Handsortierung *f*
~ spectroscope Handspektroskop *n*
~-temper-point handformgerecht
~ truck with lifting mechanism Handfahrzeug *n* mit Hubeinrichtung
~ winch Handwinde *f*
handle Handgriff *m*; *(Gieß)* Kastengriff *m*
handling break Transportbeschädigung *f*, Kantenbruch *m*
~ device for scrap Schrottumschlaggerät *n*
~ equipment Transporteinrichtung *f*, Hebe- und Fördereinrichtung *f*
~ plant Umschlaganlage *f*; Transportanlage *f*; Förderanlage *f*
handwheel Handrad *n*
hanger Gehänge *n*; Haltebügel *m*, Haltestab *m*
~ crack Querriß *m (durch Schwindungsbehinderung)*
~ tile Hängerstein *m*
hanging Hängen *n (der Beschickung im Hochofen)*
~ of the burden Hängen *n* der Gicht
hard alloy Hartmetall *n*
~ anodic coating Harteloxierung *f*
~ carbide hartes Metallkarbid *n*, Sintermetall *n*
~ cemented-carbide grade Hartmetallsorte *f*
~ ceramic Hartkeramik *f*
~ chrome plating Hartverchromung *f*
~ chromium layer Hartchromschicht *f*
~ coal Steinkohle *f*; Anthrazit *m*
~ direction Richtung schwierigster Magnetisierung in Einkristallen

hard 186

~-drawn hart gezogen, kaltgezogen
~ edges *(Gieß)* Kantenhärte *f*
~ facing 1. Hartmetallauflage *f*; 2. Hartauftragschweißung *f*
~-facing layer Verschleißschicht *f*
~ ferrite Hartferrit *m*, hartmagnetischer Ferrit *m*
~ fireclay brick Hartschamottestein *m*
~-frit fest gesintert
~-galvanized hartverzinkt
~ iron Hartguß *m*
~ lead Hartblei *n*
~-magnetic hartmagnetisch
~-magnetic alloy hartmagnetische (magnetisch harte) Legierung *f*
~ magnetic steel hartmagnetischer (magnetisch harter) Stahl *m*
~ metal Hartmetall *n*; Sinter[hart]metall *n*
~ metal cutting bit Hartmetallschneide *f*
~ metal deposit Hartmetallansatz *m*
~ metal draw die Hartmetallziehstein *m*
~ metal insert Hartmetalleinsatz *m*, Hartmetalleinlage *f*
~ metal mixture Hartmetallmischung *f*, Sinter[hart]metallmischung *f*, Hartstoffmischung *f*
~ metal wire Hartmetalldraht *m*, Wolframdraht *m*
~ nickel plating Hartvernickelung *f*
~ porcelain mill Hartporzellanmühle *f*
~ powder Hartmetallpulver *n*, Sinter[hart]metallpulver *n*, Hartstoffpulver *n*
~ ramming starke Sandverdichtung *f*
~-rolled kaltgewalzt
~ settling Bildung *f* eines festen (harten) Bodensatzes
~ solder Hartlot *n*
~ soldering Hartlöten *n*
~ spelter Hartzink *n*
~ sphere structural model *(Krist)* Strukturmodell *n* der harten Kugel
~ spot *(Gieß)* harter Einschluß *m*, harte Stelle *f*
~ water hartes Wasser *n*
~-wearing verschleißfest
~-wearing material verschleißfester Werkstoff *m*
~-zone cracking Rißbildung *f* in der Härtungszone
harden/to [aus]härten; verfestigen
~ and temper vergüten
~ by dispersion dispersionshärten
~ by high-frequency current hochfrequenzhärten
~ by immersion tauchhärten
~ by quenching abschreckhärten
~ cores *(Gieß)* Kerne härten
~ throughout durchhärten
~ with subsequent drawing (tempering) vergüten
hardenability Härtbarkeit *f*
~ factor Härtbarkeitsfaktor *m*

~ test Härtbarkeitsprüfung *f*
hardenable härtbar
hardened and drawn vergütet
~ by CO₂ *(Gieß)* durch CO_2 gehärtet, CO_2-verfestigt *(Form oder Kern)*
~ lead Hartblei *n*
hardener Härter *m*
hardening Härten *n*, Aushärten *n*; Verfestigen *n*
~ accelerator Härtungsbeschleuniger *m*
~ agent Härtemittel *n*, Härtungsmittel *n*
~ alloy Vorlegierung *f*
~ and tempering Vergütung *f*
~ bath Härtebad *n*
~ behaviour Härtungsverhalten *n*
~ compound Härtemittel *n*
~ condition Härtungszustand *m*
~ crack Härteriß *m*
~ crucible Härtetiegel *m*
~ cycle Härtungszyklus *m*
~ depth Einsatz[härte]tiefe *f*, Härtetiefe *f*
~ distortion Härteverzug *m*
~ exponent Verfestigungsexponent *m*
~ fault Härtefehler *m*
~ flaw Härteriß *m*
~ furnace Härteofen *m*
~ installation Härteanlage *f*
~ layer Härteschicht *f*, gehärtete Schicht *f*, Einsatzschicht *f*
~ machine *(Wkst)* Härtungseinrichtung *f*, Vergütungsanlage *f*; *(Gieß)* Härtemaschine *f*
~ mechanism Härtungsmechanismus *m*
~ oil Härteöl *n*
~ phase Aushärtungsphase *f*
~ plant Härteanlage *f*
~ practice Härtereitechnik *f*
~ press Härtepresse *f*, Härteanlage *f* zum Abkühlen eingespannter Teile
~ process Härteverfahren *n*
~ response Härtungsverhalten *n*
~ shop Härterei *f*
~ steel härtbarer Stahl *m*
~ structure Härtungsgefüge *n*
~ temperature Härtetemperatur *f*
~ time Härtezeit *f*, Aushärtungsdauer *f* *(von Formstoffen)*
~ with subsequent drawing (tempering) Vergüten *n*
hardenite Hardenit *m*
Hardinge mill Hardinge-Mühle *f (konische Kugelmühle)*
hardness Härte *f*
~ anisotropy Härteanisotropie *f*
~ at elevated temperature Warmhärte *f*
~ at red heat Rotwarmhärte *f*
~ curve Härtekurve *f*; Fließkurve *f*
~ depth Einhärtung *f*
~ distribution Härteverteilung *f*
~ distribution curve Härteverteilungskurve *f*
~ drop tester Fallhärteprüfer *m*

~ **indentor** Härteprüfkörper *m*
~ **level** Härtegrad *m*
~ **measurement** Härtemessung *f*
~ **number** Härtezahl *f*
~ **of sand grains** Mineralhärte *f* der Sandkörner
~ **on Mohs' scale** Härte *f* nach der Mohsschen Härteskala
~ **penetration** Härtetiefe *f*
~ **penetration depth** Einhärtungstiefe *f*
~ **R.-B.** Rockwell-B-Härte *f*
~ **R.-C.** Rockwell-C-Härte *f*
~ **reference block** Härtevergleichsplatte *f*
~ **scale** [Mohssche] Härteskala *f*
~ **test** Härteprüfung *f*
~ **test specimen** Härteprüfprobe *f*
~ **tester** Härteprüfgerät *n*
~ **testing** Härteprüfung *f*
~ **testing attachment** *s.* ~ tester
~ **value** Härtewert *m*, Härtezahl *f*
hardware Eisenwaren *fpl*; Drahtkurzwaren *fpl*; Beschläge *mpl*
~ **finish** fehlerlose Oberfläche *f*
harmful schädlich
~ **impurity** schädliche Verunreinigung *f*
~ **ingredients** schädliche Beimengungen *fpl*, Verunreinigungen *fpl*
~ **phase** schädliche Phase *f*; wilde Phase *f*
harmfulness number Schädlichkeitswertzahl *f*
harmless impurity unschädliche Verunreinigung *f*
Harris process Harris-Verfahren *n (Bleiraffination)*
Hartmann number Hartmann-Zahl *f (Wärmeübertragung, Strömung)*
Hartree-Fock method Hartree-Fock-Verfahren *n*
hastelloy hochkorrosionsfeste Ni-Legierung
hatch Luke *f*, Kontrolltür *f*
haul/to fördern
haulage Förderung *f*
hausmannite *(Min)* Hausmannit *m*, Schwarzmanganerz *n*
HAZ *s.* heat-affected zone
HCl process HCl-Verfahren *n (Pulverherstellung)*
HCP, H.C.P., hcp, h.c.p. *s.* hexagonal close-packed
HDH *s.* hydride-dehydride powder
head/to [an]stauchen, Kopf anstauchen
head 1. Kopf *m; s. a.* ~ of metal 1.; 2. Förderhöhe *f*, Druckhöhe *f (Pumpe);* 3. *s.* ~ of suction; 4. *(Gieß)* Speiser *m*, Steiger *m*
~ **melter** Schmelzmeister *m*
~ **metal** Speisemetall *n*
~ **of metal** 1. verlorener Kopf *m (Speiser);* 2. Blockkopf *m (als Speiser);* 3. Metallsäule *f (Druckhöhe)*
~ **of suction** Saughöhe *f*
~ **pressure** metallostatischer Druck *m*

~ **roller** Walzmeister *m*
~ **screen** Schweißerhelm *m*
~ **screw** 1. Druckspindel *f*; 2. Kopfschraube *f*
~ **shaft** Hauptantriebswelle *f*
~ **wire** Stecknadeldraht *m*
headed bolt Kopfbolzen *m*
header 1. *(Umf)* Stauchmaschine *f*; 2. Binder[stein] *m*; 3. Sammelrohr *n*
~ **punch** *(Umf)* Preßstempel *m (Stauchen)*
heading Stauchen *n*, Anstauchen *n (s. a. unter* upsetting*)*
~ **die** Stauchmatrize *f*
~ **machine** Stauchmaschine *f*
~ **slide** Stauchschlitten *m*
headstock Spindelstock *m*
~ **spindle** Arbeitsspindel *f*, Hauptspindel *f*
heald wire Webelitzendraht *m*
heap/to aufhäufen; [auf]schütten
heap Haufen *m*; Halde *f*
~ **leaching** Haufenlaugung *f*
~ **of debris** Haufwerk *n*
~ **sand** Haufensand *m*
heart and spoon trowel *(Gieß)* Lanzette *f (Formerwerkzeug)*
hearth 1. Herd *m (Schmelzofen)*; Herdraum *m*; 2. Gestell *n (Hochofen)*
~ **and oven casting** Herd- und Ofenguß *m*
~ **area** Herdfläche *f*
~ **area efficiency (output)** Herdflächenleistung *f*, Schmelzleistung *f*
~ **becomes saturated/the** der Herd sättigt sich *(mit schmelzflüssigem Metall)*
~ **block** Bodenstein *m (Schachtofen)*
~ **bogie** Herdwagen *m*
~ **bogie furnace** Herdwagenofen *m*
~ **bottom** 1. Herdsohle *f*, Herdboden *m*; 2. Gestellboden *m*
~-**bottom sand** Herdsand *m*
~ **break-out** Gestelldurchbruch *m*
~ **casing** 1. Herdeinsatz *m*; 2. Gestellpanzer *m*
~ **diameter** 1. Herddurchmesser *m*; 2. Gestelldurchmesser *m*
~ **electrode** Bodenelektrode *f (Elektroofen)*
~ **furnace** Herdofen *m*
~ **load** 1. Herdbelastung *f*; 2. Gestellbelastung *f*
~ **maintenance** Herdreparatur *f*; Herdpflege *f*
~ **moulding** *(Gieß)* Herdformerei *f*
~ **of cupola** Sohle *f* des Kupolofens
~ **parts** Kaminplatten *fpl*, Herdplatten *fpl*
~ **power** *s.* ~ area efficiency
~ **room** Herdraum *m*
~ **shell** Gestellpanzer *m*
~ **smelting** Herdarbeit *f (Röstreaktionsarbeit)*
~-**type furnace** Herdofen *m*
~-**type melting furnace** Herdschmelzofen *m*

hearth 188

~-**type reheating furnace** Herdwärmofen *m*
~ **wall** 1. Herdwand *f*; 2. Gestellwand *f*
~ **zone** Gestellzone *f*
heat/to erwärmen, erhitzen; aufheizen
~ **momentarily** schnell erwärmen (hochheizen)
~ **up** anwärmen; aufheizen
heat 1. Wärme *f*, Hitze *f*; Glut *f*; 2. Schmelze *f*, Charge *f*; *s. a. unter* thermal
~ **absorption** Wärmeaufnahme *f*
~ **absorption capacity** Wärmeschluckvermögen *n*
~ **accumulator** Wärmespeicher *m*
~ **addition** Wärmezuführung *f*
~-**affected** wärmebeeinflußt
~-**affected zone** wärmebeeinflußte Zone *f*, Wärmeeinflußzone *f*
~ **and mass transfer** Wärme- und Stoffübergang *m*
~ **balance** Wärmebilanz *f*, Wärmehaushalt *m*
~ **build-up** Wärmestau *m*
~ **capacity** Wärmekapazität *f*, Wärmeaufnahmevermögen *n*
~ **change** Wärmeänderung *f (Veränderung der Wärmeenergiemenge)*; Wärmetönung *f (Wärmemengen bei exothermen oder endothermen Reaktionen)*
~ **check** Brandriß *m*
~ **checking** Brandrissigkeit *f*, Brandrißbildung *f*
~-**conducting material** wärmeleitender Werkstoff *m*
~-**conducting plate** Wärmeleitplatte *f*
~ **conduction** Wärme[ab]leitung *f*
~ **conductivity** Wärmeleitfähigkeit *f*, Wärmeleitvermögen *n*
~ **conductor** Wärmeleiter *m*
~ **consumption** Wärmeverbrauch *m*; Wärmebedarf *m*
~ **content** Wärmeinhalt *m*, Enthalpie *f*
~ **content-temperature diagram** Enthalpie-Temperatur-Diagramm *n*, I-T-Diagramm *f*
~ **crack** Wärmeriß *m*, Warmriß *m*
~-**curing** warmaushärtend
~ **current** Wärmestrom *m*, Heizstrom *m*
~ **deficiency** Wärmemangel *m*
~ **deficit** Wärmedefizit *n*
~ **density** Wärmedichte *f*; Heizflächenbelastung *f*
~ **diagram** Wärmeschaubild *n*
~ **diffusivity** Temperaturleitfähigkeit *f*, Temperaturleitvermögen *n*, Temperaturleitzahl *f*
~-**disposable pattern** ausschmelzbares Modell *n*
~ **distribution** Wärmeverteilung *f*
~ **drop** Wärmeabfall *m*, Temperaturabfall *m*

~ **due to a current of electricity** Stromwärme *f*
~ **economy** Wärmewirtschaft *f*
~ **effect** Wärmeeffekt *m*
~ **elimination** Wärmeaustrag *m*
~ **emission** Wärmeabgabe *f* durch Strahlung, Wärmeausstrahlung *f*
~ **emitting surface** Wärmeabgabefläche *f*
~ **energy** Wärmeenergie *f*
~ **energy content** Energieinhalt *m*
~ **exchange** Wärmeaustausch *m*, Wärmeübergang *m*, Wärmeübertragung *f*
~ **exchanger** Wärme[aus]tauscher *m*, Wärmeübertrager *m*
~ **exchanger nozzle** Wärmeaustauschdüse *f*
~ **exchanging medium** Wärme[über]tragungsmittel *n*, Wärmeübertragungsmedium *n*, Wärmeübertrager *m*
~ **exchanging surface** Wärmeaustauschfläche *f*, Wärmeübertragungsfläche *f*
~ **extraction** Wärmeentzug *m*
~ **flow** Wärmestrom *m*, Wärmefluß *m*
~ **flow density** Wärmestromdichte *f*, Wärmeflußdichte *f*
~ **flow line** Wärmeflußlinie *f*
~ **flow method** Wärmeflußverfahren *n*
~ **flow vector** Vektor *m* der Wärmestromdichte
~ **flux** *s.* ~ flow
~ **function at content pressure** *s.* ~ content
~ **generated in machining** Arbeitswärme *f*
~-**generating** wärmeerzeugend
~-**giving** wärmeliefernd
~ **input** zugeführte Wärme *f*, Wärmezufuhr *f*; Wärmeeintrag *m (Schweißen)*
~-**insulated** wärmeisoliert
~-**insulating** wärmedämmend
~-**insulating material** Wärmeisolierstoff *m*, Wärmeisoliermittel *n*, Wärmedämmstoff *m*
~ **insulating sleeve** wärmeisolierender Speisereinsatz *m*
~ **insulation** Wärme[schutz]isolierung *f*, Wärmedämmung *f*
~ **insulation composition** Wärmeschutzmasse *f*
~ **insulator** *s.* ~-insulating material
~ **interchange** *s.* ~ exchange
~ **interchanger** *s.* ~ exchanger
~ **load** Wärmebelastung *f*
~ **log** Frischkurvenbild *n*, Frischkurve *f*
~ **loss** Wärmeverlust *m*
~ **lost in flue gas** Wärmeverlust *m* durch Abgas
~ **of absorption** Absorptionswärme *f*
~ **of activation** Aktivierungswärme *f*
~ **of adsorption** Adsorptionswärme *f*
~ **of combination** Verbindungswärme *f (Reaktionswärme)*
~ **of combustion** Verbrennungswärme *f*

~ **of combustion at constant pressure** Verbrennungsenthalpie *f*
~ **of combustion per mole** molare Verbrennungswärme *f*
~ **of condensation** Kondensationswärme *f*
~ **of crystallization** Kristallisationswärme *f*
~ **of decomposition** Zersetzungswärme *f*
~ **of dilution** Verdünnungswärme *f*
~ **of dissociation** Dissoziationswärme *f*
~ **of evaporation** Verdampfungswärme *f*, Verdunstungswärme *f*
~ **of formation** Bildungswärme *f*
~ **of formation at constant pressure** Bildungsenthalpie *f*
~ **of formation per mole** Bildungswärme *f*
~ **of friction** Reibungswärme *f*
~ **of fuel** Brennstoffwärme *f*
~ **of fusion** Schmelzwärme *f*
~ **of linkage** Verbindungswärme *f*
~ **of melting** Schmelzwärme *f*
~ **of mixing** Mischungswärme *f*
~ **of neutralization** Neutralisationswärme *f*
~ **of reaction** Reaktionswärme *f*
~ **of reaction at constant pressure** Reaktionsenthalpie *f*
~ **of reaction at constant volume** Reaktionsenergie *f*
~ **of solidification** Erstarrungswärme *f*
~ **of solution** Lösungswärme *f*, Lösungsenthalpie *f*
~ **of sublimation** Sublimationswärme *f*
~ **of transformation (transition)** Umwandlungswärme *f*
~ **of transport** Transportwärme *f*
~ **of vaporization** Verdampfungswärme *f*, Verdunstungswärme *f*
~ **of welding** Schweißwärme *f*
~ **output** Wärmeleistung *f*
~ **pipe** Wärmerohr *n*
~ **produced by electric current** Stromwärme *f*
~ **quantity** Wärmemenge *f*
~ **radiating lamp** Wärmestrahler *m (eines Ofens)*
~ **radiation** Wärmestrahlung *f*
~ **radiation receiver** Wärmestrahlungsempfänger *m*
~ **radiation reflector** Wärmestrahlungsreflektor *m (eines Ofens)*
~-**reactive** wärmeempfindlich
~ **record card** Schmelzprotokoll *n*
~ **recovery** Wärmerückgewinnung *f*, Wärmeverwertung *f*
~ **recovery from exhaust steam** Abdampfverwertung *f*
~ **refining** Rückfeinen *n* durch Umkristallisieren, Kornfeinen *n* durch Wärmebehandlung
~ **release** Wärmefreisetzung *f*, Wärmeentbindung *f*
~ **removal** Wärmeabfuhr *f*
~ **requirement** Wärmebedarf *m*

~ **resistance** 1. Wärmebeständigkeit *f*, Hitzebeständigkeit *f*, 2. Wärmewiderstand *m*
~-**resistant** wärmebeständig, hitzebeständig, warmfest
~-**resistant alloy** hitzebeständige Legierung *f*
~-**resistant cast iron** hitzebeständiges Gußeisen *n*
~-**resistant coating** hitzebeständiger Überzug *m*
~-**resistant lining** feuerfeste Isolierschicht *f*
~-**resistant property** Hitzebeständigkeit *f*
~-**resistant steel** hitzebeständiger Stahl *m*
~-**resistant steel casting** hitzebeständiger Stahlguß *m*
~-**resisting** s. ~-resistant
~-**retaining capacity** Wärmespeichervermögen *n*
~ **rise** Wärmeanstieg *m*
~-**sensitive** wärmeempfindlich
~ **sensitivity** Wärmeempfindlichkeit *f*
~ **sensor** Temperaturmeßfühler *m*
~-**setting mortar** *(Ff)* warmhärtender Mörtel *m*
~ **shield** Hitzeschild *m*, Wärmeschild *m*
~ **shock** Wärmeschock *m*, Thermoschock *m*
~ **sink** Wärmesenke *f*, Wärmeflußfalle *f (Schweißen)*
~ **size** Schmelzengröße *f*
~ **source** Wärmequelle *f*
~ **stability** Hitzebeständigkeit *f*, Hitzefestigkeit *f*, Wärmebeständigkeit *f*
~ **stabilization test** Warmrundlaufversuch *m*
~-**stable** hitzebeständig, hitzefest, wärmebeständig
~ **storage** Wärmespeicherung *f*
~ **storage capacity** Wärmespeicherfähigkeit *f*
~ **storer** Wärmespeicher *m*
~ **stress** Wärmespannung *f*, thermische Spannung *f*
~ **supply** Wärmezufuhr *f*
~ **tinting** Anlaßätzung *f*, Anlaufätzung *f*
~ **to constant weight** Glühen *n* bis zur Massekonstanz *(Probenahme)*
~ **to redness** Erhitzen *n* auf Rotglut
~ **tonality** Wärmetönung *f*
~ **transfer** Wärmeübertragung *f*, Wärmeübergang *m*
~ **transfer by conduction** Wärmeübertragung *f* durch Leitung
~ **transfer by convection** Wärmeübertragung *f* durch Konvektion
~ **transfer by radiation** Wärmeübertragung *f* durch Strahlung
~-**transfer coefficient** Wärmeübergangszahl *f*

~-**transfer device** Wärmeübertragungsein-
richtung f

~-**transfer fluid (medium)** Wärmeübertragungsmittel n, Wärmeübertragungsmedium n

~-**transfer resistance** Wärmeübergangswiderstand m

~ **transfer to liquid-fluidized system** Wärmeübergang m im Flüssigkeits-Wirbel-
schicht-System

~-**transference number** Wärmeübergangszahl f

~ **transition** Wärmedurchgang m

~ **transmission** Wärmedurchgang m;
s. a. ~ transfer

~-**transmission coefficient** Wärmedurchgangszahl f

~ **treat fundamentals** Grundlagen fpl der
Wärmebehandlung

~ **treatability** Vergütbarkeit f

~-**treatable** vergütbar

~-**treated** wärmebehandelt, vergütet

~-**treated structure** Vergütungsgefüge n

~-**treating** Vergüten n

~-**treating furnace** Vergütungsofen m

~-**treating property** Vergütbarkeit f

~-**treating shop** Vergüterei f, Härterei f

~-**treating steel** Vergütungsstahl m

~ **treatment** Wärmebehandlung f, Vergütung f

~-**treatment condition** Wärmebehand-
lungszustand m

~-**treatment crack** Härteriß m

~-**treatment cycle curve** Glühkurve f

~-**treatment furnace** Wärmebehandlungs-
ofen m

~ **treatment of powder** Pulverwärmebe-
handlung f

~-**treatment stage** Wärmebehandlungs-
stufe f

~-**treatment steel** Vergütungsstahl m

~ **unit** Wärme[mengen]einheit f

~-**up** 1. Erwärmen n, Aufheizen n; Einbrennen n

~-**up time** Erwärmungszeit f, Aufheizzeit f

~ **utilization** Wärmeausnutzung f

~ **value** Heizwert m

~ **volatilization** Verflüchtigung f [durch Er-
hitzen]

~ **weight** Schmelzengewicht n, Chargen-
gewicht n

heated air Heißluft f; Heißwind m (heiße
Verbrennungsluft)

~ **core box** beheizter Kernkasten m

~ **cover** Heizhaube f, beheizte Haube f

~ **with gas** mit Gas beheizt, gasbeheizt

~ **with oil** mit Öl beheizt, ölbeheizt, ölgefeuert

heating 1. Erwärmen n, Erhitzen n; Aufheizen n; 2. Heizung f, Beheizung f, Feuerung f.

~ **apparatus** Erwärmungseinrichtung f

~ **at temperatures alternately just above
and below the change point** Pendelglü-
hung f, Pendeln n um A_1

~ **chamber** Heizraum m, Heizkammer f, Er-
hitzungskammer f, Glühraum m, Herdraum m

~ **chamber pressure** Herdraumdruck m

~ **coil** Heizspirale f

~ **coke** Heizkoks m

~ **conductor** Heizleiter m

~ **conductor material** Heizleiterwerkstoff
m

~ **curve** Aufheizkurve f

~ **cycle** Heizperiode f

~ **cylinder** Heizzylinder m

~ **device** Beheizungsvorrichtung f

~ **effect** Heizeffekt m

~ **element** Heizelement n

~-**element alloy** Heizleiterlegierung f

~ **equipment** Beheizungseinrichtung f

~ **filament** Heizfaden m, Heizelement n,
Heizblech n

~ **flue** Heizzug m

~-**flue temperature** Heizzugtemperatur f

~ **furnace** Wärmofen m, Anheizofen m,
Glühofen m

~ **gas** Heizgas n, Beheizungsgas n

~ **hood** Heizhaube f

~ **load** aufzuheizendes Material n, Heizgut
n

~ **medium** Heizmittel n

~ **microscope** Erhitzungsmikroskop n

~ **oil** Heizöl n

~ **period** Heizperiode f; Speicherzeit f (SM-
Ofen)

~ **plate** Heizplatte f

~ **principle** Erwärmungsprinzip n

~ **rate** 1. Aufheizgeschwindigkeit f; 2. Heiz-
leistung f

~ **shaft** Aufheizschacht m

~ **surface** Heizfläche f

~ **system** Beheizungsanlage f; Beheizungs-
schema n

~ **system boiler** Heizungskessel m

~ **time** Aufheizzeit f, Anwärmzeit f

~ **tube** Heizrohr n (eines Ofens); Wärmerohr n (Abwärmenutzung)

~ **unit** Heizwert m

~-**up** Aufheizen n

~-**up furnace** s. ~ furnace

~-**up period** Anheizzeit f, Aufheizzeit f

~-**up rate** 1. Aufheizgeschwindigkeit f; 2.
Einbrenngeschwindigkeit f

~-**up speed** Aufheizgeschwindigkeit f

~-**up time** Aufheizzeit f, Anwärmzeit f

~ **value** Heizwert m

~ **velocity** Aufheizgeschwindigkeit f

~ **wire** Heiz[leiter]draht m

~ **zone** Heizzone f

heavily deformed state stark verformter
Zustand m

~ **tapered solid core box** ungeteilter Kernkasten *m*
heavy alcohol Schweralkohol *m*
~ **alloy** Schwermetallegierung *f*
~ **atomic nucleus** schwerer Atomkern *m*
~ **casting** Großguß *m*
~ **clay industry** Grobkeramikindustrie *f*
~-**duty drive** Hochleistungsantrieb *m*
~-**duty friction material** Hochleistungsfrik-
tionswerkstoff *m*
~-**duty pressure press** Hochleistungs-
druckpresse *f*
~-**duty wet washer** Hochleistungsnaßwä-
scher *m*
~ **fettling bench** Großputzplatz *m*
~ **fuel oil** schweres Heizöl *n*
~-**galvanized** stark verzinkt
~ **galvanizing** Starkverzinkung *f*
~ **industry** Schwerindustrie *f*
~ **media floatation (separation)** Schwer-
flüssigkeitsaufbereitung *f*
~ **metal** 1. Schwermetall *n*; 2. Sintermetall
n hoher Dichte
~-**metal casting** Schwermetallguß *m*
~ **metal salt** Schwermetallsalz *n*
~ **oil** Schweröl *n*
~ **plate** starkes Grobblech *n*
~-**plate mill** Grobblechwalzwerk *n*
~ **powder** Schwerpulver *n*
~ **rapping hammer** Schlegel *m*
~ **scrap** Blockschrott *m*, schwerer Schrott
m, Kernschrott *m*
~ **section mill** Walzwerk *n* für schweren
Formstahl; Grobwalzwerk *n*
~ **slag** dickflüssige (zähe) Schlacke *f*
~ **spar** *(Min)* Schwerspat *m*, Baryt *m*
~ **water** schweres Wasser *n*
Heberlein [sintering] process *(Pulv)* He-
berlein-Verfahren *n (Sinterverfahren)*
heel 1. Absatz *m*; 2. Ofenrumpf *m*, Pfan-
nenrumpf *m*
~ **block** *(Gieß)* Kernverriegelung *f*; Riegelkeil *m*
height equivalent to one theoretical stage
Höhenäquivalent *n* einer theoretischen
Stufe *(Extraktion)*
~ **of a transfer unit** Höhe *f* einer Über-
gangseinheit *(Rektifikation, Extraktion)*
~ **of bed** Betthöhe *f*; *(Pyro)* Wirbelschicht-
höhe *f*; *(Pulv)* Schütthöhe *f*; *(Gieß)* Füllkokshöhe *f*
~ **of bosh** Rasthöhe *f (Hochofen)*
~ **of climb** Kletterhöhe *f*
~ **of layer** s. ~ of bed
~ **of shoulder** Absatzhöhe *f*
~ **of slag** Schlackenhöhe *f*
~ **of slip step** *(Krist)* Gleitstufenhöhe *f*
~ **of the bath** Badüberhöhung *f (Induktionsofen)*
~ **of work** Arbeitshöhe *f*
heightening of the colour contrast Farb-
kontraststeigerung *f*

helical schraubenförmig, spiralförmig,
schneckenförmig
~ **dislocation** *(Krist)* spiralförmige Versetzung *f*
~ **extrusion** Spiralstrangpressen *n*, Hydro-
spin-Strangpressen *n*
~ **extrusion press** Spiralstrangpresse *f*
~ **mill** Spiralbohrerwalzwerk *n*
~ **pass** Spiralkaliber *n*, spiralförmiges
(schraubenförmiges) Kaliber *n*
~ **spring** Schraubenfeder *f*, Spiralfeder *f*
~-**toothed** schrägverzahnt
helium Helium *n*
~ **cooling device** Heliumkühlvorrichtung *f*
~-**oxygen mixture** Helium-Sauerstoff-Ge-
misch *n*
helmet for sand blaster Putzerhelm *m*
Helmholtz' free energy *(Krist)* Helmholtzsche freie Energie *f*
hematite s. haematite
hemimorphite *(Min)* Hemimorphit *m*, Kie-
selzinkerz *n*
hemisphere *(Krist)* Halbkugel *f*
hemispherical punch halbkugeliger Stempel *m*
hemp rope *(Gieß)* Hanfseil *n (Kernherstellung)*
Henry's law Henrysches Gesetz *n (Absorption)*
Henvers circle method *(Gieß)* Henvers-
sche Kreismethode *f*
HEP s. hot explosive pressing
hermetically sealed hermetisch abgeschlossen
Herreshoff furnace Herreshoff-Ofen *m*
(Mehretagenröstofen)
heterogeneity Heterogenität *f*, Ungleichartigkeit *f*, Verschiedenartigkeit *f*
heterogeneous equilibrium heterogenes
Gleichgewicht *n*
heteropolar bonding Ionenbindung *f*, heteropolare Bindung *f*
heterothermal melting heterothermisches
Schmelzen *n*
heterotrophic heterotroph
HETS s. height equivalent to one theoretical stage
Heusler alloy *(Wkst)* Heusler-Legierung *f*
(ferromagnetische NE-Legierung)
hexaboride Hexaborid *n (seltene Erden)*
hexachlorethane Hexachloräthan *n*
hexachloropalladate Hexachloropalla-
dat(IV) *n*
hexachloroplatinate Hexachloroplati-
nat(IV) *n*
hexagon bar Sechskantstab *m*
~ **steel** Sechskantstahl *m*
hexagonal *(Krist)* hexagonal
~ **close-packed** *(Krist)* hexagonal dicht ge-
packt, h. c. p.
~ **close-packed lattice** Kristallgitter *n* mit
hexagonal dichtester Kugelpackung

~ **section** Sechskant[profil] *n*, Sechskant-
querschnitt *m*
~ **wire** Sechskantdraht *m*
hexakisoctahedron *(Krist)* Hexakisokta-
eder *n (48-Flächenpolyeder)*
hexone *s.* methyl-isobutyl ketone
HF-furnace *s.* high-frequency furnace
hiatus Dehnfuge *f (Ofenbau)*
high-alloy hochlegiert
~ **alloy** hochlegierte (hochprozentige) Legierung *f*
~-**alloy chromium cast iron** hochlegiertes
Chromgußeisen *n*
~-**alloy chromium steel casting** hochlegierter Chromstahlguß *m*
~-**alloy martensite** *s.* plate martensite
~-**alloy steel** hochlegierter Stahl *m*
~-**alloy steel casting** hochlegierter Stahlguß *m*
~-**alloy tungsten steel casting** hochlegierter Wolframstahlguß *m*
~-**alumina brick** *(Ff)* hochtonerdehaltiger
Stein *m*
~-**alumina cement** Hochtonerde-
[schmelz]zement *m*
~-**alumina electrocast refractory** *(Ff)*
hochtonerdehaltiges schmelzgeformtes
Erzeugnis *n*
~-**alumina light-weight refractory** *(Ff)*
hochtonerdehaltiges Leichtsteinerzeug-
nis *n*
~-**aluminium** aluminiumreich
~-**amperage side** Hochstromseite *f*
~-**angle conveying belt** Steilfördergurt *m*
~-**angle grain boundary** *(Krist)* Großwinkelkorngrenze *f*
~-**ash** aschereich, mit hohem Aschegehalt
~-**ash coal** aschereiche Kohle *f*
~-**brightness lanthanum boride electron
gun** Lanthanborid-Elektronenstrahlka-
tode *f (Elektronenmikroskop)*
~-**capacity blast furnace** Hochleistungs-
hochofen *m*
~-**carbon** kohlenstoffreich, hochkohlen-
stoffhaltig, hochgekohlt
~-**carbon change** Übergang *m (bei Konver-
terschmelzen)*
~-**carbon martensite** *s.* plate martensite
~-**carbon steel** hochkohlenstoffhaltiger
(kohlenstoffreicher, hochgekohlter) Stahl
m
~-**carbon steel casting** hochgekohlter
Stahlguß *m*
~-**chromium** hochchromhaltig
~-**chromium steel** hochchromhaltiger
Stahl *m*
~-**conductivity copper** hochleitfähiges
Kupfer *n*
~-**copper-content alloy** hochkupferhaltige
Legierung *f*
~-**copper matte** hochkupferhaltiger Stein
m (Sulfidphase beim Schmelzen)

~ **cubic removal job** Arbeit *f* mit großer
Spanleistung
~-**cycle fatigue** Langzeitermüdung *f*
~ **deformation** Hochumformung *f*, Intensiv-
umformung *f* mit hoher
Abnahme
~-**density** hochverdichtet *(geringe Porosität)*
~-**duty cast iron** hochfestes Gußeisen *n*
~-**duty grinding machine** Hochleistungs-
schleifmaschine *f*
~-**duty mill** Hochleistungswalzwerk *n*,
Hochleistungswalzstraße *f*
~-**duty steel** hochfester Stahl *m*
~-**energy** hochenergetisch
~-**energy rate forming** Explosivumformung
f, Hochgeschwindigkeitsumformung *f*
~-**energy solid-state laser** Hochenergie-
feststofflaser *m*
~-**fired** hochgebrannt
~ **fluid velocity** hohe Wirbelgeschwindigkeit *f*
~-**fluorspar** hochflußspathaltig
~-**frequency core drying stove** Hochfre-
quenzkerntrockenofen *m*
~-**frequency excitation** Hochfreqenzerre-
gung *f*
~-**frequency furnace** Hochfrequenzofen *m*
~-**frequency furnace heat** Hochfrequenz-
schmelze *f*
~-**frequency heating** Hochfrequenzerhit-
zung *f*
~-**frequency induction furnace** Hochfre-
quenzinduktionsofen *m*
~-**frequency iron** Hochfrequenzeisen *n*,
HF-Eisen *n*
~-**frequency pressure welding** Hochfre-
quenzpreßschweißen *n*
~-**frequency pulsator** Hochfrequenzpulsa-
tor *m*
~-**frequency sintering** Hochfrequenzsin-
tern *n*, HF-Sintern *n*
~-**frequency transducers** Hochfrequenz-
köpfe *mpl*, HF-Köpfe *mpl (Ultraschallprüfung)*
~-**frequency welding** Hochfrequenz-
schweißen *n*
~-**grade** hochwertig, hochgradig, hochan-
gereichert
~-**grade concentrate** Reichkonzentrat *n*,
hochangereichertes Konzentrat *n*
~-**grade copper matte** kupferreicher Stein
m
~-**grade fuel** guter Brennstoff *m*
~-**grade insulating material** hochwertiger
Isolierstoff *m*
~-**grade matte** reicher Stein *m*
~-**grade ore** hochwertiges (hochhaltiges,
reiches) Erz *n*
~-**grade steel** hochwertiger Stahl *m*, Qualitätsstahl *m*, Edelstahl *m*
~-**grade steel casting** Edelstahlguß *m*

~-grade steel plate Edelstahlblech n
~-grade zinc Feinzink n
~-grade zinc casting alloy Feinzinkgußlegierung f
~-grade zinc oxide hochkonzentriertes Zinkoxid n
~-humidity storage test Feuchtlagerversuch m
~-impact zäh
~ in iron eisenreich
~-intensity magnetic separation Starkfeldmagnetscheidung f
~-intensity scrubber Hochleistungswäscher m
~-intensity wet magnetic separation Starkfeldnaßmagnetscheidung f
~-level tank Hochbehälter m
~ line Hochbahn f (zur Möllerung)
~-line bunker Hochbahnbunkertasche f
~-line transfer car Taschenzubringer m (Wagen zum Füllen der Bunkertaschen)
~-magnesium alloy Legierung f mit hohem Mg-Gehalt
~-manganese steel Manganhartstahl m, hochmanganhaltiger Stahl m
~-melting hochschmelzend
~-melting intermediate phase hochschmelzende intermediäre Phase f
~-melting-point alloy hochschmelzende Legierung f
~-melting-point casting alloy hochschmelzende Gußlegierung f
~-melting sintered metal hochschmelzendes Sintermetall n
~ mirror-finished sheet Hochglanzblech n
~-pass reduction unit Hochumformungsanlage f, Hochumformungseinheit f
~-performance electron microscope Hochleistungselektronenmikroskop n, Hochauflösungselektronenmikroskop n
~-phosphorus iron Phosphorroheisen n, hochphosphorhaltiges (phosphorreiches) Roheisen n
~-phosphorus ore hochphosphorhaltiges (phosphorreiches) Erz n
~-phosphorus pig iron phosphorreiches Gießereiroheisen n
~-plastic bentonite hochplastischer Bentonit m
~ plasticity hohe Plastizität f
~ polish Hochglanz m
~ polish plate Hochglanzblech n
~-powered electric arc furnace Hochleistungslichtbogenofen m
~-pressure blower Hochdruckgebläse n
~-pressure blowing Hochdruckblasen n
~-pressure burner Hochdruckbrenner m
~-pressure carbonyl process Hochdruckkarbonylverfahren n (Pulverherstellung)
~-pressure descaling plant Hochdruckentzunderungsanlage f, Preßwasserentzunderungsanlage f

~-pressure filtration Hochdruckfiltration f
~-pressure heat exchanger Hochdruckwärme[aus]tauscher m
~-pressure hydrogen Druckwasserstoff m
~-pressure hydrogen damage Druckwasserstoffschädigung f
~-pressure microfilter Hohdruckmikrofilter n
~-pressure moulding (Gieß) Hochdruckpreßformen n
~-pressure moulding machine Hochdruckpreßformmaschine f
~-pressure moulding machine with compensating squeeze head Vielstempel-Hochdruckpreßformmaschine f
~-pressure moulding plant Hochdruckpreßformanlage f
~-pressure moulding practice Hochdruckpreßformpraxis f
~-pressure squeeze moulding plant Hochdruckpreßformanlage f
~-pressure tank Hochdruckbehälter m
~-pressure tube Hochdruckrohr n
~-pressure vessel Hochdruckbehälter m
~-purity hochrein
~-purity alloy Legierung f hoher Reinheit
~-purity copper hochreines Kupfer n
~-purity iron Reinsteisen n
~-purity oxygen hochreiner (technisch reiner) Sauerstoff m
~-quality hochwertig
~-quality steel s. ~-grade steel
~ quartz Hochquarz m (Quarzmodifikation, 573 bis 867 °C)
~ rate of heat transfer hoher Wärmeübergang. m
~ reduction mill Hochumformwalzwerk n
~-resistance steel hochfester Stahl m
~-silica rock stark kieselsäurehaltige Steine mpl
~-silicon acid-resisting iron korrosionsfeste Eisen-Silizium-Legierung f
~-silicon [pig] iron hochsiliziertes Roheisen n
~ sintering Nachsintern n
~-speed schnellaufend, hochtourig
~-speed burner Hochgeschwindigkeitsbrenner m
~-speed forming Hochgeschwindigkeitsumformen n, Hochgeschwindigkeitsformgebung f
~-speed hammer Hochgeschwindigkeitshammer m
~-speed heating furnace Schnellerhitzungsanlage f
~-speed kinematography Hochfrequenzkinematografie f
~-speed press Schnellpresse f, Hochgeschwindigkeitspresse f, Schnelläuferpresse f
~-speed running of the machine spindle Arbeitsspindelschnellauf m

~-**speed steel** Schnell[arbeits]stahl *m*
~-**speed steel wire** Schnellarbeitsstahl-
draht *m*
~-**speed strander** *(Umf)* Schnellverseilma-
schine *f*
~-**speed water cooling** Hochleistungswas-
serkühlung *f*
~-**speed wire drawing** Hochgeschwindig-
keitsdrahtziehen *n*
~-**speed X-ray radiography** Röntgenkine-
matografie *f*
~ **stacker** Hochregal *n*
~ **static pressure** hoher statischer Druck *m*
~ **stock yard** Hochregallager *n*
~-**strength** hochfest
~-**strength aluminium alloy** hochfeste Aluminiumlegierung *f*
~-**strength aluminium casting** hochfester
Aluminiumguß *m*
~-**strength cast iron** hochfestes Gußeisen
n
~-**strength steel** hochfester Stahl *m*
~-**strength steel casting** hochfester Stahlguß *m*
~-**strength yellow brass** Sondermessing *n*
~-**sulphur steel** schwefellegierter Automatenstahl *m*
~-**temperature** hochtemperaturfest,
[hoch]warmfest
~-**temperature alloy** hochwarmfeste Legierung *f*
~-**temperature anneal** Hochtemperaturglühen *n*
~-**temperature billet anneal** Knüppelhoch-
glühen *n*
~-**temperature braze alloy** Hochtempera-
turlot *n*
~-**temperature-brazed joint** Hochtempera-
turlötverbindung *f*, Hartlötverbindung *f*
~-**temperature brazing** Hochtemperatur-
hartlöten *n*
~-**temperature brittleness** *(Wkst)* Hoch-
temperaturversprödung *f*
~-**temperature carbonization** Hochtempe-
raturverkokung *f*, Verkokung *f*
~-**temperature conductivity** Hochtempera-
turleitfähigkeit *f*
~-**temperature corrosion** Heißkorrosion *f*,
Hochtemperaturkorrosion *f*, Verzunderung *f*
~-**temperature coupling** Hochtemperatur-
kopplung *f (Ultraschall)*
~-**temperature coupling paste** Hochtem-
peraturkopplungspaste *f (Ultraschall)*
~-**temperature creep** *(Wkst)* Hochtempe-
raturkriechen *n*
~-**temperature ductility** Hochtemperatur-
duktilität *f*, Hochtemperaturfließen *n*
~-**temperature electrochemistry** Hoch-
temperaturelektrochemie *f*
~-**temperature embrittlement** Hochtem-
peraturversprödung *f*

~-**temperature fastener** Hochtemperatur-
verfestiger *m*
~-**temperature firing** Hochtemperaturfeue-
rung *f*
~-**temperature flow behaviour** Hochtem-
peraturfließverhalten *n*
~-**temperature furnace** Hochtemperatur-
ofen *m*
~-**temperature galvanic cell** galvanische
Hochtemperaturzelle *f*
~-**temperature hardness** Hochtemperatur-
härte *f*
~-**temperature high-strength alloy** thermisch beständige hochfeste Legierung *f*
~-**temperature martensite** *s.* lath martensite
~-**temperature microhardness tester**
Hochtemperaturmikrohärteprüfer *m*
~-**temperature microscopy** Hochtemperaturmikroskopie *f*
~-**temperature modification** Hochtempe-
raturmodifikation *f*
~-**temperature oxidation** Hochtemperatur-
oxydation *f*
~-**temperature phase** Hochtemperatur-
phase *f*
~-**temperature protection** Hochtempera-
turschutz *m*
~-**temperature reactor** Hochtemperaturre-
aktor *m*
~-**temperature roasting and calcination**
Hochtemperaturröstung und -kalzination
f
~-**temperature stability** Hochtemperatur-
stabilität *f*, Warm[gestalt]festigkeit *f*
~-**temperature steel** warmfester Stahl *m*
~-**temperature strength** Warmfestigkeit *f*
~-**temperature structural steel** hochwarm-
fester Baustahl *m*
~-**temperature technology** Hochtempera-
turtechnik *f*
~-**temperature testing apparatus** Hoch-
temperaturprüfgerät *n*
~-**temperature thermomechanical treatment** thermomechanische Behandlung *f*
bei hohen Temperaturen
~-**temperature treatment** Hochtempera-
turbehandlung *f*
~-**temperature tube oven** Hochtempera-
turrohrofen *m*
~-**temperature vacuum extraction** Heißex-
traktion *f*
~-**temperature X-ray camera** Hochtempe-
ratur[röntgen]kammer *f*
~-**temperature zone** Hochtemperaturzone
f, Sinterzone *f*
~-**tensile** hochfest
~-**tensile brass** Sondermessing *n*
~-**tensile steel** hochfester Stahl *m*
~-**tensile structural steel** hochfester Baustahl *m*

~ **top pressure** Überdruck (Hochdruck) *m*
an der Gicht

~-**top-pressure blast furnace** Gegendruck-hochofen *m*

~-**top-pressure operation** Hochdruckbla-sen *n*, Hochdruckbetrieb *m*, Hochofenbe-trieb *m* mit Überdruck an der Gicht

~ **vacuum** Hochvakuum *n*

~-**vacuum heat-treating furnace** Hochva-kuumwärmebehandlungsofen *m*

~-**vacuum melting furnace** Hochva-kuum[schmelz]ofen *m*

~-**vacuum pump** Hochvakuumpumpe *f*

~-**vacuum solid phase welding** Hochvaku-umfestkörperverschweißen *n*

~-**vacuum valve** Hochvakuumventil *n*

~-**vanadium slag** hochprozentige Vanadin-schlacke *f*

~-**velocity burner** Hochgeschwindigkeits-brenner *m*

~-**velocity jet burner** Hochgeschwindig-keitsdüsenbrenner *m*

~-**viscosity** hochviskos

~-**volatile** hochflüchtig, stark flüchtig

~-**voltage electrode** Hochspannungselek-trode *f*

~-**voltage electron microscopy** Hochspan-nungselektronenmikroskopie *f*

~-**wear area** stark verschleißende Fläche *f*
higher-carbon höherkohlenstoffhaltig

~ **harmonic** Oberschwingung *f*
highly agitated-state im stark bewegten Zustand *(Medium)*

~ **creep-resistant** hochwarmfest

~ **dense** hochverdichtet

~ **endothermic** stark endotherm

~ **exothermic** stark exotherm

~ **liquid** dünnflüssig

~ **polished** spiegelblank

~ **refractory** hochfeuerfest

~ **refractory bauxite** hochfeuerfester Bau-xit *m*

~ **refractory brick** hochfeuerfester Stein *m*
hindered contraction behinderte Schwin-dung *f*

hinge upwards/to aufklappen
hinge Gelenk *n*; Scharnier *n*
hinged klappbar

~ **core box** Klappkernkasten *m*

~ **lid** Klappdeckel *m*

~ **moulding box** Abschlagformkasten *m*, Abschlagrahmen *m*
HIP *s.* hot isostatic pressing
HIP material *s.* hot isostatic pressed mate-rial
histogram Histogramm *n*, Säulendia-gramm *n*, Stufenschaubild *n*
hit/to stoßen; [auf]schlagen; treffen
HM fabrication HM-Fertigung *f*, Hartme-tallproduktion *f*, Metallkarbidherstellung *f*

HM kind (sort) HM-Sorte *f*, Hartmetall-sorte *f*, Metallkarbidsorte *f*
hob 1. Matrize *f*, Obergesenk *n*; 2. *s.* ~ cut-ter

~ **cutter** Walzfräser *m*, Abwälzfräser *m*
hobbing Senken *n*, Einsenken *n*, Kaltein-senken *n*

~ **press** Kalteinsenkpresse *f*
Höganäs powder Höganäs-Pulver *n (nach dem Höganäs-Verfahren hergestelltes Pulver)*

~ **process** Höganäs-Verfahren *n (Pulver-herstellung)*
hoist/to fördern; heben; hochheben
hoist Hebezeug *n*; Winde *f*; Förderma-schine *f*, Aufzug *m*

~ **pan** Beschickungskübel *m*, Begich-tungskübel *m*, Gichtkübel *m*
hoisting gear Hebezeug *n*; Hubwerk *n*

~ **rope** Förderseil *n*, Aufzugseil *n*
hold/to 1. fassen; aufnehmen; 2. [warm]halten; 3. abstehen lassen
hold-down device Niederhalter *m*; Blech-halter *m (Tiefziehen)*

~-**down punch** Niederhalterstempel *m*

~-**up** Flüssigkeitsinhalt *m*, Rückhalt *m*

~-**up time** Verweilzeit *f*, Haltezeit *f*; Stand-zeit *f*; Durchgangzeit *f*, Durchlaufzeit *f*
holder 1. Behälter *m*; 2. Halter *m*, Halte-rung *f*

~ **strip** Trägerband *n (für Schlicker)*
holding 1. Halten *n*, Warmhalten *n*; 2. Ab-stehenlassen *n*

~ **at heat** Halten *n* auf Temperatur

~ **block** Formrahmen *m (Druckguß)*

~ **capacity** Fassungsvermögen *n*

~ **device** Haltevorrichtung *f*

~ **fixture** Aufspannvorrichtung *f*

~ **friction** Haltereibung *f*

~ **furnace** Warmhalteofen *m*

~ **hearth** Ausgleichsherd *m*

~ **ladle** Zwischenpfanne *f*

~ **period** *s.* hold-up time

~ **point** Haltepunkt *m*

~ **power** Warmhalteleistung *f*

~ **pressure** *(Gieß)* Haltedruck *m (beim Pressen der Form)*

~ **test** Halteversuch *m*

~ **time** *s.* hold-up time

~ **vessel** Speichergefäß *n*

~ **zone** Weichzone *f*
hole 1. Loch *n*; Hol *n*; Ziehhol *n*; 2. Kaliber *n*, Umformkaliber *n*; 3. Matrizendurch-bruch *m*; 4. *(Krist)* Leerstelle *f*, Gitter-lücke *f*; 5. Grube *f*

~ **density** Löcherdichte *f (im Halbleitertyp)*

~ **diameter** Lochdurchmesser *m*

~ **for removal of slag** Schlackenstichloch *n*, Schlackenstich *m*

~ **size** Lochgröße *f (z. B. in gedünnten Fo-lien)*

~ **soaking pit** Tiefofenkammer *f*, Tiefofenzelle *f*
hollow Hohlkörper *m*
~ **axle** Hohlachse *f*
~ **blank** Luppe *f*, dickwandiges Rohr *n*
~ **body** Hohlkörper *m*
~ **body testing set** Hohlkörperprüfgerät *n*
~ **brick** Hohlziegel *m*, Hohl[block]stein *m*
~-**cast** hohlgegossen
~ **casting** Hohlguß *m*
~ **checker brick** Gitterhohlstein *m*
~ **component** Hohlteil *n*, [geschmiedeter]
Hohlkörper *m*
~ **core blower** *(Gieß)* Hohlkernblasmaschine *f*
~ **drawing** Hohlzug *m*, Hohlziehen *n*
~ **drill steel** Hohlbohrerstahl *m*
~ **drill testing** Hohlprobenehmen *n*
~ **electrode** Hohlelektrode *f*
~ **fibre** Hohlfaser *f*
~ **forging** Hohlschmiedeteil *n*
~ **pin** vorstehende Führungsbüchse *f*
~ **profile** Hohlprofil *n*
~ **roll** Hohlwalze *f*
~ **section** Hohlkörper *m*, Hohlprofil *n*
~ **shaft** Hohlwelle *f*
~ **shape** 1. Hohlstein *m*, Hohlziegel *m*; 2.
Hohlprofil *n*
~ **space** Hohlraum *m*, Pore *f*
~ **stem** Hohlstempel *m*
~ **strand** Hohlstrang *m*
' ~ **tube sinking** Hohlzug *m* von Rohren
holmium Holmium *n*
hologram Hologramm *n*
holography Holografie *f*
holster Walzenständer *m*
home scrap Werksschrott *m*, Eigenschrott
m, Umlaufschrott *m*, Rücklaufschrott *m*
homoeotectic group *(Wkst)* homöotekte
Gruppe *f*
homogeneity Homogenität *f*, Gleichartig-
keit *f*
~ **class** Homogenitätsklasse *f*
~ **feature** Homogenitätsmerkmal *n*
~ **of the melt** Homogenisierungsgrad *m*
der Schmelze
~ **range** Homogenitätsbereich *m*
~ **specimen** Homogenitätsprobe *f*
homogeneous homogen, gleichartig
~ **ingot** homogener (dichter) Block *m*
~ **stress tensor** Kugelspannungstensor *m*
homogeneousness Homogenität *f*, Gleich-
artigkeit *f*
homogenization 1. Homogenisieren *n*,
Ausgleichen *n*, gleichmäßiges Vermischen *n*; 2. Homogenisierungsglühen *n*
(bei Stahlgußstücken); Diffusionsglühen
n (bei Stahlblöcken)
~ **pile** Mischbrett *n*
homogenize/to 1. homogenisieren, gleich-
förmig machen, ausgleichen; 2. homogenisierungsglühen *(bei Stahlgußstücken)*;
diffusionsglühen *(bei Stahlblöcken)*

homogenizer Mischapparat *m*
homologous temperature homologe Temperatur *f*
homopolar bond *s.* covalent bonding
hone/to honen, ziehschleifen
hone Ziehschleifwerkzeug *n*, Honahle *f*;
Abziehstein *m*
honeycombed blasig, zellig, wabenförmig
~ **slag** Schaumschlacke *f*
honeycombing wabenförmige Korrosion *f*
honing machine Honmaschine *f*
~ **tool** Ziehschleifwerkzeug *n*, Honahle *f*
hood Haube *f*, Abzugshaube *f*; Dunsthaube
f; Kappe *f*; Deckel *m*; Glocke *f*
~-**type annealing furnace** Haubenglühofen
m
hook/to einhaken
hook 1. Haken *m*, Öse *f*; 2. *(Umf)* Schlak-
kenhaken *m*, Herdhaken *m (Schmieden)*
~ **conveyor** Hakenbahn *f*
~ **link chain** Hakenkette *f*
Hooke's law Hookesches Gesetz *n*
~ **straight line** Hockesche Gerade *f*
hoop iron Bandeisen *n*
~ **mill** Bandstahlwalzwerk *n*
~ **steel** Bandstahl *m*
~ **stress** Ringspannung *f*, Schrumpfspannung *f*
Hoopes electrolytic refining process Alu-
miniumraffinationselektrolyse *f* nach
Hoopes, Hoopes-Verfahren *n*
hopper Bunker *m*; Behälter *m* [mit Selbst-
entleerung]; Trichter *m*, Beschickungstrichter *m*, Fülltrichter *m*; Füllrumpf *m*
~ **discharge gate** Füllrumpfverschluß *m*
~ **discharger** Bunkerabzug *m*
~ **loading** Fülltrichterbeschickung *f*
horizontal chamber furnace Horizontal-
kammerofen *m*
~ **cold upset forging** Horizontalkaltstau-
chen *n*, Waagerechtkaltstauchen *n*
~ **continuous caster** Horizontalstrangguß-
anlage *f*
~ **continuous casting** Horizontalstranggie-
ßen *n*, Horizontalstrangguß *m*
~ **continuous casting machine** Horizontal-
stranggußmaschine *f*
~ **core pull** horizontaler Kernzug *m (Kokillenguß)*
~ **core shooter** *(Gieß)* Horizontalkern-
schießmaschine *f*
~ **die forging machine** Waagerechtschmie-
demaschine *f*, Horizontalschmiedema-
schine *f*
~ **filter** Planfilter *n*
~ **goniometer** Horizontalgoniometer *n*
~ **grate** Planrost *m*
~ **plane** horizontale Ebene *f*
~ **press** Horizontalpresse *f*
~ **retort** horizontale (liegende) Retorte *f*
(Zinkgewinnung)
~ **roll** Horizontalwalze *f*

~ **rotating table** Karussell *n*, Drehtisch *m*
~ **stand** Horizontalwalzgerüst *n*
~ **upset forging** Horizontalstauchschmieden *n*, Horizontalstauchen *n*, Waagerechtstauchen *n*
~ **upset forging machine** Horizontalstauchmaschine *f*, Waagerechtstauchautomat *m*
horn Elektrodenarm *m*
~ **gate** *(Gieß)* Hornanschnitt *m*
~ **silver** *(Min)* Hornsilber *n*, Chlorargyrit *m*, Kerargyrit *m*
hornsprue *(Gieß)* Horneinguß *m*
horseshoe section Hufeisenstahl *m*
hose Schlauch *m*
~ **coupling** Schlauchkupplung *f*
~ **filter** Schlauchfilter *n*
host crystal Basiskristall *m*, Wirtskristall *m*
~-**impurity interaction** Basisatom-Fremdatom-Wechselwirkung *f*
~ **lattice** Wirtsgitter *n*
~ **rock** Wirtsgestein *n*, Gangart *f*
hot age-hardening Warmaushärtung *f*
~ **air** Heißwind *m*
~-**air blast** *s.* ~ blast
~-**air blast dryer** Heißlufttrockner *m*
~-**air boiler** Heißluftkessel *m*
~-**air distribution pipe** Heißwindringleitung *f (am Schachtofen)*
~ **balance** Wärmebilanz *f*
~ **band** Warmband *n*
~ **bath** Warmbad *n*
~-**bath hardening** Warmbadhärtung *f*
~ **bed** Warmbett *n*, Warmlager *n*, Kühlbett *n*
~-**bend test** Warmbiegeversuch *m*
~ **bending** Warmbiegen *n*
~-**bending strength** Warmbiegefestigkeit *f*
~ **blast** Heißwind *m*
~-**blast cupola** Heißwindkupolofen *m*, HW-KO
~-**blast cupola dust removal plant** Heißwindkupolofen-Entstaubungsanlage *f*
~-**blast cupola emission** Emission *f* des Heißwindkupolofens
~-**blast cupola melting** Schmelzen *n* im Heißwindkupolofen, Heißwindkupolofenschmelzen *n*, HW-KO-Schmelzen *n*
~-**blast cupola melting rate** Schmelzleistung *f* des Heißwindkupolofens, Heißwindkupolofen-Schmelzleistung *f*, HW-KO-Schmelzleistung *f*
~-**blast furnace** Heißwindofen *m*
~-**blast main** Heißwindleitung *f*
~-**blast pig [iron]** heiß erblasenes Roheisen *n*
~-**blast slide tongue** Heißwindschieberzunge *f*
~-**blast slide valve** Heißwindschieber *m*
~-**blast stove** Winderhitzer *m*
~-**blast stove reversing device** Winderhitzerumsteuerung *f*

~-**blast valve** Heißwindschieber *m*
~ **box** heißer Kernkasten *m*, Kernkasten *m* für das Hot-Box-Verfahren
~-**box core binder** Hot-Box-Kernbinder *m*, warmhärtender Binder *m*
~-**box core blower** Hot-Box-Kernblasmaschine *f*
~-**box core-making machine** Hot-Box-Kernformmaschine *f*
~-**box core sand** Hot-Box-Kernsand *m*
~-**box core shooter** Hot-Box-Kernschießmaschine *f*
~-**box gassing equipment** Hot-Box-Begasungseinrichtung *f*
~-**box process** Hot-Box-Verfahren *n*
~-**briquetting** Heißbrikettierung *f*
~-**brittle** warmspröde, warmbrüchig, heißbrüchig
~ **brittleness** Warmsprödigkeit *f*, Warmbrüchigkeit *f*, Heißbrüchigkeit *f*
~ **cast iron** heißes Eisen *n*, richtig überhitztes Gußeisen *n*
~ **chamber** Warmkammer *f (Druckguß)*
~-**chamber die casting** Warmkammerdruckgießen *n*, Warmkammerdruckguß *m*
~-**chamber die-casting machine** Warmkammerdruckgußmaschine *f*
~-**chamber machine** Warmkammermaschine *f (Druckguß)*
~-**chamber piston machine** Kolbengießmaschine *f (Warmkammermaschine mit Kolben)*
~-**chamber process** Warmkammerverfahren *n (Druckguß)*
~ **charging** Warmchargieren *n*, Heißchargieren *n*, Warmeinsatz *m (in den Ofen)*
~ **circular saw blade** Warmkreissägeblatt *n*
~ **circular sawing machine** Warmkreissäge *f*
~-**coin** *(Pulv)* Heißprägen *n*, Heißpressen *n*, Heißschmieden *n*
~ **compacting (compressing)** Warmverdichten *n*, Heißverdichten *n*
~ **compression test** Heißdruckversuch *m*
~ **compressive strength** Heißdruckfestigkeit *f*, Warmdruckfestigkeit *f*
~ **cooling** Heißkühlung *f*
~ **corrosion** Warmkorrosion *f*
~ **crack** Warmriß *m*, Heißriß *m*, Brandriß *m*
~ **cracking** Warmrißbildung *f*, Warmrissigkeit *f*
~ **cracking behaviour** Warmrißverhalten *n*
~ **cracking tendency** Warmrißneigung *f*
~ **crushing strength** Heißdruckfestigkeit *f*
~ **cutting** Heißtrennen *n*
~ **cyclone** Heißzyklon *m*
~ **deformation** Warmumformung *f*, Warmformänderung *f*
~ **deformation microstructure** Warmverformungsgefüge *n*

~ **densification** Heißverdichten *n*, Verdichtung *f* bei Temperaturen oberhalb der Raumtemperatur

~ **die** *(Umf)* Warmgesenk *n*, Warmmatrize *f*, Warmziehdüse *f*

~ **die steel** Warmgesenkstahl *m*

~-**dip aluminizing** Feueraluminieren *n*, Schmelztauchaluminieren *n*

~-**dip coating** Feuerbeschichten *n*, Feuerbeschichtung *f*

~-**dip galvanizing** Feuerverzinken *n*, Schmelztauchverzinken *n (s. a. unter ~ galvanizing)*

~-**dip metal coating** Schmelztauchverfahren *n*

~-**dip process** Tauchverfahren *n*

~-**dip tinning** Feuerverzinnen *f*

~-**dipped coating** Schmelztauchen *n*

~-**dipped protective coating** *(Korr)* Feuermetallschutzschicht *f*

~-**dipped sheet** schmelzgetauchtes Blech *n*

~-**drawable** warmziehbar

~ **drawing** Warmziehen *n*, Ziehen *n* bei hohen Temperaturen

~-**drawing tool** Warmziehwerkzeug *n*, Warmziehmatrize *f*

~-**drawn** warm gezogen

~ **ductility** Warmbiegsamkeit *f*; Warmumformbarkeit *f*

~ **embrittlement** Warmversprödung *f*

~ **enamelling** Puderemaillierung *f*

~ **explosive pressing** Heißexplosivverdichtung *f*, Heißexplosivpressen *n*

~ **exposure** Warmauslagerung *f*

~ **extraction method** Heißextraktionsmethode *f*

~ **extruder** Warmstrangpresse *f*, Warmfließpresse *f*

~ **extrusion** Warmstrangpressen *n*, Warmfließpressen *n*

~-**extrusion press** Warmstrangpresse *f*, Warmfließpresse *f*

~ **flat rolling** warmes Flachwalzen *n*, Warmflachwalzen *n*

~ **flaw detector** Warmrißprüfgerät *n*

~ **forge press** Warmschmiedepresse *f*

~-**forged** *(Umf, Pulv)* warmgeschmiedet; *(Pulv)* heißgeschmiedet

~ **forging** *(Umf, Pulv)* Warmschmieden *n*; *(Pulv)* heißgeschmiedet

~ **forging die** Warmschmiedegesenk *n*, Warmarbeitsgesenk *n*

~ **forging press** Warmschmiedepresse *f*

~ **form ejector pins** *(Gieß)* nitrierte Auswerferstifte *mpl*

~-**formed component** Warmformteil *n*

~ **former** Warmstauchautomat *m*

~ **forming** Warmformgebung *f*, Warmumformung *f*, Warmverformung *f*

~ **forming heat** Warmformgebungshitze *f*

~ **forming property** Warmumformvermö-

gen *n*, Warmformänderungsvermögen *n*, Warmumformbarkeit *f*

~-**galvanized protective coating** *(Korr)* Zinkschutzschicht *f*

~ **galvanizing** Feuerverzinken *n*, Schmelztauchverzinken *n*

~-**galvanizing line** Feuerverzinkungslinie *f*

~-**galvanizing plant** Feuerverzinkungsanlage *f*

~-**galvanizing process** Feuerverzinken *n*

~ **gas** Heißgas *n*

~-**gas corrosion** Heißgaskorrosion *f*

~-**gas corrosion test bench** Heißgaskorrosionsprüfstand *m*

~-**gas flow** Heißgasstrom *m*

~-**gas generator** Heißgaserzeuger *m*

~ **groove** *(Umf)* Warmkaliber *n (Walzen)*

~-**hardening** heißhärtend *(Formstoffbinder)*

~-**hardening binder** heißhärtender Binder *m*

~-**hardening synthetic resin** heißhärtendes Kunstharz *n*

~ **hardness** Warmhärte *f*

~ **hardness test** *(Wkst)* Warmhärteprüfung *f*

~ **header** Warmstauchautomat *m*

~ **heading** Warm[kopfan]stauchen *n*

~-**heading machine** Warmstauchmaschine *f*

~-**heading steel** Warmstauchstahl *m*

~ **iron saw** Heißeisensäge *f*

~ **isostatic pressed material** *(Pulv)* heißisostatisch gepreßtes Material *n*, HIP-Material *n*, HIP-Werkstoff *m*

~ **isostatic pressing** *(Pulv)* isostatisches Heißpressen *n*, heißisostatisches Pressen *n*

~ **junction** heiße Lötstelle *f*, Heißlötstelle *f* *(Thermoelement)*

~ **lead dipping** Feuerverbleien *n*

~-**line-metal system** Transportsystem *n* in Form beheizter Rohre *(Verfahren des Transports, Schmelzens und Warmhaltens von flüssigem Metall in Zn- und Al-Druckgießereien)*

~ **load test** Druckfeuerbeständigkeitsprüfung *f*

~ **metal** flüssiges Metall *n*

~-**metal charge** flüssiger Einsatz *m*

~-**metal charging spout** Schmelzeinguß *m*

~-**metal gantry** Portalkran *m* für Schmelzbetrieb

~-**metal inlet** Schmelzeneinlauf *m*

~-**metal mixer** Mischer *m* [von Schmelzen]

~-**metal outlet** Schmelzenablauf *m*

~-**metal runner** Schmelzenfüllrinne *f*

~-**metal transport** Schmelzentransport *m*

~ **milling machine** Warmfräsmaschine *f*

~ **modulus of rupture** Heißbiegefestigkeit *f*

~ **nut press** Warmmutternpresse *f*

~-**particle-ring rolling** Warmwalzen *n* von Pulver zum Ring
~ **pilger mill** Warmpilgerwalzwerk *n*
~ **pilger roll** Warmpilgerwalze *f*
~ **pilger rolled** warmgepilgert
~ **pilger rolling** Warmpilgern *n*
~ **pilger rolling mill** Warmpilgerwalzwerk *n*
~ **pilger rolling stand** Warmpilgergerüst *n*
~ **pilger rolling unit** Warmpilgeranlage *f*
~ **plate** Heizplatte *f*
~-**precoated sand** *(Gieß)* heißumhüllter Sand *m*
~ **precoating** *(Gieß)* Heißumhüllung *f*
~ **precoating plant** *(Gieß)* Heißumhüllungsanlage *f*
~ **press working** Strangpressen *n*
~-**pressed** warmgepreßt
~ **pressing** Warmpressen *n*, Heißpressen *n*
~-**pressing die** Warmpreßgesenk *n*
~-**pressing method** Warmpreßverfahren *n*
~-**pressing pressure** Heißpreßdruck *m*
~-**pressing technique** Warmpreßtechnik *f*
~ **processing** Warmverarbeitung *f*
~ **quenching** Thermalhärten *n*, Warmbadhärten *n*
~ **rail** stromführende Schiene *f*
~ **reducing mill** Warmreduzierwalzwerk *n*
~ **repressing** Warmnachpressen *n*, Heißnachpressen *n*
~ **roll** Warmwalze *f*
~-**rolled** warmgewalzt
~-**rolled strip** Warmband *n*
~ **rolling** Warmwalzen *n*
~-**rolling lubricant** Warmwalzschmierstoff *m*
~-**rolling mill** Warmwalzwerk *n*
~-**rolling property** Warmwalzeigenschaft *f*
~-**running** heißgehend
~ **running** Warmlaufen *n*
~ **salt corrosion** Heißsalzkorrosion *f*
~ **saw** Warmsäge *f*, Heißsäge *f*
~ **saw cutting** Warmsägen *n*, Heißsägen *n*
~-**saw equipment** Warmsägeanlage *f*
~ **scarfer** Heißflämmaschine *f*
~ **scarfing** Heißflämmen *n*, Heißputzen *n*, Brennputzen *n*
~-**setting** heißhärtend *(Formstoffbinder)*
~ **setting** *(Gieß)* Heißhärten *n*
~-**setting binder** heißhärtender Binder *m*
~ **shake-out** *(Gieß)* Heißausleeren *n*
~ **shaping** *(Umf)* Warmprofilieren *n*
~ **shearing** Warmschneiden *n*, Warm[ab]scheren *n*
~ **shears** Warmschere *f*
~-**short** warmspröde, warmbrüchig, heißbrüchig
~-**short range** Rotbruchgebiet *n*, Rotbruchbereich *m*
~ **shortness** Warmsprödigkeit *f*, Warmbrüchigkeit *f*, Heißbrüchigkeit *f*; Warmbruch *m*, Heißbruch *m*
~ **sintering sieve (sifter)** Heißsintersieb *n*

~ **slag unit** Schlackenschmelzanlage *f* *(Elektroschlackeumschmelzen)*
~ **spot** örtlich überhitzte Stelle *f*
~ **spot diameter** Brennfleckdurchmesser *m*
~ **spruing** heißes Abschlagen *n* des Gießsystems *nach der Erstarrung)*
~ **stage** 1. Heizkammer *f*; 2. Heiztisch *m* *(Mikroskopie)*
~ **stage objective** Heiztischobjektiv *n*
~ **steel rolling** Warmwalzen *n*
~ **straightening** Warmrichten *n*
~-**straightening machine** Warmrichtmaschine *f*
~ **straining** Warmrecken *n*
~ **strength** Warmfestigkeit *f*, Heißfestigkeit *f (Formstoff)*
~ **stretch reducing** Warmstreckreduzieren *n*
~ **stretch reducing mill** Warmstreckreduzierwalzwerk *n*
~ **stretching mill** Warmstreckwalzwerk *n*
~ **strip** Warmband *n*
~ **strip from powder** Pulverwarmband *n*
~ **strip gauge** Warmbanddicke *f*
~ **strip [rolling] mill** Warmbreitbandwalzwerk *n*
~ **strip specimen** Warmbandprobe *f*
~ **tear** Warmriß *m*, Heißriß *m*, Brandriß *m*
~ **tearing** Warmrißbildung *f*, Warmrissigkeit *f*
~-**tearing tendency** Warmrißneigung *f*
~ **tensile property** Warmzugeigenschaft *f*
~ **tensile strength** Warmzugfestigkeit *f*
~ **tensile test** Warmzugversuch *m*
~ **thread rolling** Warmgewindewalzen *n*
~ **tinning** Feuerverzinnen *n*
~ **top** Gießaufsatz *m*, Haube *f*, Blockhaube *f*
~ **top ingot** Haubenblock *m*
~ **top mould** Haubenkokille *f*
~-**topped ingot** Haubenblock *m*
~ **topping** 1. Gießen *n* mit Aufsatz, Hauenguß *m*; 2. Speisernachgießen *n*
~-**topping compound** Lunkerpulver *n*
~-**torsion equipment** Warmtorsionsanlage *f*, Warmverdrehanlage *f*
~-**torsion machine** Warmtorsionsmaschine *f*, Warmverdrehmaschine *f*
~-**torsion test** Warmtorsionsversuch *m*, Warmverdrehversuch *m*
~-**trimmed** warmentgratet
~ **trimming** Warmentgraten *n*
~-**trimming die** Warmentgratgesenk *n*
~-**twisting** s. *unter* ~-torsion
~-**upset** warmgestaucht
~-**upset forging machine** Warmstauchautomat *m*, Warmstauchschmiedemaschine *f*
~ **upsetter** Warmstauchautomat *m*
~ **upsetting** Warmstauchen *n*
~ **upsetting steel** Warmstauchstahl *m*

~-**wall furnace** Heißwandofen *m*
~ **water oxidation** *(Korr)* Heißwasser-oxydation *f*
~-**work die steel** Warmarbeitsstahl *m*
~-**work-hardened** warmverfestigt
~-**work hardening** Warmverfestigung *f*, Verfestigung *f* durch Warmumformung
~-**work tool steel** Warmarbeitsstahl *m*
~-**workable** warmumformbar
~-**worked** warmumgeformt
~ **working** Warmumformung *f*
hourly tonnage Stundentonnage *f*, Stundenproduktion *f*, Massendurchsatz *m* je Stunde
housing 1. Gehäuse *n*; 2. Ständer *m*, Gerüst *n*, Rahmen *m*
~ **cap** Ständerkappe *f*, Ständertraverse *f*
~ **column** Ständersäule *f*
~ **frame** Ständerrahmen *m*
~ **screw** Anstellschraube *f*, Ständerschraube *f*, Anstellspindel *f*, Druckspindel *f*
~ **top traverse** *s.* ~ cap
~ **window** Ständerfenster *n*
HP *s.* high-purity
HSS *s.* high-speed steel
HTS *s.* high-tensile steel
HTU *s.* height of a transfer unit
hubbing *s.* hobbing
Huey test *(Korr)* Huey-Prüfung *f (Prüfung auf Korngrenzenkorrosionsangriff bei Stählen)*
hull material *(Pulv)* Hüllenwerkstoff *m*
Hume-Rothery compound (phase) *(Krist)* Hume-Rothery-Phase *f*
~-**Rothery rule** *(Krist)* Hume-Rotherysche Regel *f (betrifft Valenzelektronenkonzentration in Hume-Rothery-Phasen)*
humid feucht
humidification device *(Korr)* Befeuchtungsgerät *n*
humidifier *(Korr)* Befeuchtungseinheit *f*, Berieselungseinheit *f*
humidity Feuchtigkeit *f*
~ **sensor** Feuchtigkeitsgeber *m*
~ **test** Dampfversuch *m*
hunch pit Schlackengrube *f*
Hunter process Hunter-Verfahren *n (Titanpulverherstellung)*
hunting pendelnd; schwankend; schaukelnd
hurdle Horde *f*
~-**[-type] washer** Hordenwäscher *m*
HVA process HVA-Verfahren *n (Pulverherstellung)*
Hybinette process Hybinette-Verfahren *n (elektrolytische Ni-Raffination)*
hybridization Hybridisation *f*
~ **energy** Hybridisationsenergie *f*
hydrate/to hydratisieren
hydrate Hydrat *n*
~ **shell** Hydrathülle *f*

hydrated lime Löschkalk *m*, gelöschter Kalk *m*
~ **oxide** Oxidhydrat *n*
~ **water** Hydratwasser *n*
hydration Hydra[ta]tion *f*, Hydratisierung *f*, Wasseranlagerung *f*
~ **water** Hydratwasser *n*
hydraulic blast Naßputzen *n*
~ **bumper** hydraulischer Stoßdämpfer *m*, Hydraulikpuffer *m*; hydraulischer Vorstoß *m (Walzen)*
~ **casting** Hydraulikguß *m*
~ **central ejector** *(Gieß)* hydraulischer Zentralausstoßer *m*
~ **classification** Stromklassierung *f*
~ **control** hydraulische Steuerung *f*
~ **cyclone separator** Hydrozyklon *m*, Naßzyklon *m*
~ **cylinder** Hydraulikzylinder *m*
~ **descaling** hydraulische Entzunderung *f*, Preßwasserentzunderung *f*, Druckwasserentzunderung *f*
~ **drop hammer** hydraulischer Fallhammer *m*, Oberdruckfallhammer *m*
~ **fettling** Naßputzen *n*
~ **fluid** Druckflüssigkeit *f*, Hydrauliköl *n (z. B. bei Druckgießmaschinen)*
~ **forging press** hydraulische Schmiedepresse *f*
~ **installation** Hydraulikanlage *f*, Druckflüssigkeitsanlage *f*
~ **jack** hydraulischer Hebebock *m*
~ **lifting cylinder** hydraulischer Hubzylinder *m*
~ **lime** hydraulischer Kalk *m*
~ **plant** *s.* ~ installation
~ **press** hydraulische Presse *f*
~ **press forging** hydraulisches Preßschmieden *n*
~ **pressure drive** Druckwasserantrieb *m (an Pressen)*
~ **pressure test** *(Gieß)* Abdrückprüfung *f*, Druckdichtigkeitsprüfung *f*
~ **property** hydraulische Eigenschaft *f*
~ **pump** Hydraulikpumpe *f*
~ **refractory cement** hydraulisch erhärtender feuerfester Mörtel *m*
~ **roll balance** hydraulischer Massenausgleich (Walzenmassenausgleich) *m*
~ **roll setting unit** hydraulische Walzenanstellung *f*
~ **roll weight balance** *s.* ~ roll balance
~ **system** Hydrauliksystem *n*
~ **test** Wasserdruckprobe *f*
~ **tilting** hydraulisches Kippen *n*
~ **transport** hydraulischer Transport *m*
hydraulically controlled sandslinger hydraulisch gesteuerter Sandslinger *m*
hydride-dehydride powder Hydrid-Dehydrid-Pulver *n*, HDH-Pulver *n*
~ **former** Hydridbildner *m*

~ **orientation factor** Hydridorientierungsfaktor *m*
~ **powder** Hydridpulver *n*
hydroblast gun Naßputzpistole *f*
hydroblasting Naßputzen *n*
hydrocarbon Kohlenwasserstoff *m*
~ **fuel injection** Kohlenwasserstoffinjektion *f*
~ **gas** Kohlenwasserstoffgas *n (Generatorgas)*
hydrochloric acid Salzsäure *f*
~-**acid pickling** Salzsäurebeizen *n*
hydrocyanic acid Zyanwasserstoffsäure *f*, Blausäure *f*
hydrocyclone Hydrozyklon *m*, Naßzyklon *m*
hydrodynamic lubrication hydrodynamische Schmierung *f*
hydrofluoric acid Fluorwasserstoffsäure *f*, Flußsäure *f*
hydrofluorosilicic acid Fluorkieselsäure *f*, Kieselfluorwasserstoffsäure *f*, Hexafluorowasserstoffsäure *f*
hydrogen Wasserstoff *m*
~ **absorption** Wasserstoffaufnahme *f*
~ **analyzer** Wasserstoffanalysator *m*
~ **attack** Wasserstoffangriff *m*
~ **brittleness** Wasserstoffsprödigkeit *f*, Beizsprödigkeit *f*
~ **brittleness of copper** Wasserstoffkrankheit *f* des Kupfers
~ **charging** Wasserstoffbeladung *f*, Wasserstoffaufnahme *f*
~ **charging temperature** Wasserstoffbeladungstemperatur *f*
~ **content** Wasserstoffgehalt *m*
~-**controlled welding electrode** wasserstoffarme Schweißelektrode *f (Schweißelektrode mit kontrolliertem Wasserstoffgehalt)*
~ **crack** Wasserstoffriß *m*
~ **cracking** Rißbildung *f* durch Wasserstoff
~ **damage** *(Korr)* Schädigung *f* durch Wasserstoff
~ **decarburization** Wasserstoffentkohlung *f*
~ **diffusion** Wasserstoffdiffusion *f*
~ **diffusion coefficient** Wasserstoffdiffusionskoeffizient *m*
~ **disease** Wasserstoffkrankheit *f*
~ **effusion** Wasserstoffeffusion *f*
~ **electrode** Wasserstoffelektrode *f*
~ **embrittlement** Wasserstoffsprödigkeit *f*, Versprödung *f* durch Wasserstoff
~ **evolution** Wasserstoffentwicklung *f*
~-**induced** wasserstoffinduziert
~ **ion concentration** Wasserstoffionenkonzentration *f*
~ **loss** *(Pulv)* Wasserstoffverlust *m*
~ **overvoltage** Wasserstoffüberspannung *f*
~ **permeation** *(Korr)* Wasserstoffdurchlässigkeit *f (z. B. einer Membran)*
~ **peroxide** Wasserstoffperoxid *n*

~ **reduction** Reduktion *f* durch Wasserstoff, Wasserstoffreduktion *f*
~ **sulphide** Schwefelwasserstoff *m*
~ **sulphide corrosion** Schwefelwasserstoffangriff *m*
hydrogenation process Hydrierverfahren *n*
hydrolysis Hydrolyse *f*
hydrolyze/to hydrolysieren
hydromechanical screw-down hydromechanische Anstellung (Anstellvorrichtung) *f*
hydrometallurgical hydrometallurgisch, naßmetallurgisch
hydrometallurgy Hydrometallurgie *f*, Naßmetallurgie *f*
hydronalium Hydronalium *n (seewasserfeste Al-Mg-Legierung mit Mn, Si, Zn)*
hydropneumatic flask lifting Druckluftölabhebung *f (des Formkastens an Formmaschinen)*
~ **flask-lifting device** Druckluftölabhebevorrichtung *f (an Formmaschinen)*
hydrorefining Druckwasserstoffreduktion *f*, hydrierende Raffination *f*
hydrospark forming *(Pulv)* hydroelektrisches Umformverfahren *n (Explosivumformen)*
hydrostatic extrusion hydrostatisches Pressen (Strangpressen) *n*
~ **head** hydrostatische Förderhöhe *f*
~ **lubrication** hydrostatische Schmierung *f*
~ **pressing** *(Pulv)* hydrostatisches Pressen *n*
~ **pressure** hydrostatischer Druck *m*
~ **stress** hydrostatischer Spannungsanteil *m*, hydrostatische Spannung *f*, Oktaederspannung *f*
hydrous wasserhaltig, wäßrig
hydroxide Hydroxid *n*
~ **precipitation** Hydroxidniederschlag *m*
hygrometer Hygrometer *n*, Luftfeuchtigkeitsmesser *m*
hyperbolic creep hyperbolisches Kriechen *n*
hypercarb process Gaseinsatzhärtung *f*, Gaskarbonitrieren *n*
hypereutectic übereutektisch
~ **alloy** übereutektische Legierung *f*
~ **cementite** Primärzementit *m*, primärer Zementit *m*
~ **structure** übereutektisches Gefüge *n*
hypereutectoid übereutektoid[isch]
~ **alloy** übereutektoide Legierung *f*
~ **cementite** Sekundärzementit *m*, sekundärer Zementit *m*
~ **steel** übereutektoider Stahl *m*
~ **structure** übereutektoides Gefüge *n*
hyperfine field shift Hyperfeinfeldverschiebung *f*
hypergeometric distribution hypergeometrische Verteilung *f*
hyperstoichiometric überstöchiometrisch

hypodermic needle chirurgische Nadel *f*, Injektionsnadel *f*, Injektionskanüle *f*
hypoeutectic untereutektisch
~ **alloy** untereutektische Legierung *f*
~ **structure** untereutektisches Gefüge *n*
hypoeutectoid untereutektoid[isch]
~ **alloy** untereutektoide Legierung *f*
~ **cast iron** Gußeisen *n* mit untereutektoider Grundmasse
~ **ferrite** voreutektoider Ferrit *m*
~ **steel** untereutektoider Stahl *m*
~ **structure** untereutektoides Gefüge *n*
hypostoichiometric unterstöchiometrisch
hysteresis loop Hystereseschleife *f*, Magnetisierungsschleife *f*
~ **loss** Hystereseverlust *m*, Ummagnetisierungsverlust *m*

I

IBF = Institute of British Foundrymen
IC *s.* intergranular corrosion
iced brine Eiswasser *n*
ICFTA = International Committee of Foundry Technical Association
icositetrahedron *(Krist)* Ikositetraeder *n*
i/d, I.D. *s.* inside diameter
idaite *(Min)* Idait *m*
ideal crystal idealer (fehlerfreier) Kristall *m*, Idealkristall *m*
~ **density** *(Pulv)* Solldichte *f*
~ **gas equation** Zustandsgleichung *f* idealer Gase
~ **plasticity** Idealplastizität *f*
~ **plate** theoretische Trennstufe *f*
~ **plate number** theoretische Bodenzahl *f*
~ **porosity** *(Pulv)* Sollporosität *f*
~ **solution** ideale Lösung *f*
identification (identifying) etch[ing] Identifizierungsätzung *f*, Nachweisätzung *f*
idle corrosion Stillstandkorrosion *f*
~ **cycles per hour** stündliche Leerläufe *mpl*
~**-machining time** Maschinennebenzeit *f*, Maschinenleerlaufzeit *f*
~ **motion** Leerlauf *m*; Leergang *m*
~ **operation** Leerlauf *m*
~ **period** Leerzeit *f*
~ **roll** *s.* idler
~**-running period (time)** Leerlaufzeit *f*
~ **stroke** Leerhub *m*, Rückwärtshub *m*
idler 1. nicht angetriebene Rolle *f*; 2. Schleppwalze *f*, Blindwalze *f*; 3. Leerlaufrolle *f*, Spannrolle *f*; 4. Tragrolle *f* *(Gurtbandförderer)*
~ **diameter** Laufrollendurchmesser *m*
idling Leergang *m*; Leerlauf *m* *(als Vorgang)*
~ **current** Leerlaufstrom *m*
~ **torque** Leerlaufmoment *n*
IDR-process *s.* integrated dry route process

IF steel *s.* interstitial-free steel
ifas *schmelzgegossenes Erzeugnis*
IGC *s.* in-gap gauge control
igneous electrolysis Schmelzflußelektrolyse *f*
~ **melt** Schmelze *f*
~ **metallurgy** Pyrometallurgie *f*
ignitable entzündbar
ignite/to [ent]zünden, anzünden
igniter 1. Zündeinrichtung *f*, Zündvorrichtung *f*; 2. Zündhaube *f* *(Sinteranlage)*
ignition Entzündung *f*, Zündung *f*
~ **cable** Zündkabel *n*
~ **conditions** Zündbedingungen *fpl*
~ **electrode** Zündelektrode *f*
~ **furnace** Zündofen *m*
~ **hood** Zündglocke *f*, Zündhaube *f*
~ **loss** Glühverlust *m*
~ **metal** Zündmetall *n*
~ **point** 1. Entzündungspunkt *m*, Zündpunkt *m*; 2. Flammpunkt *m* *(von Heizöl)*
~ **residue** Glührückstand *m*
~ **temperature** Entzündungstemperatur *f*, Zündtemperatur *f*
IISI = International Iron and Steel Institute
Ilgner set Ilgnerantrieb *m*, Ilgnersatz *m*, Schwungradumformer *m*
illuminating slit Beleuchtungsspalt *m*
illumination Beleuchtung *f*, Lichteinfall *m*
~ **system** Beleuchtungsanordnung *f*
illuminator Illuminator *m*
~ **slit** Beleuchtungsspalt *m*
ilmenite *(Min)* Ilmenit *m*, Titaneisen *n*
image analysis technique Bildanalysentechnik *f*
~**-analyzing computer** Bildanalysenrechner *m*
~**-analyzing instrument** Bildabtastgerät *n*
~ **contrast** Abbildungskontrast *m*, Bildkontrast *m*
~ **converter** Bildwandler *m*
~ **detail** Bildeinzelheit *f*
~ **dislocation** Bildversetzung *f*
~ **display** Bildwiedergabe *f*
~ **distance** Bildweite *f*
~ **force** Bildkraft *f*
~ **formation** Bildentstehung *f*
~ **intensifier** Bildverstärker *m*
~ **intensity** Abbildungsintensität *f*
~ **inversion** Bildumkehr *f*, Gradationsumkehr *f*
~ **processing** Bildverarbeitung *f*
~ **rotation** Bilddrehung *f*
~ **storage** Bildspeicherung *f*
imaging characteristics Abbildungsleistung *f* *(eines Objektivs)*
~ **defect** Abbildungsfehler *m*
~ **gas** Abbildungsgas *n*
~ **of heat ray** Wärmestrahlspiegelung *f*
~ **system** Abbildungssystem *n*
~ **technique** Abbildungsmethode *f*

imitation gold alloy Goldimitation f, unechtes Gold n
immediate structure Mischgefüge n
immerse/to [ein]tauchen
~ **poles** Polholz eintauchen *(in eine Schmelze)*
immersed depth Eintauchtiefe f
~ **lance process** Tauchlanzenverfahren n
immersion Tauchen n
~ **basin cooling** Tauchbeckenkühlung f
~ **bath** Tauchbad n
~ **coating** Tauchbeschichtung f
~ **cooling** Tauchkühlung f
~ **cooling plant** Tauchkühlanlage f
~ **cyclic test** *(Korr)* Wechseltauchversuch m
~ **electrode** Tauchelektrode f, Eintauchelektrode f
~ **etch** Tauchätzung f
~ **gas burner** Tauchbrenner m
~ **hardening** Tauchhärten n
~ **length** Tauchlänge f
~ **microscope** Immersionsmikroskop n
~ **nozzle** Tauchausguß m, Tauchdüse f
~ **objective** Immersionsobjektiv n
~ **oil** Immersionsöl n
~ **patenting** Tauchpatentieren n
~ **pipe** Tauchrohr n
~ **polishing** Tauchpolieren n
~ **sensor** Tauchsonde f
~ **test** *(Korr)* Tauchversuch m, Eintauchversuch m, Wechseltauchversuch m
~ **testing** Tauchtechnik f, Immersionsprüfung f *(Ultraschallprüfung)*
~ **thermocouple** Tauchthermoelement n
~ **time** Tauchzeit f, Eintauchzeit f, Tauchdauer f
immiscibility Unmischbarkeit f
~ **gap** Mischungslücke f
immiscible nicht mischbar, unmischbar
~ **liquids** nichtmischbare Flüssigkeiten fpl
immission Immission f
~ **limit value** Immissionsgrenzwert m
immobile unbeweglich
impact-mould/to *(Umf)* schlagpressen
impact angle Einschußwinkel m *(beim Ionenbeschuß)*
~ **ball hardness** Fallhärte f
~ **bending strength** Schlagbiegefestigkeit f
~ **bending test** Schlagbiegeversuch m
~ **compressor** *(Pulv)* Schlagverdichter m
~ **die forging** Schlaggesenkschmieden n
~ **disk mill** Schlagscheibenmühle f
~ **effect** Stoßwirkung f, Schlagwirkung f
~ **energy** 1. Beschußenergie f *(z. B. von Ionen)*; 2. *(Umf)* Schlagenergie f, Schlagarbeit f *(eines Pendelhammers)*
~ **extrusion** Rückwärtsnapftiefpressen n, Lochpressen n
~ **fold test** *(Wkst)* Schlagfaltversuch m
~ **force** *(Umf)* Schlagkraft f

~ **fracture morphology** Bruchmorphologie f
~ **-free jolter** *(Gieß)* stoßfreier Rüttler m *(Formmaschine)*
~ **grinding mill** Prallmühle f
~ **hardness** *(Wkst)* Schlaghärte f
~ **hardness testing** *(Wkst)* Schlaghärteprüfung f
~ **ionization** Stoßionisation f
~ **load[ing]** Schlagbelastung f, Stoßbelastung f
~ **machine** *(Wkst)* Pendelschlagwerk n
~ **mill** Schlagmühle f
~ **moulding method** *(Gieß)* Gasdruckformverfahren n
~ **penetration test** *(Wkst)* Durchstoßversuch m
~ **press** *(Umf)* Schlagpresse f
~ **pressure** Schlagdruck m
~ **pulverizer** Schlagmühle f
~ **resistance** Schlagwiderstand m
~ **sintering** Schlagsintern n
~ **strength** *(Wkst)* Kerbschlagfestigkeit f
~ **strength value** *(Wkst)* Schlagfestigkeitswert m
~ **stress** *(Wkst)* Schlagbeanspruchung f, Stoßbeanspruchung f
~ **tensile test** *(Wkst)* Schlagzugversuch m
~ **test** *(Wkst)* Schlagversuch m
~ **testing machine** s. ~ machine
~ **toughness** *(Wkst)* Schlagzähigkeit f
~ **transition temperature** Schlagübergangstemperatur f, Kerbschlagübergangstemperatur f
~ **value** *(Wkst)* Schlagfestigkeitswert m
~ **velocity** Auftreffgeschwindigkeit f, Aufprallgeschwindigkeit f *(von Materieparti- keln)*
~ **vibrator** Stoßrüttler m
~ **wave** Stoßwelle f, Schlagwelle f
~ **work** Schlagarbeit f
impacting *(Umf)* Schlagschmieden n
impedance plane Impedanzebene f
impelled ramming s. impeller ramming
impeller 1. Flügelrad n, Laufrad n; Schaufelrad n; Gebläserad n; 2. Rührer m
~ **ramming** *(Gieß)* Verdichten n mit einem Slinger, Verdichten n durch Schleudern *(Formstoff)*
impelling force Antriebskraft f
imperfect crystal gestörter (fehlgeordneter) Kristall m, Realkristall m
Imperial Smelting furnace Imperial-Smelting-Schachtofen m, IS-Schachtofen m
~ **Smelting process** Imperial-Smelting-Verfahren n, IS-Verfahren n, IS-Prozeß m *(Pb-Zn-Gewinnung)*
impermeability Undurchlässigkeit f
impermeable undurchlässig
impinge [upon]/to auftreffen, aufprallen [auf]; zusammenstoßen

impingement Stoß *m*, Zusammenstoß *m*,
Aufprall *m*, Auftreffen *n*
~ **area** Auftrefffläche *f*; Aufblasstelle *f*;
Brennfleck *m*
~ **attack** Tropfenschlagkavitation *f*
~ **collector** Prallabscheider *m*
~ **face** Auftrefffläche *f*
~ **plate** Prallplatte *f*
~ **plate scrubber** Prallblechwäscher *m*
~-**type nozzle** Pralldüse *f*
impinging face Auftrefffläche *f*; Auftreff-
stelle *f*
implosive welding Implosionsschweißen *n*
~ **welding technique** Implosionsschweiß-
verfahren *n*
impoverish/to verarmen, abreichern
impoverishment Verarmung *f*, Abreiche-
rung *f*
~ **of fine grain** *(Pulv)* Feinkornverarmung *f*
impregnate/to imprägnieren, [durch]trän-
ken; sättigen
impregnated fabric getränktes Gewebe *n*,
getränkter Körper *m*
~ **sinter alloy** *(Pulv)* Sintertränklegierung *f*,
getränkter Sinterwerkstoff *m*
impregnating Imprägnieren *n*, Tränken *n*,
Durchtränken *n*
~ **agent** Imprägniermittel *n*
~ **plant** Imprägnieranlage *f*
~ **preparation** Imprägniermittel *n*
~ **substance** Imprägnierstoff *m*; Imprägniermittel *n*
impregnation Imprägnierung *f*, Tränkung *f*,
Durchtränkung *f*
~ **compound** Imprägnierungsmasse *f*,
Tränkmasse *f*, Tränkmittel *n*
~ **liquid** Tränkflüssigkeit *f*
~ **time** Tränkungszeit *f*, Tränkungsdauer *f*
impression 1. Eindruck *m*, Vertiefung *f*
(Härtemessung); 2. Formhohlraum *m*,
Formfasson *f (Druckguß)*
~ **block** Formeneinsatz *m*
~ **die** Preßgesenk *n*
~ **edge** Eindruckkante *f (Vickerspyramide)*
~ **forging** Kalibrierschmieden *n*
~ **moulding** Pressen *n* ohne Druck; Pressen
(Verdichten) *n* mit niedrigem Druck
~ **roller** Aufdruckrolle *f*, Druckrolle *f*
imprint the pattern in the mould (sand)/to
das Modell in den Sand eindrücken
improve/to verbessern; veredeln
improvement of efficiency Leistungssteigerung *f*
improving Vorraffination *f*, Vorfrischen *n*
~ **furnace** Vorraffinierofen *m*
impulse burner Impulsbrenner *m*
~ **compaction method** *(Gieß)* Impulsver-
dichtungsverfahren *n*
~ **discriminator** Impulshöhendiskriminator
m
~ **pressing** *(Pulv)* Impulspressen *n*
~ **response** Impulsantwort *f*

~ **spectroscope** Impulsspektroskop *n*
~ **transfer** Impulsübertragung *f*
~ **transmitter** Impulsgeber *m*
~ **wave** Stoßwelle *f*
impure unrein
impurity 1. Verunreinigung *f*; Fremdkörper
m; Beimengung *f*; 2. *(Krist)* Fremdatom
n
~ **addition** Fremdatomzusatz *m*
~ **atmosphere** Fremdstoffatmosphäre *f*
~ **concentration** Verunreinigungskonzen-
tration *f*
~ **conduction** Verunreinigungsleitung *f (in
Ionenkristallen und Halbleitern)*
~ **content** Verunreinigungsgehalt *m*
~ **diffusion** Fremddiffusion *f*
~ **diffusion coefficient** Fremddiffusions-
koeffizient *m*
~ **effect** Fremdkörpereinfluß *m*, Wirkung *f*
(Einfluß *m*) von Verunreinigungen
~ **element** Beimengung *f*, Beimengungs-
element *n*, Begleitelement *n*
~ **interaction with dislocations** Verunreini-
gungs-Versetzungs-Wechselwirkung *f*
~ **interaction with subgrain boundaries**
Verunreinigungs-Subkorngrenzen-Wech-
selwirkung *f*
~ **phase** mit Verunreinigungen angerei-
cherte Phase *f*
~ **semiconductor** Störstellenhalbleiter *m*
~ **trapping** Verunreinigungsverankerung *f*
in-and-out [reheating] furnace Ofen *m* für
satzweisen Einsatz
~-**core mismatch** *(Gieß)* Kernversatz *m*
~-**gap gauge control** Konstantwalzspaltre-
gelung *f*
~-**line** räumlich hintereinander angeordnet
(Formanlage)
~-**line mill** offene Walzstraße *f*
~-**line production** Fließfertigung *f*
~-**line rolling** unmittelbare Verformung *f*
~-**lines** Formanlage *f* mit geschlossenem
Konveyer
~-**situ** in natürlicher Lage, am Entstehungs-
ort, am Bildungsort
~-**situ deformation** In-situ-Deformation *f*,
In-situ-Verformung *f*
~-**situ leaching** Untertagelaugung *f*, In-
situ-Laugung *f*
I.N.A. = International normal atmosphere
inaccuracy Ungenauigkeit *f*
inaccurately prepared batch Fehlcharge *f*,
Fehlmischung *f*
inactive inaktiv; unwirksam; reaktions-
träge, inert
~ **gas** inertes Gas *n*, Inertgas *n*, Edelgas *n*
~ **hot-metal mixer** inaktiver Roheisenmischer *m*
incandesce/to weißglühen, auf Weißglut
erhitzen
incandescence Weißglut *f*
incandescent weißglühend

~ **filament** Glühfadendraht *m*, Heizfaden *m*
inching Feinbewegung *f*
incidence of light Lichteinfall *m*
incident intensity einfallende Intensität *f*
~ **ray** einfallender Strahl *m*
incidental element zufälliger Eisenbegleiter *m*
incinerate/to veraschen
incipient crack Anriß *m*
~ **cracking** Anreißen *n*
~ **fatigue crack** Ermüdungsanriß *m*
~ **fracture** *s.* fracture initiation
~ **fusion** Anschmelzung *f*
~ **tear** Anriß *m*
incise/to einkerben
incision Einschnitt *m*, Kerbschnitt *m*
inclinable schrägstellbar
~ **fork** neigbare Gabel *f*
inclination Neigung *f*, Steigung *f*; Schräge
   f, Schrägstellung *f*
~ **of an axis** Achsenneigung *f*
incline downwards/to 1. schrägstellen,
   richten; 2. abfallen *(Kurve)*
incline Gefälle *n*
inclined ball mill Schrägkugelmühle *f*
~ **conveyance** Aufwärtstransport *m*; Berg-
   aufförderung *f*
~ **elevator** Schrägaufzug *m*
~ **furnace hoist** schräger Gichtaufzug *m*
~ **handling installation** Schrägförderan-
   lage *f*
~ **hearth** Schrägherd *m*
~ **hoist (lift)** Schrägaufzug *m*
~ **plane** geneigte (schiefe) Ebene *f*
~ **position welding** Schweißen *n* in Schräg-
   lage
~ **roll** schräggestellte (geneigte) Walze *f*,
   Schrägwalze *f*
inclusion Einschluß *m*, Einlagerung *f*, Inklu-
   sion *f*
~-**absorbing capability** *Absorptionsfähigkeit eines Einschlußmaterials für Strahlung mit geeigneter Wellenlänge*
~ **analysis** Einschlußanalyse *f*
~ **area** Einschlußfläche *f*
~ **assessment** Einschlußbestimmung *f*
~ **assessment method** Einschlußbestim-
   mungsmethode *f*
~ **characterization** Einschlußcharakterisie-
   rung *f*
~ **chart** Einschlußrichtreihe *f*, Reinheits-
   gradtafel *f*
~ **cluster** Einschlußanhäufung *f*, Einschluß-
   nest *n*
~ **composition** Einschlußzusammenset-·
   zung *f*
~ **compound** Einschlußverbindung *f*
~ **content** Einschlußgehalt *m*
~ **deformation** Einschlußdeformation *f*
~ **distribution** Einschlußverteilung *f*
~ **geometry** Einschlußgeometrie *f*
~ **identification** Einschlußidentifizierung *f*

~ **length** Einschlußlänge *f*
~ **length distribution** Einschlußlängenver-
   teilung *f*
~ **morphology** Einschlußmorphologie *f*
~ **observation** Einschlußbetrachtung *f*
~ **phase** Einschlußphase *f*
~-**rich** einschlußreich
~ **segregation** Einschlußseigerung *f*
~ **separation** Einschlußabscheidung *f*
~ **shape** Einschlußform *f*
~ **size** Einschlußgröße *f*
~ **type** Einschlußart *f*
~ **volume fraction** Einschlußvolumenanteil
   m
incoherent inkohärent
~ **nucleus** inkohärenter Keim *m*
~ **scattering** inkohärente Streuung *f*
incombustible un[ver]brennbar
incomplete casting Fehlguß *m*
~ **combustion** unvollständige Verbrennung
   f
~ **emptying of containers** unvollständige
   Containerentleerung *f*
incompletely miscible begrenzt mischbar
incompressibility Inkompressibilität *f*
inconel Inconel *n (hitzebeständige Ni-Cr-
   Fe-Legierung)*
incorrect pattern nicht passendes (eindeu-
   tiges) Modell *n*
increase/to vergrößern, erhöhen; zunehmen, [an]wachsen
increase factor Steigungsfaktor *m*
~ **in contrast** Kontraststeigerung *f*
~ **in volume** Volumenzuwachs *m*
~ **in weight** Gewichtszunahme *f*
~ **of density** Dichtesteigerung *f*
~ **of grain size** Kornwachstum *n*
~ **of pressure** Druckanstieg *m*
~ **of productivity** Leistungssteigerung *f*
increased inspection verschärfte Prüfung *f*
~ **spalling** steigendes Abplatzen *n (von
   feuerfester Ausmauerung)*
increment Zuwachs *m*, Zunahme *f*
~ **method** Verjüngungsmethode *f (Probenahme, durch Zerlegen des abgeflachten
   Probehaufens in mehrere gleiche Teile)*
incrustation Krustenbildung *f*, Ansatz *m*
incubation period (time) Inkubationszeit *f*
indefinite chill roll indefinite Kühlwalze *f*
indent/to dimpeln; kaltprofilieren, Ein-
   drücke anbringen
indentation 1. Eindruck *m*, Abdruck *m (von
   einem Prüfkörper)*; 2. *(Umf)* Dimpelung
   f, Vertiefung *f*
~ **depth** Eindrucktiefe *f (Härteprüfung)*
~ **diagonal** Eindruckdiagonale *f*
~ **edge** Eindruckrand *m*
~ **energy** Eindringenergie *f*
~ **force** Tiefungsdruck *m*
~ **hardness** Eindringhärte *f*
~ **hardness test** Eindringhärteprüfung *f*
~ **test** Tiefungsprobe *f*, Tiefungsversuch *m*

indenter Eindruckkörper *m*, Eindringkörper *m*
independent analysis Schiedsanalyse *f*
~ **control samples** voneinander unabhängige Kontrollproben *fpl*
~ **variable** Einflußgröße *f*, unabhängige Variable *f*
independently driven separat (extra) angetrieben
~ **variable** unabhängig steuerbar
index/to 1. verschieben, Lage verändern; 2. registrieren
index of acidity Aziditätsgrad *m*
~ **of basicity** Basizitätsgrad *m*
~ **of refraction** Brechungsindex *m*
~ **of segregation** Seigerungsindex *m*
indexing Indizierung *f*
~ **tray** Schaltteller *m*
indicating device Anzeigeeinrichtung *f*
~ **error** Anzeigefehler *m*
~ **gauge** Anzeigelehre *f*, Anzeigemeßgerät *n*
~ **hand** Ablesemarke *f*
~ **instrument** Anzeigeinstrument *n*, Anzeigegerät *n*
~ **light** Anzeigelampe *f*
~ **panel** Anzeigetafel *n*
indication of cracking Rißanzeige *f*
~ **of filling level** Füllstandsanzeige *f*
~ **of pressure** Druckanzeige *f*
~ **of speed (velocity)** Geschwindigkeitsanzeige *f*
~ **of weights** Gewichtsanzeige *f*
~ **range** Anzeigebereich *m*
indicator 1. Anzeigesubstanz *f*; 2. Anzeigegerät *n*
~ **element** Anzeigeelement *n*
~ **for change of hydrogen ion concentration** pH-Wert-Indikator *m*, pH-Wert-Meßgerät *n*
~ **lamp** Anzeigelampe *f*, Kontrollampe *f*
~ **panel** Anzeigetafel *f*
~ **unit** Anzeigeeinheit *f*
indicatrix Indikatrix *f*
indices square sum Indizesquadratsumme *f*
indirect arc furnace Lichtbogenstrahlungsofen *m*, Lichtbogenofen *m* mit indirekter Beheizung
~ **extrusion** Rückwärtsstrangpressen *n*, indirektes Strangpressen *n*
~-**fired** indirekt beheizt
~ **material** Hilfsmaterial *n*
~ **rolling pressure** Kaliberseitendruck *m*, indirekter Druck *m*
~ **sintering** Indirektsintern *n*
indium Indium *n*
individual dislocation individuelle Versetzung *f*, Einzelversetzung *f*
~ **drive** Einzelantrieb *m*
~ **grain** Einzelkorn *n*
~ **testing** Einzelprüfung *f*

~ **unit** Einzelaggregat *n*
induced draught Saugzug *m*
~-**draught furnace** Saugzugfeuerung *f*
~-**draught installation** Saugzuganlage *f*
induction brazing Induktions[hart]löten *n*
~ **channel** Induktionsrinne *f*
~ **coil** Induktionsspule *f*
~ **constant** Induktionskonstante *f*
~ **conveying channel** Induktionsförderrinne *f*
~ **crucible** Induktionsschmelztiegel *m*
~ **crucible furnace** Induktionstiegelofen *m*
~-**element separator** Induktions[magnet]scheider *m*
~ **furnace** Induktionsofen *m*
~ **furnace coil** Induktionsofenspule *f*
~ **furnace melting of steel** Stahlschmelzen *n* im Induktionsofen
~ **furnace ramming compound** Induktionsofenausstampfmasse *f*
~ **hardening** Induktionshärtung *f*, induktives Härten *n*
~-**hardening process** Induktionshärteverfahren *n*
~-**heated ladle** induktiv beheizte Pfanne *f*
~-**heated melting furnace** Induktionsschmelzofen *m*
~-**heated tilting ladle** Induktionskipppfanne *f*
~ **heater** Induktionserwärmungsanlage *f*, Induktionsofen *m*
~ **heating** Induktionserwärmung *f*
~ **melting** Induktionsschmelzen *n*
~ **melting unit** Induktionsschmelzanlage *f*
~ **mixing furnace** Induktionsmischer *m*
~ **period** Induktionsperiode *f*
~ **pressure** Ansaugdruck *m*
~ **process** Induktionsverfahren *n*
~ **sintering** Induktionssintern *n*
~-**stirred** induktiv gerührt
~ **stirrer** Induktionsrührer *m*, induktiver Rührer *m*
~ **tilting furnace** kippbarer Induktionsofen *m*
~ **warming machine** Induktionserwärmungsmaschine *f*
~ **welding** Induktionsschweißen *n*, induktives Schweißen *n*
inductive induktiv
~ **coil** Induktionsspule *f*
~ **transmitter** induktiver Meßwertgeber *m*
inductively heated induktiv beheizt
inductor Induktionsspule *f*, Induktor *m*
indurating machine Härtemaschine *f (für Pellets)*
industrial alloy *s.* commercial alloy
~ **chemistry** chemische Technik *f*
~ **electrochemistry** technische Elektrochemie *f*
~ **furnace** Industrieofen *m*
~ **furnace engineering** Industrieofenbau *m*
~ **gas** Industriegas *n*

~ **heating** Heiztechnik *f*
~ **iron** *s.* commercial iron
~ **lime** Industriekalk *m*
~ **plant** industrielle Anlage *f*, Industrieanlage *f*
~ **robot** Industrieroboter *m*
~ **truck** Flurförderfahrzeug *n*
~ **water** Industriewasser *n*
inelastic collision nichtelastischer Zusammenstoß *m*
~ **neutron scattering** nichtelastische Neutronenstreuung *f*
inert atmosphere Schutzgasatmosphäre *f*
~ **gas** Inertgas *n*, Edelgas *n*; Schutzgas *n*
~-**gas arc welding** Schutzgas[lichtbogen]schweißen *n*
~-**gas atmosphere** Schutzgasatmosphäre *f*
~-**gas blanket** Edelgashülle *f*
~-**gas circulation** Schutzgasumwälzung *f*
~-**gas flushing** Inertgasspülung *f*
~-**gas ion** Edelgasion *n*
~-**gas production plant** Schutzgaserzeugungsanlage *f*
~-**gas shielded arc stud welding** Schutzgasbolzenschweißen *n*
~ **protective gas** Inert[schutz]gas *n*
inertia Trägheit *f*, Beharrungsvermögen *n*
~ **condition** Beharrungszustand *m*
~ **force classifier** Massekraftklassierer *m*
~ **moment** Trägheitsmoment *n*, Massenträgheitsmoment *n*
inertial dust collector Trägheitsentstauber *m*
~ **separator** Prall[ab]scheider *m*
inferior limit Untergrenze *f*
infiltrate/to 1. infiltrieren, einsickern, durchsickern; 2. *(Pulv)* tränken
infiltrated air Falschluft *f*
infiltration 1. Infiltration *f*, Tränken *n*, Einsickern *n*, Durchsickern *n*; 2. *(Pulv)* Tränken *n*
~ **alloy** Tränklegierung *f*, infiltrierte Legierung *f*
~ **by dipping** Tauchtränken *n*
~ **by pressure** Durchtränken *n* mittels Druck
~ **by vacuum** Vakuumtränken *n*
~ **composite** Durchdringungsverbundwerkstoff *m*
~ **process** Tränkverfahren *n*
~ **zone** Infiltrationszone *f*
infinite variation of speed stufenlose Geschwindigkeitsregelung *f*
infinitely variable stufenlos regelbar
inflame/to entzünden; entflammen, sich entzünden
inflammability Entzündbarkeit *f*, Entflammbarkeit *f*
inflammable entzündbar, entflammbar
~ **coating** *(Gieß)* Brennschlichte *f*, Abbrennschlichte *f*, Brennschwärze *f*
~ **solvent** brennbares Lösungsmittel *n*

inflow Zustrom *m*, Zufluß *m*
~ **rate** Anströmgeschwindigkeit *f*
influence of screening Siebeinfluß *m*
influencing variable Einflußgröße *f*
influent Zufluß *m*, Zulauf *m*
influx Zustrom *m* *(z. B. von Teilchen bzw. Leerstellen)*
infrared infrarot
~ **detection device** Infrarotmeßgerät *n*
~ **dryer** Infrarottrockenofen *m*
~ **gas analyzer** Infrarotgasanalysator *m*
~ **heating** Infraroterwärmung *f*
~ **interference pattern** Infrarot-Interferenzmuster *n*
~ **panel** Infrarotstrahler *m*
~ **radiation** Infrarotstrahlung *f*
~ **radiation furnace** Infrarotstrahlungsofen *m*
~ **radiator** Infrarotstrahler *m*
~ **stove** Infrarottrockenofen *m*
infrastructure Infrastruktur *f*
infused chaplet Kaltschweiße *f* an Kernstützen, schlechtverschweißte Kernstütze *f*
infusibility Unschmelzbarkeit *f*
infusible nichtschmelzend, nicht schmelzbar, unschmelzbar
~ **scoria** schwer schmelzbare Schlacke *f*
infusorial earth Infusorienerde *f*, Kieselgur *f*, Diatomeenerde *f*
ingate *(Gieß)* Anschnitt *m*
~ **cross section** Anschnittquerschnitt *m*, Zulaufquerschnitt *m*
~ **of triangular section** Dreiecksanschnitt *m*
ingot/to ausblocken
ingot Block *m*, Gußblock *m*, Rohblock *m*; Massel *f*, Barren *m*
~ **bogie** Blocktransportwagen *m*
~ **boring machine** Blockausbohrmaschine *f*
~ **bottom** Blockfuß *m*
~ **buggy** Block[kipper]wagen *m*
~ **buggy drive** Blockwagenantrieb *m*
~ **butt** Restblock *m*, Stummel[block] *m*, Blockrest *m*
~ **car** Blockwagen *m*
~ **cast steel** Blockstahl *m*
~ **casting** Blockguß *m*
~ **casting machine** Blockgießmaschine *f*
~ **casting mould** Blockgußkokille *f*
~ **charger** Blockeinsatzmaschine *f*, Blockeinsetzmaschine *f*, Blockchargiermaschine *f*
~ **charging** Blockeinsetzen *n*
~-**charging crane** Blockeinsetzkran *m*, Blockchargierkran *m*
~ **chariot** Blockwagen *m*
~ **conditioning** Blockputzarbeit *f*
~ **conveying roll** Blocktransportvorrichtung *f*, Vorrolle *f*
~ **cradle** Blockwiege *f*
~ **crane** Blockkran *m*

~ **crop** Blockende *n*, Blockschopf *m*
~ **diameter** Blockdurchmesser *m*
~ **dog** Blockzange *f*
~ **drawing crane** Blockausziehkran *m*
~ **dressing** Blockzurichten *n*
~ **flame-cutting automatic machine** Block-brennschneideautomat *m*
~ **grinding machine** Blockschleifmaschine *f*
~ **gripper** Blockgreifer *m*
~ **handling crane** Blockkran *m*
~ **height** Blockhöhe *f*
~ **insulation** Blockisolierung *f*
~ **iron** Armco-Eisen *n*, technisch reines Eisen *n*
~ **lathe** Blockdrehmaschine *f*
~ **mould** Blockform *f*, Blockkokille *f*, Masselkokille *f*, Barrenkokille *f*
~ **mould blackening** Kokillenschlichte *f*
~ **mould buggy** Kokillenwagen *m*
~ **mould car** Kokillen[transport]wagen *m*
~ **mould coating [material]** Blockkokillenanstrichmittel *n*, Blockkokillenschlichte *f*
~ **mould dressing material** *s.* ~-mould coating
~ **mould glazing** Blockkokillenglasur *f*
~ **mould head** Block[kokillen]haube *f*
~ **mould insert** Blockkokilleneinsatz *m*
~ **mould scrap** Blockkokillenbruch *m*
~ **mould stool** Blockkokillenuntersatz *m*
~ **mould tongs** Blockkokillenzange *f*
~ **mould varnish** Blockkokillenlack *m*
~ **parting machine** Blockabstechmaschine *f*, Blockteilmaschine *f*
~ **pusher** Block[aus]drücker *m*
~ **pusher-type furnace** Block[aus]stoßofen *m*
~ **rolling mill** Blockwalzwerk *n*
~ **scarfing** Blockflämmen *n*
~ **scarfing plant** Blockflämmanlage *f*
~ **scum** Blockschaum *m*
~ **segregation** Blockseigerung *f*
~ **shears** Blockschere *f*
~ **size** Blockformat *n*, Blockgröße *f*
~ **skin** Blockhaut *f*
~ **slab** Rohbramme *f*
~ **slicing lathe** Blockabstechdrehmaschine *f*
~ **slicing machine** Blockabstechmaschine *f*, Blockteilmaschine *f*
~ **solidification** Blockerstarrung *f*
~ **steel** Blockstahl *m*
~ **stock** Blockcharge *f*, Einsatzgut *n* in Form von Blöcken (Barren)
~ **stripper** Blockabstreifer *m*
~ **stripping crane** Blockabstreiferkran *m*
~ **structure** Blockgefüge *n*
~ **suitable for rolling** Walzblock *m*
~ **surface** Blockoberfläche *f*
~ **taper** Blockkonizität *f*
~ **teeming track** Blockgießwagengleis *n*
~ **tilter** Blockkipper *m*

~ **tong crane** Blockzangenkran *m*
~ **tongs** Blockzange *f*
~ **top end heating** Blockkopfbeheizung *f*
~ **weigher** Blockwaage *f*
~ **weight** Blockgewicht *n*
~ **yard** Blocklager *n*
ingotism 1. Blockseigerung *f*; 2. grobstengeliges Blockgefüge *n*
ingotting Ausblocken *n*
ingredient Bestandteil *m*
~ **for powder** Pulverzusatz *m*
~ **of mixture** Mischungsbestandteil *m*
ingress of solution Eindringen *n* von Lösung *(Laugung von Erz)*
inherent hardenability natürliche Härtbarkeit *f*
inhibit/to hemmen, verzögern
inhibited contraction behinderte Schrumpfung *f*
inhibiting effect inhibierender (hemmender) Effekt *m*
~ **power** *(Korr)* Inhibitorwirkung *f*
~ **substance** inhibierender Stoff *m*
~ **value** Hemmwert *m*
inhibition of contraction Schrumpfungsbehinderung *f*
~ **of grain growth** Kornwachstumshemmung *f*
inhibitive effect Inhibitionswirkung *f*
inhibitor Inhibitor *m* *(Zusatz zum Hemmen der Wasserstoffentwicklung beim Beizen)*
~ **for pickling** Sparbeize *f*
~ **molecule** Inhibitormolekül *n*
~ **protection** *(Korr)* Inhibitorenschutz *m*
inhibitory inhibierend, hemmend, verzögernd
inhomogeneity Inhomogenität *f*; Ungleichartigkeit *f*
inhomogeneous inhomogen, ungleichartig
initial adjustment Nulleinstellung *f*
~ **charge** Anfahrschmelze *f*
~ **concentration** Anfangskonzentration *f*, Ausgangskonzentration *f*
~ **condition** Anfangsbedingung *f*; Ausgangszustand *m*
~ **cross section** Anfangsquerschnitt *m*
~ **density** Ausgangsdichte *f*
~ **drawing** *(Umf)* Vorzug *m*, Anschlag *m*
~ **easily removable rust** Flugrost *m*
~ **forging temperature** Schmiedeanfangstemperatur *f*
~ **free energy** Anfangsenthalpie *f*
~ **grain size** Ausgangskorngröße *f*
~ **ingot** Ausgangsblock *m*
~ **load** Vorlast *f*
~ **loading** Anfangsbelastung *f*
~ **material** Ausgangswerkstoff *m*, Ausgangsmaterial *n*
~ **melt** Ausgangsschmelze *f*
~ **mould temperature** Formanfangstemperatur *f*

~ **movement** Anfangsbewegung f
~ **orientation** Anfangsorientierung f
~ **pass** Anstich m *(Ofen)*
~ **pass section** Anstichquerschnitt m *(Ofen)*
~ **period** Anlaufzeit f
~ **permeability** Anfangspermeabilität f, Anfangsgasdurchlässigkeit f
~ **position** Grundstellung f, Anfangsstellung f, Ausgangsstellung f, Ruhestellung f
~ **pulse** Ausgangsimpuls m, Sendeimpuls m
~ **pulse indication** Sendeimpulsanzeige f
~ **quality** Anfangsqualität f
~ **rating** Anfangsleistung f
~ **reactant concentration** Reaktantausgangskonzentration f
~ **rolling temperature** Walzanfangstemperatur f
~ **sample temperature** Probenausgangstemperatur f
~ **section** Ausgangsquerschnitt m, Anstichquerschnitt m
~ **solution** Ausgangslösung f
~ **specimen** Ausgangsprobe f
~ **speed** Anfangsgeschwindigkeit f
~ **stadium of sintering** Sinteranfangsstadium n
~ **stage** Anfangsstufe f *(z. B. eines Prozesses)*
~ **state** Anfangszustand m, Ausgangszustand m
~ **strain rate** Anfangsdehngeschwindigkeit f
~ **stress** Anfangsspannung f
~ **stress state** Anfangsspannungszustand m
~ **structure** Ausgangsstruktur f
~ **sulphur content** Anfangsschwefelgehalt m, Ausgangsschwefelgehalt m
~ **susceptibility** Anfangssuszeptibilität f
~ **temperature** Anfangstemperatur f
~ **tension** Vorspannung f
~ **thickness** Ausgangsdicke f, Anstichdicke f
~ **vacuum** Vorvakuum n
~ **value** Anfangswert m
~ **velocity** Anfangsgeschwindigkeit f
~ **weight** Einsatzmasse f, Ausgangsmasse f
~ **work hardening** Anfangsverfestigung f
initiating reaction Startreaktion f, Primärreaktion f
inject/to einstoßen, hineindrücken, einpressen; einspritzen; einblasen; eindüsen
injection 1. Injektion f, Einspritzung f, Einblasung f; Eindüsung f; 2. Schuß[vorgang] m *(Druckguß)*
~ **chamber** Druckkammer f *(Druckguß)*
~ **force** Gießkraft f *(Druckguß)*
~ **lance** Einblaslanze f

~ **mechanism** Einspritzmechanismus m, Einpreßmechanismus m
~ **mould** Spritzgießform f *(für Kunststoff)*
~ **moulding** Spritzgießen n *(für Kunststoff)*
~ **moulding machine** Spritzgießmaschine f *(für Kunststoff)*
~ **nozzle** 1. Einspritzdüse f *(Druckguß)*; 2. Injektionsbrenner m
~ **piston** Druckkolben m *(Druckguß)*
~ **piston lubricant** Druckkolbenschmiermittel n *(Druckguß)*
~ **piston lubrication** Druckkolbenschmierung f *(Druckguß)*
~ **piston rod** Druckkolbenstange f *(Druckguß)*
~ **plunger** Druckkolben m, Schießzylinder m, Schießkolben m, Einspritzkolben m *(Druckguß)*
~ **plunger speed** Druckkolbengeschwindigkeit f *(Druckguß)*
~ **pressure** Gießdruck m, Einpreßdruck m *(Druckguß)*
~ **pressure controller** Gießdruckregler m *(Druckguß)*
~ **process** Gießvorgang m *(Druckguß)*
~ **speed** Einpreßgeschwindigkeit f *(Druckguß)*
~ **system** Einpreßsystem n *(Druckguß)*
~ **unit** Gießaggregat n, Einpreßaggregat n *(Druckguß)*
~ **velocity** Einpreßgeschwindigkeit f *(Druckguß)*
~ **vessel** Einblasgefäß n
injector channel Eingießbüchse f
~ **nozzle** Einspritzdüse f
inleaked air Falschluft f
inlet 1. Einlaß m, Zulauf m; 2. Anschluß m *(der Saugleitung)*
~ **air** Zuluft f, Frischluft f
~ **end** Aufgabeende n
~ **fitting** Einführungsarmatur f, Einführung f
~ **pipe** Saugrohr n
~ **port** Einströmungskanal m, Eintrittsöffnung f
~ **pressure** Eintrittsdruck m
~ **sluice** Beschickungsschleuse f
~ **temperature** Eintrittstemperatur f
~ **valve** Einlaßventil n
~ **velocity** Eintrittsgeschwindigkeit f
inner chamber Innenkammer f *(SM-Ofen)*
~ **cone** *(Umf)* Innenkonus m
~ **cover** Schutzhaube f
~ **diameter** Innendurchmesser m
~ **electron** inneres Elektron n
~ **layer** Innenlage f *(z. B. eines Drahtbundes)*
~ **liner campaign** Verschleißfuttereisen n
~ **lining** *(Ff)* Verschleißfutter n
~ **oxidation** innere Oxydation f
~ **race** *(Ff)* Innenring m *(feuerfeste Zustellung einer Pfanne)*

~ **wall temperature** Innenwandtemperatur
f
innovation Neuerung f
inoculant Impfstoff m, Impfmittel n
inoculate/to [an]impfen; modifizieren
(z. B. Gußeisen)
inoculating agent Impfstoff m, Impfmittel
n
~ **effect** Impfwirkung f
inoculation Impfung f
inoperative pass Blindkaliber n, Blindstich
m *(Walzen)*
inoxidable nicht oxydierbar, oxydations-
fest; anlaufbeständig
input Einsatz m, Einsatzmenge f, Vorlaufen
n; Einbringen n
~ **count rate** Eingangszählrate f
~ **power** Anschlußwert m, Anschlußlei-
stung f
~ **quality** Anfangsqualität f
~ **resistance** Eingangswiderstand m
~ **shaft** Antriebswelle f
~ **signal** Eingangssignal n
~ **speed** Antriebsdrehzahl f
~ **unit** Eingangseinheit f
insert/to einsetzen
insert Einsatz m, Einsatzstück n; Eingießteil n
~ **structure** Einsatzstruktur f
insertion 1. Beschickung f, Eingabe f, Einstoßen n; 2. Einbau m, Einlage f, Einlagerung f
~ **depth** Eintauchtiefe f
~ **line** Einschleusstrecke f
inset core *(Gieß)* loser Ballen m, Außen-
kern m
~ **of cemented carbide** Hartmetalleinsatz
m
inside diameter Innendurchmesser m,
lichte Weite f; Lochweite f
insolubility Unlöslichkeit f
insolubilize/to unlöslich machen
insoluble unlöslich
~ **anode** unlösliche Anode f
~ **electrode** unangreifbare Elektrode f
~ **phase** unlösliche Phase f
inspection Kontrolle f; Prüfung f; Überwachung f; Abnahme f
~ **bed** Kontrollbett n, Abnahmebett n *(Walzen)*
~ **by attributes** Attributprüfung f
~ **by variables** Variablenprüfung f
~ **cover** Schaulochdeckel m
~ **flap** Schauklappe f
~ **gauge** Abnahmelehre f
~ **hole** Schauloch n
~ **line** Prüfstrecke f, Prüflinie f
~ **procedure** Prüfablauf m
~ **specification** Abnahmevorschrift f
~ **stand** Inspektionsstand m
inspector for dimensional stability Maß-
kontrolleur m

inspector's certificate Abnahmebescheini-
gung f
~ **stamp** Abnahmestempel m
instability Instabilität f
installed load Anschlußwert m, Anschluß-
leistung f, installierte Leistung f
instantaneous current Momentanstrom m
~ **heat transfer coefficient** zeitveränderli-
cher Wärmeübergangskoeffizient m
~ **length** momentane Länge f
~ **recovery** Entlastungsdehnung f
~ **strain** momentane Dehnung f
~ **strain rate** momentane Dehngeschwindigkeit f
~ **value** Augenblickswert m
Instron machine Instron-Zugprüfmaschine
f
instrument broadening instrumentelle Verbreiterung f, instrumentell bedingte Linienverbreiterung f *(eines Reflexes)*
~ **drift** Gerätedrift f
instrumental error Instrumentenfehler m,
Gerätefehler m
instrumented control Verfahrensregelung
f
insufficient grinding and sieving ungenügendes Mahlen n und Sieben n
~ **mixing** ungenügendes Mischen n *(Probenahme)*
insulate/to isolieren
insulating isolierend; nichtleitend
~ **back-up material** Außenisolationsmate-
rial n *(nicht feuerfest)*
~ **brick** Isolierstein m *(nicht feuerfest)*
~ **exothermic feeder head** Isolierhaube f,
isolierende Haube f
~ **layer** Isolierschicht f
~ **lining** Isolierfutter n
~ **material** Isolierstoff m; Dämmstoff m
~ **material against heat loss** Wärmedämmstoff m
~ **medium** Isolationsmittel n, Isoliermittel
n
~ **refractory** feuerfester Isolierstoff m
~ **sleeve** Isolierspeiser m
~ **tube** Isolationsrohr n
insulation 1. Isolieren n, Isolierung f; 2.
Wärmeisolierstoff m, Wärmedämmstoff
m
~ **against sound** Schallisolierung f
~ **mixture** Isoliermasse f
~ **resistance** Isolationswiderstand m
insulator Isolator m, Isolierkörper m
~ **flap** Isolatorkappe f
insusceptible to aging alterungsunemp-
findlich *(z. B. Stahl)*
intake Eintritt m, Einlaß m; Aufgabe f; Auf-
gabeseite f, Ansaugöffnung f
~ **connection** Ansaugstutzen m
~ **duct** Ansaugleitung f
~ **pipe** Ansaugrohr n

~ **pressure** Ansaugdruck *m*
~ **temperature** Ansaugtemperatur *f*
~ **valve** Ansaugventil *n*
~ **volume** Ansaugvolumen *n*
integral breadth Integralbreite *f*
~ **feeder** *(Umf)* Vorfüllscheibe *f*
~ **part** integrierender Bestandteil *m*
~ **value of force** Integralwert *m* der Kraft
integrated dry route process *(Pulv)* IDR-Verfahren *n (Verfahren zur Herstellung von Brennstoffen für Druckwasserreaktoren)*
~ **intensity** Integralintensität *f*
~ **iron and steel plant** gemischtes (integriertes) Hüttenwerk *n*
~ **steel plant (works)** gemischtes (integriertes) Hüttenwerk *n*
integrating pole-figure goniometer integrierendes Polfigurengoniometer *n*
integration ocular Integrationsokular *n*
~ **path** Integrationsweg *m*
intend/to bestimmen; vorsehen; auslegen
intended use Verwendungszweck *m*
intensification Druckmultiplikation *f (Druckguß)*
intensifier Verstärker *m*; Multiplikator *m (Druckguß)*
intensity calculation Intensitätsberechnung *f*
~ **change** Intensitätsübergang *m*
~ **contour** Intensitätsverlauf *m*
~ **distribution** Intensitätsverteilung *f*
~ **effect** Intensitätseinfluß *m*
~ **maximum** Intensitätsmaximum *n*
~ **measurement** Intensitätsmessung *f*
~ **of current** Stromstärke *f*
~ **of heat** Wärmeintensität *f*
~ **of scattering** Streuintensität *f*
~ **oscillation** Intensitätsoszillation *f*
~ **profile** Intensitätsprofil *n*
~ **range** Intensitätsstufe *f*, Intensitätsumfang *m*
~ **superposition** Intensitätsüberlagerung *f*
inter-particle spacing Partikelabstand *m*
~**-stage anneal** Zwischenglühung *f*
interaction 1. Wechselwirkung *f*; 2. Zusammenspiel *n*
~ **between first neighbours** Wechselwirkung *f* mit nächsten Nachbarn
~ **coefficient** Wechselwirkungskoeffizient *m*
~ **energy** Wechselwirkungsenergie *f*
~ **parameter** Wirkungsparameter *m*
~ **potential** Wechselwirkungspotential *n*
~ **section** Wechselwirkungsquerschnitt *m*
interactions of gases Wechselwirkungen *fpl* von Gasen
interannealed zwischengeglüht
interannealing Zwischenglühung *f*
interatomic distance Atomabstand *m (zwischen zwei benachbarten Atomen)*
~ **force** interatomare (zwischenatomare)

Kraft *f*
intercalation structure *(Pulv)* Einlagerungsstruktur *f (bei Hartstoffen)*
intercept fraction Sehnenanteil *m (quantitative Bildanalyse)*
~ **length** Sehnenlänge *f*, Schnittlinienlänge *f*, Abschnittslänge *f (zufällige Sehne in einem Kristallit bzw. Korn, deren Länge nicht dem Korndurchmesser entsprechen muß)*
~ **length distribution curve** Schnittlängenverteilungskurve *f (quantitative Bildanalyse)*
~ **length range** Schnittlängenbereich *m (quantitative Bildanalyse)*
~ **method** Linienschnittverfahren *n (quantitative Bildanalyse)*
interception mechanism Einfangmechanismus *m*, Auffangmechanismus *m*
interchange energy Austauschenergie *f*
~ **of sites** *(Krist)* Platzwechsel *m*
~ **interchangeability** Austauschbarkeit *f*
interchangeable austauschbar
~ **mould** *(Gieß)* auswechselbarer Formeinsatz *m*
~ **part** Austauschteil *n*
~ **pressure chamber** auswechselbare Druckkammer *f (Druckguß)*
~ **stand** Wechselgerüst *n*
interconnected pores *(Pulv)* zusammenhängende Poren *fpl*
interconnecting corrosion protection Verbundkorrosionsschutz *m*
intercooler Zwischenkühler *m*
intercooling Zwischenkühlung *f*
intercrystalline interkristallin
~ **corrosion** interkristalline Korrosion *f*, Korngrenzenkorrosion *f*
~ **cracking** Korngrenzenrisse *mpl*
~ **failure (fracture)** interkristalliner Bruch *m*, Korngrenzenbruch *m*
~ **oxidation** interkristalline Oxydation *f*
interdendritic interdendritisch
~ **graphite** interdendritischer Graphit *m (D- und E-Graphit)*
interdiffusion Interdiffusion *f*, chemische Diffusion *f*, Grenzflächendiffusion *f*
~ **coefficient** Interdiffusionskoeffizient *m*
interelectrode distance Elektrodenabstand *m*
interface Grenzfläche *f*, Trennungsfläche *f*, Phasengrenzfläche *f*
~ **adjustment** *(Wkst)* Grenzenbegradigung *f*
~ **area fraction** Grenzflächenanteil *m*
~ **boundary** Grenzflächengrenze *f*, Phasengrenze *f*
~ **boundary structure** Grenzflächenstruktur *f*
~ **condition** Grenzflächenzustand *m*
~**-controlled** grenzflächenkontrolliert, grenzflächengesteuert

~ **diffusion** Grenzflächendiffusion *f*
~ **energy** Grenzflächenenergie *f*
~ **kinetics** Grenzflächenkinetik *f*
~ **marker** Grenzflächenmarkierung *f*
~ **strain (tension)** Grenzflächenspannung *f*
interfacial dislocation Grenzflächenversetzung *f*
~ **energy** Grenzflächenenergie *f*
~ **excess** Grenzflächenüberschuß *m*
~ **mobility** Grenzflächenbeweglichkeit *f*
~ **relationship** Grenzflächenbeziehung *f*
~ **rupture** Grenzflächenbruch *m*
~ **shear strength** Grenzflächenfestigkeit *f*
~ **shear stress** Trennflächenschubspannung *f*, Oberflächenschubspannung *f*, Schubbeanspruchung *f* an der Oberfläche
~ **state function** Grenzflächenzustandsfunktion *f*
~ **strain** Grenzflächenspannung *f*
~ **structure** Grenzflächenstruktur *f*
~ **tension** Grenzflächenspannung *f*
interference Interferenz *f*, Überlagerung *f*; Störung *f*
~ **colour** Interferenzfarbe *f*
~ **condition** Interferenzbedingung *f*
~ **contrast microscopy** Interferenzkontrastverfahren *n*, Interferenzkontrastmikroskopie *f*
~ **echo sequence** Interferenzechofolge *f*
~ **evaporated layer** Interferenzaufdampfschicht *f*
~ **fit** Festsitz *m*, Preßpassung *f*
~ **fringe** Interferenzstreifen *m*
~ **layer** Interferenzschicht *f*
~ **layer microscopy** Interferenzschichtenmikroskopie *f*
~ **line** Interferenzlinie *f*, Interferenzstreifen *m*
~ **line picture** Interferenzstreifenbild *n*
~ **micrograph** Interferenzaufnahme *f*
~ **minimum** Interferenzminimum *n*
~ **phenomenon** Interferenzerscheinung *f*
~ **plate** Interferenzplatte *f*
~ **wavelength** Interferenzwellenlänge *f*
interfering element Störelement *n* (*z. B. bei Gußeisen mit Kugelgraphit*)
~ **impulse** Störimpuls *m*
interfuse/to [ver]mischen, durchmischen
intergranular intergranular, interkristallin
~ **corrosion** interkristalline Korrosion *f*, Korngrenzenkorrosion *f*
~ **failure (fracture)** interkristalliner Bruch *m*, Korngrenzenbruch *m*
~ **precipitate** Korngrenzenausscheidung *f*
intergrowth (*Krist*) Verwachsung *f*
~ **form** Verwachsungsform *f*
interinclusion spacing Einschlußabstand *m*
interior of the grain Korninneres *n*
~ **thread** Innengewinde *n*

interlamellea fissure Zwischenlamellenriß *m*
interlayer Zwischenschicht *f*, Trennschicht *f*
interlinkage Verkettung *f* (*z. B. von Hohlräumen bei Fließvorgängen*)
interlinking (*Umf*) Verkettung *f*
interlock Blockierung *f*
interlocked geschlossen
interlocking bricks ineinandergreifende Hängesteine *mpl*
~ **mechanism** Mechanismus *m* des Ineinandergreifens (*von Einzelmechanismen*), Überlappungsmechanismus *m*
~ **of particles** Zusammenhalt *m* von Einzelteilchen
intermediate and waste products Zwischen- und Abfallprodukte *npl*
~-**annealed** zwischengeglüht
~ **annealing** Zwischenglühen *n*, Zwischenglühung *f*
~ **bainite** mittlerer Bainit *m*, mittlere Zwischenstufe *f*
~ **bay** Zwischenhalle *f*
~ **bunker** Zwischenbunker *m*
~ **coat** Zwischenschicht *f*
~ **condition** Zwischenzustand *f*
~ **constituent** intermetallische Verbindung *f*
~ **cooling** Zwischenabkühlung *f*
~ **drawing block** (*Umf*) Mitteldrahtzug *m*
~ **echo** Zwischenecho *n*
~ **etch** Zwischenätzen *n*
~ **filleting piece** Maßmarke *f* für eine Kante (*Hohlkehle*)
~ **hardening** Zwischenstufenhärtung *f*
~ **layer** Zwischenschicht *f*
~ **lens current** Zwischenlinsenstrom *m* (*des Elektronenmikroskops*)
~ **mill** Zwischenstraße *f*, Zwischenwalzstrecke *f*, Zwischenstrecke *f*, Mittelwalzwerk *n*
~ **mill stand** Zwischen[walz]gerüst *n*
~ **[mould] part** (*Gieß*) Formmittelteil *n*, Formzwischenteil *n*
~ **phase** (*Krist*) intermediäre Phase *f*, intermetallische Verbindung *f*
~ **platform** Zwischenbühne *f*
~ **product** Zwischenprodukt *n*
~ **reaction** Zwischenreaktion *f*
~ **ring** Zwischenring *m* (*SM-Ofen*)
~ **roll** Zwischenwalze *f*
~ **roll stand** Mittel[walz]gerüst *n*
~ **roll step** Mittel[walz]staffel *f*
~ **screen** Zwischenbildschirm *m*
~ **shaft** Zwischenspindel *f*, Zwischenwelle *f*
~ **size** Zwischenmaß *n*
~ **stadium of sintering** Sinterzwischenstadium *n*
~ **stage** intermediäres Stadium *n*
~ **state** Zwischenzustand *m*
~ **step** Zwischenstufe *f*

~ **storage** Zwischenlager *n*
~ **transition precipitate** Zwischenausscheidung *f (Phase)*
intermeshing Verzahnungswirkung *f*
intermetallic intermetallisch
~ **compound** intermetallische Verbindung *f*
~ **II-IV compound** II-IV-Verbindung *f (intermetallische Verbindung aus Elementen der II. + IV. Gruppe)*
~ **III-V compound** III-V-Verbindung *f (intermetallische Verbindung aus Elementen der III. + V. Gruppe)*
~ **phase** *(Krist)* intermetallische Verbindung *f*, intermediäre Phase *f*
intermittent intermittierend, aussetzend
~ **boiling** zeitweises Kochen *n*
~ **duty** intermittierender Betrieb *m*
~ **operation** intermittierende Betriebsweise *f*
~ **tapping** intermittierender Abstich *m*
intermix/to durchmischen
intermixture Durchmischung *f*
internal chill 1. Innenkühlelement *n*; 2. umgekehrter Hartguß *m*
~ **cooling** Innenkühlung *f*
~ **corrosion** Innenkorrosion *f (in Rohren und Behältern)*
~ **crack** Innenriß *m*
~ **cracking** Kernrissigkeit *f*
~ **cutting wheel** Innenlochsäge *f*
~ **defect** Innenfehler *m*
~ **diameter** Innendurchmesser *m*
~ **diameter of tube** innerer Rohrdurchmesser *m*
~ **edge crack** innerer Kantenriß *m*
~ **electric circuit** Bäderstromkreis *m (Elektrolyse)*
~ **energy** innere Energie *f*
~ **evacuation (exhaust)** Innenabsaugung *f*
~ **fettling bench** *(Gieß)* Innenputzplatz *m*
~ **fissure** Innenriß *m*
~ **fitments** Innenausstattung *f*
~ **fracture** Innenbruch *m*
~ **friction** innere Reibung *f*
~ **friction stress** innere Reibungsspannung *f*
~ **grinder** Innenschleifmaschine *f*
~ **grinding** Innenschleifen *n*, Innenschliff *m*
~ **groove value** innerer Kerbwert *m*
~ **heat source** innere Wärmequelle *f*
~ **heat transfer resistance** innerer Wärmeleitwiderstand *m*
~ **mobility** innere Beweglichkeit *f*
~ **muffle** Schutzhaube *f*, Schutzmuffel *f*
~ **oxidation** innere Oxydation *f*
~ **pore** Innenpore *f*
~ **pressure** Innendruck *m*
~ **pressure test room** *(Gieß)* Abdrückerei *f*
~ **quality** Innenbeschaffenheit *f*
~ **resistance** Innenwiderstand *m*
~ **shrinkage** Innenlunker *m*

~ **strain broadening** Linienverbreitung *f* infolge von Eigenspannungen
~ **stress** Eigenspannung *f*
~ **stress field** inneres Spannungsfeld *n*
~ **tube coil** Rohrinnenspule *f*
internally pressure-loaded innendruckbeansprucht *(Rohr)*
international normal atmosphere internationale Atmosphäre *f*
interparticle grain boundary Korngrenze *f* über mehrere Pulverteilchen hinweg
~ **neck** *(Pulv)* Zwischenteilchenverbindung *f*
interpass temperature Durchgangstemperatur *f (beim Schweißen)*
interphase Zwischenphase *f*, Phasengrenzfläche *f*
~ **precipitation** Zwischenphasenausscheidung *f*
interplanar angle Flächenwinkel *m (zwischen zwei sich in einer Geradenspur schneidenden Flächen)*
~ **distance (spacing)** *(Krist)* Netzebenenabstand *m*
~ **spacing relationship** Netzebenenabstandsbeziehung *f*
interposing alloy Zwischenlegierung *f*
~-**alloyed** zwischenlegiert
interpretation of structure Gefügedeutung *f*
interrelationship Interrelation *f*, innere Abhängigkeit *f*
interrupt/to unterbrechen; abreißen *(Lichtbogen)*
interrupted deformation Mehrstufenumformung *f*, mehrstufige (unterbrochene) Umformung *f*
~ **loading** unterbrochene Belastung *f*
~ **pour** unterbrochener Guß *m*
~ **quenching** gebrochenes Härten *n*
interruption Unterbrechung *f*; Abreißen *n (des Lichtbogens)*; Störung *f*
~ **of blowing** Blasunterbrechung *f*
intersection Schnittpunkt *m*
~ **counter** Schnittpunktzähler *m*
~ **jog formation** Durchschneidungssprungbildung *f*
~ **length distribution** Sehnenlängenverteilung *f (quantitative Bildanalyse)*
~ **point counting** Schnittpunktzählung *f (quantitative Bildanalyse)*
~ **process** Schneidprozeß *m (bei Versetzungsbewegung)*
~ **softening** Schneidentfestigung *f (von Gleitebenen)*
interstage annealing Zwischenglühung *f*
~ **pickling** Zwischenbeizen *n*
interstice 1. Lücke *f*, Zwischenraum *m*; 2. *(Krist)* Zwischengitterplatz *m*
interstices Zwickel *mpl (Korngrenzen)*
interstitial interstitiell, mit Zwischenräumen; Zwischengitter…

interstitial Zwischengitteratom *n*, Einlagerungsatom *n*

~ **diffusion** Diffusion *f* über Zwischengitterplätze

~ **foreign atom** Einlagerungsfremdatom *n*

~ **formation** Zwischengitteratombildung *f*

~-**free steel** von interstitiellen Elementen freier Stahl *m*

~ **lattice line** Zwischengitterlinie *f*

~ **mechanism** Platzwechselmechanismus *m* über Zwischengitterplätze

~ **migration** Zwischengitteratomwanderung *f*

~ **position** Zwischengitteratomlage *f*

~ **self-diffusion** Selbstdiffusion *f* von Atomen auf Zwischengitterplätzen

~ **site** Zwischen[atom]gitterplatz *m*

~ **superlattice structure** Einlagerungsüberstruktur *f*

~-**vacancy interaction** Zwischengitteratom-Leerstellen-Wechselwirkung *f*

~-**vacancy pair** Zwischengitteratom-Leerstellenpaar *n*

interval Abstand *m*

~ **of fine grain** Feinkornintervall *n*

intimate mixture *(Pulv)* Durchmischung *f*

intracrystalline fracture intrakristalliner (transkristalliner) Bruch *m*

~ **segregation** intrakristalline Seigerung *f*

intricate shape kompliziertes Profil *n*

intrinsic semiconductivity Eigenhalbleitung *f*

~ **semiconductor** Eigenhalbleiter *m*

introduce/to einführen; einstecken

introduction 1. Einführung *f*; 2. Anstich *m* *(Walzen)*

~ **of the electrode bundles** Einfahren *n* der Elektrodenbündel

invar steel Invar *n (Ni-Fe-Legierung)*

invariant plane invariante Ebene *f (bei allotroper Umwandlung)*

inverse chill[ed casting] umgekehrter Hartguß *m*

~ **ingot segregation** umgekehrte Blockseigerung *f*

~ **segregation** umgekehrte Seigerung *f*

inversion Inversion *f*

~ **ambiguity** Inversionszweideutigkeit *f*

~ **casting** Kippgießen *n*, Kipptiegelgießverfahren *n*

~ **point** Umwandlungspunkt *m (von Modifikationen)*

~ **temperature** Inversionstemperatur *f*, Umkehrtemperatur *f*

inverted cone Kegelreaktor *m*

~ **ingot** umgekehrt-konischer Block *m*

~ **V segregation** umgekehrte V-Seigerung *f*

investment casting Feinguß *m*, Präzisionsguß *m (s. a. unter precision casting)*

~ **casting alloy** Feingußlegierung *f*

~ **casting works** Feingießerei *f*

~ **compound** Modellformstoff *m (beim Feinguß)*

~ **mould** Feingießform *f*

~ **moulding** Feingußverfahren *n*, Präzisionsgußverfahren *n*

~ **moulding material** Feingußformstoff *m*

~ **pattern** Feingußmodell *n*, Ausschmelzmodell *n*, ausschmelzbares (verlorenes) Modell *n*

inwall Ausmauerung *f*

iodide powder Jodidpulver *n*

~-**titanium material** Jodid-Titan-Werkstoff *m*

iodine Jod *n*

~ **azide process (spot test)** *(Korr)* Jod-[azid]tüpfelverfahren *n*

~ **structure** Jodstruktur *f*

ion Ion *n*

~ **beam machining** Ionenstrahlbearbeitung *f*, Ionenstrahlpräparation *f (von Metallfolien)*

~ **beam machining apparatus** Ionenstrahl[präparations]gerät *n*

~ **beam sputtering** Ionenstrahlzerstäubung *f*

~ **beam thinning** Ionenstrahldünnung *f*

~ **bombardment** Ionenbeschuß *m*

~ **cleaning** Ionenreinigen *n*

~ **current density** Ionenstromdichte *f*

~ **damage** Ionenschädigung *f (von Substanz durch einen Ionenstrahl)*

~ **discharger** Ionenentlader *m*

~ **etching** Ionenätzung *f*

~ **etching apparatus (device)** Ionenätzvorrichtung *f*

~ **exchange** Ionenaustausch *m*

~ **exchange membrane** Ionenaustauschmembran *f*

~ **exchange process** Ionenaustauschverfahren *n*

~ **exchange resin** Ionenaustausch[er]harz *n*, Kunstharzionenaustauscher *m*

~ **exchanger** Ionenaustauscher *m*

~ **exclusion** Ionenausschluß *m (Trennung von Elektrolyten und Nichtelektrolyten an Ionenaustauschern)*

~ **gun** Ionenquelle *f*

~ **implantation** *s.* ~ bombardment

~ **microprobe analysis** Ionenstrahlanalyse *f*

~ **milling** Ionenabtrag *m*

~ **probe** Ionenmikrosonde *f*

~ **production** Ionenerzeugung *f*

~ **scattering spectrometer** Ionenstreuspektrometer *n*

~-**selective** ionenselektiv

~ **source** Ionenquelle *f*

~ **theory** Ionentheorie *f*

ionic ionisch

~ **bonding** Ionenbindung *f*, heteropolare Bindung *f*

~ **conductivity** Ionenleitfähigkeit *f*

~ **distance** Ionenabstand *m*
~ **flux** Ionenstrom *m*
~ **hydration** Hydra[ta]tion *f* der Ionen
~ **interaction** interionische Wechselwirkung *f*
~ **migration** Ionenwanderung *f*
~ **mobility (movement)** Ionenbeweglichkeit *f*
~ **radius** Ionenradius *m*
~ **release mechanism** Ionenauslösung *f*
~ **species** Ionenart *f*
~ **speed** Wanderungsgeschwindigkeit *f* der Ionen
ionicity Ionizität *f*
ionitriding Ionitrieren *n*
ionization Ionisation *f*
~ **cross section** Ionisierungsquerschnitt *m*
~ **energy** Ionisierungsenergie *f*
~ **equilibrium** Ionisationsgleichgewicht *n*
~ **potential** Ionisierungsspannung *f*
~ **probability** Ionisierungswahrscheinlichkeit *f*
~ **rate** Ionisierungsgeschwindigkeit *f*
~ **spectrometer** Ionisationsspektrometer *n*
ionize/to ionisieren
ionizer Ionisierungsmittel *n*
ionizing power Ionisationsvermögen *n*
~ **radiation** ionisierende Strahlung *f*
iridium Iridium *n*
iris aperture Irisblende *f*
iron Eisen *n*
~ **alloy** Eisenlegierung *f*
~-**aluminium-silicon alloy** Eisen-Aluminium-Silizium Legierung *f*
~ **amalgam** Eisenamalgam *n*
~ **and steel metallurgy** Eisenmetallurgie *f*, Eisenhüttenkunde *f*, Eisenhüttenwesen *n*
~ **and steel plant (works)** gemischtes (integriertes) Hüttenwerk *n*
~ **ball** Eisenluppe *f*
~-**based sintered material** Sinterwerkstoff *m* auf Eisenbasis, Sinterbelag *m*
~ **beam** Eisenträger *m*
~-**bearing material** eisenhaltiges Material *n*
~ **blast furnace** Eisenhochofen *m*
~ **bloom** Eisenluppe *f*
~ **body** *(Pulv)* Eisenkörper *m*, Eisenbauteil *n*
~ **bronze** Eisenbronze *f*
~ **carbide** Eisenkarbid *n*
~-**carbon alloy** Eisen-Kohlenstoff-Legierung *f*
~-**carbon [phase] diagram** Eisen-Kohlenstoff-Zustandsdiagramm *n*, Fe-C-Zustandsschaubild *n*
~ **carbonate** Eisenkarbonat *n*
~ **casting** Eisenguß *m*
~-**cementite diagram** Eisen-Eisenkarbid-Zustandsdiagramm *n*, Eisen-Zementit-Zustandsschaubild *n*, Fe-Fe$_3$C-Zustandsschaubild *n*
~-**cerium oxide** Eisen-Zer-Oxid *n*

~ **charge** Eisen[ein]satz *m (Hochofen, Kupolofen)*
~ **chloride** Eisenchlorid *n*
~-**chromium alloy** Eisen-Chrom-Legierung *f*
~ **cinder** Hochofenschlacke *f*
~-**cobalt alloy** Eisen-Kobalt-Legierung *f*
~-**cobalt mixing formate** Eisen-Kobalt-Mischformat *n*
~ **content** Eisengehalt *m*
~ **core** Eisenkern *m*
~ **crowbar** Brechstange *f*
~ **droplet** Eisentröpfchen *n*
~ **dross** Eisenabbrand *m*, Eisenverlust *m (durch Verschlackung)*
~ **filings** Eisenfeilspäne *mpl*
~ **fines** Eisenabrieb *m*
~ **foundry** Eisengießerei *f*
~-**free** eisenfrei
~-**free copper sulphide** eisenfreies Kupfersulfid *n*
~ **froth** *(Min)* schwammiger Haematit *m*
~ **glance** *(Min)* Eisenglanz *m*, Haematit *m*
~-**graphite friction bearing** Eisen-Graphit-Gleitlager *n*
~-**graphite-lead composite material** Eisen-Graphit-Blei-Verbundwerkstoff *m*
~-**graphite plain bearing** Eisen-Graphit-Gleitlager *n*
~-**graphite sintered material** Eisen-Graphit-Sinterwerkstoff *m*
~ **gutter** Eisenrinne *f*
~ **hydroxide** Eisenhydroxid *n*
~ **industry** Eisenhüttenindustrie *f*
~-**iron carbide diagram** *s.* ~-**cementite diagram**
~-**lead matte** Bleieisenstein *m*
~ **loss[es]** Eisenverlust *m*
~-**manganese alloy** Eisen-Mangan-Legierung *f*
~ **matte** Eisenstein *m*
~ **metallurgy** Eisenmetallurgie *f*, Eisenhüttenkunde *f*, Eisenhüttenwesen *n*
~ **minium** Eisenmennige *f*
~ **mixer** Roheisenmischer *m*
~ **mould** Eisenform *f*, Kokille *f*
~ **moulded piece** Eisenformteil *n*
~ **mounting** Eisenbeschlag *m*
~-**nitrogen alloy** Eisen-Stickstoff-Legierung *f*
~ **notch** Eisen[ab]stich *m*, Eisen[ab]stichloch *n*
~ **ochre** *(Min)* Eisenocker *m*, Berggelb *n*
~ **ore benefication** Eisenerzaufbereitung *f*, Eisenerzanreicherung *f*
~ **ore deposit** Eisenerzlagerstätte *f*, Eisenerzvorkommen *n*
~ **ore dressing** Eisenerzaufbereitung *f*
~ **ore pellet** Eisenerzpellet *n*
~ **ore reduction** Eisenerzreduktion *f*
~ **ore sinter** Eisenerzsinter *m*

~ **oxidation** Eisenoxydation f, Eisenver-
brennung f
~ **oxide** Eisenoxid n
~ **oxide apatite** (Min) Eisenoxidapatit m
~ **oxide covering** erzsaure Umhüllung f
~ **oxide powder** Eisenoxidpulver n
~ **phosphate** Eisenphosphat n
~ **phosphide** Eisenphosphid n
~ **Portland cement** Eisenportlandzement
m
~ **powder** Eisenpulver n
~ **powder extraction** Eisenpulvergewin-
nung f, Eisenpulverherstellung f
~ **precipitate** Eisenausscheidung f
~ **pressing** Eisenformteil n, Eisenpreßling
m
~ **protoxide** Eisenmonoxid n
~ **raw material** Eisenrohstoff m
~-**rich** eisenreich
~-**rich impurity phase** eisenreiche Beimengung f
~ **runner** Eisenrinne f
~-**saturated** eisengesättigt
~ **scale** Eisensinter m, Eisenzunder m, Ei-
senhammerschlag m
~ **scrap** Gußbruch m, Eisenschrott m
~-**scrap practice** Roheisen-Schrottverfah-
ren n
~ **sheet** Stahlblech n
~ **silicate slag** Eisensilikatschlacke f
~-**silicon alloy** Eisen-Silizium-Legierung f
~ **slagging** Eisenverschlackung f
~ **solid** (Pulv) Eisenkörper m, Eisenbauteil
n
~ **spar** Eisenspat m
~ **spillage** Spritzeisen n
~ **sulphide** Eisensulfid n
~ **sump** Roheisensumpf m
~ **taphole** Eisen[ab]stich m, Eisen[ab]-
stichloch n
~-**to-coke ratio** Gewichtsverhältnis n Eisen
zu Koks im Satz
~ **trellis** Eisenfachwerk n
~ **trough** Masselgraben m
~ **trunk** (Pulv) Eisenkörper m, Eisenbauteil
n
~ **whisker** Eisenwhisker m (fadenförmiger
Kristall)
~ **window bar** Fenstereisen n
~ **wire** Eisendraht m (Stahldraht unter
1 000 MN/m² Festigkeit)
α-**iron** α-Eisen n, Alphaeisen n
β-**iron** β-Eisen n, Betaeisen n
γ-**iron** γ-Eisen n, Gammaeisen n
δ-**iron** δ-Eisen n, Deltaeisen n
ironing Abstreckziehen n
ironmaking Eisenherstellung f, Eisenerzeu-
gung f
~ **plant** Eisenhütte f
~ **technique** Verhüttungstechnik f, Eisen-
hüttentechnik f
ironworks Eisen[hütten]werk n

~ **chemistry** Eisenhüttenchemie f
irradiation Bestrahlung f
~ **centre** Bestrahlungszentrum n
~ **damage** Strahlenschädigung f (durch Bestrahlung verursachte Gitterfehler)
~ **dose** Strahlendosis f, Bestrahlungsdosis
f
~ **hardening** Bestrahlungsverfestigung f
~ **sensitivity** Strahlungsempfindlichkeit f
~ **temperature** Bestrahlungstemperatur f
irreducible nicht reduzierbar
irregular descent Rücken n der Gichten
~ **joint** profilierte Teilung f, abgesetzte Teilfläche f
~ **particles** Teilchen npl mit unregelmäßi-
ger Gestalt
~ **pass design** irreguläre Kalibrierung f,
Formstahlkalibrierung f
~ **powder** spratziges Pulver n
~-**shaped particles** s. ~ particles
irregularities belanglose Fehler mpl
~ **in density** Dichteschwankungen fpl
(Formstoff, Stampfmasse)
irreversible deformation bleibende Formänderung f, [plastische] Umformung f
~ **iron-nickel alloy** irreversible Eisen-Nik-
kel-Legierung f
~ **steel** umwandlungsfreier (nicht umkri-
stallisierbarer) Stahl m
irrigate/to berieseln
IS-furnace IS-Schachtofen m, Imperial-
Smelting-Schachtofen m
IS-process IS-Verfahren n, Imperial-
Smelting-Verfahren n, IS-Pro-
zeß m (Pb-Zn-Gewinnung)
ISI = The Iron and Steel Institute
Isley control system Ofenzugsteuerung f
System Isley
~-**controlled open-hearth furnace** Siemens-Martin-Ofen m mit Isley-Ofenzug-
steuerung
ISO = International Organization for
Standardization
ISO sharp notch test bar ISO-Scharfkerb-
probe f
ISO V-notch test bar ISO-Spitzkerbprobe f
isoactivity line Isoaktivitätslinie f
isobaric condition isobare Bedingung f
isochronal anneal[ing] isochrones Glühen
n
isocline Isokline f, Linie f gleicher Spannung
isocyanate Isozyanat n
isoelectric temperature isoelektrische
Temperatur f
isohydric pH-wertgleich, von gleichem pH-
Wert
isokinetic sampling isokinetische Probenahme f
isolate/to isolieren
isolated isoliert, vereinzelt; freistehend
~ **constituent** Isolat n

~ constituent collection Isolatgewinnung *f*
isolation Isolierung *f*, Abtrennung *f*, Reindarstellung *f*
isomorphous isomorph
isopropyl alcohol Isopropylalkohol *m*
isoscele gleichschenklig
isostatic[al] isostatisch
~ pressing isostatisches Pressen *n*, Isostatischpressen *n*
isostatically pressed isostatisch gepreßt
isostructural strukturgleich, isostrukturell
isotherm Isotherme *f*, Linie *f* gleicher Temperatur
isothermal isotherm
~ anneal[ing] isothermes Glühen *n*
~ bath isothermes Bad *n*
~ condition isotherme Bedingung *f*
~ densification isotherme Verdichtung *f*
~ extrusion isothermes Strangpressen *n*, Isothermstrangpressen *n*
~ melting isothermisches Schmelzen *n*
~ nose time Temperaturlage *f* der Perlitnase
~ process isothermes Verfahren *n*
~ quenching isothermes Abschrecken *n*
~ reaction isotherme Reaktion *f*, isothermer Umwandlungsvorgang *m*
~ section isothermer Schnitt *m*
~ transformation isotherme Umwandlung *f*
~ transformation chart *s.* ~ transformation diagram
~ transformation curve isotherme Umwandlungskurve *f*
~ transformation diagram isothermes Umwandlungsdiagramm *n*, isothermes Umwandlungsschaubild *n*
isotope Isotop *n*
~ effect Isotopeneffekt *m*, Isotopieeffekt *m*
~ fluorescence analyzer Isotopenfluoreszenzanalysator *m*
~ instrument Isotopengerät *n*
~ measuring method Isotopenmeßtechnik *f*
isotopic composition Isotopenzusammensetzung *f*
~ thickness measuring gauge Isotopendickenmeßgerät *n*
isotropic lattice isotropes Gitter *n*
isotropy Isotropie *f*, Richtungsunabhängigkeit *f*
~ condition Isotropiebedingung *f*
ISP *s.* Imperial Smelting process
issue/to entweichen, ausströmen; ausströmen lassen
IT curve *s.* isothermal transformation curve
IT diagram *s.* isothermal transformation diagram
iteration method Iterationsverfahren *n*
ITT *s.* impact transition temperature
Izett steel Izett-Stahl *m*

Izod impact strength *(Wkst)* Kerbschlagfestigkeit *f* mittels Izod-Probe
~ impact test *(Wkst)* Kerbschlagversuch *m* mittels Izod-Probe
~ impact test specimen *(Wkst)* Kerbschlag-Izod-Probe *f*
~ notched specimen *(Wkst)* Kerbschlag-Izod-Probe *f*
~ test *(Wkst)* Kerbschlagversuch *m* mittels Izod-Probe

J

J-integral J-Integral *n*
jack up/to aufbocken
jack 1. Hebebock *m*, Hebebühne *f*; Winde *f*; 2. *s.* sphalerite
~ arch Stützgewölbe *n*
~ star *(Gieß)* Putzstern *m*
jacket/to ummanteln
jacket 1. Mantel *m* *(z.B. eines Schachtofens);* 2. *(Gieß)* Rahmen *m*, Formrahmen *m*, Kastenrahmen *m*, Überlaufkasten *m;* 3. Bandage *f* *(Warmwalzen)*
~ cooler Mantelkühler *m*
~ cooling Mantelkühlung *f*, Abkühlung *f* mit Wassermantel
~ material *(Pulv)* Hüllenwerkstoff *m*
~ press *(Umf)* Mantelpresse *f*
jacking-up Aufbocken *n*
Jacquard needle wire Jacquardnadeldraht *m*, Draht *m* für Jacquardnadeln, Nadeldraht *m* für Jacquardwebstühle
jagged zackig; gekerbt
jakobite *(Ff)* Jakobit *n* *(schmelzgegossenes Erzeugnis)*
Jalcase steel Jalcase-Stahl *m*
jam/to 1. festfressen, festklemmen; blockieren; 2. *(Pulv)* pressen
jam Festfressen *n*, Verkeilung *f*, Festsitz *m* durch Verklemmung; Blockierung *f*
japan/to brandlackieren *(lackieren mit anschließender Hitzehärtung)*
japanning Brandlackieren *n* *(Lackieren mit anschließender Hitzehärtung)*
~ compound Einbrennlack *m*
Jaquet layer Jaquet-Schicht *f* *(auf Elektroden in Elektrolyten)*
jar/to rütteln; *(Gieß)* rüttelverdichten *(Formsand)*
jar 1. Rüttelstoß *m;* 2. Gefäß *n* *(keramisch oder gläsern)*
~ ramming *(Gieß)* Rüttelverdichtung *f* *(von Formsand)*
Jargal brick *(Ff)* Jargal-Stein *m* *(französische Produktion, entspricht dem amerikanischen „Monofrax" mit 95 % Al$_2$O$_3$)*
jarosite *(Min)* Jarosit *n*
~ process Jarosit-Verfahren *n* *(Eisenfällungsverfahren)*
jarring density Rütteldichte *f*

~ **moulding machine** *(Gieß)* Rüttelformmaschine *f*

~ **pressure moulding machine** *(Gieß)* Rüttelpreßformmaschine *f*

~ **table** Rütteltisch *m*

jaw Backe *f*, Backen *m*; Klemmbacke *f*; Spannbacke *f*; Gleitbacke *f*; Klaue *f*

~ **breaker** Backenbrecher *m*

~ **chuck** Spannfutter *n*, Backenfutter *n*

~ **clutch** Zahnkupplung *f*

~ **crusher** Backenbrecher *m*

~ **crushing** Grobzerkleinerung *f*

jerk *(Umf)* Rattermarke *f (beim Drahtziehen nichtgeschmierte Stelle)*

~ /**without a** stoßfrei

jerking table *(Aufb)* Schüttelherd *m*

jet 1. Strahl *m*; Materiestrahl *m*; 2. Düse *f*; Spritzdüse *f*; 3. Düsenbohrung *f*

~ **angle** *(Pulv)* Strahlwinkel *m (des Verdüsungsmediums)*

~ **distance** *(Pulv)* Abstand *m* zwischen Austrittsöffnung des Verdüsungsmediums und des Metallstrahls

~ **dryer** Luftstromtrockner *m*, Düsentrockner *m*

~ **mill** Strahlmühle *f*

~ **nozzle** Strahldüse *f*

~ **penetration depth** Strahleindringtiefe *f*, Brennstoffstrahleindringtiefe *f (in eine Wirbelschicht)*

~-**polishing apparatus** Strahlpolierzelle *f*

~ **polishing technique** Düsenpolierverfahren *n*

~ **pressure** Strahldruck *m*

~ **process** Düsenabstreifverfahren *n (Verzinken)*

~ **test method** *(Korr)* Strahlverfahren *n*

~ **thinning** Strahldünnen *n*

~-**type furnace** Düsenofen *m*

~ **velocity** Strahlgeschwindigkeit *f (des Elektrolytstrahls)*

~ **washer** Sprühdüsenwascher *m*

jib Ausleger *m*; Auslegerarm *m*

~ **crane** Schwenkkran *m*, Drehkran *m*, Auslegerkran *m*

~ **stay** Auslegerstütze *f*

jiffy-tight connectors *(Gieß)* Schnellverschlußkupplung *f*

jig 1. Einspannvorrichtung *f*, Aufspannvorrichtung *f*; 2. *(Aufb)* Setzmaschine *f*

~ **bed** *(Aufb)* Setzbett *n*

~ **box** *(Aufb)* Setzkasten *m*

~ **screen** *s.* jigging screen

~ **washer** *(Aufb)* Naßsetzmaschine *f*

jigging *(Aufb)* Setzarbeit *f*

~ **machine** *(Aufb)* Setzmaschine *f*

~ **point** Ausgangspunkt *m*, Anschlagpunkt *m*, Einspannhilfe *f (für Bearbeitung von Gußformen)*

~ **screen** 1. Rüttelsieb *n*, Schüttelsieb *n*; 2. *(Aufb)* Setzsieb *n*

jobbing foundry Kundengießerei *f*

joggle/**to** schütteln

join/**to** fügen, verbinden

joining pipe Anschlußrohr *n*

joint/**to** verbinden; dichten; fügen, zusammenfügen

joint 1. Fuge *f*; Mörtelfuge *f*; 2. Dichtung *f*; 3. Gelenk *n*, Scharnier *n*; 4. Stoß *m*; Stoßstelle *f*; 5. Verbindung *f*

~ **bar** Lasche *f*

~ **bolt** Gelenkbolzen *m*

~ **design** Schweißnahtform *f*, Schweißnahtgestaltung *f*

~ **end** Gelenkkopf *m*

~ **face** *(Gieß)* Teilungsfläche *f*, Teilungsebene *f (der Form)*

~ **flash** *(Gieß)* Grat *m* an der Teilungsfläche, Kerngrat *m*

~-**free lining** fugenlose Auskleidung *f*

~ **geometry** Schweißnahtgeometrie *f*

~ **grease** Dichtungsfett *n*

~ **line** *(Gieß)* Teilungslinie *f*

~ **point** Stoßstelle *f*, Verbindungsstelle *f*

~ **quality** Verbindungsgüte *f*

~ **sealing** *(Gieß)* Dichtungsrand *m*, Dichtungsrille *f*, Sandwulst *m(f)*, Sandfurche *f*

~ **spindle** Gelenkspindel *f*

~ **strength** Festigkeit *f* von Schweißverbindungen

~ **surface** *(Gieß)* Teilungsfläche *f*, Teilungsebene *f*

~ **thickness** Schweißnahtdicke *f*

jointing Verbinden *n*, Dichten *n*; Fugen *n*, Zusammenfügen *n*

~ **compound** Dichtungsmasse *f*

~ **compound for furnace masonry** Ofenmauerdichtungsmasse *f*

~ **mixture** Ausfugmasse *f*

joist Doppel-T-Träger *m*, I-Träger *m*

~ **rolling mill** Trägerwalzwerk *n*

jolt/**to** *(Gieß)* rüttelverdichten *(Formsand)*

~-**ram** unter Rütteln aufstampfen

jolt Stoß *m*

~ **high-pressure squeeze moulding machine** *(Gieß)* Rüttelhochdruck-Preßformmaschine *f*

~ **lift moulding machine** *(Gieß)* Rüttelabhebeformmaschine *f*

~ **moulding machine** *(Gieß)* Rüttelformmaschine *f*

~ **ramming** *(Gieß)* Rüttelverdichtung *f (von Formsand)*

~ **roll-over moulding machine** *(Gieß)* Umrollrüttelformmaschine *f*

~ **squeeze moulding** *(Gieß)* Rüttelpreßformen *n*

~-**squeeze moulding machine** *(Gieß)* Rüttelpreßformmaschine *f*

~-**squeeze moulding process** *(Gieß)* Rüttelpreßformverfahren *n*

~-**squeeze pin lift moulding machine** *(Gieß)* Rüttelpreßabhebeformmaschine *f*

~ **squeeze roll-over moulding machine**
(Gieß) Umrollrüttelpreßformmaschine f
~ **squeeze turnover moulding machine**
(Gieß) Rüttelpreßwendeformmaschine f
~ **turnover draw machine** *(Gieß)* Rüttelwendeabsenkmaschine f
~ **turnover moulding machine** *(Gieß)* Rüttelwendeformmaschine f
jolter *(Gieß)* Rüttler m
jolting *(Gieß)* Rütteln n
~ **anvil** Rüttelamboß m
~ **density** Rütteldichte f
~ **machine** *(Gieß)* Rüttelmaschine f
~ **mechanism** *(Gieß)* Rütteleinrichtung f,
Rüttelvorrichtung f; Rüttelmotor m
~ **plate** *(Gieß)* Beschwerplatte f beim Rütteln
~ **table** Rütteltisch m
~ **unit** *(Gieß)* Rütteleinheit f
~ **vibratory squeeze moulding machine**
(Gieß) Rüttelvibrationspreßformmaschine f
Jominy test Stirnabschreckversuch m
[nach Jominy], Jominy-Versuch m
Joule current heat Joulesche Stromwärme
f
Joule's law Joulesches Gesetz n
journal Zapfen m, Achsschenkel m; Laufzapfen m *(Walzen)*
jump/to springen
jump Sprung m *(z. B. eines Atoms)*
~ **direction** Sprungrichtung f *(eines Versetzungssprungs)*
~ **frequency** Sprungfrequenz f
~ **level** Sprunghöhe f
~ **probability** Sprungwahrscheinlichkeit f
jumping distance Sprungabstand m
~ **frequency** Sprungfrequenz f
~ **mill** Springwalzwerk n, Schleppwalzwerk
n; Sprungduowalzwerk n; Triowalzwerk
n mit verstellbarer Walzebene
junction 1. Verbindung f, Zusammenfügung f; 2. Verbindungsstelle f; Knotenpunkt m; 3. Grenzfläche f, Berührungsfläche f, Phasengrenzfläche f
~ **box** Rohrverbindungsmuffe f
~ **rail** Anschlußschiene f
junior beam dünnwandiger Träger m großer Steghöhe
~ **channel** dünnwandiger Winkel m

K

K s. size-effect factor
K$_{IC}$ s. 1. breaking toughness; 2. fracture
toughness parameter; 3. critical stress intensity factor
K$_\alpha$ doublet K$_\alpha$-Dublett n
Kaldo furnace Kaldo-Konverter m
~ **heat** Kaldo-Schmelze f
~ **process** Kaldo-Verfahren n

~ **vessel** Kaldo-Konvertergefäß n
kanthal alloy Kanthal n *(Fe-Cr-Al-Co-Legierung)*
kaolin Kaolin m
~ **plastic refractory clay** Kaolinklebsand m
~ **sand** Kaolinsand m
kaolinitic clay kaolinitischer Ton m
Kasper polyhedron *(Krist)* Kasper-Polyeder
n
keel block [specimen] *(Gieß)* Keilprobe f,
y-Probe f
keen scharf; schneidend
keep under observation/to überwachen
Kelex kupferspezifisches Extraktionsmittel
(Ashland Chemical Company)
Kelly filter Kelly-Filter n *(Plattendruckfilter)*
Kelvin Kelvin n
~ **double bridge** Kelvin-Doppelbrücke f
kerf Schnittfuge f
kernel mass Kernmasse f *(Hartmetallziehstein)*
~ **roasting** Kernrösten n *(von Erzen)*
kerosene Gemisch aliphatischer Kohlenwasserstoffe *(Siedepunkt 200–260 °C)*
kettle Kessel m
key/to verkeilen, festkeilen
key Keil m; Keilstein m
~ **brick** Schlußstein m *(Ofenausmauerung)*
~ **pin** Keilstift m
~ **seat** Keilnut f
~ **slot** Keilnut f
keyhole process Stichlochtechnik f
~ **specimen** Kerbschlagprobe f mit Schlüssellochkerb
keying Keilverbindung f
keypoint Schwerpunkt m
keyseater Keilsitzfläche f, Keilauflagefläche f
keyway Keil[längs]nut f
~ **cutter** Nutenfräser m
~ **of the slot** Nutenkeilbahn f
keywaying Keilnutherstellung f
kick-off *(Gieß)* Abschiebeeinrichtung f
kicking block *(Gieß)* Riegelkeil m
kidney ore *(Min)* Nierenerz n, nierenförmiger Hämatit m, roter Glaskopf m
~ **piece** Zwischenstück n *(Druckguß)*
kieselgu[h]r Kieselgur f, Diatomeenerde f,
Infusorienerde f
kieserite *(Min)* Kieserit m
Kikuchi line Kikuchi-Linie f *(im Beugungsdiagramm)*
~ **line analysis** Kikuchi-Linienanalyse f
kill/to beruhigen *(Stahl)*
~ **the melt** die Schmelze beruhigen (abstehen lassen)
killed lime gelöschter Kalk m
~ **spirits** Lötwasser n
~ **steel** beruhigter (beruhigt vergossener)
Stahl m
~-**steel ingot** beruhigter (beruhigt vergossener) Stahlblock m

killing Beruhigung f *(von Stahl)*
~ **agent** Beruhigungsmittel n
kiln/to [im Ofen] rösten
kiln Ofen m, Röstofen m, Kalzinierofen m,
  Brennofen m
~ **arch** Ofengewölbe n
~ **door** Ofentür f
~ **draught** Ofenzug m
~-**dried** ofengetrocknet, ofentrocken
~ **dryer** Trockenofen m
~ **efficiency** Ofenleistung f
~ **floor** Ofensohle f
~ **for burning limestone and dolomite**
  Brennofen m für Kalk und Dolomit
~ **hood** Ofenkopf m *(Drehrohrofen)*
~ **off-gas** Ofenabgas n
kind of bottoms Herdarten fpl
~ **of firing** Art f der Beheizung
~ **of hearths** Herdarten fpl
~ **of lattice defect** Gitterdefektart f
~ **of powder** Pulverqualität f
~ **of sampling** Bemusterungsart f, Art f der
  Probenahme
~ **of stressing** Beanspruchungsart f
kindle/to anzünden, entzünden; sich entzünden, anbrennen
kindling Entzünden n, Entzündung f, Anzünden n, Anbrennen n
~ **point** Flammpunkt m
~ **temperature** Entzündungstemperatur f,
  Flammtemperatur f
kinematic viscosity kinematische Viskosität (Zähigkeit) f
kinetic energy kinetische Energie f, Bewe-
  gungsenergie f
~ **law** Wachstumsgesetz n
~ **resistance** [reaktions]kinetischer Widerstand m
kinetics of compression Verdichtungskinetik f
~ **of shrinkage** Schwindungskinetik f
~ **of sintering** Sinterkinetik f
~ **of transformation** Umwandlungskinetik f
king brick Königsstein m *(Blockguß)*
kink/to [aus]knicken
kink Kinke f, Knick m *(z. B. von Gleitlinien,
  Gleitbändern)*
~ **band** Knickband n
~ **band formation** Knickbandbildung f
kinking Knickung f
Kirkendall effect (phenomenon) Kirken-
  dall-Effekt m *(Vergrößerung der Porosität durch Diffussion)*
~ **porosity** Kirkendall-Lochbildung f
~ **shift** Kirkendall-Verschiebung f *(bei Diffusion)*
Kirzet process Kirzet-Prozeß m *(gleichzei-
  tige Gewinnung von Blei und Zink aus Erzkonzentraten)*
kish Bleischlacke f, Bleikrätze f
~ **graphite** Garschaumgraphit m
~ **graphite inclusion** Graphitnest n

~ **graphite spots** Graphitporen fpl
kiss gate Überlappungsanschnitt m
klinker s. clinker
knead/to kneten
~ **thoroughly** durchkneten
kneader Kneter m
kneading machine (mill) Knetmaschine f
~ **mixer** Knetmischer m
knife Messer n
~ **blade** Messerklinge f
~ **block** Messerhalter m
~-**line attack** s. ~-line corrosion attack
~-**line corrosion** Messerschnittkorrosion f
~-**line corrosion attack** Messerlinienangriff
  m, interkristalliner Korrosionsangriff m
  auf schmalem Streifen
~ **pass** geteiltes Kaliber n, Schneidkaliber n
~ **steel** Messerstahl m
~ **switch** Messerschalter m
~ **wheel** Messerrad n
Knight shift Knight-Shift m
knitting model Verkettungsmodell n
~ **needle wire** Stricknadeldraht m
~ **process** Verstrickungsvorgang m *(von Versetzungen)*
knobbled iron Herdfrischeisen n, Puddeleisen n
knobbling fire Luppenfrischfeuer n
knock off/to *(Gieß)* abschlagen *(Speiser,
  Anschnitt)*
~ **off runner and feeder** Kreislaufmaterial
  (Anschnitt- und Speisesystem) abtrennen
~ **out** 1. ausstoßen, auswerfen, heraus-
  stoßen; 2. *(Gieß)* ausleeren
knock-off *(Gieß)* Abschlagen n
~-**off feeder** Abschlagspeiser m
~-**off feeder core** Einschnürkern m, Brechkern m
~-**off personnel** 1. Abschläger mpl; 2. Aus-
  leerer mpl
~-**off place** Abschlagplatz m
~-**off riser** s. ~-off feeder
~ **off riser core** s. ~-off feeder core
~-**off room** Abschlagplatz m
~-**out** 1. Auswerfer m, Ausdrücker m; 2.
  (Gieß) Ausleeren n
~-**out bar** Brechstange f, Stoßeisen n, Losschlageisen n, Ausschlageisen n
~-**out by jolting** Ausleeren n durch Rütteln
~-**out by vibration** Ausleeren n durch Vibration
~-**out core** Einlegekern m *(Druckguß)*
~-**out floor** Ausschlagplatz m
~-**out grate conveyor** Förderausschlagrost
  m
~-**out grid** Ausschlagrost m
~-**out jolter** Ausschlagrüttler m
~-**out machine** Ausleereinrichtung f
~-**out mechanism** Ausstoßvorrichtung f,
  Auswerfer m
~-**out pin** Ausdrückstift m

~-out table Auspacktisch *m*; Ausleertisch *m*

knocking-off Abschlagen *n (des Anschnittsystems)*

Knoop diamond Knoop-Diamant *m*
~ hardness Knoop-Härte *f*
~ hardness test Härteprüfung *f* nach Knoop

kovar Kovar *n (Fe-Ni-Co-Legierung)*

knuckle 1. Knie[stück] *n*; 2. Kniehebel *m*
~ joint Kniehebelverschluß *m (Druckgußmaschine)*
~ lever press Kniehebelpresse *f*

Knudsen number Knudsen-Zahl *f*

knurl/to rändeln, aufrauhen

knurl Rändelrad *n*

knurled nut Griffmutter *f*, gerändelte Mutter *f*

knurling head Rändelkopf *m*

Köhler illumination principle Köhlersches Beleuchtungsprinzip *n*

Koppers oven Koksofen *m* Bauart Koppers, Koppers-Koksofen *m (Verbundkreisstromofen)*

Korvisit block *(Ff)* Korvisit-Stein *m (ungarische Produktion, entspricht dem amerikanischen „Monofrax A" mit etwa 99 % Al₂O₃)*

Kossel-Stranski theory Kossel-Stranski-Theorie *f*

kovar Kovar *n (Fe-Ni-Co-Legierung)*

Kroll process Kroll-Verfahren *n (metallothermische Reduktion)*

Kronig-Penney potential Kronig-Penney-Potential *n*

Krupp-Renn process Krupp-Renn-Verfahren *n (Eisen- und Nickelgewinnung)*

krypton Krypton *n*

Kurdjumov-Sachs transformation Umwandlungsmechanismus *m* nach Kurdjumov und Sachs

KYS process = Klöckner-Youngstown Steel Making Process

L

L-charcoal = low-temperature charcoal

labelling device Etikettiervorrichtung *f*, Beschriftungseinrichtung *f*

laboratory furnace Laboratoriumsofen *m*
~ sample Laborprobe *f*
~ sand testing *(Gieß)* Sandprüfung *f* im Labor

lace/to aneinanderbinden

lack of adhesion Bindefehler *m*
~ of fusion Bindefehler *m*, Ungänze *f*
~ of gas Gasmangel *m*
~ of mechanical strength Festigkeitsverminderung *f*
~ of root fusion ungenügende Durchschweißung *f*

lacquer Lack *m*, Farblack *m*; Überzugslack *m*

lacquered copper wire Kupferlackdraht *m*
~ wire Lackdraht *m*, lackierter Draht *m*

ladle/to [mit der Pfanne] gießen

ladle 1. Pfanne *f*, Gießpfanne *f*; 2. Gießlöffel *m*
~ addition Pfannenzusatz *m*
~ additions weigh hopper Pfannenzusatzwiegebunker *m*
~ aftertreatment Pfannennachbehandlung *f*
~ aftertreatment stand Pfannennachbehandlungsstand *m*
~ bail Pfannengehänge *n*, Gieß[pfannen]gehänge *n*
~-balanced in der Pfanne ausgeglichen (halbberuhigt)
~ bogie s. ~ car
~ brick Pfannenstein *m*
~ capacity Gießpfanneninhalt *m*, Gießpfannenvolumen *n*
~ car (carriage) Pfannenwagen *m*, Gieß[pfannen]wagen *m*
~ casing Pfannengefäß *n*, Pfannengehäuse *n*, Pfannenmantel *m*
~ cement Pfannenmörtel *m*
~ chair Pfannenbock *m*
~ cover Pfannendeckel *m*
~ covering compound Pfannenabdeckmasse *f*
~ crane Pfannenkran *m*, Gieß[pfannen]kran *m*
~ degassing Entgasung *f* in der Pfanne, Pfannenentgasung *f*
~ deslagging machine Pfannenabschlackmaschine *f*
~ discharge characteristic Gießpfannencharakteristik *f*
~ drying stand Pfannentrockenstand *m (s. a. ~ heating plant)*
~ dumping device Pfannenkippstuhl *m*
~ emptying time Pfannenausgießzeit *f*, Pfannenentleerzeit *f*
~-fibe *beim Erwärmen abbindende hochfeuerfeste Pfannenstampfmasse*
~ guide Pfannenführung *f*
~ handler s. ~ bail
~ handling Pfannenwirtschaft *f*
~ heating Pfannenbeheizung *f*, Pfannenerwärmung *f*, Pfannenvorwärmung *f*
~ heating plant Pfannenbeheizungsanlage *f*, Pfannenaufheizeinrichtung *f*, Pfannenfeuer *n*
~ heel Pfannenbär *m*, Pfannensau *f*
~ holding capacity Pfannenfassungsvermögen *n*
~ house Pfannenhaltung *f*
~ inoculant Pfannenimpfmittel *n*
~ lid Pfannendeckel *m*
~ lining Pfannenauskleidung *f*, Pfannenausmauerung *f*, Pfannenfutter *n*
~ lip Pfannenausguß *m*, Pfannenschnauze *f* (Schnauzenpfanne)

~ **material** Pfannenmasse *f (Auskleidung)*
~ **metallurgy** Pfannenmetallurgie *f*
~ **nozzle** Pfannenausguß *m (Stopfenpfanne)*
~ **operator** Pfannenbedienungsmann *m*
~ **pit** Pfannengrube *f*
~ **place** Pfannenplatz *m*
~ **plug** Pfannenpfropfen *m*
~ **positioning bay** Pfannenaufsetzhalle *f*
~ **pouring time** Pfannengießzeit *f*
~ **rebricking** Pfannenzustellung *f*
~ **refining** Feinen *n* in der Pfanne
~ **relining pit** Pfannenzustellgrube *f*, Pfannenausmauerungsgrube *f*
~ **repair** Pfannenreparatur *f*
~ **residue crushing machine** Pfannenausbruchmaschine *f*
~ **residues** Pfannenrückstände *mpl*
~ **sample** Pfannenprobe *f*, Schöpfprobe *f*
~ **shank** Pfannengabel *f*
~ **shell** *s.* ~ casing
~ **skull** Pfannenbär *m*, Pfannensau *f*
~ **stand** 1. Pfannenuntersatz *m*; 2. Pfannenstand *m*
~ **stool** Pfannenbock *m*
~ **stopper** Gießstopfen *m* in der Pfanne
~ **test** Pfannenprobe *f*, Schöpfprobe *f*
~ **tilter** Pfannenkipper *m*, Pfannenwippe *f*
~ **transfer** Pfannenübergabe *f*
~ **transfer bay** Pfannenübergabehalle *f*
~ **transfer car[riage]** Pfannentransportwagen *m*, Pfannenübergabewagen *m*
~ **transport path** Pfannentransportweg *m*
~ **treatment** Pfannenbehandlung *f*
~ **trestle** Pfannenbock *m*
~ **trunnion** Pfannenzapfen *m*
~ **turning tower** Pfannendrehturm *m*
~ **turntable (turret)** Pfannendrehturm *m*
~ **with rack height adjustment** Gießpfanne *f* mit Zahnstangengehänge
~ **wrecking** Pfannenausbrechen *n*
ladled-out sample Pfannenprobe *f*, Schöpfprobe *f*
ladling 1. Beschickung *f* mit dem Gießlöffel, Gießen *n* [mit der Pfanne]; Abstechen *n (in eine Gießpfanne)*; 2. Auskellen *n (eines Schmelzkessels)*
~ **chamber** Schöpfkammer *f*
~ **operation** Gießvorgang *m*
lag/to verkleiden, verschalen
lag Phasenverschiebung *f*, Zeitverschiebung *f*, Zeitverzögerung *f*, Nacheilung *f*, Nachwirkung *f*
~ **error** Nachlauffehler *m*
~ **screw** Klemmschraube *f*
~ **time** Verzögerungszeit *f*
laid-in forging Langformgesenkschmieden *n*
~-**in key** Einlegekeil *m*
lake sand Quarzsand *m* aus Binnenseen
lamella Lamelle *f*, Gleitlamelle *f*, Schicht *f*, Plättchen *n*, Streifen *m*

~ **powder** plättchenförmiges Pulver *n*
~ **thickness** Lamellenbreite *f*
lamellar lamellar, geschichtet, blättchenförmig, blättrig, streifenförmig
~ **corrosion** Schichtkorrosion *f*
~ **pearlite** Lamellarperlit *m*
~ **spacing** Lammellenabstand *m*
~ **structure** Lamellenstruktur *f*
~ **tearing** Terrassenbruch *m*
laminar laminar; flächig *(z. B. Sulfid)*
~ **cooling system** Laminarkühlung *f*
~ **defect** länglicher Fehler *m*
~ **flow** laminare Strömung *f*
laminated lamellar, geschichtet, mehrschichtig
~ **composite** Schichtverbund *m*
~ **fracture** lamellenartiger Bruch *m*, Schieferbruch *m*
~ **metal** Verbundmetall *n*
~ **spring** Blattfeder *f*
~ **spring bending machine** Blattfederbiegemaschine *f*
~ **structure** Blattstruktur *f*
lamination Lamellierung *f*, Schichtung *f*; Dopplung *f*; Walzdopplung *f*
~ **of length** Längenüberlappung *f*
~ **of width** Breitenüberlappung *f*
lamp-black Ruß *m (Kokillenschwärzung)*
lance Blaslanze *f*, Sauerstofflanze *f*
~ **button (head)** Lanzenkopf *m*
~ **height** Lanzenhöhe *f*
~ **hoist (lifting winch)** Lanzenwinde *f*
~ **repair** Lanzenreparatur *f*
~ **tolerance** Lanzenspiel *n*
~-**type burner** Lanzenbrenner *m*
land wear Flächenverschleiß *m*
Lang method Lang-Methode *f*
Lang's lay wire rope Gleichschlagdrahtseil *n*, Drahtseil *n* im Gleichschlag
lantern gear drive Triebstockantrieb *m*
~ **roof** Laternendach *n*
lanthanum Lanthan *n*
lap/to 1. läppen, reibschleifen, feinstschleifen; 2. überwalzen
~-**weld** überlappt schweißen
lap 1. Überlappung *f;* 2. Überwalzung *f*, Walzgrat *m*, Dopplung *f*
~ **gate** Überlappungsanschnitt *m*
~ **joint** Überlappungsverbindung *f*, Überlappung *f*, überlappter Stoß *m*, überlappte Fuge *f*
~ **welding** Überlappungsschweißung *f*
lapping Läppen *n*
~ **agent** Läppmittel *n*
large-angle goniometer stage Großwinkelkipptisch *m*
~-**angle grain boundary** *(Krist)* Großwinkelkorngrenze *f*
~ **bell** große (untere) Glocke *f*, große (untere) Gichtglocke *f*
~ **blast furnace** Großhochofen *m*
~-**capacity car** Großraumgüterwagen *m*

~-capacity furnace Großraumofen *m*
~ cone *s.* ~ bell
~ face Flachseite *f (des feuerfesten Nor-
malsteins)*
~ flat bar Breitflachstahl *m*
~-grained grobkörnig
~ heart trowel *(Gieß)* Herzblattpolier-
schaufel *f*
~ hopper große Gichtschüssel *f*
~ lumps/in großstückig
~-meshed weitmaschig
~-pressure cooker Autoklav *m*
~-scale großtechnisch, Groß...
~-scale blast furnace Großhochofen *m*
~-scale duplicate production Großserien-
fertigung *f*
~-scale manufacture Herstellung *f* im Großen; fabrikmäßige Herstellung *f*
~-scale operation Großbetrieb *m*
~-scale test Großversuch *m*
~-size fittings Großarmaturen *fpl*
~-size furnace Großraumofen *m*
~-sized großformatig
~-space soaking pit Großraumtiefofen *m*
larry [scale] car Möllerwagen *m*, Füllwagen *m*, Zubringerwagen *m*
Larssen profile Larssen-Profil *n*, Spundwandprofil *n*
Lasco-type press Lasco-Presse *f*
laser-beam welding Laserschweißen *n*
~ flash Laserblitz *m*
~ goniometer Lasergoniometer *n*
~ microanalyzer Lasermikrospektralanaly-
sator *m*
~ microprobe Lasermikrosonde *f*
~ microwelder Lasermikroschweißgerät *n*
~ treatment Laserhärten *n*
last finishing pass Fertigschlichtkaliber *n*
~ pass Schlichtkaliber *n*, Fertigkaliber *n*,
Endkaliber *n*
latch Sperrhaken *m*
late stadium of sintering Sinterspätsta-
dium *n*
latent glide system latentes Gleitsystem *n*
~ heat latente (gebundene) Wärme *f*
~ heat of fusion (melting) latente Schmelzwärme *f*
~ heat of vaporization Verdampfungswärme *f*
~ work hardening latente Verfestigung *f*
lateral quer
lateral Ansatzstück *n (Fittings)*
~ blow seitliches Blasen *n*
~ bond Querverband *m (bei der Ofenausmauerung)*
~ burner Seitenbrenner *m*
~ direction Querrichtung *f*
~ edge Seitenkante *f*
~ escape Seitenabweichung *f*
~ face Seitenfläche *f*
~ force Seitenkraft *f*, seitliche Kraft *f*
~ heating Seitenbeheizung *f*

~ movement Seitenverschiebung *f*
~ profile Seitenprofil *n*
~ solid angle Randecke *f*
laterite Laterit *m*
lateritic lateritisch
~ raw material lateritisches Rohmaterial *n*
*(bei der Aluminiumerzeugung aus
Bauxit)*
lath martensite Massivmartensit *m*, Lat-
tenmartensit *m*, Schiebungsmartensit *m*
~-shaped lattenförmig
~ substructure Lattensubstruktur *f*
lathe Drehmaschine *f*
~ for metal spinning Projizierdrückma-
schine *f*
latitude circle *(Krist)* Breitenkreis *m*
lattice *(Krist)* Gitter *n*
~ base Basis *f* des Gitters
~ bending *s.* ~ curvature
~ bond Gitterbindung *f*
~ bonding force Gitterbindungskraft *f*
~ complex Gitterkomplex *m*
~ constant Gitterkonstante *f*
~ construction defect Gitterbaufehler *m*
~ contraction Gitterkontraktion *f*
~ correspondence Gitterkorrespondenz *f*,
Gitterzusammenhang *m*
~ curvature Gitterverbiegung *f*, Gitter-
krümmung *f*
~ defect Gitterdefekt *m*, Gitterfehler *m*, Git-
terfehlstelle *f*, Gitterstörung *f*, Störstelle
f
~ defect configuration Gitterdefektkonfi-
guration *f*, Gitterdefektanordnung *f*
~ deformation Gitterverformung *f*
~ diffusion Gitterdiffusion *f*, Volumendiffusion *f*
~ diffusion coefficient Volumendiffusionskoeffizient *m*
~ dislocation Gitterversetzung *f*
~ distortion Gitterverdrehung *f*, Gitterverzerrung *f*
~ energy Gitterenergie *f*
~ expansion Gitterausdehnung *f*, Gitter-
aufweitung *f*
~ fault *s.* ~ defect
~ function Gitterfunktion *f*
~ geometry *(Krist)* Gittergeometrie *f*
~ image Gitterabbildung *f*
~ image mode Gitterabbildungsart *f*
~ imperfection *s.* ~ defect
~-invariant gitterinvariant
~ irregularity Gitterunregelmäßigkeit *f*
~ node Gitterknoten *m (Atomplatz bezüg-
lich einer wechselwirkenden Welle)*
~ parameter Gitterkonstante *f*
~ parameter determination Gitterkonstan-
tenbestimmung *f*
~ plane Gitterebene *f*, Netzebene *f*
~ point Gitterpunkt *m*
~ potential function Potentialfunktion *f*
des Kristallgitters

~ **rigidity** Gitterstarrheit f, Gittersteifigkeit f
~ **rotation** Gitterdrehung f
~ **self-diffusion** Volumenselbstdiffusion f, Gitterselbstdiffusion f
~ **self-diffusion coefficient** Volumenselbstdiffusionskoeffizient m
~ **shear deformation** Gitterscherung f
~ **site** Gitterplatz m
~ **stability** Gitterstabilität f
~ **state** Gitterzustand m
~ **strain** Gitterdehnung f, Gitterverzerrung f
~ **strain distribution** Gitterdehnungsverteilung f, Gitterspannungsverteilung f
~ **strain parameter** Gitterverzerrungsparameter m
~ **strength** s. internal friction stress
~ **stress** Gitterspannung f
~ **structure** Gitterstruktur f
~ **transformation** Gitterumwandlung f, Gittertransformation f
~ **type** Gittertyp m
~ **vector** Gittervektor m
~ **vibration** Gitterschwingung f
Laue asterism Laue-Asterismus m
~ **case** Laue-Fall m
~ **condition** Laue-Bedingung f
~ **index** Lauescher Index m
~ **integral breadth** Laue-Integralbreite f
~ **interference condition** Lauesche Interferenzbedingung f
~ **method** Laue-Verfahren n
~ **pattern** Laue-Reflex m
~ **zone** Laue-Zone f
launder 1. *(Aufb)* Rinne f, Gerinne n; 2. Gießrinne f, Abstichrinne f
~ **cover** Gießrinnenabdeckung f, Gießrinnendeckel m
~ **refining** Rinnenfrischen n
Lauth [three high plate] mill Lauthsches Blechwalzwerk (Triowalzwerk) n
Laves phase Laves-Phase f
law of constancy of angle *(Krist)* Gesetz n von der Konstanz der Flächenwinkel
~ **of distribution** [Nernstsches] Verteilungsgesetz n
~ **of mass action** Massenwirkungsgesetz n
~ **of rational indices** *(Krist)* Rationalitätsgesetz n, Parametergesetz n, Gesetz n der rationalen Indizes
~ **of refraction** Brechungsgesetz n
~ **of similarity** Ähnlichkeitsgesetz n
layer 1. Schicht f; Lage f; 2. Schutzüberzug m
~ **analysis** Schichtanalyse f
~ **corrosion** Schichtkorrosion f, Flächenabtragskorrosion f
~ **dezincification** Lagenentzinkung f
~ **etching** Schichtätzung f
~ **growth** Schichtwachstum n
~ **growth rate** Schichtwachstumsgeschwindigkeit f
~ **line** Schichtlinie f

~ **line diagram** Schichtliniendiagramm n
~ **line segregation diagram** Schichtlinienseigerungsdiagramm n, Schichtlinienentmischungsdiagramm n
~ **material** Schichtwerkstoff m
~ **of charcoal** Schicht f Holzkohle
~ **segment** Schichtsegment n
~ **short** Lagenkurzschluß m
~ **strength** Schichtfestigkeit f
~ **structure** Schichtstruktur f
~-**structured** schichtweise aufgebaut
~ **substance** Schichtwerkstoff m
~ **system** Schichtsystem n *(von Elementen, z. B. für Diffusionsvorgänge)*
~ **thickening** Schichtverdickung f
~ **thickness determination** Schichtdickenbestimmung f
~ **wear** Schichtverschleiß m
layered charge geschichtete Charge f
laying head Legekopf m, Windungsleger m
~-**out operation** Anreißarbeit f
~-**out plate** Anreißplatte f
~ **powder** Beschichtungspulver n
~-**up machine** Kabelverseilmaschine f, Planetenverseilmaschine f
layout 1. Anordnung f; 2. Plan m, Lageplan m; 3. Auslegung f *(von Geräten)*; 4. Anriß m *(beim Körnen)*
~ **fluid** Anreißflüssigkeit f
~ **line** Anrißlinie f
~ **man** Anreißer m
~ **punch** Anreißkörner m
~ **tool** Anreißwerkzeug n
l.c. cable s. lead-covered cable
LD converter LD-Konverter m *(Sauerstoffaufblasverfahren)*
LD lining LD-Zustellung f *(Sauerstoffaufblasverfahren)*
LD plant LD-Stahlwerk n *(Blasstahlwerk)*
LD process LD-Verfahren n, Linz-Donawitz-Verfahren n *(Sauerstoffaufblasverfahren)*
LD slag LD-Schlacke f *(Sauerstoffaufblasverfahren)*
Le Chatelier couple PtRh10/Pt-Thermoelement n
leach/to [aus]laugen
~ **out** auslaugen
leach 1. Lauge f; 2. Laugen n, Laugung f *(s. a. leaching)*
~ **pulp** Laugepulpe f, Laugetrübe f
~ **solution** Laugungslösung f, Lauge f
~ **suspension** Laugesuspension f
~ **vat** Laugungsbehälter m
~ **vessel** Laugungskessel m
leachable laugbar
leachant Laugungsmittel n
leachate Auszug m, Perkolat n
~ **solution** Auszugslösung f, Extrakt m, Extraktionslösung f, Auslaugungslösung f, Lauge f
leaching Laugung f *(Lösen)*

~ **agent** Laugungsmittel n
~ **by agitation** Rührlaugung f, Agitationslaugung f
~ **efficiency** Laugungswirksamkeit f
~ **fluid** Laugungsflüssigkeit f, Laugungslösung f
~ **in plase (situ)** Untertagelaugung f, Laugung f in situ *(in der Lagerstätte)*
~ **plant** Laugerei f, hydrometallurgisches Werk n
~ **practice** Laugungsverfahren n
~ **product** Laugungsprodukt n
~ **rate** Laugungsgeschwindigkeit f
~ **reaction** Laugungsreaktion f
~ **residue** Laugungsrückstand m
~ **system** Laugungssystem n
~ **tank** Laugungsbehälter m
~ **temperature** Laugentemperatur f
~ **test** Laugungsversuch m
~ **thickener** Laugungseindicker m
~ **time** Laugungszeit f, Laugungsdauer f
~ **under pressure** Drucklaugung f
lead [coat]/to verbleien
lead Blei n
~ **alloy** Bleilegierung f
~ **ashes** Bleischaum m, Bleiasche f
~ **attachment portion** Lötanschlußstelle f
~-**base bearing metal** Bleilagermetall n
~ **bath** Bleibad n
~ **bath heating** Bleibaderwärmung f
~ **bath quenching** Bleibadhärten n
~-**bearing** bleiführend, bleihaltig
~-**bearing mixture** bleihaltige Mischung f
~ **blast furnace** Blei[schacht]ofen m, Bleischmelzofen m
~ **bronze** Bleibronze f *(Cu-Pb-Legierung)*
~ **bullion** Rohblei n, Werkblei n
~ **cable press** Bleikabelmantelpresse f
~ **cable sheath** Bleikabelummantelung f, Bleikabelmantel m
~-**coated** verbleit
~ **coating** Verbleiung f, Bleiüberzug m
~ **coil** Blei[rohr]schlange f
~ **concentrate** Blei[erz]konzentrat n
~-**covered cable** Blei[mantel]kabel n
~ **covering** Bleihülle f
~ **die casting** Bleidruckguß m
~ **dioxide** Bleidioxid n
~ **drag-out** Bleiaustrag m
~ **dross** Bleikrätze f, Bleischaum m
~-**free** bleifrei
~ **fume** Bleidämpfe *mpl*
~ **glance** *(Min)* Bleiglanz m, Galenit m
~ **jacket** Bleimantel m
~ **joint** Bleidichtung f
~-**lined** verbleit, mit Blei ausgekleidet
~ **lining** Bleiauskleidung f
~ **matte** Bleistein m
~ **metallurgy** Bleimetallurgie f
~ **oxide** Bleioxid n
~ **pan** Bleiwanne f

~ **patenting** Bleibadpatentieren n, Bleibadpatentierung f
~ **pig** Bleiblock m, Bleibarren m
~ **pipe** Bleirohr n
~ **pipe press** Bleirohrpresse f
~ **plate die** Vorkammermatrize f
~ **plating** galvanisches Verbleien n
~ **print** Bleiabdruck m
~ **reduction furnace** Bleireduktionsofen m
~ **refining** Bleiraffination f
~ **regular** Bleikönig m, Bleiregulus m
~ **rolling mill** Bleiwalzwerk n
~ **scrap** Altblei n
~ **sheath** Bleimantel m
~-**sheathed cable** Blei[mantel]kabel n
~ **sheet** Bleiblech n
~ **skim** Abstrichblei n
~ **smelting plant** Bleihütte f
~ **softening plant** Werkbleiraffinationsanlage f
~ **stearate** Bleistearat n
~ **sulphate** Bleisulfat n
~ **sulphide** Bleisulfid n
leaded brass bleihaltiges Messing n
~ **bronze** Bleibronze f *(Cu-Pb-Legierung)*
~ **red brass** Rotgußlegierung f *(mit etwa 5 % Pb)*
~ **yellow brass** Messing n mit Blei
leader Vorfertigstich m, Vorschlichtstich m, Vorschlichtkaliber n
~ **oval** Schlichtoval n
~ **pass** 1. Leitstich m; 2. Schlichtkaliber n, vorletztes Kaliber n
~ **pin** Führungsstift m
~ **pin bushing** Führungsbuchse f
leading edge vorderes Ende n, Anstichseite f *(Walzen)*
~ **pass section** Anstichquerschnitt m *(Walzen)*
~ **spindle** Leitspindel f
leadscrew Leitspindel f
leady matte Bleistein m
~ **spelter** bleiisches Bodenzink n
leaf Blatt n, Folie f
~ **aluminium** Blattaluminium n, Alu[minium]folie f
~ **filter** Blattfilter n, Scheibenfilter n
~ **metal** Metallfolie f
~ **spring** Blattfeder f
~ **spring hammer** Blattfederhammer m
~ **valve** Scharnierventil n
leak/to lecken, undicht sein; entweichen, auslaufen
~ **out** durchsickern
leak Leck n, Undichtigkeit f
~ **air** Falschluft f
~ **detector** Lecksuchgerät n
~ **rate** Leckrate f
~ **valve** Dosierventil n
leakage 1. Lecken n, Auslaufen n; 2. Leck n, Undichtheit f; 3. Leckverlust m
~ **air** Falschluft f

~ **flux** [magnetischer] Streufluß *m*

~-**flux technique** Streuflußverfahren *n*

~ **loss** Leckverlust *m*, Undichtigkeitsverlust *m*

~ **of air into the furnace** Eindringen *n* von Falschluft in den Ofen

~ **rate** Leckrate *f*

~ **test** Dichtigkeitsprüfung *f*

leaker 1. undichtes Gußstück *n*; 2. auslaufende Form *f*

leaking Schwitzen *n (bei Schwitzknetlegierungen)*

leakproof abgedichtet, dicht

leaky leck, undicht

~ **stopper** *(Gieß)* Stopfenläufer *m (Stopfenpfanne)*

lean/to umkippen, schrägstellen, sich neigen

lean mager, arm *(Kohle, Erz, Gas)*

~ **coal** Magerkohle *f*, Halbanthrazit *m*

~ **gas** Schwachgas *n*, Armgas *n*

~-**gas firing** Schwachgasfeuerung *f*

~ **mixture** *(Pulv)* Feingemisch *n*

~ **mortar** *(Ff)* magerer Mörtel *m*

~ **ore** Magererz *n*, Armerz *n*, mageres (geringhaltiges) Erz *n*

~ **sand** *(Gieß)* magerer Sand *m*, niedrig tonhaltiger Natursand

leaning Magerung *f*, Verdünnung *f*

~ **material** Magerungsmittel *n*, Verdünnungsmittel *n*

least square kleinstes Quadrat *n*

leave *(Umf)* Schräge *f*, Verjüngung *f*

leavings Abgänge *mpl*

Lectromelt furnace Elektrostahlofen *m* Bauart Lectromelt

ledeburite Ledeburit *m*

~ **eutectic** Ledeburiteutektikum *n*

~ **network** Ledeburitnetz *n*

ledeburitic ledeburitisch

~ **carbide** ledeburitisches (eutektisches) Karbid *n*

~ **steel** ledeburitischer Stahl *m*, Ledeburitstahl *m*

lees Bodenkörper *m*; Niederschlag *m*; Bodensatz *m*

leg Schenkel *m*

~ **of a loop** Rinnenast *m (Rinnenofen)*

leggings Beinschutz *m*

Lenel plant Lenel-Dampfbehandlungsanlage *f*

length counter Längenzähler *m*

~-**diameter ratio** *(Umf)* Stauchverhältnis *n*, LID-Verhältnis *n*

~ **measurement technique** Längenmeßverfahren *n*

~ **of barrel** Ballenlänge *f*, Walzenballenlänge *f*

~ **of defect** Fehlerlänge *f*

~ **of fatigue crack** Ermüdungsrißlänge *f*

~ **of oscillation** Oszillationsweite *f*

~ **of pipe** Rohrlänge *f (eines Reaktors)*

~ **of step** Stufenlänge *f*

~ **of test range** Prüfspurlänge *f*

~ **of the hearth** Herdlänge *f*

~ **of twist** *(Umf)* Schlaglänge *f*

lengthening of powder Pulverstreckung *f*

lens circuitry Linsenschaltung *f*

~ **current** Linsenstrom *m*

~ **current supply** Linsenstromversorgung *f*

~ **head screw** Linsenkopfschraube *f*

~-**shaped** linsenförmig

lenticular martensite *s.* plate martensite

leonic wire leonischer Draht *m*, feinster Draht *m* für Posamenten, Draht *m* zum Verweben

less volatile component schwerflüchtiger (hochsiedender) Anteil *m*

level/to 1. [ein]ebnen, planieren; 2. begradigen, egalisieren; 3. justieren, einrichten; richten *(Bleche)*

level 1. Höhe *f*, Niveau *n*, 2. Lage *f*, Stand *m*; 3. Libelle *f*

~ **check** Füllstandskontrolle *f*

~ **indicator** Füllstandsmeßgerät *n*, Füllstandsanzeiger *m*

~ **of ductility** Dehnungsniveau *n*

~ **of mechanization** Mechanisierungsgrad *m*

~ **of strength** Festigkeitsniveau *n*

~ **sensor** Füllstandssensor *m*

~ **with/to be** auf gleicher Höhe sein mit

leveller Richtmaschine *f*, Rollenrichtmaschine *f*

levelling 1. Einebnen *n*, Planieren *n*; 2. Abrichten *n*

~ **bar** Ebnungsstange *f (Koksofen)*

~ **board** *(Gieß)* Abstreichlineal *n*

~ **door** Arbeitstür *f* für die Ebnungsstange

~ **head** Planiervorrichtung *f*

~ **machine** Richtmaschine *f*, Rollenrichtmaschine *f*

~ **plate** Richtplatte *f*

~ **rolling mill** Egalisierwalzwerk *n*

lever Hebel *m*; Hebedaumen *m*

~ **arm** Hebelarm *m*

~ **arm length** Hebelarmlänge *f*, Momentenarmlänge *f (Walzen)*

~ **arm ratio** Hebelarmverhältnis *n (Walzen)*

~ **drive** Hebelantrieb *m*

~ **motor** Hebelmotor *m*

~ **principle (rule)** Hebelgesetz *n (Zustandsschaubild)*

~ **shears** *(Umf)* Hebelschere *f*

~ **switch** Hebelschalter *m*

leverage 1. Hebelkraft *f*, Hebelwirkung *f*; 2. Hebelwerk *n (Walzen)*

levigate/to 1. schlämmen; 2. zerreiben; pulverisieren *(auf nassem Wege)*

levigated alumina geschlämmte Tonerde *f*

levigation 1. Ausschlämmung *f*; 2. Pulverisierung *f (auf nassem Wege)*

levitation melting Schwebeschmelzen *n*

~ **melting technique** Schwebeschmelzverfahren n
liable to break up brüchig
liberate/to 1. befreien; entwickeln (Gas); entbinden; 2. (Aufb) aufschließen, aufmahlen
liberation 1. Befreien n, Befreiung f; Entwickeln n, Entwicklung f (von Gas); 2. (Aufb) Aufschließen n, Aufmahlung f
lid 1. Deckel m; Kappe f; 2. Ofenschließstein m; Kranz m (eines Hochofens)
life Standzeit f; Standvermögen n; Lebensdauer f; Laufzeit f
~ **fraction** Lebensdaueranteil m (bei Wechselbeanspruchung)
~-**fraction rule** Lebensdaueranteilregel f
~ **limit** Haltbarkeitsgrenze f
~ **of arched roof** Gewölbehaltbarkeit f
~ **of lining** Haltbarkeit f des Futters
~ **scatter** Lebensdauerstreuung f
lifetime Lebensdauer f
~-**potential curve** Standzeit-Potential-Kurve f
lift/to [hoch]heben, anheben; (Gieß) [her]ausheben, ausformen (Modell)
lift 1. Heben n, Anheben n; Hub m; 2. Aufzug m
~ **coil induction furnace** Induktionstiegelofen m mit anhebbarem Tiegel
~ **cover batch annealing furnace** Haubenglühofen m für satzweisen Einsatz
~-**out crucible-type furnace** Tiegelschmelzofen m mit heraushebbarem Tiegel
~ **truck** Hubwagen m, Hubkarren m
lifter 1. Tiegelzange f; 2. Aushebeband n; Sandhaken m; 3. Mitnehmer m in einer Trommel
~ **mechanism** (Umf) Aufzugsvorrichtung f am Fallhammer
lifting Heben n der Form (Gußfehler)
~ **apparatus** Hebezeug n
~ **beam** (Gieß) Tragbalken m, Balancier m
~ **cam** Hebedaumen m
~ **device** Hubgerät n
~ **error** Abhebefehler m (durch mechanisches Abheben)
~ **eye** (Gieß) Aushebeschraube f
~ **frame** (Gieß) Abheberahmen m
~ **furnace** Hubofen m
~ **hook** Lasthaken m, Kranhaken m
~ **jack** Hebebock m
~ **job** Hebearbeit f
~ **lever** Lüftungshebel m
~ **magnet** Last[hebe]magnet m, Hebemagnet m, Hubmagnet m
~ **motion** (Gieß) Abhebebewegung f
~-**off** (Gieß) Abheben n, Anheben n (der Form)
~ **pin** (Gieß) Abhebestift m
~ **plate** (Gieß) Aushebeplatte f
platform Hubbühne f, Hebebühne f

~ **pump** Förderpumpe f
~ **screw** (Gieß) Aushebeschraube f
~ **strap** (Gieß) Aushebeband n
~ **table** (Umf) Hebetisch m, Hubtisch m, Wippe f
~ **truck** Hubwagen m, Hubkarren m
~ **winch** Hebewinde f
~ **work** Hubwerk n
ligand number s. coordination number
light [off]/to anzünden, anbrennen; anblasen
~ **up** anzünden, anheizen
light absorption Lichtabsorption f
~ **alloy** Leichtmetallegierung f
~ **alloy cylinder head** Leichtmetallzylinderkopf m
~ **barrier** Lichtschranke f
~ **beam** Lichtträger m
~ **cone** Strahlenkegel m, Lichtkegel m
~ **figure** Lichtfigur f
~ **fuel** Leichtöl n
~ **gauge beam** Leichtträger m
~ **gauge wide flange beam** Leichtbreitflanschträger m, Breitflanschleichtträger m
~ **level** Lichtstärke f
~ **metal** Leichtmetall n
~ **metal alloy** Leichtmetallegierung f
~ **metal casting alloy** Leichtmetallgußlegierung f
~ **metal rolling mill** Leichtmetallwalzwerk n
~ **meter** Belichtungsmesser m
~ **microscopy** Lichtmikroskopie f
~ **oil** Leichtöl n
~ **plate** Mittelblech n
~ **powder** Leichtpulver n
~-**profile interferometry** Lichtschnittinterferometrie f
~ **pulse** Lichtblitz m
~ **red silver ore** (Min) lichtes Rotgültigerz n, Proustit m, Arsensilberblende f
~ **screen** Lichtschirm m
~ **section** Leichtprofil n
~ **section engineering** Stahlleichtbau m
~ **section mill** Feinstahlwalzwerk n, Stabstahlwalzwerk n
~ **sections** Leichtformstahl m, leichter Formstahl m
~-**sensitive** lichtempfindlich
~ **sheet** Dünnblech n, dünnes Blech n
~ **sheet metal** Leichtmetallblech n
~ **source** Lichtquelle f
~ **source emission** Lichtquellenemission f
~ **spot galvanometer** Lichtmarkengalvanometer n
~ **steel section** Stahlleichtprofil n
~ **transmittance** Lichtdurchlässigkeit f
~ **wave** Lichtwelle f
~-**weight brick** Leichtstein m
~ **weight insulation** Leichtstoffisolierung f
~ **weight metal** s. ~ metal
~-**weight refractory brick** Feuerleichtstein m

~-**weight steel shape** Stahlleichtprofil *n*
lighter Anzünder *m*
lighting hole Anzündöffnung *f*, Zündöffnung *f*
~ **of blast furnace** Anblasen *n* des Hochofens
lightning Blitzen *n*, Blicken *n (des Silbers)*
ligneous coal Braunkohle *f*
lignite Braunkohle *f*; Lignit *m*
~ **briquette** Braunkohlenbrikett *n*
~ **coke** Braunkohlenkoks *m*
lignitic coal Braunkohle *f*
lime/to kälken, kalken, mit Kalk beschichten, in Kalk eintauchen
lime 1. Kalk *m*; 2. gebrannter Kalk *m*, Branntkalk *m*; 3. *s.* ~ hydrate
~ **addition** Kalkzugabe *f*
~ **balance** Kalkbilanz *f*
~-**based powder** Pulver *n* mit Kalkbasis
~ **basic covering** kalkbasische Umhüllung *f*
~ **bath** Kalkbad *n*
~ **blowing machine** Kalk[ein]blasanlage *f*
~ **boil** Kalkkochen *n (Periode beim Roheisen-Erz-Verfahren)*
~-**bonded silica refractory** kalkgebundenes Silikaerzeugnis *n*
~ **brick** gemahlener Schamottestein *m*
~-**burning kiln** Kalkbrennofen *m*
~-**carbonic acid equilibrium** *(Korr)* Kalk-Kohlensäure-Gleichgewicht *n*
~ **coating** 1. *s.* liming; 2. Kalküberzug *m*, Kalkbelag *m*
~ **dip** *s.* liming
~ **ferrite** Kalkferrit *m*
~ **fluorspar covering** kalkbasische Umhüllung *f*
~ **funnel furnace** Kalktrichterofen *m (Kalkbrennofen)*
~ **hardness** *(Korr)* Kalkhärte *f (des Wassers)*
~ **hydrate** gelöschter Kalk *m*, Löschkalk *m*, Kalziumhydroxid *n*
~ **kiln** Kalkbrennofen *m*
~ **kiln plant** Kalkbrennerei *f*
~ **liquor** Kalkmilch *f*; Kalkwasser *n*
~ **marl** Kalkmergel *m*
~ **milk** Kalkmilch *f*
~ **mortar** Kalkmörtel *m*
~ **mud** Kalkschlamm *m*
~ **paste** Kalkbrei *m*
~-**phosphate melt** Kalkphosphatschmelze *f*
~ **reburning** Rückbrennen *n* von Kalkschlamm *(Entwässern und Kalzinieren)*
~ **refractory** *(Ff)* Kalziumoxiderzeugnis *n*
~ **requirement** Kalkbedarf *m (für metallurgische Schlacken)*
~-**rich** kalkreich
~ **ring furnace** Kalkringofen *m (Kalkbrennofen)*
~ **set** Kalkelend *n (Hochofen)*
~ **slag** Kalkschlacke *f*

~ **sludge** Kalkschlamm *m*
~ **slurry** Kalkschlempe *f*
~ **water** Kalkwasser *n*
~ **works** Kalkwerk *n*
limerock *s.* limestone
limespar Kalkspat *m*
limestone Kalkstein *m*
~ **flux** Kalkstein *m* als Flußmittel
limey *s.* limy
liming Kälken *n*, Kalken *n*, Beschichten *n* mit Kalk, Eintauchen *n* in Kalkmilch
limit frequency Grenzfrequenz *f*
~ **gauge** Grenzlehre *f*
~ **load** Grenzbelastung *f*
~ **of application** Einsatzgrenze *f*
~ **of error** Fehlergrenze *f*
~ **of power** Leistungsgrenze *f*, Höchstleistung *f*
~ **of proportionality** Proportionalitätsgrenze *f*
~ **of resolution** Auflösungsgrenze *f*
~ **of solubility** Löslichkeitsgrenze *f*
~ **of wear** Verschleißgrenze *f*
~ **picture point** Bildpunktgrenze *f*
~ **speed** Grenzgeschwindigkeit *f*
~ **strain line** Grenzformänderungskurve *f*
~ **switch** Endschalter *m*
~ **switch trip dog** Endschalternocken *m*
~ **value** Grenzwert *m*
limited ejector stroke Hubbegrenzung *f*
~ **solid solubility** begrenzte Mischbarkeit (Löslichkeit) *f* im festen Zustand
~ **solid solution region** begrenzter Mischkristallbereich *m*
limiting application temperature Anwendungsgrenztemperatur *f*
~ **border** obere Grenze *f*
~ **case** Grenzfall *m*
~ **condition** Grenzbedingung *f*, Randbedingung *f*
~ **creep stress** Zeitdehngrenze *f*, Zeitstandkriechgrenze *f*
~ **current** Grenzstrom *m*, Diffusionsgrenzstrom *m*
~ **current density** Grenzstromdichte *f*
~ **density** Grenzdichte *f*
~ **drawing ratio** Grenztiefziehverhältnis *n*
~ **error** Fehlergrenze *f*
~ **grain size** Grenzkorngröße *f*, Grenzkorn *n*
~ **rupture stress** Zeitstandfestigkeit *f*
limits of accuracy required erforderliche Arbeitsgüte *f*
~ **of variation** Streugrenzen *fpl*
limonite *(Min)* Limonit *m*, Brauneisenerz *n*
limy kalkartig; kalkhaltig, kalkig
~ **ore** kalkhaltiges Erz *n*
line/to 1. auskleiden; ausmauern; ausstampfen; zustellen; 2. einstellen *(Walzen)*
~ **out** anreißen
~ **up** aneinanderreihen

line array Linienanordnung f *(quantitative Bildanalyse)*
~ **breadth** Linienbreite f
~ **broadening** Linienverbreiterung f
~ **defect** *(Krist)* linienförmiger (eindimensionaler) Gitterfehler m
~ **density** Liniendichte f
~ **dislocations** s. ~ imperfections
~ **etching** Schraffurätzung f
~ **fit** Linienanpassung f
~ **frequency** 1. Netzfrequenz f; 2. Zeilenfrequenz f
~-**frequency induction furnace** Netzfrequenzinduktionsofen m
~ **holography** Linienholografie f
~ **imperfections** linienförmige Gitterstörungen (Gitterfehlstellen) fpl
~ **inclusion** zeilenförmiger Einschluß m
~ **intensity** Linienintensität f
~ **intercept method** Methode f zur Messung der interdendritischen Zellgröße
~ **intersection** Zeilenabschnitt m
~ **network** Liniennetz n *(z. B. von Korngrenzen)*
~ **of action (contact)** Berührungslinie f
~ **of intersection** Schnittlinie f
~ **of segregate (segregation)** Seigerungsstreifen m
~ **of similar atoms** Kette f gleichartiger Atome
~ **of solidification** Erstarrungslinie f
~ **pattern** Schraffur f
~ **pattern etch** Schraffurätzung f
~ **pipe** Leitungsrohr n
~ **position** Linienlage f
~ **profile recording** Linienprofilaufnahme f
~ **profile technique** Linienprofilverfahren n
~ **scan** Linienabrasterung f, Linienintensitätsprofil n
~ **shaft** Längswelle f, Übertragungswelle f, Antriebswelle f
~ **shape** Linienform f
~ **sharpening** Linienverschärfung f
~ **shift** Linienverschiebung f
~ **spacing** Zeilenabstand m
~ **spectrum** Linienspektrum m *(charakteristisches Spektrum)*
~ **width** Linienbreite f
lineage *(Krist)* Reihenanordnung f *(von Gitterdefekten oder Gefügemerkmalen)*
~ **structure** *(Krist)* Verzweigungsstruktur f, Änderungsstruktur f *(in Kristallen oder Kristalliten)*
linear amplifier Linearverstärker m
~ **analyzer** Linearanalysator m
~ **coefficient of expansion** linearer Ausdehnungskoeffizient m
~ **compressibility** lineare Kompressibilität f
~ **contraction** Längenkontraktion f, Längenschrumpfung f
~ **counting method** Linearzählverfahren n

~ **distribution analysis** Linearverteilungsanalyse f
~-**elastical fracture mechanics** linearelastische Bruchmechanik f
~ **expansion** Längenausdehnung f
~ **fraction** Linienanteil m
~ **inductor** Linieninduktor m
~ **intercept method** Linienschnittverfahren n *(zur Korngrößenbestimmung)*
~ **ray analysis** lineare Strahlenanalyse f
~ **regression** Linearregression f
~ **scanning** zeilenweises Abtasten (Abfahren) n *(Rasterelektronenmikroskopie)*
~ **scanning device** Linearabtastgerät n, Zeilenabtastgerät n
~ **stressed state** einachsiger Spannungszustand m
lined ausgekleidet
~ **cover** Heizhaube f, ausgekleidete Haube f
~ **steel chimney** Blechschornstein m
liner 1. Ausfütterung f, Futter n, Einlage f; 2. Laufbüchse f, Innenbüchse f; 3. Druckkammer f *(Druckguß)*
~ **holder** Zwischenbüchse f, Zwischenfutter n
~-**out** Anreißer m
lines of ferrite Ferritstreifen mpl
lining 1. Auskleidung f; Ausmauerung f; Zustellen n, Füttern n; 2. Zustellung f, Futter n; 3. Einstellung f *(von Walzen)*
~ **campaign** Ofenreise f
~ **cost** Zustellungskosten pl
~ **failure** Schaden m an der Zustellung
~ **is worn/the** das Futter ist verbraucht *(feuerfestes Ofenfutter)*
~ **mass** Zustellungsmasse f, Futtermasse f
~ **of a bearing** Ausgießen n einer Lagerschale
~-**out** Anreißen n
~ **sheet** Verpackungsblech n
~ **thickness** Mauerwerksdicke f, Dicke f der feuerfesten Zustellung
~ **wear factor** Zustellungsverschleißfaktor m, Ausmauerungsverschleißfaktor m
liningless futterlos
~ **cupola** futterloser Kupolofen m
linishing Bandschleifen n
link/to verketten, verbinden
link Glied n, Kettenglied n; Ring m
~-**belt conveyor** Gliederbandförderer m, Gelenkbandförderer m
~ **dislocation** *(Krist)* Verbindungsversetzung f
~ **rod** Gelenkstange f
linkage Bindung f
linking Verkettung f
linseed oil *(Gieß)* Leinöl n
lintel girder Tragkranz m
~ **ring** Tragring m
Linz-Donawitz... s. LD-...
lip 1. *(Gieß)* Ausguß m, Gießschnauze f; 2.

ausgezogener Rand *m*, Lippe *f (beim Stauchen)*
~ **angle** Keilwinkel *m*
~ **pouring** Gießen *n* mit einer Schnauzenpfanne
~ **pouring ladle** Schnauzenpfanne *f*
liquate/to [aus]seigern; entmischen
liquate Seigerrückstand *m*
liquation Ausseigerung *f*, Seigerung *f*; Ausschwitzung *f*
liquefaction Verflüssigung *f*; Flüssigwerden *n*; Schmelzen *n*
liquefied gas Flüssiggas *n*
~ **petroleum gas** verflüssigtes Erdgas *n*
liquefy/to verflüssigen; flüssig werden; schmelzen
liquid flüssig
liquid Flüssigkeit *f*; Schmelze *f*
~ **ammonia** Ammoniakwasser *n*
~ **bath furnace** Schmelzbadofen *m*
~ **body** Flüssigkeit *f*
~ **carburizing** Badaufkohlen *n*, Badeinsetzen *n*
~ **centre** flüssiger Kern *m (einer Schmelze)*
~ **centre rolling** Verformung *f* mit flüssigem Kern
~ **charge** flüssiger Einsatz *m*
~ **contraction** Flüssigschwindung *f*, Schwindung *f* im flüssigen Zustand
~ **core** flüssiger Kern *m (einer Schmelze)*
~ **crater depth** Sumpftiefe *f*
~ **crystal** Flüssigkristall *m*
~ **cyaniding** Zyanbadhärten *n*
~ **extraction** Flüssigextraktion *f*, Flüssig-Flüssig-Extraktion *f*
~ **gas** Flüssiggas *n*
~ **hardening** Tauchhärtung *f*
~ **heel** Sumpf *m*, Schmelzsumpf *m (im Ofen, in der Pfanne)*
~ **honing** Strahlläppen *n*, Druckstrahlläppen *n*
~ **hydrocarbon** flüssiger Kohlenwasserstoff *m*
~ **ion exchange** flüssiger Ionenaustausch *m*
~ **ion exchanger** flüssiger Ionenaustauscher *m*
~ **iron** Eisenschmelze *f*
~ **lens** Flüssigkeitslinse *f*
~ **level** Flüssigkeitsspiegel *m*
~-**like properties** flüssigkeitsähnliche Eigenschaften *fpl*
~-**liquid extraction** *s.* ~ extraction
~ **lubricant** Flüssigschmiermittel *n*, Ziehflüssigkeit *f*
~ **measure** Hohlmaß *n*
~ **metal** 1. Flüssigmetall *n*; 2. Metallbad *n*
~ **metal embrittlement** Versprödung *f* von Metallen bei Kontakt mit schmelzflüssigen Metallen
~-**metal level** Schmelzestand *m*, Flüssigmetallniveau *n*

~-**metal squeeze casting** Flüssigpressen *n*, Gießpressen *n*
~ **metal stream** flüssiger Metallstrom *m*
~ **metallic phase** flüssige Metallphase *f*
~ **meter** Durchfluß[mengen]messer *m*; Mengenstrommesser *m (für Flüssigkeiten)*
~ **nitriding** Badnitrieren *n*
~ **penetrant inspection** Eindringverfahren *n (Rißprüfung)*
~ **phase** flüssige Phase *f*, Schmelzphase *f*, Schmelzfluß *m*
~-**phase hot pressing** Heißpressen *n* mit flüssiger Phase
~-**phase sintering** Sintern *n* mit flüssiger Phase, Flüssigphasensintern *f*
~ **plastic** Einbettmasse *f*
~ **pool** Sumpf *m*, Schmelzsumpf *m (im Ofen, in der Pfanne)*
~ **pool depth** Sumpftiefe *f*, Schmelzsumpftiefe *f*
~ **scrubbing equipment** Naßwaschanlage *f*
~ **shrinkage** Flüssigkeitsschwindung *f*, Schwindung *f* im flüssigen Zustand
~ **slag** flüssige Schlacke *f*
~-**solid extraction** Feststoffextraktion *f*
~-**solid reaction** Flüsig-Fest-Reaktion *f*
~-**solid-separation** Flüssig-Fest-Trennung *f*
~ **solubility** Löslichkeit *f* im flüssigen Zustand
~ **state** flüssiger Aggregatzustand *m*
~ **steel level** Badspiegel *m* des Stahls
~ **steel level control** Badspiegelregelung *f* des Stahls
~ **steel surface** Flüssigstahloberfläche *f*
~ **steel yield** Flüssigstahlausbringen *n*
~-**vapour equilibrium** Flüssigkeits-Dampf-Gleichgewicht *n*
~ **yield** Flüssigausbringen *n*
liquidation cracking Aufschmelzriß *m*
liquidity Flüssigkeit *f*, flüssiger Zustand *m*
liquidus Liquidus *m*
~ **curve** Liquiduslinie *f*
~ **isotherm** Liquidusisotherme *f*
~ **line** Liquiduslinie *f*
~ **surface** Liquidusfläche *f*
~ **temperature** Liquidustemperatur *f*
liquor Flüssigkeit *f*, Lauge *f*
litharge Bleiglätte *f*, Blei(II)-oxid *n*
lithium Lithium *n*
~ **sulphate** Lithiumsulfat *n*
lithop[h]one Lithopone *f (Weißpigment aus Zinksulfid und Bariumsulfat)*
litz wire Litzendraht *m*, Draht *m* zum Verlitzen
live axle Differentialachse *f*
~ **load** bewegliche Last *f*
~ **pass** Arbeitskaliber *n*, Arbeitsstich *m (Walzen)*
~ **roll** Arbeitswalze *f*
~ **roller** angetriebene Rolle *f*
~ **roller table** angetriebener Rollengang *m*

~ **soaking pit** Tiefofen *m*
~ **steam** Frischdampf *m*, Direktdampf *m*
~-**steam pipe** Rohr *n* für direkten Dampf
LIX, LIX-63, LIX-64, LIX-64 N, LIX-70 *Handelsnamen für Extraktionsmittel*
lixiviant Laugungsmittel *n*, Lösungsmittel *n*
lixiviate/to auslaugen, auswaschen, extrahieren
lixiviation Auslaugung *f*, Auswaschen *n*, Extrahieren *n*
~ **agent** Laugungsmittel *n*, Lösungsmittel *n*
LM *s.* light microscopy
load/to 1. belasten, beanspruchen; spannen *(Feder)*; 2. beladen, beschicken
~ **a filter** ein Filter einlegen
~ **a spring** eine Feder spannen
load 1. Last *f*, Belastung *f*; 2. Ladung *f*, Beladung *f*; Beschickung *f*; 3. Ladung *f*, Füllung *f*, Füllmaterial *n*; 4. Beladung *f* *(Stoffkonzentration in einer fluiden Phase)*
~ **amplitude** Lastamplitude *f*
~ **at the 0,2 % elongation** Streckgrenze *f*, 0,2 %-Grenze *f*
~ **at the limit of proportionality** Belastung *f* an der Proportionalitätsgrenze
~ **at the 0,2 % proof stress** Belastung *f* an der 0,2 %- Grenze
~-**carrying capacity** Belastungsfähigkeit *f*, Tragfähigkeit *f*; zulässige Belastung *f*
~ **cell** Kraftmeßdose *f*; Druckmeßdose *f*
~ **cell amplifier** Druckmeßdosenverstärker *m*
~ **cell weigh hopper** Wiegebunker *m* *(für Möllerung)*
~ **change method** *(Krist)* Lastwechselverfahren *n*
~ **coil** Lastspule *f*
~-**controlled** lastkontrolliert
~ **cycle** Lastspiel *n*
~ **cycle counter** Lastspielzähler *m*
~ **diagram** Belastungsdiagramm *n*
~ **display** Kraftverlauf *m*
~ **electrode** Lastelektrode *f*
~-**extension curve** Last-Verlängerungs-Kurve *f*, Kraft-Verlängerungs-Kurve *f*
~-**extension diagram** Kraft-Dehnungs-Schaubild *n*, Last-Dehnungs-Schaubild *n*
~ **hook** Lasthaken *m*
~ **hook suspension** Lasthakenaufhängung *f*
~-**indicating scale** Lastanzeigeskale *f*
~ **level** Laststufe *f*
~ **measurement** Kraftmessung *f*
~ **spectra** Belastungsfolgen *fpl*
~ **spindle** Lastspindel *f*
~-**strain calculation** Fließkurvenberechnung *f*
~-**strain curve** Fließkurve *f*
~ **stress** Lastspannung *f*
~ **test** Belastungsversuch *m*
~-**time record** Last-Zeit-Registrierung *f*

~ **to fracture** Bruchlast *f*
~ **transducer** Kraftmeßdose *f*
~ **transfer** Lastübertragung *f*
~ **weighing accuracy** Lastmeßgenauigkeit *f*
loadability Beanspruchbarkeit *f*, Belastbarkeit *f*
loading 1. Belastung *f*, Beanspruchung *f*; 2. Beladung *f*, Beschickung *f*
~ **amplitude** Belastungsamplitude *f*
~ **axis** Belastungsachse *f*, Lastmittellinie *f*
~ **bay** Verladehalle *f*
~ **belt** Verladeband *n*
~ **block** Lastkollektiv *n* *(Belastung durch unterschiedliche Belastungsarten)*
~ **capacity** Ladefähigkeit *f*
~ **case** Belastungsfall *m*, Beanspruchungsfall *m*, Lastfall *m*
~ **condition** Beanspruchungsbedingung *f*
~ **crane** Beschickungskran *m*
~ **device** Beladevorrichtung *f*
~ **diagram** Belastungsdiagramm *n*
~ **direction** Belastungsrichtung *f*
~ **equipment** 1. Belastungseinrichtung *f*; 2. Ladeanlage *f*
~ **facility** Ladegerät *n*
~ **hopper** Aufgabetrichter *m*, Beschickungstrichter *m*, Fülltrichter *m*
~ **installation** Beladeeinrichtung *f*
~ **line** Belastungslinie *f*
~ **material** Füllmittel *n*
~ **of a spring** Federbelastung *f*
~ **plant** Verladeanlage *f*
~ **platform** Ladebühne *f*
~ **procedure** Belastungsverfahren *n*
~ **rack** Chargiergestell *n*
~ **ramp** Laderampe *f*
~ **rate** Belastungsgeschwindigkeit *f*
~ **sequence** Belastungsfolge *f*
~ **sequence effect** Belastungsfolgewirkung *f*
~ **spring** Belastungsfeder *f*
~ **time** 1. Belastungszeit *f*; 2. *(Gieß)* Aufspannzeit *f*
~ **utensil** Ladegeschirr *n*
~ **weight setting device** Beschwereisenaufsetzvorrichtung *f*
loam Lehm *m*
~ **board** *(Gieß)* Schablonierbrett *n*
~ **brick** Lehmstein *m*
~ **casting** Lehmguß *m* *(Lehmform)*
~ **core** Lehmkern *m*
~ **mould** Lehmform *f*
~ **moulding** Lehmformen *n*, Lehmformerei *f*
~ **moulding process** Lehmformverfahren *n*
~ **pug mill** Lehmknetmaschine *f*
loamy paste klebriger Brei *m*
~ **sand** Klebsand *m*, Formsand *m* *(stark tonhaltig)*
local cell *(Korr)* Lokalelement *n*
~ **corrosion** lokale (örtliche) Korrosion *f*

~ **couple** *(Korr)* Lokalelement *n*
~ **heat-transfer coefficient** örtliche Wärmeübergangszahl *f*
~ **pitting** lokale Anfressung *f*, Lochfraß *m*
~ **solidification time** lokale Erstarrungszeit *f*
~ **temperature drop** örtlicher Temperaturabfall *m*
localized unoxidized pinholes ungleichmäßig verteilte glänzende Poren *fpl*
locating cone Führungskegel *m*
~ **pad** Auflagekissen *n*, Aufnahmebolzen *m*, Anschlagpunkt *m*
~ **pin** Paßstift *m*
~ **point** Aufnahmepunkt *m*
~ **ring** Zentrierring *m*
~ **surface** Anschlagfläche *f*
location of crack Rißlage *f*
~ **of defects** Fehlerortung *f*, Fehlerortsbestimmung *f*
lock/to schließen; sperren; arretieren
lock 1. Verschluß *m*; Schloß *n*; 2. Schleuse *f*, Objektschleuse *f (im Elektronenmikroskop)*
~ **bolt** *s.* locking bolt
~ **element** *(Gieß)* Schloßteil *n*
~ **screw** Sicherungsschraube *f*
~ **washer** Sicherungsscheibe *f*, Sicherungsring *m*
locked wire rope verschlossenes Drahtseil *n*
locking Arretierung *f*
~ **bolt** Arretierbolzen *m*, Haltebolzen *m*, Verriegelungsbolzen *m*
~ **device** Sperrvorrichtung *f*
~ **force** Zuhaltekraft *f*, Schließkraft *f (Druckguß)*
~ **lever** Arretierhebel *m*
~ **mechanism** Absperrvorrichtung *f*, Verschlußmechanismus *m*
~ **screw** Einspannschraube *f*, Spannschraube *f*, Stellschraube *f*
locomotive-type slinger *(Gieß)* Lokomotivslinger *m*
log log plot doppeltlogarithmisches Diagramm *n*
~ **-normal frequency paper** logarithmisches Wahrscheinlichkeitsnetzpapier *n*
logarithmic creep logarithmisches Kriechen *n*
~ **deformation** logarithmische Formänderung *f*
~ **scale** logarithmischer Maßstab *m*
logic unit Logikeinheit *f*
Lomer-Cottrell dislocation Lomer-Cottrell-Versetzung *f*
long boss tool *(Gieß)* Polierknopf *m*
~ **-chain molecules** langkettige Moleküle *npl*
~ **-distance gas line** Ferngasleitung *f*
~ **-distance gas supply** Ferngasversorgung *f*

~ **-duration holding** Langzeitwarmhalten *n*
~ **-flame coal** Langflammkohle *f*, langflammige Kohle *f*, Gas[flamm]kohle *f*
~ **freezing range** breites Erstarrungsintervall *n*
~ **-period** weitreichend
~ **period** lange Periode *f (des Periodensystems der Elemente)*
~ **-range antiferromagnetic order** weitreichende antiferromagnetische Ordnung *f*
~ **-range forging machine** Langschmiedemaschine *f*
~ **-range order** *(Krist)* Fernordnung *f*
~ **-range order parameter** *(Krist)* Fernordnungsparameter *m*
~ **-range stress field** weitreichendes Spannungsfeld *n*
~ **-shaft pendulum tool** *(Gieß)* langer Spitzstampfer *m*
~ **solidification range** breites Erstarrungsintervall *n*
~ **-stroke** langhubig
~ **-term aging** Langzeitalterung *f*
~ **-term integrity** Langzeitbeständigkeit *f*
~ **-term loading** Langzeitbelastung *f*
~ **-term observation** Langzeitbeobachtung *f*
~ **-term stress** Langzeitbeanspruchung *f*
~ **-time annealing** Langzeitglühen *n*
~ **-time immersion test** *(Korr)* Dauertauchversuch *m*
~ **-time sintering** Langzeitsintern *n*
~ **-time stability** Langzeitstabilität *f (z. B. der Korngröße)*
~ **-time stress** Langzeitbeanspruchung *f*
~ **-time test** Langzeitversuch *m*
~ **-time thermal treatment** Langzeitglühen *n*
longitudinal-arch kiln Ofen *m* mit Längsgewölbe
~ **corner cracks** Längsrisse *mpl* in den Ecken
~ **crack** Längsriß *m*
~ **cracking** Längsrissigkeit *f*
~ **cutting** Längsschneiden *n*, Längsspalten *n*, Streifenschneiden *n*
~ **feed** Längsvorschub *m*
~ **flaw** Längsfehler *m*
~ **force** Längskraft *f*, Axialkraft *f*
~ **growth rate** *(Krist)* Längenwachstumsgeschwindigkeit *f*
~ **microsection** Längsschliff *m*
~ **rib** *(Gieß)* Längsrippe *f (des Formkastens)*
~ **seam pipe** Längsnahtrohr *n*
~ **section** 1. Längsschnitt *m*; 2. Längsschliff *m*
~ **slot** Längsnut *f*
~ **spar** *(Gieß)* Längsholm *m (des Formkastens)*
~ **strain amplitude** Längsdehnungsamplitude *f*

~ **wave** Longitudinalwelle f, Längswelle f
~ **welder** Längsnahtschweißmaschine f
loop/to umführen, umwalzen
loop 1. Schleife f, Windung f, Schlinge f; 2. Umführung f *(Walzgut)*; 3. Rinne f *(Rinnenofen)*; 4. Luppe f
~ **control** Schlingenregelung f *(Drahtwalzen)*
~-**controlled rolling** Walzen n mit Schlinge
~ **layer** Schlingenleger m, Windungsleger m
~ **lifter** Schlingenheber m
~ **pickling plant** Schlingenbeizanlage f
looper 1. Umwalzer m; 2. Schlingenbilder m, Schlingenkanal m; Schlingenraum m
~ **car** Schlingenwagen m
looping floor Schlingenkanal m, Tieflauf m
~ **mill** 1. offenes Walzwerk n; 2. Umführung f *(Walzgut)*
~ **pit** Schlingengrube f
loose bottom abnehmbarer Boden m
~ **bulk materials** lose Schüttgüter npl
~ **core** *(Gieß)* Ansteckkern m
~ **fit** Grobpassung f, Grobsitz m, Spielpassung f, Spielsitz m
~ **material** Schüttgut n
~ **ore** unaufbereitetes Erz n
~ **part** *(Gieß)* Losteil n *(am Modell)*
~ **pattern** *(Gieß)* mehrteiliges zerlegbares Modell n, Korbmodell n
~ **piece** *(Gieß)* Losteil n *(am Modell)*; Einlegekern m *(Druckguß)*
~ **pin** *(Gieß)* loser Führungsstift m *(Formkasten)*
~ **powder sintering** Sintern n von Pulverschüttungen *(Pulvern im Füllzustand)*
~ **roll** lose Rolle f
Loose-Pack method Loose-Pack-Methode f *(Herstellung pulvermetallurgischer Teile durch Vakuumverdichten mit Bindemittelzusatz und anschließendem Sintern und Schmieden)*
loosen/to 1. lösen, lockern; abschrauben; 2. sich lockern; 3. auflockern
loosening 1. Lösen n, Lockern n; 2. Abschrauben n; 3. Auflockerung f
~-**up of the structure** Gefügeauflockerung f
lop/to kappen
Lorentz contrast Lorentz-Kontrast m
~-**force curve** Lorentz-Kraftkurve f
~ **microscopy** Lorentz-Mikroskopie f
loss Verlust m; Abgang m; Abbrand m
~ **angle** Verlustwinkel m
~ **by burning** Abbrand m
~ **by evaporation** Verdampfungsverlust m
~ **coefficient** *(Gieß)* Widerstandskoeffizient m *(Anschnittsystem)*
~ **in energy** Energieverlust m
~ **in the slag** Schlackenverlust m *(Nutzmetallinhalt der Schlacke)*
~ **in weight** Gewichtsverlust m

~ **in weight test** thermogravimetrische Analyse f
~ **of a property** Abklingen n einer Eigenschaft
~ **of ammonia** Ammoniakverlust m
~ **of bond** Bindekraftverlust m
~ **of ductility** Duktilitätseinbruch m, Duktilitätsabfall m
~ **of energy** Energieverlust m; Kraftverlust m
~ **of ignition** Abreißen n der Zündung
~ **of iron** Eisenverlust m
~ **of material** Materialabtrag m
~ **of moisture before drying** Feuchtigkeitsverlust m vor der Trocknung
~ **of power** Kraftverlust m; Energieverlust m; Leistungsabfall m
~ **of sulphur** Schwefelverlust m
~ **of weight** Gewichtsverlust m; Gewichtsabbrand m
~ **on drying** Trocknungsverlust m
~ **on ignition** Glühverlust m
losses Abfälle mpl, Kreislaufstoffe mpl
lost former Einschmelzzylinder m *(für Induktionsofen)*
~ **head** verlorener Kopf m *(Speiser)*
~ **motion** toter Gang m, Totgang m
~ **time** Verlustzeit f, Zeitverlust m
~ **wax moulding** Modellausschmelzverfahren n, Genaugußverfahren n, Feingußverfahren n
~ **wax process** Feingußverfahren n
lot Los n, Prüflos n
~ **size** Losgröße f, Losumfang m
louvre Luftschlitz m
low activity geringe Aktivität f *(z. B. des Ausgangsmetalls)*
~-**alloy steel** niedriglegierter Stahl m
~-**alloy structural steel** niedriglegierter Baustahl m
~-**alloyed** niedriglegiert
~-**aluminium** aluminiumarm
~-**angle grain boundary** *(Krist)* Kleinwinkelkorngrenze f
~-**angle scattering** Kleinwinkelstreuung f
~-**ash** aschearm, mit niedrigem Aschegehalt
~-**ash bituminous coals** bituminöse Kohlen fpl mit niedrigen Aschegehalten
~-**basicity flux** Flußmittel n mit niedriger Basizität
~-**caking** schlechtbackend
~-**carbon** kohlenstoffarm; niedriggekohlt
~-**carbon martensite** s. lath martensite
~-**carbon rimming steel** unberuhigt vergossener Flußstahl m
~-**carbon steel** kohlenstoffarmer Stahl m, weicher [unlegierter] Stahl m, Flußstahl m
~-**carbon steel casting** kohlenstoffarmer (niedriggekohlter) Stahlguß m
~-**cycle fatigue** Kurzzeitermüdung f

~-**ductility region** Bereich *m* niedriger Duktilität

~ **empty-converter temperature** niedrige Temperatur *f* entleerter Konverter

~-**energy electron** Elektron *n* mit niedriger Energie

~ **fluid velocity** niedrige Wirbelgeschwindigkeit *f*

~-**frequency conductivity** Leitfähigkeit *f* bei niedriger Frequenz

~-**frequency induction furnace** Niederfrequenzinduktionsofen *m*

~-**frequency transducers** *(Am)* Niederfrequenzköpfe *mpl*, NF-Köpfe *mpl*

~-**fusion** *s.* ~ -melting

~-**grade** minderwertig, geringwertig, geringhaltig, arm

~-**grade ore** geringhaltiges Erz *n*, Armerz *n*

~-**ground charging machine** auf Flur laufende Einsetzmaschine (Chargiermaschine) *f*

~-**head continuous casting machine** Stranggußanlage *f* niedriger Bauart

~ **in iron** eisenarm

~-**index plane** *(Krist)* niedrig indizierte Ebene *f*

~-**iron** eisenarm

~-**load-carrying burner** Schwachlastbrenner *m*

~-**load hardness tester** Kleinlasthärteprüfer *m*

~ **loader bogie** Tiefladergestell *n*

~-**melting** niedrigschmelzend, leichtschmelzend, tiefschmelzend

~-**melting eutectics** niedrigschmelzendes Eutektikum *n*

~-**melting-point alloy** Legierung *f* mit niedrigem Schmelzpunkt, niedrigschmelzende Legierung *f*

~-**melting-point metal** niedrigschmelzendes Metall *n*

~-**melting-point residue** niedrigschmelzender Rückstand *m*

~-**melting-point slag** niedrigschmelzende Schlacke *f*

~-**nitrogen** stickstoffarm

~-**oxidizing potential** niedriges Oxydationspotential *n*

~-**pearlite** perlitarm

~-**phosphorus iron** phosphorarmes Roheisen *n*

~-**phosphorus ore** phosphorarmes Erz *n*

~-**phosphorus pig iron** phosphorarmes Gießereiroheisen *n*

~-**pressure burner** Niederdruckbrenner *m*

~-**pressure chill casting** Niederdruck[kokillen]guß *m*

~-**pressure die-casting process** Niederdruckkokillengießverfahren *n*

~-**pressure discharge** Niederdruckentladung *f*

~-**pressure fan** Niederdruckgebläse *n*

~-**pressure gauge** Niederdruckmanometer *n*, Arbeitsdruckmanometer *n*

~-**pressure plasma** Niederdruckplasma *n*

~-**pressure pneumatic conveying plant** pneumatische Niederdruckförderanlage *f*

~ **quartz** Niedrigquarz *m (Quarzmodifikation, 25 bis 573 °C)*

~-**shaft [blast] furnace** Niederschachtofen *m*

~-**speed pulsator** Niederfrequenzpulsator *m*

~-**surface tension water** entspanntes Wasser *n*

~-**sulphur steel** Stahl *m* mit niedrigem Schwefelgehalt

~-**temperature application** Niedrigtemperaturtechnik *f*

~-**temperature brittleness** Tieftemperatursprödigkeit *f*

~-**temperature carbonization** Niedrigtemperaturverkokung *f*, Schwelung *f*

~-**temperature carbonizing furnace** Schwelofen *m*

~-**temperature conductivity** Tieftemperaturleitfähigkeit *f*

~-**temperature disintegration** Niedrigtemperaturzerfall *m*

~-**temperature martensite** *s.* plate martensite

~-**temperature modification** Niedertemperaturmodifikation *f*

~-**temperature nickel steel** kaltzäher Nickelstahl *m*

~-**temperature oxidation** Niedrigtemperaturoxydation *f*

~-**temperature property** Tieftemperatureigenschaft *f*

~-**temperature range** unterer Temperaturbereich *m*, Bereich *m* niedriger Temperatur

~-**temperature resistivity measurement** Tieftemperaturwiderstandsmessung *f*

~-**temperature sizing and drying** Niedrigtemperaturklassierung *f* und -trocknung *f*

~-**temperature thermomechanical treatment** thermomechanische Behandlung *f* bei niederen Temperaturen

~-**temperature toughness** Tieftemperaturzähigkeit *f*

~-**temperature treatment** Behandlung *f* bei tiefen Temperaturen

~-**volatile coal** gasarme Kohle *f*

lower/to 1. [ab]senken, herablassen; 2. vermindern, reduzieren

lower bainite unterer Bainit *m*, untere Zwischenstufe *f*

~ **bell** Unterglocke *f (Gichtverschluß)*

~ **blade** Untermesser *n (Schere)*

~ **critical temperature** untere Umwandlungstemperatur *f*

~ **crossbar** *(Gieß)* untere Verankerungsschiene *f*

~ **deviation** unteres Abmaß *n*
~ **die** *(Umf)* Untergesenk *n*, Gesenkunterteil *n*; Unterstempel *m*
~ **ejector plate** Auswerferdeckplatte *f*
~ **furnace** Unterofen *m*, unterer Ofenteil *m*
~-**grade matte** armer Stein *m (sulfidisches Schmelzprodukt mit geringen Ni- oder Cu-Gehalten)*
~ **oil pan** Ölsumpf *m*
~ **pass** unteres Kaliber *n (Walzen)*
~ **punch** *(Pulv)* Unterstempel *m*
~ **ram** *(Pulv)* Unterkolben *m (einer Presse)*
~ **roll** Unterwalze *f*
~ **yield point** untere Streckgrenze *f*
lowering 1. Absenken *n*, Absenkung *f*; 2. Absenkvorrichtung *f*
~ **device** Absenkvorrichtung *f*
~ **roll** Absenkrolle *f*
~ **speed** Absenkgeschwindigkeit *f*
lowest point of the liquid pool Sumpfspitze *f (Strangguß)*
LPG *s.* liquefied petroleum gas
LS-theory LS-Theorie *f*, Lifšic-Slezov-Theorie *f*
lube-coolant *s.* lubricating coolant
lubricant Schmierstoff *m*, Schmiermittel *n*, Schmierflüssigkeit *f*; Gleitmittel *n*, Gleitflüssigkeit *f*; preßerleichternder Zusatz *m*
~ **additive** Schmierstoffzusatz *m*, Schmierstoffadditiv *n*
~ **carrier** Schmiermittelträger *m*
~ **coating** Schmiermittelüberzug *m*
~ **emulsion** Schmieremulsion *f*
~ **film** Schmiermittelfilm *m*
~ **pressure** Schmiermitteldruck *m*
~ **residue** Schmiermittelrückstand *m*
lubricate/to schmieren
lubricating action Schmierwirkung *f*; Gleitwirkung *f*
~ **coolant** Schmierkühlmittel *n*
~ **equipment** Schmiereinrichtung *f*
~ **film** Schmiermittelfilm *m*
~ **grease** Schmierfett *n*
~ **layer** Schmierfilmschicht *f*
~ **oil** Schmieröl *n*
~ **power** Schmierfähigkeit *f*
~ **residual** Schmiermittelrückstand *m*
lubrication Schmieren *n*, Schmierung *f*
lubricator Schmierer *m*, Öler *m*
Lüders band Lüders-Band *n*
~ **band propagation** Lüders-Bandausbreitung *f*
~ **bonds** Lüders-Streifen *mpl*
~ **strain** Lüders-Dehnung *f*
lug 1. Ansatz *m*, Nase *f*; *(Gieß)* Anguß *m*, Lappen *m*; Nocken *m (Formkasten)*; 2. Anodenohr *n*, Fahne *f*
lughole *(Gieß)* Führungsloch *n (im Führungslappen)*
luminous arc process Lichtbogenverfahren *n*
~-**field stop** Leuchtfeldblende *f*

~ **flame** leuchtende Flamme *f*
lump/to sich zusammenballen, klumpen
lump Brocken *m*, Klumpen *m*; Stück *n*
~ **charge** stückiger Möller *m*
~ **coke** Stückkoks *m*
~ **density** Korndichte *f (von Schüttgütern)*
~ **graphite** Stückgraphit *m*
~ **lime** Stückkalk *m*, Branntkalk *m*
~ **ore** Stückerz *n*
~ **ore degradation** Stückerzzerfall *m*
~ **size** Stückgröße *f*
~ **slag** Stückschlacke *f*
~ **strength** Stückfestigkeit *f*
lumpiness Stückigkeit *f*
lumps 1. Stückerz *n*; 2. Stückkohle *f*
lumpy klumpig, stückig
lunar caustic Höllenstein *m (Silbernitrat)*
lunkerit Lunkerit *n (Abdeckpulver)*
Lurgi process *(Pyro)* Lurgi-Verfahren *n*
lustre Metallglanz *m*
lustrous carbon Glanzkohlenstoff *m*
~ **silky texture** seidig glänzende Textur *f (Raffinadekupfer)*
lute/to abdichten, verschmieren *(mit Ton oder anderen plastischen Massen)*
~ **a mould** einen Formkasten abdichten (verschmieren)
lute Abdichtungsmasse *f (feuerfest, für Arbeitstüren und Spalten)*
lutetium Lutetium *n*
luting Abdichten *n*, Verschmieren *n (mit Ton oder anderen plastischen Massen)*
Luwesta extractor Luwesta-Zentrifugalextraktor *m*
lycopodium *(Gieß)* Lykopodium *n (als Formpuder verwendete Bärlappsporen)*
~ **substitute** Lykopodiumersatz *m*
lye Lauge *f*
~-**proof** laugenbeständig, alkalibeständig
~-**resisting** *s.* ~ -proof
lying time Liegezeit *f*

M

M_{90} **temperature** M_{90}-Temperatur *f*, M_{90}-Punkt *m*
M_d **temperature** M_d-Temperatur *f (Temperatur der verformungsinduzierten Martensitbildung)*
M_F **temperature** M_F-Temperatur *f*
M_S **temperature** M_S-Temperatur *f*
MA-RK *s.* molten aluminium rim killed
M. A. C. *s.* maximum allowable concentration
machinability Bearbeitbarkeit *f*; Zerspanbarkeit *f*
~ **rating** Bearbeitungsgeschwindigkeit *f*; Zerspanbarkeitskennwerte *mpl*
machinable bearbeitbar; zerspanbar
~ **cast iron** gut bearbeitbares Gußeisen *n*, weiches Gußeisen *n*

machine/to bearbeiten; spanend bearbeiten, spanen
~ **edges** Kanten bearbeiten
~-**mould** auf der Maschine formen
machine casting Maschinenguß *m*
~ **cooling** Maschinenkühlung *f*
~ **cycle** Maschinenzeit *f* für ein Stück
~ **efficiency index** Betriebsmittelleistung *f*
~ **for breaking out converter skulls** Konverterausbruchmaschine *f*
~ **for extrusion of cores** Kernwolf *m*, Kernstopfmaschine *f*, Strangkernformmaschine *f*
~ **for sheet metal work** Blechbearbeitungsmaschine *f*
~ **idle time** arbeitsablaufbedingte Stillstandszeit *f* an einer Maschine
~ **maximum time** maximale Maschinennutzungszeit *f*
~ **moulding** *(Gieß)* Maschinenformen *n*
~ **rod** Maschinengestänge *n*
~ **setting** Maschineneinstellung *f*
~ **shop** mechanische Werkstatt *f*
~ **sieving** Maschinensiebung *f*
~ **steel** Werkzeugstahl *m*
~ **table** Arbeitstisch *m*
~ **tape** Steuerstreifen *m*
~ **tool** 1. Werkzeugmaschine *f*; 2. Maschinenwerkzeug *n*
~-**tool casting** Werkzeugmaschinenguß *m*
~ **utilization index** Maschinennutzungsindex *m (Hauptzeit, Gesamtzeit)*
~ **welding** maschinelles Schweißen *n*
machined bearbeitet; blank
~ **castings** bearbeiteter Guß *m*
~ **surface** bearbeitete Oberfläche *f*; Arbeitsfläche *f (Spanen)*
machinery steel Maschinenbaustahl *m*
machining 1. [maschinelle] Bearbeitung *f*; 2. spanende (spanabhebende) Bearbeitung *f*
~ **allowance** Bearbeitungszugabe *f (form- und gießtechnische Werkstoffzugabe am Modell)*
~ **cycle** Arbeitsablauf *m (Maschine)*
~ **method** Bearbeitungsverfahren *n*; Zerspanungsverfahren *n*
~ **properties** Bearbeitungseigenschaften *fpl*
~ **surface** Bearbeitungsfläche *f*
~ **time** Bearbeitungszeit *f*
macrocrack Makroriß *m*
macroelement formation Makroelementbildung *f*
macroetch Makroätzung *f*
macroetching reagent Makroätzmittel *n*
~ **technique** Makroätzverfahren *n*
macrofractographic makrofraktografisch
macrograph Makroaufnahme *f*, Makrobild *n*
macrohardness Makrohärte *f*
~ **test** *s.* hardness test

macropore Makropore *f*, Grobpore *f*
macroporosity Makroporosität *f*
macropowder Grobpulver *n*
Macros Macros *n (basisches Feuerfestererzeugnis)*
macroscopic makroskopisch
~ **examination** makroskopische Untersuchung (Prüfung) *f*
macroscopy Makroskopie *f*
macrosegregation Makroseigerung *f*, Blockseigerung *f*, Stückseigerung *f*
macroshrinkage Makrolunker *m*
macrostress Makrospannung *f*
macrostructure Makrostruktur *f*, Grobstruktur *f*, Makrogefüge *n*, makroskopisches Gefüge *n*, Grobgefüge *n*
Madelung constant Madelungsche Konstante *f*, A
mag-coke magnesiumgetränkter Koks *m*
Magdolo Magdolo *n (basisches Feuerfesterzeugnis)*
Magmalox Magmalox *n (schmelzgegossenes Feuerfesterzeugnis)*
~ **brick** Magmalox-Stein *m (schmelzgegossener Mullitstein mit 4 bis 5 % ZrO_2)*
magnaflux detector Magnafluxgerät *n*, Magnetpulverprüfgerät *n*
~ **test** Magnafluxprüfung *f*, Magnetpulverprüfung *f*, magnetische Rißprüfung *f*
~ **testing method** Magnafluxprüfverfahren *n*, Magnetpulverprüfverfahren *n*
magnesia 1. Magnesia *f*; 2. *(Ff)* Magnesia *f*, Sintermagnesit *m*
~ **alum** *(Min)* Magnesiaalaun *m*
~-**alumina brick** Periklas-Spinell-Stein *m*
~ **cement** Magnesiazement *m*
~-**chrome brick** Magnesiachromstein *m*
~-**doloma co-clinker** Magnesiadolomitklinker *m*
~-**limestone** dolomitischer Kalkstein *m*, Dolomit[kalk] *m*
magnesioferrite *(Min)* Magnesioferrit *m*
magnesiospinel *(Min)* Magnesiospinell *m*
magnesite *(Min)* Magnesit *m*
~-**alumina refractory** *(Ff)* Magnesia-Aluminiumoxid-Erzeugnis *n*
~ **block** *s.* ~ brick
~ **brick** Magnesitstein *m*
~-**chrome refractory** *(Ff)* Magnesia-Chromerz-Erzeugnis *n*
~-**dolomite refractory** *(Ff)* Magnesia-Dolomit-Erzeugnis *n*
~ **lining** Magnesitauskleidung *f*, Magnesitzustellung *f*
~ **ramming compound (mix)** Magnesitstampfmasse *f*, Magnesiastampfgemisch *n*, magnesitische Stampfmasse *f*
magnesitic ram mix magnesitische Stampfmasse *f*, Magnesitstampfmasse *f*, Magnesiastampfmasse *f*
magnesium Magnesium *n*
~ **alloy** Magnesiumlegierung *f*

~ **chloride** Magnesiumchlorid n
~ **die casting alloy** Magnesiumdruckgußle-
gierung f
~ **oxide** Magnesiumoxid n
~ **powder** Magnesiumpulver n
magnet Magnet m
~ **bracket** Magnetträger m
~ **core** Magnetkern m
~ **crane** Magnetkran m
~ **drum** Magnettrommel f
~-**equipped crane** Magnetkran m
~ **from powder** Pulvermagnet m
~ **impulse compression** Magnetimpulsverdichten n
~ **moulding process** (Gieß) Magnetform-
verfahren n
~ **steel** Magnetstahl m
magnetic alloy Magnetlegierung f
~ **balance** magnetische Waage f
~ **belt separator** (Aufb) Bandmagnet-
abscheider m
~ **bonding** magnetische Verkettung (Verbindung) f, Magnetverbindung f
~ **change point** Curie-Punkt m, A_2-Punkt m
~ **clamping device** Magnetspanneinrich-
tung f
~ **cobber** (Aufb) Magnetscheider m
~ **crack detection (test)** magnetische Rißprüfung f, Magnetpulverprüfung f, Magnafluxprüfung f
~ **crystal anisotropy** magnetische Kristall-
anisotropie f
~ **cycle** Magnetkreis m
~ **domain** magnetischer Elementarbereich
m
~ **drum** Magnettrommel f
~ **field** magnetisches Feld n
~ **field rotation** Magnetfeldrotation f
~ **field treatment** Magnetfeldbehand-
lung f
~ **filter** Magnetfilter n
~ **fixture** (Gieß) Magnetspannplatte f
~ **forming** (Umf) Magnetumformung f,
Umformung f im Magnetfeld
~ **grader** (Aufb) Magnetscheider m
~ **hardening** magnetische Härtung f
~ **hardness** magnetische Härte f
~ **ink** magnetische Farbe f (Anzeigeflüssig-
keit)
~ **iron ore** (Min) Magnetit m, Magneteisen-
stein m
~ **leakage** magnetischer Streufluß m, magnetische Streuung f
~ **material** magnetisiertes Material n
~ **moment** magnetisches Moment n
~ **objective** magnetisches Objektiv n
~ **particle inspection** Magnetpulververfahren n, Magnetpulverprüfung f
~ **particle testing** Magnetpulverprüfung f
~ **phase diagram** magnetisches Zustandsschaubild n
~ **pole** magnetischer Pol m

~ **powder** Magnetpulver n
~ **powder inspection method** Magnetpulverprüfverfahren n
~ **powder technique (test)** Magnetpulververfahren n, Magnetpulverprüfung f
~ **properties** magnetische Eigenschaften
fpl
~ **pulley** Magnetscheibe f
~ **pyrite** (Min) Magnetkies m, Pyrrhotin m
~ **quantity** magnetische Kenngröße f
~ **retentivity** [scheinbare] Remanenz f
~ **reversal** Ummagnetisierung f
~ **roasting** magnetisierendes Rösten n
~ **saturation** magnetische Sättigung f
~ **separation** (Aufb) Magnetscheidung f
~ **separator** 1. (Aufb) Magnetscheider m;
2. (Gieß) Magnetabscheider m, Eisenab-
scheider m
~ **separator arranged above melt** Über-
gangsmagnetabscheider m
~ **steel** Magnetstahl m
~ **stirrer** Magnetrührer m
~ **structure** magnetische Struktur f
~ **superlattice** magnetische Überstruktur f
~ **tape** Magnetband n
~-**tape method** Magnetbandverfahren n
~ **testing** magnetisches Prüfverfahren n
~ **transformation** magnetische Umwandlung f
~ **triangular lattice** magnetisches Dreieck-
gitter n
~ **valve** Magnetventil n
~ **wire** Magnetdraht m
magnetically disturbed region magnetisch
gestörter Bereich m
~ **soft material** weichmagnetischer Stoff
m
magnetism Magnetismus m
magnetite (Min) Magnetit m, Magnetei-
senstein m
~ **suspension** Magnetittrübe f, Magnetitsus-
pension f
magnetizability Magnetisierbarkeit f
magnetizable magnetisierbar
magnetization Magnetisierung f
~ **curve** Magnetisierungskurve f
~ **cycle** Ummagnetisierungszyklus m
~ **direction** Magnetisierungsrichtung f
~ **energy (work)** Magnetisierungsenergie
f, Ummagnetisierungsarbeit f
magnetize/to magnetisieren
magnetizing coil Magnetisierungsspule f
~ **current** Magnetisierungsstrom m
~ **equipment** Magnetisierungsgerät n
~ **roasting** magnetisierendes Rösten n
~ **yoke** Magnetisierungsjoch n
magneto coupling Magnetkupplung f
magnetoacoustic damping magnetoaku-
stische Dämpfung f
magnetocrystalline magnetokristallin
magnetodynamic unit elektrodynamische
Förderanlage f

magnetoelastic energy magnetoelastische Kopplungsenergie f
magnetography Magnetografie f
magnetoresistance Magnetowiderstand m
magnetostatic magnetostatisch
magnetostriction Magnetostriktion f
~ **constant** Magnetostriktionskonstante f
magnification Vergrößerung f
~ **factor** Abbildungsfaktor m
~ **range** Vergrößerungsbereich m
main Hauptleitung f, Hauptrohr n
~ **consumer** Hauptverbraucher m
~ **deformation** Hauptformänderung f
~ **feed conveyor** Materialaufzug m
~ **hoist** Haupthub m
~ **load** Hauptlast f
~ **motor** Hauptmotor m, Walzenzugmotor m
~ **ram** Hauptpreßkolben m
~ **roof** Herdgewölbe n; Ofengewölbe n
~ **shaft** Antriebswelle f
~ **slide** Hauptstößel m
~ **spindle** Arbeitsspindel f
~ **switch** Hauptschalter m
~ **texture** Haupttextur f
mains breaking capacity Netzabschaltleistung f
~-**frequency induction crucible furnace** Netzfrequenz-Induktionstiegelofen m
~-**frequency induction furnace** Netzfrequenz-Induktionsofen m
~ **water** Leitungswasser n
maintaining Halten n (isothermisch)
maintenance of cutting power Schneidhaltigkeit f
~ **of the furnace** Ofeninstandhaltung f
major axis (Krist) Hauptachse f
~ **defects** (Gieß) Hauptfehler mpl
~ **dendrite axis** Hauptdendritenachse f
~ **diameter** Außendurchmesser m
~ **segregation** Makroseigerung f, Blockseigerung f, Stückseigerung f
make acidic/to ansäuern
~ **alkaline** alkalisch machen, alkalisieren
~ **steel** Stahl [er]schmelzen
~ **the mixture** eine Mischung zusammenstellen
~ **tight** abdichten
~ **up the charge** gattieren
make 1. Ausführung f, Typ m; Erzeugnis n, Produkt n; 2. Herstellung f, Produktion f
~-**up** Auffüllung f, Ausgleich m; Deckung f von Verlusten
~-**up air** gereinigte und temperaturgeregelte Luft f
~-**up water** Zusatzwasser n
malachite (Min) Malachit m, Kupferspat m
maldistribution Fehlverteilungsrate f
male die part (Umf) Stempel m, Patrize f
~ **pattern** (Gieß) Positivmodell n
~ **thread** Außengewinde n
malleability Umformbarkeit f, Formände-

rungsvermögen n beim Treiben (Hämmern), Hämmerbarkeit f, Treibbarkeit f, Schmiedbarkeit f, Streckbarkeit f
malleable umformbar, streckbar, schmiedbar, reckbar
~ **alloy** Knetlegierung f
~ **brass** Messingknetlegierung f, Walzmessing n
~ **cast iron** Temperguß m
~-**ingot** getemperter Block m
~ **iron** Temperguß m
~-**iron foundry** Tempergießerei f
~ **ore** Tempererz n
~ **pig iron** Gießereiroheisen n für Temperguß
malleablizing [anneal] Tempern n, Temperglühung f
~ **by decarburization** Tempern n durch Entkohlen, Tempern n in oxydierender Atmosphäre, Glühfrischen n
~ **by graphitization** Tempern n durch Graphitisieren
~ **in controlled atmosphere** Gastempern n
mandrel (Umf) Dorn m, Preßdorn m, Preßstempel m, Ziehdorn m, Dornstange f, Stützdorn m; Wickeldorn m
~ **bar** Dornstange f (Ziehen)
~ **drawing** Stangenrohrziehen n
~ **holder** Dornhalter m
~ **lock** Dornstangenverriegelung f
~ **mill** kontinuierliches Rohrwalzwerk n, Dornstangen-Rohrwalzwerk n
~ **point** Walzstopfen m
~ **release** Dornfreigabe f
~ **thrust block** Dorn[stangen]widerlager n
~ **tip** Dornspitze f
~-**type uncoiler** Abrollhaspel f mit Dorn, Dornablaufhaspel f
manganate Manganat n
manganese Mangan n
~-**bismuth powder** Mangan-Wismut-Pulver n
~ **bronze** Manganbronze f
~ **carbide** Mangankarbid n
~ **dioxide** Mangandioxid n
~ **hump** Manganbuckel m
~-**molybdenum steel** Mangan-Molybdän-Stahl m
~ **nodule** Manganknolle f
~ **ore** Manganerz n
~ **oxide** Manganoxid n
~ **silicate** Mangansilikat n
~-**silicon-nitrogen phase** Mangan-Silizium-Stickstoff-Phase f
~ **spar** Manganspat m
~ **steel** Mangan[hart]stahl m
~ **steel casting** Mangan[hart]stahlguß m
~ **steel rail** Manganstahlschiene f
~ **throw-back phenomenon** Manganbuckel m
α-**manganese structure** α-Mangan-Struktur f

manganic Mangan…, Mangan(III)-…
manganiferous manganhaltig
~ **iron ore** Manganeisenerz *n*
manganous 1. manganhaltig; 2. Mangan(II)-…
~ **iron** Manganeisen *n*
manhole Mannloch *n*, Einstiegluke *f*
~ **cover** Mannlochdeckel *m*
~ **ring** Mannlochversteifung *f*
manipulating device Manipuliergerät *n*, Manipulator *m*
Mannesmann piercer Mannesmann-Schrägwalzwerk *n*, Lochwalzwerk *n* nach Mannesmann
manometer Manometer *n*, Druckmesser *m*
mantle 1. Mantel *m (z. B. eines Ofens)*; 2. *(Gieß)* Formmantel *m*, Überform *f*; 3. *(Umf)* Außenbüchse *f*
~ **pillar** Tragkranzsäule *f (Hochofen)*
~ **plates** Schachtkühler *m*
~ **ring** Schachttragring *m (Hochofen)*
manual adjustment Handverstellung *f*, Handeinstellung *f*
~ **arc welding** Lichtbogenhandschweißen *n*
~ **feeding** Handbeschickung *f*
~ **operation** Handbetrieb *m*
~ **ramming** Handstampfen *n*
~ **sieving** Handsiebung *f*
~ **squeeze** Handpressung *f*, Handpressen *n*
~ **welding** Handschweißen *n*
~ **welding technique** Handschweißverfahren *n*
manually controlled single-cycle actuation Einzelbetätigung *f* von Hand
~ **guided sandslinger** handgeführter Sandslinger *m*
~ **operated** handbetätigt
manufacture of filter Filterherstellung *f*
~ **of iron** Roheisenerzeugung *f*
~ **of metal powder** Metallpulverherstellung *f*
~ **of plate** Grobblechherstellung *f*
~ **of stoppers** Stopfenfertigung *f*
~ **of welded tubing** Nahtrohrherstellung *f*, Schweißrohrherstellung *f*
manufacturing fault Fertigungsfehler *m*
~ **gauge** Arbeitslehre *f*
~ **position** Fertigungsstelle *f*
~ **route** Herstellungsgang *m*
maraging Martensitanlassen *n*
~ **steel** martensitaushärtender Stahl *m*, Maragingstahl *m*
marcasite *(Min)* Markasit *m*
marginal refractories Randausmauerung *f (Feuerfestzustellung in Randzonen)*
~ **zone inspection** Randzonenprüfung *f*
Marinac process Marinac-Prozeß *m (Niobpulvergewinnung)*
mark/to 1. markieren; kennzeichnen; signieren; stempeln; 2. anreißen
~ **out** anreißen

marker 1. Markierungsgerät *n*; Stempelvorrichtung *f*; 2. Anreißer *m*
~ **displacement** Markierungsverschiebung *f (z. B. bei Diffusionsversuchen)*
marking 1. Markieren *n*; Kennzeichnen *n*; Signieren *n*; Stempeln *n*; 2. Anzeichnen *n*, Anreißen *n*
~ **compass** Anreißzirkel *m*
~ **ink** Anreißfarbe *f*
~ **liquid** Anreißflüssigkeit *f*
~ **machine** Stempelmaschine *f*
~**-off** *s.* ~**-out**
~**-out** Anreißen *n*
~**-out operation** Anreißarbeit *f*
~**-out plate** Anreißplatte *f*, Anreißtisch *m*
~**-out punch** Anreißkörner *m*
~**-out tool** Anreißwerkzeug *n*
~ **stencil** Anreißschablone *f*
~ **tool** Anreißwerkzeug *n*
marl Mergel *m*
marlpit Mergelgrube *f*
marmatite *(Min)* Marmatit *m*, Eisenzinkblende *f*
marquenching Warmbadhärten *n (Abschrecken)*
marsh ore Sumpferz *n*, Raseneisenerz *n*
marshalling store Bereitstellager *n*
martempering Warmbadhärten *n (Anlassen)*
martensite Martensit *m*
~ **band** Martensitband *n*
~ **colony size** Martensitbereichsgröße *f*
~ **formation** Martensitbildung *f*
~**-like** martensitähnlich
~ **morphology** Martensitmorphologie *f*
~ **needle boundary** Martensitnadelgrenze *f*, Martensitnadelberandung *f*, Martensitnadelbegrenzung *f*
~ **needle interface** Martensitnadelgrenzfläche *f*
~ **needle size** Martensitnadelgröße *f*
~ **plate boundary** Martensitplattengrenze *f*
~ **precipitation-hardening steel** martensitaushärtender Stahl *m*
~ **reaction** Martensitbildung *f*
~ **substructure** Martensitsubstruktur *f*
~ **texture** Martensittextur *f*
~ **unit cell** Martensitzelle *f*, Elementarzelle *f* des Martensits
α-**martensite** α-Martensit *m*
β-**martensite** Anlaßmartensit *m*
martensitic martensitisch
~ **cast iron** martensitisches Gußeisen *n*
~ **steel** martensitischer Stahl *m*
~ **transformation** Martensitumwandlung *f*
~ **transformation range** Martensitbereich *m*
masher roll Quetschrolle *f*
mask/to überdecken
masonry 1. Mauerwerk *n*; 2. Ausmauerung *f*
~ **brick** Hüttenmauerstein *m*

mass Masse *f*, Gemisch *n (Keramik)*
~ **absorption** Massenabsorption *f*
~ **absorption coefficient** Massenabsorptionskoeffizient *m*
~-**action law** Massenwirkungsgesetz *n*, MWG *n*, Reaktionsisotherme *f*
~ **balance device** Massenausgleichsvorrichtung *f*
~ **density** Massendichte *f*
~ **distribution** Massenverteilung *f*
~ **distribution ratio** Massenverteilungsverhältnis *n*
~ **flow [rate]** Massenstrom *m*, Mengenstrom *m*, Massen[durch]fluß *m*, Mengen[durch]fluß *m*, Stoffdurchflußmenge *f*, Feststoffdurchsatz *m*
~ **flux** *s.* ~ flow
~ **force** Massenkraft *f*
~ **fraction** Massengehalt *m*
~ **line** Massenlinie *f*
~ **moment of inertia** Massenträgheitsmoment *n*
~ **of atom** Atommasse *f*
~ **of false grain** Feinkornmenge *f*
~ **of particles** Teilchenmasse *f*
~ **of particles in bed** Teilchenmasse *f* im Wirbelschichtbett
~-**produced castings** Massengußteile *npl*
~ **production casting method** Gießverfahren *n* für Massenproduktion
~-**proportional** massenproportional
~ **rate** Massengeschwindigkeit *f*
~ **relation** Massenrelation *f*
~ **sintering part (shape)** Massenformteil *n*
~ **spectrometric analysis** Massenspektralanalyse *f*
~-**surface ratio** Volumen-Oberflächen-Verhältnis *n*
~ **transfer (transport)** Stoffübergang *m*; Massentransport *m*
massicot[ite] *(Min)* Massicot[it] *m*, Bleiglätte *f*
massive bar Vollstab *m*
~ **martensite** *s.* lath martensite
~ **working** Massivumformung *f*
master alloy Vorlegierung *f*
~ **alloy powder** Vorlegierungspulver *n*
~ **gauge** Kontrollehre *f*, Prüflehre *f*
~ **heat** Grundschmelze *f*, Basisschmelze *f*, Stammschmelze *f*
~ **pattern** *(Gieß)* Muttermodell *n*, Modell *n* mit doppeltem Schwindmaß
~-**slave manipulator** Greifmanipulator *m*, Handmanipulator *m (z. B. in „heißen" Arbeitsboxen)*
mastic 1. Mastix *m*, Mastixharz *n*; 2. Kitt *m*
mat rod Mattendraht *m*
Matano interface Matano-Ebene *f*
match plate *(Gieß)* doppelseitige Modellplatte *f*, Wendeplatte *f*
~-**plate pattern** zweiseitiges Modell *n*
material 1. Material *n*, Werkstoff *m (s. a.*

unter materials*)*; 2. Stoff *m*, Substanz *f*; 3. Zeug *n*, Gewebe *n*
~ **acceptance** Werkstoffabnahme *f*
~ **balance** Stoffbilanz *f*
~ **being blended** Mischgut *n*
~ **being crushed** Brechgut *n*
~ **cement** Bindemittel *n*
~ **characteristic** Werkstoffkennwert *m*
~ **condition** Werkstoffzustand *m*
~ **conversion** Stoffumsatz *m*
~ **conveying speed** Fördergutgeschwindigkeit *f*
~ **defect** Werkstoffehler *m*
~-**dependent** werkstoffabhängig
~ **development** Werkstoffentwicklung *f*
~ **failure** Werkstoffehler *m*
~ **fibre** Materialfaser *f*
~ **flow** Werkstofffluß *m*, Materialfluß *m*, Stofffluß *m*
~ **flow axis** Materialflußrichtung *f*
~ **flow concept** Materialflußgestaltung *f*
~ **flow rate** Materialtransportgeschwindigkeit *f*
~ **loss** Materialverlust *m*
~ **pair** Werkstoffpaarung *f*
~ **parameter** Werkstoffkenngröße *f*, Werkstoffparameter *m*
~ **performance** Materialverhalten *n*
~ **property** Werkstoffeigenschaft *f*
~ **reduction** Werkstoffschwächung *f (geometrisch)*
~ **selection** Materialansammlung *f*
~ **separation** Materialtrennung *f*
~ **stress** Werkstoffbeanspruchung *f*, Materialbeanspruchung *f*
~ **structure** Werkstoffgefüge *n*
~ **to be dried** Trockengut *n*, Trocknungsgut *n*
~ **to be finely powdered** Feingut *n*
~ **to be ground** Mahlgut *n*
~ **to be milled** Feingut *n*, Mahlgut *n*
~ **to be mixed** Mischgut *n*
~ **to be pulverized** Feinmahlgut *n*
~ **to be sized** Klassiergut *n*, Sortiergut *n*
~ **transport** Stofftransport *m*
~ **vortice** Materialverwirbelung *f*
materials *s. a. unter* material
~ **conservation** Werkstoffkonservierung *f*, Werkstoffschutz *m*
~ **engineering** Werkstofftechnik *f*
~ **handling equipment** Transportanlagen *fpl*; Einrichtungen *fpl* für die Materialbewegung
~ **required for steel works** Stahlwerksbedarf *m*
~ **science** Werkstoffwissenschaft *f*
~ **scientist** Werkstoffwissenschaftler *m*
~ **store** Materiallager *n*
~ **testing** Werkstoffprüfung *f*, Materialprüfung *f*
~ **testing equipment** Materialprüfgerät *n*
~ **testing machine** Werkstoffprüfmaschine *f*

matrix 1. *(Krist)* Matrix *f*, Grundgitter *n*, Wirtsgitter *n*; 2. Matrix *f*, Grundmasse *f (z. B. einer Legierung)*; 3. Grundmasse *f*, Gangart *f*; 4. *(Pulv)* Matrize *f*
~ **atom** Grundmetallatom *n*, Matrixatom *n*
~ **composite** Matrixbestandteil *m*, Grundmischkristallbestandteil *m*
~ **composite dispersion** composite Einlagerungsverbundwerkstoff *m*
~ **composite structure** Einlagerungsstruktur *f (bei Hartstoffen)*
~ **constraint** Matrixverzerrung *f*
~ **correction** Matrixkorrektur *f*
~ **correction program** Matrixkorrekturprogramm *n*
~ **direction** Matrixrichtung *f*
~ **dislocation** Matrixversetzung *f*
~ **grain size** Matrixkorngröße *f*
~ **of inversion** Inversionsmatrix *f*
~ **of rotation** Drehmatrix *f*
~ **of sintered carbide** Hartmetallmatrize *f*
~ **of the eutectic** Grundmasse *f* des Eutektikums
~ **orientation** Matrixorientierung *f*
~ **plane** Matrixebene *f*
~ **representation** Matrizendarstellung *f*
~ **striking press** Schlagpresse *f (für Matrizen)*
~ **toughness** Matrixzähigkeit *f*
matte Stein *m (sulfidisches Schmelzprodukt)*
~ **converting** Steinverblasen *n*
~ **grade** Steinqualität *f*, Mattequalität *f*
~ **of copper** Kupferstein *m*, Kupfersau *f*
~ **of lead** Bleistein *m*, Hartblei *n*
~ **print** matter Abzug *m*
~ **refining** Rohsteinverarbeitung *f* auf Feinstein *(Nickelgewinnung)*
~-**smelted** auf Stein geschmolzen (verschmolzen)
~ **smelting** Steinschmelzen *n*
matter 1. Materie *f*, Stoff *m*; Material *n (s. a. unter material)*; 2. Gegenstand *m*, Sache *f*
~ **of experience** Erfahrungstatsache *f*
mattress wire Polsterfederndraht *m*, Matratzen[federn]draht *m*
maverick *(Gieß)* Ausreißer *m (Ausschuß)*
maximum allowable concentration maximal zulässige Arbeitsplatzkonzentration *f*
~ **continuous rating** maximale Dauerleistung *f*
~ **energy product** maximales Energieprodukt *n*
~ **flowing bed velocity** maximale Wirbelgeschwindigkeit *f*
~ **fluidizing velocity** maximale Wirbelpunktsgeschwindigkeit *f*
~ **load** Höchstlast *f*
~ **stress** Maximalspannung *f*, Oberspannung *f (Dauerfestigkeit)*

~ **supervision** Maximumüberwachung *f (Hochofenprozeß)*
~ **working area** maximaler Griffbereich *m*
maz[o]ut Masut *m (Brennstoff)*
McCabe-Thiele diagram McCabe-Thiele-Diagramm *n*
McKea distributor McKea-Verteiler *m (Gichtverteiler)*
~ **top** McKea-Verschluß *m (Gichtverschluß)*
meadow ore Raseneisenerz *n*, Sumpferz *n*
meagre sand Magersand *m*
mean diffusion path mittlerer Diffusionsweg *m*
~ **electron energy** mittlere Elektronenenergie *f*
~ **error** mittlerer Fehler *m*
~ **free path** mittlere freie Weglänge *f (z. B. einer Versetzung)*
~ **free time of flight** mittlere freie Flugzeit *f (z. B. eines Elektrons)*
~ **grain size** Durchschnittskorngröße *f*
~ **jumping time** mittlere Sprungzeit *f*
~ **spatial grain size** mittlere räumliche Korngröße *f*
~ **strain** Mitteldehnung *f*
~ **stress** Mittelspannung *f (bei wechselnder Beanspruchung)*; mittlere Spannung *f*
~ **value** Mittelwert *m*
~ **value of grain size** Korngrößenmittelwert *m*
~ **yield stress** mittlere Umformfestigkeit *f*
measure of wear [and tear] Verschleißmaß *n*
measurement change Maßveränderung *f*
~ **frame** Bildfeldeinstellung *f*
~ **load** Meßlast *f*, Meßlastgewicht *n*
~ **of gas flow** Gasmengenmessung *f*
~ **of lustre** Glanzmessung *f*
~ **of micropowder** Feinstpulvermessung *f*
~ **of the traverse** Weglängenmessung *f*
~ **signal** Meßbefehl *m*
measuring aperture Meßblende *f*
~ **bridge** Meßbrücke *f*
~ **channel** Meßkanal *m*
~ **device** Meßeinrichtung *f*
~ **device for filling levels** Füllstandsmesser *m*
~ **diagram** Meßdiagramm *n*
~ **direction** Meßrichtung *f*
~ **electrode** Meßelektrode *f*
~ **instrument** Meßgerät *n*, Meßinstrument *n*
~ **instrument for immersion temperature** Tauchtemperaturmeßgerät *n*
~ **instrument for radiation** Strahlungsmeßgerät *n*
~ **line** Meßlinie *f*
~ **microscope** Meßmikroskop *n*
~ **of powder temperature** Pulvertemperaturmessung *f*

~ **pipe** Meßleitung *f*
~ **point** Meßstelle *f*, Meßpunkt *m*
~ **point couple** Meßstellenpaar *n*
~ **probe** Meßfühler *m*
~ **procedure** Meßvorgang *m*, Meßverfahren *n*
~ **range** Meßbereich *m*
~ **record** Meßprotokoll *n*
~ **sensibility** Meßempfindlichkeit *f*
~ **set-up** Meßanordnung *f*
~ **shaft** Meßschaft *m*
~ **station** Meßwarte *f*, Meßstation *f*
~ **stop** Maßvorstoß *m*, Maßanschlag *m*
~ **tape** Bandmaß *n*, Meßband *n*
~ **technique** Meßtechnik *f*
~ **tool** Meßwerkzeug *n*
mechanical activation mechanische Aktivierung *f*
~ **agitation** mechanisches Rühren *n*, mechanische Durchwirbelung *f*
~ **atomization** mechanische Atomisierung (Zerkleinerung) *f*
~ **atomizer** Druckzerstäuber *m*
~ **bond** Haftwirkung *f*
~ **casting equipment** mechanische Gießeinrichtung *f*
~ **charging** maschinelles Beschicken *n*
~ **dust collector (separator)** mechanischer Staubabscheider (Entstauber) *m*
~ **impurities** mechanische Verunreinigungen *fpl*
~ **interlocking** mechanische Verklammerung *f*
~ **knock-out by vibration** Ausleeren *n* durch Vibration
~ **mixture** mechanische Mischung *f*
~-**pneumatic sand reclamation** mechanisch-pneumatische Sandregenerierung *f*

~ **polishing** mechanisches Polieren *n*
~ **press** mechanische Presse *f*
~ **properties** mechanische Eigenschaften *fpl*
~ **shovel** Schaufellader *m*
~ **stoker** Rostbeschickungsapparat *m*
~ **stoking** mechanische Rostbeschickung *f*
~ **test[ing]** mechanische Prüfung *f*
~ **tube** Konstruktionsrohr *n*
~ **twinning** *(Krist)* mechanische Zwillingsbildung *f*
~ **working** Umformung *f*; Umformtechnik *f*
mechanics of materials Festigkeitslehre *f*
mechanism of crack propagation Rißausbreitungsmechanismus *m*
~ **of diffusion** Diffusionsmechanismus *m*, Platzwechselmechanismus *m*
~ **of layer formation** *(Korr)* Deckschichtbildungsmechanismus *m*
~ **of mass transfer** Stofftransportmechanismus *m*
~ **of sintering** Sintermechanismus *m*, Sinterablauf *m*
~ **of solidification** Erstarrungsvorgang *m*

mechanochemical mechanochemisch
mechanochemistry Mechanochemie *f*
median Zentralwert *m*, Median[wert] *m* *(Statistik)*
~ **grain size** mittlere Korngröße *f*
~ **value** Zentralwert *m*, Median[wert] *m* *(Statistik)*
medium-alloy steel mittellegierter Stahl *m*
~-**alloy structural steel** mittellegierter Baustahl *m*
~-**carbon steel** mittelgekohlter (halbweicher) Stahl *m*
~-**frequency converter** Mittelfrequenzumformer *m*
~-**frequency heating equipment** Mittelfrequenzerwärmungsanlage *f*
~-**fequency induction crucible furnace** Mittelfrequenz-Induktionstiegelofen *m*
~-**frequency induction furnace** Mittelfrequenz-Induktionsofen *m*
~-**grained** mittel[fein]körnig
~-**hard** halbhart, mittelhart
~-**hard steel** halbharter Stahl *m*
~-**intensity scrubber** Wäscher *m* mit mittlerer Leistung
~-**phosphorous [pig] iron** Gießereiroheisen *n* mit mittlerem Phosphorgehalt
~ **plate** Mittelblech *n*
~-**plate mill** Mittelblechwalzwerk *n*
~-**pressure pneumatic conveying system** pneumatische Mitteldruckförderanlage *f*
~-**section mill** Mittelstahlstraße *f*, Mittelstahlwalzwerk *n*
~-**volatile [grade]** mittelflüchtig *(Kohle)*
~ **wire drawing machine** Mitteldrahtziehmaschine *f*, Mittel[draht]zug *m*
melt/to [er]schmelzen
~ **down** einschmelzen, niederschmelzen
~ **off** abschmelzen
~ **out** ausschmelzen
melt 1. Schmelze *f*, Charge *f*; 2. Schmelzen *n* *(Vorgang)*
~ **circulation** Badumwälzung *f*, Schmelzbadumwälzung *f*, Zirkulation *f* der Schmelze
~-**down** Einschmelzen *n*, Niederschmelzen *n*
~-**down period** Einschmelzdauer *f*, Niederschmelzdauer *f*, Einschmelzperiode *f*
~-**down process** Einschmelzverfahren *n*
~-**down rate** Einschmelzgeschwindigkeit *f*
~-**down slag** Einschmelzschlacke *f*, Einlaufschlacke *f*
~-**down time** Einschmelzzeit *f*
~ **drop technique** *(Pulv)* Schmelztröpfchentechnik *f*
~ **equilibrium** Schmelztröpfchentechnik *f*
~ **extraction** Schmelzextraktion *f*
~-**metallurgical** schmelzmetallurgisch
~-**out time** Aufschmelzzeit *f*
~ **pan** Schmelzpfanne *f*
~ **phase** Schmelzphase *f*

~ **spinning** *(Pulv)* Schmelzverdüsen *n*
~ **structure** Struktur *f* der Schmelze
meltable schmelzbar
melted erschmolzen
~ **zone** Aufschmelzzone *f*
melter 1. Schmelzer *m*; 2. Schmelzvorrichtung *f*; Anlage *f* mit Schmelztechnologie
melting aufschmelzend
melting Schmelzen *n*, Erschmelzen *n*
~ **bath** Schmelze *f*, Schmelzbad *n*
~ **capactiy** Schmelzkapazität *f*
~ **charge** Schmelzgut *n*
~ **condition** Schmelzzustand *m*
~ **conditions** Ofengang *m*
~ **cone** Segerkegel *m*, SK
~ **crucible** Schmelztiegel *m*
~ **curve** Schmelzkurve *f*
~ **cycle** Schmelzzyklus *m*
~-**down** Einschmelzen *n*, Niederschmelzen *n* *(s. a. unter* melt-down*)*
~ **efficiency** Schmelzleistung *f*
~ **equilibrium** Schmelzgleichgewicht *n*
~-**flat** Niederschmelzen *n* *(von Beschickung)*
~ **furnace** Schmelzofen *m*
~ **heat** Schmelzwärme *f*
~ **loss** Abbrand *m*, Schmelzverlust *m*
~ **loss behaviour** Abbrandverhalten *n*
~ **loss conditions** Abbrandverhältnisse *npl*
~ **metallurgy** Schmelzmetallurgie *f*
~ **operation** Schmelzvorgang *m*
~-**out** Aufschmelzen *n*, Ausschmelzen *n*
~ **pan** Schmelzpfanne *f*
~ **period** Schmelzdauer *f*, Schmelzzeit *f*
~ **point** Schmelzpunkt *m*
~-**point depression** Schmelzpunktserniedrigung *f*
~ **pot** Schmelztiegel *m*, Schmelzgefäß *n*
~ **practice** Schmelzbetrieb *m*
~ **procedure** Schmelzablauf *m*
~ **process** Schmelzprozeß *m*, Erschmelzungsprozeß *m*
~ **range** Schmelzbereich *m*, Schmelzintervall *n*
~ **rate** Schmelzleistung *f*, Abschmelzgeschwindigkeit *f*
~ **requirements** schmelztechnische Erfordernisse *npl*
~ **series** Schmelzreihe *f*, Schmelzfolge *f*
~ **shop** Schmelzbetrieb *m*, Schmelzhalle *f*
~ **shop equipment** Stahlwerkseinrichtung *f*
~ **stage** Ofenbühne *f*
~ **station** Schmelzplatz *m*
~ **technology** Schmelztechnologie *f*
~ **temperature** Schmelztemperatur *f*
~ **time** Schmelzzeit *f*
~ **time table** Schmelzzeitplan *m*
~ **to afloat** Einschmelzen *n* bis zur Dünnflüssigkeit *(des Schmelzguts)*
~ **to flatness** Erhitzen *n* bis zum Einschmelzen *(bis zum Zusammenfallen stückigen Metalls)*

~ **tool** Schmelzgerät *n*
~ **trough** Schmelzwanne *f*
~ **under controlled atmosphere** Schmelzen *n* unter Schutzgas (kontrollierter Atmosphäre)
~ **unit** Schmelzaggregat *n*
~ **vessel** Schmelzgefäß *n*
~ **yield** Schmelzausbringen *n*
~ **zone** Schmelzzone *f*
member *(Pulv)* Körper *m*
membrane Membran *f*, Diaphragma *n*
~ **filter** Membranfilter *n*
~ **hydrometallurgical extraction** Membran-Flüssig-Flüssig-Extraktion *f*
mend/to ausbessern, flicken *(mit Feuerfestmaterial)*
mendelevium Mendelevium *n*
mending Ausbessern *n*, Flicken *n* *(mit Feuerfestmaterial)*
~ **material** Flickgemisch *n* *(Feuerfestmaterial)*
meniscus Meniskus *m* *(zwischen Gießgut und Form)*
~ **level** Meniskusspegel *m*
merchant iron Handelseisen *n*
~ **mill** Stabstahlwalzwerk *n*
~ **shape** Stabform *f*
~ **sheet** Handelsblech *n*
~ **steel** Handelsstahl *m*
mercurial soot Stupp *f* *(Hg-Kondensationsprodukt)*
mercuric Quecksilber(II)-...
mercurous Quecksilber(I)-...
mercury Quecksilber *n*
~ **pressure** Druck *m* *(als Quecksilbersäule angegeben)*
~ **vapour lamp** Quecksilber[hochdruck]lampe *f*
meridian circle *(Krist)* Längenkreis *m*, Meridian *m*
mesh 1. Masche *f*, Siebmasche *f*; 2. Siebnummer *f*, Maschenzahl *f*
~ **analysis** Siebanalyse *f*
~ **aperture** Maschenweite *f*
~ **fraction** Siebfraktion *f*
~ **number** Maschenzahl *f*
~ **screen (sieve)** Maschensieb *n*
~ **size** 1. Maschenweite *f*; 2. Korngröße *f* *(ausgedrückt durch die Maschenzahl des Siebs)*
~ **width** Maschenweite *f* *(im Versetzungsnetzwerk)*
meshes Netzwerk *n*, Geflecht *n*
mesophase Mesophase *f*
metaarsenate Metaarsenat(V) *n*
metal Metall *n*
~ **additive** Metallzusatz *m*
~-**arc welding** Metallichtbogenschweißen *n*
~ **atom** Metallatom *n*
~ **balance** Metallbilanz *f*
~ **basis** Trägerwerkstoff *m*

~ **bath** Metallbad *n*
~ **beam** Metallstrahl *m*
~-**bearing carbon** Metallkohle *f*
~ **bellows** Metallbalg *m*
~-**bond grinding wheel** Metallschleif-scheibe *f*
~ **borings** Metallspäne *mpl*
~ **break-through** Metalldurchbruch *m*
~ **carbide** Metallkarbid *n*
~-**cased** metallummantelt, blechummantelt
~-**cased brick** blechummantelter Stein *m*
~-**ceramic** *s.* powder-metallurgical
~-**ceramic jointure** Metallkeramikverbund *m*
~-**ceramic magnet** Metallkeramikmagnet *m*, Sintermagnet *m*
~-**ceramic valve** Metallkeramikröhre *f*
~ **ceramics** *s.* powder metallurgy
~ **charge** metallischer Einsatz *m*, Eisenmöl-ler *m*
~-**chelate complex (compound)** Metall-chelatkomplex *m*, Metallchelatverbin-dung *f*
~ **chips** Metallspäne *mpl*
~-**clad** metallplattiert
~ **cleaning** Reinigen *n* der Metalle *(mecha-nisch)*
~ **cleaning compound** Metallreinigungs-mittel *n*
~ **cloth** Metallgewebe *n*
~-**coated** metallüberzogen; metallbe-schichtet
~ **coating** 1. Metallüberzug *m*, metallischer Überzug *m;* 2. Metallisieren *n*
~-**containing** metallhaltig
~ **content** Metallgehalt *m*
~-**cuting** spanabhebend, spanend
~ **deposit** 1. Metallniederschlag *m;* 2. auf-geschweißtes Metall *n*
~ **deposition** Metallabscheidung *f*
~ **disk** Metallscheibe *f*
~ **dissolution** Metallauflösung *f*
~ **dosing equipment** Metallzuteileinrich-tung *f*
~ **drainage** Metallablaß *m*
~ **extrusion** Metallpressen *n*
~ **feeding equipment** Flüssigmetallbe-schickungseinrichtung *f*
~ **fibre material** Metallfaserwerkstoff *m*
~ **filament** Metallfaden *m*
~ **filings** Metallspäne *mpl*, Feilspäne *mpl*
~ **filter** Metallfilter *n*
~ **floats up parts of the refractory bottom** Metall treibt den Herd hoch *(Auftrieb)*
~ **flow** Stofffluß *m*, Werkstofffluß *m*, Mate-rialfluß *m*
~ **foil** Metallfolie *f*
~ **forming** Formgebung *f* der Metalle, Me-tallumformung *f*, Umformung *f* von Me-tall
~ **forming process** Metallformgebungsver-fahren *n*

~-**free** metallfrei
~ **fume fever** Metalldampffieber *n*
~ **gauze** feines Metallgewebe *n*
~ **grain** Metallkorn *n*
~ **grit** Metallkies *m*
~ **hose** Metallschlauch *m*, Wellschlauch *m*
~ **in droplet form** Metall *n* in Tropfenform
~ **in grains** Metallgranalien *fpl*, granuliertes Metall *n*
~ **inert-gas arc welding** Metall-Inertgas-Schweißen *n*, MIG-Schweißen *n*
~ **insert** Metalleinlage *f*, Metalleinsatz *m;* *(Gieß)* Verschleißeinlage *f* für Kernka-sten
~ **ion** Metallion *n*
~ **jet** Metallstrahl *m*
~ **level** Metallstand *m*
~ **line** Metallbadspiegellinie *f (im Schmelz-ofen)*
~ **loss** Abbrand *m*, Metallverlust *m*
~ **mixture** Eisenmöller *m*
~ **mould** Kokille *f*, metallische Form *f*
~-**mould casting** Kokillenguß *m*
~-**mould interface** Metall-Form-Grenzflä-che *f*, Metall-Form-Berührungsfläche *f*
~-**mould reaction** Metall-Formstoff-Reak-tion *f*
~ **notch** Stichloch *n*, Abstichloch *n*
~ **particle** Metallteilchen *n*
~ **penetration** 1. Penetration *f*, Eindringen *n* des Metalls *(Gußfehler);* 2. Vererzung *f*
~ **phase** Metallphase *f*
~-**polishing technique** Poliertechnik *f*
~ **pool** Metallsumpf *m*
~ **powder** Metallpulver *n*
~ **powder moulding press** Metallpulver-presse *f*
~ **powder production** Metallpulverherstel-lung *f*
~ **processing** Metallverarbeitung *f*
~ **protector** Metallschutzhülle *f*
~ **pump** Metallpumpe *f*
~ **purity** Metallreinheit *f*, Metallqualität *f*
~ **ray** Metallstrahl *m*
~ **removal by oxygen processes** Sauer-stoffschmelz- und -schneideverfahren *n*
~ **research** Metallforschung *f*
~ **residues** Metallrückstände *mpl*
~ **run-off** Metallabfluß *m*, Metallablauf *m*
~ **shot** Metallgranalien *fpl;* Metallkies *m;* Schrot *n(m)*
~ **slug** Metallklumpen *m*
~ **smearing** Metallverschmierung *f*
~ **soap** Metallseife *f*
~ **sphere** Metallkugel *f*
~ **spinning** Metalldrücken *n*, Metalltreiben *n*, Drückwalzen *n*, Projizierdrücken *n*
~ **splash** Metallspritzer *m*
~ **spray coating** Metallspritzüberzug *m*, Spritzüberzug *m* aus Metall
~-**sprayed** spritzmetallisiert
~-**sprayed coating** *s.* ~ spray coating

~ **spraying** Metallspritzen *n*, Spritzmetallisieren *n*
~ **spraying process** Metallspritzverfahren *n*
~ **steel wool** Stahlwolle *f*
~ **stock** Metallstock *m*
~ **stream** Metallfluß *m*
~ **surface** Metalloberfläche *f*
~ **surface tension** Metalloberflächenspan-
nung *f*
~ **tongue** *(Gieß)* Metallzunge *f*
~ **transfer** Metallübertragung *f*, Werkstoffübergang *m*
~ **value** Metallwert *m*
~ **wool** Metallwolle *f*, Stahlwolle *f*
~ **working** 1. Metallverarbeitung *f*, Metallbearbeitung *f*; 2. Umformung *f*, Umformtechnik *f*
~-**working industry** metallverarbeitende Industrie *f*
metallic metallisch
~ **antimony** Antimonmetall *n*, metallisches
Antimon *n*
~ **bond** metallische Bindung *f*, Metallbin-
dung *f*
~ **charge** Metalleinsatz *m*
~ **coating** metallischer Überzug *m*
~ **compound** metallische Verbindung *f*
~ **copper** Kupfermetall *n*, metallisches
Kupfer *n*
~ **fibre** Metallfaser *f*
~ **fines** Metallabrieb *m*, metallischer Abrieb *m*
~ **intermediate layer** Metallzwischen-
schicht *f*
~ **material** metallischer Werkstoff *m*
~ **mineral** metallhaltiges Mineral *n*, Erzmi-
neral *n*
~ **particles entangled in the slag** in der
Schlacke eingeschlossene Metallteilchen
npl
~ **silver** Silbermetall *n*, metallisches Silber
n
~ **soap** Metallseife *f*
~ **sponge** Metallschwamm *m*
~ **state** metallischer Zustand *m*
~ **substrate** metallische Trägerschicht (Trägersubstanz) *f*, Schichtträger *m* aus Metall
~ **yield** Metallausbeute *f*
metalline metallartig
metallization Metallisierung *f*, Aufbringung
f von Metallüberzügen
~ **degree** Metallisierungsgrad *m*
~ **sintering** Aufspritzsintern *n*
metallized metallisiert
~ **coating** Spritzüberzug *m* aus Metall, Metallspritzüberzug *m*
~ **pellet** metallisiertes Pellet *n*
metallizing Metallisieren *n*
metallochromy galvanische Metallanfär-
bung *f*
metallographer Metallograf *m*

metallographic metallografisch
~ **macrosection** Makroschliff *m*
~ **preparation** Schliffherstellung *f*
~ **specimen** Schliffprobe *f*
metallography 1. Metallografie *f*; 2. *s.* physical metallurgy
metalloid Metalloid *n*, Übergangsmetall *n*
~ **oxidation** Abbrand *m* der Eisenbegleiter
metallurgical metallurgisch; hüttenmän-
nisch
~ **coke** metallurgischer Koks *m*, Hüttenkoks *m*
~ **control** Steuerung *f* der Schmelztechnik
~ **dust** Hütten[werks]staub *m*
~ **fuel** metallurgischer Brennstoff *m*, Hüt-
tenbrennstoff *m*
~ **industry** Hüttenindustrie *f*
~ **length** metallurgische Länge *f*
~ **microscope** Metallmikroskop *n*
~ **oxygen** metallurgischer Sauerstoff *m*
~ **plant** Hüttenwerk *n*
~ **process** metallurgisches Verfahren *n*,
metallurgischer Prozeß *m*
~ **reaction** metallurgische Reaktion *f*
~ **reactor** metallurgischer Reaktor (Apparat) *m*
~ **treatment** Verhüttung *f*
~ **works** Hüttenwerk *n*
metallurgist Metallurge *m*; Hüttenmann *m*,
Hütteningenieur *m*
metallurgy Metallurgie *f*; Hüttenkunde *f*
~ **of iron and steel** Eisenhüttenkunde *f*
metamagnetism Metamagnetismus *m*
metasilicate Metasilikat *n*
metastable metastabil
~ **allotropic form** metastabile allotrope
Form *f*
~ **alloy** metastabile Legierung *f*
~ **austenite** metastabiler Austenit *m*
~ **diagram** metastabiles Zustandsschaubild
n
~ **equilibrium** metastabiles Gleichgewicht
n
~ **system** metastabiles System *n*
metavanadate Metavanadat(V) *n*
meter/to 1. messen; 2. zumessen, dosieren
meter ladle Dosierlöffel *m*
~ **pump** Dosierpumpe *f*
metering 1. Messen *n*; 2. Zumessen *n*, Dosieren *n*
~ **belt** Zuteilband *n*
~ **distributor** Zuteiler *m*, Dosiereinrichtung *f*
~ **pump** Dosierpumpe *f*
~ **system** 1. Meßeinrichtung *f*; 2. Dosier-
und Zuteileinrichtung *f*
methane Methan *n*
methanol Methanol *m*, Methylalkohol *m*
method of analogue Analogiemethode *f*
~ **of correction** Korrekturverfahren *n*
~ **of joining** Fügeverfahren *n*
~ **of least squares** Methode *f* der kleinsten
Quadrate, Fehlerquadratmethode *f*

~ **of operation** Arbeitsweise *f*
~ **of registering** Registriermethode *f*
~ **of similarity** Ähnlichkeitsverfahren *n*
methyl alcohol Methylalkohol *m*, Methanol *n*
~-**isobutyl ketone** Methylisobutylketon *n*, MIK
methylated spirit denaturierter Spiritus *m* *(Lösungsmittel für Abbrennschlichte)*
methylene blue Mythelenblau *n*
~ **chloride** Methylenchlorid *n*
metioscope Metioskop *n* *(zur Betrachtung von Schweißnähten in der Rohrinnenwand)*
MHKW process = Midvale-Heppensteel-Klöckner-Werke process
mica *(Min)* Glimmer *m*
~ **plate[let]** Glimmerplättchen *n*
~ **schist** Glimmerschiefer *f*
micaceous iron ore Eisenglimmer *m*
micro flat tensile specimen Mikroflachzugprobe *f*
microabsorption factor Mikroabsorptionsfaktor *m*
microalloy addition Mikrolegierungszusatz *m*
microalloyed mikrolegiert
microalloying element Mikrolegierungselement *n*
microanalysis Mikroanalyse *f*
microbalance Mikrowaage *f*
microbeam Microbeam *m*, Feinstrahl *m*
~ **technique** Feinstrahlmethode *f*
microbiological corrosion mikrobiologische Korrosion *f*
microcavity Mikrohohlraum *m*
microcell formation Mikrozellenbildung *f*
microcinematography Mikrokinematografie *f*
microconstituent Mikrogefügebestandteil *m*, Gefügebestandteil *m*
microcrack Mikro[an]riß *m*, Feinriß *m*
~ **formation** Mikrorißbildung *f*
microcracking Mikrorißbildung *f*
microcreep Mikrokriechen *n*
~ **mechanism** Mikrokriechmechanismus *m*
~ **path** Mikrokriechweg *m*
~ **strain** Mikrokriechdehnung *f*
~ **test** Mikrofließversuch *m*
microdeformation Mikroverformung *f*
~ **test** Mikroverformungsversuch *m*
microdensitometer Mikrodichtemesser *m*
microdiffraction Mikrobeugung *f*
microduplex structure Mikroduplexgefüge *n* *(von Mischkristallen)*
microelectrode Mikroelektrode *f*
microetch Mikroätzen *n*
microfilm Mikrofilm *m*
microfinish Feinstbearbeitung *f*
microfissure Mikroriß *m*, Haarriß *m*
microflow Mikrofließen *n*
~ **parameter** Mikrofließparameter *m*

~ **region** Mikrofließbereich *m*
microforming Mikroumformung *f*, Feinbereichsumformung *f*
microfractographic mikrofraktografisch
microfractography Mikrofraktografie *f*
micrograin Micrograin *n* *(feinkörnige Metallsorte)*
~ **plasticity** *s.* superplasticity
micrograph Schliffbild *n*, Gefügeaufnahme *f*, Gefügebild *n*
micrographic analysis *s.* microstructural analysis
microhardness Mikrohärte *f*
~ **indentation** Mikrohärteeindruck *m*
~ **profile** Mikrohärteprofil *n*
~ **test** Mikrohärteprüfung *f*
~ **tester** Mikrohärteprüfer *m*
microlamp Mikro[skopier]lampe *f*
microlite *(Min)* Mikrolith *m*
micrometer Mikrometer *n*
~ **division** Trommelstrich *m* *(des Okularmikrometers)*
~ **head** Mikrometerkopf *m*
~ **scale** Mikrometerskale *f*
~ **screw** Mikrometerschraube *f*
~ **spindle** Mikrometerspindel *f*
micromotion analysis Mikrobewegungsanalyse *f*
microorganisms Mikroorganismen *mpl* *(für Laugungsverfahren)*
microphotometer Mikrofotometer *n*
microplasticity Mikroplastizität *f*
micropore Mikropore *f*, Feinpore *f*
microporosity Mikroporosität *f*
micropowder Feinstpulver *n*
~ **analysis** Feinstpulveranalyse *f*
microprobe Mikrosonde *f*
~ **investigation** Mikrosondenuntersuchung *f*
~ **trace** Mikrosondenspur *f*
microradiography Mikroradiografie *f*
microreflection Mikroreflexion *f*
~ **goniometer** Mikroreflexionsgoniometer *n*
~ **measurement** Mikroreflexionsmessung *f*
microroughness Mikrorauhigkeit *f*
microscale Mikroskala *f*, Mikrobereich *m*
microscope column Mikroskopsäule *f*
~ **photometer** Mikroskopfotometer *n*
microscopic mikroskopisch
~ **examination** mikroskopische Untersuchung (Prüfung) *f*
microscopy Mikroskopie *f*
microsection Schliffprobe *f*
~ **examination** Schliffuntersuchung *f*
microsegregation Mikroseigerung *f*, Kristallseigerung *f*, Kornseigerung *f*
microshrinkage Mikrolunker *m*
microslip Feingleitung *f*
microstrain Mikrodehnung *f*
microstress Mikrospannung *f*
microstructural analysis Gefügeanalyse *f*

~ component Gefügebestandteil *m*, Gefügeelement *n*
~ condition Gefügezustand *m*
~ observation Gefügebeobachtung *f*
~ region Gefügebereich *m*
~ replica Gefügeabdruck *m*
~ special feature Gefügebesonderheit *f*
~ stability Gefügestabilität *f*
~ stringer Gefügezeile *f*
microstructure Mikrostruktur *f*, Feinstruktur *f*, Mikrogefüge *n*, Feingefüge *n*, Gefüge *n*
~ distribution Gefügeverteilung *f*
~ examination Feinstrukturuntersuchung *f*
~-welding diagram Feingefüge-Schweiß-Diagramm *n*, Gefüge-Schweiß-Diagramm *n*
microtome Mikrotom *n (Schichtenteilungsvorrichtung)*
~ knife Mikrotommesser *n*
microtopography Mikrotopografie *f*
microtwin Mikrozwilling *m*
microvoid Mikropore *f*, Ungänze *f (Fehlstelle im Mikrobereich)*
~ coalescence Mikrolunkerkoaleszenz *f*
microwelding Mikroschweißen *n*
microwire Mikrodraht *m*
microyield stress Mikrofließspannung *f*
microyielding Mikrofließen *n*
mid-face distortion Mittenverzug *m*
~-plane texture Innenzonentextur *f*, Mittentextur *f (geometrisch: Blechmitte)*
~ stack mittlerer Stapel *m*
~ value of class interval Klassenmitte *f*
middle-of-the-blow slopping grober Auswurf *m* während der Entkohlung
~ roll Mittelwalze *f*
middlings *(Aufb)* Zwischengut *n*
Midland-Ross process Midland-Ross-Verfahren *n*
midpoint of the edge Kantenmitte *f*
Midrex sponge iron Midrex-Eisenschwamm *m*
midrib Mittelrippe *f (z. B. einer Martensitplatte)*
MIG welding MIG-Schweißen *n*, Metall-Inertgas-Schweißen *n*
migrate/to wandern
migration Wandern *n*, Wanderung *f*
~ equation Transportgleichung *f*
~ of ions Ionenwanderung *f*
~ of matter Stofftransport *m*
~ process Transportvorgang *m*
~ profile Transportprofil *n*
~ velocity Wanderungsgeschwindigkeit *f*
MIK *s.* methyl-isobutyl ketone
mild-carbon steel niedriggekohlter (halbweicher) Stahl *m*
~ cauliflowering *(Stahlh)* leichte Blumenkohlbildung *f*
~ steel weicher Stahl *m*, Weichstahl *m*, Flußstahl *m*

~-steel electrode Weichstahlelektrode *f*
~ wear geringer Verschleiß *m*
mileage recorder Längenmesser *m*, Wegmesser *m*, Längenzähler *m*
mill/to 1. mahlen; zerkleinern; brechen; pochen; 2. rühren; mischen; 3. [aus]walzen *(Feinbleche)*; 4. fräsen
~ off abfräsen
~ sand *(Gieß)* einen Sand mischkollern
mill 1. Mühle *f*; Mahlanlage *f*; Zerkleinerungsanlage *f*; Aufbereitungsanlage *f*; 2. Betrieb *m*, Werk *n*; Hütte *f*; Walzwerk *n*
~ bar Platine *f (vorgewalzter Flachstahl)*
~ cage Walzeinheit *f*, Walzgerüst *n*, Walzständer *m*
~ chips Walzsplitter *mpl*
~ drive Walz[en]antrieb *m*
~ drying Mahltrocknung *f*
~ extruder Mischmaschine *f*
~ floor [level] Hüttenflur *m*
~ grinder Mahlapparat *m*
~ hole Mahltrichter *m*
~ iron Puddelroheisen *n*
~ mixer 1. Kugelmühle *f*; 2. Kneter *m*, Knetmischer *m*
~ mixing 1. Mahlen *n* in der Kugelmühle, Kugeln *n*; 2. Mischen *n* im Kneter
~ modulus Walzgerüstmodul *m*, Federkonstante *f* des Walzgerüsts
~ motor Walzenzugmotor *m*
~ pulpit Walzwerkssteuerbühne *f*
~ race process Fließbettverfahren *n*
~ scale Walzsinter *m*, Walzzunder *m*
~ scrap Rücklaufschrott *m*, Walzwerksschrott *m*
~ service division Hilfsbetrieb *m*
~ stand Walzgerüst *n*
~ train Walzstraße *f*, Walzstrecke *f*
~ with ratchet wheels Zahnscheibenmühle *f*
millability Mahlbarkeit *f*
milled powder gemahlenes Pulver *n*
Miller indices *(Krist)* Millersche Indizes *mpl*
milling 1. Mahlen *n*; Zerkleinern *n*; Brechen *n*; Pochen *n*; Kollern *n*; 2. Walzen *n*; Walken *n (von Feinblechen)*; 3. Fräsen *n*
~ clay Mahlton *m*
~ cutter Fräser *m*
~ cycle Mahlgang *m*
~ liquid Mahlflüssigkeit *f*
~ machine Fräsmaschine *f*
~ time Kollerdauer *f*
mine rail Grubenschiene *f*
mineral mineralisch
mineral Mineral *n*
~ beneficiation *s.* ~ dressing
~ coal Steinkohle *f*
~ content Mineralgehalt *m*
~ dressing Mineralaufbereitung *f*, Erzaufbereitung *f*
~ fibre Mineralfaser *f*

~ **fibre board** Mineralfaserplatte f
~ **oil** Mineralöl n
~ **resources** Bodenschätze mpl, Mineral-
ressourcen fpl
~ **spirit** Lösungsbenzin n
~ **wool** Mineralwolle f, Schlackenwolle f
mineralogical structure mineralogischer
Aufbau m
mineralogy Mineralogie f
minette Minette f (Fe-Erz)
mingle/to mischen
mini-steel mill Ministahlwerk n
minicontainer Kleincontainer m, Kleinbe-
hälter m
miniconverter Kleinkonverter m (Stahlgießerei)
minimum bend radius (Umf) kleinster [zu-
lässiger] Biegeradius m (bei Rohren)
~ **fluidization conditons** Bedingungen fpl
bei minimaler Wirbelgeschwindigkeit
~ **fluidizing velocity** minimale Wirbelgeschwindigkeit f (einer Wirbelschicht)
~ **force** Mindestkraft f
~ **gas system** Mindestgasverfahren f
~ **heat flux** 1. minimaler Wärmefluß m; 2.
kritische minimale Heizflächenbelastung
f
~ **of creep velocity** Kriechminimum n
~ **sample size** Mindestprobenmenge f
~ **strength** Mindestfestigkeit f
~ **stress** kleinste Spannung f, Unterspan-
nung f (Dauerfestigkeit)
~ **tension control** Minimalzugregelung f
~ **yield point** Mindeststreckgrenze f
minium Mennige f, Minium n (Bleioxid)
minor defects (Gieß) Nebenfehler mpl
~ **segregation** Mikroseigerung f, Kristallseigerung f, Kornseigerung f
minus material (Aufb) Feinkorn n, Unterkorn n; Siebfeines n
~ **mesh** Siebdurchgang m
minute flans kleine Fehler mpl
mirror alloy Spiegelbronze f (Cu-Sn-Zn-Legierung, verwendet für Spiegelbelegung)
~ **finish** Hochglanzpolitur f
~ **galvanometer** Spiegelgalvanometer n
~ **measuring instrument** Spiegelmeßgerät
n
~ **surface** spiegelblanke Oberfläche f
~ **symmetry** Spiegelsymmetrie f
misalignment Fluchtabweichung f, Rich-
tungsabweichung f, Abweichung f von
der Geraden
misch-metal Mischmetall n
~-**metal addition** Mischmetallzusatz m
miscibility Mischbarkeit f
~ **gap** Mischungslücke f
~ **gap boundary** Mischungslückengrenze f
miscible mischbar
Mises flow condition (law) Fließbedingung f (Fließgesetz n) nach [von] Mises,
[von] Misessche Fließbedingung f

~ **stress-strain rate law** Stoffgesetz n
(Spannungs-Umformgeschwindigkeits-
Beziehung f) nach [von] Mises
~ **theorem** s. ~ stress-strain rate law
~ **yield condition** s. ~ flow condition
misfit (Krist) Fehlpassung f (strukturell)
~ **density** Fehlpassungsdichte f
~ **dislocation** Fehlpassungsversetzung f
~ **energy** Fehlpassungsenergie f
mismatch 1. (Krist) Fehlpassung f (s. a. unter misfit); 2. (Gieß) Versatz m
~ **in core** (Gieß) Kernversatz m
~ **in metal mould** Kokillenversatz m, versetzte Kokille f
~ **in mould** Formversatz m, versetzte Form
f
~ **in pattern** Modellversatz m, versetztes
Modell n
~ **in pattern plate** versetzte Modellplatte f
mismatching Versatz m (Gußstück)
misorientation (Krist) Fehlorientierung f,
Desorientierung f
~ **angle** Desorientierungswinkel m
~ **axis** Fehlorientierungsachse f
~ **measurement** Fehlorientierungsmes-
sung f
misrun schlecht ausgelaufen
~ **casting** Fehlguß m, schlechtausgelaufe-
nes Gußstück n
missed analysis Analysenabweichung f (einer Fehlcharge)
mist feiner Nebel m
~ **cooling** Nebelkühlung f, Kühlung f mit
Wassernebel
~ **eliminator** Nebelabscheider m
~ **filter** Nebelabscheider m
~ **lubrication** Nebelschmierung f
Mitsubishi process 1. Mitsubishi-Verfah-
ren n (Kupferkonzentratschmelzverfah-
ren); 2. (Gieß) Vakuumformverfahren n
mix/to [ver]mischen, [ver]mengen; kneten
(Formstoffe)
~ **ores** gattieren
~ **thoroughly** durchmischen
mix 1. Mischung f, Gemisch n; 2. Mischgut
n; Möller m; 3. Mischungsverhältnis n
~ **calculation** Mischungsrechnung f, Möl-
lerrechnung f
~ **powder** Mischpulver n, Pulvermischung f
mixability Mischbarkeit f
mixable mischbar
mixed gemischt
~ **bed** Mischbett n (Möllervorbereitung)
~-**bed ion exchanger** Mischbettionenaus-
tauscher m
~ **carbide** Mischkarbid n
~ **colour** (Wkst) Mischfarbe f
~ **conductor** Mischleiter m
~ **copper** gemischte Kupferabfälle mpl
~ **crystal** Mischkristall m
~ **dislocation** (Krist) gemischte Versetzung
f
~ **fracture** (Wkst) Mischbruch m

~ **fracture plane** *(Wkst)* Mischbruchfläche *f*

~ **gas** Mischgas *n*

~-**gas firing** Mischgasfeuerung *f*

~-**gas operation** Mischgasbetrieb *m*

~-**gas test** Mischgasprüfung *f*

~ **material of thorium carbide** *(Pulv)* Thoriumkarbid-Mischkörper *m*

~ **material of thorium dioxide** *(Pulv)* Thoriumdioxid-Mischkörper *m*

~ **ore** gemischtes Erz *n*

~ **oxide** Mischoxid *n*

~ **oxide inclusion** Mischoxideinschluß *m*

~ **powder** Mischpulver *n*, Pulvermischung *f*

~ **scrap** gemischter Schrott *m*, Mischschrott *m*

~ **steel work** gemischtes Stahlwerk (Hüttenwerk) *n*

~ **structure** Mischgefüge *n*

~ **sulphide** Mischsulfid *n*

mixer Mischer *m*, Mischapparat *m*, Mischgerät *n*; Mischanlage *f*

~ **bay** Mischerhalle *f*

~ **bus** Mischgerät *n*

~ **campaign** Mischerreise *f*

~ **firing plant** Mischerheizanlage *f*

~ **operating cycle** Mischzyklus *m*

~ **operation** Mischerbetrieb *m*

~-**settler** Mischer-Scheider *m*, Mixer-Settler-Apparat *m*

~-**type hot metal car** fahrbarer Roheisenmischer *m*

~-**type ladle car** fahrbarer Roheisenmischer *m*

mixing Mischen *n*; Vermischen *n*, Vermengen *n*, Durchmischung *f*, Kneten *n (Formstoff)*

~ **action** Mischwirkung *f*

~ **apparatus** *s.* mixer

~ **bank** Mischbett *n*, Mischbettanlage *f*

~ **booth** Mischerstand *m*

~ **chamber** Mischkammer *f*

~ **chamber feeder** Mischkammeraufgeber *m*

~ **condition** Durchmischungsverhältnis *n*

~ **drop** Mischfällung *f*

~ **drum** Mischtrommel *f*

~ **efficiency** Mischwirkungsgrad *m*

~ **energy** Mischungsenergie *f*

~ **funnel** Mischtrichter *m*

~ **installation** Mischanlage *f*

~ **ladle** Mischpfanne *f*, Schüttelpfanne *f*

~ **machine** Mischmaschine *f*, Mischer *m*

~ **material** Mischwerkstoff *m*

~ **mill** Mischwalzwerk *n*, Walzenmischer *m*

~ **motion** Mischbewegung *f*

~ **nozzle** Mischdüse *f*

~ **of bath** Durchmischung *f* des Bads

~ **of powder particles** Pulverteilchenmischung *f*

~ **pan mill** Mischkollergang *m*

~ **plant** Mischanlage *f*

~ **plant for ores** Erzmischbettanlage *f*

~ **potential** Mischpotential *n (Beizen)*

~ **precipitation** Mischfällung *f*

~ **process** Mischprozeß *m*, Mischvorgang *m*

~ **proportion** Mischungsverhältnis *n*

~ **ratio** Mischungsverhältnis *n*

~ **sedimentation** Mischfällung *f*

~ **tank** Mischbehälter *m*

~ **time** Mischdauer *f*, Mischzeit *f*

~ **tube** Mischtrommel *f*

~ **unit** Mischgerät *n*

~ **vat (vessel)** Mischbehälter *m*

~ **zone** Mischzone *f*

mixture 1. Mischung *f*, Gemisch *n*; Gemenge *n*; 2. Gattierung *f*

~ **chamber** Mischraum *m*

~ **distribution** Mischverteilung *f*

~ **formation** Gemischbildung *f*

~-**making** 1. Herstellung *f* der Mischung; 2. Gattieren *n*, Gattierung *f*

~ **of acids** Mischsäure *f*

~ **ratio** Gemischverhältnis *n*, Mischungsverhältnis *n*

~ **strength** Stärke *f* des Gemisches

~ **temperature** Mischungstemperatur *f*

~ **velocity** Geschwindigkeit *f* der Gemische

MKW cold mill Mehrrollenkaltwalzwerk *n*, MKW

mobile beweglich; [ver]fahrbar

~ **belt elevator** fahrbares Transportband *n*

~ **crane** Mobilkran *m*, fahrbarer Kran *m*, Autokran *m*

~ **dislocation** bewegliche Versetzung *f*

~ **hearth** ausfahrbarer Herd *m*

~ **slinger** *(Gieß)* fahrbarer Slinger *m*

Möbius cell Möbius-Zelle *f (Silberelektrolysezelle mit vertikaler Elektrodenanordnung)*

~ **process** Möbius-Verfahren *(Silberelektrolyse)*

mock-up Modell *n (einer Anlage)*

mode Wert *m* größter Häufigkeit

~ **of crystallization** Kristallisationsform *f*

~ **of solidification** Erstarrungstyp *m (Erstarrungsablauf)*

model Modell *n (in beliebiger Größe)*

~ **conception** Modellvorstellung *f*

~ **crystal** Modellkristall *m*

~ **for creep** Kriechmodell *n*

~ **geometry** Modellgeometrie *f*

~ **investigation** Modelluntersuchung *f*

~ **law** Modellgesetz *n*

~ **making** *(Gieß)* Schablonenherstellung *f*

~ **of the distribution of cations** Kationenverteilungsmodell *n (bei Ionenkristallen)*

~ **of the distribution of imperfections** Fehlordnungsverteilungsmodell *n*

~ **sintering test** Modellsinterversuch *m*

~ **structure** Modellgefüge *n*

modelling Modellverfahren *n*

moderate mäßig

modification Modifikation *f*, Modifizierung *f*, Veredlung *f*, Veränderung *f*; Abart *f*
~ **in position** Lageveränderung *f*
modified modifiziert, abgewandelt
~ **flow sheet** modifiziertes Verfahrensfließbild *n*
modifier Modifier *m*, Modifikationsmittel *n*, Regler *m*
modify/to modifizieren, verändern
modifying factors method Einflußfaktorenverfahren *n*
modulation spectroscopy Modulationsspektroskopie *f*
~ **transfer function** Übertragungsfrequenz *f*
modulus Modul *m*
~ **measurement** Modulmessung *f*
~ **of elasticity** Elastizitätsmodul *m*
~ **of impact strength** Kerbschlagzähigkeitsmodul *m*
~ **of resilience** spezifische Verformungsarbeit *f* bis zur Proportionalitätsgrenze, Resilienz *f*
~ **of rigidity** Schubmodul *m*, Scherungsmodul *m*, Gleitmodul *m*
~ **of rupture** Bruchmodul *m*, Zerreißmodul *m*, Bruchfestigkeit *f*
~ **of torsion** *s.* ~ of rigidity
Mohr's salt Mohrsches Salz *n*
moiré fringe Moirélinie *f*
~ **interference** Moiréinterferenz *f*
~ **pattern** Moirémuster *n* *(in Metallen)*
moist feucht
moisten/to anfeuchten, befeuchten
moistening Anfeuchten *n*, Befeuchten *n*
moisture Feuchtigkeit *f*
~ **analysis** Feuchtigkeitsbestimmung *f*, Wassergehaltsbestimmung *f*
~**-and-ash-free** wasser- und aschefrei, waf
~ **content** Feuchtigkeitsgehalt *m*, Feuchtegehalt *m*, Wassergehalt *m*
~ **content dry weight basis** absoluter Feuchtegehalt *m*
~ **content wet weight basis** Feuchtigkeitsgehalt *m*, Feuchtegehalt *m*
~ **controller** Feuchtigkeitsregler *m*
~ **determination** Feuchtigkeitsbestimmung *f*, Wassergehaltsbestimmung *f*
~**-free** wasserfrei, wf, trocken
~ **in fuel** Brennstoffeuchtigkeit *f*
~ **layer** *(Korr)* Feuchtigkeitsfilm *m*, Feuchtigkeitsbelag *m*
~ **pick-up** Feuchtigkeitsaufnahme *f*
~ **resistance** Feuchtigkeitsbeständigkeit *f*
~**-resistant** feuchtigkeitsbeständig
~**-resistant coating** Dampfsperrschicht *f*
~ **sampling** Nässeprobenahme *f*
~ **test** Feuchtigkeitsprüfung *f* *(Formstoff)*
~ **tester** Feuchtigkeitsprüfgerät *n* *(Formstoff)*
molar fraction *s.* mole fraction

~ **Gibbs' free energy** molare freie Enthalpie *f*
~ **heat capacity** Molwärme *f*
~ **Helmholtz' free interfacial energy** molare Helmholtzsche freie Grenzflächenenergie *f*, molare freie Energie *f*
~ **interfacial state function** molare Grenzflächenzustandsfunktion *f*
~ **ratio** *s.* mole ratio
molasses *(Gieß)* Melasse *f* *(Kernbindemittel)*
mold/to *(Am)* *s.* mould/to
mold *(Am)* *s.* mould
molding *(Am)* *s.* moulding
mole fraction Molenbruch *m*
~ **fraction phase diagram** Molenbruchphasendiagramm *n*
~ **ratio** Mol[en]verhältnis *n*
~ **volume** Molvolumen *n*
molecular magnet Elementarmagnet *m*
~ **orbital** Molekülorbital *n*
~ **sieve** Molekularsieb *n*
~ **state** Molekülzustand *m*
~ **transformation** Molekelumlagerung *f*
~ **weight** Molekulargewicht *n*, relative Molekülmasse *f*
molecule Molekül *n*
molochite Molochit *n* *(Kaolinschamotte)*
molten [auf]geschmolzen, schmelzflüssig
~ **aluminium** schmelzflüssiges Aluminium *n*, Aluminiumschmelze *f*
~ **aluminium rim killed** mit flüssigem Aluminium beruhigt
~ **bath** Schmelzbad *n*
~ **cast refractory** schmelzgeformtes Feuerfesterzeugnis *n*
~**-chloride system** Schmelzfluß-Chlorid-System *n*
~ **crater** Sumpf *m* *(Strangguß)*
~ **crater depth** Sumpftiefe *f* *(Strangguß)*
~ **cryolite** schmelzflüssiger Kryolith *m* *(Aluminiumelektrolyse)*
~ **droplet** geschmolzenes Tröpfchen *n*
~ **electrolyte** Schmelzelektrolyt *m*
~ **film** geschmolzener Film *m*, geschmolzene Schicht *f*
~ **flux viscosity** Viskosität *f* des Flußmittels
~ **metal** geschmolzenes (schmelzflüssiges) Metall *n*, Metallschmelze *f*; Gießgut *n*
~**-metal break-through** Durchbruch *m* von geschmolzenem Metall
~**-metal cost** Flüssigmetallkosten *pl*
~**-metal flow** Schmelzefluß *m*
~**-metal zone** Metallschmelzzone *f*
~ **phases** geschmolzene (schmelzflüssige) Phasen *fpl*
~ **salt** Salzschmelze *f*
~**-salt carburizing** Salzbadaufkohlen *n*, Salzbadzementieren *n*, Aufkohlen *n* im Salzbad
~**-salt electrolysis** Schmelzflußelektrolyse *f*

~ **sample** Schmelzprobe *f*, geschmolzene Probe *f*

~ **slag** [schmelz]flüssige Schlacke *f*

~ **slag start** Anfahren *n* mit flüssiger Schlacke

~ **state** schmelzflüssiger Zustand *m*

~ **structure** Aufschmelzstruktur *f*, Anschmelzstruktur *f (meist bei partiellem Anschmelzen auf Oberflächen)*

~ **test sample** Probe *f* aus dem flüssigen Metall

~ **zone** Schmelzzone *f*, aufgeschmolzene Zone *f (Zonenschmelzen)*

molybdenum Molybdän *n*

~ **acid** Molybdänsäure *f*

~ **powder** Molybdänpulver *n*

~ **sheet** Molybdänblech *n*

~ **steel** Molybdänstahl *m*

~ **wire** Molybdändraht *m*

molybdic Molybdän ... *(höherwertig)*

molybdous Molybdän ... *(niederwertig)*

moment equilibrium Momentengleichgewicht *n*, Momentenausgleich *m*

~ **melting** Momentschmelzen *n (Metallpulverherstellung für kugelige Pulver)*

~ **of acceleration** Beschleunigungsmoment *n*

~ **of distribution** Verteilungsmoment *n*

~ **of inertia** Trägheitsmoment *n*

~ **of resistance** Widerstandsmoment *n*

momentum Impuls *m*

~ **burner** Impulsbrenner *m*

~ **separator** Trägheitsabscheider *m*, Prall[ab]scheider *m*

Mond [carbonyl] process Mond-Karbonylverfahren *n (Ni-Gewinnung)*

monel metal Monelmetall *n (Ni-Cu-Legierung)*

monitor magnification Monitorvergrößerung *f*

monkey 1. Kühlkasten *m*, [wassergekühltes] Schlackenloch *n*, Schlackenform *f*; 2. Fallgewicht *n*, Fallhammer *m*, Fallbär *m*

mono-superconductor Einkernsupraleiter *m*

monoatomic einatomig

monocarbide Monokarbid *n*

monochromated monochromatisch, einfarbig

monochromatic beam monochromatischer Strahl *m*

~ **optical pyrometer** Teilstrahlungspyrometer *n*

~ **radiation** monochromatische Strahlung *f*

monochrome photograph Schwarzweißaufnahme *f*

monoclinic *(Krist)* monoklin, basiszentriert

monocrystal Einkristall *m*

monocrystalline monokristallin

~ **seed** Keimkristall *m*, Impfkristall *m (einkristallin)*

monodispersed particle monodisperses Teilchen *n*

monofrax Monofrax *n (Handelsname für schmelzgegossenes Feuerfesterzeugnis)*

monogas Monogas *n*

monolithic monolithisch, aus einem Stück

~ **lining** *(Ff)* Stampffutter *n*, fugenlose Auskleidung *f*

~ **lining material** *(Ff)* Stampfmasse *f*

~ **silica lining** *(Ff)* saures Stampffutter *n*

~ **structure** geschlossene Konstruktion *f*, Einblockbauart *f*, Blockausführung *f*

monometallic monometallisch

monophase einphasig

monorail for lance transportation Lanzentransport-Einschienenkatze *f*

~ **trolley** Einschienenkatze *f*

~ **-type jib crane** Einschienendrehkran *m*

monotectic monotektisch

monotectic Monotektikum *n*

~ **point** monotektischer Punkt *m*

~ **reaction** monotektische Reaktion *f*

monovalence Einwertigkeit *f*

monovalent einwertig

monticellite *(Min)* Monticellit *n*

montmorillonite *(Min)* Montmorillonit *m*

Moore filter *(Hydro)* Moore-Filter *n*, Tauchplattenvakuumfilter *n*

morphology Morphologie *f*

~ **of solidification** Erstarrungsmorphologie *f*

mortar 1. Mörtel *m*, Wassermörtel *m*; 2. Mörser *m*

~ **grinder** Mörsermühle *f*

~ **joint** Mörtelfuge *f*

mosaic block *(Krist)* Mosaikblock *m*

~ **block size** Mosaikblockgröße *f*

~ **structure** *(Krist)* Mosaikstruktur *f*

~ **texture** *(Krist)* Mosaiktextur *f*

Mössbauer effect Mössbauer-Effekt *m*

mossy lead Bleischwamm *m*

most popular sizes meistverwendete Größen *fpl (einer Apparatur)*

mother crystal Mutterkristall *m*

~ **liquor** Mutterlauge *f*, Mutterlösung *f (Kristallisation)*

motion Bewegung *f*; Gang *m (Maschine)*

motor car body sheet Karosserieblech *n*

~ **effect** Bewegungseffekt *m (Induktionsofen)*

Mott model Mottsches Modell *n (des Korngrenzenaufbaus)*

mottle meliertes Gefüge *n*

~ **zone** melierte Zone *f*, Zone *f* der Weißerstarrung mit meliertem Übergang

mottled meliert, fleckig

~ **cast iron** meliertes Gußeisen *n*

~ **fracture** melierter Bruch *m*

~ **iron** meliertes Gußeisen *n*

~ **structure** meliertes Gefüge *n*

mottling 1. Faulbruch *m (Temperguß)*; 2. Fleckigkeit *f*

mould/to 1. *(Gieß)* formen; abformen; 2.
(Pulv) pressen
~ **flaskless** kastenlos formen
~ **from casting** vom Gußstück abformen
~ **in a scrap flask** kastenlos formen
~ **in the pit** in der Grube formen
~ **on an oddside** mit Sparhälfte formen
~ **on the flat** liegend formen
mould 1. *(Gieß)* Form *f*; Gießform *f*; 2.
(Gieß) Kernkasten *m*; 3. *(Gieß)* Formballen *m*; 4. *(Pulv)* Preßform *f*, Matrize *f*; 5.
(Umf) Stanzform *f*
~ **and core jolter** Form- und Kernrüttler *m*
~ **and core making machine** Maschine *f*
für Form- und Kernherstellung
~ **assembly** 1. gießfertige Form *f*; 2. Gieß-
fertigmachen *n* der Form; Formzusam-
menbau *m*
~-**balanced** in der Form (Kokille) ausgeglichen, in der Form (Kokille) halbberuhigt
~ **battery** Batterie *f* von Formen
~ **blacking** Formschwärze *f*
~ **blower** Formmaskenblasmaschine *f*
~ **breakage** Formbruch *m*
~ **cavity** Formhohlraum *m*
~ **cavity enlargement** Vergrößerung *f* des
Formhohlraums
~ **charging machine** Muldenchargierma-
schine *f*
~ **clay** Formerlehm *m*
~ **closing mechanism** Formenschließein-
richtung *f*
~ **closing piston** Schließkolben *m*
~ **coating** Formschlichte *f*, Formüberzug *m*
~ **coating resin** Formlack *m*
~ **conveyor** Formfördereinrichtung *f*
~ **cooling** Formkühlung *f*
~ **core** Formkern *m (s. a. unter* core 1.*)*
~ **cover half** Formoberteil *n*
~ **cracks** Anrisse *mpl (Sandform)*
~ **defects** Formfehler *mpl*
~ **diameter** Formdurchmesser *m*
~ **dimensions** Formabmessungen *fpl*,
Formmaße *npl*
~ **distortion** Formverzerrung *f*
~ **dressing** Formschlichte *f*, Kokillenschlichte *f*
~ **dryer** Formentrockner *m*
~ **drying area** Formtrockenplatz *m*
~ **drying stove** Formtrockenofen *m*
~ **expansion** Formausdehnung *f*
~-**filling capacity** Formfüllungsvermögen *n*
~ **frame** Formrahmen *m*, Manschette *f*,
Überwurfrahmen *m*
~ **hardness** Formhärte *f*
~ **hardness tester** Formhärteprüfer *m*
~ **insert** Formeinsatz *m*
~ **jacket** Formrahmen *m*, Manschette *f*,
Überwurfrahmen *m*
~ **joint** Formteilung *f*
~-**killed** in der Form beruhigt

~ **lubrication** Kokillenschmierung *f (Strangguß)*
~ **mismatch** Formversatz *m*
~ **movement** *(Pulv)* Matrizenbewegung *f*
~ **of graphite** Graphitform *f*, Graphitmatrize *f*
~ **oscillation** Formoszillation *f*, Kokillenos-
zillation *f*
~ **oscillation frequency** Formoszillations-
frequenz *f*
~ **packing** Formdichte *f*, Formverdichtung *f*
~ **paint** Formenanstrichmasse *f*
~ **plate** Standardformplatte *f (Druckguß)*
~ **powder** Abdeckpulver *n*, Gießpulver *n*
~ **preheat** Formanwärmung *f*
~ **preparation** 1. Kokillenhaltung *f*; 2. Form-
vorbereitung *f*
~ **rack** Formrost *m*
~ **reciprocation** Formbewegung *f*
~ **release trigger** Schrägstift *m (Gießform)*
~ **sample** Kokillenprobe *f*
~ **scrap** Kokillenbruch *m*
~ **spraying agent** Formenanspritzmittel *n*
~ **springback** Rückfederung *f* der Form
~ **squeezing pressure** Formpreßdruck *m*
~ **stool** Kokillenuntersatz *m*
~ **storage and cleaning** Formwirtschaft *f*
~ **strength** Formfestigkeit *f*, Formstabilität
f
~ **strength tester** Formfestigkeitsprüfer *m*
~ **stripper** Formabstreifer *m*
~ **table** Formentisch *m*
~ **tube** Kokillenrohr *n (Strangguß)*
~ **variable** Formvariable *f*
~ **varnish** Formlack *m*
~ **veining** Formrissigkeit *f*
~ **wall** Formwand *f*
~ **wall temperature** Formwandtemperatur
f
~ **wall thickness** Formwanddicke *f*
~ **wall movement** Formwandbewegung *f*
~ **wash** 1. Formschlichte *f*, Kokillenschlichte *f;* 2. Kokillenanstrichmittel *n*
~ **weight** Beschwergewicht *n*, Beschwerei-
sen *n*
mouldability Formbarkeit *f (Formstoff)*
~ **controller** Formbarkeitsprüfer *m*
mouldable refractory *(Ff)* Stampfgemisch
n
moulded body Formteil *n*
~ **brake band** gewalztes (gepreßtes)
Bremsband *n*
~ **brick** *(Ff)* Formstein *m*
~ **part** Formpreßteil *n*, Formpreßstück *n*
moulder 1. Blechvorsturz *m*, Vorsturz *m*; 2.
(Gieß) Former *m*
moulder's adjustable depth gauge Tiefenmaß *n*
~ **brush** Formerpinsel *m*
~ **clay** Formerton *m*
~ **pin** Formerstift *m*
~ **sieve** Formersieb *n*

~ **sprig** Formerwinkelstift *m*
~ **tool** Formerwerkzeug *n*
moulding 1. *(Gieß)* Formarbeit *f*, Formen *n*; Abformen *n*; 2. *(Pulv)* Pressen *n*
~ **apparatus** Formaggregat *n*
~ **bay** Formerei *f*; Formhalle *f*; Formbereich *m*
~ **bench** Formerbank *f*
~ **board** Abstreichleiste *f*, Abstreichbrett *n*
~-**board squeeze plate** Profilklotz *m*, Preßplatte *f*, Eindrückleiste *f*
~ **box** Formkasten *m*
~-**box closer** Formkastenschließvorrichtung *f*
~-**box closing device** Formkastenzulegegerät *n*
~-**box conveyor** Formkastenkonveyor *m*, Formkastenförderer *m*
~-**box feeder** Formkastenzuführeinrichtung *f*
~-**box guide bush** Formkastenführung *f*
~-**box manipulating device** Formkastenmanipuliergerät *n*
~-**box pin** Formkastenzulegestift *m*
~-**box rapper** Formkastenklopfer *m*
~-**box roll-over device** Formkastenwendegerät *n*
~-**box separator** Formkastentrennvorrichtung *f*
~-**box shake-out** Ausleeren *n* des Formkastens
~-**box shake-out grid** Formkastenausleerrost *m*
~-**box shake-out machine** Formkastenausleergerät *n*
~-**box transfer device** Formkastenübersetzgerät *n*
~-**box trunnion** Formkastenwendezapfen *m*
~ **brad** Drahtformnagel *m*
~ **chamotte** Formerschamotte *f*
~ **cinder pot** Schlackenpfanne *f*
~ **clay** Formerton *m*
~ **compound** Formmasse *f*
~ **equipment** Formereiausrüstung *f*; Formeinrichtung *f*, Formanlage *f*
~ **from casting** Abformen *n* vom Gußstück
~ **hardness** Formhärte *f*
~ **hardness tester** Formhärteprüfer *m*
~ **impression** Gußgesenk *n*, gegossenes Gesenk *n*, gegossene Gesenkgravur *f*
~ **machine** Formmaschine *f*
~ **material** Formstoff *m*
~ **material additive** Formstoffzusatz *m*
~ **material binder** Formstoffbinder *m*
~ **material mixing machine** Formstoffmischmaschine *f*
~ **material preparation machine** Formstoffaufbereitungsmaschine *f*
~ **material preparation plant** Formstoffaufbereitungsanlage *f*

~ **material testing equipment** Formstoffprüfgerät *n*
~ **mixture for steel castings** Stahlformmasse *f*
~ **pin** Drahtstift *m*, Formerstift *m*
~ **pit** Formgrube *f*
~ **plant** Formanlage *f*
~ **plate** Formbrett *n*, Unterlegbrett *n*, Formplatte *f*
~ **powder** 1. *(Pulv)* Preßpulver *n*; 2. *(Gieß)* Formpuder *m*
~ **pressure** Formpreßdruck *m*
~ **procedure** Formtechnologie *f*
~ **process** Formverfahren *n*
~ **sand** Formsand *m*, Formstoff *m*
~ **sand bin (bunker)** Formsandbunker *m*
~ **sand cooler** Formsandkühlaggregat *n*, Formsandkühler *m*
~ **sand cooling** Formsandkühlung *f*
~ **sand cooling equipment** Formsandkühlanlage *f*
~ **sand hopper** Formsandbunker *m*
~ **sand mix** Formsandmischung *f*
~ **sand moisture** Formsandfeuchtigkeit *f*
~ **sand preparation plant** Formsandaufbereitungsanlage *f*
~ **shell** Formmaske *f*
~ **shop** Formerei *f*, Formbetrieb *m*
~ **time** Form[herstellungs]zeit *f*
mount/to 1. montieren, zusammenbauen; 2. befestigen; 3. einbetten *(z. B. Schliffproben)*
mount Fassung *f*, Objektträger *m*
mounting 1. Einbau *m*, Armatur *f*; 2. Montage *f*, Zusammenbau *m*; 3. Befestigung *f*; 4. Einbetten *n* *(z. B. von Schliffproben)*
~ **core** *(Gieß)* Kernlagerverstärkung *f*, verstärkter Kern *m*
~ **dimension** Anschlußmaß *n*
~ **flange** Anbauflansch *m*, Befestigungsflansch *m*
~ **material (medium)** Einbettungsmaterial *n*, Einbettmasse *f*, Einbettmittel *n*
~ **method** Einbettungsmethode *f*
~ **needle** Präpariernadel *f*
~ **press** Einbettpresse *f*
mouth Mündung *f*, Gichtöffnung *f*, Konverterschnauze *f*
~ **of converter** Konvertermündung *f*, Konverterschnauze *f*
~ **of port** Brennermaul *n*
~ **skull** Mündungsbär *m*
movable beweglich; [ver]fahrbar
~ **charging machine** Autochargiermaschine *f*, Chargierauto *n*
~ **core** beweglicher Kern *m* *(Druckguß)*
~ **die half** Auswerferformhälfte *f*, bewegliche Formhälfte *f* *(Druckguß)*
~ **die platen** bewegliche Aufspannplatte *f*
~ **mounting plate** bewegliche Aufspannplatte *f*
~ **pin** loser Führungsstift *m*

~ **plate** bewegliche Aufspannplatte *f*
~ **platen** bewegliche Formplatte *f*
~ **section** bewegliches Formteil *n*
move downward/to abwärts bewegen
~ **out** ausfahren
~ **upward** nach oben bewegen
movement of matrix Matrizenbewegung *f*
moving beweglich *(s. a. unter* movable *)*
~ **bed** Wanderbett *n*, Bewegtbett *n*, Fließbett *n*
~ **belt** Transportband *n*
~ **crosshead** Laufholm *m*, bewegliches Querhaupt *n*
~ **electron** bewegtes Elektron *n*
~-**out** Ausfahren *n*
~-**product dryer** Rieseltrockner *m*, Schwebetrockner *m*, Trockner *m* mit bewegtem Trockengut
mp *s.* melting point
MSA *s.* mass spectrometric analysis
muck bar Puddelluppe *f*
~ **iron** Puddeleisen *n*
mud Schlamm *m*
~ **gun** Stichlochstopfmaschine *f*, Stopfenmaschine *f*
~ **gun mix** Stichlochstopfmasse *f*
~ **remover** Schlammräumer *m*
~ **separator** Schlammabscheider *m*
~ **thickener** Schlammeindicker *m*
muffle Muffel *f (Zinkgewinnung)*
~ **furnace (kiln)** Muffelofen *m*
mull/to *(Aufb)* kollern
muller 1. *(Aufb)* Kollergang *m*; 2. *(Gieß)* Formstoffmischer *m*
~ **mixer** Mischkollergang *m*
mullite *(Min)* Mullit *m*
~ **brick** Mullitstein *m*
~ **chamotte** Mullitschamotte *f*
~ **refractory** Mullitfeuerfesterzeugnis *n*
multi... *s. a. unter* multiple-...
multiaction press Mehrfachpresse *f*
multiaxial mehrachsig
multibelt dryer Mehrbandtrockner *m*
multiblow upsetting *(Umf)* Mehrstufenstauchen *n*
multicam action mechanical press Mehrnockenpresse *f*, Mehrkurvenscheibenpresse *f*
multicell centrifugal dust collector Vielzellenfliehkraftabscheider *m*
~ **dust collector** Vielzellen[staub]abscheider *m*
multichannel analyzer Vielkanalanalysator *m*
multiclone *s.* multicyclone
multicompartment drum filter Zellentrommelfilter *n*
~ **thickener** Mehrkammereindicker *m*
multicomponent melt Mehrstoffschmelze *f*
~ **paint** *(Korr)* Mehrkomponentenanstrichstoff *m*

~ **slag** Mehrkomponentenschlacke *f*
~ **solution** Mehrstofflösung *f*
~ **system** Mehrkomponentensystem *n*, Vielstoffsystem *n*
multicompound alloy Mehrstofflegierung *f*
multicore mehradrig, vieladrig
~ **cable** *s.* multiple cable
multicyclone Multizyklon *m*, Multiklon *m*, Mehrfachzyklon *m*, Vielfachzyklon *m*
~ **separator** Multizyklonabscheider *m*
multidrum filter Zellentrommelfilter *n*
multifilamentary superconductor Filamentsupraleiter *m*
multiflame blowpipe mehrflammiger Brenner *m*
multiforge press Mehrstufenschmiedepresse *f*
multifrequency method *(Wkst)* Mehrfrequenzverfahren *n*
multifuel-type burner Mehrstoffbrenner *m*, Brenner *m* für mehrere Brennstoffe
multihandled heavy hammer Masselhammer *m*
multiheaded vibrator Mehrkopfrüttler *m*
multihole brick Viellochstein *m*
~ **bridge die** *(Umf)* Mehrlochbrückenmatrize *f*
~ **die** *(Umf)* Mehrlochmatrize *f*
~ **nozzle** Mehrlochdüse *f*
multijet two-circuit nozzle Mehrloch-Zweikreis-Düse *f*
multilayer mehrschichtig, vielschichtig; mehrlagig
~ **coating** Mehrschichtenüberzug *m*
~ **pressing technique** Mehrschichtenpreßtechnik *f*
~ **structure** Vielschichtstruktur *f*
~ **welding** mehrlagiges Schweißen *n*
multiline mill Mehrlinienwalzwerk *n*
multimaterial sliding bearing Mehrstoffgleitlager *n*
multipart die 1. mehrteilige Druckgießform *f*; 2. *(Umf)* mehrteiliges Werkzeug *n*
multipass welded joint Mehrlagenverbindungsschweißen *n*
~ **welding** Mehrlagenschweißen *n*
multiphase alloy Mehrphasenlegierung *f*
~ **diffusion** Mehrphasendiffusion *f*
~ **eutectic** Mehrphaseneutektikum *n*
~ **inclusion** Mehrphaseneinschluß *m*
~ **structure** Mehrphasengemisch *n*; Mehrphasengefüge *n*
~ **system** Mehrstoffsystem *n*
~ **transformation** Mehrphasenumwandlung *f*, Mehrphasenumsetzung *f*
multiple mehrfach; vielfach *(s. a. unter* multi...*)*
~-**beam condition** Vielstrahlfall *m*
~-**beam excitation** Vielstrahlanregung *f*
~-**beam interferogram** Vielstrahlinterferogramm *n*

~-**beam interferometry** Vielstrahlinterfero-
metrie *f*

~-**blade saw** Gattersäge *f*

~ **cable** Vielfachkabel *n*, mehradriges Kabel *n*, Mehraderkabel *n*, Mehrleiterkabel
n

~ **casting** mehrsträngiges Gießen *n*

~ **cavity die** 1. Mehrfachform *f (Druckguß)*; 2. *(Pulv)* Mehrfachwerkzeug *n*

~ **cavity mould** *(Pulv)* Mehrfach[preß]form
f

~ **core box** *(Gieß)* Mehrfachkernkasten *m*

~ **core print** *(Gieß)* gemeinsame Kernmarke *f*

~ **dark-field image pattern** Vielfachdunkel-
feldaufnahme *f*

~ **die** *(Pulv)* Mehrteilpreßwerkzeug *n*

~ **die press** Stufenpresse *f*

~ **disk hook** Lamellenhaken *m*

~ **disk hook suspension** Lamellenhakenge-
hänge *n*

~ **domain junction** *(Wkst)* Vielfachdomä-
nenverbindung *f*

~ **echo** Mehrfachecho *n*

~-**echo series** Mehrfachechofolge *f*

~ **etch** Mehrfachätzung *f*

~ **grain fracture** Mehrfachkornbruch *m*
(mehrfach gebrochene Körner)

~-**hearth furnace** Etagenröstofen *m*

~-**impact test** Vielstoßversuch *m*

~-**line pattern** Mehrfachschraffur *f (unter
bestimmten Winkeln zueinander orientier-
te Scharen von Schraffurlinien)*

~ **machine assignment** Mehrmaschinen-
bedienung *f*

~ **mould** Formstapel *m (Stapelguß)*

~-**mould cavity** Mehrfachform *f*

~ **pressing** *(Pulv)* Mehrfachpressen *n*

~-**pressing technique** Mehrteilpreßtechnik
f

~-**purpose cemented carbide** Mehrzweck-
hartmetall *n*

~ **ramming** kombinierte Verdichtung *f*

~ **reflection** Mehrfachreflexion *f*

~ **sampling** Mehrfachstichprobennahme *f*

~ **scattering** Vielfachstreuung *f*

~-**shield high-velocity thermocouple** Ab-
saugepyrometer *n* mit Strahlungsschutz

~ **silicate** Mehrfachsilikat *n*

~ **slip** Mehrfachgleitung *f*

~ **spline shaft** Vielkeilwelle *f*

~-**stage** *s.* multistage

~-**stand** *s.* multistand

~-**stripper plate mould base** Standardform
f mit Mehrfachabstreifplatten

~ **system** Multipelsystem *n (Elektrolyse)*

~ **tool** *(Pulv)* Mehrteilpreßwerkzeug *n*

~-**unit cyclone** *s.* multicyclone

~-**way valve** Mehrwegeventil *n*

~-**wire drawing machine** Mehrfachdraht-
ziehmaschine *f*, Mehrfach[draht]zug *m*

~-**zone furnace** Mehrzonenofen *m*

multiplication rate Vervielfachungsge-
schwindigkeit *f*

~ **stress** Vervielfachungsspannung *f*

multiplicity of planes *(Krist)* Flächenhäufigkeit *f*

multiplier Multiplikator *m (Druckguß)*

multiroll mill 1. *(Aufb)* Mehrwalzenmühle
f; 2. *(Umf)* Mehrrollenwalzgerüst *n*, Vielrollenwalzwerk *n*

multiroller withdrawal machine Vielrollen-
ausziehmaschine *f*

multirun welded mehrlagig geschweißt

~ **welding** Mehrlagenschweißen *n*

multispecimen holder Vielprobenhalte-
rung *f*

~ **machine** Vielprobenprüfmaschine *f*, Viel-
probenprüfstand *m (z. B. bei Kriechver-
suchen)*

~ **test apparatus** Mehrprobenprüfappara-
tur *f*

multistage mehrstufig

~ **cold extruder** Mehrstufenkaltfließpresse
f

~ **crushing** mehrstufiges Zerkleinern *n*

~ **cyclone** *s.* multicyclone

~ **gas cleaning** mehrstufige Gasreinigung *f*

~ **gear** Mehrstufengetriebe *n*, mehrstufiges
Getriebe *n*

~ **press** Mehrstufenpresse *f*

multistand mehrgerüstig

~ **mill** mehrgerüstiges Walzwerk *n*

multistation moulding machine *(Gieß)*
Mehrstationenformmaschine *f*

multistep mehrstufig

~ **reduction gear** Mehrstufengetriebe *n*,
mehrstufiges Getriebe *n*

multistrand machine Mehrstrangmaschine
f

multitiered mehrfach gestapelt, mehrsta-
pelig

multivalent mehrwertig

multizone balance Mehrzonenbilanz *f*

Murakami etch Murakami-Ätzung *f*

mushroom core print *(Gieß)* über die Mo-
dellaußenfläche vergrößerte Kernmarke *f*

~ **valve** Tellerventil *n*

mushy layer *(Gieß)* breiartige (schwammartige) Erstarrung *f*, poröse Schicht *f*

~ **region** poröse Zone *f (Gußstück)*

~ **stage** *(Gieß)* breiiger Zustand *m (Erstarrung)*

music wire Musikdraht *m*, Klaviersaitendraht *m*

MX-steel MX-Stahl *m*

N

n *s.* principal quantum number

Nabarro-Herring creep Nabarro-Herring-
Kriechen *n*

nail/to [an]nageln

nail Nagel m; Stift m; Drahtstift m
~ pass Nagelkaliber n (Walzen)
~ percussive machine Nagelschlagmaschine f
~ press Nagelpresse f
~ wire Nageldraht m
narrow-band noise Schmalbandrauschen n
~ face Schmalseite f, schmale Seite (Fläche) f (z. B. des Strangs)
~ freezing range enges Erstarrungsintervall n
~-pass filter Schmalbandfilter n
~ side Schmalseite f
~ strip Schmalband n
~-strip mill Schmalbandwalzwerk n
narrowing Einschnüren n, Einschnürung f, Einengung f
nascent naszierend
~ state Entstehungszustand m
native gediegen, natürlich vorkommend
~ alloy Naturlegierung f
~ antimony gediegenes Antimon n
~ arsenic gediegenes Arsen n, Scherbenkobalt m
~ bismuth gediegenes Wismut n
~ copper gediegenes Kupfer n, Bergkupfer n
~ forge process Rennverfahren n
~ gold gediegenes Gold n
~ iron gediegenes Eisen n
~ lead gediegenes Blei n
~ mercury gediegenes Quecksilber n
~ metal gediegenes Metall n
~ platinum gediegenes Platin n
~ silver gediegenes Silber n
~ sulphur gediegener Schwefel m
natrolite (Min) Natrolith m
natural aging natürliche Alterung f, Kaltauslagern n, Kaltaushärten n
~ alloy Naturlegierung f
~ circulation boiler Naturumlaufkessel m
~ convection natürliche Konvektion f
~ draught natürlicher Zug m
~ gas Naturgas n, Erdgas n
~ gas−air mixture Erdgas-Luft-Gemisch n
~ gas firing with autocarburation Erdgasfeuerung f mit Selbstkarburierung
~ gas heating addition Erdgaszusatzfeuerung f
~ gas reforming Erdgasveredlung f
~ graphite Naturgraphit m
~ power factor Leistungsfaktor m ohne Kompensierung
~ product Naturprodukt n
~ resources Bodenschätze mpl
~ sand (Gieß) Natursand m
naturally bonded moulding sand (Gieß) Natursand m
~ clay-bondes sand tongebundener Natursand m
nature of grain Körnungsbeschaffenheit f

naval brass seewasserbeständiges Messing n, Marinemessing n, Admiralitätslegierung f (70 % Cu, 29 % Zn, 1 % Sn)
navy bronze Admiralitätsbronze f (Rotguß mit 6 % Sn, 1−2 % Pb)
ND s. not detected
NDT s. 1. non-destructive testing; 2. nil-ductility transition temperature
near field Nahfeld n
~-field length Nahfeldlänge f
~-field structure Nahfeldstruktur f
~ net part Fastfertigteil n
~ net shape Fastfertigform f
~ net shape technology Fastfertigform-Technologie f
nearest neighbour shell Koordinationssphäre f
neck/to zusammenziehen; einschnüren, abschnüren; vermindern (Querschnitt)
neck 1. (Pulv) Hals m, Halsstück n, Ansatz m; 2. Zapfen m, Laufzapfen m (Walzen)
~ cross section Halsquerschnitt m (von Maschinenelementen)
~ diameter Halsdurchmesser m (Sinterhals)
~ formation Halsbildung f, Ansatzbildung f
~ geometry Einschnürgeometrie f
~ growth Halswachstum n
~ of roll Walzenzapfen m
~ resistance Einschnürwiderstand m
necked-down bolt Dehnschraube f
necking 1. Einschnürung f (s. a. constriction); Querschnittsverminderung f; 2. (Pulv) Halsbildung f, Ansatzbildung f
~ behaviour Einschnürverhalten n
~-down Einschnüren n
~ zone Einschnürzone f
needle 1. Nadel f; 2. Zeiger m
~ electrode Nadelelektrode f
~ formation Nadelbildung f
~ sensor Stiftsonde f
~-shaped nadelförmig
~ valve Nadelventil n
~ wire Nadeldraht m
Nèel temperature [point] Nèel-Temperatur f
~ wall Nèel-Wand f (zwischen Weissschen Bezirken)
negative allowance Minustoleranz f
~ cone segregation negative Seigerung f am Blockfuß
~ dislocation negative Stufenversetzung f
~ electrode negative Elektrode f, Katode f
~ ion negativ geladenes Ion n, Anion n
~ segregation umgekehrte Blockseigerung f
~ strip Kokillenvorlauf m
negatively charged ion s. negative ion
neighbourhood (Krist) Nachbarschaft f (s. a. coordination)
neighbouring grain (Krist) Nachbarkorn n
neodymium Neodym n

neon Neon *n*
nepheline *(Min)* Nephelin *m*
nephelite *s.* nepheline
neptunium Neptunium *n*
Nernst boundary layer Nernstsche Grenzschicht *f*
~ **distribution law** Nernstsches Verteilungsgesetz *n*
nest of tubes Rohrbündel *n*
net/to flechten
net burden Nettomöller *m*
~ **burden yield** Nettomöllerausbringen *n*
~ **calor[if]ic power (value)** unterer Heizwert *m*
~ **heat** Nettowärme *f*; ausgenutzte Wärme
f; ausnutzbare Wärme *f*
~ **intensity** Nettointensität *f*
~ **plane** *(Krist)* Netzebene *f*
~ **plane equation** *(Krist)* Netzebenenglei-
chung *f*
~ **reaction** Nettoreaktion *f*
~ **weight** Nettogewicht *n*
netting 1. Flechten *n*, Netzbilden *n*; 2. Geflecht *n*
~ **wire** Gewebedraht *m*
network electrode Netzmantelelektrode *f*
~ **structure** netzförmige Gefügeausbildung
f
Neumann-Kopp rule Neumann-Koppsche
Regel *f*
Neumann's boundary condition Grenzbedingung *f* zweiter Art
neutral neutral
~ **angle** Fließscheidenwinkel *m*, Grenzwin-
kel *m (Walzen)*
~ **axis** Schwerpunktachse *f* der Profile; Ka-
liberachse *f (Walzen)*
~ **line** neutrale Linie *f (Walzen)*
~ **lining material** neutrales Futtermaterial *n*
(auf Cr_2O_3-Basis)
~ -**particle-induced emission** Neutralteil-
chenauslösung *f*
~ **point** Fließscheide *f (Walzen)*
~ **position** Nullstellung *f*, Ruhestellung *f*
~ **reaction** neutrale Reaktion *f*
~ **refractory** neutrales Feuerfesterzeugnis
n (auf Cr_2O_3-Basis)
~ **slag** neutrale Schlacke *f*
~ **zone** neutrale Zone *f (beim Pulverwalzen)*
neutrality Neutralität *f*
~ **condition** Neutralitätszustand *m*
neutralization Neutralisieren *n*, Neutralisa-
tion *f*
neutralize/to neutralisieren
neutralizer Neutralisationsmittel *n*
neutron absorption Neutronenabsorption *f*
~ **absorption coefficient** Neutronenab-
sorptionskoeffizient *m*
~ **absorption cross section** Absorptionsquerschnitt *m* für Neutronen
~ **activation** Neutronenaktivierung *f*
~ **diffraction** Neutronenbeugung *f*

~ **diffraction beam** Neutronenbeugungs-
strahl *m*
~ **field** Neutronenfeld *n*
~ **fluence** Neutronenfluenz *f*
~ **irradiation** Neutronenbestrahlung *f*
~ **scattering amplitude** Neutronenstreu-
amplitude *f*
~ **scattering factor** Neutronenstreufaktor
m
~ **spin** Neutronenspin *m*
new construction Neubau *m*, Neukon-
struktion *f*
~ **lining** Neuzustellung *f*
~ **sand** Neusand *m*
~ **sand addition** *(Gieß)* Neusandzugabe *f*
New Jersey process New-Jersey-Verfah-
ren *n (Zinkgewinnung)*
newly laid state 1. Neubauzustand *m*; 2.
neu zugestellter Zustand *m*
niccolite *(Min)* Niccolit *m*, Rotnickelkies *m*,
Nickelin *m*
Nichols-Freeman flash roaster Nichols-
Freeman-Schweberöstofen *m*
nickel Nickel *n*
~ **alloy** Nickellegierung *f*
~ **brass** *(Am)* Neusilber *n*
~ **carbonate** Nickelkarbonat *n*
~ **carbonyl** *s.* ~ tetracarbonyl
~ -**chromium-molybdenum-boron steel**
Nickel-Chrom-Molybdän-Bor-Stahl *m*
~ -**chromium steel** Chromnickelstahl *m*
~ -**clad** nickelplattiert
~ **converting** Verblasen *n* von Nickelstein
~ **dimethylglyoxime** Nickeldimethylgly-
oxim *n*, Nickeldiazetyldioxim *n*
~ **gun metal** Marine-Ni-Bronze *f (Rotguß
mit 5 % Nickel)*
~ **matte** Nickelstein *m*
~ **plate** Nickelblech *n*
~ -**plated** [galvanisch] vernickelt
~ **plating** [galvanisches] Vernickeln *n*
~ **powder** Nickelpulver *n*
~ **sesquioxide** Dinickeltrioxid *n*, Nickel(III)-
oxid *n*
~ **silver** Neusilber *n*
~ **speiss** Nickelspeise *f*
~ **steel** Nickelstahl *m*
~ **sulphate** Nickelsulfat *n*
~ **tetracarbonyl** Nickeltetrakarbonyl *n*
~ -**titanium steel** Nickel-Titan-Stahl *m*
~ -**vanadium steel** Nickel-Vanadin-Stahl *m*
~ **vitriol** Nickelvitriol *n (für galvanische Vernickelung)*
nickelic Nickel(III)-...
~ **hydroxide** Nickel(III)-hydroxid *n*
~ **oxide** *s.* nickel sesquioxide
nickeliferous nickelhaltig
nickeline *s.* niccolite
nickelite *s.* niccolite
nickelization Vernickeln *n*, Vernickelung *f*
nickelize/to vernickeln
nickelous Nickel(II)-...
~ **chloride** Nickel(II)-chlorid *n*

~ **hydroxide** Nickel(II)-hydroxid *n*
~-**nickelic oxide** Nickel(II, III)-oxid *n*
~-**nickelic sulphide** Nickel(II, III)-sulfid *n*
~ **oxide** Nickel(II)-oxid *n*
Nicrosital Nicrosital *n (Ni-Cr-Si-Al-Legierung)*
nil-ductility transition temperature Nil-Ductility-Transition-Temperatur *f*, NDT-Temperatur *f*, Sprödbruchübergangstemperatur *f*
~-**strength temperature** Nullverformungstemperatur *f*
nimonic alloys Nimonic-Legierungen *fpl (Ni-Legierungen mit gutem Oxidations- und Kriechwiderstand bei hohen Temperaturen)*
nine-inch brick *(Ff)* Normalstein *m (englisches Format)*
niobite *(Min)* Niobit *m*, Columbit *m*
niobium Niob *n*
nip angle Greifwinkel *m (Walzen)*
nipple 1. Nippel *m*, Anschlußstück *n*; 2. *(Gieß)* Ansatz *m*, Warze *f*
Nishiyama process *(Gieß)* Nishiyama-Kern[form]verfahren *n*
~ **transformation** Umwandlungsmechanismus *m* nach Nishiyama
nital alkoholische Salpetersäure *f (Ätzmittel)*
nitralloy [steel] Nitrierstahl *m*
nitrate Nitrat *n*
nitre Salpeter *m*
~ **slag** Nitratschlacke *f*, Salpeterschlacke *f*
nitric acid Salpetersäure *f*
~ **acid plant** Salpetersäureanlage *f*
~ **oxide** Stickoxid *n*
nitride/to nitrieren, nitrierhärten, oberflächennitrieren
nitride Nitrid *n*
~ **formation** Nitridbildung *f*
nitrided layer Nitrierschicht *f*
~ **steel** nitrierter (nitriergehärteter) Stahl *m*
nitriding Nitrieren *n*, Nitrierhärten *n*, Oberflächennitrieren *n*
~ **atmosphere** Ammoniakstrom *m (Nitrierofen)*
~ **bath** Nitrier[salz]bad *n*
~ **depth** Nitriertiefe *f*
~ **furnace** Nitrierofen *m*
~ **layer** Nitrierschicht *f*
~ **process** Nitrierverfahren *n*
~ **steel** Nitrierstahl *m*
nitrite Nitrit *n*
nitrocarburizing Karbonitrieren *n*, Gasnitrieren *n*
nitrocementation *s.* nitrocarburizing
nitrogen Stickstoff *m*
~ **absorption** Aufstickung *f*, Stickstoffaufnahme *f*
~ **austenite** Stickstoffaustenit *m*
~ **ballast** Stickstoffballast *m*
~ **charge** Stickstofffüllung *f*

~ **consumption** Stickstoffverbrauch *m*
~ **cooling device** Stickstoffkühlungseinrichtung *f*
~ **degassing** Entgasung *f* durch Stickstoff, Stickstoffentgasung *f*
~ **degassing equipment** Stickstoffentgasungsanlage *f*
~ **dissociation** Stickstoffdissoziation *f*
~ **extraction number** Stickstoffausscheidungsgrad *m*
~ **fixation** Abbinden *n* des Stickstoffs
~-**hardening** Nitrierhärten *n*, Stickstoffhärten *n*, Nitrieren *n*, Oberflächennitrieren *n*
~ **martensite** Stickstoffmartensit *m*
~-**oxygen mixture** Stickstoff-Sauerstoff-Gemisch *n*
~ **pearlite** Stickstoffperlit *m*
~ **pick-up** Aufstickung *f*, Stickstoffaufnahme *f*
~ **plant** Stickstoffanlage *f*
nitrogenation Nitrieren *n*, Nitrierhärten *n*, Oberflächennitrieren *n*
nitrous nitros *(Stickoxid enthaltend)*
~ **acid** salpetrige Säure *f*
~ **gases** nitrose Gase *npl*
~ **oxide** Stickstoffoxid *n*
no-bake binder *(Gieß)* kaltaushärtender Kunstharzbinder *m*
~-**load friction** Leerlaufreibung *f*
~-**load time** Leerlaufzeit *f*
~-**load travel** Leerfahrt *f*
~-**slip point** Fließscheide *f (Walzen)*
~-**twist** drallfrei
nobelium Nobelium *n*
noble gas Edelgas *n*
~ **metal** Edelmetall *n*
~ **metal catalyst** Edelmetallkatalysator *m*
nodal separation Knotenabstand *m*
node projection Knotenprojektion *f*
nodular knotig, knötchenförmig; kugelig
~ **cast iron** Gußeisen *n* mit Kugelgraphit, GGG
~ **cast iron roll** Kugelgraphitwalze *f*
~ **cementite** kugeliger (körniger) Zementit *m*
~ **graphite** 1. Kugelgraphit *m*; 2. Temperkohle *f*; 3. Krabbengraphit *m*
~ **[graphite cast] iron** Gußeisen *n* mit Kugelgraphit, GGG
~ **iron casting** Gußstück *n* aus Gußeisen mit Kugelgraphit
~ **powder** abgerundetes Pulver *n*
nodularity Kugelbildungsgrad *m*
nodularizing alloy Behandlungslegierung *f (für Gußeisen mit Kugelgraphit)*
nodule 1. Knötchen *n*; Graphitknötchen *n*; 2. Knolle *f (Erz)*
~ **ore** Knollenerz *n*
nodules Nierensinter *m*, Pellets *npl*
nodulizing Pelletisieren *n*
noise characteristic Rauschcharakteristik *f*

~-**insulated control cabin** schallgedämpfte Steuerkabine *f*

Nomarski interference contrast method Nomarski-Interferenzkontrastverfahren *n*

nominal allowance Nennabmaß *n*

~ **bore** Nennweite *f (Rohr)*

~ **capacity** Nennleistung *f*

~ **furnace power** Ofennennleistung *f*

~ **moment** Nennmoment *n*

~ **output** Nennleistung *f*

~ **pipe size** Rohrnennweite *f*

~ **size** 1. Nennmaß *n*, Sollmaß *n*; 2. Nennweite *f (Sieb, Rohr)*

~ **stress** [technische] nominelle Spannung *f*, Nennspannung *f*

~ **torque** Nenndrehmoment *n*

~ **value** Nennwert *m*, Sollwert *m*

~ **value formation** Sollwertbildung *f*

nomograph Nomogramm *n*

non-abrasive abriebfest

~-**aging** alterungsbeständig

~-**alloy steel** unlegierter Stahl *m*

~-**baking coal** nichtbackende (nichtkokende) Kohle *f*

~-**binary compound** nichtbinäre Verbindung *f (Mehrkomponentenverbindung)*

~-**blistered** blasenfrei

~-**bonding electron** ungebundenes Elektron *n*

~-**caking coal** nichtbackende (nichtkokende) Kohle *f*

~-**carbon-depleted** nichtkohlenstoffverarmt

~-**centrosymmetrical** nichtzentrosymmetrisch

~-**circularity** Unrundheit *f*

~-**clay body** tonfreies keramisches Gemisch *n*

~-**coking** nichtkokend, nicht verkokbar

~-**conducting** nichtleitend

~-**conductor** Nichtleiter *m*

~-**conservative motion of jogs** nichtkonservative Sprungbewegung *f*

~-**consumable metal electrode** nichtabschmelzende Metallelektrode *f*

~-**contact[ing]** berührungsfrei; kontaktlos

~-**cooling area** Nichtkühlfläche *f*

~-**corrodible** korrosionsfest, nichtkorrodierend

~-**corrosive** korrosionsfest, nichtkorrodierend

~-**deformable** nichtdeformierbar

~-**deforming steel** verzugsfreier Stahl *m*

~-**destructive** zerstörungsfrei

~-**destructive testing** zerstörungsfreie Werkstoffprüfung *f*

~-**destructive testing method** zerstörungsfreies Prüfverfahren *n*

~-**destructive testing of material** zerstörungsfreie Werkstoffprüfung *f*

~-**distorting** verzugsfrei, verzerrungsfrei

~-**drip characteristics** *(Gieß)* Hafteigenschaften *fpl (Schlichte)*

~-**electrolyte** Nichtelektrolyt *m*

~-**equilibrium** Ungleichgewicht *n*

~-**equilibrium carbide** Ungleichgewichtskarbid *n*

~-**equilibrium condition** Ungleichgewichtsbedingung *f*

~-**equilibrium structure** Ungleichgewichtsgefüge *n*

~-**equivalent** ungleichwertig

~-**ferrous** nichteisenhaltig, eisenfrei; Nichteisen..., NE-...

~-**ferrous alloys** Nichteisenmetallegierungen *fpl*

~-**ferrous flux** Schmelzmittel *n* für Nichteisenmetalle

~-**ferrous metal** Nichteisenmetall *n*, NE-Metall *n*

~-**ferrous metallurgy** Nichteisenmetallurgie *f*, NE-Metallurgie *f*

~-**ferrous metals industry** Nichteisenmetallindustrie *f*, NE-Metallindustrie *f*

~-**ferrous tube** Nichteisenmetallrohr *n*, NE-Metallrohr *n*

~-**fissile** nichtspaltbar

~-**flatting** ungeglättet *(Walzen)*

~-**hardening** nichthärtbar, nichthärtend

~-**heat-treatable** nichtvergütbar

~-**homogeneity** Inhomogenität *f*

~-**inhibited contraction** unbehinderte Schrumpfung *f*

~-**integrated** nichtintegriert

~-**interacting separate vacancy** nichtwechselwirkende Einzelleerstelle *f*

~-**ionic** nichtionisch, ioneninaktiv

~-**kinking** dressiert *(Blech)*

~-**linear elasticity theory** nichtlineare Elastizitätstheorie *f*

~-**linear spectrometer system** nichtlineare Spektrometeranordnung *f*

~-**linearity** Nichtlinearität *f*

~-**luminous gas flame** nichtleuchtende Gasflamme *f*

~-**machined** unbearbeitet

~-**magnetic** unmagnetisch, nichtmagnetisch

~-**magnetic alloy** unmagnetische Legierung *f*

~-**magnetic cast iron** unmagnetisches Gußeisen *n*

~-**magnetic steel** unmagnetischer (unmagnetisierbarer) Stahl *m*

~-**magnetizable** nichtmagnetisierbar

~-**metal** Nichtmetall *n*, Metalloid *n*

~-**metallic** nichtmetallisch

~-**metallic dissolved impurities** gelöste nichtmetallische Verunreinigungen (Beimengungen) *fpl*

~-**metallic impurities** nichtmetallische Verunreinigungen (Beimengungen) *fpl*

~-**metallic inclusion** nichtmetallischer Einschluß *m*
~-**oxidizing** nichtoxydierend
~-**oxidizing atmosphere** nichtoxydierende Atmosphäre *f*
~-**piping** nichtlunkernd
~-**porous** porenfrei
~-**preformed** nichtvorverformt
~-**reducing** nichtreduzierend
~-**residue** rückstandslos, rückstandsfrei
~-**return valve** Rückschlagventil *n*
~-**scaling** zunderbeständig
~-**scaling property** Zunderbeständigkeit *f*
~-**scaling steel** zunderbeständiger Stahl *m*
~ **seg tungsten structure** Non-Seg-Wolframgefüge *n*, NS-Wolframgefüge *n*
~-**shearable** nichtschneidbar
~-**shrinking steel** kontraktionsfreier Stahl *m*
~-**slip** gleitlos, schlupffrei
~-**slip floor** trittsicherer Fußboden *m*
~-**slip-type drawing machine** gleitlose Drahtziehmaschine *f*
~-**soluble** unlöslich
~-**steady state** instationär
~-**steady-state bulging** zeitlich veränderliches Ausbauchen *n*
~-**stoichiometry** Nichtstöchiometrie *f*, Unstöchiometrie *f*
~-**strain aging** Alterung *f* ohne vorher aufgebrachte Spannung
~-**twist** torsionsfrei, verdrehungsfrei
~-**uniform** ungleichmäßig, uneinheitlich
~-**uniform deformation** ungleichmäßige Verformung *f*
~-**uniform distribution** ungleichmäßige Verteilung *f*
~-**uniform powder** ungleichförmiges Pulver *n*
~-**uniformity** Ungleichmäßigkeit *f*
~-**uniformity of stress** Spannungsinhomogenität *f*
~-**variant equilibria** nonvariante Gleichgewichte *npl*
~-**volatile** nichtflüchtig
~-**warping** verzugsfrei
~-**wetting** Nichtbenetzen *n*
non ... s. non- ...
Noranda continuous smelting reactor Noranda-Reaktor *m* für kontinuierliches Schmelzen *(von Kupferkonzentraten)*
normal conditions Standardbedingungen *fpl*, Norm[al]bedingungen *fpl*
~ **distribution** Normalverteilung *f*, Gaußsche Verteilung *f*
~ **force** Normalkraft *f*
~ **Hall effect** normaler Hall-Effekt *m*
~ **hydrogen electrode** Normalwasserstoffelektrode *f*
~ **illumination microscope** Auflichtmikroskop *n*
~ **inspection** normale Prüfung *f*

~ **potential** Normalpotential *n*, Standardpotential *n*
~ **pressure** Normaldruck *m*
~ **probe** Normalprüfkopf *m* *(Ultraschallprüfung)*
~ **profile** Normalprofil *n*, übliches Profil *n*
~ **sintering** Normalsinterung *f*
~ **stress** Normalspannung *f*
~ **temperature** Normaltemperatur *f*
~ **temperature and pressure** Normaltemperatur *f* und Normaldruck *m*
~ **temperature and pressure reference point** Normalbedingungen *fpl* *(Temperatur und Druck)*
~ **working** normaler Gang *m*
~ **working area** natürlicher Griffbereich *m*
normalize/to normalisieren, normalglühen, normalisierend glühen
normalized normalisiert, normalgeglüht
normalizing Normalisieren *n*, Normalglühen *n*, normalisierendes Glühen *n*
~ **furnace** Normalisierofen *m*
normally conducting normalleitend
~ **sintered** normalgesintert
nose/to *(Umf)* kegelig anarbeiten
nose 1. Nase *f*; Ansatz *m*; 2. Schnauze *f*, Konverterschnauze *f*
~ **angle** *(Gieß)* Eckenwinkel *m* *(am Metall)*
~ **of beginning transformation curve** Perlitnase *f* der Umwandlungskurve
~ **radius** *(Gieß)* Eckenradius *m*
~-**ring block** Auslaufstein *m* *(Drehrohrofen)*
not annealed nicht angelassen (geglüht)
~ **detected** nicht bestimmt, nicht ermittelt
~ **flat** uneben
notch/to einkerben, nuten
notch Kerbe *f*, Kerb *m*, Nut *f*
~ **bar** 1. Rechen *m* *(Walzen)*; 2. *s.* ~ **impact test specimen**
~ **bar impact test** Kerbschlag[biege]versuch *m*
~ **bend test** Kerbschlag[biege]versuch *m*
~ **brittleness** Kerbsprödigkeit *f*
~-**ductile** kerbzäh
~ **ductility** Kerbzähigkeit *f*, Kerbverformbarkeit *f*, Kerbduktilität *f*
~ **effect** Kerbwirkung *f*
~ **factor** Kerbfaktor *m*, Kerbwirkungszahl *f*
~ **impact strength** Kerb[schlag]zähigkeit *f*
~ **impact test specimen** Kerbschlag[biege]probe *f*
~ **opening displacement** Kerbaufweitung *f*
~ **radius** Kerbradius *m*
~ **root** Kerbgrund *m*
~-**sensitive** kerbempfindlich
~ **sensitivity** Kerbempfindlichkeit *f*
~ **shape** Kerbform *f*
~ **size** Kerbgröße *f*
~-**strength ratio** Kerb-Zugfestigkeits-Verhältnis *n*
~ **stress** Kerbspannung *f*

~ **tensile strength** Kerbzugfestigkeit f
~ **tensile test** Kerbzugversuch m
~ **tip** Kerbspitze f
~ **toughness** Kerb[schlag]zähigkeit f
~ **-type cooling bed** Rechenkühlbett n
~ **value** Kerbwert m
~ **-yield ratio** Kerb-Streckgrenzen-Verhältnis n *(Verhältnis der Kerbzugfestigkeit zur 0,2-Grenze)*
notched gekerbt
~ **bar impact bend test** Kerbschlag[biege]versuch m
~ **-bar impact bend test specimen** Kerbschlag[biege]probe f
~ **-bar impact test** Kerbschlag[biege]versuch m
~ **-bar tensile test** Kerbzugversuch m
~ **hearth** Rillenherd m
~ **tensile specimen** Kerbzugprobe f
notching Einkerben n, Einklinken n
. **nozzle** 1. Düse f; Düsenmundstück n; 2. Ausguß m; Schnauze f; Stutzen m
~ **area** Ausflußquerschnitt m *(Ausgußstein)*
~ **brick** Lochstein m
~ **changing** Düsenwechsel m
~ **for stopper rod pouring ladle** Stopfenpfannenausguß m, Pfannenstein m
~ **geometry** Düsenabmessung f, Düsengeometrie f
~ **heating** Düsenbeheizung f
~ **internal diameter** Düseninnendurchmesser m, Rüsselinnendurchmesser m
~ **mixed burner** Kreuzstrombrenner m
~ **of a ladle** Pfannenausguß m, Pfannenschnauze f
~ **seating** Zwischenstück n *(Druckguß)*
~ **tip** Düsenspitze f
~ **weld** Stutzennaht f
ns s. *unter* non seg
NTP, n.t.p. s. normal temperature and pressure reference point
Nu number s. Nusselt number
nucleant Keimbildner m
nuclear fuel material Kernbrennstoff m
~ **growth** Keimwachstum n
~ **heat** Kernwärme f
~ **magnetic moment** magnetisches Kernmoment n
~ **magneton** Kernmagneton n
~ **radiation** Kernstrahlung f *(Isotopenprüfung)*
~ **resonance** Kernresonanz f
~ **resonance spectroscopy** Kernresonanzspektroskopie f
~ **size** Kerngröße f
nucleate/to zur Keimbildung anregen, Kristallkeime bilden
nucleate boiling Blasenverdampfung f
nucleating effect Keimbildungswirkung f
nucleation Keimbildung f
~ **curve** Keimbildungskurve f

~ **mechanism** Keimbildungsmechanismus m
~ **model** Keimbildungsmodell n
~ **of oxides** Oxidkeimbildung f
~ **rate** Keimbildungsgeschwindigkeit f, Keimbildungsrate f
~ **rate curve** Keimbildungsgeschwindigkeitskurve f
~ **site** Keimbildungsplatz m, Keimbildungsort m
~ **temperature** Keimbildungstemperatur f
~ **time** Keimbildungszeit f
nucleus Keim m, Kristallisationskeim m
~ **extension** Keimausbreitung f
~ **fuel pellet** Kernbrennstoffpellet n
~ **of crystallization** Kristallisationskeim m
~ **size** Keimgröße f
nugget 1. [rundgescheuertes] Korn n; 2. Nugget n, natürlicher Klumpen m *(von gediegenem Metall)*
null-type sampling probe Nulldrucksonde f
number error Anzahlfehler m
~ **of cells per unit area** Zellenzahl f je Flächeneinheit
~ **of centres** Kernzahl f
~ **of cycles to failure** *(Wkst)* Bruchschwingspielzahl f, Lastspielzahl f
~ **of magnetons** Magnetonenzahl f
~ **of moles** Molzahl f
~ **of particles** Teilchenzahl f
~ **of pressure applications** *(Umf)* Anzahl f der Pressungen, Preßzahl f
~ **of revolutions** Drehzahl f
~ **of stages** Stufenzahl f
~ **of strokes** Hubzahl f
numerical aperture numerische Apertur f
~ **array** Zahlenmatrix f
~ **quantity** Meßgröße f
Nusselt number Nusseltsche Zahl f, Nusselt-Zahl f
nut Mutter f
~ **forging machine** Mutternschmiedemaschine f
~ **press** 1. Mutternpresse f; 2. Mutternpressen n
nutrient Nährstoff m *(Bakterienlaugung)*
nutsch filter Filternutsche f

O

object detail Objekteinzelheit f
~ **micrometer** Objektmikrometer n
objective Objektiv n
~ **aperture** Objektivblende f
~ **carriage** Objektivschlitten m
~ **focussing current** Objektivstrom m
~ **magnification** Objektivvergrößerung f
~ **slit** Objektivspalt m
oblique schräg geneigt; schief
~ **arch brick** *(Ff)* Schrägwölber m
~ **illumination** Schrägbeleuchtung f

~ **plane** schiefe Ebene *f*, Neigungsebene *f*
~ **wave penetration** Schrägeinstrahlung *f*
OBM process *s.* Oxygen-Bottom-Maxhütte process
observation hole Schauloch *n*
~ **instrument** Beobachtungsgerät *n*
~ **point** Beobachtungsstelle *f*
~ **position** Beobachtungsstellung *f*
~ **wavelength** Beobachtungswellenlänge *f*
obsolete mill offenes Walzwerk *n*, offene Walzstraße *f*
obstacle Hindernis *n*
~ **density** Hindernisdichte *f*
~ **height** Hindernishöhe *f*
~ **spacing** Hindernisabstand *m*
~ **width** Hindernisbreite *f*
obstruction Verstopfung *f (z. B. Pfanne)*
obtained/to be anfallen
OC *s.* operating characteristic
OC annealing *s.* open-coil annealing
occluded gas eingeschlossenes Gas *n*
~ **slag** Schlackeneinschluß *m*
occlusion Okklusion *f*, Einschluß *m*
occupation number Besetzungszahl *f*
~ **of the pouring stand** Gießstandbelegung *f*
ocean floor nodules Manganknollen *fpl*
~ **nodule ore** Manganknollen *fpl*
octagon Achteck *n*; Achtkant *n*
~ **bar steel** Achtkantstahl *m*
octagonal achteckig; achtkantig
~ **section** Achtkantquerschnitt *m*
octahedral hole *(Krist)* Oktaederlücke *f (im Zentrum des Oktaeders)*
~ **plane** *(Krist)* Oktaederfläche *f*
~ **stress** Oktaederspannung *f*
octavalent achtwertig
octuple achtfach
ocular magnification Okularvergrößerung *f*
o/d, O. D. *s.* outside diameter
oddside *(Gieß)* falsches Formteil *n*, Sparhälfte *f*
odour reduction Geruchsminderung *f (bei Kernöl)*
OECD = Organisation for Economic Co-operation and Development
OES *s.* optical emission spectral analysis
off-axis illumination Schrägbeleuchtung *f*
~-**blast period** Windabstellzeit *f*
~-**bottom** vollkommen durchgeschmolzen *(frei von am Boden des Schmelzbads liegenden ungeschmolzenen Anteilen der Schmelzbeschickung)*
~-**cast** Fehlguß *m*
~-**centre** außermittig, unmittig, exzentrisch
~-**centre position** exzentrische Lage *f*; Unmittigkeit *f*
~-**centre web** außermittiger (versetzter) Steg *m*
~ **dimension** Maßabweichung *f*
~-**gas** Abgas *n*

~-**gas composition** Abgaszusammensetzung *f*
~-**gas dedusting installations** Abgasentstaubungseinrichtungen *fpl*
~-**gas shaft** Abgaskanal *m*, Abgasschacht *m*
~-**gas stream** Abgasstrom *m*
~-**gauge** nicht maßhaltig
~-**gauge** Fehlabmessung *f*
~ **grade iron** Übergangseisen *n*, Ausfalleisen *n*, Abfalleisen *n*
~-**heat** Fehlschmelze *f*
~-**iron** *s.* ~ grade iron
~-**position** Ausschaltstellung *f*
~-**size** nicht formhaltig
~-**size** Maßabweichung *f*, Abmaß *n*
~-**smelting** Fehlschmelze *f*
~-**time** Leer[lauf]zeit *f*, Pausendauer *f*
offage of blast Winddrosselung *f*
offcut Abschnitt *m*, Abgeschnittenes *n*
~ **length** Teillänge *f*, Schnittlänge *f*
offset 1. Ausgleich *m*, Kompensation *f*; 2. *(Wkst)* bleibende (dauernde) Dehnung *f*; 3. Kröpfung *f*; 4. bleibende Regelabweichung *f*
~ **yield strength** Ersatzstreckgrenze *f*
offtake Abzug *m*, Abzugskanal *m*
~ **pipe** Austragsrohr *n*, Austrittsrohr *n*, Abzugsrohr *n*
OFHC copper *s.* oxygen-free high-conductivity copper
OG gas cleaning system OG-Abgasreinigungssystem *n (O$_2$-Stahlwerk)*
OH 1. *s. unter* open-hearth; 2. *s.* oil-hardened
oil/to ölen
oil Öl *n*
~ **absorption** Ölaufnahme *f*
~ **addition** Ölzusatz *m*
~ **atomizer** Öldüse *f*, Ölzerstäuber *m*
~ **binder** *(Gieß)* Kernöl *n*, Ölbinder *m*
~-**bonded core** ölgebundener Kern *m*
~ **burner** Ölbrenner *m*
~ **carburizing plant** Ölkarburierungsanlage *f*
~-**chalk test** Rißprüfung *f* nach dem Kapillarverfahren
~ **circulation heater** Ölumlauferhitzer *m*
~ **content** Ölinhalt *m*
~ **cooler** Ölkühler *m*
~ **cooling** Ölkühlung *f*
~ **cooling system** Ölkühlanlage *f*
~ **feed** Ölzuführung *f*
~-**film bearing** Ölflutlager *n*
~ **filter** Ölfilter *n (mit Öl befeuchtet)*
~-**fired** ölgefeuert, ölbeheizt
~-**fired furnace** ölbeheizter Ofen *m*
~ **firing** Ölfeuerung *f*
~ **flame** Ölflamme *f*
~-**flood bearing** Ölflutlager *n*
~ **flow rate** Öldurchflußgeschwindigkeit *f*,

Ölströmungsgeschwindigkeit f
~-fuel firing s. ~ firing
~ fume Öldampf m
~ gun Ölbrenner m (Druckzerstäuberprinzip)
~-hardened ölgehärtet
~ hardening Ölhärten n
~-hardening steel ölhärtender Stahl m, Öl-härter m
~-heated ölbeheizt, ölgefeuert
~-hydraulic ölhydraulisch
~-hydraulic plant ölhydraulische Anlage f
~-immersion objective Ölimmersionsobjektiv n
~ impregnation Öltränken n
~ injection device Öleindüsungsanlage f
~ level check Ölstandskontrolle f
~-lighting burner Ölzündbrenner m
~ lubrication Ölschmierung f
~ mist lubrication Ölnebelschmierung f
~ pressure line Öldruckleitung f, Schmierstoffdruckleitung f
~ pump Ölpumpe f
~-quenched in Öl abgeschreckt
~ quenching Ölabschreckung f
~ rate Ölverbrauch m
~ rectifier Ölreiniger m
~ sand Ölsand m
~ sand core Ölsandkern m
~ separator Ölabscheider m
~-soluble öllöslich
~ strainer Ölfilter n (zur Ölreinigung)
~ tank Öltank m, Ölbehälter m, Ölwanne f
~-tempered öl[schluß]gehärtet
~-toughened ölvergütet
~-treated ölbehandelt
~ vessel Ölkessel m
~-water emulsion Öl-in-Wasser-Emulsion f
oiler Einölvorrichtung f, Ölauftragvorrichtung f
oilstone Abziehstein m, Ölstein m
old-fashioned smelters herkömmliche Schmelzanlagen fpl
~ sand Altsand m
oleic acid Ölsäure f
oleum Oleum n, rauchende Schwefelsäure f
oligist [iron] s. haematite
Oliver filter (Hydro) Oliver-Filter n
olivine (Min) Olivin m, Peridot m
~ sand Olivinsand m
OLP s. oxygen-lime process
on-position Arbeitsstellung f
one-blow automatic header Einstufenstauchautomat m
~-coat enamelling Einschichtemaillierung f
~-component system Einstoffsystem n, unitäres System n
~-cut brick (Ff) halber Normalstein m
~-electron approximation Einelektronennäherung f

~ face-centred (Krist) orthorhombisch, basiszentriert, monoklin
~ heat/in in einer Hitze
~-hole nozzle Einlochdüse f
~-man charge make-up Ein-Mann-Gattierung f
~-pass mill Einstichwalzwerk n
~-phase einphasig
~-phase current Einphasenstrom m
~-phase system Einphasensystem n, einphasiges System n
~-piece die (Gieß) einteilige Kokille f
~-piece mould (Gieß) einteilige Form f
~-piece pattern (Gieß) ungeteiltes Modell n
~-probe method Einkopfmethode f
~-sided einseitig
~-sided wedge-shaped brick (Ff) einseitig keiliger Stein m
~-station moulding aggregate Einstationenformaggregat n
~-step einstufig
~-step fatigue test Einstufendauerschwingversuch m
~-step heat treatment einstufige Wärmebehandlung f
~-way soaking pit Einwegtiefofen m
onset of grain fracture Bruchbeginn m
~ of melting Schmelzbeginn m, Beginn m des Schmelzens
~ of necking Einschnürbeginn m
~ of transformation Umwandlungsbeginn m
oolitic oolithisch
~ iron ore oolithisches Eisenerz n
oolitization Oolithisierung f
oolitize/to oolithisieren
ooze Schlamm m
opacifier Trübungsmittel n (Emaillieren)
opacity Lichtundurchlässigkeit f; Trübung f
open/to (Umf) aufweiten
~ the furnace den Ofen anstechen (durchstechen, durchstoßen)
~ up aufschließen (Erz)
open-air drying Lufttrocknung f, Trocknen n an der Luft
~ annealing Blauglühen n
~ arc offener Lichtbogen m
~-arc welding offenes Lichtbogenschweißen n
~ cast offener Guß m
~-channel furnace Ofen m mit offener Rinne
~-coil annealing offene Bundglühung (Coilglühung) f
~ core print durchgehende (nach oben durchgeführte) Kernmarke f
~ die 1. offenes Gesenk n; 2. Preßbacke f
~-ended mould Durchlaufkokille f (Strangguß)

~ **feeder** *(Gieß)* offener Speiser *m*, Steiger *m*

~-**front[ed] eccentric press** Einständerexzenterpresse *f*

~-**front[ed] press** Einständerpresse *f*

~ **gantry [crane]** Portalkran *m*

~-**gap press** Einständerpresse *f*

~ **grain** Grobkorn *n*

~-**grain structure** Grobgefüge *n*

~-**grained** grobkörnig, mit Grobgefüge

~-**grained iron** grobkörniges Eisen *n*

~-**hearth furnace** Siemens-Martin-Ofen *m*, SM-Ofen *m*, Herdofen *m*

~-**hearth furnace for melting aluminium** Aluminiumherdschmelzofen *m*, Aluminiumwannenofen *m*

~-**hearth furnace plant** Siemens-Martin-Stahlwerk *n*

~-**hearth iron** Martinroheisen *n*, Stahlroheisen *n*

~-**hearth process** Siemens-Martin-Verfahren *n*, SM-Verfahren *n*, Herdfrischverfahren *n*

~-**hearth refining** Herdfrischen *n*

~-**hearth shop** Siemens-Martin-Stahlwerk *n*

~-**hearth steel** Siemens-Martin-Stahl *m*, SM-Stahl *m*, Herdfrischstahl *m*

~-**hearth steelmaking process** s. ~-hearth process

~ **mould** *(Gieß)* Herdform *m*, offene Form *f*

~ **pass** offenes Kaliber *n (Walzen)*

~ **pore** offene Pore *f*

~ **porosity** offene Porosität *f*

~ **position** Ausschaltstellung *f*

~-**poured steel** offen vergossener Stahl *m*

~ **riser** *(Gieß)* offener Speiser *m*, Steiger *m*

~ **sand** *(Gieß)* Sand *m* mit guter Gasdurchlässigkeit, gut durchlässiger Formsand *m*

~ **sand casting** *(Gieß)* offener Herdguß *m*

~ **sand mould** *(Gieß)* offene Sandform *f*, Bodenform *f*, Herdform *f*

~ **sand moulding process** *(Gieß)* Herdformverfahren *n*

~ **steel** unberuhigter (unvollständig desoxydierter) Stahl *m*

~-**top feeder** *(Gieß)* offener aufgesetzter Speiser *m*

~-**top ingot** Block *m* mit offenem Kopflunker

~-**top roll housing** Kappenständer *m*, offenes Walzgerüst *n*

~-**top side feeder** *(Gieß)* seitlicher offener Speiser *m*

~-**topped ingot** offen vergossener Block *m*

opening 1. Öffnen *n*; Auseinandernehmen *n (z. B. einer großen Form)*; 2. Aufweitung *f (von Rohren)*; 3. Öffnung *f*; Durchlaß *m*; 4. Hohlraum *m*

~ **angle** Öffnungswinkel *m*

~ **for charging** Beschickungsöffnung *f*

~ **for skimming** Schlackenöffnung *f (Öffnung zum Schlackenabstich)*

~ **force** Öffnungskraft *f*

~ **material** *(Ff)* Magerungsmittel *n*

~ **of die** Ziehholöffnung *f*

~ **of groove** Kaliberöffnung *f (Walzen)*

~ **stroke** *(Gieß)* Öffnungsweg *m*, Weg *m* der beweglichen Formplatte

operating behaviour Betriebsverhalten *n*

~ **characteristic** 1. Betriebskennlinie *f*, Arbeitskennlinie *f*; 2. Annahmekennlinie *f (Statistik)*

~ **condition** 1. Arbeitsbedingung *f*; 2. Betriebszustand *m*

~ **cost** Betriebskosten *pl*

~ **crew** Steuermannschaft *f*, Bedienungsmannschaft *f*

~ **cylinder** Steuerzylinder *m*, Stellzylinder *m*

~ **diagram** Betriebsplan *m*

~ **handle** Bedienungshebel *m*

~ **hours** Betriebsstunden *fpl*

~ **knob** Bedienungsknopf *m*

~ **lever** Bedienungshebel *m*

~ **liquid** Arbeitsflüssigkeit *f*

~ **materials** Betriebsstoffe *mpl*

~ **pressure** Betriebsdruck *m*, Arbeitsdruck *m*

~ **principle** Arbeitsprinzip *n*; Funktionsprinzip *n*

~ **pulpit** Steuerstand *m*, Steuerbühne *f*; Steuerpult *n*

~ **rate** Arbeitsgeschwindigkeit *f*; Betriebstempo *n*

~ **rod** Betätigungsgestänge *n*

~ **sequence** Betriebsablauf *m*

~ **side** Bedienungsseite *f*

~ **stand** Steuerstand *m*

~ **stress** Betriebsspannung *f*

~ **temperature** Betriebstemperatur *f*, Arbeitstemperatur *f*, Einsatztemperatur *f*

~ **test** Betriebsversuch *m*

~ **time** Betriebszeit *f*, Arbeitszeit *f*

~ **voltage** Betriebsspannung *f*, Arbeitspotential *n*

operation 1. Betrieb *m*, Gang *m*, Lauf *m*; 2. Vorgang *m*; Verfahren *n*; Arbeitsweise *f*; 3. Inbetriebsetzung *f*; Bedienung *f*; Betätigung *f*; Führung *f*

~ **characteristic** s. operating characteristic

~ **medium** Arbeitsmedium *n*

~ **of melting** Schmelzvorgang *m*

~ **sequence** Operationsfolge *f*, Verfahrensschrittfolge *f*

~ **time** Betriebszeit *f*, Arbeitszeit *f*

~ **variables** Arbeitskriterien *npl*, Arbeitsvariablen *fpl*

operational equipment Betriebsausrüstung *f*

~ **errors** Bedienungsfehler *mpl*

~ **investigation** betriebsmäßige Erprobung *f*

~ **range** Betriebsbereich *m*
~ **safety** Betriebssicherheit *f*
~ **step** Arbeitsstufe *f*
operative position Arbeitsstellung *f*
operator training Anlagentraining *n* des Bedienungspersonals, Anlagenfahrertraining *n*
operator's cab Führerhaus *n*, Krankabine *f*
~ **desk** Bedienungspult *n*
~ **platform** Steuerbühne *f*; Bedienungsbühne *f*, Arbeitsbühne *f*, Arbeitsplattform *f*
~ **protection** Bedienungsschutz *m*
~ **stand** Führerstand *m*, Bedienungsstand *m*
opposing force Gegenkraft *f*, Rückstellkraft *f*
~ **reaction** umkehrbare Reaktion *f*
optical emission spectral analysis optische Emissionsspektralanalyse *f*
~ **examination** optische Untersuchung *f*
~ **fractography** optische Fraktografie *f*
~ **microscope** Lichtmikroskop *n*
~ **microscopy** Lichtmikroskopie *f*
~ **pyrometer** optisches Pyrometer *n*, Glühfadenpyrometer *n*, Strahlungspyrometer *n*
~ **ray path** optischer Strahlengang *m*
~ **refraction** Lichtbrechung *f*
~ **slit** optischer Spalt *m*
optimizing of converter operations Optimieren *n* der Konverterbetriebsweise
optimum reducer mix optimale Reduktionsmittelmischung *f*
~ **temper moisture** formgerechte Feuchtigkeit *f*
orange peel Schliere *f (Druckguß)*
~ **peel effect** Apfelsinenschaleneffekt *m*, Orangenschaleneffekt *m (auf Metalloberflächen)*
~ **peel structure** Orangenschalenstruktur *f*
orbital angular momentum Bahndrehimpuls *m*
~ **forging** Schmieden *n* mit taumelndem Werkzeug
~ **motion** Bahnumlauf *m*
order destruction Ordnungszerstörung *f*
~-**disorder phenomenon** Ordnungsvorgang *m*
~-**disorder transformation** Ordnung-Unordnungs-Umwandlung *f*
~ **fault** Ordnungsfehler *m*
~ **hardening** Ordnungshärtung *f*
~ **of interference** Interferenzordnung *f*
~ **of reaction** Reaktionsordnung *f*
~ **of reflection** Reflexionsordnung *f*
~ **parameter** Ordnungsparameter *m*
ordered length Bestellänge *f*
~ **solid solution** geordneter Mischkristall *m*
~ **structure** Ordnungsstruktur *f*
ordering Ordnungseinstellung *f*
~ **domain** Ordnungsdomäne *f*

~ **force** Ordnungskraft *f*
~ **model** Ordnungsmodell *n*
~ **principle** Ordnungsprinzip *n*
~ **reaction** Ordnungsreaktion *f*
~ **temperature** Ordnungstemperatur *f*
~ **transition** Ordnungsumwandlung *f*
ordinary lay wire rope Kreuzschlagdrahtseil *n*, Drahtseil *n* im Kreuzschlag
~ **quality** einfache Handelsgüte *f*
~ **steel** Massenstahl *m*
ore Erz *n*
~ **analysis (assaying)** Erzanalyse *f*, Erzuntersuchung *f*
~-**bearing** erzführend
~ **bedding system** Mischbettenanlage *f*
~ **bench** Erzmagazin *n*, Erzbunker *m*
~ **beneficiation** Erzveredlung *f*
~ **bin** Erztasche *f (Möllerung)*
~ **bin gate** Erzbunkerverschluß *m*
~ **blending plant** Erzmischanlage *f*
~ **body** Erzkörper *m*
~ **boil** Erzkochen *n (SM-Verfahren)*
~ **boshes** Erzansätze *mpl (im Hochofen)*
~ **breaker** Erzbrecher *m*
~ **bridge** Erzbrücke *f (im Hochofen)*
~ **bunker** Erzbunker *m*
~ **burden** Erzmöller *m*, Erzgicht *f*
~-**calcining** *s. unter* ~-**roasting**
~ **charge** Erzmöller *m*, Erzgicht *f*
~/**coke layers** Erz-Koks-Schichten *fpl*
~ **concentrate** Erzkonzentrat *n*
~ **concentration** Erzanreicherung *f*
~ **content** Erzinhalt *m*
~ **crusher** Erzbrecher *m*
~ **crushing plant** Erzzerkleinerungsanlage *f*
~ **deposit** Erzlagerstätte *f*, Erzvorkommen *n*
~ **dressing** Erzaufbereitung *f*
~ **dressing plant** Erzaufbereitungsanlage *f*
~ **dust content** Erzstaubgehalt *m*
~ **fines** Erzklein *n*
~ **flow** Erzstrom *m*
~ **gangue** Erzgangart *f*
~ **hearth** Herdofen *m*
~ **leaching (lixiviation)** Erzlaugung *f*
~ **mix** Erzmischung *f*
~ **of commercial value** verhüttungswürdiges Erz *n*
~ **pellet** Erzpellet *n*
~ **preparation** Erzvorbereitung *f*
~ **process** Roheisen-Erz-Verfahren *n*
~ **pulp** Erztrübe *f*
~ **reduction plant** Erzreduktionsanlage *f*
~-**roasting furnace** Erzröstofen *m*
~-**roasting installation** Erzrösterei *f*
~-**roasting plant** Erzröstanlage *f*
~ **roasting thorns** Röstdörner *mpl*
~ **sample** Erzmuster *n*, Erzprobe *f*
~ **screening plant** Erzsiebanlage *f*
~ **separator** Erzscheider *m*
~ **smelting** Erzschmelzen *n*, Rohschmelzen *n*

~ **stock yard** Erzlager *n*, Erzlagerplatz *m*
~ **storage** Erzlagerung *f*
~ **supply** Erzversorgung *f*
~ **surface** Erzoberfläche *f*
~ **terminal** Erzlager *n*, Erzlagerplatz *m*
~ **train** Erzzug *m*
~ **transloading yard** Erzumschlagplatz *m*
~ **type** Erzsorte *f*, Erztype *f*
~ **unloader** Erzentlader *m*, Erzentladestation *f*
~ **unloading and loading plant** Erzumschlaganlage *f*
~ **washing** Erzwaschen *n*, Erzschlämmen *n*
~ **washing plant** Erzwäsche *f*
~ **yard** Erzplatz *m*
Orford process Orford-Verfahren *n (Kopf-Boden-Schmelzen zur getrennten Gewinnung von Kupfer und Nickel)*
organic bentonite *(Gieß)* organischer Bentonit *m*
~ **loss** Lösungsmittelverlust *m*, Extraktionsmittelverlust *m*
~ **material (matter)** organischer Stoff *m*
~ **nitrile** organisches Nitril *n*
~ **phase** organische Phase *f*
~ **protective coating** organischer Schutzüberzug *m*
organization of power and material supply Energie- und Stoffwirtschaft *f*
orientation [räumliche] Ausrichtung *f*, Orientierung *f (z. B. von Kristallen)*
~ **angle** Orientierungswinkel *m*
~ **contrast** Orientierungskontrast *m*
~ **density** Orientierungsdichte *f*
~ **determination** Orientierungsbestimmung *f*
~ **difference** Orientierungsdifferenz *f*
~ **differentiation** Orientierungsdifferenzierung *f*
~ **factor** Orientierungsfaktor *m (z. B. Taylor-Faktor)*
~ **frequency** Orientierungshäufigkeit *f*
~ **function** Orientierungsfunktion *f*
~ **gradient** Orientierungsgradient *m*
~ **of nuclei** Keimorientierung *f*
~ **parameter** Orientierungsparameter *m*
~ **relationship** Orientierungszusammenhang *m*, Orientierungsbeziehung *f (kristallografisch)*
~ **space** Orientierungsraum *m*
~ **texture** Textur *f*
~ **transition** Orientierungsübergang *m*
~ **triangle** Orientierungsdreieck *n*
oriented overgrowth *(Krist)* orientiertes Aufwachsen *n*
~ **solidification** gerichtete Erstarrung *f*
orienting *(Krist)* Orientierungsauslese *f*
orifice 1. Öffnung *f*; Düse *f*; 2. Blende *f*
~ **die** *(Umf)* Matrizendurchbruch *m*, Matrizenmündung *f*
~ **plate** Meßblende *f*, Stauscheibe *f*

origin of crack Rißausgangspunkt *m*, Rißausgangsort *m*, Rißausgangsstelle *f*
~ **of fracture** Bruchausgangsstelle *f*
original cross-sectional area Anfangsquerschnitt *m*
~ **gauge length** ursprüngliche Meßlänge *f*
~ **structure** Primärstruktur *f*, Primärgefüge *n*
Orowan critical stress Orowan-Spannung *f (erforderliche Schubspannung zur Versetzungsbewegung um nicht schneidbare Teilchen)*
~ **mechanism** Orowan-Mechanismus *m (Verfestigungswirkung durch nicht schneidbare Teilchen infolge Umgebung der Vesetzungen)*
Orsat [gas] analyzer Orsat-Apparat *m (Gasanalyse)*
orthogonal plane Senkrechtebene *f*
orthorhombic *(Krist)* orthorhombisch
~ **, all faces centred** orthorhombisch, allseitig zentriert
~ **, basic-centred** orthorhombisch, basiszentriert
~ **, body-centred** orthorhombisch, raumzentriert
~ **, one face-centred** orthorhombisch, basiszentriert
orthosilicate Orthosilikat *n*
ory erzig, Erze enthaltend
oscillate/to schwingen; pendeln
oscillating and forging machine Schwingschmiedemaschine *f*
~ **aperture** Schwingblende *f*
~ **conveyor** Schwingförderer *m*, Schwing[förder]rinne *f*
~-**crystal method** *(Wkst)* Schwing[kristall]methode *f*
~ **disk mill** Scheibenschwingmühle *f*
~ **load** schwingende Belastung *f*
~ **mould** oszillierende Kokille *f*
~ **saw** Pendelsäge *f*, Schwingsäge *f*
~ **shears** Schwingschere *f*, Pendelschere *f*
~ **sieve** Schwingsieb *n*
~ **strainer** Schüttelsortierer *m*
~ **table** Schütteltisch *m*, Schwingtisch *m*
oscillation Schwingung *f*; Pendelbewegung *f*
~ **cavitation** *(Korr)* Schwingungskavitation *f*
~ **frequency** Oszillationsfrequenz *f*
~ **plane** Schwingungsebene *f*
oscillatory mill Schwingmühle *f*
oscilloscope Oszilloskop *n*
osmium Osmium *n*
osmondite Osmondit *m*
osmosis Osmose *f (Ionenaustausch)*
Ospray process Ospray-Prozeß *m (Pulververdüsung mit Verdichtung durch Schmieden)*
Ostwald ripening Ostwald-Reifung *f*
~ **rule** Ostwaldsche Stufenregel *f*

OTC s. overhead travelling crane
ounce metal Rotguß m (Cu-Sn-Zn-Legierung, 85,5,5,5)
out-of-round unrund
~-**of-square** nicht rechtwinklig, schief
outboard bulging Ausbauchung f
outdoor test (Korr) Bewitterungsversuch
m, Naturversuch m
~ **unit** Freiluftanlage f
outer chamber Außenkammer f (SM-Ofen)
~ **diameter** Außendurchmesser m
~ **electron** s. ~ shell electron
~ **layer** Außenlage f, Außenhaut f, Randschicht f
~ **lining** (Ff) Außenfutter n, Dauerfutter n
~ **mantle** Außenmantel m
~ **race** Außenlaufring m
~ **shell** Außenschale f
~ **shell electron** Elektron n einer äußeren
Schale, äußeres Elektron n
outfit Ausrüstung f, Ausstattung f
outflow 1. Abfluß m, Austritt m; Ausströmen n; 2. Abflußmenge f
~ **time** Abflußzeit f
~ **velocity** Ausströmungsgeschwindigkeit f
outgassing Entgasen n durch Abstehen
outgoing air Abluft f
~ **beam** austretender Strahl m (reflektierter
Strahl)
~ **gas** Abgas n
outlet Ausgang m; Abfluß m, Ausfluß m;
Ablaß m, Auslaß m; Austrag m; Abfuhr f
(z. B. von Spänen)
~ **chute** Austragschurre f, Auslaßschurre f
~ **fitting** Ausführarmatur f, Ausführung f
~ **hole** Ausgangsöffnung f
~ **nozzle** Ausflußschnauze f (Gießpfanne)
~ **pipe** Abflußrohr n
~ **pressure** Austrittsdruck m
~ **side** Austrittsseite f
~ **temperature** Austrittstemperatur f
outlier (Gieß) Ausreißer m
outline of casting Außenkonturen fpl des
Gußstücks
~ **of process** Prozeßskizze f, Verfahrensbe-
schreibung f
~ **profile** Hüllprofil n
outperform/to in der Leistung übertreffen
outproduce/to in der Leistung übertreffen
output/to ausbringen
output Ausbringen n; Ausstoß m, Produk-
tionsmenge f; Ausbeute f
~ **data** Erzeugungsangaben fpl, Ausgangs-
daten pl, Leistungsdaten pl
~ **of hearth [area, surface]** Herdbelastung
f, Herdflächenleistung f
~ **per melting unit** Erzeugung f je Schmelz-
ofeneinheit
~ **power** Abtriebsleistung f
~ **range** Eignungsbereich m
~ **shaft** Abtriebswelle f

~ **side** 1. Abtriebsseite f; 2. Abgabeseite f
(Brenner)
~ **signal** Ausgangssignal n
~ **speed** Abtriebsdrehzahl f
~ **torque** Abtriebsdrehmoment n
outside coke Fremdkoks m
~ **diameter** Außendurchmesser m
~ **diameter of tube** äußerer Rohrdurchmesser m
~ **dimension** Außenabmessung f
~ **vibrator** Außenrüttler m
oval bush Führungsbuchse f mit Langloch
~-**curved mould machine** Bogengießma-
schine f
~ **groove** Ovalkaliber n (Walzen)
~ **pass** Ovalstich m; Ovalkaliber n (Walzen)
~ **roughing pass** Streckovalkaliber n
~-**round pass** Oval-Rund-Stich m
~-**round reduction** Oval-Rund-Stichfolge f
~-**square pass** Oval-Quadrat-Stich m
~-**square reduction** Oval-Quadrat-Stich-
folge f
~ **tube** Ovalrohr n
ovality Ovalität f, Unrundheit f
oven Ofen m, Industrieofen m
~ **battery** Ofenbatterie f, Ofenblock m
~ **cure** Ofenhärten n
~-**curing flexibility** Anpassungsfähigkeit f
an Ofentrocknung
~ **cycle** Ofenzyklus m, Ofentakt m
~ **drying** Ofentrocknung f
~ **for burning-off surface coatings** Ab-
brennofen m
~ **operation** Ofenbetrieb m
ovens coal bunker Kohlenaufgabebunker
m
overage/to überaltern
overaging Überalterung f
overall collection efficiency Gesamtent-
staubungsgrad m
~ **construction** Gesamtkonstruktion f
~ **dimension** Gesamtmaß n, Totalmaß n
~ **efficiency** Gesamtwirkungsgrad m
~ **heat transfer** Wärmedurchgang m
~ **heat-transfer coefficient** Wärmedurchgangszahl f
~ **height** Gesamthöhe f, Bauhöhe f
~ **length** Gesamtlänge f, Baulänge f
~ **performance** Auslastungsgrad m
~ **plant** Gesamtanlage f
~ **rate** Geamtgeschwindigkeit f
~ **reaction** Gesamtreaktion f
~ **reduction** Gesamt[querschnitts]ab-
nahme f
~ **thermal efficiency** thermischer Gesamtwirkungsgrad m
~ **volatility** Gesamtflüchtigkeit f
~ **width** Gesamtbreite f, Baubreite f
~ **yield** Gesamtausbeute f
overblow/to überblasen (Charge im Konverter)

overblowing Überblasen *n (einer Charge im Konverter)*
overblown überblasen; übergar *(bei der Kupferraffination; zu hoher Sauerstoffgehalt im Kupfer)*
~ **steel** überblasener Stahl *m*
overburnt überbrannt, totgebrannt
~ **material** totgebranntes Material *n*
overcarburize/to überkohlen
overcharging Überlasten *n*
overcompacted überverdichtet
overcool/to unterkühlen
overcoupling effect Uberkoppelecho *n*
overcritical bentonite content *(Gieß)* überkritischer Bentonitgehalt *m*
overcure/to überhärten
overcuring Überhärtung *f*
overdraft Überziehen *n (bei der Umformung)*
overdraw/to 1. überdehnen; 2. mit zu hoher Temperatur anlassen
overdrawing 1. Überziehen *n*; 2. Anlassen *n* auf zu hohe Temperatur
overetch/to überätzen
overetching Überätzen *n*
overfill/to überfüllen
overfilling Überfüllung *f*
overfire heiße Gicht *f (Schachtofen)*
overflow Überlauf *m*
~ **filter** Überlauffilter *n*
~ **launder** Überlaufrinne *f (am Schlackenstich)*
~ **melt** Überlaufschmelze *f*
~ **pipe** Überlaufrohr *n*
~ **port** Überlauföffnung *f*
~ **rate** Überlauf *m (Durchsatz)*
~ **slag** Überlaufschlacke *f*
~ **tube** Überlaufrohr *n*
~ **well** Überlauf *m*, Entlüftungsraum *m (Druckguß)*
overhaul/to überholen, reparieren, durchsehen
overhaul Überholung *f*, Reparatur *f*, Generalreparatur *f*, Durchsicht *f*
overhead beam Deckenbalken *m*
~ **burner** Deckenbrenner *m*
~ **crane** Oberflurkran *m*
~ **drive** Überkopfantrieb *m*
~ **firing** Deckenbeheizung *f*
~ **furnace** Überkopfofen *m*
~ **hopper** Hochbunker *m*
~ **magnetic separator** Überbandmagnetscheider *m*
~ **monorail** Einschienenhängebahn *f*
~ **position** Überkopflage *f*
~ **position welding** Überkopfschweißen *n*
~ **pouring line** Gießhängebahn *f*
~ **railway** Hängebahn *f*
~ **safety device** Überkopfsicherung *f*
~ **take-off block** Überkopfablaufblock *m*
~ **travelling crane** Brücken[lauf]kran *m*
~ **trolley** Hängebahnlaufkatze *f*

~-**type drawing machine** Überkopfdrahtziehmaschine *f*
~ **valve** hängendes (obengesteuertes) Ventil *n*
~ **welding** Überkopfschweißen *n*
overheat/to überhitzen; überheizen
overheated steel überhitzter Stahl *m*
~ **structure** Überhitzungsgefüge *n*
overheating Überhitzen *n*, Überhitzung *f*; Überheizen *n*
~ **effect** Überhitzungserscheinung *f*
~ **sensitivity** Überhitzungsempfindlichkeit *f*
~ **temperature** Überhitzungstemperatur *f*
overhung fliegend angeordnet (gelagert); ausladend
overlap/to überlappen, überdecken
overlap Überlappung *f*, Überdeckung *f*
~ **integral** Überlappungsintegral *n*
overlapping Überwalzung *f*
~ **fibre structure** Stapeldrahtgefüge *n*
overload/to überlasten
overload factor Überlastungsfaktor *m*
~ **fracture** Gewaltbruch *m*
~ **safety** Überlastsicherheit *f*
overloading Überlastung *f*
overoxidation 1. Überoxydation *f*; 2. Überfrischen *n*
overoxidize/to überoxydieren
overpickled überbeizt
overpickling Überbeizung *f*
overpole/to überpolen *(bei der Kupferraffination)*
overpoled copper überpoltes Kupfer *n (zuviel Sauerstoff entfernt)*
overpoling Überpolen *n (bei der Kupferraffination)*
overpotential Überspannung *f*
overpressure Überdruck *m*
~ **protection** Überdrucksicherung *f*
~ **overs** Siebüberlauf *m*, Siebrückstand *m*
overshoot[ing] 1. Überschreitung *f*; 2. Überschießen *n (Orientierungsänderung bei Gleitvorgängen)*
oversintering Übersinterung *f*
oversize [pieces] Überkorn *n*, Übergröße *f (Pulver)*
~ **product** Siebüberlauf *m*, Siebrückstand *m*
oversized überdimensioniert
overspeeding of a motor Durchgehen *n* eines Motors
overstraining Überbeanspruchung *f*
overstressing Überbeanspruchung *f*
overtighten/to zu fest anziehen
overtightening zu festes Anziehen *n*
overvoltage Überspannung *f*
overwelding Überschweißen *n*
overwetted überfeuchtet
own scrap Rücklaufschrott *m*, Eigenschrott *m*, Kreislaufschrott *m*
oxalate Oxalat *n*

~ **coating** Oxalatschicht *f*, Oxalatüberzug *m*
~ **lubricant carrier** Oxalatschmiermittelträger *m*
oxalic acid Oxalsäure *f*
~ **acid anodizing** Eloxieren *n*, Aloxydieren *n*
~ **acid test** *(Korr)* Oxalsäureversuch *m*
oxichloride Oxidchlorid *n*
oxidability Oxydierbarkeit *f*
oxidant Oxydationsmittel *n*, Oxydierungsmittel *n*
oxidate/to oxydieren
oxidate Oxydationsprodukt *n*
oxidation Oxydation *f*, Oxydierung *f*
~ **agent** Oxydationsmittel *n*
~ **behaviour** Oxydationsverhalten *n*, Verzunderungsverhalten *n*
~ **by air** Luftoxydation *f*
~ **degree** Oxydationsgrad *m*, Oxydationsstufe *f*
~ **media** Oxydationsmittel *npl*
~ **number** Oxydationszahl *f*, Oxydationswert *m*
~ **potential** Oxydationspotential *n*
~ **process** 1. Oxydationsvorgang *m*; 2. Oxydationsverfahren *n*
~ **rate** Oxydationsgeschwindigkeit *f*
~ **ratio** Oxydationsgrad *m*
~ **-reduction potential** Oxydations-Reduktions-Potential *n*, Redoxpotential *n*
~ **-reduction reaction** Oxydations-Reduktions-Reaktion *f*, Redoxreaktion *f*
~ **-reduction system** Oxydations-Reduktions-System *n*, Redoxsystem *n*
~ **resistance** Oxydationsbeständigkeit *f*
~ **-resistant** hitzebeständig, zunderbeständig
~ **roasting** oxydierendes Rösten *n*
~ **state** Oxydationszustand *m*
~ **step** Oxydationsstufe *f*
~ **tendency** Oxydationsneigung *f*, Verzunderungsneigung *f*
~ **tint** Anlaßfarbe *f*
~ **wear** Oxydationsverschleiß *m*
~ **zone** Oxydationszone *f*, Verbrennungszone *f*
oxidative oxydativ
oxidatively stable oxydationsbeständig
oxide Oxid *n*
~ **adhesion** Zunderanhaftung *f*
~ **bridge** Oxidbrücke *f*
~ **-ceramic** oxidkeramisch
~ **-ceramic product** oxidkeramisches Erzeugnis *n*
~ **ceramics** Oxidkeramik *f*
~ **coating** Oxidschicht *f*, Oxidüberzug *m*
~ **component** Oxidkomponente *f* *(Schlacke)*
~ **composition** Oxidzusammensetzung *f*
~ **diffusion barrier** Oxiddiffusionsbarriere *f*
~ **dust development** Oxidstaubbildung *f*, Oxidstaubentwicklung *f*

~ **film** Oxidfilm *f*
~ **formation** Oxidbildung *f*
~ **inclusion** Oxideinschluß *m*
~ **jacket** Oxidhaut *f*, Zunderhaut *f*
~ **layer** Oxidschicht *f*, Zunderschicht *f*
~ **losses** 1. Glühverlust *m*; 2. Abbrände *mpl*
~ **morphology** Oxidmorphologie *f*
~ **ore** oxidisches Erz *n*
~ **phase** Oxidphase *f*
~ **platelet** Oxidplättchen *n*, Oxidschuppe *f*
~ **purity** oxidische Reinheit *f*, oxidischer Reinheitsgrad *m*
~ **replica** Oxidabdruckfolie *f*
~ **replica technique** Oxidabdruckverfahren *n*
~ **scale** Zunderschicht *f*
~ **skeleton** Oxidskelett *n*
~ **skin** Oxidhaut *f*
~ **whisker** Oxidwhisker *m*
oxidic oxidisch
~ **fuel** oxidischer Brennstoff *m*
~ **slag** 1. Oxidschlacke *f*; 2. Eisenschlacke *f*
oxidizability Oxydierbarkeit *f*
oxidizable oxydierbar
oxidize/to 1. oxydieren, Sauerstoff anlagern; 2. [ver]zundern; 3. frischen
oxidized oxydiert, sauerstoffhaltig
~ **mineral (ore)** oxidisches Erz *n*
~ **zone** Oxydationszone *f*
oxidizer Oxydationsmittel *n*
oxidizing Oxydieren *n*, Oxydationsvorgang *m*
~ **action** Oxydationswirkung *f*
~ **agent** Oxydationsmittel *n*
~ **atmosphere** oxydierende Atmosphäre *f*
~ **flame** oxydierende Flamme *f*, Oxydationsflamme *f*
~ **furnace atmosphere** oxydierende Ofenatmosphäre *f*
~ **fusion** oxydierendes Schmelzen *n*
~ **leach** oxydierende Laugung *f*
~ **loss** Abbrand *m*
~ **ore** Frischerz *n*
~ **period** Oxydationsperiode *f*
~ **phase** Oxydationsphase *f*
~ **roasting** oxydierendes Rösten *n*, oxydierende Röstung *f*
~ **slag** Frischschlacke *f*
~ **smelting** oxydierendes Schmelzen *n*
~ **speed** Oxydationsgeschwindigkeit *f*
~ **zone** Oxydationszone *f*, Oxydationsraum *m (Brennerzone)*
oxido-reduction potential *s.* oxidation-reduction potential
oxime Oxim *n (Isonitrosoverbindung)*
~ **extractant** Oximextraktionsmittel *n*
oxine Oxin *n (8-Hydroxychinolin)*
oxisulphide Oxisulfid *n*
oxy-city gas torch Sauerstoff-Stadtgas-Brenner *m*

~-**fuel burner** Sauerstoff-Brennstoff-Brenner m *(Bündelbrenner)*
~-**L.P. gas cutting** Brennschneiden n mit Flüssiggas
~-**natural gas cutting** Brennschneiden n mit Erdgas
~-**oil burner** Sauerstoff-Öl-Brenner m
~-**propane cutting** Brennschneiden n mit Stadtgas
oxyacetylene cutter Schneidbrenner m
~ **cutting** Azetylen-Sauerstoff-Brennschneiden n, Oxyazetylenbrennschneiden n
~ **flame** Azetylen-Sauerstoff-Flamme f
~ **welding** Azetylen-Sauerstoff-Schweißen n, Autogenschweißen n, Gasschmelzschweißen n
oxycarbide of silicon Siliziumoxidkarbid n, Siliziumoxykarbid n
oxygen Sauerstoff m
~ **activity** Sauerstoffaktivität f
~ **application** Sauerstoffanwendung f
~-**arc cutting** Sauerstoff-Lichtbogen-Schneiden n, Lichtbogenbrennschneiden n, Oxyarc-Schneiden n
~ **availability** Sauerstoffanwesenheit f, Sauerstoffverfügbarkeit f
~ **balance** Sauerstoffbilanz f
~-**bearing** sauerstoffhaltig
~-**bearing additive** Sauerstoffträger m, sauerstoffabgebender Zusatz m
~ **blast air ... pct.** Gebläsewind m mit ... % Sauerstoffzusatz
~ **bloom cutting plant** Sauerstoffblockschneideanlage f
~ **bottom blowing** Sauerstoffdurchblasen n
~ **bottom-blowing converter** bodenblasender Sauerstoffkonverter m
~ **bottom-blowing rate** Sauerstoffdurchblasgeschwindigkeit f
~ **carrier** Sauerstoff[über]träger m *(Bleimetallurgie, selektive Oxydation)*
~ **compound** Sauerstoffverbindung f
~ **concentration cell** Sauerstoffmeßsonde f
~ **content** Sauerstoffgehalt m
~ **converter** Sauerstoffkonverter m
~ **converter gas recovery process** s. ~ gas recovery
~ **converter steel** Sauerstoffkonverterstahl m, Sauerstoffblasstahl m, Oxygenstahl m
~ **converter steel plant** Sauerstoffblasstahlwerk n, Sauerstoffkonverterstahlwerk n
~ **corrosion** Sauerstoffkorrosion f
~ **cut** Brennschnitt m
~ **cutting** Brennschneiden n, autogenes Schneiden n
~ **decay** s. ~ removal
~ **deficiency** Sauerstoffmangel m

~ **demand** Sauerstoffbedarf m *(Verbrennung, partielle Reduktion)*
~ **desorption** Sauerstoffdesorption f, Sauerstoffabgabe f
~ **efficiency** Sauerstoffausnutzungsgrad m, Sauerstoffwirksamkeit f
~ **end burner** Sauerstoffkopfbrenner m
~-**enriched** sauerstoffangereichert
~-**enriched air** sauerstoffangereicherte Luft f
~-**enriched [air] blast** sauerstoffangereicherter Gebläsewind (Wind) m
~ **enrichment** Sauerstoffanreicherung f
~-**free** sauerstofffrei
~-**free copper** sauerstofffreies Kupfer n
~-**free high-conductivity copper** sauerstofffreies Kupfer n hoher Leitungsfähigkeit, OFHC-Kupfer n
~ **furnace steel** Sauerstoffkonverterstahl m, Sauerstoffblasstahl m, Oxygenstahl m
~ **gas recovery** Konverter[ab]gasrückgewinnung f, Konverter[ab]gasgewinnung f [mit unterdrückter Verbrennung]
~ **generation** Sauerstofferzeugung f
~ **increase** Sauerstoffzunahme f
~ **injection** Sauerstoffeinblasen n, Einblasen n von Sauerstoff
~ **injection lance** s. ~ lance
~ **jet** Sauerstoffstrahl m
~ **jet device** Sauerstoffstrahldüse f
~-**jet scrap melting** Niederschmelzen n von Schrott mit Sauerstoff
~ **lance** Sauerstofflanze f, O$_2$-Lanze f, Blaslanze f, Sauerstoffblasrohr n
~ **lance process** Sauerstoff[auf]blasverfahren n
~ **layer** Sauerstofffilm m, Sauerstoffschicht f
~ **lime process** Sauerstoff-Kalk-Verfahren n, OLP-Verfahren n
~ **line** Sauerstoffleitung f
~ **measuring device** Sauerstoffmeßgerät n
~-**metal factor** Sauerstoff-Metall-Faktor m
~ **metallurgy** Sauerstoffmetallurgie f
~ **nozzle** Sauerstoffdüse f
~ **of the air** Luftsauerstoff m
~ **overvoltage** Sauerstoffüberspannung f
~ **partial pressure** Sauerstoffpartialdruck m
~ **permeation** Sauerstoffpermeation f
~ **plant** Sauerstoffanlage f
~-**producing plant** Sauerstofferzeugungsanlage f
~ **production** Sauerstofferzeugung f
~ **production plant** Sauerstofferzeugungsanlage f
~ **purity** Sauerstoffreinheit f
~-**refined steel** Sauerstoff[auf]blasstahl m, sauerstoffgefrischter (mit Sauerstoff gefrischter) Stahl m
~ **refining** Sauerstofffrischen n

~ **removal** Sauerstoffabbau *m*, Sauerstoffentfernung *f*
~ **removal curve** Sauerstoffabbaukurve *f*
~ **removal rate** Sauerstoffabbaugeschwindigkeit *f*
~-**rich gas** sauerstoffreiches Gas *n*
~ **roof lance** Sauerstoffgewölbelanze *f*
~ **solubility** Sauerstofflöslichkeit *f*
~ **sprinkle smelting** Sauerstoffsprühschmelzen *n*
~ **steel** Sauerstoffkonverterstahl *m*, Sauerstoffblasstahl *m*, Oxygenstahl *m*
~ **steelmaking** Sauerstoffkonverterstahlerzeugung *f*, Stahlerzeugung *f* mit gasförmigem Sauerstoff, Sauerstoffblasstahlerzeugung *f*
~ **steelmaking process** Sauerstoffkonverterverfahren *n*
~ **supply** Sauerstoffzuführung *f;* Sauerstoffangebot *n*
~ **technique** Sauerstofftechnik *f*
~ **technology** Sauerstofftechnologie *f*
~ **top blowing** Aufblasen *n* von Sauerstoff, Sauerstoffaufblasen *n* ·
~ **top-blowing converter** Sauerstoffaufblaskonverter *m*
~ **top-blowing rate** Sauerstoffaufblasgeschwindigkeit *f*
~ **tuyere** Sauerstoffdüse *f*
Oxygen-Bottom-Maxhütte process Oxygen-Boden-Maxhütte-Verfahren *n*, OBM-Verfahren *n (bodenblasendes Sauerstoffkonverterverfahren)*
oxygenate/to mit Sauerstoff sättigen (anreichern)
oxygenated sauerstoffangereichert, mit Sauerstoff angereichert, mit Sauerstoffzusatz
~ **blast** sauerstoffangereicherter Wind *m*
~ **blow** mit Sauerstoffzusatz erblasene Schmelze *f*
oxygenation Sauerstoffanreicherung *f*, Anreicherung *f* mit Sauerstoff
oxysulphide Oxysulfid *n*
~ **shell** Oxysulfidschale *f*
ozone Ozon *n*
~ **generator** Ozongenerator *m*
ozonize/to mit Ozon behandeln

P

P-phase P-Phase *f*
p-s-n assembly p-s-n-Aufbau *m*
p-state p-Zustand *m (Unterschalenniveau)*
pace Schritt *m*, Geschwindigkeit *f*, Tempo *n*
Pachuca [leaching] tank Pachuca-Tank *m (Laugungsbehälter mit Luftrührung)*
pacing Schreiten *n*, Tempomachen *n*
pack/to 1. einpacken *(auch in Glühbehälter)*; *(Pulv)* einbetten; 2. *(Pulv)* verdichten

pack *(Umf)* Paket *n*, Pack *m*, Sturz *m*
~ **heating furnace** Paketwärmofen *m*, Sturzenerwärmungsofen *m*
~ **rolling** Paketwalzen *n*
~ **rolling mill** Sturzenwalzwerk *n*, Blechpaketwalzwerk *n*
package Aggregat *n*
~-**type extrusion press** Huckepackpresse *f*, Strangpresse *f* mit obenaufliegendem ölhydraulischen Antrieb
packaging 1. Verpacken *n*, Palettierung *f*; 2. Verpackung *f*; 3. Dichtung *f*, Dichtungsmittel *n*, Packung *f*
~ **equipment** Verpackungsanlage *f*, Verpackungsvorrichtung *f*
~ **machine** Paketierpresse *f*
packed bed Füllkörperschicht *f*
~-**bed scrubber** Füllkörperschichtwäscher *m*
~ **column** Füllkörperkolonne *f*
~ **martensite** s. lath martensite
packeted scrap Paketierschrott *m*
packfong Neusilber *n (Cu-Ni-Zn-Legierung)*
packing 1. Einpacken *n (Glühkiste)*; *(Pulv)* Einbetten *n*; 2. Einpackmittel *n*; *(Pulv)* Einbettmaterial *n*; 3. *(Pulv)* Verdichtung *f*, Packung *f*; 4. Dichtung *f*
~ **block** Unterlage *f (Druckguß)*
~ **bulk** Verpackungssperrigkeit *f*
~ **case** Packkiste *f (Glühen)*
~ **density** Packungsdichte *f*, Schüttdichte *f*
~ **diameter** Ruheschichtdurchmesser *m (einer Wirbelschicht)*
~ **disk** Dichtungsscheibe *f*
~ **line** Verpackungslinie *f*
~ **material** 1. Einpackmittel *n*, Tempermittel *n*; 2. *(Pulv)* Einbettmaterial *n*; 3. Füllkörper *m*
~ **plate** Verpackungsblech *n*
~ **press** Paketierpresse *f*
~ **ring** Dichtungsring *m*, Simmerring *m*
~ **sand** *(Gieß)* Füllsand *m*
~ **sheet** Verpackungsblech *n*
~ **strip** Verpackungsband *n*
pad/to 1. *(Gieß)* Heizkissen anlegen, verstärken *(zur besseren Speisung)*; 2. auftragschweißen
pad 1. *(Umf)* Polster *n*, Kissen *n*; 2. gießtechnische Verstärkung *f;* 3. Auftragschicht *f*
padding *(Gieß)* Verstärkungszugabe *f*, Keilverstärkung *f*
paddle mixer Schaufelmischer *m*
paint/to 1. anstreichen; 2. *(Gieß)* schwärzen, schlichten
~ **black** schwarz streichen
paint Farbe *f*
painting 1. Anstreichen *n*; 2. Anstrich *m*, Farbanstrich *m*
~ **material** Anstrichmasse *f*
pair interaction Paarwechselwirkung *f*
~ **of rolls** Walzenpaar *n*

~ **production** Paarerzeugung *f*
paktong *s.* packfong
palisade layer *(Krist)* Palisadenschicht *f*
palladic Palladium(IV)-...
~ **oxide** Palladium(IV)-oxid *n*, Palladiumdioxid *n*
~ **potassium chloride** Kaliumhexachloropalladat(IV) *n*
~ **sodium chloride** Natriumhexachloropalladat(IV) *n*
palladium Palladium *n*
~ **black** Palladiummohr *n*, Palladiumschwarz *n*
~ **dichloride** Palladiumdichlorid *n*, Palladium(II)-chlorid *n*
~ **dioxide** Palladiumdioxid *n*, Palladium(IV)-oxid *n*
~ **sponge** Palladiumschwamm *m*
~ **tetrammine chloride** Tetramminpalladium(II)-chlorid *n*
palladous Palladium(II)-...
~ **chloride** Palladiumdichlorid *n*, Palladium(II)-chlorid *n*
~ **hydroxide** Palladium(II)-hydroxid *n*
~ **nitrate** Palladium(II)-nitrat *n*
~ **oxide** Palladium(II)-oxid *n*
~ **potassium chloride** Kaliumtetrachloropalladat(II) *n*
~ **sodium chloride** Natriumtetrachloropalladat(II) *n*
~ **sulphate** Palladium(II)-sulfat *n*
pallet 1. Palette *f*, Stapelplatte *f*; Trage *f*; 2. Sinterbandkasten *m*
~ **conveyor** 1. Wagenbahn *f*, Standbahn *f*; 2. *s.* plate conveyor
~ **grate** Verblaserost *m*
~ **return** *(Gieß)* Palettenrückführung *f*
~ **roller table** Palettenrollgang *m*
palm oil Palmöl *n*
pan Pfanne *f*, Wanne *f*, Becken *n*
~ **amalgamation** Pfannenamalgamation *f*
~ **conveyor-type cooler** Pfannenkühltransportband *n*
~ **elevator** Kastenband *n*, Trogbandförderer *m*
~ **grinder** Kollergang *m*
~ **grinder runner** Kollerrad *n*
~ **mill** Kollergang *m*
~ **of the [sand] mill** Teller *m* (Schüssel *f*) des Kollergangs, Kollergangsschüssel *f*
~ **plate** Bodenplatte *f (SM-Ofen, Herd)*
~ **sintering test** Pfannensinterversuch *m*
pancake Flachscheibe *f*, flache Scheibe *f*
paper clip wire Heftklammerdraht *m*
~ **filter** Papierfilter *n (Entstaubung)*
~ **filter thimble** Papierfilterhut *m (Entstaubung)*
parabolic creep parabolisches Kriechen *n*
~ **spring** Parabelfeder *f*
paraffin *(Gieß)* Paraffin *n (Modellherstellung)*
parafocussing parafokussierend

parallel-axis achsenparallel
~ **determination by the same person** Parallelbestimmung *f* durch die gleiche Person
~ **field** Parallelfeld *n (magnetisch)*
~-**flanged beam** Parallelflanschträger *m*
~ **flow furnace** Gleichstromofen *m*
~ **joint sleeve** Abzweigmuffe *f*
~ **shift** Parallelverschiebung *f*
~ **specimen** Parallelprobe *f*
paramagnetic paramagnetisch
paramagnetism Paramagnetismus *m*
parameter of atomization Verdüsungsparameter *m*
~ **of granulation** Körnungsparameter *m*
~ **of sintering** Sinterparameter *m*
parametric representation Parameterdarstellung *f*
parasitic echo Störecho *n*
parent crystal Mutterkristall *m*, ursprünglicher Kristall *m*
~ **grain** Mutterkorn *n*
~ **material** Grundwerkstoff *m (s. a.* base material*)*; Grundmetall *n*
~ **metal** Grundmetall *n*
~ **metal test specimen** Probe *f* aus dem Grundwerkstoff
~ **phase** Mutterphase *f*
~ **plate** Grundblech *n (z. B. beim Plattieren)*
~ **solid solution** Muttermischkristall *m*
~ **tube** Ausgangsrohr *n*, Mutterrohr *n*, Einheitsrohr *n*
parkerizing Parkerisieren *n (Phosphatierungsverfahren)*
Parkes process Parkes-Prozeß *m (Zinkentsilberung des Bleis)*
~ **skims** Parkes-Schäume *mpl (von der Zinkentsilberung des Bleis herrührend)*
Parrot converter Parrot-Konverter *m (liegender Konverter)*
Parry-type cup and cone Parry-Gichtverschluß *m*
part by quartation/to quartieren *(Probenahme)*
part Teil *m(n)*; Bestandteil *m*
~ **of mould** *(Gieß)* Formteil *m*
~ **of pores** *(Pulv)* Porenteil *m*
~ **size** Teilgröße *f*
parted pattern *(Gieß)* zweiteiliges (geteiltes) Modell *n*
partial alloying Anlegieren *n*
~ **attenuation** Teildämpfung *f*
~ **diffraction diagram** Teilbeugungsdiagramm *n*
~ **diffusion coefficient** partieller Diffusionskoeffizient *m*
~ **dislocation** *(Krist)* Teilversetzung *f*, Partialversetzung *f*
~ **dissolution** Teilauflösung *f (Phasenisolierung)*
~ **filtration plant** Teilstromfiltrationsanlage *f*

~ **flow** Teildurchströmung f
~ **flux** Teilstrom m
~ **force** Teilkraft f
~ **fusing in annealing** teilweises Schmelzen n beim Glühen
~ **miscibility** beschränkte Mischbarkeit f
~ **pressure** Teildruck m, Partialdruck m
~ **pressure measurement** Partialdruckmessung f
~ **pyrite smelting** teilweises Pyritschmelzen n
~ **quantity measurement** Teilmengenmessung f
~ **radiation pyrometer** Teilstrahlungspyrometer n
~ **reaction** Teilreaktion f
~ **refining** Teilraffinieren n
~ **solubility** beschränkte Löslichkeit f
~ **step** Teilschritt m
~ **transformation** teilweise Umwandlung f, Teilumwandlung f
partially alloyed anlegiert, teillegiert
~ **alloyed powder** anlegiertes (teillegiertes) Pulver n
~ **crystalline** teilkristallin
~ **formed bond** *(Gieß)* Teilabbindung f, Teilaushärtung f
~ **miscible** teilweise (beschränkt) mischbar
~ **stabilized** teilstabilisiert
particle Partikel f, Teilchen n, Pulverteilchen n
~ **absorption** Teilchenbindung f
~ **aggregate** Partikelaggregat n, Teilchenansammlung f, Partikelanhäufung f, Partikelhaufwerk n
~ **analysis** Teilchenanalyse f
~ **area** Teilchenfläche f
~ **arrangement** Teilchengruppierung f
~ **binding** Teilchenbindung f, Pulverteilchenbindung f
~ **characteristic** Teilcheneigenschaft f, Teilchencharakteristik f
~ **characterization** Pulvercharakterisierung f
~ **classification** Teilchenklassifizierung f
~ **coarsening** Teilchenvergröberung f
~ **coherence** Teilchenkohärenz f
~ **column** Teilchensäule f, Pulversäule f
~ **counter** Teilchenzähler m, Teilchenzählgerät n
~ **counting** Teilchenauszählung f
~ **cross section** Teilchenquerschnitt m
~ **density** Teilchendichte f, Partikeldichte f
~ **detection** Teilchennachweis m
~ **diameter** Teilchendurchmesser m
~ **diameter distribution** Teilchendurchmesserverteilung f
~ **dissolution** Teilchenauflösung f
~ **emissivity** Teilchenemission f, Teilchenauswurf m *(einer Wirbelschicht)*
~ **energy** Teilchenenergie f
~ **entrainment and elutriation** Teilchenaustrag m (Teilchenmitführung f) und -abscheidung f
~ **factor** Teilchenzahl f
~ **geometry** Teilchengeometrie f, Pulverteilchengeometrie f
~ **gradation** Kornabstufung f, Kornaufbau m, Teilchenabstufung f
~ **grading** Teilchenklassifizierung f
~ **growth** Teilchenwachstum n
~ **hardness** Teilchenhärte f, Pulverteilchenhärte f
~ **integrating apparatus** Teilchenzählgerät n
~ **interface** Teilchengrenzfläche f
~ **interfacial fracture** Teilchengrenzflächenbruch m
~ **metallurgy** Pulvermetallurgie f, Partikelmetallurgie f
~ **morphology** Teilchenmorphologie f
~ **ploughing** Teilchenfurchung f *(Verschleißart)*
~ **projection** Teilchenprojektion f
~ **property** Teilcheneigenschaft f
~ **radius** Partikelradius m, Teilchenradius m, Pulverteilchenradius m
~ **section number** Teilchenschnittflächenzahl f
~ **separation** Kornscheide f
~ **shape** Partikelform f, Teilchenform f, Teilchengestalt f, Pulver[teilchen]form f
~ **size** Teilchengröße f, Pulverteilchengröße f
~ **size analysis** Teilchengrößenanalyse f
~ **size analyzer** Teilchengrößenanalysator m
~ **size broadening** Linienverbreiterung f infolge der Teilchengröße
~ **size class** Teilchengrößenordnung f
~ **size curve** Körnungslinie f
~ **size determination** Teilchengrößenbestimmung f
~-**size distribution** Korn[größen]verteilung f, Teilchen[größen]verteilung f; Pulverteilchengrößenverteilung f
~ **softening** Teilchenerweichung f
~ **statistics** Teilchenstatistik f
~ **temperature** Temperatur f der Teilchen
~ **thermal conductivity** Wärmeleitfähigkeit f der Feststoffteilchen
α-**particle irradiation** Bestrahlung f mit α-Teilchen
particles circulation Teilchenzirkulation f, Teilchenbewegung f
particular Einzelheit f
particulate aus Einzelheiten bestehend
~ **electrode** Teilchenelektrode f, Schüttgutelektrode f
~ **fluidization** teilweise Fluidisierung f
~ **matter** Stoffteilchen n, Pulverteilchen n
~ **solid** Feststoffpartikel f
parting 1. *(Hydro)* Lösen n, Trennen n, Scheiden n; 2. *(Gieß)* Formteilung f

~ **agent** *(Gieß)* Trennmittel *n*, Formtrennmittel *n*

~ **alloy** Scheidelegierung *f*, Gold-Silber-Legierung *f*

~ **compound** Trennmittel *n*

~ **furnace** Scheideofen *m*

~ **gate** *(Gieß)* Anschnitt *m* in der Teilungsebene

~ **limit** Resistenzgrenze *f*

~ **line** 1. Teillinie *f*, Teilfuge *f*, Trennungslinie *f*; 2. *(Gieß)* Formteilung *f*

~ **line gate** Anschnitt *m* in der Teilungsebene

~ **plant** Scheideanstalt *f*

~ **powder** Modellpuder *m*, Formpuder *m*

~ **sand** Streusand *m*

~ **shears** Teilschere *f*

~ **tool** *(Gieß)* Abstechwerkzeug *n*

~ **wall** Scheidewand *f*, Zwischenwand *f*

~ **wheel** Trennscheibe *f*

partition 1. Teilen *n*, Trennen *n*; Verteilen *n*; 2. *s.* ~ wall

~ **coefficient** Verteilungskoeffizient *m*

~ **constant** Verteilungskonstante *f*

~ **wall** Trennwand

partly killed teilberuhigt, halbberuhigt

parts for contractor's machinery Baumaschinenteile *npl*

pass through/to 1. durchlaufen, durchsickern; 2. hindurchgehen, passieren

pass 1. Arbeitsgang *m*; 2. Durchgang *m*; Stich *m (Walzen)*; 3. Kaliber *n*, Walzenkaliber *n*; 4. Zug *m (Drahtziehen)*; 5. Schweißlage *f*

~ **band** Durchlaßbreite *f*, Durchlaßbereich *m*, Durchlaßband *n (eines Filters)*

~ **changing** Kaliberwechsel *m*

~ **design** Kalibrieren *n*, Kalibrierung *f*

~ **flange** Kaliberflanke *f*

~ **form wear** Kaliberverschleiß *m*

~ **line** Kaliberlinie *f*

~-**over mill** Überhebewalzwerk *n*

~ **range** Durchlässigkeitsbereich *m* eines Filters

~ **reduction** *(Umf)* Dickenabnahme *f* je Durchgang; Stichabnahme *f (Walzen)*

~ **sequence** Stichfolge *f*, Stichplan *m*

~ **template** Kaliberschablone *f*, Walzenschablone *f*

passage overvoltage Durchtrittsüberspannung *f*

~ **time** Durchlaufzeit *f*

passing Überleiten *n*

passivate/to passivieren

passivation Passivierung *f*

~ **tank** Passivierungstank *m*

passive film (layer) *(Korr)* Passiv[ierungs]schicht *f*

~ **oxide** Passivoxid *n*

~ **region** *(Korr)* Passivierungsgebiet *n*

~ **state** Passivzustand *m*

passivity Passivität *f*

paste Paste *f*

~ **process** Pasteverfahren *n (zur Formgebung von Pulvern)*

pasty teigig, pastös

~ **condition** teigiger Zustand *m*

~ **region [of casting]** breiartig erstarrter Gußstückbereich *m*

~ **slag** lange Schlacke *f*

patch/to [aus]flicken, ausbessern *(Ofenfutter)*

patch Flickmasse *f*; Stampfmasse *f*

patching Flicken *n*, Ausflicken *n*, Ausbessern *n (Ofenfutter)*

~ **compound** Flickmasse *f*

~ **dolomite** Flickdolomit *m*

~ **material (mixture)** Flickmasse *f*

~ **platform** Flickplatte *f*

patent/to patentieren *(Wärmebehandlung von Draht aus C-Stählen)*

~ **in air** luftpatentieren

~ **in fluid bath** fluidbadpatentieren

~ **in lead bath** bleibadpatentieren

~ **in salt bath** salzbadpatentieren

patented drawn patentiert gezogen

patenting Patentieren *n (Wärmebehandlung von Draht aus C-Stählen)*

~ **furnace** Patentierofen *m*

~ **line** Patentierlinie *f*, Patentierstrecke *f*

~ **plant** Patentieranlage *f*

path Bahn *f*; Laufweg *m*; Gang *m*

~ **counter** *(Umf)* Wegzähler *m*

~ **difference** Wegdifferenz *f*, Gangunterschied *m (der reflektierten Strahlen)*

~ **impulse** Wegimpuls *m*

~ **of the crack front** Rißfrontverlauf *m*

~ **receiver** Wegabnehmer *m (an Pressen)*

patina Patina *f*

pattern 1. Muster *n*; Form *f*; Struktur *f*; 2. *(Gieß)* Modell *n*

~ **changing car** Modellträgerwechselwagen *m*

~ **coating** Modellanstrich *m*

~ **distortion** Modellverzug *m*

~ **draw** Modellabsenkeinrichtung *f*

~-**draw moulding machine** Abhebeformmaschine *f*

~ **drawing** Modellaufriß *m*

~ **equipment** Modelleinrichtung *f*

~ **frame lifting** Ausheben *n* des Modells

~ **incorporating the runner system** Modell *n* mit Anschnittsystem (Eingüssen und Speisern)

~ **layout** Modellzeichnung *f*

~ **lifting screw** Aushebeschraube *f (Modell)*

~ **metal** Modellmetall *n*

~ **milling machine** Modellfräsmaschine *f*

~ **mismatch** Modellversatz *m*

~ **of fracture** Bruchbild *n*, Bruchaussehen *n*

~ **of spots** Reflexanordnung *f*

~ **of transformation** Umwandlungscharakteristik *f*
~ **plate** Modellplatte *f*
~ **plate compound** Modellplattenmasse *f*
~ **recognition** Gestalterkennung *f*, Mustererkennung *f*
~ **recognition system** Formerkennungssystem *n (z. B. bei quantitativer Bildanalyse)*
~ **screw** Aushebeschraube *f (Modell)*
~ **sketching** Modellzeichnung *f*
~ **stripping** Modellziehen *n*
~ **technology** Modelltechnik *f*
~ **tie bar** Dämmleiste *f*
~ **tracing** Modellzeichnung *f*
~ **varnish** Modellack *m*
~ **withdrawal** Modellziehen *n*
~ **working** Modellaufriß *m*
patternmaker Modellbauer *m*, Modellplattenformer *m*
patternmaker's rule Schwindmaßstab *m*
~ **shrinkage [allowance]** Schwindmaß *n*
patternmaking Modellbau *m*, Modellherstellung *f*
~ **material** Modellbauwerkstoff *m*
~ **sundries** Modellbaubedarf *m*
patternness Musterung *f (von Beugungsdiagrammen)*
patternshop Modellwerkstatt *f*, Modelltischlerei *f*
Pattinson process Pattinson-Verfahren *n (Bleientsilberung)*
pattinsonizing Pattinsonieren *n (Anwendung des Pattinson-Verfahrens)*
paving brick *(Ff)* Pflasterstein *m*
pawl Klinke *f*, Klaue *f*, Sperre *f*
~-**type skid** Klinkenschlepper *m*
pay-off Abwickler *m*, Ablaufvorrichtung *f*
~-**off cone** Ablaufkonus *m*
~-**off frame** Ablaufbock *m*
~-**off reel** Ablaufhaspel *f*, Abzughaspel *f*
payload Nutzlast *f*
P.C.E. *s.* pyrometric cone equivalent
PCR *s.* periodic current reversal
Peace-River process Peace-River-Prozeß *m (Pulverherstellungsverfahren, benannt nach dem Werk am Peace River in Kanada)*
peacock coal Glanzkohle *f*
peak Spitze *f*, Spitzenwert *m*, Maximum *n*, Höchstwert *m*
~ **heat flux** Ausbrennpunkt *m*
~ **load** Spitzenbelastung *f*
~ **output** Spitzendurchsatz *m*
~ **overlap** Reflexüberlagerung *f*
~ **position** Lage *f* des Maximums *(in einer Energie-Intensitäts-Kurve)*
~ **recognition** Peakerkennung *f*
~ **strength value** Festigkeitshöchstwert *m*
~ **value** Spitzenwert *m*, Maximum *n*, Höchstwert *m*
pear-shaped converter birnenförmiger Konverter *m*

~-**shaped mixer** birnenförmiger Mischer *m*
pearlite Perlit *m*
~ **area** Perlitfläche *f*
~ **band** Perlitband *n*
~ **colony** Perlitkolonie *f*
~ **grain** Perlitkorn *n*
~ **growth** Perlitwachstum *n*
~ **island** Perlitinsel *f*
~ **nodule** eingeformter Perlit *m*
~ **nose** Perlitnase *f*
~ **nose temperature** Temperaturlage *f* der Perlitnase
~ **range** Perlitstufe *f*
~ **spacing** Perlitabstand *m*
~ **zone** Perlitgebiet *n*
pearlitic perlitisch
~ **cast iron** perlitisches Gußeisen *n*
~ **stainless steel** perlitischer rostfreier Stahl *m*
pearlitizing Perlitisieren *n (Glühung zur Perlitbildung)*
~ **time** Perlitisierungszeit *f*
pearly gekörnt
Pease-Antony Ventury-type scrubber Pease-Antony-Venturi-Wäscher *m*
pebble mill Kugelmühle *f (mit Flintstein- oder Porzellankugelfüllung)*
pebbly körnig
Péclet number Péclet-Zahl *f*
pedestal bearing Stehlager *n*
~ **grinder** Bockschleifer *m*, Ständerschleifmaschine *f*
peel off/to abblättern; abplatzen
peel 1. *(Gieß)* Schülpe *f*, Schale *f*; 2. Schwengel *m*
~-**back** Abrollen *n*, Abrollverhalten *n (Formmaskenverfahren)*
~ **strength** Schälfestigkeit *f*
~ **test** Schälversuch *m*
peeled geschält
peeling 1. Abblätterung *f*; 2. Schälen *n*, Abstreifen *n*
~ **angle** Schälwinkel *m*
~ **device** Schälvorrichtung *f*
~ **drum** Schälwalze *f*
~ **machine** Schälmaschine *f*
~ **with diamond** Diamantschälen *n*
peen/to 1. [kalt]hämmern; 2. abstrahlen
peening 1. Hämmern *n*, Abhämmern *n*; 2. Abstrahlen *n*
peephole Schauloch *n*, Schauglas *n*
~ **cover** Schaulochdeckel *m*
peg/to dübeln
peg Dübel *m*; Stift *m*, Bolzen *m*; Stößel *m*
Peierls potential *(Krist)* Peierls-Potential *n*
~ **stress** *(Krist)* Peierls-Spannung *f*
Peirce-Smith converter Peirce-Smith-Konverter *m*
~-**Smith side-blown converter** seitenblasender Peirce-Smith-Konverter *m*
pellet/to *s.* pelletize/to
pellet Pellet *n*, Kugel *f*; Granalie *f*

~ **feed** pelletierter Möller *m*; pelletiertes Vorlaufmaterial *n*, Pelletvorlaufmaterial *n*
~ **indurating** Pellethärtung *f*
~ **indurating machine** Pellethärtemaschine *f*
~ **shell** Pelletschale *f*
~ **stock** Pelletlager *n*
pelletization Pellet[is]ieren *n*, Pellet[is]ierung *f*
pelletize/to pellet[is]ieren, zu Kügelchen formen; Erz pellet[is]ieren
pelletizer Pellet[is]iermaschine *f*
pelletizing Pellet[is]ieren *n*; Granulieren *n*, Aufbaugranulieren *n*
~ **cone** Pellet[is]ierkonus *m*
~ **disk** Pellet[is]ierteller *m*
~ **drum** Pellet[is]iertrommel *f*
~ **machine** Pellet[is]iermaschine *f*
~ **plant** Pellet[is]ieranlage *f*
pellets Pellets *npl*, Granulat *n*
Peltier coefficient Peltier-Koeffizient *m*
~ **effect** Peltier-Effekt *m*
pen stock *(Umf)* Düsenstock *m*
pencil core *(Gieß)* Luftkern *m (atmosphärischer Speiser)*
~ **ring gate** Ringsiebeinguß *m*
pendant drop method Verfahren *n* des hängenden Tropfens
~ **shaking equipment** Rüttelgehänge *n*
pendulum Pendel *n*
~ **conveyor** Gehänge *n*, Hängeförderer *m*
~ **grinder** Pendelschleifer *m*
~ **grinding machine** Pendelschleifmaschine *f*
~ **hammer** Pendelschlagwerk *n*
~**-impact testing machine** Pendelschlagwerk *n*
~ **sampler** Pendelprobenehmer *m*
~ **saw** Pendelsäge *f*
~ **shears** Pendelschere *f*
~ **tackle** Gehänge *n*
~**-type mill** Pendelwalzwerk *n*
penetrant testing *(Wkst)* Eindringprüfung *f*, Abdrückprüfung *f*
penetrate/to 1. eindringen; 2. einbrennen *(Schweißen)*
penetrating power Durchdringungsfähigkeit *f (z. B. von Elektronen)*
penetration 1. Eindringen *n;* 2. Einbrand *m*, Einbrandverhältnis *n (Schweißen);* 3. Penetration *f (Gußfehler)*
~ **coefficient** Eindringkoeffizient *m*
~ **core** *(Gieß)* Luftdruckkern *m*, Williams-Kern *m*
~ **curve** Eindringkurve *f*
~ **depth** Eindringtiefe *f*
~ **hardening** Durchhärtung *f*
~ **hardness** *(Wkst)* Eindringhärte *f*
~ **notch** Einbrandkerbe *f*
~ **risk** Penetrationsgefahr *f*
~ **strength** Durchdringungsfestigkeit *f*
~ **structure** Durchdringungsgefüge *n*

~ **tendency** Durchdringungstendenz *f (z. B. bei gegenseitiger Diffusion)*
~ **work** Eindringarbeit *f*
~ **zone** 1. Eindringzone *f;* 2. Einbrandzone *f (Schweißen)*
penetrator *(Wkst)* Eindringkörper *m*, Prüfkörper *m*
~ **top** Prüfkörperspitze *f*
penstock *(Umf)* Düsenstock *m*
pentavalent fünfwertig
pentlandite *(Min)* Pentlandit *m*
pentoxide Pentoxid *n*
pepper blister Bläschen *n*
~ **blisters** Oberflächenporen *fpl*
percent by volume Volum[en]prozent *n*
~ **by weight** Masseprozent *n*, Gewichtsprozent *n*
~ **elongation** prozentuale Dehnung *f*
~ **extraction** prozentuale Extraktion *f*
percentage Prozentsatz *m*
~ **of austenite** Austenitanteil *m*
~ **of burnable material in residue** Ausbrand *m (im Brennraum)*
~ **of carbides** Karbidanteil *m*
~ **of ferrite** Ferritanteil *m*
~ **of moisture** Feuchtigkeitsgehalt *m*, Nässegehalt *m*, Wassergehalt *m*
~ **of opening of a screen** freie Siebfläche *f* in Prozent, prozentuales Öffnungsverhältnis *n*
~ **of solids** Feststoffgehalt *m*
perceptibility limit Wahrnehmbarkeitsgrenze *f*
perchlor electrolyte Perchlor-Elektrolyt *m*
perchloric acid Perchlorsäure *f*
percolate/to 1. durchsickern, durchfließen; 2. perkolieren, filtrieren, durchseihen
percolate Perkolat *n*
percolation 1. Durchsickern *n*, Durchlaufen *n*; 2. Perkolation *f*, Filtrierung *f*, Durchseihen *n*
~ **leaching** Perkolationslaugung *f*, Sickerlaugung *f*
~ **tank** Perkolationstank *m*, Perkolationsbehälter *m*, Sickerlaugungsbehälter *m*
percolator Filtriertrichter *m*
percussion forge press Schmiedeschlagpresse *f*
~ **machine** Schlagmaschine *f*
~ **press** Schlagpresse *f*
percussive machine Schlagmaschine *f*
~ **welding** Stoßschweißen *n*
perfect combustion vollkommene Verbrennung *f*
~ **crystal** ungestörter Kristall *m*
~ **dislocation** *(Krist)* vollständige Versetzung *f*
perforate/to 1. [durch]lochen; [aus]stanzen; 2. durchlöchern; durchbrechen
perforated bottom Nadelboden *m*
~ **brick** Lochstein *m*
~ **filter plate** Filtriersieb *n*

~ **plate** 1. Lochblende *f*; 2. Lochblech *n*, Siebblech *n*
~ **shape** perforiertes Profil *n*, Profil *n* mit ausgestanzten Löchern
perforation 1. Durchlochung *f*; Stanzen *n*; 2. Durchlöcherung *f*, Lochfraß *m* (infolge Korrosion)
performance 1. Leistung[sfähigkeit] *f*; 2. Betriebsverhalten *n*; Arbeitsweise *f*; 3. Ausführung *f*, Durchführung *f*
~ **bond** Ausführungsgarantie *f* (Anlagenbau)
~ **characteristic** Betriebsverhalten *n*
~ **index** Leistungsgrad *m*
periclase refractory (Ff) Periklaserzeugnis *n*
perimeter error Perimeterfehler *m*
period of blowing Blasperiode *f*, Blas[e]zeit *f*
~ **of compression** Verdichtungsdauer *f*
~ **of heat** Heizdauer *f*, Erwärmungsdauer *f*
~ **of service** Betriebszeit *f* (einer Anlage)
~ **of smelting** Schmelzdauer *f*
~ **of sojourn** Verweilzeit *f*, Liegezeit *f* (einer Möllercharge im Ofen)
~ **of usefulness** Ausnutzungsdauer *f*
~ **perodic classification** periodische Klassifizierung *f* (Einteilung nach Klassenmerkmalen)
~ **current reversal** periodische Stromumkehr *f*
~ **discharge** periodischer Abstich *m* (eines Schmelzofens)
~ **pass** periodisches Kaliber *n* (Walzen)
periodicity (Krist) Periodizität *f*
~ **of lattice** Gitterperiodizität *f*
peripheral blow hole Randblase *f* (Gußfehler)
~ **decarburization** Randentkohlung *f*
~ **region** Randzone *f*
~ **speed (velocity)** Umfangsgeschwindigkeit *f*
~ **widening** periphere Verbreiterung *f* (von Reflexen)
~ **zone** Randzone *f*
periphery Peripherie *f*, Umfang *m*
perish/to zerfallen, zerrieseln
peritectic peritektisch
peritectic Peritektikum *n*
~ **line** peritektische Linie *f*
~ **reaction** peritektische Reaktion *f*
~ **system** peritektisches System *n*
~ **transformation** peritektische Umwandlung *f*
peritectoid peritektoid
perlite s. pearlite
permalloy Permalloy-Legierung *f*
permanent permanent, bleibend
~ **continuous casting** ununterbrochenes Stranggießen *n*
~ **deformation** bleibende Dehnung *f*

~ **distortion** bleibende Formänderung *f*, bleibender Verzug *m*
~ **lining** Dauerfutter *n*
~ **magnet** Dauermagnet *m*
~-**magnet alloy** Dauermagnetlegierung *f*
~-**magnet material** Dauermagnetwerkstoff *m*, hartmagnetischer Stoff *m*
~ **magnetism** permanenter Magnetismus *m*
~ **modification** Dauerveredlung *f*
~ **mould** Dauerform *f*, Kokille *f*
~-**mould cast test bar** Kokillengußprobestab *m*
~-**mould casting** Kokillenformguß *m*, Kokillengießverfahren *n*, Kokillengußverfahren *n*
~-**mould casting brass** Kokillengußmessing *n*
~-**mould fitting frame** Kokillenaufspannbock *m*
~-**mould half** Kokillenhälfte *f*
~-**mould process** s. ~-mould casting
~-**mould table** Kokillentisch *m*
~ **moulding process** Dauerformverfahren *n*
~ **strain** bleibende Dehnung *f*
~ **way material** Oberbaumaterial *n*
permanently magnetic material Dauermagnetwerkstoff *m*, hartmagnetischer Stoff *m*
permeability 1. Durchlässigkeit *f*, Permeabilität *f*; 2. (Gieß) Gasdurchlässigkeit *f* (von Formsand)
~ **controller (tester, testing apparatus)** Gasdurchlässigkeitsprüfgerät *n*
~ **to gas** (Gieß) Gasdurchlässigkeit *f* (von Formstoff)
permeable (Gieß) permeabel, durchlässig (Formstoff)
~ **to gas** gasdurchlässig
permeation technique Permeationstechnik *f*
permissible admixture zulässige Beimengung *f*
~ **deviation** zulässige Abweichung *f*
~ **dust emission** zulässiger Staubauswurf *m*
~ **impurities** zulässige Verunreinigungen *fpl*
~ **variation** zulässige Abweichung *f*
peroxidation Peroxydation *f*, Peroxydieren *n*
perpendicular Senkrechtachse *f*
pervious durchlässig, undicht
petrographic[al] petrografisch
~ **microscopy** Erzmikroskopie *f*
~ **thin section** petrografischer Dünnschliff *m*
petroleum Erdöl *n*
~ **coke** Erdölkoks *m*, Petrolkoks *m*
~ **ether** Petrol[eum]äther *m*
~ **polymer** Erdölpolymer[es] *n*
pewter Pewter *n* (Kunstgußzinnlegierung)
PGM s. platinum group metal

pH control pH-Regelung f
pH range pH-Bereich m
pH value pH-Wert m
phase Phase f
~ **analysis** Phasenanalyse f
~ **angle** Phasenwinkel m
~ **balance system** Symmetriereinrichtung f, Phasensymmetriereinrichtung f *(Elektroofen)*
~ **boundary** Phasengrenze f, Phasengrenzlinie f *(z. B. Zustandsdiagramm)*
~ **boundary concentration** Phasengrenzenkonzentration f
~-**boundary corrosion** Phasengrenzkorrosion f
~ **boundary energy** Grenzflächenenergie f
~ **boundary profile** Phasengrenzenprofil n
~ **boundary reaction** Phasengrenzreaktion f
~ **boundary sliding** Phasengrenzengleiten n
~ **break** Phasensprung m
~ **change** Phasensprung m; Phasenwechsel m *(optisch)*
~ **composition** Phasenzusammensetzung f
~ **concentration** Phasenkonzentration f
~ **condition** Phasenbedingung f
~ **contrast** Phasenkontrast m
~-**contrast image** Phasenkontrastbild n
~-**contrast microscopy** Phasenkontrastmikroskopie f
~-**dependent** phasenabhängig
~ **diagram** Phasendiagramm n, Zustandsschaubild n
~ **difference** Phasenunterschied m, Gangunterschied m
~ **differentiation** Phasendifferenzierung f
~ **disintegration** Phasenzertrümmerung f
~ **equilibrium** Phasengleichgewicht n
~ **extraction** Phasenextraktion f, Phasenisolierung f
~ **factor** Phasenfaktor m
~ **factor value** Phasenfaktorwert m
~ **field** Phasenfeld n, Phasenbereich m
~ **identification** Phasenidentifizierung f
~ **information** Phaseninformation f
~ **integrator** Phasenintegrator m
~ **lag** Phasenverzögerung f
~ **meter** Phasenmesser m
~ **mixture** Phasengemisch n
~ **proportion** Phasenanteil m
~ **ratio** Phasenverhältnis n
~ **reactance** Phasenreaktanz f
~ **region** Phasenbereich m, Phasenfeld n
~ **relationships** Phasenbeziehungen fpl
~ **rule** Phasenregel f
~ **separation** Phasentrennung f
~ **shift** Phasensprung m, Phasenverschiebung f
~ **shifting capacitor** Phasenschieberkondensator m
~ **stability** Phasenstabilität f

~ **transformation** Phasenumwandlung f
~ **transformation temperature** Phasenumwandlungstemperatur f
~ **transition** Phasenübergang m
~ **volume** Phasenvolumen n
~ **volume fraction** Phasenvolumenanteil m
λ-**phase** λ-Phase f
ω-**phase** ω-Phase f
phenol-formaldehyde condensate Phenolformaldehydkondensat n
~ **water disposal** Verwertung f phenolhaltiger Abwässer
~ **water removal** Beseitigung f phenolhaltiger Abwässer
phenolic [resin] Phenolharz n
phenoplast binder Phenoplastbinder m
phonon Phonon n
~ **excitation** Phononenanregung f
~ **spectrum** Phononenspektrum n
~ **transport** Phononentransport m, Wärmetransport m
phosgenite *(Min)* Phosgenit m, Bleihornerz n
phosphate Phosphat n
~ **coating** Phosphatüberzug m, Phosphatschicht f, Phosphatbelag m
phosphating Phosphatierung f
phosphatizing Phosphatierung f
phosphide Phosphid n
~ **network** Phosphidnetzwerk n
~ **sweat** Phosphidperle f
phosphine Phosphorwasserstoff m
phosphite Phosphit n
phosphor bronze phosphorhaltige Bronze f *(mit bis 0,5 % P)*
~ **copper** Phosphorkupfer n *(Vorlegierung)*
phosphorescence Phosphoreszenz f
phosphoretted hydrogen gasförmiger Phosphorwasserstoff m
phosphoric acid Phosphorsäure f
~ **[pig] iron** phosphorhaltiges Roheisen n, Gießereiroheisen IV n
phosphorite Phosphorit m *(erdige Apatitvarietät)*
phosphorous phosphorhaltig
phosphorus Phosphor m
~ **banding** gestreckte Phosphorseigerungen fpl
~ **distribution** Phosphorverteilung f
photocell amplifier Fotoelementverstärker m
photoconductivity Fotoleitfähigkeit f
photocurrent Fotostrom m
photoeffect Fotoeffekt m
photoelastic fotoelastisch
photoelasticity Fotoelastizität f, Spannungsoptik f
photoelectric current Fotostrom m
~ **pyrometer** fotoelektrisches Pyrometer n
photoelectron energy Fotoelektronenenergie f

~ **spectroscopy** Fotoelektronenspektroskopie *f*, ESCA
photoemission Fotoemission *f*
~ **electron microscope** Fotoemissionselektronenmikroskop *n*
photolens Fotolinse *f*
photometer Fotometer *n*
~ **evaluation** Fotometerauswertung *f*
~ **head** Fotometerkopf *m*
photometric fotometrisch
photomicrograph Mikrogefügeaufnahme *f*
photomultiplier Fotovervielfacher *m*
photon irradiation Photonenbestrahlung *f*
~ **source** Photonenquelle *f*
photorelay Fotozelle *f*
photoresist paint Fotolackschicht *f*
~ **technique** Fotoresist-Verfahren *n*
photoresistor Fotowiderstand *m*
phototransistor Fototransistor *m*
Phragmèn focussing camera Phragmèn-Fokussierungskamera *f*
phthalic acid Phthalsäure *f*
~ **anhydride** Phthalsäureanhydrid *n*
physical metallurgy physikalische Metallurgie *f*
~ **property** physikalische Eigenschaft *f*
~ **similarity** physikalische Ähnlichkeit *f*
~ **test** physikalische Prüfung *f*
physico-metallurgical physikalisch-metallurgisch
physics of crushing Zerkleinerungsphysik *f*
physisorption Physisorption *f*
piano wire Klaviersaitendraht *m*
pick/to *(Aufb)* sortieren, klauben
pick-off Abgriff *m*
~-**up** Aufnahme *f*; Ansetzen *n (z. B. von Feststoffteilchen an Werkzeugen)*; Mitschleppen *n (z. B. von Schmiermitteln)*
~-**up of hydrogen** Wasserstoffaufnahme *f*
~-**up of nitrogen** Stickstoffaufnahme *f*
picker Aufnehmer *m*, Sammelvorrichtung *f*
picking-up Aufnehmen *n (z. B. von Verunreinigungen durch eine Schmelze)*
pickle/to [ab]beizen
pickle Beize *f*, Beizflüssigkeit *f*, Beizlösung *f*
~ **brittleness** Beizsprödigkeit *f*
pickled gebeizt
pickler Beizer *m*, Beizanlage *f*
pickling Beizen *n*
~ **acid** Beizsäure *f*
~ **acid waste** Beizablauge *f*, Abbeize *f*, verbrauchte Beizsäure *f*
~ **agent** Abbeizmittel *n*, Beizmittel *n*
~ **basket** Beizkorb *m*
~ **bath** Beizbad *n*
~ **behaviour** Beizverhalten *n*
~ **brittleness** Beizsprödigkeit *f*
~ **cell** Beizzelle *f*
~ **compound** Beizzusatz *m*
~ **embrittleness** Beizsprödigkeit *f*
~ **equipment** Beizereiausrüstung *f*

~ **error** Beizfehler *m*
~ **fluid** Beizflüssigkeit *f*
~ **line** Beizlinie *f*, Beizstrecke *f*
~ **plant** Beizanlage *f*
~ **process** Beizprozeß *m*, Beizverfahren *n*
~ **sludge** Beizschlamm *m*
~ **solution** Beize *f*, Beizflüssigkeit *f*, Beizlösung *f*
~ **tank** Beizbottich *m*, Beizbehälter *m*, Beizgefäß *n*
~ **time** Beizzeit *f*
~ **vat** Beizbecken *n*
~ **void** Anfressung *f*
~ **waste** Beizabwasser *n*, Abbeize *f*
picral alkoholische Pikrinsäure *f*
picric acid Pikrinsäure *f*
picrochromite *(Ff)* Magnesiumchromit *m*
picture frame Bildausschnitt *m*
~ **frequency** Bildfrequenz *f*
~ **point** Bildpunkt *m*
~ **quality** Bildqualität *f*
~ **row number** Bildreihenzahl *f (in einer Richtreihe)*
Pidgeon [vacuum] process *(Pyro)* Pidgeon-Verfahren *n (Magnesiumgewinnung)*
piece in furnace (handy) size chargierfähiges Stück *n*
~ **weight** Stückgewicht *n*
pier Pfeiler *m*
pierce/to lochen; bohren; durchbohren; durchbrechen
piercer 1. *(Umf)* Lochdorn *m*, Lochdornstange *f*, Stopfen *m*; 2. Lochwalzwerk *n*
~ **cylinder** Lochzylinder *m (Pressen)*
~ **ram** Lochkolben *m (Pressen)*
~ **return cylinder** Lochdornrückzugzylinder *m (Pressen)*
~ **rod** Lochdornstange *f*
~ **rotation device** Dorndrehvorrichtung *f*
~ **tie rod** Lochdornzugstange *f*
piercing Lochen *n*
~ **and drawing press** Lochziehpresse *f*
~ **mandrel** Lochdorn *m*, Lochdornstange *f*
~ **mill** Schrägwalzwerk *n*, Lochwalzwerk *n*
~ **operation** Lochvorgang *m*
~ **stem** Lochstempel *m*
piezoelectric crystal piezoelektrischer Kristall *m*
~ **force crystal** piezoelektrische Kraftmeßdose *f*, piezoelektrischer Kraftgeber *m*, Piezokraftmeßdose *f*
pig back/to rückkohlen
pig Massel *f*
~-**and-ore process** Roheisen-Erz-Verfahren *n*
~-**and-scrap process** Roheisen-Schrott-Verfahren *n*
~ **bed** Masselbett *n*, Gießbett *n*
~ **bed crane** Masselkran *m*
~ **breaker** Masselbrecher *m*
~ **casting machine** Masselgießmaschine *f*

~ **copper** Kupfermassel f
~ **iron** Roheisen n; Roheisenmassel f
~ **iron charging crane** Roheiseneinleerkran m
~ **iron grade** Roheisensorte f
~ **iron granulating plant** Roheisengranulieranlage f
~ **iron ladle** Roheisenpfanne f
~ **iron ladle pit** Roheisenpfannengrube f
~ **iron mixing car** Roheisenmischerwagen m
~ **iron mould** Roheisenkokille f
~ **iron-ore process** Roheisen-Erz-Verfahren n
~ **iron pouring spout** Roheiseneinguß m
~ **iron production** Roheisenerzeugung f
~ **iron refining** Frischen n des Roheisens
~ **iron-scrap process** Roheisen-Schrott-Verfahren n
~ **lead** Blockblei n, Rohblei n, Werkblei n
~ **mould** Masselform f
~ **moulding machine** Masselformmaschine f
pigging Roheisenaufkohlung f
~-**up** Roheisenzugabe f
piglet [kleine] Massel f
pigment powder Farbpigmentpulver n
pigs Blöckchen npl (Probeabguß)
pile/to [auf]stapeln; anhäufen; aufschichten; paketieren
~ **up** aufstauen (z. B. Versetzungen an Hindernissen)
pile 1. Stapel m; Haufen m; Paket n; 2. Spundwandprofil n
~-**up** Anhäufung f; Aufstauung f
piled-up slip band aufgestautes Gleitband n
~ **weight** Schüttgewicht n
piler Stapler m, Stapelvorrichtung f
~ **bed** Stapelrost m
~ **pocket** Sammeltasche f
pilger hot rolling Warmpilgern n, Warmpilgerwalzen n
~ **hot rolling mill** Warmpilgerwalzwerk n
~ **mill** Pilger[schritt]walzwerk n
~ **roll** Pilgerwalze f
~ **roll housing** Pilger[walz]gerüst n
piling Stapeln n; Paketieren n
~ **and bundling machine** Paketiermaschine f
~ **and forging** Paketieren n (Schrott)
~ **bin** Stapeltasche f
~ **device** Stapler m, Stapelvorrichtung f
~ **furnace** Paketierofen m
~ **grate** Stapelrost m
~ **place** Stapelplatz m
~ **pocket** Stapeltasche f
~ **scrap** Paketierschrott m
~ **steel** Spundwandstahl m
~ **table** Stapeltisch m
pillar Pfeiler m; Stütze f
~ **crane** Säulen[dreh]kran m

pillow block Lagerbock m
pilot burner Sparbrenner m
~ **casting** Probeabguß m
~ **flame** Zündflamme f
~ **kiln** Versuchsofen m, großer Laborversuchsofen m
~ **lamp** Kontrollampe f
~ **light** Zündflamme f
~ **plant** Pilotanlage f, [halbtechnische] Versuchsanlage f
~ **production plant** Pilotproduktionsanlage f
~ **rotary kiln** Versuchsdrehrohrofen m
pimple (Korr) Pickel m, Warze f
pin/to Führungsstifte (Dübel) anbringen
~-**lift** (Gieß) auf Stiften abheben
pin 1. Stift m, Bolzen m; Dorn m; 2. Führungsstift m, Führungsstange f
~ **closure** Zusammenlegen n mit Führungsstiften, Zusammenpassen n mit Dübeln
~ **coupling** Bolzenkupplung f
~ **crusher** Stiftmühle f
~-**lift moulding machine** (Gieß) Stiftenabhebeformmaschine f
~ **lifting** (Gieß) Abheben n mit Stiften
~ **mill** Stiftmühle f
~-**on-disk system** Stift-Scheibe-System n (Verschleißprüfung)
~-**point** nadelstichartig
~ **sample holder** Stiftprobenhalter m
pincers Drahtzange f, Kneifzange f
pinch bar Brechstange f
~ **roll** Treibrolle f, Einführrolle f (Walzen)
~ **rolls** Treibrollen fpl (Strangguß)
pine-tree crystal Dendrit m, Tannenbaumkristall m
~-**tree structure** Dendritenstruktur f
pinhead blister Bläschen n
pinhole Nadelstichpore f, Gasblase f, Randblase f
~ **plug** Nadelboden m
pinholes Nadelstichporosität f
pinholing Pinhole-Bildung f
pinion Ritzel n; Kammwalze f
~ **housing** Kammwalzgerüst n, Kammwalzengehäuse n
~ **neck** Kammwalzenzapfen m
~ **rod** Keilwellenstab m, Draht m mit zahnförmigem Profil
~ **shaft** Ritzelwelle f, Keilwelle f
pinned dislocation verankerte Versetzung f
pinning Verankerung f (von Defekten)
~ **factor** Verankerungsfaktor m
~ **force** Verankerungskraft f (z. B. von Ausscheidungen)
~ **point** Verankerungspunkt m
pinpoint a flaw/to Fehler genau orten
pintle take-up stand Pinolenaufwickler m
pipe 1. Rohr n; 2. offener Lunker (Makrolunker) m; Mittellinienlunker m
~ **ball mill** Rohrschwingmühle f
~ **bend** Rohrkrümmer m

~ **cavity** Lunkerhohlraum *m*
~ **clip** Rohrschelle *f*
~ **coil** Rohrschlange *f*
~ **connection** Rohrformstück *n*
~ **coupling** Rohrmuffe *f*
~ **diffusion** *(Krist)* kanalartige Diffusion *f*
~ **eliminator (eradicator)** Lunkerverhütungsmittel *n*, Lunkerpulver *n*
~ **filter** Rohrfilter *n*
~ **fitting** Rohrarmatur *f*, Fitting *m(n)*
~ **hanger** Rohrschelle *f*
~ **joint** Rohr[schweiß]verbindung *f*
~ **line** Rohrleitung *f*, Rohrstrang *m*
~ **rolling mill** Rohrwalzwerk *n*
~ **siding** Rohrweiche *f*
~ **sleeker** *(Gieß)* Polierknopf *m*
~ **socket** Rohrendmuffe *f*
~ **steel** Röhrenstahl *m*
~-**T-piece** T-Rohrstück *n*
~ **welding** Rohrschweißen *n*
~ **welding plant** Rohrschweißanlage *f*
piped gas Ferngas *n*
pipeline Rohrleitung *f*, Rohrstrang *m*
~ **cross section** Rohrleitungsquerschnitt *m*
pipette method of Andreasen Pipettenver-
fahren *n* nach Andreasen *(Sedimentationsverfahren, Pulvercharakteristik)*
~ **method of Dallendörfer-Langhammer**
Pipettenmethode *f* nach Dallendörfer-
Langhammer *(Sedimentationsverfahren,
Pulvercharakteristik)*
pipework Rohrleitungen *fpl*
piping 1. Rohrverlegung *f*; 2. Rohrleitungs-
system *n*; 3. Rohrmaterial *n*; 4. Lunkerbildung *f*, Lunkern *n*, Lunkerung *f*
Pirani gauge Pirani-Vakuummeter *n*, Pirani-
Manometer *n*
piston Kolben *m*
~ **compressor** Kolbenverdichter *m*
~ **design** Kolbenkonstruktion *f*, Kolbenge-
staltung *f*
~ **displacement** Kolbenverdrängung *f*
~ **expansion** Kolbenausdehnung *f*
~ **oscillator** Kolbenschwinger *m (in
Schwingprüfmaschinen)*
~ **pump** Kolbenpumpe *f*
~ **ring** Kolbenring *m*
~ **rod** Kolbenstange *f*
~ **slide valve** Kolbenschieberventil *n*
~ **speed** Druckkolbengeschwindigkeit *f*
~ **spring** Kolbenfeder *f*
~ **stroke** Kolbenhub *m*
~ **travel** Kolbenweg *m*
~-**type accumulator** Kolbenspeicher *m*
pit/to *(Korr)* anfressen, Grübchen bilden
pit 1. Grube *f*; Formgrube *f*; 2. *(Korr)* Narbe
f, Rostgrübchen *n*, Anfressung *f*
~ **analysis** Gießpfannenanalyse *f*
~ **annealing** Grubenglühen *n*
~ **casting** Bodenguß *m*
~ **coal** Steinkohle *f*
~ **crane** Gießkran *m*

~ **furnace** Tiefofen *m*
~ **furnace cell** Tiefofenzelle *f*, Tiefofenkammer *f*
~ **furnace cover** Tiefofendeckel *m*
~ **furnace crane** Tiefofenkran *m*
~ **initiation** *(Korr)* Lochbildungsbeginn *m*
~ **mark** [tiefe] Narbe *f*, Narbenstelle *f*
~ **moulding** Formherstellung *f* in der Formgrube, Grubenformerei *f*, Bodenformerei
f
~ **number-size distribution** *(Korr)* Grüb-
chengrößenverteilung *f*
~ **opening** *(Korr)* Grübchenöffnung *f*
~ **scrap** Grubenschrott *m*
~ **side** Abstichseite *f*
~ **track** Tiefofengleis *n*
~-**type electric smelting furnace** Tysland-
Hole-Ofen *m*
pitch 1. Teilung *f (Zahnrad)*; Steigung *f
(Gewinde)*; Ganghöhe *f (Schraube)*; 2.
Pfeilhöhe *f*, Stichhöhe *f*; 3. Lochabstand
m; Maschenteilung *f (Sieb)*; 4. Pech *n*
~ **blende** *(Min)* Pechblende *f*, Uraninit *m*
~-**bonded** teergebunden
~-**catch method** „Wurf-Fang"-Methode *f*
(Ultraschallprüfung)
~ **coke** Pechkoks *m*
~-**impregnated** teerimprägniert
~ **line** 1. Teilkreislinie *f*; 2. neutrale Linie *f*
der Walzenkaliber
~ **of flexure** Biegepfeil *m*
~ **of rivets** Nietteilung *f*
~ **of scoring** Rillenteilung *f*
~ **of the column thread** Gang *m* des Säu-
lengewindes
pitman Druckstange *f*
Pitot tube Pitot-Rohr *n*, Staurohr *n*
pitting Anfressung *f*, Lochfraß *m*; Zunder-
vernarbung *f*
~ **attack** Angriff *m* durch Lochfraß
~ **corrosion** Lochfraßkorrosion *f*, Grüb-
chenkorrosion *f*
~ **of metals** Körnen *n*
~ **potential** Lochfraßpotential *n*, Pitting-Po-
tential *n*
~ **resistance** Lochfraßbeständigkeit *f*
~-**resistant** lochfraßbeständig
~ **scar** Lochfraßnarbe *f*
~ **test** *(Korr)* Pitting-Test *m*
pivot/to 1. drehen, schwenken; sich drehen; 2. drehbar lagern
pivot Drehzapfen *m*
~ **pin** Achsschenkelbolzen *m*
pivotal point Drehpunkt *m*, Schwenkpunkt
m
pivotally mounted drehbar (gelenkig) angeordnet
pivoted gelenkig (drehbar) angeordnet
pivoting drehbar, schwenkbar
placed side by side nebeneinander angeordnet
plain 1. flach, eben; 2. glatt *(Walze)*; 3.

blank *(Draht);* 4. unlegiert; 5. offen *(z. B. Gesenk)*
~-**annealed** blankgeglüht
~ **carbon steel** unlegierter Stahl (Kohlenstoffstahl) *m*
~ **die** offenes Gesenk *n*
~ **fit** Schlichtpassung *f*, Schlichtsitz *m*
~ **flat bar** glatter Flachstab *m*
~ **roll** glatte Walze *f*, Flachwalze *f*
~ **roll crusher** *(Aufb)* Glattwalzwerk *n*
~ **roof** glattes (rippenloses) Gewölbe *n*
~ **spacer block** *(Gieß)* Stützleiste *f (ohne Spannut)*
plaited straw rope *(Gieß)* geflochtenes Strohseil *n*
plan sieve *(Pulv)* Plansieb *n*
~ **sieve machine** *(Pulv)* Plansiebmaschine *f*
planar objective Planobjektiv *n*
Planck's constant Plancksches Wirkungsquantum *n*
plane/to 1. einebnen, planieren; 2. glätten, schlichten; 3. hobeln
~ **off** abhobeln
plane 1. Ebene *f*, ebene Fläche *f*; 2. Hobel *m*
~ **attack** *(Korr)* Flächenabtrag *m*
~ **frequency** *(Krist)* Flächenhäufigkeit *f*
~ **glass** Planglas *n*
~ **normal** *(Krist)* Flächennormale *f*
~ **of crystal** Kristallfläche *f*
~ **of polarization** Polarisationsebene *f*
~ **of symmetry** *(Krist)* Symmetrieebene *f*
~ **oval** Flachoval *n*
~-**sided** flachwandig
~ **strain** ebene Formänderung (Dehnung) *f*
~ **strain energy release rate** Rißausdehnungskraft *f* unter den Bedingungen des ebenen Dehnungszustands
~ **strain stress intensity factor** Rißzähigkeit *f* unter den Bedingungen des ebenen Dehnungszustands
~ **strain upsetting test** Flachstauchversuch *m*
~ **stress** Flächenspannung *f*
~-**stressed state** ebener Spannungszustand *m*
~ **test basis** ebene Preßfläche *f (Druckversuch)*
planer Abrichthobel *m*
~ **mill** Hobelmaschine *f*
planet ball crusher (mill) Planetenkugelmühle *f*
~ **mixing arm** Planetenrührer *m*
~ **stirrer** Planetenrührwerk *n*
planetary compulsory mixer Planetenmischer *m*
~ **cross rolling mill** Planetenschrägwalzwerk *n*
~ **mill** Planetenwalzwerk *n*
~ **strander** Planetverseilmaschine *f*
planimetering Ausplanimetrieren *n*

planing Abrichten *n*; Hobeln *n*
~ **machine** Hobelmaschine *f*
~ **tool** Hobelstahl *m*
planish/to 1. ebnen, planieren; [vor]schlichten; 2. glattwalzen; fertig polieren; prägeglätten *(Walzen)*; 3. spannen *(Blech)*
planishing 1. Ebnen, Planieren *n*; 2. Glattwalzen *n*; Prägeglätten *n*
~ **mill** Polierwalzwerk *n*
~ **pass** Polierstich *m*
~ **roll** Polierwalze *f*
~ **stand** Poliergerüst *n*
plank drop hammer Brettfallhammer *m*
plant failure Bearbeitungsfehler *m*, Bearbeitungsschädigung *f*
~ **for heat recovery** Wärmerückgewinnungsanlage *f*
~ **of steam treatment from „Lenel"** Dampfbehandlungsanlage *f* von „Lenel" *(Behandlung von Sintereisenteilen mit überhitztem Dampf)*
~-**returned scrap** Rücklaufschrott *m*, Umlaufschrott *m*, Eigenschrott *m*, Kreislaufmaterial *n*
~ **sand** *(Gieß)* Betriebssand *m*
~ **scrap** *s.* ~-returned scrap
plasma-arc cutting Plasma[lichtbogen]brennschneiden *n*
~-**arc welding** Plasma[lichtbogen]schweißen *n*
~ **beam** Plasmastrahl *m*
~ **coating process** Plasmabrennverfahren *n* für Spritzüberzüge
~ **cutting** Plasmaschneiden *n*, Plasmatrennen *n*
~ **cutting torch** Plasmaschneidbrenner *m*
~ **deposited layer** Plasmaspritzschicht *f (Schweißen)*
~ **equipment** Plasmaanlage *f (Schweißen)*
~-**flame spraying** Plasmaflammspritzen *n*, Plasmaflammspritzverfahren *n*
~ **forging technique** Plasmaversprüh- und Schmiedetechnik *f (Plasmaversprühen der Metalle in ein Gesenk und Schmieden)*
~ **heat treatment** Plasmawärmebehandlung *f (Schweißen)*
~ **heating** Plasmaerwärmung *f*
~ **induction furnace** Plasmainduktionsofen *m*
~ **metallurgy** Plasmametallurgie *f*
~ **spraying** Plasmaspritzen *n*
~ **steelmaking** Plasmastahlerzeugung *f*
~ **torch** Plasmabrenner *m*
~ **vibration** Plasmaschwingung *f (des freien Elektronengases)*
~ **welding** Plasmaschweißen *n*
plasmon Plasmon *n (quantisierte Plasmaschwingung)*
plaster Gips *m*
~ **castings** in Gipsformen hergestellte Gußstücke *npl*

~ **moulding [process]** Gipsformverfahren
  n
~ **of Paris** gebrannter Gips *m*
~ **paste** Gießbrei *m*
~ **pattern** Gipsmodell *n*
~ **pattern plate** Gipsmodellplatte *f*
~ **stone** Gips *m*
plastic bildsam, formbar, knetbar
plastic 1. Kunststoff *m*; 2. Trägerlack *m (in
  der Elektronenmikroskopie)*
~ **anisotropy** plastische Anisotropie *f*
~ **clay** bildsamer Ton *m*
~ **coal** Formkohle *f*
~-**coated** kunststoffbeschichtet
~ **coating** Kunststoffüberzug *m*, Kunst-
  stoffbeschichtung *f*
~ **deformation** plastische (bleibende)
  Formänderung *f*, plastische (bleibende)
  Verformung *f*, Umformung *f*
~ **fireclay** fetter Schamotteton *m*
~ **injection moulding** Spritzguß *m* für
  Kunststoff
~ **limit** Dehngrenze *f*, Fließgrenze *f*, Streckgrenzenfestigkeit *f*
~ **material** bildsamer Stoff *m*
~ **refractory [paste]** feuerfeste Knetmasse
  f, plastische Feuerfestmasse *f*
~ **shear** *(Krist)* Abgleitung *f*
~ **strain** s. ~ deformation
~ **strain rate** Dehngeschwindigkeit *f*
~ **strain ratio** Streckgrenzenverhältnis *n*
~ **welding specimen** Kunststoffschweiß-
  probe *f*
~ **working** plastische Bearbeitung *f*, Umformung *f*
~ **yielding** plastisches Fließen *n*
plastically deformable plastisch verformbar
plasticity Plastizität *f*, Bildsamkeit *f*, Umformbarkeit *f*, Formbarkeit *f*
~ **of sand** Formsandplastizität *f*, Formstoff-
  plastizität *f*
plasticizer Plastifizierungsmittel *n*, Plastifi-
  kator *m*
plastics powder Kunststoffpulver *n*
plastifiable plastifizierbar
plastifying factor Plastifizierfaktor *m*
plastography Plastografie *f*
plastsand Formmaskensand *m*
~-**precoated sand plant** Formmaskensand-
  umhüllungsanlage *f*
plate/to plattieren, beschichten; s. a. elec-
  troplate/to
~ **in vacuum** vakuumbedampfen
~ **mould** mit der Modellplatte formen
plate 1. Blech *n*, Grobblech *n*; 2. *(Umf)* Platine *f*; Platte *f (z. B. beim Preßwerkzeug)*; 3. *(Krist)* Tafel *f*
~ **and frame [filter] press** Rahmenfilterpresse *f*
~ **bar** *(Umf)* Platine *f*
~ **bar from powder** Pulverplatine *f*

~ **base** Grundplatte *f*
~ **belt** Platten[förder]band *n*, Plattenbandförderer *m*, Gliederbandförderer *m*
~ **bending machine** Blechbiegemaschine *f*
~ **bending press** Blechbiegepresse *f*
~ **bending roll** Blechbiegewalze *f*, Blech-
  biegerolle *f*
~ **cam** Kurvenscheibe *f*
~ **cavity set** *(Gieß)* Formplattensatz *m*
~ **clippings** Blechabfälle *mpl*
~ **conveyor** Plattenbandförderer *m*, Gliederbandförderer *m*, Platten[förder]band
  n
~ **doubler** Blechdoppler *m*
~ **flanging machine** Blechbördelmaschine
  f
~ **gauge** Blechlehre *f*
~ **heating furnace** Blechglühofen *m*
~ **hold-down** *(Umf)* Blechniederhalter *m*
~-**like** *(Krist)* plättchenförmig; plattenähn-
  lich
~-**like powder** plättchenförmiges Pulver *n*
~ **martensite** Plattenmartensit *m*, Um-
  klappmartensit *m*, Nadelmartensit *m*
~ **mill** Blechwalzwerk *n*, Grobblechwalzwerk *n*
~ **mill stand** Grobblechwalzgerüst *n*
~ **mill train** Blechwalzstraße *f*
~ **mould balance** Plattformwaage *f*
~ **rail** Flachschiene *f*
~ **roll** 1. Blechrundbiegewalze *f*; 2. Grob-
  blechwalze *f*
~ **scrap** Blechschrott *m*
~ **shearing machine** Blechschere *f*
~ **shears** Blechschere *f*, Tafelschere *f*, Guil-
  lotineschere *f*
~ **shell** Blechmantel *m*
~ **slab** Bramme *f*
~ **spring** Scheibenfeder *f*
~ **straightening machine** Grobblechricht-
  maschine *f*
~ **testing equipment** Grobblechprüfanlage
  f
~ **testing machine** Blechprüfmaschine *f*
~-**type electroprecipitator** Plattenelektro-
  filter *m*
~ **valve** Schieber *m*, Plattenventil *n*
~ **wave** Plattenwelle *f*
platelet Plättchen *n*
platen 1. *(Gieß)* Aufspannplatte *f*, Formen-
  träger *m*; 2. *(Umf)* Gegenhalter *m*,
  Druckrolle *f*; 3. Stößel *m (Schweißen)*
platform Plattform *f*, Bühne *f*, Arbeitsbühne *f*
~ **truck** Plattformwagen *m*
~ **weigher** Gießstandwaage *f*
plating 1. Plattieren *n*, Plattierung *f (s. a.*
  electroplating); 2. Belag *m*, Überzug *m*
~ **barrel** Galvanisiertrommel *f*
~ **bath** Beschichtungsbad *n*
~ **brittleness** Beizbrüchigkeit *f*

~ **thickness** galvanische Schichtstärke (Schichtdicke) *f*

platinic Platin(IV)-...
~ **ammonium chloride** Ammoniumhexachloroplatinat(IV) *n*
~ **chloride** Platin(IV)-chlorid *n*, Platintetrachlorid *n*
~ **potassium chloride** Kaliumhexachloroplatinat(IV) *n*
~ **sodium chloride** Natriumhexachloroplatinat(IV) *n*

platiniferous platinhaltig

platinous Platin(II)-...
~ **ammonium chloride** Ammoniumtetrachloroplatinat(II) *n*
~ **chloride** Platin(II)-chlorid *n*
~ **potassium chloride** Kaliumtetrachloroplatinat(II) *n*
~ **sodium chloride** Natriumtetrachloroplatinat(II) *n*

platinum Platin *n*
~-**bearing** platinhaltig
~ **black** Platinmohr *n*, Platinschwarz *n*
~ **boat** Platinschiffchen *n*
~ **cathode** Platinkatode *f*
~-**cobalt alloy** Platin-Kobalt-Legierung *f*
~ **crucible** Platintiegel *m*
~-**flux technique** Platin-flux-Technik *f* *(Elektronenmikroskopie)*
~ **group metal** Platinmetall *n (Metall der Platingruppe)*
~ **metal** Platinmetall *n*
~ **poison** Platingift *n*
~ **powder** Platinpulver *n*
~ **sheet** Platinblech *n*
~ **sponge** Platinschwamm *m*
~ **tetrachloride** Platintetrachlorid *n*, Platin(IV)-chlorid *n*
~ **wire** Platindraht *m*

Plattner process Plattner-Verfahren *n (zur Goldextraktion aus Erzen mit Chlorgas)*

play Spiel *n*, Spielraum *m*

pliers Zange *f*; Flachzange *f*

plot Nomogramm *n*; grafische Darstellung *f*, Diagramm *n*

plotted against aufgetragen über *(Diagramm)*

plough Abstreifer *m* am Förderband

ploughing wear Gegenkörperfurchung *f* *(Verschleißart)*

plug/to mit Stopfen verschließen

plug 1. Stichlochpfropfen *m*, Stopfen *m*; 2. Stecker *m (Druckguß)*; 3. Konverterboden *m*; 4. *(Umf)* Dorn *m*, Lochdorn *m*
~ **bar** Stopfenstange *f*
~ **connection** Steckverbindung *f*
~ **device** Stopfenvorrichtung *f*
~ **drawing** Stopfenzug *m*, Ziehen *n* über Stopfen
~ **flow** Pfropfenströmung *f*
~ **hole** Bodenabgießloch *n*

~ **mill** Stopfenwalzwerk *n*
~ **ramming machine** Bodenstampfmaschine *f*, Stampfmaschine *f (für Konverterböden)*
~-**type dezincification** Pfropfenentzinkung *f*
~ **weld** Stopfenschweißung *f*, Lochschweißung *f*

plugged pouring basin Gießtümpel *m* mit Stopfen

plugging 1. Schließen (Zustopfen) *n* des Stichlochs; 2. Lochschweißen *n*
~ **material for the taphole** Stichlochstopfmasse *f*

plumbago Graphit[staub] *m (Schwärze)*
~ **crucible** Graphittiegel *m*
~ **refractory** *(Ff)* Ton-Graphit-Erzeugnis *n*
~ **refractory grog** *(Ff)* Graphitschamottebruch *m*

plumbic Blei(IV)-...

plumbiferous bleihaltig

plumbism Bleikrankheit *f*

plumbous Blei(II)-...

plunger 1. Kolben *m*; Druckkolben *m* *(Druckguß)*; 2. Tauchglocke *f*
~ **lubricant** Druckkolbenschmiermittel *n*
~ **lubrication** Druckkolbenschmierung *f*
~ **ring** Druckkolbenring *m*
~ **rod** Druckkolbenstange *f*
~ **stroke** Druckkolbenhub *m (Druckguß)*

plunging Tauchbehandlung *f (z. B. zur Modifizierung)*

plural scattering Mehrfachstreuung *f* *(Korngrößenbestimmung)*

plus mesh Siebrückstand *m*, Siebgrobes *n*
~ **pressure** Überdruck *m*

plutonium Plutonium *n*
~-**carbon-mixed powder** Plutonium-Kohlenstoff-Mischpulver *n*
~ **oxide** Plutoniumoxid *n*
~ **powder** Plutoniumpulver *n*

pm *s.* powder-metallurgical

PM *s.* precious metal

PMC *s.* precision mould conveyor

pneumatic appliance Druckluftgerät *n*, Druckluftwerkzeug *n*
~ **balancing** Druckluftentlastung *f*
~ **brake** Druckluftbremse *f*
~ **bunker antibridging device** Bunkerschließvorrichtung *f*
~ **charge delivery** pneumatische Chargenaufgabe *f*
~ **chipping hammer** Druckluftmeißel *m*
~ **control element** pneumatisches Steuerelement *n*
~ **control system** Druckluftsteuersystem *n*
~ **conveyance** pneumatische Förderung *f*
~ **conveying plant** pneumatische Förderanlage *f*
~ **conveying system** pneumatisches Fördersystem *n*
~ **conveyor** pneumatischer Förderer *m*

~ conveyor system pneumatische Förderanlage f
~ drive pneumatischer Antrieb m
~ [forging] hammer Lufthammer m, Drucklufthammer m
~ handling pneumatisches Fördern n
~ handling equipment pneumatische Förderanlage f, Druckluftförderanlage f
~ hoist Lufthebezeug n
~ jack pneumatischer Hebebock m
~ jolt moulding machine (Gieß) Druckluft-
rüttelformmaschine f
~ jolt-squeeze turnover moulding machine (Gieß) Druckluftrüttelpreß-Wende-
formmaschine f
~ moulding machine (Gieß) Druckluft-
formmaschine f
~ piston Druckluftkolben m
~ press pneumatische Presse f
~ process Blasverfahren n, Konverterver-
fahren n
~ pusher pneumatische Einstoßvorrichtung f, Drucklufteinstoßvorrichtung f
~ ramming Verdichten n mit Druckluft
~ refractory gun Spritzmaschine f für
feuerfestes Futter
~ riveting hammer Luftniethammer m
~ socket connection Druckluftsteckkupp-
lung f
~ squeeze Druckluftpressung f
~ tool Druckluftgerät n, Druckluftwerkzeug
n
~ tube conveyor pneumatische Transport-
vorrichtung f
~ vibrator Druckluftvibrator m
pocket Sammeltasche f, Abwurftasche f
~ filter Taschenfilter n
~ print 1. Ziehmarke f; 2. Schleif[kern]-
marke f
point/to anspitzen, zuspitzen
point analysis Punktanalyse f
~ cathode Punktkatode f
~ charge Punktladung f
~ corrosion Punktkorrosion f
~ counting method (Wkst) Punktzählver-
fahren n
~ counting ocular (Wkst) Punktzählokular
n
~ counting technique (Wkst) Punktzähl-
verfahren n
~ defect (Krist) Punktdefekt m
~ defect agglomerate (cluster) Punktde-
fektanhäufung n
~ defect concentration Punktdefektkon-
zentration f
~ defect creation Punktdefekterzeugung f
~ discharge Spitzenentladung f
~ grid (Wkst) Punktraster m
~ group (Krist) Punktgruppe f
~ of action Angriffspunkt m
~ of condensation Taupunkt m
~ of congelation 1. Gefrierpunkt m; 2.
Stockpunkt m (von Öl)

~ of discontinuity (Krist) Sprungstelle f
~ of ignition Flammpunkt m (Kernöl)
~ of incipient fluidization Wirbelpunkt m
(Wirbelschicht im Zustand des Entste-
hens)
~ of pouring Gießtemperatur f
~ of reference Bezugspunkt m
~ of solidification Erstarrungspunkt m
~ of transition Umwandlungspunkt m
~ position Punktlage f
~ reflector Punktreflektor m
~ resolution Punktauflösung f
~ symmetry (Krist) Punktsymmetrie f
pointed pass Spitzbogenkaliber n (Walzen)
pointer 1. Anspitzwalzwerk n; 2. Zeiger m
pointing (Umf) Anspitzen n, Verjüngen n
~ hammer Ausspitzhammer m
points rating method Punktbewertungssy-
stem n
Poisson distribution Poisson-Verteilung f,
Poissonsche Verteilung f
Poisson's contraction Querkontraktion f
~ ratio Poissonsche Konstante f, Querdeh-
nungszahl f
~ statistics Poisson-Statistik f
poke/to schüren
poke hole Schürloch n
poker Schüreisen n
Polanyi machine Polanyi-Apparatur f (Verformung von Einkristallen)
polar Kerr effect polarer Kerr-Effekt m
~ mass inertia moment polares Massenträgheitsmoment n
~ solvent polares Lösungsmittel n
~ stereographic net polarstereografisches
Netz n
polarizability Polarisierbarkeit f
polarizable polarisierbar
polarization Polarisation f, Polarisierung f
~ cell Polarisationszelle f
~ current Polarisationsstrom m
~ curve Polarisationskurve f
~ factor Polarisationsfaktor m
~ interferometer Polarisationsinterferome-
ter n
~ plane Polarisationsebene f
~ resistance Polarisationswiderstand m
~ state Polarisationszustand m
polarizing filter Polarisationsfilter n
~ microscope Polarisationsmikroskop n
polarographic analysis s. polarography
polarography Polarografie f
polaroid photograph Polaroidaufnahme f
Poldihammer (Wkst) Poldihammer m
pole/to polen (Metallschmelzen behandeln)
~ down dichtpolen (Kupfer)
pole (Krist) Pol m
~ cluster Polanhäufung f (bei Texturen)
~ density Poldichte f
~ density measurement Poldichtemes-
sung f

~ **dislocation** Polversetzung f
~ **figure** Polfigur f
~-**figure determination** Polfigurenbestimmung f
~-**figure inversion** Polfigureninversion f
~ **height** Polhöhe f
~ **shoe change** Polschuhwechsel m
polianite *(Min)* Polianit m
poling Polen n *(Behandlung von Metallschmelzen)*
~-**down** Dichtpolen n *(von Kupfer)*
polish/to glätten, polieren, schlichten
polish Poliermittel n, Politurf
~ **attack** Ätzpolieren n
polishability Polierbarkeit f
polished poliert; blank
~ **metallographic specimen** s. ~ section
~ **section** [polierter metallografischer] Schliff m
polishing Polieren n
~ **agent** Poliermittel n
~ **alumina** Poliertonerde f
~ **area** Polierfläche f
~ **bath** Polierbad n
~ **behaviour** Polierverhalten n
~ **cell** Polierzelle f
~ **condition** Polierbedingung f
~ **current** Polierstrom m
~ **depression** Abtragungsmulde f
~ **disk** Polierscheibe f
~ **frequency** Polierfrequenz f
~ **head** Polierkopf m
~ **jig** Poliervorrichtung f
~ **layer** Polierfilm m
~ **machine** Poliermaschine f
~ **material (medium)** Poliermittel n
~ **oil** Polieröl n
~ **pad** Polierunterlage f
~ **roll** Polierwalze f
~ **scratch** Polierkratzer m
~ **solution** Polierlösung f
~ **speed** Poliergeschwindigkeit f
~ **stage (step)** Polierstufe f
~ **surface** Polierfläche f
~ **wheel** Polierscheibe f, Schwabbelrad n
pollutant Schadstoff m, Fremdstoff m, Verunreinigungssubstanz f
~ **concentration** Schadstoffkonzentration f
~ **dispersion** Schadstoffverteilung f
pollute/to verunreinigen, verschmutzen
pollution Verunreinigung f, Verschmutzung f
~ **control** Verunreinigungskontrolle f
~ **of environment** Umweltverschmutzung f
polonium Polonium n
polybasic slag mehrbasige Schlacke f
polychromatic radiation polychromatische Strahlung f
polycrystal Vielkristall m, Polykristall m
polycrystalline vielkristallin, polykristallin
~ **aggregate** Kristallaggregat n, Kristallhaufwerk n

~ **metal** vielkristallines Metall n *(meist reines Metall)*
~ **[sintered] state** polykristalliner Zustand m *(in kristallinen Werkstoffen)*
polydispersed particle polydisperses Teilchen n
polyester resin Polyesterharz n
polygon Polygon n, Vieleck n
~ **wall** Polygonwand f *(Subkorngrenze)*
polygonal ferrite polygonaler (nadelförmiger) Ferrit m, Nadelferrit m
~ **screen** Polygonsieb n
polygonization Polygonisation f
~ **structure** Polygonisationsgefüge n
polygonized structure polygonisierte Struktur f
polyhedral polyedrisch
polyhedron Polyeder n, Vielflächner m
polymeric material Polymerwerkstoff m
polymeride formation Polymerisatbildung f
~ **layer** Polymerisatschicht f
polymerize/to polymerisieren
polymerizing resin polymerisierendes Kunstharz n
polymorphic change polymorphe (allotrope) Umwandlung f, Modifikationswechsel m
polynary eutectic Mehrstoffeutektikum n
~ **system** Mehrstoffsystem n
polyphase mehrphasig
polysaccharide Polysaccharid n
polystyrene Polystyrol n
~ **replica** Polystyrolabdruck m *(Elektronenmikroskopie)*
polysulfide Polysulfid n
polytelite Silberfahlerz n *(auch „Freibergit")*
polythermal system polythermisches System n
polythionate Polythionat n
ponding *Verteilung von Laugungslösung auf Halden mittels Teichen*
pony ladle Zwischenpfanne f, Zwischengefäß n
~ **rougher** Vorstreckwalzgerüst n
pool Sumpf m, Herd m *(eines metallurgischen Ofens)*
~ **depth** Sumpftiefe f
~ **furnace** Sumpfofen m, Herdofen m
~ **of liquid metal** flüssiger Metallsumpf m
~ **of molten metal** 1. Schmelzkrater m; 2. angeschmolzene Metallkatode f
~ **shape** Sumpfprofil n
~ **shape factor** Sumpfkennwert m
poor minderwertig, geringwertig, geringhaltig, arm
~ **gas** Schwachgas n
~-**gas firing** Schwachgasheizung f
~-**settling** schlecht sedimentierend
~ **slag** Rohschlacke f
~ **surface finish** schlechte Gußoberfläche f
poppet valve Tellerventil n

porcelain Porzellan *n*
~ **enamelling** Emaillieren *n*
pore Pore *f*; Blase *f (Hohlraum)*
~ **channel** *(Korr)* Porenkanal *m (z. B. in Deckschichten)*
~ **class** Porenart *f*
~-**damming** porenschließend
~ **diameter** Porendurchmesser *m*
~ **diffusion** Porendiffusion *f*
~-**diffusion effect** Porendiffusionseffekt *m*
~ **direction** Porenausrichtung *f (bedingt durch die Erstarrungsfront)*
~ **filler** Porenfüller *m*
~ **form** Porengestalt *f*, Porenform *f*
~ **formation** Porenbildung *f*, Porenentstehung *f*
~-**forming material** porenbildender Stoff *m*, Porenbildner *m*
~-**free die casting** porenfreier Druckguß *m (hergestellt durch Zusatz von Sauerstoff bei der Formfüllung)*
~ **growth** Porenwachstum *n*
~ **length** Porenlänge *f*
~ **network** Porennetzwerk *n*
~ **obstruction** Porenstörung *f*
~ **rounding** Porenrundung *f*
~ **shape** *s.* ~ form
~ **size** Porengröße *f*
~ **size distribution** Porengrößenverteilung *f*
~ **sort** Porenart *f*
~ **space** Porenraum *m*, Hohlraum *m*
~ **surface** Poren[ober]fläche *f*
~ **volume** Porenvolumen *n*
~ **wall** Porenwand *f*
poreless porenfrei
pores of the sand surface Poren *fpl* an der Sandoberfläche
~/**without** porenfrei
porosity Porosität *f*, Porigkeit *f*; relatives Porenvolumen *n*
~ **determination** Porenbestimmung *f*
porous porös, porig; blasig, schwammig; locker
~ **filter** Porenfilter *n*
~ **state** poröser (schwammiger) Zustand *m*
~ **structure** Schwammstruktur *f*
port 1. Öffnung *f*, Abzugsöffnung *f*; 2. Ofenkopf *m (eines metallurgischen Ofens)*
~ **arch** Brennergewölbe *n*
~ **block** Ofenkopf *m*, Brennerkopf *m*
~ **end** Ofenkopf *m (SM-Ofen, Flammofen)*
~ **roof** Brennergewölbe *n*
~ **slope** Brennerneigung *f*
~ **wall** Brennerwand *f*
portable tragbar; beweglich; fahrbar
~ **grinder** Handschleifmaschine *f*
~ **mould dryer** tragbarer (transportabler) Formentrockner *m*
portal crane Portalkran *m*, Bockkran *m*, Torkran *m*

~ **pouring crane** Portalgießkran *m*
~ **roof** Portaldach *n*
~ **slinger** *(Gieß)* Portalslinger *m*
~ **type** Portaltyp *m*, Portalausführung *f*
porthole die *(Umf)* Kammerwerkzeug *n*, Kammermatrize *f*
portion of pores Porenanteil *m*
portioning Dosieren *n*
~ **line** Dosierleitung *f*
~ **system** Dosieranlage *f*
Portland cement Portlandzement *m*
position Lage *f*
~ **tolerance** Lagetoleranz *f*
positioner *(Gieß)* Positioniertisch *m*, Aufspanntisch *m*
positioning dowel Führungsdübel *m*
positive allowance Plustoleranz *f*
~ **displacement blower** Kapselgebläse *n*
~ **macrosegregation** positive Blockseigerung *f*
~ **matrix** positive Matrize *f*, Positiv *n (Galvanotechnik)*
~ **mixer** Zwangsmischer *m*
~ **sand** *(Gieß)* „sicherer" Sand *m*
~ **stop** fester (harter) Anschlag *m*
positively charged ion positiv geladenes Ion *n (Kation)*
~ **charged nucleus** positiv geladener Kern *m*
positron Positron *n*
~ **annihilation** Positronenannihilation *f*
~ **emission** Positronenemission *f*
post 1. Ständer *m*, Stütze *f*; 2. *(Gieß)* Spindel *f*
post-congress tour Nachkongreßreise *f*
posthardening Nachhärtung *f*
postheat Nachwärme *f*
~ **treatment** Wärmenachbehandlung *f*
postmoulding expansion Nachdruckexpansion *f (Druckguß)*
postoxidation Nachoxydation *f*
posttransition metal Nachübergangsmetall *n*
posttreatment of ladles Pfannennachbehandlung *f*
postweld heat treatment Schweiß[wärme]nachbehandlung *f*
~ **stress relief** Spannungsentlastung *f* nach dem Schweißen
post-yield *(Wkst)* Nachfließen *n (nach dem Bruch)*
~ **regime** *(Wkst)* Nachfließablauf *m*, Nachfließvorgang *m*
pot 1. *(Gieß)* Tiegel *m*, Topf *m*, Kiste *f*; 2. Elektrolysezelle *f*, Elektrolyseofen *m (Schmelzflußelektrolyse)*
~ **annealing** Kastenglühen *n*, Kistenglühen *n*, Topfglühen *n*, Topftempern *n*
~ **annealing furnace** Kastenglühofen *m*, Kistenglühofen *m*, Topfglühofen *m*, Topftemperofen *m*
~ **crusher** Kegelmühle *f*

~ **dressing** Schmelztiegelauskleidung f
~ **galvanizing** Feuerverzinken n, Feuerverzinkung f
~ **life** *(Korr)* Verarbeitungsfähigkeitsdauer f
~ **magnet** Topfmagnet m
~ **melting furnace** Tiegelschmelzofen m
~ **melting process** Tiegelschmelzverfahren n
~ **roasting** Topfröstung f *(Verblaseröstung nach Huntington-Heberlein)*
~ **operation** Elektrolyseofenbetriebsweise f
potash Pottasche f, Kaliumkarbonat n
potassium Kalium n
~ **carbonate** Kaliumkarbonat n
~ **chloride** Kaliumchlorid n
~ **cyanide** Kaliumzyanid n, Zyankali n
~ **dichromate** Kaliumdichromat n
~ **hydroxide** Kaliumhydroxid n, Ätzkali n
~ **nitrate** Kaliumnitrat n
~ **silicate** Kaliumsilikat n
potential Potential n
~ **band method** *(Korr)* Potentialbandmethode f
~ **contact** Potentialabgriff m, Spannungskontakt m
~ **difference** Potentialdifferenz f, Potentialunterschied m
~ **drop** Potentialabfall m, Spannungsabfall m
~ **energy** 1. Lageenergie f, Fallenergie f; 2. Verspannungsenergie f
~-**forming** potentialbildend
~ **gradient** Potentialgradient m
~ **jump** Potentialsprung m
~ **line** Druckausgleichslinie f, Niveaulinie f
~ **measurement** Potentialmessung f
~ **of a single electrode** Einzelelektrodenpotential n
~ **of an electrode** Elektrodenpotential n
~ **probe technique** Potentialsondenverfahren n
~ **pulsing** *(Korr)* Potentialschwankung f
~ **region** Potentialbereich m
~-**time curve** Potential-Zeit-Verlauf m
~ **well model** Potentialtopfmodell n
potentiostat Potentiostat m
potentiostatic polarization potentiostatische Polarisation f
pothole Einsatzöffnung f *(Tiegelofen)*
potline Ofenreihe f *(Schmelzflußelektrolyse)*
pound/to pulvern *(zu Pulver zerstoßen)*
pour/to 1. gießen; abgießen; vergießen *(s. a. cast/to)*; 2. fließen, ausströmen
~ **around** umgießen
~ **copper** Kupfer gießen
~ **in** einfüllen
~ **in a flaskless mould** in eine kastenlose Form gießen
~ **on flat** flach gießen
~ **uphill** steigend gießen
pour-off odour Gießgeruch m

~-**out method** Ausgießverfahren n
~-**out technique** Ausgießtechnik f
~-**over method** Übergießverfahren n
~ **point** Stockpunkt m *(Heizöl)*
~ **regulator** Gießregulator m
pourability Vergießbarkeit f, Gießbarkeit f
pourable [ver]gießbar
poured weight Schüttgewicht n
pouring Guß m, Gießen n; Vergießen n *(s. a. unter casting 1.)*
~ **aisle** Gießgrube f
~ **arc** Gießbogen m
~ **area** Gießbereich m
~ **basin** Gießtümpel m, Eingußtrichter m, Gießbecken n
~ **basin with baffles** Gießtümpel m mit Umlenkungen
~ **bush** Aufbautrichter m, aufgebauter Einguß m
~ **cup** Gießtümpel m, Gießtrichter m, Eingußtrichter m
~ **floor** Gießebene f; Gießbühne f
~ **fumes** Gießgase npl, Formgase npl
~ **gate** Einguß m
~ **gate feeding compound** Trichteraufheizmittel n
~ **in boxless (flaskless) moulds** Gießen n in kastenlose Formen
~ **ladle** Gießpfanne f
~ **ladle heating** Gießpfannenerwärmung f
~ **level** Abstichsohle f
~ **line** Gießstrecke f
~ **lip** Gießschnauze f
~ **loss** Gießverlust m
~ **monorail** Gießhängebahn f
~ **nozzle** Ausflußöffnung f *(Stopfenpfanne)*
~-**off** Abgießen n
~ **operation** Gießoperation f
~ **pit** Gießgrube f
~ **plan** Gießplanung f
~ **platform** Gießbühne f
~ **process** Gießvorgang m
~ **rate** Gießleistung f
~ **reel** *(Umf)* Wickelmaschine f, Edenborn-Haspel f
~ **schedule** Gießprogramm n
~ **slot** Eingießöffnung f *(Druckguß)*
~ **spout** Gießschnauze f
~ **station** Gießplatz m
~ **stream** Gießstrahl m
~ **temperature** Gießtemperatur f
~ **test** Fließprobe f
~ **time** Gießzeit f, Füllzeit f, Gießdauer f
~ **train** Gießstrecke f
~ **trestle** Gießbock m
~ **unit** Gießeinheit f, Gießaggregat n
~ **zone** Gießstrecke f
~ **zone suction hood** Gießstreckenabsaugung f
powder/to pulverisieren, pulvern, feinmahlen, zerreiben
~ **on** aufstäuben, aufpudern

powder Pulver *n*, Preßpulver *n*; Puder *m*
~ **absorption** Pulverbindung *f*
~-**acting torch** Pulverschneidbrenner *m*
~ **agglomerate** Pulveragglomerat *n*
~ **annealing** Pulverglühen *n*
~ **atomization process** Pulververdüsungsprozeß *m*
~ **bunker** Pulverbunker *m*, Pulverbehälter *m*
~ **carburizing** Aufkohlen *n* in festen Kohlungsmitteln, Pulveraufkohlen *n*
~ **catalyzer** Pulverkatalysator *m*
~ **chamber** Pulverraum *m*
~ **charge** Pulverladung *f*, Füllung *f* mit Pulver
~ **class** Pulverklasse *f*, Pulverqualität *f*
~ **classification** Pulverklassifikation *f*
~ **coherer** Pulverfritter *m*
~ **column** Pulversäule *f*
~ **compound** Pulvermasse *f*, Pulververbindung *f*
~ **compression** Pulververdichtung *f*
~ **consolidation** Pulververfestigung *f*
~ **consumption** Pulververbrauch *m*
~ **core** Pulverkern *m*
~ **cost** Pulverpreis *m*, Pulverkosten *pl*
~ **covering** Pulverumhüllung *f*
~ **cutting** Pulverbrennschneiden *n*
~ **cutting blowpipe (burner, tool)** Pulverschneidbrenner *m*
~ **dispenser** Pulverdispenser *m*, Pulversender *m*, Pulververteiler *m*
~ **distributor** Staubgutverteiler *m*
~ **dressing** Pulveraufbereitung *f*
~ **drop** Auffangbehälter *m* [für Pulver]
~ **duster** Pulverzerstäubungsgerät *n*
~ **envelope** Pulverumhüllung *f*
~ **extraction** Pulverabscheidung *f*
~ **fabrication** Pulverherstellung *f*
~ **factory** Pulverfabrik *f*
~ **feed** Pulverzufuhr *f*
~ **feeding device** Pulverzufuhreinrichtung *f*
~ **fill** Pulverschüttung *f*
~ **flowing** Pulverfließen *n*, Pulverstrom *m*, Pulverbewegung *f*
~ **forged test piece** Pulverschmiedeprobe *f*
~ **forging** Pulverschmieden *n*
~ **fouling of barrel** Pulverrückstand *m*
~ **friction** Pulverreibung *f*
~ **grain** Pulverkorn *n*
~ **heating** Pulvererwärmung *f*
~ **image** Pulverabbildung *f*, Pulverdiagramm *n*
~ **jacket** Pulverumhüllung *f*
~ **lime** Feinkalk *m*, Kalkpulver *n*
~ **line** Interferenzlinie *f* (von einem Pulverpräparat)
~ **machine scarfing** Brennputzen *n* mit Pulverzusatz
~ **magazine** Pulvermagazin *n*
~ **magnet** Pulvermagnet *m*
~ **maker** Pulverhersteller *m*

~ **manufacture** Pulverherstellung *f*
~ **mass** Pulvermasse *f*
~ **matrix** Pulvergefüge *n*
~ **melting process** Pulverschmelzverfahren *n*
~ **metal** 1. Metallpulver *n*; 2. Sintermetall *n*, Pulvermetall *n*
~ **metal compact** Metallpulverpreßling *m*, Pulverpreßkörper *m*
~ **metal press** Pulver[metall]presse *f*
~-**metallurgical** pulvermetallurgisch
~-**metallurgical shape** pulvermetallurgisches Formteil *n*
~ **metallurgy** Pulvermetallurgie *f*
~ **mill** Pulverfabrik *f*
~ **mixing** Pulvermischen *n*
~ **mortar** Pulvermörser *m*
~ **nomenclature** Pulverbezeichnung *f*
~ **pack** Pulverpaket *n*
~ **pack cementation process** Pulvereinbettverfahren *n* (z. B. beim Inchromieren)
~ **packing** Pulververdichtung *f*
~ **particle** Pulverteilchen *n* (s. a. unter particle)
~ **pattern** Pulverdiagramm *n*
~ **photograph** Pulveraufnahme *f*
~ **polished section** Pulveranschliff *m*
~ **preform** Grünling *m*, Rohling *m*, Pulvervorform *f* (ungesinterter Pulverpreßling)
~ **press** Pulverpresse *f*
~ **pressing** Pulverpressen *n*
~ **pretreatment** Pulvervorbehandlung *f*
~ **production** Pulvererzeugung *f*, Pulverproduktion *f*
~ **quality** Pulverqualität *f*
~ **rapid steel** Pulverschnellstahl *m*
~ **refinings** Pulverabscheidung *f*
~ **riddle sifter** Schüttelsiebmaschine *f*
~ **riddler** Schüttelsiebmaschine *f*
~ **rolling** Pulverwalzen *n*
~ **rolling mill** Pulverwalzwerk *n*
~ **rolling sample (test piece)** Pulverwalzprobe *f*
~ **sample** Pulverprobe *f*
~ **search** Pulverforschung *f*
~ **selection** Pulverselektion *f*
~ **sheet bar** Pulverplatine *f*
~ **sinter forging** Pulversinterschmieden *n*
~ **sintering** Pulversintern *n*, Pulversinterverfahren *n*
~ **spraying** Pulverspritzen *n*
~ **statistics** Pulverstatistik *f*
~ **strand** Pulverstreifen *m*
~ **stretching** Pulverstreckung *f*
~ **strip** Pulverband *n*
~ **strip spool** Pulverbandhaspel *f*
~ **surplus** Pulverüberschuß *m*
~ **temperature** Pulvertemperatur *f*
~ **term** Pulverbezeichnung *f*
~ **test piece** Pulverprobe *f*

~ **tool** Werkzeug *n* aus Metallpulver, Pulverwerkzeug *n*
~ **train** Pulversatz *m*
~ **treatment** Pulveraufbereitung *f*
~ **volume** Pulvermenge *f*
~ **wet crushing** Pulvernaßmahlen *n*
powdered pulverisiert, feingemahlen; staubförmig, staubfein
~ **brown coal** Braunkohlenstaub *m*
~ **chamotte** Schamottemehl *n*
~ **charcoal** Holzkohlenstaub *m*
~ **clay** Tonmehl *n*
~ **coal** staubförmige Kohle *f*, Kohlenstaub *m*
~ **coal firing** Kohlenstaubfeuerung *f*
~ **fuel** Brennstaub *m*
~ **graphite** Pudergraphit *m*, Graphitstaub *m*
~ **peat** Torfmehl *n*
~ **phenolic resin** Pulverharz *n*
~ **slag** selbstzerfallende Schlacke *f (sog. Rieselschlacke)*
powdering Pulverisieren *n*, Feinmahlen *n*, Zerreiben *n*
~-**on** Aufstäuben *n*, Aufpudern *n*
powdery pulverförmig, pulverig
power absorption Leistungsaufnahme *f*
~ **absorption curve** Leistungskurve *f*
~ **and materials supply** Energie- und Stoffwirtschaft *f*
~ **boosting** Leistungsüberhöhung *f*
~ **cable** Starkstromkabel *n*
~ **consumption** Energieverbrauch *m*
~ **conveyor** angetriebener Förderer *m*
~ **data** [elektrische] Leistungsangaben *fpl*
~ **factor** Leistungsfaktor *m*, cos φ
~-**free conveyor** nicht angetriebener Förderer *m*
~ **fuel** Treibstoff *m*
~ **gas** Generatorgas *n*
~ **hammer** Oberdruckhammer *m*
~ **input** 1. Leistungsaufnahme *f*; 2. Kraftbedarf *m*
~ **loss** 1. Kraftverlust *m*; 2. Leistungsverlust *m*, Verlustleistung *f*
~ **press** [mechanische] Presse *f*
~ **requirement** Leistungsbedarf *m*
~ **riddler** Schüttelsiebmaschine *f*, mechanisches Vibrationssieb *n*
~ **shovel** Schaufelbagger *m*
~ **spring** Aufzugsfeder *f*
~ **stroke** Arbeitstakt *m*, Arbeitshub *m*
~ **supply** Stromversorgungsgerät *n*, Netzteil *n*
~ **transformer** Leistungstransformator *m*
~ **transmission** Kraftübertragung *f*
powered roller conveyor angetriebene Rollenbahn *f*
Pr number s. Prandtl number
practical operation/in in der Praxis
practice Betrieb *m*, praktische Ausführung *f*, Arbeitsweise *f*

prall mill Prallmühle *f*
Prandtl number Prandtl-Zahl *f*
praseodymium Praseodym *n*
preaging [künstliche] Voralterung *f*
prealloy Vorlegierung *f*
prealloyed vorlegiert
prebaked vorgebrannt
~ **amorphous carbon electrode** vorgebrannte Elektrode *f* aus amorphem Kohlenstoff
~ **electrode** vorgebrannte Elektrode *f*
preblow/to vorfrischen, vorblasen
preblowing Vorfrischen *n*
preblown duplexing metal Duplexmetall *n*
precalcining zone Vorwärmzone *f*
prechamber die *(Umf)* Vorkammermatrize *f*
precious corundum Edelkorund *m*
~ **metal** Edelmetall *n*
~-**metals-bearing materials** edelmetallhaltige Materialien *npl*
precipitant Fällmittel *n*
precipitate/to ausfällen, ausscheiden, niederschlagen; ausfallen
~ **dust** Staub abscheiden
precipitate Ausfällung *f*, Ausscheidung *f*; Niederschlag *m*; Fällprodukt *n*; Ausscheidungspartikel *f*
~ **border** Ausscheidungssaum *m*
~ **cell** Ausscheidungszelle *f*
~ **configuration** Ausscheidungskonfiguration *f*, Ausscheidungsanordnung *f*
~ **density** Ausscheidungspartikeldichte *f*
~ **depletion** Ausscheidungsverarmung *f*
~ **diameter** Ausscheidungsteilchendurchmesser *m*
~ **floatation** Fällungsflotation *f*
~ **microstructure** Ausscheidungsgefüge *n*
~ **pinning** Verankerung *f* an Ausscheidungen
~ **plane** Ausscheidungsebene *f*
~ **radius** Ausscheidungsteilchenradius *m*
~ **size** Ausscheidungspartikelgröße *f*
~ **volume** Ausscheidungsvolumen *n*
precipitated copper Zementkupfer *n*
~ **powder** Fällungspulver *n*
precipitating tube Abscheidungsrohr *n*, Niederschlagsrohr *n*
precipitation Fällen *n*, Ausfällen *n*; Ausscheidung *f*, Abscheidung *f*; Niederschlag *m*
~ **behaviour** Ausscheidungsverhalten *n*
~ **by gases under pressure** Gasdruckfällung *f*
~ **by metals** s. cementation
~ **condition** Ausscheidungszustand *m*
~ **degree** Ausscheidungsgrad *m*, Abscheidegrad *m*
~-**free** ausscheidungsfrei
~-**hardenable** aus[scheidungs]härtbar
~-**hardenable alloy** aus[scheidungs]härtbare Legierung *f*

~-**hardenable steel** aus[scheidungs]härtbarer Stahl *m*
~ **hardening** Aus[scheidungs]härtung *f*
~ **heat treatment** Ausscheidungswärmebehandlung *f*
~ **kinetics** Ausscheidungskinetik *f*
~ **launder** Fällgerinne *n*
~ **of nitride** Nitridausscheidung *f*
~ **of the alumina by stirring** Ausrühren *n* der Tonerde *(beim Bayer-Prozeß)*
~ **particle** Ausscheidungsteilchen *n*
~ **process** Niederschlagsarbeit *f (Bleigewinnung)*
~ **rate** Ausscheidungsgeschwindigkeit *f*
~ **reaction** Ausscheidungsreaktion *f*
~ **sequence** Ausscheidungsfolge *f*
~ **surface** Abscheidefläche *f*
~ **tank** Fällbehälter *m*
~ **with hydrogen under pressure** Wasserstoffdruckfällung *f*
precipitator 1. Fällreaktor *m*, Fällbehälter *m*; 2. Abscheider *m*, Staubabscheider *m*
~ **for dust separation** Elektrofilter *n* für Abgasentstaubung
precise adjustment Feineinstellung *f*, Feinregulierung *f*
precision-cast nickel-base superalloy Nikkelfeingußlegierung *f*
~ **casting** Feinguß *m*, Präzisionsguß *m*, Genauguß *m (s. a. unter investment casting)*
~ **casting moulding material** Feingießformstoff *m*
~ **cropping** *(Umf)* Präzisionscheren *n*, Genauscheren *n*
~ **decarburization** Feinentkohlung *f*
~ **die** Präzisionsgesenk *n*, Präzisionswerkzeug *n*
~ **die forging** Präzisionsgesenkschmieden *n*
~ **die forging press** Präzisionsgesenkschmiedepresse *f*
~ **forging** Genauschmieden *n*, Formschmieden *n*
~ **forgings** Präzisionsgesenkschmiedestücke *npl*
~ **lattice parameter** Präzisionsgitterkonstante *f*
~ **minute mixer** Präzisionsminutenmischer *m*
~ **mould conveyor** Präzisionsfördereinrichtung *f*
~ **moulding** Modellausschmelzverfahren *n*, Genaugußverfahren *n*, Feingußverfahren *n*
~ **of measurement** Meßgenauigkeit *f*
~ **pressing part** Präzisionsteil *n*
~ **projector** Präzisionsprojektor *m*
~ **resistor** Präzisionswiderstand *m*
~ **scanning stage** Präzisionsabtasttisch *m*
~ **shape** Präzisionsprofil *n*
~-**sintered compact** Präzisionssinterteil *n*

~ **steel tube** Präzisionsstahlrohr *n*
~ **tube** Präzisionsrohr *n*
precoat filter Precoat-Filter *n*, Anschwemmfilter *n*
precoating Grundieren *n*
precombustion Vorverbrennung *f*
pre-creep Vorreckung *f*
predeformation Vorverformung *f*
predrawing Vorziehen *n*
pre-etch[ing] Vorätzung *f*
pre-eutectical voreutektisch
pre-existing contact *(Pulv)* vorher bestehende Bindung *f*, Vorkontakt *m*
pre-exponential factor Präexponentialfaktor *m*
pre-extraction Vorextraktion *f*
prefabricated refractory concrete feuerfestes Betonfertigbauteil *n*
preferential oxidation selektive Oxydation *f*
preferred orientation *(Krist)* Vorzugsorientierung *f*, Vorzugsrichtung *f*, bevorzugte Ausrichtung *f*, Hauptrichtung *f*
prefill valve Vorfüllventil *n (an Pressen)*
prefinishing mill Zwischenwalzwerk *n*, Zwischenstaffel *f*
~ **stand** Zwischenwalzgerüst *n*
preforce Vorlast *f*
preform/to vorumformen
preform *(Pulv)* Vorform *f*, Ausgangsform *f*, unfertige Form *f*, Vorpreßling *m*; *(Umf)* Formteil *n*
~ **density** Vorformdichte *f*
~ **upsetting** Vorformstauchen *n*
preformed nucleus *(Krist)* präformierter (vorgebildeter) Keim *m*
preforming *(Pulv)* Vorformen *n*, Vorpressen *n*, Vorverdichten *n*; Tablettieren *n*
~ **press** Vorformpresse *f*, Vorverdichtungspresse *f*, Tablettierpresse *f*, Tablettiermaschine *f*
pre-gelled vorgequollen
pregnant wertprodukthaltig, wertstoffhaltig
~ **solution** wertstoffhaltige Lösung *f*
pregrind/to vorschleifen
prehead/to vorstauchen
preheat/to vorwärmen, aufheizen, anheizen
preheat Vorwärme *f*
~ **temperature** Vorwärmtemperatur *f*
preheater Vorwärmer *m*
preheating Vor[er]wärmung *f*, Vorheizen *n*
~ **chamber** Vorwärmkammer *f*
~ **condition** Vorwärmbedingung *f*
~ **facility** Vorwärmeinrichtung *f*
~ **furnace** Vorwärmofen *m*
~ **of the scrap** Schrottvorwärmung *f*
~ **roof** Vorheizhaube *f*
~ **time** Anwärmdauer *f*
~ **torch** Anwärmbrenner *m*
~ **zone** Vorwärmzone *f*

preleach step *(Hydro)* Vorlaugestufe *f*
preleader pass Vorwalzkaliber *n*
prelifting rod Vorheber *m*
preliminary breaking Vorzerkleinerung *f*,
  Vorbrechen *n*
~ **crushing** Vorzerkleinerung *f*, Grobzerkleinerung *f*
~ **drawing** Vorziehen *n*, Grobdrahtziehen *n*,
  Grobzug *m*
~ **fire refining** Vorraffination *f* im Schmelzfluß
~ **heat treatment** Ausgangswärmebehand-
  lung *f*
~ **neutralization** Vorneutralisation *f*
~ **oxidation** Vorfrischen *n*
~ **pump** Vorpumpe *f*
~ **purification** *s.* ~ refining
~ **refining** Vorraffination *f*, Vorreinigung *f*
~ **refining mixer** Vorfrischmischer *m*
~ **sample** Vorprobe *f*
~ **shaping** Vorprofilieren *n (Walzen)*
~ **strain hardening** Vorverfestigung *f*
~ **stretching** Vorreckung *f*
~ **test** Voruntersuchung *f*, Vorversuch *m*
preloaded vorgespannt
premelt Vorschmelze *f*
premelted iron Vorschmelzeisen *n*
premix Vormischung *f*
~ **burner** Brenner *m* mit Vormischung
premixed gas burner Vollgemischbrenner
  m
~ **powder** vorgemischtes Pulver *n*
premixer Vormischer *m*
premixing-type burner Brenner *m* mit Vormischung
preneutralization Vorneutralisation *f*
preparation 1. Präparation *f*; 2. Vorbereitung *f*; 3. Aufbereitung *f*
~ **chamber** Präparationskammer *f*
~ **of metallic surfaces before painting**
  Haftgrundvorbereitung *f*
~ **of powder** Pulveraufbereitung *f*
~ **of sand** *(Gieß)* Formsandaufbereitung *f*
~ **of the pouring cars** Gießwagenvorberei-
  tung *f*
~ **of the seam** Nahtvorbereitung *f (beim
  Schweißen)*
~ **step** Präparationsstufe *f*
~ **time** Vorbereitungszeit *f*; Rüstzeit *f*
preparative error Präparationsfehler *m*
~ **method** Präparationsmethode *f*
prepared burden vorbereiteter Möller *m*
~ **gas atmosphere generator** Schutzgaser-
  zeuger *m*
~ **lughole** Führungslappen *m* mit angegos-
  senem Loch *(Formkasten)*
~ **moulding sand** *(Gieß)* aufbereiteter
  Formsand *m*
~ **sand** *(Gieß)* aufbereiteter Sand *m*
prepassivation Vorpassivierung *f*
prepath Vorlaufstrecke *f*
prepolarization *(Korr)* Vorpolarisation *f*

prepolishing Vorpolieren *n*
preprecipitation Vorausscheidung *f*
prepregs Prepregs *npl (beschichteter Faserverbundwerkstoff)*
prereduced vorreduziert
prereduction Vorreduzierung *f*
prerefining Vorfrischen *n*
preroasting Vorröstung *f*
preset Voreinstellung *f*, Grundeinstellung *f*
~ **die-closing force** eingestellte Formzuhaltekraft *f*
~ **final value** eingestellter Endwert *m*
preshadow/to vorbeschatten *(Extraktionsabdruck)*
preshaping *(Umf)* Vor[um]formen *n*
~ **press** Vor[um]formpresse *f*
presinter/to vorsintern
presintering Vorsintern *n*, Vorverdichten *n*
~ **stage** Vorsinterstadium *n*
presolidification technique Entgasen *n*
  durch Abstehen
presorting Vorsortierung *f*
press/to 1. pressen; quetschen; 2. *(Umf)*
  verpressen, drücken, prägen; 3. *(Pulv)*
  verdichten
~ **down** niederdrücken, herunterdrücken
~ **in the sand** in den Sand eindrücken
~ **on** andrücken
press Presse *f*
~ **bed** Pressentisch *m*
~ **body** Pressenkörper *m*
~ **brake** Abkantpresse *f*
~ **cake** Preßpulverkuchen *m*, Preßpulver-
  körper *m*, Filterkuchen *m*
~ **capacity** Pressenleistung *f*
~ **channel** Preßkanal *m*
~ **column** Pressenständer *m*
~ **container** Pressenrezipient *m*, Pressen-
  aufnehmer *m*
~ **crown** Pressen[ver]wölbung *f*
~ **die** Preßform *f*, Preßwerkzeug *n*
'~ **die forging** Gesenkpressen *n*
~ **fit** Preßpassung *f*, Preßsitz *m*
~ **fitting** Aufpressen *n*, Einpressen *n*
~ **force** Preßkraft *f*
~ **frame** Pressenrahmen *m*, Pressengestell
  n
~ **mould** Preßform *f*, Preßwerkzeug *n*
~ **operator** Pressenbediener *m*, Stanzer *m*
~ **pad** Niederhalter *m (Presse)*
~ **piercing mill** Preßlochwalzwerk *n*, Druck-
  lochwalzwerk *n*
~ **pin** Preßstempel *m*
~ **platen** Pressentisch *m*
~ **plunger** Preßkolben *m (Druckguß)*
~ **power** Preßdruck *m*
~ **ram** Pressenstößel *m*
~ **straining** Pressendehnung *f*, Pressenauf-
  federung *f*
~ **stroke** Pressenhub *m*, Preßweg *m*
~ **table** Pressentisch *m*
~ **tool** Preßform *f*, Preßwerkzeug *n*

~ trimming Entgraten n
~-type hardening device Härtepresse f, Wasserquette f, Abschreckpresse f
~ upright Pressenständer m
pressable preßbar; verpreßbar
pressed gepreßt, verdichtet
~ blank Preßling m, Pulverpreßling m
~ density Preßdichte f
~ object (part) s. ~ piece
~ piece Preßling m, Preßteil n, Pulverpreßling m, Pulverpreßteil n, Preßobjekt n
~ volume Volumen n des Preßkörpers
presser Presse f, Druckvorrichtung f, Verdichter m
~ difference Druckdifferenz f, Druckgefälle n
~ plate Druckplatte f
pressing 1. Pressen n; Quetschen n; 2. (Umf) Verpressen n; Drücken n; Prägen n; 3. (Pulv) Verdichten n; 4. Preßteil n, Preßstück n
~ crack Preßriß m
~ density Preßdichte f
~ die Preßform f, Preßwerkzeug n
~ disk Preßscheibe f
~ experiment Preßversuch m
~ help Preßhilfe f
~ mill Preßmühle f
~ mould Preßform f, Preßwerkzeug n
~ output Preßleistung f
~ pad Preßscheibe f
~ period Preßdauer f, Preßzeit f
~ plant Preßanlage f, Presserei f
~ procedure Preßverfahren n
~ process Preßvorgang m
~ roll Preßwalze f
~ stem Preßstempel m
~ test Preßversuch m
~ time Preßzeit f, Preßdauer f
~ tool Preßform f, Preßwerkzeug n
pressman Pressenbediener m, Stanzer m
pressure Druck m
~ air Druckluft f, Preßluft f
~-air accumulator system Druckluftspeicheranlage f
~ angle (Pulv) Preßwinkel m, Pressungswinkel m, Verdichtungswinkel m, Eingriffswinkel m
~ at the gauge Manometerdruck m, Meßdruck m
~ atomization Druckverdüsung f
~ bag method (Pulv) Drucksackverfahren n
~ bar Druckstange f
~ blast furnace Hochdruckhochofen m, Hochofen m mit Hochdruckausrüstung
~ blowing (Stahlh) Hochdruckblasen n
~ calcining (Pulv) Druckrösten n, Kalzinieren n unter Druck
~ capability Druckaufnahmefähigkeit f
~ cell Kraftaufnehmer m
~ chamber Druckkammer f
~ compacting Druckverdichtung f

~ compensation Druckausgleich m
~ compression Druckverdichtung f
~ cone (Wkst) Druckkegel m
~ contact Druckkontakt m
~ control Druckregelung f; Drucksteuerung f
~ controller Druckregler m
~ curve Druckkurve f, Druckverlauf m
~ cycles Druckzyklen mpl
~ decrease Druckabfall m, Druckverlust m, Druckverminderung f
~ die cast test bar Druckgußprobestab m
~ die casting 1. Druckgußverfahren n; 2. Druckgußteil n (s. a. unter die casting 3.)
~ distribution Druckverteilung f
~ drop Druckabfall m, Druckverlust m
~ drop across bed Druckabfall m entlang der Wirbelbetthöhe
~ dropping Druckabsenkung f
~ feeder (Gieß) Gasdruckspeiser m, Gasdrucksteiger m
~ filter Druckfilter n
~ filtration Druckfiltration f
~ forging 1. Gesenkpressen n; 2. Gesenkpreßteil n, Pulverpreßteil n
~ gas Druckgas n
~ gas welding Druckgasschweißen n
~ gauge Druckmesser m, Manometer n
~ increase Druckanstieg m
~ increase time Druckanstiegszeit f
~ intensification Druckmultiplikation f
~ intensifier Druckübersetzer m, Druckverstärker m
~ ladle Druckpfanne f
~ leach[ing] (Hydro) Drucklaugung f
~ line Druckleitung f
~ load Druckbelastung f
~-loaded druckbeansprucht
~ loss Druckverlust m, Druckabfall m
~-measuring instrument Druckmeßgerät n
~ multiplier Druckübersetzer m, Druckverstärker m
~ of rolling Walzdruck m
~ oil lubrication Druckölschmierung f
~ operation Betrieb m mit Überdruck (höherem Gasdruck) an der Gicht
~ peaks Druckspitzen fpl
~ pipe Druckrohr n
~ plate (Umf) Blechhalter m, Faltenhalter m
~ precipitation Druckfällung f
~ range Druckbereich m
~ recorder Druckschreiber m
~ reducer Druckminderer m
~-reducing druckmindernd
~-reducing valve Druckminderventil n, Druckreduzierventil n, Reduzierventil n
~ regulator Druckregler m
~ release Druckauslösung f
~ reservoir Druckspeicher m
~ ring (Umf) Druckring m
~ rise Druckanstieg m

~ riser *(Gieß)* Gasdruckspeiser *m*, Gasdrucksteiger *m*
~ roller *(Umf)* Druckrolle *f*, Druckwalze *f*
~ shock Druckstoß *m*
~ sintering *(Pulv)* Drucksintern *n*
~ spring Druckfeder *f*
~ stage Druckstufe *f*
~ tank Druckbehälter *m*
~ test Druckdichtheitsprüfung *f*
~ testing equipment Abdrückvorrichtung *f*
~-tight druckdicht
~ tightness Druckdichtigkeit *f*
~ transmission Druckübertragung *f*
~ transmitting medium Druckübertra-
gungsmittel *n*
~ tube Druckrohr *n*
~ tubing Druckrohrleitung *f*
~-type oil burner Druckölbrenner *m*
~ unsoundness Druckundichtigkeit *f*
~ vessel Druckbehälter *m*, Druckgefäß *n*
~ vessel conveyor Druckgefäßförderer *m*
~ vessel test *(Korr)* Druckgefäßversuch *m*
~ water Druckwasser *n*
~ water accumulator system Druckwas-
serspeicheranlage *f*
~ wave Druckwelle *f*
~ welding Preßschweißen *n*
~ welding technique Preßschweißverfah-
ren *n*
~ zone *(Pulv)* Druckzone *f*, Verdichtungszone *f*
pressureless drucklos
~ sintering druckloses Sintern *n*, Sintern *n*
ohne Druck[anwendung]
pressurization *(Hydro)* Druckbehandlung *f*
pressurize/to 1. unter Druck setzen;
2. *(Hydro)* druckbehandeln
pressurized blast furnace Hochdruckhochofen *m*, Hochofen *m* mit Hochdruckausrüstung
~ gate *(Gieß)* Druckanschnitt *m*
~ gating system *(Gieß)* Drucksystem *n*
~ operation Betrieb *m* mit Überdruck (höherem Gasdruck) an der Gicht
~ siphon *(Hydro)* Drucksyphon *m*
presswork Pressen *n*, Preßformen *n*, Stanzen *n*
~ machine Stanzmaschine *f*
prestamping 1. Vorpressen *n*, Vorverdichten *n*; 2. Vorpreßling *m*
prestrain Vordehnung *f*, Vorverformung *f*,
Vorumformung *f*
prestress/to vorbelasten, vorspannen
prestressed concrete Spannbeton *m*
~ concrete steel Spannbetonstahl *m*
~ stand vorgespanntes Walzgerüst *n*
~ steel Spannstahl *m*
prestressing 1. Vorverspannung *f*; 2. Vorspannung *f*
prestretch Vorrecken *n*, Vorstrecken *n*,
Vorlängen *n*
prestretched vorgereckt, vorgestreckt

pretest Vorversuch *m*
prethinning Vordünnen *n* *(elektrolytisch)*
pretreatment Vorbehandlung *f*
pretwister Vorverseilmaschine *f*, Vorver-
seiler *m*
prevailing tendency Entmischungstendenz
f
preworked vorbearbeitet, vorbehandelt
preworking Vorbearbeitung *f*, Vorbehandlung *f*
pricker *(Gieß)* Luftspieß *m*
prill Metallkönig *m*, Regulus *m*
prillion Schlackenzinn *n*
prills *suspendierte Metallteilchen in der
Schlacke*
primary air Primärluft *f*; Unterwind *m*, Zer-
stäuberluft *f*
~ aluminium Hüttenaluminium *n*
~ arm of dendrite Dendritenhauptast *m*
~ austenite Primäraustenit *m*, primärer
Austenit *m*
~ carbide Primärkarbid *n*
~ cementite Primärzementit *m*, primärer
Zementit *m*
~ cleaning Vorreinigung *f*, Grobreinigung *f*
~ constituent Hauptbestandteil *m*, Basismetall *n*, Grundmetall *n*
~ copper Primärkupfer *n*
~ creep primäres Kriechen *n*, Übergangskriechen *n* *(Kriechen mit abnehmender
Geschwindigkeit)*
~ crusher *(Aufb)* Vorbrecher *m*, Grobbrecher *m*
~ crystal Primärkristall *m*
~ crystallization Primärkristallisation *f*
~ dendrite Primärdendrit *m*
~ dryer Vorwärmer *m*
~ electron bombardment Primärbeschuß
m
~ energy Primärenergie *f*
~ etch Primärätzung *f*
~ extinction primäre Extinktion *f*
~ grain *(Krist)* Primärkorn *n*
~ grain boundary crack Primärkorngren-
zenriß *m*
~ grain boundary separation Primärkorn-
grenzentrennung *f*
~ grain size Anfangskorngröße *f*
~ graphite Primärgraphit *m*, Garschaumgraphit *m*, C-Graphit *m*
~ ion current density Primärionenstrom-
dichte *f*
~ melter Primärschmelzaggregat *n*
~ melting Primärschmelzen *n*
~ metal Primärmetall *n*, Hüttenmetall *n*
~ microstructure Primärgefüge *n*
~ mill Vorwalzstraße *f*, Vorwalzwerk *n*
~ product Roherzeugnis *n*, Vorprodukt *n*
~ recrystallization primäre Rekristallisation *f*
~ refining chamber Primärraffinationskam-
mer *f*

~ **sample** Primärprobe *f*
~ **sampler** Primärprobenehmer *m*
~ **slip system** *(Krist)* primäres Gleitsystem *n*
~ **structure** *(Krist)* Primärgefüge *n*, Primärstruktur *f*
~ **structure etching** Primärstrukturätzung *f*
~ **treatment** Vorbehandlung *f*
~ **treatment of powder** Pulvervorbehandlung *f*
prime/to 1. grundieren; 2. ansaugen *(Pumpe)*
prime cost Selbstkosten *pl*, Gestehungskosten *pl*
~ **mover** Antriebsmaschine *f*
~ **output** effektives Ausbringen *n*, Produktionsausstoß *m*, tatsächliche Erzeugungsmenge *f*
primer 1. Spreng[stoff]kapsel *f*, Sprengstoffsatz *m*; 2. Grundiermasse *f*, Spachtelmasse *f*
priming 1. Zündung *f*; 2. Grundieren *n*, Spachteln *n*; 3. Ansaugen *n* *(Pumpe)*
~ **coat** Grundanstrich *m*
primitive cubic *(Krist)* kubisch primitiv
principal arch Hauptgewölbe *n*
~ **bay** Hauptschiff *n* *(einer Halle)*
~ **group** *(Krist)* Hauptgruppe *f*
~ **growth direction** *(Krist)* Hauptwachstumsrichtung *f*
~ **impurity** *(Krist)* Hauptverunreinigung *f*
~ **quantum number** Hauptquantenzahl *f*
~ **roof** Hauptgewölbe *n*
~ **slip plane** *(Krist)* Hauptgleitebene *f*
~ **strain** Hauptverzerrung *f*
~ **stress** Hauptspannung *f*
~ **stress plane** Hauptspannungsebene *f*
~ **stress ratio** Hauptspannungsverhältnis *n*
principle of atomization Verdüsungsprinzip *n*
~ **of construction** Konstruktionsprinzip *n*
~ **of crushing** Zerkleinerungsgesetz *n*
prior austenite grain size Austenitausgangskorngröße *f*
~ **austenitic grain boundary** Primäraustenitkorngrenze *f*
~ **heating** Vorwärmung *f (Glühmittelverdampfung)*
prism Prisma *n*
~ **plane** *(Krist)* Prismenfläche *f*
prismatic dislocation prismatische Versetzung *f*
~ **glide** prismatisches Gleiten *n*
~ **guide** Prismenführung *f*
~ **plane** Prismenfläche *f*
probabilistic diagrams Wahrscheinlichkeitsnetz *n*
probability density Wahrscheinlichkeitsdichte *f*, Verteilungsdichte *f*, Dichtefunktion *f*
~ **factor** Wahrscheinlichkeitsfaktor *m*, Zufälligkeitsfaktor *m*

~ **level** Wahrscheinlichkeitsniveau *n*
probe/to 1. prüfen; 2. fühlen, mit Sonden untersuchen
probe Fühler *m*, Sonde *f*, Prüfkopf *m (Ultraschallprüfung)*
~ **arrangement** Prüfkopfanordnung *f*, Sondenanordnung *f*
~ **changer** Probenwechsler *m*
~ **guiding device** Prüfkopfführungseinrichtung *f*
~ **holding device** Prüfkopfhalterung *f*
~ **size** Sondendurchmesser *m*
~ **-to-specimen contact** Ankopplung *f (Ultraschallprüfung)*
process Verfahren *n*, Prozeß *m*
~ **annealing** Zwischenglühen *n*
~ **average fraction defective** mittlerer Fehleranteil *m*
~ **combination** Verfahrenskombination *f*
~ **control** Prozeßsteuerung *f*; Prozeßregelung *f*
~ **coupling** Prozeßkopplung *f*
~ **development** Verfahrensentwicklung *f*
~ **flow sheet** Verfahrensstammbaum *m*
~ **heat** Prozeßwärme *f*
~ **metallurgy** Prozeßmetallurgie *f*, Metallurgie *f* der Metallgewinnungsverfahren, metallurgische Verfahrenstechnik *f*
~ **-off gases** Prozeßabgase *npl*
~ **parameter** Prozeßparameter *m*
~ **route** Verfahrensweg *m*
~ **scrap** Umlaufschrott *m*, Betriebsschrott *m*, Betriebsabfälle *mpl*, Fabrikationsabfall *m*
~ **stage** Verfahrensstufe *f*, Verarbeitungsstufe *f*
~ **steam** Prozeßdampf *m*
~ **step** Prozeßschritt *m*
~ **technique** Verfahrenstechnik *f*
~ **technology** Verfahrenstechnik *f*
~ **variable** Prozeßgröße *f*, Prozeßvariable *f*
processing defect Verarbeitungsfehler *m*
~ **facilities** Verarbeitungsanlagen *fpl*
~ **of measured values** Meßwertverarbeitung *f*
~ **of slag** Schlackenverarbeitung *f*
~ **scrap** *s.* process scrap
~ **stage** *s.* process stage
producer 1. Erzeuger *m*; 2. Gaserzeuger *m*, Generator *m*
~ **gas** Generatorgas *n*
~ **gas firing** Generatorgasfeuerung *f*
~ **plant** Gaserzeugeranlage *f*
product necessarily obtained Zwangsprodukt *n*
~ **shape** Erzeugnisform *f*
~ **type** Erzeugnisart *f*
production foundry Großseriengießerei *f*
~ **sand** Betriebssand *m*
~ **welding** Fertigungsschweißen *n*
proeutectoid voreutektoid
proeutectoid Voreutektoid *n*

~ **ferrite** voreutektoider Ferrit *m*
~ **ferrite field** Gebiet *n* der voreutektoiden Ferritausscheidung
~ **phase** voreutektoide Phase *f*
profile Profil *n*
~ **checking instrument** Profilprüfgerät *n*
~ **cut** Formschnitt *m*
~ **die** Profilziehstein *m*, Formgesenk *n*
~ **of rollers** Walzenprofil *n*
~ **of the blast furnace** Hochofenprofil *n*
~ **rolling machine** Profilierwalzmaschine *f*
~ **straightening machine** Profilrichtmaschine *f*
~ **tool** Profilwerkzeug *n*, Formwerkzeug *n*
~ **tube** Profilrohr *n*
~ **wire** Profildraht *m*, Formdraht *m*, Fassondraht *m*
profiled sheet Formblech *n*
~ **wire** s. profile wire
profiling Profilieren *n*, Profilgestaltung *f*
profilometer Profilometer *n*, Rauhtiefenmesser *m*
progressive combustion Stufenverbrennung *f*, stufenweise Verbrennung *f*
~ **die** *(Umf)* Folgewerkzeug *n*
~ **draw tool** *(Umf)* Folgetiefziehwerkzeug *n*
~ **quenching** Vorschubhärten *n*, Härten *n* im Vorschub
~ **solidification** schalenförmige Erstarrung *f*
~ **tool** *(Umf)* Folgewerkzeug *n*
projected area 1. projizierte Fläche *f (auf der Teilungsebene)*; 2. Trennfläche *f (Druckguß)*
~ **image** Projektionsbild *n*
projecting tuyere vorstehende Düse (Windform) *f*
projection 1. Projektion *f*; 2. Vorsprung *m (in einer Oberfläche)*
~ **microscope** Projektionsmikroskop *n*
~ **plane** *(Krist)* Projektionsebene *f*
~ **point** *(Krist)* Projektionspunkt *m*
~ **ratio** Projektionsverhältnis *n*
~ **screen** Projektionsschirm *m*
~ **value** Projektionswert *m (z. B. QTM-Bildanalyse)*
~ **welding** Buckelschweißen *n*, Warzen[punkt]schweißen *n*
projector lens Projektiv *n*
prolonged anneal langzeitiges Glühen *n*, Langzeitglühen *n*, Langzeittempern *n*
~ **stressing** Langzeitbeanspruchung *f*
promethium Promethium *n*
promoter 1. Promotor *m*, Beschleuniger *m*; 2. Antinetzmittel *n*
proof stress Dehngrenze *f*, Elastizitätsgrenze *f*, Streckgrenze *f*
~ **test** *(Gieß)* Abdrücken *n (Dichtheitsprüfung)*
prop Stütze *f* der Bodenklappe *(Kupolofen)*
propagation loss Ausbreitungsverlust *m (von Wellen bzw. Schwingungen)*

proportion by area Flächenanteil *m*
~ **by length** Längenanteil *m*
~ **by volume** Volumenanteil *m*
~ **by weight** Gewichtsanteil *m*
~ **of hardener** s. quantity of hardener
proportional basicity Basizitätsgrad *m*
~ **counter tube** Proportionalzählrohr *n*
~ **limit** Proportionalitätsgrenze *f*
proportioning bin Dosierbunker *m*
protactinium Protaktinium *n*
protected crystal geschützter Schwinger *m (Ultraschallprüfung)*
protecting cap Schutzhaube *f*
protection against corrosion Korrosionsschutz *m*
~ **against heat** Wärmeschutz *m*
~ **against noise** Lärmschutz *m*
~ **against wear** Verschleißschutz *m*
~ **gas generating plant** Schutzgaserzeugungsanlage *f*
~ **of the refractory** Schutz *m* der feuerfesten Ausmauerung
~ **potential** *(Korr)* Schutzpotential *n*
~ **tube** Schutzrohr *n*
~ **voltage** Schutzspannung *f*
protective agent against reoxidation Reoxydationsschutzmittel *n*
~ **asbestos glove** Asbestschutzhandschuh *m*
~ **atmosphere** Schutz[gas]atmosphäre *f*
~ **atmosphere furnace** Schutzgasofen *m*
~ **brickwork** Schutzmauerwerk *n*
~ **coat** Schutzanstrich *m*, Schutzüberzug *m*
~ **coating** Schutzumhüllung *f*, Schutzüberzug *m*, Schutzschicht *f*
~ **covering** Schutzabdeckung *f*
~ **film** Schutzfilm *m*
~ **foundry clothing** Gießereischutzkleidung *f*
~ **furnace atmosphere** Schutzgasofenatmosphäre *f*
~ **garment** Schutzbekleidung *f*
~ **gas** Schutzgas *n*
~ **gas plant** Schutzgasanlage *f*
~ **glove** Schutzhandschuh *m*
~ **helmet** Schutzhelm *m*
~ **layer** Schutzschicht *f*
~ **metal coating** *(Korr)* Metallschutzschicht *f*
~ **oil** Korrosionsschutzöl *n*
~ **shell** Schutzmantel *m*
~ **slag layer** Schlackenschutzschicht *f*
~ **surface layer** Schutzschicht *f*
protector boot Schutzhülse *f*
protoactinium s. protactinium
proton irradiation Protonenbestrahlung *f*
protruding tuyere vorstehende Düse *f*
protrusion 1. Vorwärtsstoßen *n*, Vordrücken *n*; 2. Vorwölben *n*
proustite *(Min)* Proustit *m*, Arsensilberblende *f*

prow formation Keilbildung f *(bei Umform-
oder Prüfvorgängen)*
pseudoalloy Pseudolegierung f
pseudobinary alloy s. quasi-binary alloy
pseudofading Pseudoschwund m
pseudohexagonal pseudohexagonal
pseudomartensitic pseudomartensitisch
pseudoporosity Pseudoporosität f
pseudosymmetry ambiguity *(Krist)* Pseu-
dosymmetriemehrdeutigkeit f
pseudoternary pseudoternär
psilomelane *(Min)* Psilomelan m, Hartman-
ganerz n
puddle/to puddeln, rührfrischen, flammofenfrischen
puddle ball Pudelluppe f, Luppe f
~ **iron** Puddeleisen n
~ **steel** Puddelstahl m
puddled bar Puddelluppe f, Luppe f
puddling cinder Puddelschlacke f
~ **furnace** Puddelofen m
~ **process** Puddelverfahren n
puff out/to treiben, aufblähen
pug mill 1. Kollergang m; 2. s. clay mill
~ **mill mixer** Kollergangmischer m
pugging 1. Kneten n; 2. geknetetes Material n
pull/to ziehen; reißen; ausziehen
pull Zug m, Ziehen n
~ **crack** Oberflächenquerriß m
~ **cylinder** Aufschiebezylinder m
~-**down forging press** Ziehschmiedepresse
f
~ **of wire** Drahtzug m
~-**off roll** Rücklaufrolle f
~-**over device** Überhebevorrichtung f
~-**over mill** Überhebewalzwerk n
~ **strip guides** Zugbandführung f
~-**through-type furnace** Durchziehofen m
pulley Riemenscheibe f
pulling force *(Umf)* Ziehkraft f, Durchzieh-
kraft f
~-**in dog** *(Umf)* Einziehzange f, Froschzange f
pulp *(Hydro)* Trübe f, Suspension f
~ **density** Trübedichte f
~ **leaching** Suspensionslaugung f
pulpit Steuerbühne f, Steuerpult n
pulsating bending fatigue test *(Wkst)* Bie-
gewechselversuch m
~ **fatigue strength** Schwellfestigkeit f
~ **tensile stress** Zugschwellspannung f
pulsation Pulsieren n, Pulsation f
pulse area analysis Impulsflächenanalyse f
~ **column** Pulsationskolonne f
~-**echo method (test system)** Impulsecho-
verfahren n
~-**echo unit** Impulsechoanlage f
~ **energy** Impulsenergie f
~ **generation** Impulserzeugung f
~ **generator** Impulsgenerator m
~ **height** Impulshöhe f

~-**height analyzer** Impulshöhenanalysator
m, Diskriminator m
~-**height discrimination** Impulshöhenun-
terdrückung f
~ **reception** Impulsempfang m
~ **repetition frequency** Impulsfolgefre-
quenz f
pulverizable pulverisierbar
pulverization Pulverisierung f, Zerstäubung
f, Fein[st]mahlung f
pulverize/to pulverisieren, zerreiben, zerstäuben, fein[st]mahlen
pulverized pulverisiert, feingepulvert
~ **coal** feinzerkleinerte (pulverisierte) Kohle
f; Kohlenstaub m
~-**coal burner** Kohlenstaubbrenner m
~-**coal firing** Kohlenstaubfeuerung f
~-**coal plant** Kohlenstaubanlage f
~ **fuel** Brennstaub m
~-**fuel burner** Kohlenstaubbrenner m,
Staubbrenner m
~ **grog** *(Ff)* Schamottemehl n
~-**slag mill** Schlackenmühle f
pulverizer Pulverisierapparat m, Zerstäuber
m; Fein[st]mühle f
~ **mill** s. pulverizing mill
pulverizing Pulverisieren n, Pulverisierung
f, Fein[st]mahlung f
~ **equipment** Fein[st]mahlanlage f
~ **law** Zerkleinerungsgesetz n
~ **mill** Pulvermühle f, Staubmühle f,
Fein[st]mühle f
~ **roll** Mahlwalze f
pulverulent [fein]pulverig, staubartig; zer-
krümelnd
pumice Bimsstein m
~ **sand** Bimssand m
~ **slag** Schaumschlacke f *(Hüttenbims)*
~ **slag brick** Hüttenschwemmstein m
~ **soap** Bimssteinseife f
~ **stone** Bimsstein m
~ **stone powder** Bimssteinpulver n
~ **stone slag** Schaumschlacke f
pump for sinter water Sinterwasserpumpe
f
~ **house** Pumpenhaus n, Pumpenstation f
~ **outlet** Pumpstutzen m
~ **with wear-resistant armouring** Panzer-
pumpe f
pumping *(Gieß)* Pumpen n *(des Speisers)*
~ **station** Pumpstation f
punch/to 1. lochen; 2. [aus]stanzen; 3.
durchstoßen
punch 1. *(Pulv)* Stempel m; 2. *(Umf)* Preßwerkzeug n; Lochstempel m, Stempel m;
Stanze f; 3. *(Gieß)* Abnahmestempel m
~ **knife** Stanzmesser n
~-**out device** Ausstoßvorrichtung f
~ **pressure** Stempeldruck m
punched ring perforierter Ring m
~ **sheet** perforiertes Blech n, Siebblech n

punching 1. Lochen *n*; 2. Stanzen *n*, Ausstanzen *n*
~ **department** Locherei *f;* Stanzerei *f*
~ **die** Lochmatrize *f;* Stanzmatrize *f*
~ **machine** Stanze *f,* Lochstanze *f,* Aus-
stanzmaschine *f*
~ **method** Stanzverfahren *n*
~ **press** Lochpresse *f;* Stanzpresse *f*
~ **tool** Lochwerkzeug *n,* Locheisen *n;*
Stanzmatrize *f,* Stanzwerkzeug *n*
punchings Stanzabfälle *mpl*
purchased scrap Kaufschrott *m,* Zukaufschrott *m*
pure rein
~ **aluminium** reines Aluminium *n,* Reinaluminium *n*
~ **copper** reines Kupfer *n,* Reinkupfer *n*
~ **gas** Reingas *n*
~ **gas dust content** Reingasstaubgehalt *m*
~ **iron powder** Reineisenpulver *n*
~ **metal** reines Metall *n,* Reinmetall *n*
~ **metal standard** Reinmetallstandard *m*
~ **substance** reine Substanz *f,* reiner Stoff
m, Reinsubstanz *f*
purely optical pyrometer rein optisches
Pyrometer *n*
purge/to durchspülen, durchblasen
purging Durchspülen *n,* Durchblasen *n*
~ **cock** Reinigungshahn *m,* Entleerungs-
hahn *m*
~ **time** Reinigungszeit *f*
purification 1. Reinigung *f (Gas, Flüssigkeit);* Raffination *f;* 2. Feinen *n*
~ **plant** Reinigungsanlage *f*
~ **step** Reinigungsstufe *f*
purify/to 1. reinigen *(Gas, Flüssigkeit);* raffinieren; 2. feinen
purifying 1. Reinigung *f (Gas, Flüssigkeit);* Raffination *f;* 2. Feinen *n*
~ **agent** Reinigungsmittel *n*
~ **reaction** Frischwirkung *f*
~ **with air** Windfrischen *n*
purity Reinheit *f*
~ **assessment** Reinheitsgradbeurteilung *f*
~ **control investigation** Reinheitsgradun-
tersuchung *f*
~ **degree assessment** *s.* ~ assessment
~ **degree term** Reinheitsgradangabe *f*
Purofer process Purofer-Verfahren *n*
purple copper ore *s.* bornite
~ **line** Purpurgerade *f*
~ **ore** *(Hydro)* Purpurerz *n (aus rotem Eisenoxid bestehender Laugenrückstand chlo-
rierend gerösteter Kiesabbrände)*
push/to drücken, stoßen, schieben
push bench Stoßbank *f,* Rohrstoßbank *f*
~ **bench plant** Stoßbankanlage *f*
~-**button control** Druckknopfsteuerung *f*
~-**button-controlled** druckknopfgesteuert
~-**button selection** Drucktastenwahl *f*
~ **cylinder** *(Gieß)* Abschiebezylinder *f*
~-**off pin** *(Gieß)* Abdrückbolzen *m*

~-**pull pickling plant** Schubbeizanlage *f*
~ **rod** Stoßstange *f*
pusher Drücker *m,* Einstoßvorrichtung *f,*
Schieber *m*
~ **side** Maschinenseite *f (des Koksofens)*
~-**type furnace** Stoßofen *m*
pushing force Stoßkraft *f,* Einstoßkraft *f,*
Verschiebekraft *f*
pushpointer Einstoßvorrichtung *f,* Ein-
drückvorrichtung *f*
put in blast again/to wieder anblasen
~ **in stock** einlagern
putting-on device Auflegevorrichtung *f*
putty Kitt *m*
PVC coating PVC-Überzug *m*
pyramidal plane *(Krist)* pyramidale Fläche *f*
pyrargyrite *(Min)* Pyrargyrit *m,* dunkles
Rotgültigerz *n,* Antimonsilberblende *f*
pyrite *(Min)* Pyrit *m,* Eisenkies *m,* Schwefelkies *m*
~ **cinder** Pyritabbrand *m*
pyritic pyritisch, kiesig, schwefelkieshaltig
~ **smelting** *(Pyro)* pyritisches Schmelzen *n,*
Rohschmelzen *n*
pyroelectric conductor Heißleiter *m*
pyrogel process Pyrogelverfahren *n (Pulverherstellung)*
pyrolusite *(Min)* Pyrolusit *m,* Weichmangan-
erz *n*
pyrolysis Pyrolyse *f*
~ **product** Pyrolyseprodukt *n*
pyrometallurgical pyrometallurgisch
~ **refining** Feinen *n* durch pyrometallurgische Reaktionen
~ **stages** pyrometallurgische Verfahrens-
stufen *fpl*
pyrometallurgy Pyrometallurgie *f*
pyrometer Pyrometer *n*
~ **sheath tube** Pyrometerschutzrohr *n*
~ **well** Pyrometerschutzmantel *m*
pyrometric pyrometrisch
~ **cone** Segerkegel *m,* SK, Schmelzkegel *m*
~ **cone equivalent** Kegelfallpunkt *m,* Se-
gerkegelfallpunkt *m,* Erweichungspunkt
m
~ **scale** Temperaturskale *f*
pyrometry Pyrometrie *f*
pyromorphite *(Min)* Pyromorphit *m,* Bunt-
bleierz *n*
pyrophoric pyrophor
~ **alloy** Zündlegierung *f,* Zündmetall *n*
pyrophoricity Pyrophorität *f,* Entzündbarkeit *f*
pyrophosphoric acid Pyrophosphorsäure *f*
pyrophyllite *(Min)* Pyrophyllit *m*
pyrrhotine *(Min)* Pyrrhotin *m,* Magnetkies
m
pyrrhotite *s.* pyrrhotine

Q

Q-BOP *s.* quiet basic oxygen process
quad cable Vierleiterkabel *n*
quadravalent vierwertig
quadrivalent vierwertig
quadruple point Quadrupelpunkt *m*
quadrupole mass filter Quadrupolmassen-
filter *n*
quality Qualität *f;* Güte *f,* Gütestufe *f*
~ **assurance** Qualitätssicherung *f*
~ **check** *s.* ~ control
~ **class** Güteklasse *f*
~ **control** Qualitätskontrolle *f*
~ **feature** Qualitätsmerkmal *n*
~ **inspection** Qualitätsüberwachung *f;*
Qualitätskontrolle *f*
~ **level** Gütegrad *m*
~ **of fine grain** Feinkornmenge *f*
~ **of hard alloy** Hartmetallqualität *f*
~ **of mixing** Mischungsgüte *f,* Mischungs-
qualität *f*
~ **of particles** Teilcheneigenschaft *f,* Teil-
chenqualität *f*
~ **of sintered carbide** Hartmetallqualität *f*
~ **of sintering** Sintergüte *f*
~ **of the welded seam** Schweißnahtgüte *f*
~ **rating** Qualitätswertzahl *f*
~ **refining** Veredlung *f*
~ **specification** Gütevorschrift *f,* Qualitäts-
vorschrift *f*
~ **standard** Qualitätsstandard *m*
~ **steel** Qualitätsstahl *m*
quantification Quantifizierung *f,* mengen-
mäßige Bestimmung *f*
quantitative analysis quanitative Analyse *f*
~ **assessment** quantitative Einschätzung
(Bestimmung) *f*
~ **metallography** quantitative Metallografie
f
~ **television microscope** quantitatives
Fernsehmikroskop *n*
quantity delivered Fördermenge *f*
~ **of binder** Bindermenge *f*
~ **of electrolyte** Elektrolytmenge *f*
~ **of flow** Durchflußmenge *f*
~ **of fuel fed** aufgegebene Brennstoffmenge *f*
~ **of hardener** Härtermenge *f,* Härterdosie-
rung *f (für Einbettmittel)*
~ **of heat** Wärmemenge *f*
~ **of powder** Pulvermenge *f*
~ **of wind blown** Winddurchsatz *m*
quantometer Quantometer *n*
quantum-mechanical quantenmechanisch
~ **number** Quantenzahl *f*
~ **state** Quantenzustand *m*
~ **yield** Quantenausbeute *f*
quarl block Brennerstein *m*
quarry sand Grubensand *m*
~ **stone** Bruchstein *m*
quartation Quartation *f,* Scheidung *f (Tren-*

nung von Gold und Silber durch Salpe-
tersäure)
quartz *(Min)* Quarz *m*
~ **flash-tube** Quarzblitzröhre *f*
~ **flour** Quarzmehl *n*
~ **sand** Quarzsand *m*
~ **tube** Quarzrohr *n*
~ **wedge** Quarzkeil *m*
quartzite Quarzit *m*
quartzose sand quarzhaltiger Sand *m*
quasi-binary alloy quasibinäre Legierung *f*
~-**binary interdiffusion** quasibinäre gegen-
läufige Diffusion *f,* quasibinäre Diffusion
f im zweifachen Diffusionsraum
~-**binary section** quasibinärer Schnitt *m*
~-**binary slag** quasibinäre Schlacke *f*
~-**binary system** quasibinäres System *n*
~-**cleavage fracture** Quasispaltbruch *m*
~-**constant** quasikonstant
~-**crystalline** quasikristallin
~-**one-dimensional solid** Festkörper *m* mit
ausgeprägter Längsachse *(z. B. Draht)*
~-**ternary section** quasiternärer Schnitt *m*
~-**ternary system** quasiternäres System *n*
~-**viscous flow** quasiviskoses Fließen *n*
quaternary quaternär
~ **alloy** Vierstofflegierung *f,* quaternäre Legierung *f*
~ **ammonium compound** quaternäre Am-
moniumverbindung *f (Extraktionsmittel)*
~ **steel** Vierstoffstahl *m*
quench/to abschrecken, härten
~ **and draw** vergüten
quench *s. a. unter* quenching
~ **aging** Abschreckalterung *f*
~ **and draw line** Vergüterei *f*
~ **and temper process** Vergütungsverfah-
ren *n*
~-**and-temper-type of heat treatment** Vergüten *n* durch Abschrecken und Anlassen
~ **bath** Abschreckbad *n,* Härtebad *n*
~ **chamber** Abschreckkammer *f*
~ **conveyor** Tauchförderer *m,* Kühlförderer
m
~ **crack** Härteriß *m*
~ **deformation** Abschreckverformung *f*
~ **from the hot forming heat** Abschreck-
härtung *f* aus der Warmformgebungshitze
~ **furnace** Härteofen *m*
~ **hardening** Härten *n,* Abschreckhärten *n*
~-**hardening bath** Härtebad *n*
~ **head** Härtekopf *m,* Abschreckvorrichtung *f*
~ **line** Reihe *f* von Härteöfen
~ **mould** Abschreckform *f*
~ **profile** Abschreckprofil *n*
~ **sensitivity** Härtungsempfindlichkeit *f*
~ **stress crack** Härteriß *m*
~ **tank** Ablöschbehälter *m*
~ **tempering** Zwischenstufenvergütung *f*

quenchant Härteflüssigkeit *f*, Abschreckmittel *n*
quenched and drawn vergütet
~ **and tempered** vergütet
~ **and tempered steel** Vergütungsstahl *m*
~ **lime** Löschkalk *m*, gelöschter Kalk *m*
~ **structure** Abschreckgefüge *n*
quencher Abschreckgefäß *n*, Ablöschge-
fäß *n*, Löschgefäß *n*
quenching 1. Abschrecken *n (s. a. unter*
quench); 2. Löschen *n*
~ **additive** Abschreckzusatz *m*, Härtezusatz
m
~ **and tempering** Vergüten *n*; Abschrecken
n und Anlassen *n*
~ **and tempering in air** Luftvergüten *n*
~ **and tempering in oil** Ölvergüten *n*
~ **and tempering in water** Wasservergüten
n
~ **apparatus** Abschreckapparatur *f*
~ **bath** Abschreckbad *n*, Härtebad *n*
~ **condition** Abschreckbedingung *f*
~ **crack** Härteriß *m*
~ **device** Abschreckvorrichtung *f*
~ **distortion** Härteverzug *m*
~ **effect** Abschreckwirkung *f*
~ **jet** Abschreckstrahl *m*
~ **liquid** Abschreckflüssigkeit *f*, Härteflüssigkeit *f*
~ **medium** Abschreckmittel *n*, Härtemittel
n
~ **oil** Abschrecköl *n*, Härteöl *n*
~ **procedure** Abschreckbehandlung *f*
~ **rate** Abschreckgeschwindigkeit *f*
~ **sorbite** Abschrecksorbit *m*
~ **stress** Abschreckspannung *f*
~ **temperature** Abschrecktemperatur *f*,
Härtetemperatur *f*
~ **test** Abschreckprüfung *f*, Abschreckun-
tersuchung *f*, Härtungsprüfung *f*
~ **time** Abschreckdauer *f*
~ **with subsequent tempering** Vergüten *n*
quick action adjustment Schnellverstel-
lung *f*
~ **ash** Flugasche *f*
~ **assembly union** Schnellverbinder *m*
~ **-clamping device** Schnellspannvorrich-
tung *f*
~ **heating** Schnellerwärmung *f*
~ **-setting** schnell abbindend *(Formstoff)*
~ **test** Schnellprüfung *f*
quicklime Ätzkalk *m*, gebrannter (ungelöschter) Kalk *m*
quickly replaceable loop schnell auswechselbare Rinne *f (Induktionsofen)*
quicksilver Quecksilber *n*
quiescent pouring wirbelfreies Gießen *n*
~ **state** Ruhezustand *m*
quiet/to beruhigen; abstehen lassen
quiet basic oxygen process bodenblasendes Sauerstoffkonverterverfahren *n*
quill/to fälteln

quintuple frequency furnace Quintfre-
quenzofen *m*
quota of false grain Feinkornanteil *m*
quotient pyrometer Quotientenpyrometer
n
QTM *s.* quantitative television microscope

R

R-dislocation Ringversetzung *f*, R-Verset-
zung *f*
R-L-E process *s.* roast-leach-electrowin
process
R-ray projection microscopy Röntgenprojektionsmikroskopie *f*
R-value R-Wert *m (Anisotropiekoeffizient*
für plastische Formänderung)
rabble/to rühren; schüren
~ **a bath** Schmelze umrühren
rabble 1. Rührwerk *n*; 2. Schüreisen *n*,
Feuerhaken *m*
~ **arm** Krählarm *m (Röstofen)*
~ **furnace** Krählofen *m*, Rührofen *m*
rabbling Umrühren *n* einer Schmelze
race Laufring *m*
raceway Laufbahn *f*
rack 1. Zahnstange *f*; 2. Gestell *n*; Gerüst
n; 3. Ablage *f*
~ **[and pinion] drive** Zahnstangenantrieb *m*
~ **dryer** Etagentrockner *m*
~ **feed** Zahnstangenantrieb *m*
~ **for cores** *(Gieß)* Kernablage *f*
~ **for moulds** *(Gieß)* Formablage *f*, Formbett *n*
~ **height adjustment** Höhenjustierung *f*
durch Zahnstange *(Gießpfanne)*
~ **plating** Gestellgalvanisierung *f*
~ **wheel** Schaltrad *n*
radial radial
~ **brick** *(Ff)* Radialstein *m*
~ **compressive strength** Scheiteldruckfe-
stigkeit *f*
~ **crushing strength** radiale Bruchfestigkeit *f*
~ **fan** Radialgebläse *n*
~ **feeding** Radialanstellung *f*, Radialzufüh-
rung *f*
~ **force** Radialkraft *f*
~ **incidence** Radialeinschallung *f*
~ **piston pump** Radialkolbenpumpe *f*
~ **shrinkage** radiale Schwindung *f*
~ **stress** Querkraft *f*, Radialspannung *f*
radially placed [around] fächerförmig angeordnet
radiant strahlend
~ **burner** Strahlungsbrenner *m*
~ **gas furnace** Gasstrahlungsofen *m*
~ **heat** Strahlungswärme *f*
~ **power** Strahlungsenergie *f*
~ **tube** Strahl[ungs]heizrohr *n*, Mantel-
strahlheizrohr *n*

~ tube coil annealing cover Strahlrohr-Ringglühhaube f
~ tube furnace Strahlrohrofen m
~ wall Strahl[ungs]wand f
radiate/to [aus]strahlen, abstrahlen
radiate heating pipe Strahl[ungs]heizrohr n
radiated structure strahlige Struktur f (Bruchgefüge)
radiating capacity Abstrahlungsvermögen n
radiation Strahlung f
~ burner Strahlungsbrenner m
~ damage Strahlenschädigung f (durch Bestrahlung verursachte Gitterfehler)
~ detector Strahlungsdetektor m
~ dose Strahlendosis f, Bestrahlungsdosis f
~ energy level Röhrenspannung f (Röntgenprüfung)
~ fin Kühlrippe f
~ furnace Strahlungsofen m
~ heat Strahlungswärme f
~ intensity Strahlungsintensität f
~ loss Strahlungsverlust m
~ loss in arc furnace Strahlungsverlust m beim Lichtbogenofen
~ measuring instrument Strahlenmeßgerät n
~ protection measure 1. Strahlenschutzmaßnahme f; 2. Strahlenschutzmaß n
~ pyrometer Strahlungspyrometer n
~ recuperator Strahlungsrekuperator m
~ screen Strahlungsschutzschirm m
~ shielding Strahlungsabschirmung f
~ temperature Strahlungstemperatur f
~ testing Durchstrahlungsprüfung f
~ yield Strahlungsausbeute f
radiator Radiator m, Rippenheizkörper m, Strahlungsheizer m
~ fin Kühlrippe f
radio-frequency s. unter high-frequency
radioactive decay radioaktiver Zerfall m, Kernzerfall m
~ isotope radioaktives Isotop n, Radioisotop n
~ material radioaktiver Stoff m
radiograph/to durchstrahlen (mit Röntgen- oder Gammastrahlen)
radiograph Radiogramm n (Röntgenbild, Gammastrahlaufnahme)
radiographic determination röntgenografische Bestimmung f
~ film Röntgenfilm m
~ inspection Durchstrahlungsprüfung f (mit Röntgen- oder Gammastrahlen)
~ quality level Bildgüte f des Röntgenbildes
~ testing s. ~ inspection
radiography 1. Radiografie f, Durchstrahlung f (mit Röntgen- oder Gammastrahlen); 2. s. radiographic inspection

radioscopy Radioskopie f, Röntgendurchleuchtung f, Schirmbildprüfung f
radium Radium n
radius of arch Gewölberadius m
~ of bed Wirbelbettradius m
~ of bed at top Wirbelbettradius m an der Wirbelschichtoberfläche
~ of bed of the bottom Wirbelbettradius m am Reaktorboden
~ of crown Ofengewölberadius m
~ of curvature Krümmungsradius m
~ of granule Kornradius m
~ of powder particle Pulverteilchenradius m
~ quotient Radienquotient m
radiused abgerundet (Ecke)
~ straight top edge sleeker (Gieß) Polierknopf m mit abgerundeter Spitze
radon Radon n
raffinate Raffinat n
rag/to behauen; einkerben; rändeln; schärfen (Walzen)
rag Stauchwulst m(f)
~ height Stauchwulsthöhe f
ragged fracture zackiger Bruch m
ragging Hauen n, Schärfen n, Rändeln n, Walzenschärfen n
rail base Schienenfuß m
~-borne manipulator Schienenmanipulator m, schienengebundener Manipulator m
~ brake Gleisbremse f
~ chair Unterlegplatte f, Schienenunterlegplatte f
~ foot Schienenfuß m
~ fracture Schienenbruch m
~ head Schienenkopf m
~ pass Schienenkaliber n
~ rolling Schienenwalzen n
~ rolling mill Schienenwalzwerk n
~ section Schienenprofil n
~ spike Schienennagel m, Schwellennagel m
~ steel Schienenstahl m
~ straightening machine Schienenrichtmaschine f
~ traction Gleisförderung f
~ transport Schienentransport m
~ web Schienensteg m
railings Geländer n
railway rail Eisenbahnschiene f
~ scrap Schienenschrott m
~ tyre Eisenbahnradreifen m
raise/to aufrichten
raising Aufwärtsbewegung f
rake Rechen m; Kratze f, Krammeisen n; Feuerhaken m, Schüreisen n
~ angle Spanwinkel m; Schneidwinkel m (Presse)
~ classifier (Aufb) Rechenklassierer m
~ tooth Rechenzinke f; Kratzenzinke f
~-type cooling bank Rechenkühlbett n
raking arm Krählarm m

~-type cooling bed Rechenkühlbett *n*
ram/to [fest]stampfen, rütteln
~ in einstampfen
~ the sand *(Gieß)* den Sand verdichten
~ up *(Gieß)* aufstampfen, einformen
ram 1. *(Umf)* Stempel *m*, Stößel *m*, Preßstempel *m*; Druckkolben *m* *(einer Presse)*; 2. *(Umf)* Oberbär *m*; Fallbär *m*; 3. Ramme *f*
~ charger Einstoßer *m*, Stoßchargiervorrichtung *f*
~ mix *(Ff)* Stampfmasse *f*
~-off Verstampfung *f*
~ speed *(Umf)* Stempelgeschwindigkeit *f*
~ stroke Stößelhub *m*
ramless extrusion hydrostatisches Strangpressen *n*
rammed bottom Stampfherd *m*, gestampfter Boden *m*
~ concrete Stampfbeton *m*
~ hearth Stampfherd *m*
~ lining *(Ff)* Stampfauskleidung *f*, Stampfzustellung *f*
~ mix *(Ff)* Stampfmasse *f*
rammer Ramme *f*, Stampfer *m*, Rüttler *m*
ramming Stampfen *n*, Feststampfen *n*, Rütteln *n*
~ board Stampfplatte *f*
~ compound *(Ff)* Stampfmasse *f*
~ dolomite *(Ff)* Stampfdolomit *m*
~ head *(Gieß)* Schleuderkopf *m* *(Sandslinger)*
~ machine Stampfmaschine *f*
~ machine for pipes *(Gieß)* Rohrstampfmaschine *f*
~ mass (material) *(Ff)* Stampfmasse *f*
~ mix *(Ff)* Stampfmischung *f*, Stampfmasse *f*
~ of the mould Verdichten *n* der Sandform
~ requirement Verdichtungsnotwendigkeit *f*
~-up *(Gieß)* Aufstampfen *n*
ramp Rampe *f*
random analysis Stückanalyse *f*
~ distribution regellose (statistische) Verteilung *f*
~ inspection Stichprobe *f*
~ line Zufallslinie *f*
~ orientation 1. ungeordnete Verteilung *f*, regellose Anordnung *f*; 2. *(Krist)* regellose Orientierung *f*, Zufallsorientierung *f*
~ point Zufallspunkt *m*
~ sample Zufallsstichprobe *f*
~ sample test Zufallsstichprobenprüfung *f*
~ section Zufallsfeld *n*
~ variable Zufallsvariable *f*
range of application Anwendungsbereich *m*
~ of coarse product Grobkornbereich *m*
~ of contrast Kontrastumfang *m*
~ of grain sizes Körnung *f*
~ of homogeneity Homogenitätsbereich *m*

~ of loading Beanspruchungsbereich *m*, Belastungsbereich *m*
~ of pH pH-Bereich *m*
~ of sensitivity Ansprechbereich *m*
~ of speed Drehzahlbereich *m*
~ of stress Schwingbreite *f* der Spannung *(Dauerfestigkeit)*
~ of temperature Temperaturbereich *m*
~ of variation Schwankungsbreite *f*, Streubereich *m*
Raoult's law Raoultsches Gesetz *n*, Raoultsche Gerade *f*
rap/to *(Gieß)* losklopfen, losschlagen *(Modell)*
rape oil Rüböl *n*, Rapsöl *n*
rapid-acting forging press Schnellschmiedepresse *f*, Hochgeschwindigkeitsschmiedepresse *f*
~-action valve Schnellschlußventil *n*; Schnellöffnungsventil *n*
~ breeder fuel rod Schnellbrüterbrennelement *n*
~ control heating chamber Schnellregelheizkammer *f*
~ heating Schnellerwärmung *f*, Schnellaufheizung *f*
~-heating furnace Schnellerwärmungsanlage *f*, Schnellerwärmungsofen *m*
~ heating rate hohe Aufheizungsgeschwindigkeit *f*
~ pouring Schnellgießen *n*
~ press Schnellpresse *f*
~ test Schnellprüfverfahren *n*, Kurzprüfverfahren *n*
~ testing procedure s. ~ test
~ voltage decay schneller Spannungsabfall *m*
rappage *(Gieß)* Übermaß *n* *(hervorgerufen durch das Losschlagen des Modells)*
rapper *(Gieß)* Losklopfer *m* *(Modell)*
rapping *(Gieß)* Losklopfen *n*, Losschlagen *n* *(Modell)*
~ bar *(Gieß)* Losschlageisen *n*, Aushebeeisen *n*
~ hammer Spitzhammer *m*, Doppelkopfhammer *m*, Flachspitzhammer *m*
~ mechanism *(Gieß)* Klopfeinrichtung *f*
~ pin *(Gieß)* Losschlageisen *n*, Aushebeeisen *n*
~ plate *(Gieß)* Losschlagplatte *f*
~ spike *(Gieß)* Losschlageisen *n*, Aushebeeisen *n*
~ rappler Schlackenabzieher *m*
rare-earth calcium alloy Seltenerd-Kalzium-Legierung *f*
~-earth component Seltenerdkomponente *f*
~-earth element Element *n* der seltenen Erden
~ earths seltene Erden *pl*, Seltenerden *pl*
~ gas Edelgas *n*
~ metal seltenes Metall *n*

raster unit Rastereinheit *f (quantitative Bildanalyse)*
rat-tail Rattenschwanz *m (Gußfehler)*
ratchel *(Aufb)* Berge *pl*
rate 1. Geschwindigkeit *f*; 2. Anteil *m*, Grad *m*, Rate *f*, Betrag *m*; 3. Durchsatz *m*
~ **change** Geschwindigkeitswechsel *m*
~ **constant** Geschwindigkeitskonstante *f*
~-**controlling** geschwindigkeitsbestimmend
~-**controlling process** geschwindigkeitsbestimmender Vorgang *m*
~ **of carbon drop** Frischgeschwindigkeit *f*
~ **of casting** Gießleistung *f*
~ **of charging** Durchsatzzeit *f*
~ **of combustion** Verbrennungsgeschwindigkeit *f*
~ **of crystal growth** Kristallisationsgeschwindigkeit *f*
~ **of deposition** Abscheidungsgeschwindigkeit *f*
~ **of descent** Sinkgeschwindigkeit *f*
~ **of dissolution** Auflösungsgeschwindigkeit *f*
~ **of etching** Ätzgeschwindigkeit *f*
~ **of filtration** Filtrationsgeschwindigkeit *f*
~ **of hydrolisis** Hydrolysegeschwindigkeit *f*
~ **of infiltration** Infiltrationsgeschwindigkeit *f*
~ **of internal heat source** Leistung *f* der inneren Wärmequelle
~ **of lowering** Absenkgeschwindigkeit *f*
~ **of performance** Arbeitstempo *n*
~ **of precipitation** Fällungsgeschwindigkeit *f*, Ausscheidungsgeschwindigkeit *f*
~ **of progress** Arbeitstempo *n*
~ **of removal** Abtragungsgeschwindigkeit *f*, Abtragrate *f*
~ **of rise** Steig[e]geschwindigkeit *f*
~ **of solidification** Erstarrungsgeschwindigkeit *f*
~ **of solution** Lösungsgeschwindigkeit *f*, Lösungsrate *f*
~ **of stressing** Belastungsgeschwindigkeit *f*
~ **of vertical descent** Sinkgeschwindigkeit *f*
rated capacity Nennleistung *f*, Solleistung *f*, Nennkapazität *f*
~ **capacity of a converter** nominelles Fassungsvolumen *n* eines Konverters
~ **output (power)** Nennleistung *f*
~ **speed** Nenndrehzahl *f*
~ **torque** Nennmoment *n*
ratemeter Geschwindigkeitsmesser *m*
ratio of iron in slag to iron in bath Verschlackungsverhältnis *n*
~ **of reduction** Reduktionsgrad *m*, Abnahmeverhältnis *n*, Umformgrad *m*
~ **of spacing** Abstandsverhältnis *n*
~ **volume/surface area** *(Gieß)* Volumen/Oberflächen-Verhältnis *n*, Modul *m*

rattler star *(Gieß)* Putzstern *m*
raw band Grünband *n*, Rohband *n*, Schülpen *n (ungesintertes Pulverband)*
~ **casting** 1. Rohguß *m*; 2. Rohgußstück *n*
~ **clay** Rohton *m*
~ **dolomite** Rohdolomit *m*
~-**gas dust content** Rohgasstaubgehalt *m*
~-**gas offtake** Rohgasabzug *m*
~ **ingot** Rohblock *m*
~ **lead** Werkblei *n*
~ **material** 1. Rohstoff *m*, Rohmaterial *n*, Ausgangsmaterial *n*, Grundstoff *m*; 2. *(Umf)* Vormaterial *n (Schmieden)*
~ **material situation** Rohstoffsituation *f*, Rohmaterialsituation *f*
~ **ore** Roherz *n*, Fördererz *n*
~ **petroleum coke** Rohpetrolkoks *m*
~ **sand** Rohsand *m*, nichtklassierter, ungewaschener Sand *m*
~ **steel** Rohstahl *m*
~ **zinc** Werkzink *n*
ray approximation Strahlennäherung *f*
~ **brightness** Strahlhelligkeit *f*
γ-**ray irradiation** Bestrahlung *f* mit γ-Strahlen
Rayleigh number Rayleigh-Zahl *f*
razor blade steel Rasierklingenstahl *m*
~ **blade [steel] strip** Rasierklingenbandstahl *m*
RDC *s.* rotating disk contactor
Re number *s.* Reynolds number
RE *s.* rare earths
reach rod Griffstange *f*
~ **truck** Schiebegerüststapler *m*
react/to reagieren; gegenwirken
reactant Reaktant *m*, Reaktionspartner *m*
reacting force Gegenkraft *f*
reaction 1. Reaktion *f*, Umsetzung *f*; 2. Reaktion *f*; Gegenwirkung *f*; 3. Gegendruck *m*
~ **blow holes** blaugefärbte Blasen *fpl (Gußfehler)*
~ **constant** Reaktionskonstante *f*
~ **current density** Reaktionsstromdichte *f*
~ **during sintering** Sinterreaktion *f*
~ **force** Rückstoßkraft *f*
~ **front** Reaktionsfront *f*
~ **gas** Reaktionsgas *n*
~ **heat** Reaktionswärme *f*
~ **hot pressing** *(Pulv)* Heißpressen *n* mit Phasenumwandlung
~ **kinetics** Reaktionskinetik *f*
~ **layer** Reaktionsschicht *f*
~ **mechanism** Reaktionsmechanismus *m*
~ **of first order** Reaktion *f* erster Ordnung
~ **order** Reaktionsordnung *f*
~ **point** Gabelpunkt *m (Phasendiagramm)*
~ **possibility** Reaktionsmöglichkeit *f*
~ **rate** Reaktionsgeschwindigkeit *f*, Umsetzungsgeschwindigkeit *f*
~ **rate coefficient** Reaktionsgeschwindigkeitskoeffizient *m*

~ **rate constant** Reaktionsgeschwindig-keitskonstante f
~-**sintered** reaktionsgesintert
~ **sintering** Reaktionssintern n
~ **sintering process** reaktionsthermisches Verfahren n
~ **space** Reaktionsraum m
~ **step** Reaktionsstufe f
~ **vessel** Reaktionsgefäß n
~ **zone** Reaktionszone f
reactive reaktionsfähig
~ **atmosphere** [re]aktive Atmosphäre f
~ **process** Reaktionsvorgang m
reactivity Reaktionsfähigkeit f, Reaktivität f
reactor Reaktor m
~ **technology** Reaktortechnik f
read-out device Anzeigeeinrichtung f, Ableseeinrichtung f
~-**out dial** Ableseskale f
~-**out window** Anzeigefenster n
reading error Ablesefehler m
~ **microscope** Ablesemikroskop n
readjust/to wieder einstellen *(auf einen Wert)*
readjustment Ausgleich m; Nachregelung f; Neueinstellung f
ready for erection fertig zum Aufbau
~-**to-pour mould** gießfertige Form f
reagent Reagens n, Atzmittel n
~ **residue** Ätzmittelrückstand m
real crystal Realkristall m
~ **solution** echte (wirkliche) Lösung f
ream/to aufweiten, räumen, reiben, aufdornen
reamer Reibahle f
reanneal/to nachglühen
rear axle Hinter[rad]achse f
~ **face** Auflagefläche f
~ **loader** Hecklader m
rearrangement Umlagerung f *(z. B. von Sandkörnern)*
~ **zone** Umordnungszone f
reassay Wiederholungsprobe f
rebar s. reinforcing bar
rebend test Rückbiegeversuch m
reboring of dies Ziehsteinaufbohren n, Ziehsteinnachbohren n
rebound/to zurückprallen
rebound Rückprall m, Rückstoß m, Rücksprung m, Aufprall m, Aufschlag m
~ **hardness test** *(Wkst)* Rücksprunghärteprüfung f, Prellhärteprüfung f
~ **plate** Aufprallplatte f
rebrick/to neu ausmauern
rebuilding 1. Umbau m, Rekonstruktion f; Wiederaufbau m; 2. erneute Zustellung f
recalcitrant oxide sperriges Oxid n
recalescence Rekaleszenz f, Wärmeabgabe f *(beim Durchgang durch den Haltepunkt)*
~ **curve** Aufheizkurve f *(nach Unterkühlung)*

~ **point** Aufheizung f *(nach Unterkühlung)*
recarburization Wiederaufkohlung f, Rückkohlung f
recarburize/to wiederaufkohlen, rückkohlen
recarburizing agent Aufkohlungsmittel n
~ **carbon** Aufkohlungskohlenstoff m
~ **heat** Aufkohlungsschmelze f
receiver 1. Empfänger m; 2. Aufnahmegefäß n, Mischer m; 3. Aufnehmer m *(Ultraschallprüfung)*; 4. Vorherd m *(Kupolofen)*
~ **lens** Empfangslinse f
receiving buck Verlademulde f
~ **furnace** Warmhalteofen m
~ **hopper** Aufnahmebehälter m, Fülltrichter m
~ **roll table** Zufuhrrollgang m
~ **transducer** Aufnahmekopf m *(Ultraschallprüfung)*
~ **trough** Aufnehmerrinne f
receptacle Aufnahmegefäß n
reception test Abnahmeprüfung f
recess Nische f, Aussparung f, Vertiefung f, Nut f
recharge/to auffüllen, nachsetzen, nachchargieren
recharging Auffüllen n, Nachsetzen n, Nachchargieren n
recipient Rezipient m, Sammelgefäß n, Aufnehmer m
reciprocal lattice *(Krist)* reziprokes Gitter n
~-**lattice point** Punkt m im reziproken Gitter
~ **lattice vector** reziproker Gittervektor m
reciprocating mould process Stranggß m mit beweglicher Kokille
~ **rolling process** Pilger[schritt]walzverfahren n, Pilgerwalzen n
reciprocity theorem Reziprozitätstheorem m
recircled metal Rücklaufmetall n, Sekundärmetall n
recirculate/to umwälzen, zurückführen
recirculating furnace Umwälzofen m
recirculation Umwälzung f, Zurückführung f
~ **factor** Umlauffaktor m
~ **of water** Wasserversorgung f im Kreislauf
~ **sand** *(Gieß)* Umlaufsand m, Kreislaufsand m
~ **sand system** *(Gieß)* Kreislaufsandsystem n
reclaim/to 1. zurückgewinnen; aufarbeiten, regenerieren *(z. B. Formsand)*; 2. aufnehmen *(von der Halde)*
reclaimability Aufarbeitbarkeit f, Regenerierungsfähigkeit f *(z. B. von Formsand)*
reclaimable aufarbeitbar, regenerierfähig *(z. B. Formsand)*
reclaimer Aufnehmer m *(von der Halde)*
reclaiming Abhaldung f

reclamation Rückgewinnung f, Regenerierung f (z. B. von Formsand)
~ **installation** Regenerierungsanlage f
~ **of ores** Erzrückverladung f
~ **welding** Reparaturschweißen n
recoiler Haspel f, Wickelmaschine f
recombination Rekombination f
~ **centre** Rekombinationszentrum n
~ **energy** Rekombinationsenergie f (für die Einschnürung einer aufgespaltenen Versetzung)
recompact/to (Pulv) nachverdichten
recompacting (Pulv) Nachverdichten n
recondition/to aufarbeiten, regenerieren (z. B. Formsand)
reconditionable aufarbeitbar, regenerierungsfähig (z. B. Formsand)
reconditionality Aufarbeitbarkeit f, Regenerierungsfähigkeit f (z. B. von Formsand)
reconditioned moulding sand aufbereiteter Formsand m
~ **sand** aufbereiteter Sand m
reconstruct/to umbauen, rekonstruieren
reconstruction Umbau m, Rekonstruktion f
recooling plant Rückkühlanlage f
~ **system** Rückkühlsystem n
record/to aufzeichnen (Betriebsaufschreibung)
record player turn table Plattenteller m
recording radiation pyrometer selbstschreibendes Strahlungspyrometer n
recover/to rückgewinnen
recoverable rückgewinnbar
recovery 1. Rückgewinnung f; Ausbringen n; 2. Erholung f, Ausheilen n (von Defekten)
~ **curve** Ausheilkurve f
~ **factor** Rückgewinnungsfaktor m, Ausbringensfaktor m, Extraktionsausbeute f
~ **model** Erholungsmodell n
~ **of energy** Energierückgewinnung f
~ **plant for iron** Eisenrückgewinnungsanlage f
~ **rate** Erholungsgeschwindigkeit f
recrystallization Rekristallisation f
~ **-annealed** rekristallisierend geglüht
~ **annealing** Rekristallisationsglühen n
~ **behaviour** Rekristallisationsverhalten n
~ **cell** Rekristallisationszelle f
~ **diagram** Rekristallisationsschaubild n
~ **front** Rekristallisationsfront f
~ **hindrance** Rekristallisationsbehinderung f
~ **in situ** Rekristallisation f in situ
~ **kinetics** Rekristallisationskinetik f
~ **nucleus** Rekristallisationskeim m
~ **rate** Rekristallisationsgeschwindigkeit f
~ **structure** Rekristallisationsgefüge n
~ **temperature** Rekristallisationstemperatur f
~ **texture** Rekristallisationstextur f

~ **twin** Rekristallisationszwilling m
recrystallizing anneal (heat treatment) Rekristallisationsglühen n
rectangular bar Flachstahl m, scharfkantiges Flach n
~ **line pattern** Rechteckschraffur f
~ **specimen** Rechteckprobe f
~ **tube** Rechtkantrohr n
~ **tubular shell** rechteckiger Rohrmantel m
rectification of distortion Flammrichten n
~ **welding** (Gieß) Ausbesserungsschweißen n
rectilinear drawing machine Geradeausziehmaschine f
recuperate/to wiedergewinnen, rückgewinnen (Wärme)
recuperation Wiedergewinnung f, Rückgewinnung f (von Wärme)
recuperative burner Rekuperatorbrenner m, Rekuperativbrenner m, Brenner m mit Rekuperator
~ **furnace** Rekuperativofen m
recuperator Rekuperator m Wärme-[aus]tauscher m, Lufterhitzer m
recurring corrugation periodische Welle f (bei Blechen)
~ **shaft** Welle f mit periodischem Profil, Welle f mit periodisch verändertem Querschnitt
~ **shape** periodisches Profil n, periodisch veränderter Querschnitt m
recutting Nachschneiden n
recycle/to im Kreislauf führen; zurückführen, rezirkulieren
recycle Kreislauf m; Rücklauf m
~ **gas** Kreislaufgas n
recycling 1. Kreislauf m; Rücklauf m; 2. Rückgewinnung f (im Kreislaufverfahren); 3. Recycling n, Abfallaufbereitung f
~ **of scrap** Schrottkreislauf m
~ **of secondary metals** Wiedergewinnung f von Sekundärmetallen
red brass Rotguß m (Cu-Sn-Zn-Pb-Legierung)
~ **brass bearing** Rotgußlager n
~ **brick** Ziegelstein m
~ **brittleness** Rotbrüchigkeit f
~ **copper ore** (Min) Rotkupfererz n, Kuprit m
~ **gold** Rotgold n (Au-Cu-Legierung)
~ **haematite** (Min) roter Haematit m
~ **hardness** Rotwarmhärte f, Rotgluthärte f
~ **-hardness property** Warmhärteeigenschaft f
~ **heat** Rotglut f, Glühhitze f
~ **iron ore** (Min) Roteisenstein m, Haematit m
~ **iron oxide** rotes Eisenoxid n, Eisenoxidrot n
~ **lead** Bleimennige f, rotes Bleioxid n
~ **lead ore** (Min) Rotbleierz n, Krokoit m

~ **mud** Rotschlamm *m (eisenreiches Abprodukt der Bauxitverarbeitung)*
~-**short** rotbrüchig
~ **shortness** Rotbruch *m*, Rotbrüchigkeit *f*
~ **silver ore** *(Min)* 1. dunkles Rotgültigerz
n, Antimonsilberblende *f*, Pyrargyrit *m*; 2.
lichtes Rotgültigerz *n*, Arsensilberblende
f, Proustit *m*
redensification Nachverdichtung *f*
redensify/to nachverdichten
re-dephosphorization Nachentphospho-
rung *f*
redesign Umbau *m*, Umkonstruktion *f*
redissolution Wiederauflösung *f*
redissolve/to wiederauflösen
redox equilibrium Redoxgleichgewicht *n*
~ **potential** Redoxpotential *n*
~ **process** Redoxvorgang *m*
~ **reaction** Redoxreaktion *f*
~ **system** Redoxsystem *n*
redraw/to *(Umf)* weiterziehen, nachziehen
redrawing *(Umf)* Weiterziehen *n*, Nachziehen *n*
redress/to *(Umf)* nachbearbeiten; nachset
zen; nachdrehen
reduce/to reduzieren, vermindern, verklei-
nern, verringern; abnehmen
reduced inspection reduzierte Prüfung *f*
~ **metal powder** nachreduziertes Metallpulver *n*
~ **powder** Reduktionspulver *n*
~ **wear** verminderter Verschleiß *m*
reducer 1. Reduzierstück *n*; 2. Reduktor *m*,
Reduktionsmittel *n*
reducibility Reduzierbarkeit *f*
reducing Reduzieren *n (s. a. unter* reduction*)*
~ **agent** Reduktionsmittel *n*, Reduktor *m*
~ **atmosphere** reduzierende Atmosphäre *f*
~ **coke** Reduktionskoks *m*
~ **condition** reduzierende Bedingung *f*
~ **die** Reduziermatrize *f*, Reduziergesenk *n*
~ **flame** reduzierende Flamme *f*
~ **furnace atmosphere** reduzierende Ofenatmosphäre *f*
~ **gas** Reduktionsgas *n*
~ **mill** Reduzierwalzwerk *n*
~ **pass** Reduzierkaliber *n*, Reduzierstich *m*,
Reduzierzug *m (Walzen)*
~ **power** Reduzierfähigkeit *f*
~ **roasting** reduzierendes Rösten *n*
~ **slag** Feinungsschlacke *f*
~ **sponge** *(Pulv)* Reduktionsschwamm *m*
~ **valve** Reduzierventil *n*
~ **volatilization** reduzierendes Verflüchtigen *n (Zinkmetallurgie)*
~ **zone** Reduktionszone *f*
reductant Reduktor *m*, Reduktionsmittel *n*
reduction 1. Reduzierung *f*, Verminderung
f; Verkleinerung *f*; Abnahme *f*; 2. Reduktion *f (s. a. unter* reducing*)*
~ **circuit** Reduktionskreislauf *m*
~ **coal** Reduktionskohle *f*

~ **degree** Reduktionsgrad *m*
~ **equilibrium** Reduktionsgleichgewicht *n*
~ **furnace** Reduktionsofen *m*
~ **gas** reduzierendes Gas *n*, Reduziergas *n*,
Reduktionsgas *n*
~ **in area** Querschnittsabnahme *f*, Querschnittsverminderung *f*, Querschnittsreduktion *f*
~ **in diameter** Durchmesserreduktion *f*,
Durchmesserverringerung *f*
~ **in thickness** Dickenabnahme *f*
~ **melting** Reduktionsschmelzen *n*
~ **of area** Querschnittsabnahme *f*, Quer-
schnittsverringerung *f*, Querschnittsreduktion *f*
~ **of area after fracture** Brucheinschnü-
rung *f*
~ **of density** Dichteabnahme *f*
~ **of stresses** Spannungsabbau *m*, Spannungsverminderung *f*
~ **oil** Reduktionsöl *n*
~ **on edge** Kantenumformung *f*, Kanten-
stauchen *n*
~ **per pass** Stichabnahme *f (Walzen)*
~ **period** Reduktionsperiode *f*
~ **pot** Reduktionselektrolyseofen *m (Alumi-
niumherstellung)*
~ **potential** Reduktionspotential *n*
~ **rate** Reduktionsgeschwindigkeit *f*
~ **ratio** Reduktionsgrad *m*, Abnahmeverhältnis *n*, Umformgrad *m*
~ **roasting** reduzierendes Rösten *n*
~ **stage** Reduktionsstufe *f*
~ **temperature** Reduktionstemperatur *f*
~ **test** Reduktionsprüfung *f*
~ **time** Reduktionszeit *f*
~-**under-load test** Reduktionsprüfung *f* unter Belastung
redundant factor Erhöhungsfaktor *m*,
Überhöhungsfaktor *m*
~ **work** Überschußarbeit *f*, Verlustarbeit *f*,
aufzubringende Arbeit *f* zur Deckung der
Verluste
reed rail Rietschiene *f*
reek/to anreißen *(Kokille)*
reel/to [auf]haspeln, aufwickeln
reel Haspel *f*, Drahthaspel *f*, Ablaufhaspel
f, Auflaufhaspel *f*
~ **breaks** Kantenbrüche *mpl* durch Aufhas-
peln
~ **tension** Haspelzug *m*
reeler Glättwalzwerk *n*, Rohrglättwalzwerk
n
reeling mill Glättwalzwerk *n*, Rohrglättwalzwerk *n*
~ **plant** Haspelanlage *f*
re-etch/to nachätzen
re-etching Nachätzen *n*
referee method Schiedsverfahren *n*,
Schiedsmethode *f*
reference amount of deformation Ver-
gleichsumformgrad *m*

~ **analysis** Vergleichsanalyse f
~ **basis** Bezugsbasis f
~ **beam** Bezugsstrahl m, Bezugswelle f
~ **block** Vergleichskörper m
~ **counter** Referenzzähler m
~ **data** Bezugswerte mpl, Richtwerte mpl
~ **direction** Bezugsrichtung f ·
~ **electrode** Referenzelektrode f, Bezugselektrode f, Vergleichselektrode f
~ **input** Führungsgröße f, Sollwert m
~ **junction** Vergleichsstelle f, Kaltlötstelle f
~ **junction thermostat** Vergleichslötstellenthermostat m
~ **line** Bezugslinie f
~ **number of basic material** Werkstoffnummer f
~ **octahedron** (Krist) Bezugsoktaeder n
~ **plane** Bezugsebene f
~ **point** Bezugspunkt m
~ **standard** Vergleichsnormal n, Eichstandard m
~ **temperature** Bezugstemperatur f
~ **value** Bezugswert m, charakteristischer Wert m
~ **voltage** Bezugsspannung f
refill/to nachfüllen, auffüllen
refilling Nachfüllung f, Auffüllen n
refination Raffination f
refine/to 1. raffinieren, veredeln; reinigen (z. B. Schmelze); feinen (z. B. Stahl); 2. treiben (Silber); gattern (Zinn)
refined aluminium Reinstaluminium n
~ **copper** Raffinatkupfer n, Garkupfer n
~ **gold** Brandgold n
~ **iron** gefeintes Gußeisen n
~ **iron froth** Garschaum m (Gußeisen)
~ **lead** Raffinatblei n, Reinblei n
~ **pig iron** raffiniertes (veredeltes) Roheisen n
~ **powder** Feinpulver n
~ **steel** Gärbstahl m, unlegierter Frischherdstahl m
~ **steel bar** Paketstahl m
~ **tall oil ester** veredelter Tallölester m
refinement 1. Raffinieren n, Raffination f; Reinigung f (z. B. einer Schmelze); Feinen n (z. B. von Stahl); 2. Treiben n (von Silber); Gattern n (von Zinn)
refinery Raffinationsanlage f; Umschmelzwerk n
~ **coke** Petrolkoks m
~ **plant** Raffinationsanlage f
~ **practice** Raffiniertechnik f
~ **process** Herdfrischprozeß m
~ **slag** Raffinationsschlacke f
refining 1. Raffination f, Veredlung f; Reinigung (z. B. einer Schmelze); Feinung f (z. B. von Stahl); 2. Garen n, Garfrischen n, Frischen n (von Stahl); Treiben n (von Silber); Gattern n (von Zinn)
~ **assay** Garprobe f (Kupfergewinnung)

~ **by parting** Raffination f durch Scheidung (Edelmetalle)
~ **cinder** Frischschlacke f
~ **department** Veredlungsbetrieb m
~ **flux** Reinigungsmittel n, Reinigungssalz n, Waschsalz n
~ **furnace** 1. Raffinierofen m; 2. Treibofen m (Bleiraffination)
~ **gas** Frischgas n
~ **in the reverberatory furnace** Flammofenfrischen n
~ **of metal** Reinigen n des Metalls
~ **of steel by top blowing** Oberwindfrischen n (z. B. Kleinkonverter)
~ **of waste** Krätzfrischen n
~ **operation** Frischarbeit f
~ **oxygen** Frischsauerstoff m
~ **period** 1. Frischperiode f, Frischdauer f; Ausgarzeit f (für Stahl); 2. Raffinationsdauer f, Feinungsperiode f (Fertigraffinieren)
~ **procedure** Raffinationsverfahren n; Veredlungsverfahren n
~ **process** 1. Frischverfahren n; 2. Raffinationsprozeß m
~ **scrap solder** raffinierter Lötmetallschrott m
~ **slag** Raffinierschlacke f, Feinungsschlacke f, Garschlacke f, Frischschlacke f, Fertigschlacke f
refire/to wiederanblasen
refiring Nachbrennen n
reflect/to [zu]rückstrahlen, abstrahlen, reflektieren
reflected light observation Auflichtbeobachtung f, Auflichtbetrachtung f
~ **ray** reflektierter Strahl m
reflecting crushing Prallzerkleinerung f
~ **grating** Prallgitter n
~ **plane** Reflexionsebene f, Spiegelebene f, reflektierende Netzebene f
~ **plate** Prallplatte f, Reflektor m
~ **position** Reflexionsstellung f, Reflexionslage f
~ **power** Reflexionsvermögen n
reflection Spiegelung f; Reflex m
~ **gauging** (Wkst) Rückstrahldickenmessung f
~ **loss** Reflexionsverlust m; Durchlässigkeitsverlust m (des Lichtes)
~ **maximum** Reflexionsmaximum n
~ **measurement** Reflexionsmessung f
~ **method** (Wkst) Impuls-Echo-Verfahren n (Ultraschall)
~ **order** Reflexionsordnung f
~ **rule** Reflexionsgesetz n
~ **spectrum** Reflexionsspektrum n
~ **streak** Reflexausläufer m
~ **value** Spiegelungszahl f
reflectivity Reflexionsvermögen n
~ **value** Reflexionswert m
reflectometry Reflexionsmessung f, Reflektometrie f

reflector Reflektor *m*
~ **distance** Reflektorabstand *m*
~ **scanning** Reflektorabtastung *f*
reformed gas Spaltgas *n*
~ **natural gas** veredeltes Erdgas *n*
reforming tube Reformerrohr *n*
refract/to brechen
refraction Brechung *f*
~ **angle** Brechungswinkel *m*; Einschallwinkel *m (beim Ultraschallverfahren)*
~ **measurement** Lichtbrechungsmessung *f*
refractoriness Feuerfestigkeit *f*, Feuerbeständigkeit *f*
~ **under load** Druckfeuerbeständigkeit *f*
refractory feuerfest, feuerbeständig
refractory feuerfester Stoff (Baustoff) *m*, feuerfestes Erzeugnis (Material) *n*, Feuerfestmaterial *n*
~ **brick** feuerfester Stein *m*
~ **cement** feuerfester Zement *m*
~ **coating** feuerfeste Schlichte *f*
~ **concrete** feuerfester Beton *m*, Feuerbeton *m*
~ **comsumption** Feuerfestmaterialverbrauch *m*
~ **deposition** feuerfeste Ablagerung *f*
~ **float** Feuerfestschwimmer *m*
~ **furnace lining** feuerfeste Ofenauskleidung *f*
~ **-grade** feuerfest, feuerbeständig
~ **hot topping method** Gießen *n* von Stahlblöcken mit Heizhauben aus feuerfesten Stoffen
~ **industry** Feuerfestindustrie *f*
~ **lining** feuerfeste Auskleidung (Ausmauerung, Zustellung) *f*, feuerfestes Futter *n*, Ofenfutter *n*
~ **material** feuerfester Stoff *m (s. a.* refractory*)*
~ **metal** 1. hochschmelzendes (hochhitzebeständiges) Metall *n*; 2. Widerstandsmetall *n (Heizleiter)*
~ **mineral** schwer aufschließbares Mineral *n*
~ **mixture** feuerfeste Masse *f*
~ **mortar** feuerfester Mörtel *m*
~ **ore** schwer aufschließbares Erz *n*
~ **oxide powder** feuerfestes Oxidpulver *n*
~ **patching mixture** feuerfeste Flickmasse *f*
~ **quality** Feuerfestigkeit *f*, Feuerbeständigkeit *f*
~ **ramming compound (mixture)** feuerfeste Stampfmasse *f*
~ **sand** hitzebeständiger Sand *m*
~ **sandstone** feuerfester Sandstein *m*
~ **slurry** feuerfester Brei *m*
~ **store** Feuerfestlager *n*
~ **technology** Technologie *f* der Feuerfestausmauerung
~ **tile recuperator** keramischer Röhrenrekuperator *m*

~ **wash** feuerfeste Schlichte *f*; feuerfester Mörtel *m*
~ **wear** Verschleiß *m* von Feuerfestmaterial
refrigerating plant Kälteanlage *f*
refrigeration *s.* cooling
refrigerator Kühlschrank *m*; Kälteanlage *f*, Gefrieranlage *f*
refuse/to umschmelzen, wieder einschmelzen
refuse 1. Abfall *m*, Ausschuß *m*; 2. Gekrätz *n*
~ **grab** Müllgreifer *m*
~ **incineration plant** Abfallverbrennungsanlage *f*
~ **sand** Abfallsand *m*
~ **slate** Waschberge *pl*
regenerate/to regenerieren, wiederaufbereiten, wiedergewinnen, aufarbeiten
~ **pickling solutions** Beizlösungen aufbereiten (nachschärfen)
regeneration Regeneration *f*, Wiederaufbereitung *f*, Wiedergewinnung *f*, Aufarbeitung *f*
~ **of pickling solutions** Aufbereitung *f* (Nachschärfen *n*) von Beizlösungen
regenerative capacity Speicherkapazität *f*, Speicherfähigkeit *f*
~ **chamber** Regenerativkammer *f*
~ **furnace** Regenerativofen *m*, Ofen *m* mit regenerativer Abgaswärmeausnutzung
~ **quenching** Doppelhärtung *f*
regenerator Regenerator *m*, Wärmespeicher *m*, Wärme[aus]tauscher *m*
~ **wall** Regeneratorwand *f*
region Bereich *m*
~ **of compression** *(Pulv)* Verdichtungszone *f*
~ **of nip** *(Pulv)* Haftzone *f*
~ **of separation** *(Pulv)* Entmischungszone *f*
register/to verdübeln, Führungsstifte anbringen
registering of particles Teilchenzählung *f*
regrind/to 1. nachschleifen; 2. nachzerkleinern
regrinding 1. Nachschleifen *n*, Überschleifen *n*; Anschliff *m*; 2. Nachzerkleinerung *f*
regulate/to [ein]regeln, einregulieren
regulating device Regeleinrichtung *f*
~ **drive** Regelantrieb *m*, regelbarer Antrieb *m*
~ **ring** Stellring *m*
~ **screw** Stellschraube *f*
~ **valve** Regelventil *n*
regulation Regelung *f*, Regulierung *f*
~ **of slag** Schlackenführung *f*
regulator Regler *m*, Reglereinrichtung *f*
~ **outlet pressure gauge** Arbeitsmanometer *n*
reguline metal Metallregulus *m*
regulus Regulus *m*, Metallkönig *m*

~ **metal** Regulusmetall *n*, Hartblei *n (Pb-Sb-Sn-Legierung)*
rehardening Nachhärten *n*
Rehbinder effect Rehbinder-Effekt *m*
reheat/to 1. wiedererwärmen, wiedererhitzen; 2. anlassen
reheat 1. Wiedererwärmung *f*, Wiedererhitzung *f*; 2. Anlassen *n*
~ **crack** Riß *m* bei Wiedererwärmung
~ **crack initiation** Rißauslösung *f* bei Wiedererwärmung
~ **cracking** Rißbildung *f* bei Wiedererwärmung
~ **cracking susceptibility** Rißbildungsempfindlichkeit *f* bei Wiedererwärmung
reheating Nachheizen *n*
~ **furnace** Nachwärmofen *m*, Zwischenwärmofen *m*, Glühofen *m*, Anlaßofen *m*
reinforce/to verstärken; armieren, bewehren
reinforced concrete netting Baustahlgewebe *n*
reinforcement Verstärkung *f*; Armierung *f*, Bewehrung *f*
reinforcing band Bandage *f (Schmelzofen)*
~ **bar** Bewehrungsstahl *m*, Betonstahl *m*
~ **phase** Verstärkungsphase *f (in Faserverbundwerkstoffen)*
~ **plate** Armierungsplatte *f*
~ **rib** Verstärkungsrippe *f*
~ **steel** Bewehrungsstahl *m*, Betonstahl *m*
reject Ausschuß *m*
~ **allowance** Zeitzuschlag *m* für Ausschuß
~ **pusher** Ausschußabschieber *m*
~ **rate** Ausschußquote *f*, Ausschußrate *f*
rejectable quality level Rückweisegrenze *f*
rejected material Ausschuß *m*, Ausschußmaterial *n*
rejection 1. Abstoßen *n*, Ausschleusen *n*; 2. Ausschuß *m*; 3. Ausfall *m*; 4. Beanstandung *f*, Reklamation *f*
rejects beanstandetes Material *n*
reladle/to Pfanne umfüllen
reladling Umfüllen *n (von Pfanne zu Pfanne)*
~ **station** Umfüllstation *f*
relation of the likeness Ähnlichkeitsbeziehung *f*
relative elongation bezogene Dehnung *f*
~ **frequency** relative Häufigkeit *f*
~ **humidity** relative Feuchtigkeit *f*
~ **mol ratio** [relatives] Molverhältnis *n*
~ **motion** Relativbewegung *f*
~ **sintering temperature** relative Sintertemperatur *f*
~ **value** Bezugswert *m*, Bezugsgröße *f*
~ **volume** bezogenes Volumen *n*
relaxation Relaxation *f*, Entspannung *f*
~ **allowance** Zuschlag *m* für Erhöhung
~ **behaviour** Relaxationsverhalten *n*, Entspannungsverhalten *n*
~ **crack** *s.* stress relief crack

~ **curve** Relaxationskurve *f*, Relaxationsverlauf *m*
~-**induced** relaxationsinduziert
~ **modul** Relaxationsmodul *m*
~ **resistance** Relaxationswiderstand *m*, Entspannungswiderstand *m*
~ **spectrum** Relaxationsspektrum *n*
~ **test** Relaxationsversuch *m*, Entspannungsversuch *m*
~ **time** Relaxationszeit *f*
relay-operated controller Regler *m* mit Hilfsenergie
release/to 1. auslösen; 2. freisetzen, abgeben
release 1. Auslösung *f*; 2. Freimachung *f*, Abgabe *f*
~ **agent** *(Gieß)* Trennmittel *n*, Formentrennmittel *n*, Formeinstreichmittel *n*
~ **mechanism** Auslösemechanismus *m*, Auslösevorrichtung *f*, Ausklinkvorrichtung *f*
~ **of hydrogen** Wasserstoffabgabe *f*
~ **of nitrogen** Stickstoffabgabe *f*
~ **of the load** Entlastung *f*
~ **valve** Auslöseventil *n*
reliability of operation Betriebssicherheit *f*
relief Relief *n*
~ **angle** Freiwinkel *m*
~ **contrast** Reliefkontrast *m*
~ **depth** Relieftiefe *f*
~-**edged squeeze board** Preßplatte *f* mit Randwulst
~ **formation** Reliefbildung *f*
~ **grinding** Hinterschleifen *n*
~ **line** Entlastungsleitung *f*
~ **valve** Entlastungsventil *n*, Überdruckventil *n*
relieve/to abbauen, vermindern *(Spannungen)*
reline/to neu zustellen; ausbessern, flicken *(Ofenfutter)*
relining Neuzustellung *f*; Ausbesserung *f*, Flicken *n (Ofenfutter)*
~ **platform** Zustellbühne *f*, Ausmauerungsbühne *f*
~ **platform hoist** Montagewinde *f*
reload/to 1. umladen; 2. erneut belasten, wiederbelasten
reloading 1. Umladen *n*; 2. Wiederbelastung *f*
~ **device and transport plant** Umlade- und Förderanlage *f*
relpoint *s.* reciprocal-lattice point
remainder Rest *m (bei Analysenangaben)*
remaining *s. a. unter* residual
~ **cross section** Restquerschnitt *m (bei Bruchbildung)*
~ **fluxing agent** Flußmittelrest *m*
~ **gas** Restgas *n*, Gasrest *m*, Gasrückstand *m*
~ **humidity** Restfeuchte *f*
~ **liquid** *s.* ~ melt

~ **melt** Restschmelze f
~ **parts of gates** *(Gieß)* Anschnittreste mpl, Anschnittstummel mpl
~ **thickness** Restdicke f
remanence Remanenz f
remanent induction Remanenz f
remelt/to umschmelzen; einschmelzen
remelt alloy Umschmelzlegierung f
~ **iron** Umschmelzeisen n
remelted ingot umgeschmolzener Block m
~ **metal** Umschmelzmetall n
remelting Umschmelzen n; Einschmelzen n
~ **furnace** Umschmelzofen m
~ **iron** Umschmelzeisen n
~ **process** Umschmelzverfahren n
~ **slag** Umschmelzschlacke f
remote-controlled grinding plant ferngesteuerte Schleifanlage f
~ **protection** *(Korr)* Fernschutzwirkung f
removable auswechselbar, austauschbar, abnehmbar
~ **bottom** Losboden m *(Konverter)*
~ **clay matter** *(Gieß)* abtrennbarer Schlämmstoffanteil m
~ **core** *(Gieß)* 1. Losteil n *(Modell)*; 2. loser Kern m
removal Entfernung f, Beseitigung f; Abtrennung f, Abscheidung f; Abfuhr f *(z. B. von Wärme)*; Austreibung f; Austrag m; Ausbau m; Abtragung f
~ **of nitrogen** Entstickung f
~ **of the load** Entlastung f
~ **of work-hardening effects** Entfestigung f
~ **rate** Abtragsrate f
~ **section** Abtransportstrecke f
remove/to entfernen, beseitigen; abtrennen, abscheiden; abbauen; ausbauen
~ **by etching** abätzen
~ **dust** entstauben
~ **fins** entgraten
~ **heads** Speiser abschlagen
~ **rolls** Walzen ausbauen
~ **slag** entschlacken
~ **the fin** entgraten
removed volume [in grinding] Abschliffmenge f, abgeschliffenes Volumen n
removing by etching Abätzen n, Abätzung f
~ **of heads** Abschlagen n der Speiser
~ **rate** Abtragleistung f, Abtraggeschwindigkeit f
renewal of surface Oberflächenneubildung f
renitrogenizing Aufsticken n
reorientation Umorientierung f
reoxidation Reoxydation f, Wiederoxydation f, Rückoxydation f
reoxidize/to sekundär oxidieren, rückoxydieren
REP s. rotation-electrode process

repair report Reparaturbericht m
~ **shop** mechanische Werkstatt f, Reparaturwerkstatt f
~ **weld** Reparaturschweißung f
~ **welding** Reparaturschweißen n
repassivation *(Korr)* Repassivierung f
repayment period Rücklaufdauer f, Rückzahlungsdauer f
repeatability Reproduzierbarkeit f
repeated impact test under actual service conditions *(Wkst)* Betriebsdauerschlagversuch m
~ **use of sand** *(Gieß)* Wiederverwendung f des gebrauchten Sandes
repeater Umführung f, Schlingenführung f *(Walzen)*
repeating rolling mill mechanisches offenes Walzwerk n
repetition castings Seriengußteile npl
replace/to ersetzen, auswechseln
~ **pattern in mould** Modell nochmals eindrücken (in die Form einlegen) *(zu Prüfzwecken)*
~ **refractory** die Feuerfestausmauerung auswechseln
replace stand Ersatzgerüst n, Wechselgerüst n *(Walzen)*
replaceable auswechselbar, austauschbar
replacement 1. Ersatz m, Auswechslung f; 2. Ersatzteil n
~ **ratio** Ersatzverhältnis n
~ **unit** *(Gieß)* Wechselform f
replenish/to nachfüllen, ergänzen
replenishment Nachfüllung f, Ergänzung f
~ **quartz sand** *(Gieß)* Auffrischungsquarzsand m
replica Abdruck m *(Elektronenmikroskopie)*
~ **pulse** Nachbildungspuls m
~ **technique** Abdruckverfahren n
~ **wax pattern** Abdruckwachsmodell n
repolishing Überpolieren n
reported and calculated values dargestellte [aus Experimenten ermittelte] und berechnete Werte mpl
~ **values** [im Bericht] dargestellte Werte mpl
repour/to nachgießen
reprecipitate/to umfällen, wieder ausfällen
reprecipitation Umfällung f, Wiederausfällung f
repreparation Wiederaufbereitung f
repress/to *(Pulv)* nachpressen, nachverdichten
repressing *(Pulv)* Nachpressen n, Nachverdichten n
~ **machine** Nachpreßautomat m, Nachpreßeinrichtung f
~ **sizing** Kalibrieren n (Dimensionierung f) durch Nachpressen
reprint Abdruck m; Abzug m
reproducibility Reproduzierbarkeit f
repulp/to aufrühren; anrühren, auflösen

repulsion Abstoßung *f*; Rückstoß *m*
repulsive force Abstoßungskraft *f*
required force Kraftbedarf *m*
~ **work** Arbeitsbedarf *m*
re-reduce/to rückreduzieren
reroll/to nachwalzen
rerolling Nachwalzen *n*, nochmaliges Walzen *n*
~ **stand** Nachwalzgerüst *n*, Dressiergerüst *n*
research in constitution Konstitutionsforschung *f*
reserve mill stand Ersatzwalzgerüst *n*, Reservewalzgerüst *n*
reservoir furnace 1. beheizte Kipppfanne *f*; 2. Warmhalteofen *m*
~ **ladle** Sammelpfanne *f*
reset device *(Umf)* Rückholvorrichtung *f*, Rückführvorrichtung *f*
resetting Umrüstung *f*
resharpening Anschleifen *n*
residence time Verweilzeit *f*, Verweildauer *f*, Auslagerungszeit *f*
residual *s. a. unter* remaining
~ **acid** *(Hydro)* Restsäure *f*
~ **austenite** Restaustenit *m*
~ **austenite content** Restaustenitgehalt *m*
~ **austenite region** Restaustenitbereich *m*, Restaustenitfeld *n*
~ **brick** Reststein *m*
~ **brick thickness** Reststeindicke *f*
~ **coke** Koksrückstand *m*
~ **compressive force** Druckeigenspannung *f*
~ **cross section** Restquerschnitt *m* *(bei Bruchbildung)*
~ **deformation** bleibende Verformung *f*
~ **dust content** Reststaubgehalt *m*
~ **element** Begleitelement *n*
~ **energy** Restenergie *f*
~ **ferrite** Restferrit *m*
~ **ferrite band** Restferritzeile *f*
~ **field strength** Restfeldstärke *f*
~ **fracture** Restbruch *m*
~ **fracture surface** Restbruchfläche *f*
~ **induction** Remanenz *f*
~ **lattice stress** Rest[gitter]spannung *f*
~ **machining stress** Bearbeitungseigenspannung *f*
~ **macrostress** Makroeigenspannung *f*
~ **magnetism** remanenter Magnetismus *m*
~ **melt** Restschmelze *f*
~ **microstress** Mikroeigenspannung *f*
~ **moisture** Restfeuchte *f*
~ **oxygen** Restsauerstoff *m*
~ **porosity** *(Pulv)* Restporigkeit *f*, Restporosität *f*
~ **resistance** Restwiderstand *m*
~ **resistivity ratio** Restwiderstandsverhältnis *n*
~ **scatter[ing]** Reststreuung *f*
~ **segregation index** Restseigerungsindex *m*

~ **stress** Restspannung *f*, Eigenspannung *f*
~ **tensile stress** Zugeigenspannung *f*
~ **thickness** Restdicke *f*
residue Rückstand *m*, Rest *m*; Isolat *n* *(einer Phase nach elektrochemischer Behandlung)*
~ **after ignition** Verbrennungsrückstand *m*
~ **analysis** Rückstandsanalyse *f*
~ **extraction** Rückstandsisolierung *f*
~ **from combustion** Verbrennungsrückstand *m*
residues Rückstände *mpl*, Überlauf *m* *(beim Sieben)*
resilience 1. Rückfederung *f*, Springkraft *f*, Rückstellvermögen *n*; 2. *s.* notch impact strength
resin Harz *n*
~ **binder** *(Gieß)* Harzbindemittel *n*
~-**bonded cold-setting sand** *(Gieß)* Kaltharzsand *m*
~-**bonded filler** Einbettmasse *f*
~-**bonded sand** *(Gieß)* kunstharzgebundener Sand *m*
~ **bonding plant** *(Gieß)* Kunstharzumhüllungsanlage *f*
~ **capacity** Harzkapazität *f*
~ **cement** Kunstharzzement *m*
~-**coated moulding material** *(Gieß)* kunstharzumhüllter Formstoff *m*
~ **distribution** Harzverteilung *f*, Harzvermischung *f*
~ **exchanger** Kunstharzaustauscher *m*
~ **in pulp** Ionenaustausch *m* in Trüben
~ **loading** Harzbeladung *f*
~ **modification** Harzmodifikation *f*
~-**modified core oil** *(Gieß)* harzmodifiziertes Kernöl *n*
~ **particle** Harzteilchen *n*
~ **phase** Harzphase *f*
~ **powder** Harzpulver *n*
~ **stripping** Harzelution *f*, Harzdesorption *f*
resintering *(Pulv)* Nachsintern *n*; *(Umf)* zweite Sinterung *f*
resistance Widerstand *m*; Festigkeit *f*; Resistenz *f* *(thermisch-chemische Widerstandsfähigkeit)*
~ **annealer** *(Umf)* Widerstandsglühofen *m*
~ **arc furnace** Lichtbogenwiderstandsofen *m*
~ **brazing** Widerstandshartlöten *n*
~ **element** Widerstandselement *n*, Heizwiderstand *m*, Heizelement *n*
~ **furnace** Widerstandsofen *m*
~ **heating** Widerstandsbeheizung *f*, Widerstandserwärmung *f*, Widerstandserhitzung *f*
~ **heating bar** Heizstab *m*, Heizleiter *m*
~ **limit** Resistenzgrenze *f*
~ **of the cell** [elektrischer] Widerstand *m* einer Elektrolysezelle
~ **pressure welding** Widerstandspreßschweißen *n*

~ **pyrometer** Widerstandsthermometer *n*
~ **seam welding** Widerstandsrollnaht-
schweißen *n*
~ **soldering** Widerstandslöten *n*
~ **spiral** Widerstandsspirale *f*
~ **strain gauge** Dehnungsmeßstreifen *m*
~ **thermometer** Widerstandsthermometer
n
~ **to abrasion** Abriebfestigkeit *f*, Verschleißfestigkeit *f*, Verschleißwiderstand
m
~ **to aging** Alterungsbeständigkeit *f*
~ **to attack by solvents** Lösungsmittelbe-
ständigkeit *f*
~ **to corrosion** Korrosionsbeständigkeit *f*
~ **to deformation** Umformfestigkeit *f*,
Formänderungsfestigkeit *f*
~ **to fatigue** Ermüdungsbeständigkeit *f*
~ **to fire** Feuerbeständigkeit *f*
~ **to fracture** Bruchsicherheit *f*, Bruchwiderstand *m*
~ **to heat** Wärmebeständigkeit *f*, Hitzebeständigkeit *f*, Wärmewiderstand *m*,
Warmfestigkeit *f*
~ **to intergranular corrosion** Kornzerfalls-
beständigkeit *f*
~ **to metal penetration** Penetrationswider-
stand *m*
~ **to pitting** *(Korr)* Lochfraßbeständigkeit *f*
~ **to scaling** Zunderbeständigkeit *f*
~ **to shear** Schubfestigkeit *f*, Schubwider-
stand *m*
~ **to slip** Gleitwiderstand *m*
~ **to temperature fatigue** Temperatur-
wechselfestigkeit *f*
~ **to thermal shocks** Temperaturwechselbeständigkeit *f*
~ **to torsion** Torsionsfestigkeit *f*, Verdreh-
festigkeit *f*, Torsionswiderstand *m*
~ **to wear** Abriebfestigkeit *f*, Verschleißfestigkeit *f*, Verschleißwiderstand *m*
~ **weld** Widerstandsschweißnaht *f*
~ **welding** Widerstandsschweißen *n*
~ **wire** Widerstandsdraht *m*, Heizleiterdraht
n
resistant to aging alterungsbeständig
~ **to corrosion** korrosionsbeständig; nichtrostend
~ **to fire** feuerbeständig *(von feuerfesten
Steinen)*
~ **to slagging** schlackenbeständig
resistivity 1. Widerstandsfähigkeit *f*; 2.
spezifischer elektrischer Widerstand *m*
~ **method** Widerstandsmeßmethode *f*
~ **to heat** Wärmedurchgangswiderstand *m*
resistor material Widerstandswerkstoff *m*
re-solidification Wiedererstarrung *f*
resolution Auflösung *f*; Auflösungsvermögen *n*
~ **of force** Kraftzerlegung *f*
resolve/to auflösen
resolving power Auflösungsvermögen *n*

resonance method Resonanzverfahren *n*
(Ultraschallprüfung)
~ **peak** Resonanzüberhöhung *f*
~ **spectrometer** Kernresonanzspektrome-
ter *n*
~ **-ultrasonic test system** Ultraschallreso-
nanzverfahren *n*
resonant circuit Schwingkreis *m*
~ **frequency** Eigenfrequenz *f*, Resonanzfre-
quenz *f*
respirator Atemmaske *f*
respiratory protection Atemschutz *m*
~ **protection apparatus** Atemschutzgerät *n*
response [sensitivity] Ansprechempfind-
lichkeit *f*
~ **time** Ansprechzeit *f*; Anlaufzeit *f*
rest activity method Restaktivitätsme-
thode *f*
~ **mass** Ruhemasse *f*
~ **of porosity** Restporigkeit *f*
~ **potential** *(Korr)* Ruhepotential *n*
restarting of burden Stauchen *n (Hochofen)*
restoppering emplacement station Stop-
fenstangeneinbaustand *m (Gießpfannen)*
restored structure Umwandlungsgefüge *n*
restoring device Rückführvorrichtung *f*
~ **spring** Rückstellfeder *f*
restrainer Sparbeize *f*
restraining force Anpreßkraft *f*
restriction of transverse strain Querdeh-
nungsbehinderung *f*
restrike/to *(Umf)* nachschlagen, nachstau-
chen
resulphurization Rückschwefelung *f*
resulphurize/to rückschwefeln
resulphurized rimmed steel geschwefelter
Automatenstahl *m*
resultant magnetic moment resultieren-
des magnetisches Moment *n*
resulting product Endprodukt *n*, Finalpro-
dukt *n*
retained austenite Restaustenit *m*
~ **strength** Restfestigkeit *f*
retaining nut Überwurfmutter *f*, Siche-
rungsmutter *f*
~ **ring** Haltering *m*, Sprengring *m*
~ **valve** Rückschlagventil *n*
retard/to verzögern, [ab]bremsen, hemmen
retardation Verzögerung *f*, Abbremsung *f*,
Bremsung *f*, Hemmung *f*
~ **of boiling** Siedeverzug *m*
~ **plate** Phasenlamelle *f*
retarded etching Ätzverzögerung *f*
retarding effect Verzögerungseffekt *m*,
Bremseffekt *m*
retention Zurückhaltung *f*, Retention *f*
~ **tank** Reaktionsbehälter *m* mit bestimmter Verweilzeit des Materials
~ **time** Verweilzeit *f*, Standzeit *f*, Durchlaufzeit *f*

reticule Strichplatte *f (als optisches Hilfsmittel)*
retooling Werkzeugerneuerung *f*
retort Retorte *f*
retorting Destillieren *n (in der Retorte, z. B. Hg, Zn)*
retract/to einziehen, zurückziehen
retract table Einzugtisch *m*, Einzugrollgang *m*
retractable einziehbar, zurückziehbar
~ **launder** bewegliche Gießrinne *f*
~ **platform** ausfahrbare Bühne (Arbeitsbühne) *f*
re-true/to [nach]richten
return/to zurückführen; umkehren; rücklaufen
~ **molten reverberatory slag** geschmolzene Flammofenschlacke rückführen
return Rückfluß *m*
~ **cylinder** Rückzugzylinder *m*
~ **device** Rückführvorrichtung *f*
~ **facilities** Abfahrvorrichtung *f (Druckguß)*
~ **fines** feines Rückgut *n*
~ **flow** Rücklauf *m*, Rückströmung *f*
~ **line** Rückleitung *f*
~ **motion** Rückwärtsbewegung *f*; Rückgang *m*; Rücklauf *m*
~ **pass** Rückstich *m (Walzen)*
~ **pin** *(Gieß)* Rückstoßstift *m*
~ **roller** *(Umf)* Rückführrolle *f*
~ **sand** *(Gieß)* Kreislaufsand *m*, Umlaufsand *m*
~ **scrap** Kreislaufmaterial *n*, Kreislaufstoffe *mpl*
~ **stream** Rücklaufstrom *m*, Rücklaufstrahl *m*
~ **stroke** Rücklauf *m*, Rück[wärts]hub *m*
~ **water cooling plant** Wasserrückkühlanlage *f*
returned sand belt conveyor Altsandband *n*
~ **sand bin** Altsandbunker *m*
~ **sand hopper** Altsandbunker *m*
returns Rückgut *n*, Kreislaufmaterial *n*, Rückgabeausschuß *m*, Abfälle *mpl*
reutilization Wiederverwendung *f*
revamp/to ausbessern, rekonstruieren
revamp Ausbesserung *f*, Rekonstruktion *f*
revealing Sichtbarmachung *f*
reverberatory calciner Fortschauflungsofen *m*, Krählofen *m (Erzröstung)*
~ **furnace** Flammofen *m*
~ **hearth furnace** Herdflammofen *m*
~ **process** Herdfrischverfahren *n*
~ **tin furnace** Zinnflammofen *m (Zinnerzeugung aus Zinnkonzentrat oder -staub)*
reversal Umkehr[ung] *f*; Umsteuerung *f*
~ **time** Umstellzeit *f*
reverse bend descaler Biegeentzunderungsapparat *m*
~ **bending** Rückbiegung *f*

~-**bending fatigue specimen** Dauerwechselbiegeprobe *f*
~ **bending fatigue test** Wechselbiegeermüdungsversuch *m*
~ **bending fracture** Hin- und Herbiegedauerbruch *m*
~ **bending test** Hin- und Herbiegeversuch *m*
~ **chill** umgekehrter Hartguß *m*
~ **creep** Zurückkriechen *n*
~ **extrusion** indirektes Pressen *n*, Rückwärts[fließ]pressen *n*, Rückwärtsstrangpressen *n*
~ **fatigue strength** Wechselfestigkeit *f*
~ **leaching** umgekehrte Laugung *f*
~ **mottle [iron]** umgekehrter Hartguß *m*
~ **redrawing** Stülpen *n*, Stülpziehen *n*
reversed bending *s. unter* reverse bending
reversibility Umkehrbarkeit *f*
reversible electrode reversible (umkehrbare) Elektrode *f*
~ **motor** Umkehrmotor *m*, umsteuerbarer (reversierbarer) Motor *m*
~ **pattern plate** *(Gieß)* Umschlagplatte *f*, Reversiermodellplatte *f*
~ **potential** Ruhepotential *n*
reversing blooming mill Umkehrblockwalzwerk *n*, Reversierblockwalzwerk *n*
~ **cycle heating** reversierbare (wechselseitige) Beheizung *f*
~ **device** Umsteuerungsvorrichtung *f*
~ **dog** Anschlag *m* zum Umsteuern
~ **gear** Reversiergetriebe *n*, reversierbares Getriebe *n*
~ **gear valve** Umsteuerschieber *m*, Umsteuerventil *n*
~ **mechanism** Umsteuervorrichtung *f*
~ **mill** Umkehrwalzwerk *n*, Reversierwalzwerk *n*
~ **mill motor** Reversierwalzwerksmotor *m*, umsteuerbarer (reversierbarer) Walzwerksmotor *m*
~ **plate mill** Umkehrgrobblechwalzwerk *n*, Reversiergrobblechwalzwerk *n*
~ **roller** Umkehrrolle *f*
~ **rolling stand** Reversierwalzgerüst *n*
~ **roughing train** Umkehrvorstraße *f*
~ **stand** Reversiergerüst *n*
~ **tandem mill** Reversiertandemwalzwerk *n*, Umkehrtandemwalzwerk *n*, mehrgerüstiges Umkehrwalzwerk *n*
~ **time** Reversierzeit *f*, Umkehrzeit *f*
~ **valve** Umsteuerventil *n*
reversion Rückbildung *f (z. B. eines Gefügezustands)*
~ **kinetics** Rückbildungskinetik *f*
~ **of age-hardening** Rückbildung *f* der Aushärtung
~ **treatment** Rückbildungswärmebehandlung *f (z. B. eines Ausscheidungszustands)*
reversive rolling mill Reversierwalzwerk *n*, Umkehrwalzwerk *n*

revert [material] Rückgut *n*
~ **scrap** Rücklaufschrott *m*, Umlaufschrott *m*, Eigenschrott *m*, Werkschrott *m*
revolution Umdrehung *f*, Drehung *f*, Umwälzung *f*, Rotation *f*
revolvable drehbar
revolving drehbar
~ **basket** Drehkorb *m*
~ **chute** Drehschurre *f*
~ **cylindrical furnace** Drehrohrofen *m*
~ **die holder** Werkzeugdrehkreuz *n*
~ **distributor** drehbarer Gichtverteiler *m*, Drehverteiler *m*
~ **drawing die** [rotierender] Ziehsteinhalter *m*
~ **furnace** Dreh[rohr]ofen *m*
~ **grate** Drehrost *m*
~ **grate-type gas producer** Drehrostgaserzeuger *m*, Drehrostgenerator *m (Erzeugung von Heizgas für Flammofenbetrieb)*
~ **moulding machine** Drehkreuzformmaschine *f*
~ **objective** Objektivrevolver *m*
~ **reverberatory furnace** Drehflammofen *m*
~ **screen** Drehsieb *n*
~ **screen drum** Siebzylinder *m*
~ **table** Drehtisch *m*
~ **top** Drehverteiler *m*, drehbarer Verteilertrichter *m*
~ **tubular kiln** Drehrohrofen *m*
rewind/to umspulen, umwickeln
Reynolds number Reynoldssche Zahl *f*
~ **number for minimum fluidization conditions** Reynoldssche Zahl *f* für Bedingungen bei minimaler Fluidisation
rhenate Rhenat *n*
rhenium Rhenium *n*
~-**beryllium alloy** Rhenium-Beryllium-Legierung *f*
~ **powder** Rheniumpulver *n*
rheocasting Gießen *n* von teilerstarrten Legierungen
rheologic property Fließfähigkeit *f*, Fließeigenschaft *f*
rhodium Rhodium *n*
rhodochrosite *(Min)* Rhodochrosit *m*, Manganspat *m*
rhombic pass Rautenkaliber *n*, Rautenstich *m*, Raute *f (Walzen)*
rhombohedral *(Krist)* rhomboedrisch
rhomboidity Rhombenform *f*
RIA *s.* reduction in area
rib Rippe *f*, Gewölberippe *f*
~ **rolling mill** Rippwalzwerk *n*
ribbed gerippt, geriffelt
~ **panel** Rippenplatte *f*
~ **pipe** Rippenrohr *n*
~ **plate** Rippenplatte *f*
~ **roof** Rippengewölbe *n*
~ **round** gerippter Betonstahl *m*
~ **tube** Rippenrohr *n*, Profilrohr *n*

~ **tubing** Rippenrohre *npl*
ribbon [endloses] Band *n*
~ **saw** Bandsäge *f*
rich alloy Vorlegierung *f*
~ **concrete** fetter Beton *m*
~ **gas** Starkgas *n*, Reichgas *n*
~ **gas heating** Starkgasbeheizung *f*
~ **in ash** aschenreich
~ **in oxygen** sauerstoffreich
~ **ore** hochhaltiges Erz *n*, Reicherz *n*
~ **slag** Garschlacke *f*
riddle/to grobsieben, durchsieben
riddle Grobsieb *n;* Schüttelsieb *n*, Rüttler *m*
riddled sand gesiebter Sand *m*
riddler Grobsieb *n;* Schüttelsieb *n*, Rüttler *m*
ridge Wulst *m(f);* Nahtüberhöhung *f (beim Schweißen)*
ridging Ritzen *n*
riffle sheet Riffelblech *n*
~ **surface hearth** Rillenherd *m*
~ **surface hearth furnace** Rillenherdofen *m*, Keilrinnenherdofen *m*
rifled barrel gezogener Lauf *m*
rigging Montieren *n;* Verspannen *n*
right angle rapping spike rechtwinkliges Aushebeeisen *n*
~-**hand twist** Rechtsdrall *m*
rigid [biege]steif, stabil; formstabil
~ **body** starrer Körper *m*, Festkörper *m*
~ **ideal-plastic** starr-ideal-plastisch
~-**plastic** starrplastisch
~ **sand mould** feste Sandform *f*
~ **strander** Korbverseilmaschine *f*
rigidity Steifigkeit *f*, Stabilität *f*, Starrheit *f;* Biegesteifheit *f*
~ **modulus** Schubmodul *m*, Scherungsmodul *m*, Gleitmodul *m*, Torsionsmodul *m*
rim 1. Rand *m;* Randzone *f;* 2. Felge *f;* 3. Kranz *m*
~ **depth** Tiefe *f* der Randzone
~ **discharge mill** Mischkollergang *m* mit seitlichem Austrag
~ **gear wheel** Radkranz *m*, Zahnradkranz *m*
~ **hole** Randblase *f*
~-**type heating** Felgenbeheizung *f*
~ **zone** Randzone *f*
rimmed steel unberuhigter Stahl *m*
rimming action Treiben *n (des Stahls)*
~ **steel** unberuhigter Stahl *m*
ring balance Ringwaage *f*
~ **bend test** Ringfaltversuch *m*
~ **chain** Ringkette *f*
~ **expansion test** *(Umf)* Ringaufweitersuch *m*
~ **frame** Ringrahmen *m*, ringförmiger Rahmen *m*
~ **gasket** Ringdichtung *f*
~ **gate** *(Gieß)* Ringanschnitt *m*
~ **gauge** Ringlehre *f*, Einstellring *m*, Kaliberlehre *f*
~ **gear** Zahnkranz *m;* Wendezahnrad *n*

~ **gear rolling** Zahnradwalzen *n*, Walzen *n* von Zahnrädern
~ **gear rolling mill** Zahnradwalzwerk *n*
~ **kiln** Ringofen *m*
~ **lubrication** Ringschmierung *f*
~ **mill** Ringwalzwerk *n*
~ **of hard alloy** Hartmetallring *m*
~ **-roll crusher** Walzenringmühle *f*
~ **-rolled** ringgewalzt
~ **rolling mill** Ringwalzwerk *n*
~ **runner** *(Gieß)* Ringlauf *m* *(Eingußsystem)*
~ **slot washer** Ringspaltwascher *m*
ringed roof Kranzgewölbe *n*
rinse/to [ab]spülen
rinse tank Spülbehälter *m*, Spülbecken *n*
rinsing Spülen *n*, Abspülen *n*
~ **bath** Reinigungsbad *n* *(nach dem Ätzen)*
~ **station** Reinigungsstation *f*
~ **tank** Spülbehälter *m*, Spülbecken *n*
RIP *s.* resin in pulp
ripping Vorzug *m*, Vorziehen *n*, erster Zug *m*
rise/to 1. ansteigen, sich erhöhen, zunehmen *(z. B. Druck)*; 2. anheben
rise 1. Anstieg *m*, Erhöhung *f*, Zunahme *f* *(z. B. Druck)*; 2. Pfeilhöhe *f* *(Gewölbe)*
~ **in temperature** Temperaturanstieg *m*
riser *(Gieß)* Steiger *m*, Speiser *m*
~ **bush** *(Gieß)* Trichterverlängerung *f*, Aufbautrichter *m*, aufgebauter Einguß *m*
~ **diameter** Speiserdurchmesser *m*
~ **gating** Gießen *n* des Gußstücks durch den Speiser
~ **height** Speiserhöhe *f*
~ **neck** Speiserhals *m*
~ **pattern** Steigermodell *n*, Speisermodell *n*
risering Speisertechnologie *f*
rising Ausschwitzung *f*
~ **casting** steigender Guß *m*, Bodenguß *m*
~ **flow** Aufwärtsströmung *f*
~ **of the head** Aufblähung *f* des Speisers
~ **rate** Steigegeschwindigkeit *f*
risk of cracking Rißgefahr *f*
river sand Flußsand *m*
rivet Niet *m*
~ **diameter** Nietdurchmesser *m*
~ **head** Nietkopf *m*
~ **hole crack** Nietlochriß *m*
~ **seam** Nietnaht *f*
~ **wire** Nietendraht *m*
riveted genietet
riveting Nieten *n*
road building slag Straßenbauschlacke *f*
roast/to rösten
roast-leach-electrowin process Verfahren *n* zur Gewinnung von Kupfer durch Rösten, Laugen und Elektrolyse
~ **ore** Rösterz *n*, geröstetes Erz *n*
~ **-reaction process** Röstreaktionsverfahren *n*

~ **-reduction process** Röstreduktionsverfahren *n*
~ **sintering** Sinterröstung *f*
~ **smelting** Röstschmelzen *n*
roasted material (product) Röstgut *n*, Röstprodukt *n*
roaster Röstapparat *m*, Röstofen *m*
~ **train** Röstlinie *f*
roasting Rösten *n*, Röstung *f*
~ **bed** Röstbett *n*
~ **blast furnace** Röstschachtofen *m*
~ **chamber** Röstkammer *f*
~ **furnace** Röstofen *m*
~ **hearth** Röstherd *m*
~ **kiln** Röstofen *m*
~ **plant** Röstanlage *f*
~ **product** Röstprodukt *n*, Röstgut *n*
~ **residue** Röstrückstand *m*, Röstprodukt *n*
robust construction robuste Ausführung *f*, unverwüstliche Ausfertigung *f*
rock/to schwingen, schaukeln, pendeln; pilgern
rock Gestein *n*
~ **and roll forging process** Schwingwalzverfahren *n*, Schwingschmiedewalzen *n*
~ **candy (fracture)** Muschelbruch *m*
~ **lining** Natursteinfutter *n*
~ **salt** Steinsalz *n*
~ **wool** Gesteinswolle *f*, Mineralwolle *f*
rocked tube kaltgepilgertes Rohr *n* *(Walzen)*
rocker 1. Wiege *f*; 2. Kippstuhl *m*
~ **arm** beweglicher Arm *m*, Schwinghebel *m*, Kipphebel *m*
rocking Pilgern *n*, Kaltpilgern *n*
~ **action** Schaukelbewegung *f*
~ **arc furnace** Lichtbogenschaukelofen *m*
~ **arm** Schwinge *f*
~ **curve** Rockingkurve *f*
~ **die** Taumelwerkzeug *n*, Pendelwerkzeug *n*, taumelndes Werkzeug *n*
~ **furnace** Schaukelofen *m*
~ **lever** Schwinghebel *m*
~ **motion** Schaukelbewegung *f*, Schwingbewegung *f*
~ **roll table** Hubrollentisch *m*, Schwingrollentisch *m*
~ **runner** Schaukelrinne *f*, Kipprinne *f*
~ **-type furnace** Schaukelofen *m*, Kippofen *m*
Rockwell hardness [number] Rockwellhärte *f*, HR
~ **hardness test** Härteprüfung *f* nach Rockwell, Rockwellhärteprüfung *f*
rod 1. Stange *f*, Stab *m*; Stopfenstange *f* *(bei der Absticharbeit am Schmelzofen)*; 2. Rundstab *m*, Rundstahl *m*; Schweißstab *m*; Walzdraht *m*
~ **drawing bench** Stangenziehbank *f*
~ **extrusion** *(Umf)* Vorwärtsvollfließpressen *n*; Vollstrangpressen *n*
~ **extrusion press** Stangenstrangpresse *f*, Stabstrangpresse *f*

~ **feeding** „Pumpen" *n (Offenhalten des Speisers)*
~-**like** stäbchenförmig
~ **mill** 1. *(Umf)* Drahtstraße *f*, Drahtwalzwerk *n*; 2. *(Aufb)* Stabmühle *f*
~ **milling** Drahtwalzen *n*, Drahtwalzung *f*
~ **pass** Drahtkaliber *n*, Rundkaliber *n*
~ **peeling machine** Stangenschälmaschine *f*, Walzdrahtschälmaschine *f*
~ **power** Stableistung *f (z. B. eines radioaktiven Brennelements)*
~ **reel** Drahthaspel *f*, Walzdrahthaspel *f*
~ **rolling** Strangwalzen *n*, Rundstahlwalzen *n*, Drahtwalzen *n*
roke Oberflächenlängsriß *m*, Riefe *f*
Rolands cement Rolandszement *m (Handelsname für hochtonhaltigen Schmelzzement)*
roll/to 1. walzen; 2. rollen, abwälzen *(Gewinde)*
~ **down** abwalzen, herunterwalzen, auswalzen
~ **flat** flachwalzen
~ **in** einwalzen
~ **over** *(Gieß)* wenden, umrollen *(Form)*
roll 1. Walze *f*; 2. Rolle *f*, Zylinder *m*
~ **adjustment** Walzenanstellung *f*
~ **angle** Walzenwinkel *m*
~ **barrel** Walzenballen *m*
~ **bearing** Walzenlager *n*
~ **bending** Biegewalzen *n*
~-**bending jack** Walzenbiegevorrichtung *f*, Walzenbiegestempel *m*
~-**bending jack force** Walzenrückbiegekraft *f*
~ **bending system** Walzen[rück]biegesystem *n*
~ **bite** Walzspalt *m*
~ **body** Walzenkörper *m*
~ **bonding cladding** Walzplattierung *f*
~ **break** Rollknick *m*
~ **breakage** Walzenbruch *m*
~ **brush** Walzenbürste *f*
~ **casting** Walzenguß *m*
~ **changing** Walzenwechsel *m*
~ **changing equipment** Walzenwechselvorrichtung *f*
~ **changing time** Walzenwechselzeit *f*
~ **chatter** Walzenschlag *m*
~ **clearance** Walzenspiel *n*
~ **cogging** Vorstrecken *n*, Blockwalzen *n*
~ **compaction** *(Pulv)* Walzverdichten *n*
~ **crown** Walzenballigkeit *f*
~ **crusher** *(Aufb)* Walzenbrecher *m*
~ **damage** Walzenbruch *m*
~ **deflection** Walzendurchbiegung *f*
~ **designer** Kalibreur *m*, Walzenkalibreur *m*
~ **designing** Walzenkalibrierung *f*
~ **drafting** Walzenkalibrieren *n*
~ **eccentricity** Walzenexzentrizität *f*
~ **extrusion** Walzpressen *n*, Pressen *n* durch einen Rollenapparat

~ **face** Walzenbahn *f*
~ **flattening** Walzenabplattung *f*, Walzenabflachung *f*
~ **for hot rolling** Warmwalze *f*
~ **force** Walzkraft *f*
~-**forged** reckgewalzt, schmiedegewalzt
~ **forging** Reckwalzen *n*, Schmiedewalzen *n*
~ **forging mill** Reckwalzwerk *n*
~ **former** Walzprofiliermaschine *f*
~ **forming** Walzprofilieren *n*
~ **gap** Walzspalt *m*
~ **gap control** Walzspaltformregelung *f*
~ **gorge** Walzspalteinschnürung *f*, Querwalzbereich *m*
~ **grinding** Walzenschleifen *n*
~ **grinding machine** Walzenschleifmaschine *f*
~ **groove** Walzkaliber *n*
~ **heat-treating furnace** Walzenvergüteofen *m*
~ **housing** Walzenständer *m*
~ **in steps** Staffelwalze *f*, abgesetzte Flachwalze *f*
~ **lathe** Walzendrehmaschine *f* .
~ **material** Walzenwerkstoff *m*
~ **neck** Walzenzapfen *m*
~-**off direction** Abrollrichtung *f (Ofenwiege)*
~-**over** *(Gieß)* Wenden *n* der Formhälfte
~-**over and lifting device** Umroll- und Abhebevorrichtung *f (Formherstellung)*
~-**over machine** Wendemaschine *f*, Umrollvorrichtung *f*
~-**over moulding machine** Umrollformmaschine *f*
~-**over moulding machine by sinking the moulding box** Umrollformmaschine *f* mit Absenken des Formkastens
~-**over-type furnace** Rollofen *m*
~ **pair** Walzenpaar *n*
~ **pass** Walz[en]kaliber *n*, Stich *m*
~ **pass design** Walzenkalibrieren *n*
~ **pass dressing machine** Kaliberbearbeitungsmaschine *f*
~ **pass schedule** Walzenkaliberplan *m*, Anordnung *f* der Walzenkaliber
~ **pass shape** Kaliberform *f*, Walzenkaliberform *f*, Gestalt *f* des Walzenkalibers
~ **pick-up** Walznarbe *f*
~ **piercing mill** Schrägwalzwerk *n (für Rohre)*
~ **pressure** Walzdruck *m*
~ **quench system** Rollenabschrecksystem *n*
~ **ring** Walz[en]ring *m*
~ **scale** Walzzunder *m*, Walzsinter *m*
~ **separator** Walzenscheider *m (Magnetscheidung)*
~ **setting angle** Walzenschrägstellungswinkel *m*
~ **shaping** Walzprofilieren *n*

~ **shop** Walzendreherei f, Walzenbearbeitungsabteilung f
~ **sintering** Walzsintern n
~ **slippage** Walzenschlupf m
~ **spacing** Walzenabstand m
~ **spindle** Walzenspindel f
~ **stand** Walzgerüst n
~ **straightener** Rollenrichtmaschine f
~ **stretch** Walzenauffederung f
~ **surface velocity** Walzenumfangsgeschwindigkeit f
~ **table** Rollgang m
~ **threading** Gewindewalzen n, Gewinderollen n
~ **torque** Walzendrehmoment n
~ **train** Walzstraße f, Walzstrecke f
~ **turner** Walzendreher m
~ **turning shop** Walzendreherei f
~ **tyre** Walzenbandage f
~ **wear** Walzenverschleiß m
rollability Walzbarkeit f
rollable walzbar
rolled condition Walzzustand m
~ **edge** Walzkante f
~**-in scale** eingewalzter Zunder m
~ **joint** Einwalzstelle f
~ **lead** Walzblei n
~ **plate** Walzblech n
~ **product** Walzerzeugnis n, Walzgut n, gewalztes Erzeugnis n, Walzprodukt n
~ **rod** Walzdraht m
~ **section** Walzprofil n, gewalztes Profil n
~ **sheet** Walzblech n
~ **stock** Walzgut n
~ **wire** Walzdraht m
roller 1. Rolle f; 2. Laufrolle f; 3. Verteilgesenk n; 4. Rollenelektrode f (beim Schweißen)
~ **angle** Walzenwinkel m
~ **apron** Rollenführungsplatte f
~ **atomization** Dispergierung f von geschmolzenem Metall durch rotierende Walzen (< 200 µ/s)
~ **bearing** 1. Rollenlager n, Wälzlager n; 2. Walzenlager n
~ **bed** Rollenbahn f
~ **conveyor** Rollenbahn f; Rollenförderer m
~ **conveyor for empty boxes** (Gieß) Leerkastenrollenbahn f
~ **conveyor from pouring station** Gießrollenbahn f
~ **conveyor furnace** Rollenherdofen m
~ **conveyor switch** Rollenbahnweiche f
~ **conveyor system** Rollenbahnanlage f
~ **conveyor table** Rollenbahntisch m
~ **cooling bed** Rollenkühlbett n
~ **crusher** (Aufb) Walzenbrecher m
~ **die** Rollenapparat m, Rollendüse f, Ziehwalzapparat m
~ **dryer** Walzentrockner m
~ **flattening** 1. Richtwalzen n; 2. Rollenrichten n (von Blech)

~ **frame** Walzenstuhl m
~ **grinding machine** Rollenschleifmaschine f
~ **guide** Rollenführung f
~ **hardening press** Rollenabschreckpresse f, Rollenhärtepresse f
~ **hearth furnace** Rollenherd[durchlauf]ofen m
~ **leveller** Rollenrichtmaschine f
~ **mill** Walzenmühle f
~ **press** Walzenpresse f
~ **rack** Rollgangsrahmen m
~ **shell** Rollenmantel m, Walzenmantel m
~ **straightener (straightening machine)** Rollenrichtmaschine f
~ **table** Rollgang m
Rollier drum Rolliertrommel f (Aufbereitung von Pulvermischung)
rolling Walzen n; Walzung f
~ **and drawing process** Ziehwalzen n, Ziehwalzverfahren n
~ **angle** Walzwinkel m
~ **axis** Walz[gut]achse f
~ **block** Walzblock m, Walzmaschine f
~ **burr** Walznaht f, Walzgrat m
~ **by hand** Freihandwalzen n
~ **contact** Rollkontakt m (beim Schweißen)
~ **contact fatigue** Rollkontaktermüdung f
~ **defect** Walzfehler m
~ **draught** Abnahme f beim Walzen
~ **edge** Walzkante f, Kaliberrand m
~ **edger** Roll[gesenk]gravur f
~ **energy** Walzarbeit f
~ **friction** Rollreibung f, Reibung f beim Walzen
~ **ingot** Walzblock m
~ **line** Walzlinie f (Ausrüstung)
~ **machine** Walzmaschine f
~ **material** Walzmaterial n, Walzgut n
~ **mill** Walzwerk n
~ **mill bearing** Walzwerkslager n
~ **mill construction** Walzwerksbau m, Walzwerkskonstruktion f
~ **mill drive** Walzwerksantrieb m
~ **mill engineer** Walzwerksingenieur m
~ **mill for wire pointing** Anspitzwalzwerk n
~ **mill furnace** Walzwerksofen m
~ **mill motor** Walzenzugmotor m
~ **mill practice** Walzbetrieb m
~ **mill product** Walzerzeugnis n
~ **mill schedule** Walz[werks]programm n
~ **mill scrap** Walzwerksschrott m
~ **mill superintendent** Walzwerksleiter m
~ **moment** Walz[endreh]moment n
~ **of shapes** Profilwalzen n
~ **oil** Wälzöl n
~**-over** (Gieß) Wenden n der Formhälfte (s. a. unter roll-over)
~ **period** Walzperiode f
~ **plan** Walzprogramm n
~ **plane** Walzebene f
~ **process** Walzvorgang m

~ **scale** Walzzunder *m*, Walzsinter *m*
~ **schedule** Walzprogramm *n*
~ **sequence** Walzfolge *f*, Stichfolge *f*
~ **sinter** Walzsinter *m*
~ **skin** Walzhaut *f*
~ **slab** Walzbarren *m*
~ **speed** Walzgeschwindigkeit *f*
~ **stand** Walzgerüst *n*
~ **stock** Walzgut *n*
~ **stock crown** Walzgutüberhöhung *f*, Walzgutwölbung *f*
~ **technique** Walzwerkstechnik *f*
~ **temperature** Walztemperatur *f*
~ **tester** Walzprüfgerät *n*
~ **texture** Walztextur *f*
~ **thread cutter** Gewindewalze *f*
~ **tolerance** Walztoleranz *f*
~ **train** Walzstraße *f*, Walzstrecke *f*
~ **waste** Walzabfälle *mpl*
~ **work** Walzarbeit *f*
roof Decke *f*; Deckel *m*, Gewölbe *n* *(Ofen)*
~ **brick** Deckenstein *m*; Gewölbestein *m*
~ **burner** Deckenbrenner *m*
~ **heating** Deckelbeheizung *f*; Deckenbeheizung *f*
~ **hole** Deckelloch *n*
~ **lance** Gewölbelanze *f*
~ **life** Deckenhaltbarkeit *f*; Gewölbehaltbarkeit *f*
~-**lifting mechanism** Deckelhubvorrichtung *f*
~ **monitor** Dachreiter *m* *(zur Hallenentstaubung)*
~ **ring** Gewölbering *m* *(Elektrolichtbogenofen)*
~-**swing[ing] mechanism** Deckelschwenkmechanismus *m*; Deckenschwenkeinrichtung *f*, Deckelschwenkvorrichtung *f* *(an Öfen)*
~ **truss** Gewölbeträger *m*
~ **ventilator** Dachlüfter *m*
~ **wear** Deckelverschleiß *m*, Gewölbeverschleiß *m* *(Elektroofen)*
roofing nail Dachpappennagel *m*
room sound absorption Raumschalldämpfung *f*
root Spitze *f*; Wurzel *f*; Ansatz *m*; Schweißnahtwurzel *f*; Kerbgrund *m*
~ **bend test** Wurzelnahtaufbiegeversuch *m*
~ **break test** Wurzelschweißnahtbiege- und -faltversuch *m*
~ **contraction** Kerbgrundkontraktion *f*
~ **of joint** Schweißnahtwurzel *f*
rope Seil *n*
~ **balancing sheave** Seilausgleichsrolle *f*
~ **clip** Seilklemme *f*, Seilschloß *n*
~ **closing machine** *s.* ~ laying machine
~ **drive** Seiltrieb *m*
~ **drum** Seiltrommel *f*
~ **haulage** Seilförderung *f* *(am Ofen)*
~ **laying machine** Seilschlagmaschine *f*, Verseilmaschine *f*

~ **pulley** Seilscheibe *f*
~ **pulley diameter** Seilscheibendurchmesser *m*
~ **wire** Seildraht *m*
ropeway Seil[schwebe]bahn *f*, Drahtseilbahn *f*
roping Verseilen *n*
~ **steel** Seilstahl *m*
rosette graphite Rosettengraphit *m* *(B-Graphit)*
~-**like** rosettenförmig, rosettenartig *(Bruchgefüge)*
Rosin-Rammler exponential law Rosin-Rammler-Verteilungsgesetz *n*
rotameter Schwebekörperströmungsmesser *m*, Rotameter *n*
rotary annular kiln Drehringofen *m*
~ **atomizer** Drehzerstäuber *m*
~ **barrel shot-blast machine** Drehtrommelstrahlputzmaschine *f*
~ **blower** Rotationsgebläse *n*
~ **casting machine** Gießkarussell *n*
~ **chute** Drehschurre *f*
~ **communicator** Stellmotor *m*
~ **converter** rotierender Umrichter *m*, Einankerumformer *m*
~ **conveyor** Kreisförderer *m*, Umlaufförderer *m*
~ **cooler** Kühltrommel *f* *(Schlackenkühlung beim Rennverfahren)*
~ **cooling table** drehbarer Sinterkühltisch *m*
~ **crane** Drehkran *m*
~ **crucible-type furnace** Drehtiegelofen *m*
~ **crusher** Kreiselbrecher *m*
~ **disk feeder** *s.* ~ feeding plate
~ **dryer** Trommeltrockner *m*, Trockentrommel *f*
~ **feed** Drehvorschub *m*
~ **feeding plate** Zuteilteller *m*, Tellerzuteiler *m*, Tellerspeiser *m*, Drehtellerspeiser *m*
~ **forging** 1. *(Pulv)* Taumelpressen *n*; 2. *(Umf)* Umlaufhämmern *n*
~ **forging machine** Hämmermaschine *f*
~ **furnace** Drehtrommelofen *m*, Trommelofen *m*
~-**grate gas producer** Drehrostgenerator *m*
~ **head** Drehkopf *m*
~ **hearth heating furnace** Drehherdofen *m*
~ **hearth kiln** Drehherdofen *m* *(Röstprozesse)*
~ **kiln** Drehrohrofen *m*
~ **lens scanner** Drehlinsenabtaster *m*
~ **piston compressor** Drehkolbenkompressor *m*
~ **plate furnace** Drehtellerofen *m*
~ **press** Rundlaufpresse *f*; Drehtischpresse *f*
~ **pump** Drehkolbenpumpe *f*, Umlaufkolbenpumpe *f*, Rotationspumpe *f*
~ **screen** Trommelsieb *n*

~ **sintering kiln** Drehrohrsinterofen *m*
~ **sizer** Kegelwalzen-Maßwalzwerk *n*
~ **slide valve** Drehschieber *m*
~ **streamline dust collector** Drehströmungsentstauber *m*
~ **swaging** Anspitzen *n* mit Hämmermaschinen, Rundhämmern *n*, Rundformen *n*
~ **table** Drehtisch *m*, Drehscheibe *f*
~ **table cleaning machine** Drehtischputzmaschine *f*
~ **table machine** Drehtischmaschine *f*
~ **tube** Drehrohr *n*
~ **tubular furnace** Drehrohrofen *m*
~ **unloader** Kreiselkipper *m*
~ **van pump** Drehschieberpumpe *f*
rotate/to 1. drehen, schwenken; 2. sich drehen, rotieren, umlaufen
rotating drehbar
~ **anode X-ray tube** Drehanodenröntgenröhre *f*
~ **bar bending test** Umlaufbiegeversuch *m*
~ **bar fatigue behaviour** Umlaufbiegeverhalten *n*
~ **bar fatigue machine** Umlaufbiegemaschine *f*
~ **bar fatigue specimen** Umlaufbiegeprobe *f*
~ **bar fatigue test** Umlaufbiegeversuch *m*
~ **bending fatigue limit** Umlaufbiegedauerfestigkeit *f*
~ **bending fatigue strenght** Umlaufbiegewechselfestigkeit *f*
~ **BOS vessel** rotierender Sauerstoffaufblaskonverter *m*
~ **buddle** Rundherd *m*, Drehherd *m*
~ **cathode** rotierende Katode *f*, Drehkatode *f*
~ **crystal method** Drehkristallmethode *f* *(Röntgenfeinstruktur)*
~ **discharge plate** Abzugdrehteller *m*
~-**disk column** s. ~ -disk contactor
~-**disk contactor** Drehscheibenextraktor *m*, Drehscheibenkolonne *f*
~ **distributor** Drehschichtverteiler *m*
~ **drum** Drehtrommel *f*
~ **electrode** rotierende Elektrode *f*
~-**electrode process** Schmelzverfahren *n* mit rotierender Elektrode
~ **field** Drehfeld *n*
~ **hearth furnace** Drehherdofen *m*
~ **hearth furnace accessories** Drehherdofenzubehör *n*
~ **motion** Drehbewegung *f*
~ **nodulizing kiln** Drehrohrsinterofen *m*
~ **pan** Drehschüssel *f*
~ **pan mill** Kollergang *m* mit umlaufendem Teller, Kollergang *m* mit umlaufender Schüssel
~ **part** Rotationsteil *n*, rotationssymmetrisches Teil *n*
~ **slinger** *(Gieß)* Drehslinger *m*
~-**table press** Drehtischpresse *f*

~ **valve** Drehventil *n*
rotation Drehung *f*, Umdrehung *f*, Rotation *f*; Umlaufbewegung *f*
~ **angle** *(Krist)* Drehwinkel *m*
~ **axis** *(Krist)* Drehachse *f*
~ **calibration** *(Krist)* Drehungseichung *f*
~ **of crank** Kurbeldrehung *f*
~ **process** Drehprozeß *m*
~-**symmetrical** rotationssymmetrisch
rotational bending fracture Umlaufbiegedauerbruch *m*
~ **symmetry** Drehsymmetrie *f*, Rotationssymmetrie *f*
~ **wave** Transversalwelle *f*
rotationally symmetric rotationssymmetrisch
rotative moment Schwungmoment *n*
rotatory inversion *(Krist)* Drehinversion *f*
~ **power** Drehvermögen *n* *(optisch aktiver Substanzen)*
rotoinversion axis *(Krist)* Inversionsdrehachse *f*
rotor Läufer *m*, Rotor *m*, Drehkörper *m*
~ **process** Rotorverfahren *n*
~ **shaft** Rotorwelle *f*
rough/to 1. vorwalzen, grobwalzen, vorstrecken; 2. vorschmieden
~ **down** vorwalzen, herunterwalzen, vorstrecken
rough rauh
~-**cast** roh gegossen
~ **cleaning** Vorreinigung *f*
~ **coating** rauher Überzug *m*
~ **diamond** Rohdiamant *m*
~ **dresser** *(Gieß)* Vorputzer *m*
~ **dresser table** *(Gieß)* Vorputztisch *m*
~ **dressing department** *(Gieß)* Vorputzerei *f*
~-**forged** vorgeschmiedet, grobgeschmiedet
~ **forging** Vorschmieden *n*, Grobschmieden *n*
~ **grinding** Vorschleifen *n*, Grobschleifen *n*
~ **grinding machine** Grobschleifmaschine *f*
~ **pierced blank** Rohrluppe *f*
~ **polishing** Grobpolieren *n*
~-**pressed** vorgepreßt
~ **pressing** Vorpressen *n*
~ **roll** rauhe (unbearbeitete) Walze *f*
~-**rolled** vorgewalzt, heruntergewalzt, vorgestreckt
~ **rolling** Vorwalzen *n*, Herunterwalzen *n*, Vorstrecken *n*
~ **size** Rohmaß *n*
~-**stamped** im Vorgesenk vorgeformt
~-**turned** vorgedreht
~ **vacuum valve** Vorvakuumventil *n*
~-**wall solidification** rauhwandige Erstarrung *f*
roughed ingot Vorblock *m*
~ **slab** Vorbramme *f*
~ **strip** Vorband *n*

roughen/to aufrauhen
rougher 1. Vor[block]walzgerüst *n*; Streck-
walzgerüst *n*; 2. Vorwalzer *m*; 3. Vorschmiedegesenk *n*
roughing 1. Vorwalzen *n*, Grobwalzen *n*,
Vorstrecken *n*; 2. Vorschmieden *n*
~ **block** Grobzug *m (Draht)*
~-**down** Vorbearbeiten *n*
~-**down mill** Grobwalzwerk *n*,
Vor[walz]werk *n*
~ **group** Vor[walz]straße *f*, Vorstaffel *f*
~ **impression die** Streckgesenk *n*, Vorschmiedegesenk *n*, Vorformgesenk *n*
~ **mill** Grobwalzwerk *n*, Vor[walz]werk *n*
~ **pass** Vorkaliber *n*, Vorstich *m*, Streckkaliber *n*
~ **roll** Vor[streck]walze *f*, Streckwalze *f*
~ **stand** Vor[walz]gerüst *n*
~ **train** Vor[walz]straße *f*, Vorstrecke *f*
roughness Rauhigkeit *f*, Rauheit *f*, Unebenheit *f*
~ **width** Rauhbreite *f*
round off/to *(Umf)* abrunden
round bar Rundstab *m*, Rundstange *f*,
Rundknüppel *m*
~ **bar peeling machine** Rundstabschälma-
schine *f*
~ **billet** Rundknüppel *m*
~ **blank** *(Umf)* Ronde *f*
~ **bloom** Rundblock *m*
~ **bush** Führungsbüchse *f* mit Rundloch
~-**cornered** abgerundet, rundkantig
~-**edged** abgerundet, rundkantig
~ **groove** Rundkaliber *n*
~ **head screw** Rundkopfschraube *f*
~ **ingot** Rundblock *m*
~ **kiln** Rundofen *m*
~ **link chain** Rundstahlkette *f*
~-**nosed trowel** Polierschaufel *f* mit run-
dem Blatt
~ **pass** Rundkaliber *n*
~ **plate** *(Umf)* Ronde *f*
~ **plate shears** Rondenschere *f*
~ **section** Rundquerschnitt *m*
~ **specimen** *(Wkst)* Rundprobe *f*
~ **steel** Rundstahl *m*
~ **strand wire rope** Rundlitzenseil *n*
~ **test bar** *(Wkst)* Rundzugprobe *f*
rounded abgerundet
~ **grain** rundes Korn *n*, Rundkorn *n*, gerun-
detes Sandkorn *n*
~-**off radius** Abrundungsradius *m*
~ **sand grain** *s.* ~ **grain**
rounding Abrundung *f*
~ **mill** Walzwerk *n* zum Runden, Rundungs-
walzwerk *n*, Zentrierwalzwerk *n*
~ **of the edges** Kantenrundung *f*
~-**off** Abrunden *n*, Abrundung *f*
roundness of pore Porenrundung *f*
royer Bandschleuder *f*, Sandkämmer *m*
RQL *s.* rejectable quality level
rubber Gummi *m*

~ **bolster** Gummikissen *n*
~ **buffer** Gummipuffer *m*
~ **conveyor belt** Gummitransportband *n*
~ **downgate** Gummigießtrichter *m*
~-**lined** gummiausgekleidet, gummiert
~ **packing** Gummidichtung *f*
~ **pad drawing press** Gummikissenzieh-
presse *f*
~ **pouring funnel** Gummigießtrichter *m*
~ **squeezee** Gummiabstreifer *m*, Gummi-
quetsche *f*
~ **stamp method** *(Pulv)* Gummistempelver-
fahren *n*
~ **wiper** Gummiabstreifer *m*
rubbing Reibung *f*
~ **between powder particles** Pulverreibung *f*
~ **surface** Reibungsfläche *f*
~ **velocity** Gleitgeschwindigkeit *f*
rubbish Berge *pl*
rubbly culm coke Feinkoks *m*
rubidium Rubidium *n*
ruby laser Rubinlaser *m*
rugged robust, kompakt, stabil; steif
ruling section maßgebende Wanddicke *f*,
maßgeblicher Querschnitt *m*
rumble/to *(Gieß)* putzen, trommeln
rumble *(Gieß)* Gußputztrommel *f*
run/to 1. fließen, rinnen, strömen; 2. lau-
fen, in Betrieb sein
~ **hot** warmlaufen, heißlaufen
~ **off** 1. überfließen, überlaufen; 2. ablassen; durchgießen
~ **off slag** Schlacke abziehen
run 1. Lauf *m*; 2. Schweißlage *f*
~-**in diameter** Einlaufdurchmesser *m*
~ **of furnace** Ofengang *m*
~-**of-mine coal** Förderkohle *f*, Rohkohle *f*
~-**of-mine ore** Fördererz *n*, Roherz *n*
~-**of-oven coke** Mischkoks *m*
~ **of piping** Rohrstrang *m*
~-**off** 1. Überfließen *n*, Überlauf *m*, Ablauf
m; 2. Abstich *m*; Abzug *m (von*
Schlacke)
~-**off riser** *(Gieß)* verlängerter Steigkanal
m, Überlaufspeiser *m*
~-**out** 1. Auslauf *m*; Auslaufen *n*, Durchbruch *m (von Metall)*
~-**out bush** Ausführungsbüchse *f*
~-**out mould** durchgegangene Form *f (Me-*
tallausfluß)
~-**out roller table** Abführrollgang *m*
~-**out table** Auslauftisch *m*, Auslaufbahn *f*
runner 1. Zulauf *m*, Eingußkanal *m (Gießsy-*
stem); 2. Gießrinne *f*, Abstichrinne *f*; 3.
Läufer *m (Kollergang)*; 4. Gleisrad *n*
(Kran); 5. Kanalstein *m*
~ **brick** Kanalstein *m*
~ **core** Königsstein *m*
~ **extension** Laufverlängerung *f*
~ **mill** Kollergang *m*
~ **mix[ture]** Rinnenmasse *f*

~-**multi-ingater system** Anschnittsystem *n* mit mehreren Zuläufen
~ **scrap** Angußrest *m*
runnerless *(Gieß)* ohne Einguß, eingußlos
running and feeding system Anschnittsystem *n (Gieß- und Speisesystem)*
~-**period** Einlaufperiode *f*, Einfahrperiode *f*, Einfahrzeit *f*
~-**in phase** Einfahrphase *f*
~ **stick** *(Gieß)* Einguß- und Steigerholz *n*
~ **surface** Lauffläche *f*; Laufschicht *f (in Gleitlagern)*
~ **system** *(Gieß)* Eingußsystem *n*
~ **time** Laufzeit *f*, Arbeitszeit *f*
runoff *s.* run-off
runout *s.* run-out
rupture/to 1. [zer]brechen; 2. unterbrechen
rupture Bruch *m*, Verformungsbruch *m*
~ **ductility** Kriechbruchduktilität *f*
~ **elongation** Zeitbruchdehnung *f*
~ **mechanism of carbides** Hartmetallbruchmechanismus *m*
~ **of sand grains** Sandkornzerstörung *f*
~ **of the arc** Abreißen *n* des Lichtbogens
~ **potential** *(Korr)* Durchbruchpotential *n*
~ **strength** Reißfestigkeit *f*
~ **test** Bruchversuch *m*
~ **time** Bruchzeit *f*
ruptured tension-test specimen zerrissene Zugprobe *f*
rust Rost *m*
~ **layer** Rostbelag *m*, Rostschicht *f*
~-**preventing agent** Rostschutzmittel *n*
~ **preventive** Rostschutzmittel *n*
~-**proof** nichtrostend, rostbeständig
~-**proofing process** Rostschutzverfahren *n*
~ **scar** Rostnarbe *f*
rustless rostfrei, rostbeständig, nichtrostend
~ **steel** nichtrostender (wetterbeständiger) Stahl *m*
ruthenium Ruthenium *n*
Rutherford back-scattering technique Rückstreuverfahren *n* nach E. Rutherford
rutile covering Titanoxidumhüllung *f*
RV *s.* relative volume

S

S *s.* 1. safety factor; 2. specific surface area
S-hook S-Haken *m (Kran)*
S-N curve Wechselfestigkeitskurve *f*
S-N diagram Wöhler-Schaubild *n*
s-state s-Zustand *m (Unterschalenniveau)*
SAD pattern *s.* small-angle diffraction pattern
saddening Vorblocken *n* vor Zwischenaufheizung *(auf Blockwalzwerk)*
saddle/to ringschmieden

saddle bearing Sattellager *n*
safe load zulässige Belastung *f*
~ **working speed** zulässige Höchstgeschwindigkeit *f*, zulässige maximale Arbeitsgeschwindigkeit *f*
~ **working stress** zulässige Betriebsbeanspruchung *f*
safeguarded gesichert
safety Sicherheit *f*
~ **against brittle fracture** Sprödbruchsicherheit *f*
~ **catch** Verschlußsicherung *f*
~ **course** Dauerfutter *n*, Sicherheitsfutter *n*
~ **cut-out** Sicherheitsschaltung *f*
~ **device** Sicherheitseinrichtung *f*, Sicherheitsvorrichtung *f*, Schutzeinrichtung *f*, Schutzvorrichtung *f*, Sicherheitsgerät *n*
~ **factor** Sicherheit *f*, Sicherheitsfaktor *m*
~ **film** Schutzschicht *f*
~ **friction drive** Antrieb *m* mit Sicherheitskupplung
~ **glove** Sicherheitshandschuh *m*
~ **goggles** Sicherheitsbrille *f*
~ **guard (layout)** Schutzvorrichtung *f*
~ **level** Sicherheitsniveau *n*
~ **of operation** Betriebssicherheit *f*
~ **rule** sicherheitstechnische Richtlinie *f*
~ **switch** Sicherheitsschalter *m*
~ **technology** Sicherheitstechnik *f*
~ **type** Sicherungsart *f*
~ **valve** Sicherheitsventil *n*
~ **valve for gas** Gassicherheitsventil *n*
~ **wedge** Verriegelungskeil *m*
sag/to 1. eindrücken, senken; 2. durchhängen, durchbiegen
sag Durchhang *m*
~ **resistance** Eindruckbeständigkeit *f*
sagging Durchbiegung *f (Gußfehler)*
~ **point** Erweichungspunkt *m*
salamander Bodensatz *m*, Ofensau *f*, Ofenbär *m*, Bodensau *f*
salmiac Salmiak *m (Ammoniumchlorid)*
salt bath Salzbad *n*
~-**bath annealing** Salzbadglühung *f*
~-**bath brazing** Salzbadlötung *f*
~-**bath crucible** Salzbadtiegel *m*
~-**bath descaling** Entzundern *n* im Salzbad
~-**bath device** Salzbadanlage *f*
~-**bath furnace** Salzbadofen *m*
~-**bath nitriding** Salzbadnitrierhärten *n*
~ **cake** Rohsulfat *n*, technisches Natriumsulfat *n*, rohes Glaubersalz *n (Reinigungssalz)*
~ **cast core** gegossener Salzkern *m*
~ **cast shell core** gegossener hohler Salzkern *m*
~ **coating** Salzbelag *m*
~ **core** Salzkern *m*
~ **flux** Salzflußmittel *n*
~ **patenting** Salzbadpatentieren *n*
~ **spray** *(Korr)* Salznebel *m*

~ **spray test** *(Korr)* Salzsprüh[nebel]ver-
such *m*
~ **vapour** Salzdampf *m*
salting-out Aussalzen *n*
saltpeter *s.* saltpetre
saltpetre 1. Salpeter *m*, Kaliumnitrat *n* ; 2.
(Min) Salpeter *m*, Kalisalpeter *m*
Saltykor correction Saltykor-Korrektur *f*
SAM *s.* scanning acoustic microscope
samarium Samarium *n*
~-**cobalt magnet** Samarium-Kobalt-Ma-
gnet *m*
sample/to Probe nehmen; [be]mustern;
[be]proben; probieren
sample Probe *f*, Probestab *m*; Probestück
n; Probekörper *m*; Stichprobe *f*; Formstück *n (s. a. unter* specimen*)*
~ **casting** 1. Probeabguß *m*; 2. Ausfallmu-
ster *n*
~ **chamber** Probenkammer *f*
~ **change** Probenwechsel *m*
~ **changer** Probenwechsler *m*
~ **changing device** Probenwechseleinrich-
tung *f*
~ **composition** Probenzusammensetzung *f*
~ **cup** Probenäpfchen *n*
~ **diameter** Probendurchmesser *m*
~ **dividing** Probenverjüngung *f*
~ **divisibility** Probenteilbarkeit *f*
~ **for pouring jet** Gießstrahlprobenehmer
m
~ **port** Öffnung *f* zum Einführen oder Entnehmen von Proben
~ **preparation** Probenvorbereitung *f*, Probenpräparation *f*
~ **preparation device (plant)** Probenvorbe-
reitungsanlage *f*, Probenaufbereitungs-
anlage *f*
~ **problem** Arbeitsbeispiel *n*
~ **rotation** Probenrotation *f*, Probendrehung *f*
~ **sawing installation** Probensägeanlage *f*
~ **size** Stichprobenumfang *m*, Proben-
menge *f*
~ **splitter** Probenteiler *m*
~ **table** Probentisch *m*
~ **thickness** Probendicke *f*
~ **thief** Probenheber *m (Pulverpresse)*
sampler Probenahmeeinrichtung *f*, Probe-
nahmegerät *n*
sampling Probenahme *f*, Probe[n]ent-
nahme *f*; Bemusterung *f*
~ **apparatus (device)** *s.* sampler
~ **facility** Probenahmeeinrichtung *f*
~ **fraction** Probenanteil *m*, relativer Prüf-
umfang *m*
~ **inspection** Stichprobenprüfung *f*
~ **inspection plan** Stichprobenplan *m*
~ **method** Untersuchungsmethode *f*
~ **point** Probenahmeort *m*, Probenahme-
stelle *f*
~ **prescription** Stichprobenvorschrift *f*

~ **probe** Entnahmesonde *f*
~ **program** Probenahmeprogramm *n*
~ **spoon** Probenlöffel *m*, Gießlöffel *m*
~ **templet** Probenahmeschablone *f*
~ **train** Probenahmeanordnung *f*; Probe-
nahmemeßeinrichtung *f*
~ **valve** Probeventil *n*, Ablaßhahn *m*
sand *(Gieß)* Sand *m*, Formsand *m*
~ **acid** Hexafluorokieselsäure *f*
~ **additives** Formsandzusätze *mpl*, Form-
stoffzusätze *mpl*
~ **aerator** Sandschleudermaschine *f*
~ **bed** Sandbett *n*, Gießbett *n*
~ **blast** *s. unter* sandblast
~ **blow** Sandeinschluß *m*
~ **bond** Standfestigkeit *f* des Sandes
~ **bonding plant** Sandumhüllungsanlage *f*
~ **bottom** Sandherd *m*
~ **bunker** Sandbunker *m*
~ **burn-on** Sandanbrand *m (Gußfehler)*
~ **casting** 1. Sandguß *m;* 2. Sandguß-
stück *n*
~ **centrifugal machine** Sandschleuder *f*
~ **classification** Sandklassierung *f*
~ **cohesion** Standfestigkeit *f* des Sandes
~ **composition** Formstoffzusammenset-
zung *f*, Formstoffrezeptur *f*
~ **conditioning** Sandaufbereitung *f*
~ **control** Sandkontrolle *f*, Steuerung *f* der
Sandqualität
~ **conveyor installation** Sandtransportan-
lage *f*
~ **cooling plant** Sandkühlanlage *f*
~ **crust** Sandkruste *f*, Sandschale *f*
~ **cutter** Sandschleuder *f*
~ **cutting** Sandschleudern *n*
~ **cycling** Sandkreislauf *m (Formsand)*
~ **density** Sanddichte *f*
~ **disintegrator** Sandschleuder *f*
~ **dryer** Sandtrockner *m*
~ **expansion** Sandausdehnung *f*
~ **expansion defect** Sandausdehnungsfehler *m*
~ **filler** Sand *m* als Füllstoff
~ **fillet** Sandkante *f*
~-**filling frame** *s.* ~ frame
~ **flap** Sandjalousie *f*
~ **flowability** Fließbarkeit *f* des Formstoffs
~ **for dry moulds** Trockengußsand *m*
~ **frame** Füllrahmen *m*, Formfüllrah-
men *m*
~ **friction** Sandreibung *f*
~ **gasket** Dichtschnur *f*, Abdichtungs-
schnur *f*
~ **grain** Sandkorn *n*
~ **grain movement** Sandkornversatz *m*,
Sandkornverschiebung *f*
~ **grain size** Sandkorngröße *f*
~ **inclusion** Sandeinschluß *m*
~ **jet** Sandstrahl *m*
~ **laboratory** Sandprüflabor *n*, Formstofflabor *n*

323 saturation

~-**lime brick** Kalksandstein *m*
~ **lump breaker** Knollenbrecher *m*
~ **mass** Sandmasse *f*
~ **mill** Mischkollergang *m*
~ **mineral** Sandmineral *n*
~ **mix** Sandmischung *f*
~ **mixer** Sandmischer *m*
~ **mixing machine** Sandmischer *m*
~ **mixing plant** Sandmischanlage *f*
~ **mixture** Sandmischung *f*
~ **moisture** Formsandfeuchtigkeit *f*, Wassergehalt *m* des Formsandes
~ **mould** Sandform *f*
~ **oven** Sandtrockenofen *m*
~ **pattern** Sandmodell *n*, falsches Modell *n*, Sparhälfte *f*
~ **pit** Sandgrube *f*
~ **plant** Sandaufbereitungsanlage *f*
~ **preparation** Sandaufbereitung *f*
~ **preparation installation** Sandaufbereitungsanlage *f*
~ **preparation machine** Sandaufbereitungsmaschine *f*
~ **preparing** Sandaufbereitung *f*
~ **preparing machine** Sandaufbereitungsmaschine *f*
~ **pressing** Sandpressen *n*
~ **reactions** Metall-Formstoff-Reaktionen *fpl*
~ **reclaiming** Sandrückgewinnung *f*, Sandregenerierung *f*
~ **reclamation unit** Sandregenerierungsanlage *f*
~ **reconditioning** Altsandaufbereitung *f*
~ **refractoriness** Formsandfeuerfestigkeit *f*
~ **rejects** Abfallsand *m*
~ **riddle** Sandkämmer *m*, Sandschleuder *f*
~ **screen** Sandsieb *n*
~ **seal** Sandtasse *f (Abdichtung)*
~ **shatter value** Standfestigkeit *f* des Sandes
~ **shell** Sandschale *f*, Formmaske *f*
~ **sifter** Sandsieb *n*
~ **silo** Sandsilo *n(m)*
~ **skeleton** Sandskelett *n*
~ **skin** Sandkruste *f*
~ **specimen** Sandprüfkörper *m*
~ **sticking to pattern** Ankleben *n* des Sandes am Modell
~ **testing** Formsandprüfung *f*
~ **testing apparatus** Sandprüfeinrichtung *f*, Sandprüfgerät *n*
~ **testing method** Sandprüfmethode *f*, Formsandprüfmethode *f*
~ **wetting plant** Sandbefeuchtungsanlage *f*
Sandberg sorbitic treatment Sandberg-Verfahren *n*
sandblast/to sandstrahlen, absanden, strahlputzen *(Gußputzerei)*
sandblast Sandstrahl *m*
~ **apparatus** s. ~ machine
~ **blower** Sandstrahlgebläse *n*
~ **cleaning** Sandstrahlreinigung *f*
~ **machine** Sandstrahlapparat *m*, Sandstrahleinrichtung *f*, Sandputzmaschine *f*
~ **nozzle** Sandstrahldüse *f*, Strahlmittellanze *f*, Strahldüse *f*
~ **unit** Sandstrahlgebläse *n*
sandblasting Sandstrahlen *n*, Strahlputzen *n (Gußputzerei)*
~ **barrel** Strahlputztrommel *f*
~ **cabinet** Putzkammer *f* mit Außenbedienung
~ **chamber** Strahlkammer *f*, Blaskammer *f*, Putzhaus *n*
~ **equipment** Sandstrahlgebläse *n*
~ **gun** Strahlmittelpistole *f*
~ **machine** s. sandblast machine
~ **shop** Sandstrahlerei *f*
~ **shot** Strahlmittel *n*
sandline Rattenschwanz *m (Gußfehler)*
sandslinger *(Gieß)* Slinger *m*, Slingeranlage *f (s. a. unter slinger)*
sandstone Sandstein *m*
sandwich method Sandwichverfahren *n (Verfahren zweiter Modifikation von GGG)*
~ **process** Sandwichverfahren *n (Weiterverarbeitung von Pulver durch Pressen und Walzen)*
~ **specimen** Sandwichprobe *f*
sandy alumina „sandy" Tonerde *f (sandige Tonerde, amerikanischer Typ)*
SAP s. sinter aluminium powder
saponification 1. Einseifen *n*, Schmiermittelauftragen *n*; 2. Verseifen *n*, Verseifung *f*
sapphire Saphir *m*
Saramant sintered carbide Saramant-Hartmetall *n (Walzringe)*
sash section Fensterrahmenprofil *n*
saturate/to 1. sättigen; 2. [durch]tränken
saturated slag gesättigte Schlacke *f*
~ **steam** Sattdampf *m*
~ **vapour pressure** Sättigungsdampfdruck *m*
saturating liquid Tränkflüssigkeit *f*
saturation Sättigung *f*
~ **area** Sättigungsfläche *f*
~ **concentration** Sättigungskonzentration *f*
~ **coverage** Sättigungsbedeckung *f*
~ **intensity** Sättigungsintensität *f*, Sättigungsgrad *m*
~ **limit** Sättigungsgrenze *f*
~ **line** Sättigungslinie *f*, Sättigungsgerade *f*
~ **magnetic intensity** Sättigungsmagnetisierungsintensität *f*
~ **magnetic moment** magnetisches Sättigungsmoment *n*
~ **magnetization** Sättigungsmagnetisierung *f*
~ **moment** Sättigungsmoment *n*
~ **pressure** Sättigungsdruck *m*

~ **range** Sättigungsbereich *m*
~ **surface** Sättigungsfläche *f*
~ **temperature** Sättigungstemperatur *f*
~ **value** Sättigungswert *m*
~ **vapour pressure** Sättigungsdampfdruck *m*
saturator Sättiger *m*
saturnism Bleivergiftung *f*, Saturnismus *m*
saving in raw materials Rohstoffersparnis *f*
saw/to [zer]sägen
~ **off** absägen
saw Säge *f*
~ **blade** Sägeblatt *n*
~ **blade sharpening machine** Sägeblatt-schärfmaschine *f*
~ **cut** Sägeschnitt *m*
~ **cutting** Sägen *n*
sawdust Sägespäne *mpl*; Sägemehl *n*
sawing Sägen *n*
~ **machine** Sägemaschine *f*
sawtooth dirt trap Zackenlauf *m*, Säge-zahnschlackenlauf *m*
sawtoothed sägezahnförmig
say ladle kleiner Löffel *m (zur Probe-nahme von flüssigem Metall)*
~ **ladle sample** Löffelprobe *f (von schmelz-flüssigem Material)*
scab 1. Schülpe *f (Gußfehler);* 2. Ankru-stung *f*, Krustenbildung *f;* 3. Schale *f (am Block)*
~ **crack** Schalenriß *m*
~ **defect** Schalenfehler *m*
scabbing Schülpen *n (Gußfehler)*
~ **tendency** *(Gieß)* Schülpneigung *f*
scaffold 1. Baugerüst *n;* 2. Ansatz *m (im Hochofen)*
scaffolding 1. Hängen *n (der Gicht);* 2. An-sätze *mpl*; Anwüchse *mpl*
scale/to 1. verzundern; verkrusten; 2. ent-zundern; 3. abplatzen, abblättern
~ **off** 1. abzundern, entzundern; 2. abblät-tern
scale 1. Zunder *m*, Sinter *m*; Hammer-schlag *m*; Kesselstein *m*; Gußhaut *f*; Schuppe *f*, Blättchen *n*; Kruste *f*; 2. Maß-stab *m*; Skale *f*; Teilstrich *m* auf einer Skale; 3. Waagschale *f*
~ **breaker** Zunderbrecher *m*, Zunderbrech-walzwerk *n*
~ **charging car** Zubringer *m* mit Wiegevor-richtung, Möllerwagen *m*
~ **composition** Zunderzusammensetzung *f*
~ **deposit** Zunderbelag *m*
~ **efflorescence** *(Korr)* Zunderausblühung *f*
~ **layer** Zunderschicht *f*
~ **loss** 1. Zunderverlust *m;* 2. Abbrand *m*
~ **model** maßstabgetreues Modell *n*
~ **of rotating angle** Drehwinkelskale *f*
~ **of tilting angle** Kippwinkelskale *f*
~ **pit** Sinterbecken *n*, Sintergrube *f*

~-**pitted surface** zundernarbige Oberfläche *f*
~ **resistance** Zunderbeständigkeit *f*
~-**resisting steel** zunderbeständiger Stahl *m*
~ **scrubber** Zunderwäscher *m*
~ **shell** Zunderpelz *m*
~ **structure** Zunderstruktur *f*
~ **thickness** Zunderschichtdicke *f*
~ **tolerance** Waagenspiel *n*
scaleless zunderfrei
scaler Feinblechvorsturz *m*
scales Waage *f*
~ **for charge make-up** Gattierungswaage *f*
scaling 1. Verzunderung *f (s. a.* high-tem-perature corrosion); Verkrustung *f;* 2. Entzunderung *f;* 3. Abblättern *n*
~ **constant** Zunderkonstante *f*
~ **furnace** Entzunderungsofen *m*, Blank-glühofen *m*
~-**off** 1. Abzundern *n;* 2. Abblättern *n*
~ **rate** Zundergeschwindigkeit *f*
~ **resistance** Verzunderungsbeständigkeit *f*
scallop *(Umf)* Zipfel *m (Tiefziehen)*
scalp/to [Blöcke] schälen
scalping Schälen *n*, Blockschälen *n*, Knüp-pelschälen *n*
~ **machine** Schälmaschine *f*
scaly schuppig, schalig; zundrig
~ **film** Zunderhaut *f*
scan/to abtasten, abfahren; prüfen
scan circuitry Rasterschaltung *f*
~ **displacement** Rasterverschiebung *f*
~ **line** Abtastzeile *f*
~ **pattern** Rastermuster *n*
~ **spot** Absuchfleck *m (des Elektronenra-sterstrahls)*
scandium Skandium *n*
scannable abtastbar
scanner Meßfühler *m*, Abgreifer *m*, Taster *m*
~ **unit** Abtastereinheit *f*
scanning Abtasten *n*, Abfahren *n*; Prüfen *n*
~ **acoustic microscope** akustisches Ra-stermikroskop *n*
~ **area** Rasterfeld *n*
~ **device** Abtasteinrichtung *f*
~ **electron micrograph** rasterelektronenmi-kroskopische Aufnahme *f*
~ **electron microscope** Elektronenraster-mikroskop *n*, Rasterelektronenmikroskop *n*
~ **electron microscopy** Rasterelektronen-mikroskopie *f*
~ **field** Rasterfeld *n*
~ **movement** Abtastbewegung *f*
~ **photometer** Abtastfotometer *n*
~ **stage** Abtasttisch *m*
~ **statistics** Abtaststatistik *f*
~ **velocity** Abrastergeschwindigkeit *f*
scar *(Korr)* Narbe *f*

scarf/to 1. flämmen, flämmputzen; 2. anspitzen, anangeln
scarfing Flämmen *n*, Flämmputzen *n*
~ **bay** *s.* ~ shop
~ **machine** Flämmaschine *f*
~ **shop** Flämmerei *f*, Flämmhalle *f*, Blockputzerei *f*
SCAT = Sumitomo Calcium Addition Technology
scatter Streuung *f*; Streubereich *m*
~ **analysis** Streuanalyse *f*
~ **band** Schwankungsbreite *f*, Streuband *n*
scattered radiation Streustrahlung *f*
~ **wave** Streuwelle *f*
scattering Streuung *f*
~ **absorption** Streuabsorption *f*
~ **amplitude** Streuamplitude *f*
~ **angle** Streuwinkel *m*
~ **coefficient** Streukoeffizient *m*
~ **cross section** Streuquerschnitt *m*
~ **effect** Streuwirkung *f*
~ **nucleus** streuender Kern *m*
~ **of light** Lichtstreuung *f*
~ **resistance** Streuwiderstand *m*
scavenging air Spülluft *f*
~ **gas treatment** Spülgasbehandlung *f*
SCC *s.* stress crack corrosion
Schaeffler weld metal diagram Schaeffler-Schweißgutdiagramm *n*
schedule production Solleistung *f*, Planproduktion *f*
~ **work** Planarbeit *f*
scheduled production Solleistung *f*, Planproduktion *f*
scheelite *(Min)* Scheelit *m*
schist Schiefer *m*
Schlippe's salt Schlippesches Salz *n (Natriumthioantimonat)*
Schmid orientation factor Schmidscher Orientierungsfaktor *m*
Schmid's law *s.* critical shear stress law of Schmid
Schroedinger equation Schrödinger-Gleichung *f*
scintillation counter Szintillationszähler *m*
scleroscope Skleroskop *n*, Härtemesser *m*, Rücksprunghärteprüfer *m*
~ **hardness** Rücksprunghärte *f*, Kugelfallhärte *f*
~ **hardness test** Rücksprunghärteprüfung *f*
scoop Löffel *m*, Kelle *f*; Schaufel *f*
~ **sample** Löffelprobe *f*
scooping gun Flachstrahl *m*, Schaufelstrahl *m*
scorching nadelförmige Kristallbildung *f*
score/to einkerben, einkratzen; riefig werden
scoria Schlacke *f*
scorification Verschlackung *f*, Schlackenbildung *f (hervorgerufen durch Zusatz von Flußmitteln)*

scorify/to verschlacken *(durch Zusatz von Flußmitteln)*
scorifying *s.* scorification
scoring Kratzerbildung *f*, Riefenbildung *f*, Rillenbildung *f*
~ **hardness** Ritzhärte *f (s. a. unter scratch hardness)*
~ **wear** Furchungsverschleiß *m*
scotch/to abfangen *(Schmelze)*
scotch Blockierungshebel *m (Druckguß)*
scour/to 1. scheuern; 2. abbeizen; 3. ausfressen *(Ofenfutter)*
scouring 1. Scheuern *n*; 2. Abbeizen *n*; 3. Ausfressung *f (Ofenfutter)*
~ **slag** aggressive Schlacke *f*
scrafing torch Sauerstofflanze *f*
scragging Vorspannen *n (Federstahl)*
scram shut-down Notabschaltung *f*
scrap/to verschrotten
scrap Abfall *m*, Ausschuß *m*; Schrott *m*
~ **addition** Schrottzugabe *f*
~ **and coal process** Schrott-Kohle-Verfahren *n*
~ **baling** Schrottpaketierung *f*
~ **baling press** Schrottpaketierpresse *f*
~ **basket** Schrottkorb *m*
~ **bay** Schrotthalle *f*
~ **brass** Schrottmessing *n*, Altmessing *n*, Messingschrott *m*
~ **buggy** Schrottwagen *m*
~ **bundling installation** Schrottpaketieranlage *f*
~ **bundling machine** Schrottpaketiermaschine *f*
~ **cage** Schrottkorb *m*
~ **carburization process** Schrottkohlungsverfahren *n*
~ **casting** Ausschußgußstück *n*
~ **castings** Gußschrott *m*, Gußbruch *m*
~ **charge** Schrotteinsatz *m*
~ **charging** Schrottchargieren *n*
~ **charging box handling crane** Schrotteinsatzkran *m*, Schrottmuldenkran *m*
~ **charging bucket** Schrottchargierkorb *m*
~ **charging car** Schrottchargierwagen *m*
~ **charging pan** Schrottchargiermulde *f*
~ **chopper** Saumstreifenschere *f*
~ **coke** Abfallkoks *m*
~ **collector** Schrottsammelgefäß *n*
~ **consumption** Schrottverbrauch *m*
~ **coolant weighbridge** Kühlschrottbrückenwaage *f*
~ **cooling** Schrottkühlung *f*
~ **copper** Schrottkupfer *n*, Altkupfer *n*, Kupferabfall *m*
~ **copper wire** Schrottkupferdraht *m*
~ **crushing installation** Schrottzerkleinerungsanlage *f*
~ **cutter** Schrottschere *f*
~ **cutting** Schrottschneiden *n*
~ **electronic solder** Elektroniklötmetallschrott *m*

~ **fagotting** Schrottpaketieren *n*
~ **for cooling** Kühlschrott *m*
~ **grade** Schrottsorte *f*
~ **iron** Alteisen *n*, Gußschrott *m*, Gußbruch *m*
~ **lead** Altblei *n*, Bleiabfälle *mpl*, Bleischrott *m*
~ **loading crane** Schrottladekran *m*
~ **melting capacity** Schrottschmelzvermögen *n*
~ **metal** Altmetall *n*, Abfallmetall *n*, Metallschrott *m*, metallischer Schrott *m*
~ **of blooms** Blockschrott *m*
~ **of ingot moulds** Kokillenbruch *m*
~ **pan [transfer] weighbridge** Schrottmuldenwaage *f*, Schrottmuldenwiegebrücke *f*
~ **piling machine** Schrottpaketiermaschine *f*
~ **practice** Schrottverfahren *n*
~ **preheating** Schrottvorwärmung *f*
~ **preheating plant** Schrottvorwärmanlage *f*
~ **preparation** Schrottaufbereitung *f*
~ **preparation plant** Schrottaufbereitungsanlage *f*
~ **recycling** Schrottrücklauf *m*, Schrottrückführung *f (in den Verarbeitungskreislauf)*
~ **return** Rücklaufschrott *m*, Kreislaufmaterial *n*, Rücklaufmaterial *n*
~ **scale** Schrottwaage *f*
~ **shear** Schrottschere *f*
~ **shearing plant** Schrottscherenanlage *f*
~ **shears** Schrottschere *f*
~ **shears machine** Schrottschere *f*
~ **slab** Schrottbramme *f*
~ **solder** Lötmetallschrott *m*
~ **steel** Stahlschrott *m*
~ **stock pit** Schrottieflager *n*
~ **stock yard** Schrottlagerplatz *m*
~ **stove** Schrottlager *n*
~ **transfer car** Schrotttransportwagen *m*
~ **transport vehicle** Schrotttransportfahrzeug *n*
~ **trim weighbridge** Schrottkorrekturwiegebrücke *f*
~ **weighbridge** Schrottwiegebrücke *f*
~ **wire** Drahtabfall *m*
~ **yard** Schrottplatz *m*
~ **yield** Schrottaufkommen *n*
~ **zinc** Altzink *n*, Zinkschrott *m*
scrape/to [ab]schaben, abstreichen
scrape mechanism Abstreifmechanismus *m*
scraper 1. Schrapper *m;* 2. Abstreicheisen *n*, Schabeisen *n*, Kratzer *m*
~ **conveyor** Kratzerförderer *m*, Schubleistenförderer *m*
~ **sand disintegrator** Schrappersandschleuder *f*

scraping 1. Verschrotten *n*; 2. Schrottzugabe *f*
~ **of liquation** Seigerkrätze *f*
SCRATA = Steel Castings Research and Trade Association
scratch/to kratzen
scratch 1. Kratzer *m*, Schramme *f*, Riefe *f*; 2. Schliere *f (Druckguß)*
~ **depth** Kratzertiefe *f*
~ **groove** Kratzermulde *f*, Kratzergrund *m*
~ **hardness** Ritzhärte *f*
~ **hardness test** Ritzhärteprüfung *f*
~ **hardness tester** Ritzhärteprüfer *m*
scratching Kratzerbildung *f*, Riefenbildung *f*, Rillenbildung *f*
scratchless kratzerfrei
screen/to 1. [ab]sieben; [sieb]klassieren; 2. abschirmen
~ **off** abschirmen
~ **out** [ab]sieben
screen 1. Sieb *n*; Klassiersieb *n*; 2. Bildschirm *m*; 3. Schutzgitter *n;* Ausbrennschutz *m (Schweißen)*
~ **analysis** Siebanalyse *f*
~ **analysis plant** Siebanalyseneinrichtung *f*
~ **aperture** Sieböffnung *f*, Maschenweite *f*
~ **area** Siebfläche *f*
~ **centrifuge** Siebzentrifuge *f*
~ **classification** Siebklassierung *f*
~ **classifier** Siebapparat *m*, Siebmaschine *f*
~ **cloth** Siebgewebe *n*, Siebbelag *m*
~ **deck** Siebboden *m*
~ **discharge** Siebaustrag *m*
~ **feed** Siebgut *n*
~ **hole** Sieböffnung *f*, Maschenweite *f*
~ **hole width** Sieblochweite *f*
~ **magnification** Bildschirmvergrößerung *f*
~ **marker** Schirmmarkierung *f*
~ **observation** Leuchtschirmbeobachtung *f*
~ **opening** Sieböffnung *f*, Maschenweite *f*
~ **overflow** Siebüberlauf *m*
~ **oversizes** Siebrückstand *m*
~ **passing** Siebdurchlauf *m*
~ **plate** Siebblech *n*
~ **riddle** Vibrationssieb *n*
~ **size** Korngröße *f*
~ **sizing** Kornklassierung *f*
~ **trace** Schirmbildspur *f*
~ **trough** Siebtrog *m*
~ **underframe** Siebboden *m*
~ **undersizes** Siebdurchgang *m*
~ **vent** Siebdüse *f*, Schlitzdüse *f*
~ **width** Bildschirmbreite *f*
screening 1. Sieben *n*, Absieben *n*; Klassierung *f*, Siebklassierung *f*, Siebsichtung *f*; Kornklassierung *f*; 2. Abschirmung *f*
~ **capacity** Siebleistung *f*
~ **characteristic** Körnungskennlinie *f*, Aufkörnungskennlinie *f*
~ **device** Scheidevorrichtung *f*, Siebvorrichtung *f;* Scheideanlage *f;* Sturzsieb *n*
~ **fraction** Kornklasse *f*

~ **installation** Siebeinrichtung *f*
~ **machine** Siebmaschine *f*
~ **of grain** Korngrößentrennung *f*
~-**off** Abschirmung *f*
~ **plant** Siebanlage *f*, Separationsanlage *f*;
Siebblech *n*
~ **plate** Siebplatte *f*
~ **refuse** Siebabfall *m*
~ **sample (test)** Siebprobe *f*
screenings 1. Ausgesiebtes *n*, Abgesiebtes
n, Siebdurchfall *m*, Siebdurchgang *m*; 2.
Feinkohle *f*, Koksgrus *m*
screw 1. Schraube *f*; 2. Spindel *f*, Anstellspindel *f*
~ **axis** *(Krist)* Schraubenachse *f*
~ **blank** Schraubenrohling *m*
~ **bolt** Schraub[en]bolzen *m*
~ **conveyor** Schneckenförderer *m*, Transportschnecke *f*, Förderschnecke *f*
~ **die** Gewinde[schneid]backe *f*, Schneideisen *n*
~ **dislocation** *(Krist)* Schraubenversetzung
f
~-**down** Anstellung *f (Walzen)*
~-**down mechanism** Anstellvorrichtung *f*
(Walzen)
~-**down nut** Druckmutter *f*
~ **elevator** Schneckenhubförderer *m*
~ **head** Schraubenkopf *m*
~-**headed tensile specimen** Zugprobe *f*
mit Gewindekopf
~ **jack** mechanischer Hebebock *m*, Schrau-
benwinde *f*
~ **machining** Gewindefertigung *f*
~ **man** Walzensteller *m*, Walzenanstellfah-
rer *m*
~ **mixer** *(Gieß)* Schneckenmischer *m*
~ **nail** Schraubennagel *m*
~ **pitch** Gewindesteigung *f*, Ganghöhe *f*
~ **plate die** Gewindeschneidkluppe *f*
~ **plug** Gewindestopfen *m*, schraubbarer
Stopfen *m*
~ **press** Spindelpresse *f*
~ **pressing** Schraubenpressen *n*
~ **rolling machine** Gewindewalzmaschine *f*
~ **rotation** *(Krist)* Schraubung *f*
~ **spike** Schwellenschraube *f*
~ **spindle** Leitspindel *f*
~ **tap** Gewindebohrer *m*
~ **test** Schraubenversuch *m*
~ **thread** Gewinde *n*
~ **thread cross-rolling mill** Gewindequer-
walzwerk *n*
~ **wire** Schraubendraht *m*
screwed pipe joint Rohrverschraubung *f*
screwing die Schraubengesenk *n*,
Schraubenmatrize *f*
scribe a circle/to einen Kreis anreißen
scribed line Anrißlinie *f*
scriber Anreißnadel *f*
~ **point** Anreißspitze *f*
scrub/to waschen *(Gase oder Abgase)*

scrubber Gaswäscher *m*, Wäscher *m*, Naßreiniger *m*, Skrubber *m*
scrubbing Waschen *n*, Auswaschen *n (von
Gasen oder Abgasen)*
~ **hood** Berieselungshaube *f*
~ **liquid** Waschflüssigkeit *f (für Gase beim
Naßabscheiden)*
~ **system** *(Korr)* Waschsystem *n*
~ **tower** Waschturm *m*, Turmwäscher *m*,
Gaswäscher *m*, Wäscher *m*, Skrubber *m*
~ **water** Waschwasser *n (Abluftreinigung)*
scuff/to abnutzen
scuffing Abnutzung *f*; Verschleiß *m*
~ **wear** Schürfverschleiß *m*
scull Ofenwolf *m*, Ofensau *f*, Bodensau *f*,
Bodensatz *m*, Ofenbär *m*
~ **cracker** Fallwerk *n*, Schlagwerk *n*
scum/to schäumen, schlacken, Schlacke
bilden
scum Schaum *m*, Schlacke *f*
~ **defect** Schaumstelle *f (Gußfehler)*
~ **riser** Schaumkopf *m*, Schlackenkopf *m*
~ **skimmer** Schlackenfang *m*
scythe steel Sensenstahl *m*
SD *s.* soft-drawn
SDCE = Society of Die Casting Engineers
(USA)
SDR process = Sumitomo Dust Reduction
process
sea coal Steinkohle *f*
~ **nodule** Manganknolle *f*
~ **sand** Quarzsand *m* aus dem Meer
~-**water corrosion** *(Korr)* Seewasserero-
sion *f*
seal/to [ab]dichten
~ **off** abdichten
seal Dichtung *f*, Abdichtung *f*
~ **ring** Dichtungsring *m*
~ **weld** Dichtschweißung *f*
~ **welding** Dichtschweißen *n*
sealant Abdichtmittel *n*
sealed abgedichtet
sealing Abdichten *n*, Abdichtung *f*
~ **compound** Abdichtmittel *n*
~ **element** Dichtelement *n*
~ **material** Abdichtmasse *f*
~-**off** Abdichten *n*
~ **ring** Sandwulst *m(f)*, Dichtungsring *m*
~ **roller** Abdicht[ungs]rolle *f*
~ **wedge** Zapfen *m* für Kernverbindungska-
nal
seam 1. Saum *m*, Naht *f*; Gußnaht *f*;
2. Falz *m*, Umschlag *m (Blech)*; 3. *(Umf)*
Faltungsriß *m*; 4. Faltung *f*; Fältelung *f*
(Walzen); 5. Überwalzung *f (Walzfehler)*
~ **construction** Schweißnahtkonstruktion *f*
~ **following** Nahtnachführung *f*
~-**type** nahtförmig
~ **welding** Nahtschweißen *n*
~ **welding machine** Nahtschweißmaschine
f
seaming Falzen *n*

seamless ring nahtloser Ring *m*
~ tube nahtloses Rohr *n*
seamy rissig
search coil Detektorspule *f*
~ unit Suchanlage *f*
searchlight sheet Schweinwerferblech *n*
season/to altern, auslagern *(Eisenguß);* ablagern *(Holz)*
~ a new bottom (hearth) einen neuen Herd eintränken, mit einer schmelzflüssigen Masse behandeln
season crack Alterungsriß *m (Holz)*
~ cracking Spannungsrißkorrosion *f*
seasoning Altern *n*, Auslagern *n* *(Eisenguß)*; Ablagern *n (von Holz)*
seat Paßsitz *m*, Paßfläche *f*
~ grinding Einschleifen *n*, Passungsschleifen *n*
seating Auflagefläche *f*, Sitzfläche *f*
secant modulus Sekantenmodul *m*
secar cement Secar-Zement *m (Handelsname für Tonerdeschmelzzement)*
second-action draw punch *(Umf)* Weiterschlagziehstempel *m*, Nachzugstempel *m*
~ blow *(Umf)* zweite Stauchstufe *f*; zweiter Schlag *m*; zweiter Hub *m*
~ change Ende *n* der Kohlenstoffverbrennung *(Frischen)*
~ draw *(Umf)* Nachzug *m*, Weiterschlag *m*, Stufenschlag *m (Tiefziehen)*; Zweitzug *m (Drahtziehen, Rohrziehen)*
~ law of thermodynamics zweiter Hauptsatz *m* der Thermodynamik, Entropiesatz *m*
~-phase particle Ausscheidungspartikel *f*, Ausscheidungsteilchen *n*
secondary air Sekundärluft *f*, Zweitluft *f*, Zusatzluft *f*
~ alloy Sekundärlegierung *f*, Umschmelzlegierung *f*
~ amine sekundäres Amin *n*
~ arms of dendrites Dendritennebenäste *mpl*
~ carbide Sekundärkarbid *n*
~ cleaning Nachreinigung *f*, Feinreinigung *f*
~ compression Nachverdichtung *f*
~ cooling Sekundärkühlung *f*, Nachkühlung *f*
~ cooling system Sekundärkühlsystem *n*
~ cooling zone Sekundärkühlzone *f*, Sekundärkühlstrecke *f*
~ crack Nebenriß *m*
~ creep Kriechen *n* mit gleichbleibender Geschwindigkeit, stationäres Kriechen *n*
~ crystallization sekundäre Kristallisation *f*
~ drive Nebenantrieb *m*, Hilfsantrieb *m*
~ electron coefficient Sekundärelektronenkoeffizient *m*
~ electron multiplier Sekundärelektronenvervielfacher *m*, SEV

~ emission electron microscope Sekundär-Emissionselektronenmikroskop *n*
~ extinction sekundäre Extinktion *f*
~ fluorescence Sekundärfluoreszenz *f*
~ fracture surface Nebenbruchfläche *f*
~ hardening Sekundärhärte *f;* Sekundärhärten *n*
~ inclusion sekundärer Einschluß *m*
~ ion Sekundärion *n*
~ ion mass spectroscopy Sekundärionen-Massenspektroskopie *f*, SIMS
~ ion source Sekundärionenquelle *f*
~ ion spectrum Sekundärionenspektrum *n*
~ metal Sekundärmetall *n*, Umschmelzmetall *n*
~ precipitate Sekundärausscheidung *f*
~ recrystallization sekundäre Rekristallisation *f*
~ remelting sekundäres Umschmelzen *n*
~ slag Zweitschlacke *f*
~ slip system *(Krist)* sekundäres Gleitsystem *n*
~ smelter Umschmelzwerk *n*
~ steelmaking Sekundärmetallurgie *f* *(Stahlherstellung)*
~ steelmaking process Sekundärmetallurgie *f*, sekundärmetallurgisches Verfahren *n*
~ structure Sekundärgefüge *n*
~ value abgeleitete Größe *f*
~ ventilation system Sekundärlüftungssystem *n*
section/to zerteilen
section 1. Schnitt *m*; Schnittfläche *f*; 2. Querschnitt *m*; Profil *n*; 3. Schnittpräparat *n*; 4. Station *f*, Bereich *m*, Abschnitt *m (Fließlinie)*
~ diameter Schnittflächendurchmesser *m*
~ for door frame Türrahmenprofil *n*
~ for window frame Fensterrahmenprofil *n*
~ groove Formkaliber *n*
~ mill Formstahlwalzwerk *n*, Profil[stahl]walzwerk *n*
~ modulus Widerstandsmoment *n*
~ of equal concentration Isokonzentrationsschnitt *m*
~ of groove Kaliberteil *n*
~ of the furnace Ofensektion *f*, Ofenschnitt *m*
~ rolling Profilwalzen *n*
~ sensitivity *(Gieß)* Wanddickenempfindlichkeit *f*, Wanddickenabhängigkeit *f*, Wanddickeneinfluß *m*
~ shear blade Profilscherenmesser *n*, profiliertes Scherenmesser *n*
~ shears Profilschere *f*
~ tube Formrohr *n*, Profilrohr *n*
~ wire Formdraht *m*, Profildraht *m*, Fassondraht *m*
sectional form Formprofil *n*
~ steel Formstahl *m*, Profilstahl *m*

~ **wire drawing** Formdrahtziehen *n*, Profildrahtziehen *n*
sectioned feature Schnittfigur *f*
sectioning Profilierung *f*
~ **plane of grain** Kornschnittfläche *f*
~ **technique** Anschlifftechnik *f*
sections Formstahl *m*, Profilstahl *m*
~ **of converter** Konverterteile *mpl*
sector Abschnitt *m*
sediment/to s. sedimentate/to
sediment Sediment *n*, Bodenkörper *m*, Bodensatz *m*, Niederschlag *m*, Rückstand *m*, Schlämmstoff *m*
sedimentary petrology Sedimentpetrografie *f*
~ **rock** Sedimentgestein *n*
sedimentate/to sedimentieren, niederschlagen, absetzen lassen
sedimentation Sedimentation *f*, Ablagerung *f*, Absetzen *n*, Niederschlagen *n*
~ **analysis** Sedimentationsanalyse *f*
~ **balance** Sedimentationswaage *f*
~ **basin** s. ~ tank
~ **rate** Sedimentationsgeschwindigkeit *f*, Sinkgeschwindigkeit *f*, Klärgeschwindigkeit *f*
~ **tank** Sedimentationsbehälter *m*, Absetzbehälter *m*, Klärbehälter *m*, Absetzbekken *n*
~ **technique** Sedimentationsverfahren *n*
~-**type centrifuge** Vollmantelzentrifuge *f*
Seebeck effect Seebeck-Effekt *m*
seed/to impfen *(mit Kristallkeimen)*
seed Impfzusatz *m*
~ **crystal** Impfkristall *m*, Kristallkeim *m*
~ **material** Impfmaterial *n*
seeding Impfen *n*, Impfung *f (mit Kristallkeimen)*
~ **of crystallization** Animpfen *n*, Einleiten *n* der Kristallisation
Seemann-Bohlin focus[s]ing method Seemann-Bohlin-Fokussierungsverfahren *n*
seep/to aussickern *(in Sickerrinne, Blei/Zinn-Schmelzofen)*
~ **through** durchsickern
seepage flow Sickerströmung *f*, Durchsikkern *n* (Durchströmung *f*) eines Filters, Filterbewegung *f*, Absetzbewegung *f*
Seger cone Segerkegel *m*, SK, Schmelzkegel *m*, Brennkegel *m*
segment Segment *n*, Abschnitt *m*
~ **die** geteilte Matrize *f*, geteiltes Preßwerkzeug *n (Pulverpresse)*
segmental steel Halbrundstahl *m*
segregate/to 1. entmischen, [ab]trennen, abscheiden; seigern; 2. sich entmischen
segregated band Seigerungsstreifen *m*
~ **zone** Seigerungszone *f*
segregation 1. Entmischung *f*, Abscheidung *f*, Ausscheidung *f*, Segregation *f*; Seigerung *f*; 2. *(Pulv)* Preßfehler *m*
~ **band** Seigerungsstreifen *m*

~ **behaviour** Entmischungsverhalten *n*; Seigerungsverhalten *n*
~ **boundary layer** Seigerungsgrenzschicht *f*
~ **coefficient** Entmischungskoeffizient *m*; Seigerungskoeffizient *m*; Verteilungskoeffizient *m*, Abscheidungskonstante *f*, Segregationskonstante *f (Zonenschmelzen)*
~ **condition** Ausscheidungsbedingung *f*
~ **distance** Seigerungsabstand *m*
~ **etch** Seigerungsätzung *f*
~-**free** seigerungsfrei
~ **in ingots** Blockseigerung *f*
~ **line** Seigerungsstreifen *m*
~ **of runners and feeders** Absondern *n* von Läufen und Speisern
~ **pattern** Seigerungsmodell *n*
~ **peak** Seigerungsspitze *f*
~ **phenomena** Seigerungserscheinungen *fpl*
~ **process** Segregationsverfahren *n (Kupfer- und Nickelgewinnung)*
~ **streaks** Seigerungszeilen *fpl*, Absonderungsstreifen *mpl*
~ **temperature** Segregationstemperatur *f*
~ **zone** Seigerungszone *f*
seize/to 1. sich festfressen; verklemmen; 2. [an]fressen
seizing 1. Festfressen *n*; Festklemmen *n*; 2. Fressen *n*, fressender Verschleiß *m*, Freßverschleiß *m*
seizure s. seizing
Selas burner Selas-Brenner *m*, Vollgemischbrenner *m*
selected area [electron] diffraction Feinbereichsbeugung *f*
~ **area [electron] diffraction picture** Feinbereichsbeugungsaufnahme *f*
~ **cast scraps** sortierter Gußbruch *m*
~ **scrap** sortierter Schrott *m*
selection logic Auswahllogik *f*
selective selektiv
~ **etch** Selektivätzung *f*
~ **etching** selektives Ätzen *n*
~ **hardening** Teilhärtung *f*, Zonenhärtung *f*
~ **heating** Teilerwärmung *f*, örtliches Erwärmen *n*
~ **oxidation** *(Korr)* selektive Oxydation *f*
~ **phase etch** selektive Phasenätzung *f*
selectivity Selektivität *f*
selector aperture Feinbereichsblende *f*
selenate Selenat *n*
selenic Selen(IV)-...
~ **acid** Selensäure *f*
selenide Selenid *n*
selenious Selen(IV)-...
selenite 1. Selenit *n*; 2. *(Min)* Selenit *m*, Marienglas *n*, Gips *m*
selenium Selen *n*
selenous s. selenious

self-accommodating martensite selbstan-
lassender Martensit *m*
~-agglomerating Selbstsinterung *f*
~-aligning bearing Pendellager *n*
~-aligning die taumelndes Gesenk *n*, Tau-
melgesenk *n*
~-condensed selbstkondensiert
~-contained unabhängig, in sich geschlossen
~-curing *(Gieß)* selbsthärtend *(Binder)*
~-damping Eigendämpfung *f*
~-diffusion Selbstdiffusion *f*
~-diffusion coefficient Selbstdiffusions-
koeffizient *m*
~-diffusion rate Selbstdiffusionsgeschwin-
digkeit *f*
~-emission Selbstemission *f*
~-energy Selbstenergie *f*
~-fluxing selbstgängig *(Erzverhüttung)*
~-fluxing sinter selbstgängiger Sinter *m*
~-greasing bearing selbstschmierendes
Sinterlager *n*
~-hardening steel lufthärtender Stahl *m*,
Lufthärter *m*
~-indicating mit automatischer Anzeige
~-induction Selbstinduktion *f*
~-interstitial atom Eigenzwischengitter-
atom *n*
~-locking selbsthemmend, selbstsperrend
~-lubricating selbstschmierend
~-oiling bearing Schmierlager *n*, selbstschmierendes Lager *n*
~-operated controller Regler *m* ohne Hilfsenergie
~-propelled selbstfahrend, mit Eigenan-
trieb
~-propelled shuttle car Bunkerentlee-
rungswagen *m*
~-propelled special wagon Selbstfahrwag-
gon *m*
~-repassivation Eigenrepassivierung *f (des
Metalls)*
~-scanning selbstabtastend
~-seal door selbstdichtende Tür *f*
~-skimming selbstentschlackend
~-slagging selbstentschlackend
~-tempering Selbstanlassen *n*
~-tempering effect Selbstanlaßeffekt *m*
~-warming Eigenerwärmung *f*
self... *s. unter* self-...
SEM *s.* 1. scanning electron microscope; 2.
scanning electron microscopy
semiautomatic halbautomatisch
~ burner halbautomatischer Brenner *m*
semiaxis Halbachse *f*
semicentrifugal casting Schleuderformguß *m*, Schleuderguß *m* mit Kernen
semicircular halbkreisförmig
semiclosed shape halbgeschlossenes Profil *n*
semicoke Halbkoks *m*, Schwelkoks *m*

semicold forming Halbwarmumformung *f*
semiconducting compound Verbindungs-
halbleiter *m*
~ material Halbleitermaterial *n*, Halbleiter-
werkstoff *m*
semiconductor Halbleiter *m*
~ detector Halbleiterdetektor *m*
~ device Halbleitergerät *n*
~ technology Halbleitertechnik *f*
semicontinuous halbkontinuierlich
~ casting Strangguß *m* mit beschränkter
Stranglänge
~ mill halbkontinuierliches Walzwerk *n*,
Halbkontiwalzwerk *n*
semidense unvollständig verdichtet, halb-
dicht
semifinished flat of powder Pulverplatine *f*
~ material Halbzeug *n*
~ product Halbzeug *n*, Halbfabrikat *n*
semifinishing mill Halbzeugwalzwerk *n*,
Halbzeugwalzstraße *f*
semiglobal halbkugelig
semigraphite Halbgraphit *m*
semihard halbhart
semi-infinite halbunendlich
~ bar halbunendlicher Barren *m*
~ plate halbunendliche Platte *f*
semikilled steel halbberuhigter Stahl *m*
semimachined halbblank
semimanufactured product Halbzeug *n*,
Halbfabrikat *n*
semimetal Halbmetall *n*, Übergangsmetall
n
semimetallic halbmetallisch
semimild halbweich
~ steel halbweicher Stahl *m*
semimuffle kiln Halbmuffelofen *m*
semipermanent mould Halbkokille *f*, Kokille *f* mit Sandkernen
semiportal type Halbportaltyp *m*, Halbpor-
talausführung *f*
semipyrite smelting Halbpyritschmelzen *n*
semiquantitative halbquantitativ
semired brass *Cu-Zn-Legierung mit 8–17 %
Zn*
semisilica refractory *(Am)* SiO_2-reiches
Schamotteerzeugnis *n (72 % SiO_2)*
semisiliceous refractory SiO_2-reiches
Schamotteerzeugnis *n (< 93 % SiO_2,
< 10 % Al_2O_3 + TiO_2)*
semisilvered mirror halbdurchlässiger
Spiegel *m*
semisolid alloys teilerstarrte Legierungen
fpl
semistable dolomite refractory teerge-
tränktes Dolomiterzeugnis *n*
semisteel Gußeisen *n* aus stahlreicher Gattierung, niedriggekohltes Gußeisen *n*,
Halbstahl *m*
semisynthetic moulding sand halbsynthe-
tischer Formsand *m*

semitechnical halbtechnisch

semi-Venturi Halbventuri *m*

sending crystal Sendekristall *m (Ultraschall)*

~ **transducers** Sendeköpfe *mpl (Ultraschall)*

Sendzimir mill Sendzimir-Walzwerk *n*, Walzwerk (Vielrollenwalzwerk) *n* nach Sendzimir

sense/to empfinden, wahrnehmen, fühlen, feststellen

sensibilization annealing Sensibilisierungsglühen *n*, Sensibilisieren *n*

sensible heat fühlbare Wärme *f*; Eigenwärme *f*

sensitivity adjustment Empfindlichkeitseinstellung *f*

~ **area** Sensibilisierungsbereich *m*

~ **calibration** Empfindlichkeitseinstellung *f*

~ **control** Empfindlichkeitssteuerung *f*

~ **magnification** Empfindlichkeitsverstärkung *f*

~ **to aging** Alterungsempfindlichkeit *f*

~ **to brittle fracture** Sprödbruchanfälligkeit *f*

~ **to cracking** Rißempfindlichkeit *f*

~ **to pitting** *(Korr)* Lochfraßempfindlichkeit *f*

~ **to stress cracking** *(Korr)* Spannungsrißempfindlichkeit *f*

~ **to temperature** Temperaturempfindlichkeit *f*

~ **to welding cracks** Schweißrißempfindlichkeit *f*

sensitization Sensibilisierung *f*

~ **range** Sensibilisierungsbereich *m*

~ **temperature** Sensibilisierungstemperatur *f*

sensitize/to empfindlich machen

sensitize annealing Sensibilisierungsglühen *n*, Sensibilisieren *n*

~ **quench cracking** Rißbildung *f* bei Sensibilisierungsabschreckung

~ **quenching** Sensibilisierungsabschreckung *f*

sensitizing range Sensibilisierungsbereich *m*

~ **temperature** Sensibilisierungstemperatur *f*

~ **treatment** Sensibilisierungsbehandlung *f*

sensor Meßfühler *m*, Meßsonde *f*; Sensor *m*; Tastfuß *m* *(z. B. bei Oberflächenprofilmessungen)*

~ **tip** Sondenspitze *f*

separability Trennbarkeit *f*, Abscheidbarkeit *f*

separable trennbar, abscheidbar, separierbar

separate/to [ab]trennen, abspalten; abscheiden, ausscheiden; *(Aufb)* separieren, sichten, sortieren

~ **by screening** absieben

~ **into parts** entmischen

~ **out** entmischen

~ **the dross** abschlacken, Schlacke abziehen, entschlacken

~ **to the sizes** klassieren *(Erz)*

separate getrennt, separat

~ **combustion chamber** getrennte Verbrennungskammer *f*

~ **cooling** Fremdkühlung *f*

~ **elbow** Elbow-Separator *m*

~ **main drive** Einzelantrieb *m*

~ **roll line** Walzstaffel *f*

~ **ventilation** Fremdbelüftung *f*

separately cast test bar getrennt gegossener Probestab *m*; getrennt gegossenes Probestück *n*

~ **cooled** fremdgekühlt

~ **driven** separat (extra) angetrieben

separating 1. Trennen *n*, Trennung *f*, Scheidung *f (Metalle)*; 2. *(Aufb)* Sortieren *n*, Klassieren *n*; Teilen *n*

~ **capacity** Abscheideleistung *f*

~ **force** Normalkraft *f*, direkt wirkende Kraft *f*

~ **result** Trennerfolg *m*

~ **screen** Trennsieb *n*

~ **sieve** Pulverkornsieb *n*

separation 1. Spalt *m*, Abtrennung *f*; 2. Abstand *m*, Spalt *m (im Kristallgitter)*; 3. Trennung *f*, Abspaltung *f*; Abscheidung *f*, Entmischung *f*; 4. *(Aufb)* Separation *f*, Sichtung *f*, Klassierung *f*

~ **effect** Trenneffekt *m*, Entmischungseffekt *m*

~ **efficiency** Abscheidungsgrad *m*, Trennschärfe *f*, Entstaubungsgrad *m*

~ **factor** Trennfaktor *m*

~ **medium** Trennsubstanz *f*

~ **of iron** Eisenabscheidung *f*

~ **of particle sizes** Teilchengrößentrennung *f*

~ **of powder** Pulverabscheidung *f*

~ **of slag** Abscheiden *n* der Schlacke, Schlackenabscheidung *f*

~ **procedure** Trennvorgang *m*, Trennverfahren *n*, Entmischungsvorgang *m*

~ **process** Entmischungsprozeß *m*

~ **rate** Abscheidegeschwindigkeit *f*, Abscheidungsleistung *f*

~ **zone** Entmischungszone *f*

separator 1. Separator *m*, Abscheider *m*, Scheider *m*; 2. *(Aufb)* Klassiersieb *n*, Sichter *m*

~ **in front of meter** Abscheider *m* mit nachgeschaltetem Mengenmesser

septum Scheidewand *f*, Membran *f*

sequence Folge *f*, Abfolge *f*

~ **analysis** Sequenzanalyse *f*

~ **analyzer** Sequenzanalysator *m*

~ **casting** Sequenzguß *m*, Folgeguß *m*

~ **[cycling] control** Folgesteuerung *f*, Ablaufsteuerung *f*

~ **of microstructure** Reihung *f* der Feingefüge

~ **of operations** Arbeitsablauf *m*

~ **of passes** Kaliberfolge *f*, Kaliberreihe *f*, Stichfolge *f*

~ **spectrometer** Sequenzspektrometer *n*

~ **step** Ablaufschritt *m*

sequencing Arbeitsfolgeeinstellung *f*

sequential starr fortlaufend

~ **control** Folgesteuerung *f*, Ablaufsteuerung *f*

~ **indicator** Zeitfolgemelder *m*

~ **sampling** Folgestichprobenverfahren *n*, Sequentialstichprobenverfahren *n*

~ **test** Folgeprüfung *f*

series examination Serienprüfung *f*

~ **expansion method** Reihenentwicklungsverfahren *n*

~ **fabrication** Reihenfertigung *f*

~ **piece** Serienteil *n*

service door Arbeitstür *f*, Beschickungstür *f*

~ **life** Lebensdauer *f*, Nutzungsdauer *f*; Standzeit *f*

~ **platform** Bedienungsbühne *f*

~ **property** Gebrauchseigenschaft *f*

~ **rail track** Versorgungsgleis *n*

~ **stress** Betriebsbeanspruchung *f*

~ **temperature** Betriebstemperatur *f*, Einsatztemperatur *f*

sesquioxide Sesquioxid *n (der seltenen Erden)*

sessile dislocation *(Krist)* unbewegliche Versetzung *f*

set/to 1. aufstellen, aufbauen; einbauen; 2. einrichten, einstellen; 3. [ab]binden, erhärten, aushärten, sich verfestigen, erstarren *(Formstoff)*

~ **down** 1. reduzieren *(Durchmesser)*; 2. absetzen *(Schmieden)*

~ **equilibrium** Gleichgewicht einstellen

~ **on fire** anzünden, entzünden

~ **up** errichten, aufstellen, aufbauen

set 1. Satz *m*, Aggregat *n*; 2. Satz *m*, Teilmenge *f*; 3. bleibende Formänderung *f*; 4. Erstarren *n*, Erhärten *n*, Verfestigung *f*

~ **copper** Garkupfer *n (raffiniertes Kupfer mit noch hohem Sauerstoffgehalt, etwa 0,8 bis 1 %)*

~-**down** *(Umf)* Durchmesserverminderung *f*

~ **gate** *(Gieß)* gesetztes Anschnittsystem *n (durch Modell abgeformt)*

~ **of lattice planes** Netzebenenschar *f*

~ **of needles** *(Krist)* Nadelschar *f*

~ **of particles** Teilchenanordnung *f*

~ **of rolls** Walzensatz *m*, Walzenpaar *n*

~ **of two single-sided pattern plates** doppelte Modellplatte *f*

~ **point** Sollwert *m*

~ **screw** Stellschraube *f*; Hemmschraube *f*; Kopfschraube *f*

~ **surface** frei erstarrte Oberfläche *f*

~-**up** 1. Anordnung *f*, Aufstellung *f*, Aufbau *m*; 2. Anstellung *f*, Anstellbetrag *m*, Einbauabstand *m (Walzen)*; 3. Abbinden *n*, Erhärten *n*, Aushärten *n (Formstoff)*

~-**up fixture** Aufspannvorrichtung *f*

~-**up time** Rüstzeit *f* zum Einrichten

~-**up velocity** Einstellgeschwindigkeit *f*

setback in production Produktionsrückgang *m*

setting 1. Einsetzen *n (z. B. in den Ofen)*; 2. Abbinden *n*, Erhärten *n*, Aushärtung *f*, Verfestigung *f*, Erstarrung *f (Formstoff)*

~ **and drying period** Härtungs- und Trocknungsperiode *f*

~-**down** *(Umf)* Durchmesserverringerung *f*; 2. Absetzen *n (Schmieden)*

~ **of powder addition** Pulverzufuhrregelung *f*

~ **of the die-closing force** Einstellen *n* der Formzuhaltekraft

~ **oil** Erstarrungsöl *n*

~-**out** Anreißen *n*

~ **press** Richtpresse *f*, Presse *f* zum Richten

~ **time** 1. Rüstzeit *f*; 2. Aushärtungszeit *f*, Erstarrungszeit *f (Formstoff)*

~-**up datum** Anreißbezugsfläche *f*

~-**up time** Einstellzeit *f*, Einrichtezeit *f*

~ **valve** Einstellventil *n*

settle/to abscheiden, sedimentieren, niederschlagen

~ **on** niederschlagen, festsetzen

~ **out** abscheiden, absetzen, ausscheiden

settler 1. Absetzbecken *n*, Klärbecken *n*; 2. Klärapparat *m*, Abscheider *m*

settling Abscheiden *n*, Sedimentieren *n*

~ **chamber** Absetzkammer *f (für Staub)*

~ **hearth** Absetzherd *m (Sammeln von Schmelze und Phasentrennung)*

~ **of dust** Staubabscheidung *f*

~ **pool** Klärteich *m*

~ **property** Sedimentationseigenschaft *f*, Absetzeigenschaft *f*

~ **rate** Absetzgeschwindigkeit *f*

~ **tank** Absetzbecken *n*, Klärbecken *n*

~ **time** Absetzdauer *f*

settlings Sedimentat *n*, Bodensatz *m*

setup *s. unter* set-up

severe wear starker Verschleiß *m*

severity of anisotropy *s.* degree of anisotropy

sewage Abwasser *n*

sewerage Entwässerung *f*

sewing machine part Nähmaschinenteil *n*

~ **needle wire** Nähnadeldraht *m*

S.G. iron *s.* spheroidal graphite cast iron

shackle Kupplungselement *n*, Einspannkopf *m*

shading Ausleuchtung *f*

~ **characteristic** Beleuchtungseigenschaft *f*

shadow broadening Schattenverbreiterung *f*

~ **microscopy** Schattenmikroskopie *f*

~ **projection** Schattenprojektion *f*

shadowing Abschattung *f*

shaft 1. Welle *f*, Achse *f*; Spindel *f*; 2. Ofenschacht *m*

~ **angle** Achswinkel *m*

~ **climbing iron** Steigeisen *n* für Schächte

~ **collar** Wellenbund *m*

~ **cover** Schachtabdeckung *f*

~ **deflection** Wellendurchbiegung *f*

~ **furnace** Schachtofen *m*

~ **hardening machine** Wellenhärtungsmaschine *f*

~ **kiln** Schachtofen *m*

~ **lining** Schachtofenauskleidung *f*

~ **ring** Schachtring *m*

~ **straightening press** Wellenrichtpresse *f*, Richtpresse *f* für Wellen

~ **tube** Hohlwelle *f*

shake/to schütteln, rütteln

~ **out** *(Gieß)* ausleeren, ausrütteln, auspacken

~ **thoroughly** durchschütteln

shake-out *(Gieß)* 1. Ausleeren *n*, Ausrütteln *n*; 2. Ausleerrüttler *m*; 3. Ausleerplatz *m*

~-**out core sand** Kernaltsand *m*

~-**out grid** Ausschlagrost *m*, Ausleerrost *m*

~-**out machine** Ausleereinrichtung *f*

~-**out property** Ausschlagverhalten *n*

~-**out sand** Altsand *m* *(am Ausleerrost)*

~-**out sand belt conveyor** Altsandförderband *n*

~-**out sand bin** Altsandbunker *m*

~-**out sand bucket elevator** Altsandbecherwerk *n*

~-**out sand hopper** Altsandbunker *m*

~-**out screen** Ausschlagrost *m*, Ausleerrost *m*

~-**out temperature** Ausleertemperatur *f*, Auspacktemperatur *f*

shaker Schüttelapparat *m*, Rüttler *m*

~ **hearth furnace** Rütteltischofen *m*

~ **screen** Schüttelsieb *n*, Rüttelsieb *n*

~ **table** Rütteltisch *m*

shaking apparatus Schüttelapparat *m*

~ **barrel** Gußputztrommel *f*

~ **device** Rütteleinrichtung *f*

~ **funnel** Schütteltrichter *m*

~ **grate** Schüttelrost *m*; Schwingrost *m*

~ **grizzly** Schüttelrost *m*

~ **ladle** Schüttelpfanne *f*

~ **screen (sieve, sifter)** Rüttelsieb *n*, Schüttelsieb *n*

shale Schiefer *m*

shallow diffusion flache Diffusion *f* *(nicht tief eindringende)*

~ **drawing** Tiefziehen *n* [flacher Teile]

~ **pit formation** Muldenkorrosion *f*

shank 1. Schenkel *m*; Schaft *m*; 2. Tiegelschere *f*, Tragschere *f*, Pfannengabel *f*

~ **ladle** Gabelpfanne *f*

shape/to formen, Form geben, gestalten; profilieren; umformen

shape 1. Form *f*, Gestalt *f*; Profil *n*; 2. s. ~ **brick**

~ **anisotropy** Formanisotropie *f* *(Pulverkörper)*

~ **brick** Formstein *m*

~ **change** Formänderung *f*

~ **change space** Formänderungsraum *m*, Formänderungsvolumen *n*

~ **characteristic** Formkenngröße *f*

~ **control** Formregelung *f*

~ **deformation** Formverzerrung *f*

~ **factor** Formfaktor *m*

~-**memory behaviour (effect)** Form-Gedächtnis-Effekt *m*

~ **of a mould** Formgestaltung *f*

~ **of cross section** Querschnittsform *f*

~ **of crucible** Tiegelform *f*

~ **of near net part** Fastfertigteilform *f*

~ **of tuyeres** Düsenform *f*

~ **refinement** Formverfeinerung *f*

~ **roll** Profilwalze *f*, Formrolle *f*

~ **rolling mill** Profil[ier]walzwerk *n*

~ **stability** Formbeständigkeit *f*

shaped bar Profilstange *f*

~ **brick** Formstein *m*

~ **coal body** Kohleformkörper *m*

~ **die** Formgesenk *n*

~ **ingot** Profilwalzblock *m*

~ **knife** *(Umf)* Profilmesser *n*

~ **part** *(Pulv)* Formteil *n*

~ **part after sintering** *(Pulv)* Sinterformteil *n*

~ **piece** Formstück *n*, Formteil *n*

~ **ring** Formring *m*, profilierter Ring *m*

~ **section** Formprofil *n*

~ **shear blade** Profilschermesser *n*

~ **wire** Formdraht *m*

shaping Formgebung *f*, Formgestaltung *f*; Profilierung *f*; Umformung *f*

~ **groove** Formkaliber *n*, Profilkaliber *n*

~ **hammer** Umformhammer *m*

~ **machine** 1. Profiliermaschine *f*, Profilierwalzwerk *n*; 2. Kurzhobler *m*, Shapingmaschine *f*

~ **pass** Profilierstich *m*, Profilierkaliber *n*, Formkaliber *n*

~ **possibilities** Gestaltungsmöglichkeiten *fpl*

~ **roll** Profil[ier]walze *f*, Profil[ier]rolle *f*

~ **stand** Umformgerüst *n*, Profiliergerüst *n*, Vorwalzgerüst *n*

~ **step** Umformstufe *f*, Profilierstufe *f*

~ **strand** Profilierstrecke *f*

share steel Pflugscharprofil *n*, Pflugscharstahl *m*

sharp angle curved-top edge sleeker
(Gieß) Polierknopf *m* mit abgerundeter
Spitze
~ **angle straight-top edge sleeker** *(Gieß)*
Polierknopf *m* mit eckiger Spitze
~ **gas** 1. Knallgas *n*; 2. explosives Gas *n*
~-**notch tension** *(Wkst)* Zugspannung *f* im
Spitzkerbgrund
~ **phase** scharfe (wilde) Phase *f*
sharpen/to anspitzen, anangeln; schleifen,
schärfen
sharpening Anspitzen *n*, Anangeln *n*;
Schleifen *n*, Schärfen *n*
~ **machine** Anspitzmaschine *f*
sharpness of the image Bildschärfe *f*
shatter/to zersplittern
shatter crack 1. Innenriß *m*; Haarriß *m*;
Spannungsriß *m*; 2. Kernzerschmie-
dungsriß *m*; 3. Nierenbruch *m*
~ **marks** Rattermarken *fpl*, Ratterwellen *fpl*
~ **test** Sturzprüfung *f*, Fallprobe *f* *(für Koks
und Formstoff)*; *(Pulv)* Schlagsiebprobe *f*
shattering rupture Splitterbruch *m*
shaving 1. Span *m*; 2. Nachschneiden *n*
~ **head** Schälkopf *m*
shavings Hobelspäne *mpl*
shear/to 1. [ab]scheren, abschneiden; 2.
auf Schub beanspruchen
~ **off** [ab]scheren, abschneiden
shear 1. Abscherung *f*, Scherung *f*, Scher-
beanspruchung *f*, Schub *m*; 2. Schere *f*
~ **angle** 1. Abscherwinkel *m*; 2. *(Umf)*
Schiebungswinkel *m*
~ **band** Scherband *n*
~ **blade** Scherenmesser *n*; Scherenmes-
serblatt *n*
~ **component** Scherkomponente *f*
~ **crack** Schubriß *m*, unter 45° verlaufender
Riß *m*
~ **cutting** Abscheren *n*
~ **deformation** Schubverformung *f*
~ **dimple** Scherwabe *f*
~ **direction** Scherungsrichtung *f*
~ **energy** Scherenergie *f*, Schubenergie *f*
~ **face** Scherfläche *f*
~ **fatigue fracture** Schubspannungsdauer-
bruch *m*
~ **forming** 1. Schubumformung *f*; 2. Ab-
streck[projizier]drücken *n*
~ **fracture** Scherbruch *m*, Schubbruch *m*,
Verformungsbruch *m*
~ **fracture surface** Scherbruchfläche *f*
~ **line** Scherenlinie *f*
~ **lip** Scherlippe *f*
~ **mechanism** *(Krist)* Umklappvorgang *m*
~ **modulus** Schubmodul *m*, Scherungsmodul *m*, Gleitmodul *m*, Torsionsmodul *m*
~ **pin** Scherbolzen *m*
~ **plane** Schubebene *f*, Scherfläche *f*
~ **plane angle** Schubebenenwinkel *m*,
Scherflächenwinkel *m*
~ **steel** Gärbstahl *m*, Zementgärbstahl *m*

~ **step** Scherstufe *f*
~ **stiffness** Schubsteifigkeit *f*
~ **strain** Schubverformung *f*, Abgleitung *f*
~ **strain rate** Abgleitgeschwindigkeit *f*
~ **strength** Schubfestigkeit *f*, Scherfestigkeit *f*
~ **stress** Schubspannung *f*
~ **stress criterion** Schubspannungskrite-
rium *n*
~ **stress force** Schubspannungskraft *f*
~ **stress hypothesis** Schubspannungshy-
pothese *f*
~ **system** Schersystem *n*
~ **test** Abscherversuch *m*, Scherversuch *m*
~ **texture** Schertextur *f*
~ **transformation** Schertransformation *f*
~ **wave** Transversalwelle *f*, Schubwelle *f*
~ **wave measurement** Transversalwellen-
einschallung *f* *(Ultraschallprüfung)*
~ **wave probe** Transversalwellenprüfkopf
m
~ **zone** Scherzone *f*
~ **zone width** Scherzonenbreite *f*
shearable schneidbar
sheared edge Schnittkante *f*, beschnittene
Kante *f*
~ **face** Scherfläche *f*, Schnittfläche *f*
shearing 1. Scheren *n*, Abscheren *n*, Abscherung *f*; 2. Schervorgang *m*, Verschiebung *f*; 3. *s.* shear mechanism
~ **action** Scherung *f*; Scherwirkung *f*
~ **bolt** Abscherbolzen *m*, Abscherstift *m*
~ **force** Scherkraft *f*; Schnittkraft *f*,
Schneidleistung *f*
~ **knife** *(Umf)* Schermesser *n*
~ **line** Scherenlinie *f*
~ **load** Schubbelastung *f*
~ **of gates** Abscheren *n* der Eingüsse
~-**off** Abscheren *n*
~ **pin** Abscherstift *m*, Abscherbolzen *m*
~ **resistance** Scherwiderstand *m*
~ **strength** Schubfestigkeit *f*, Scherfestigkeit *f*
~ **stress** Schubspannung *f*
~ **test** Abscherversuch *m*, Scherversuch *m*
shears Schere *f*
sheath/to ummanteln, einhüllen, bedek-
ken, bekleiden
sheath Mantel *m*, Hülle *f*, Schutzmantel *m*,
Schutzhülle *f*
~ **tube** Schutzrohr *n*
sheathed cable press Kabelmantelpresse *f*
sheathing Ummantelung *f*, Umhüllung *f*
~ **press** Mantelpresse *f*, Kabelmantelpresse *f*
sheave Scheibe *f*, Seilscheibe *f*, Block-
scheibe *f*; Rolle *f*, Blockrolle *f*
shedder *(Umf)* Abstreifer *m*
sheen Schimmer *m*
sheet/to zu Blech auswalzen
sheet 1. Blech *n*, Feinblech *n*; 2. Schicht *f*,
Lage *f*; Überzug *m*

~ **aluminium** Aluminiumblech n
~ **bar** Platine f, Vorblech n
~ **bar reheating furnace** Platinenwärmofen m
~ **bar rolling mill** Platinenwalzwerk n
~ **bar shears** Platinenschere f
~ **brass** Messingblech n
~ **clippings** Blechabfälle mpl, Blechschrott m
~ **copper** Kupferblech n
~ **doubler** Blechdoppler m
~ **furnace** Blechglühofen m
~ **gauge** Blechlehre f
~ **grinding machine** Blechschleifmaschine f
~ **heating furnace** Paketwärmofen m, Sturzenwärmofen m
~ **iron** Stahlblech n
~ **lead** Bleiblech n
~ **leveller** Blechrichtmaschine f
~ **metal case** Blechgehäuse n
~ **metal container** Blechbehälter m
~ **metal forming** Blechumformung f
~ **metal forming machine** Blechumformmaschine f
~ **metal thickness** Blechdicke f
~ **mill** s. ~ roll
~ **mill stand** s. ~ rolling mill
~ **normal** Blechnormale f
~ **pack** Blechpaket n, Blechsturz m
~ **pile (piling)** Spundwand f; Spundwandprofil n (Walzen)
~ **plate** Blechtafel f
~ **roll** Blechwalzwerk n, Feinblechwalzwerk n
~ **rolling mill** Blechwalzgerüst n, Feinblechwalzgerüst n
~ **rolling train** Blechwalzstraße f, Feinblechwalzstraße f
~ **scrap** Blechabfälle mpl, Blechschrott m
~ **shears** Tafel[blech]schere f
~ **steel** Stahlblech n
~ **straightening** Blechrichten n
~ **straightening machine** Blechrichtmaschine f
~ **-testing machine** Blechprüfmaschine f
~ **texture** Blechtextur f
~ **tin** Zinnblech n
~ **titanium** Titanblech n
~ **zinc** Zinkblech n

sheeting 1. Blechverkleidung f; 2. Verkleidungsmaterial n; 3. (Pulv) Füllraum m
shelf energy Hochlage f (im Kerbschlagzähigkeits-Temperatur-Diagramm)
shell 1. Schale f; 2. Gehäuse n, Mantel m, Panzer m (Schachtofen); 3. (Gieß) Maske f, Formmaske f; 4. (Umf) Luppe f, Hülse f, Lochstück n; 5. (Umf) Preßschale f
~ **blank** (Umf) Zuschnitt m, Ziehscheibe f
~ **core** (Gieß) Maskenkern m
~ **core blower** Hohlkernblasmaschine f

~ **core maker** Maskenkernblasmaschine f
~ **diameter** Manteldurchmesser m
~ **-forming solidification** schalenbildende Erstarrung f
~ **material** Schalenmaterial n
~ **mould** Maskenform f
~ **mould binder** Binder m für das Maskenformverfahren
~ **mould press** Maskenformpresse f
~ **mould process** Maskenformverfahren n
~ **mould sealer** Maskenkleber m
~ **mould sealing equipment** Maskenklebeeinrichtung f
~ **moulding** Maskenformverfahren n
~ **pattern** Naturmodell n
~ **sheet** Mantelblech n
~ **temperature** Manteltemperatur f
~ **thickness** Schalendicke f, Maskendicke f
shellac/to mit Schellack überziehen
shellac Schellack m
shelly schalig
shelved car Etagenwagen m
shelving Stellage f
sherardize/to sherardisieren (durch Aufdiffundieren verzinken)
sherardizing Sherardisieren n (Verzinken durch Aufdiffundieren)
Sherritt process Sherritt-Verfahren n (Nikkelpulvergewinnung)
shield/to abschirmen, schützen
shield Abschirmung f, Schild m; Abdeckblende f
shielded arc welding Schutzgas[lichtbogen]schweißen n
shielding Abschirmung f
~ **atmosphere** Schutzgasatmosphäre f
~ **device** Abschirmvorrichtung f
~ **effect** Abschirmwirkung f, Schutzwirkung f
~ **gas** Schutzgas n
~ **gas composition** Schutzgaszusammensetzung f
~ **gas cooler** Schutzgaskühler m
shift/to 1. verschieben; 2. verstellen, umstellen; schalten
shift 1. Verschiebung f; 2. Verstellung f, Umstellung f; Umschaltung f; Wechsel m; 3. Kernversatz m, Formversatz m; Grat m (Gußfehler)
~ **coil** Ablenkspule f
~ **of pickling time** Beizzeitverschiebung f
~ **structure** Verwerfungsstruktur f
shifter cam Ausrücker m (z. B. am Stoßofen)
shifting facility Umsetzgerät n
shim Zwischenlage f
~ **plate** Beilageblech n, Beilegeblech n
shimstock Klemmstück n
shing glänzend
shingle/to verdichten (z. B. Schweißeisen)
ship [building] plate Schiffsblech n
shipping reel Versandspule f

shock Stoß m, Schlag m; Rückstoß m; Anstoß m, Anprall m
~ **absorber** Stoßdämpfer m
~ **absorber spring** Stoßdämpferfeder f
~ **bending test** Schlagbiegeversuch m
~ **load** Stoßbelastung f, Schlagbelastung f
~ **resistance** Schlagfestigkeit f, Stoßfestigkeit f
~ **sensitivity** Schlagempfindlichkeit f
~ **stress** Schlagbeanspruchung f, Stoßbeanspruchung f
~ **wave** Stoßwelle f, Schockwelle f
shockless anvil jolter (Gieß) stoßfreier Amboßrüttler m
~ **jolt squeeze moulding machine** (Gieß) stoßfreie Rüttelpreßformmaschine f
~ **jolter** (Gieß) stoßfreier Rüttler m
~ **large jolter** (Gieß) stoßfreier Großrüttler m
Shockley dislocation Shockleysche Versetzung f
shockproof filling stoßfreier Füllvorgang m
shoe 1. Gleitschuh m; 2. Walzbalken m
shoot cores/to (Gieß) Kerne schießen
shoot 1. Auslaufrinne f (Walzwerk); 2. Rutsche f, Schurre f
~-**moulding machine** Formschießmaschine f
shooting head Schießkopf m (Formmaschine)
shop aeration Hallenbelüftung f
~ **deaeration** Hallenentlüftung f
~ **floor** Hüttenflur m
~ **gauge** Arbeitslehre f
~ **materials handling** innerbetrieblicher Transport m
~ **weld** Werkstattschweißung f
Shore hardness Shore-Härte f, Rücksprunghärte f
~ **hardness tester** Shore-Härteprüfer m, Härteprüfer m nach Shore
shorn-off abgeschert
short-brittle [faul]brüchig
~ **brittleness** Brüchigkeit f, Faulbrüchigkeit f
~-**coil induction furnace** Induktionskurzspulenofen m
~-**cycle annealing** Kurzglühen n
~ **inspection** Kurzschlußsuche f
~ **length** Unterlänge f (Walzen)
~-**range order** (Krist) Nahordnung f
~-**range-order coefficient** Nahordnungskoeffizient m
~-**range-order determination** Nahordnungszustand m
~-**range-order parameter** Nahordnungsparameter m
~-**range-order theory** Nahordnungstheorie f
~-**range-ordered** nahgeordnet
~ **rotary furnace** Kurztrommelofen m
~-**run** (Gieß) nicht ausgelaufen

~-**shaft blast furnace** Kurzschachtofen m
~-**shaft pendulum tool** (Gieß) Stampfer m mit kurzem Stiel, Spitzstampfer m, Bankstampfer m
~-**stroke** kurzhubig
~-**term** s. unter ~-time
~-**time annealing** Kurzzeitglühen n
~-**time corrosion test** Korrosionskurzzeitprüfverfahren n ·
~-**time sintering** Kurzzeitsintern n
~-**time test** 1. Kurzzeitversuch m; 2. Kurzprüfverfahren n, Schnellprüfverfahren n
~-**wavelength radiation** kurzwellige Strahlung f
shortage of scrap Schrottmangel m
shortfall Fehlmenge f
shortness Brüchigkeit f, Sprödigkeit f
shorts Siebrückstand m
shot 1. Granalien fpl, Kies m, Stahlkies m, Schrot m (Putzen); 2. Schuß m (Druckguß)
~-**blast equipment** Strahlanlage f, Stahlkiesstrahlanlage f
~-**blast knock-out plant** Auspackstrahlanlage f
~ **blaster** s. ~-blast equipment
~ **blasting** Stahlkiesstrahlen n, Putzen n mit metallischen Strahlmitteln
~-**blasting chamber** Putzhaus n mit Schleuderrad
~-**blasting gun** Druckstrahlpistole f (Putzen)
~-**blasting plant** Schleuderstrahlputzanlage f
~-**blasting wheel** Schleuderrad n (Putzmaschine)
~ **capacity** Schußleistung f (Druckguß)
~ **core** (Gieß) geschossener Kern m
~ **cylinder** s. ~ sleeve
~ **peening** Kugelstrahlen n, Strahlentzunderung f, Strahlentzundern n, Kugelstrahlentzundern n, Oberflächenverfestigen n durch Kugelstrahlen, Strahlverfestigen n
~ **peening wire** Strahlkorndraht m
~ **piston** Antriebskolben m, Schießkolben m (Druckguß)
~ **sleeve** Druckkammer f, Füllkammer f, Schießkammer f, Schußzylinder m, Antriebszylinder m (Druckguß)
~ **speed** Schußgeschwindigkeit f (Druckguß)
~ **stranding machine** Schlagverseilmaschine f
~ **well** s. ~sleeve
shotting (Gieß) 1. Granulieren n; 2. Spritzkugeln fpl
shoulder Schulter f; Absatz m, Wellenbund m
~ **bushing** Führungsbuchse f mit Bund
~ **leader pin** Führungsstift m mit Bund
~ **on crankshaft** Kurbelwellenbund m

~ **pin** Kopfstift *m*
~ **stud** Schaftschraube *f*
~ **turning** Absatzdrehen *n*
shouldered abgesetzt
~ **end** Schulterkopf *m*
~ **rolls** abgesetzte Walzen *fpl*
~ **specimen** Schulterprobe *f*
shovel/to schaufeln
shovel Schaufel *f*
~ **loader** Schaufellader *m*
shower cooling Spritzkühlung *f (Reaktorkühlung, Gaskühlung)*
~ **of sparks** Funkenregen *m*
shred/to zerfasern, zerkleinern
shredder Shredder *m*, Zerschnitzelanlage *f*, Zerteilanlage *f*, Schrottmühle *f*
~ **installation** Shredderanlage *f*
~ **scrap** Shredderschrott *m*
shrink/to einschnüren; zusammenziehen, schrumpfen, schwinden; *(Gieß)* lunkern, Lunker bilden
~ **off (on)** aufschrumpfen, warmaufziehen, warmaufpressen
shrink bob *(Gieß)* Speisermassel *f*
~ **fit** Schrumpfpassung *f*, Schrumpfsitz *m*, Aufschrumpfsitz *m*
~ **fit stress** Schrumpfspannung *f*
~ **head** *(Gieß)* verlorener Kopf *m*
~ **hole** Schwindungshohlraum *m*, Lunker *m (Gußfehler)*
~ **mark** Oberflächenlunker *m*, Einfallstelle *f (Gußfehler)*
~ **point** Abhebepunkt *m (Stranggießen)*
~ **ring** Schrumpfring *m*
~ **rule** *(Gieß)* Schwindmaß *n*
shrinkage 1. Einschnürung *f*, Schrumpfung *f*, Einschrumpfung *f*, Schwund *m*, Schwinden *n*; 2. Schwindmaß *n*; 2. Schrumpfmaß *n*; 3. Lunkerung *f*, Lunkerbildung *f (Gußfehler)*
~ **blow hole** Blaslunker *m (Gußfehler)*
~ **cavity** Schwindungshohlraum *m*, Lunker *m*
~ **crack** Schrumpfriß *m*, Schwind[ungs]riß *m*
~ **cracking** Rissigkeit *f* durch Schwindung *(tonhaltiger Schlichten)*
~ **difference** Schwindungsunterschied *m*, Schwindungsdifferenz *f*
~ **during drying** Trockenschwinden *n*
~ **fit** *s.* shrink fit
~ **gap** Schrumpfspalt *m*
~ **in height** Parallelschwund *m*, Höhenschwund *m*
~ **in length** Querschwund *m*, Längenschwund *m*
~ **of pore** Porenschwindung *f (beim Sintern)*
~ **pipe** Lunker *m (Gußfehler)*
~ **pipe preventing agent** Lunkerverhütungsmittel *n*

~ **porosity** Schwindungsporosität *f*, Porosität *f* durch Erstarrungskontraktion, Mikrolunkerung *f*
~ **rate** Schrumpfungsgrad *m*, Schrumpfungsrate *f*, Schrumpfungsanteil *m*, Schwindungsrate *f*, Schwindungsanteil *m*
~ **sensitivity** Lunkerneigung *f*
~ **stress** Schrumpfspannung *f*
~ **tendency** Lunkerneigung *f*
~ **under pressure** Schwindung *f* unter Druck
shrinking *s.* shrinkage
~-**on** Aufschrumpfen *n*
~ **ring** Schrumpfring *m*
~ **shell** Schrumpfmantel *m*
shrivelling Schrumpfung *f*
shunt line Verschweigleitung *f*
shunting car Verschiebewagen *m*
~ **force** Verschiebekraft *f*
shut down/to außer Betrieb setzen, einstellen
~ **off** außer Betrieb nehmen
shut-down time Rüstzeit *f*
~-**off device for air and gas ducts** Absperrvorrichtung *f* für Kohle- und Gaskanäle
~-**off valve** Absperrventil *n*
shutter Verschluß *m*
~ **speed** Verschlußgeschwindigkeit *f (eines Kameraverschlusses)*
shutting-down Abschalten *n*
shuttle saw Schlittensäge *f*
sialon Sialon *n (Si₃N₄-Al₂O₃-AlN-Hochtemperaturwerkstoff)*
side arch *(Ff)* Halbwölber *m*
~ **blowing** Verblasen *n* mit Seitenwind
~-**blown converter** Seitenwindkonverter *m*, seitenblasender Konverter *m*
~-**blown converter process** *(Gieß)* Kleinbessemerverfahren *n*
~ **charging** seitliches Beschicken *n*
~ **cut shears** Besäumschere *f*
~ **cutting edge angle** Einstellwinkel *m*
~ **face** schmale Längsfläche *f (des Ff-Normalsteins)*
~ **force** Seitenkraft *f*, Seitendruck *m*, indirekter Druck *m*
~ **gate** *(Gieß)* gerichteter Aufprallanschnitt *m*
~ **grinding machine** Seitenschleifmaschine *f*
~ **guard** seitliche Führung *f*, Seitenführung *f*
~ **guards manipulator** Verschiebevorrichtung *f*
~ **heating** Seitenbeheizung *f*
~ **loader** Seitenlader *m*, Seitenstapler *m*
~ **looper** *(Umf)* Horizontalschlinge *f*, Horizontalschlingentisch *m*
~ **milling cutter** Scheibenfräser *m*
~ **of the cell** Zellenseite *f (bei der Aluminiumelektrolyse)*
~ **penetration** Flankeneinbrand *m*

~ **pressure** Seitendruck *m*, indirekter Druck (Walzdruck) *m*
~ **projection** Seitenriß *m (Zeichnung)*
~ **pusher** seitlicher Ausstoßer *m*
~ **reaction** Nebenreaktion *f*
~ **riser** *(Gieß)* seitlicher Speiser *m*
~ **runner** *(Gieß)* seitlicher Anschnitt *m*
~-**step gating** steigender Guß *m* mit Stufenanschnitten
~ **strain** Bombierung *f (Walzen)*
~ **thrust** Axialschub *m*, Seitendruck *m*
~ **view** Seitenansicht *f*
~ **wall** Seitenwand *f*
~-**wall campaign** Wandreise *f*
~-**wall wear** Wandverschleiß *m*
siderite *(Min)* Siderit *m*, Spateisenstein *m*
sidewise growth Seitenwachstum *n*
siemensit[e] Siemensit *n (schmelzgegossenes Feuerfesterzeugnis)*
sieve/to [ab]sieben, aussieben
~ **out** durchsieben
sieve Sieb *n*, Durchwurfsieb *n*, Prüfsieb *n*
~ **analysis** Siebanalyse *f*
~ **apparatus** Siebanlage *f*, Siebmaschine *f*
~ **area** Sieboberfläche *f*
~ **bottom** Siebboden *m*
~ **cutting** Siebschnitt *m*
~ **cuttings problem** Siebschnittproblem *n*
~ **device** Siebvorrichtung *f*, Prüfsiebvorrichtung *f*
~ **drum** Siebtrommel *f*
~ **effect** Siebeffekt *m*, Siebwirkungsgrad *m*
~ **equipment** Siebmaschine *f*, Siebeinrichtung *f*
~ **fraction** Siebfraktion *f*
~ **loading** Siebbelegung *f*
~ **machine** Prüfsiebmaschine *f*
~ **mesh** Siebweite *f*, Lochweite *f*
~ **netting** Siebgewebe *n*
~ **norm** Siebnorm *f*
~ **opening** Siebmasche *f*, Lochweite *f*
~ **residue** Siebaustrag *m*
~ **series** Siebfolge *f*
~ **set** Siebsatz *m*
~ **sheet** Siebblech *n*
~ **shovel** Siebschaufel *f*
~ **surface** Sieboberfläche *f*
~ **technique** Siebtechnik *f*
~ **test** Siebprüfung *f*
~ **width** Siebbreite *f*
sieved sand gesiebter Sand *m*
sieving Sieben *n*, Absieben *n*, Durchsieben *n*
~ **filter** Siebfilter *n*
~ **precision** Siebgenauigkeit *f*
~ **time** Siebdauer *f*
sift/to [ab]sieben, durchsieben; sichten
sifter 1. Sieb *n*, Schüttelsieb *n*; 2. *s.* sifting machine
~ **area** Sieboberfläche *f*
sifting Sieben *n*, Absieben *n*, Durchsieben *n*; Sichtung *f*, Siebsichtung *f*

~ **device** Sichteranlage *f*
~ **machine** Siebmaschine *f;* Sichter *m;* Ausleser *m*
~ **plant** Siebanlage *f;* Sichteranlage *f*
siftings Siebdurchgang *m*, Siebfeines *n*
sight glass Schauglas *n*
~ **hole** Schauloch *n*
sighting mark Kennzeichen *n*
sigma phase Sigmaphase *f*
signal amplitude Signalamplitude *f*
~-**display system** Signalausbreitungssystem *n*
~ **evaluation** Signalauswertung *f*
~ **flow diagram** Signalflußplan *m*
~ **processing** Signalverarbeitung *f*
~-**processing circuit** Signalverarbeitungskreis *m*
~ **strength** Signalstärke *f*
~ **transmitter** Signalgeber *m*
~-**underground ratio** Signal-Untergrund-Verhältnis *n*
signalling switch Signalschalter *m*
silane Silan *n*, Siliziumwasserstoff *m*
silencer Geräuschdämpfer *m*
silencing Geräuschdämpfung *f*
silent arc ruhiger Lichtbogen *m*
silica 1. Siliziumdioxid *n*; 2. *(Ff)* Silikamaterial *n*; 3. *(Min)* Kieselerde *f*
~ **block** Silikablock *m*
~ **brick** Silika[bau]stein *m*
~ **brickbat** Silikabrocken *m*
~ **cement** Silikamörtel *m (tonfrei)*
~ **chamotte** Silikaschamotte *f*
~ **crown** Silikagewölbe *n*
~ **flour** *(Gieß)* Quarzstaub *m*, Quarzmehl *n*
~ **gel** Silikagel *n*, Kiesel[säure]gel *n*
~ **lightweight refractory** Silikaleichtsteinerzeugnis *n*
~ **lining** Silikazustellung *f*, saure Zustellung *f*
~ **network** Kieselsäurenetzwerk *n*
~ **ramming compound** Silikastampfmasse *f*
~ **reduction** Kieselsäurereduktion *f*
~ **refractory** Silikafeuerfesterzeugnis *n*
~ **removal** Entkieselung *f*
~-**rich** kieselsäurereich
~ **sand** Quarzsand *m*
~ **tube** Quarzrohr *n*
silicate Silikat *n*
~ **degree** Silizierungsstufe *f (Schlacke)*
~ **of alumina** kieselsaure Tonerde *f*
~ **of aluminium** Tonerdesilikat *n*
~ **phase** Silikatphase *f*
~-**type oxide ores** silikatische Oxiderze *npl*
silication Silizierung *f*
siliceous silikatisch, kieselig, kiesel[säure]haltig
~ **flux** silikatischer (kieseliger, saurer) Zuschlag *m*; silikatisches (kieselsäurehaltiges, saures) Flußmittel *n*
~ **gangue** silikatische Gangart *f*

~ **limestone** Kieselkalk *m*, kieselsäurehaltiger Kalkstein *m*

~ **refractory** saures feuerfestes Material *n*

~ **rock** 1. Silikatgestein *n*; 2. kieseliges Natursteinmaterial *n (für Ausmauerung von Schmelzöfen)*

silicic acid Kieselsäure *f*

~ **anhydride** Siliziumdioxid *n*

silicide Silizid *n*

~ **coating** Silizidüberzug *m*

~ **refractory** Siliziderzeugnis *n*

silicocarbide brick *(Ff)* Siliziumkarbidstein *m*

silicofluoric acid Hexafluorokieselsäure *f*

silicomanganese Silikomangan *n*

silicon Silizium *n*

~ **additive** Siliziumzusatz *m*, Ferrosiliziumzusatz *m*

~ **blow** Warmblasen *n* [mit FeSi-Zusatz]

~-**bonded silicon carbide refractory** siliziumgebundenes Siliziumkarbiderzeugnis *n*

~ **brass** Siliziumtombak *m (Cu-Zn-Si-Legierung)*

~ **bronze** Siliziumbronze *f (Cu-Si-Legierung)*

~ **carbide** Siliziumkarbid *n*

~ **carbide brick** Siliziumkarbidstein *m*

~ **carbide heating element** Siliziumkarbidheizstab *m*, SiC-Heizelement *n*

~ **cast iron** siliziumlegiertes Gußeisen *n*, Siliziumguß *m*

~ **copper** Siliziumbronze *f (Cu-Si-Vorlegierung)*

~ **diode rectifier** Siliziumgleichrichter *m*

~ **metal** Siliziummetall *n*

~ **nitride** Siliziumnitrid *n*

~ **rectifier** Siliziumgleichrichter *m*

~ **slagging** Siliziumverschlackung *f*

~ **steel** Siliziumstahl *m*

silicone Silikon *n*

siliconize/to [auf]silizieren

siliconized steel silizierter Stahl *m*

siliconizing Silizierung *f*, Aufsilizierung *f*

~ **factor** Silizierungsfaktor *m*

silicophosphate Silikophosphat *n*

silicosis Silikose *f*

silicothermic silikothermisch

~ **process** silikothermischer Prozeß *m*, silikothermisches Verfahren *n*

silification Silizierung *f*, Aufsilizierung *f*

silk Waschseide *f (für Polierzwecke)*

silky fracture seidenartiger Bruch *m*

sill Schaffplatte *f (SM-Ofen, Elektrolichtbogenofen)*

sillimanite *(Min)* Sillimanit *m*

~ **brick** *(Ff)* Sillimanitstein *m*

silo Silo *n(m)*, Bunker *m*, Behälter *m*

~ **discharger** Bunkerabzug *m*

~ **filling line** Silofülleitung *f*

~ **of powder** Pulverbunker *m*, Pulverbehälter *m*, Pulversilo *n(m)*

~ **system** Siloanlage *f*

silt up/to verschlammen

silt Schluff *m*; Feinsand *m*

silver Silber *n*

~ **amalgam** Silberamalgam *n*

~ **bromide** Silberbromid *n*, Bromsilber *n*

~ **bromide paper** Bromsilberpapier *n*

~-**cadmium-oxide-carbide material** Silber-Kadmium-Verbundwerkstoff *m*

~ **chloride** Silberchlorid *n*, Chlorsilber *n*

~-**chloride electrode** Silberchloridelektrode *f*

~-**clad** silberplattiert, mit Silber plattiert

~ **extrusion bolt** Silberpreßbolzen *m*

~ **foil** Silberfolie *f*; Blattsilber *n*

~ **foundry** Silberhütte *f*

~ **glance** *(Min)* Silberglanz *m*, Argentit *m*

~ **graphite** Silbergraphit *m*

~ **leaching plant** Silberlaugerei *f*

~-**nickel contact material** Silber-Nickel-Kontaktwerkstoff *m*

~ **nitrate** Silbernitrat *n*

~ **oxide** Silberoxid *n*, Silber(I)-oxid *n*

~ **plate** Silberblech *n*

~ **plating** galvanische Versilberung *f*

~ **powder** Silberpulver *n*

~ **refinery** Silberscheideanstalt *f*

~ **refining** Silberscheidung *f*

~ **sand** Silbersand *m*

~ **steel** Silberstahl *m*

~ **steel wire** Silberstahldraht *m*, blankpolierter Stahldraht *m*

~ **sulphate** Silbersulfat *n*

~ **sulphide** Silbersulfid *n*

~ **texture** „Silber-Textur" *f ((113) [121])*

~ **thiocyanate** Silberthiozyanat *n*, Silberrhodanid *n*

~ **wire** Silberdraht *m*

~ **work** Silberarbeit *f*

silvering Versilberung *f*

silvery pig iron Hochofenferrosilizium *n*

~-**white** silbrigweiß

similarity Ähnlichkeit *f*

~ **assignment** Ähnlichkeitszuordnung *f*

~ **criterion** Ähnlichkeitskriterium *n*

~ **law (principle)** Ähnlichkeitsgesetz *n*

~ **solution** Modellösung *f*

simple cubic einfach kubisch

~ **random sample** ungeschichtete Zufallsstichprobe *f*

SIMS *s.* secondary ion mass spectroscopy

simulation Simulation *f*, Nachbildung *f*; Modellversuch *m*

~ **body** Ersatzkörper *m*

~ **of the blast furnace** Hochofenmodell *n*

~ **testing press** Modellprüfpresse *f*

simultan sinter Simultansinter *m*

simultaneous gleichzeitig, simultan

single-action press 1. *(Pulv)* einseitig wirkende Presse *f*; 2. *(Umf)* Einzylinderpresse *f*

~-**action pressing** *(Pulv)* einseitiges Pressen *n*

~-**atom scattering** Einatomstreuung *f* *(Streuung an einem Atom)*

~-**bend test** Biegefaltversuch *m*

~ **block drawing machine** *(Umf)* Einzelzugziehmaschine *f*, Einzelzug *m*; Einzelblockdrahtziehmaschine *f*

~ **blow** *(Umf)* Einzelschlag *m*

~-**blow heading (upsetting)** *(Umf)* Einstufenstauchen *n*, Einzelschlagstauchen *n*

~-**bond** einfach gebunden

~ **bond** Einfachbindung *f*

~ **cable** Einleiterkabel *n*

~-**cavity die** 1. Einfachform *f (Druckguß)*; 2. *(Umf)* Gesenk *n* mit Einzelgravur

~-**cavity mould** *(Gieß)* Einfachform *f*

~-**channel method** Einkanalverfahren *n*

~-**column hammer** *(Umf)* Einständerhammer *m*

~-**compartment drum filter** zellenloses Trommelfilter *n*

~-**compartment thickener** Einkammereindicker *m*

~ **crystal** Einkristall *m*

~-**crystal part** Einkristallteilchen *n*

~-**crystal spectrometer** Einkristallspektrometer *n*

~-**crystal sphere** Einkristallkugel *f*

~-**crystal surface** Einkristallfläche *f*

~-**domain particle** Einbereichsteilchen *n*, Eindomänenteilchen *n*

~ **drive** Einzelantrieb *m*

~-**frame hammer** *(Umf)* Einständerhammer *m*

~ **furnace unit** multivalenter Reaktor *m* *(Reaktor, in dem gleichzeitig verschiedene Prozesse ablaufen können)*

~ **gate** *(Gieß)* einzelner Anschnitt *m*

~-**girder bridge crane** Einträgerbrückenkran *m*

~-**girder overhead travelling crane** Einträgerbrückenlaufkran *m*

~-**girder travelling crane** Einträgerlaufkran *m*

~-**groove mill** Einkaliberwalzwerk *n*, Einstichwalzwerk *n*

~ **hardening treatment** Einfachhärtung *f*

~-**hole die** *(Umf)* Einlochmatrize *f*

~-**impact test** Einzelstoßversuch *m*

~ **leaching** Einweglaugung *f*, einstufige Laugung *f (Zinkgewinnung)*

~-**nozzle burner** Einzelbrenner *m*

~-**pass welding** Einlagenschweißen *n*

~-**phase** einphasig ; einstufig

~-**phase field** Einphasenfeld *n*, Einphasenzustandsbereich *m*

~-**phase metal** 1. Einphasenmetall *n*, reines Metall *n*; 2. homogene, einphasige Metallegierung *f*

~-**phase operation** Einphasenbetrieb *m*

~-**phase system** Einstoffsystem *n*

~-**piece pattern** *(Gieß)* einteiliges Modell *n*

~ **plate** Einzelblech *n*

~ **pressing technique** *(Pulv)* Einfachpreßtechnik *f*

~ **rolling mill** Einzweckwalzwerk *n*

~-**run** Einstrang...

~-**run welding** Einlagenschweißen *n*

~ **sampling** Einfachstichprobenprüfung *f*

~-**shaft wire drawing machine** *(Umf)* Mehrfachzug-Drahtziehmaschine *f* mit Einmotorantrieb

~-**sided pattern plate** *(Gieß)* einseitige Modellplatte *f*

~ **sinter process** Einfachsintern *n*, Einfachsinterprozeß *m*

~ **sintering technique** Einfachsintertechnik *f*

~-**slag method (process)** Einschlackenverfahren *n*

~ **slip** *(Wkst)* Einfachgleitung *f*

~-**slip orientation** *(Wkst)* Einfachgleitorientierung *f*

~ **span part** *(Pulv)* Einbereichsteilchen *n*

~-**stage** einstufig

~-**stage crushing** einstufiges Zerkleinern *n*

~-**stage replica** Einstufenabdruck *m*

~-**stand** eingerüstig

~-**stand mill** Einzelwalzwerk *n*, eingerüstiges Walzwerk *n*

~-**step** einstufig

~-**strand casting machine** Einzelstranggießanlage *f*

~ **strand slab caster** Einzelstrang-Brammengußmaschine *f*

~ **swinging table** Einzelschwenktisch *m*

~-**toggle jaw crusher** Backenbrecher *m* mit untengelagerter Brechbacke

~ **traverse** einfacher Durchlauf *m*

~-**unit die holder** *(Gieß)* Einfachwechselrahmen *m*

~-**unit furnace** Einzelofen *m*

~ **uptake end** Einschachtkopf *m*

~ **uptakes** getrennte Züge *mpl (SM-Ofen)*

~ **vacancy** Einfachleerstelle *f*

~ **Vee groove** V-Naht *f*

~-**way pit furnace** Einwegtiefofen *m*

~-**wheel grinder** Einscheibenschleifmaschine *f*

~-**wire** einadrig

~-**wire drawing block** Einzel[draht]zug *m*

~-**wire drawing machine** Einfachdrahtziehmaschine *f*

sink/to 1. *(Gieß)* einfallen; 2. *(Umf)* rohrziehen *(mit Stopfen oder Stange)*; reduzieren *(Rohre)*; abstreckziehen

~ **in** eintauchen, einsinken

sink 1. Senke *f*, Graben *m (für Gitterdefekte)*; 2. *(Gieß)* Einfallstelle *f*; 3. *(Umf)* Schale *f*, Becken *n*, Napf *m*

~ **drawing** Reduzierziehen *n*, Reduzierzug *m*

~-**float process** Schwereaufbereitung *f*

~ **head** *(Gieß)* verlorener Kopf *m*, Speiser *m*
~ **hole** *(Gieß)* Lunker *m*
~ **rate** Sinkgeschwindigkeit *f*
sinking Reduzieren *n (von Rohren)*
~ **force** Reduzierkraft *f*
~ **mill** Reduzierwalzwerk *n*
~ **mill unit** Reduzierwalzwerkseinheit *f*
~ **of surfaces** *(Gieß)* Einfallvolumen *n*
~ **roller** *(Umf)* Tauchrolle *f*
~ **speed** *(Gieß)* Sinkgeschwindigkeit *f*
~ **volume** *(Gieß)* Einfallvolumen *n*
sinter/to sintern
~ **together** zusammensintern
sinter . *Sintern n*, Sinterung *f*; 2. Sinter *m*, Sintergut *n*
~ **aluminium powder** Sinteraluminiumpulver *n*, SAP
~ **brick** Sinterstein *m*
~ **cake** Sinterkuchen *m*, Agglomeratkuchen *m*, Sinteraustrag *m*; Sintererzeugnis *n*; Pulveragglomerat *n*
~ **capacity** Sintervermögen *n*
~ **carrying-out** Sinterausführung *f*
~ **characteristic** Sinterkennwert *m*
~ **cooler** Sinterkühler *m*
~ **cooling pan conveyor** Sinterbandkühlanlage *f*
~ **cooling turntable** Sinterrundkühlanlage *f*
~ **crusher** Sinterbrecher *m*
~ **crusher knife** Sinterbrecherschneide *f*
~ **firing** Sinterbrand *m*
~-**forged** sintergeschmiedet
~ **forging** Sinterschmieden *n*, Schmieden *n* und Sintern *n*
~ **fuel** Sinterbrennstoff *m*
~ **fume** Sinterabgas *n*
~ **furnace** Sinterofen *m*
~ **good** Sintergut *n*
~ **grate area** Sinterrostfläche *f*
~ **magnet** Sintermagnet *m*
~ **mix** Sintermischung *f*
~ **of a self-fluxing composition** selbstgängiger Sinter *m*
~ **pallet** Sinterwagen *m*
~ **power** Sintervermögen *n*
~ **process** Sintervorgang *m*
~ **property** Sintereigenschaft *f*
~ **roasting** Sinterröstung *f*
~ **screen** Sintersieb *n*
~ **screening** Sinterabsiebung *f*
~ **sizing** Sinterklassierung *f*
~ **strand** Sinterband *n*
~ **strength** Sinterfestigkeit *f*
~ **strip** Sinterband *n*
~ **strip throwing-off** Sinterbandabwurf *m*
sintered gesintert
~ **alloy** Sinterlegierung *f*
~ **alumina** Sintertonerde *f*
~ **aluminium** Sinteraluminium *n*
~ **aluminium alloy** Sinteraluminiumlegierung *f*

~ **basalt** Sinterbasalt *m*
~ **body** Sintergut *n*
~ **brass** Sintermessing *n*
~ **bronze** Sinterbronze *f*
~ **cake** s. sinter cake
~ **carbide** Sinterkarbid *n*, Sinterhartstoff *m*, Hartmetall *n*
~ **carbide alloy** Sinterkarbidlegierung *f*
~ **carbide kernel** Hartmetallkern *m (Ziehstein)*
~ **carbide preform** Hartmetallrohling *m*
~ **carbide ring** Hartmetallring *m*
~ **carbide roll** Hartmetallwalze *f*
~-**carbide-tipped tool** hartmetallbestücktes Werkzeug *n*
~ **carbide tool** Hartmetallumformwerkzeug *n*
~ **cobalt** Sinterkobalt *n*
~ **compact** Sinterformteil *n*; gesinterter Preßling *m*, Sinterkörper *m*
~ **component** Sinterformteil *n*
~ **compound** Sinterpreßteil *n*
~ **contact material** Sinterkontaktwerkstoff *m*
~ **copper** Sinterkupfer *n*
~ **copper lead** Sinterbleibronze *f*
~ **corundum** Sinterkorund *m*
~ **density** Sinterdichte *f*, Dichte *f* des Sinterkörpers
~ **density ratio** Raumerfüllungsgrad *m* des Sinterkörpers
~ **dolomite** Sinterdolomit *m*
~ **forging** Sinterschmiedeteil *n*
~ **hard metal** s. ~ carbide
~ **hearth bottom** Sinterherd *m*
~ **iron** Sintereisen *n*
~ **item** Sintergegenstand *m*
~ **lead bronze** Sinterbleibronze *f*
~ **magnesite** Sintermagnesit *m*, Schmelzmagnesit *m*
~ **material** Sintermaterial *n*, Sinterwerkstoff *m*
~ **material for application at high temperatures** Hochtemperatursinterwerkstoff *m*
~ **materials in layers** Schichtsinterwerkstoff *m*
~ **matrix** Sintergefüge *n*, gesinterte Matrix *f*
~ **metal** Sintermetall *n*
~ **metal filters** Sintermetallfilter *npl*
~ **metal-metalloid material** Metall-Metalloid-Sinterwerkstoff *m*
~ **neck** Sinterhals *m*
~ **nickel** Sinternickel *n*
~ **nickel silver** Sinterneusilber *n*
~ **part** Sinter[form]teil *n*, Sintergut *n*
~ **particle rolling** Walzen *n* von gesintertem Pulver
~ **platinum** Sinterplatin *n*
~ **platinum metal** gesintertes Platinmetall *n*

~ **pure clay** Sintertonerde f
~ **rhenium** Sinterrhenium n
~ **rod** Sinterstab m
~ **ruby** Sinterrubin n
~ **skeleton** Sinterskelett n
~ **solid** Sinterkörper m
~ **specimen** Sinterprobe f
~ **steel** Sinterstahl m
~ **structural part** Sinterformteil n
~ **structure** Sintergefüge n
~ **thorium** Sinterthorium n
~ **tip** Sinterhartmetallschneidplättchen n
~ **tungsten** Sinterwolfram n
~ **uranium** Sinteruran n
~ **yellow brass** Sintermessing n
sintering 1. Sintern n, Fritten n; 2. Verschlacken n; 3. Sinter m, Sintergut n; 4. Sinterteil n
~ **agent** Sintermittel n
~ **aid** Sinterzusatz m, Sinterhilfsmittel n
~ **and infiltration** Sintertränktechnik f
~ **apparatus** Sinterapparat m, Sintermaschine f
~ **atmosphere** Sinteratmosphäre f
~ **behaviour** Sinterverhalten n
~ **belt** Sinterband n
~ **blower** Sintergebläse n
~ **box** Sinterkasten m
~ **cap** Sinterglocke f
~ **charge** Sinterschmelze f
~ **control** Sinterüberwachung f
~ **course** 1. Sinterschicht f; 2. Sinterweg m; 3. Sinterlage f
~ **cowling** Sinterglocke f
~ **density** Sinterdichte f
~ **furnace** Sinterofen m
~ **grate** Verblaserost m
~ **heat** Sinterhitze f
~ **in layers** Sintern n von Schichten, Schichtsinterung f
~ **machine** Sinterapparat m, Sintermaschine f
~ **of cemented carbide** Hartmetallsinterung f
~ **-on** Aufsintern n
~ **pan** Sinterpfanne f
~ **plant** Sinteranlage f, Sinterfabrik f
~ **point** Sinterpunkt m, Erweichungspunkt m
~ **press** Sinterpresse f
~ **process** Sinterverfahren n, Sintermethode f, Sintervorgang m
~ **property** Sintereigenschaft f
~ **reaction** Sinterreaktion f
~ **shrinkage** Sinterschwund m, Schwindung f beim Sintern
~ **sieve (sifter)** Sintersieb n
~ **statement** Sinterausführung f
~ **strand** Sinterband n
~ **strand speed** Sinterbandgeschwindigkeit f
~ **technique** Sintertechnik f

~ **temperature** Sintertemperatur f
~ **test** Sinterversuch m, Sinterprüfung f
~ **time** Sinterzeit f, Sinterdauer f
~ **under hydrogen** Wasserstoffsintern n
~ **under pressure** Drucksintern n
~ **waste gas** Sinterabgas n
~ **without pressure** Sintern n ohne Druck
SIP s. 1. submerged injection process; 2. solvent-in-pulp
siphon/to abheben, absaugen
siphon Siphon m
~ **brick** Siphonstein m, Dammstein m
~ **runner** (Gieß) Siphoneinguß m
~ **tube** Siphonrohr n, Saugrohr n
~ **-type converter** Konverter m mit Siphonaustrag
siphoning Abhebern n, Dekantieren n
site Aufstellungsort m
~ **of work** Arbeitsplatz m
~ **weld** Montageschweißung f
six roller mill Sechsrollenwalzwerk n
~ **-stand** sechsgerüstig (Walzwerk)
size/to 1. sortieren, klassieren; 2. kalibrieren
size 1. Größe f, Abmessung f; 2. Maß n; 3. Maßstab m; Klasse f; 4. Stichprobenumfang m; 5. Korngröße f, Körnung f; 6. Feinheit f (des Pulvers)
~ **analysis** Körnungsanalyse f, Korn[größen]analyse f
~ **class interval** Größenklassenintervall n
~ **comparison** Größenvergleich m
~ **correction** Teilchengrößenkorrektur f
~ **distribution** Korngrößenverteilung f
~ **distribution analysis** Größenverteilungsanalyse f
~ **distribution curve** Größenverteilungskurve f
~ **-effect factor** Größeneinflußfaktor m, K
~ **enlargement** Kornvergrößerung f
~ **grading** Kornzusammensetzung f
~ **of cross section** Querschnittsgröße f
~ **of crucible** Tiegelgröße f
~ **opening** Lochgröße f
~ **range** Körnungsbereich m, Korngrößenbereich m
~ **reduction** Zerkleinerung f
~ **section** Profilgröße f
~ **stabilization** Maßstabilisierung f, Kalibrierung f
~ **tolerance** Maßtoleranz f, Abmessungstoleranz f
~ **variation** Maßveränderung f
sized sinter klässierter Sinter m
sizing 1. Sortieren n, Klassieren n; 2. Kalibrieren n
~ **characteristic** Körnungskennlinie f
~ **jigging screen** Klassierrüttelsieb n
~ **mill** Maßwalzwerk n
~ **plant** Klassieranlage f
~ **press** Kalibrierpresse f
~ **screen** Klassiersieb n

skeleton formation Skelettbildung *f (im Gefüge)*
~ **pattern** *(Gieß)* Skelettmodell *n*, Korbmodell *n*
~ **solid (trunk)** *(Pulv)* Skelettkörper *m*
skelp Röhrenstreifen *m*, Blechstreifen *m*
~ **mill** Röhrenstreifenwalzwerk *n*
skew mill Schrägwalzwerk *n*
~ **roller table** Schrägrollgang *m*
~ **toothing** Schrägverzahnung *f*
skewback *(Ff)* Keilstein *m*
~ **channel** Widerlagerbalken *m (SM-Ofen)*
skid 1. Querschlepper *m*, Schlepper *m*, Fördervorrichtung *f;* 2. Gleitschiene *f (Stoßofen)*
~ **cam** Schlepperdaumen *m*
~ **pipe** Tragrohr *n*, Gleitschienenrohr *n*
~ **rail** Gleitschiene *f*
~ **rider** Gleitschienenreiter *m*
~ **transfer** Schlepper *m*
~ **truck** Schlepperwagen *m*
skim [off]/to abziehen, abschäumen, abkrammen, abschlacken
skim bob *(Gieß)* Schaumfänger *m*
~ **core** *(Gieß)* Siebkern *m*, Eingußkern *m*
~ **gate** Schlackenabscheider *m*
skimmer 1. Abscheider *m;* 2. Abstreichlöffel *m*, Abstreicheisen *n;* Kratze *f*, Kratzer *m;* Schlackenlöffel *m*, Krammstock *m*, Schaumlöffel *m*, Schlackenfalle *f;* Schlackenüberlauf *m*, Schlackenfuchs *m*
~ **bar** *(Gieß)* Krammstock *m*
~ **brick** Siphonstein *m*, Dammstein *m*
~ **gate** Schlackenabscheider *m*
skimming 1. Abschlacken *n*, Schlackeziehen *n*, Abziehen *n* von Schlacke, Abschäumen *n;* 2. Abzug *m*, Abstrich *m;* 3. Überlaufen *n*, Übergelaufenes *n*
~ **door** Schlackentür *f*
~ **gate** Schlackenabscheider *m*
~ **time** Abstichzeit *f*
~ **tool** Schaumlöffel *m*
skimmings Abstriche *mpl*, Abzüge *mpl;* Schaum *m;* Schlacke *f;* Abgekrammtes *n*
~ **tank** Überlaufbecken *n*, Überlaufbehälter *m*
skin Oberflächenschicht *f*, Randschicht *f;* Walzhaut *f;* Gußhaut *f*
~ **crack** Oberflächenriß *m*, Schwindungsriß *m*
~ **decarburization** Randentkohlung *f*
~ **defect** Oberflächenfehler *m*
~ **-dried** abgeflammt, oberflächengetrocknet *(Form)*
~ **drying** Abflammen *n*, Abbrennen *n*, Oberflächentrocknung *f (Form)*
~ **-friction coefficient** Reibungszahl *f*, Widerstandsziffer *f*
~ **hardness** Oberflächenhärte *f*
~ **holes** Oberflächenporen *fpl*
~ **of a casting** Gußhaut *f*

~ **of the ingot** Blockhaut *f*
~ **pass** Dressierstich *m*, Polierstich *m*, Nachwalzung *f*
~ **pass mill** Dressierwalzwerk *n*, Kaltnachwalzwerk *n*, Glättwalzwerk *n*
~ **pass rolling** Dressieren *n*, Nachwalzen *n* mit geringer Formänderung, Kaltnachwalzen *n (von Blechen und Bändern)*
~ **zone** Randzone *f*
skip Aufzugskübel *m;* Kippkübel *m*, Skip *m*
~ **bridge** Gichtbrücke *f*
~ **car** Skipwagen *m*, Skiplore *f*
~ **charging** Kippkübelbegichtung *f*, Skipgichtung *f*
~ **-charging gear** Skipbegichtungsanlage *f*
~ **filling** Kippkübelbegichtung *f*, Skipgichtung *f*
~ **hoist** Kübelaufzug *m*, Kippkübelaufzug *m*, Skipaufzug *m*
~ **incline** Schrägaufzug *m*
~ **volume** Skipvolumen *n*
~ **weight** Skipgewicht *n*
skirt Schlagschürze *f*, Schlagpanzer *m*
SKP = Swedish Kohlswa Process
skull Pfannenbär *m*, Pfannenrest *m;* Mündungsbär *m (Konverter);* Schlackenkruste *f*, Schlackendecke *f*, Schlackenschale *f*, Ansatz *m*
~ **at the converter mouth** Mündungsbär *m*
~ **breaker (cracker)** Schlagwerk *n*, Fallwerk *n*
skylight Oberlicht *n;* Laterne *f*
slab/to flachwalzen
slab 1. Platte *f;* 2. Bramme *f*
~ **caster** Brammengießmaschine *f*
~ **casting** Brammengießen *n*
~ **-casting pilot facility** Brammengießpilotanlage *f*
~ **cogging mill** Brammenwalzwerk *n*
~ **cooler** Brammenkühler *m*
~ **cooling equipment (plant)** Brammenkühlanlage *f*
~ **flame-cutting automatic machine** Strangbrennschneidautomat *m*
~ **gas cutting** Brammenbrennschneidanlage *f*
~ **heating furnace** Brammen[erwärmungs]ofen *m*
~ **ingot** Rohbramme *f*
~ **ingot teeming** Brammenguß *m*
~ **mould** Brammenform *f*, Brammenkokille *f*
~ **pusher** Brammendrücker *m*
~ **rotary cooler** Brammenwäscher *m*, Drehkorbkühler *m*
~ **shears** Brammenschere *f*
~ **stock** Brammenlager *n*
~ **surface** Brammenoberfläche *f*
~ **tilting and lifting device** Brammenkipp- und -hebeeinrichtung *f*
~ **turning device** Brammendrehvorrichtung *f*

~ **yard** Brammenlager *n*
slabbing mill Brammenwalzwerk *n*
~ **mill train** Brammenwalzstraße *f*
~ **pass** Brammenkaliber *n*
~ **roll** Brammenwalze *f*, Flachwalze *f*
~ **shears** Brammenschere *f*
slack/to löschen *(Kalk)*
slack lime gelöschter Kalk *m*
~ **side of belt** gezogenes Trum *n*
~ **wax** *(Pulv)* Filterkuchen *m*
~ **wind** abgedrosselter Wind *m*
slacken/to sich lockern
slacking slag Zerfallsschlacke *f*
slackness Lagerspiel *n*, Spiel *n*
slag/to 1. verschlacken, Schlacke bilden; 2. abschlacken, aussschlacken, Schlacke ziehen
~ **off** abschlacken, ausschlacken, Schlacke ziehen
slag Schlacke *f*
~ **accretion** Schlackenansatz *m*
~ **accumulation** Schlackenansammlung *f*
~ **amount** Schlackenmenge *f*
~ **analysis** Schlackenanalyse *f*
~ **attack** Schlackenangriff *m*
~ **backwash** Schlackenrückströmung *f*
~ **bay** Schlackenhalle *f*
~ **blanket** Schlackendecke *f*
~ **blow holes** Schlackenblasen *fpl*
~ **brick** Schlackenstein *m*
~ **brick press** Schlackensteinpresse *f*
~ **build-up** Schlackenbildung *f*
~ **capacity** Schlackenkapazität *f*
~ **car** Schlackenwagen *m*
~ **cement** Hochofenzement *m*, Hüttenzement *m*
~ **cement plant** Zementfabrik *f*
~ **channel** Schlackenlauf *m*
~ **cleaning furnace** Schlackenverarmungsofen *m*
~ **coat** Schlackenmantel *m;* Schlackendecke *f*
~ **coating** Schlackenschicht *f*, Schlackendecke *f*
~ **composition** Schlackenzusammensetzung *f*
~ **condition** Schlackenzustand *m*
~ **consistency** Schlackenkonsistenz *f*
~ **content** Schlackengehalt *m*
~ **control** Schlackenführung *f*
~ **cooling box** Schlackenformkühlkasten *m*
~ **copper** Schlackenkupfer *n (aus Rückständen und Gekrätz gewonnen)*
~ **cotton** Schlackenwatte *f*, Schlackenwolle *f*
~ **cover** Schlackendecke *f*
~ **crane weigher** Schlackenkranwaage *f*
~ **crusher** Schlackenbrecher *m*
~ **crust** Schlackenkruste *f*
~ **dam** Schlackendamm *m*
~ **depth** Schlackenbadtiefe *f*
~ **discharge** Abschlacken *n*

~ **duct** Schlackentrift *f*
~ **dump** Schlackenhalde *f*
~ **entrapment** Schlackeneinschluß *m*
~ **equilibria** Schlackengleichgewichte *npl*
~ **erosion** Schlackenangriff *m*
~ **eye** Schlackenstichloch *n*, Schlacken[abstich]loch *n*, Abschlacköffnung *f*
~ **formation** Schlackenbildung *f*
~-**forming** schlackenbildend
~-**forming constituent** Schlackenbildner *m*
~-**free** schlackenfrei
~ **fuming** Schlackenverblaseverfahren *n*
~ **furnace** Schlackenofen *m*
~ **fusion zone** Schlackenschmelzzone *f*
~ **gate** Schlackenstopfen *m*
~ **granulation** Schlackengranulation *f*
~ **granulation installation** Schlackengranulieranlage *f*
~ **gravel** Schlackensplitt *m*
~ **hole** Schlacken[abstich]loch *n*, Abschlacköffnung *f*, Schlackenstichloch *n*
~ **hole gun** Schlackenlochstopfmaschine *f*
~ **inclusion** Schlackeneinschluß *m*
~ **incrustation** Schlackenansatz *m*
~ **infiltration** Schlackeninfiltration *f (Tränken von feuerfester Auskleidung)*
~ **ladle** Schlackenpfanne *f*
~ **ladle car** Schlackenpfannenwagen *m*
~ **ladle crane** Schlackenpfannenkran *m*
~ **ladle mantle ring** Schlackenpfannentragring *m*
~ **launder** Schlackenrinne *f*
~ **layer** Schlackenschicht *f*
~ **level** Schlackenhöhe *f*, Schlackenstand *m*
~ **lime** Hüttenkalk *m*
~ **line** 1. Schlackenzone *f*, Schlackenstand *m*, Schlackenspiegel *m (Grenzfläche der Schlackenphase);* 2. Schlackenzeile *f*
~-**making flux addition** schlackenbildende Flußmittelzugabe *f*
~ **matte** Bleikupferstein *m*
~-**metal reaction** Reaktion *f* zwischen Schlacke und Metall
~ **mill** Schlackenmühle *f*
~ **milling** Schlackenmahlen *n*
~ **model** Schlackenmodell *n*
~ **mould** Brammenform *f*, Brammenkokille *f*
~ **muck** Schlackenhalde *f*
~ **notch** s. ~ **hole**
~ **number** Schlackenzahl *f*
~-**off** Abschlacken *n*
~-**out** Beseitigen *n* von Ofenbären
~ **pancake sample** Schlackenkuchenprobe *f*
~ **pen** Schlackenbeet *n*, Schlackenbett *n*
~ **penetration** Penetration *f* durch Schlacken
~ **phase** Schlackenphase *f*
~ **pocket** Schlackenfangmulde *f*, Spritzkugelgrube *f*

~ **Portland cement** Eisenportlandzement *m*

~ **pot** Schlackenkübel *m*, Schlackentopf *m*

~ **pot transporter** Schlackenkübeltransportfahrzeug *n*, Schlackenkübeltransporter *m*

~ **practice** Schlackenführung *f*

~ **processing plant** Schlackenaufbereitungsanlage *f*

~ **ratio** Schlackenzahl *f*, Schlackenziffer *f*, Basizitätsgrad *m (CaO:SiO₂)*

~ **reactions** Schlackenreaktionen *fpl*

~ **reduction** Schlackenreduktion *f*

~ **reduction furnace** Schlackenreduktionsofen *m*

~/**refractory interface** Schlacke-Feuerfestmaterial-Grenzfläche *f*

~ **removal** Entschlacken *n*, Abschlacken *n*

~ **removing installation** Entschlackungsanlage *f*

~ **resistance** Schlackenwiderstand *m*, Schlackenbeständigkeit *f*

~ **run-off** Schlackenlauf *m*

~ **sales** Schlackengutschrift *f*

~ **sand** Schlackensand *m*

~ **scraper** Schlackenkratzer *m*

~ **service track** Schlackengleis *n*

~ **skim** Schlackenabziehen *n*

~ **skimmer** Schlackenfuchs *m*, Schlackenüberlauf *m*

~ **slope** Schlackenablauf *m*

~ **smelting** Schlackenschmelzen *n*

~ **spout** Schlackenrinne *f*

~ **streak** Schlackenzeile *f*

~ **stream** Schlackenstrom *m*

~ **sulphate cement** Sulfathüttenzement *m*

~ **tailings** arme Schlacke *f*, Abfallschlacke *f*, Schlackenabgänge *mpl*

~ **thickness** Schlackenschichtdicke *f*

~ **thimble** Schlackenkübel *m*, Schlackentopf *m*

~ **thread** Schlackenfaden *m*

~ **tip** Schlackenhalde *f*

~ **transfer car** Schlackentransportwagen *m*

~ **trap** Schlackenfalle *f*, Stufeneinlauf *m*, Treppeneinlauf *m*

~ **treatment method** Schlackenverarbeitungsmethode *f*

~ **tuyere** Schlackenform *f (Düse)*

~ **utilization** Schlackenverwertung *f*

~ **vehicle** Schlackenwagen *m*

~ **volume** Schlackenvolumen *n*, Schlackenmenge *f*

~ **wool** Schlackenwolle *f*, Schlackenwatte *f*

~ **zone** Schlackenzone *f (Kontaktbereich Feuerfestauskleidung mit schmelzflüssiger Schlacke)*

slagged verschlackt

slagging 1. Verschlackung *f*, Schlackenbildung *f (von selbst eintretend)*; 2. Abschlacken *n*

~ **behaviour** Verschlackungsverhalten *n*

~ **of iron** Verschlackung *f* von Eisen

~-**off device** Abschlackvorrichtung *f*

~-**off machine** Abschlackmaschine *f*

~ **operation** Abschlackvorgang *m*

~ **practice** Schlackenführung *f*

~ **ratio** Verschlackungsverhältnis *n*

slaggy schlackenhaltig

~ **iron** 1. schlackiges (schlackenhaltiges) Eisen *n*; 2. in der Schlacke enthaltenes Eisen *n*

slagstone Schlackenstein *m*

slake/to löschen *(Kalk)*

slaked lime gelöschter Kalk *m*

slaking Löschen *n (Kalk)*

~ **slag** Zerfallsschlacke *f*

slat Leiste *f*

~ **conveyor** Gliederbandförderer *m*

slate clay Schieferton *m*

slatted [core] box *(Gieß)* Daubenkernkasten *m*, Kernkasten *m* mit Dauben

~ **pattern** Daubenmodell *n*

slaty fracture Schieferbruch *m*

sledge hammer Handhammer *m*, Schmiedehammer *m*, Vorschlaghammer *m*

sleek/to polieren, glätten, schlichten

sleek glatt

sleeker *(Gieß)* Polierknopf *m*

sleeking Polieren *n*

sleeve 1. Muffe *f*; 2. Hülse *f*; 3. Buchse *f*; Lagerschale *f*; Laufbuchse *f*; 4. Druckkammer *f (Druckguß)*

~ **back-up roll** *(Umf)* Mantelstützwalze *f*

~ **bearing** [geschlossenes] Gleitlager *n*

~ **bearing material** Gleitlagerwerkstoff *m*

~ **bloom** *(Umf)* Hülse *f*, Rohrhalbzeug *n*

~ **brick** Stopfenstangenrohr *n*, Trichterrohr *n*

~ **coupling** Muffenkupplung *f*

~ **joint** Muffenverbindung *f*

~ **thermocouple** Mantelthermoelement *n*

~ **valve** Schieber *m*, Schieberverschluß *m*

sleeved roll *(Umf)* Mantelwalze *f*

slenderness Schlankheit *f*; Schlankheitsgrad *m*

slewing crane Schwenkkran *m*, Drehkran *m*, Auslegerkran *m*

~ **device** Schwenkvorrichtung *f*

~ **gear** Drehwerk *n*

slice/to zerteilen

slice Scheibe *f*; Beizscheibe *f*

~-**cutting machine** *(Gieß)* Abschlagmaschine *f*

~ **index** Streifungsindex *m (für Einschlußrichtreihen)*

slicing Abstechen *n*

slide/to 1. gleiten, rutschen; 2. schieben

slide 1. Gleitbahn *f*, Gleitfläche *f*, Führung *f*; Gleitschiene *f*; 2. Rutsche *f*; 3. Führungsschlitten *m*, Support *m*

~ **adjustment** Stößelverstellung *f*

~ **bar** 1. Gleitschiene *f*; 2. Gleitlineal *n*, Verschiebelineal *n*

~ **bearing** Gleitlager n
~ **caliper rule** Schieb[e]lehre f
~ **gate nozzle** Schieberverschluß m
~ **gauge** Schieb[e]lehre f
~ **guide** Stößelführung f
~ **hardening** Gleitverfestigung f
~ **mechanism** Schiebermechanik f
~ **nozzle system** Schiebersystem n (Hochofen)
~ **operating mechanism** Schieberbetätigung f, Schieberbetätigungsmechanismus m
~ **rail** Schienenzunge f
~ **travel** Schieberhub m
~ **valve** Schieber m, Schieberverschluß m
~ **valve gear** Schiebersteuerung f
~ **valve plate** Schieberplatte n
~ **valve rod** Schiebergestänge n
slider Gleitstück n, Schieber m
sliding verstellbar
sliding Gleiten n
~ **agent** Gleitmittel n
~ **bar** Führungsstange f, Gleitstange f
~ **bearing** Gleitlager n
~ **block** Kulissenstein m, Kurbelschwinge f
~ **capacity** Gleitfähigkeit f
~ **carriage** Führungsschlitten m
~ **condition** Gleitbedingung f
~ **contact** Gleitkontakt m
~ **contribution** Gleitbeitrag m
~ **couple** Gleitpaarung f (für Verschleißuntersuchung)
~ **damper** Fallschieber m
~ **device** Schiebevorrichtung f
~ **die holder** Werkzeugschlitten m
~ **door** Schiebetür f
~ **fit** Gleitsitz m, Schiebesitz m
~ **frame** Schlitten m
~ **frame hot saw** Heißschlittensäge f
~ **friction** Gleitreibung f, gleitende Reibung f
~ **mechanism** Gleitmechanismus m
~ **plane** Gleitfläche f, Rutschfläche f
~ **property** Gleiteigenschaft f
~ **rail** Gleitschiene f, Laufschiene f
~ **rate** Gleitgeschwindigkeit f, Abgleitgeschwindigkeit f
~ **resistance** Gleitwiderstand m
~ **velocity** Gleitgeschwindigkeit f
~ **wear** Gleitverschleiß m
slight-flash mit Grat (beim Pulverschmieden)
slightly reduced anreduziert
~ **rusted** angerostet
slime Schlamm m; Schleim m
~ **sponge** Schlammschwamm m
slimy schlammig
sling/to (Gieß) schleudern, slingern (Formherstellung)
sling chain Anschlagkette f
slinger (Gieß) Slinger m
~ **mixture** Slingerformstoff m

~ **process** Slingerformverfahren n
slip/to [ab]gleiten, rutschen
~ **forward** voreilen (Walzen)
slip 1. Gleiten n, Rutschen n; (Krist) Gleitung f (s. a. unter glide); 2. Schlupf m; 3. Stürzen n der Gicht
~ **band** Gleitband n
~-**band density** Gleitbanddichte f
~-**band formation** Gleitband[aus]bildung f
~ **band in the necking area** Einschnürungsband n
~-**band region** Gleitbandbereich m
~ **behaviour** Gleitverhalten n
~ **casting** (Pulv) Schlickergießen n
~ **coefficient** Gleitkoeffizient m
~ **cone** Rutschkegel m, Druckkegel m
~ **distance** Gleitabstand m; Gleitweg m
~ **distribution** Gleit[liniendichte]verteilung f
~ **ellipse** Gleitellipse f
~ **gap** Trennspalt m
~ **gauge** Endmaß n
~ **jacket** Gießrahmen m, Schutzrahmen m, Überwurfrahmen m, Manschette f
~ **line** Gleitlinie f, Gleitspur f
~-**line density** Gleitliniendichte f
~-**line direction** Gleitlinienrichtung f
~-**line field** Gleitlinienfeld n
~-**line field theory** Gleitlinienfeldtheorie f
~-**line grouping** Gleitlinienbündelung f
~-**line length** Gleitlinienlänge f
~-**line pattern** Gleitlinienbild n
~-**line separation** Gleitlinienabstand m
~-**line theory** Gleitlinientheorie f
~-**line trace** Gleitebenenspur f
~ **mark** Gleitmarke f
~ **mode** Gleitmechanismus m, Gleitart f
~ **plane** Gleitebene f, Gleitfläche f, Schiebungsebene f, Translationsebene f
~ **process** Gleitprozeß m
~ **step** Gleitstufe f; Gleitschritt m
~-**step height** Gleitstufenhöhe f
~ **structure** Gleitstruktur f
~ **surface** Gleitfläche f, Abgleitfläche f
~ **system** Gleitsystem n
~ **test** Gleitversuch m
~ **trace** Gleitspur f
~ **vector** Gleitvektor m
~ **zone** Gleitzone f
slippage 1. Gleitung f, Abgleitung f; Slippage n (Versetzungsanordnung auf Gleitlinien in (110)-Richtung); 2. Schlupf m
~ **test** s. slip test
slipper shoe Blattzapfen m
~-**type spindle** Spindel f mit Muffenkupplung, Muffenkupplungsspindel f
slipping 1. Gleitung f; 2. Rutschen n der Gicht
~ **clutch** Rutschkupplung f
SLIS technique SLIS-Technik f (Herstellung von Pb-Cu- oder Pb-Ni-Verbundpulver)

slit/to spalten, schlitzen; längsteilen
slit gate *(Gieß)* flacher Horizontalanschnitt *m*, Steigkanalschlitzanschnitt *m*
~ micrometer Spaltmikrometerschraube *f*
slitter line *s.* slitting line
slitting line *(Umf)* Längsteillinie *f*, Spaltanlage *f*, Längsteilanlage *f*
~ pass Schneidkaliber *n (Walzen)*
~ plant Spaltanlage *f*, Längsteilanlage *f*
~ wheel Trennscheibe *f*
sliver Splitter *m*, Walzsplitter *m*
slop/to Funken werfen
slop ingot durch Nachgießen in den Lunker ausgefüllter Block *m*
slope/to ansteigen *(Kurve)*
slope Neigung *f*, Gefälle *n*; Steigung *f*, Anstieg *m*
~ angle Neigungswinkel *m*, Steigungswinkel *m*
sloping back wall schräge Rückwand *f* *(SM-Ofen)*
~ hoop channel Schlingenkanal *m*, Tieflauf *m*, Hochlauf *m*, Walzgutauslaufkanal *m*, Walzgutschlingenkanal *m*
slopping Auswerfen *n*, Auswurf *m*
~ turn-down grober Auswurf *m (beim Umlegen des Konverters)*
slot/to schlitzen, nuten, kerben
slot Schlitz *m*, Nut *f*, Spalt *m*, Keilnut *f*
~ and feather Nut *f* und Feder *f*
~ and key Nut *f* und Keil *m*
~ cutter Nutenfräser *m*
~ for holding work Aufspannut *f*
~ furnace Schlitzofen *m*
~ heat loss Undichtigkeitsverlust *m*, Wärmeverlust *m* durch Spalte
~ oven Schlitzofen *m*
slotted geschlitzt
~ disk Schlitzscheibe *f*
~ screw Schlitzschraube *f*, Spaltkopfschraube *f*
~ spacer block Stützleiste *f* mit Spannut *(Druckguß)*
slotter Stoßmaschine *f*
slotting Nutenstoßen *n*
~ machine Stoßmaschine *f*, Nutenstoßmaschine *f*
slow down/to abbremsen *(z. B. schnelle Neutronen)*
slow cool zone Vorkühlkammer *f*
~ dipping langsames Eintauchen *n*
~-down Abbremsung *f*, Stillsetzung *f*
~-growth process Slow-growth-Prozeß *m*, Pulvergranulierprozeß *m*
~-motion gear Feineinstellungsgetriebe *n*
~ neutron langsames Neutron *n*
SL/RN process = Stelco-Lurgi/Republic Steel-National Lead-process
sludge Schlamm *m*
~ conveyor Schlammförderanlage *f*
~ formation Schlammbildung *f*
~ valve Abschlämmventil *n*

slug 1. Kaltpreßrohling *m*; 2. Anfahrblock *m (Industrieofen)*; 3. Gießrest *m (Druckguß)*
slugging bed stoßende Wirbelschicht *f*
sluggish inert, [reaktions]träge; zähflüssig
~ slag zähflüssige Schlacke *f*
slurry/to aufschlämmen
slurry Aufschlämmung *f*, Schlicker *m*; Tonschlämme *f*; Trübe *f (Pyro)*
~ feed gun *(Pyro)* Vorrichtung *f* für den Druckeintrag flüssigen Materials in einen Reaktor
~ mixing *(Pulv)* Breimischung *f*
slush casting Sturzguß *m*
small-angle diffraction pattern Feinbereichsbeugungsaufnahme *f*
~-angle grain boundary *(Krist)* Kleinwinkelkorngrenze *f*
~-angle neutron scattering Neutronenkleinwinkelstreuung *f*
~-angle scattering Kleinwinkelstreuung *f*
~-angle taper section Schräganschliff *m*
~ bell kleine (obere) Gichtglocke *f*
~ cone oberer Gichtverschlußkegel *m*
~ converter Kleinkonverter *m*
~-end-up konisch
~-end-up semi-closed-top-type ingot mould konische Kokille *f* mit Nachgußkopf
~ forging furnace Kleinschmiedeofen *m*
~ hopper oberer Gichttrichter (Zuführungstrichter) *m*
~ ladle sample Löffelprobe *f*
~ load hardness test Kleinlasthärteprüfung *f*
~-scale furnace Versuchsofen *m*
~ scrap kleinstückiger Schrott *m*
~ section mill Feinstahlwalzwerk *n*, Feinstraße *f*
~ steel works Ministahlwerk *n*
smalt Smalte *f*
smaltine *s.* smaltite
smaltite *(Min)* Smaltin *m*, Speiskobalt *m*
smear Verschmieren *n*
smeared layer Schmierschicht *f*
smelt/to [er]schmelzen *(s. a. unter* melt/to*)*; verschmelzen; einschmelzen *(Schrott)*; verhütten *(Erze)*
smelt Schmelze *f*, Schmelzfluß *m*
~ reduction Schmelzreduktion *f*, Reduktionsschmelzen *n*
smeltable schmelzwürdig, verhüttbar *(Erz)*
~ ore verhüttbares Erz *n*
smelted geschmolzen
smelter 1. Schmelzofen *m*; 2. Schmelzhütte *f*, Schmelzanlage *f*, Hütte *f*
smelting Schmelzen *n (s. a. unter* melting*)*; Verschmelzen *n*; Einschmelzen *n (Schrott)*; Verhütten *n (Erz)*
~ capacity Schmelzleistung *f*
~ characteristic Schmelzcharakteristik *f*
~ charge Beschickung *f*, Schmelzcharge *f*

~ **coke** Hüttenkoks *m*
~ **concentrate** verhüttungsfähiges Konzentrat *n*, Schmelzkonzentrat *n*
~ **crucible** Schmelztiegel *m*
~ **flux electrolysis** Schmelzflußelektrolyse *f*
~ **furnace** Schmelzofen *m*
~ **loss** Abbrand *m*, Schmelzverlust *m*
~ **operation** Schmelzarbeit *f*; Verhüttungsarbeit *f*
~ **plant** Schmelzhütte *f*, Hüttenwerk *n*
~ **reduction** Schmelzreduktion *f*, Reduktionsschmelzen *n*
~ **shaft** Schmelz[ofen]schacht *m*
~ **step** Schmelzstufe *f* *(Verfahrensstufe „Schmelzen")*
~ **time** Schmelzzeit *f*
. ~ **zone** Schmelzzone *f*
smith/to [freiform]schmieden, von Hand schmieden
smith hammer Schmiedehammer *m*
smog Smog *m*, Rauch *m* und Nebel *m*
smoke Rauch *m*; Qualm *m*
~ **black** Schwärze *f*
~ **chamber** Flugstaubkammer *f*
~ **dilution** Rauchverdünnung *f*
~ **dust** Flugstaub *m*
~ **hood** Rauchabzug *m*
~ **nuisance** Rauchschaden *m*
~ **plume** Rauchfahne *f*
~ **screening** Vernebelung *f*
~-**stack** Schornstein *m*, Esse *f*, Schlot *m*
smokeless rauchlos
smooth/to 1. glätten, ebnen, schlichten; 2. blankschleifen, polieren
smooth dicht, glatt, kompakt
~ **compact deposit** glatter und dichter Niederschlag *m*
~ **front** glattwandige Erstarrungsfront *f*
~-**grained** feinkörnig
~ **planer** Abrichtmaschine *f*
~ **roll** glatte Walze *f*
~-**surfaced metal parts** Metallteile *npl* mit hoher Oberflächenqualität
~ **wall solidification** glattwandige Erstarrung *f*
smoothing 1. Glätten *n*, Glättung *f*, Schlichten *n*; 2. Blankschleifen *n*, Polieren *n*
~ **pass** Glättstich *m* *(Walzen)*
~ **roll** Glättwalze *f*
~ **rolling mill** Glättwalzwerk *n*
smut Rußfleck *m*; Schmutzfleck *m*; Belag *m*
snag/to 1. *(Gieß)* abgraten; 2. *(Umf)* abschleifen, ausschleifen
snagging 1. *(Gieß)* Abgraten *n*; 2. *(Umf)* Abschleifen *n*, Ausschleifen *n*
~ **wheel** *(Gieß)* Abgratschleifscheibe *f*
snaker Biegegesenk *n*, Vorkröpfgesenk *n*
snap flask Abschlagkasten *m*, aufklappbarer Formkasten *m*, Abziehkasten *m*

~ **flask mould** *(Gieß)* kastenloser Formblock *m*
~ **flask moulding machine** *(Gieß)* kastenlose Formmaschine *f* [mit Spreizkästen]
~ **flask moulding process** kastenloses Formverfahren *n*
~ **gauge** Rachenlehre *f*, Taster *m*
~ **moulding** Kastenformen *n*, Kastenformerei *f*
~ **shears** Schnappschere *f*
snarl Drahtknoten *m*
snip off/to Stück abschneiden (abquetschen)
snorkel Schnorchel *m*
snug/to anziehen *(Mutter)*
SO_2-fast cold box system SO_2-Cold-Box-Verfahren *n*, Hardox-Verfahren *n*
soak/to 1. durchtränken; 2. durcherhitzen, durchwärmen; 3. halten, ausgleichen, ausgleichglühen
soak hearth Ausgleichherd *m*
soaker battery Tiefofenbatterie *f*
~ **temperature** Warmeinsatztemperatur*f*
soaking 1. Tränken *n*; 2. Ausgleichen *n*; 3. Durchwärmung *f*, Ausgleichglühen *n*
~ **hearth** Ausgleichherd *m*
~ **pit** 1. Tiefofen *m*; 2. Wärmeausgleichgrube *f*; 3. Durchweichungsgrube *f*
~ **pit cover** Tiefofendeckel *m*
~ **pit cover carriage** Tiefofendeckelwagen *m*
~ **pit cover seal** Tiefofendeckeldichtung *f*
~ **pit crane** Tiefofenkran *m*
~ **pit crane tongs** Tiefofenkranzange *f*
~ **pit furnace** Tiefofen *m*
~ **pit rail** Tiefofengleis *n*
~ **temperature** Erweichungstemperatur *f*
~ **time** Haltezeit *f*, Durchwärmungszeit *f*
~ **zone** Durchwärmungszone *f*
soap Seife *f*
~ **ball** Seifenklumpen *m*
~ **lubricant** Seifenschmiermittel *n*
~ **powder** Seifenpulver *n*
soapstone *(Min)* Seifenstein *m*, Speckstein *m*, Saponit *m*
soapy clay fetter Ton *m*
socket Stutzen *m*, Muffe *f*, Anschlußstück *n*, Flansch *m*, Rohransatz *m*; Buchse *f*
~ **joint** Muffenverbindung *f*
~ **pressure pipe** Muffenrohr *n*
socketed pipe Muffenrohr *n*
soda Soda *f(n)*
~ **ash** kristallwasserfreie, kalzinierte Soda *f*, [wasserfreies] Natriumkarbonat *n* *(Flußmittel)*
~ **lye** Natronlauge *f*
~ **slag** Sodaschlacke *f*
~ **water glass** Natronwasserglas *n*
Söderberg anode Söderberg-Anode *f*
~ **cell** Schmelzflußelektrolysebad *n* mit Söderberg-Elektroden
~ **electrode** Söderberg-Elektrode *f*

sodium Natrium n
~ **bentonite** *(Gieß)* Natriumbentonit m
~ **carbonate** Natriumkarbonat n
~ **chloride structure** Natriumchloridstrukturtyp m
~ **cyanide** Natriumzyanid n
~ **hydroxide** Natriumhydroxid n
~ **hydroxide solution** Natriumlauge f
·~ **hypochlorite** Natriumhypochlorit n
~ **modification** Natriumveredlung f
~-**modified** natriumveredelt
~ **montmorillonite** Natriummontmorillonit m
~ **picrate** Natriumpikrat n
~ **silicate** Natriumsilikat n, Natronwasserglas n
~ **soap** Natriumseife f
~ **stearate** Natriumstearat n
~ **sulfide** Natriumsulfid n
,~ **sulfite** Natriumsulfit n
~ **sulphate** Natriumsulfat n
~ **test** Natriumtest m
~ **tungstate** Natriumwolframat n
soft **age-hardened state** weich ausgehärteter Zustand m
~-**annealed structure** Weichglühgefüge n
~-**annealed zone** Weichglühzone f
~ **annealing** Weichglühen n *(s. a. unter* spheroidization 2.*)*
~-**burnt lime** Weichbrandkalk m
~ **cast iron** weiches Gußeisen n
~ **coal** Backkohle f, Fettkohle f
~-**drawn** weichgezogen
~ **ferrite** weichmagnetischer Ferrit m
~ **iron** Weicheisen n
~-**iron core** Weicheisenkern m
~-**iron powder** Weicheisenpulver n
~ **lead** Weichblei n, Werkblei n
~-**magnetic sintered material** weichmagnetischer metallischer Sinterwerkstoff m
~ **solder** Weichlot n, Schnellot n
~ **soldering** Weichlöten n
~-**spottiness** Weichfleckigkeit f
~ **steel** weicher Stahl m, Weichstahl m, Flußstahl m
~-**tempered martensite brittleness** Anlaßsprödigkeit f des hochangelassenen Martensits
~ **X-rays** weiche Röntgenstrahlen mpl
soften/to 1. erweichen, aufweichen; enthärten; 2. entfestigen
softener 1. Weichmacher m, Enthärter m; 2. Enthärtungsanlage f
softening 1. Erweichen n, Weichmachen n *(z. B. von Möller)*; 2. Entfestigung f; 3. Seigern n und Raffinieren n *(von Werkblei)*
~ **after forming** Entfestigung f nach der Verformung
~ **behaviour** Entfestigungsverhalten n
~ **cycle** Weichglühen n

~ **point** Erweichungspunkt m; Schmelzpunkt m
~ **point under load** Druckerweichungspunkt m
~ **range** Erweichungsbereich m, Erweichungsintervall n *(z. B. bei metallurgischen Schlacken)*; Erweichungszone f
~ **stage** Erweichungszustand m, plastischer Zustand m
~ **temperature** Erweichungstemperatur f *(bei Feuerfesterzeugnissen)*
~ **tendency** Entfestigungsneigung f
~ **under load** Druckerweichung f
softness Weichheit f
softwood Weichholz n
soil pipe Abflußrohr n
sol-gel **process** Sol-Gel-Prozeß m
solder/to 1. löten; weichlöten; 2. ankleben *(Druckguß)*
solder Lot n, Lötmetall n, Lötzinn n
~ **aggregate** Lotanhäufung f
~ **alloy** Lotlegierung f
~ **brittleness** Lötbrüchigkeit f
~ **constituent** Lotbestandteil m
soldered **joint** Lötverbindung f
~-**on** hart aufgelötet
~ **seam** Lötnaht f
~ **wire** Lötdraht m
soldering 1. Löten n; Weichlöten n; 2. Ankleben n *(Druckguß)*
~ **brittleness** Lötbrüchigkeit f
~ **experiment** Lötversuch m
~ **fracture** Lötbruch m
~ **of metal to die** Kleben n des Metalls in der Form
~ **technique** Löttechnik f
sole plate Sohlplatte f
solenoid elektrische Spule f, Drahtspule f, Magnetspule f
~ **valve** Magnetventil n
solid fest; massiv; dicht, kompakt
solid Festkörper m
~ **angle** Raumwinkel m
~ **axle** Vollachse f, feststehende Achse f
~ **bearing** einteiliges Lager n
~ **body** Vollkörper m
~ **carburizing** Aufkohlen n in festen Kohlungsmitteln, Pulveraufkohlen n
~ **content** Feststoffgehalt m, Feststoffanteil m
~ **die** Flachmatrize f
~ **electrolyte** Festelektrolyt m
~ **forming** Massivumformung f
~ **frame** Vollrahmen m
~ **fuel** fester Brennstoff m
~ **injection** Feststoffeinspritzung f
~ **journal bearing** Augenlager n
~-**liquid boundary** Phasengrenze f festflüssig
~-**liquid interface** Grenzfläche f fest-flüssig, Phasengrenzfläche f fest-flüssig, Erstarrungsfront f

~~-liquid separation Fest-Flüssig-Trennung
f
~ loading Feststoffbeladung f, Feststoffgehalt m
~ matter Feststoff m; Trockensubstanz f
~ non-metallic impurity feste nichtmetallische Verunreinigung f, nichtmetallischer
Einschluß m
~ pattern *(Gieß)* Naturmodell n
~ phase feste Phase f
~ rivet Vollniet m
~ rope cable Vollseil n
~ sample feste Probe f
~ shape Vollprofil n
~ shrinkage Festkörperschwindung f,
Schrumpfung f
~~-solid boundary Phasengrenze f fest-fest
~~-solid interface Grenzfläche f fest-fest,
Phasengrenzfläche f fest-fest
~ solubility Löslichkeit f im festen Zustand
~~-solubility limit Löslichkeitsgrenze f im
festen Zustand
~ solution feste Lösung f, Festlösung f;
Mischkristall m
~~-solution alloy Mischkristallegierung f,
homogene Legierung f, Einphasenlegie-
rung f
~~-solution element mischkristallbildendes
Element n
~~-solution formation Mischkristallbildung f
~~-solution hardening Mischkristallhärtung f
~~-solution hardness Mischkristallhärte f
~~-solution range (region) Gebiet n der festen Lösung, Mischkristallbereich m
~~-solution segregation Mischkristallseigerung f
~~-solution series Mischkristallreihe f
~~-solution strength Mischkristallfestigkeit
f
~~-solution strengthening Mischkristallver-
festigung f
~~-solution supersaturation Mischkristall-
übersättigung f
~~-solution zone Mischkristallzone f
~ spar Vollholm m
~ state fester Zustand m, Festkörperzu-
stand m
~~-state analysis Festkörperanalyse f
~~-state bonding Diffusionsverbinden n,
Verschweißen n durch Diffusion
~~-state diffusion Feststoffdiffusion f
~~-state examination Festkörperuntersu-
chung f
~~-state melting Schmelzen n des Festkör-
pers
~~-state sintering Festkörpersinterung f
~~-state welding s. ~ -state bonding
~ stem Vollstempel m
~ surface Feststoffoberfläche f, Festkör-
peroberfläche f
~ surface area per unit volume of bed

Feststoffoberfläche f pro Wirbelschicht-
bettvolumen
~~-vapour equilibrium Feststoff-Dampf-
Gleichgewicht n
~ wheel Vollrad n
solidensing feste Kondensation f, Soliden-
sierung f *(Gas zu Feststoff)*
solidification Erstarrung f, Verfestigung f
~ behaviour Erstarrungsverhalten n
~ condition Erstarrungsbedingung f
~ contour Erstarrungsfront f
~ contraction Erstarrungsschrumpfung f
~ crack Erstarrungsriß m, Warmriß m
~ cracking Erstarrungsrißbildung f
~~-determined segregation erstarrungsbe-
dingte Seigerung f
~ front Erstarrungsfront f
~ heat Erstarrungswärme f
~ modulus Erstarrungsmodul m
~ range Erstarrungsbereich m, Erstarrungsintervall n
~ rate Erstarrungsgeschwindigkeit f
~ shrinkage Erstarrungsschrumpfung f,
Erstarrungslunkerung f
~ structure Erstarrungsgefüge n
~ temperature Erstarrungstemperatur f
~ time Erstarrungszeit f
solidify/to 1. erstarren, sich verfestigen; 2.
(Pulv) verdichten
solids content Feststoffgehalt m, Feststoffanteil m
~ transport Feststofftransport m
solidus [curve] Soliduslinie f
~ isotherm Solidusisotherme f
~ line Soliduslinie f
~ surface Solidusfläche f
solubility Löslichkeit f
~ limit Löslichkeitsgrenze f, Löslichkeitslinie f
~ limitation Löslichkeitsbegrenzung f
~ product Löslichkeitsprodukt n
~ surface Löslichkeitsfläche f
soluble löslich
~ anode lösliche Anode f
~ glass Wasserglas n *(Mörtelzusatz für
feuerfeste Ofenzustellung)*
~ salt lösliches Salz n
solute gelöster Stoff m
~ composition Lösungszusammensetzung
f
~ element gelöstes Element n
~ segregation Mischkristallseigerung f
Solutier process Solutier-Verfahren n
solution Lösung f
~ anneal Lösungsglühen n, Lösungsglühbehandlung f
~ annealing temperature Lösungsglüh-
temperatur f
~ behaviour Lösungsverhalten n
~ equilibrium Lösungsgleichgewicht n
~ heat treatment s. ~ anneal
~ loss Lösungsverlust m

~ **mechanism** Auflösungsmechanismus *m*
~ **method** Lösungsmethode *f*
~ **mining** Untertagelaugung *f*
~ **rate** Auflösungsgeschwindigkeit *f (eines Lösungs- oder Ätzmittels)*
~ **treatment** s. ~ anneal
~ **zone** Lösungszone *f*
solutioning range Lösungsbereich *m*
solutionize/to lösungsglühen
solutionizing treatment Lösungsglühen *n*, Lösungsglühbehandlung *f*
solvation energy Solvatationsenergie *f*
solve/to [auf]lösen
solvent 1. Lösungsmittel *n*; 2. Lösungsmittelbad *n*; 3. *(Wkst)* Wirtsgitter *n*
~ **extraction** Lösungsmittelextraktion *f*, Flüssig-Flüssig-Extraktion *f*
~**-in-pulp [extraction]** Lösungsmittelextraktion *f* aus Trüben, Flüssig-Flüssig-Extraktion *f* in Trüben
~ **recovery** Lösungsmittelrückgewinnung *f*
solvus [line] Löslichkeitskurve *f*, Löslichkeitslinie *f*
sonic speed Schallgeschwindigkeit *f*
~ **test** Klangprobe *f*
~ **welding** Schallschweißen *n*
~ **welding joint** Schallschweißverbindung *f*
soot 1. Ruß *m;* 2. Stupp *f (Hg-Kondensationsprodukt)*
sooting Rußbildung *f*, Verrußung *f*
sooty rußig, rußhaltig
sorb/to sorbieren
sorbent Sorbens *n*, Sorptionsmittel *n*
sorbite Sorbit *m*
sorbitic cast iron sorbitisches Gußeisen *n*
sorbitizing Sorbitisieren *n*, Sorbitisierung *f*
~ **temperature** Sorbitisierungstemperatur *f*
sorption 1. Sorption *f*, Sorbieren *n*; 2. Ionenaustausch *m*
sort/to sortieren; auslesen, aussondern
~ **out** aussortieren, aussondern
sort of powder Pulversorte *f*, Pulverqualität *f*
sorter Sortierer *m*
sorting Sortieren *n*, Sortierung *f*
~ **bed** *(Umf)* Sortierbett *n*, Kaltbett *n*
~ **by hand** Handsortierung *f*
~ **conveyor** Sortierstrecke *f*, Sortierband *n*
~ **installation** Sortieranlage *f*
~ **of scrap** Schrottsortieren *n*
~**-out** Aussortierung *f*, Aussonderung *f*
~ **place** Sortierplatz *m*
~ **rotary table** Sortierdrehtisch *m*
~ **table** Sortiertisch *m*
sound gesund, fehlerfrei
sound Schall *m*
~ **absorbing hood** Schallschutzhaube *f*
~ **absorbing wall** Schallschutzwand *f*
~ **attenuation** Schallschwächung *f*
~ **beam** Schallbündel *n*
~ **beam cross section** Schallbündelquerschnitt *m*

~ **beam dimension** Schallbündelabmessung *f*
~ **beam profile** Schallbündelprofil *n*
~ **deadening** Schalldämmung *f*
~ **energy** Schallenergie *f*
~ **field** Schallfeld *n*
~**-field-corrected** schallfeldkorrigiert
~ **field distribution** Schallfeldverteilung *f*, Schalldruckverteilung *f*
~ **field scanning** Schallfeldabtastung *f*
~ **field structure** Schallfeldausbildung *f*
~ **generation** Schallerzeugung *f*
~ **immission** Schallimmission *f*
~ **insulation** Schalldämpfung *f*, Schallisolation *f*
~ **level** Schallpegel *m*
~ **path** Schallweg *m*
~ **power** Schalleistung *f*
~ **pressure level** Schalldruckpegel *m*
~ **propagation** Schallausbreitung *f*
~ **propagation law** Schallausbreitungsgesetz *n*
~**-protected cabin** Schallschutzkabine *f*
~ **reception** Schallempfang *m*
~ **source** Schallquelle *f*
~ **transmission** Schallübergang *m*
soundness Fehlerlosigkeit *f*, Fehlerfreiheit *f*
soundproof schalldicht
~ **wall** Lärmschutzwand *f*
source 1. Ausgangsstoff *m*, Rohstoff *m*; 2. Quelle *f*
~ **activity** Quellenaktivität *f*
~ **of error** Fehlerquelle *f*
~ **of gamma rays** Strahler *m* der Gammaprüfung
~ **of scattering** Streuquelle *f*
~ **of supply** Bezugsquelle *f*, Lieferquelle *f*
~ **shortening** Quellenverkürzung *f*
~**-shortening stress** Quellenverkürzungsspannung *f*
sow 1. Ofensau *f*, Ofenbär *m*, Bodensau *f*; 2. Masselgrabeneisen *n*, Schaleneisen *n*; 3. Masselgraben *m*
~ **channel** Masselgraben *m*
~ **iron** Masselgrabeneisen *n*, Schaleneisen *n*
space Raum *m*; Zwischenraum *m*, Abstand *m*
~**-filling principle** Raumerfüllungsprinzip *n (Gitter)*
~ **filter** Raumfilter *n*
~ **group** *(Krist)* Raumgruppe *f*
~ **group symmetry** *(Krist)* Raumgruppensymmetrie *f*
~ **heating** Raumtemperierung *f*
~ **lattice** *(Krist)* Raumgitter *n*
~ **lattice interference** Raumgitterinterferenz *f*
~ **occupied** belegter (benötigter) Raum *m*
~ **quantization** Richtungsquantelung *f*
~ **requirement** Platzbedarf *m (Anlagenprojektierung)*

~ **vector** Raumvektor *m*

spacer Distanzstück *n*, Zwischenstück *n*, Abstandhalter *m*, Beilage *f*, Distanzscheibe *f*

spacing Distanz *f*, Abstand *m*, Zwischenraum *m*

~ **accuracy** Abstandsgenauigkeit *f*

~ **measurement** Abstandsmessung *f*

~ **of ribs** Rippenabstand *m*

spaddle Spachtelfarbe *f (Grundierung von Gußstücken)*

spall/to abspalten, abplatzen *(von feuerfesten Steinen)*; abblättern; abbröckeln; abreißen *(Formteil)*; ausbrechen *(z. B. Schichten)*

spalling 1. Abspaltung *f*; Abplatzen *n (von feuerfesten Steinen)*; Abblättern *n*; Abbröckeln *n*; Abriß *m (Formteil)*; Ausbruch *m (z. B. von Schichten)*; 2. Abblätterungen *fpl*

~ **test** Abplatztest *m (Temperaturwechselbeständigkeitsprüfung)*

span Spannweite *f*, Bogenweite *f*

~ **length** Spannweite *f*

~ **of roof** Gewölbespannweite *f*

~ **rope** Abspannseil *n*, Spannseil *n*

~ **width** Meßbereichsumfang *m*

~ **wire** Abspanndraht *m*, Spanndraht *m*

spangle Flitter *m*

spar Spat *m*

spare armature Ersatzarmatur *f*

~ **equipment** Ersatzausrüstung *f*

~ **motor** Ersatzmotor *m*

~ **part** Ersatzteil *n*, Ersatzstück *n*, Reserveteil *n*

~ **parts storage** Ersatzteillager *n*

~ **stand** Wechselgerüst *n*, Ersatzgerüst *n* *(Walzen)*

spark Funken *m*

~ **arrester** Funkenkammer *f (Kupolofen)*

~ **contact face** Kontaktzündfläche *f*

~ **discharge** Funkenentladung *f*

~ **eroding** Abfunken *n*

~ **eroding machine** Abfunkmaschine *f*

~ **erosion** Funkenerosion *f*

~-**erosion cutting** elektroerosives Sägen *n*

~-**erosion machine** Funkenerosionsmaschine *f*

~-**erosion plant** Funkenerosionsanlage *f*

~ **gap** 1. Funkenstrecke *f*; 2. Elektrodenabstand *m*

~ **igniter** Funkenzünder *m*

~ **ignition** elektrische Zündung *f*, Zündung *f* durch Funken

~ **plug electrode** Zündkerzenelektrode *f*

~ **pressing** *(Pulv)* Funkenpressen *n*

~ **recorder** Funkenschreiber *m*

~ **screen** Funkenfänger *m*

~ **test** Funkenprüfung *f*, Funkenprobe *f*

sparking Funkenbildung *f*

sparkling [kleiner] Lichtbogenüberschlag *m*

spatial distribution Sehnenlängenverteilung *f*

~ **structure** räumliche Struktur *f*

spatic iron *(Min)* Spateisenstein *m*, Eisenspat *m*, Siderit *m*

special box *(Gieß)* Spezialformkasten *m*, Konturformkasten *m*

~ **brick** Spezialstein *m*, Sonderstein *m*, Formstein *m*

~ **bronze** Sonderbronze *f*

~ **car for steel works** Hüttenwerksspezialfahrzeug *n*, Stahlwerksspezialfahrzeug *n*

~ **carbide** Sonderkarbid *n*

~ **cast iron** Sondergußeisen *n*

~ **design** Spezialausführung *f*, Sonderausführung *f*

~ **forging part** Sonderschmiedestück *n*

~ **furnace** Spezialofen *m*

~ **piece** Spezialstück *n*, Fassonstück *n*

~ **procedure (process)** Sonderverfahren *n*

~ **profile** Spezialprofil *n*, Sonderprofil *n* *(Walzen)*

~ **reagent** Spezialätzmittel *n*

~ **rolling mill** Sonderwalzwerk *n*

~ **rolling section** Sonderwalzprofil *n*

~ **section tube** Profilrohr *n*

~ **shape** Spezialprofil *n*, Sonderprofil *n*

~ **steel** Sonderstahl *m*; Edelstahl *m*

~ **steel casting** Sonderstahlguß *m*; Edelstahlguß *m*

~ **tool** Sonderwerkzeug *n*

~ **tube** Spezialrohr *n*

~ **type** Spezialausführung *f*, Sonderausführung *f*

~ **vehicle** Spezialfahrzeug *n*; Einzweckfahrzeug *n*

~ **wire** Spezialdraht *m*, Sonderdraht *m*

specialist repetition foundry Gießerei *f* für Handels- und Bauguß

specially killed steel besonders beruhigter Stahl *m*

specials Sondererzeugnisse *npl*; Rohrformstücke *npl*

specialty foundry Gießerei *f* für Handels- und Bauguß

specific density Dichte *f*

~ **edge energy of nucleus** spezifische Keimrandenergie *f*

~ **electrical resistance** spezifischer elektrischer Widerstand *m*

~ **electrical resistivity ratio** spezifisches elektrisches Widerstandsverhältnis *n*

~ **energy** spezifische Energie *f*

~ **energy consumption** spezifischer Energieverbrauch *m*

~ **energy efficiency** bezogener Arbeitswirkungsgrad *m*

~ **fuel consumption** spezifischer Brennstoffverbrauch *m*

~ **furnace capacity** 1. spezifische Ofenleistung *f*; 2. Herdflächenleistung *f*

~ **gravity** spezifisches Gewicht *n*

~ **heat** spezifische Wärme f
~ **heat consumption** spezifischer Wärme-verbrauch m
~ **interfacial state function** spezifische Grenzflächenzustandsfunktion f
~ **line length** spezifische Linienlänge f
~ **perimeter** spezifischer Umfang m
~ **power consumption** spezifischer Energieverbrauch m
~ **regeneration cost** spezifische Regenerierungskosten pl
~ **resistivity** spezifischer Widerstand m
~ **screening throughput** spezifischer Siebdurchsatz m
~ **surface** spezifische Oberfläche f
~ **surface area** spezifische Oberfläche f
~ **surface of sand grains** spezifische Kornoberfläche f (Sand)
~ **volume** spezifisches Volumen n
~ **weight** Wichte f, spezifisches Gewicht n
~ **work of deformation** spezifische Umformarbeit (Formänderungsarbeit) f, Arbeitsdichte f der Umformung
specification test Abnahmeprüfung f
specified length Fixlänge f
~ **shape** Sollform f
specimen Probe f, Probestab m; Probestück n; Probekörper m (s. a. unter sample)
~ **analysis** Probenanalyse f
~ **axis** Probenachse f
~ **carrier** Probenträger m
~ **chamber** Probenkammer f
~ **chamber cooling** Probenraumkühlung f
~ **condition** Probenzustand m
~ **current amplifier** Probenstromverstärker m
~ **current image** Probenstrombild n
~ **diameter** Probendurchmesser m
~ **drift** Probendrift f
~ **geometry** Probengeometrie f
~ **grid** Objektnetz n
~ **gripping end** Probeneinspannende n
~ **handling** Probenhandhabung f
~ **holder** Probenhalter m
~ **lock** Probenschleuse f
~ **of powder** Pulverprobe f
~ **of powder rolling process** Pulverwalzprobe f
~ **position** Probenlage f (Schweißen)
~ **preparation** Probenvorbereitung f, Probenpräparation f
~ **proportional to the standard** Proportionalstab m für Zugprüfung
~ **rotation** Probenrotation f, Probendrehung f
~ **scanning** Probenscanning n, Probenabrasterung f
~ **shape** Probenform f
~ **stage** Probentisch m, Objekthalter m
~ **support grid** Objektträgernetz n
~ **surface** Probenoberfläche f

~ **tilt angle** Probenkippwinkel m
~ **tilting cartridge** Objektkippatrone f
~ **transport** Probentransport m
~ **traverse** Probenverschiebung f
speckle Flecken m
spectral analysis Spektralanalyse f
~ **colour** Spektralfarbe f
~ **photometer** Spektralfotometer n
~ **range** Spektralbereich m
~ **reflectivity** spektrales Reflexionsvermögen n
~ **region** Spektralbereich m
~ **separation** Spektrenentflechtung f, Spektrentrennung f
spectrograph Spektrograf m
spectrographic analysis Spektralanalyse f
spectrometer Spektrometer n
~ **attachment** Spektrometerzusatz m
~ **system** Spektrometeranordnung f
spectrum of electromagnetic waves Wellenspektrum n
~ **of particle sizes** Teilchengrößenspektrum n
~ **position** Spektrumlage f
~ **pyrometer** Spektralpyrometer n
specular iron ore Eisenglanz m, Glanzeisenerz n
~ **pig iron** Spiegeleisen n
speed Geschwindigkeit f, Tempo n
~ **control** Geschwindigkeitsregelung f; Geschwindigkeitssteuerung f
~ **counter** Drehzahlmesser m, Geschwindigkeitsmesser m
~ **gauge** Geschwindigkeitsanzeigegerät n
~ **of entering velocity** Eintrittsgeschwindigkeit f
~ **of fall** Fallgeschwindigkeit f
~ **of ions** Ionenwanderungsgeschwindigkeit f
~ **of load application** Belastungsgeschwindigkeit f
~ **of movement** Bewegungsgeschwindigkeit f
~ **of operation** Arbeitsgeschwindigkeit f (eines Geräts)
~ **of reaction** Reaktionsgeschwindigkeit f
~ **of rolling** Walzgeschwindigkeit f
~ **of solidification** Erstarrungsgeschwindigkeit f
~ **of testing** Versuchsgeschwindigkeit f
~ **of travel** Ofendurchlaufzeit f (Verweilzeit)
~ **range** Geschwindigkeitsbereich m; Drehzahlbereich m
~ **regulation** Geschwindigkeitsregulierung f
~-**up system** Beschleunigungssystem n, Geschwindigkeitserhöhung f (z. B. beim Walzen)
speedy coiler (Umf) Schnellwickler m
speise Speise f (arsenidisches Schmelzprodukt)

speiss *s.* speise
spelter Rohzink *n*
spent acid gebrauchte (verbrauchte) Säure *f*
~ **anode** Anodenrest *m*
~ **cathode lining** verbrauchte Katodenauskleidung *f*
~ **electrolyte** verbrauchter Elektrolyt *m*, Endelektrolyt *m*
~ **liquor** verbrauchte Lösung *f*, Ablauge *f*
~ **pickle liquor** verbrauchte Beize *f*, Abbeize *f*
~ **solution** verbrauchte Lösung *f*
spew Spucken *n (Gasausbrüche bei erstarrenden Schmelzen)*
sphalerite *(Min)* Sphalerit *m*, Zinkblende *f*
sphere diameter Kugeldurchmesser *m*
~ **grain size** Kugelkorngröße *f*
~ **of action** Einwirkungsbereich *m*
~ **of reflection** Ewaldsche Ausbreitungskugel *f*
~ **packing** *(Krist)* Kugelpackung *f*
spherical kugelig, kugelförmig; sphärisch
~ **aberration** sphärische Aberration *f*, sphärischer Linsenfehler *m*
~ **feeder** Kugelspeiser *m*
~ **indentation** *(Wkst)* Kalotte *f*, Kugeleindruck *m*
~ **particle** Teilchen *n* mit kugelförmiger Gestalt, kugeliges Teilchen *n*, Kugelteilchen *n*
~ **particle size** Kugelteilchengröße *f*, Größe *f* von kugeligen Pulverteilchen
~ **powder** kugeliges Pulver *n*
~ **projection** *(Krist)* Kugelprojektion *f*
~ **riser** *(Gieß)* Kugelspeiser *m*
~ **shape** kugelige Form *f*
~ **stress tensor** Kugelspannungstensor *m*
~ **triangle** sphärisches Dreieck *n*
~ **wave** Kugelwelle *f*
spheroid Kügelchen *n*, kleine Kugel *f*
spheroidal kugelig, kugelförmig
~ **cast iron roll** Kugelgraphiteisenwalze *f*
~ **cementite** kugeliger Zementit *m*
~ **graphite** Kugelgraphit *m*
~ **[graphite cast] iron** Gußeisen *n* mit Kugelgraphit, sphärolithisches Gußeisen *n*, GGG *n*,
~ **powder** kugeliges Pulver *n*
spheroidite kugeliger Zementit *m*
spheroidization 1. Sphäroidisierung *f*, Bildung *f* räumlicher Körper (Teilchen); 2. sphäroidisierendes Glühen *n*, Weichglühen *n*, Einformen *n* von Eisenkarbid
spheroidize/to sphäroidisierend glühen, weichglühen, [Eisenkarbid] einformen
spheroidized carbide eingeformtes Karbid *n*, koagulierter Zementit *m*
~ **cementite** kugeliger Zementit *m*
~ **pearlite** körniger Perlit *m*
~ **steel** weichgeglühter Stahl *m*
~ **structure** kugelförmige Struktur *f (Gestalt)*

spheroidizing 1. Sphäroidisierung *f*, Zusammenballung *f*; 2. sphäroidisierendes Glühen *n*, Weichglühen *n*, Einformen *n* von Eisenkarbid
~ **heat treatment** Weichglühbehandlung *f*
spherulite Sphärolith *m*
~ **seed** Sphärolithkeim *m*
spherulitic cast iron Gußeisen *n* mit Kugelgraphit, sphärolithisches Gußeisen *n*, GGG *n*
~ **graphite** Kugelgraphit *m*
spider 1. Königsstein *m*; 2. Radstern *m*; Speichenkreuz *n*, Kreuzgelenkstück *n*, Tragkreuz *n*
~ **die** Tragkreuzmatrize *f*, Spiderwerkzeug *n*, Kreuzdornmatrize *f*
spiegel [iron] Spiegeleisen *n (6–30 % Mn)*
spike Schienennagel *m*; langer Nagel (Stift) *m*
~ **disintegrator** *(Gieß)* Stiftenkorbschleuder *f*
spill/to verspritzen
spillage sand *(Gieß)* Haufensand *m*, Altsand *m*
spin/to *(Umf)* drücken, treiben, durch Drücken umformen
spin Spin *m*, Eigendrehimpuls *m*
~ **alignment** Spinanordnung *f*
~ **compensation** Spinkompensation *f*
~ **disorder** Spinunordnung *f*
~ **dust collector** Drallabscheider *m*
~ **forging** *(Umf)* Treibschmieden *n*, Drückformen *n*
~ **moment** Spinmoment *n*
~ **orientation** Spinorientierung *f*
~ **pair** Spinpaarung *f*
~ **polarization** Spinpolarisation *f*
~ **quantum number** Spinquantenzahl *f*
~ **rotation** Spindrehung *f*
~ **wave theory** Spinwellentheorie *f*
spindle Spindel *f*
~ **bearing** Spindellager *n*
~ **bracket** Stützlager *n*
~ **carrier** Spindelstuhl *m*, Spindelträger *m*
~ **core** *(Gieß)* Spindelkern *m*, Kernspindel *f*
~ **coupling** Spindelkupplung *f*
~ **head** Spindelkopf *m*
~ **motor** Spindelmotor *m*
~ **nut** Spindelmutter *f*, Druckschraubenmutter *f*
~ **torque** Spindelmoment *n*
spinel *(Min)* Spinell *m*
~ **refractory** *(Ff)* Spinellerzeugnis *n*
spinning *(Umf)* Drücken *n*, Projizierdrücken *n*
~ **bush** Drückfutter *n*
~ **disk** Drückscheibe *f*
~ **lathe** Treibumformmaschine *f*, Treibformungsbank *f*, Drückumformmaschine *f*, Projizierdrückbank *f*
~ **roll** Drückwalze *f*
~ **roller** Drückrolle *f*

spinodal curve Spinodale *f*
~ **decomposition** spinodale Entmischung *f*
~ **point** spinodaler Punkt *m*
spiral chute Wendelrutsche *f*
~ **conveyor** Schneckenförderer *m*, Transportschnecke *f*, Schneckentransportrinne *f*
~ **conveyor cooling bed** *(Umf)* Schraubenkühlbett *n*
~ **dislocation** *(Krist)* Spiralversetzung *f*
~ **drill rolling mill** Spiralbohrerwalzwerk *n*
~ **mechanism** *(Krist)* Spiralmechanismus *m*
~ **pipe** Spiralrohr *n*
~ **pipe mill** Spiralrohrschweißanlage *f*
~ **seam pipe (tube)** spiralnahtgeschweißtes Rohr *n*, Spiralnahtrohr *n*
~ **spring** Schraubenfeder *f*, Spiralfeder *f*
~ **test** *(Gieß)* Prüfung *f* mit der Gießspirale, Prüfung *f* auf Vergießbarkeit, Fließvermögenprüfung *f*
~ **tube** Spiralrohr *n*
~ **tube welding plant** Spiralrohrschweißanlage *f*
~ **wire** Spiraldraht *m*, Drahtspirale *f*
spirit 1. Alkohol *m*, Spiritus *m*; 2. Benzin *n*
~ **solvent** Spirituslösung *f*; alkoholisches Lösungsmittel *n*
spittings feinkörniger Auswurf *m* *(eines Konverters)*
splash Metallspritzer *m*
~ **cooling** Spritzkühlung *f*
~ **core** *(Gieß)* Aufschlagkern *m*, Prallkern *m*, Prallplatte *f*
~ **mechanism** Spritzmechanismus *m*
splice/to [an]spleißen
splice Spleißstelle *f*, Spleiß *m*
~ **plate** Stoßblech *n* *(den Stoß überlappend)*
splicing Spleißen *n*, Verflechten *n* von Drahtseilen
spline Keilnut *f*, Federnut *f*
splined pin Kerbstift *m*
splinter 1. Splitt *m*; 2. Splitter *m*, Span *m*
~ **-shaped grain** *(Gieß)* splittriges Sandkorn *n*
splintering Splitterbildung *f*, Absplittern *n*
split/to brechen
~ **away** abplatzen, abspalten, absplittern, abspringen
~ **off** abspalten, absplittern
split geteilt
split 1. Sprung *m*; 2. Abgesprungenes *n*; Plättchen *n* *(Feuerfestformstein)*
~ **bearing** geteiltes Lager *n*
~ **coil** geteilte Spule *f* *(Induktionsofen)*
~ **coke** Zwischenkoks *m* *(Kupolofen)*
~ **die** 1. *(Pulv)* geteilte Matrize *f*, geteiltes Preßwerkzeug *n*; 2. *(Umf)* geteilte Matrize *f*, geteiltes Gesenk *n*
~ **feed** geteilter Einguß *m* in der Formteilung *(Druckguß)*

~ **gate** geteilter Anschnitt *m* in der Formteilung *(Druckguß)*
~ **ingot** längsgeteilter Gußblock *m*
~ **open-ended core box** *(Gieß)* offener Kernkasten *m* mit losen Teilen
~ **pattern** *(Gieß)* geteiltes (zweiteiliges) Modell *n*
~ **pin** Schlitzstift *m*
~ **punch** *(Pulv)* unterteilter Stempel *m*, geteilter Preßstempel *m*
~ **sample** geteilte Probe *f*
~ **sieve** Spaltsieb *n*
~ **tube** Schlitzrohr *n*
~ **tube nozzle** Schlitzrohrdüse *f*
splitting Brechen *n*; Aufspalten *n*, Teilen *n*, Längsspalten *n*
~ **limit** Teilungsgrenze *f* *(bei Paralleluntersuchungen zur Probenahme)*
~ **machine** Spaltanlage *f*, Spaltvorrichtung *f*
~ **of dislocations** Aufspaltung *f* der Versetzungen
~ **strength** Spaltfestigkeit *f*
~-**up** Aufspaltung *f* *(des Kristalls in leicht desorientierte „Blöcke" oder von Versetzungen)*
spluttering of the arc Sprühen *n* des Lichtbogens
SPM = Sumitomo Prereduction Method
spodumene *(Min)* Spodumen *m*
spoke of wire wheel Drahtspeiche *f*
~ **wire** Speichendraht *m*
sponge Schwamm *m*
~ **iron** Eisenschwamm *m*
~-**iron charge** Eisenschwammeinsatz *m*
~-**iron cooling** Eisenschwammkühlung *f*
~-**iron heat** Eisenschwammschmelze *f*
~-**iron powder** Eisenschwammpulver *n*
~-**iron production** Eisenschwammproduktion *f*, Eisenschwammerzeugung *f*
~-**iron surface** Eisenschwammoberfläche *f*
~ **matrix** *(Pulv)* Schwammstruktur *f*
~ **powder** *(Pulv)* Schwammpulver *n*
~ **steel** Stahlschwamm *m*
~ **titanium** Titanschwamm *m*
~ **zirconium** Zirkoniumschwamm *m*
sponginess Schwammigkeit *f*, poröse Beschaffenheit *f*, Porosität *f*
spongy schwammig, porös
~ **casting** schwammiges Gußstück *n*
~ **platinum** Platinschwamm *m*
~ **solidification** schwammartige Erstarrung *f*
spontaneous disintegration spontaner Selbstzerfall *m* *(einer kalziumdisilikathaltigen Schlacke)*
~ **ignition** Selbstentzündung *f*
~ **sintering** spontanes Sintern *n*
spool/to [auf]spulen, aufwickeln
spool Spule *f*; Rolle *f*
spooler Spulmaschine *f*, Spulapparat *m*, Spuler *m*

spooling Spulen *n*
spoon Probenlöffel *m*, Gießlöffel *m*
~ **test specimen** Löffelprobe *f*
~ **tool** Polierlöffel *m*
spot Fleck *m*, Stelle *f*; Punkt *m*, Schwärzungspunkt *m*, Reflex *m*; Schmutzfleck *m*
~ **dimension** Reflexabmessung *f*
~-**face/to** ansenken
~-**facer** Ansenkwerkzeug *n*
~-**facing** Ansenkung *f*
~-**facing cutter (tool)** Ansenkwerkzeug *n*
~ **pattern** Punktmuster *n (im Beugungsdiagramm)*
~ **scarfing** örtliches Flämmen (Putzen) *n*
~ **test** *(Korr)* Tüpfelprobe *f*
~ **test method** *(Korr)* Tüpfelverfahren *n*
~ **weld** Punktschweißverbindung *f*, Schweißlinse *f*
~-**weld/to** anpunkten
~-**welded** punktgeschweißt
~-**welded joint** Punktschweißverbindung *f*
~ **welder** Punktschweißmaschine *f*
~ **welding** Punktschweißen *n*
~-**welding electrode** Punktschweißelektrode *f*
spotting point Bezugslinie *f*
spout Abstichrinne *f*, Gießschnauze *f*, Ausguß *m*, Auslauf *m*
spouted bed Sprudelwirbelschicht *f*
~ **bed technique** Sprudelwirbelschichttechnik *f*
sprag/to *(Gieß)* Formerstifte stecken
spray/to zerstäuben, versprühen, [auf]sprühen
~ **on** aufspritzen
spray chamber Sprühkammer *f*
~ **characteristic** Sprühcharakteristik *f*
~ **coating** Spritzen *n*, Spritzbeschichten *n*; Aufspritzung *f*, Spritzüberzug *m*, Spritzschicht *f*
~ **cooling** Spritzkühlung *f*, Sprühkühlung *f*, Nebelkühlung *f (mit einer fein zerstäubten Flüssigkeit)*
~ **cooling installation** Sprühkühlanlage *f*
~ **diffuser** Sprühdüse *f*, Zerstäuberdüse *f*, Spritzdüse *f*
~ **drying** Sprühtrocknung *f*
~ **forging process** Sprühschmiedeprozeß *m*, Spritzschmiedeverfahren *n (Formteilherstellung durch Metallversprühen in Gesenke und Schmieden)*
~ **gun** Spritzpistole *f*; Spritzkanne *f*, Sprühkanne *f*; Zerstäuber *m*; Ablaßhahn *m*
~ **installation for protection against corrosion** Korrosionsschutzmittel-Sprühanlage *f*
~ **jet scrubber** Sprühdüsenwascher *m*
~ **metallizing** Metallspritzen *n*, Spritzmetallisieren *n*, Schoopisieren *n*
~ **nozzle** Sprühdüse *f*, Streudüse *f*
~ **nozzle scrubber** Sprühdüsenwascher *m*

~ **of castings** Gießtraube *f*
~ **quenching** Sprühhärtung *f*, Sprühabschrecken *n*, Sprühvergütung *f*
~ **rolling** *(Pulv)* Sprühwalzen *n*
~ **steelmaking** *(Stahlh)* Sprühfrischen *n*, Sprühfrischverfahren *n*
~ **test** *(Korr)* Sprühversuch *m*
~ **tower** Sprühturm *m*
~ **transfer** sprühregenartiger Werkstoffübergang *m*
~-**type arc** Sprühlichtbogen *m (Schweißen)*
~ **unit** Sprüheinrichtung *f*
~-**up technique** Aufsprühmethode *f*
~ **water requirement** Spritzwasserbedarf *m*
~ **with powder water** Druckwasserverdüsung *f*
~ **with pressure** Druckluftverdüsung *f*
sprayed metal coating *(Korr)* Spritzmetallschutzschicht *f*
spraying Sprühen *n*, Besprühen *n*, Spritzen *n*, Bespritzen *n*
~ **agent** Sprühmittel *n*; Anspritzmittel *n*
~ **compound for furnace lining** Spritzmasse *f* zum Auskleiden des Ofens
~ **dust** Sprühstaub *m*, Strahlstaub *m*
~ **machine** Spritzmaschine *f*
~ **medium** Sprühmittel *n*, Strahlmittel *n*
~ **mixture** Spritzmasse *f*
~ **oil** *(Gieß)* Ansprühöl *n*, Anblasöl *n*
~-**on** Aufspritzen *n*
~ **powder** Spritzpulver *m*, Strahlstaub *m (für Flammspritzen)*
~ **sand** Strahlsand *m*
~ **system** Sprühvorrichtung *f*, Zerstäubungsvorrichtung *f*
~ **varnish** Anspritzlack *m*
spread/to 1. *(Umf)* [aus]breiten, verbreitern; 2. spreiten *(Oberflächenfilm bilden)*; 3. streuen
spread 1. *(Umf)* Ausbreiten *n*, Breitung *f*, Breitenänderung *f*; 2. Spannweite *f*; 3. Streubereich *m*, Streubreite *f*
~ **charge of coke** Zwischenkokssatz *m*
~ **value** Ausbreitmaß *n*
spreader Spreizvorrichtung *f*, Expansionsvorrichtung *f*
~ **plow** Haldenplaniermaschine *f*
spreading 1. *(Umf)* Breiten *n*; 2. Spreitung *f*; 3. Ausbreitung *f*; Streuung *f*
~ **behaviour** Ausbreitungsverhalten *n (von Lotwerkstoffen)*
~ **coefficient** Breitungskoeffizient *m*
sprig 1. Winkelstein *m*; 2. Winkelstift *m (Formstift)*
spring aleak/to leck werden, undicht werden
~ **away** abfedern
~ **open with** auffedern
spring 1. Feder *f*; 2. Sprung *m (Walzen)*
~ **alloy** Federlegierung *f*
~ **balancing device** Federnmassenausgleich *m*

~ **band** Feder[stahl]band *n*
~ **blade** Federblatt *n*
~ **clamp** Federeinspannvorrichtung *f*
~ **coiling machine** Federwindemaschine *f*
~ **constant** Federkonstante *f*
~ **cushion** Federkissen *n*
~ **deflection** Federdurchbiegung *f*, Feder- weg *m*
~ **eye** Federauge *n*
~ **hammer** Federhammer *m*
~ **hanger** Federgehänge *n*, Federaufhän- gung *f*
~ **leaf** Federblatt *n*
~-**loaded** federbelastet
~ **plate** Federblatt *n*, Federplatte *f*, Feder- scheibe *f*
~ **pressure** Federdruck *m*
~ **ring** Sprengring *m*
~ **steel** Federstahl *m*
~ **steel wire** Federstahldraht *m*
~ **structure** Federstruktur *f*
~ **tension** Federspannung *f*
~ **testing machine** Federnprüfmaschine *f*
~ **valve** Federventil *n*
~ **washer** Federring *m*, federnde Unterleg- scheibe *f*
~ **winder** Schraubenfederwickelmaschine *f*
~ **wire** Federdraht *m*
springback Rückfederung *f*
springer Widerlagerstein *m*
springing-away Abfedern *n*
~ **of stand** Gerüstauffederung *f*, Walzen- sprung *m*
sprinkle/to bespritzen, besprühen, benet- zen
sprout/to spratzen *(Silberschmelze)*
sprue *(Gieß)* Einguß *m*, Einlauf *m*
~ **base** Eingußfuß *m*
~ **bush** Eingußbuchse *f*
~ **cross section** Einlaufquerschnitt *m*
~ **cup** Eingußtrichter *m*
~ **cutter** Eingußschneider *m*
~ **pin** Verteilerzapfen *m (Druckguß)*
~ **puller pin** Angußauswerfer *m (Druckguß)*
~-**runner-gate area ratio** *(Gieß)* Anschnitt- verhältnis *n*
spruing *(Gieß)* Abschlagen *n* der Eingüsse
sprung arch Stützgewölbe *n*, Gewölbebo- gen *m (Ofenbau)*
spun iron pipe Schleudergußrohr *n*
spur gear rolling Stirnradwalzen *n*, Zahn- radwalzen *n*, Walzen *n* von Stirnrädern
spurious echo Störecho *n*
~ **reading** falsche Anzeige *f*, Scheinanzeige *f*
sputter/to 1. spritzen, sprühen; spratzen; 2. aufspritzen, spritzmetallisieren
sputtering 1. Bedampfung *f (Aufbringen dünner Schichten)*; 2. Zerstäubung *f* in einer Lichtbogenstrecke; 3. Katodenzer- stäubung *f*
~ **apparatus** Katodenzerstäubungsanlage *f*

spyhole Schauloch *n (Schachtofen)*
square/to rechtwinklig abschneiden
square 1. quadratisch; 2. winkelrecht, rechtwinklig; 3. vierkantig
square 1. Quadrat *n*; 2. Vierkant *m*; 3. *(Ff)* Normalstein *m*
~ **bar** Vierkantstab *m*
~ **bar steel** Vierkantstahl *m*, Quadratstahl *m*
~ **billet** Vierkantknüppel *m*
~ **bloom** vorgewalzter Vierkantblock *m*
~-**edged** scharfkantig
~ **forging** Vierkantschmieden *n*
~ **groove** s. ~ pass
~ **head** Vierkantkopf *m*
~ **head bolt** Vierkantkopfschraube *f*
~ **hole** Vierkantloch *n*
~ **ingot** Vierkantblock *m*, Quadratblock *m*
~ **ingot teeming** Blockguß *m*
~ **mould** quadratische Kokille *f*
~-**nosed trowel** *(Gieß)* Polierschaufel *f* mit geradem Blatt
~-**oval pass** Quadrat-Oval-Kaliber *n*, Qua- drat-Oval-Stich *m (Walzen)*
~-**oval sequence** Quadrat-Oval-Reihe *f*
~ **pass** Quadratkaliber *n*, Quadratstich *m (Walzen)*
~ **roughing pass** Quadratvorkaliber *n*
~ **shaft** Vierkantwelle *f*
~ **steel bar** Vierkantstahl *m*
~ **thread** Flachgewinde *n*, flachgängiges Gewinde *n*
~ **tube** Vierkantrohr *n*
~ **washer** Vierkantscheibe *f*
~ **wire** Vierkantdraht *m*
squaring shears Schopfschere *f*
squat-type furnace kleiner Ofen *m (nied- rig)*
squatting test *(Ff)* Erweichungsprobe *f*
squeegee roll Quetschrolle *f*, Druckrolle *f*
squeeze/to pressen, kneten, quetschen
~ **out** ausdrücken, ausquetschen
squeeze casting Preßgießen *n*, Flüssig- pressen *n*
~ **head** *(Gieß)* Preßhaupt *n*
~ **moulding machine** *(Gieß)* Preßformma- schine *f*
~ **pin-lift moulding machine** *(Gieß)* Stif- tenabhebepreßformmaschine *f*
~ **plate** *(Gieß)* Preßplatte *f*, Preßklotz *m*
~ **pointer** *(Umf)* Anspitzpresse *f*
squeezer *(Umf)* Quetsche *f*, Druckabstrei- fer *m*
squeezing 1. Nachdruck *m (Druckguß)*; 2. *(Pulv)* Verdichtung *f*
~ **action** 1. *(Gieß)* Herausquetschen *n*; 2. *(Umf)* Durcharbeiten *n*, Kneten *n*
~ **device** Preßeinrichtung *f*
~ **head** Preßhaupt *n*
~ **mechanism** Preßeinrichtung *f*
squirt/to spritzen
SS *s.* solid solution

St. Venant's stress-strain rate law Spannungs-Formänderungs-Geschwindigkeitsbeziehung *f* von St. Venant, Stoffgesetz *n* von St. Venant
stability 1. Stabilität *f*, Beständigkeit *f*; 2. Standfestigkeit *f*
~ **condition** Stabilitätsbedingung *f*, Stabilitätskriterium *n*
~ **in storage** Lagerfähigkeit *f*, Lagerstabilität *f*
~ **of shape** Formbeständigkeit *f*
stabilization anneal 1. Stabilisierungsglühen *n*, stabilisierendes Glühen *n*; 2. Spannungsarmglühen *n*
~ **process** Stabilisierungsprozeß *m*
~ **ratio** Stabilisierungsverhältnis *n*
stabilize/to 1. stabilisieren; 2. stabilisierend glühen
stabilized dolomite stabilisierter Dolomit *m*
~ **sinter** stabilisierter Sinter *m*
stabilizer Stabilisierungselement *n*, Stabilisator *m*
stabilizing additive Stabilisatorzusatz *m*
~ **anneal** *s.* stabilization anneal
~ **effect** Stabilisationswirkung *f*
~ **element** Stabilisierungselement *n*
~ **treatment** Stabilisierungsbehandlung *f*
stable arc ruhiger Lichtbogen *m*
~ **condition** Beharrungszustand *m*
~ **crack** stabiler Riß *m*
~ **system** stabiles System *n*
stack/to [auf]stapeln; aufschichten; schachteln
~ **boxes** Formkästen stapeln
~ **moulds** Formen stapeln
~ **well** *(Am)* sich leicht stapeln lassen
stack 1. Stapel *m*; 2. Esse *f*, Schornstein *m*; Abgasanlage *f*; 3. Schacht *m* *(Schachtofen)*
~ **annealing furnace** Stapelglühofen *m*, Ringglühofen *m*
~ **base** Schornsteinsockel *m*
~ **batter** Verjüngung *f* des Schachtes
~ **brickwork** Schachtmauerwerk *n*
~ **cooling** Schachtkühlung *f*
~ **damper** Rauchschieber *m*
~ **draught** Essenzug *m*
~ **flue** Essenfuchs *m*
~ **gas** Rauchgas *n*, Abgas *n*; Gas *n* in der Schachtzone
~ **hood** Kaminhaube *f*
~ **loss** Schornsteinverlust *m*
~ **moulding** *(Gieß)* Stapelguß *m*
~ **of sheets** Blechpaket *n*
~ **temperature** Schornsteintemperatur *f*
stacker Stapelvorrichtung *f*; Absetzer *m*
stacking 1. Stapeln *n*, Aufstapeln *n*; Aufhaltung *f (Schüttgutlagerung)*; 2. *(Krist)* Stapelung *f*
~ **crane** Stapelkran *m*
~ **device** Stapelvorrichtung *f*

~ **disorder** *(Krist)* Stapelfehlordnung *f*
~ **environment** *(Krist)* Stapelnachbarschaft *f*, Stapelumgebung *f*
~ **fault** *(Krist)* Stapelfehler *m*
~ **fault cluster** Stapelfehleranhäufung *f*
~ **fault density** Stapelfehlerdichte *f*
~ **fault energy** Stapelfehlerenergie *f*
~ **fault plane** Stapelfehlerebene *f*
~ **fault probability** Stapelfehlerwahrscheinlichkeit *f (Wahrscheinlichkeit der Bildung von Stapelfehlern)*
~ **fault ribbon** Stapelfehlerband *n*
~ **fault ribbon width** Stapelfehlerbandbreite *f*
~ **fault tetrahedron** Stapelfehlertetraeder *n*
~ **grate** Stapelrost *m*
~ **modulation** *(Krist)* Stapelveränderung *f*
~ **order** *(Krist)* Stapelordnung *f*
~ **position** *(Krist)* Stapellage *f*
~ **possibility** *(Krist)* Stapelmöglichkeit *f*
~ **rule** *(Krist)* Stapelregel *f*
~ **sequence** *(Krist)* Stapelfolge *f*
~ **shift** *(Krist)* Stapelverschiebung *f*
~ **shift density** Stapelverschiebungsdichte *f*
~ **shift structure** Stapelverschiebungsstruktur *f*
~ **structure** *(Krist)* Stapelstruktur *f*
~ **variant** *(Krist)* Stapelvariante *f*
stage 1. Stufe *f*, Stadium *n*; 2. Bereich *m*; 3. Tisch *m*, Objekttisch *m (Mikroskop)*
~ **control** Tischsteuerung *f*
~ **heating** Stufenerwärmung *f*
~ **micrometer** Tischmikrometerschraube *f*
~ **movement** Tischbewegung *f (bei z. B. einer automatischen Bildanalyse)*
~ **of operation** Arbeitsstufe *f*
~ **of oxidation** Oxydationsstufe *f*
~ **of recrystallization** Rekristallisationsstufe *f*, Rekristallisationsstadium *n*
~ **of reduction** Reduktionsstufe *f*
~ **of sliding** Gleitstadium *n*
~ **of tempering** Anlaßstufe *f*
~ **of the process** Verfahrensschritt *m*
~ **sintering** Stufensintern *n*
stagger/to 1. versetzt (gestaffelt) anordnen; 2. schwanken
staggered versetzt (zickzackförmig) angeordnet, gestaffelt
~ **mill** Zickzackwalzstraße *f*, gestaffelte Walzstraße *f*
~ **roll** Staffelwalze *f*
staggering Versetzung *f*, Staffelung *t*; Zickzackanordnung *f*; Stufung *f*
stagnant coke region toter Mann *m (Bezeichnung für Reaktionsstörung im Schachtofenzentrum)*
stagnation enthalpy Stauenthalpie *f*, Gesamtenthalpie *f*
~ **temperature** Stautemperatur *f*
stain Fleck[en] *m*

~ **etching** Farbätzung *f*
staining 1. Fleckigwerden *n*, Fleckenbildung *f*; Einfärben *n*, Anfärben *n*; 2. Anlaufen *n (Ätzung)*
stainless rostfrei; rostbeständig, nichtrostend
~ **iron** nichtrostendes Eisen *n*
~ **steel** nichtrostender Stahl *m*
~ **steel sheet** nichtrostendes Stahlblech *n*, Edelstahlblech *n*
~ **steel tube** Rohr *n* aus rostfreiem Stahl
stair rod dislocation Cottrell-Lomer-Kantenversetzung *f*
staircase method *(Wkst)* Treppenstufenverfahren *n*
stalk-like *(Krist)* stengelartig
~-**like structure** Stengelgefüge *n*
stall Stand *m*, Box *f*
stamp/to 1. *(Umf)* stempeln, prägen; 2. *(Umf)* stanzen; 3. *(Pulv)* pressen
stamp 1. Abdruck *m*; Eindruck *m*; 2. *(Umf)* Stempel *m*, Prägestempel *m*; 3. *(Umf)* Stanze *f*, Stanzstempel *m*; 4. *(Pulv)* Schlagstempel *m*
~ **bearer** *(Umf)* Stempelträger *m*, Stempelhalter *m*
~ **force** Stempelziehkraft *f*, Stempeldruckkraft *f*
stamped gestempelt; gestanzt
stamping 1. Stempeln *n*, Prägen *n*; 2. Stanzen *n*; 3. Stanzstück *n*, Formteil *n*; 4. *(Pulv)* Preßling *m*
~ **and drawing press** Schlagziehpresse *f*
~ **die** 1. Stempelwerkzeug *n*, Prägewerkzeug *n*; 2. Stanzmatrize *f*, Stanzwerkzeug *n*
~ **machine** 1. Stempelmaschine *f*; 2. Stanze *f*
~ **machine for ingots** Blockstempelmaschine *f*
~ **method** 1. Stampfverfahren *n*; 2. Stanzverfahren *n*
~ **mould** Prägeform *f*, Prägematrize *f*
~ **of pure clay** *(Pulv)* Tonerdepreßling *m*
~-**out press** Ausstanzpresse *f*
~ **tool** Stanzwerkzeug *n;* Prägewerkzeug *n*
stampings Stanzabfälle *mpl*
stand Gestell *n*, Ständer *m*; Gerüst *n*, Walzgerüst *n*
~-**by time** Wartezeit *f*
~ **of rolls** Walzgerüst *n*
~-**on reach truck** Fahrerstand-Schubmaststapler *m*
~ **speed** Gerüstgeschwindigkeit *f*, Walzgeschwindigkeit *f (im betreffenden Gerüst)*
standard 1. standardisiert, genormt; 2. einheitlich
standard 1. Standard *m*, Norm *f*; 2. Ständer *m*
~ **brick** *(Ff)* Normalstein *m*
~ **charge** Normalbeschickung *f*; Normalgattierung *f*
~ **chart** Standardbildreihe *f*, Richtreihe *f*

~ **chart technique** Richtreihenverfahren *n*
~ **colour** Normfarbe *f*
~ **compression strength** Normdruckfestigkeit *f*
~ **conditions** Normalbedingungen *fpl*
~ **construction** Normalausführung *f*
~ **core mix** *(Gieß)* Kernstandardsand *m*, Kerntestsand *m*
~ **cylindrical specimen** Normprüfkörper *m (Formstoff)*
~ **deviation** Standardabweichung *f*
~ **dimension** Normalmaß *n*, Normabmessung *f*
~ **distribution** Normalverteilung *f*
~ **electrode potential** Normalpotential *n*, Standardelektrodenpotential *n*
~ **fracture toughness specimen** Standardbruchzähigkeitsprobe *f*
~ **furnace** Standardofen *m*
~ **gauge** 1. Normallehre *f*, Einstellmaß *n*; 2. Normalspur *f*
~ **grade** Standardgüte *f*
~ **heat flow equation** Standardwärmeflußgleichung *f*
~ **intensity** Standardintensität *f*
~ **magnification** Normvergrößerung *f*
~ **measure** Eichmaß *n*
~ **mixture** 1. Normalgattierung *f*; 2. *(Pulv)* Standardgemisch *n*
~ **mould plate** Standardformplatte *f*
~ **of value** Richtwert *m*, Wertmesser *m*
~ **orientation triangle** Standardorientierungsdreieck *n*
~ **part** Standardteil *n*, Normteil *n*
~ **performance** Standardleistung *f*
~ **potential** Normalpotential *n*
~ **procedure** Normvorschrift *f*
~ **projection** *(Krist)* Standardprojektion *f*
~ **rating** Standardleistungsgrad *m*
~ **resistance** Eichwiderstand *m*
~ **sand** *(Gieß)* Standardsand *m*, Testsand *m*
~ **section (shape)** Normalprofil *n*
~ **size** Normgröße *f*, Normalformat *n*
~ **specification** Normvorschrift *f*
~ **specimen** Normprobe *f*, Standardprobe *f*
~ **square brick** *s.* ~ **brick**
~ **state** Normzustand *m*
~ **test head** Standardprüfkopf *m*
~ **test piece (specimen)** Normprüfkörper *m (Formstoff)*
~ **tetrahedron** Standardtetraeder *n*
~ **time** Standardzeit *f*
~ **Vickers pyramid** Vickers-Standardpyramide *f*
standardization 1. Standardisierung *f*, Normung *f*; 2. Vereinheitlichung *f*, Typung *f*; 3. Eichung *f*
standardized-unit construction standardisierte Konstruktion *f*
standing time Stehzeit *f*
~ **wave** stehende Welle *f*

standpipe Steigrohr *n*, Steigleitung *f*;
(*Gieß*) Steigkanal *m*
stannic Zinn(IV)-...
stannite (*Min*) Stannin *m*, Zinnkies *m*
stannizing Verzinnen *n*
stannous Zinn(II)-...
Stanton number Stantonzahl *f*, St
staple Öse *f*
star Putzstern *m*
~ **antimony** Sternantimon *n*
~ **bowls** Antimonregulus *m*
~ **slag** Sternschlacke *f*
starch Stärkemehl *n* (*Formstoffbinder*)
staring Sternen *n* (*Antimonraffination*)
start/to starten; in Gang setzen, anfahren;
anlassen
~ **up from cold** aus dem kalten Zustand anfahren
start of casting Gießbeginn *m*
~-**up graph** Anfahrdiagramm *n*
~-**up time** Rüstzeit *f* bei Arbeitsbeginn
starting bar Startstrang *m*
~ **behaviour** Anlaufverhalten *n*
~ **block** Anfahrblock *m* (*Induktionsofen*)
~ **crack** Anriß *m*
~ **crank** Andrehkurbel *f*
~ **friction** Anlaufreibung *f*
~ **ingot** Anfahrblock *m*
~ **material** Ausgangsmaterial *n*, Ausgangswerkstoff *m*
~ **point** Aufsetzstelle *f* (*z. B. bei Verschleißuntersuchung*)
~ **position** Anfahrstellung *f*
~ **power** Anzug *m*, Anzugskraft *f*
~ **resistance** Anlaufwiderstand *m*
~ **section** Ausgangsquerschnitt *m*, Anfangsquerschnitt *m*
~ **sheet** Starterblech *n* (*Elektrolyse*)
~ **size** Ausgangsabmessung *f*, Einlaufab-
messung *f* (*Walzen*)
~ **speed** Anfahrgeschwindigkeit *f*
~ **technique** Starttechnik *f*
~ **torque** Anfahrdrehmoment *n*, Anlauf-
drehmoment *n*, Anzugsmoment *n*
~-**up conditions** Anfangsbedingungen *fpl*,
Anlaßbedingungen *fpl*
state Zustand *m*; Beschaffenheit *f*; Er-
scheinungsform *f*
~ **of age-hardening** Aushärtungszustand *m*
~ **of aggregation** Aggregatzustand *m*
~ **of deformation** Formänderungszustand
m
~ **of development** Entwicklungsstand *m*
~ **of equilibrium** Gleichgewichtszustand *m*,
Gleichgewichtslage *f*
~ **of inertia** Beharrungszustand *m*
~ **of order** (*Krist*) Ordnungszustand *m*
~ **of oxidation** Oxydationszustand *m*
~ **of recrystallization** Rekristallisationszu-
stand *m*
~ **of reduction** Reduktionszustand *m*
~ **of strain** Belastungszustand *m*, Deh-
nungszustand *m*

~ **of stress** Spannungszustand *m*
~ **property** Zustandsgröße *f*
~ **variable** Zustandsvariable *f*
static balance statische Waage *f*
~ **bed** Fest[stoff]bett *n*, ruhendes (statisches) Bett *n*
~ **coiler** (*Umf*) Statikwickler *m*
~ **equilibrium** statisches Gleichgewicht *n*
~ **frequency changer** statischer Parallel-
schwingkreisumrichter *m* (*Induktionsofen*)
~ **friction** Haftreibung *f*
~ **guide** feststehende Führung *f*
~ **method** statische Methode *f* (*Dampf-
druckmessung*)
~ **pressure** statischer Druck *m*
~ **short-circuit current** Dauerkurzschluß-
strom *m*
~ **tensile test** statischer Zugversuch *m*
~ **test** statische Prüfung *f*
stationary ortsfest, feststehend angeordnet
~ **arm** fester Arm *m*
~ **core** fester Kern *m* (*Druckguß*)
~ **die half** feste Formhälfte *f*, Eingußformhälfte *f* (*Druckguß*)
~ **slinger** (*Gieß*) stationärer Slinger *m*
~ **wave** stehende Welle *f*
statistical counting error statistischer
Zählfehler *m*
~ **error** statistischer Fehler *m*
~ **inference** statistischer Rückschluß *m*
~ **quality control** statistische Qualitätskontrolle *f*
statuary bronze (*Gieß*) Statuenbronze *f*,
Architekturbronze *f*
status of state Aggregatzustand *m*
stave cooler Plattenkühler *m*, Kühlplatte *f*
(*Verdampfungskühlung am Hochofen*)
stay Spreize *f* (*zur Absteifung der Gewölbe*)
~ **bolt** Stehbolzen *m*
staying time Verweilzeit *f*; Standzeit *f*; Liegezeit *f*
steadite Steadit *n* (*Phosphideutektikum*)
steady component of stress Mittelspannung *f*
~ **position** Ruhelage *f*
~ **pressure** ruhender Druck *m*
~-**state** stationär; quasistatisch
~ **state** stationärer (stabiler) Zustand *m*;
Dauerzustand *m*
~-**state bulging** zeitlich unveränderte Ausbauchung *f*; zeitlich unverändertes Ausbauchen *n*
~-**state creep** stationäres Kriechen *n*
~-**state flow stress** stationäre Fließspannung *f*
~-**state strain rate** stationäre Dehngeschwindigkeit *f*
steam Dampf *m*
~ **atomization** Dampfzerstäubung *f*
~ **atomizer** Dampfzerstäuber *m*

~-**atomizing burner** Dampfzerstäubungs-
brenner *m*
~-**atomizing oil burner** Dampfzerstäu-
bungsölbrenner *m*, Ölbrenner *m* mit
Dampfzerstäubung
~ **blower (blowing engine)** Dampfgebläse
n
~ **boiler** Dampfkessel *m*
~ **coal** Kesselkohle *f*
~ **coil** Dampfschlange *f*
~ **coil furnace** Dampfofen *m*
~ **conduit** Dampfleitung *f*
~ **cooling** Dampfkühlung *f*, Heißkühlung *f*
~ **cylinder** Dampfzylinder *m*
~ **diagram** Dampfdruckdiagramm *n*
~ **dome** Dampfdom *m*
~ **drive** Dampfantrieb *m*
~ **engine** Dampfmaschine *f*
~ **engine drive** Dampfmaschinenantrieb *m*
~-**generating heat** Dampfbildungswärme *f*
~ **generator** Dampferzeuger *m*
~ **hammer** Dampfhammer *m*
~-**hydraulic** dampfhydraulisch
~ **injection** Dampfeinleitung *f*
~ **jacket** Dampfmantel *m*
~-**jet blower** Dampfstrahlgebläse *n*
~-**jet ejector pump** Dampfstrahlabsauge-
pumpe *f*
~-**jet pump** Dampfstrahlpumpe *f*
~ **layer** Dampfschicht *f*
~ **pressure** Dampfdruck *m*
~ **procedure** Wasserdampfbehandlung *f*
~ **pump** Dampfpumpe *f*
~ **tempering** Dampfbadanlassen *n*
~-**tight** dampfdicht
~ **trap** Kondenstopf *m*, Kondenswasserab-
scheider *m*
~ **turbine** Dampfturbine *f*
stearate soap Stearatseife *f*
stearic acid Stearinsäure *f*
steatite *(Min)* Steatit *m*, Speckstein *m*, Saponit *m*
steel Stahl *m*
~ **acceptance** Stahlabnahme *f*
~ **ball** 1. Stahlluppe *f*; 2. *(Wkst)* Stahlkugel
f
~ **ball rolling mill** Stahlkugelwalzwerk *n*
~ **bar** Stahlstab *m*, Stabstahl *m*
~-**bar wire rod mill plant** Stabstahl-Draht-
Walzwerk *n*, Stabstahl-Draht-Walzwerks-
anlage *f*
~ **billet** Stahlknüppel *m*
~ **bolt** Stahlbolzen *m*, Stahlschraube *f*
~ **bottle** Stahlflasche *f*
~ **building** Stahlbauwerk *n*
~ **cable** Stahlkabel *n*
~ **carbon content** Kohlenstoffgehalt *m* (in
Stahl)
~ **casing** Stahl[blech]mantel *m*
~ **casting** 1. Stahlgießen *n*, Stahlguß *m*; 2.
Stahlgußstück *n*

~-**clad brick** blechummantelter Baustein *m*
(SM-Ofengewölbe)
~ **cleanness** Stahlsauberkeit *f*
~ **composition** Stahlzusammensetzung *f*
~ **construction** Stahlbau *m*, Stahlkonstruk-
tion *f*
~-**consuming industry** stahlverarbeitende
Industrie *f*
~ **conveyor belt** Stahlförderband *n*
~ **cooling box** Stahlkühlkasten *m*
~ **cord** Stahlkord *m*
~-**cored aluminium rope** Stahlaluminium-
seil *n*, Aluminiumseil *n* mit Stahlseele
~ **crucible** Stahltiegel *m*
~ **cylinder** Stahlzylinder *m*, Stahlflasche *f*
~ **fabrication** Stahlverarbeitung *f*
~ **flat** Bandeisen *n*
~ **foundry** Stahlgießerei *f*
~ **foundry moulding compound** Stahlformmasse *f*
~ **frame** *(Umf)* Stahlrahmen *m*
~ **furnace** Stahlerzeugungsofen *m*
~ **grade** Stahlsorte *f*, Stahlqualität *f*
~ **grooved tube** Stahlrillenrohr *n*
~ **hanger** Aufhängebügel *m*, Stahlaufhän-
ger *m* (SM-Ofengewölbe)
~ **ingot** Stahlblock *m*, Rohstahlblock *m*
~ **iron** Stahleisen *n*
~ **jacket** Stahlmantel *m*
~ **killing** Beruhigung *f* des Stahls
~ **ladle** Stahlwerkspfanne *f*
~ **level control** Füllstandsregelung (Bad-
spiegelkontrolle) *f* im Stahlbad
~ **mat** Stahlmatte *f*
~ **matrix** stahlähnliche Matrix *f*
~ **melt** 1. Stahlschmelze *f*; 2. Stahlbad *n*
~-**melting furnace** Stahlschmelzofen *m*
~-**melting shop** Stahlwerk *n*
~ **mill** 1. Stahlwerk *n*; 2. Stahlwalzwerk *n*
~ **mill crane** Hüttenwerkskran *m*
~ **mill equipment** Hüttenwerkseinrichtung
f
~ **mill machinery** Hüttenwerksmaschinen
fpl
~ **mix cast iron** Gußeisen *n* mit Stahlzu-
satz, niedriggekohltes Gußeisen *n*
~ **mould** Stahlform *f*, Stahlkokille *f*
~ **moulding chamotte** Stahlformscha-
motte *f*
~ **moulding dressing** Stahlformschlichte *f*
~ **moulding material** Stahlformmasse *f*
~ **moulding sand** Stahlformsand *m*
~ **pass-over car** Stahlübergabewagen *m*
~ **pin** Stahlstift *m*
~ **plate** 1. Stahl[grob]blech *n*; 2. Stahl-
platte *f*
~ **plate apron conveyor** Stahlgliederband-
förderer *m*
~ **plate cooling box** Stahlblechkühlkasten
m
~ **plate lining** Stahlpanzer *m*, Stahlplatten-
panzerung *f*

~ **plating** Stahlplattieren *n*
~ **pouring car** Stahlgießwagen *m*
~ **pressing** 1. Stahlpressen *n*; 2. Stahlpreß-
stück *n*
~ **processing mill** Stahlverarbeitungsbe-
trieb *m*
~ **prop** Stahlstempel *m*
~ **rail** Stahlschiene *f*
~-**reinforced aluminium cable** Stahlalumi-
niumkabel *n*, stahlverstärktes Aluminium-
kabel *n*
~ **ribbed tube** Stahlrippenrohr *n*
~ **rivet** Stahlniet *m*
~ **rod** Stahlstange *f*; Stahlwalzdraht *m*
~ **rope** Stahlseil *n*
~ **sandwich** Sandwichstahlblech *n*
~ **scrap** Stahlschrott *m*
~ **scrap shearing knife** Stahlschrottsche-
renmesser *n*
~ **section** Stahlprofil *n*
~ **shaft** Stahlwelle *f*
~ **shape** Formstahl *m*, Profilstahl *m*
~ **sheet** Stahl[fein]blech *n*
~ **sheet piling** Stahlspundwandprofil *n*
~ **shell coreless induction melting furnace** Stahlmantel-Induktionstiegelofen *n*
~ **shot** Stahlschrot *m*, Stahlkies *m*, Stahl-
sand *m*
~-**shot blasting** Stahlkiesstrahlen *n*
~-**side bar chain** Laschenkette *f*
~ **slab** Stahlbramme *f*
~ **slug** Stahlrohling *m*, Stahlplatine *f*
~ **spring** Stahlfeder *f*
~ **string** Stahlsaite *f*
~ **strip** Stahlband *n*
~ **strip coil** Stahlbandbund *n*
~ **structure** 1. Stahlbauwerk *n*; 2. Stahl-
tragwerk *n*
~ **technology** Stahltechnologie *f*
~ **TiC matrix** Stahl-TiC-Matrix *f*
~ **tie** Stahlschwelle *f*
~ **tire cord** Stahlreifenkord *m*
~-**to-mould heat flux** Wärmefluß *m* zwischen Stahl und Form
~ **transfer car** Stahlentnahmewagen *m*
~ **tube** Stahlrohr *n*
~ **tube structure** Stahlrohrtragwerk *n*
~ **type** Stahlsorte *f*
~ **vessel** Stahlgefäß *n*
~ **ways** Stahlführungen *fpl*
~ **wire** Stahldraht *m*
~-**wire binding** Stahldrahtbandage *f*
~ **wire cable** Stahl[draht]kabel *n*
~ **wire conveyor belt** Drahtförderband *n*
~ **wire rope** Stahldrahtseil *n*
~ **wire strand** Stahl[draht]litze *f*
~ **with high-temperature characteristics**
warmfester Stahl *m*
~ **wool** Stahlwolle *f*, Stahlspäne *mpl*
~ **work** 1. Stahlbauten *mpl*; 2. Stahlkon-
struktion *f*
~ **works** Stahlwerk *n*, Stahlhütte *f*

~ **works blower** Stahlwerksgebläse *n*
~ **works mould** Stahlwerkskokille *f*
steelmaking Stahlerzeugung *f*
~ **furnace** Stahlschmelzofen *m*
~ **iron (pig)** Stahlroheisen *n*
~ **potential** Stahlproduktionspotential *n*
~ **scrap** Stahlschrott *m*
~ **slag** Stahlwerksschlacke *f*
~ **technology** Technologie *f* der Stahlerzeugung
steely stählern, aus Stahl
steep/to tränken, imprägnieren
steeply inclined conveyor Steilförderer *m*
steering arm *(Umf)* Steuerhebel *m*, Lenk-
schenkel *m*
~ **axle** *(Umf)* Lenkachse *f*
~ **column housing** Lenksäulenverkleidung *f*
~ **rod** *(Umf)* Steuerstange *f*
~ **screw** *(Umf)* Steuerschraube *f*
Stefan flow Stefan-Strom *m (Hydraulik)*
stellite Stellit *m(n) (Hartmetall)*
stem of dendrite Dendritenstamm *m*
step/to abstufen
step Stufe *f*; Niveau *n*
~ **bar (bar test casting, block)** *(Gieß)* Stufenprobe *f*, Stufenkeil *m*, Stufenblock *m*
~-**by-step control** Schritteinstellung *f*
~-**by-step switch board** Schrittschaltwerk
n
~ **cone** *(Umf)* Stufenscheibe *f*
~ **gate** *(Gieß)* Stufenanschnitt *m*
~ **gate casting** steigender Guß *m* mit Stufenanschnitten
~ **grate** Stufenrost *m*, Treppenrost *m*, Eta-
genrost *m*
~ **hardening** Stufenhärten *n*
~ **height** Stufenhöhe *f*
~ **pulley** Stufenscheibe *f*
~ **quenching** stufenweises Abschrecken *n*,
gebrochenes Härten *n*
~ **roll** *s.* stepped roll
~ **size** Schrittgröße *f (einer Abtasteinrichtung)*
~ **structure** Stufenstruktur *f*
~ **turning experiment** Stufendrehversuch
m
~ **width** Schrittweite *f*
stepless stufenlos
stepped abgestuft, abgesetzt, treppenför-
mig
~ **joint** abgesetzte (profilierte) Teilung *f*,
abgesetzte Teilfläche *f*
~ **roll** Staffelwalze *f*, abgestufte Flachwalze
f, Stufenwalze *f*
~ **runner** *(Gieß)* Treppeneinlauf *m*, Stufenanschnitt *m*
~ **shaft** abgesetzte Welle *f*, Stufenwelle *f*
~ **sprue** Etageneinguß *m*, Stufeneinguß *m*,
Stufeneingußkanal *m*
~ **test bar** *(Gieß)* Stufenprobe *f*, Stufenkeil
m, Stufenblock *m*

stock

~ **wedge** *(Gieß)* Stufenkeil *m*, Stufenprobe *f*, Stufenblock *m*
steps/in absatzweise
stepwise deformation Mehrstufenumformung *f*, stufenweise Umformung *f*
stereo pair Stereopaar *n*
~ **viewing** räumliche Betrachtung *f*
stereocomparator Stereokomparator *m*
stereographic projection *(Krist)* stereografische Projektion *f*
stereological stereologisch, räumlich
stereometric factor Stereometriefaktor *m*
stereophotography Stereofotografie *f*
steric effect sterischer Effekt *m*
sterile solution sterile Lösung *f*
sterling gold Sterlinggold *n*
~ **silver** Sterlingsilber *n*
Stewart number Stewart-Zahl *f (Hydraulik)*
stewing *(Gieß)* Abstehen *n*
stibic Antimon(V)-...
stibnite *(Min)* Stibnit *m*, Antimonglanz *m*
stibous Antimon(III)-...
stick/to [an]kleben, haften; leimen
stick 1. Stift *m*; 2. Ankleben *n*
~-**slip** Klebstelle *f*, Bambusring *m (Fehler)* durch Haften-Gleiten)
sticker zusammengeklebtes Blechpaket *n*; zusammengeklebtes Walzgut *n*
stickiness Klebneigung *f*
sticking Kleben *n*, Ankleben *n*, Haften *n (Gußstück in der Form)*; Zusammenbakken *n*
~ **coefficient** Haftungskoeffizient *m*
~ **friction** Haftreibung *f*
~ **furnace** „hängender" Ofen *m (Hochofen, Kupolofen)*
~ **mechanism** Haftmechanismus *m*
~ **of the casting to the die** Kleben *n* des Gußstücks in der Form
~ **probability** Haftwahrscheinlichkeit *f*
sticky sand Klebsand *m*
~ **scale** Klebzunder *m*
Stiefel disk piercer Scheibenlochwalzwerk *n* nach Stiefel
~ **rolling mill** Stiefel-Walzwerk *n*, Rohrwalzwerk *n* nach Stiefel
stiffener ring Versteifungsring *m*
stiffening 1. Versteifen *n*, Verstärken *n*; 2. Sicken *n*
~ **corrugation** Sicke *f*
~ **plate** Verstärkungsblech *n*
~ **rib** Versteifungsrippe *f*
~ **sheet** Verstärkungsblech *n*
~ **system** Abstützsystem *n*
stiffness Steifigkeit *f*, Steifheit *f*; Biegesteifigkeit *f*, Biegefestigkeit *f*
~-**to-weight ratio** Steifigkeit-Masse-Verhältnis *n*, Steifheit-Masse-Verhältnis *n*
stigmator Stigmator *m*
still Destillationsapparat *m*; Destillationsanlage *f*
stir/to [um]rühren; durchwirbeln; schüren

~ **a bath** eine Schmelze umrühren
~ **thoroughly** durchrühren
stirrer Rührer *m*, Rührwerk *n*, Rührvorrichtung *f*
~ **bar** Rührhaken *m*
~ **unit** Rühranlage *f*
stirring 1. Rühren *n*, Umrühren *n*; 2. Durchwirbeln *n*, Durchwirbelung *f*; Badbewegung *f*
~ **action** Rührvorgang *m*
~ **autoclave** Rührwerksautoklav *m*
~ **coil** Rührspule *f*
~ **effect** Rührwirkung *f*
~ **gas** Spülgas *n*, Rührgas *n*
~ **gear** Rührgerät *n*
~ **mechanism** Rührwerk *n*
~ **motion** Rührbewegung *f*
~ **rate (speed)** Rührgeschwindigkeit *f*
~ **test** *(Korr)* Rührversuch *m*
stitch welding Heftschweißen *n*; Steppnahtschweißen *n*
stitcher Heftvorrichtung *f*, Heftgerät *n*
stock 1. Material *n*, Vormaterial *n*; Rohling *m*; Walzgut *n*, Walzader *f*; 2. Vorrat *m*, Lagerbestand *m*; 3. Halde *f*, Vorratshalde *f*
~ **allowance** Materialzugabe *f*
~ **and work in progress** Waren *fpl* und Halbfertigerzeugnisse *npl*
~ **bay** Materialhalle *f*
~ **bin** Vorratsbehälter *m*, Vorratsbunker *m (Tasche für einzelne Bunkerabschnitte)*
~ **burning** Verbrennung *f* des Einsatzes, Materialverbrennung *f* beim Erwärmen
~ **coal** Haldenkohle *f*
~ **coke** Haldenkoks *m*
~ **column** Materialsäule *f*, Beschickungssäule *f*, Möllersäule *f*
~ **descent** Niederrücken (Nachsinken) *n* der Beschickungssäule
~ **feed** Materialvorschub *m*
~ **ground** Lager *n*, Lagerplatz *m*; Stapelplatz *m*
~ **in store** Lagerbestand *m*
~ **inventory** Lagervorrat *m*
~ **keeping** Lagerhaltung *f*
~ **length** vorgeschriebene Materiallänge *f*
~ **level gauge (indicator)** Gichtsonde (Möllersonde) *f* mit Anzeiger; Teufenanzeiger *m*
~ **level measuring** Bunkerstandsmessung *f*
~ **line** Beschickungsoberkante *f*, Beschickungsoberfläche *f*
~ **line diameter** Gichtdurchmesser *m*
~ **line gauge (indicator)** Gichtsonde (Möllersonde) *f* mit Anzeiger; Teufenanzeiger *m*
~ **line level** Mölleroberfläche *f*, Teufe *f (im Hochofen)*
~ **line recorder** Teufenschreiber *m*
~ **movement** Bewegung *f* der Beschickungssäule

~ **of ores** Erzmöller *m*
~ **on hand** Lagervorrat *m*
~ **pile** 1. Vorratsstapel *m*, Vorratshaufen *m*; 2. Vorratslager *n*
~ **piles** strategische Bestände (Lagerbestände) *mpl*
~ **preparation** Stoffaufbereitung *f*, Materialaufbereitung *f*
~ **rod** Gichtsonde *f*, Möllersonde *f*
~ **size** Lagergröße *f*
~ **solution** Grundlösung *f (eines Ätzmittels)*; Vorratslösung *f*
~ **waste** Materialverschwendung *f*
stockholding Lagerhaltung *f*; Bevorratung *f*
stocking Lagern *n*, Lagerung *f*
~ **ground** Lager *n*, Lagerplatz *m*; Stapelplatz *m*
stockpile/to lagern, aufbewahren; bevorraten
stockpile Vorrat *m*, Lager *n*; *s. a. unter* stock pile
stockpiling Lagern *n*, Vorratshaltung *f*; Arbeiten *n* auf Lager
stocks Bestände *mpl*
stocktaking Bestandsaufnahme *f*
stockyard Lager *m*, Lagerplatz *m*; Lagerhalde *f*
~ **transporter** Lagerplatzbelader *m*
stoichiometric[al] stöchiometrisch
stoichiometry Stöchiometrie *f*
~ **condition** Stöchiometriezustand *m*
Stokes law Stokesches Gesetz *n (Reibung)*
stone bolt Steinschraube *f*
~ **breaker (crusher)** Steinbrecher *m*
~ **dressing** Steinabrichten *n*
~ **for drawing** Ziehstein *m*
~ **rest** Gichtstein *m*, Windstein *m*
stoneware Steinzeug *n*, Steingut *n*
stool 1. Bodenstein *m*, Tiegeluntersatz *m*, „Käse" *m*; 2. Unterlegplatte *f*
~ **for bottom casting** *(Gieß)* Gespannplatte *f*
stop/to 1. stoppen, anhalten; abschalten; 2. [ab]dichten; stopfen *(Stichloch)*
stop 1. Stillsetzung *f*, Anhalten *n*, Unterbrechen *n*; 2. Anschlag *m*; Widerlager *n*; Prellbock *m*; Sperre *f*
~ **bar** Anschlagleiste *f*
~ **collar** Anschlagbund *m*
~ **dog** Anschlagknagge *f*
~ **drum** Anschlagtrommel *f*
~ **gauge** Anschlagmaß *n*, Vorstoß *m*
~ **pawl** Sperrklinke *f*
~ **pin** Anschlagbolzen *m*, Steckbolzen *m*
~ **roll** Anschlagwalze *f*
~ **valve** Absperrventil *n*
stoppage Stillsetzung *f*; Sperrung *f*, Arretierung *f*
~ **time** Stillstandszeit *f*

stopper 1. Stopfen *m*; 2. Schieber *m (in einer Gasleitung)*; 3. Ofendeckstein *m*
~ **end** Stopfenverschluß *m*
~ **ingot** Anfahrgußstab *m*, Anfahrgußstrang *m*
~ **ladle** Stopfenpfanne *f*
~ **maker** Stopfenmacher *m*
~ **of rolling mill** Walzstopfen *m*
~ **rod** Stopfenstange *f*
~ **rod brick** Stopfenstangenverschlußstein *m*
stoppered pouring basin Gießtümpel *m* mit Stopfen, Birneneinguß *m*
stopping 1. Verstopfung *f*; 2. Spiegel *m (SM-Ofen)*
~ **and withdrawing head** *(Gieß)* Anfahrkopf *m*, Kaltstrangkopf *m*
~-**up** Schließen *n* des Stichlochs
~ **way** Bremsweg *m*, Bremsstrecke *f*
storage Lagern *n*, Lagerung *f*; Aufspeichern *n*, Speicherung *f*; Bunkerung *f*
~ **belt** Speicherband *n*
~ **bin** Vorratsbehälter *m*, Vorratsbunker *m*
~ **capacity** Speichervermögen *n*
~ **container** Lagercontainer *m*
~ **crane** Lagerkran *m*
~ **hopper** Vorratsbehälter *m*, Vorratsbunker *m*; Vorratstrichter *m*, Fülltrichter *m*
~ **of data** Meßwertspeicherung *f*
~ **place** Abstellplatz *m*
~ **property** Speichereigenschaft *f*
~ **rack** Lagergestell *n*
~ **screen** Speicherschirm *m*
~ **silo** Vorratssilo *n*
~ **space** Aufbewahrungsraum *m*
~ **tank** Vorratsbehälter *m*, Lagerbehälter *m*, Lagertank *m*
~ **yard** Lager *n*, Lagerplatz *m*
store/to lagern, speichern; aufbewahren; abstellen
~ **heat** Wärme speichern
~ **up** *(Pulv)* binden
store 1. Speicher *m*, Lager *n*, Magazin *n*; 2. Bestand *m*, Lagervorrat *m*
~ **equipment** Lagereinrichtung *f*
stored energy gespeicherte Energie *f*
~ **heat** Speicherwärme *f*
storehouse Lager[haus] *n*
storey mill Walzwerk *n* in Geschoßbauweise, Etagenwalzwerk *n*
storing 1. Speichern *n*; Halden *n*, Verhalden *n*, Bevorraten *n*; 2. Warmhalten *n*, Speichern *n (von Gießgut)*
~ **of heat** Wärmespeicherung *f*
stove/to 1. im Ofen trocknen; durch Wärme trocknen; 2. warmhalten
stove 1. Ofen *m*; Trockenofen *m (für Kerne)*; 2. Herd *m*
~ **blacking** Brennschwärze *f*
~ **dome** Winderhitzerkuppel *f*
~ **with air recirculation** Trockenofen *m* mit Luftumwälzung

stoving Trocknen *n*, Trocknung *f*, Trocken-
vorgang *m*
S.T.P., s.t.p. = standard conditions of
temperature and pressure
straight-away mill kontinuierliches Walzwerk *n*, Kontiwalzwerk *n*
~ **bending** *(Umf)* Geradebiegen *n*
~ **brick** *(Ff)* Rechteckstein *m*, Normalstein
m
~ **carbon steel** unlegierter Kohlenstoffstahl
m
~ **continuous rolling mill** rein kontinuierliches Walzwerk *n*, Vollkontiwalzwerk *n*
~ **cooler** gerader Kühler *m*
~-**flow furnace** Durchlaufofen *m*
~-**grate induration process** Strichrosthär-
tungsvorgang *m*
~-**grate iron ore pelletization** Strichrost-Ei-
senerzpelletisierung *f*
~ **large radius sleeker** *(Gieß)* Polierknopf
m
~ **line** Fluchtlinie *f*, Strahllinie *f*
~-**line wire drawing machine** *(Umf)* Geradeausziehmaschine *f*
~ **mould** gerade Kokille *f*, gerader Kristallisator *m*
~-**sided press** *(Umf)* Doppelständerpresse
f
~ **slitting** *(Umf)* Längsteilen *n*, Längsspalten *n*
~ **stretching** *(Umf)* Geradestrecken *n*
~ **through machine** *(Umf)* Geradeausziehmaschine *f*
straighten/to *(Umf)* [aus]richten, gerade-
richten
straightener *(Umf)* Richtmaschine *f*, Richt-
anlage *f*
straightening *(Umf)* Richten *n*, Geraderich-
ten *n*
~ **and cutting-off machine** Richt- und Ab-
schneideautomat *m*
~ **device** Richtgerät *n*, Richtapparat *m*
~ **head** Richtkopf *m*
~ **machine** Richtmaschine *f*
~ **mechanism** Richteinrichtung *f (Strangguß)*
~ **method** Richtverfahren *n*
~ **of boundaries** *(Wkst)* Grenzenbegradigung *f*
~ **press** Richtpresse *f*, Kalibreurpresse *f*,
Kalibrierpresse *f*
~ **roll** Richtrolle *f*
~ **roller** Richtrollensatz *m*
~ **torque** Richtmoment *n*
straightness Geradheit *f*, Geradlinigkeit *f*
strain/to 1. recken, dehnen, beanspruchen,
verzerren; 2. durchseihen, durchfiltern,
filtrieren
strain Reckung *f*; Streckung *f*, Dehnung *f*
(unter Last); Beanspruchung *f*; Formänderung *f*
~-**aging** Reckalterung *f*

~ **amplitude** Dehnungsamplitude *f*, Verfor-
mungsamplitude *f*
~ **amplitude monitoring device** Amplitu-
denmeßeinrichtung *f*
~-**anneal technique** Reckglühverfahren *n*
~ **coefficient** Dehnungskoeffizient *m*
~ **concentration factor** Dehnungsformzahl
f
~ **contrast** Verzerrungskontrast *m*
~ **control** Dehnungsverfahren *n*; Deh-
nungswirkung *f*
~-**controlled** dehnungskontrolliert
~ **course** Dehnungsverlauf *m*
~ **cycle** Dehnungsspiel *n*
~ **distribution** Spannungsverteilung *f*; Deh-
nungsverteilung *f*; Formänderungsvertei-
lung *f*
~ **energy** Formänderungsenergie *f*, Umformenergie *f*, Verzerrungsenergie *f*
~ **energy release rate** Rißausdehnungskraft *f*, Rißausdehnungsarbeit *f*, spezifische Bruchflächenenergie *f*
~ **exponent** Dehnungsexponent *m*
~ **field contrast** Verzerrungskontrast *m*
~ **figures** Fließfiguren *fpl*
~ **gauge** Dehnungsmeßstreifen *m*, Dehnungsmesser *m*
~ **gradient** Spannungsgradient *m*
~ **hardening** Verfestigung *f*, Kaltverfestigung *f*, Umformverfestigung *f*
~-**hardening capacity** Verfestigungsfähig-
keit *f*
~-**hardening curve** Verfestigungskurve *f*
~-**hardening effect** Verfestigungseffekt *m*
~-**hardening exponent** Verfestigungsexponent *m*, n-Wert *m*
~-**hardening hypothesis** Dehnungsverfesti-
gungshypothese *f*
~-**hardening mechanism** Verfestigungs-
mechanismus *m*
~-**hardening model** Verfestigungsmodell *n*
~-**hardening rate (velocity)** Verfestigungs-
geschwindigkeit *f*
~ **history** *s.* ~ course
~-**induced** dehnungsinduziert
~-**induced aging** Reckalterung *f*
~-**induced boundary migration** spannungsinduzierte Grenzwanderung *f*
~-**induced martensite** Verformungsmartensit *m*
~-**induced migration** spannungsinduzierte
Wanderung *f (von Korngrenzen)*
~ **interval** Dehnungsintervall *n*, Dehnungs-
betrag *m*
~ **line** Kraftwirkungslinie *f*
~ **path** Dehnungsweg *m*
~ **range** Dehnungsbereich *m*; Dehnungs-
schwingbreite *f*
~ **rate** Dehn[ungs]geschwindigkeit *f*; Umformgeschwindigkeit *f*, Verformungsge-
schwindigkeit *f*, Formänderungsgeschwindigkeit *f*

~ **-rate change** Dehngeschwindigkeits-
wechsel *m*
~ **-rate hardening** Dehngeschwindigkeitsverfestigung *f*
~ **-rate hardening index** Exponent *m* der
Dehngeschwindigkeitsverfestigung
~ **-rate sensitivity** Dehngeschwindigkeits-
empfindlichkeit *f*
~ **-rate sensitivity index** Dehngeschwindig-
keitsempfindlichkeitsexponent *m*
~ **-rate tensor** Dehngeschwindigkeitstensor
m
~ **ratio** Belastungsverhältnis *n*
~ **relief annealing** Spannungsfreiglühen *n*
~ **response** Dehnungsanzeige *f*
~ **state** Formänderungszustand *m*
~ **tensor** Verzerrungstensor *m*
~ **to fracture** Bruchformänderung *f*
~ **transducer** Wegaufnehmer *m*, Deh-
nungsgeber *m*
~ **transformer** Dehnungstransformator *m*,
Dehnungsmaßumsetzer *m*
~ **transmitter** s. ~ transducer
~ **-yield stress function** Fließkurve *f*
strainer Filter *n*; Filtriereinsatz *m*
~ **core** *(Gieß)* Siebkern *m*, Filterkern *m*
~ **gate** *(Gieß)* Siebeinlauf *m*
straining Filtern *n*, Filtrierung *f*
strand/to flechten, verlitzen, verdrillen
strand 1. *(Gieß)* Strang *m*; 2. Litze *f*, Ader *f*
~ **annealing furnace** Durchziehglühofen *m*
~ **bending theory** Strangbiegetheorie *f*
~ **bending zone** Strangbiegezone *f*
~ **broad face** breite Strangseite (Strangfläche) *f*
~ **bulging** Strangausbauchung *f*
~ **-cast bloom** im Strangguß hergestellter
Block *m*
~ **-cast slab** im Strangguß hergestellte
Bramme *f*
~ **casting** Strangguß *m*
~ **centre** Strangmitte *f*
~ **corner** Ecke *f* des Stranges
~ **edge** Strangkante *f*
~ **guiding** Strangführung *f*, Rollenführung
f, Rollenschürze *f*
~ **lubrication** Strangschmierung *f*
~ **narrow face** schmale Strangseite
(Strangfläche) *f*
~ **of cable** Kabellitze *f*
~ **of rolls** Walzenstrang *m*
~ **quality** Strangqualität *f*
~ **roll** Strangwalze *f*
~ **seal** Strangabdichtung *f*
~ **shell** Strangschale *f*, Strangmantel *m*
~ **-shell deformation** Strangschalendefor-
mation *f*
~ **surface temperature** Strangoberflächen-
temperatur *f*
~ **-type furnace** Durchziehofen *m*
~ **wire** Litze *f*, Litzendraht *m*
stranded aluminium wire Aluminiumseil *n*

~ **wire** Drahtlitze *f*, Litze *f*, Litzendraht *m*
~ **wire rope** Litzenseil *n*, geflochtenes Seil
n
strander Verlitzmaschine *f*, Verseilmaschine *f*, Litzenmaschine *f*
stranding Verlitzung *f*, Verseilen *n*
~ **machine** s. strander
strap/to 1. umbinden; 2. verlaschen
strap 1. Lasche *f*; 2. Schelle *f*; Bügel *m*; 3.
Gurt *m*, Band *n*; Spannband *n*; Verpak-
kungsband *n*
~ **brake** Bandbremse *f*
~ **iron** Bandeisen *n*, Bandstahl *m*
~ **saw** Bandsäge *f*
strapper Bandleger *m*, Umbindemaschine *f*
strapping Zusammenschnüren *n*, Abbinden
n mit Band, Umreifen *n*
~ **machine** Umreifungsanlage *f*, Maschine
f zum Umlegen des Verpackungsbandes
~ **wire** Verpackungsdraht *m*
stratification Schichtung *f*, Schichtenbildung *f* *(Phasentrennung im Schachtofen-
vorherd)*
stratified random sample geschichtete Zufallsstichprobe *f*
Straumanis method *(Wkst)* Straumanis-
Methode *f*
Strauss test *(Korr)* Strauss-Test *m*
straw cutter *(Gieß)* Strohschneider *m*
~ **rope** Strohseil *n*
~ **-rope spinning machine** Strohseilspinn-
maschine *f*
stray current Streustrom *m*
~ **-current corrosion** Streustromkorrosion *f*
~ **field** Streufeld *n*
~ **-flux signal** Streuflußsignal *n*
~ **sintering mat** Streusinterbelag *m*
~ **sintering method** Streusinterverfahren *n*
streak Streifen *m*, Strich *m*
stream 1. Strom *m*, Strömung *f*; 2. Strahl
m, Gießstrahl *m*
~ **classification** Stromklassierung *f*
~ **degassing** Durchlaufentgasung *f*
~ **of abrasive** 1. Sandstrahl *m*; 2. Sand-
strom *m*
~ **of gas** Gasstrom *m*
~ **tin** Seifenzinn *n*
streamer langgestreckter Einschluß *m*
streamlined tube Stromlinienrohr *n*, Profilrohr *n*
street car rail Straßenbahnschiene *f*
strength 1. Festigkeit *f*; 2. Stärke *f*; 3.
Dichte *f*, Konzentration *f* *(einer Lösung)*
~ **at elevated temperatures** Warmfestigkeit *f*
~ **calculation** Festigkeitsberechnung *f*
~ **coefficient** Festigkeitskoeffizient *m*
~ **depending on design (shape)** Gestaltfestigkeit *f*
~ **-improving** festigkeitssteigernd
~ **limit** Festigkeitsgrenze *f*, Bruchgrenze *f*
~ **parameter** Festigkeitsparameter *m*, Fe-
stigkeitskennzahl *f*

~ **property** Festigkeitseigenschaft *f*
~ **test** Festigkeitsprüfung *f*
~ **value** Festigkeitswert *m*
~ **weld** Festigkeitsschweißung *f*
strengthen/to verfestigen; verstärken; bewehren; versteifen
~ **the sand** Sand [stand]fester machen
strengthened core print Kernsicherung *f (feste Lagerung)*
strengthening 1. Festigkeitserhöhung *f*, Festigkeitssteigerung *f*, Verfestigung *f*; 2. Verstärkung *f*; Versteifung *f*
~ **band** Versteifungsband *n*, Bandage *f*
~ **component** Verstärkungskomponente *f*
~ **effect** festigkeitssteigernde Wirkung *f*, Verfestigungswirkung *f*
~ **of material** Werkstoffverfestigung *f*
stress/to *(Wkst)* spannen, beanspruchen
stress *(Wkst)* Spannung *f*, Beanspruchung *f*
~ **amplitude** Spannungsausschlag *m*
~ **annealing** Spannungsfreiglühen *n*
~ **application** Spannungsaufbringung *f*
~-**assisted** spannungsunterstützt
~ **axis** Spannungsachse *f*, Spannungsmittellinie *f*
~ **birefringence** Spannungsdoppelbrechung *f*
~ **calculation** Spannungsberechnung *f*
~ **component** Spannungskomponente *f*
~ **concentration** Spannungskonzentration *f*, Spannungsspitze *f*, Spannungsverdichtung *f*
~ **concentration factor** Kerbfaktor *m*
~ **condition** Beanspruchung *f*
~ **contrast** Spannungskontrast *m*
~ **control** Spannungsverfahren *n*; Spannungseinwirkung *f*
~-**controlled** spannungskontrolliert
~-**corrosion sensitivity** Spannungskorrosionsempfindlichkeit *f*
~ **crack** Spannungsriß *m*
~ **crack corrosion** Spannungsrißkorrosion *f*, SpRK
~ **crack corrosion resistance** Spannungsrißkorrosionsbeständigkeit *f*
~ **crack corrosion susceptibility** Spannungsrißkorrosionsanfälligkeit *f*
~ **crack corrosion test** Spannungsrißkorrosionsprüfung *f*
~ **creep fracture criterion** Zeitstandkriterium *n*
~ **curve** Spannungsverlauf *m*
~ **cycle** Lastspiel *n*
~ **cycle diagram** Wöhler-Schaubild *n*
~ **deformation diagram** Spannungs-Dehnungs-Diagramm *n*
~ **deviator** Spannungsdeviator *m*
~ **direction** Spannungsrichtung *f*
~ **distribution** Spannungsverteilung *f*, Spannungsverlauf *m*
~ **drop** Spannungsabfall *m*

~ **drop rate** Spannungsabfallgeschwindigkeit *f*
~ **ellipsoid** Spannungsellipsoid *n*
~ **exponent** Spannungsexponent *m*
~ **factor** Spannungsfaktor *m*
~ **field** Spannungsfeld *n*
~-**free** spannungsfrei
~-**free annealing** *(Gieß)* Spannungsfreiglühen *n*
~ **gradient** Spannungsgefälle *n*
~ **increase** Spannungssteigerung *f*, Spannungserhöhung *f*
~-**induced** spannungsinduziert
~-**induced pseudoelasticity** spannungsinduzierte Pseudoelastizität *f*
~ **intensity** Spannungsintensität *f*
~ **intensity factor** Spannungsintensitätsfaktor *m*
~ **intensity parameter** *s.* ~ intensity factor
~ **pattern** Spannungsverlaufskonturen *fpl*, Spannungslinienverlaufsbild *n*
~ **peak** Spannungsspitze *f*
~ **profile** Spannungsprofil *n*
~ **range** Spannungsbereich *m*; Spannungsschwingbreite *f*
~ **ratio** Spannungsverhältnis *n (Wechsel- zu Mittelspannung)*
~ **relaxation** Spannungsrelaxation *f*, [zeitabhängiger] Spannungsabbau *m*
~ **relaxation curve** Spannungsrelaxationsverlauf *m*
~ **relaxation machine** Spannungsrelaxationsapparatur *f*
~ **relaxation test** Spannungsrelaxationsversuch *m*
~-**relaxed** spannungsentlastet
~ **relief** Spannungsabbau *m*, Spannungsverminderung *f*, Spannungsrelaxation *f*, Spannungsentlastung *f*, Entspannung *f*; Entspannungsglühen *n (s. a. unter* ~ relieving*)*
~ **relief annealing** Spannungsarmglühen *n*
~ **relief crack** Relaxationsriß *m*
~ **relief cracking** Spannungsentlastungsrißbildung *f*
~ **relief heat treatment** Spannungsarmglühen *n*
~ **relief temperature** Spannungsfreiglühtemperatur *f*
~ **relieving** Spannungsabbau *m*, Spannungsverminderung *f*, Spannungsrelaxation *f*, Spannungsentlastung *f*, Entspannung *f*, Entspannungsglühen *n (s. a. unter* ~ relief*)*
~ **relieving annealing** Spannungsarmglühen *n*
~ **relieving by heat treatment** Spannungsarmglühen *n*
~ **relieving by local heating** örtliches Entspannen *n*
~ **relieving furnace** Ofen *m* zum Spannungsarmglühen

~ **reversal** Spannungsumkehr f
~ **rupture strength** Zeitstandfestigkeit f
~ **rupture test** Zeitstandversuch m
~ **state** Spannungszustand m
~ **strain** Reckspannung f
~-**strain characteristic (curve)** Spannungs-Dehnungs-Kennlinie f
~-**strain diagram** Spannungs-Dehnungs-Diagramm n
~ **tensor** Spannungstensor m
stressed parts spannungsbehaftete (spannungsbeanspruchte) Teile npl
~ **state** Spannungszustand m
~ **working stand** vorgespanntes Walzgerüst n
stretch/to (Umf) recken; strecken
stretch forging Reckschmieden n
~ **formability** Streckziehbarkeit f
~-**forming** Reckziehen n, Streckziehen n
~ **reducing mill** Streck[reduzier]walzwerk n
~ **spinning** Streckdrücken n
stretchability Ausdehnungsvermögen n
stretched langgestreckt
~ γ'**region** (Wkst) gestreckter γ-Bereich m
stretcher Streckbank f, Streckmaschine f
~ **leveller** Streckmaschine f, Richtmaschine f, Streckrichtmaschine f
~ **levelling** Streckrichten n
~ **lines** Fließfiguren fpl
~ **strain** Reckspannung f
stretching 1. Reckung f, Streckung f; 2. Reckziehen n, Streckziehen n
~-**bending-straightening** Streckbiegerichten n
~-**bending-straightening machine** Streckbiegerichtmaschine f
~-**bending-straightening plant** Streckbiegerichtanlage f
~ **device** Reckvorrichtung f, Streckvorrichtung f
~ **force** Streckkraft f
~ **hammer** Reckhammer m
~ **machine** Streckmaschine f
~ **roll** Reckwalze f, Streckwalzwerksrolle f
striae 1. Riefen fpl, Rillen fpl; 2. Striemen mpl, Bänder npl zweiter Gleitung
striation 1. Streifung f (strukturell); 2. Schwingungsstreifen mpl
strickle/to (Gieß) schablonieren
strickle (Gieß) 1. Schablone f; 2. Schabloniereinrichtung f, Abstreichwerkzeug n
~ **arm** Schablonenarm m, Schablonenhalter m, Fahne f
~ **board** Schablone f, Schablonierbrett n, Drehschablone f, Ziehschablone f
~ **board support** s. ~ arm
~ **moulding mixture** Schabloniermasse f
~ **sweep** s. ~ board
strickled core box Kernkasten m mit Ziehschablone
strickling (Gieß) Schablonieren n

strike/to 1. (Umf) stoßen, schlagen, schlagschmieden; 2. zünden (Lichtbogen)
~ **off** (Gieß) abschlagen, abstreichen (Formkasten, Kernkasten)
~ **the arc** Lichtbogen zünden
striker 1. (Umf) Schlagwerkzeug n, Backen m, Stößel m; 2. Abstreicher m; 3. s. striking pendulum
striking-back of the flame Flammenrückschlag m
~ **compressor** (Pulv) Schlagverdichter m
~ **edge** Hammerschneide f (Pendelschlagwerk)
~ **energy** Schlagarbeit f
~ **hammer** Schlagbär m, Hammerbär m
~ **off** (Gieß) Abstreichen n (des Sandes)
~ **pendulum** Kerbschlagbiegehammer m
~ **piece** Prallstück n
~ **velocity** (Umf) Aufschlaggeschwindigkeit f, Auftreffgeschwindigkeit f, Schlaggeschwindigkeit f
~ **voltage** Zündspannung f (Lichtbogen)
~ **weight** (Umf) Schlagmasse f, Fallmasse f
string cutting technique (Wkst) Fadentrennverfahren n
~ **pressure** Fadendruck m (der Säuresäge)
~ **wear** Fadenverschleiß m
stringer 1. Faser f, Zeile f; 2. zeilenartiger Einschluß m; 3. Tragbalken m
strip/to 1. abstreifen, austreiben, abziehen, rückextrahieren, eluieren; 2. (Gieß) ziehen, abheben, ausheben (Modell)
~ **off** (Gieß) abstreifen, strippen, Kokille abziehen
~ **the flask** den Formkasten abheben
strip Band n, Streifen m
~ **casting** Bandgießen n
~ **coating** Bandbeschichten n
~ **coating installation** Bandbeschichtungsanlage f
~ **coiler** Bandwickelmaschine f
~ **cutting machine** Streifenschere f, Streifenschneidemaschine f
~ **degreasing** Bandentfettung f
~ **degreasing plant** Bandentfettungsanlage f
~ **dryer** Bandtrockenvorrichtung f
~ **lacquering** Bandlackieren n
~ **mill** Bandwalzwerk n
~ **mill roller** Bandwalze f
~ **moulding machine** (Gieß) Abhebeformmaschine f
~ **plate** Vorband n
~ **preparing installation** Bandvorbereitungsanlage f
~ **radiation pyrometer** Bandstrahlungspyrometer n
~ **reflector** Streifenreflektor m
~ **rolling mill** Bandwalzwerk n
~ **shears** Streifenschere f, Bandschere f

~ **sintering furnace** Bandsinterofen *m*, Sinterband *n*
~ **slitting machine** Bandspaltanlage *f*
~ **solution** *s.* stripping solvent
~ **specimen** Bandprobe *f*
~ **steel** Bandstahl *m*, Bandstreifen *m*
~ **straightening machine** Bandrichtmaschine *f*
~ **tension** Bandzug *m*, Bandspannung *f*
~ **theory** Streifentheorie *f*
~ **thickness measuring device** Banddikkenmeßgerät *n*
~ **trimming** Bandbesäumen *n*
~ **trimming line** Bandbesäumstrecke *f*, Bandbesäumanlage *f*
stripper 1. Abstreifer *m*; 2. *(Umf)* Niederhalter *m*
~ **bay** Stripperhalle *f*
~ **block** *(Umf)* Abhebekorb *m*
~ **crane** Stripperkran *m*
~ **plate** Abstreifplatte *f*
~ **pressure** Niederhalterdruck *m*
~ **roll** Abstreifwalze *f*, Abziehwalze *f*, Rückholwalze *f*
~ **spring** Abstreiffeder *f*
~ **tongs** 1. Kokillenzange *f*; 2. Stripperzange *f (Blockguß)*
stripping 1. Austreiben *n*, Abstreifen *n*, Abziehen *n*; Rückextrahieren *n*, Desorbieren *n*; 2. *(Gieß)* Ziehen *n*, Abheben *n*, Ausheben *n (Modell)*
~ **bay** Stripperhalle *f*
~ **column** Abtreibkolonne *f*, Abstreifkolonne *f*, Rückextraktionskolonne *f*
~ **cooler** Abstreifkühler *m*
~ **device** Aushebevorrichtung *f*, Abschiebevorrichtung *f*, Zieheinrichtung *f (Modell, Kern)*
~ **force** Abziehkraft *f*
~ **machine** 1. *(Gieß)* Abhebeformmaschine *f*; Durchziehformmaschine *f*; 2. *(Hydro)* Abziehmaschine *f (für Katodenzink)*
~ **machine by lifting the moulding box or core box** Formmaschine *f* mit Abheben des Formkastens oder Kernkastens
~ **machine by removal of the pattern or core** Formmaschine *f* mit Absenken des Modells oder Kerns
~ **of the flask** Abheben *n* des Formkastens
~ **plate** *(Umf)* Abstreifer *m*, Abstreifmeißel *m*; 2. *(Gieß)* Abstreifplatte *f*, Durchziehplatte *f*, Abstreifkamm *m (Formmaschine)*
~ **roller** Abziehwalze *f*
~ **sintering** Durchzugsintern *n*
~ **solvent** Lösungsmittel *n* zur Rückextraktion, Rückextraktionslösung *f*
~ **tester** Tauchprobenehmer *m*
stroke 1. Hub *m*, Kolbenhub *m*; 2. Schlag *m*, Stoß *m (z. B. mit dem Pendelschlagwerk)*
~ **connecting rod** Pleuelstange *f*

~ **end** Hubende *n*
~ **limitation** Hubbegrenzung *f*
~ **of crank** Kurbelhub *m*
strong massiv, kräftig; fest, widerstandsfähig
~~**acid cation exchanger** starksaurer Kationenaustauscher *m*
~~**base anion exchanger** starkbasischer Anionenaustauscher *m*
~ **elastic interaction** rein elastische Wechselwirkung *f*
~ **gas** Starkgas *n*
~~**gas heating** Starkgasheizung *f*
~ **loam** Formlehm *m*
~ **sand** hochtonhaltiger Natursand *m*, fetter Sand *m*
~ **mould** feste Form *f*
strongly stressed stark verspannt
strontium Strontium *n*
structural change Gefügeänderung *f*, Strukturänderung *f*
~ **characteristic** *s.* ~ parameter
~ **classification investigation** Gefügerichtreihenuntersuchung *f*
~ **component** Gefügekomponente *f (im Makrobereich)*; Strukturelement *n (im Mikrobereich)*
~ **constituent** Gefügebestandteil *m*
~ **examination** Gefügeuntersuchung *f*
~ **family** Strukturfamilie *f*
~ **fault** Strukturfehler *m*, Strukturdefekt *m*
~ **feature** Gefügemerkmal *n*, Strukturmerkmal *n*
~ **formation** Gefügeausbildung *f*
~ **framework** Gefügeverband *m*
~ **geometry** Gefügegeometrie *f*
~ **hardening** Aus[scheidungs]härten *n*
~ **heredity** Strukturvererbung *f*
~ **heterogeneity** Gefügeheterogenität *f*
~ **homogeneity** Gefügehomogenität *f*
~ **instability** Gefügeinstabilität *f*
~ **material** Baustoff *m*
~ **metallurgy** *s.* physical metallurgy
~ **mill** Formstahlwalzwerk *n*, Profilstahlwalzwerk *n*
~ **parameter** Gefügeparameter *m*, Gefügemeßwert *m*, Gefügekennwert *m*
~ **precipitation** Gefügeausscheidung *f*
~ **property** Gefügeeigenschaft *f*
~ **relationship** Strukturbeziehung *f*
~ **shape** Profil *n*, Konstruktionsprofil *n*, Profilform *f*
~ **sheet** Konstruktionsblech *n*
~ **solidification** Gefügeverfestigung *f*
~ **stability** Strukturstabilität *f*, Gefügebeständigkeit *f*
~ **steel** Baustahl *m*
~ **steel shape** Formstahlprofil *n*, Baustahlprofil *n*
~ **transformation** Gefügeumwandlung *f*
~ **transition** Strukturübergang *m*
~ **variant** Strukturvariante *f*

structure Struktur *f*, Gefüge *n*, Gefügeausbildung *f*
~ **activity** Strukturaktivität *f*
~ **amplitude** Strukturamplitude *f*
~ **analyzer** Gefügeanalysator *m*
~ **argument** Strukturargument *n*
~ **assessment** Gefügeauswertung *f*
~-**borne sound** Körperschall *m*
~ **cell** Strukturzelle *f*
~ **characterization** Gefügekennzeichnung *f*
~-**dependent** gefügeabhängig
~ **description** Gefügebeschreibung *f*
~ **determination** Strukturbestimmung *f*
~ **etching** Strukturätzung *f*
~ **evaluation** Gefügeauswertung *f*
~ **factor** Strukturfaktor *m*, Gefügekennwert
m
~ **factor contrast** Strukturfaktorkontrast *m*
~ **geometry** Gefügegeometrie *f*
~-**insensitive** strukturunempfindlich *(physikalische bzw. mechanische Eigenschaft)*
~ **investigation** Strukturuntersuchung *f*
~ **model** Strukturmodell *n*
~ **of green strip** *(Pulv)* Grünbandstruktur *f*
~ **of inclusions** Einlagerungsstruktur *f (bei
Hartstoffen)*
~ **of pores** Porenstruktur *f*
~ **of powder** Pulvergefüge *n*
~ **of rolling steel** Walzstahlgefüge *n*
~ **of the weld** Schweißnahtaufbau *m*
~ **parameter** *s.* structural parameter
~ **portion** Gefügeanteil *m*
~ **relationship** Strukturzusammenhang *m*
~ **report** Strukturbericht *m*
~-**sensitive** strukturempfindlich *(physikalische bzw. mechanische Eigenschaft)*
~ **specimen** Gefügeprobe *f*
~ **stability** Gefügestabilität *f*
~ **type** Strukturtyp *m*
structureless strukturlos, ohne kristallografische Raumgitteranordnung *(in der Feinstrukturanalyse)*
strut Strebe *f*; Versteifung *f*
stub axle Achsenstumpf *m*; Zapfenwelle *f*;
Achsschenkel *m*, Vorderachsschenkel *m*
~ **end** Elektrodenrest *m*, Elektrodenstummel *m*, Stummel *m*
Stubbs steel Silberstahl *m*
stud 1. Stift *m*, Zapfen *m* *(s. a. ~ bolt)*; 2.
Kontaktstück *n*
~ **bolt** Stiftschraube *f*, Gewindestift *m*,
Stiftbolzen *m*
~ **link chain** Stegkette *f*
~ **nut** Bolzenmutter *f*
~ **screw** Schraub[en]bolzen *m*
~ **welding** Bolzenschweißen *n*
stuffing 1. Dichtung *f*, Packung *f*; 2. *(Pulv)*
Füllmittel *n*
~ **box** Stopfbuchse *f*
~ **box gland** Stopfbuchsenbrille *f*
stump of an electrode Elektrodenrest *m*,
Elektrodenstummel *m*, Stummel *m*

stupp Stupp *f (Rückstand der Quecksilber-
raffination)*
stylus Abtaststift *m*
subangular grain kantengerundetes Korn *n*
subaqueous cable Unterwasserkabel *n*
subbolster *(Umf)* Hilfsdruckplatte *f*
subboundary Subkorngrenze *f*, Kleinwinkelkorngrenze *f*
subcooling Unterkühlung *f*
subcritical unterkritisch
~ **cooling rate** unterkritische Abkühlungsgeschwindigkeit *f*
~ **region** unterkritischer Bereich *m*
~ **temperature** unterkritische Temperatur *f*
~ **transformation** Ar_1-Umwandlung *f*
subcutaneous blow hole Randblase *f*
(Gußfehler)
subdivided unterteilt
subdivision Unterteilung *f*
subframe Zwischenrahmen *m*
subgrain Subkorn *n*, Unterkorn *n*
~ **boundary** Subkorngrenze *f*
~ **boundary reaction** Subkorngrenzenreak-
tion *f*
~ **boundary recovery model** Subkorngren-
zenerholungsmodell *n*
~ **boundary strengthening** Subkorngren-
zenverfestigung *f*, Verfestigung *f* durch
Subkorngrenzen
~ **boundary wall** Subkorngrenzenwand *f*
~ **coalescence** Subkornkoaleszenz *f*
~ **coarsening** Subkornvergröberung *f*
~ **diameter** Subkorndurchmesser *m*
~ **formation** Subkornbildung *f*
~ **growth** Subkornwachstum *n*
~ **growth model** Subkornwachstumsmo-
dell *n*
~ **interior** Subkorninneres *n*
~ **size** Subkorngröße *f*
~ **structure** Subkornstruktur *f; s. a.* substructure
subgroup Nebengruppe *f*
subhearth Herdunterbau *m*; Unterofen *m*
sublance Hilfslanze *f*; Meßlanze *f*
sublimate/to sublimieren
sublimate 1. Sublimat *n (Produkt der Sublimation)*; 2. Sublimat *n (Quecksilber(II)-
chlorid)*
sublimation Sublimation *f*
~ **energy** Sublimationsenergie *f*
~ **point** Sublimationspunkt *m*
~ **rate** Sublimationsgeschwindigkeit *f*
~ **temperature** Sublimationstemperatur *f*
submarine cable Seekabel *n*, Tiefseekabel
n
~ **ladle** Torpedopfanne *f*
submerged arc melting furnace Tauch-
elektroden-Lichtbogenschmelzofen *m*
~ **arc method** *s.* ~ arc welding
~ **arc welded joint** Unterpulverschweiß-
naht *f*

~ **arc welding** Unterpulver[lichtbogen]schweißen *n*, UP-Schweißen *n*
~ **injection process** Einblasverfahren *n* unter dem Metallspiegel
~ **lance** Tauchlanze *f*
~ **nozzle** Taucheinguß *m*
subpress unit *(Umf)* Pressenunterteil *n*
subpressure Unterdruck *m*
subsaturated untersättigt
subsaturation Untersättigung *f*
subsequent combustion Nachverbrennung *f*
~ **treatment** Weiterverarbeitung *f*; Nachbehandlung *f*
subsidiary curve Vergleichslinie *f*
~ **reaction** Nebenreaktion *f*
~ **sulphurization** Nachentschwefelung *f*
subsiding Einsinken *n*
subsieve fraction nicht siebbarer Anteil *m*
~ **powder** Fein[st]pulver *n*
subsolidus region Bereich *m* unter Solidus
substance Substanz *f*, Stoff *m*, Materie *f*
substitute Ersatzstoff *m*
~ **fuel** Ersatzbrennstoff *m*, Austauschbrennstoff *m*
~ **material** Ersatzwerkstoff *m*, Austauschwerkstoff *m*
~ **part** Ersatzteil *n*, Austauschteil *n*
~ **steel** Ersatzstahl *m*
substitution Ersatz *m*
~ **bar** Ersatzbarren *m*
~ **ratio** Ersatzverhältnis *n*
substitutional foreign atom substituiertes Fremdatom *n*
~ **superlattice structure** Substitutionsüberstruktur *f*
substoichiometric unterstöchiometrisch
substrate Trägermaterial *n*, Unterlage *f*
~ **metal** Grundmetall *n*
substructure Substruktur *f*; *s. a.* subgrain structure
~ **strengthening** Substrukturverfestigung *f*
subsurface corrosion Unterschichtkorrosion *f*, Unterwanderungsschaden *m*
~ **crack** Innenriß *m* *(unterhalb der Oberfläche)*
~ **defect** Fehler *m* unter der Oberfläche
~ **oxidation** Oxydation *f* innerhalb der Schmelze
~ **zone** oberflächennaher Werkstoffbereich *m*
subterranean unterirdisch
subversive element Störelement *n* *(z. B. in GGG)*
subzero temperature Minustemperatur *f* *(< 0°C)*
~ **treatment** Tieftemperaturbehandlung *f*, Tiefkühlung *f*
successive etching Nacheinanderätzung *f*
suck/to [ab]saugen, nutschen
~ **away** absaugen
~ **off** absaugen

sucking 1. Saugen *n*; 2. Kneifen *n* des Drahts *(örtliche Drahtverjüngung beim Ziehen)*
~-**away** Absaugen *n*
~-**off** Absaugen *n*
~-**off plant** Absauganlage *f*
suction Saugen *n*, Absaugen *n*
~ **adaptor** Ansaugstutzen *m*
~ **air** Saugluft *f*
~ **apparatus** Absaugegerät *n*
~ **area** Saugfläche *f*
~ **bag filter** Saugschlauchfilter *n*
~ **casting** Vakuumgießen *n*, Vakuumguß *m*
~ **cell filter** Saugzellenfilter *n*
~ **connection** Ansaugstutzen *m*
~ **conveyor** Saugförderer *m*
~ **fan** Sauggebläse *n*
~ **filter** Saugfilter *n*, Nutschenfilter *n*, Vakuumfilter *n*
~ **hood** Absaughaube *f*
~ **output** Ansaugleistung *f*
~ **pipe** Saugleitung *f*
~ **plant** Absauganlage *f*
~ **pump** Saugpumpe *f*
~-**type sintering machine** Saugzugsintermaschine *f*
~ **valve** Saugventil *n*
~ **volume** Absaugvolumen *n*
sulf... *(Am) s. unter* sulph...
sull coat/to anlaufen lassen, bräunen *(nach dem Beizen an Luft auslagern, damit sich eine dünne Rostschicht bildet)*
sull coating Bräunen *n (nach dem Beizen)*
sullage piece verlorener Kopf *m (Speiser)*
~ **pipe** Steigtrichter *m*
sulling Bräunen *n*, Anrosten *n*, Anlassen *n* auf Anlauffarbe
sulphate Sulfat *n*
~ **sulphur** Sulfatschwefel[gehalt] *m*
sulphation Sulfatierung *f*
~ **roasting** sulfatierende Röstung *f*
sulphatizing Sulfatierung *f*
sulphide Sulfid *n*
~ **band** Sulfidzeile *f*
~ **chain** Sulfidkette *f*
~ **composition** Sulfidzusammensetzung *f*
~ **eutectic** Sulfideutektikum *n*
~ **halo** Sulfidhof *m*
~ **inclusion** Sulfideinschluß *m*
~ **ore** Sulfiderz *n*, sulfidisches Erz *n*
~ **purity** sulfidischer Reinheitsgrad *m*, sulfidische Reinheit *f*
~ **scale efflorescence** *(Korr)* Schwefelflocken *fpl*
~ **shape** Sulfidform *f*
~ **stringer** Sulfidstreifen *m*
~ **sulphur** Sulfidschwefel[gehalt] *m*
sulphidic sulfidisch
~ **galena concentrate** Bleikonzentrat *n*, Galenitkonzentrat *n*
sulphiding *s. unter* sulphidizing
sulphidizing Sulfidieren *n*

~ **process** Sulfidierungsvorgang *m*
sulphite Sulfit *n*
~ **lye** Sulfit[ab]lauge *f (Bindemittel für Pelletieren, Brikettieren)*
sulphocarbide Sulfokarbid *n*, Schwefelkarbid *n*
sulphoxylate Sulfoxylat *n*
sulphur Schwefel *m*
~ **attack** Schwefelangriff *m*
~ **bacteria** Thiobakterien *npl*
~ **corrosion** Schwefelkorrosion *f*
~ **dioxide** Schwefeldioxid *n*
~-**dioxide-bearing gas** schwefeldioxidhaltiges Gas *n*
~ **distribution** Schwefelverteilung *f*
~ **distribution ratio** Schwefelverteilungsverhältnis *n*
~ **dome** Schwefelglocke *f*
~ **elimination** Schwefelentfernung *f*
~ **emission** Schwefelemission *f*
~ **pick-up** Schwefelaufnahme *f*
~ **pock mark** Schwefelpocke *f*
~ **print** Schwefelabdruck *m*, Baumann-Abdruck *m*
~ **print test** Baumann-Schwefelabdruckverfahren *n*, Baumann-Abdruckverfahren *n*
~ **printing** s. ~ print
sulphuric acid Schwefelsäure *f*
sulphurization Aufschwefelung *f*
sulphurizer Aufschwefelungsmittel *n*
sulphurous acid schweflige Säure *f*
sum frequency 1. Summenfrequenz *f*; 2. Summenhäufigkeit *f*
~ **frequency image** Summenfrequenzabbildung *f*
superalloy Superlegierung *f*
~ **powder** Superlegierungspulver *n*
supercharger Kompressor *m*, Vorverdichter *m*
superconducting supraleitend
~ **magnet** Supraleitungsmagnet *m*
superconduction Supraleitung *f*
superconductivity Supraleitfähigkeit *f*
superconductor Supraleiter *m*
~ **tye I** Supraleiter *m* erster Art
~ **type II** Supraleiter *m* zweiter Art
supercooled structure Unterkühlungsgefüge *n*
supercooling Unterkühlung *f*
superdislocation Überstrukturversetzung *f*
superduty refractory hochwertiges Feuerfesterzeugnis *n*
superelasticity Superelastizität *f*
superferrite Superferrit *m*
superficial oberflächlich
~ **annulus** Oberflächenabtrag *m (ringförmig)*
~ **hardening** Oberflächenhärtung *f*
superfine drawing machine Feinstdrahtzug *m*, Feinstdrahtziehmaschine *f*
~ **wire drawing** Feinstdrahtziehen *n*, Kratzenziehen *n*, Kratzenzug *m*

~ **wire drawing machine** Feinstdrahtziehmaschine *f*, Kratzendrahtziehmaschine *f*
superfines Feinstanteil *m*
supergroup Übergruppe *f*
superheat/to überhitzen
superheat Uberhitzung *f*; Überhitzungswärme *f*
superheated steam Heißdampf *m*, überhitzter Dampf *m*
superheater Überhitzer *m*
~ **tube** Überhitzerrohr *n*
superheating Überhitzung *f*
~ **rate** Überhitzungsleistung *f*, Überhitzungsgeschwindigkeit *f*
superhigh-speed steel Schnellstahl *m* für höchste Schnittgeschwindigkeiten, Hochleistungsschnellstahl *m*, HHS
superimpose/to überlagern
superlattice *(Krist)* Überstrukturgitter *n*, Überstruktur *f*
~ **beam** Überstrukturstrahl *m*
~ **formation** Überstrukturbildung *f*
~ **hardening** Überstrukturhärtung *f*
~ **line** Überstrukturlinie *f*
~ **line breadth** Überstrukturlinienbreite *f*
~ **line intensity** Überstrukturlinienintensität *f*
~ **phase** Überstrukturphase *f*
~ **precipitate** Überstrukturausscheidung *f*
~ **reflection** Überstrukturreflex *m*
~ **region** Überstrukturbereich *m*
~ **spot** Überstrukturreflex *m*
supernatant überstehend *(Flüssigkeit)*
superoxidized überblasen *(zu hoher Sauerstoffgehalt im Kupfer)*
superparamagnetism Superparamagnetismus *m*
superplastic deformation superplastische Verformung *f*
~ **straining** superplastisches Dehnen *n*
superplasticity Superplastizität *f*
superposed sieve Übersieb *n*
~ **tubular cooler** vorgeschalteter Röhrenkühler *m*
superposition Überlagerung *f*
superrefractory hochfeuerfest
supersaturate/to übersättigen
supersaturated übersättigt
~ **solid solution** übersättigter Mischkristall *m*
supersaturation Übersättigung *f*
superslip band Supergleitband *n*
supersonic wave Ultraschallwelle *f*
superstructure Oberbau *m*; Aufbauten *mpl*
supervision Überwachung *f*, Beaufsichtigung *f*
~ **of operation** Betriebsüberwachung *f*
supplementary mean for pressing *(Pulv)* Preßhilfsmittel *n*
supply 1. Zufuhr *f*, Zuführung *f*; 2. Einspeisung *f*, Stromzuführung *f*
~ **of protective gas** Schutzgaszufuhr *f*

~ **of scrap** Schrottversorgung *f*
~ **piping** Zufuhrleitung *f*
~ **table** Anlieferungstisch *m*
support 1. Lager *n*, Stütze *f*, Auflager *n*; 2. Support *m*, bewegliches Lager *n*, beweglicher Stützrahmen *m*; 3. Ofenfuß *m*, Ofensäule *f*; 4. Abstützung *f (Formballen am Kasten)*; 5. s. ~ **material**
~ **film** Stützlack *m*
~ **force** Stützkraft *f*
~ **material** Träger[stoff] *m*, Trägersubstanz *f*
~ **pillar** *(Gieß)* Stützbolzen *m*
~ **plate** Stützplatte *f (Druckguß)*
~ **pressure** Auflagedruck *m*
supporting bearing Traglager *n*
~ **strand** Tragseil *n*
~ **trestle** *(Gieß)* Tragschere *f*
supraconductor s. superconductor
surface/to plandrehen
~-**condition** putzen
~-**harden** oberflächenhärten, randhärten
surface Fläche *f*; Oberfläche *f*
~ **absorption** *(Korr)* Flächenabsorption *f*, Flächenbelegung *f*, Flächenbeaufschlagung *f*
~ **activation analysis** Oberflächenaktivierungsanalyse *f*
~-**active agent** oberflächenaktiver Stoff *m*
~ **analysis** Oberflächenanalyse *f*
~ **analysis method** Oberflächenuntersuchungsmethode *f*
~ **appearance** Oberflächenbeschaffenheit *f*
~ **area per unit weight** spezifische Oberfläche *f*
~ **area/volume ratio** Oberflächen-Volumen-Verhältnis *n*
~ **atom** Oberflächenatom *n*
~ **attack** Flächenangriff *m*
~ **bench** Anreißplatte *f*
~ **blow hole** Oberflächenblase *f*
~ **blowing** Blasen *n* von der Seite, Oberwindfrischen *n (Kleinkonverter)*
~ **burner** Flächenbrenner *m*
~ **carburization** Oberflächenaufkohlen *n*, Einsatzhärten *n*
~ **cavity** Oberflächenhohlraum *m*
~ **cementation** Einsatzhärten *n*, Oberflächenaufkohlen *n*
~ **cementite** Randzementit *m*
~ **charge** Oberflächenladung *f*
~ **chill** *(Gieß)* Außenkokille *f*, Außenkühleisen *n*, äußeres Kühlelement *n*, Außenkühlelement *n*, Schreckplatte *f*
~ **coating** Oberflächenüberzug *m*
~ **condition** Oberflächenbeschaffenheit *f*
~ **conduction** Oberflächenleitfähigkeit *f*
~ **consolidation** Oberflächenverdichtung *f*
~ **contact** Oberflächenkontakt *m*, Oberflächenberührung *f*

~ **contact resistance** Oberflächenkontaktwiderstand *m*
~ **contrast** Flächenkontrast *m*
~ **cooling spray** Oberflächensprühkühlung *f*
~ **crack** Oberflächenriß *m*
~ **current density** Oberflächenstromdichte *f*
~ **damage** Oberflächenzerstörung *f*
~ **decarburization** Randentkohlung *f*
~ **decoration** Oberflächendekoration *f*
~ **defect** Oberflächenfehler *m*
~ **defect detection** Oberflächenfehlerprüfung *f*
~ **deformation** Oberflächenverformung *f*
~ **densener** s. ~ chill
~ **diffusion coefficient** Oberflächendiffusionskoeffizient *m*
~ **embrittlement** Oberflächenversprödung *f*
~ **energy** Oberflächenenergie *f*
~ **energy gradient** Gradient *m* der Oberflächenenergie
~ **enrichment** Oberflächenanreicherung *f*
~ **etching** Bruchätzung *f*
~ **factor** Oberflächeneinflußfaktor *m*
~ **film** Deckschicht *f*
~ **finish** Oberflächengüte *f*, Oberflächenbeschaffenheit *f*
~ **finish factor** Oberflächenkennwert *m*
~ **finishing** Verfestigen *n* von Oberflächen
~ **flaw** Oberflächenfleck *m*, Oberflächenanriß *m*
~ **flow** Oberflächenfließen *n*
~ **folding** Schlieren *fpl*, Runzeln *fpl*
~ **force** Oberflächenkraft *f*
~ **friction** Oberflächenreibung *f*, Flächenreibung *f*
~ **grain structure** Oberflächenkornstruktur *f*
~ **grinding** Flächenschleifen *n*, Planschleifen *n*
~ **grinding machine** Flächenschleifmaschine *f*
~ **hardening** Oberflächenhärten *n*, Randhärten *n*
~ **hardness** Oberflächenhärte *f*
~ **heat-transfer coefficient** Oberflächenwärmeübertragungskoeffizient *m*
~ **impregnation** Oberflächentränkung *f*
~ **impurity layer** Oberflächenfremdschicht *f*
~ **inspection** Oberflächenprüfung *f*, Flächenprüfung *f*
~ **ionization** Oberflächenionisation *f*
~ **irregularity** Unebenheit *f*. Oberflächenunebenheit *f*
~ **layer** Oberflächenschicht *f*, Randschicht *f*, Deckschicht *f*
~ **level** 1. Höhenunterschied *m (auf einer Schliffoberfläche)*; 2. Oberflächenniveau *n*; 3. Energieniveau *n*

~ **martensite** Oberflächenmartensit *m*
~ **morphology** Oberflächenmorphologie *f*
~ **of powder** Pulveroberfläche *f*
~ **of powder particle** Pulverteilchenoberfläche *f*
~ **of the cladding** Plattierungsoberfläche *f*
~ **of the metallographic specimen** Schliffläche *f*
~ **oxidation** Oberflächenoxydation *f*
~ **oxide** Oberflächenoxid *n*
~ **oxide film** Oberflächenoxidfilm *m*
~ **oxide softening** Oberflächenentfestigung *f* durch Oxide
~ **oxide strengthening** Oberflächenverfestigung *f* durch Oxide
~ **peeling** Schalenausbrechung *f*
~ **pin** Rückstoßstift *m (Druckguß)*
~ **pinholes** Oberflächenporen *fpl (Gußfehler)*
~ **planing machine** Abrichthobelmaschine *f*
~ **plate** Anreißplatte *f*; Richtplatte *f*
~ **preparation** Oberflächenvorbereitung *f*; Haftgrundvorbereitung *f (Beschichtung)*
~ **pressure** Oberflächendruck *m*; Anpreßdruck *m*, Flächenpressung *f*
~ **pressure tester** Flächenprüfgerät *n*
~ **profile** Oberflächenprofil *n*
~ **protecting film** Oberflächenschutzfilm *m*
~ **protection** Oberflächenschutz *m*; *(Korr)* Oberflächenvorbehandlung *f*
~ **quality** Oberflächenbeschaffenheit *f*, Oberflächenzustand *m*, Oberflächengüte *f*, Schliffgüte *f*
~ **refinement** Oberflächenveredlung *f*
~ **reflection** Oberflächenreflexion *f*
~ **relief** Oberflächenrelief *n*
~ **residual stress difference** Randeigenspannungsdifferenz *f*, Randrestspannungsdifferenz *f*
~ **roughness** Rauhigkeit *f*, Oberflächenrauhigkeit *f*
~ **scale** Zunder *m*
~ **scanner** Oberflächenkontrollgerät *n*
~ **scratching test** *(Wkst)* Ritzhärteprüfung *f*
~ **segregation** Oberflächenanreicherung *f*
~ **shear stress** Oberflächenschubspannung *f*, Randschubspannung *f*
~ **shrinkage** Oberflächenlunker *m*, Außenlunker *m*, offener Lunker *m*
~ **sintering** Versinterung *f* der Oberfläche
~ **temperature** Oberflächentemperatur *f*
~ **tension** Oberflächenspannung *f*, Grenzflächenspannung *f*
~ **tension differential** Oberflächenspannungsdifferential *n*
~ **texture** Oberflächentextur *f*
~ **thermal treatment** Oberflächenwärmebehandlung *f*
~ **topography** Oberflächentopografie *f*

~-**treated** oberflächenbehandelt, oberflächenveredelt
~ **treatment** Oberflächenbehandlung *f*, Oberflächenbearbeitung *f*, Oberflächenveredlung *f*
~ **treatment plant** Oberflächenveredlungsanlage *f*
~ **vitrification** Sintern *n*, Fritten *n*
~ **wave** Oberflächenwelle *f*
~ **waviness** Oberflächenwelligkeit *f*
~ **zone** Randzone *f*, randnahe Zone *f*; Randschicht *f*
surfacing Auftragschweißen *n*
~ **alloy** Aufschweißlegierung *f*
surfactant *s.* surface-active agent
surge bunker Pufferbunker *m*, Zwischenbunker *m*
~ **tank** Puffertank *m*, Windkessel *m*, Druckkessel *m*, Druckausgleichsbehälter *m*
surgical implant chirurgisches Implantat *n (pulvermetallurgisch hergestellt)*
surplus energy Überschußenergie *f*
~ **gas** Überschußgas *n*
~ **gas burner** Gasfackel *f*
~ **heat** Wärmeüberschuß *m*
~ **metal** überschüssiges Metall *n*
surrounding air Umweltluft *f*, Umgebungsluft *f*
~ **conditions** Umweltbedingungen *fpl*, Umweltverhältnisse *npl*
susceptibility Empfindlichkeit *f*, Suszeptibilität *f*; Anfälligkeit *f*, Neigung *f*
~ **to aging** Alterungsempfindlichkeit *f*, Alterungsneigung *f*
~ **to corrosion** Korrosionsanfälligkeit *f*
~ **to flakes (flaking)** Flockenempfindlichkeit *f*, Flockenanfälligkeit *f*
~ **to fracture** Bruchempfindlichkeit *f*
~ **to hardening cracks** Härterißanfälligkeit *f*
~ **to hot cracks** Warmrißanfälligkeit *f*
~ **to hot shortness** Warmbruchanfälligkeit *f*, Warmbruchneigung *f*
~ **to intergranular corrosion** Anfälligkeit *f* gegen interkristalline Korrosion, iK-Anfälligkeit *f*
~ **to scabbing** *(Gieß)* Schülpanfälligkeit *f*
~ **to trouble** Störanfälligkeit *f*
~ **to weld decay** Empfindlichkeit *f* einer Schweißung gegen interkristalline Korrosion
suspend/to 1. suspendieren, aufschlämmen; 2. [frei schwebend] aufhängen
~ **in a liquid** aufschlämmen
suspended arch Hängegewölbe *n*, Hängedecke *f*
~ **construction** Hängekonstruktion *f*
~ **particle** Schwebe[stoff]teilchen *n*
~ **railroad** Hängebahn *f*
~ **roof** *s.* ~ arch
~ **rope** Tragseil *n*, Hängeseil *n*
~ **state** Schwebezustand *m*

suspension 1. Suspension *f*, Aufschlämmung *f*; 2. Aufhängung *f*
~ **gear** Gehänge *n*
~ **medium** Suspensionsmittel *n*
~ **of powder** Pulversuspension *f*
~ **point** Aufhängepunkt *m*
~ **roasting** Suspensionsröstung *f*, Schweberöstung *f*
~ **roof** Hängegewölbe *n*, Hängedecke *f*
~ **rope** Tragseil *n*, Hängeseil *n*
~ **wire** Aufhängedraht *m*
suspicion Spur *f*, Anflug *m* (z. B. *von Rost*)
swab/to *(Gieß)* anstreichen *(Schlichte)*
swab Pinsel *m*, Quast *m*
~ **etching** Wischätzung *f*
swabbing *(Gieß)* Einstreichen *n (Schlichte)*
~ **pass** Schienenstauchkaliber *n*, Schienenstauchstich *m*
swage/to kalthämmern, anspitzen, verjüngen, anangeln, im Gesenk anspitzen (schmieden)
swage Gesenk *n*
~ **block** Gesenkblock *m*
~ **hammer** Gesenkhammer *m*
swaged forging Gesenkschmiedestück *n*
swager Streckgesenk *n*, Streckwerkzeug *n*
swaging Kalthämmern *n*, Anspitzen *n*, Anangeln *n*, Streckgesenkschmieden *n*
~ **hammer** Gesenkhammer *m*
~ **head** Stauchbacke *f*, Stauchkopf *m*, Schmiedebacke *f* zum Anspitzen
~ **machine** Hämmer[anspitz]maschine *f*
swarf 1. Span *m*; Schleifstaub *m*; ölbehaftete Metallspäne *mpl*; 2. Kreislaufmaterial *n*
sweat/to 1. [aus]schwitzen *(Schwitzkühllegierungen)*; 2. löten; verzinnen
sweat Ausschwitzung *f*, Schwitzperle *f*, Schwitzkugel *f*, Spritzkugel *f*, Schale *f*, Haut *f*
sweating Schwitzen *n*, Ausschwitzen *n* *(bei Schwitzkühllegierungen)*
Swedish iron 1. Schweißstahl *m*, Frischfeuerstahl *m*; 2. reines Holzkohleneisen *n*
sweep/to *(Gieß)* schablonieren
sweep 1. *(Gieß)* Schablonierbrett *n*; 2. [konkave] Krümmung *f*
sweeping-out Spülen *n*, Spülgasbehandlung *f*
swell/to 1. quellen, aufblähen; [an]schwellen; 2. treiben *(Form)*; 3. ausbauchen, [sich] aufwölben
swell Ausbauchung *f*, Wölbung *f*
swelling 1. Quellung *f*, Aufblähung *f*; Schwellen *n*, Schwellvorgang *m*; 2. Auffederung *f*, Anwachsen *n*
~ **behaviour** Schwellverhalten *n*
~ **binder** *(Gieß)* Quellbinder *m*
~ **clay** *(Gieß)* Quellton *m*
~ **power** Quellkraft *f*, Quellvermögen *n* *(des Tons)*
~ **property** Blähvermögen *n*

~ **test** Schwellprüfung *f*
swept core *(Gieß)* schablonierter Kern *m*
swift Drahtablaufhaspel *f*, feststehende Schlaghaspel *f*, Ablaufkrone *f*
swing/to schwingen, schaukeln
~ **away (off)** abschwenken
~ **out** ausschwenken
swing Ausschlag *m*
~ **arm** Schwenkarm *m*
~ **bearing** Pendellager *n*
~ **conveyor** Schwingförderer *m*
~ **crane** Drehkran *m*
~ **forge machine** Schwingschmiedemaschine *f*
~ **[-frame] grinder** Pendelschleifmaschine *f*
~ **grinding** Pendelschleifen *n*
~ **grinding machine** Pendelschleifmaschine *f*
~ **grinding operator** Pendelschleifer *m*
~ **mill** Schwingmühle *f*
~ **-out** abschwingbar
~ **-over cover** *(Gieß)* aufklappbare Abdeckung *f*
~ **push fork** *(Gieß)* Schwenkschubgabel *f*
~ **-roof arc furnace** Lichtbogenofen *m* mit Schwenkdeckel
~ **saw** Pendelsäge *f*
~ **sieve** Schwingsieb *n*
~ **-type sandslinger** *(Gieß)* Schwingsandslinger *m*
swingable hood schwenkbare Haube *f* *(Kaldo-Rotor)*
swinghead *(Gieß)* schwenkbares Preßhaupt *n*, schwenkbare Preßtraverse *f*
swinging schwenkbar
~ **chute** Pendelschurre *f*
~ **lever** Schwenkarm *m*
~ **spout** 1. Schaukelverteiler *m*; 2. Schaukelrinne *f*, Schwenkrinne *f*
swirl 1. Wirbel *m*; 2. Schliere *f (Gußfehler)*
~ **combustion chamber** *(Pulv)* Drallbrennkammer *f*
~ **nozzle** *(Pulv)* Dralldüse *f*
swirler 1. *(Pulv)* Drallvorrichtung *f*, Drallkörper *m*; 2. Wirbelkammer *f*
switch off/to abschalten
~ **on** einschalten
switch 1. Schalter *m*; Ausschalter *m*; Einschalter *m*; 2. Weiche *f*
~ **box** Schaltkasten *m*
~ **cubicle** Schaltschrank *m*
~ **field strength** Schaltfeldstärke *f*
~ **hook** Schaltstange *f*
~ **lever** Schalthebel *m*
switchgear 1. Schaltanlage *f*; 2. Schaltgetriebe *n*
switching frequency Schalthäufigkeit *f*
~ **-off** Abschalten *n*
~ **-on** Einschalten *n*
swivel/to drehen, schwenken
swivel axle Schwenkachse *f*

~ **damper** Drehschieber *m*
~-**mounted** schwenkbar angeordnet
~ **table** Schwenktisch *m*
~-**type switch** Schwenkweiche *f*
swivelling drehbar, schwenkbar
~-**away** abschwingbar
symmetrical profile symmetrisches Profil *n*
symmetry Symmetrie *f*
~ **axis** Symmetrieachse *f*, geometrische Achse *f*
~ **element** Symmetrieelement *n*
~ **operation** Symmetrieoperation *f*
~ **operator** Symmetrieoperator *m*
~ **property** Symmetrieeigenschaft *f*
~ **relationship** Symmetriebeziehung *f*
~ **requirement** Symmetrieforderung *f*
~ **transformation** Symmetrietransformation *f*
Symons crusher Symons-Brecher *m*
synaeresis Abplatzungen *fpl (von Schlichten)*
synchronization Synchronisierung *f*, Anpassung *f (Prozeßführung)*
~ **control** Gleichlaufregelung *f*
synchronized synchronisiert, abgestimmt
synchronizing device Gleichlaufvorrichtung *f*, Synchronisiereinrichtung *f*
synergism Synergismus *m*
synthetic synthetisches Schmiermittel *n*
~ **binder** synthetischer Binder *m*
~ **data** Richtwerte *mpl*
~ **fibre cloth** Kunstfasertuch *n*
~ **fluid** 1. synthetische Schmelze *f*; 2. synthetische Flüssigkeit *f*; 3. synthetischer Schwebstoff *m*, schwebende Kunststoffteilchen *npl*
~ **iron** synthetisches Gußeisen (Roheisen) *n*.
~ **moulding sand** synthetischer Formsand *m*
~ **pig iron** synthetisches Roheisen *n*
~ **resin binder** Kunstharzbinder *m*
~ **resin mounting** Kunstharzeinbettung *f*
system of coordinates Koordinatensystem *n*, Achsenkreuz *n*
~ **of measurement** Meßsystem *n*
~ **of micropores** Mikroporensystem *n*
~ **of ore dressing** Aufbereitungsstammbaum *m*
~ **of sampling inspection** Stichprobensystem *n*
~ **of translation** Gleitsystem *n*, Translationssystem *n*
systematic error systematischer Fehler *m*
~ **sample** systematische Stichprobe *f*
~ **sampling** systematisches Stichprobenverfahren *n*

T

T-... *s. a. unter* tee
T-beam T-Träger *m*
T-section T-Profil *n*
T-T-T diagram *s.* time-temperature-transformation diagram
table 1. Tisch *m*, Maschinentisch *m*; 2. Tabelle *f*, Tafel *f*; Liste *f*, Verzeichnis *n*; 3. *(Aufb)* Herd *m*, Setzherd *m*; 4. Rollgang *m (Walzen)*
~ **push-off** Rollgangabschieber *m (Walzen)*
~ **reversal** Tischumsteuerung *f*
~ **reversal dog** Anschlag *m* für Tischumsteuerung
~ **roller** Rollgang *m*
tack Drahtstift *m*, Tä[c]ks, Schuhstift *m*; kleiner Nagel *m*
~ **point** Heftstelle *f*
~ **welding** Heftschweißen *n*, Heftnieten *n*
tacking Anheften *n (Schweißvorbereitung)*
tackle Flaschenzug *m*
~ **hook** Blockhaken *m*
tacky slag klebrige Schlacke *f*
taconite Takoniterz *n (Eisenerz)*
tail/to *(Umf)* mit einem Ende versehen, auslaufen lassen
tail end *(Umf)* Schwanz *m*; Auslaufende *n*; Bandende *n*
~ **print** *(Gieß)* Schleifkernmarke *f*, Ziehmarke *f*
tailing *(Umf)* Ausfädeln *n*
tailings 1. Berge *pl*; 2. Rückstände *mpl*; Erzabfälle *mpl*; 3. Überlaufgut *n (Klassierung)*
~ **discharge** Bergeaustrag *m*
tailstock Reitstock *m*
Tainton process Tainton-Verfahren *n (Silber-, Bleigewinnung bei der Zinkverhüttung)*
take off/to abheben
~ **the thickness** *(Gieß)* Wanddicke in der Form kontrollieren *(durch Einlegen von Lehmpfropfen)*
~ **up** aufnehmen
take of the thickness *(Gieß)* Wanddickenkontrolle *f* in der Form *(durch Einlegen von Lehmpfropfen)*
~-**off angle** Abnahmewinkel *m*
~-**off equipment** *(Gieß)* Abzugeinrichtung *f*
~-**off pipe** Abzugsrohr *n*
~-**up** *(Umf)* Aufwickler *m*, Aufwickelvorrichtung *f*
~-**up drum** Aufnahmetrommel *f*, Aufwickeltrommel *f*
taking-in Ansaugen *n*
talc *(Min)* Talk *m*, Talkum *n*, Speckstein *m*
tall oil Tallöl *n*
tallow Talg *m*, Schmiere *f*, Schmierfett *n*
Tammann furnace Tammann-Ofen *m*
tamped bottom gestampfter Boden *m*

tamping clay Stampfmasse f
~ **dolomite** Stampfdolomit m
tandem furnace *(Stahl)* Tandemofen m
~ **furnace process** Tandemofenverfahren n
~ **/in** hintereinander
~ **mill** Tandem[kalt]walzwerk n
~ **motor** Doppelmotor m
~ **seat** Doppelsitz m
~ **-sequence submerged-arc welding** Tandem-Unterpulverlichtbogenschweißen n
~ **technique** Tandemtechnik f
tang 1. Führungsstift m, Mitnehmer[dorn] m; 2. angespitztes Ende n
tangent construction Tangentenkonstruktion f *(Kurvenauswertung)*
tangential cutting force Hauptschnittkraft f
~ **field probe** Tangentialfeldsonde f
~ **force** Tangentialkraft f, Umfangskraft f
~ **incidence** Tangentialeinschallung f
~ **runner** *(Gieß)* Tangentialanschnitt m
~ **slipping** Tangentialschlupf m
~ **stress** Tangentialspannung f, Tangentialbeanspruchung f
tank Tank m, Behälter m; Elektrolysezelle f
~ **car** Kesselwagen m, Tankwagen m
~ **plate** Behälterblech n
~ **pressure** Behälterdruck m
~ **resistance** Badwiderstand m *(Elektrolyse)*
~ **voltage** Badspannung f *(Elektrolyse)*
tankhouse Elektrolysehalle f
tannin Tannin n, Tanninsäure f, Gallusgerbsäure f
tantalate Tantalat n
tantalite *(Min)* Tantalit m
tantalum Tantal n
~ **alloy** Tantallegierung f
~ **powder** Tantalpulver n
tap/to 1. abstechen; abziehen; 2. Gewinde bohren
~ **off** abstechen
~ **slag** abschlacken
~ **the iron** Eisen abstechen
tap 1. Abstich m; 2. Gewindebohrer m
~ **cinder** Rohschlacke f, Puddelschlacke f
~ **density** *(Pulv)* Klopfdichte f
~ **ladle** Abstichpfanne f
~ **machine** *(Pulv)* Klopfapparat m, Klopfeinrichtung f
~ **-out bar** Stichlochspieß m
~ **-to-gas-on time** *Reparaturzeit vom letzten Abstich bis zum Wiederanstellen der Brenner*
~ **-to-tap cycle** Abstichzyklus m
~ **-to-tap time** 1. Zeit f von Abstich zu Abstich; 2. *Reparaturzeit vom letzten Abstich bis zum ersten nach Beendigung der Reparatur*
~ **weight** Abstichgewicht n
tape/to [mit Band] umwickeln, umbinden
tape Band n; Bandmaß n, Meßband n

taper/to zuspitzen; verjüngen
~ **downward** absinken
taper 1. Konus m; 2. Konizität f, Schräge f; 3. Kaliberanzug m *(Walzen)*; 4. Aushebeschräge f *(Modell, Form)*; 5. Verstärkung f *(Speisung)* ·
~ **attachment** Ansatzschablone f für Unterschneidungen
~ **bore** konische Bohrung f
~ **gib** Keilschuh m
~ **heating** Erwärmung f mit axialem Temperaturgradienten, Erwärmung f auf eine konische Form
~ **of a groove** Kaliberanzug m *(Walzen)*
~ **pin** Konusstift m, Kegelstift m
~ **roller bearing** Kegelrollenlager n
~ **seal** Konusdichtung f
~ **sectioning** Schrägschliffherstellung f
tapered konisch, kegelförmig; sich verjüngend; abgeschrägt; keilförmig
~ **antifriction bearing** Kegelrollenlager n
~ **at both sides** beidseitig abgeschrägt
~ **bulk pile** kegelige Schüttung f
~ **heating** s. taper heating
~ **pin** Fassonstift m
~ **roller bearing** Kegelrollenlager n
~ **shaft** konische Welle f
taperforming *(Umf)* Kegelformen n, Kegelstauchen n
tapering Anspitzen n, Konusanbringen n, Konischbearbeiten n
~ **-down** Absinken n
taphole Abstichloch n, Abstichöffnung f, Stichloch n
~ **blasting** Aufschießen n des Abstichs
~ **boring machine** Stichlochbohrmaschine f
~ **clay** Stichlochmasse f
~ **gun** Stichlochstopfmaschine f
~ **height** Stichlochhöhe f
~ **lancing** Aufbrennen (Aufschneiden) n des Stichlochs
~ **mixture** Stichlochmasse f
~ **plane** Stichlochebene f
~ **powder lancing** Aufbrennen (Aufschneiden) n des Abstichs mit Pulverzusatz
tappet gear Nockensteuerung f, Nockengetriebe n
~ **guide** Stößelführung f
~ **wear measurement** Stößelverschleißmessung f
tapping 1. Abstechen n, Abstich m; Abziehen n; 2. Abgriff m
~ **bar** Stichlochstange f, Stichlochspieß m
~ **electrode** Abstichelektrode f
~ **hole** Abstichloch n, Abstichöffnung f, Stichloch n *(s. a. unter taphole)*
~ **ladle** Abstichpfanne f
~ **launder** Abstichrinne f
~ **level** Abstichebene f
~ **of converter** Konverterabstich m

~ **of the primary winding** Anzapfen *n* der Primärwicklung

~~-**off** Abstechen *n*

~ **platform** Abstichbühne *f*

~ **sample** Abstichprobe *f*

~ **slot** Abstichschlitz *m*

~ **spout** Ausguß *m*, Abstichrinne *f*

~ **temperature** Abstichtemperatur *f*

~ **weight** Abstichmenge *f*, Abstichgewicht *n*, Entnahmegewicht *n*

tar Teer *m*

~~-**bonded** teergebunden

~~-**bonded dolomite** *(Ff)* Teerdolomit *m*

~~-**bonded magnesite** *(Ff)* Teermagnesia *f*, teergebundene Magnesia *f*

~~-**bonded magnesite refractory** *(Ff)* teergebundenes Magnesiaerzeugnis *n*

~ **coke** Pechkoks *m*

~ **dolomite** Teerdolomit *m*

~ **dolomite brick** Teerdolomitstein *m*

~ **for steelmaking purpose** Stahlwerksteer *m*

~ **oil** Teeröl *n*

~ **pitch** Steinkohlenteerpech *n*

target Prallplatte *f*

~ **atom** Targetatom *n*

~ **level** Sollhöhe *f (in der Analyse von Schmelzen)*

~ **temperature** Solltemperatur *f*

tarnish proofness (resistance) *(Korr)* Anlaufbeständigkeit *f*

~~-**resisting alloy** anlaufbeständige Legierung *f*

tarnishing Anlaufen *n*, Beschlagen *n*

~ **reaction** Anlaufvorgang *m*

tartaric acid Weinsäure *f*

taster Meßsonde *f (bei sichtbarer Strahlung)*

tautozonal *(Krist)* tautozonal

~ **curve** kurvenförmige Reflexanordnung *f (Reflexe tautozonaler Flächen)*

Taylor factor *s.* orientation factor

TBP *s.* tributylphosphate

TBRC *s.* top-blown rotary converter

TC *s.* total carbon

teapot spout ladle Teekannenpfanne *f*, Pfanne *f* mit Siphon

tear 1. Riß *m*; 2. Träne *f (Tauchbeschichten)*

~ **device** Reißschere *f*

~ **dimple** Reißwabe *f*

~ **resistance** Aufreißwiderstand *m*

~ **strength** 1. Zerreißfestigkeit *f*; 2. Aufreißfestigkeit *f*

~ **test** Aufreißversuch *m*

tearing Aufreißen *n*

~ **length** Reißlänge *f*

~ **loose** Ausbrechen *n*

~ **strength** *s.* tear strength

technetium Technetium *n*

technical chemistry technische Chemie *f*, chemische Technik *f*, Chemietechnik *f*, Industriechemie *f*

~ **investigation** technische Erprobung *f*

~~-**scale realization** [groß]technische Anlage *f (im Vergleich zu einer Pilotanlage)*

~ **steel** technischer Stahl *m*

~ **terms of delivery** technische Lieferbedingungen *fpl*

technically pure oxygen technisch reiner Sauerstoff *m*

technique Technik *f*, Technologie *f*, Verfahren *n*

~ **of fluidization** Wirbelschichttechnik *f*

technological test technologische Prüfung *f*

technology Technologie *f*; Technik *f*

~ **of metal forming** Umformtechnologie *f*, Technologie *f* der Metallformung

tee *s. a. unter* T-...

~ **bar** T-Stahl *m*

~ **joint** T-Verbindung *f*

~ **piece** T-Stück *n*

teem/to gießen *(Stahlblockguß)*

~ **directly** fallend gießen

~ **downhill** fallend gießen

teeming Abguß *m (Stahlblockguß)*

~ **bay crane** Gieß[hallen]kran *m*

~ **crane weigher** Gießkranwaage *f*

~ **ladle** Stopfengießpfanne *f*

~ **ladle drying** Pfannentrocknung *f*, Gießpfannentrocknung *f*

~ **ladle transfer car** Gießpfannentransportwagen *m*

~ **method** Gießverfahren *n*, Gießtechnik *f*, Vergießtechnik *f*

~ **platform** Gießbühne *f*

~ **practice** *s.* ~ method

~ **rate** Gießgeschwindigkeit *f*

telescope dredger Teleskopbagger *m*

telescopic belt conveyor Teleskopgurtförderer *m*

telescoping tube Teleskoprohr *n*

telltale light Anzeigelampe *f (Maschine)*

telluride ore Tellurerz *n*

tellurium Tellur *n*

TEM *s.* transmission electron microscopy

temper/to 1. glühen, tempern; 2. anlassen; 3. anfeuchten, mit angemessener Menge Wasser versetzen *(Formsand)*

temper 1. Härtestufe *f (nach dem Anlassen)*; 2. Kohlenstoffgehalt *m* des Stahls; 3. Feuchtigkeitsgehalt *m (Formsand)*

~ **and finish** Härte *f* und Oberfläche *f*

~~-**brittle** anlaßspröde

~ **brittleness** Anlaßsprödigkeit *f*

~ **carbon** Temperkohle *f*

~ **colour** Anlauffarbe *f*, Anlaßfarbe *f*

~ **embrittlement** Anlaßversprödung *f*

~ **graphite** Sekundärgraphit *m*

~ **hardening** Anlaßhärtung *f*, Härtung *f* durch Anlassen

~ **mill** *s.* ~ rolling mill

~ **rolling** Dressieren *n*, Dressierwalzen *n*, Nachwalzen *n*

~ **rolling mill** Dressierwalzwerk *n*, Nachwalzwerk *n*
~ **water** angemessener Wasserzusatz *m* *(Formsand)*
~ **zone** Anlaßzone *f (z. B. in der Schweißnahtumgebung)*
temperable anlaßbar
temperature Temperatur *f*
~ **balance** Temperaturausgleich *m*
~ **change** Temperaturwechsel *m*, Temperaturschwankung *f*
~ **change resistance** Temperaturwechselbeständigkeit *f*
~ **change treatment** Temperaturwechselbehandlung *f*
~ **chart** Temperaturmeßkarte *f*
~ **check** Temperaturkontrolle *f*
~ **coefficient** Temperaturkoeffizient *m*
~ **compensation** Temperaturkompensation *f*
~ **conductivity** Temperaturleitfähigkeit *f*
~ **control** 1. Temperaturregelung *f*; 2. Temperaturführung *f*
~ **controller** Temperaturregler *m*
~ **curve** Temperaturkurve *f*
~ **cycling** Temperaturwechsel *m*
~ **dependence** Temperaturabhängigkeit *f*
~-**dependent** temperaturabhängig
~ **deviation** Temperaturabweichung *f*
~ **diffusivity** Temperaturleitfähigkeit *f*
~ **distribution** Temperaturverteilung *f*
~ **drop** Temperaturabfall *m*; Temperaturgefälle *n*
~ **equalization** Temperaturausgleich *m*
~ **field** Temperaturfeld *n*
~ **fluctuation** *s.* ~ **change**
~ **gradient** Temperaturgradient *m*, Temperaturgefälle *n*
~ **hardness** Warmfestigkeit *f*
~ **independence** Temperaturunabhängigkeit *f*
~-**independent** temperaturunabhängig
~ **indicator** Temperaturanzeigegerät *n*
~-**insensitive** temperaturunempfindlich
~ **leap** Temperatursprung *m*
~ **level** Temperaturlage *f*, Temperaturniveau *n*
~ **limit for short-term utilization [of materials]** Kurzzeitanwendungstemperatur *f*
~ **loss** Temperaturverlust *m*
~ **measurement** Temperaturmessung *f*
~ **monitoring** Temperaturaufzeichnung *f*
~ **of compacting** *(Pulv)* Verdichtungstemperatur *f*
~ **of exposure** Auslagerungstemperatur *f*
~ **precision** Temperaturgenauigkeit *f*
~ **profile** Temperaturprofil *n (z. B. an Festkörperoberflächen, in Öfen)*
~ **program** Temperaturprogramm *n*
~ **radiation** Wärmestrahlung *f*
~ **range** Temperaturbereich *m*
~ **ratio parameter** Temperaturkennzahl *f*

~ **response** Temperaturgang *m*
~ **rise** Temperaturanstieg *m*
~ **scatter band** Temperaturstreuband *n*
~-**sensitive** temperaturempfindlich
~ **sensitivity** Temperaturempfindlichkeit *f*
~ **setting** Temperatureinstellung *f*
~ **shock** Temperaturschock *m*
~ **shock resistance** Temperaturwechselbeständigkeit *f*
~ **span** Temperaturspanne *f*
~ **stability** Temperaturstabilität *f*, Temperaturbeständigkeit *f*
~ **stress** Wärmespannung *f*
~ **uniformity** Temperaturgleichmäßigkeit *f*
~ **variance** Temperaturabweichung *f*
~ **variation** Temperaturgang *m*
~ **wave** Temperaturwelle *f*
tempered/finally schlußvergütet
~ **martensite** Anlaßmartensit *m*
~ **microstructure** Vergütungsgefüge *n*
~ **sorbite** Anlaßsorbit *m*
~ **structure** Anlaßgefüge *n*
~ **troostite** Anlaßtroostit *m*
tempering 1. Glühen *n*; 2. Anlassen *n*; 3. Anfeuchten *n (von Formsand)*
~ **behaviour** Anlaßverhalten *n*
~ **cross section** Vergütungsquerschnitt *m*
~ **furnace** Anlaß[glüh]ofen *m*, Vergütungsofen *m*
~ **in a magnetic field** Magnetfeldtemperung *f*
~ **of martensite** Martensitanlassen *n*
~ **of moulding sand** Anfeuchten *n* des Formsands
~ **oil** Anlaßöl *n*
~ **range** Anlaßbereich *m*
~ **reaction** Anlaßreaktion *f*
~ **sorbite** Anlaßsorbit *m*
~ **structure** Vergütungsgefüge *n*
~ **temperature** 1. Glühtemperatur *f*; 2. Anlaßtemperatur *f*, Tempertemperatur *f*
~ **time** 1. Glühzeit *f*; 2. Anlaßzeit *f*
template Schablone *f*, Lehre *f*, Stichmaß *n*
~ **moulding** *(Gieß)* Schablonenformerei *f*
temporary corrosion protection zeitweiliger (temporärer) Korrosionsschutz *m*
tenacious zäh, festhaftend
tenacity Zähigkeit *f*
~ **feature** Zähigkeitseigenschaft *f*
tendency for intergranular corrosion *(Korr)* Kornzerfallsneigung *f*
~ **for nucleation** Keimbildungsneigung *f*
~ **of passivation** *(Korr)* Passivierungsneigung *f*
~ **to brittle failure** Sprödbruchneigung *f*
~ **to crack** Rißneigung *f*, Rißanfälligkeit *f*
~ **to flow** Fließneigung *f*, Fließfähigkeit *f*
~ **to hardening** Härtungsneigung *f*
~ **to hot shortness** Warmrißneigung *f*, Neigung *f* zur Warmsprödigkeit
~ **to shrinkage** Schwindungsneigung *f*, Lunkerneigung *f*

tensile bar *(Wkst)* Zugstab *m*, Probestab *m*
~ **bending strength** Biegezugfestigkeit *f*
~ **crack** Spannungsriß *m*
~ **creep test** Zeitstandversuch *m* mit Zug-belastung, Zeitstandzugversuch *m*
~ **deformation** Zugverformung *f*
~ **elasticity** Zugelastizität *f*
~ **fatigue test** Zugdauerschwingversuch *m*
~ **force** Zugkraft *f*
~ **fracture** Zugbruch *m*
~ **impact test** Schlagzugversuch *m*, Schlagzerreißversuch *m*
~ **instability** Zugbeanspruchungsinstabili-tät *f*
~ **load** *s.* tension load
~ **machine** Zugprüfmaschine *f*
~ **properties** mechanische Eigenschaften *fpl* des Zugversuchs
~ **rod** Zugstange *f*
~-**shear impact strength** Zugscherschlag-festigkeit *f*
~-**shear strength** Zugscherfestigkeit *f*
~-**shear test** Zugscherversuch *m*
~ **shock test** Schlagzugversuch *m*, Schlag-zerreißversuch *m*
~ **shock testing machine** Schlagzerreiß-maschine *f*
~ **specimen** Zugprobe *f*
~ **strain** Zugverformung *f*, Zugspannung *f*
~ **strength** Zugfestigkeit *f*
~ **strength at knot** Knotenfestigkeit *f*
~ **stress** Zugspannung *f*, Zugbeanspru-chung *f*
~ **stress distribution** Zugspannungsvertei-lung *f*
~ **test** Zugversuch *m*, Zerreißversuch *m*
~ **test piece (specimen)** Zugprobe *f*
~ **testing machine** Zugprüfmaschine *f*
~ **texture** Zugtextur *f*
~ **threshold strength** Zugschwellfestigkeit *f*
~ **yield strength** 0,2-Dehngrenze *f*, 0,2-Streckgrenze *f*
tensiometer Spannungsmesser *m*
tension/to auf Zug beanspruchen; spannen
tension 1. Spannung *f*; Federspannung *f*; 2. Zug *m*
~ **bar** *(Wkst)* Zugstab *m*, Probestab *m*
~-**bolt tie-rod principle** Dehnschrauben-prinzip *n* für Säulen *(Druckguß)*
~ **bridle** Spannrolle *f*
~ **cable** Spanndrahtkabel *n*
~-**compression-fatigue strength** Zug-Druck-Wechselfestigkeit *f*
~-**compression-fatigue test** Zug-Druck-Wechselversuch *m*
~ **control** Spannungsregelung *f*
~-**controlled rolling** Walzen *n* mit Zug[re-gelung], zugkontrolliertes Walzen *n*
~ **crack** Spannungsriß *m*
~ **deformation** Zugverformung *f*
~ **element** Spannungselement *n*

~-**free** zugfrei
~ **levelling** *(Umf)* Streckrichten *n*
~ **load** Zugbelastung *f*, Beanspruchung *f* durch äußere Zugkräfte, äußere Zug-spannung *f*
~ **loss** Spannungsverlust *m*
~ **ratio** Spannungsverhältnis *n*
~ **reel** Zughaspel *f*
~ **rod** Zugstange *f*
~ **roller** *(Umf)* Spannrolle *f*
~-**shear strength** Zugscherfestigkeit *f*
~ **spring** Spannfeder *f*, Zugfeder *f*
~ **test** Zugversuch *m*
~ **test specimen** Zugprobe *f*
~ **test specimen axis** Zugprobenachse *f*
tentative standard Vorstandard *m*, Vor-norm *f*; Normenentwurf *m*
tentering device Spannvorrichtung *f*
terbium Terbium *n*
term splitting Termaufspaltung *f*, Aufspal-tung *f* der Terme
terminal state Endzustand *m*
~ **voltage** Klemmenspannung *f*
terms of delivery Lieferbedingungen *fpl*
ternary ternär, dreifach
~ **alloy** Dreistofflegierung *f*, ternäre Legie-rung *f*
~ **compound** ternäre Verbindung *f*
~ **phase equilibrium diagram** ternäres Zu-standsdiagramm (Phasendiagramm) *n*
~ **space diagram** ternäres Raumzustands-diagramm *n*
~ **steel** Dreistoffstahl *m*
~ **system** Dreistoffsystem *n*, ternäres Sy-stem *n*
terne[plate] Mattblech *n*
terraced surface stufenförmige Ausbil-dung *f* der Oberfläche
tertiary amine tertiäres Amin *n*
~ **cementite** Tertiärzementit *m*
~ **creep** Kriechen *n* mit zunehmender Ge-schwindigkeit, tertiäres (beschleunigtes) Kriechen *n*, drittes Kriechstadium *n*
~ **recrystallization** tertiäre Rekristallisation *f*
test/to prüfen, untersuchen, testen
test Prüfung *f*, Untersuchung *f*, Versuch *m*, Test *m*
~ **alloy** Versuchslegierung *f*
~ **bar** Probestab *m*; Probebarren *m*, Test-barren *m*
~ **bed** Prüfstand *m*, Prüfbett *n*
~ **block** Probeblock *m*
~ **blow** Blasversuch *m*
~ **brick** Probestein *m*
~ **certificate** Abnahmeprotokoll *n*
~ **coupon** Probestück *n*
~ **data transmitter** Meßwertgeber *m*
~ **duration** Prüfdauer *f*
~ **dust** Prüfstaub *m*
~ **frequency** Prüffrequenz *f*, Meßfrequenz *f*
~ **item** Prüfling *m*; Prüfmuster *n*; Probeein-heit *f*

~ **layer** Testschicht f
~ **load** Prüflast f
~ **material** Versuchsmaterial n, Versuchs-
werkstoff m
~ **medium** Prüfmittel n
~ **melt** Versuchsschmelze f
~ **of dross** Schlickerprobe f
~ **of sintering** Sinterprobe f
~ **of suitability** Eignungsprüfung f
~ **piece** s. ~ specimen
~ **plate** Prüfblech n
~ **plate reference echo** Bezugsplattenecho
n
~ **position** Prüfstellung f
~ **pressure** Prüfdruck m
~ **procedure** Versuchsdurchführung f
~ **pyramid** Prüfpyramide f
~ **range width** Prüfspurbreite f
~ **record** Prüfprotokoll n, Abnahmeprotokoll n
~ **report** Prüfbericht m
~ **result** Versuchsergebnis n, Testergebnis
n, Prüfergebnis n, Untersuchungsergeb-
nis n
~ **rig** Prüfstand m
~ **rod** 1. Probestab m; 2. Möllersonde f
~ **rolling** Probewalzung f
~ **run** Probelauf m
~ **sample** Prüfkörper m (Feuerfestprüfung)
~ **series** Versuchsreihe f
~ **set-up** Versuchsaufbau m
~ **sieve** Prüfsieb n
~ **sinter** Versuchssinter m
~ **solution** Prüflösung f, Untersuchungslö-
sung f
~ **specification** Prüfvorschrift f
~ **specimen** Probe f, Probestück n; Prüfkörper m; Probestab m
~ **specimen weight** Prüfkörpermasse f
~ **sprue** (Gieß) zylindrisches Probestück n
~ **stand** Prüfstand m
~ **temperature** Prüftemperatur f
~ **track** Versuchsstrecke f
~ **type** Versuchsart f
~ **unit** Prüfling m; Prüfmuster n
tested and proven [alt]bewährt
testing Prüfung f; Untersuchung f
~ **apparatus** Prüfeinrichtung f, Prüfgerät n
~ **arrangement** Versuchsanordnung f
~ **distance** Prüfabstand m
~ **equipment** Prüfanlage f, Prüfeinrichtung
f
~ **frequency** Prüffrequenz f, Meßfrequenz f
~ **machine** Prüfmaschine f, Werkstoffprüfmaschine f
~ **machine compliance** Prüfmaschinen-
nachgiebigkeit f
~ **method** Prüfverfahren n
~ **of building materials** Baustoffprüfung f
~ **of materials** Werkstoffprüfung f
~ **rate** Versuchsgeschwindigkeit f; Prüfgeschwindigkeit f

~ **wire** Prüfdraht m, Prüfleitung f
tetrad axis (Krist) vierzählige Achse f
tetraethyl silicate Äthylsilikat n
tetragonal (Krist) tetragonal
tetragonality (Krist) Tetragonalität f
tetrahedral hole (Krist) Tetraederlücke f
(im Zentrum des Tetraeders)
~ **plane** (Krist) Tetraederfläche f
tetrahedrite (Min) Tetraedrit m, Fahlerz n,
Antimonfahlerz n
tetrahedron Tetraeder n
tetravalent vierwertig
textile needle Textilnadel f
textural properties Gefügeeigenschaften
fpl
texture 1. Textur f; 2. (Krist) Vorzugsorientierung f
~ **analysis** Texturanalyse f
~ **analyzing system** Texturanalysesystem n
~ **camera** Texturkammer f
~ **coefficient** Texturkoeffizient m
~ **component** Texturkomponente f
~ **control** Texturkontrolle f
~ **determination** Texturbestimmung f
~ **development** Texturentwicklung f
~ **difference** Texturunterschied m
~ **distribution** Texturverteilung f
~ **hardening** Texturhärtung f
~ **heredity** Texturvererbung f
~ **intensity** Texturintensität f
~ **of row band** Rohbandtextur f, Textur f des
Rohbands; Günbandstruktur f
~ **peak** Poldichtemaximum n einer Textur
~ **strengthening** Texturverfestigung f
~ **transition** Texturübergang m
~ **type** Texturtyp m
TGA s. thermogravimetric analysis
thallium Thallium n
Theisen [rotary] disintegrator Theisen-
Wäscher, Theisen-Desintegrator m
(Gaswäscher)
theoretical air required theoretischer Luftbedarf m
~ **chip thickness** theoretische Spanungsdicke f
~ **density** theoretische Dichte f, th. D.,
Reindichte f
~ **oxygen required to convert** theoretischer Sauerstoffbedarf m für das Verblasen
~ **reaction surface** theoretische Reaktions-
fläche f
~ **shape** Sollform f
~ **shear strength** theoretische Schubfestigkeit f
~ **stress-concentration factor** Formzahl f,
Kerbfaktor m
~ **value** theoretischer Wert m; Sollwert m
theory of ions Ionentheorie f
~ **of models** Modelltheorie f
~ **of plasticity** Plastizitätstheorie f
~ **of sintering** Sintertheorie f

thermal *s. a. unter* heat
~ **acceptor** thermisch erzeugter Akzeptor *m*
~ **analysis** thermische Analyse *f*, Thermoanalyse *f*
~ **balance** Wärmebilanz *f*, Wärmehaushalt *m*
~ **barrier** Wärmedämmung *f*, Wärmestau *m*
~ **barrier coating** *(Korr)* Wärmedämmungsüberzug *m*
~ **breakdown** Zerfall *m* unter Wärmeeinwirkung
~ **camber** thermische Wölbung (Ausbauchung) *f*; thermische Balligkeit (Bombierung) *f (Walzen)*
~ **capacity** Wärmekapazität *f*, Wärmeaufnahmevermögen *n*
~ **coefficient** Wärmeleitzahl *f*
~ **conduction** Wärme[ab]leitung *f*
~ **conductivity** Wärmeleitfähigkeit *f*, Wärmeleitvermögen *n*
~ **conductivity cell** Wärmeleitfähigkeitszelle *f*
~ **conductivity equipment** Wärmeleitfähigkeitsmeßapparatur *f*
~ **conductivity in the zone adjacent to a surface** Wärmeleitfähigkeit *f* in Oberflächennähe
~ **contact resistance** Kontaktwärmeleitwiderstand *m*
~ **convection** Wärmekonvektion *f*
~ **creep** thermisches Kriechen *n*, Wärmekriechen *n*
~ **crown** *s.* ~ camber
~ **cycle** 1. Temperaturwechsel *m*; 2. zeitlicher Temperaturverlauf *m*
~ **cycling** Temperaturwechselbeanspruchung *f*; thermische Wechselbeanspruchung *f*
~ **damage** thermische Schädigung *f*
~ **decomposition** thermische Zersetzung *f*, thermischer Zerfall *m*
~ **defect** thermisch erzeugter Defekt *m*
~ **diffusion** Thermodiffusion *f*, Wärmediffusion *f*
~ **diffusion coefficient** Wärmediffusionsvermögen *n*
~ **diffusivity** Wärmeausbreitung *f*, Temperaturleitzahl *f*, Temperaturleitvermögen *n*, Temperaturleitfähigkeit *f*
~ **efficiency** Wärmewirkungsgrad *m*, thermischer Wirkungsgrad *m*
~ **electromotive force** Thermospannung *f*, thermoelektrische Spannung *f*, Thermo-EMK *f*
~ **etching** Warmätzung *f*, thermische Ätzung *f*
~ **expansion** Wärme[aus]dehnung *f*
~ **expansion coefficient** thermischer Ausdehnungskoeffizient *m*

~ **fatigue** thermische Ermüdung *f*, Temperaturermüdung *f*
~ **flow** Wärmestrom *m*, Wärmefluß *m*
~ **fluctuations** thermische Fluktuationen *fpl*
~ **fluid** Wärmeträgerflüssigkeit *f*
~ **gradient** Temperaturgradient *m*, Temperaturgefälle *n*
~ **grooving** thermische Grabenbildung *f (Ätzeffekt)*
~ **hysteresis** Temperaturhysterese *f*, thermische Hysterese *f (A_c- und A_r-Punkte)*
~ **imaging** Wärmestrahlspiegelung *f*
~ **imaging furnace** Wärmespiegelofen *m*
~ **insulation** Wärme[schutz]isolierung *f*, Wärmedämmung *f*
~ **jet** Heißluftstrahl *m*
~ **lag** *s.* ~ hysteresis
~ **load** Wärmebelastung *f*
~ **loss** Wärmeverlust *m*
~ **neutron** thermisches Neutron *n*
~ **neutron diffusion** Diffusion *f* thermischer Neutronen
~ **paint** Temperaturmeßfarbe *f*
~ **process** thermisches Verfahren *n*
~ **profile** Wärmeprofil *n*, Temperaturverlauf *m*
~ **radiation** Wärmestrahlung *f*
~ **requirement** Wärmebedarf *m*
~ **resistance** 1. Wärmebeständigkeit *f*, Hitzebeständigkeit *f*; 2. Wärmewiderstand *m*
~ **resistance of solid particles** Wärmefortleitungswiderstand *m* von Feststoffteilchen
~ **resistivity** Wärmeübergangswiderstand *m*, spezifischer Wärme[leit]widerstand *m*
~ **shock** Wärmeschock *m*, Thermoschock *m*
~ **shock behaviour** Temperaturwechselverhalten *n*, Thermoschockverhalten *n*
~ **shock resistivity** Temperaturwechselbeständigkeit *f*
~ **shock stress** Temperaturwechselbeanspruchung *f*
~ **shock test** Temperaturwechselbeständigkeitsprüfung *f*
~ **spraying** thermisches Spritzen *n*
~ **stability** thermische Stabilität *f*, Warmfestigkeit *f*, Hitzebeständigkeit *f*, Hitzefestigkeit *f*
~ **state** Wärmezustand *m*
~ **stress** Wärmespannung *f*, thermische Spannung *f*
~ **stress crack** Wärmespannungsriß *m*
~ **-treated** wärmebehandelt, vergütet
~ **treatment** Wärmebehandlung *f*, Vergütung *f*
~ **unit** Wärme[mengen]einheit *f*
thermalloy Thermalloy *n (weichmagnetische Ni-, Cu-, Fe-Legierung)*

thermally activated flow thermisch aktiviertes Fließen *n*
~ **activated process** thermisch aktivierter Prozeß *m*
thermionic emission Glüh[elektronen]emission *f*, thermische Elektronenemission *f*
thermit process Thermitprozeß *m*, Thermitverfahren *n*, aluminothermisches Verfahren *n*
~ **welding** Thermitschweißen *n*, aluminothermisches Schweißen *n*
thermoanalysis Thermoanalyse *f*, thermische Analyse *f*
thermoanalytical measurement thermische Analyse *f (Durchführung)*
thermoanemometer Hitzdrahtanemometer *n*
thermobalance Thermowaage *f*
thermochemical thermochemisch
~ **efficiency** thermochemischer Wirkungsgrad *m*
~ **treatment** thermochemische Behandlung *f*
thermochemistry Thermochemie *f*, chemische Thermodynamik *f*
thermocompression Thermokompression *f*
thermocouple Thermoelement *n*
~ **gauge** Thermovakuometer *n*
~ **measuring circuit** Thermoelementmeßkreis *m*
~ **wire** Thermoelementdraht *m*
thermodiffuse scattering thermodiffuse Streuung *f*
thermodiffusion s. thermal diffusion
thermodynamic cycle thermodynamischer Kreisprozeß *m*
~ **equilibrium** thermodynamisches Gleichgewicht *n*
~ **factor** thermodynamischer Faktor *m*
~ **funktion** thermodynamische Funktion *f*
~ **potential** thermodynamisches Potential *n*
~ **stability conditions** thermodynamische Gleichgewichtsbedingungen *fpl*
~ **state** thermodynamischer Zustand *m*
~ **state variable** thermodynamische Zustandsgröße *f*
~ **temperature scale** thermodynamische Temperaturskale *f*
thermodynamics Thermodynamik *f*
thermoelastic thermoelastisch
thermoelectric microbalance Thermomikrowaage *f*
~ **power** Thermokraft *f*, Thermospannung *f*
~ **pyrometer** thermoelektrisches Pyrometer *n*
~ **voltage** Thermospannung *f*
~ **wire** Thermoelementdraht *m*
thermoelectricity Thermoelektrizität *f*
thermogravimetric thermogravimetrisch
~ **analysis** thermogravimetrische Analyse *f*

thermogravimetry Thermogravimetrie *f*
thermomagnetic thermomagnetisch
thermomechanical thermomechanisch
~ **treatment** thermomechanische Behandlung *f*
thermometry Thermometrie *f*, Temperaturmessung *f*
thermomigration Wärmetransport *m*, Thermowanderung *f*
thermoplastic resin Thermoplastharz *n*
thermopower Thermokraft *f*
thermoset/to warmaushärten
thermoset warmausgehärtet, warmfest
thermosetting Warm[aus]härten *n*
thermoshock s. thermal shock
thermostability s. thermal stability
thermostat Thermostat *m*
thermostatic control Thermostatregelung *f*
thermotopography Thermotopografie *f*
thick drawing Grob[draht]ziehen *n*, Grobzug *m*
~ **ripping** Grob[draht]vorziehen *n*, Grobvorzug *m*
~ **slurry** Dickschlamm *m*
~-**walled** dickwandig
~-**walled casting** dickwandiges Gußstück *n*
thicken/to eindicken, verdicken
thickened end verdicktes (dickeres) Ende *n*
thickener 1. Eindicker *m*, Eindickmittel *n*; 2. Eindicker *m*, Eindickapparat *m*
thickening Eindicken *n*
~ **kinetics** Kinetik *f* des Dickenwachstums
thickness Dicke *f*, Stärke *f*
~ **checking** Dickenmessung *f*
~ **control** Dickenregelung *f (z. B. Schmieden)*
~ **distribution** Dickenverteilung *f*
~ **fluctuation** Dickenabweichung *f*
~ **gauge** 1. Dickenlehre *f*; 2. Schichtdickenmesser *m*, Dickenmeßgerät *n*
~ **of bands** Zeilenbreite *f*
~ **of coating** Belagdicke *f*, Schichtdicke *f*, Auflagedicke *f*
~ **of layer** Schichtdicke *f*
~ **of profile** Profildicke *f*
~ **of the strand shell** Strangschalendicke *f*
~ **of wedge** Keildicke *f*
~ **piece** Wanddickenkern *m*, Lehmpfropfen *m*
~ **strain** Dickenformänderung *f*
~ **strickle** *(Gieß)* Fertigschablone *f*
~ **variation** Dickenänderung *f*
thimble Seilkausche *f*, Kausche *f*
thin/to 1. verdünnen; 2. *(Umf)* ausbreiten, ausschmieden
thin foil Dünnschliff *m*
~-**foil method** Dünnschlifftechnik *f*
~-**foil specimen** Dünnschliffprobe *f*
~-**foil technique** Dünnschlifftechnik *f*
~-**layer activation** Dünnschichtaktivierung *f*

~-**layer difference method** Dünnschicht-differenzmeßverfahren *n*
~ **metal section** Metalldünnschliff *m*
~-**plate analysis** Dünnschichtanalyse *f*
~ **section** 1. dünne Wand *f*, Wand *f* geringer Dicke; 2. Dünnschnitt *m*; Dünnschliff *m*
~-**section thickness** Dünnschliffdicke *f*
~ **sectioning technique** Dünnschnittverfahren *n*
~ **sections casting** *s.* ~-walled casting
~ **sheet** Dünnblech *n*
~-**skinned** dünnschalig
~ **slag** dünnflüssige Schlacke *f*
~ **specimen** *s.* ~ section 2.
~-**walled** dünnwandig
~-**walled casting** 1. dünnwandiger Guß *m*; 2. dünnwandiges Gußstück *n*
~-**walled section** dünnwandiges Profil *n*, Dünnwandprofil *n*
thinness of walls Dünnwandigkeit *f*
thinning apparatus Dünnungsgerät *n*, Dünnungsapparatur *f*
thionic bacteria Thiobakterien *npl (bakterielle Laugung)*
thiosulfate Thiosulfat *n*
thiourea Thioharnstoff *m*, Thiokarbamid *n*
third draw *(Umf)* dritter Zug *m*
~ **law of thermodynamics** dritter Hauptsatz *m* der Thermodynamik, Nernstscher Wärmesatz *m*
~ **phase** dritte Phase *f (bei der Flüssig-Flüssig-Extraktion, fest oder flüssig)*
thixocasting Gießen *n* von teilerstarrten Legierungen
thixotropy Thixotropie *f*
THM 1. *s.* travelling heater method; 2. = tonnes hot metal
Thomas fertilizer Thomasmehl *n*
~ **furnace** Thomasofen *m (ein Kipp- und drehbarer Kupferraffiniertrommelofen)*
~ **iron** Thomaseisen *n*
~ **process** Thomasverfahren *n*
~ **slag** Thomasschlacke *f*
~ **steel** Thomasstahl *m*
thorium Thorium *n*
~-**beryllium alloy** Thorium-Beryllium-Legierung *f*
~ **powder** Thoriumpulver *n*
thorough forging Durchschmieden *n*
~ **heating** Durchwärmung *f*
~ **mixing** Durchmischung *f*
thread/to 1. Gewinde schneiden; 2. einfädeln, einführen
~ **roll** gewinderollen, gewindewalzen
~ **up** einziehen, in die Düse ziehen
thread 1. Gewinde *n*; Gewindegang *m*; 2. Drahtfaser *f*
~ **bulging machine** Gewindedrückmaschine *f*
~ **of segregate** *(Wkst)* Seigerungsnetz *n*
~ **pin** Stiftschraube *f*, Madenschraube *f*

~ **profile** Gewindeprofil *n*
~ **roll** Rollwalze *f*, Gewindewalze *f*, Rundwerkzeug *n*
~ **rolling** Gewinderollen *n*, Gewindewalzen *n*
~ **rolling die** Gewindewalzbacke *f*
~ **rolling machine** Gewinderollmaschine *f*, Gewindewalzmaschine *f*
threaded rod Gewindestift *m*
~ **spindle** Gewindespindel *f*
~ **support pillar** *(Gieß)* Stützbolzen *m* mit Gewinde
~ **tube** Gewinderohr *n*
threading 1. Gewindeschneiden *n*; 2. Einfädeln *n*, Einlegen *n*
~ **die** Gewinde[schneid]backe *f*, Gewindeschneideisen *n*
~ **die tapper** Gewinderollwerkzeug *n*
~-**up** Einziehen *n (in die Düse)*
three-blow automatic header Dreischlagstauchautomat *m*
~-**cavity mould** *(Gieß)* Dreifachform *f*
~-**column transfer press** Dreisäulenumformautomat *m*
~-**component system** Dreistoffsystem *n*, ternäres System *n*
~-**cornered profile** Dreieckprofil *n*, Dreikant *m*
~-**dimensional model** räumliches Modell *n*
~-**high blooming mill** Trioblockwalzwerk *n*
~-**high cogging mill** Trio[vor]blockstraße *f*
~-**high finishing mill train** Triofertigwalzstraße *f*
~-**high finishing stand** Triofertig[walz]gerüst *n*
~-**high finishing train** Triofertigstraße *f*
~-**high hot-rolling mill** Triowarmwalzwerk *n*
~-**high intermediate mill train** Triomittel[walz]straße *f*
~-**high mill** Trio[walzwerk] *n*
~-**high mill arrangement** Triowalzwerksanordnung *f*
~-**high mill stand** Triowalzgerüst *n*
~-**high mill train** Triowalzstraße *f*
~-**high plate mill** Trio[grob]blechwalzwerk *n*
~-**high roll** Triowalze *f*
~-**high roll housing** Triowalzständer *m*
~-**high roll set** Triowalzensatz *m*
~-**high roll stand** Triowalzgerüst *n*
~-**high rolling mill** Trio[walzwerk] *n*
~-**high rolling mill stand** Triowalzgerüst *n*
~-**high rolling train** Triowalzstraße *f*
~-**high rougher** Triovor[walz]gerüst *n*, Triovor[streck]walzwerk *n*
~-**high roughing stand** Triovor[walz]gerüst *n*
~-**high sheet mill train** Trio[fein]blechstraße *f*
~-**high sheet rolling mill** Triofeinblechwalzwerk *n*, Feinblechtrio *n*
~-**high stand** Triogerüst *n*

~-**high train** Triostraße f
~-**hole nozzle** Dreilochdüse f *(bei Kühlein-richtungen)*
~-**phase** dreiphasig
~-**phase furnace** Dreiphasenofen m
~-**phase injection system** Dreiphasengießsystem n
~-**phase operation** *(Gieß)* Dreiphasenbetrieb m
~-**point bending** Dreipunktbiegung f, Biegung f mit Dreipunktauflage
~-**point bending test specimen** Dreipunktbiegeprobe f
~-**quarter brick** *(Ff)* Dreiviertelnormalstein m
~-**ram method** Verdichtung f durch drei Rammschläge
~-**roll machine** Dreiwalzenmaschine f
~-**roller plate bending machine** Dreiwalzenblechbiegemaschine f
~-**station machine** Dreistationenmaschine f
~-**strand machine** *(Gieß)* Dreistrangmaschine f
~ **strand rope** Dreilitzenseil n
~-**throw crankshaft** dreihubige Kurbelwelle f
~-**wheel fork lift** Dreiradstapler m
~-**wire** dreiadrig
~-**wire lead** Dreileiter m
threshold Schwell[en]wert m, Grenzwert m, Übergangswert m
~ **error** Schwellwertfehler m
~ **interface strain** Grenzflächeneinsatzspannung f, Grenzflächenschwellspannung f
~ **sensitivity** Empfindlichkeitsschwelle f *(eines Geräts)*
~ **setter** Schwellwertfeststeller m
~ **setting [operation]** Schwellwerteinstellung f
~ **strain** Schwellspannung f, Einsatzspannung f; kritischer Umformgrad m
~ **strength level** Schwellfestigkeitsniveau n
~ **stress** Schwellspannung f, Einsatzspannung f
~-**stress intensity range** Schwellspannungsintensitätsbereich m
~ **value** Schwellwerthöhe f
throat dust Gichtstaub m
~ **opening** Gichtöffnung f
~ **stopper** Gichtverschluß m
throttle/to drosseln
throttle Drossel f
~ **crank** Kurbelschwinge f
~ **flap** Drosselklappe f
~ **slide** Drosselschieber m
~ **valve** Drosselventil n, Drosselklappe f
through bolt durchgehender Bolzen m
~ **cooling** 1. Durchkühlung f; 2. Durchlaufkühlung f

~-**cored** durchbohrt, durchlocht
~ **hardening** Durchhärtung f
~-**hardening steel** durchhärtender Stahl m
~ **heating** Durchwärmung f
~ **shaft** durchgehende Welle f
~ **shot sleeve** *(Gieß)* durchgehende Druckkammer f
~-**thickness direction** Dickenrichtung f *(Festigkeit)*
~-**thickness ductility** Duktilität f über die ganze Materialdicke
~-**transmission sound testing** Durchschallungsverfahren n *(Ultraschallprüfung)*
throughput Durchsatz m
~ **capacity** Durchsatzleistung f
~ **rate** 1. Durchsatzmenge f, Durchsatz m; 2. Durchsatzgeschwindigkeit f
~ **time** Durchsatzzeit f
throw into gear/to zum Eingriff bringen
throw 1. Arbeitsradius m; 2. Kröpfung f
~ **of crankshaft** Kurbel[wellen]kröpfung f
~-**out mechanism** Auswurfmechanismus m
~ **sieve** Wurfsieb n
~ **sieve machine** Wurfsiebmaschine f
thrower belt conveyor Schleuderbandförderer m
throwing Ausschleudern n, Auswerfen n, Ausschlagen n *(z. B. Strahlentzundern)*
thrust 1. Axialkraft f, Druckkraft f, Schub m, Schubkraft f; 2. Widerlager n, Vorstoß m *(Walzen)*
~ **bearing** 1. Drucklager n, Axiallager n, Festlager n; 2. Widerlager n
~ **bolt** Druckschraube f
~ **plate** Kupplungsscheibe f
~ **pressure** Längsdruck m, Axialdruck m, Einstoßdruck m
~ **rod** Schubstange f
thulium Thulium n
Thyrapid Thyrapid n *(Hartmetallschneidstoff)*
tie/to 1. binden; zusammenknüpfen; bündeln; 2. verankern
tie 1. Abbindung f, Verband m; 2. Band n; Bindedraht m; 3. Schwelle f, Eisenbahnschwelle f; 4. Maueranker m
~ **anchor** Gewölbeanker m
~ **bar** Säule f, Führungssäule f *(z. B. Presse, Slinger)*
~-**bar nut** Führungssäulenmutter f
~ **bolt** 1. Schwellenschraube f; 2. Verankerungsschraube f, Ankerbolzen m
~ **element** Anker m
~ **line** *(Krist)* Konode f
~ **plate** Unterlegplatte f, Unterlagsplatte f
~ **rod** 1. Bindedraht m; 2. Ankerbolzen m; Kuppelstange f, Verbindungsstange f; Zuganker m
~ **wire** Bandagendraht m, Bindedraht m
tied foundry Gießerei f für Eigenbedarf, angegliederte Gießerei f

TIG s. tungsten inert gas welding
tight dicht
~ **fit** Festsitz m, Haftsitz m
tighten/to abdichten; anziehen, nachziehen; befestigen; festschrauben; spannen, zusammenziehen
tightener Spannrolle f
tightening Abdichten n; Anziehen n, Nachziehen n; Befestigen n; Festklemmen n, Spannen n
~ **ring** Spannring m
~ **sheet** Abdichtungsblech n
~ **tool** Anziehwerkzeug n
~ **torque** Anzugsmoment n
tightness Dichtigkeit f; Undurchlässigkeit f
tile Hohlstein m *(Rekuperator)*
tilt/to kippen, schräglegen; [ver]kanten; umlegen
~ **a mould** eine Form kippen (schräglegen)
tilt boundary *(Krist)* Kippgrenze f
~ **component** *(Krist)* Kippkomponente f
~ **pouring** Kippgießen n
tiltable *(Gieß)* abklappbar, kippbar
~ **tundish** kippbarer Zwischenbehälter m
tiltably mounted kippbar angeordnet
tilter *(Umf)* 1. Wendevorrichtung f, Blechwender m *(in Grobblechwalzwerken)*; 2. Kippstuhl m, Wipptisch m; 3. Kippvorrichtung f, Kantvorrichtung f, Kanter m
tilting angle Kippwinkel m
~ **angle adjusting device** Kippwinkelverstelleinrichtung f, Kippwinkelverstellung f
~ **axis** 1. Kippachse f; 2. *(Krist)* Schwenkachse f, Kippachse f
~ **basic open-hearth furnace** basischer Kippofen m, kippbarer Siemens-Martin-Ofen m
~ **bucket elevator** Pendelbecherwerk n
~ **chair** *(Stahlh)* Blockkipper m
~ **cradle** *(Gieß)* Kippstuhl m
~ **crane** Umschlagkran m
~ **crucible furnace** kippbarer Tiegelofen m
~ **cupel** kippbarer Treibofen m
~ **device** *(Umf)* 1. Kippstuhl m, Wippstuhl m; 2. Kippvorrichtung f, Kantvorrichtung f, Kanter m
~ **drive** Kippmotor m, Kippantrieb m *(eines Konverters)*
~ **fingers** Hakenkanter m *(Walzen)*
~ **furnace** Kippofen m, Schaukelofen m
~ **hearth** Kippherd m
~ **hopper** Kippbunker m
~ **induction furnace** Induktionskippofen m
~ **iron pot crucible** kippbarer Eisentiegel m
~ **ladle** Kipppfanne f
~ **lever** Kipphebel m
~ **moment** Kippmcment n
~ **mould** kippbare Form f
~ **open-hearth furnace** Kippofen m, kippbarer Siemens-Martin-Ofen m

~ **-over** Umschlagen n, Umfallen n, Umkippen n
~ **pillar** Kippsäule f *(Elektronenmikroskop)*
~ **table** Kipptisch m, Wipptisch m, Wippe f *(Walzen)*
time balance Zeitbilanz f
~ **base** Zeitmaßstab m, Zeitlinie f
~ **-dependent region** Zeitfestigkeitsbereich m
~ **in the mould** Standzeit f, Stehzeit f *(der Blöcke)*
~ **law** Zeitgesetz n *(z. B. bei Oxidations-, Diffusions-, Korrosionsvorgängen)*
~ **marker** Zeitmarkierung f
~ **of changing** Wechselzeit f, Umbaudauer f
~ **of gas flow** Gaslaufzeit f
~ **of rolling** Walzzeit f, Walzdauer f
~ **quench hardening** Warmbadhärten n, Stufenhärtung f
~ **-temperature-austenitization diagram** Zeit-Temperatur-Austenitisierungsschaubild n
~ **-temperature-carbide solution diagram** Zeit-Temperatur-Karbid-Auflösungsschaubild n
~ **-temperature-decomposition diagram** Zeit-Temperatur-Auflösungsschaubild n, ZTA-Schaubild n, ZTAS
~ **-temperature-grain disintegration diagram** Zeit-Temperatur-Kornzerfallsschaubild n
~ **-temperature-grain growth diagram** Zeit-Temperatur-Kornwachstumsschaubild n
~ **-temperature-grain size diagram** Zeit-Temperatur-Korngrößenschaubild n
~ **-temperature-homogenization diagram** Zeit-Temperatur-Homogenisierungsschaubild n
~ **-temperature limit** Umwandlungskurve f
~ **-temperature-melting diagram** Zeit-Temperatur-Aufschmelzschaubild n
~ **-temperature-precipitation diagram** Zeit-Temperatur-Ausscheidungsschaubild n
~ **-temperature-recrystallization diagram** Zeit-Temperatur-Rekristallisationsschaubild n
~ **-temperature-transformation diagram** Zeit-Temperatur-Umwandlungsschaubild n, ZTU-Schaubild n, ZTUS
~ **to fracture** Bruchzeit f
~ **utilization factor** Zeitausnutzungsgrad m
~ **window** ausnutzbarer Zeitbereich m, ausnutzbare Zeitspanne f
~ **yielding** Zeitdehnung f
timed zeitlich abgestimmt
timing Zeitaufnahme f
tin/to verzinnen
~ **-coat** verzinnen
~ **-plate** galvanisch verzinnen
tin Zinn n
~ **alloy** Zinnlegierung f

~ **ashes** Zinnasche f, Zinnkrätze f
~ **bar** Zinnbarren m
~ **bath** Zinnbad n, Verzinnungsbad n
~ **bronze** Zinnbronze f
~ **coating** Verzinnung n; Zinnüberzug m
~ **die casting** Zinndruckguß m
~ **dross** Zinnabstrich m, Zinnkrätze f
~ **foil** Zinnfolie f, Stanniol n, Blattzinn n
~ **plate** 1. Zinnblech n; 2. Weißblech n, verzinntes Blech n
~ **-plate mill** 1. Zinnblechwalzwerk n; 2. Weißblechwalzwerk n
~ **plating** Verzinnen n
~ **pyrite** *(Min)* Zinnkies m, Stannin m
~ **sheet** 1. Zinn[fein]blech n; 2. Weißblech n, verzinntes Blech n
~ **stone** *(Min)* Zinnstein m, Kassiterit m
~ **strip** 1. Zinnband n; 2. Weißband n, verzinntes Band n
~ **tube** Zinnrohr n
~ **ware** Blechware f
~ **wire** 1. Zinndraht m; 2. verzinnter Draht m
tinning Verzinnen n
tiny crack Haarriß m
TIOA s. triisooctyl amine
tip/to 1. [um]kippen, abkippen; [um]stürzen; 2. zuspitzen
tip 1. Halde f, Abladeplatz m; 2. Spitze f; 3. *(Umf)* Zipfel m *(beim Ziehen)*
~ **formation** *(Umf)* Zipfelbildung f *(beim Ziehen)*
tipping Kippen n; Stürzen n
~ **device** Kippvorrichtung f
~ **lorry** Kipplader m
~ **platform** Kippbühne f
~ **stage** Stürzbühne f
~ **trough car** Kippmuldenwagen m
tire *(Am)* s. tyre
titaniferous titanhaltig
titanium Titan n
~ **-alloyed** titanlegiert
~ **boride material** Titanboridwerkstoff m
~ **carbide** Titankarbid n
~ **carbide material** Titankarbidwerkstoff m
~ **compound** Titanverbindung f
~ **granule unit** Titankorneinheit f
~ **hydride powder** Titanhydridpulver n
~ **nitride** Titannitrid n
~ **nitride material** Titannitridwerkstoff m
~ **powder** Titanpulver n
~ **rod** Titandraht m
~ **sheet** Titanblech n
~ **tube** Titanrohr n
TMT s. thermomechanical treatment
to-and-fro bend test Hin- und Herbiegeversuch m
TOA s. trioctylamine
toggle Kniehebel m
~ **clamp** Froschzange f, Drahtziehzange f
~ **drive** Kniehebelantrieb m
~ **joint press** Kniehebelpresse f

~ **lever** Kniehebel m
~ **linkage** Kniegelenkgetriebe n
~ **press** Kniehebelpresse f
~ **shears** Kniehebelschere f
~ **-type mechanism** Kniehebelverschluß m
tolerance Toleranz f, Maßtoleranz f, zulässige Abweichung f, Spielraum m
~ **limit** Toleranzgrenze f
~ **plug gauge** Grenzlehrdorn m
~ **zone** Toleranzfeld n
tombac Tombak m, Messing n *(Cu-Zn-Legierung)*
~ **sheet** Tombakblech n, Messingblech n
~ **tube** Tombakrohr n, Messingrohr n
~ **wire** Tombakdraht m, Messingdraht m
tong-charging machine Zangenchargiermaschine f
~ **gear** Zangenmechanismus m
~ **grap** Zangengreifer m
~ **grap tilter** Zangengreifkanter m
tongs Zange f, Hebezange f, Tiegelzange f
tongue 1. Feder f; 2. Zunge f
~ **and groove** Feder f und Nut f
~ **pass** geschlossenes Kaliber n
~ **rail** Zungenschiene f
tonnage expenses Unkosten pl je Tonne Erzeugnis
~ **oxygen** technischer Sauerstoff m *(bis 99,8 % O_2)*
~ **steel** Massenstahl m
too coarse grain Überkorn n
~ **small increment** zu geringe Verjüngung f *(Probenahme)*
tool blank Rohling m, Werkzeugrohling m
~ **carriage** Werkzeugschlitten m
~ **carrier** Werkzeugaufnehmer m
~ **electrode** Werkzeugelektrode f
~ **holder** Werkzeughalter m
~ **life** Werkzeugstandzeit f
~ **seal** Werkzeugabdichtung f
~ **setting time** Werkzeugeinstellzeit f
~ **shank** Schraubendreher m, Schraubenzieher m
~ **steel** Werkzeugstahl m
~ **steel backing plate** Stützplatte f aus Werkzeugstahl
~ **tip** Werkzeugspitze f
~ **tip fracture** Werkzeugspitzenbruch m
~ **wear** Werkzeugverschleiß m
~ **wear rate** Werkzeugverschleißgeschwindigkeit f
tooling 1. Bearbeiten n mit Werkzeugen; 2. Werkzeugeinrichten n
~ **arrangement** Werkzeuganordnung f
toothed rack Zahnstange f
~ **rim** Zahnkranz m
~ **roll crusher** Stachelbrecher m
top-cast/to fallend gießen
~ **-charge** von oben beschicken
~ **-pour** fallend gießen
~ **up** auffrischen, [Beizbäder] nachschärfen

top 1. Kappe f; oberes Teil n, Oberteil n
(z. B. der Gußform); 2. Spitze f; Kopf-
ende n, Krone f; Kopfguß m; 3. oberer
Teil m (eines Wirbelschichtbetts); Ober-
seite f (z. B. einer Schicht)
~ **blowing** Aufblasen n (z. B. von Reak-
tionsmitteln im Konverterbetrieb)
~-**blowing rate** Aufblasgeschwindigkeit f
~-**blown basic oxygen converter** Sauerstoff[auf]blaskonverter m
~-**blown rotary converter** rotierender Aufblaskonverter m
~-**bottom smelting** Kopf-Boden-Schmelzen n (Nickelgewinnung)
~ **box closing machine** (Gieß) Oberkastenzulegegerät n
~ **casting** fallender Guß m, Kopfguß m
~ **change furnace** Ofen m mit abnehmbarer Decke
~-**charge electric furnace** korbbeschickter
Elektroofen m
~-**closing arrangement (device)** Gichtverschluß m
~-**closing device without bells** glockenloser Gichtverschluß m
~ **coat** Deckbeschichtung f, Deckemail n
~ **dead centre** oberer Totpunkt m
~ **die** Obergesenk n
~ **discard** Kopfschrott m, Kopfverschnitt m
~ **ejector plate** obere Auswerferplatte f
~-**fired kiln** deckenbeheizter Ofen m
~-**fired soaking pit** Tiefofen m mit Oberbe-
heizung
~ **fitting** Kronenarmatur f (Hochofen)
~ **flame** Gichtflamme f (Schachtofen)
~ **flask** (Gieß) oberer Kasten m, Kopfka-
sten m
~ **freezing** Deckelbildung f (Erstarrung)
~ **gas** Gichtgas n
~ **gas temperature** Gichtgastemperatur f
~ **gas volume** Gichtgasvolumen n
~ **gate** (Gieß) Kopfgußanschnitt m
~ **grade quality** erstklassige Qualität f
~ **lance** Aufblaslanze f
~-**mounted** [oben] aufgesetzt
~-**mounted twin hardening unit** (Gieß)
aufgesetzte Zwillingshärtevorrichtung f
(der Kernformmaschine)
~ **of the layer** Schichtoberseite f
~ **opening** Gichtöffnung f
~ **part** Oberteil n
~ **part of the mould** Formoberteil n
~ **part of the shell** Gefäßoberteil n
~ **plate** 1. Deckplatte f; 2. (Gieß) obere
Preßplatte f
~ **platform** 1. Gichtbühne f; 2. Gerüst-
bühne f
~ **pouring** fallender Guß m, Kopfguß m
~ **pouring through pencil gates** Kopfguß
m (fallendes Gießen n) mit Mehrfachanschnitt
~ **pressure** (Umf) Oberdruck m

~ **repair** 1. Gewölbereparatur f; 2. Gichtre-
paratur f
~ **riser** (Gieß) aufgesetzter Speiser m
~ **roll** Oberwalze f, Patrizenwalze f
~-**run ingot** fallend vergossener Block m
~ **scrubber** Berieselungshaube f, Naßent-
staubungshaube f
~-**side control** Oberseitenprüfung f (z. B.
des Walzguts)
~ **surface porosity** Luftblase f
~ **swage** (Umf) Gesenkoberteil n; Obergesenk n
~ **temperature** Gichttemperatur f
(Schachtofen)
~ **tup** (Umf) Oberbär m
topography Oberflächengeometrie f
topotaxy Topotaxie f
topping (Gieß) Abschlagen n des verlore-
nen Kopfes
torch Brenner m, Fackel f, Brennlanze f
~ **brazing** Flammenlöten n, Hartlöten n
mit Lötbrenner
~ **cut edge** Brennschneidkante f,
Schneidbrennkante f
~ **cut-off machine** Brennschneidmaschine
f
~ **cutting** Brennschneiden n, Brennen n
~ **deseaming** Brennputzen n, Flämmen n
~ **floor** Schneidbrennerbühne f
~ **soldering** Flammenlöten n,
Weichlöten n
~ **welding** Gas[schmelz]schweißen n
torching time Schneidzeit f, Schnittzeit f
torcret process (Ff) Torkretierverfahren n
Torker method (Torsion-Knudsen-effu-
sions-recoil method) Torker-Methode f
(Dampfdruckbestimmung)
torpedo car weighbridge Torpedowagen-
wiegebrücke f
~ **ladle** Torpedopfanne f
torque compensation Drehmomentenaus-
gleich m
~ **magnetometer** Torsionsmagnetometer n
torsion Torsion f, Drehung f, Verdrehung f,
Verwindung f
~ **bar** Drehstab m, Torsionsstab m, Ver-
drehstab m
~ **direction** Torsionsrichtung f, Verdreh-
richtung f
~-**free** torsionsfrei, verdreh[ungs]frei, drallfrei
~ **plastometer** Torsionsplastometer n, Tor-
sionsprüfmaschine f, Verdrehungsprüf-
maschine f
~ **specimen** Torsionsprobe f
~ **spring** Torsionsfeder f, Drehfeder f, Verdreh[ungs]feder f
~ **test** Torsionsversuch m, Verdrehversuch
m, Verwindeversuch m
torsional angle Torsionswinkel m, Verdreh[ungs]winkel m
~ **cyclic test** Torsionswechselversuch m
~ **fracture** Torsionsbruch m

~ **moment** Torsionsmoment *n*, Verdreh[ungs]moment *n*
~ **rigidity** *s.* ~ stiffness
~ **shearing stress** Torsionsschubspannung *f*
~ **stiffness** Torsionssteifigkeit *f*, Verdreh[ungs]steifigkeit *f*, Drill[ungs]steifigkeit *f*
~ **stress** Torsionsspannung *f*, Torsionsbeanspruchung *f*, Verdreh[ungs]spannung *f*
~ **vibration** Torsionsschwingung *f*, Verdreh[ungs]schwingung *f*, Drill[ungs]schwingung *f*
torsionless *s.* torsion-free
toss/to [durch]schütteln
total carbon [content] Gesamtkohlenstoff[gehalt] *m*
~ **charge** Gesamteinsatz *m*, Gesamtcharge *f (Hochofen, Kupolofen)*
~ **composition** Gesamtzusammensetzung *f*
~ **copper [content]** Gesamtkupfer *n*, Gesamtkupfergehalt *m*
~ **crack length** Rißlängensumme *f*
~ **cycle time** Gesamtzykluszeit *f*
~ **deformation** Gesamtformänderung *f*
~ **diffraction diagram** Gesamtbeugungsdiagramm *n*
~ **effect** Gesamtleistung *f*
~ **efficiency** Gesamtwirkungsgrad *m*
~ **elongation** Gesamtdehnung *f*
~ **fuel consumption** Gesamtbrennstoffverbrauch *m*
~ **heat transfer** Gesamtwärmeübergang *m*
~ **inspection** Vollprüfung *f*
~ **melting loss** Gesamtabbrand *m*, Schmelz- und Gießverlust *m*
~ **melting time** Gesamtschmelzzeit *f*
~ **mixing time** Gesamtmischzeit *f*
~ **oxidation** Durchzunderung *f*
~ **pore volume** Gesamtporenvolumen *n*
~ **pressure** Gesamtdruck *m*
~ **radiation** Gesamtstrahlung *f*
~ **radiation pyrometer** Gesamtstrahlungspyrometer *n*
~ **reaction** Gesamtreaktion *f*
~ **recovery** Gesamtausbringen *n*
~ **resistance** Gesamtwiderstand *m*
~ **rolling moment** Gesamtwalzmoment *n*
~ **strain** Gesamtdehnung *f*
~ **strain amplitude** Gesamtdehnungsamplitude *f*
~ **strain range** Gesamtdehnungsbereich *m*; Gesamtdehnungsschwingbreite *f*
~ **stress range** Gesamtspannungsbereich *m*; Gesamtspannungsschwingbreite *f*
~ **sulphur [content]** Gesamtschwefel[gehalt] *m*
~ **surface area** Gesamtoberfläche *f*
~ **water added** Gesamtwasserzusatz *m*
~ **yield** Gesamtausbeute *f*
totally recycled to the feed vollständig zurückgeführt zum Vorlaufen

tough-pitch copper zähgepoltes Kupfer *n* *(0,02 bis 0,05 % O_2)*
~ **poling** Zähpolen *n (von dichtgepoltem Kupfer auf zähgepoltes Kupfer mit 0,02 bis 0,05 % O_2)*
~ **steel** zäher Stahl *m*
toughen/to zäh machen
toughness Zähigkeit *f*
~ **anisotropy** Zähigkeitsanisotropie *f*
~ **condition** Zähigkeitszustand *m*
~ **criterion** Zähigkeitskriterium *n*
tower 1. Turm *m*, Gießturm *m*; 2. Turm *m*, Säule *f*, Kolonne *f*
~ **dryer** *(Gieß)* Turmtrockner *m*
~ **furnace** Turmofen *m*, Vertikalofen *m*
~ **oven** Turmofen *m*
~ **pickler** Turmbeize *f*
~ **-type bag filter system** Turmschlauchfiltersystem *n*
~ **washer** Turmnaßreiniger *m*
town gas Stadtgas *n*
toxic danger Giftgefährdung *f*
toxicity rating Giftigkeitsgrad *m*,Toxizitätsgrad *m*
TPD = tons per day
T/R angle probe S/E-Winkelprüfkopf *m*, Sender-Empfänger-Winkelprüfkopf *m*
trace/to 1. abtasten; abfahren; 2. zeichnen, aufreißen
trace Spur *f*, geringe Menge *f*
~ **amount** Spurenmenge *f*, Spuren *fpl (von Elementen in Mehrstoffmischungen)*
~ **analysis** *(Krist)* Spurenanalyse *f*
~ **element** Spurenelement *n*
~ **gas analyzer** Gasspurenanalysator *m*
~ **length** Abtastlänge *f*; Abfahrlänge *f*
~ **of cold working** Kaltverformungsspur *f*
~ **of deformation** Verformungsspur *f*
~ **of impurity** Verunreinigungsspur *f*
~ **of slip** Gleitspur *f*
traceable abtastbar; abfahrbar
tracer 1. Tracer *m*, Indikator *m*; 2. Abtaststift *m*
~ **-controlled** spurgesteuert, zwangsgesteuert
~ **diffusion** Tracerdiffusion *f*, Diffusion *f* von Elementspuren
~ **diffusion coefficient** Tracerdiffusionskoeffizient *m*
~ **diffusivity** Tracerdiffusibilität *f*, Tracerdiffusionsvermögen *n*
~ **method** 1. Tracermethode *f*, Indikatormethode *f*; 2. Abtastverfahren *n*
~ **migration** Fremdatomwanderung *f*, Verunreinigungsspurenwanderung *f*
~ **milling** Kopierfräsen *n*
tracing 1. Abtasten *n*; Abfahren *n*; 2. Zeichnung *f*, Aufriß *m*
track 1. Bahn *f*, Gleitbahn *f*; 2. Gleis *n*, Schienenstrang *m*; 3. Laufrille *f*
~ **fastening material[s]** Oberbaukleinmaterial *n*

~ **fastenings** 1. Schienenbefestigungsteile *npl*; 2. Oberbaukleinmaterial *n*
~ **haulage** Gleisförderung *f*
~ **material[s]** Oberbaumaterial *n*
~ **time** Stehzeit *f*, Übergabezeit *f*, Zeit *f* zwischen Abguß und Einsatz
trackage Gleisanlagen *fpl*
tracking Gleisförderung *f*
trackless haulage gleislose Förderung *f*
trackwork material[s] Gleisbaumaterial *n*; Oberbaumaterial *n*
traction Zugkraft *f*
trail rope Abschleppseil *n*, Schleppseil *n*
train 1. Reihe *f*, Kette *f*; 2. Straße *f (Walzen)*
— ~ **of rolls** Walzstraße *f*, Walzstrecke *f*
tramp element Begleitelement *n*, Spurenelement *n*
tramping *(Gieß)* Verdichten *n* durch Festtreten *(Formsand)*
tramway rail Rillenschiene *f*
transcrystalline transkristallin, intrakristallin
~ **fracture** transkristalliner (intrakristalliner) Bruch *m*
~ **stress corrosion** transkristalline Spannungsrißkorrosion *f*
transcrystallization Transkristallisation *f*
transducer Schwinger *m*, Prüfkopf *m (Ultraschallprüfung)*
~ **frequency** Meßfrequenz *f*, Übertragungsfrequenz *f (Ultraschallprüfung)*
transfer 1. Übertragung *f*, Übergang *m*; 2. Schlepper *m*, Querschlepper *m (Walzen)*
~ **bay** Transporthalle *f*
~ **car** Transportwagen *m*, Förderwagen *m*
~ **car weigher** Transportwagenwaage *f*
~ **device** *(Gieß)* Übersetzgerät *n*, Umsetzgerät *n*
~ **ladle** 1. Zwischenpfanne *f*, Umfüllpfanne *f*; 2. Überführungspfanne *f*; 3. Kranpfanne *f*
~ **medium** Transportmedium *n (z. B. bei Diffusion)*
~ **of electrons** Elektronenübergang *m*
~ **reaction** Übertragungsreaktion *f*, Übergangsreaktion *f*
~ **station** Übergabestation *f (für Formen)*
~ **system** Übertragungssystem *n*, Transfersystem *n*, Transportsystem *n*
~ **unit** Quertransport *m*, Quertransporteinheit *f (Walzen)*
~ **vessel** *(Gieß)* Transportgefäß *n*
transference of momentum Impulsübertragung *f*
transform/to 1. umbauen; 2. umstellen; 3. sich umwandeln
transformation 1. Umbau *m;* 2. Umstellung *f;* 3. Umwandlung *f*
~ **band** Umwandlungsband *n*
~ **behaviour** Umwandlungsverhalten *n*
~ **characteristic** Umwandlungsmerkmal *n*

~ **coating** Umwandlungsüberzug *m*
~ **cycle** Umwandlungszyklus *m*
~ **dislocation** Umwandlungsversetzung *f*, Transformationsversetzung *f*
~ **entropy** Umwandlungsentropie *f*
~ **hardening** Umwandlungshärten *n*
~ **heat** Umwandlungswärme *f*
~ **interface** Umwandlungsgrenzfläche *f*
~ **kinetics** Umwandlungskinetik *f*
~ **mechanism** Umwandlungsmechanismus *m*
~ **of energy** Energieumwandlung *f*
~ **plasticity** Umwandlungsplastizität *f*
~ **point** Umwandlungspunkt *m*
~ **product** Umwandlungsprodukt *n*
~ **range** Umwandlungsgebiet *n*
~ **rate** Umwandlungsgeschwindigkeit *f*
~ **segregation** Umwandlungsseigerung *f*
~ **sequence** Umwandlungsreihe *f*, Umwandlungs[reihen]folge *f*
~ **sluggishness** Umwandlungsträgheit *f*
~ **stage** Umwandlungszustand *m*
~ **strain** Umwandlungsverzerrung *f*
~ **stress** Umwandlungsspannung *f*
~ **structure** Umwandlungsgefüge *n*
~ **substructure** Umwandlungssubstruktur *f*
~ **temperature** Umwandlungstemperatur *f*
~ **time** Umwandlungszeit *f*
~ **twin** Umwandlungszwilling *m*
transformer core material *s.* ~ **sheet**
~ **sheet** Transformatorenblech *n*, Trafoblech *n*
~ **sheet steel** Transformatorenblechstahl *m*, Trafostahl *m*
transgranular *s.* **transcrystalline**
transient behaviour Anlaufverhalten *n*
~ **creep** Übergangskriechen *n*
~ **flow** Übergangsströmung *f*; Übergangsfließen *n*
transit time Laufzeit *f*
transition Übergang *m*, Umwandlung *f*
~ **element** Übergangselement *n*
~ **frequency** Durchgangshäufigkeit *f*
~ **interval** Transformationsintervall *n*, Umwandlungsintervall *n*, Übergangsintervall *n*
~ **metal** Übergangsmetall *n*
~ **phase** Übergangsphase *f*, Umwandlungsphase *f*
~ **point** Übergangspunkt *m (der Schmelze)*
~ **radii** Übergangsradien *mpl*
~ **range** Übergangsbereich *m*
~ **resistance** Übergangswiderstand *m*
~ **shape** Übergangsform *f*
~ **stage** Übergangsbereich *m*
~ **structure** Übergangsstruktur *f*
~ **temperature** 1. Übergangstemperatur *f;* 2. Sprungtemperatur *f*
~ **texture** Übergangstextur *f*
translation Translation *f*
~ **periodicity** Translationsperiodizität *f*

translational symmetry Translationssymmetrie f
translucent lichtdurchlässig
~ fused (vitreous) silica Quarzgut n (durchscheinend)
transmission Durchstrahlung f, Transmission f
~ band Durchlässigkeitsbereich m (am Filter)
~ case Durchstrahlungsfall m
~ component Durchlichtkomponente f
~ electron micrograph Durchstrahlungsaufnahme f
~ electron microscopy Transmissionselektronenmikroskopie f, TEM
~ mode Durchstrahlungsart f
~ photograph s. ~ electron micrograph
~ scanning electron microscopy Durchstrahlungs-Rasterelektronenmikroskopie f
~ technique Durchstrahlungstechnik f
~ test Durchlässigkeitsprüfung f (z. B. bei starkporigen Sinterwerkstoffen)
~ ultraviolet microscopy Ultraviolett-Durchstrahlungsmikroskopie f
transmit ultrasonic waves/to Ultraschallwellen einleiten
transmitted wave durchgehende Welle f (ungebeugt)
transmitter Meßwertgeber m
~-receiver angle probe s. TIR angle probe
transmitting transducer Übertragungskopf m
transparency Durchsichtigkeit f
transparent cut Dünnschliff m
transpassivation potential Transpassivierungspotential n
transpassivity potential Transpassivierungspotential n
transport basket Transportkorb m
~ box Transportkasten m
~ car Transportwagen m, Förderwagen m
~ coefficient Transportkoeffizient m
~ container Transportbehälter m
~-controlled stofftransportbestimmt
~ gas Trägergas n
~ number Überführungszahl f (Elektrolyse)
~ of hydrogen Wasserstofftransport m
~ of oxygen Sauerstofftransport f
~ reaction Transportreaktion f
~ route Transportweg m
transportation behaviour Transportverhalten n
~ mean Transportmittel n
transversal crack Querriß m
~ mill Querwalzwerk n
transverse beam Biegebalken m
~ crack Querriß m
~ cracking Querreißen n
~ direction Querrichtung f
~ dog Anschlagnocken m zur Ausschaltung einer Querbewegung

~ fibrous fracture Querschieferbruch m
~ flaw Querfehler m
~ impact energy Querschlagenergie f
~ impact strength Querschlagfestigkeit f
~ magnetic field Quermagnetfeld n
~ roll Querwalze f
~ roll forging Querwalzen n
~ rolling Querwalzen n
~ rolling die Querwalzbacke f
~ rolling mill Querwalzwerk n
~ rupture strength Biegezähigkeit f
~ rupture stress Biegebruchfestigkeit f, Biegebruchspannung f
~ section Querschliff m
~ spar Querholm m
~ strain amplitude Querdehnungsamplitude f
~ strength Biegefestigkeit f, Biegespannung f, Scherfestigkeit f, Querbruchfestigkeit f
~ test statischer Biegeversuch m
~ wave Transversalwelle f
~ wave probe Transversalwellenprüfkopf m
trap fine particle Feinstteilchen n
trapezoidal spring Trapezfeder f (bei Walzenanstellungen)
~ thread Trapezgewinde n (bei Walzenanstellungen)
trapping 1. Einfangen n (z. B. von Elektronen); 2. Umlenken des Metallstroms im Gießsystem zur Abscheidung von Schlacke
~ cross section Einfangquerschnitt m
~ site Einfangstelle f, Einfangplatz m
travel speed Vorschubgeschwindigkeit f
~ stroke 1. Verstellweg m, Hub m; 2. Federweg m (bei federnd gelagerten Elementen)
travelling fahrbar, Lauf...
~ bed reactor Fließbettreaktor m
~ crab Laufkatze f, Kranlaufkatze f
~ erecting jib fahrbarer Montagearm m
~ field Wanderfeld n
~-field trough Wanderfeldrinne f
~ gear Fahrwerk n
~ grate Wanderrost m
~ grate element Wanderrostglied n
~ heater method Lösungszonenziehen n
~ ingot buggy Blocktransportwagen m
~-pan filter Bandzellenfilter n
~ platform Schiebebühne f
~ slinger (Gieß) fahrbarer Slinger m
~ speed Fahrgeschwindigkeit f
~ table Einstoßtisch m, Einfuhrtisch m, verfahrbarer Tisch m
traverse Querträger m, Querhaupt n, Traverse f
~ conveyor Traversenbahn f
traverser Schiebebühne f
traversing line Meßlinie f

traxcavator selbstfahrende Kleinräummaschine f
tread Lauffläche f, Führungsfläche f
~ **of wheel** Spurkranz m
~ **roll** Spurkranzwalze f
treadle switch Fußschalter m
treatment crucible Behandlungstiegel m
~ **ladle** Behandlungspfanne f
~ **of waste water** Abwasserbehandlung f
~ **time** Behandlungszeit f
tree 1. Bleibaum m; 2. (Krist) Waldversetzung f; 3. (Gieß) Gießtraube f
~-**like crystal** s. dendrite
trellis Gitter n
~ **work** Gitterwerk n
trepan/to Hohlbohrprobe nehmen, hohlbohren, kernbohren, ringbohren
trepanning Hohlbohren n, Kernbohren n, Ringbohren n
trestle Bock m, Gerüst n, Gestell n
~ **storage** Hürdenlager n
tri-gas firing Dreigasfeuerung f
~-**pack** Dreierpaket n
triad axis (Krist) dreizählige Achse f
trial-and-error method empirisches Ermittlungsverfahren n
~ **closing** (Gieß) probeweises (provisorisches) Zulegen n (der Form)
~ **operation** Arbeitsversuch m
~ **plant** Versuchsanlage f
~ **run** Probelauf m
triangle Dreieck n
~ **corner** (Krist) Dreiecksecke f
triangular trianguliert
~ **diagram** Dreistoffsystem n, ternäres System n
~ **ingate** (Gieß) Dreiecksanschnitt m
~ **range** Dreiecksbereich m
~ **steel** Dreikantstahl m, Dreikantprofil n
~ **tube** Dreikantröhre f
triangulated trianguliert
tribochemical tribochemisch
tribometer Tribometer n, Reibungsmesser m
tributylphosphate Tributylphosphat n, TBP
trichloroethylene Trichloräthylen n
trickle through/to durchsickern, durchsintern
trickle scale eingewalzter Zunder m
trickling ability Rieselfähigkeit f
tridymite Tridymit m (Quarzmodifikation, 867 °C bis 1 470 °C)
trigger/to auslösen, auskuppeln, entriegeln
trigger Auslöser m; Abzug m; Abzugshebel m (Sprühpistole)
triisooctyl amine Triisooktylamin n
trim/to (Gieß) putzen; (Umf) besäumen (Bleche); entgraten, abgraten (Teile)
~-**flash** (Pulv) entgraten, kalibrieren
trim die s. trimming die
~ **press** s. trimming press
trimmer Besäumschere f

trimming (Gieß) Putzen n; (Umf) Besäumen n (Blech); Abgraten n, Entgraten n (Formteile)
~ **cutter** Abgratfräser m
~ **die** (Gieß, Umf) Abgratematrize f, Abgrateform f
~ **equipment** Besäumanlage f (für Bleche); Abgratanlage f, Entgrateanlage f (für Formteile)
~ **lathe** Abstechbank f
~ **press** (Gieß) Abgratpresse f; (Umf) Abgratpresse f, Entgratpresse f; (Pulv) Entgratepresse f, Kalibrierpresse f
~ **punch** Abgratgesenkoberteil n
~ **shears** (Gieß) Abgratschere f; Besäumschere f
~ **to value** Abgleich m
~ **tool** Abgratwerkzeug n
trio rolling mill Triowalzwerk n
trioctylamine Trioktylamin n
trip/to auslösen
trip cam Schaltnocken m, Schaltknagge f
~ **dog** Anschlag[bolzen] m
~ **tray** Ausfallwaage f
triple blow header Dreischlagpresse f
~-**bond** dreifach gebunden
~ **bond** Dreifachbindung f
~ **carbide** Tripelkarbid n
~-**core cable** Dreileiterkabel n, dreiadriges Kabel n
~ **frequency furnace** Trifrequenzofen m (Induktionsschmelzofen)
~ **junction** Tripelpunkt m (Korngrenzenzwickel)
~-**point cracking** Kornzwickelaufreißen n
~-**stroke automatic cold header** Dreistufenkaltstauchautomat m
triplexing process (Stahlh, Gieß) Triplexverfahren n
tripod Dreibein n, Dreifuß m
tripping mechanism Ausklinkvorrichtung f
triturate/to feinmahlen
trivacancy (Krist) Dreifachleerstelle f
trivalent dreiwertig
trolley Laufkatze f
~ **wire** Fahrleitungsdraht m, Oberleitungsdraht m
troostite Troostit m (Gefüge)
~-**martensite** Bainit m
trouble Störung f; Verwerfung f
~ **by excess lime** Kalkelend n
~ **due to an excess of sulphur** Schwefelelend n
trough 1. Trog m; 2. Rinne f, Gerinne n, Mulde f
~ **mixer** Trogmischer m
~ **structure** (Krist) Grabenstruktur f
~ **tip-up trailer** Muldenkippanhänger m, Muldentransportwagen m
troughed core box (Gieß) Schüttelkernkasten m
troughing belt Muldengurtband n

~ **chain conveyor** Trogkettenförderer *m*
trowel 1. Kelle *f;* 2. *(Gieß)* Polierschaufel *f,* Polierkelle *f*
truck Flurförderzeug *n*
~ **ladle** *(Gieß)* Wagengießpfanne *f*
true/to einpassen, einschleifen
true annealing vollständiges Ausglühen *n,* Vollständigglühen *n*
~ **centrifugal casting** echter Schleuderguß *m*
~ **deformation** wahre Formänderung *f (log)*
~ **density** *(Pulv)* wahre Dichte *f*
~ **fracture stress** Reißspannung *f,* Zerreißspannung *f,* Bruchspannung *f*
~ **metal contents** wirklicher Metallgehalt *m*
~ **power** Wirkleistung *f*
~ **rupture stress** *s.* rupture strength
~ **specific gravity** Dichte *f*
~ **strain** wahre Formänderung *f (log)*
~ **stress** wahre Spannung *f*
~ **to gauge** maßgenau
truing Einpassen *n,* Einschleifen *n*
~ **diamond** Abrichtdiamant *m*
~ **of cored holes** Aufbohren *n* vorgegossener Löcher
trumpet eingesetztes Eingußrohr *n*
truncated abgestumpft
trunk piston Tauchkolben *m*
trunnion Zapfen *m,* Lagerzapfen *m,* Kurbelzapfen *m; (Gieß)* Drehzapfen *m,* Schwenkzapfen *m*
~ **ring** Tragring *m*
TTA diagram *s.* time-temperature-austenitization diagram
TTD *s.* time-temperature-precipitation diagram
TTM diagram *s.* time-temperature-melting diagram
TTP diagram *s.* time-temperature-precipitation diagram
TTT diagram *s.* time-temperature-transformation diagram
tub 1. Kübel *m;* 2. Förderwagen *m*
~ **filling** Kübelbegichtung *f*
tubbing Tübbing *m (Gußstück)*
tube Rohr *n;* Röhre *f*
~ **and rod drawing bench** Rohr- und Stangenziehmaschine *f*
~ **bend** Rohrbogen *m*
~ **bender** Rohrbiegevorrichtung *f*
~ **bending machine** Rohrbiegemaschine *f*
~ **billet** Röhrenrund *n,* Röhrenrundstahl *m,* Rundknüppel *m*
~ **blank** Rohrluppe *f,* Rohrhalbzeug *n,* dickwandiger Hohlkörper *m*
~ **cold-bending machine** Rohrkaltbiegemaschine *f*
~ **current** Röhrenstrom *m*
~ **current density** Röhrenstromstärke *f*
~ **cutting-off bench** Rohrabstechbank *f,* Rohrabstechmaschine *f*

~ **drawing** Rohrziehen *n,* Rohrzug *m*
~ **drawing bench** Rohrziehmaschine *f,* Rohrzug *m*
~ **end forming machine** Rohrendenumformmaschine *f*
~ **expanding press** Rohraufweitepresse *f*
~ **extrusion** Rohr[strang]pressen *n*
~ **extrusion press** Rohrstrangpresse *f*
~ **factor** Tubusfaktor *m*
~ **filter** Kerzenfilter *n*
~ **for oil well** Erdölbohrrohr *n*
~ **furnace** Rohrofen *m,* Röhrenofen *m*
~ **length** Tubuslänge *f (Mikroskop)*
~ **lens** Tubuslinse *f (Mikroskop)*
~ **lining** Rohrauskleidung *f*
~ **mandrel drawing** Stangenrohrziehen *n,* Stangenrohrzug *m*
~ **mill** Rohrwalzwerk *n*
~ **muffle** Rohrmuffel *f*
~ **piercing bench** Rohrstoßbank *f*
~ **pilger rolling** Rohrpilgern *n*
~ **planetary mill** Planetenrohrwalzwerk *n*
~ **plug** Rohrstopfen *m*
~ **plug drawing** Rohrstopfenziehen *n,* Rohrstopfenzug *m;* Stopfenziehen *n* von Rohren, Ziehen *n* von Rohren über einen Stopfen
~ **pointer** Rohranspitzvorrichtung *f,* Rohranspitzmaschine *f*
~ **pointing** Rohranspitzen *n,* Rohranangeln *n*
~ **pointing machine** Rohranspitzmaschine *f,* Rohranspitzvorrichtung *f*
~ **press** Rohrpresse *f*
~ **radiator** Röhrenradiator *m*
~ **reducing** Rohrreduzieren *n*
~ **reducing mill** Rohrreduzierwalzwerk *n*
~ **rocking** Rohrkaltpilgern *n*
~ **rolling mill** Rohrwalzwerk *n,* Röhrenwalzwerk *n*
~ **rolling train** Rohrwalzstraße *f*
~ **rounds** Röhrenrundstahl *m,* Halbzeug *n* für Rohre
~ **sinking** Rohrhohlziehen *n,* Rohrdruckziehen *n,* Rohrhohlzug *m,* Rohrdruckzug *m*
~ **straightener (straightening machine)** Rohrrichtmaschine *f*
~ **stretch reducing mill** Rohrstreckwalzwerk *n*
~ **strip** Röhrenstreifen *m*
~ **testing press** Rohrprüfpresse *f*
~ **-type electroprecipitator** Röhrenelektrofilter *n*
~ **wall** Rohrwand *f*
~ **welding plant** Rohrschweißanlage *f*
tuberculation Narbenkorrosion *f;* Blasenkorrosion *f*
tubing 1. Rohrziehen *n,* Rohrzug *m;* 2. Rohrleitung *f;* Rohranlage *f*
tubular rohrförmig, röhrenförmig
~ **body** Hohlkörper *m*
~ **conductor** Hohlleiter *m*

~ **cooler** Röhrenkühler *m*
~ **guide** Rohrführung *f*, Führungsrohr *n*
~ **rivet** Hohlniet *m*
~ **rotary kiln** Drehrohrofen *m*
~ **screw conveyor** Rohrschneckenförderer *m*
~ **sensor** Rohrsonde *f*
~ **shaft** Hohlwelle *f*
~ **shell** Mantelrohr *n*
~ **strander** Rohrverseilmaschine *f*
~ **strut** Rohrstrebe *f*
~ **tower** Rohrmast *m*
tuck/to verknüpfen, verspleißen
tulip seam Tulpennaht *f*
tumbler 1. *(Gieß)* Putztrommel *f*; 2. Trommelmischer *m*
~ **test** Trommelprobe *f (Koksprüfung)*
tumbling 1. Stürzen *n*, Purzeln *n*; 2. Trommeln *n*, Putzen *n* in Trommeln
~ **barrel** *(Gieß)* Putztrommel *f*
~ **star** *(Gieß)* Putzstern *m*
~ **strength** Trommelfestigkeit *f*
~ **test** Trommelprüfung *f*
tundish Zwischengießgefäß *n*
~ **change** Verteilerwechsel *m*
~ **cover (lid)** Zwischenbehälterdeckel *m*
~ **preheating station** Zwischenbehältervorwärmstation *f*
~ **sightport** Sichtöffnung *f* in einer Gießwanne
tung oil Chinarindenholzöl *n*
tungstate Wolframat *n*
tungsten Wolfram *n*
~ **acid** Wolframsäure *f*
~ **alloy** Wolframlegierung *f*
~ **bronze** Wolframbronze *f*
~ **carbide** Wolframkarbid *n*
~ **carbide-cemented carbide** Wolframkarbid-Hartmetall *n*
~ **carbide-cobald-cemented carbide** Wolframkarbid-Kobalt-Hartmetall *n*
~ **carbide die** Hartmetallmatrize *f*
~ **carbide pellet** Hartmetallkern *m*
~ **carbide-titanium-carbide-cemented carbide** Wolframkarbid-Titankarbid-Hartmetall *n*
~ **carbide-titanium-carbide-tantalum-carbide-cemented carbide** Wolframkarbid-Titankarbid-Tantalkarbid-Hartmetall *n*
~-**copper composite** W-Cu-Kontaktlegierung *f*
~ **electrode** Wolframelektrode *f*
~ **filament** Wolfram[draht]faden *m*
~ **high-speed steel** Wolframschnell[arbeits]stahl *m*
~ **inert gas [arc] welding** Wolfram-Inertgas-Schweißen *n*, WIG-Schweißen *n*
~ **micropowder** Wolframfeinstpulver *n*
~ **ore** Wolframerz *n*
~ **oxide** Wolframoxid *n*
~ **powder** Wolframpulver *n*
~ **steel** Wolframstahl *m*

~ **wire** Wolframdraht *m*
tunnel burner Tunnelbrenner *m*
~ **casing ring** Tunnelring *m*
~ **effect** Tunneleffekt *m*
~ **furnace (kiln)** Tunnelofen *m*
~ **oven** Tunneltrockenofen *m*, Tunneltrockner *m*
~ **pickler** Tunnelbeize *f*
~ **stove** Tunneltrockner *m*, Tunneltrockenofen *m*
~-**type annealing furnace** Durchlauftemperofen *m*
tunnelling Tunnelbildung *f*
tup Bär *m*, Massenbär *m*, Fallbär *m*, Fallmasse *f*
~ **guide** Bärführung *f*
turbidity Trübung *f*
turbine blade Turbinen[lauf]schaufel *f*
~ **blade steel** Turbinenschaufelstahl *m*
~ **disk** Turbinenläufer *m*
~ **rotor** Turbinenwelle *f*, Turbinenläufer *m*
~ **sandblaster** *(Gieß)* Schleuderradputzmaschine *f*
~ **shaft** Turbinenwelle *f*
~ **wheel** Turbinenlaufrad *n*
turboaerator Turbinenbelüfter *m*
turboball mill Turbokugelmühle *f*
turbofilter Turbofilter *n*
turbo-hearth process Turbowindfrischverfahren *n*, Turboherdverfahren *n*
turbulence Turbulenz *f*; Durchwirbelung *f*
~ **chamber** Wirbelkammer *f*
~-**layer vibratory conveyor** Wirbelschichtschwingförderer *m*
~ **nozzle** Dralldüse *f*
~ **reduction method** Wirbelreduktionsverfahren *n*
turbulent burner Wirbelbrenner *m*
~ **flow** turbulente Strömung *f*
~ **layer** Wirbelschicht *f*
~ **motion of gas** Gasdurchwirbelung *f*
~ **Prandtl number** Turbulenz-Prandl-Zahl *f*
Turks head Türkenkopf *m (Rollenwerkzeug)*
turn down/to [ab]kippen *(Konverter)*
~ **off the blast** den Wind abstellen
~ **on the blast** den Wind anstellen, unter Wind setzen, anblasen
~ **over** kanten, verdrehen, drallen, wenden
~ **up** hochstellen *(Blechrand)*
~ **upwards** aufklappen
turn 1. Windung *f*, Schraubenwindung *f*; 2. Drehung *f*, Verdrehung *f*, Krümmung *f*; 3. Umdrehung *f*, Umlauf *m*
~-**draw device** *(Gieß)* Wende-Absenk-Aggregat *n*
~ **of rope** Seilwindung *f*
~-**round time** Rüstzeit *f*, Vorbereitungszeit *f*
turndown Umlegen *n*
~ **slopping** grober Auswurf *m* beim Abkippen des Konverters

turned and ground bars geschälter und geschliffener Stabstahl *m*
~ **bars** geschälter Stabstahl *m*
turner Drehvorrichtung *f*, Wendevorrichtung *f*
turning 1. Drehen *n*; 2. Wenden *n*, Umdrehen *n*, Kanten *n*
~ **angle** Schwenkwinkel *m*
~ **gear** Wendegetriebe *n*, Wechselgetriebe *n*
~ **groove** Drehriefe *f*
~ **knife** Drehstahl *m*
~ **mill stand** Kippwalzgerüst *n*
~ **pattern** Drehriefen *fpl*
~ **pin** Drehzapfen *m*
~ **plate moulding machine** *(Gieß)* Wendeplattenformmaschine *f*
~ **tool** Drehstahl *m*, Drehmeißel *m*
turnings Drehspäne *mpl*
turnover *(Gieß)* Wenden *n*; *(Umf)* Kanten *n*
~ **and pin-lift machine** *(Gieß)* Wende- und Stiftabhebemaschine *f*
~ **cooling bed** *(Umf)* Wendekühlbett *n*
~ **device** *(Gieß)* Wendevorrichtung *f*; *(Umf)* Kantvorrichtung *f*, Drallvorrichtung *f*
~ **equipment** *(Gieß)* Wendevorrichtung *f*
~ **frame** *(Gieß)* Umlegerahmen *m*, Umlegebock *m*
~ **machine for bottom boxes** *(Gieß)* Unterkastenwendegerät *n*
~ **moulding machine** *(Gieß)* Wendeformmaschine *f*
~ **plate** *(Gieß)* Umlegeplatte *f*
~ **table** *(Gieß)* Wendetisch *m*, Wendeplatte *f*
turntable Drehtisch *m*, Drehplatte *f*, Drehscheibe *f*; Drehkranz *m*
~ **cooling bed** *(Umf)* Wendekühlbett *n*
~ **stove** Drehherdofen *m*
~ **unit** Drehkreuzanlage *f*
turnup guide *(Umf)* Drallführung *f*
turret head Revolverkopf *m*
~ **press** Revolverpresse *f*
~ **punch press** Revolverstanzpresse *f*
~-**type coiler** Wendehaspel *f*
~ **uncoiler** Wendeablaufhaspel *f*
tuyere Form *f*, Windform *f*, Düse *f*, Winddüse *f* *(Schachtofen)*
~ **area** Winddüsenquerschnitt *m*
~ **bottom** Winddüsenboden *m*
~ **brick** Winddüsenstein *m* *(Konverter)*
~ **characteristic** Winddüsencharakteristik *f*
~ **cooler** Windformkühlkasten *m*
~ **cooling ring** Windformkühlring *m*
~ **diameter** Winddüsendurchmesser *m*
~ **gate** Winddüsensparschieber *m*
~ **level** Windformebene *f*, Winddüsenebene *f*
~ **nozzle** Windformrüssel *m*

~ **opening** Winddüsenöffnung *f*, Windformauge *n*
~ **plane** *s.* ~ level
~ **zone** Windformenzone *f*, Winddüsenzone *f*
twin *(Krist)* Zwilling *m*
~ **band** Zwillingsband *n*
~-**bath ultrasonic cleaner** Zweibadultraschallreiniger *m*
~-**belt conveyor** Doppelgurtförderer *m*
~-**blast air supply** Sekundärluftzugabe *f* *(Kupolofen)*
~-**blast cupola** Kupolofen *m* mit Sekundärluft
~-**blast operation** Sekundärluftbetrieb *m* *(Kupolofen)*
~ **boundary** *(Krist)* Zwillingsgrenze *f*
~ **boundary fracture** *(Krist)* Zwillingsgrenzenbruch *m*
~ **cable** Zwillingskabel *n*, Doppeladerkabel *n*, Zweileiterkabel *n*
~-**chamber furnace** Doppelkammerofen *m*
~ **cylinder** *(Umf)* Doppelzylinder *m*
~ **drive** Zwillingsantrieb *m*, Einzelwalzenantrieb *m*
~ **hardening unit** Zwillingshärtevorrichtung *f*
~ **interface** *(Krist)* Zwillingsgrenzfläche *f*
~-**interface energy** *(Krist)* Zwillingsgrenz[flächen]energie *f*
~-**jet polishing apparatus** Doppeldüsenpoliergerät *n*, Doppelstrahlpoliergerät *n*
~-**jet thinning procedure** Doppelstrahldünnungsverfahren *n*
~-**moulding machine** *(Gieß)* Doppelkastenformmaschine *f*
~ **orientation** *(Krist)* Zwillingsorientierung *f*
~ **plane** *(Krist)* Zwillingsebene *f*
~ **spacing** *(Krist)* Zwillingsbreite *f*
~ **stacking fault** *(Krist)* Zwillingsstapelfehler *m*
~ **stacking fault density** *(Krist)* Zwillingsstapelfehlerdichte *f*
~ **stacking fault probability** *(Krist)* Zwillingsstapelfehlerwahrscheinlichkeit *f*
~ **step** *(Krist)* Zwillingsstufe *f*
~-**strand casting machine** Zweistranggießmaschine *f*
~ **tuyere** Doppel[wind]düse *f*, Doppelwindform *f*
~ **uptakes** Zwillingszüge *mpl* *(SM-Ofen)*
twinned martensite *s.* plate martensite
~ **region** *(Krist)* verzwillingter Bereich *m*
twinning 1. *(Krist)* Zwillingsbildung *f*; 2. *(Umf)* Zwillingsbildung *f*; einfache Schiebung *f*
~ **direction** *(Krist)* Zwillingsrichtung *f*
~ **dislocation** *(Krist)* Zwillingsversetzung *f*
~ **fault probability** *(Krist)* Zwillingsstapelfehlerwahrscheinlichkeit *f*
~ **saddle** *(Umf)* Wechselschlitten *m* *(Stauchautomat)*

~ **shear** *(Krist)* Zwillingsscherung f
~ **shear vector** *(Krist)* Zwillingsschervektor m
~ **strain** *(Krist)* Zwillingsverzerrung f, Zwillingsverspannung f, Zwillingsdehnung f
~ **stress** *(Krist)* Zwillingsbildungsspannung f
~ **system** *(Krist)* Zwillingssystem n
twist/to verdrehen, tordieren, verwinden, verdrallen
twist 1. Verdrehung f; Verwindung f; Drall m; Torsion f; 2. *(Gieß)* Grat m
~ **boundary** *(Krist)* Verschränkungskorngrenze f
~ **component** Verdrehkomponente f
~ **drill** Spiralbohrer m
~-**free** torsionsfrei, verdreh[ungs]frei, drallfrei
~ **guide** *(Umf)* Drallführung f, Drallbüchse f
twister *(Umf)* Verdrehapparat m, Verdreheinrichtung f, Drallapparat m
twisting guide s. twist guide
~ **machine** Tordiermaschine f, Verdrehapparat m
~ **moment** Torsionsmoment n, Verdreh[ungs]moment n
two-alloy steel binär legierter Stahl m
~-**beam excitation** Zweistrahlanregung f
~-**beam interferometry** Zweistrahlinterferometrie f
~-**blow automatic header (upsetter)** Zweistufenstauchautomat m
~-**blow heading (upsetting)** Zweistufenstauchen n
~-**circle goniometer** Zweikreisgoniometer n
~-**column hammer** Zweiständerhammer m
~-**component alloy** Zweistofflegierung f, binäre Legierung f
~-**component filter** Zweistoffilter n
~-**component gas mixture** Zweikomponentengasgemisch n
~-**component system** Zweistoffsystem n, binäres System n
~-**cone** doppelkonisch
~-**cut brick** *(Ff)* Eindrittelnormalstein m
~ **die header** Zweimatrizen[stauch]presse f
~ **die three-blow header** Zweimatrizen-Dreischlagpresse f
~-**dimensional** zweidimensional, eben
~-**girder overhead travelling crane** Zweiträgerbrückenkran m
~-**head bender** Zweikopfbiegeapparat m
~-**high blooming mill** Duoblockwalzwerk n
~-**high cogging mill** Duo[vor]blockstraße f
~-**high cold rolling mill** Duokaltwalzwerk n
~-**high finishing mill train** Duofertigwalzstraße f
~-**high finishing stand** Duofertig[walz]gerüst n
~-**high finishing train** Duofertigstraße f

~-**high hot-rolling mill** Duowarmwalzwerk n
~-**high intermediate mill train** Duomittel[walz]straße f
~-**high mill** Duowalzwerk n
~-**high mill arrangement** Duoanordnung f
~-**high mill stand** Duowalzgerüst n
~-**high mill train** Duowalzstraße f
~-**high piercing mill** Duolochwalzwerk n
~-**high plate mill** Duo[grob]blechwalzwerk n
~-**high reversing mill** Duoreversierwalzwerk n, Reversierduo n
~-**high reversing plate mill** Reversierduoblechwalzwerk n
~-**high reversing stand** Duoreversiergerüst n
~-**high roll** Duowalze f
~-**high roll housing** Duowalzenständer m
~-**high roll pair** Duowalzenpaar n
~-**high roll stand** Duowalzgerüst n
~-**high rolling mill** Duo[walzwerk] n
~-**high rolling mill stand** Duowalzgerüst n
~-**high rolling train** Duowalzstraße f
~-**high rougher** Duovor[walz]gerüst n, Duovor[streck]walzwerk n
~-**high roughing-down mill** Duogrobwalzwerk n, Duovorwalzstraße f
~-**high roughing stand** Duovorgerüst n
~-**high sheet mill train** Duo[fein]blechstraße f
~-**high sheet rolling mill** Duofeinblechwalzwerk n, Feinblechduo n
~-**high sizing mill** Duomaßwalzwerk n
~-**high stand** Duogerüst n
~-**high train** Duostraße f
~-**high universal mill** Duouniversalwalzwerk n
~-**pass horizontal regenerator** zweizügiger liegender Regenerator m *(Flammofen)*
~-**pass welding** Zweilagenschweißen n
~-**phase** zweiphasig; zweistufig
~-**phase alloy** zweiphasige Legierung f
~-**phase field** Zweiphasengebiet n
~-**phase flow** Zweiphasenfluß m
~-**phase mixture** Zweiphasengemisch n
~-**phase precipitate** Zweiphasenausscheidung f
~-**phase system** zweiphasiges System n, Zweiphasensystem n
~-**post press** Zweisäulenpresse f
~-**rail trolley** Zweischienenkatze f
~-**roller mill** Zweiwalzenwalzwerk n, Duowalzwerk n
~-**roller unit** Zweiwalzeneinheit f
~-**sided wedge-shaped brick** *(Ff)* zweiseitig keiliger Stein m
~-**slag method (practice)** Zweischlackenverfahren n
~-**stage** zweistufig
~-**stage diffusion** Zweistufendiffusion f

~-**stage electrolytic etch** elektrolytische Zweistufenätzung f
~-**stage firing** Zweistufenfeuerung f
~-**stage heat treatment** zweistufige Vergütung f
~-**stage reduction** Zweistufenreduktion f
~-**stage replica** Zweistufenabdruck m
~-**stage treatment** zweistufige Vergütung f
~-**station moulding machine** (Gieß) Zweistationenformmaschine f
~-**strand pig machine** Doppelmasselgießmaschine f
~-**stranded** zweiadrig
~-**wire** doppeladrig, zweiadrig
~-**wire core cable** Zweiaderkabel n, zweiadriges Kabel n
tying Binden n, Knüpfen n
Tyler scale Tyler-Standardsiebreihe f
type metal Letternmetall n
~ **of baffle grid** Prallgitterausführung f
~ **of bond** Bindungsart f
~ **of crystal** Kristallart f
~ **of effluent water** Abwasserart f
~ **of fracture** Bruchart f
~ **of fracture path** Bruchverlaufsart f
~ **of grain** Kornart f
~ **of grain boundary** Korngrenzentyp m
~ **of gunpowder** Preßpulversorte f
~ **of packing** Packungsart f
~ **of pores** Porenart f
~ **of powder** Pulverart f
~ **of powder distribution** Pulververteilungstyp m
~ **of specimen** Probenart f
~ **of structure** Strukturtyp m
tyre Radreifen m, Bandage f, Radkranz m
~ **bead wire** Radreifeneinlagedraht m
~ **cord wire** Reifeneinlagekorddraht m
~ **ingot** Radreifenblock m
~ **mill** Radreifenwalzwerk n, Bandagenwalzwerk n
~ **rim** Felgenprofil n
~ **rolling mill** s. ~ mill
~ **steel** Radreifenstahl m, Bandagenstahl m
~ **wire** s. ~ bead wire
Tysland-Hole electric furnace elektrischer Niederschachtofen m Bauart Tysland-Hole

U

U-band test strip (Korr) Schlaufenprobe f
U-bend U-Bogen m
U-frame U-Rahmen m, U-förmiger Rahmen m
U-iron U-Eisen n, U-Stahl m
U-notch Rundkerb m
U-profile U-Profil n, U-Querschnitt m
U-section U-Profil n, U-Querschnitt m
U-shaped U-förmig

U-steel U-Stahl m, U-Eisen n
U-tube U-Rohr n
U-tube heat exchanger U-Rohr-Wärmeaustauscher m
UHP s. ultrahigh-power
UHV, Uhv s. ultrahigh vacuum
ulcer Verätzung f (der Haut durch Chemikalien)
ullmannite (Min) Ullmannit m, Antimonnikkelglanz m
ulterior drawing Nachziehen n, Nachzug m
ultimate elongation Bruchdehnung f
~ **fracture surface** Restbruchfläche f
~ **load** 1. Überbelastung f, Grenzbelastung f, Maximalbelastung f; 2. Bruchlast f
~ **magnification** Endvergrößerung f
~ **strength** Bruchfestigkeit f
~ **stress** 1. Höchstspannung f; 2. Bruchspannung f
~ **tensile strength** Zugfestigkeit f
~ **tensile stress** maximale Zugspannung f
ultrabasic rock ultrabasisches Gestein n
ultrahard extrahart
ultrahigh-power Höchstleistungs...
~-**strength** ultrahochfest
~ **vacuum** ultrahohes Vakuum n, Ultrahochvakuum f
~ **voltage electron microscope** Ultrahochspannungselektronenmikroskop n
ultralight alloy ultraleichte Legierung f, Magnesiumlegierung f
ultrapure metal Reinstmetall n
ultrapurification extreme Reinigung f, Hochreinigung f
ultrared radiation Ultrarotstrahlung f
ultrasonic agitation Agitation f durch Ultraschall, Durchmischen n mittels Ultraschall
~ **atomization** Ultraschallvernebelung f, Ultraschallverdüsung f (Pulverherstellungsverfahren)
~ **attenuation** Ultraschallschwächung f
~ **backscattering** Ultraschallrückstreuung f (Korngrößenbestimmung)
~ **beam** Ultraschalleitlinie f
~ **cleaning** Ultraschallreinigung f, Waschen n mit Ultraschall
~ **cleaning device** Ultraschallreinigungsgerät n
~ **detector** Ultraschallempfänger m, Ultraschallprüfgerät n
~ **device** Ultraschallgerät n
~ **dispersion** Ultraschalldispersion f
~ **drawing** Ultraschallziehen n
~ **drill** Ultraschallbohrer m
~ **fine dispersion** s. ~ atomization
~ **generator** Ultraschallerzeuger m, Ultraschallgenerator m
~ **hammer** Ultraschallmeißel m
~ **holography** Ultraschallhologrphie f
~ **imaging** Ultraschallabbildung f
~ **indication** Ultraschallfehleranzeige f

~ **inspection** Ultraschallprüfung f
~ **inspection method** Ultraschallprüfverfahren n
~ **installation** Ultraschallprüfanlage f
~ **leaching** Ultraschallaugung f
~ **location** Ultraschallortung f
~ **oscillator** Ultraschallschwinger m, Ultraschalloszillator m
~ **probe** Ultraschallsonde f
~ **pulse method** Ultraschallimpulsverfahren n
~ **pulse velocity measurement** Ultraschall-Impulslaufzeitmessung f
~ **pulse velocity meter** Geschwindigkeitsmesser m für Überschallimpulse
~ **saw** Ultraschallsäge f
~ **sound field** Ultraschallfeld n
~ **spectrometer** Ultraschallspektrometer n
~ **spectroscopy** Ultraschallspektroskopie f, Ultraschallspektrometrie f
~ **techniques** Ultraschalltechnik f
~ **technological heat measurement** Ultraschallmessung f bei höheren Temperaturen
~ **test instrument** Ultraschallprüfinstrument n
~ **testing** Ultraschallprüfung f
~ **testing equipment** Ultraschallprüfanlage f
~ **transducer** Ultraschallkopf m
~ **treatment** Ultraschallbehandlung f, Beschallung f
~ **trepanning method** Ultraschalltrennverfahren n
~ **velocity testing** Ultraschallgeschwindigkeitsprüfung f
~ **visualization** Ultraschallabbildung f
~ **wave** Ultraschallwelle f
~ **welding** Ultraschallschweißen n
ultrasound Ultraschall m
~ **pulse echo** Ultraschallecho n
~ **velocity** Ultraschallgeschwindigkeit f
~ **velocity measurement** Ultraschallgeschwindigkeitsmessung f
ultraviolet microscope Ultraviolettmikroskop n
~ **microscopy** Ultraviolettmikroskopie f
~ **radiation** ultraviolette Strahlung f
umpire laboratory Schiedslaboratorium n (für Schiedsanalysen)
unaffected unangegriffen, unberührt
unaged ungealtert
unalloyed unlegiert
~ **powder** unlegiertes Pulver n
~ **steel** unlegierter Stahl m
unannealed ungeglüht
unary system Einstoffsystem n, unitäres System n
unattacked unangegriffen
unavoidable losses unvermeidbare Verluste mpl
unbalance motor Unwuchtmotor m

~ **of shafts** Wellenunwucht f
~ **of wheels** Radunwucht f
~-**type vibratory spiral conveyor** unwuchterregte Wendelschwingförderrinne f
unbond Bindefehler m (in der Schweißstelle)
unburned s. unburnt
unburnt unverbrannt, ungebrannt
~ **combustible** Unverbranntes n
~ **combustible loss** Verlust m durch Unverbranntes
~ **gas** Frischgas n
uncalcined ungebrannt, nicht kalziniert, ungeröstet, roh
unchanged nicht umgesetzt
uncharged nicht beschickt (Ofen)
unclamp/to (Gieß) abspannen; demontieren; entklammern; die Keile entfernen
unclamping Entfernung f der Verklammerung; Entfernung f der Keile
~ **time** (Gieß) Abspannzeit f
unclean casting unsauberer Guß m
uncoagulated nicht koaguliert
uncoated unbeschichtet
uncoil/to abhaspeln, abspulen, abwickeln
uncoiler s. uncoiling reel
uncoiling Abhaspeln n, Abwickeln n, Abspulen n
~ **device** Ablaufgestell n, Kronengestell n
~ **reel** Ab[lauf]haspel f, Ablaufkrone f
uncombined ungebunden, frei
~ **water** ungebundenes Wasser n
unconverted nicht umgesetzt
uncooled ungekühlt
uncoupling Entkupplung f, Entkopplung f
undamped ungedämpft
undecomposed unzersetzt
under millstone Bodenstein m
underblast Unterwind m
underblown copper rohgares Kupfer n (nach der Bratperiode, noch schwefelhaltig)
underburdening Untermöllerung f
undercalcined alumina nicht völlig kalzinierte Tonerde f
undercarriage Fahrgestell n, Untergestell n
undercool/to unterkühlen
undercooled graphite Unterkühlungsgraphit m
undercooling Unterkühlung f
~ **capacity** Unterkühlungsfähigkeit f
undercut 1. Hinterschneidung f, Unterschneidung f (Gießform); 2. Einstich m (Druckguß); 3. Einbrandkerbe f (Schweißen)
~ **ejector** hinterschnittener Auswerferstift m
undercutting Unterrostung f, Unterschichtkorrosion f
underface Unterfläche f
underfilling Unterfüllung f, Nichtfüllen n (Gesenkformen)
underfilm corrosion s. undercutting

underfiring Unterbeheizung *f*
underfloor coiler Unterflurhaspel *f*
underflow Unterlauf *m*, Unterlaufprodukt *n* *(Eindicker)*
underframe Unterrahmen *m*, Untergestell *n*
underground fuel tank unterirdischer Brennstoffbehälter *m*
~ **furnace** Unterflurofen *m*
~ **leaching** Untertagelaugung *f*, Laugung *f* in situ, In-situ-Laugung *f*
~ **storage bin** Tiefbunker *m*
underhearth cooling Gestellbodenkühlung *f*
underpoled nicht fertiggepolt
underpoling nichtgenügendes Polen *n*
underpouring Metallzufuhr *f* unter der Bad-oberfläche
underpressure Unterdruck *m*
undersaturated untersättigt
undersaturation Untersättigung *f*
undersize 1. Untermaß *n*; 2. Unterkorn *n*, Feinkorn *n*; 3. Siebdurchgang *m*
undersized length Unterlänge *f*
understructure Fundament *n*, Sockel *m* *(Hochofen)*
undersurface Unterfläche *f*
undertighten/to zu locker anziehen *(z. B. Formverklammerung)*
undertightening zu lockeres Anziehen *n* *(z. B. Formverklammerung)*
undissolved carbide ungelöstes Karbid *n*
undisturbed crystal störungsfreier Kristall *m*
undressed casting Rohguß *m*
undulating mould joint by banking-up vor- oder zurückspringende Formteilung *f*
unequal-sided ungleichschenklig
~~-sided angle steel** ungleichschenkliger Winkelstahl *m*
unetched ungeätzt
unevaporated unverdampft, nicht verdampft
uneven cooling ungleichmäßige Abkühlung *f*
~ **ramming** ungleichmäßige Verdichtung *f*
~ **surface** unebene Oberfläche *f*
unevenness Ungleichmäßigkeit *f*; Unebenheit *f*
unfinished roh; unbearbeitet
~ **casting** Rohguß *m*
unfired pit Ausgleichsgrube *f*, unbeheizte Grube *f*
unfolding Auffalten *n* *(z. B. einer Größenverteilung)*
unfused chaplet *(Gieß)* schlecht verschweißte Kernstütze *f*
ungalvanized unverzinkt
ungasified nicht vergast
unground ungemahlen
unheated nicht angelassen
uniaxial einachsig

~ **tension** einachsiger Zug *m*
unidirectional heating Erwärmen *n* im Gleichstrom, Gleichstromheizung *f*
uniflow Gleichstrom *m*
~ **furnace** Gleichstromofen *m*, Einwegofen *m*
~ **heating** Gleichstromheizung *f*
uniform attack Flächenkorrosion *f*
~ **elongation** Gleichmaßdehnung *f*
~ **gas distribution** gleichmäßige Durchgasung *f*
~ **powder** gleichförmiges Pulver *n*
~ **quality** gleichbleibende Qualität *f*
~ **shear** Gleichmaßscherung *f*
~ **strain** Gleichmaßdehnung *f*
uniformity coefficient Gleichförmigkeitsgrad *m*, Gleichmäßigkeitsgrad *m*
~ **of configuration** Formgleichheit *f*, Formgleichmäßigkeit *f*
uniformly sized coke Gleichstückkoks *m*
unilateral tolerance Toleranz *f* in einem Sinne
unimolecular reaction monomolekulare Reaktion *f*
uninflammable nicht entflammbar, flammwidrig
uninterrupted casting stetiges Gießen *n*
union joint hose Schlauchverbindung *f*
unit 1. Einheit *f*; 2. Aufbaueinheit *f*; 3. Anlage *f*, Aggregat *n*
~ **area** Flächeneinheit *f*
~ **cell** *(Krist)* Elementarzelle *f*, Basiszelle *f*
~ **cell high step** *(Krist)* Elementarzellenhöhe *f*
~ **cell volume** *(Krist)* Elementarzellvolumen *n*
~ **die** *(Gieß)* Einheitsform *f*
~ **die holder** *(Gieß)* Einheitsformhalter *m*, Wechselrahmen *m*
~ **dislocation** Einheitsversetzung *f*
~ **elongation** Dehnung *f* je Längeneinheit, relative Dehnung *f*
~ **holder** *(Gieß)* Einheitsformhalter *m*, Wechselrahmen *m*
~ **length** Längeneinheit *f*
~ **load** Last *f* je Flächeneinheit, spezifische Belastung *f*
~ **of crucible capacity** Tiegelgrößenbezeichnung *f* nach Schwermetallinhalt
~ **of measurement** Meßeinheit *f*
~ **operation** Grundoperation *f* *(Verfahrenstechnik)*
~ **propagation energy** Rißfortschrittsenergie *f*
~ **sand** *(Gieß)* Einheitssand *m*
~ **shortening** Stauchung *f*, relative Verkürzung *f*
~ **thickener** Einkammereindicker *m*
~ **time** Zeiteinheit *f*
~ **triangle** *(Krist)* Standarddreieck *n*
~ **vector** Einheitsvektor *m*
~ **volume** Einheitsvolumen *n*

unitary einheitlich, homogen
~ **deformation** Gleichmaßformänderung f, Gleichmaßumformung f
~ **elongation** Gleichmaßdehnung f
~ **system** Einstoffsystem n, unitäres System n
unitized construction Baukastenkonstruktion f, Aufbau m nach dem Baukastensystem
univalence Einwertigkeit f
univalent einwertig
univariant univariant, monovariant
~ **equilibrium** univariantes Gleichgewicht n
universal beam mill Universalträgerstraße f
~ **finishing mill** Universalfertigwalzwerk n
~ **iron** Universaleisen n
~ **joint** Universalgelenk n, Kardangelenk n, Kreuzgelenk n
~ **mill** Universalwalzwerk n
~ **mill stand** Universal[walz]gerüst n
~ **plate** Universalstahl m, Breitflachstahl m
~ **plate rolling mill** Breitflach[stahl]walzwerk n
~ **rougher** Universalvorwalzwerk n, Universalvorgerüst n
~ **shapes** Universaleisen n
~ **spindle** Gelenkspindel f
~ **stand** Universal[walz]gerüst n
~ **three-high mill** Universaltriowalzwerk n
~ **two-high mill** Universalduowalzwerk n, Duowalzwerk n mit Senkrechtwalzen
unkilled steel unberuhigter Stahl m
unload/to abladen, ausladen, entladen; entleeren; entlasten
unloading bunker Entladebunker m
~ **chute** Abführrinne f
~ **device** Abführungseinrichtung f
unmixed unvermischt
~ **gases** Einzelgase npl
unnotched ungekerbt
~ **specimen** ungekerbte Probe f
unoccupied time allowance Zuschlag m für arbeitsablaufbedingte Wartezeit
unoxidized blow holes glänzende Blasen fpl (Gußfehler)
unpaired electron ungepaartes Elektron n
~ **spin** ungepaarter Spin m
unpickled ungebeizt
unpiler Entstapelvorrichtung f, Entstapler m
unpolarizable unpolarisierbar
unpressurized gating system Unterdruckgießsystem n
~ **system** Unterdrucksystem n
unprestretched nichtvorgereckt
unreacted coke unverbrauchter (nichtumgesetzter, nicht in Reaktion getretener) Koks m
unreduced unreduziert
unreel/to abhaspeln, abrollen
unrefined unraffiniert

unroll/to abrollen
unsaturated ungesättigt
~ **oil** ungesättigtes Öl n
unseeded solution ungeimpfte Lösung f
unsintered ungesintert
unslaked lime ungelöschter (gebrannter) Kalk m, Branntkalk m
unsmeltable unverhüttbar
unsound weld Fehlschweiße f
unspool/to abwinden
unstabilized unstabilisiert
~ **sinter** unstabilisierter Sinter m
unstable instabil
unsteady arc flackernder Lichtbogen m
unsupported freitragend; fliegend angeordnet
unsymmetrical unsymmetrisch
untempered nicht angelassen
untreated unbehandelt; nicht verarbeitet
untwinned (Krist) unverzwillingt
unwelded ungeschweißt
unwind/to abwickeln, abspulen
unworked piece 1. unbearbeitetes Werkstück f; 2. Rohling m; 3. Grünling m (ungesintertes Pulverformteil)
up and down stroke Doppelhub m, Hin- und Rückhub m
upcoiler Aufwickelhaspel f, Auflaufhaspel f
updraught kiln Ofen m mit aufsteigender Flamme
upend/to kippen, hochkant stellen, kanten
upender Kipptisch m, Kanter m
upending forging Gesenkstauchen n
upfeed Steigspeisung f
upgrading Aufbereiten n
uphand welding Aufwärtsschweißen n
uphill casting Bodenguß m, steigender Guß m
~ **diffusion** Bergaufdiffusion f
~ **pouring** Bodenguß m, steigender Guß m
~ **runner** (Gieß) Tannenbaumanschnitt m, Vielfachsteiganschnitt m
upper bainite oberer Bainit m, obere Zwischenstufe f
~ **blade** Obermesser n
~ **bound** obere Schranke f
~ **critical cooling rate** obere kritische Abkühlungsgeschwindigkeit f
~ **critical temperature** obere kritische Temperatur f, obere Umwandlungstemperatur f
~ **deviation** oberes Abmaß n
~ **die** Gesenkoberteil n, Obergesenk n, Oberstempel m
~ **ejector plate** (Gieß) Auswerferdeckplatte f
~ **furnace** Oberofen m
~ **punch** Oberstempel m (Pulverpresse)
~ **ram** 1. Oberstempel m (Pulverpresse); 2. Oberkolben m (Pulverpresse); 2. Oberbär m (Gegenschlaghammer)
~ **roll** Oberwalze f
~ **shelf** Hochlage f (in der Kerbschlagzähigkeits-Temperatur-Kurve)

~ **yield point** obere Streckgrenze *f*
upright hochkant
upright 1. Ständer[holm] *m*, Säule *f*; 2.
Runge *f*; 3. Spindel *f*
~ **kiln** Schachtofen *m*
upset/to 1. stauchen; 2. umschlagen, um-
werfen
~ **upward** emporstauchen
upset forging Stauchen *n*, Stauchschmieden *n*
~ **ingot** gestauchter Block (Schmiedeblock) *m*
~ **pass** Stauchkaliber *n*, Stauchstich *m*
~ **welding** Druckschweißen *n*
upsetter Stauchanlage *f*, Stauchvorrichtung *f*, Stauchautomat *m*
upsetting Stauchen *n*, Stauchschmieden
n; Anstauchen *n*
~ **die** Stauchmatrize *f*, Preßbacke *f*
~ **factor** Stauchgrad *m*, Stauchfaktor *m*
~ **machine** Stauchmaschine *f*
~ **press** Stauchpresse *f*
~ **test** Stauchversuch *m*
~ **work** Staucharbeit *f*
upstairs of a furnace Oberofen *m*
upstroke Aufwärtshub *m*
uptake 1. aufsteigender Kanal *m*; 2.
Schacht *m*, Brennerschacht *m*; 3. Fuchs
m (Ofen); 4. Steigzug *m*; 5. Aufnahme *f*
~ **flue** Rauchgaskanal *m*
~ **of powder** Pulveraufnahme *f*
upward draught Saugzug *m*
~ **movement** Aufwärtsbewegung *f*
~ **stream** Aufstrom *m*
uraninite *(Min)* Uraninit *m*
uranium Uran *n*
~ **carbide cermet** Uranium-Karbid-Cermet
n
~ **extraction** Uranextraktion *f*
~ **impregnating alloy** Urantränklegierung *f*
~ **peroxide** Uraniumperoxid *n*, Uraniumte-
traoxid *n*
~-**plutonium mixing alloy** Uran-Plutonium-
-Mischverbindung *f*
~ **powder** Uranpulver *n*
~ **pseudoalloy** Uranpseudolegierung *f*
urea Harnstoff *m*
~ **formaldehyde** Harnstofformaldehyd *m*
~-**formaldehyde condensate** Harnstoff-
Formaldehyd-Kondensat *n*
~-**formaldehyde resin** Harnstoff-Formal-
dehyd-Harz *n*
~ **resin** Harnstoffharz *n*
usability Verarbeitbarkeit *f*
used core sand *(Gieß)* Kernaltsand *m*
~ **oil** Altöl *n*
~ **sand** *(Gieß)* Altsand *m*
~ **sand bucket elevator** Altsandbecherwerk *n*
~ **sand recovery plant** Altsandaufberei-
tungsanlage *f*
~ **sand wetting** Altsandbefeuchtung *f*

useful efficiency Nutzleistung *f*
~ **grate area** wirksame Rostfläche *f*
~ **heat** Nutzwärme *f*
~ **space** Nutzraum *m*
useless by-product Abfallprodukt *n*
utilization Ausnutzung *f*, Verwertung *f*
~ **factor** Ausnutzungsgrad *m*, Ausnut-
zungsfaktor *m*
~ **of capacity** Kapazitätsausnutzung *f*
~ **of fuel** Brennstoffausnutzung *f*
~ **of gas** Gasausnutzung *f*
~ **of power input** Leistungsausnutzung *f*,
Energieausnutzung *f*
~ **of waste heat** Abwärmeverwertung *f*
UTS *s.* ultimate tensile strength

V

V-belt Keilriemen *m*
V-mixer V-Mischer *m (Pulvermischer)*
V-notch Spitzkerbe *f*, V-Kerbe *f*
V-seam V-Naht *f (Schweißnaht)*
V-segregation V-Seigerung *f*
V2A-pickle V2A-Beize *f*
vacancy *(Krist)* Leerstelle *f*
~ **absorption** Leerstellenabsorption *f*
~ **acceptor** Leerstellenakzeptor *m*
~ **cluster** Leerstellenanhäufung *f*, Leerstel-
lencluster *m(n)*
~ **concentration** Leerstellenkonzentration *f*
~ **creep** Leerstellenkriechen *n*
~ **depletion model** Leerstellenverarmungs-
modell *n*
~ **diffusion** Leerstellendiffusion *f*
~ **flux factor** Leerstellenflußfaktor *m*
~ **formation** Leerstellenbildung *f*
~ **formation enthalpy** Leerstellenbildungs-
enthalpie *f*
~ **formation entropy** Leerstellenbildungs-
entropie *f*
~ **mechanism** Leerstellenmechanismus *m*
~ **migration** Leerstellenwanderung *f*
~ **migration entropy** Leerstellenwande-
rungsentropie *f*
~ **pair** Doppelleerstelle *f*, Leerstellenpaar *n*
~-**saturated** mit Leerstellen gesättigt
~ **stream** Leerstellenstrom *m*
~ **supersaturation** Leerstellenübersätti-
gung *f*
vacant site nichtbesetzter Platz *m*, Leer-
stellenplatz *m*
vacuum away/to absaugen
vacuum Vakuum *n*, Unterdruck *m*
~-**and-blow process** Saugblasverfahren *n*
(Erzröstung)
~ **annealing** Vakuumglühen *n*, Glühen *n* im
Vakuum
~ **annealing furnace** Vakuumglühofen *m*
~ **arc decarburization** Vakuumlichtbogen-
entkohlung *f*

~ **arc degassing** Vakuumlichtbogenentga-
sung *f*
~ **arc furnace** Vakuumlichtbogenofen *m*
~ **arc remelting** Vakuumlichtbogenum-
schmelzen *n*
~-**atomized** vakuumverdüst
~ **bay methode** *(Pulv)* Vakuumsackverfah-
ren *n*
~ **belljar** Vakuumglocke *f*
~ **brazing** Vakuumhartlöten *n*
~ **bubble** Vakuumblase *f*
~-**cast** vakuumgegossen
~ **casting** Vakuumgießen *n*
~ **casting equipment** Vakuumgießvorrich-
tung *f*
~ **cathodic etching method** katodische Va-
kuumätzmethode *f*
~ **chamber** Vakuumraum *m*, Vakuumkam-
mer *f (z. B. eines Ofens)*
~ **connection** Vakuumanschluß *m*, [mecha-
nische] Vakuumverbindung *f*
~ **decarburization** Vakuumentkohlung *f*
~ **degassing** Vakuumentgasung *f*
~ **descaling** Vakuumentzunderung *f*
~ **dezincing** Vakuumentzinkung *f*
~ **die casting** Vakuumdruckguß *m*
~ **distillation** Vakuumverdampfung *f*
~-**distillation plant** Vakuumdestillationsan-
lage *f*
~ **drum filter** Vakuumtrommelfilter *n*
~ **dryer** Vakuumtrockner *m*
~ **equipment** Vakuumanlage *f*
~ **film camera** Vakuumfilmkamera *f*
~ **filter** Vakuumfilter *n*, Saugfilter *n*
~ **filtering unit** Vakuumfilteranlage *f*
~ **filtration** Vakuumfiltration *f*
~ **firing** Brennen *n* im Vakuum
~ **fitting** Vakuumdurchführung *f*
~ **furnace** Vakuumofen *m (zum Vakuumsintern)*
~ **heat treatment** Vakuumwärmebehand-
lung *f*
~ **heating** Vakuumerhitzung *f*
~ **impregnation** Vakuumimprägnierung *f*
~ **induction furnace** Vakuuminduktions-
ofen *m*
~ **induction melting** Vakuuminduktions-
schmelzen *n*
~ **induction melting furnace** Vakuumin-
duktionsschmelzofen *m*
~ **infiltration** Vakuumtränken *n*
~ **lead** Vakuumleitung *f*
~ **leak detector** Vakuumlecksuchgerät *n*
~ **lift installation** Vakuumheberanlage *f*
~ **lift process** Vakuumheberverfahren *n*
~ **loader** Vakuumpumpe *f*
~ **lock** Vakuumschleuse *f*
~-**melted** vakuumgeschmolzen
~ **melting** Vakuumschmelzen *n*
~ **melting plant** Vakuumschmelzanlage *f*
~ **metallurgical plant** vakuummetallurgi-
sche Anlage *f*

~ **metallurgy** Vakuummetallurgie *f*
~ **mill** Vakuumwalzwerk *n*
~ **moulding process** *(Gieß)* Vakuumformverfahren *n*
~ **mounting** Vakuumeinbettung *f*
~ **multiple-purpose furnace** Vakuumviel-
zweckofen *m*
~ **nutsche** Vakuumnutsche *f*, Saugnutsche
f
~ **oxidation (oxidizing)** oxydierende Vakuumbehandlung *f*, Vakuumfrischen *n*
~ **oxidizing plant** Vakuumfrischanlage *f*
~ **oxidizing process** Vakuumfrischprozeß
m, Vakuumfrischverfahren *n*
~ **pan** Vakuumpfanne *f*
~ **permeability** Permeabilität *f* im Vakuum
~ **pipe** Vakuumleitung *f*
~ **pipette** Vakuumpipette *f*
~ **plant** Vakuumanlage *f*
~ **pot** Vakuumtopf *m*
~ **pressure furnace** Vakuumdruckofen *m*
~ **pressure sintering** Vakuumdrucksintern
n
~ **pumping equipment** Vakuumpumpan-
lage *f*
~ **refining** Vakuumfrischen *n*
~ **residue** Rückstand *m* der Vakuumdestillation
~ **rotary filter** Vakuumtrommelfilter *n*
~ **sinter cap** Vakuumsinterglocke *f*
~ **sinter furnace** Vakuumsinterofen *m*
~ **sintering** Vakuumsintern *n*, Sinterung *f*
unter Vakuum
~ **sintering bell** Vakuumsinterglocke *f*
~ **space** Unter[druck]raum *m*, Vakuumkam-
mer *f*
~ **spectrometer** Vakuumspektrometer *n*
~ **steel** Vakuumstahl *m*
~ **system** Vakuumsystem *n*
~ **tank** Vakuumkessel *m*, Vakuumbehälter
m
~ **technology** Vakuumtechnik *f*
~-**tight** vakuumdicht
~-**treated** vakuumbehandelt
~ **treatment** Vakuumbehandlung *f*
~ **valve** Vakuumventil *n*, Vakuumhahn *m*
~ **vessel** Vakuumgefäß *n*, Vakuumkessel *m*
vacuumize/to vakuumbehandeln
VAD *s.* vacuum arc decarburization
vagabond current vagabundierender
Strom *m (Elektrolyse)*
val Val *n*, Grammäquivalent *n*
valence band Valenzband *n*
~ **band spectrum** Valenzbandspektrum *n*
~ **bond** Valenzbindung *f*
~-**bond method** Valenzbindungsmethode *f*,
VB-Methode *f*, Valenzstrukturmethode *f*
~ **contribution** Valenzbeitrag *m*
~ **electron** Valenzelektron *n*
~ **shell** Valenzschale *f*
~ **state** Valenzzustand *m*, Wertigkeit *f*
valency *s. unter* valence

validity range Gültigkeitsbereich *m*
valuation Bewertung *f (bei Probenahme)*
~ of grain size Korngrößenschätzung *f*
~ scheme Bewertungsschema *n*
valve Ventil *n*
~ case Ventileinsatz *m*
~ flap Ventilklappe *f*
~ spring wire Ventilfederdraht *m*
~ steel Ventil[kegel]stahl *m*
van der Waals bond van der Waalssche
  Bindung *f*
van der Waals force van der Waalssche
  Kraft *f*
vanadate Vanadat *n*
vanadinite *(Min)* Vanadinit *m*, Vanadin-
  bleierz *n*
vanadium Vanadin *n*
~ steel Vanadinstahl *m*
vane Flügelrad *n*, Schaufel *f*
~ form Schaufelform *f*, Flügelradform *f*
van't Hoff's equation van't Hoffsche Gleichung *f*
vapometallurgy Metallurgie *f* der Verflüch-
  tigungsprozesse
vapor *(Am) s.* vapour
vaporability Verdampfbarkeit *f*
vaporable verdampfbar
vaporization Verdampfung *f*
~ point Siedepunkt *m*
~ rate Verdampfungsgeschwindigkeit *f*
~ unit *s.* vapour deposition unit
vaporize/to verdampfen; abrauchen
vaporous dampfförmig
vapour Dampf *m*
~ blanket Dampffilm *m*, [dünne] Dampfschicht *f*
~-coated aufgedampft
~ coating Aufdampfen *n*
~-coating apparatus Aufdampfanlage *f*
~-deposited aufgedampft
~ deposition Aufdampfen *n*
~ deposition unit Bedampfungsanlage *f*,
  Bedampfungsquelle *f*
~ dryer Dampftrockner *m*
~ exhaustor Absaugevorrichtung *f*
~ leak-off Dampfauslaß *m*
~ metallizing Aufdampfen *n*
~ metallurgical refining destillative Raffination *f*
~ phase Dampfphase *f*
~-phase deposition Abscheidung *f* aus der
  Gasphase
~-phase inhibitor *(Korr)* Dampfphaseninhibitor *m*, VIP-Stoff *m*
~-plated aufdampft
~ pressure Dampfdruck *m*
~ state Dampfzustand *m*
~-tight dampfdicht
VAR *s.* vacuum arc remelting
variable component of stress Spannungsausschlag *m*

variance Varianz *f*, Streuung *f (von Meß-
  werten)*
~ analysis Varianzanalyse *f*, Streuungszer-
  legung *f*
variation Abweichung *f*
~ coefficient Variationskoeffizient *m*
~ in brightness Helligkeitsschwankung *f*
~ in contrast Kontraständerung *f*
~ in dimension Maßschwankung *f*, Maßtoleranz *f*
variety 1. Art *f*, Sorte *f*; Abart *f*; 2. Vielfalt *f*
~ of wood Holzart *f*
varnish 1. Lack *m*; 2. Anstrich *m*
~ coat Lackanstrich *m*, Lacküberzug *m*
~ extraction replica Lackextraktionsab-
  druck *m*
~ for ingot moulds Kokillenlack *m*
~ layer Lackschicht *f*
~ masking technique Lackabdecktechnik *f*
~ replica technique Lackabdrucktechnik *f*
varnished wire Lackdraht *m*, lackierter
  Draht *m*
varnishing Lackieren *n*
vat Bottich *m*; Faß *n*; Kübel *m*; Trog *m*
~ leaching Bottichlaugung *f*, Behälterlau-
  gung *f*
Vegard's law Vegardsche Regel *f*
veining 1. Äderung *f*; 2. Blattrippe *f*; Formriß *m (Gußfehler)*
velocity-change test *(Wkst)* Geschwindig-
  keitswechselversuch *m*
~ distribution Geschwindigkeitsverteilung
  f
~ field Geschwindigkeitsfeld *n*
~ gradient Geschwindigkeitsgradient *m*,
  Geschwindigkeitsgefälle *n*
~ in trajectory Bahngeschwindigkeit *f*
~ jump Geschwindigkeitssprung *m*
~ of climb Klettergeschwindigkeit *f (der
  Versetzungen bei thermisch aktivierten
  Prozessen)*
~ of descent Sinkgeschwindigkeit *f*
~ of exit Austrittsgeschwindigkeit *f*
~ of formation Bildungsgeschwindigkeit *f*
~ of reaction Reaktionsgeschwindigkeit *f*
~ of shear Abschergeschwindigkeit *f*
~ of shrinkage Schwindungsgeschwindig-
  keit *f*
~ of sintering Sintergeschwindigkeit *f*
~ of transformation Umwandlungsgeschwindigkeit *f*, Umsetzungsgeschwindigkeit *f*
~ pressure Geschwindigkeitsdruck *m*; kinetische Energie *f (Strömung)*
~ profile Geschwindigkeitsprofil *n*
~ ratio Geschwindigkeitsverhältnis *n*
velvet cloth Samttuch *n (metallografische
  Schliffherstellung)*
vent/to entlüften
vent *(Gieß)* 1. Entlüftung *f;* 2. Entlüftungskanal *m;* 3. Luftstechen *n*
~ board *(Gieß)* Luftschlagbrett *n*

~ **former** *(Gieß)* Bohrung f für Luftspieß
~ **gas** Abgas n
~-**gas scrubber** Abgaswäscher m
~ **hole** Abblasöffnung f *(Druckluftleitung)*
~ **pipe** 1. Abzugsrohr n; 2. Kernspindel f, Kernrohr n
~ **plate** s. ~ board
~ **rod** *(Gieß)* Luftspieß m
~ **temperature** Abgastemperatur f
~ **wax** *(Gieß)* Wachsschnur f
~ **wire** *(Gieß)* Luftspieß m
ventilate/to lüften; belüften; entlüften
ventilating equipment Lüftungsanlage f
~ **louver** Entlüftungsschlitz m
ventilation Lüftung f; Belüftung f; Entlüftung f
~ **element** *(Korr)* Belüftungselement n
~ **plant** Entlüftungsanlage f
~ **system** Belüftungssystem n, Lüftungsanlage f
ventilator Lüfter m, Ventilator m; Gebläse n
venting 1. *(Gieß)* Entlüftung f; 2. Luftstechen n
ventside Stichseite f *(Ofen)*
Venturi apparatus s. ~ tube
~ **furnace** Venturi-Ofen m
~ **meter** s. ~ tube
~ **port** Staudruckgasführung f
~ **saturator** Venturi-Sättiger m
~ **scrubber** Venturi-Wäscher m
~ **tube** Venturi-Rohr n, Venturi-Düse f, Staudruckrohr n
~-**tube collector** Venturi-Abscheider m
~-**tube[-type] dust collector (remover)** Venturi-Entstauber m, Venturi-Rohrentstauber m, Venturi-Gasreiniger m
~-**type scrubber** Venturi-Wäscher m
~ **washer** Venturi-Wäscher m
vermicular cast iron Gußeisen n mit Vermikulargraphit
~-**type graphite** Vermikulargraphit m
vermiculite *(Min)* Vermiculit m
vernier caliper Schieb[e]lehre f
vertical adjustment Senkrechtverstellung f
~ **axis** *(Krist)* Vertikalachse f
~ **continuous casting** Vertikalstrangguß m
~ **continuous casting machine** Stranggußanlage f vertikaler Bauart, vertikale Stranggußanlage f
~ **continuous casting machine with bending of the strand** vertikale Stranggußanlage f mit Strangabbiegung
~ **continuous slab caster** senkrechte Brammengießanlage f
~ **cooling chamber** vertikale Kühlkammer f *(Strangguß)*
~ **drive** Senkrechtantrieb m
~ **drum** Vertikaltrommel f
~-**drum drawing machine** Vertikaltrommelziehmaschine f, Vertikalscheibenziehmaschine f

~ **filter** Turmfilter n
~-**flow electrical precipitator** Vertikalelektrofilter n
~ **force component** Vertikalkraft[komponente] f
~ **furnace** Senkrechtofen m, Vertikalofen m
~ **gas uptake** senkrechter Gaszug m
~ **goniometer** Vertikalgoniometer n
~ **handling belt** Senkrechtgurtförderer m
~ **illumination** senkrechter Lichteinfall m
~ **joint** Stoßfuge f *(bei feuerfestem Mauerwerk)*
~ **kiln** Schachtofen m
~-**polarized light microscope** Auflichtpolarisationsmikroskop n
~ **position welding** Senkrechtschweißen n
~ **refining column** vertikale Raffinationskolonne f *(Zinkdestillation)*
~ **retort** Vertikalretorte f
~ **roll** Senkrechtwalze f, Vertikalwalze f
~ **section** Vertikalschnitt m
~ **shaft** Senkrechtwelle f, Königswelle f
~ **slot** Senkrechtschlitz m, Senkrechtspalt m
~ **stand** Vertikalwalzgerüst n
~-**tube furnace** Vertikalrohrofen m
~-**type air grinder** Topfscheibenschleifmaschine f
verticality Vertikalität f, Genauigkeit f der senkrechten Lage, Senkrechtstellung f
very heavy überschwer
~-**high-purity** hochrein
vessel Behälter m, Gefäß n; Becken n
~ **furnace** Konverter m, Gefäßofen m
~ **slag** Konverterschlacke f
~ **temperature** Gefäßtemperatur f
vibrate/to 1. vibrieren, schwingen; 2. rütteln, schütteln
~ **thoroughly** durchschütteln
vibrating apparatus Rüttelgerät n
~ **ball mill** Schwingkugelmühle f
~ **chute** Vibrationsrinne f
~ **conveyor (distributor, feeder)** Schwingförderer m, Vibrationsförderer m, Vibrationszuteiler m
~ **ladle** Schüttelpfanne f
~ **screen** Vibrationssieb n, Schwingsieb n, Schüttelsieb n
~ **shake-out** Vibrationsausleeren n; Vibrationsauspacken n
~ **shake-out machine** Ausleervibrationsrost m
~ **sieve** Vibrationssieb n, Rüttelsieb n, Schüttelsieb n *(klein)*
~ **sifter** s. ~ screen
~ **table** *(Umf)* Vibriertisch m, Rütteltisch m, Vibrationstisch m
~ **trough** Schüttelrinne f
vibration 1. Vibrieren n, Vibration f, Schwingung f; 2. Rütteln n, Schütteln n
~ **cycle** Schwingungsverlauf m

~ **damper** Schwingungsdämpfer *m*
~ **damping** Schwingungsdämpfung *f*
~ **direction** Schwingungsrichtung *f*
~ **frequency** Schwingungsfrequenz *f*
~ **grinding** Vibrationsschleifen *n*
~ **heat-treated** vibrationsvergütet
~-**induced corrosion cracking** Schwingungsrißkorrosion *f*
~ **method** Vibrationsverfahren *n (Schüttverfahren)*
~ **mill** Schwingmühle *f*
~ **period** Schwingungsperiode *f*
~ **polisher** Vibrationspoliergerät *n*
~ **polishing** Vibrationspolieren *n*
~ **ramming** *(Gieß)* Verdichtung *f* durch Vibration, Vibrationsverdichtung *f*
~ **roller** *(Umf)* Schwingrolle *f*
~ **setting** Vibrationseinstellung *f*
vibrational casting Vibrationsgießverfahren *n*
~ **energy** Schwingungsenergie *f*
~ **frequency** Schwingungsfrequenz *f*
~ **instability** Schwingungsinstabilität *f*
vibrationless operation erschütterungsfreier Gang *m*, schwingungsfreier Gang (Lauf) *m*
vibrator Schwinger *m*, Rüttler *m*, Wimmler *m*
vibratory schwingend *(s. a. unter vibrating)*
~ **compacting** *(Pulv)* Vibrationsverdichten *n*
~ **grate** Rüttelrost *m*
~ **grid feeder** Vibrationsförderrost *m*
~ **hopper feeder** Vibrationsförderer *m* am Bunker
~ **mill** Schwingmühle *f*
~ **mixing tube** Schwingmischrohr *n*
~ **moulding machine** Vibrationsformmaschine *f*
~ **pickling process** Vibrationsbeizverfahren *n*
~ **squeeze moulding machine** Vibrationspreßformmaschine *f*
~ **strength** Schwingungsfestigkeit *f*
vice-action press Schraubstockpresse *f*, beidseitigwirkende Presse *f*
Vickers hardness [number] Vickershärte *f*, VH
~ **hardness test** Vickers[härte]prüfung *f*
~ **indentor** *s.* ~ pyramid
~ **pyramid** Vickerspyramide *f*
viewing angle Beobachtungswinkel *m*
~ **chamber** Betrachtungskammer *f*
Vilella's reagent *(Krist)* Vilella-Ätzmittel *n*
Vinckier test Vinckier-Versuch *m*
~ **test specimen** Vinckier-Versuchsprobe *f*
VIP *s.* vapour phase inhibitor
Vipak 85 TM *hochfeuerfeste Stampfmasse mit 85 % Al$_2$O$_3$*
virgin lead Hüttenblei *n*, Rohblei *n*
~ **metal** 1. Originalhüttenmetall *n*; 2. gediegenes Metall *n*

~ **zinc** Rohzink *n*, Hüttenzink *n*
visco[si]meter Viskosimeter *n*
viscosity Viskosität *f*, Zähigkeit *f*
~ **coefficient** Zähigkeitskoeffizient *m*
viscous viskos, zähflüssig, dickflüssig
~ **deformation** viskose Verformung *f*
~ **flow** viskoses Fließen *n*
~ **flux** zähflüssiges Flußmittel *n*
~ **resistance** Zähigkeitswiderstand *m*, Viskositätswiderstand *m*
~ **slag** zähflüssige Schlacke *f*
visioplasticity Visioplastizität *f*
visual inspection Sichtprüfung *f*
vitreous glasig
~ **copper** *(Min)* Chalkosin *m*, Kupferglanz *m*
~ **enamel** Email *n*, Emaille *f*
~ **enamelling** Emaillieren *n*
~ **enamelling furnace** Emallierungsofen *m*
~ **fracture** glasiger Bruch *m*
~ **phase** glasige Phase *f*, Glasphase *f*
~ **silica tube** Quarzgutrohr *n*
~ **silver** *(Min)* Silberglanz *m*, Argentit *m*
~ **state** Glaszustand *m*
vitrification 1. Verglasen *n*, Glasigwerden *n*; 2. *(Gieß)* Verschlackung *f*, Vererzung *f*, Sandanbrand *m (Gußfehler)*
~ **glaze** angeschmolzener Sand *m*
~ **point** Verglasungspunkt *m*
vitrified bond keramische Bindung *f*
~ **brick** *(Ff)* Klinker *m*
vitrify/to 1. glasig werden; 2. *(Gieß)* verschlacken, anschmelzen; 3. sintern
vitriol Vitriol *n (kristallwasserhaltiges Sulfat eines zweiwertigen Metalls)*
vivianite *(Min)* Vivianit *m*, Blaueisenerz *n*
VOD process = vacuum-oxygen-decarburization process
void Pore *f*, Blase *f*, Hohlraum *m*
~ **coalescence** Hohlraumkoaleszenz *f*
~ **formation** Porenbildung *f*, Hohlraumbildung *f*
~ **morphology** Porenmorphologie *f*
~ **room** *s.* ~ volume
~ **size** Hohlraumgröße *f*, Fehlstellengröße *f*
~ **volume** Lückenraum *m*, Lückenvolumen *n*
voidage Porosität *f*, relatives Porenvolumen *n*
volatile flüchtig
~ **component (constituent)** flüchtiger Bestandteil *m*
~ **corrosion inhibitor** *(Korr)* Dampfphaseninhibitor *m*
~ **loss** Verdampfungsverlust *m*
~ **matter** flüchtige Bestandteile *mpl*, flüchtige Substanz *f*
volatiles *s.* volatile matter
volatility Flüchtigkeit *f*, Fugazität *f*, Verdampfbarkeit *f*
volatilizable leicht zu verflüchtigen, verdampfbar

volatilization Verflüchtigung *f*, Verdampfung *f*; Verdunstung *f*
volatilize/to verflüchtigen, verdampfen; verdunsten
volatilizer Verflüchtigungsapparat *m*
volatilizing roasting verflüchtigende Röstung *f*
Volmer theory Volmersche Theorie *f (der Keimbildung)*
Volta potential Volta-Spannung *f*
voltage change Spannungsänderung *f*
~ **drop** Spannungsabfall *m*, Spannungsverlust *m*
~ **fluctuation** Spannungsschwankung *f*
~ **instability** Spannungsinstabilität *f*
~ **pulse** Spannungsimpuls *m*
~ **regulator** Spannungsregler *m*
~ **stabilization** Spannungsstabilisation *f*
Volterra dislocation Volterra-Versetzung *f*
volume change Volumenänderung *f*
~ **concentration** Volumenkonzentration *f*
~ **constancy** Volumenkonstanz *f*
~ **contraction** Volumenkontraktion *f*, Volumenschwindung *f*, kubische Schwindung *f*
~ **deficiency (deficit)** Volumendefizit *n*
~ **density of defects** Volumendefektdichte *f*
~ **diffusion** Volumendiffusion *f*
~ **diffusion coefficient** Volumendiffusionskoeffizient *m*
~ **dilatation** Volumenausdehnung *f*
~ **element** Volumenelement *n*
~ **filling** *(Pulv)* Volumenfüllung *f*
~ **flow** Volumenstrom *m*
~ **fraction** Volum[en]anteil *m*
~ **fraction diagram** Gefügemengenschaubild *n*
~ **fraction of bubbles in fluidized bed** Blasenvolumenanteil *m* in der Wirbelschicht
~ **grain diameter** Volumenkorndurchmesser *m*
~ **increase** Volumenzunahme *f*
~ **of blast** Windmenge *f*
~ **of bubbles** Blasenvolumen *n*
~ **of micropores** Mikroporenvolumen *n*
~ **of sedimentation** Sedimentationsvolumen *n*
~ **of voids** Porenvolumen *n*
~ **percent** Volumenprozent *n*
~ **pinning force** Volumenverankerungskraft *f (z. B. von Versetzungen/cm³ für Fremdatome)*
~ **ratio** *(Pulv)* Raumerfüllung *f*
~ **ratio of powder** *(Pulv)* Pulverraumerfüllung *f*
~ **regulator** Mengenregler *m*
~ **stability** Volumenbeständigkeit *f*
volumetric volumetrisch; maßanalytisch
~ **feeder** Volumendosiervorrichtung *f*
~ **solution** volumetrische Lösung *f*

vortex 1. Wirbel *m*; 2. Schliere *f (Gußfehler)*
~ **burner** Wirbelbrenner *m*
~ **dryer** Wirbeltrockner *m*
VS *s.* volumetric solution
vulcanized rubber wire Gummi[einlege]draht *m*

W

Waelz furnace Wälz-Ofen *m* Drehrohrofen der NE-Metallindustrie)
~ **process** Wälz-Prozeß *m*
wafer core *(Gieß)* Flachkern *m*, Plattenkern *m*
wagon loading station Waggonbeladestation *f*
~ **spring** Wagenfeder *f*; Waggonfeder *f*; Lastwagenfeder *f*
~ **tipper** Waggonkipper *m*
~ **unloading** Waggonentladung *f*
waiting time Wartezeit *f*, Verlustzeit *f*, Bereitschaftszeit *f*
wake zone Spurzone *f*
walk probability Wanderungswahrscheinlichkeit *f*
walking beam Schwingbalken *m*, Hubbalken *m*
~~**beam annealing furnace** Hubbalkenglühofen *m*
~~**beam cooling bed** Hubbalkenkühlbett *n*
~~**beam furnace** Hubbalkenofen *m*
~~**beam lining** Hubbalkenauskleidung *f*
~~**beam turnover bed** Hubbalkenwendebett *n*
wall up/to ausmauern; vermauern
wall Mauer *f*; Wand *f*; Mantel *m (Ofen)*
~ **beam** Wandträger *m*; Randträger *m*
~ **bracket** Wandkonsole *f*
~~**bracket angle** Mauerwinkel *m*, Wandwinkel *m*
~ **crane** Konsolkran *m*
~~**creeper-type jib crane** Wandlaufkran *m*
~ **energy** Wandenergie *f*
~ **jib crane** Wandschwenkkran *m*, Wanddrehkran *m*
~ **loss** Wandverlust *m*
~~**mounted slewing crane** Wandschwenkkran *m*, Wanddrehkran *m*
~ **reduction** Wanddickenverringerung *f (Ziehen)*
~ **temperature** Wandtemperatur *f*
~ **thickening** Wandauswölbung *f*
~ **thickness** Wanddicke *f*
~ **tie** Maueranker *m*, Steinschraube *f*
~ **transverse arch brick** Gurtquerwölber *m*
~ **yield locus** Wandfließort *m*
walling Mauern *n*
~~**up** Ausmauerung *f*
Wallner line Wallner-Linie *f*

wandering of the arc Wandern *n* des Lichtbogens
warm [up]/to erwärmen, anwärmen
warm air Warmluft *f*, Heißluft *f*
~-**brittle** warmspröde, warmbrüchig
~ **brittleness** Warmsprödigkeit *f*, Warmbrüchigkeit *f*
~ **cropping** Warmscheren *n*
~ **drawing** Halbwarmziehen *n*
~ **forging** Warmschmieden *n*, Halbwarmschmieden *n*
~ **heading** Halbwarmstauchen *n*
~ **pressing** Halbwarmpressen *n*
~-**strength properties** Warmfestigkeitseigenschaften *fpl*
warming-up period Anwärmperiode *f*; Anheizperiode *f (für Ofen)*; Anlaufperiode *f*
warning light Warnlampe *f*, Anzeigelampe *f*
~ **limits** Warngrenzen *fpl*
warp/to sich verziehen, sich verwerfen, sich krümmen, sich verbiegen
warpage Verziehen *n*, Verzug *m*, Verwerfung *f*
warping s. warpage
Warren-Averbach method Warren-Averbach-Methode *f*
warted plate Warzenblech *n*
wash/to waschen, [ab]spülen
wash 1. Waschen *n*, Spülung *f*; 2. *(Gieß)* Schlichte *f*, Schwärze *f*
~ **column** Waschkolonne *f*
~ **heat** Abschweißwärme *f*, Verzunderungswärme *f*
~ **heating furnace** Abschweißofen *m*
~ **thickener** Wascheindicker *m*
washburn core *(Gieß)* Einschnürkern *m*, Abschlagkern *m*
washed sand *(Gieß)* gewaschener Sand *m*
washer 1. Waschapparat *m*, Waschanlage *f*, Reinigungsapparat *m*; 2. Unterlegscheibe *f*, Abdichtungsscheibe *f*
washing Waschen *n*; Naßreinigung *f*; Spülen *n*
~ **and jigging of ores** naßmechanische Erzaufbereitung *f*
~ **cooler** Waschkühlwasser *n*
~ **liquid** Abspülflüssigkeit *f*
~ **liquor** Waschlauge *f*, Waschlösung *f*
~ **machine** Waschmaschine *f*, Waschanlage *f*
~ **machine frame** Waschmaschinenrahmen *m*
~ **plant** Waschanlage *f*
~ **thickener** Wascheindicker *m*
~ **tower** Waschturm *m*
wastage Abfall *m*
waste/to in Abprodukt (Abfall) überführen; vernichten
waste Abfall *m*, Abgang *m*; Ausschuß *m*
~ **air** Abluft *f*
~ **bin** Abfallbehälter *m*

~ **coal** Abfallkohle *f*
~ **disposal plant** Entsorgungsanlage *f*
~ **dump** Abfallhalde *f*, Abgängehalde *f*
~ **flue** Essenkanal *m*
~ **gas** Abgas *n*
~ **gas analysis** Abgasanalyse *f*
~ **gas cleaning** Abgasreinigung *f*
~ **gas cooling plant** Abgaskühlanlage *f (für Konverter)*
~ **gas dedusting** Abgasentstaubung *f*
~ **gas fan** Abgasgebläse *n*
~ **gas flue** Abgaskanal *m*
~ **gas furnace** Abgasverbrennungsofen *m*; Abgasnachverbrennungsanlage *f*
~ **gas [heat] loss** Abgasverlust *m*, Abgaswärme *f*
~ **gas main** Abgasleitung *f*
~ **gas nozzle** Abgasstutzen *m*
~ **gas recirculation** Abgasumwälzung *f*
~ **gas stream** Abgasstrom *m*
~ **heap** s. ~ dump
~ **heat** Abwärme *f*, Abhitze *f*
~ **heat boiler** Abhitzekessel *m*
~ **heat flue** Essenkanal *m*
~ **heat recovery** Abwärmerückgewinnung *f*, Abgaswärmerückführung *f*
~ **heat recuperation** Abgaswärmeaustausch *m*
~ **heat steam recovery** Dampfgewinnung *f* aus Abhitze
~ **heat utilization** Abwärmeverwertung *f*, Abhitzeverwertung *f*, Abgaswärmeausnutzung *f*
~ **material** Abfallmaterial *n*
~ **matter** Abfallstoffe *mpl*
~ **metal** Metallabfall *m*, Krätze *f*
~ **of return fines** Rückgutanfall *m*
~ **oil** Altöl *n*
~ **pickle liquor** Abbeize *f*, Beizabwasser *n*, verbrauchte Beizflüssigkeit *f*
~ **pickling water** Beizabwasser *n*
~ **pipe** Abzugsrohr *n*, Abflußrohr *n*, Ausflußrohr *n*
~ **product** Abfallprodukt *n*
~ **strip** Abfallblechstreifen *m*
~ **utilization** Abfallverwertung *f*
~ **water** Abwasser *n*
~ **water cleaning** Abwasserreinigung *f*
~ **water purification plant** Kläranlage *f*
~ **water treatment** Abwasserbehandlung *f*
waster 1. Abfall *m*; 2. Ausschuß *m*, Ausschußstück *n*; Fehlguß *m*; 3. Ofenbruch *m*
wasting of energy Energieverschwendung *f*
watch spring wire Uhrenfederdraht *m*
water absorption Wasseraufnahme *f*
~-**activated nature** wasseraktivierte Beschaffenheit *f*
~ **atomization** Verdüsen *n* mittels Wasser, Wasserverdüsung *f*

~-**based dressing** Schlichte *f* auf Wasserbasis

~ **channel** Wasserrinne *f*

~ **conditioning** Wasseraufbereitung *f*

~ **content** Wassergehalt *m*, Feuchtigkeitsgehalt *m (z. B. von Formstoff)*

~-**cooled** wassergekühlt

~-**cooled cupola** wassergekühlter Kupolofen *m*

~-**cooled hearth** wassergekühlter Herd *m*

~-**cooled liningless cupola** wassergekühlter futterloser Kupolofen *m*

~-**cooled mould** wassergekühlte Form *f*

~-**cooled partition wall** wassergekühlte Trennwand *f*

~-**cooled roof ring** wassergekühlter Deckelring *m (Lichtbogenofen)*

~-**cooled tuyere** wassergekühlte Windform *f*

~ **cooling** Wasserkühlung *f*

~ **cooling line** Wasserkühlstrecke *f*

~ **cooling loss** Kühlwasserverlust *m*

~ **crack** Wasser[kühl]riß *m*

~-**drainage plant** Entwässerungsanlage *f*

~ **gas** Wassergas *n*

~ **gauge** 1. Wassersäule *f*; 2. Wasserstand[s]anzeige *f*.

~ **glass** Wasserglas *n*

~-**glass binder** Wasserglasbinder *m*

~ **granulation** Wassergranulation *f*

~ **hammer** Wasserschlag *m*

~ **hardening press for cooling** Wasserquette *f*, Wasserhärtepresse *f*

~-**hardening steel** Wasserhärtestahl *m*, Wasserhärter *m*, wasserhärtender Stahl *m*

~-**hydraulic** wasserhydraulisch

~ **jacket** 1. Kühl[wasser]mantel *m*; 2. Wasserjackett *n (wassergekühlter Ofenbauelemente aus Stahl vorwiegend im Schmelzbereich)*

~ **line** Kühlrohr *n (Druckgußform)*

~ **meter body** Wasserstand[s]messer *m*, Schwimmer *m*, Schwimmkörper *m*

~ **of crystallization** Kristallwasser *n*

~ **pipe** Wasserrohr *n*

~ **pump housing** Wasserpumpengehäuse *n*

~ **purifying** Wasserreinigung *f*

~ **quench** Wasserabschreckung *f*

~-**quenched** in Wasser abgeschreckt (gehärtet)

~ **quenching** Wasserabschreckung *f*

~ **radiator** Wasserradiator *m*

~ **recooling plant** Wasserrückkühlanlage *f*

~ **requirements** Wasserbedarf *m*

~ **separation** Wasserabscheidung *f*

~ **separator** Wasserabscheider *m*

~ **skirt** Kühl[wasser]mantel *m*

~-**solid ratio** Flüssig-Fest-Verhältnis *n*

~ **solubility** Wasserlöslichkeit *f*

~-**soluble** wasserlöslich

~-**soluble binding** wasserlösliche Bindung *f*

~ **spot** Wasserfleck *m*

~ **spray** Wassereindüsung *f*, Wassereinspritzung *f (in heißes Abgas)*

~ **spray cooling** Sprühwasserkühlung *f*, Rieselwasserkühlung *f*

~-**spray granulated** wassergranuliert

~-**spray-granulated slag sand** wassergranulierter Schlackensand *m*

~-**spray quenching** Sprühwasserabschreckung *f*, Rieselwasserabschreckung *f*

~ **supply** Wasserversorgung *f*

~ **treatment** Wasserbehandlung *f*; Wasseraufbereitung *f*

~ **treatment plant** Wasseraufbereitungsanlage *f*

~ **tube boiler** Siederohrkessel *m*, Wasserrohrkessel *m*

~ **vapour** Wasserdampf *m*

~ **vapour treatment** Wasserdampfbehandlung *f*

~ **velocity** Wassergeschwindigkeit *f (von Kühlwasser)*

waterproof wasserdicht

wave Welle *f*

~ **field** Wellenfeld *n*

~ **formation** Wellenbildung *f (z. B. beim Explosivschweißen)*

~ **motion** Schallgang *m*, Schallführung *f*

~ **number** Wellenzahl *f*

~ **of sound** Schallwelle *f*

~ **packet** Wellenpacket *n*, Wellenbündel *n*

~ **penetration** Eindringtiefe *f*

~ **propagation** Wellenausbreitung *f*

~ **range** Wellenbereich *m*

~ **vector** *(Krist)* Wellenvektor *m*

waveform Wellenform *f*

wavelength Wellenlänge *f*

~-**dispersion analysis** wellenlängen-dispersive Analyse *f*

~ **spectrometer** Wellenlängenspektrometer *n*

~ **spectrum** Wellenlängenspektrum *n*

waviness Welligkeit *f*, Riffelbildung *f*; Wellenbildung *f*, Reliefbildung *f (auf festen Oberflächen)*

wavy edge wellige Kante *f*

wax Wachs *n*

~ **braid** Wachsschnur *f*

~ **lap[s]** Wachsunterlage *f*

~ **tree** *(Gieß)* Wachsbaum *m (Feinguß)*

weak acid schwache Säure *f*

~-**acid cation exchanger** schwachsaurer Kationenaustauscher *m*

~-**base anion exchanger** schwachbasischer Anionenaustauscher *m*

~-**beam method** Schwachstrahltechnik *f*, Weak-beam-Methode *f*

~ **current** Schwachstrom *m*

~ **gas** Schwachgas *n*

~ **point** Schwachstelle *f (einer Konstruktion)*

~ **sand** *(Gieß)* magerer Sand *m*
weaken/to 1. schwächen *(z. B. Kornver-band)*; 2. altern *(z. B. Magnet)*
~ **the sand** *(Gieß)* Sand magern
wear [off, out]/to verschleißen, abnutzen
wear Verschleiß *m*, Abnutzung *f*
~ **and tear** Verschleiß *m* durch Abnutzung
~ **by abrasion** schmirgelnder Verschleiß *m*
~ **compensation** Abnutzungsausgleich *m*
~ **constant** Verschleißkonstante *f*
~ **crater** Verschleißkrater *m*
~ **hardness** Verschleißhärte *f*
~ **land** Verschleißmarke *f*
~ **limit** Verschleißgrenze *f*, Abnutzungs-grenze *f*
~ **measurement** Verschleißmessung *f*
~ **mechanism** Verschleißmechanismus *m*
~ **number** Verschleißzahl *f*
~ **of rolls** Walzenverschleiß *m*
~ **of the lining** Ausmauerungsverschleiß *m*
~ **on swage** Gesenkverschleiß *m*
~ **pair** Verschleißpaarung *f*
~ **particle** Verschleißpartikel *f*, Abriebparti-kel *f*
~ **picture** Verschleißbild *n*
~ **plate** Verschleißplatte *f*
~-**pot method** Verschleißtopfverfahren *n*
~ **profile** Verschleißprofil *n*
~ **property** Verschleißeigenschaft *f*
~ **protection** Verschleißschutz *m*
~ **rate** Verschleißrate *f*, Abriebgeschwin-digkeit *f*
~ **resistance** Abriebfestigkeit *f*, Verschleiß-festigkeit *f*, Verschleißwiderstand *m*
~-**resistant** *s.* ~ resisting
~-**resisting** verschleißbeständig, ver-schleißfest
~-**resisting alloy** verschleißbeständige (verschleißfeste) Legierung *f*
~-**resisting layer** Verschleißschutzschicht *f*
~-**resisting material** Verschleiß[wider-stands]material *n*
~-**resisting property** Verschleißeigenschaft *f*
~-**resisting steel** verschleißbeständiger (verschleißfester) Stahl *m*
~ **surface** Verschleißfläche *f*
~ **test** Verschleißprüfung *f*
~ **test rig** Verschleißprüfgerät *n*
wearability Abnutzbarkeit *f*
wearable abnutzbar
~ **part** Verschleißteil *n*
wearing plate Verschleißplatte *f*, Schleiß-platte *f*, Verschleißblech *n*
~ **property** Verschleißeigenschaft *f*
~ **qualities** Verschleißeigenschaften *fpl*
~ **surface** Verschleißfläche *f*
~ **zone** Verschleißzone *f*
weathered constituent Verwitterungsbe-standteil *m*
~ **ore** verwittertes Erz *n*
weathering Bewettern *n*; Auslagern *n* *(spannungsbehafteter Gußeisenteile)*

~ **test** Naturkorrosionsversuch *m*
web 1. Steg *m*; Schienensteg *m*, Träger-steg *m*; 2. Versteifung *f*
~ **height** Steghöhe *f*
~ **roll** Scheibenwalze *f*
~ **thickness** Stegdicke *f*
Weber number Weber-Zahl *f*
wedge 1. Keil *m*; 2. *(Gieß)* Prüfkeil *m*
~ **adjustment of roll** Keilanstellung *f* der Walzen, Walzenkeilanstellung *f*
~ **angle** 1. *(Gieß)* Keilwinkel *m*; 2. Einzugs-winkel *m* *(Walzen)*
~ **brick** *(Ff)* Ganzwölber *m*, Doppelganz-wölber *m*, Keilstein *m*
~ **disclination** Keildisklination *f*
~-**draw cupping test** Keilzugtiefungstest *m*
~-**draw specimen** Keilzugprobe *f*
~ **gate** *(Gieß)* 1. Keilanschnitt *m*, 2. Leisten-anschnitt *m*
~ **lock** Keilverschluß *m*
~ **pass-gap-setting device** Keilanstellung *f*
~ **penetration test** Keildruckprüfung *f*
~ **pin** Führungsstift *m* mit Keilschlitz
~ **press** Keilpresse *f*
~ **runner bar** *(Gieß)* 1. Keilanschnitt *m*; 2. Keilanguß *m*
~-**shaped** keilförmig
~-**shaped specimen** Keilzugprobe *f*
~ **specimen correction method** Keilpro-benkorrekturverfahren *n*
~ **tensile specimen** Keilzugprobe *f*
~ **test bar (piece)** *(Gieß)* Keilprobe *f*
~-**type roll gap adjustment** Keilanstellung *f* der Walzen, Walzenkeilanstellung *f*
Wedge furnace Wedge-Ofen *m*, Mehreta-genröstofen *m*
wedging effect Schmierkeilwirkung *f*
Wehnelt cylinder Wehnelt-Zylinder *m*
Weibull parameter Weibull-Parameter *m*
weigh/to wägen; wiegen
weigh feeder Dosierspeiser *m*
weighed sample Einwaage *f*
weighing Wägen *n*
~ **device (machine)** Wägeeinrichtung *f*
~ **platform** Wiegeplattform *f*
weight/to beschweren, belasten
~ **a mould** eine Form belasten
weight *(Gieß)* Beschwergewicht *n*, Bela-stungsgewicht *n*, Lasteisen *n*, Beschwer-platte *f*
~ **balance** 1. Gewichtsauflage *f*; 2. *(Umf)* Massenausgleich *m* *(Oberwalze)*
~ **balancing gear** *(Umf)* Massenaus-gleichsvorrichtung *f*
~-**change method** *(Krist)* Lastwechselver-fahren *n*
~ **deviation** Gewichtsabweichung *f*
~ **gain** Gewichtszunahme *f*
~ **indicator** Gewichtsanzeigegerät *n*
~ **limit** Gewichtstoleranz *f*
~ **loss** Gewichtsverlust *m*
~ **loss test** Gewichtsverlustmessung *f*

~ **loss v. time data** Gewichtsverlust-ge-
gen-Zeit-Daten *pl*
~ **of charge** Einsatzgewicht *n;* Ladungsge-
wicht *n;* Schmelzgewicht *n*
~ **of the bed** Gewicht *n* des Wirbelschichtbetts, Wirbelschichtbettmasse *f*
~ **of tup** Bärmasse *f*
~ **per piece** Stückgewicht *n*
~ **percentage** Masseprozent *n*
~-**saving construction** Leichtbauweise *f*
~ **setting device** *(Gieß)* Beschwereinrich-
tung *f*, Belastungseinrichtung *f (Form)*
weighting factor Gewichtsfaktor *m*
~ **of a mould** Belastung *f* einer Form
Weiss domain Weissscher Bezirk *m*
~ **field** Weisssches Feld *n*
Weissenberg camera Weissenberg-Kam-
mer *f*
~ **method** Weissenberg-Verfahren *n*
weld/to schweißen; verschweißen
~-**harden** schweißhärten, aus der Schweißhitze härten
weld Schweiße *f*, Schweißung *f*, Schweißstelle *f*, Schweißnaht *f*
~ **axis** Schweißnahtachse *f*
~ **bath** Schweißbad *n*
~ **bead** Schweißraupe *f*, Schweißtropfen
m; Schweißperle *f*
~ **bead width** Schweißraupenbreite *f*
~ **cleaning** Schweißstellenreinigung *f*, Säubern *n* der Schweißnaht
~ **cracking** Schweiß[naht]rißbildung *f*,
Schweiß[naht]rissigkeit *f*
~ **cracking test** Schweiß[naht]rißbildungs-
versuch *m*
~ **cross section** Schweißnahtquerschnitt
m
~ **deposit microstructure** Auftragschweiß-
gefüge *n*
~ **filler material** Schweißzusatzwerkstoff *m*
~ **flaw** Schweißnahtfehler *m*
~ **geometry** Schweißnahtgeometrie *f*
~ **hardening** Härten *n* aus der Schweißhitze, Härten *n* nach dem Schweißen
~ **heat cycle** Schweißwärmezyklus *m*
~ **interface** Schweißgrenzfläche *f*
~ **iron** Schweiß[schmiede]eisen *n*
~ **joining** Verbindungsschweißung *f*
~ **layer** Schweißlage *f*
~ **metal** 1. Schweißgut *n*, verschweißter
Werkstoff *m;* 2. Schweißdraht *m*
~ **metal alloy** Schweißgutlegierung *f*
~ **nugget** Schweißperle *f*
~ **penetration** Schweißeindringtiefe *f*
~ **pool** Schweißbad *n*
~ **porosity** Schweißnahtporosität *f*
~ **preparation** Schweißnahtvorbereitung *f*
~ **puddle temperature** Schweißpuddeltem-
peratur *f*
~ **quality** Schweißnahtgüte *f*
~ **region** Schweiß[naht]bereich *m*
~ **repair** Reparaturschweißung *f*

~ **residual stress** Schweißeigenspannung *f*
~ **seam** Schweißnaht *f*
~ **shear strength** Schweißverbindungsfe-
stigkeit *f*
~ **shortness** Lötbrüchigkeit *f*
~ **simulation** Schweißsimulierung *f*
~ **solidification cracking** Schweißnahter-
starrungsrißbildung *f*
~ **steel** Schweißstahl *m*, schweißbarer
Stahl *m*
~ **strength** Schweißnahtfestigkeit *f*
~ **surfacing** Auftragschweißen *n*
~ **testing** Schweißnahtprüfung *f*
~ **thickness** Schweißnahtdicke *f*
~ **transition zone** Schweißübergangszone
f
~ **zone** Schweiß[naht]zone *f*
weldability Schweißbarkeit *f*
~ **test** Schweißbarkeitsprüfung *f*
weldable alloy schweißbare Legierung *f*
~ **steel** schweißbarer Stahl *m*
weldableness *s.* weldability
welded cladding Auf[trag]schweißplattie-
rung *f*
~ **joint** Schweißverbindung *f*
~ **screwing** Schweißverschraubung *f*
~ **seam** Schweißnaht *f*
~ **seam cross section** Schweißnahtquerschnitt *m*
~ **structure** Schweißkonstruktion *f*
welder Schweißmaschine *f;* Schweißgerät
n
welding Schweißen *n*, Schweißung *f;* Ver-
schweißung *f;* Aufschweißen *n*
~ **agent** Schweißmittel *n*
~ **and cutting apparatus** Schweiß- und
Schneideinrichtungen *fpl*
~ **apparatus** Schweißgerät *n*
~ **appliance** Schweißvorrichtung *f*
~ **apron** Schweißerschürze *f*
~ **arc** Schweißlichtbogen *m*
~ **arc voltage** Schweißlichtbogenspannung
f
~ **area** Schweißbereich *m*, Schweißfläche *f*
~ **behaviour** Schweißverhalten *n*
~ **bench** Schweißtisch *m*
~ **booth** Schweißkabine *f*
~ **burner** Schweißbrenner *m*
~ **cable** Schweißkabel *n*
~ **capacity** Schweißleistung *f*
~ **chamber** Schweißkammer *f*
~ **cinder** Schweißschlacke *f*
~ **circuit** Schweißstromkreis *m*
~ **compound** Schweißmaterialmischung *f*
~ **condition** Schweißbedingung *f*
~ **converter** Schweißumformer *m*
~ **current** Schweißstrom *m*
~ **defect** Schweißfehler *m*
~ **direction** Schweißrichtung *f*
~ **dripple** *s.* weld bead
~ **electrode** Schweißelektrode *f*
~ **electrode wire** Schweißelektrodendraht
m

~ **end** Schweißende *n*, Anschweißende *n*
~ **equipment** Schweißanlage *f*, Schweißvorrichtung *f*, Schweißeinrichtung *f*
~ **flame** Schweißbrenner *m*
~ **flux** Schweiß[fluß]mittel *n*, Schweißpulver *n*
~ **generator** Schweißgenerator *m*
~ **glass** gefärbtes Schutzglas *n*
~ **globule** Schweißperle *f*
~ **gloves** Schweißerhandschuhe *mpl*
~ **gun** Schweißpistole *f*
~ **handle** *s.* ~ gun
~ **head** Schweißkopf *m*
~ **heat** Schweißhitze *f*, Schweißglut *f*
~ **heat source** Schweißwärmequelle *f*
~ **helmet** Schweißerhelm *m*
~ **ingot** Schweißkokille *f*
~ **jig** *s.* ~ equipment
~ **machine** Schweißmaschine *f*
~ **material** Schweißgut *n*
~ **of ingot mould** Kokillenschweißen *n*
~ **of powder strip** Pulverbandschwei-
ßen *n*
~ **outfit** Schweißausrüstung *f*
~ **parameter** Schweißparameter *m*
~ **pass** Schweißgang *m*
~ **period** Schweißperiode *f*
~ **plant** Schweißanlage *f*; Schweißwerk *n*
~ **point** Anschweißstelle *f*, Schweißpunkt
m
~ **powder** Schweißpulver *n*
~ **practice** Schweißpraxis *f*; Schweißtechnik *f*
~ **process** Schweißverfahren *n*; Schweiß-
prozeß *m*, Schweißvorgang *m*
~ **property** Schweißeignung *f*
~ **rod** Schweißstab *m*, Schweiß[zu-
satz]draht *m*
~ **sequence** Schweißfolge *f*
~ **shop** Schweißwerkstatt *f*
~-**simulated** schweißsimuliert
~ **speed** Schweißgeschwindigkeit *f*
~ **splash** Schweißspritzer *m*
~ **spot** Schweißpunkt *m*, verschweißte
Stelle *f*
~ **steel** Schweißstahl *m*, schweißbarer
Stahl *m*
~ **stress** Schweißspannung *f*
~ **technique** Schweißtechnik *f*; Schweiß-
methode *f*; Schweißverfahren *n*
~ **time** Schweißzeit *f*, Schweißdauer *f*
~ **tongs** Schweißzange *f*
~ **torch** Schweißbrenner *m*
~ **train** Schweißstraße *f*
~ **transformer** Schweißtransformator *m*
~ **unit** Schweißaggregat *n*, Schweißeinrichtung *f*
~ **upset** Schweißdruck *m*
~ **voltage** Schweißspannung *f*
~ **wheel** Schweißrad *n*
~ **wire** Schweißdraht *m*
~ **work** Schweißarbeit *f*

weldless [schweiß]nahtlos
weldment Schweißkonstruktion *f*,
Schweißverbindung *f*
well annealed stabil geglüht *(120° Korn-
grenzenwinkel im Gefüge)*
~ **defined** gut ausgebildet *(z. B. Textur)*
well Herd *m*, Kupolofenherd *m*, Gestell *n*
~ **tube** Bohrrohr *n*
wet/to benetzen, befeuchten
~ **draw** naßziehen
wet naß, feucht
~ **air oxidation** *(Korr)* Feuchtluftoxydation *f*
~ **assay** Naßprobe *f*
~-**bag tooling** *(Pulv)* Verfahren zur Verdichtung von Pulvern beim isostatischen
Pressen unter Verwendung von Flüssigkeit als Druckmedium mit Benetzung der
flexiblen Pulverumhüllung
~ **blasting** Strahlläppen *n*
~-**bottom gas producer** Gasgenerator *m*
mit flüssiger Schlacke
~ **cap** Naßentstaubungsanlage *f*
~-**chemical** naßchemisch
~ **cleaner** *s.* ~ scrubber
~ **cleaning** 1. Naßreinigung *f*; 2. Naßaufbereitung *f*
~ **cleaning system** Naßreinigungssystem *n*
(für Abgasentstaubung und -reinigung)
~ **crushing** Naßzerkleinerung *f*
~ **cyclone** Naßzyklon *m*, Hydrozyklon *m*
~ **drawing** *(Umf)* Naßziehen *n*, Naßzug *m*
~ **drawing lubricant** Naß[draht]zieh-
schmiermittel *n*
~ **dressing** Naßaufbereitung *f*
~ **dust collector** Naßentstauber *m*
~ **dust removal hood** Naßentstaubungs-
haube *f*
~ **dust separation** Naßentstaubung *f*
~ **electrofilter (electrostatic filter)** Naßelektrofilter *n*
~ **enamelling** Naßemaillierung *f*
~ **extraction** Auslaugung *f*
~ **filter** Naßfilter *n*
~ **gas cleaner** Naßgasreiniger *m*
~ **gas cleaning** Naßgasreinigung *f*, Gaswä-
sche *f*
~ **grinding** 1. Naßmahlen *n*; 2. Naßschlei-
fen *n*
~-**grinding device** Naßschleifgerät *n*
~-**grinding machine** Naßschleifmaschine *f*
~ **grinding of powder** Pulvernaßmahlen *n*
~ **high-intensity magnetic separation**
Naß-Starkfeldmagnetscheidung *f*
~ **mechanical dressing of ores** naßmechanische Erzaufbereitung *f*
~ **milling** Naßmahlung *f*
~ **mix** feuchte (nasse) Mischung *f*
~ **pan** Naßkollergang *m*
~ **powder inspection** Naßpulverprüfung *f*
~ **precipitator** Naßelektrofilter *n*
~ **process** nasses Verfahren *n*, Naßverfah-
ren *n*

~ **quenching** Naßlöschen *n (Koks)*
~ **screening** Naßsieben *n*
~ **scrubber** Naßwäscher *m*, Naßreiniger *m*, Naßabscheider *m*, Naßentstauber *m*, Gaswäscher *m*
~ **separation** Naßabscheidung *f*
~ **separator** *s.* ~ scrubber
~ **skid** Kühlschiene *f*, gekühlte Schiene *f*
~ **skin pass rolling** Naßdressieren *n*, Nachwalzen (Dressieren) *n* mit Schmierung
~ **slip drawing machine** Naßziehmaschine *f*
~ **spraying mass** Schlämmspritzmasse *f*
~ **steam** Naßdampf *m*
~ **storage stain** weißer Rost *m*, Weißrost *m*
~ **storage test** *(Korr)* Feuchtlagerversuch *m*
~ **strength** Naßfestigkeit *f*
~ **tensile strength** Naßzugfestigkeit *f*
~-**type dust collector** Naßentstauber *m*
~-**type precipitator** Naßelektrofilter *n*
~-**washed gas** naßgereinigtes Gas *n*
~ **washer** *s.* ~ scrubber
~ **washing** Naßreinigung *f*
~ **wire lubricant** Naßdraht[zieh]schmiermittel *n*
Wetherill furnace Wetherill-Ofen *m*
wettability Benetzbarkeit *f*
wetting Benetzung *f*, Befeuchtung *f*
~ **additive** oberflächenaktiver Zusatz *m*
~ **agent** Benetzungsmittel *n*, Netzmittel *n*
~ **angle** Benetzungswinkel *m*
~ **force** Benetzungskraft *f*
~ **of powder particles** Pulverteilchenbenetzung *f*
~ **power** Benetzungsvermögen *n*
~ **properties** Benetzungseigenschaften *fpl*
~ **test** Benetzungsversuch *m*
~ **time** Benetzungsdauer *f*
WEU mould *s.* wide end-up mould
WG *s.* water gauge 1.
wheel Rad *n*; Laufrad *n*; Schleuderrad *n*
~-**disk rolling mill** Radscheibenwalzwerk *n*
~ **dresser** Abrichtwerkzeug *n* für Schleifscheiben
~ **pressure** Raddruck *m*
~ **reclaimer** Schaufelradaufnehmer *m*
~ **rolling mill** Radwalzwerk *n*
~ **spoke wire** Speichendraht *m*, Radspeichendraht *m*
~ **tyre** Radbandage *f*, Radreifen *m*
~-**tyre rolling mill** Bandagenwalzwerk *n*, Radreifenwalzwerk *n*
wheelbarrow sieve fahrbares Sieb *n*
wheeled shovel loader Schaufelradlader *m*
whetstone Abziehstein *m*
whirl up/to aufwirbeln
whirl gate *(Gieß)* Drehmassel *f*

~-**gate dirt trap** *(Gieß)* Schaumtrichter *m*, Wirbler *m*, Kreisel *m*
~-**gate feeder** *(Gieß)* Drehmassel *f*
whisker Whisker *m (Haarkristall)*
whistler *(Gieß)* Luftpfeife *f*
white bearing metal *s.* ~ metal 2.
~ **bronze** Weißbronze *f*
~ **cast iron** weißes Gußeisen *n*, Hartguß *m*, Temperrohguß *m*
~ **copper** *s.* argentan
~ **gold** Weißgold *n*
~-**heart malleable cast iron** weißer (entkohlter) Temperguß *m*
~-**heart process** Glühfrischen *n*, entkohlendes Tempern *n*
~ **heat** Weißglut *f*
~-**hot** weißglühend
~ **lime** Weißkalk *m*, Fettkalk *m*
~ **metal** 1. Neusilber *n*; 2. Weißmetall *n*, Lager[weiß]metall *n*; 3. Kupferstein *m (mit hohem Kupfergehalt)*
~ **metal bearing** Weißmetallager *n*
~ **pig iron** weißes Roheisen *n*
~ **point** Weißpunkt *m*
~ **radiation** weiße Strahlung *f (im kontinuierlichen Spektrum)*
~ **rust** weißer Rost *m*, Weißrost *m*
~ **slag** Fertigschlacke *f*, Reduktionsschlacke *f*
~ **tin** weißes Zinn *n (allotrope Zinnmodifikation, die bei über 13,2 °C stabil ist)*
WI *s.* wrought iron
wicket gemauerte Ofentür *f*
wide-angle goniometer Weitwinkelgoniometer *n*
~ **bloom** breiter Block *m*
~ **end-up mould** umgekehrt konische Kokille *f*
~-**field microscope** Großfeldmikroskop *n*
~-**flange beam** Breitflanschträger *m*
~-**flange shape** Breitflanschprofil *n*
~ **flat steel** Breitflachstahl *m*
~ **hot strip** Warmbreitband *n*
~-**meshed** grobmaschig, weitmaschig
~ **particle size range** breites Kornspektrum *n*, großer Korngrößenbereich *m*
~ **slab** breite Bramme *f*
~ **strip** Breitband *n*
~ **strip rolling mill** Breitbandwalzwerk *n*
widening Erweiterung *f*; Verbreiterung *f*
Widmannstätten pattern Widmannstätten-Anordnung *f*
~ **structure** Widmannstättensche Struktur *f*, Widmannstättensches Gefüge *n*
width Breite *f*
~ **at half maximum intensity** Halbwertsbreite *f*
~ **measuring** Breitenmessung *f*
~ **of crater** Kolkbreite *f*
~ **of groove** Kaliberbreite *f*

~ **of hearth** Herdbreite *f*
~ **of kerf** Schnittfugenbreite *f*
~ **of specimen** Streifenbreite *f*
~ **of strip** Bandbreite *f*
~ **of wear land** Verschleißmarkenbreite *f*
Wiedemann-Franz law (rule) Wiedemann-Franzsches Gesetz *n*
Wigner-Seitz cell *(Krist)* Wigner-Seitz-Zelle *f*
~-**Seitz method** Wigner-Seitz-Methode *f*
wild heat schäumende Schmelze *f*
Williams core *(Gieß)* Williams-Kern *m*, Luftdruckkern *m*
~ **feeder (riser)** *(Gieß)* Williams-Steiger *m*, Williams-Trichter *m*, atmosphärischer Speiser *m*
winch Winde *f*, Spill *n*
wind/to [auf]wickeln, spulen, haspeln
wind Wind *m*, Luft *f (s. a. unter* air*)*
~ **belt** Windring *m*, [hochangeordneter] Windkasten *m*
~ **belt at tuyere level** Windkasten *m* in Höhe der Düsen
~ **box** Windkasten *m*, Windring *m*
~ **furnace** Blasofen *m*
~ **loading** Windlast *f*
~ **pressure** Winddruck *m*
~ **rate** Windleistung *f*, spezifische Windmenge *f*
~ **tunnel** Windkanal *m*
~ **volume** Windmenge *f*
winding machine Wickelmaschine *f*, Spulmaschine *f*
~-**off** Abwickeln *n*
~ **wire** Wickeldraht *m*
window method Fensterverfahren *n*
~ **sash section** Fensterprofil *n*
wing Schwinge *f*
wipe/to abstreifen, abwischen
~ **off** abwischen
wiped joint Lötstelle *f*, Lötverbindung *f*
wiper Abstreifer *m*, Abstreicher *m*, Abwischer *m*
wiping Abstreifen *n*, Bürsten *n*
~ **system** Abstreifvorrichtung *f*
wire [gezogener] Draht *m*
~ **annealing furnace** Drahtglühofen *m*
~ **armouring** Drahtbewehrung *f*
~ **axis** Drahtachse *f*
~ **bar** Knüppel *m* für Drahtwalzwerke, Drahtbarren *m*
~ **bar copper** Kupferdrahtknüppel *m*
~ **basket** Drahtkorb *m*
~ **bending machine** Drahtbiegemaschine *f*
~ **binding** Drahtverbindung *f*
~ **block** Drahtwalzblock *m*, Drahtwalzmaschine *f*
~ **blue annealing** Drahtblauglühen *n*, Drahtbläuen *n*
~ **braid** Drahtgeflecht *n*
~ **break** Drahtbruch *m*

~ **breakdown** Drahtvorziehen *n*, Vorziehen *n* von Draht
~ **breakdown machine** Drahtvorziehmaschine *f*
~ **bright drawing** Drahtblankziehen *n*
~ **brush** Drahtbürste *f*
~ **cable** Drahtkabel *n*
~ **carburizing** Drahtaufkohlung *f*
~ **centre** Drahtseele *f*
~ **clamp** Drahtklammer *f*
~ **cloth** Drahtgewebe *n*
~ **cloth screen** Drahtsieb *n*
~ **coarse drawing** Drahtgrobziehen *n*
~ **coating** Drahtbeschichtung *f*; Drahtschutzschicht *f*
~ **coil** [aufgespulter] Drahtbund *m*, Drahtring *m*
~ **coil binding machine** Drahtbund[ab]bindemaschine *f*
~ **coil press** Drahtbundpresse *f*
~ **cold drawing** Drahtkaltziehen *n*
~ **cold rolling** Drahtkaltwalzen *n*
~ **cold rolling mill** Drahtkaltwalzwerk *n*
~ **conductor** Leitungsdraht *m*
~ **cooling** Drahtkühlung *f*
~ **cooling system** Drahtkühlsystem *n*
~ **core** Drahteinlage *f*, Drahtseele *f*, Drahtmittenader *f*
~ **crimping machine** Drahtkrippmaschine *f*
~ **cutter** Drahtschneider *m*, Bolzenschneider *m*
~ **dead drawing** Drahttotziehen *n*
~ **defect** Drahtfehler *m*
~ **degreasing** Drahtentfettung *f*
~ **degreasing plant** Drahtentfettungsanlage *f*
~ **descaling** Drahtentzunderung *f*
~ **descaling plant** Drahtentzunderungsanlage *f*
~ **drawer** Drahtzieher *m*
~ **drawing** Drahtziehen *n*
~ **drawing bench** Drahtziehbank *f*
~ **drawing block** Drahtziehblock *m*
~ **drawing coiler** Ziehwickler *m*
~ **drawing compound** Drahtziehmittel *n*, Drahtziehschmiergemisch *n*
~ **drawing die** Drahtziehdüse *f*
~ **drawing machine** Drahtziehmaschine *f*
~ **drawing oil** Drahtziehöl *n*
~ **drawing paste** Drahtziehschmierpaste *f*
~ **drawing plant** Drahtziehanlage *f*; Drahtzieherei *f*
~ **drawing tongs** Drahtziehzange *f*, Froschzange *f*
~ **dry galvanizing** Drahttrockenverzinken *n*
~ **drying chamber** Drahttrockenkammer *f*
~ **electrode** Drahtelektrode *f*
~ **extrusion** Drahtpressen *n*
~ **fabric** Drahtgewebe *n*
~ **feed** Drahtvorschub *m*
~ **feeder apparatus** Drahtzugabevorrichtung *f*

~ **feeding method** Drahtzugabemethode f, Drahtzugabeverfahren n
~ **fence** Drahtzaun m, Drahtgitter n
~ **filament** Drahtfaser f, Drahtfaden m
~ **final annealing** Drahtschlußglühen n
~ **finish drawing** Drahtfertigziehen n, Drahtfertigzug m
~ **flat rolling** Drahtflachwalzen n
~ **flattening mill** Drahtflachwalzwerk n
~ **follow-up draught** Drahtnachzug m
~ **frame** Drahtgestell n
~ **galvanization** Drahtverzinkung f
~ **galvanizing furnace** Drahtverzinkungsofen m
~ **galvanizing line** Drahtverzinkungslinie f, Drahtverzinkungsstrecke f
~ **gauge** Draht[meß]lehre f
~ **gauze** Drahtgewebe n, Drahtgaze f
~ **grate** Drahtgeweberost m
~ **grid** Drahtgitter n
~ **grinding machine** Drahtschleifmaschine f
~ **grip** Drahtspanner m
~ **guide** Drahtführung f
~ **hardening** Drahthärten n
~ **hardening and tempering plant** Drahtvergüteanlage f
~ **hardening plant** Drahthärtungsanlage f
~ **immerse annealing** Drahttauchglühen n, Drahtglühen n im Bad
~ **insertion** Drahteinlage f
~ **knot** Drahtknoten m
~ **lacquering** Drahtlackieren n
~ **lacquering plant** Drahtlackierungsanlage f
~ **layer** Drahtlage f
~ **loop** Drahtschlinge f, Drahtschleife f, Drahtschlaufe f
~ **lubricant** Draht[zieh]schmiermittel n
~ **mesh** 1. Drahtmatte f; 2. Maschendraht m; 3. Drahtnetz n
~ **mesh mat** Drahtmatte f
~ **mill** Drahtwerk n, Drahtzieherei f
~ **nail** Drahtstift m, Drahtnagel m
~ **nail press** Nagel[form]presse f
~ **needle** Drahtnadel f
~ **netting** Drahtgeflecht n, Drahtgewebe n
~ **netting machine** Drahtflechtmaschine f
~ **patenting** Drahtpatentieren n
~ **patenting furnace** Drahtpatentierofen m
~ **patenting line** Drahtpatentierlinie f, Drahtpatentierstrecke f
~ **patenting plant** Drahtpatentieranlage f
~ **peeling** Drahtschälen n
~ **peeling machine** Drahtschälmaschine f
~ **pickling** Drahtbeizen n
~ **pickling department** Drahtbeizerei f
~ **pointer** Drahtanspitzmaschine f, Drahtanspitzwalzwerk n
~ **pointing** Drahtanspitzen n
~ **polishing machine** Drahtpoliermaschine f

~ **product** Drahtware f, Drahterzeugnis n
~ **protective film** Drahtschutzschicht f
~ **rapid heating** Drahtschnellerwärmung f
~ **reel** Drahthaspel f
~ **residual stress** Drahteigenspannung f
~ **resistance heating** Drahtwiderstandserwärmung f
~ **riddle** (Gieß) Luftspieß m
~ **rod** Walzdraht m
~ **rod defect** Walzdrahtfehler m
~ **rope** Drahtseil n
~ **rope clip** Drahtseilklemme f
~ **rope compound** Drahtseilschmiermittel n
~ **rope core** Drahtseilseele f
~ **rope drive** Drahtseiltrieb m
~ **rope inspection** Drahtseilprüfung f
~ **rope lubricant** Drahtseilschmiermittel n
~ **rope sheave** Drahtseilrolle f, Drahtseilscheibe f
~ **rope sling** Drahtseilschlinge f
~ **screen** Drahtnetz n
~ **sensitivity** Drahterkennbarkeit f (bei Röntgengrobstrukturverfahren zur Abschätzung der Auflösung)
~ **sharpening** Drahtanspitzen n
~ **sharpening machine** Drahtanspitzmaschine f, Drahtanspitzwalzwerk n
~ **shears** Drahtschere f
~ **shot** Stahldrahtkorn n
~ **sieve** Drahtsieb n
~ **specimen** Drahtprobe f
~ **spiral** Drahtspirale f
~ **spiral spring** Drahtspiralfeder f
~ **spoke** Drahtspeiche f
~ **spool** Drahtspule f
~ **spooler** Drahtspulmaschine f
~ **spring** Drahtfeder f
~ **straightening** Drahtrichten n
~ **straightening apparatus** Drahtrichtapparat m
~ **straightening machine** Drahtrichtmaschine f
~ **strain gauge** Dehnungsmeßstreifen m
~ **strand** Drahtlitze f
~ **stranding machine** Drahtverlitzmaschine f
~ **string** Drahtsaite f
~ **surface** Drahtoberfläche f
~ **testing** Drahtprüfung f
~ **tinning** Drahtverzinnen n
~ **twisting apparatus** Drahtverwindegerät n
~ **varnishing plant** Drahtlackieranlage f
~ **ware** Drahtwaren fpl
~ **warm drawing** Drahthalbwarmziehen n
~ **welding machine** Drahtschweißmaschine f
~ **working machine** Drahtverarbeitungsmaschine f

wiring run Drahtleitung f
~ **tube** Leitungsrohr n

withdraw/to 1. *(Umf)* zurückziehen, herausziehen; 2. *(Gieß)* absenken, abziehen
(Strangguß); 3. *(Gieß)* ausheben *(Form)*;
4. ausfahren; 5. abziehen *(z. B. Schlacke)*
withdrawal 1. *(Umf)* Herausziehen *n*; 2.
(Gieß) Absenken *n*, Abziehen *n (Strangguß)*; 3. *(Gieß)* Ausheben *n (Form)*; 4.
Rückführung *f*, Zurückführung *f*; 5. Abziehen *n (z. B. Schlacke)*
~ **mechanism** *(Umf)* Abzugvorrichtung *f*,
Ausziehvorrichtung *f*
~ **of gas** Gasabführung *f*
~ **of slag** Schlacke[ab]ziehen *n (bei metallurgischen Schmelzöfen)*
~ **of the electrode bundles** Ausfahren *n*
der Elektrodenbündel
~ **position** Abzugstellung *f (des Preßstem-
pels)*
~ **process** Abziehverfahren *n (beim Pulverpressen)*
~ **speed** Absenkgeschwindigkeit *f*, Abzieh-
geschwindigkeit *f (Strangguß)*
withdrawing Zurückziehen *n*, Abziehen *n*
(der Matrize)
~ **furnace** Durchziehofen *m*
~ **machine** *(Umf)* Auszugmaschine *f*
~ **roll** Ausziehrolle *f (Strangguß)*
Wobbe index Wobbe-Zahl *f*
wobble filter Taumelfilter *n*, Taumelsieb *n*
~ **mesh** *s.* ~ **sieve**
~ **sieve** Taumelsieb *n*, Taumelfilter *n*
~ **sieve apparatus (machine)** Taumelsieb-
maschine *f*
~ **sifter** *s.* ~ **sieve**
wobbler Kuppelzapfen *m*, Kleeblattzapfen
m, Treffer *m (Walzen)*
Wöhler diagram Wöhler-Schaubild *n*
Wohlwill process Verfahren *n* nach Wohlwill
wolfram Wolfram *n (s. a. unter* tungsten*)*
wolframate Wolframat *n*
wolframite *(Min)* Wolframit *m*
~ **powder** Wolframitpulver *n*
Wollaston wire Wollastondraht *m*, Feinstdraht *m*, Mikrodraht *m*
wood chips Holzspäne *mpl*
~ **core box** *(Gieß)* Holzkernkasten *m*
~ **die** *(Gieß)* Formholz *n*
~ **fibre structure** Holzfaserstruktur *f*
~ **flour** Holzmehl *n*
~ **pattern** *(Gieß)* Holzmodell *n*
~ **patternmaking** Holzmodellbau *m*
~ **resin** Baumharz *n*
~ **saw dust** Holzsägespäne *mpl (Treibmit-
tel beim Gesenkschmieden)*
~ **screw wire** Holzschraubendraht *m*
~ **wool** *(Gieß)* Holzwolle *f (Kernfüllung)*
~ **wool rope** *(Gieß)* Holzwolleseil *n (Kernherstellung)*
wooden broad hammer Brettfallhammer
m
~-**lined** holzausgekleidet

~ **pattern** Holzmodell *n*
~ **scraper** Holzabstreifer *m*
Wood's metal Woodsches Metall *n*
woody fracture *(Wkst)* Holzfaserbruch *m*,
holzfaserartiger Bruch *m*
~ **structure** Holzfaserstruktur *f*
WORCRA = Worner/Conzinc Riotinto of
Australia
work 1. Werkstück *n*; 2. direkter Walzdruck
m
~ **function** Austrittsarbeit *f (z. B. bei der
Elektronenemission)*
~-**hardened** kaltverfestigt, durch Umformung verfestigt
~-**hardened layer** Bearbeitungsschicht *f*
~ **hardening** Verfestigung *f*, Kaltverfestigung *f*, Umformverfestigung *f (s. a. unter* strain hardening*)*
~-**hardening rate** Verfestigungsrate *f*, Ver-
festigungsgeschwindigkeit *f*
~-**holding table** Aufspanntisch *m*
~ **in progress** Erzeugnisse *npl* in der Fertigung
~ **lead** Massekabel *n*, Erdleitung *f*
~ **length** Arbeitsweg *m*
~-**loading door** Einsatztür *f*
~-**locating fixture** Spannvorrichtung *f*
~ **roll** Arbeitswalze *f*
~ **side** Bedienungsseite *f*
~ **softening** Entfestigung *f*
~-**softening rate** Entfestigungsgeschwin-
digkeit *f*
~ **spindle** Arbeitsspindel *f*
~-**spindle speed** Arbeitsspindeldrehzahl *f*
~ **table** Arbeitstisch *m*
workability Bearbeitbarkeit *f*; Verarbeitbarkeit *f*; Umformbarkeit *f*
workable alloy Knetlegierung *f*
~ **moisture** *(Gieß)* formgerechter Wassergehalt *m*
worked-out example Anwendungsbeispiel
n
working 1. Bearbeitung *f*; Verarbeitung *f*;
2. Umformung *f*; 3. Gang *m (des
Schmelzofens)*; 4. Führung *f (der
Schmelze)*
~ **accuracy** Arbeitsgenauigkeit *f*
~ **clearance** Arbeitsfreiheit *f*
~ **condition** Bearbeitungsbedingung *f*, Ver-
arbeitungsbedingung *f*
~ **cycle** Arbeitstakt *m*
~ **cycle time** Arbeitstaktzeit *f*
~ **cylinder** Arbeitszylinder *m*
~ **distance** Arbeitsabstand *m*
~ **door** Arbeitstür *f (z. B. am Schmelzofen)*
~ **face** *(Umf)* Arbeitsfläche *f*, Eingriffsflä-
che *f*
~ **frequency** Arbeitsfrequenz *f*
~ **gauge** Arbeitslehre *f*
~ **groove** Bearbeitungsriefe *f*
~ **inaccuracy** Arbeitsungenauigkeit *f*
~ **length** Nutzlänge *f*

~ **life** Lebensdauer f; Standzeit f
~ **lining** Verschleißfutter n
~ **liquid** Arbeitsflüssigkeit f
~ **load** Arbeitsbeanspruchung f
~ **medium** Arbeitsmedium n
~ **method** Arbeitsverfahren n
~ **of a bath** Badbewegung f
~ **of a furnace** Ofengang m
~ **of steel** Stahlverarbeitung f
~ **of the heat** Schmelzführung f
~ **parameters** Betriebsparamter mpl; Arbeitsbedingungen fpl
~ **part** Werkstück n
~ **period** Arbeitsperiode f
~ **piston** Arbeitskolben m
~ **platform** Arbeitsbühne f
~ **position** Arbeitsstellung f (z. B. eines Geräts)
~ **pressure** Arbeitsdruck m, Betriebsdruck m
~ **-pressure gauge** Arbeitsmanometer n
~ **procedure** Arbeitsablauf m
~ **property** Verarbeitungseigenschaft f
~ **radius of crane** Kranausladung f
~ **range** Arbeitsbereich m (einer Apparatur)
~ **rhythme** Arbeitstakt m
~ **space** Arbeitsraum m
~ **speed** Arbeitsgeschwindigkeit f
~ **stroke** Arbeitshub m
~ **surface** Lauffläche f
~ **temperature** Arbeitstemperatur f, Betriebstemperatur f
~ **time** Arbeitszeit f
~ **voltage** Arbeitsspannung f, Betriebsspannung f
~ **voltage and current setting** Arbeitswerte mpl von Spannung und Strom
~ **volume** nutzbares Volumen n, Nutzvolumen n
workmanship Verarbeitungsgüte f
workpiece Werkstück n
works building Betriebsgebäude n
~ **control laboratory** Betriebslabor n
~ **railway** Werksbahn f
~ **section** Betriebsabteilung f
workshop test Betriebsversuch m, technischer Versuch m
world crude steel production Weltrohstahlerzeugung f
worm conveyor Förderschnecke f; Schneckenförderer m
~ **drive** Schneckentrieb m, Spindeltrieb m
~ **gear** Schneckengetriebe n, Schrauben[rad]getriebe n
~ **gear spindle** Gewindespindel f
~ **shaft** Schneckenwelle f
~ **wheel** Schneckenrad n, Schraubenrad n
woven brake band gewebtes Bremsband n
wrap/to [um]wickeln, bandagieren, umschlagen
wrap Umwicklung f, Umschlingung f

wrapping machine Umwickelmaschine f, Einwickelmaschine f, Einbindemaschine f
~ **test** Wickelprüfung f, Wickelprobe f
wrecking bar Brechstange f
wringer roll Quetschrolle f, Abquetschrolle f
wringing fit Schiebesitz m
wrinkle (Umf) Falte f, Furche f
~ **washer** gewellte Unterlegscheibe f, Federscheibe f
wrist pin Kolbenbolzen m
wrong contraction allowance falsches Schwindmaß n
~ **shape** Verzug m, Gestaltsabweichung f
wrought alloy Knetlegierung f
~ **brass** Messingknetlegierung f, Walzmessing n
~ **bronze** Knetbronze f, Walzbronze f
~ **gun metal** Rotguß m (Knetlegierung)
~ **iron** Schmiedeeisen n (veralteter Begriff)
~ **nail** geschmiedeter Nagel m
Wulff net (Wkst) Wulffsches Netz n
wustite (Min) Wüstit m

X

X-cut crystal X-[Schnitt-]Kristall m, X-Quarz m (Ultraschallprüfung)
X-ray Röntgenstrahl m
X-ray analysis Röntgenfeinstrukturanalyse f
X-ray analyzer Röntgendetektor m
X-ray back-reflection photograph Röntgenrückstrahlaufnahme f
X-ray back-reflection range Röntgenrückstrahlbereich m
X-ray crystallography Röntgen[strahlen]kristallografie f
X-ray determination röntgenografische Bestimmung f
X-ray diffraction Röntgen[strahlen]beugung f
X-ray diffraction pattern Röntgenbeugungsdiagramm n
X-ray diffraction tube Feinstrukturröhre f
X-ray emission Röntgen[strahlen]emission f
X-ray emission line Röntgenemissionslinie f
X-ray emission picture Röntgenemissionsbild n
X-ray emission spectrum Röntgenemissionsspektrum n
X-ray film Röntgenfilm m
X-ray fine structure method Röntgenfeinstrukturmethode f, Röntgenfeinstrukturverfahren n
X-ray fluorescence analysis Röntgenfluoreszenzanalyse f
X-ray image Scanning-Röntgenbild n

X-ray microscopy Röntgen|strahl|mikroskopie f *(z. B. Langsche Methode)*
X-ray paper Röntgenpapier n
X-ray photoelectron spectroscopy Röntgenfotoelektronenspektroskopie f
X-ray projection microscopy Röntgenprojektionsmikroskopie f
X-ray scanning line Röntgenrasterlinie f
X-ray scanning picture Röntgenrasterbild n
X-ray scattering radius Röntgenstrahlenstreuradius m
X-ray shadow microscopy Röntgenschattenmikroskopie f
X-ray signal Röntgensignal n
X-ray source Röntgenstrahlenquelle f
X-ray spectrometer Röntgenspektrometer n
X-ray spectrometer scale Röntgenspektrometerskale f
X-ray spectrometry Röntgenspektrometrie f
X-ray spectrum Röntgenspektrum n
X-ray testing equipment Röntgenprüfeinrichtung f
X-ray thickness gauge Röntgendickenmeßgerät n
X-ray topography Röntgentopografie f
X-ray tube Röntgenröhre f
X-ray unit Röntgengerät n
xanth[ogen]ate Xanth[ogen]at n
XD s. X-ray diffraction
xenon Xenon n
xeroradiography Xeroradiografie f
XM s. X-ray microscopy
xylene Xylol n

Y

Y-alloy Y-Legierung f, Ypsilon-Legierung f
Y-cut crystal Y-[Schnitt-]Kristall m, Y-Quarz m *(Ultraschallprüfung)*
Y-pipe Hosenrohr n
Y-rolling mill Y-Walzwerk n, Walzwerk n mit y-förmiger Walzenanordnung
yard Lagerplatz m
~ **for billets** Knüppellagerplatz m
yellow brass Messing n, Gelbmetall n *(Cu-Zn-Legierung mit 60–73 % Zn)*
~ **brass powder** Messingpulver n
~ **brass wire** Messingdraht m
~ **chromate coating** *(Korr)* Gelbchromatierschicht f, Gelbchromatierüberzug m
~ **glimmer** *(Min)* Goldglimmer m, Katzengold n
~ **heat** Gelbglut f
~ **metal** 1. Messing n; 2. Muntzmetall n
yield/to 1. ergeben; ausbringen; 2. *(Wkst)* fließen, strecken f
yield 1. Ausbeute f, Ertrag m, Ausbringung f; 2. *(Wkst)* Fließen n, Strecken n

~ **curve** Fließkurve f
~ **drop** Fließspannungseinbruch m, Fließspannungsabfall m
~ **limit** s. ~ point
~ **locus** Fließ[spannungs]ort m
~ **of phase** Phasenausbeute f *(z. B. bei Rückstandsisolierung)*
~ **phenomenon** Fließerscheinung f, Streckgrenzenerscheinung f
~ **point** Fließgrenze f, Streckgrenze f
~ **point at elevated temperature** Warmstreckgrenze f
~ **point extension** Dehnung f im Fließgrenzenbereich (Streckgrenzenbereich)
~ **point ratio** Streckgrenzenverhältnis n
~ **ratio** Streckgrenzenverhältnis n
~ **strength** 1. Dehngrenze f, Fließgrenze f, Streckgrenzenfestigkeit f; 2. Umformfestigkeit f
~ **strength anisotropy** Streckgrenzen[festigkeits]anisotropie f
~ **stress** Fließspannung f, Streckspannung f
~ **stress ratio** Streckgrenzenverhältnis n
yielding Fließen n
Young['s] modulus Elastizitätsmodul m
y.s. s. yield strenght
ytterbium Ytterbium n
yttrium Yttrium n

Z

Z-bar Z-Stahl m
Z-section Z-Profil n, Z-Querschnitt m
Zapon varnish Zaponlack m
zed s. Z-section
zee s. Z-section
zeolite Zeolith m
zephiran chloride Zephirol n *(zur metallografischen Probenpräparation)*
zero/to Nullpunkt einstellen
zero adjustment 1. Nullpunktseinstellung f; 2. Nullabgleich m
~/**below** unter dem Nullpunkt, unter Null
~ **ductility range** Nullverformbarkeitsbereich m
~ **ductility temperature range** Nullverformungstemperaturbereich m
~ **load** Nullast f
~-**point energy** Nullpunktsenergie f
~ **strength temperature** Nullfestigkeitstemperatur f
~ **toughness temperature** Nullzähigkeitstemperatur f
zigzag spring Wellenfeder f, gewellte Feder f
zinc Zink n
~ **alloy** Zinklegierung f
~- **and lead-bearing dust** zink- und bleihaltiger Staub m

~- **and lead-bearing sludge** zink- und blei-haltiger Schlamm *m*
~ **blende** *(Min)* Zinkblende *f*, Sphalerit *m*
~ **bronze** seewasserbeständiges Messing *n*, Marinemessing *n*, Admiralitätslegierung *f (70 % Cu, 29 % Zn, 1 % Sn)*
~ **coat** Zinkauflage *f*; Zinkschicht *f*
~-**coated sheet** verzinktes Blech *n*
~ **coating** 1. Verzinken *n*; 2. Zinkauflage *f*; Zinkschicht *f*
~ **coating furnace** Verzinkungsofen *m*
~ **coating plant** Verzinkungsanlage *f*
~ **crust** Zinkschaum *m (Zinkentsilberung)*
~ **desilverization** Zinkentsilberung *f*
~ **die casting** Zinkdruckguß *m*
~ **dross** 1. Zinkschlacke *f*; 2. Zinkgekrätz *n*
~ **dust** Zinkstaub *m*
~ **ferrite** Zinkferrit *m*
~ **foil** Zinkfolie *f*
~ **lining** Zinkeinlage *f*, Zinkauskleidung *f*
~ **oxide** Zinkoxid *n*
~ **plate** Zinkplatte *f*
~ **powder** Zinkpulver *n*
~ **roaster** Zinkröstofen *m*
~ **scrap** Altzink *n*
~ **scum** Zinkschaum *m*
~ **shakes** Messingfieber *n*
~ **sheet** Zinkblech *n*
~ **white** Zinkweiß *n (Zinkoxid)*
~ **wire** Zinkdraht *m*
Zintl line Zintl-Grenze *f (zwischen Elementen der Gruppe III B und IV B des Periodischen Systems)*
~ **phase** Zintl-Phase *f (Legierungsphase)*
zircaloy Zircaloy *n (Zr-Legierung)*
~ **cladding tube** Zircaloy-Hüllrohr *n*
zircon *(Min)* Zirkon *m*

~ **brick** *(Ff)* Zirkonstein *m*
~ **coating (dressing)** *(Gieß)* Zirkonschlichte *f*
~ **refractory** Zirkonfeuerfesterzeugnis *n*
~ **sand** Zirkonsand *m (Formstoff)*
~ **wash** *(Gieß)* Zirkonschlichte *f*
zirconia Zirkoniumdioxid *n*
zirconium Zirkonium *n*
~ **hydride powder** Zirkoniumhydridpulver *n*
~ **powder** 1. Zirkonmehl *n*; 2. Zirkoniumpulver *n*
~ **silicate** Zirkonsilikat *n*
zone [kristallografische] Zone *f*
~ **axis** Zonenachse *f*
~ **condition** Zonenbedingung *f*
~ **line brightness** Zonenlinienhelligkeit *f (z. B. einer Feldionenaufnahme)*
~ **lining** zonenweise Zustellung *f*
~ **melting** Zonenschmelzen *n*
~ **melting technique** Zonenschmelzmethode *f*
~ **of backward slip** Rückstauzone *f*, Rückstaugebiet *n (Walzen)*
~ **of forward slip** Voreilzone *f*, Voreilgebiet *n (Walzen)*
~ **of powder compression** Pulververdichtungszone *f*
~- **of powder flowing** Pulverfließzone *f (im Walzspalt)*
~ **refining** Zonenreinigung *f*, Zonenschmelzen *n (Reinigen durch Zonenschmelzen)*
~ **rule** *(Krist)* Zonenregel *f*
~ **structure** *(Krist)* Zonenstruktur *f*
zoning direction Ziehrichtung *f*
zoom rolling Walzen *n* mit voller Kraft, Walzen *n* mit maximaler Geschwindigkeit

Fremdsprache – Fachsprache

Französisch	Linse	**Wörterbuch der Datentechnik** Deutsch-Französisch/Französisch-Deutsch
	Potonnier	**Wörterbuch für Wirtschaft, Recht und Handel** Band I Deutsch-Französisch/Band II Französisch-Deutsch
	Závada/ Hartgenbusch	**Satzlexikon der Handelskorrespondenz** Deutsch-Französisch
Italienisch	Meyer/Orlando	**Technisches Wörterbuch** Band I Italienisch-Deutsch/Band II Deutsch-Italienisch
	Sansoni	**Das große Wörterbuch der italienischen und deutschen Sprache** Band I Italienisch-Deutsch/Band II Deutsch-Italienisch
	Závada/Schraffl	**Satzlexikon der Handelskorrespondenz** Deutsch-Italienisch
Portugiesisch	Ernst	**Wörterbuch der industriellen Technik** Band VII Deutsch-Portugiesisch Band VIII Portugiesisch-Deutsch
	Závada/Eberle	**Satzlexikon der Handelskorrespondenz** Deutsch-Portugiesisch
Russisch	Kučera	**Technisches Wörterbuch** Band I Russisch-Deutsch/Band II Deutsch-Russisch
Spanisch	Ernst	**Wörterbuch der industriellen Technik** Band V Deutsch-Spanisch/Band VI Spanisch-Deutsch
	Slabý/Grossmann	**Wörterbuch der spanischen und deutschen Sprache** Band I Spanisch-Deutsch/Band II Deutsch-Spanisch
	Vox	**Diccionario de Sinónimos** Spanisch
	Vox	**Diccionario General Ilustrado de la Lengua Española** Spanisch
	Vox	**Diccionario Manual Ilustrado de la Lengua Española** Spanisch
	Závada/Weis	**Satzlexikon der Handelskorrespondenz** Deutsch-Spanisch
Tschechisch	Naxerová	**Technisches Wörterbuch** Tschechisch-Deutsch
Mehrsprachig	Dannehl	**Technik-Wörterbuch Eisenbahn** Englisch-Deutsch-Französisch-Russisch
	Goedecke	**Wörterbuch der Elektrotechnik, Fernmeldetechnik und Elektronik** Band I Deutsch-Englisch-Französisch Band II Französisch-Englisch-Deutsch Band III Englisch-Deutsch-Französisch
	Leipnitz	**Erdölverarbeitung · Petrolchemie** Englisch-Deutsch-Französisch-Russisch
	Richling/Drewitz	**Wörterbuch der Kabeltechnik** Deutsch-Englisch-Französisch/ Englisch-Deutsch-Französisch/ Französisch-Deutsch-Englisch
	Schulz	**Wörterbuch der Datentechnik** Russisch-Deutsch-Englisch/Englisch-Russisch-Deutsch/ Deutsch-Russisch-Englisch

OSCAR BRANDSTETTER VERLAG · WIESBADEN